大鼠和小鼠病理变化术语及诊断标准的国际规范（INHAND）

International Harmonization of Nomenclature and Diagnostic Criteria for Lesions in Rats and Mice (INHAND)

［美］PETER C.MANN 等　编著

杨利峰　周向梅　赵德明 | 主译

中国农业出版社

北　京

图书在版编目（CIP）数据

大鼠和小鼠病理变化术语及诊断标准的国际规范：INHAND /（美）彼得·曼（PETER C.MANN）等编著；杨利峰，周向梅，赵德明主译. —北京：中国农业出版社，2019.11

ISBN 978-7-109-25734-4

Ⅰ.①大… Ⅱ.①彼… ②杨… ③周… ④赵… Ⅲ.①鼠科-实验动物病-病理-术语②鼠科-实验动物病-诊断-标准 Ⅳ.①Q959.837

中国版本图书馆CIP数据核字（2019）第155303号

大鼠和小鼠病理变化术语及诊断标准的国际规范
DASHU HE XIAOSHU BINGLIBIANHUA SHUYU JI ZHENDUAN BIAOZHUN DE GUJI GUIFAN

中国农业出版社出版
地址：北京市朝阳区麦子店街18号楼
邮编：100125
责任编辑：张艳晶 神翠翠
版式设计：杨 婧 责任校对：刘丽香
印刷：北京通州皇家印刷厂
版次：2019年11月第1版
印次：2019年11月北京第1次印刷
发行：新华书店北京发行所
开本：787mm × 1092mm 1/16
印张：40.5
字数：850千字
定价：480.00元

译者名单

主　译　杨利峰　周向梅　赵德明

副主译　（按姓氏笔画排序）

王和枚　吕建军　乔俊文　苏晓鸥　杨秀英　张泽安

金　毅　胡春燕

主　审　陈怀涛

主　校　郑明学　刘思当　高　丰　祁克宗　王雯慧

总顾问　李宪堂

译校者　（按姓氏笔画排序）

王　杰　王　迪　王和枚　王春雨　王继宏　王雯慧

付永瑶　白文霞　吕　悦　吕建军　朱　婷　乔俊文

刘兆华　刘春法　刘思当　祁克宗　孙　欣　苏晓鸥

李超斯　杨　威　杨利峰　杨秀英　吴　伟　宋志琦

宋银娟　张连珊　张泽安　张茜茜　陈合花　岳瑞超

金　毅　周　洋　周向梅　庞万勇　郑明学　赵　颖

赵化佳　赵文杰　赵德明　胡春燕　段玉涵　姚　娇

姚　皓　袁　振　徐琳凯　高　丰　崔永勇　葛战一

程广宇　赖梦雨　廖　轶

参译人员

章节	译者	单位	校者	单位
总述	杨利峰	中国农业大学	庞万勇	赛诺菲有限公司
第一章	袁 振 姚 皓	中国农业大学	金 毅	深圳市药品检验研究院（深圳市医疗器械检测中心）
	吕 悦 王继宏	中国农业大学	白文霞	江苏省药物研究所
	付永瑶 赵 颖	中国农业大学	张连珊	河北医科大学新药安全评价中心
	陈合花	中国农业大学	刘兆华	山东大学新药评价中心
第二章	王春雨	天津药物研究院	胡春燕	成都华西海圻医药科技有限公司（国家成都新药安全性评价中心）
	徐琳凯 段玉涵	中国农业大学	金 毅	深圳市药品检验研究院（深圳市医疗器械检测中心）
	廖 轶	中国农业大学	王 杰	中国农业大学
第三章	程广宇 赵化佳	中国农业大学	吕建军	中国食品药品检定研究院
	赖梦雨 葛战一	中国农业大学	乔俊文	中国科学院上海药物研究所
	赵文杰	中国协和医学科学院	姚 娇	中国农业大学
第四章	刘春法 崔永勇	中国农业大学	乔俊文	中国科学院上海药物研究所
	杨 威 王 迪	中国农业大学	吕建军	中国食品药品检定研究院
	张茜茜	中国农业大学	岳瑞超	中国农业大学
第五章	岳瑞超 李超斯	中国农业大学	王和枚	北京昭衍新药研究中心股份有限公司
	宋志琦 宋银娟	中国农业大学	张泽安	上海中医药大学安评中心
	孙 欣	中国农业大学	刘春法	中国农业大学
第六章	周 洋	西南大学	杨秀英	Covance Pharmaceutical Research and Development (Shanghai) Co., Ltd.
	朱 婷	福建农林大学	苏晓鸥	诺华（中国）生物医学研究有限公司
	吴 伟 姚 娇	中国农业大学	程广宇	中国农业大学

译者序

世界各国的专家都希望有一个国际统一的大鼠、小鼠病理变化的诊断术语和标准。美国和欧洲毒理病理学协会在 2005 年合作，对现有的术语文献和数据库进行了复议、更新和统一。一年后，英国毒理病理学协会和日本毒理病理学协会也参与其中，使得这个项目更具有全球性。本项目被称为大鼠和小鼠病理变化术语及诊断标准的国际规范，英文简称 INHAND，其目标是为毒性和致癌性试验中大鼠、小鼠的各个系统病变描述提供标准化术语和诊断标准。

为真实而准确地向广大读者呈现原著内容，我们组织并挑选了国内从事动物病理学工作，来自教学、科研和药物安全评价等各个方面的专家和学者共同参与本标准的校译，通过近一年的遣词修正，终成此稿。本书的标准主要涉及呼吸系统、肝胆系统、泌尿系统、神经系统、雄性生殖系统、乳腺六个系统病理。对各个系统的病理学术语与诊断标准进行了详解和说明，对病变进行了等级划分，并对鉴别诊断等进行了详细的描述。希望本标准可以成为国内病理学相关行业从业人员切实而有效的学习和参考工具，为推动我国病理学科的发展、科技工作的创新和病理人才的培养发挥积极而深远的作用。

由于 INHAND 是按照动物机体的组织系统分别出版和发行，本次仅对 SAGE 出版社已发行的总论及六个系统病理进行翻译和出版，待其他系统发表后，我们将陆续翻译补充。

由于译者时间、水平有限，翻译过程中难免存在纰漏错误，望广大读者多提宝贵意见，以促共同进步。

杨利峰

目录

Contents

总述
毒理病理学术语的国际规范：基本原则概述

PETER C. MANN[1], JOHN VAHLE[2], CHARLOTTE M. KEENAN[3], JULIA F. BAKER[4], ALYS E. BRADLEY[5], DAWN G. GOODMAN[6],TAKANORI HARADA[7], RONALD HERBERT[8], WOLFGANG KAUFMANN[9], RUPERT KELLNER[10], THOMAS NOLTE[11],SUSANNE RITTINGHAUSEN[10] AND TAKUJI TANAKA[12]

1 EPL Northwest, Seattle, Washington, USA
2 Eli Lilly & Company, Indianapolis, Indiana, USA
3 C. M. Keenan ToxPath Consulting, Doylestown, Pennsylvania, USA
4 Charles River Pathology Associates, Frederick, Maryland, USA
5 Charles River Laboratories, Tranent, Scotland, UK
6 Private Consultant, Potomac, Maryland, USA
7 The Institute of Environmental Toxicology, Ibaraki, Japan
8 NIEHS, Research Triangle Park, NC, USA
9 Merck Serono R&D, Darmstadt, Germany
10 Fraunhofer ITEM, Hannover, Germany
11 Boehringer Ingelheim Pharma, Biberach an der Riss, Germany
12 Kanazawa Medical University, Ishikawa, Japan

摘要

大鼠和小鼠病理变化术语和诊断标准的国际规范，是一个出版关于实验动物增生性和非增生性变化标准的世界性课题。本文对各系统术语提出了一些建议。这些建议包括诊断描述语、修饰语、词组和分级方法；以及有些器官系统病理过程的临界值、同义词和术语。本文旨在帮助读者理解大鼠和小鼠病理变化术语与诊断标准的国际规范的一些基本原则。

关键词：术语；肿瘤；啮齿类动物病理学

前期的规范项目

多年以来，毒理病理学术语和诊断标准的规范，尤其是在大鼠和小鼠方面，一直是该领域病理学家们的一个目标。在 20 世纪末期，美国毒理病理学协会（STP）和欧洲工业毒理学注册动物数据库（RITA）采取了一些积极的举措，进而出版了许多国际公认的出版物，例如，规范化的术语与诊断标准系统：毒理病理学指南（http://www.toxpath.org/ssndc.asp）和世界卫生组织 / 国际癌症研究机构啮齿类动物肿瘤国际分类。

大鼠和小鼠病理变化术语与诊断标准的国际规范

术语项目

自 2005 年起，STP 和欧洲毒理病理学协会与 RITA 合作，对现有的术语文献和数据库进行了复议、更新和规范。在 2006 年，英国毒理病理学家协会和日本毒理病理学协会也参与其中，使得这个项目真正地国际化。这个国际项目的目标就是出版刊物，旨在提供各个器官系统的标准化术语和鉴别诊断，对在毒理和致癌试验中所观察到的大鼠和小鼠的各种显微病变进行分类。这个项目即为大鼠和小鼠病理变化术语及诊断标准的国际规范（INHAND）。

总而言之，INHAND 项目的组织框架如下：全球编辑指导委员会（GESC）监督该项目的各项活动，GESC 由来自各成员协会的毒理病理学家组成。此外，还有许多技术顾问为在线和印刷出版物提供帮助。

项目的核心是由各成员协会毒理病理学专家组成的器官工作小组。每个小组负责建立首选的术语和诊断标准。一旦初步的术语建立起来，就由 GESC 来完成初步审查，随后再由协会成员对其进行审核。器官工作小组最后根据 GESC 和其他成员的意见，对术语做审定。INHAND 项目的一个重要特点在于它利用了全球公开的术语注册信息系统（goRENI, http://wwwgoreni.org）——一个以互联网为基础的平台，来复审初步术语和公布最终术语。最初由 RITA 创立的 goRENI，可供各毒理病理学协会成员以及政府监管部门利用。

除了 goRENI 外，每个器官系统的最终术语将被公布在项目成员协会的官方杂志上：《毒理病理学》（STP 和英国毒理病理学家协会），《实验和毒理病理学》或《毒理病理学杂志》。

最早发表术语的系统是呼吸系统（Renne 等，2009）和肝胆系统（Thoolen 等，2010）。

一般概念和方法

单个器官系统的术语刊物可为特定病变诊断和鉴别诊断提供信息，尽管某些主要原则和规程对各种器官系统都是通用的。以下内容可为毒性试验的显微病变描述提供指导。下列意见是对以前一些作者观点的补充（Crissman 等，2004；Dua 和 Jackson，1988；Haschek 等，2010；Herbert 等，2002；Shackelford 等，2002；Wolf 和 Mann，2005）。

增生性病变的诊断较为简单（不管增生细胞团块符合诊断标准与否），而非增生性病变的诊断就相当困难。不同的分级标准，病变是否应分级，修饰词和临界值的使用，都可能导致不同病理学家的意见出现显著差异。在 2007 年，Greaves 强调了诊断一致的重要性，他指出："政府监管机构的毒理学家和医生，在审阅有关病理所见的资料时，通常都是非常谨慎小心的。同时，对于列表中的病理学摘要的审阅也应给予同等的重视。不准确的词语，不恰当的、容易误解的以及未经说明的术语，无据可查的结论，文字和图表的矛盾，都会引起不必要的质疑。因此，报告的清晰和全部所见的病变的解释都是非常重要的。"

因为 INHAND 项目的目标就是建立增生性和非增生性病变的规范化术语，所以下面讨论这些变化更为重要。

诊断术语与描述术语

大多数病理学家最初都接受过描述性诊断病理学的培训，就是通过形态学、病因学和疾病诊断的应用，以达确诊之目的。在形成最终诊断的过程中，病理学家常要参考多方面资料，包括病史、临床症状和实验室资料。而毒理病理学则在于通过对处理组动物和对照组动物的比较，来判断受试物是否可引起变化。因此，光镜所见记录要客观，这样才易于进行列表比较组间差异。在这种情况下，最好使用描述性术语，而不是诊断性术语。疾病诊断根据对自发性疾病的了解，暗示某一种特定的发病机制或对器官功能的影响，这可能会误导毒性试验。例如，某种药物可引起骨小梁和密质骨增生。如果这一所见描述为"骨硬化病”，那就暗示这可能有一种特定的疾病状态（骨硬化病）、机制（破骨细胞功能减退）和病因（基因突变），其实这一变化是由药物作用引起的。毒理病理学中经常遇到的另一个问题是，如何确证磷脂沉积症所致的多组织空泡形成。在论述常规苏木精伊红染色切片中所出现的这些变化时，病理学家应记录形态学诊断（细胞质空泡形成）。在病理学家的报告中，综合补充资料（超微结构或生化资料），便可说明这种空泡形成是由磷脂沉积症引起的。在一些研究中，病理学家会遇到某些与试验处理有关的新变化，这就要用特殊的术语；这些变化的描述要依不同病例而定。表格列出解剖病理学数据时，始终使用描述性而不用诊断性术语，便可减少混乱和错误。在病理学家的报告中，最好能对某些可能的病理过程作一附带说明和解释。

修饰词

为了使情况更为全面和明确，除严重程度外，在诊断中可附加某些修饰词。但要注意，后面这个诊断审评人可能看不到切片，或并不真是一个病理学家。由于这些原因，诊断术语的准确和真实是十分重要的。常用的修饰词包括器官的特定部位，病变的特征和分布，以及持续时间（Frame 和 Mann，2008）。

器官的特定部位因其解剖结构复杂而不同；由于多种原因，试验处理的相关变化可出现在器官的不同部位。如在肝脏，包括腺泡、门静脉、门静脉周、中间带、小叶中心、肝门、胆管、胆管周、小胆管周或被膜下的——所有这些修饰词都可用于指出病变在肝脏中发生的特定部位。又如在肾脏和胸腺，常用来区分髓质到皮质的病变，而在中枢神经系统，病变的解剖部位对于理解病变的发生机理是极为重要的。

病变分布修饰词用来指出病变的范围。常用的分布修饰词有局灶性的、多灶性的和弥漫性的。根据正确的定义，一个局灶性病变意指一个特定的区域或局部，而多灶性病变则指的是一个以上的病灶。但是有些病理学家用“局灶性”同时表示“局灶性”和“多灶性”，重在指出病灶的特性，而不是其具体分布，并且用分级的办法来反映病变的范围（Thoolen 等，2010）。弥漫性病变涉及所检切片的大部分，而局部弥漫性可用来描述一个大病变，这个大病变可能是切片的重要病变，但仍定位在局部。

病变特征修饰词在普通诊断术语中使用时是很重要的，如坏死。特征修饰词可包括凋亡、干酪样、凝固性、单个细胞性或者桥接性坏死。特征修饰词的应用常取决于病变发生的器官（如单个细胞性坏死或桥接性坏死在肝脏是重要的标志）。

表示病变持续时间的术语可用在自发性疾病过程中，也可用在试验处理相关的变化中。常用于表示持续时间的术语包括急性、亚急性、慢性和慢性 - 活动性，慢性 - 活动性用于认定慢性经过的病变也可出现急性发作。

上述一些术语常与特定的炎症细胞类别有关：急性为中性粒细胞，亚急性为中性粒细胞混以单核细胞和淋巴细胞，慢性为淋巴细胞、浆细胞、单核细胞或巨噬细胞，慢性 - 活动性为单核细胞和中性粒细胞。在常规毒理研究中，不建议使用“慢性”这个词，而是应用细胞类型或病程（纤维化、增生等），主要是因为毒理学试验有特定的时间，形态学变化只代表某一时间点。对于自发性疾病，应该对时间进程了解更多，故使用急性、慢性 - 活动性等术语较有意义。

并不是每个病理学家在各种情况下都使用上述修饰语。但是建立这套术语系统并坚持使用，对建立明晰的图表和报告极为有利。

复合术语

对于一些涉及复合形态学反应的常见病理变化，已经建立复合术语诊断，从而减少了病理学数据录入系统所需选取的术语数量。比如变性，在各种组织中都可能伴有再生，因此，病理学家常将两个病理过程合并成一个形态学诊断，即“变性 / 再生”。另一种方法是，用“肾病、心肌病”等术语，作为器官特异性病变，以概括突出组织学特点。复合术语也适用于长期的研究（包括致癌性研究），因为随着时间的推移，其毒性可能发展（例如，由空泡形成可发展为变性、坏死，再到修复）。这些复合术语通常和定位词以及修饰词一起使用。

分级系统 / 严格分级

大多数毒理病理学家在报告病变严重程度时会使用评分系统。一般情况下，因诊断而作出的严重程度的等级，应能综合反映病变范围（所属病变有多少）、分布（局灶性至弥散性），以及实际的严重程度。由于计算机化的病理学数据搜集系统不同，故各实验室的分级系统有所差异。这些系统在病变分布、阶段和程度的综合处理上是有区别的。在既定的评分系统中，重要的是使每位从业的病理学家都能自如地进行分级，并使其能确证受试物的剂量反应和毒性特征。关于病变严重程度的协调统一问题已有共识，有些细节已进行了讨论（Hardisty 和 Eustis，1990；WHO，1978）。鉴于这一问题的复杂性和灵活性，很难实现普遍适用的分级系统。

最常用的分级系统是采用四个或五个不同的半定量等级。表 1 是一个四级严重程度的分级举例。数字代表级别（0 代表未见病变，1 ～ 4 代表严重程度增加），文字代表与数字级别有关的严重程度。有人建议根据病变占器官的百分比进行严重程度分级，但是因所涉及的器官不同，分级会有差异。此外，对不同试验的同一病变，由于试验时间长短不同，在相关严重程度的级别上也会有所不同（某些病变在长期研究的评级要比在短期研究明显低）。尽管使用分级系统所产生的序列数据可对效果和趋向进行统计学分析（Gad 和 Rousseaux，2002），但不希望对严重程度级别进行常规统计学分析，因为这种分级常为非线性，而且是基于不同的标准，得出的仅是半定量数据。受试物的效果和剂量反应，最好是由病理学家确定，而不是由统计学分析来确定。

表 1　四级定级系统说明

级别（数字）	种类	说明
0	在正常范围内	在研究状况下，考虑到动物的年龄、性别和品系等因素，认为组织正常。而在其他条件下出现的变化可认为是异常
1	很轻微	出现的变化刚超过正常范围
2	轻微	可以观察到病变，但尚不严重
3	中等	病变明显，而且很可能更加严重
4	严重	病变非常严重（病变已占据整个组织器官）

用同种化合物进行的某项或数项研究中，严重程度评级的一致性是病理学评估的关键。在研究过程中，诊断级别评定的不一致或者“漂移”（诊断标准随时间而改变），会影响受试物作用的检测能力，或导致假阳性结果，即受试物无作用却出现作用。在有些情况下，为了说明试验处理相关作用或剂量反应影响，毒理病理学家会修改或“分开”其研究中拟定的严重程度分级标准。例如，病理学家能将一个病变分为多个群组，尽管这些病变的差异很小。这种做法在某些情况下是适用的，但可造成不同试验间的不一致，也会带来病变比术语表中词汇界定的严重程度更加严重的印象。如果采用这种方法，毒理病理学家应在病理报告的方法部分，明确说明使用的程序和标准。在同行评审过程中，评审病理学家要评估研究中分级的一致性。只要整个研究中严重程度分级是一致的，即使有关严重程度有小分歧也是可以接受的，可以给严重程度进行半定量评分。

不分等级的变化

病理学家对有些病变不进行严重程度分级，因为没有获得额外的信息。例如，肿瘤、囊肿、自溶及先天异常，这些变化常被记录为“出现”，而不进行严重程度分级。然而有些病理数据登录系统却要输入所有病变的级别。

临界值

除了记录与试验处理相关的变化和显著的自发性病变，病理学家必须决定是否要记录正常组织形态中的小变化。很多情况下，这些变化是与衰老相关的，但在另一些情况下，这些可能属于一群动物中正常的解剖学差异。临界值界定指的是一种判定的习惯，即界定哪些正常形态变化需要被记录，哪些变化则是在临界值之下而无须记录。未经试验处理的动物群体，在组织形态上有正常的细微变化，故而为了对显微病理数据进行有意义的编辑处理，很有必要设定一定的临界值。病理学家在设定合理的诊断临界值时，必须考虑现行对照组动物的组织学，以及病理学家对受试动物（年龄、品系及其来源）正常组织学的了解。在设定临界值时需要特别小心，有些病理学家可能不使用或很有限地使用临界值。如果一种常见的自发性病变未被记录，那么相关试验处理对该病变的发生率或严重程度的可能影响就更难被检测出来。相反，设定一个合适的临界值，将有助于精简试验中病理诊断的数目，从而使得与试验处理相关的变化更加清晰。与其他方面相似，病理同行审查也将有助于确保诊断临界值是合理的。

同义词

对所有的系统而言，首选的术语应列于每一形态学变化的开头。对很多病变而言，在首选术语之后列有一系列的同义词（一般都是以前使用的术语）。在毒理病理学中，虽然病变的形态学未发生改变，但其名称可能随时间发展而变化。生物学的发展和对组织病变发展的理解，推动了术语的变革。进行风险评估时，重要的一点就是要根据目前的术语和对特定病变的生物学意义的理解来对数据进行解读。但是，对数据的解读可能也需要翻阅一些数年或数十年前的历史资料。在评估早先文献时，必须考虑到术语的变化，以及现今对于病变意义的认知和思考。

常见器官病理过程

基于血管的变化

与血管变化相关的病理过程包括充血、出血、水肿，以及与血管相关的变性 / 炎症等，这些内容将在心血管系统章节中具体讲述。

渗出与炎症

正如之前介绍的，首先考虑使用描述性术语，而不是诊断性术语。很多情况下，炎症的诊断，如肝炎，暗示了特异的发病机制、对器官机能的影响，或表现为某种症候群。建议使用描述细胞渗出性相关术语，而不是描述炎症相关的术语，尤其是机体反应主要表现为细胞聚集而无其他炎症特征时。因此，在描述肾脏的变化时，可先考虑描述为渗出、中性粒细胞浸润，而非急性炎症或急性肾炎，因为后者用于临床医学更为合适。大多数毒理病理学家不会采用器官特异性病变的描述术语（肝炎、肺炎、睾丸炎），而是通过使用上文所述的描述性术语对病变进行精准的描述。在病理报告的叙述部分可以对这些描述性术语进行充分界定。

另外，如果存在严重炎症的一系列特征变化（包括以下的一个或多个：血流量增加【充血】、微血管血浆和蛋白质渗出【水肿】，或白细胞附壁和游出），用基础性的炎症术语并在其后辅以适当的描述术语可能比较恰当。更长时间或慢性炎症，其特征为渐进性组织破坏、多种炎性细胞浸润，以及不同程度的肉芽组织增生或纤维化。正如前文提及的，最好避免使用像“肝炎”这种可能有临床或疾病含义的术语。

胞内蓄积物

建议把基础性术语“空泡形成”在合适的修饰词之后使用，或在进行适当的特殊染色后，做出较特异的诊断（Kumar 等，2005；McGavin 和 Zachary，2006）。

脂类：像胆固醇、甘油三酯和磷脂这样的脂类物质可在细胞内蓄积。这些蓄积物呈大小和形态不同的清晰空泡，必须与水或糖原蓄积物进行区分，因为后者有时也可出现空泡。胆固醇蓄积物也可为结晶样物质或裂隙样物质。由于石蜡包埋固定使组织中的脂质物质脱去，故要用冰冻切片进行油红 -O 等特异性染色以便观察。更多专业性描述和鉴别诊断将在器官系统中阐述。

糖原：糖原过量见于葡萄糖或糖原代谢异常时，也可见于剖检前未禁食的动物肝脏。糖原过多可见许多空泡或较模糊的空隙。检测糖原时，最好用酒精固定，并用过碘酸 - 希夫反应进行染色。更详细的描述和鉴别诊断将在器官系统中讨论。

胞外蓄积物

玻璃样变：胞外玻璃样变或玻璃样物质沉着是指在组织间隙、细胞间或细胞基底膜，有均质、玻璃样、嗜酸性物质蓄积。细胞质也可发生玻璃样变。专业术语和描述将会在器官系统中阐述。

淀粉样物质：最常见的“透明”变性是指淀粉样物质蓄积。淀粉样物质是一类糖蛋白，一般出现在细胞外，压迫邻近实质细胞，导致细胞缺血坏死或发生萎缩。刚果红可将淀粉样物质染成橙黄色或橘红色。在偏振光下，刚果红染色切片中的淀粉样物质显示为苹果绿色且为双折光。

淀粉样物质还可通过免疫组化检测。特定器官的反应和表现将在各器官系统中详述。

胆固醇结晶：胆固醇结晶是裂隙样沉积物，存在于炎症区域，是一种组织出血和坏死后的产物。组织经常规处理后，这种沉积物可被清除，只遗留菱形的空隙。这些结晶物偶尔引起肉芽肿性炎症。

矿化

建议基础术语矿化（钙化）在合适的修饰词之后使用。组织矿化可由一些严重的病理过程引起。

营养不良性钙化：营养不良性钙化见于坏死区。钙化物呈嗜碱性颗粒状或团块状。若呈进行性层状沉积，可形成薄层状外观（砂样瘤体）。它们位于胞内或胞外，用硝酸银或茜素红 -S 等特殊染色可以确证。

转移性钙化：转移性钙化发生于伴有高血钙综合征的正常组织，引起高血钙综合征的疾病如甲状旁腺机能亢进、肿瘤性骨破坏、肾衰竭，以及维生素 D 中毒等。转移性钙化可发生于全身，但最常见于胃肠黏膜、肾脏、肺脏、全身动脉及肺静脉。其形态表现与营养不良性钙化相似。

骨化生

骨化生呈明显的不成熟的编织骨或较密集的板骨灶，其发生机制尚不清楚。骨化生可发生于全身，但啮齿类动物最常见于肺脏、脑、肾上腺、心脏和眼。

色素

建议基础术语色素在合适的修饰词之后使用（可用特殊染色确证）。

外源性色素：由于大多数啮齿类实验动物是在湿度控制、空气过滤的人工环境中繁殖和饲养，故不常出现外源性色素（如炭末）。进行标记的啮齿类动物，其真皮巨噬细胞和局部淋巴结中可见到色素。

内源性色素：黑色素是一种正常存在于有色啮齿类动物表皮、视网膜和虹膜中的色素。黑色素可存在于正常小鼠的脾脏和脑膜。脂褐素是一种黄色到褐色细粒状色素，存在于细胞质（通常在核周围）中。随着年龄的增加、严重的自由基损伤和脂质过氧化作用，便会出现脂褐素沉着。含铁血黄素是一种细胞内由铁蛋白形成的色素，呈金黄色到金棕色颗粒状或球状。动物体局部或全身铁元素过量，都会引起含铁血黄素沉着。含铁血黄素容易被普鲁士蓝染色显示。

结论

解剖病理学是一门描述性、解释性学科，为环境和生物药物的毒性标准提供重要信息。毒理病理学家应尽力向毒理学家、医生、监管评审，以及参与风险评估的其他人提供简明数据和解释。生物模型自发性“背景”改变的内在变化，机体对受试物反应的复杂性、易变性，诊断术语的差异，严重程度分级，以及临界值的界定等，都会对精确提供简明解释提出挑战。应用本文所述的原则并结合使用 INHAND 所建议的统一术语，将会不断提高毒性研究中解剖病理学数据的明确性和质量。

有些合适的分级和术语，可用来描述毒理学研究中所涉及的非增生性病变。尽管各个病理学家所用的标准常有不同，但是相信本文的描述将有助于在使用术语精练数据方面实现某种程度的国际认同和统一。也希望通过 INHAND 文件的国际声望和评述，能为病理学家和国家监管机构在药物、生物制剂与化学品的安全评估方面提供帮助。

参考文献

Crissman, J. W., Goodman, D. G., Hildebrandt, P. K., et al, 2004. Best practices guideline: Toxicologic histopathology. Toxicol Pathol 32, 126-131.

Dua, P. N. , Jackson, B. A., 1988. Review of pathology data for regulatory purposes. Toxicol Pathol 16, 443-450.

Frame, S. R., Mann, P. C., 2008. Principles of pathology for toxicology studies. In Principles and Methods of Toxicology, 5th ed.(A. W. Hayes, ed.), pp. 591-609. CRC Press, Boca Raton, FL.

Gad, S. C., Rousseaux, C. G., 2002. Use and misuse of statistics as an aid in study interpretation. In Handbook of Toxicologic Pathology(W. M.Haschek, C. G. Rousseaux and M. A. Wallig, eds.), Vol. 1, pp. 327-418.Academic Press, San Diego, CA.

Greaves, P., 2007. Histopathology of Preclinical Toxicity Studies: Interpretation and Relevance in Drug Safety Evaluation, 3rd ed., p. 7. Elsiever, Amsterdam, The Netherlands.

Hardisty, J. F., Eustis, S. L., 1990. Toxicologic pathology: A critical stagein study interpretation. In Progress in Predictive Toxicology(D. B. Clayson, ed.), pp. 41-62.

CRC Press, Boca Raton, FL.
Haschek, W. A., Rousseaux, C. G., Wallig, M. A., 2010. Nomenclature: Terminology for morphologic alterations. In Fundamentals of Toxicologic Pathology, 2nd ed., pp. 67-80. Academic Press, San Diego, CA.
Herbert, R. A., Hailey, J. R., Seely, J. C.,et al, 2002. Nomenclature. In Handbook of Toxicologic Pathology, 2nd Edition(W. A. Haschek, C. G. Rousseaux and M. A. Wallig, eds.), pp 157-167. Academic Press, San Diego, CA.
Kumar, V., Abbas, A. K. Fausto, N., eds, 2005. Robbins and Cotran' s Pathologic Basis of Disease, 7th ed. Elsevier Saunders, Philadelphia, PA.
McGavin, D. ,Zachary, J. F., eds,2006. Pathologic Basis of Veterinary Disease, 4th ed. Elsevier Health Sciences, New York, NY.
Renne, R., Brix, A., Harkema, J.,et al, 2009.Proliferative and nonproliferative lesions of the rat and mouse respiratory tract. Toxicol Pathol 37(Suppl), 5S-73S.
Shackelford, C., Long, G., Wolf, J., et al, 2002. Qualitative and quantitative analysis of nonneoplastic lesions in toxicology studies. Toxicol Pathol 30, 93-96.
Thoolen, B., Maronpot, R. R., Harada, T., et al, 2010. Proliferative and nonproliferative lesions of the rat and mouse hepatobiliary system(INHAND). Toxicol Pathol 38(Suppl), 5S-81S.
Wolf, D. C. , Mann, P. C, 2005. Confounders in interpreting pathology for safety and risk assessment. Toxicol Appl Pharmacol 202, 302-308.
World Health Organization,1978. Principles and methods for evaluating the toxicity of chemicals. Part I. World Health Organization, Geneva, Switzerland.

第一章
大鼠和小鼠呼吸道的增生性和非增生性病变

ROGER RENNE(CHAIR)[1], AMY BRIX[2], JACK HARKEMA[3], RON HERBERT[4], BIRGIT KITTEL[5], DAVID LEWIS[6], THOMAS MARCH[7], KASUKE NAGANO[8], MICHAEL PINO[9], SUSANNE RITTINGHAUSEN[10], MARTIN ROSENBRUCH[11], PIERRE TELLIER[12], AND THOMAS WOHRMANN[13]

1 Roger Renne ToxPath Consulting, Sumner, Washington, USA
2 Experimental Pathology Laboratories, Research Triangle Park, North Carolina, USA
3 College of Veterinary Medicine, Michigan State University, East Lansing, Michigan, USA
4 National Institute of Environmental Health Sciences, Research Triangle Park, North Carolina, USA
5 Novartis Institutes for BioMedical Research, Basel, Switzerland
6 GlaxoSmithKline, Ware, United Kingdom
7 Lovelace Respiratory Research Institute, Albuquerque, New Mexico, USA
8 Japan Bioassay Research Center, Japan Industrial Safety & Health Association, Kanagawa, Japan
9 Sanofi-aventis, Bridgewater, New Jersey, USA
10 Fraunhofer Institute for Toxicology and Experimental Medicine ITEM, Hannover, Germany
11 Bayer Schering Pharma AG, Wuppertal, Germany
12 Charles River Laboratories, Montreal, Quebec, Canada
13 Nycomed GmbH Institute for Pharmacology and Preclinical Drug Safety Haidkrugsweg, Barsbuttel, Germany

摘要

大鼠和小鼠病理变化术语及诊断标准的国际规范（International Harmonization of Nomenclature and Diagnostic Criteria for Lesions in Rats and Mice，INHAND）项目是由欧洲、英国、日本和北美的毒理病理学会联合发起的，目的是为了形成国际上普遍认可的实验动物增生性和非增生性病变的术语。本文提供了用于分类实验大鼠、小鼠呼吸道所见到的显微镜下变化的标准术语，还提供了一些病变的彩色照片。本文提供的标准术语也可以在网上查到（http://www.goreni.org/）。包括组织病理学数据库在内的资料均来源于全球的政府组织、学术机构或者工业实验室。内容涵盖生长过程中的自发性病变、老龄性病变以及暴露于受试物引发的病变。广泛接受和应用这些实验动物呼吸道病变的国际统一术语，将会减少不同国家的监管机构和科学研究机构之间的混乱，并可提供统一的专业术语，以加强毒理学家和病理学家之间的国际信息交流。

关键词：呼吸系统；大鼠呼吸系统的病变；小鼠呼吸系统的病变

简介

大鼠和小鼠病变术语及诊断标准国际规范（International Harmonization of Nomenclature and Diagnostic Criteria for Lesions in Rats and Mice，INHAND）项目是由欧洲、英国、日本和北美的毒理病理学会联合发起的，目的是为了形成国际上普遍认可的实验动物增生性和非增生性病变的术语。本文提供了用于分类实验大鼠、小鼠呼吸道的显微镜下病变的标准术语。STP 已颁布了大鼠呼吸道增生性病变（Schwartz 等，1994）和非增生性病变（Renne 等，2003）的标准术语。本文中呼吸道病变的标准命名的电子版也可以在网站 goRENI（http://www.goreni.org/）上查到。本文遵循着与解剖学相似的方法。因此，在本术语方案中，分别介绍了鼻腔、喉和气管、主气道及肺实质，尽管有时在各部分会有一些重复。

在全球范围内，啮齿类实验动物的吸入试验研究被用于测试药物、化学物质和环境污染物是否具有潜在的毒性和致癌性。啮齿类动物诱发性呼吸道病变构成了目前很多常规吸入暴露试验指导原则的基础（Morris，2006）。呼吸道癌症和慢性阻塞性肺病（COPD）是世界上引起人类发病和死亡的两种主要病因，也是利用啮齿类动物模型开展的主要研究工作（Wakamatsu 等，2007；Wright，Cosio 和 Churg，2008）。一个被广泛接受和应用的实验动物呼吸道病变的国际命名法，可减少各国不同的监管机构和科学研究机构之间的混乱，并可提供统一的专业术语，以加强毒理学家和病理学家之间的国际信息交流。

鼻和肺的上皮细胞对于外源性物质具有较强的代谢能力，并且容易受到吸入性化学物质的影响。在大鼠和小鼠的鼻与肺的上皮细胞中，已经确认出了多种代谢或生物转化酶和酶系统（Philpot 等，1971；Bogdanffy，1990；Harkema 和 Morgan，1996；Smith 和 Bryan，1991；Pino 等，1999；Thornton-Manning 和 Dahl，1997）。呼吸道病变的分布通常取决于吸入的外源性化学物质的沉积部位、吸收、理化性质、吸入的浓度与持续时间、局部细胞的敏感性，以及上述因素的组合（Philpot 等，1971；Morgan 和 Monticello，1990；Morris，2006）。气流方式也对鼻和喉的病变分布起重要作用。

啮齿类实验动物的增生性病变可以由感染因素引起，或部分由动物的老龄化引起，但毒理学上最重要的呼吸道增生性病变是由吸入了潜在毒性物质造成的（通常为重复吸入）。重复吸入有毒物质所致的细胞损伤引起了修复过程，在这个过程中，受损组织即使不能完全恢复正常的形态，也可发生增殖（增生）和 / 或化生为另外一种更有抵抗力的细胞类型。这些细胞变化的部位主要取决于毒素的性质及暴露接触的组织类型。纤毛柱状上皮和嗅上皮细胞是最脆弱的呼吸上皮细胞，因此，对吸入性毒物最敏感，容易受损。对于直接接触有毒性或刺激性物质的损害，立方上皮抵抗力较强，鳞状上皮抵抗力最强。

非增生性病变通常也与试验干扰有关，或是退行性变化的结果，而退行性变化常与老龄化有关。在现代化管理的啮齿类实验动物设施内，自发性感染过程很少发生，因此，与传染性呼吸道疾病有关的病变，本文不做具体描述。已有多篇关于传染性疾病、饮食及环境因素对大鼠呼吸道影响的优秀文献（Everitt 和 Richter，1990；Castleman，1992；Baker，1998）。

形态学

鼻腔

鼻腔结构复杂，有多种生理功能与这一解剖部位相关。St. Clair 和 Morgan（1992）发表了一篇关于大鼠鼻腔的生长发育与年龄相关变化的综述。一些文献阐述了啮齿类动物鼻腔组织的解剖学（Young，1981；Uraih 和 Maronpot，1990；Harkema，1991；Harkema，Carey 和 Wagner，2006）和生理学（Proctor 和 Chang，1983；Barrow 等，1986；F. Miller，1995）。鼻腔黏膜上皮细胞代谢功能的研究引起了人们对鼻腔形态学研究的极大兴趣，因此，近年来对于化学物质诱发鼻病变的认识已变得更为普遍（Bond，1986；Dahl，1986；Reed，1993；C. Keenan，Kelly 和 Bogdanffy，1990；Adams 等，1991；Jeffrey，Iatropoulos 和 Williams，2006）。此外，最近的兴趣点是通过嗅神经运输毒性物质入脑的研究（Dorman 等，2002；Harkema，Carey 和 Wagner，2006）。病变部位可能与很多因素有关，包括受累部位的毒物剂量、特定位置的敏感性、局部代谢、动物种类和性别（Kai 等，2006），或上述因素的组合。病变定位和记录也与鼻部组织的取样和制片有关（Morgan，1991；Hardisty 等，1999；Boorman 等，1990；Mery 等，1994；Herbert 和 Leininger，1999；Kittel 等，2004）。记录鼻部病变分布的图表已发表（Morgan，1991；Mery 等，1994；Robinson 等，2003）。病变分布的详细描述非常重要，有助于理解有毒化合物的性质（Mery 等，1994；Hardisty 等，1999）。

对于吸入性毒物，啮齿类动物鼻黏膜最常发生非增生性和增生性病变的区域是覆盖于鼻腔前部的上颌鼻甲（maxillary turbinates）和鼻甲（nasal turbinates）远端 1/3 区域的移行上皮、呼吸上皮，以及覆盖于鼻道背侧中部前端延伸区的嗅上皮（Harkema 等，2006；Renne 等，2007）。诱发性病变的发生部位随着毒物的理化性质不同而改变，鼻黏膜的任何部位都可发生，包括前庭鼻甲鳞状上皮的严重病变，这一区域不进行常规显微镜检查。鼻黏膜上皮细胞损伤的形态学结局取决于损伤的范围程度和持续时间，也取决于组织损伤后取材和保存的时间。损伤的结局包括同种上皮的再生、萎缩、化生为不同类型的上皮、肥大、增生和 / 或肿瘤形成。表面呼吸上皮或移行上皮缺失并保留完整的基底膜时，会形成一层纤维蛋白和炎细胞覆盖于受损区域（Jiang,Morgan 和 Beauchamp，1986）。相邻未受损伤的上皮进行迅速的反应性增生，形成一层略扁平的立方上皮，根据病灶的大小，完全或部分覆盖缺损区（Haschek-Hock 和 Witschi，1991）。如果不是反复受损，受损区将由相同类型的上皮细胞修复。在反复受到化学物质损害的鼻组织，上皮的变性、坏死和再生常同时出现，形成紊乱的形态学所见（Gaskell，1990；Hardisty 等，1999）。

反复的上皮细胞破坏可转化（化生）为一种更具抵抗力的细胞类型：移行上皮或呼吸上皮化生为鳞状细胞或黏液细胞，嗅上皮化生为鳞状上皮或呼吸上皮（Harkema,Carey 和 Wagner，2006；Jiang 等，1986；Kumar,Morgan 和 Beauchamp，2004）。化生是存在于受损上皮中的干细胞按新的成熟方向进行重新编程和分化的结果（Kumar，Abbas 和 Fausto，2004）。重要的是，要能区分真正的鳞状上皮化生与糜烂鼻黏膜再生早期形成的薄层扁平上皮。Schlage 等发表的关于不同鼻上皮细胞中角蛋白表达模式的变化，有助于证明吸入的外源性物质对这些组织的微妙作用。

鳞状上皮化生能作为一种屏障有效防止毒物接触部的上皮进一步损伤，但反复暴露引起的鳞状上皮化生和炎症反应，常伴发一些表面上皮细胞缺失，导致细胞转化速度加快，最终导致受损黏膜上皮细胞增生。覆盖于鼻腔前部鼻甲远端的变移上皮与呼吸上皮的增生，是接触刺激性化合物的啮齿类动物最常见的病变之一。呼吸上皮、嗅上皮及相关腺体的非典型增生已有描述（Boorman，Morgan 和 Uraih，1990；Greaves，1996）。呼吸道鼻黏膜增生性病变进展为肿瘤的问题已有文献报告，但其发生率可能远低于所报道的增生和鳞状上皮化生。呼吸上皮和嗅上皮细胞的增生和肿瘤形成，常伴有相关腺组织的增生。

A. 先天性病变

腭裂：鼻腔（Cleft Palate：Nasal Cavity）

发病机制 / 细胞来源：由于发育过程中侧腭突与上颌突融合不全，导致硬腭中线骨和黏膜的纵向缺陷（Jones，Hunt 和 King，1997）。

诊断要点：

- 口腔黏膜及硬腭中线可见裂隙。
- 大体观察或显微镜下可见。
- 无外伤迹象。

鉴别诊断：

- 外伤：可见坏死、骨折或炎症反应。
- 牙齿咬合不正：大体观察可见门齿过度生长；镜下可见硬腭的坏死及炎症。

备注：去炎松（氟羟氢化泼尼松）（Walker，1971）、维生素 A 棕榈酸酯（Hayes 等，1981）可诱导胎鼠出现腭裂。

鼻中隔偏曲：鼻腔（Deviation of the Nasal Septum：Nasal Cavity）

发病机制 / 细胞来源：鼻中隔中线部。

诊断要点：

- 鼻腔部鼻中隔可见明显偏曲。

鉴别诊断：

- 外伤：炎症、出血明显或有其他明显的外伤迹象。
- 人工假象：可见变形或脱落的组织；无明显组织反应性变化。

B．上皮变化（鳞状上皮、移行上皮、呼吸上皮、嗅上皮、腺上皮）

鼻中隔穿孔：鼻腔（Septal Perforation：Nasal Cavity）（图 1）

发病机制 / 细胞来源：鼻中隔中线部。

诊断要点：

- 鼻中隔所有组织层完全缺损。
- 多见于鼻中隔的腹侧部。
- 可发展为严重坏死 / 溃疡，并伴有软骨缺失。

•常与邻近鼻组织的中、重度炎症相关。

鉴别诊断：

•外伤：可见邻近骨、软骨或软组织的损伤。

•人工假象：可见组织变形或脱落，但无明显组织反应。

萎缩：鼻腔（Atrophy：Nasal Cavity）（图 2 至图 4）

发病机制 / 细胞来源：鳞状上皮、移行上皮、呼吸上皮、嗅上皮、腺上皮。

诊断要点：

•病变部黏膜变薄。

•细胞数量减少和 / 或细胞高度降低。

•嗅上皮萎缩常伴有固有层轴突束缺失。

•下层的鼻甲骨也可发生萎缩。

鉴别诊断：

•死后自溶：整个组织出现均匀一致的溶解，细胞层无组织结构或厚度变化。

•化生：上皮细胞类型出现改变，在过渡区常混有多种细胞类型。

•变性：纤毛或细胞结构缺失，但上皮层厚度不减小。

•通过上皮的切向切片：镜下可见切入的其他组织结构。

备注：萎缩常是鼻黏膜变性的结果。已观察到吸入多种化学物质后，继发于感觉细胞或支持细胞变性的鼻嗅上皮萎缩（Buckley 等，1985；Hardisty 等，1999；Monticello 等，1990）。

变性：鼻腔（Degeneration：Nasal Cavity）（图 5 至图 7）

发病机制 / 细胞来源：鳞状上皮、移行上皮、呼吸上皮、嗅上皮、腺上皮。

诊断要点：

•纤毛缺失。

•上皮空泡化 / 空泡形成。

•细胞间隙增大。

•细胞层正常组织结构消失。

•鼻腺体扩张，伴分泌物积聚。

鉴别诊断：

•死后自溶：整个组织出现均匀一致的溶解，无细胞层结构或厚度变化。

•化生：上皮细胞类型出现改变，在过渡区常混有多种细胞类型。

•萎缩：病变部黏膜变薄，轴突束或其他毗邻结构缺失。
•其他组织切入上皮：镜下可见切入的其他组织结构。

备注：有报道认为，鼻组织的变性是由于暴露于有毒物质（Harkema，1990；Monticello 等，1990；Morgan 和 Harkema，1996）及动物老龄化的结果（St. Clair 和 Morgan，1992）。鼻腔附属结构及其周围的组织也可发生各种变性。与食物味觉和信息素辨认有关的一个特殊感觉器官——犁鼻器，是由感觉上皮和柱状上皮组成的。在暴露于有毒物质或老龄化时，犁鼻器可发生变性和萎缩性变化（Uraih 和 Maronpot，1990；Sills，Morgan 和 Boorman，1994）。

嗜酸性小球（小滴）：鼻腔［Eosinophilic Globules（Droplets）：Nasal Cavity］（图 8 和图 9）

同义词：hyaline droplets；eosinophilic inclusions；hyaline droplet accumulation
发病机制 / 细胞来源：呼吸上皮、腺上皮与嗅上皮。

诊断要点：

•在嗅上皮支持细胞、呼吸上皮细胞与鼻腔浆液黏液腺的上皮细胞胞质中，积聚明显嗜酸性包含物。
•主要位于嗅上皮与呼吸上皮连接处。

鉴别诊断：

•由特定毒物引起的胞质变化。

备注：嗜酸性包含物多见于老龄动物，偶见于未经处理的大鼠的正常上皮中（Boorman，Morgan 和 Uraih，1990；Monticello，Morgan 和 Uraih，1990）。上述情况可能与感觉细胞缺失有关。这些嗜酸性包含物在下列特殊染色中均呈阴性：过碘酸 - 希夫染色（PAS 染色）、阿辛蓝染色、von kossa 染色、黏蛋白胭脂红染色、磷钨酸苏木素染色（PTAH）、麦森三色染色（Masson's trichrome 染色）、刚果红染色和甲苯胺蓝染色（Monticello，Morgan 和 Uraih，1990）。超微结构上，嗜酸性小球是由膜包裹的无定型絮状（可能为蛋白质性）物质。在吸入性试验研究中，呼吸上皮和嗅上皮嗜酸性滴状物的发生率和严重程度常增加，在暴露于二甲胺（Buckley，1985；Gross，Patterson 和 Morgan，1987）或吸入烟雾（J. Lewis，Nikula 和 Sachetti，1994）的大鼠中也可见到。暴露于烟雾中的小鼠，其鼻黏膜中的包涵体与烟雾中的某些有毒化合物诱导的一种酶——羧酸酯酶抗体发生反应，还可与几丁质酶家族成员 Ym2 蛋白的抗 Ym1 序列抗体发生反应（Ward 等，2001）。

淀粉样小体：鼻腔［Corpora Amylacea：Nasal Cavity］（图 10）

发病机制 / 细胞来源：嗅上皮或呼吸上皮及其相邻的固有层，鼻腺腔。

诊断要点：

•嗜碱性或双嗜性的物质。

•多呈薄层状，伴有矿化区域。

鉴别诊断：

•坏死：有其他明显的组织损伤。

•变性：有其他明显的组织损伤。

•鼻腔渗出物或异物：有其他明显的渗出物或异物。

•矿化：其他部位或组织有明显的矿化。

备注：在未经处理的大鼠和小鼠，淀粉样小体不常见（Monticello，Mogan 和 Uraih，1990），在暴露于二甲胺的小鼠，已有报道（Buckley 等，1985）。

淀粉样物质：鼻腔（Amyloid：Nasal Cavity）（图 11）

发病机制 / 细胞来源：（Myers 和 McGavin，2007），在多种组织，包括鼻腔黏膜上皮，出现化学上由不同糖蛋白组成的多肽片段在细胞外沉积。

诊断要点：

•黏膜下层可见细胞外有弱嗜酸性、无定型的物质。

•刚果红染色，偏振光显微镜下呈绿色双折光。

鉴别诊断：

•坏死：刚果红染色阴性；可见其他明显的组织损伤。

•变性：刚果红染色阴性。

•结缔组织透明样变：刚果红染色阴性。

•鼻腔渗出物或异物：刚果红染色阴性；可见分泌物或异物等其他证据。

备注：在数个品系的老龄小鼠，包括鼻腔在内的各种组织中都曾见到有淀粉或淀粉样物质沉积（Herbert 和 Leininger，1999；Haines，Chattopadhyay 和 Ward，2001；Korenaga 等，2004）。

坏死：鼻腔（Necrosis：Nasal Cavity）（图 1，图 12 至图 15）

发病机制 / 细胞来源：鳞状上皮、移行上皮、呼吸上皮、嗅上皮、腺上皮、鼻甲。

诊断要点：

•细胞核固缩或核碎裂。

•胞质嗜酸性。

•细胞肿胀或皱缩。

•细胞脱落。

•可引起糜烂或溃疡。

•可伴有炎症。
•纤维蛋白和 / 或细胞碎片在腔内积聚。

鉴别诊断：

•死后自溶：整个组织的均匀溶解，无细胞层结构或厚度变化。
•变性：纤毛缺失，细胞空泡化，但无炎症反应或细胞碎片。
•萎缩：细胞层变薄，但无炎症反应或细胞碎片。
•炎症：细胞浸润、充血和 / 或水肿，但无细胞脱落或细胞碎片。

备注：暴露于刺激性气体后，衬于鼻腔背侧、内侧和外侧的呼吸上皮和移行上皮常首先受到损伤。随后发生伴有纤维蛋白渗出与细胞破碎的炎症反应，从而可造成鼻甲与相邻组织结构的粘连。最常受到吸入性气体刺激物直接损害作用的嗅上皮区域是衬于鼻腔背内侧距口最近的嗅上皮（Buckley 等，1984；Hardisty 等，1999）。代谢生成有毒中间产物的化学物质，由于这种中间产物可损害嗅上皮，故常可引起全部嗅上皮的病变（Gaskell，1990），还可引起邻近 Bowman' s 腺的坏死。固有层神经束的萎缩是感觉细胞损伤（由于老龄化或毒性损害）的常见结局。相反，手术横切轴突或用抗微管药物治疗，则可引起嗅上皮细胞的凋亡（Levin 等，1999；Kai 等，2004）。毒性损害可累及鼻腺，继而上皮破坏并由纤维结缔组织取代。这种变化亦可自然发生，或许是一种老龄化现象。严重坏死可累及下层的鼻甲骨坏死，甚至引起鼻中隔穿孔。

糜烂 / 溃疡：鼻腔（Erosion/Ulceration：Nasal Cavity）（图 16 至图 18）

发病机制 / 细胞来源：鳞状上皮、移行上皮、呼吸上皮、嗅上皮或腺上皮。

诊断要点：

•仅鼻上皮缺损（糜烂）。
•鼻上皮及下层基底膜完全破坏（溃疡）。
•伴以坏死和炎症，常为化脓性或浆液纤维素性炎症。

鉴别诊断：

•人工假象：无炎症反应。
•萎缩：黏膜变薄，且无炎症反应或细胞碎片。
•自溶：整个组织切片全都溶解，无细胞层结构变化或厚度变化。
•坏死：可见坏死的细胞学特征（见上文），且黏膜完整。
•变性：可见变性的细胞学特征（见上文），且黏膜完整。

备注：糜烂和溃疡见于吸入毒物的所有类型鼻黏膜上皮（Monticello，Morgan 和 Uraih，1990）。应该注意将糜烂或坏死与试验过程中人为造成的鼻黏膜缺损或自溶加以区分。溃疡区常明显覆以浆液纤维素性或化脓性渗出物。呼吸上皮或嗅上皮反复损伤后，可分别出现鳞状上皮或呼吸上皮化生。当溃疡作为坏死过程的一部分出现时，把坏死和溃疡都记录下来将会提供一个清晰的病变描述。

再生：鼻腔（Regeneration: Nasal Cavity）（图 12 和图 19）

发病机制 / 细胞来源： 鳞状上皮、移行上皮、呼吸上皮、嗅上皮、腺上皮。

诊断要点：

- 上皮细胞形态正常，胞质嗜碱性。
- 细胞核质比增加。
- 上皮组织结构可不规整。
- 位于变性、坏死、增生或化生上皮区域的邻近部位或其中。

鉴别诊断：

- 增生：上皮因其细胞数量增加而增厚，故上皮表面高低不平，呈波浪状，细胞层次排列不规则（见本文的增生性病变部分）。
- 肿瘤：常为突入鼻腔的扩张性结节，细胞具有异型性，周围组织受压（见本文的增生性病变部分）。

备注：再生是指细胞或组织生长、以取代缺失或损伤结构的术语，而增生也是一个术语，指的是超过正常组织细胞数量的增多（Kumar，Abbas 和 Fausto，2004）。上皮细胞的不规则排列常见于再生过程中的嗅上皮。当鼻黏膜反复受到毒物伤害时，常同时出现变性、坏死与再生的变化。见上文中“变性”和“坏死”部分。

C. 炎症，鼻腔（别名：鼻炎）

鼻黏膜是化学性损伤的常见部位。上颌前端和鼻甲通常是吸入性刺激物伤害最早、最严重的部位。与鼻腔相关的结构（如鼻泪管）也可受到炎症过程的影响。鼻腔中偶见异物，通常为食物颗粒或垫料。鼻腔中的异物可引起原发性化脓性炎症反应，伴有或随后有巨噬细胞浸润。如果异物持续存在，可逐渐发展为慢性炎症，此时主要为巨噬细胞，也有数量不等的其他炎细胞。也可发生纤维化。

急性炎症：鼻腔（Inflammation，Acute：Nasal Cavity）（图 4 和图 20）

发病机制 / 细胞来源： 鳞状上皮、移行上皮、呼吸上皮、嗅上皮，或腺上皮及相关组织和管腔。

诊断要点：

- 血管充血。
- 水肿。

•浆液性、黏液性或纤维素性渗出物积聚。
•中性粒细胞。

鉴别诊断：

•坏死：细胞核固缩、核碎裂；胞质肿胀或皱缩；细胞碎片；伴有炎性浸润。
•慢性活动性炎症：炎细胞浸润为多种细胞的混合，包括粒细胞、淋巴细胞和组织细胞；纤维化。

备注：中性粒细胞游走进入鼻道，可产生化脓性渗出物。炎性渗出物或黏膜分泌物中出现嗜酸性粒细胞，提示该炎症过程中有免疫因素存在（Ibanes 等，1996）。

慢性炎症：鼻腔（Inflammation，Chronic：Nasal Cavity）

发病机制 / 细胞来源：鳞状上皮、移行上皮、呼吸上皮、嗅上皮，腺上皮及相关组织和管腔。

诊断要点：

•以淋巴细胞、浆细胞和巨噬细胞浸润为主。
•病变部位上皮增生，也可见纤维组织增生。

鉴别诊断：

•其他类型炎症（见下文）。
•结缔组织或造血系统的早期肿瘤。

备注：根据病变的时间长短和始发因素，慢性炎症的特征可能有所不同。

慢性活动性炎症：鼻腔（Inflammation，Chronic Active）：Nasal Cavity（图 21 和图 22）

发病机制 / 细胞来源：鳞状上皮、移行上皮、呼吸上皮、嗅上皮，或腺上皮及相关组织和管腔。

诊断要点：

•炎细胞浸润由粒细胞与淋巴细胞和 / 或组织细胞组成。
•充血、水肿、黏液渗出，或其他急性炎症变化。
•纤维组织形成，受累上皮也可发生增生或化生。

鉴别诊断：

•其他类型的炎症（见下文）。
•结缔组织或造血系统的早期肿瘤。

备注：“慢性活动性炎症”是指在慢性炎症进展的过程中有炎性粒细胞反复或持续出现。慢性活动性炎症与肉芽肿性炎症（见下文）在病因学和形态学上有很多相似之处。

肉芽肿性炎：鼻腔（Inflammation，Granulomatous：Nasal Cavity）（图 23 至图 30）

发病机制 / 细胞来源：鳞状上皮、移行上皮、呼吸上皮、嗅上皮，或腺上皮及相关组织和管腔。

诊断要点：

- 浸润的细胞主要是聚焦成堆的肥大的巨噬细胞（上皮样细胞），根据病变持续时间和致病原体的不同，可伴有淋巴细胞、浆细胞浸润和纤维化。
- 浸润的巨噬细胞可形成多核巨细胞。
- 有的可见病原体，如真菌、分支杆菌或异物。
- 脓性肉芽肿性炎症时，病变部位有粒细胞存在。
- 受累上皮可见增生或化生。

鉴别诊断：

- 其他类型的炎症（见下文）。
- 结缔组织或造血系统的早期肿瘤。

备注：肉芽肿性炎提示是能抵抗溶解的或有免疫原性的病原体，例如真菌、分支杆菌、异物（Kumar，Abbas 和 Fausto，2004）。在未经处理的老龄大鼠，偶见由动物毛发沉积所引起的异物性炎症（Nagano 等，1997；Takeuchi，Nagano，Aiso 等，1997）。这种病变在前、中、后鼻道均可发生，以中鼻道最为常见。有文献报道，在慢性试验研究中，吸入化学物质可加重异物性炎症（Takeuchi，Nagano，Katagirit 等，1997）。区分异物性炎症与其他炎性病变很重要，因为它们的原因不同。炎性息肉是由黏膜下增生的结缔组织构成的，其表面被覆化生、增生或正常黏膜上皮（图 27）；小鼠鼻腔可发生与牙齿发育障碍有关的炎性息肉（Losco，1995），大鼠喉部的炎症息肉可继发于鳞状上皮化生（Bucher 等，1990）。

淋巴细胞性或嗜酸性粒细胞性炎症：鼻腔（Inflammation，Lymphocytic or Eosinophilic：Nasal Cavity）

发病机制 / 细胞来源：鳞状上皮、移行上皮、呼吸上皮、嗅上皮或腺上皮及相关组织和管腔。

诊断要点：

- 在鼻腔黏膜固有层及相关组织中，有较单一的淋巴细胞、浆细胞或嗜酸性粒细胞浸润。

鉴别诊断：

- 急性炎症：血管充血，水肿，浆液性或黏液性渗出，有少量中性粒细胞。
- 其他类型的慢性炎症（见上文）。
- 鼻相关淋巴组织（NALT）增生：位于黏膜下的淋巴细胞结节不浸润鼻腔，仅限于毗邻上皮。
- 造血系统肿瘤：同质性淋巴细胞群浸润整个组织和其他部位。

备注：若炎症仅由淋巴细胞或浆细胞组成，表明是在免疫学基础上发生的炎症，或可能是淋巴细胞增生而非炎症。啮齿类及其他实验动物鼻咽管附近的鼻相关淋巴组织，其特性和功能与其他部位的黏膜相关淋巴组织相似，也是免疫学研究的课题（Harkema，Carey 和 Wagner，2006）。鼻相关淋巴组织已被推荐作为吸入性毒理研究中的一个常规检测组织（Renne 等，2007）。嗜酸性粒细胞浸润，表明是在免疫学基础上发生的炎症，包括寄生虫或变态反应引起的炎症。

D. 血管变化，鼻腔

充血：鼻腔（Congestion：Nasal Cavity）

发病机制 / 细胞来源：鼻组织及其周围组织的血管。

诊断要点：

- 黏膜下血管广泛扩张，充满血液。

鉴别诊断：

- 死后自溶：整个组织均匀溶解，伴有溶血。
- 血管扩张：受累组织正常结构变形，血管扩张。

备注：富含血管的鼻黏膜充血，见于濒死或垂死前剖杀的大鼠，这与终末期血液汇集于鼻腔有关。

水肿：鼻腔（Edema：Nasal Cavity）

发病机制 / 细胞来源：鼻及周围组织的脉管系统。

诊断要点：

- 血管外周和鼻腔中有蛋白性液体。

鉴别诊断：

- 死后自溶：整个组织均匀溶解，伴有溶血。
- 纤维素性渗出物：高倍镜下纤维素呈模糊粉红色渗出物。

备注：在吸入鼻毒性物质或鼻外伤时，最早见到的反应是鼻腔黏膜充血、水肿和 / 或出血。

出血：鼻腔（Hemorrhage：Nasal Cavity）

发病机制 / 细胞来源：鼻腔组织和鼻腔。

诊断要点：

- 鼻道中或鼻组织的血管外出现红细胞。

鉴别诊断：

- 眼眶后静脉窦采血造成的医源性出血。
- 血管扩张：血液存在于扩张的血管腔内。

备注：动物死前，由于从眼内眦眶后静脉丛采血，可在鼻泪管或鼻道见到少量血液。鼻腔出血也可由创伤、感染或吸入有刺激性化学物质、有毒气体或蒸气引起。

血管扩张：鼻腔（Angiectasis：Nasal Cavity）

发病机制 / 细胞来源：鼻及其周围组织的血管。

诊断要点：

- 血管断面扩大，受累组织的正常结构改变。

鉴别诊断：

- 血管瘤：局部有许多充满血液的腔隙，腔隙衬以同样的内皮细胞，受累组织的结构改变。
- 充血：血管广泛扩张、充满血液，但受累组织的结构无改变。
- 出血：鼻道或鼻组织的血管外有血液。

备注：血管扩张和 / 或血栓形成可见于鼻中隔、鼻甲或外侧壁，常与单核细胞性白血病或全身衰弱有关（Boorman，Morgan 和 Uraih，1990）。

血栓形成：鼻腔（Thrombosis：Nasal Cavity）（图 31）

发病机制 / 细胞来源：鼻黏膜下层及相关组织的血管。

诊断要点：

- 分层明显的粉红色 / 灰色无定型团块，内含白细胞和红细胞。
- 常规切片的血管腔中难以见到凝块状附着物。

鉴别诊断：

- 死后血凝块：白细胞很少或者没有，不呈层状结构，或含有细纤维。

备注：血栓也常与大鼠的单核细胞性白血病或全身衰弱有关。

E．非肿瘤性增生性病变：鼻腔

鳞状上皮化生：鼻腔，鼻咽，鼻旁窦（Metaplasia，Squamous Cell：Nasal Cavity，Nasopharynx，Paranasal Sinus）（图 32）

发病机制 / 细胞来源：移行上皮、呼吸上皮或嗅上皮的化生，也可发生于鼻泪管和固有层的腺导管。

诊断要点：

- 鳞状上皮取代移行上皮、呼吸上皮、嗅上皮或导管上皮。
- 由数层上皮细胞组成，越近表面的细胞越扁平。
- 上皮细胞大或排列紧密，纤毛完全缺失。
- 深层细胞核多呈圆形或椭圆形，核仁明显；表面细胞核较扁平。
- 有时可见轻度核多形和细胞异型。
- 表层细胞可含有透明角质颗粒，或角化过度。
- 表层细胞常脱落。

鉴别诊断：

- 鳞状细胞乳头状瘤：上皮表面形成乳头状或丝状突起或扩展到黏膜下腺体的管腔，可见纤细的血管性间充质基质，上皮显著增厚。
- 鳞状细胞癌：特征为基底膜破坏；细胞异型及极性消失；常见有丝分裂象；或有其他恶性肿瘤特征，如侵袭性生长或转移。
- 再生：常发生于急性损伤后。细胞为一层或两层厚度，嗜碱性增强；核稍大，但不像鳞状上皮化生那样，细胞呈层状平行排列。

备注：鳞状上皮化生的发生有时与慢性炎症有关，或见于再生过程中。在某些试验条件下（如根据吸入性刺激物的性质及暴露持续时间），具有正常成熟方式的鳞状上皮化生是可逆的。但是在其他情况下，最终会演变成鳞状上皮乳头状瘤或鳞状上皮癌。

（Belinsky 等，1987；Boorman，Morgan 和 Uraih，1990；Brown，1990；Brown 等，1991；Dungworth，Ernst 等，1992；Dungworth 等，2001；Feron，Woutersen 和 Spit，1986；Gopinath，Prentice 和 Lewis，1987；Harkema，1990；Holmström，Wilhelmsson 和 Hellquist，1989；Jiang，Buckley 和 Morgan，1983；Jiang，Morgan 和 Beauchamp，1986；Kerns 等，1983；Maronpot 等，1986；Monticello，Morgan 和 Uraih，1990；Quest 等，1984；Renne 等，1986；Reznik，Stinson 和 Ward，1980；Reznik-Schüller，1983a；Reznik-Schüller，1983b；Rivenson 等，1983；Schüller,Gregg 和 Reznik，1990；Takahashi，Iwasaki 和 Ide，1985；Turk，Henk 和 Flory，1987；Yu 等，1989）。

呼吸上皮、嗅上皮/腺上皮化生，鼻腔（Metaplasia，Respiratory，Olfactory/Glandular Epithelium，Nasal Cavity）（图 33）

发病机制/细胞来源： 嗅上皮细胞和/或固有层黏膜下腺体上皮细胞的化生。

诊断要点：

- 嗅上皮的呼吸上皮化生最常发生于背内侧鼻道的被覆上皮。
- 特征为感觉和支持神经上皮细胞缺损，这或许与局部萎缩和变性有关。
- 嗅上皮被类似呼吸上皮的纤毛单层柱状上皮或无纤毛单层柱状上皮所取代。
- 呼吸上皮化生常扩展至毗邻受累嗅上皮的黏膜下腺体。

鉴别诊断：

- 嗅上皮增生：嗅上皮因支持细胞、嗅感觉前体细胞和/或基底细胞增生而增厚，增生的细胞排列紊乱，常无纤毛。
- 为确保检查位点为正常被覆嗅上皮的部位，需要进行精确的解剖定位并与对照组比较。

备注：这一变化偶见于老龄大鼠和小鼠，也可能是对刺激物的一种反应性变化。自发性病变通常一侧重于另一侧，且与轻度扩张的 Bowman 氏腺有关，其中可能含有中性粒细胞和/或嗜酸粒细胞性颗粒碎片。呼吸上皮化生是否为癌前病变尚无证据。嗅上皮通常扩展到背侧鼻道前部的情况，可随年龄而变化，也可能与品系有关。

（Belinsky 等，1987；Boorman，Morgan 和 Uraih，1990；Brown，1990；Dungworth，Ernst 等，1992；Dungworth 等，2001；Gaskell，1990；Jiang，Morgan 和 Beauchamp，1986；Monticello，Morgan 和 Uraih，1990；Morgan，1991；Nagano 等，1988）。

鳞状上皮增生：鼻腔（Hyperplasia，Squamous Cell：Nasal Cavity）（图 34）

发病机制/细胞来源： 鼻前庭、鼻道腹侧的鳞状上皮增生，或化生的鳞状上皮增生。

诊断要点：

- 发生于鼻前庭、腹侧鼻道的鳞状上皮。
- 局部上皮细胞数量增多，达五层或更多层。
- 细胞分化正常。
- 偶见有丝分裂。
- 增生的鳞状细胞胞核较大，核仁较明显，胞质较丰富。

鉴别诊断：

- 鳞状细胞乳头状瘤：鳞状细胞呈外生性生长，有时混有立方状或黏液分泌细胞，附着于血管化的结缔组织茎上。

●鳞状细胞癌或腺鳞癌：伴有细胞异型性的上皮增生，可演变为鳞状细胞癌或腺鳞癌。恶性肿瘤的诊断是根据以下一项或几项特征，包括体积大小、上皮细胞极性缺失、高度异型性、有丝分裂象增多或侵袭性生长等。

备注：上皮厚度因在鼻前庭部位不同而稍有变化，故在轻度鳞状细胞增生的确定上，与对照组进行仔细比较是很重要的。

（Belinsky 等，1987；Boorman，Morgan 和 Uraih，1990；Brown，1990；Brown 等，1991；Buckley 等，1985；Dungworth，Hahn 等，1992；Dungworth 等，2001；Feron，Woutersen 和 Spit，1986；Gaskell，1990；Gopinath，Prentice 和 Lewis，1987；Harkema，1990；Jiang，Morgan 和 Beauchamp，1986；Maronpot 等，1986；Monticello，Morgan 和 Uraih，1990；Morgan，1991；Quest 等，1984；Renne 等，1986；Reznik，Stinson 和 Ward，1980；Reznik，Schuller 和 Stinson，1994；Reznik-Schüller，1983a，1983b；Rivenson 等，1983；Schüller，Gregg 和 Reznick，1990；Takahashi，Iwasaki 和 Ide，1985；Yamamoto 等，1990；Yu 等，1989）。

移行上皮增生：鼻腔（Hyperplasia，Transitional Epithelium：Nasal Cavity（图 35）

发病机制 / 细胞来源：鼻腔被覆的移行上皮，位于头侧鳞状上皮与尾侧呼吸上皮之间。

诊断要点：

●为三层或更多层细胞组成的无纤毛立方状 / 柱状上皮的增生。

鉴别诊断：

●腺瘤：通常为膨胀性生长的结节状团块，可突入鼻腔或副鼻腔。内生性生长的肿瘤中常见细胞异型。上皮下腺体的腺瘤可压迫相邻组织。

●鳞状细胞乳头状瘤：鳞状细胞的外生性生长，有时混有立方细胞或黏液分泌细胞，附着于血管化结缔组织茎上。

●腺癌、腺鳞癌、神经上皮癌：伴有细胞异型性的上皮增生可演变为腺癌、腺鳞癌或神经上皮癌（取决于病变部位及主要参与细胞）。恶性肿瘤的诊断主要根据以下一项或更多特征，包括体积大小、上皮细胞极性缺失、高度异型性、有丝分裂象增多或侵袭性生长等。

（Belinsky 等，1987；Boorman，Morgan 和 Uraih，1990；Brown，1990；Brown 等，1991；Buckley 等，1985；Dungworth 等，1992；Dungworth 等，2001；Feron，Woutersen 和 Spit，1986；Gaskell，1990；Gopinath，Prentice 和 Lewis，1987；Harkema，1990；Jiang，Morgan 和 Beauchamp，1986；Maronpot 等，1986；Monticello，Morgan 和 Uraih，1990；Morgan，1991；Quest 等，1984；Renne 等，1986；Reznik，Stinson 和 Ward，1980；Reznik，Schuller 和 Stinson，1994；Reznik-Schüller，1983a；Reznik-Schüller，1983b；Rivenson 等，

1983；Schüller，Gregg 和 Reznik，1990；Takahashi，Iwasaki 和 Ide，1985；Yamamoto 等，1990；Yu 等，1989）。

呼吸上皮增生，鼻腔、鼻咽、鼻旁窦（Hyperplasia，Respiratory Epithelium：Nasal Cavity，Nasopharynx，Paranasal Sinus）（图 36）

发病机制 / 细胞来源： 呼吸上皮增生。

诊断要点：

- 由基底细胞、黏液细胞、无纤毛立方 / 柱状细胞、鳞状细胞或嗅细胞数量增加而引起的上皮增厚。
- 上皮增生可使上皮呈现不规则波浪状。
- 由于无纤毛细胞数量增加，纤毛细胞可被挤压或者变得不太明显。
- 细胞层次常排列不整齐。
- 通常与变性或炎症有关。
- 偶见鼻中隔、上颌鼻甲、鼻鼻甲、筛骨鼻甲的上皮下腺体细胞数量增加。
- 上皮增生可能还包括非典型性、多形性基底细胞及未分化细胞的增生（伴有细胞异型性的上皮增生），但是其下的基底膜未破坏。

鉴别诊断：

- 腺瘤：通常为膨胀性生长的结节性团块，可突入鼻腔或副鼻腔。细胞异型性常见于内生性生长的肿瘤。上皮下腺体的腺瘤可压迫相邻组织结构。
- 鳞状细胞乳头状瘤：鳞状细胞的外生性生长，有时混有立方细胞或黏液分泌细胞，附着于血管化的结缔组织的茎上。
- 腺癌、腺鳞癌或神经上皮癌：伴有细胞异型性的上皮增生可演变为腺癌、腺鳞癌或神经上皮癌（取决于病变部位及主要参与细胞）。恶性肿瘤的诊断主要根据以下一项或更多特征，包括体积大小、上皮细胞极性缺失、高度异型性、有丝分裂象增加、侵袭性生长等。

备注：上皮增生通常是可逆性改变。伴有细胞异型性的上皮增生区，不应与该类上皮急性损伤后的再生性反应相混淆。侧鼻道的移行上皮增生一般是由吸入刺激物引起的。鳞状上皮化生可出现于增生的区域内。嗜酸性小球（嗜酸性蛋白样物质胞质内积聚）可能是所有类型的上皮增生的主要特征。嗜酸性小球还可见于非增生性细胞群中，一般认为是变性（含有蛋白性物质的膨胀的内质网）。

（Belinsky 等，1987；Boorman，Morgan 和 Uraih，1990；Brown，1990；Brown 等，1991；Buckley 等，1985；Dungworth，Hahn，等，1992；Dungworth 等，2001；Feron，Woutersen 和 Spit，1986；Gaskell，1990；Gopinath，Prentice 和 Lewis，1987；Harkema，1990；Jiang，Morgan 和 Beauchamp，1986；Maronpot 等，1986；Monticello，Morgan 和

Uraih，1990；Morgan，1991；Quest 等，1984；Renne 等，1986；Reznik，Stinson 和 Ward，1980；Reznik，Schuller 和 Stinson，1994；Reznik-Schüller，1983；Rivenson 等，1983；Schülle，Gregg 和 Reznik，1990；Takahashi，Iwasaki 和 Ide，1985；Yamamoto 等，1990；Yu 等，1989）。

黏液细胞增生 / 化生：鼻腔、鼻咽、鼻旁窦（Hyperplasia/Metaplasia, Mucous Cell：Nasal Cavity，Nasopharynx，Paranasal Sinus）（图 37）

同 义 词： hyperplasia，goblet cell；metaplasia，mucous cell；metaplasia，goblet cell

发病机制 / 细胞来源： 移行上皮的基底细胞或呼吸上皮的黏液（杯状）细胞。

诊断要点：

- 移行上皮和 / 或呼吸上皮的黏液细胞数量增加。
- 可通过解剖部位区分化生和增生；啮齿类动物鼻黏膜的移行上皮区正常情况下不会存在大量黏液细胞。
- 表面上皮内增生的黏液细胞可形成上皮内腺体。
- 黏液细胞一般较高，顶端含有黏液颗粒，细胞核位于基底部。

鉴别诊断：

- 腺瘤：通常为膨胀性生长的结节状团块，可突入鼻腔或副鼻腔。细胞异型常见于内生性生长的肿瘤。上皮下腺体的腺瘤可压迫相邻组织结构。
- 鳞状细胞乳头状瘤：鳞状细胞的外生性生长，有时混有立方细胞或黏液分泌细胞，附着于血管化结缔组织茎上。
- 腺癌、腺鳞癌或神经上皮癌：伴有细胞异型性的上皮增生可发展为腺癌、腺鳞癌或神经上皮癌（取决于病变部位及主要参与细胞）。恶性肿瘤的诊断根据以下一项或更多特征，包括体积大小、上皮细胞极性缺失、高度异型性、有丝分裂象增加、侵袭性生长等。

备注：在反复吸入刺激性物时，啮齿动物前鼻腔常发生黏液细胞化生和增生。尚无证据证实黏液细胞增生是癌前病变。该病变是由肥大的上皮细胞转化而来，而这种上皮细胞因含有分泌小滴而膨大成典型的杯状细胞。

（Belinsky 等，1987；Boorman，Morgan 和 Uraih，1990；Brown，1990；Brown 等，1991；Buckley 等，1985；Dungworth，Ernst, 等，1992；Dungworth 等，2001；Feron,Woutersen 和 Spit，1986；Gaskell，1990；Gopinath，Prentice 和 Lewis，1987；Harkema，1990；Jiang，Morgan 和 Beauchamp，1986；Maronpot 等，1986；Monticello，Morgan 和 Uraih，1990；Morgan，1991；Quest 等，1984；Renne 等，1986；Reznik，Stinson 和 Ward，1980；Reznik，Schuller 和 Stinson，1994；Reznik-Schüller，1983a，1983b；Rivenson 等，1983；

Schüller，Gregg和Reznik，1990；Takahashi，Iwasaki和Ide，1985；Yamamoto等，1990；Yu等，1989）。

嗅上皮增生：鼻腔（Hyperplasia，Olfactory Epithelium：Nasal Cavity）（图38）

发病机制/细胞来源： 嗅觉神经前体细胞、支持细胞或基底细胞增生。

诊断要点： 嗅上皮增生的特点是由于支持细胞、嗅觉感受前体细胞和/或基底细胞数量增加，导致上皮细胞厚度增加。

鉴别诊断：

- 腺瘤：膨胀性生长的结节状团块，可突入鼻腔或副鼻腔。细胞异型性常见于内生性生长的肿瘤。上皮下腺体的腺瘤可压迫相邻组织结构。
- 鳞状细胞乳头状瘤：鳞状细胞的外生性生长，有时混有立方状细胞或黏液分泌细胞，生长于血管化的结缔组织茎上。
- 腺癌、腺鳞癌或神经上皮癌：伴有细胞异型性的上皮增生可演变为腺癌、腺鳞癌或神经上皮癌（取决于病变部位及主要参与细胞）。恶性肿瘤的诊断是根据以下一项或更多特征，包括体积大小、上皮细胞极性缺失、高度异型性、有丝分裂象增加、侵袭性生长。

（Belinsky 等，1987；Boorman，Morgan 和 Uraih，1990；Brown，1990；Brown 等，1991；Buckley 等，1985；Dungworth，Hahn 等，1992；Dungworth 等，2001；Feron，Woutersen 和 Spit，1986；Gaskell，1990；Gopinath，Prentice 和 Lewis，1987；Harkema，1990；Jiang，Morgan 和 Beauchamp，1986；Maronpot 等，1986；Monticello，Morgan 和 Uraih，1990；Morgan，1991；Quest 等，1984；Renne 等，1986；Reznik，Stinson 和 Ward，1980；Reznik，Schuller 和 Stinson，1994；Reznik-Schüller，1983a；Reznik-Schüller，1983b；Rivenson 等，1983；Schüller，Gregg 和 Reznik，1990；Takahashi，Iwasaki 和 Ide，1985；Yamamoto 等，1990；Yu 等，1989）。

基底细胞增生：鼻腔、鼻咽、鼻旁窦（Hyperplasia，Basal Cell：Nasal Cavity，Nasopharynx，Paranasal Sinus）（图39）

发病机制/细胞来源： 呼吸上皮、移行上皮、嗅上皮、鳞状上皮或上皮下腺上皮的基底细胞增生。

诊断要点：

- 基底细胞的密度和基底细胞层的厚度增加。
- 常呈灶状、多灶状或节段性。基底上皮常形成小结节或不规则增厚。

鉴别诊断：

- 腺瘤：通常为膨胀性生长的结节性团块，可突入鼻腔或副鼻腔。细胞异型性常见于内生性生长的肿瘤。上皮下腺体的腺瘤可压迫相邻组织结构。
- 鳞状细胞乳头状瘤：鳞状细胞的外生性生长，有时混有立方状细胞或产黏液细胞，生长于血管化结缔组织茎上。
- 腺癌、腺鳞癌或神经上皮癌：伴有细胞异型性的上皮增生可演变为腺癌、腺鳞癌或神经上皮癌（取决于病变部位及主要参与细胞）。恶性肿瘤的诊断主要根据以下一项或更多特征，包括体积大小、上皮细胞极性缺失、高度异型性、有丝分裂象增加、侵袭性生长。

（Belinsky 等，1987；Boorman，Morgan 和 Uraih，1990；Brown，1990；Brown 等，1991；Buckley 等，1985；Dungworth 等，1992；a Dungworth 等，2001；Feron，Woutersen 和 Spit，1986；Gaskell，1990；Gopinath，Prentice 和 Lewis，1987；Harkema，1990；Jiang，Morgan 和 Beauchamp，1986；Maronpot 等，1986；Monticello，Morgan 和 Uraih，1990；Morgan，1991；Quest 等，1984；Renne 等，1986；Reznik，Stinson 和 Ward，1980；Reznik，Schuller 和 Stinson，1994；Reznik-Schüller，1983；Rivenson 等，1983；Schüller,Gregg 和 Reznik，1990；Takahashi，Iwasaki 和 Ide，1985；Yamamoto 等，1990；Yu 等，1989）。

神经内分泌细胞增生：鼻腔、鼻咽、鼻旁窦（Hyperplasia，Neuroendocrine Cell：Nasal Cavity，Nasopharynx，Paranasal Sinus）

发病机制 / 细胞来源：呼吸上皮或嗅上皮内的神经内分泌细胞呈簇状增生。

诊断要点：

- 嗅觉上皮内可见大小均一的小细胞簇，也可由基底上皮发生。细胞常具有少量嗜碱性细胞质，核染色质呈点状。
- 确诊增生的神经内分泌细胞需要用特殊标记物进行免疫染色。对于小鼠来说，最好的标记物是蛋白基因产物 9.5（PGP）、降钙素、降钙素基因相关肽（CGRP）和毒蜥素。

鉴别诊断：

- 神经上皮癌：神经内分泌细胞增生可演变为神经上皮癌。恶性肿瘤的诊断是根据以下一项或更多特征，包括体积大小、上皮细胞极性缺失、高度异型性、有丝分裂象增加、侵袭性生长。

（Haworth 等，2007；Kasacka 和 Sawicki，2004；Levasseur 等，2004；Reznik，Stinson 和 Ward，1980；Reznik-Schüller，1983a，1983b；Rouquier 和 Giorgi，2007；Schüller，Gregg 和 Reznik，1990；Shimosegawa 和 Said，1991；Trinh 和 Storm，2004）。

非典型增生：鼻腔、鼻咽、鼻旁窦（Hyperplasia with Atypia：Nasal Cavity，Nasopharynx，Paranasal Sinus）（图 40）

发病机制 / 细胞来源：增生的鳞状上皮、呼吸上皮、嗅上皮和腺上皮。

诊断要点：

- 增生的上皮含有许多基底细胞或未分化细胞。
- 很多细胞的核质比增大，细胞形状和大小异型。
- 异型性细胞突入相邻腺体。

鉴别诊断：

- 癌：恶性肿瘤特征，例如，侵袭或扩散到相邻组织或转移。

F. 肿瘤性增生性病变，鼻腔

鳞状细胞乳头状瘤：鼻腔，鼻咽，鼻旁窦（Papilloma，Squamous Cell：Nasal Cavity，Nasopharynx，Paranasal Sinus）（图 41）

发病机制 / 细胞来源：可来源于移行上皮、呼吸上皮或化生的嗅上皮，亦可来自鼻前庭的鳞状上皮。

诊断要点：

- 通常为外生性团块，由大小一致、排列规则的鳞状细胞形成乳突状或丝状结构。
- 上皮细胞被覆于血管化的结缔组织轴上。
- 基底膜完整。
- 偶见向黏膜表层下生长（“反向性”或“内生性”乳突状瘤）。
- 病变覆以鳞状上皮的表层细胞，这些细胞只含有角质化颗粒或高度角化。

鉴别诊断：

- 鳞状细胞增生或化生：通常为多灶性，具有极性。没有或仅有轻微的、不形成乳头状突起的外生性生长。无血管化的结缔组织茎。
- 腺瘤：无或很少鳞状细胞区域。
- 鳞状细胞癌：基底膜破坏、细胞异型性或失去极性，常见有丝分裂象或其他恶性肿瘤征象，如侵袭性生长或转移等。

备注：有时可见少量移行上皮和呼吸上皮细胞。

（Boorman，Morgan 和 Uraih，1990；Brown，1990；Brown 等，1991；Dungworth 等，1992；Dungworth 等，2001；Laskin 等，1980；Lee 和 Trochimowicz，1982；Pour 等，1976；Pour 和 Götz，1983；Renne 等，1986；Reznik，Schuller 和 Stinson，1994；Reznik-Schüller，

1983；Schüller 等，1990；Stinson，1983）。

腺瘤：鼻腔，鼻咽，鼻旁窦（Adenoma：Nasal Cavity，Nasopharynx，Paranasal Sinus）（图 42）

发病机制 / 细胞来源：肿瘤性转化的移行上皮、呼吸上皮或腺上皮细胞。

诊断要点：

- 常发生于鼻腔最前部，起源于鼻或上颌鼻甲黏膜，或起源于前鼻腔侧壁。
- 外生性生长，偶可突入鼻腔或副鼻腔，也可呈内生性生长。
- 呼吸上皮的内生性腺瘤或黏膜下腺体的腺瘤可引起压迫。
- 呈腺样结构或细胞呈片状，有时伴有脱落的死亡细胞形成的假腺泡样结构。腺样结构可呈囊状。
- 囊状腺体可含有 PAS 阳性物质、坏死脱落的上皮细胞和炎细胞。
- 分泌活动主要表现为黏液的产生。
- 通常由无纤毛立方状细胞和矮柱状细胞组成。
- 细胞质嗜碱性，细胞核位于中心。
- 偶见鳞状细胞化生灶。
- 上皮细胞可含有嗜酸性小滴。

鉴别诊断：

- 呼吸上皮增生：无外生性生长。无结节状病变。不压迫邻近组织。
- 鳞状细胞乳头状瘤：主要为鳞状细胞增生。多呈乳头状或丝状外生性生长。可见血管化的结缔组织茎。
- 腺癌：恶性明显，如细胞或细胞核异型性，有丝分裂象多见，侵袭性生长或转移。

备注：外生性生长的腺瘤有时称为息肉样或绒毛样腺瘤。肿瘤的部位常决定腺瘤的类型（移行上皮型或呼吸上皮型）。移行上皮细胞肿瘤常见于鼻腔前部侧鼻道。在很多病例中，用光学显微镜很难确定肿瘤细胞是来源于移行上皮、呼吸上皮，还是黏膜下腺体的腺上皮。超微结构上，腺上皮来源的腺瘤，与正常黏膜下腺体一样，腺泡周围可见肌上皮细胞和大的顶端分泌颗粒。尽管尚无报道，但腺瘤可来源于固有层的腺上皮。嗜酸性小球或小滴（胞质内嗜酸性蛋白质积聚）是腺瘤的主要特征。一般认为它是扩张的内含蛋白性物质的内质网，小鼠比大鼠常见。关于鼻黏膜嗜酸性小球的更多资料和图片见非增生性病变部分。

（Belinsky 等，1987；Boorman，Morgan 和 Uraih，1990；Brown，1990；Brown 等，1991；Dungworth，Ernst，等，1992；Dungworth，Hahn，等，1992；Dungworth 等，2001；Griciute 等，1986；Kerns，1985a，1985b；Kerns 等，1983；Klaassen，Jap 和 Kuijpers，1982；Lee 和 Trochimowicz，1982；Maronpot，1990；R. R. Miller 等，1985；Renne 等，1986；Reznik，Schuller 和 Stinson，1994；Reznik-Schüller，1983a，1983b；Schüller，Gregg 和 Reznik，1990；

St. Clair 和 Morgan，1992；Stinson，1983；Woutersen 等，1989）。

鳞状细胞癌：鼻腔、鼻咽、鼻旁窦（Carcinoma，Squamous Cell：Nasal Cavity，Nasopharynx，Paranasal Sinus）（图 43）

发病机制 / 细胞来源：可来源于向鳞状上皮分化的移行上皮、呼吸上皮或嗅上皮细胞；上皮下腺的腺上皮细胞；或来自鼻前庭鳞状上皮的恶性转化。

诊断要点：

- 最常发生在前鼻腔，源自鼻腔外侧壁、鼻中隔、鼻和上颌鼻甲，以及筛鼻甲的上皮。
- 由不同程度间变的细胞形成分支状、束状或团块状的实体。
- 细胞形态大小不规则：大且多角，或扁平且分层。
- 由于含有大量角蛋白，胞质呈嗜酸性，颗粒状或透明样。细胞可只包含透明角质蛋白颗粒或形成角化珠。
- 具有恶性肿瘤征象，如常见有丝分裂象、细胞或细胞核异型性、侵袭周围组织等。
- 高分化鳞癌主要是由细胞间桥明显、角化正常、核异型性小，以及有丝分裂指数低的细胞组成。
- 低分化鳞癌缺乏细胞间桥，出现角化异常（角化不良），细胞核和细胞质异型性明显，可见异常有丝分裂象。以梭形细胞为主。

特殊诊断技术：

超微结构检查（张力细丝）或免疫组织化学检查（角蛋白）可以确定低分化肿瘤的来源。

鉴别诊断：

- 鳞状上皮增生、呼吸或嗅上皮的鳞状上皮化生：缺乏恶性肿瘤的特征，如突破基底膜，侵袭周围组织、淋巴、血管、支气管，或转移等。可见极轻微的细胞异型性和 / 或排列紊乱。
- 腺鳞癌：区分腺鳞癌和伴有黏膜下腺体内陷的鳞状细胞癌是很困难的。鳞状细胞癌的腺体成分是正常的，而腺鳞癌的腺体成分具有恶性特征，例如，常见有丝分裂象，或细胞与细胞核的异型性明显，或侵袭周围组织、淋巴或血管。

备注：低分化、无角化的鳞状细胞癌可能会被误诊为低分化腺癌。一般而言，鼻腔的低分化肿瘤很难分类。电子显微镜和 / 或免疫组织化学检查有助于确诊。

（Bermudez 等，1992；Boorman，Morgan 和 Uraih，1990；Brown，1990；Brown 等，1991；Dungworth 等，1992；Dungworth，Hahn, 等，1992；Dungworth 等，2001；Hayashi，Mori，Nonomaya，1998；Kerns，1985a，1985b；Kerns 等，1983；Kociba 等，1974；Kristiansen 等，1993；Laskin 等，1980；Lee 和 Trochimowicz，1982；Maita 等，1988；Renne 等，1986；Reznik，Schuller 和 Stinson，1994；Reznik-Schüller，1983a，1983b；Schüller，Gregg 和 Reznik，1990；St. Clair 和 Morgan，1992；Stinson，1983；Stinson 和 Reznik-Schüller，1985；

Takahashi，Iwasaki 和 Ide，1985；Woutersen 等，1989；Yu 等，1989）。

腺鳞癌：鼻腔，鼻咽，鼻旁窦（Carcinoma，Adenosquamous：Nasal Cavity，Nasopharynx，Paranasal Sinus）（图 44）

发病机制 / 细胞来源：恶性转化的呼吸上皮、黏膜下腺体的导管上皮、嗅上皮的基底细胞和支持细胞，或来自上皮的化生区域。

诊断要点：

- 肿瘤含恶性的腺上皮和鳞状上皮两种成分。
- 肿瘤的鳞状上皮成分可见典型的角化珠形成。
- 肿瘤可含未分化的上皮细胞。
- 可见恶性征象，例如，有丝分裂象，细胞或细胞核异型性明显，或侵袭周围组织、淋巴、血管，或转移。

鉴别诊断：

- 鳞状细胞乳头状瘤：由鳞状细胞与黏液分泌细胞（黏膜表皮样类型）混合而成，而且缺乏恶性肿瘤的特征，如明显的细胞异型性、穿透基底膜、侵袭性生长或转移。鳞状细胞乳头状瘤中以鳞状细胞成分为主。
- 腺癌：通常腺癌不含鳞状细胞成分。腺癌中的鳞状细胞化生灶难以诊断。由大量肿瘤性腺组织和少量分化良好的鳞状细胞组成的癌，最好分类为腺癌。
- 鳞状细胞癌：由大量恶性鳞状上皮细胞构成，但有些肿瘤含有内陷成巢的非肿瘤性呼吸上皮或黏膜下腺体的上皮细胞。

（Boorman，Morgan 和 Uraih，1990；Brown 1990；Dungworth，Ernst 等，1992；Dungworth，Hahn，Schuller 和 Stinson，1992；Dungworth 等，2001；Lee 和 Trochimowicz，1982；Reznik，1994；Schüller，Gregg 和 Reznik，1990；Woutersen 等，1989）。

腺癌：鼻腔，鼻咽部，鼻旁窦（Adenocarcinoma:Nasal Cavity, Nasopharynx, Paranasal Sinus）（图 45）

发病机制 / 细胞来源：恶性转化的移行上皮、呼吸上皮或腺上皮，或嗅腺（又叫鲍曼氏腺、鲍氏腺）。

诊断要点：

- 位于前鼻腔（起源于上皮下腺体）、后鼻腔（通常起源于筛鼻甲的黏膜），或腺瘤发生恶变。
- 呈实体性、假腺体样、乳头状或管状结构。

- 腔内可充满黏液物质。
- 为大立方状到高柱状细胞，或间变细胞。
- 上皮失去极性。
- 可见仅穿过基底膜，也可侵袭周围骨组织、筛状板或脑的嗅叶。
- 侵袭大脑，或发生局部淋巴结转移或肺转移。
- 可出现鳞状分化的区域。
- 分化良好的腺癌有明显的腺体或囊泡状结构，这些结构衬以排列较整齐的分泌细胞。
- 分化不好的腺癌为间变细胞的团块，腺体结构不明显，细胞核高度多形性，常见异常有丝分裂象。

鉴别诊断：

- 腺瘤：缺乏恶性肿瘤的特征，如瘤细胞穿透基底膜、侵袭性生长和转移。如果存在腺体结构，腺体常呈圆形，衬以分化良好的高柱状细胞，核位于细胞基底部，无明显的细胞异型性。
- 腺鳞癌：腺鳞癌的肿瘤性鳞状细胞部分有恶性特征，例如，常见有丝分裂象，细胞或核异型性，或侵袭周围组织、淋巴或血管。腺癌中化生的鳞状细胞部分则具有良性特征，肿瘤特征也不突出。
- 神经上皮癌：可见明显的神经源性结构，即细胞间的丛状纤维（“神经原纤维”）和/或玫瑰花环。

备注：肿瘤的发生部位常决定腺癌的类型（移行上皮或呼吸上皮）。移行上皮肿瘤最常发生于前鼻腔（近端）的侧鼻道。低分化腺癌和神经上皮癌的鉴别有时只能通过电子显微镜检查。当神经源性成分得不到确证时，可考虑诊断为腺癌。

（Belinsky 等，1987；Boorman，Morgan 和 Uraih，1990；Brown，1990；Chen 等，1995；Dungworth，Ernst 等，1992；Dungworth，Hahn 等，1992；Dungworth 等，2001；Feron，Woutersen 和 Spit，1986；Griciute 等，1986；Lee 和 Trochimowicz，1982；Maronpot，1990；Pour 和 Götz，1983；Renne 等，1986；Reznik，Schuller 和 Stinson，1994；Reznik-Schüller，1983a，1983b；Schüller，Gregg 和 Reznik，1990；St. Clair 和 Morgan，1992；Stinson，1983；Stinson 和 Reznik，1985；Tamano 等，1988；Yamamoto 等，1989）。

神经上皮癌：鼻腔，鼻咽，鼻旁窦（Carcinoma,Neuroepithelial:Nasal Cavity, Nasopharynx,Paranasal Sinus）（图 46）

同义词：neuroepithelioma, olfactory; neuroblastoma, olfactory; esthesioneuroblastoma; carcinoma, olfactory. pathogenesis/cell of origin: malignant transformation of olfactory epithelium（sustentacular cells, basal cells, immaturesensory cells and possibly ductal cells of Bowman’s glands）

诊断要点：

- 起源于被覆小部分背侧鼻道、上 1/3 鼻中隔及后鼻腔大部分筛鼻甲的嗅上皮。
- 肿瘤细胞团常被纤维血管间质分隔成小叶。
- 细胞呈小圆形或柱状，胞质模糊、淡染。
- 细胞核呈圆形或卵圆形，位于细胞基底部，细胞异型性不明显。
- 细胞核染色质明显，界限清楚。
- 可见真玫瑰花环（Flexner-Wintersteiner 型）（肿瘤细胞围绕成有明显细胞膜的空腔，似腺体结构）或假玫瑰花环（Homer-Wright 型）（肿瘤细胞排列成圆形，包绕一个小的中央管腔，腔内充满无定形或杂乱的纤维状物质）。
- 有丛状细胞间原纤维。
- 可能有间变细胞的区域。

鉴别诊断：

- 腺癌：没有玫瑰花环或丛状细胞间原纤维。鉴别神经上皮癌的真玫瑰花环与腺癌中腺泡腔隙间的玫瑰花环，有用的鉴别特征是，在神经上皮癌中，细胞核排成玫瑰花环的细胞与其周围大小均一的瘤细胞群混在一起。

备注：此癌常侵袭筛骨和大脑。玫瑰花环的形态结构常有很大变化。目前资料不能确定，起源于嗅上皮的肿瘤称为神经上皮癌还是嗅神经母细胞瘤更为恰当。这里之所以笼统称为神经上皮癌，是因为肿瘤细胞可起源于感觉细胞或支持细胞，而嗅神经母细胞瘤则仅起源于神经源性成分。显然需要进一步区分神经源性的神经上皮肿瘤（神经母细胞瘤，成感觉神经细胞瘤）与非神经源性细胞类型（特别是支持细胞及其前体）起源的肿瘤。当玫瑰花环（真性、假性）和丛状细胞间原纤维无法确证时，诊断为腺癌较好。神经上皮癌的超微结构研究可发现嗅上皮的某些明显特征，如嗅泡、纤毛和微管。虽然鲍曼氏腺与鼻黏膜其他成分的组织发生关系尚不明确，但其来源极可能是非神经源性。因此，来源于鲍曼氏腺的癌应称为腺癌。多数神经上皮癌与抗中间丝抗体的免疫组化反应为阴性。

（Boorman，Morgan 和 Uraih，1990；Brown，1990；Dungworth，Ernst 等，1992；Dungworth，Hahn 等，1992；Dungworth 等，2001；Elkon，1983；Feron，Woutersen 和 Spit，1986；Griciute 等，1981；Rabstein 和 Peters，1973；Reznik，Schuller 和 Stinson，1994；Rivenson 等，1983；Schüller，Gregg 和 Reznik，1990；Stinson，1983；Stinson 和 Reznik-Schueller，1985；Vollrath 和 Altmannsberger，1989；Vollrath 和 Altmannsberger，1989；Vollrath 等，1986）。

喉，气管，支气管和细支气管

虽然没有鼻腔内衬的上皮复杂，但喉黏膜上皮也是由几个对吸入性毒物易感性不同的组织学亚型构成的（D. Lewis，1991；Renne 和 Miller，1996；Renne 等，2003；Renne 和 Gideon，2006）。喉部病变最常发生的部位是会厌基部鳞状上皮与呼吸上皮间的过渡区。

这一判定毒性影响的关键区域相当小，重要的是应用组织学技术，确保其在显微镜检查时可以观察到（D. Lewis，1991；Renne 等，1992；Sagartz 等，1992；Kittel 等，2004）。大鼠过渡区的被覆上皮是混有较圆的细胞、立方状细胞和纤毛柱状细胞。在小鼠，这一区域的上皮几乎都是单一的纤毛柱状细胞（Renne 等，1992）。其他常受影响的部位是杓状突起内侧和腹囊的前侧和外侧（D. Lewis，1991；R. R. Miller 和 Renne，1996）。

支气管是指气管远端气道，其管壁含有软骨、平滑肌和黏膜下腺体（mariassy，1992）。大鼠的气管和支气管主要被覆假复层纤毛柱状（呼吸）上皮，伴有数量较少的基底细胞、浆液性和黏液性杯状细胞（mariassy，1992）。大鼠喉及气管被覆的呼吸上皮中可见散在的白细胞。Jecker 等（1996）描述了大鼠喉不同区域的免疫活性细胞的分布情况。Widdicombe 等（2001）描述了啮齿类动物和兔的喉及气管黏膜下腺体的数量和分布的种属差异。气管假复层上皮的高度逐渐降低，直至在支气管变为单层上皮。大鼠只有肺外的主支气管壁含有起支撑作用的软骨。支气管相关淋巴组织（BALT）结节紧靠于近端肺内支气管。

气管支气管树的解剖结构某种程度上决定了吸入性刺激物进入特定气道的剂量。气管分叉顶端（隆凸）内表面被覆上皮是吸入性刺激物引起病变的常见部位，可能是因为该区域直接受到气雾剂较大剂量的影响（Gopinath，Prentice 和 Lewis，1987）。因此，在吸入研究的组织病理学评价中，气道切片应包括气道隆凸。

精心进行气道灌注固定和系统取材是确定肺部病变的先决条件。在大鼠和小鼠肺脏，气管在隆凸处分叉形成两个肺外支气管，分别进入左、右肺，按肺叶分出 12～20 个支气管，从气管到终末细支气管，管径逐渐变小（Yeh 和 Harkema，1993）。右主支气管分出右肺前叶支气管，中间叶与副叶支气管，以及后叶支气管。左主支气管进入单个、较大的左肺叶（Hebel 和 Stromberg，1986）。缺乏小叶内间隔。

作为本文的组织内容，近端细支气管病变分为喉、气管与支气管，终末细支气管病变则是肺泡。细支气管黏膜被覆单层柱状纤毛细胞和克拉拉细胞两种，越向远端，纤毛上皮数量越多（Boorman 和 Eustis，1990；Plopper 和 Hyde，1992）。无黏膜下腺体。

A. 上皮变化：喉，气管，支气管和细支气管

变性：喉，气管，支气管和细支气管（Degeneration:Larynx,Trachea, Bronchi, Bronchioles）（图 47 和图 48）

发病机制 / 细胞来源： 鳞状上皮，移行上皮、呼吸上皮和腺上皮。

诊断要点：

•纤毛缺失（仅限于呼吸上皮）。

•上皮水肿或胞质空泡样变。

•正常的立方状或柱状上皮细胞变圆。

•核固缩。

•黏膜下腺体扩张。

•导管因鳞状上皮化生而阻塞，导致腺体内分泌物质蓄积。

鉴别诊断：

•死后自溶：整个组织切面均溶解，细胞层的结构和厚度无改变。

•局部正常的无纤毛上皮。

•切片或插管造成的人为损伤。

•自发性的分泌物蓄积。

备注：喉部被覆上皮的变性常见于吸入低毒性物或低浓度的强毒性物时（R.A.Miller 和 Renne，1996）。会厌基部最常见到的轻度的病变包括纤毛缺失、正常立方状上皮或柱状上皮变圆。必须注意将这些变化与会厌过渡区正常存在的立方形或圆形无纤毛上皮区分开来（D. Lewis，1991；R. A. Miller 和 Renne，1996）。气管上皮的变性相当少见。在大鼠吸入化学物质后，常可见到喉和气管上皮中正常存在的白细胞数量减少或完全丧失（D. Lewis，1991）。黏膜下腺体导管内分泌物的积聚也可自发形成。

坏死：喉，气管，支气管，细支气管（Necrosis: Larynx，Trachea，Bronchi，Bronchioles）（图 49 和图 50）

发病机制 / 细胞来源：鳞状上皮，移行上皮，呼吸上皮和腺上皮。

诊断要点：

•核固缩、核碎裂。

•急性炎症反应。

•受损上皮脱落。

鉴别诊断：

•死后自溶：整个组织切面均溶解，但细胞层的结构和厚度无改变。

•人为损伤。

备注：尽管坏死最常见于会厌基部的过渡区域，但强刺激物吸入可导致整个管腔出现溃疡和重度炎症（R. A. Miller 和 Renne 1996）。强刺激物如异氰酸甲酯的吸入可导致上呼吸道及支气管黏膜重度坏死（Boorman 和 Eustis，1990）。

糜烂 / 溃疡：喉，气管，支气管，细支气管（Erosion/Ulceration:Larynx，Trachea,Bronchi,Bronchioles）（图 51 和图 52）

发病机制 / 细胞来源：鳞状上皮，移行上皮，呼吸上皮和腺上皮。

诊断要点：

•只有黏膜上皮脱落（糜烂）。

•穿透基底膜（溃疡）。

•相关炎症，通常为化脓性炎或浆液纤维素性炎。

鉴别诊断：

•发育缺陷：上皮缺失，但黏膜下层正常，没有坏死或炎症的迹象。

备注：糜烂和溃疡最常发生于会厌基底部的黏膜上皮。溃疡区域表面常可见覆盖着浆液纤维素性或化脓性渗出物。必须注意鉴别区分糜烂、溃疡与实施过程中人为因素造成的或死后自溶等导致的上皮丢失。胃管意外插入呼吸道或气管内滴入技术较差时，可引发喉或气管损伤，导致打鼾、浆液性或出血性流涕。喉或气管组织的重度撕裂伤可因空气逸入邻近组织而引发皮下气肿。光镜下，喉或气管黏膜的溃疡，可引起黏膜下水肿、充血或出血。黏膜上皮的溃疡可导致其下软骨的坏死与钙化。从入口到侧囊的 U 形软骨特别容易发生溃疡与坏死，当被覆上皮复原后软骨的细微病变仍持续存在（D. Lewis，1991；Hardy 等，1997）。呼吸上皮的反复破坏可引发鳞状上皮化生。

黏膜下腺体扩张：喉，气管，支气管（Ectasia in Submucosal Glands:Larynx, Trachea,Bronchi）（图 53）

发病机制 / 细胞来源：黏膜下腺体和相关导管上皮。

诊断要点：

•被覆黏膜上皮增生或鳞状化生后，继发排泄管堵塞，导致腺体异常扩张。

•喉、咽和气管的软骨变性，引发其黏膜下腺体阻塞，分泌物蓄积，继发炎症。

•喉、气管的黏膜下腺体扩张，也可自发形成。

鉴别诊断：

•腺体原发性炎症：没有明显导管阻塞。

备注：腺体的异常扩张是因为黏膜上皮增生或鳞状化生，或者导管内的分泌物蓄积使排泄管阻塞引起的（D. Lewis，1991）。扩张的腺体破裂，释放出蓄积的坏死组织碎片，引起肉芽肿性炎症反应，可发展成重度息肉样病变，部分阻塞喉腔（Bucher 等，1990；Schwartz 等，1994）。黏膜下腺体肉芽肿和相关软骨的变性，曾报道于喉、咽和气管（Germann，Ockert 和 Heinrichs，1998）。这些病变被认为是与实施胃管经口插入时造成的损伤有关，Fischer 344 大鼠比其他品系更常发生。喉或气管的黏膜下腺体扩张亦可是自发性的（Greaves 和 Faccini，1984）。

再生：喉，气管，支气管，细支气管（Regeneration:Larynx, Trachea, Bronchi, Bronchioles）

发病机制 / 细胞来源：鳞状上皮、移行上皮、呼吸上皮和腺上皮。

诊断要点：

- 上皮细胞形态正常，胞质嗜碱性。
- 核质比增加。
- 上皮结构可能不整齐。
- 在上皮再生区域内或其邻近部位，可见坏死、增生或化生。

鉴别诊断：

- 增生：上皮因细胞数量增加而增厚，导致上皮表面呈波浪状或皱褶，细胞层排列不规则（见本章增生性病变部分）。
- 肿瘤：膨胀性生长的结节常突入管腔，细胞异型并压迫邻近组织（见本章增生性病变部分）。

备注：喉、气管或支气管上皮损伤的结局与上文所述鼻黏膜损伤相似。当化学物质反复损害喉和气管组织时，上皮变性和再生都可出现，组织学所见紊乱。其结果引起同种上皮迅速再生至鳞状上皮化生。移行上皮或呼吸上皮的反复缺损常伴有组织增生的鳞状上皮化生，并常见化生上皮的角化。鳞状上皮化生在本文的增生性病变部分有详细叙述和图示。重要的是，要将呼吸上皮受到反复损伤形成的鳞状上皮化生与修复性扁平鳞状上皮区分开来，后者是在修复过程中临时性覆盖新近裸露的呼吸上皮（K.Keenan，1987）。已有报道，喉、气管和支气管上皮的细胞角质蛋白表达方式，有助于鉴别（Schlage，Bulles 和 Friedrichs 等，1998；Schlage，Bulles，Friedrichs 等，1998）。

B．炎症：喉，气管，支气管，细支气管

同义词：laryngitis，tracheitis，bronchitis

急性炎症：喉，气管，支气管，细支气管（Inflammation,Acute:Larynx, Trachea,Bronchi,Bronchioles）（图 50 至图 52）

发病机制 / 细胞来源：鳞状上皮、移行上皮、呼吸上皮或腺上皮和相关组织与管腔。

诊断要点：

- 血管充血。
- 水肿。
- 浆液、纤维素或脓性炎性渗出物积聚。

鉴别诊断：

- 慢性活动性炎症：粒细胞、淋巴细胞、组织细胞等炎细胞的混合物与纤维化。
- 濒死性出血和充血：没有或极少数炎细胞。
- 死后自溶：整个组织均匀溶解，但细胞层的结构与厚度无变化。

备注：会厌基底部和腹囊是吸入性刺激物最先引起而且是急性炎症最严重的部位。中性粒细胞进入呼吸道形成脓性渗出；如果嗜酸性粒细胞在渗出物或黏膜浸润，提示为免疫因素导致的炎症（Ibanes 等，1996）。在啮齿类动物，喉、气管或支气管各具特征的炎性反应都伴有变性或增生性病变。炎症的部位、类型及严重程度，取决于刺激物的物理特性和暴露持续时间。轻微的化脓性炎性渗出物常见于喉部上皮变性区域，当黏膜上皮发生溃疡时，则炎症变得严重，且常有细菌集落（D. Lewis，1991）。感染鼻腔的一些病原体也会引起喉、气管和支气管的炎性病变，给这些部位的轻微病变在鉴别诊断带来困难。吸入强刺激物会引起喉黏膜的致命性炎性病变。给大鼠吸入高浓度红磷烟雾或钠和锂的燃烧产物，可引起严重的喉部水肿和纤维蛋白或黏液聚集，造成气道闭塞而致动物死亡（Burton 等，1982；R. A. Miller 和 Renne，1996；Rebar，Greenspan 和 Allen，1986）。

肉芽肿性炎：喉，气管，支气管，细支气管 (Inflammation, Granulomatous: Larynx,Trachea,Bronchi,Bronchioles)

发病机制 / 细胞来源： 鳞状上皮、移行上皮、呼吸道上皮，以及相关组织和管腔。

诊断要点：

- 浸润的细胞主要是胞质丰富、聚焦成片的巨噬细胞（上皮样细胞），依病程和病原体的不同，可伴有淋巴细胞、浆细胞和纤维化。
- 浸润的巨噬细胞可形成多核巨细胞。
- 可以见到病原体为真菌、分支杆菌或异物。
- 若病变区出现粒细胞，则称为脓性肉芽肿性炎。
- 累及的上皮可出现增生或化生。

鉴别诊断：

- 其他类型的炎症（见下文）。
- 结缔组织或造血系统的早期肿瘤。

备注：肉芽肿性炎提示存在抗溶解或具有免疫原性的病原体，如真菌、分支杆菌或异物（Kumar，Abbas 和 Fausto，2004）。例如，扩张的黏膜下腺体腔内渗出物就会发生这种炎症反应。

慢性炎症：喉，气管，支气管，细支气管 (Inflammation, Chronic:Larynx, Trachea,Bronchi,Bronchioles) （图 54 和图 55）

发病机制 / 细胞来源： 鳞状上皮、移行上皮、呼吸上皮或腺上皮，及相关组织和管腔。

诊断要点：

- 黏膜固有层有淋巴细胞、巨噬细胞和成纤维细胞浸润。
- 黏膜相关淋巴组织（MALT）增生。
- 被覆上皮增生或化生。

鉴别诊断：

- 正在消散的急性炎症：浸润的炎性细胞中含有中性粒细胞。
- 结缔组织或造血组织的早期肿瘤。

备注：喉、气管或支气管的慢性炎症亚型或变异性慢性炎症（慢性活动性炎症或肉芽肿性炎症），其特征与上述鼻腔炎症相似；主要是单核细胞浸润，相关淋巴组织增生，累及的上皮化生或增生。上皮细胞增生和化生在本章的增生性病变部分有描述和图示（Dungworth，Ernst 等，1992；Schwartz 等，1994）。在大鼠喉腹囊腔内，常可见到矿化碎片、毛发或吸入的食物并伴以混合性炎性细胞渗出物和上皮变化（如鳞状上皮化生），老龄大鼠更为常见（D. Lewis，1991；R. A. Miller 和 Renne，1996）。在气管上皮发生炎症或鳞状上皮化生后，其黏膜下腺体也可见到相似的囊性病变。

支气管扩张：喉，气管，支气管，细支气管（Bronchiectasis：Larynx, Trachea,Bronchi,Bronchioles）（图 56）

发病机制 / 细胞来源：支气管上皮，管腔和邻近组织。

诊断要点：

- 支气管腔扩张并伴有黏液脓性渗出液充满管腔。
- 病变支气管周围纤维化。

鉴别诊断：

- 先天性异常：无炎性渗出物或较少，无纤维化或程度较轻。
- 吸入性异物：巨噬细胞内外均可见异物。

备注：支气管扩张是肺支原体感染引起的支气管肺炎的常见特征，但在实验大鼠现已极少见。黏液脓性分泌物可部分或完全堵塞主支气管，也可进入邻近细支气管。严重的支气管扩张可因代偿远端气道阻塞性肺不张造成的肺内间隙减少而形成。

C. 血管变化：喉，气管，支气管，细支气管

喉、气管和支气管的血管变化与上文描述的鼻腔或下文描述的细支气管和肺泡的变化类似。

D. 非肿瘤性增生性病变：喉，气管，支气管，细支气管

喉的上皮变异（Epithelial Alteration：Larynx）（图 57）

发病机制 / 细胞来源：呼吸上皮和 / 或立方状 / 移行上皮。

诊断要点：

- 纤毛缺失（呼吸上皮）。

•局灶性或弥漫性上皮细胞变扁平。

•细胞层次轻微增加（3～4层）。

鉴别诊断：

•鳞状上皮化生：其特征是细胞层次较多，呼吸上皮被鳞状细胞所代替，鳞状细胞表现为轻度细胞核多形和细胞异型；表层细胞可高度角化或仅含有透明角质蛋白颗粒。也可见表层细胞脱落。

•表面上皮溃疡和糜烂后的再上皮化（见上文糜烂/溃疡）。

备注：会厌基底部和腹囊区域是最易发生本病变的部位（Kaufmann等，2009）。使用这一非特异性诊断术语时，需要在病理报告中进一步描述本病变的特征。

鳞状上皮化生：喉，气管，支气管，细支气管（Metaplasia，Squamous Cell：Larynx,Trachea,Bronchi,Bronchioles）（图58和图59）

发病机制/细胞来源：呼吸上皮或黏膜下腺体的化生。

诊断要点：

•呼吸上皮或呼吸道上皮被鳞状上皮局灶性或弥漫性替代。

•表层细胞可以是非角化的、角化的或正在脱落的，也可含有透明角质蛋白颗粒。

•可见明显的细胞间桥。

•细胞核多呈圆形或椭圆形，核仁明显，但有些区域细胞核扁平或凹陷。

•轻度细胞核多形和细胞异型。

•常伴有鳞状上皮的假复层/复层增生。

鉴别诊断：

•乳头状瘤：突出于呼吸上皮表面或伸入黏膜下腺体管腔。在精细的血管性结缔组织茎外，覆以明显增厚的上皮。

•鳞状细胞癌：细胞异型与组织破坏更明显，侵袭基底膜或毗邻组织结构。

•上皮变异（主要用于喉上皮）：上皮细胞的轻微变化，即纤毛缺失，上皮变扁平呈横向发展，3～4层细胞。

•表面上皮溃疡或糜烂后的再上皮化（见上文糜烂/溃疡）。

备注：大鼠和小鼠喉部最易发生鳞状细胞化生的部位是会厌基底部和喉囊，此处上皮下有一小簇黏膜下腺体。精确的组织切面和解剖学定位，对正确评定这些部位的鳞状上皮化生是非常必要的。鳞状上皮化生的发生与急、慢性炎症或再生过程都有关。区分表面上皮溃疡或糜烂后的再上皮化与真正的鳞状上皮化生非常重要（见上文糜烂/溃疡）。由于正常复层鳞状上皮的细胞层数比正常呼吸上皮多，因此细胞层数增加有助于诊断鳞状上皮化生。不过当需要指出增生的严重程度时，则应单独诊断化生性鳞状上皮的增生（见下文鳞状上皮增生）。在一些试验环境下，根据吸入性刺激物的性质和暴露时间，具有正常分化方式的鳞状上皮化生是可逆的，但在其他情况下，可引起鳞状细胞乳头状瘤或鳞状细胞癌。

（Boorman，Morgan 和 Uraih，1990；Dickhaus 等，1977；Dickhaus 等，1978；Dungworth，Ernst 等，1992；Dungworth 等，2001；Faccini，Abbott 和 Paulus，1990；Gopinath，Prentice 和 Lewis，1987；Green 等，1980；Karube 等，1989；Kerns 等，1983；Luts 等，1991；Maekawa 和 Odashima，1975；Maronpot，1990；Maronpot 等，1986；Pack，Al-Ugaily 和 Morris，1981；Pour 等，1976；Rehm 和 Kelloff，1991；Rehm，Ward 和 Sass，1994；Reznik，Schuller 和 Stinson，1980；Reznik，1983；Takahashi，Iwasaki 和 Ide，1985；Yamamoto 等，1989）。

鳞状上皮增生：喉，气管，支气管，细支气管（Hyperplasia,Squamous Cell: Larynx,Trachea,Bronchi,Bronchioles）（图 60）

发病机制 / 细胞来源：喉正常鳞状上皮细胞的增生，或喉、气管、支气管化生性鳞状上皮的增生。

诊断要点：

- 喉正常鳞状上皮的增生和增厚（见上文鳞状上皮化生），或气管、支气管化生性鳞状上皮的增生和增厚。
- 通常可见局部细胞层数增加。
- 分化方式正常。
- 偶见有丝分裂象。
- 增生的鳞状细胞核较大，核仁较明显，胞质较丰富。

鉴别诊断：

- 鳞状细胞乳头状瘤：其特征是鳞状细胞呈外生性生长，其中混有立方状细胞或黏液分泌细胞，瘤细胞覆于有血管的结缔组织茎上。
- 鳞癌或腺鳞癌：伴有细胞异型的上皮增生，这些细胞可发展为鳞癌或腺鳞癌。恶性肿瘤的诊断是依据以下一个或几个特征：瘤体大小，上皮细胞极性消失，高度异型性或有丝分裂指数增加，或侵袭性生长。

备注：喉正常鳞状上皮的厚度因部位不同稍有变化，因此精确的制片和仔细与对照组比较非常重要。重度鳞状化生、增生和伴有血管性结缔组织茎的高度增生的炎症，可因喉黏膜下腺体导管被上皮化生堵塞引起（见上文黏膜下腺体扩张）。这些被称为炎性息肉的病变，可进一步使部分喉腔阻塞（Bucher 等，1990）。

（Boorman，Morgan 和 Uraih，1990；Dickhaus 等，1977；Dickhaus 等，1978；Dungworth，Ernst 等，1992；Dungworth 等，2001；Faccini，Abbott 和 Paulus，1990；Gopinath，Prentice 和 Lewis，1987；Green 等，1980；Karube 等，1989；Luts 等，1991；

Maekawa 和 Odashima，1975；Maronpot，1990；Maronpot 等，1986；Pack，Al-Ugaily 和 Morris，1981；Pour 等，1976；Rehm 和 Kelloff，1991；Rehm，Ward 和 Sass，1994；Reznik，1983；Takahashi，Iwasaki 和 Ide，1985；Yamamoto 等，1989）。

呼吸上皮增生：喉，气管，支气管，细支气管（Hyperplasia, Respiratory Epithelium: Larynx,Trachea,Bronchi,Bronchioles）（图 61）

发病机制 / 细胞来源： 呼吸上皮或腺上皮细胞增生。

诊断要点：

- 表面呼吸上皮细胞的层数增加，喉部纤毛常缺如。
- 在气管或支气管，可形成管腔突起。
- 当具有单纯结缔组织茎的小叶状上皮突入气道时，即为乳头状增生。
- 可见轻度核异型和细胞多形。

鉴别诊断：

- 乳头状瘤：见呼吸上皮表面的乳头状突起或内生性生长。精细的血管间叶基质中心被覆明显增生变厚的上皮。
- 腺癌：细胞异型性明显，或基底膜破坏，以及其他恶性特征，如侵袭或破坏邻近组织。
- 鳞状上皮化生：呼吸上皮被成熟鳞状上皮所替代，鳞状上皮常发生角化。

备注：在转基因小鼠，呼吸上皮乳头状增生常与乳头状瘤有关，也可因重复给予二乙基亚硝胺或气管内给予致癌物所致。对增生进一步分类是适当的，尤其是用针对特定靶细胞（如 Clara 细胞）的物质进行研究时，但对常规毒理病理学试验则无必要。

（Boorman，Morgan 和 Uraih，1990；Dungworth，Ernst 等，1992；Dungworth 等，2001；Gopinath，Prentice 和 Lewis，1987；Karube 等，1989；Kaufmann 等，2009；Kerns 等，1983；D. Lewis，1991；Luts 等，1991；Maronpot 等，1986；Pack，Al-Ugaily 和 Morris，1981；Rehm 和 Kelloff，1991；Takahashi，Iwasaki 和 Ide，1985）。

黏液细胞增生：喉，气管，支气管，细支气管（Hyperplasia, Mucous Cell: Larynx,Trachea,Bronchi,Bronchioles）（图 62）

同义词： metaplasia, mucous cell；metaplasia/hyperplasia, goblet cell；metaplasia, mucous cell

发病机制 / 细胞来源： 呼吸上皮的黏液细胞增生。

诊断要点：

- 呼吸上皮被单层或假复层黏液细胞替代。

鉴别诊断：

•乳头状瘤：其特征是外生性或膨胀性生长的乳头状结构。

•腺癌：细胞异型性明显，或基底膜破坏，以及其他恶性特征，如侵袭或破坏邻近组织。

•鳞状细胞化生：呼吸上皮被成熟的鳞状上皮所替代，鳞状上皮表面常发生角化。

备注：黏液细胞上皮增生与亚急性和慢性炎症有关，这些炎症可由传染性因子或局部接触致癌性或非致癌性刺激物所致。气管、支气管和细支气管的分泌细胞也可含有嗜酸性小滴（胞质内嗜酸性蛋白质积聚物），这一特征和在鼻腔上皮所见的病变相似。这些嗜酸性小滴被认为是含有蛋白质的扩张的内质网，而不是发育不良。它们是对组织刺激的反应，且发生率常随年龄增长而增加。

（Boorman，Morgan 和 Uraih，1990；Dungworth，Ernst 等，1992；Dungworth 等，2001；Gopinath，Prentice 和 Lewis，1987；Karube 等，1989；Kerns 等，1983；D. Lewis，1991；Luts 等，1991；Maronpot 等，1986；Pack，Al-Ugaily 和 Morris，1981；Rehm 和 Kelloff，1991；Takahashi，Iwasaki 和 Ide，1985）。

神经内分泌细胞增生：喉，气管，支气管，细支气管（Hyperplasia, Neuroendocrine Cell：Larynx,Trachea,Bronchi,Bronchioles）（图 63）

同义词：hyperplasia，pulmonary neuroendocrine cell（PNEC）

发病机制 / 细胞来源：细支气管的神经内分泌细胞增生。

诊断要点：

•突入喉、气管、支气管和细支气管管腔的均一的小细胞团。细胞质较少，核染色质呈点状。

•病变由 40 个以上的神经内分泌细胞组成。

•确认神经内分泌细胞，需要用特殊标记物进行免疫染色。适合大鼠的标记物是蛋白基因产物 9.5（PGP）和降钙素。小鼠最好的标记物是蛋白基因产物（PGP）9.5、降钙素、降钙素基因相关肽（CGRP）和毒蜥素。

鉴别诊断：

•乳头状瘤：其特征是外生性或膨胀性生长的乳头状结构。

•腺癌：细胞异型性大，或基底膜被破坏，以及其他恶性特征，如侵袭或破坏邻近组织。

•鳞状上皮化生：呼吸上皮被成熟鳞状上皮所替代，鳞状上皮表面常发生角化。

备注：上文已描述，啮齿类动物肺的气道根据解剖部位、上皮类型或软骨存在与否，命名为支气管和细支气管。微突于气道腔内的神经内分泌细胞小团块是正常组织学特征，这种小团块也被称为神经上皮小体（NEB），但必须与较大的增生性病变相鉴别。未能证实喉和气管的神经内分泌细胞中含有 5- 羟色胺，而在肺中却发现含 5- 羟色胺的细胞。

（Adriaensen 等，2001；Boorman，Morgan 和 Uraih，1990；Dungworth，Ernst 等，

1992；Dungworth 等，2001；Elizegi 等，2001；Gopinath，Prentice 和 Lewis，1987；Haworth 等，2007；Karube 等，1989；Kasacka 和 Sawicki，2004；Kerns 等，1983；Larson 等，2004；Lauweryns 和 Van Ranst，1988；Lauweryns 等，1987；D. Lewis，1991；Luts 等，1991；Maronpot 等，1986；McBride 等，1990；Montuenga 等，1992；Pack，Al-Ugaily 和 Morris，1981；Rehm 和 Kelloff，1991；Shimosegawa 和 Said，1991；Takahashi，Iwasaki 和 Ide，1985；Van Lommel，2001；Van Lommel 等，1999）。

非典型增生（异型增生）：喉，气管，支气管，细支气管［Hyperplasia with Cellular Atypia（Dysplasia）：Larynx,Trachea,Bronchi,Bronchioles］

发病机制 / 细胞来源：呼吸上皮或黏膜下腺体增生。

诊断要点：

- 被覆细胞的细胞 / 细胞核大小及形状有差异。
- 细胞核嗜碱性增强。
- 内陷的细胞核增多。
- 有双核或多核细胞。

鉴别诊断：

- 乳头状瘤：其特征是膨胀性 / 压迫性生长的乳头状结构。
- 腺癌：细胞异型性大，或基底膜被破坏，以及其他恶性特征，如侵袭或破坏邻近组织。
- 鳞状上皮化生：呼吸上皮被成熟鳞状上皮所替代，鳞状上皮表面常发生角化。

备注：上文已描述，啮齿类动物肺的气道根据解剖部位、上皮类型或软骨存在与否命名为支气管和细支气管。伴有细胞异型的上皮增生，主要见于全身使用亚硝胺类或气管灌注致癌物后的动物。细胞异型性也是肿瘤的一般特征，可无增生。

（Boorman，Morgan 和 Uraih，1990；Dickhaus 等，1977；Dickhaus 等，1978；Dungworth，Ernst 等，1992；Dungworth 等，2001；Faccini，Abbott 和 Paulus，1990；Gopinath，Prentice 和 Lewis，1987；Green 等，1980；Karube 等，1989；Kerns 等，1983；D. Lewis，1991；Luts 等，1991；Maekawa 和 Odashima，1975；Maronpot，1990；Maronpot 等，1986；Pack，Al-Ugaily 和 Morris，1981；Pour 等，1976；Rehm 和 Kelloff，1991；Rehm Ward 和 Sass，1994；Reznik，1983；Takahashi，Iwasaki 和 Ide，1985；Yamamoto 等，1989）。

E. 肿瘤性增生性病变：喉，气管，支气管，细支气管

乳头状瘤：喉，气管，支气管，细支气管（Papilloma：Larynx,Trachea,Bronchi,Bronchioles）（图 64 和图 65）

发病机制 / 细胞来源：呼吸上皮或鳞状上皮的肿瘤性增生。

诊断要点：

- 气道被分支的乳头状结构的生长物所扩张或挤压变形，这种乳头状结构的中轴为结缔组织，其外被覆立方上皮 / 呼吸上皮细胞。
- 根据制片的切面不同，可显示肿瘤起源于气道上皮。
- 在一些试验中，常与乳头状增生有关。
- 如乳头状瘤起源于终末细支气管，则肿瘤可长入肺泡。
- 基底膜完整。
- 无明显侵袭邻近组织的迹象。
- 分支的结缔组织中轴常被覆不同比例的立方上皮或柱状呼吸上皮细胞，偶尔也会覆以鳞状细胞。
- 有丝分裂象罕见，且仅局限于上皮基底层。

鉴别诊断：

- 呼吸上皮化生：无中心的结缔组织茎，无分支生长导致的管腔扩张 / 变形。
- 鳞状细胞化生：无结缔组织茎，无分支生长导致的管腔扩张 / 变形。见上文鳞状上皮化生中对炎性息肉的描述。
- 腺癌：特征是细胞多形性强，或侵袭邻近的肺结构。
- 鳞状细胞癌：基底膜破坏，或有细胞异型性，极性消失，有丝分裂象较多，或表现其他恶性特征，如侵袭性生长或转移。
- 细支气管 - 肺泡腺瘤或腺癌：这些肿瘤发生在肺泡实质。腺瘤以乳头状生长的方式从肺泡管向终末细支气管延伸。腺癌更具侵袭性或破坏性。

备注：重度鳞状上皮化生、增生和伴有丰富血管的结缔组织茎增生的炎症可导致喉、黏膜下腺体导管因其上皮化生而阻塞（见上文黏膜下腺体扩张）。被分类为非肿瘤性炎性息肉的这些病变，可进一步发展，部分阻塞喉腔（Bucher 等，1990）。要将起源于小细支气管的乳头状瘤和乳头状细支气管 - 肺泡腺瘤区分开是不可能的（或没有必要）。除非有明显的证据表明乳头状瘤起源于气道上皮，一般应归为细支气管 - 肺泡肿瘤。细支气管乳头状瘤的诊断可能在源自小气道上皮的乳头状瘤试验研究中是合适的，但应与小鼠肺自发性细支气管 - 肺泡肿瘤的常见类型相鉴别。被覆立方或柱状细胞的支气管乳头状瘤，其密集的乳头极似腺体结构时，有时也被称为支气管腺瘤。

（Boorman 和 Eustis，1990；Boorman，Morgan 和 Uraih，1990；Dickhaus 等，1977；Dickhaus 等，1978；Dungworth，Ernst 等，1992；Dungworth，Hahn 等，1992；Dungworth 等，2001；Ito 等，1989；Faccini，Abbott 和 Paulus，1990；Gopinath，Prentice 和 Lewis，1987；Green 等，1980；Karube 等，1989；Luts 等，1991；Maekawa 和 Odashima，1975；Maronpot，1990；Maronpot 等，1986；Maronpot 等，1991；Mohr 等，1990；Pack，Al-Ugaily 和 Morris，1981；Pour 等，1976；Rehm 和 Kelloff，1991；Rehm，Ward 和 Sass，1994；Reznik，1983；

Takahashi，Iwasaki 和 Ide，1985；Schüller，1987；Yamamoto 等，1989）。

良性神经内分泌细胞瘤：喉，气管，支气管，细支气管 (Tumor，Neuroendocrine Cell，Benign：Larynx,Trachea,Bronchi,Bronchioles)

同义词： papilloma，neuroendocrine；papilloma，pulmonary neuroendocrine cells（PNEC）

发病机制 / 细胞来源： 气管、支气管、细支气管上皮中散在的神经内分泌细胞的肿瘤性增生。

诊断要点：

- 气管或支气管壁结节性增厚，管腔变窄。
- 在较大病变，肿瘤细胞被疏松的纤维血管间质分隔成小叶或条索。
- 细胞呈多角形，界限清晰，胞质丰富、淡染，含有细微颗粒。
- 有丝分裂象罕见。
- 气道壁无瘤细胞浸润。

特殊诊断技术：

- 神经内分泌细胞的确证需要特定标记物的免疫组织化学染色或硝酸银染色：
  - 大鼠和小鼠：PGP 蛋白和降钙素是合适的标记物。
  - 小鼠：CGRP 和毒蜥素是附加标记物。
  - 硝酸银染色，细胞质中可见嗜银性神经分泌颗粒。

鉴别诊断：

- 神经内分泌细胞增生：为突入细支气管腔的均一小细胞团。胞质较少，核染色质呈点状。该病变是由许多神经内分泌细胞组成，但缺少纤维血管间质。
- 恶性神经内分泌细胞瘤：瘤细胞侵入气道壁。
- 乳头状瘤：要用组织化学、免疫组织化学和超微结构方法确诊，并将此瘤与乳头状瘤鉴别。

备注：大鼠的支气管中极少发生神经内分泌乳头状瘤，肿瘤具有降钙素阳性免疫反应。长期暴露于城市环境空气中可诱发此类肿瘤，其特征是无纤毛上皮细胞呈乳头状增生，细胞核圆形，胞质含有微细颗粒，弱嗜酸性，有纤维间质。在支气管到细支气管 - 肺泡连接处，有神经内分泌细胞乳头状增生的描述。尽管上文谈到小鼠的神经内分泌细胞增生，但小鼠的神经内分泌肿瘤尚无报道。

（Elizegi 等，2001；Haworth 等，2007；Ito 等，1989；Kasacka 和 Sawicki，2004；Larson 等，2004；Lauweryns 和 Van Ranst，1988；McBride 等，1990；Montuenga 等，1992；Shimosegawa 和 Said，1991；Van Lommel，2001；Van Lommel 等，1999）。

鳞状细胞癌：喉，气管，支气管，细支气管（Carcinoma，Squamous Cell：Larynx,Trachea,Bronchi,Bronchioles）（图 66 和图 67）

同义词： carcinoma，epidermoid

发病机制 / 细胞来源： 发生鳞状上皮化生并向肿瘤演进的呼吸上皮（或喉鳞状上皮）的恶性转变。

诊断要点：

- 瘤细胞成团块或不规则，其中心角化（角化珠），或角化不明显，但有明显的细胞间桥。常见细胞碎片和坏死，及以中性粒细胞为主的炎细胞。
- 细胞的形状、大小和排列：细胞大、不规则，也可呈多边形或扁平状，细胞层数多。
- 细胞质含有大量的角蛋白，因此胞质常呈嗜酸性颗粒状到透明样。
- 具有鳞状细胞癌的一般细胞学特征：非典型增生到间变。
- 细胞常呈多形性，包括形成非常大的细胞（“巨细胞”），其最大直径可达60μm或更大。
- 某些区域多见有丝分裂。
- 穿透基底膜，侵袭周围组织。
- 硬癌的发生可能与侵袭有关。

鉴别诊断：

- 鳞状细胞化生：无或轻微外生性生长。不形成乳头状突起。为排列规则有序的成熟细胞，无角化或很少角化，无非典型增生或异型。无血管化的结缔组织间质茎。
- 乳头状瘤：基底膜完整。无恶性肿瘤特征，如常见有丝分裂，细胞异型，侵袭周围组织、淋巴管、血管或支气管。外生性生长。
- 腺癌：由被覆立方上皮或多形性细胞的乳头状条索组成，通常不表现鳞状上皮化生。
- 肺腺鳞癌：由恶性鳞状细胞和非鳞状细胞组成的腺体成分构成的肿瘤。

转移：

- 鳞状细胞癌的转移主要发生在其他器官部位，通常为多灶性并在血管周围。

备注：在气管分支处或支气管主干的原发性鳞状细胞癌是人类吸烟最为致命的影响之一，也是人类死亡的一个主要原因（Greaves，2007）。大鼠上呼吸道的原发性癌可由接触醛类和其他刺激性化学物诱发。在小鼠呼吸道，试验诱发的鳞状细胞癌报道很少，而且也无自发性癌的报道。

（Boorman，Morgan 和 Uraih，1990；Dickhaus 等，1977；Dickhaus 等，1978；Dungworth，Ernst 等，1992；Dungworth，Hahn 等，1992；Dungworth 等，2001；Faccini，Abbott 和 Paulus，1990；Gopinath，Prentice 和 Lewis，1987；Green 等，1980；Karube 等，1989；Luts 等，1991；Maekawa 和 Odashima，1975；Maronpot，1990；Maronpot 等，1986；Pack Al-Ugaily 和 Morris，1981；Pour 等，1976；Rehm 和 Kelloff，1991；Rehm，Ward 和 Sass，1994；Reznik，1983；St. Clair 和 Morgan，1992；Takahashi，Iwasaki 和 Ide，1985；Yamamoto 等，1989）。

腺癌：喉，气管，支气管，细支气管（Adenocarcinoma：Larynx,Trachea, Bronchi,Bronchioles）（图 68）

发病机制 / 细胞来源：呼吸上皮的恶性转变。

诊断要点：

- 要有肿瘤起源于传导气道的确切证据。
- 明显侵袭基底膜或毗邻肺组织。
- 可见黏液细胞分化灶。
- 早期呈乳头状生长，乳头中心的结缔组织茎衬以立方上皮、柱状上皮或多形性上皮。
- 可见不规则的管状 / 腺样结构。
- 恶性的细胞特征，明显侵袭间质和 / 或破坏气道壁。

鉴别诊断：

- 乳头状瘤：特征是相当均一的立方细胞，无组织侵袭性。
- 鳞状细胞癌：肿瘤常由细胞团块组成，其中心角化；无明显角化时，可见明显的细胞间桥。

备注：喉、气管、支气管和细支气管的腺癌很少，转基因小鼠化学物质诱导的肿瘤报道也很少。（Dixon 和 Maronpot，1991；Dungworth，Ernst 等，1992；Dungworth，Hahn 等，1992；Dungworth 等，2001；Maronpot 等，1991；Rehm，Ward 和 Sass，1994）。

恶性神经内分泌细胞瘤：喉，气管，支气管，细支气管（Tumor，Neuroendocrine Cell，Malignant：Larynx，Trachea，Bronchi，Bronchioles）

同义词：carcinoma，clear cell；carcinoma，neuroendocrine

发病机制 / 细胞来源：气管上皮散在性神经内分泌细胞的恶性转变。

诊断要点：

- 气管壁结节状增厚，管腔变窄（目前为止，只有一例报道）。
- 肿瘤细胞被精细的纤维血管间质分割成小叶和条索。
- 细胞呈多角形，其界限清楚，胞质丰富淡染，有细小颗粒。
- 有丝分裂象罕见。
- 侵袭气管壁各层。
- 硝酸银染色，可见胞质中有嗜银性神经分泌颗粒。

鉴别诊断：

- 未分化肿瘤：需要用组织化学、免疫组织化学和电镜等方法进行确诊，并对这种肿瘤与其他多种未分化肿瘤进行鉴别。

备注：这种肿瘤仅有一例报道，主要根据此例做了以上描述。神经内分泌细胞增生显然极其罕见（Chandra，Riley 和 Johnson，1991；Dungworth，Ernst 等，1992；Dungworth，Hahn 等，1992）。

终末细支气管、肺泡和胸膜

大鼠和小鼠缺乏分化良好的呼吸性细支气管，因此，导气部到呼吸性气道的过渡比较突然（Tyler 和 Julian，1992）。每个终末细支气管、肺泡管及其所属肺泡构成一个肺腺泡（pulmonary acinus）（Mercer 和 Crapo，1992）。终末细支气管内衬有纤毛的柱状上皮、立方上皮和无纤毛细胞（克拉拉细胞）（Plopper 和 Hyde，1992）。大多数肺泡和肺泡管（93% ～ 97%）覆盖 I 型肺泡细胞上皮；II 型肺泡细胞是 I 型肺泡细胞的祖细胞，占肺泡上皮细胞的 3% ～ 5%，并产生肺表面活性物质。构成细支气管和肺腺泡各种细胞的分化能力、代谢能力和分布已在别处有详细描述（Parent，1992；Plopper 和 Hyde，1992；Plopper 和 Dungworth，1987；Boorman 和 Eustis，1990；St. George 等，1993）。与家养动物和灵长类动物相比，啮齿类动物的肺胸膜和肺间质结缔组织较薄（Tyler 和 Julian，1992）。

I 型肺泡细胞比 II 型肺泡细胞更易损伤，但磷脂代谢障碍更易损伤 II 型细胞，例如，双亲性阳离子药物所诱导的磷脂沉积症（Philpot 等，1977；Plopper 和 Dungworth，1987；Hook，1991）。细支气管纤毛上皮细胞对吸入性有毒物的直接作用高度敏感。克拉拉细胞中高浓度的代谢酶使其对经过酶的代谢才能产生细胞毒性的吸入或摄入的化学物质高度敏感（Smith 和 Brian，1991）。克拉拉细胞酶亦可分解毒性物质，使其失活而减轻细胞毒性。

诱发肺实质病变的部位及显微镜下所见取决于很多因素，包括暴露的途径和时程、吸入毒物的理化特性和浓度。影响吸入性气体渗透深度和病变部位最关键的因素是其水溶性和反应性。吸入性气溶胶和颗粒物引起气道病变的部位取决于颗粒的大小、形状、生物持久性和化学反应性。直径小于 3μm 的气体颗粒首先影响肺泡管及肺泡。吸入性毒物引起的肺实质病变大多分布在肺腺泡单位，即终末细支气管、肺泡管与肺泡。许多环境毒物可在终末细支气管和肺泡管交界处（腺泡中央区）引起病变。

啮齿类动物的自发性肺肿瘤，在 ILSI 专著（Rittinghausen 等，1996a；Rittinghausen 等，1996b）和 goRENI 数据库（HTTP://www.goreni.org/）中有详细描述及图解。很难清楚地区分细支气管 - 肺泡增生与细支气管 - 肺泡腺瘤，也很难区分细支气管 - 肺泡细胞癌和细支气管 - 肺泡腺瘤，因此，有时诊断可能比较主观。细支气管 - 肺泡腺瘤可从细支气管 - 肺泡增生发展而来。关于组织发生，研究人员多认为大多数乳头状细支气管 - 肺泡肿瘤是分化不良的 II 型细胞肿瘤向恶性表型发展的一种形式（Ohshima 等，1985；Ward 等，1985），而其他研究人员已证实，仓鼠（Rehm 和 Lijinsky，1994）和小鼠（Hicks 等，2003）的一些乳头状肿瘤可来自克拉拉细胞。试验设计和 / 或致癌物质的不同，可选择性诱导原发性肺肿瘤的特定组织学类型，或在一个动物个体中可观察到不同类型的肺肿瘤。

最近由国际肺癌研究组织发表的资料显示，小鼠原发性肺肿瘤分类与人类肺肿瘤的分类很接近（Nikitin 等，2004）。对于啮齿类动物实验诱导的原发性肺肿瘤的分类，该组织建议：摒弃细支气管 - 肺泡和肺泡 / 细支气管这种术语，赞成描述性术语，即实性、乳头状、混合性等，这样，啮齿类动物试验性肺肿瘤的形态学分类更接近于人类肺肿瘤的形态学分类。

原发性胸膜肿瘤（间皮瘤）的描述和分类在 INHAND 的结缔组织章节中。

A. 先天性病变：终末细支气管，肺泡，胸膜

先天性囊肿：终末细支气管，肺泡，胸膜（Congenital Cysts:Terminal Bronchioles，Alveoli，Pleura）

发病机制 / 细胞来源：细支气管、肺泡管、肺泡。

诊断要点：

•病变区域重度扩张。

•很少或不伴发邻近组织的炎症、纤维化或增生。

鉴别诊断：

•肺气肿：有炎症，多灶性，常呈腺泡中心性分布，缺少明显间隔，但腺泡结构完整。

•气道阻塞导致的继发扩张：有炎症和明显的阻塞。

•肺鳞状上皮囊肿：充满角化上皮的大囊肿（见下文）。

•角化的囊性上皮瘤：充满角化上皮的大囊肿（见下文）。

•非角化上皮瘤：为小结节状病变，其肺泡内充满无角化或少角化的鳞状细胞。

备注：大鼠肺实质孤立的囊性变罕见，且其来源不明。这些囊腔仅以纤维组织相隔，无明显炎症。鳞状上皮囊肿和囊性上皮瘤将在下文增生性病变中描述。

肺发育不良：终末细支气管，肺泡（Pulmonary Hypoplasia：Terminal Bronchioles，Alveoli）

发病机制 / 细胞来源：细支气管、肺泡管、肺泡及相关组织。

诊断要点：

•肺泡发育障碍。

•Ⅱ型肺泡细胞停止向Ⅰ型肺泡细胞分化。

鉴别诊断：

•Ⅱ型肺泡细胞增生：肺泡结构正常，但肺泡主要被覆Ⅱ型细胞。

备注：经口灌胃除草醚引起新生大鼠肺实质的发育不良，已被用作人肺发育不良的动物模型（Kimbrough，Gaines 和 Linder，1974）。

B. 上皮变化：终末细支气管，肺泡，胸膜

变性：终末细支气管，肺泡（Degeneration：Terminal Bronchioles，Alveoli）（图 69）

发病机制 / 细胞来源： 细支气管、肺泡管和肺泡上皮。

诊断要点：

- 纤毛缺失。
- 上皮空泡化或细胞质空泡样变。
- 核固缩。

鉴别诊断：

- 死后自溶：整个组织均匀溶解，细胞层无结构和厚度变化。
- 萎缩：黏膜上皮变薄，但无炎症或细胞碎片。
- 坏死：核固缩或碎裂，胞质嗜酸性，细胞肿胀或皱缩，细胞脱落，伴炎症反应。

备注：细支气管和肺泡上皮的轻微变性与上呼吸道的类似。纤毛缺损、正常立方形或柱状上皮细胞变圆以及克拉拉细胞正常顶端分泌颗粒缺失是臭氧或二氧化氮等常见城市污染物引起的早期典型的变性（Plopper 和 Dungworth，1987；Boorman 和 Eustis，1990；Haschek-Hock 和 Witchi，1991）。有些化合物如溴苯、四氯化碳或乙酰酚胺可通过代谢产生毒性作用，诱导克拉拉细胞变性和坏死（Plopper 和 Dungworth，1987；Haschek-Hock 和 Witchi，1991）。

坏死：终末细支气管，肺泡 (Necrosis：Terminal Bronchioles，Alveoli)（图 70）

发病机制 / 细胞来源： 细支气管、肺泡管和肺泡的被覆上皮以及相关组织。

诊断要点：

- 核碎裂或核固缩。
- 病变细胞脱落于管腔。

鉴别诊断：

- 死后自溶：整个组织均匀溶解，组织结构不发生改变。
- 变性：纤毛缺失，上皮空泡化或空泡样变，细胞间隙增大，细胞层结构紊乱。

备注：细支气管上皮细胞和 / 或 I 型肺泡细胞的坏死和脱落，可释放炎症介质（Driscoll，

1995）激发急性炎性反应、巨噬细胞聚集，以及 II 型肺泡细胞和克拉拉细胞的增生，以替代缺失的肺泡和细支气管上皮细胞。

再生：终末细支气管，肺泡（Regeneration：Terminal Bronchioles，Alveoli）（图 71 和图 72）

发病机制 / 细胞来源： 细支气管、肺泡管和肺泡上皮。

诊断要点：

- 上皮细胞形态正常，胞质嗜碱性。
- 核质比增加。
- 再生早期上皮结构不规则。
- 再生的细胞位于变性、坏死、增生或化生区域内或附近。

鉴别诊断：

- 增生：细支气管和肺泡上皮因其细胞数量增加而增厚，致细支气管上皮表面高低不平，起皱；肺泡细胞增多，但肺泡结构尚存（见本章增生性病变部分）。
- 肿瘤：扩张性结节常突入细支气管管腔或压迫附近的肺泡，有细胞异型性（见本章增生性病变部分）。

备注：细支气管上皮细胞缺失的结局与上文所述的上呼吸道上皮细胞的缺失相似，从单次损伤后的原上皮细胞的再生，到反复损伤后，细支气管管腔及其周围纤维化（见下文），或鳞状和 / 或杯状细胞化生、增生和肿瘤形成。终末细支气管、肺泡管和肺泡上皮细胞的缺失，可激发 II 型肺泡细胞和细支气管上皮的增生替代。

啮齿类动物特定类型的肺泡上皮再生有支气管化、支气管肺泡增生或 II 型细胞增生（Schwartz 等，1994；Dungworth，Hahn 和 Nikula，1995）。缺失的肺泡上皮可由周围延伸到肺泡管和肺泡的细支气管上皮细胞或 II 型肺泡细胞化生所取代（Dungworth,Hahn 和 Nikula，1995）。细支气管和肺泡上皮的化生和增生在本章的增生性病变部分有详细描述和图解。

C. 肺泡内积聚：终末细支气管，肺泡，胸膜

肺泡巨噬细胞聚集：终末细支气管，肺泡（Alveolar Macrophage Aggregation：Terminal Bronchioles，Alveoli）（图 73 和图 74）

同义词： alveolar histiocytosis；alveolar phospholipidosis.Pathogenesis/cell of origin：Alveolar ducts and alveoli

发病机制 / 细胞来源： 肺泡管和肺泡。

诊断要点：

- •肺泡内有不同程度的巨噬细胞聚集，胞质呈泡沫状。
- •常见于老龄动物胸膜下区域自发性病变（肺泡组织细胞增多症）。
- •老龄性病变中，有些巨噬细胞中可见含铁血黄素。
- •肺泡内含有脂质的巨噬细胞大量聚集（肺泡磷脂沉积症），可由某些阳离子双亲性药物所致的内源性脂质代谢障碍引起。

鉴别诊断：

- •肺泡脂蛋白沉积症（见下文）：肺泡含有颗粒状物质，且充满非细胞性淡染的 PAS 阳性脂蛋白和数量不等的巨噬细胞。
- •吸入性物质引起的炎性反应：巨噬细胞内的吸入性物质很明显。

备注："肺泡组织细胞增多症"一词是用来描述从肺泡巨噬细胞小灶，到以巨噬细胞为主的炎细胞混合物，再到纤维化为主要特征的连续病变过程（Dungworth，Ernst 等，1992）。灶状肺泡组织增多症在正常老龄大鼠较常见（Boorman 和 Eustis，1990；Brix 等，2005）。大鼠肺泡内含有脂质的大量巨噬细胞聚集（肺泡磷脂沉积症），可由某些特定的阳离子双亲性药物所致的内源性脂质代谢障碍（Halliwell，1997；Hook，1991）或垂体切除（Konishi 和 Higashiguchi，1996）引起。肺泡巨噬细胞聚集是对吸入性毒物的最初反应，也是对肺实质坏死反应的主要特征。巨噬细胞聚集可不伴有细胞外表面活性物质增加或明显炎性病变发展。作为对补体结合释放的趋化因子反应和在吸入性细胞毒性物质刺激的其他过程中，大量巨噬细胞游向肺泡（Warheit，1998）。对毒性颗粒的吞噬作用和随后巨噬细胞的死亡，都会释放其他对粒细胞、成纤维细胞和巨噬细胞的趋化因子（Haschek-Hock 和 Witchi，1991）。

肺泡脂蛋白沉积症：终末细支气管，肺泡（Alveolar Lipoproteinosis：Terminal Bronchioles，Alveoli）（图 75）

发病机制 / 细胞来源：肺泡管和肺泡。

诊断要点：

- •肺对吸入或灌注二氧化硅的反应特征是：肺泡充满非细胞性、PAS 阳性、淡染的嗜酸性物质（脂蛋白）和数量不等的巨噬细胞。

鉴别诊断：

- •肺泡性组织细胞增生症 / 磷脂沉积症：巨噬细胞持续增多；药物引起的磷脂沉积症也可累及其他器官。
- •肉芽肿性炎症：细胞浸润比脂蛋白沉积症更明显，主要是巨噬细胞；无非细胞性成分。
- •肺水肿：为均质粉染、PAS 阴性渗出物，无细胞成分。
- •肺泡内纤维素和黏液：网片状（纤维素）或淡蓝染（黏液）渗出物。

备注：大鼠肺泡脂蛋白沉积症易由反复暴露于细胞毒性物质如二氧化硅晶体（石英）引起（Dungworth，Ernst 等，1992；Heppleston 和 Young，1972；Hook，1991）。这种物质可通过电镜确认是 II 型肺泡细胞分泌的磷脂表面活性物质。由吸入细胞毒性微粒诱发的肺泡脂蛋白沉积症中，充满磷脂表面活性物质的巨噬细胞较少，但在药物诱导的磷脂沉积症中，泡沫状巨噬细胞则持续存在（Dungworth，Ernst 等，1992）。

色素，粉尘，惰性物质：终末细支气管，肺泡，胸膜（Pigments，Dusts，Inert Materials：Terminal Bronchioles，Alveoli，Pleura）（图 76 至图 78）

发病机制 / 细胞来源：细支气管，肺泡管，肺泡。

诊断要点：

- 在管腔和间质可见不同大小的颗粒状物。
- 颗粒状物位于巨噬细胞内或肺泡中。
- 巨噬细胞数量增多。
- 不同程度的炎性反应。

鉴别诊断：

- 肺泡组织细胞增多症：无色素或其他物质。
- 脂蛋白沉积症：肺泡内充满非细胞性、淡染、PAS 阳性的嗜酸性物质和数量不等的巨噬细胞。
- 吸入性物质的炎性反应：巨噬细胞内可见吸入的物质。

备注：含铁血黄素是未经处理的老龄大鼠最常见的肺部色素，这是一种棕色、铁离子反应阳性的色素，常见于血管和细支气管周围肺泡的巨噬细胞内。肺泡巨噬细胞中也可见到脂褐素。大的血红蛋白结晶偶见于肺泡。多种外源性粉尘均可见于肺实质，通常位于巨噬细胞内。汽车尾气或其他碳氢化合物中的含碳物质在肺组织处理后仍保持深色，并见于肺泡。其他粉尘，如二氧化硅或滑石粉，可通过偏振光确定其双折光性。其他相对惰性的物质如玉米油剂，如灌胃时意外灌入肺内，可引起极小的反应，难以发现（Boorman 和 Eustis，1990）。

D. 炎症：终末细支气管，肺泡，胸膜（Inflammation：Terminal Bronchioles，Alveoli，Pleura）

同义词：bronchiolitis，pneumonitis，pneumonia，pleuritis

肺部的炎症可分为围绕肺泡和间质的最初的病变（肺泡 / 间质型）和以终末呼吸道为中心的病变（终末细支气管肺泡型）。这种分类有助于理解肺实质病变的发病机制和主要原因（Dungworth，Ernst 等，1992）。

急性肺泡炎症 / 急性间质炎症：终末细支气管，肺泡，胸膜（Inflammation, Acute Alveolar/Interstitial：Terminal Bronchioles,Alveoli,Pleura（图 79）

发病机制 / 细胞来源：肺泡管和肺泡。

诊断要点：

•高浓度或强毒性毒物可引起细支气管和肺泡的水肿、出血和浆液纤维素性渗出。

•低毒性毒物仅引起暂时性浆液、纤维素或脓性渗出。

•剂量不同，镜下所见也不同。

•可累及相邻终末细支气管。

鉴别诊断：

•原发性心血管病继发的充血和水肿：无炎细胞浸润。

备注：肺泡 / 间质炎症通常与出血性损伤或吸入高浓度毒物（特别是气体）有关，但在细支气管和远端腺泡部位的肺泡之间看不到剂量差异的相关性（Dungworth，Ernst 等，1992）。吸入低毒颗粒物或气体可引起暂时性浆液、纤维素或脓性渗出和 / 或肺泡巨噬细胞增多。主要见于急性弥漫性肺泡损伤的出血性和浆液纤维素性渗出物，是由休克样状态、化学物质和一些急性全身性病毒感染引起的。全身性细菌感染可通过血流影响肺组织，引起化脓性肺泡炎和血管周围浸润，病毒感染可引起血管周围和肺泡的化脓性或单核细胞性浸润。

慢性间质性炎：终末细支气管，肺泡，胸膜 (Inflammation, Chronic Interstitial:Terminal Bronchioles,Alveoli,Pleura)（图 80 和图 81）

发病机制 / 细胞来源：细支气管、肺泡管、肺泡周围的结缔组织和胸膜。

诊断要点：

•间隔和间质纤维化（见下文）。

•血管和细支气管周围单核细胞聚集。

•支气管相关淋巴组织（BALT）增生。

鉴别诊断：

•早期结缔组织肿瘤：整个切片均由一致的细胞群浸润。

急性细支气管肺泡炎：终末细支气管，肺泡，胸膜 (Inflammation, Acute Bronchioloalveolar:Terminal Bronchioles, Alveoli, Pleura)（图 82）

同义词：bronchopneumonia

发病机制 / 细胞来源：细支气管，肺泡管，肺泡及相关组织。

诊断要点：

•在细支气管和肺泡管内有浆液性、纤维素性或化脓性渗出物，而且扩展到肺泡内。

•血管周围和肺泡充血，水肿。

•原发和最严重的早期变化常见于终末细支气管、肺泡管和毗邻的肺泡（腺泡中央型）。

•巨噬细胞是颗粒物所致的病变和上皮坏死性病变在肺泡管和肺泡炎性浸润的主要特征。

鉴别诊断：

•其他与吸入性毒物相关炎症（见上文肺泡 / 间质炎）。

备注：能引起实质细胞坏死的毒性物质和传染源，均可引起细胞受损部位的急性炎症。细支气管肺泡性炎症类型与吸入性细颗粒大量沉积在终末细支气管、肺泡管和邻近肺泡的部位有关（Plopper 和 Dungworth，1987）。另一个因素是终末细支气管的上皮细胞很脆弱，而被覆肺泡管和肺泡的 I 型肺泡细胞更敏感。细支气管、肺泡管和肺泡上皮的坏死和溃疡，引起明显的管腔内渗出，根据损伤的严重程度和时间不同，渗出物可从浆液性到纤维素性，再到黏液脓性。在病变气道和附近血管的周围，有数量不等的急性炎细胞和巨噬细胞。进入肺实质的强刺激物可引起急性、局灶性坏死和明显的化脓性炎症反应（脓肿），或引起慢性、肉芽肿性炎症反应（见下文）。高浓度吸入性颗粒物（如氧化钛）引起大鼠的化脓性炎症反应比小鼠和仓鼠更加严重（Bermudez 等，2002；Bermudez 等，2004）。由于现代化的饲养和管理，强毒性化脓菌所致的大鼠肺脓肿已非常罕见。致病性鼠呼吸道病毒感染引起的肺实质急性炎症的特征是，细支气管和肺泡上皮细胞程度不等的坏死和化脓性炎性渗出。这种炎症后，常有血管和细支气管周围的淋巴细胞和浆细胞浸润，受累细支气管上皮的黏液（杯状）细胞化生（Buchweitz，Harkema 和 Kaminski 等，2007），以及支气管相关淋巴组织（BALT）增生。如渗出液和气道黏膜下有大量嗜酸性粒细胞，并有血管周围淋巴细胞和浆细胞浸润，可提示但不可诊断为肺实质的免疫性或过敏炎性病变。

慢性细支气管肺泡炎：终末细支气管，肺泡，胸膜（Inflammation，Chronic Bronchioloalveolar：Terminal Bronchioles，Alveoli，Pleura）（图 83 至图 91）

发病机制 / 细胞来源： 细支气管，肺泡管，肺泡，相关组织。

诊断要点：

•血管和细支气管周围单核细胞浸润。

•肺间隔、间质和胸膜纤维化（见下文）、矿化或骨化生。

•肺泡管和肺泡上皮被细支气管上皮替代（化生 / 支气管化）。

•细支气管和 II 型肺泡细胞增生。

•细支气管或肺泡上皮的鳞状或黏液（杯状）细胞化生。

•支气管相关淋巴组织（BALT）增生。

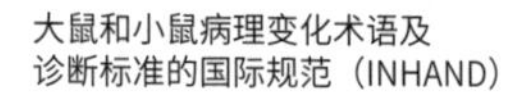

鉴别诊断：

- 原发性间质炎：缺乏原发性上皮成分，呈弥漫性（相对于腺泡中心性）分布。
- 造血、结缔组织或上皮早期肿瘤：形态均一的细胞群浸润整个切片。

备注：当肺实质连续暴露而无法清除有毒物质或传染源时，会导致更严重和广泛的实质及间质的炎症，以消除或隔离病原体。啮齿类动物肺部反复暴露于细胞毒性物或刺激物，可引起上皮表面的变性和坏死，以及炎性浸润和渗出，但受损支气管和肺泡上皮病变的严重程度会随着暴露时间的延长而减小，并逐渐发展为间质纤维化、化生和增生（Kittel，1996；Buchweitz，Harkema 和 Kaminski，2007）。支气管化作为老龄大鼠的一种自发性病变很少发生（Nagai，1994），但却是反复吸入毒物引起肺腺泡中心区域慢性炎症的常见特征（Brix 等，2004）。暴露于相同浓度的氧化钛（Bermudez 等，2002；Bermudez 等，2004）或炭黑（Elder 等，2005）的小鼠和仓鼠，看不到支气管化。呼吸道组织的增生和肿瘤形成见本文“增生性病变”部分的插图。在反复暴露于高浓度的相对惰性粒子或铍、硫化镍等强细胞毒性物质的大鼠，可见持续严重的上皮增生、重构和化生，并可演化为恶性上皮瘤。大鼠肺的这种致癌性反应对于预测人类吸入有毒颗粒的意义尚有争论（Mauderly 和 McCunney，1996）。

肉芽肿性炎：终末细支气管，肺泡，胸膜（Inflammation，Granulomatous：Terminal Bronchioles，Alveoli，Pleura）（图 92 和图 93）

发病机制 / 细胞来源：细支气管，肺泡管，肺泡，相关间质。

诊断要点：

- 以大量巨噬细胞、淋巴细胞、浆细胞和纤维化为主的炎性病变。
- 交错排列、胞质丰富、有细颗粒的巨噬细胞（上皮样细胞），是诊断肉芽肿性炎的决定因素。
- 由巨噬细胞有丝分裂或融合形成的多核巨细胞（Haley，1991）是另一个诊断要点。

鉴别诊断：

- 结缔组织或造血系统的早期肿瘤（组织细胞肉瘤）：形态均一的细胞群浸润整个切片。

备注：肺实质的肉芽肿性炎可由传染性病原体或吸入金属、粉尘等外源性物质引起（Haley，1991；Jones，Hunt 和 King，1997）。肺对外源性物质发生炎症反应的类型和严重程度取决于外源性物质的物理特性和数量。尘肺是由吸入性微粒引起肺部复杂的非肿瘤性肉芽肿反应的通用术语（Jones，Hunt 和 King，1997；Roggli 和 Shelburne，1994）。晶体硅是一种常被用于研究肺部肉芽肿性炎发病机制的物质，根据其表面化学性质的不同具有不同程度的细胞毒性（Parkes，1982；Roggli 和 Shelburne，1994）。引起实验大鼠肺肉芽肿性炎症的常见原因为，通过吸入或气管内滴注不溶性、难溶性毒性物质，从而使肺实质暴露于毒性物质。二氧化硅结晶（石英）、二氧化钛、柴油和铍被广泛用于大鼠和小鼠研究（Boros 1978；Haley，1991；Bermudez 等，2002；Bermudez 等，2004）。在毒理学研究中，外源性物质意外注入大鼠肺部也是引起肺病变的重要原因之一。这可由灌胃不当（Boorman 和 Eustis，1990）或由于巴比妥酸盐麻醉时唾液过度分泌和喉麻痹所引起（Gopinath，Prentice 和 Lewis，1987）。强刺激性外源性物质可引起严重肺水肿、致命的急性化脓性支气管肺炎或程度不同的肉芽肿性炎症反应，成熟的肉芽肿中可见异物（Dungworth，Ernst 等，1992）。Brown-Norway 大鼠具有自发性肉芽肿性肺病变的高发病率背景，通常被用于过敏性气道疾病的研究。这些病变的特征是间质嗜酸性粒细胞、巨噬细胞、淋巴细胞和 / 或多核巨细胞浸润和肺泡渗出，六氯苯灌胃（Michielsen 等，2001）和吸入偏苯三酸酐（Zhang 等，2006）可加重病变。嗜酸性晶体性肺炎是小鼠的一种自发性肉芽肿性肺炎，与中性粒细胞和巨噬细胞中晶体蛋白（Ym1）表达有关（Hoenerhoff，Starost 和 Ward，2006; Ward 等，2001）。Ym1 蛋白质参与宿主的免疫防御，组织修复和造血作用。

肺纤维化：终末细支气管，肺泡，胸膜（Pulmonary Fibrosis：Terminal Bronchioles，Alveoli，Pleura）（图 94 至图 96）

发病机制 / 细胞来源：细支气管、肺泡管、肺泡和胸膜周围的结缔组织。

诊断要点：

- 肺实质胶原量增加，部位异常或性质改变。
- 过量或异常的胶原可通过特殊染色确定。
- “纤维形成”或“成纤维细胞反应”可用来区分潜在可逆的很少交联的成纤维细胞增生和不可逆的广泛交联的肺纤维化。

鉴别诊断：

- 早期结缔组织肿瘤：形态均一的瘤细胞群浸润整个组织切面，大量有丝分裂象，细胞异型性。

备注：肺纤维化在形态学上可观察到肺实质内胶原纤维增多或在异常部位沉积，从而破坏正常肺结构（Richards，Masek 和 Brown，1991），或肺胶原性质改变（Haschek-Hock 和 Witschi，1991）。在大鼠吸入强刺激剂甲基异氰酸酯时，会导致显著的细支气管管腔内纤维化。纤维化作为肺损伤的结果，最常发生在肺泡间隔、间质和胸膜。肺纤维化被认为是不可逆的改变，因此要将由水肿或炎症造成的肺泡间隔或间质变厚而无大量蛋白质交联与成熟、交联的胶原增多区分开来是很重要的。与发生广泛交联且病变不可逆的真正肺纤维化相比，“纤维形成”一词被用来描述潜在可逆的成纤维细胞增生和轻微的蛋白交联（Richards，Masek 和 Brown，1991）。

在对肺实质损伤的炎性应答中，被激活的巨噬细胞释放能引起纤维发生的细胞因子和纤连蛋白，通常被认为是肺纤维化的发病机制中的关键。实验大鼠的肺纤维化常作为肺实质反复损伤引起的慢性炎症反应的一部分，而由单次刺激引起的严重急性肺损伤则可引起相对快速的可逆或不可逆的纤维发生反应。单次暴露于博来霉素或 BCNU（1,3-bis[2-chloroethyl]-1-nitroso-urea）下，似乎可迅速出现弥漫性间质纤维形成，但会在 90d 内溶解（Richards，Masek，1991）；而反复暴露于这些毒物可引起不可逆的肺纤维化。

吸入性颗粒的成纤维潜能差异很大，结晶二氧化硅（石英）是诱导大鼠肺纤维化的经典模型。

大鼠反复暴露于具有细胞毒性的石英颗粒并延长暴露后的时程，易于确认肺泡间隔的纤维化。反复暴露于臭氧，间质胶原缓慢地逐渐增多。当大鼠长期吸入矿物纤维时，主要发生间质、胸膜下以及胸膜纤维化。大鼠暴露于高浓度的色素、超细二氧化钛或炭黑会发生肺泡间隔纤维化，但小鼠或仓鼠暴露于相同浓度的这些物质时不会发生纤维化（Bermudez 等，2002；Bermudez 等，2004；Elder 等，2005）。反复暴露于臭氧后，经过一段时程发生的间质性纤维化是否可逆尚不明确（Dungworth，Hahn 和 Nikula，1995）。三色染色、Van Gieson 胶原染色或其他特殊染色可用于肺实质胶原的鉴别和定量。生物化学和形态学技术可定量测定实验动物肺的胶原含量（Richards，Masek 和 Brown，1991）。

脓胸：胸膜（Pyothorax：Pleura）

同义词：suppurative pleuritis，pleurisy

发病机制 / 细胞来源：胸腔内衬的间皮和结缔组织（脏层和壁层胸膜）。

诊断要点：

- 化脓性渗出物积聚在胸腔和胸膜。
- 通常伴有肺实质相似的炎症。

鉴别诊断：

- 胸水、血胸、乳糜胸：液体中缺乏炎症细胞，缺乏其他肿瘤性病变或水肿液的征象。

备注：累及肺实质的化脓性炎症，特别是渗出物有纤维性成分时，可扩展到脏层胸膜（Lopez，2007）。

E. 肺泡异常扩张 / 破坏：肺泡

肺腺泡扩张 : 肺泡（Pulmonary Acinar Ectasia：Alveoli）（图 97）

发病机制 / 细胞来源：肺泡管和肺泡。

诊断要点：

- 肺泡和肺泡管轻度扩张，最常见于胸膜下。
- 最常见于老龄大鼠。
- 无肺泡壁破坏的形态学证据。

鉴别诊断：

- 肺泡性肺气肿：可见肺泡壁破坏、慢性炎性浸润、腺泡中心性分布。
- 固定液过多引起压力过高：弥漫性分布。

备注：这种病变曾被列为肺气肿，但由于肺泡壁并未破坏，不符合肺泡肺气肿的定义（Dungworth

等，1992）。病变可导致肺内表面积增加和气体交换效率降低（Mauderly 和 Gillett，1992）。有人提出这是一种与老龄化有关的肺的“重建”。

肺泡性肺气肿：肺泡（Alveolar Emphysema：Alveoli）（图 98）

发病机制 / 细胞来源：肺泡管和肺泡。

诊断要点：

- 终末细支气管远端气体空间异常增大，伴有肺泡间隔破坏。
- 肺体积增大、肺泡增大以及肺泡表面积减少等形态表现可诊断为肺气肿。肺等压固定以及与同龄对照组动物比较是很重要的。
- 不是大鼠自发性病变。

鉴别诊断：

- 肺腺泡扩张：无炎症、肺泡隔破坏或腺泡中心性分布等变化。
- 肺过度充气：弥漫性分布，无肺泡隔破坏及炎症。

备注：肺气肿由多种损伤引起（Snider，Lucey 和 Stone，1986）。气管内滴注胰弹力蛋白酶和木瓜蛋白酶可用于诱发大鼠试验性肺气肿（Busch 等，1984；Johansen，Pierce 和 Reynolds，1971）。吸入各种镍化合物等细胞毒性颗粒，可引起强烈的局灶性炎症而诱发肺气肿。大鼠和小鼠长期暴露于香烟烟雾可诱发轻度腺泡中心性肺气肿（March 等，1999，2006）。肺泡增大的形态学证据可确诊肺气肿。长期暴露于香烟烟雾等刺激性物，诱发啮齿类动物或人类肺气肿发病机制的主流理论，包括蛋白酶 - 抗蛋白酶水平失衡、伴有免疫变化的持续性炎症和细胞凋亡（March 等，2006；Wright 和 Churg，2007）。有报道称，感染仙台病毒的新生大鼠在 4 月龄时即发生肺泡肺气肿（Castleman，1992）。大鼠的肺脏可一直生长到 10 月龄（Mauderly 和 Gillett，1992）。在快速发育的肺脏，感染病毒引起的炎症是大鼠肺气肿发生的另一种方式。

肺不张：终末细支气管、肺泡（Atelectasis：Terminal Bronchioles，Alveoli）

发病机制 / 细胞来源：肺泡管和肺泡。

诊断要点：

- 该术语意指所有肺泡或部分肺泡塌陷。
- 被炎性渗出物或肿瘤堵塞的气道远端的局灶性肺泡塌陷最为常见。
- 也可见于重度支气管扩张远端的肺泡（见上文）。
- 有报道称，在感染大鼠冠状病毒的大鼠也可发生（Parker，Cross 和 Rowe，1970）。

鉴别诊断：

- 人为塌陷是由于组织固定时肺未能充分扩张或组织处理不当造成的：弥漫性充盈不足，无炎症变化。

F. 血管变化：终末细支气管，肺泡，胸膜

肺出血：终末细支气管，肺泡，胸膜（Hemorrhage，Pulmonary：Terminal Bronchioles，Alveoli，Pleura）（图 99）

发病机制 / 细胞来源： 支气管，肺泡管，肺泡，相关组织。

诊断要点：

•在气道血管周围或肺泡腔可见游离的血液。

•二氧化碳安乐死处理后，胸膜下最为常见。

备注：尽管用 70% 二氧化碳麻醉偶尔引起小范围的肺泡出血，但不会妨碍对大鼠肺脏的常规光镜下形态学检查。吸入二氧化碳引起的肺泡出血的程度与其在肺泡腔内的浓度成正比，100% 二氧化碳会引起大鼠胸膜下出血（Renne 等，2003）。有报道认为，在大鼠百草枯中毒试验中，肺脏的出血是由原发性内皮损伤所致（Jones Hunt 和 King，1997）。

肺充血：终末细支气管，肺泡（Congestion，Pulmonary：Terminal Bronchioles，Alveoli）（图 100）

发病机制 / 细胞来源： 细支气管，肺泡管，肺泡，相关组织。

诊断要点：

•肺泡毛细血管扩张，伴有肺泡间隔变宽。

鉴别诊断：

•濒死期变化：无明显死前炎症或其他损伤。

•死后自溶：整个组织切片均匀溶解，不伴有组织结构改变。

备注：弥漫性肺毛细血管扩张与自然死亡 20min 后大鼠尸检所见的肺濒死性变化，或二氧化碳所致安乐死的肺变化很难区分（Seaman，1987）。在缺乏肺或血管其他死前病变的证据的情况下，这种变化是没有意义的。

肺水肿：终末细支气管，肺泡（Edema，Pulmonary：Terminal Bronchioles，Alveoli）（图 100 至图 102）

发病机制 / 细胞来源： 细支气管，肺泡管，肺泡，相关组织。

诊断要点：

•血管周围和肺小叶间隙扩大（间质性水肿）。

•肺泡中可见均质粉红色物质。

•通过磷钨酸苏木精（PTAH）染色确认纤维素。

•吞噬肺表面活性物质和颗粒物质的大量巨噬细胞的存在，可确认细胞外肺表面活性物质（蛋白质沉积症）。
•大鼠胸膜渗漏常伴有肺水肿。

鉴别诊断：

•肺泡脂蛋白沉积症：肺泡充满非细胞性、PAS 阳性、嗜酸性、淡染的物质和数量不同的巨噬细胞。
•纤维素性渗出：呈网片状。
•淋巴水肿：渗出液中可见淋巴细胞。

备注：肺水肿是肺血流动力学改变或肺泡壁气血屏障损伤的结果。轻度或早期间质性肺水肿可通过光镜下血管周围和小叶间隙扩大而辨认。水肿的初始因素是肺泡壁直接损害，或间质水肿严重而持久，使淋巴液回流受阻，其结果也将导致肺泡水肿。肺泡水肿液在 HE 染色的切片上呈明显淡染均匀的物质，粉染的程度与水肿液的蛋白成分成正比。PTAH 染色有助于确证肺泡水肿液中的纤维素（比单纯水肿病变更严重的标志）。啮齿类动物肺脏常发生水肿液的胸膜渗漏，液体易通过菲薄胸膜上的小孔（Haschek-Hock 和 Witchi，1991）。对大鼠肺泡水肿定位和程度的判定，因通过气管内滴注固定液改变了水肿液的分布而受影响（Dungworth 等，1992）。肺脏是一个生命攸关的富含血管的器官，严重肺水肿可快速致死。

肺栓子：终末细支气管，肺泡（Emboli，Pulmonary：Terminal Bronchioles，Alveoli）（图 103）

发病机制 / 细胞来源：肺和支气管的血管系统。

诊断要点：

•在肺血管腔内可见纤维素性或脂肪性血栓。*
•偏振光下血栓 * 中的异物（毛发或皮肤）很明显。
•肺是双重循环（支气管循环和肺循环）可防止梗死发生，除非体循环发生障碍。
•可作为重症肺炎的并发症出现。

鉴别诊断：

•死后血凝块：无或少量白细胞，无纤维素层状结构。

备注：在经反复静脉注射的大鼠毒理学研究中，有 20% 以上动物的肺动脉或毛细血管中，可见由毛发或皮肤碎片组成的栓子（Kast，1996）。这些异物可引起不同程度的化脓性或肉芽肿性反应，包括多核巨细胞的形成。角化组织（毛发）因在偏振光下具有双折射性，故易于证明。

---

* 应为栓子，原文为血栓（thrombus）。

肺动脉中层肥厚：终末细支气管、肺泡（Medial Hypertrophy of Pulmonary Arteries：Terminal Bronchioles，Alveoli）（图 104 和图 105）

发病机制 / 细胞来源：肺动脉。

诊断要点：

•正常肌型腺泡内动脉中膜的平滑肌肥厚、结缔组织增多。

•正常肌型动脉外膜的结缔组织增多。

•腺泡内动脉的中膜厚度与总直径比值增大。

•血管外膜细胞和中膜细胞的增生和肥大，导致无肌细胞的外周动脉壁出现肌肉成分。

•受累的外周动脉中可见明显的内弹力膜。

鉴别诊断：

•通过血管的正切面：仅部分血管受累；切片中其他结构被正切、缺失，或形态异常。

备注：大鼠慢性肺动脉高压可由慢性缺氧、高氧症和野百合碱引起（Meyrick，1991；Rabinovitch，1991）。这种肺血管病变的镜下特征包括，中膜平滑肌肥大和结缔组织增生，正常肌型腺泡内动脉的外膜结缔组织增多。受累动脉内弹力膜明显。周细胞和中间细胞的肥大和增生，导致正常非肌型的外周动脉壁出现平滑肌。通过特殊的固定和制片技术可量化病变大鼠的动脉壁厚度（Meyrick，1991）。

矿化：终末细支气管，肺泡，胸膜（Mineralization：Terminal Bronchioles，Alveoli，Pleura）（图 106 和图 107）

发病机制 / 细胞来源：肺血管，肺泡隔，相关结缔组织。

诊断要点：

•肺泡间隔和肺血管呈线状矿化，HE 染色明显，矿物质染色可确诊。

•常伴有巨噬细胞和炎症。

鉴别诊断：

•死后自溶：整个组织均匀溶解，无组织结构改变。

•吸入性骨组织或矿物质：组织学上可辨认骨组织；矿物质中或其周围有巨噬细胞性炎症。

•骨化生：组织学上可辨认骨组织。

备注：肺动脉壁的灶状矿化常见于老龄大鼠，但肺实质常无明显影响。矿物质常沉积在血管内膜下，但严重时可影响中膜（Dungworth，Ernst 等，1992）。肺泡壁和肺部血管的矿化，见于严重慢性肾病的老龄大鼠，可伴有大量巨噬细胞聚集或急性浆液性炎症（Boorman 和 Eustis，1990）。

非炎性胸膜渗漏：胸膜（Noninflammatory Pleural Effusions：Pleura）

同义词： hydrothorax，hemothorax，chylothorax

发病机制 / 细胞来源： 胸腔内衬的间皮及其下的结缔组织。

诊断要点：

- 胸腔贮积透明的浆液（胸水，漏出液）、血液（血胸）或淋巴液（乳糜胸）。

鉴别诊断：

- 脓胸：胸腔内贮积化脓性渗出液。
- 间皮增生或间皮瘤：镜下可见间皮和 / 或其下的结缔组织增生。渗漏和间皮增生常同时发生。

G. 非肿瘤增生性病变：终末细支气管，肺泡，胸膜

黏液细胞化生：终末细支气管，肺泡（Metaplasia，Mucous Cell：Terminal Bronchioles，Alveoli）（图 89 和图 90）

同义词： metaplasia，goblet cell

发病机制 / 细胞来源： 发生黏液细胞化生的克拉拉细胞和 / 或肺泡Ⅱ型上皮细胞。

诊断要点：

- 含有黏液的空间主要由单层成熟的黏液细胞排列在终末细支气管和肺泡内。
- 有丝分裂活性很低。
- PAS 或阿辛蓝染色能很好识别黏液细胞和黏液。
- 常伴有慢性炎症和纤维化。
- 可见其他上皮成分的增生，如细支气管 - 肺泡上皮增生。
- 根据伴发的炎症和纤维化情况，可不同程度地保持正常的细支气管 - 肺泡结构。

鉴别诊断：

- 细支气管 - 肺泡增生：黏液细胞和黏液缺如或很少（见备注）。
- 细支气管 - 肺泡腺瘤：细胞性结节团块更密集。肺泡及肺泡管内有乳头状或实体瘤形成，正常肺泡结构不清。肿瘤组织内炎细胞很少或缺如。
- 腺泡癌：具有侵袭基底膜的高分化的腺样结构。

备注：黏液细胞化生常发生于长期暴露于气媒性刺激物的动物肺脏，并常与局灶性细支气管 - 肺泡增生有关。小灶性黏液细胞化生偶发于未经试验处理的小鼠。过度的黏液细胞化生为罕见病变，发生在暴露于钴硫酸盐气溶胶的小鼠中等气道的分支处。黏液细胞化生可能与鳞状上皮化生有关（Boorman 和 Eustis，1990；Dungworth，Ernst 等，1992；Dungworth 等，2001；Faccini，

Abbott和Paulus，1990；Frith和Ward，1988；Kittel，1996；Mohr等，1990；Nagai，1994；Pour等，1976；Rehm等，1991；Rehm，Ward和Sass，1994）。

鳞状上皮化：终末细支气管，肺泡（Metaplasia，Squamous Cell：Terminal Bronchioles，Alveoli）（图87）

发病机制/细胞来源： 发生鳞状上皮化生的克拉拉细胞和（或）Ⅱ型肺泡细胞。

诊断要点：

- 肺泡上皮细胞被只含有透明角质颗粒或高度角化的鳞状细胞所替代。
- 多灶性病变较常见。
- 在角化区域，基底细胞有序发展为角化的表层上皮。
- 细胞核多形性和细胞异型性都很轻，有丝分裂象罕见。
- 病变常与克拉拉细胞、黏液细胞和/或纤毛细胞有关。

鉴别诊断：

- 鳞状细胞癌：正常肺结构被破坏。通常呈单个结节。可见恶性肿瘤的特征，如细胞或核异型，常见有丝分裂，侵袭性生长或转移。
- 细支气管－肺泡增生：鳞状细胞成分很少或缺如。
- 角化囊肿（仅见于大鼠）：直径可达数厘米，且充满大量角蛋白。囊壁薄而规则，由分化良好、扁平成熟的鳞状上皮细胞组成。
- 角化囊性上皮瘤（仅见于大鼠）：呈扩张的结节，其中心角化、坏死，肺实质消失。囊壁厚，不规则，组成复杂，细胞缺乏有序的成熟，核分裂象多。
- 无角化上皮瘤（仅见于大鼠）：呈扩张的结节病变，由鳞状上皮细胞组成，肺泡结构模糊、变形。肿瘤团块边缘的细胞核小而圆或椭圆，胞质少（基底样细胞外观）；其中心部的细胞胞质较丰富，呈嗜酸性，含有细颗粒，细胞间桥不明显。角蛋白少或无。

备注：增生、化生、转分化用于受损的细支气管－肺泡区域内衬细胞群的变化。化生用于表示一种成熟细胞类型，它并不是终末细支气管和肺泡管连接处正常存在的细胞，即鳞状细胞或黏液细胞。鳞状细胞化生类似于大鼠鳞状细胞肿瘤，也可发生于缺乏维生素A的饲料喂养的大鼠、亚急性或慢性传染性肺炎的动物，以及长期暴露于吸入性刺激物研究的大鼠肺脏（Boorman和Eustis，1990；Dungworth，Ernst等，1992；Dungworth等，2001；Faccini，Abbott和Paulus，1990；Frith和Ward，1988；Kittel，1996；Mohr等，1990；Nagai，1994；Pour等，1976；Rehm等，1991；Rehm，Ward和Sass，1994）。

细支气管－肺泡增生：终末细支气管，肺泡（Hyperplasia，Bronchiolo-Alveolar：Terminal Bronchioles，Alveoli）（图108和图109）

同义词： hyperplasia，bronchiolar/alveolar；hyperplasia，Type II cell；

bronchiolization

修饰词：肺泡的，细支气管的（细支气管化），混合的

发病机制 / 细胞来源：Ⅱ型肺泡细胞和 / 或细支气管纤毛呼吸细胞或分泌细胞的增生。

诊断要点：

- 单发、多发或节段性（锥形）多细胞性病灶。
- 边缘不凸出或呈球形。
- 仍可见细支气管 - 肺泡结构。
- 上皮细胞为主，也是细胞增多的原因。
- 上皮细胞常呈单层。

根据病变发生的情况不同（见备注），通常可分为以下 3 种组织类型。

肺泡型：

- 常为圆形、卵圆形或立方形增生的Ⅱ型肺泡细胞，其胞质丰富、嗜酸性，因此肺泡壁轮廓明显。嗜碱性增强与立方细胞有关。
- 胞质可有空泡样变。
- 在增生区域，细胞呈连续的单层排列。
- 如位于胸膜下，肺泡的细胞增多区域呈单发或多发，圆形或锥形，周围界限不清。
- 外周生长扩大可影响终末呼吸道。
- 实体细胞团块及乳头状突起的形成，标志向肿瘤转变。
- 可伴有肺泡巨噬细胞的聚集。

细支气管型（细支气管化）：

- 肺泡壁衬以立方至高柱状细胞，或可见细支气管上皮细胞分化的多形性细胞，如纤毛、类似克拉拉细胞（顶端突起），或可见黏液性颗粒或嗜酸性小滴。
- 可伴有鳞状上皮化生。
- 散在的正常固有的Ⅱ型肺泡细胞和Ⅰ型肺泡细胞。
- 细胞形成单层或假复层的局灶性细胞簇。
- 增生区域以终末细支气管为中心，但在某些切面看不到支气管化的病灶与终末细支气管之间的连接。
- 肺泡细胞增生，边界模糊不清。
- 细胞异型性大、腺泡连续衬以单层或多层细胞，以及基底膜受侵袭等，都标志肿瘤形成。

混合型：

- 兼有不同比例的细支气管型增生和肺泡型增生。

特殊诊断技术：常规光镜不能明确识别组成这些病变的细胞，如细支气管细胞（特别是克拉拉细胞）或Ⅱ型肺泡细胞，但可应用免疫组织化学等其他技术鉴别。最可靠的免疫

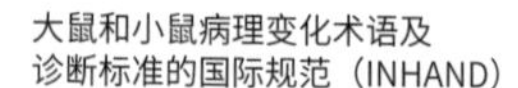

组织化学标记物是针对克拉拉细胞的 16kD 蛋白（CC16）和针对Ⅱ型肺泡细胞的表面活性载脂蛋白 A 或 C。表面活性载脂蛋白 A 免疫反应阳性和 CC16 免疫反应阴性，从而可为病变细胞来源于Ⅱ型肺泡细胞提供良好的诊断依据。

鉴别诊断：

- 细支气管 – 肺泡腺瘤：细胞致密的圆形结节。因肺泡和肺泡管中形成乳头状瘤实体，故正常肺泡结构模糊不清。
- 细支气管 – 肺泡癌：细胞异型性或侵袭性强，邻近肺结构破坏。
- 黏液细胞化生：主要由黏液细胞组成。
- 鳞状上皮化生：主要由鳞状细胞组成。
- 腺泡癌：腺体结构发育良好，侵袭基底膜。

备注：细支气管 – 肺泡增生，习惯上是指终末细支气管远端、直接影响肺泡管附近肺泡的上皮增生。在 SPF 级对照组大鼠或饲喂非肺毒性物质的大鼠的肺中，细支气管 – 肺泡增生常不伴有明显的炎细胞。但在吸入或气管内滴注刺激性物质的大鼠，细支气管 – 肺泡增生与炎症常密不可分。

内衬细支气管上皮细胞类型的肺泡管和肺泡，通常称为细支气管化。这种情况最常发生于暴露于气媒刺激物或气管内滴注刺激物的小鼠，而且是仙台病毒感染的最终结果。故前细支气管上皮细胞的末端生长与 II 型肺泡细胞的化生（转分化）的相关作用尚不明确，可能根据病因不同而异。在对照组小鼠的肺脏，细支气管化与 II 型肺泡细胞增生的区分相当明显，然而在慢性炎症的小鼠肺脏，更像混合型细支气管 – 肺泡增生。

细支气管 – 肺泡增生与细支气管 – 肺泡腺癌的区分通常很困难。也有人提出一些武断的建议，例如，以 3 个或更多相邻肺泡空间的概念作为腺癌的诊断标准。但这种标准在肺的诊断中不像在实体器官中那样容易应用。

嗜酸性小球（胞质内嗜酸性蛋白积聚）可能是各种增生的显著特征，也可见于非增生性细胞群中。它们一般被认为是内含蛋白样物质的扩张的内质网（Belinsky 等，1992；Boorman 和 Eustis，1990；Dungworth，Ernst 等，1992；Dungworth 等，2001；Ernst 等，1996；Foley 等，1991；R. A. Miller 和 Boorman，1990；Mohr 等，1990；Nettesheim 和 Szakal，1972；Ohshima 等，1985；Pack，Al-Ugaily 和 Morris，1981；Rehm 和 Kelloff，1991；Rehm 等，1991；Rehm，Ward 和 Sass，1994；Rehm 等，1988；Singh 等，1985；ten Have-Opbroek，1986；Ward 等，1985；Witschi，1986）。

间皮增生：胸膜（Hyperplasia，Mesothelium：Pleura）（图 110）

发病机制 / 细胞来源：胸腔内衬的间皮。

诊断要点：

- 胸膜间皮从正常的 1 ～ 2 个细胞厚度呈局灶性或弥漫性增生，伴有炎细胞及间皮下结缔组织增多。

- 与正常内衬的扁平间皮细胞相比，增生的间皮细胞呈立方形，核仁明显，胞质丰富（Everitt 等，1994）。
- 壁层胸膜膈面对滴注颗粒物的间皮增生性反应最严重（Everitt 等，1997）。

鉴别诊断：

- 间皮瘤：细胞异型性明显，侵犯附近肺实质或胸壁。
- 胸膜纤维化和相关炎症：可见有胶原形成的、交错的梭形细胞束和相关炎性细胞；无间皮增生。

备注：通过啮齿类动物滴注颗粒物试验，可获得大量有关胸膜增生和炎性反应的形态学和生物学性能方面的资料（Everitt 等，1994，1997）。

肺角化囊肿（仅限于大鼠）：肺泡［Pulmonary Keratinizing Cyst（Rats only）：Alveoli］（图 111）

发病机制 / 细胞来源：已发生鳞状化生的肺泡或细支气管上皮细胞。

诊断要点：

- 囊肿直径可达数厘米，其中充满大量角蛋白。
- 囊壁薄而均匀，由分化良好的扁平鳞状上皮组成，而鳞状上皮的有序成熟是重要特点。
- 对周围肺组织的压迫通常不明显。
- 有丝分裂罕见或缺如。

鉴别诊断：

- 鳞状细胞化生：主要呈多灶性，病灶小。肺泡结构保持正常。
- 无角化上皮瘤：膨胀性生长的细胞结节性病变是由鳞状上皮细胞组成的，肺泡结构模糊、变形。肿瘤周边的细胞小，核呈圆形或椭圆形，胞质少（基底细胞样）；其中心的细胞较大，胞质嗜酸性，有细小颗粒，细胞间桥不明显；角化很少或缺如。
- 角化囊状上皮瘤：膨胀性生长的结节中心发生角化和坏死，肺实质消失。囊壁厚、不规则、结构复杂，细胞缺乏有序成熟，有丝分裂象多见。
- 鳞状细胞癌：基底膜破坏。细胞异型、极性消失，常见有丝分裂象。有其他恶性特征，如侵袭间质、淋巴管、血管、胸膜表面，或远处转移。

备注：本文包括大鼠肺中所见的各种名称的鳞状囊性病变，主要发生在长期暴露于高浓度颗粒物之后。这些病变的形态学分类包括：鳞状上皮化生、鳞状上皮囊肿、鳞状上皮瘤和鳞状细胞癌。在这些病变中，鳞状细胞增殖的确切性质尚不确定。由于病变在肺实质的生长部位和方式不同，不表现为单纯的鳞状上皮增生。多种试验研究表明，从囊性鳞状病变到侵袭性鳞状细胞癌存在连续性。来自欧洲和北美的毒理病理学家专家组，对大鼠的肺囊性鳞状病变进行评审并制定诊断标准，Boorman，Morgan 和 Uraih（1996）提呈了最终的结果和结论。本章提出的这些关于肺角化囊肿和肺囊性角化上皮瘤的诊断标准（见下文）是以这个专题研讨会公布的结果为基础的。像鳞状上皮过度化生与良性角化囊性肿瘤间的区别一样，鳞状囊肿、良性鳞状细胞肿瘤和分化良好的鳞状上皮癌的明显区别有时也存在主观性。这些大的囊肿性鳞状上皮病变在小鼠尚无报道。

H. 肿瘤性增生病变：终末细支气管，肺泡，胸膜

囊性角化上皮瘤（仅限于大鼠）：肺泡［Epithelioma，Cystic，Keratinizing（Rats only）：Alveoli］（图 112）

同义词： tumor，squamous cell，keratinizing，cystic，benign；epithelioma，squamous；cyst，squamous

发病机制 / 细胞来源： 鳞状上皮化生（转分化）的肿瘤性增生与肺泡上皮和 / 或克拉拉细胞的肿瘤性转化。

诊断要点：

- 囊壁由混杂的鳞状上皮构成，鳞状上皮有丝分裂象多，有的区域缺乏有序的成熟，薄层扁平鳞状上皮毗邻胸膜或主要气道和血管周围的间质。
- 肿瘤经常从周围扩展到肺泡间隙，病变周围呈粗糙的或卵石样外观。
- 基底细胞在增生活跃的细胞灶中杂乱无章，有丝分裂象增多。
- 肿瘤团块中央常有大量角蛋白和坏死的瘤组织。

鉴别诊断：

- 鳞状细胞化生：常呈多灶性病变，肺结构正常。
- 肺角化囊肿：囊肿直径可达数厘米，其中充满大量角蛋白。囊壁呈均匀薄层，由分化良好、有序成熟的扁平鳞状上皮细胞组成；对周围肺实质压迫不明显，有丝分裂象罕见或缺如。
- 无角化上皮瘤（仅限于大鼠）：呈膨胀性生长的细胞结节状病变，由鳞状上皮细胞组成，肺泡结构模糊、变形。靠近瘤块周边的细胞可见小而圆或椭圆的胞核，少量胞质（基底细胞样形态）；位于中心的细胞较大，含有较多嗜酸性、含细小颗粒的胞质，细胞间桥不明显。角蛋白很少或缺如。
- 鳞状细胞癌：基底膜破坏。细胞异型、极性消失，常见有丝分裂象。可见其他恶性特征，如侵袭间质、淋巴管、血管、胸膜表面，或远处转移。

备注：见肺角化囊肿（上文）。

（Boorman，1985a；Boorman，1985b；Boorman，1985c；Boorman 和 Eustis，1990；Boorman，Morgan 和 Uraih，1996；Dungworth，Ernst，等，1992；Dungworth，Hahn，等，1992；Kittel 等，1993；Mohr 等，2006；Mohr 等，1990；Rittinghausen 等，1992；Rittinghausen

和 Kaspareit，1998）。

非角化上皮瘤：肺泡（Epithelioma，Nonkeratinizing：Alveoli）（图 113）

同义词： tumor，squamous cell，nonkeratinizing，benign

发病机制 / 细胞来源： 鳞状上皮化生（转分化）的肿瘤性增生，肺泡上皮和（或）克拉拉细胞的肿瘤性转化。

诊断要点：

- 由鳞状细胞填充肺泡而形成的小结节状病变。
- 肺泡周围聚集的细胞的胞核小而圆或椭圆，胞质很少（基底细胞样形态）。
- 位于中心的细胞较大、嗜酸性，内含细小颗粒，细胞间桥不明显。
- 有丝分裂象罕见。
- 角化很少或缺如。

鉴别诊断：

- 鳞状细胞化生：呈多灶性病变，病灶体积小，肺结构正常。
- 肺角化囊肿：囊肿直径可达数厘米，其中充满大量角蛋白。囊壁薄而均匀，由分化良好、有序成熟的扁平鳞状上皮细胞组成；对周围肺实质压迫不明显，有丝分裂罕见或缺如。
- 角化囊性上皮瘤：中心角化和坏死的膨大结节，肺实质消失。囊壁较厚、不规则且较复杂，细胞缺乏有序成熟，有丝分裂象多。
- 鳞状细胞癌：基底膜破坏，细胞异型、极性消失，常见有丝分裂。或可见其他恶性特征，如侵袭间质、淋巴管、血管、胸膜表面，或远处转移。

备注：非角化鳞状细胞肿瘤与角化囊性上皮瘤不同，虽然罕见，是一个明显的实体，且有恶性部分（Boorman，Morgan 和 Uraih，1996；Dungworth 等，1992；Mohr 等，1990；Rittinghausen 等，1992）。

细支气管 - 肺泡腺瘤：终末细支气管，肺泡（Adenoma，Bronchiolo-Alveolar：Terminal Bronchioles，Alveoli）（图 114）

同义词： adenoma，Type II cell；adenoma，pulmonary

修饰词： 实体，乳头状，混合。

发病机制 / 细胞来源： 普遍认为，实体瘤由具有 II 型肺泡细胞特征的细胞组成，因此认为是良性 II 型肺泡细胞肿瘤。而乳头状肿瘤被认为是分化不良的向恶性表型转变的 II 型肺泡细胞肿瘤，或是克拉拉细胞来源的肿瘤。克拉拉细胞肿瘤在大鼠和小鼠都罕见。克拉拉细胞肿瘤在以克拉拉细胞为靶向表达的转基因小鼠有过报道。大多数小鼠的乳头状肿瘤源自 II 型肺泡细胞。

诊断要点：

- 通常位于肺边缘，体积小（在小鼠中直径少于 3 ～ 4mm）。
- 病变为界限清晰的上皮细胞致密区域，边缘常突出。
- 其下的肺泡结构不同程度模糊。
- 与周围组织分界明显。
- 肿瘤性上皮细胞较均匀一致。
- 核分裂象罕见或无。
- 可见轻度异型性的小病灶。在这些病灶中，细胞趋向于更高的多形性，且有丝分裂象轻微增多。
- 偶尔延伸到毗邻细支气管中。

实体型：

- 肺泡间隙因圆形或椭圆形细胞增生而消失。这些实体区域常被增生的II型肺泡细胞形成的肺泡腔包围，即肿瘤与正常实质之间可能没有明显的界限。
- 细胞通常富含嗜酸性胞质，可见颗粒或空泡。细胞核通常为圆形或椭圆形。
- 核分裂象罕见或无。
- 可通过肺泡管延伸进入细支气管。
- 常见压迫周围组织。

乳头型：

- 主要由被覆强嗜碱性立方或柱状细胞的细小乳头状结构组成。
- 排列规则（未见细胞变形或局灶性变化）。
- 根据组织切面的不同可见明显的管状结构，即立方细胞围成细长的管腔。
- 乳头状结构与周围肺实质界限清晰。
- 可能伴以外周肺泡增生。
- 肿瘤细胞之间可见体积大、有时呈泡沫状的巨噬细胞。
- 有丝分裂指数和细胞多形性程度通常较低。对周围相邻组织无侵袭破坏。

肺泡型（仅限于大鼠）：

- 肺泡（腺体）肿瘤的生长模式：中心的管腔被立方或柱状细胞包绕。仅可见轻度细胞异型性。胞核通常呈卵圆形。

管型（仅限于大鼠）：

- 管状肿瘤的生长模式：明显细长的管腔状。

混合型：

- 大鼠：在同一肿瘤中可见肺泡状、管状－乳头状和实体区域。
- 小鼠：在同一肿瘤中可见乳头状和实体区域。

鉴别诊断：

- 细支气管－肺泡增生（细支气管型或混合型）：轮廓略不清晰，节段性（锥形的）病变的顶部在终末细支气管。单层上皮细胞内衬肺泡管和肺泡远端至细支气管，除非伴有疤痕形成或炎症，无肺组织结构明显改变。无明显乳头状增生或上皮细胞充满肺泡。
- 细支气管－肺泡增生（肺泡型）：肺泡壁主要由单层连续增生的Ⅱ型肺泡细胞围成。在致密的细胞区或乳头状小叶附近，未见相邻肺泡腔明显消失。对毗邻肺实质未造成压迫。
- 细支气管乳头状瘤：形态学上归为肺实质的乳头状细支气管－肺泡腺瘤。只有证明肿瘤是源于细支气管上皮时，才可诊断为细支气管乳头状瘤。
- 细支气管－肺泡癌：细胞多形性、异型性或有丝分裂象增多；肺实质消失或变形，可伴有局部侵袭或转移。

备注：明确区分细支气管－肺泡增生与细支气管－肺泡腺瘤，或区分细支气管－肺泡腺瘤与细支气管－肺泡癌均很困难，因此诊断有时可能存在主观性。细支气管－肺泡腺瘤可来源于细支气管－肺泡增生。尚未见小鼠恶性实体癌的报道。浸泡在固定液的肺，可见受压的人为假象，但是通过气管灌注接近正常容积的固定液的肺脏，未见明显压迫现象。嗜酸性小球可能是与细支气管－肺泡腺瘤相关的一个重要特征（Beer 和 Malkinson，1985；Belinsky 等，1992，1991；Boorman，1985a；Boorman，1985b；Boorman，1985c；Boorman，Morgan 和 Uraih，1996；Boorman 和 Eustis，1990；Branstetter 和 Moseley，1991；Breeze 和 Wheeldon，1977；Dixon 等，1991；Dixon 和 Baronpot，1991；Dungworth，Ernst 等，1992；Dungworth，Hahn 等，1992；Dungworth 等，2001；Foley 等，1991；Gunning 等，1991；Gunning，Stoner，Goldblatt，1991；Gunning，Goldblatt 和 Stoner，1992；Heath，Frith 和 Wang，1982；Malkinson，1989；Maronpot 等，1991；R. A. Miller 和 Boorman，1990；Mohr 等，1990；Ohshima 等，1985；Palmer，1985；Palmer 和 Grammas，1987；Plopper 等，1983；Pour 等，1976；Rehm 等，1991；Rehm 和 Ward，1989；Rehm 等，1991；Rehm，Ward 和 Sass，1994；Rehm 等，1988；Reznik-Schüller 和 Reznik，1979；Rittinghausen 等，1992；Rittinghausen 等，1996a；Rittinghausen 等，1996b；Schüller，1987；Schüller，1990；Singh 等，1985；Thaete 等，1987；Thaete 和 Malkinson，1990，1991；Thaete，Nesbitt 和 Malkinson，1991；Ward 等，1983；Ward 和 Rehm，1990；Ward 等，1985；Witschi，1986；Yamamoto 等，1989）。

细支气管－肺泡癌：终末细支气管，肺泡（Carcinoma，Bronchiolo-Alveolar：Terminal Bronchioles，Alveoli）（图 115）

同义词：adenocarcinoma，pulmonary；adenocarcinoma，bronchiolo-alveolar

发病机制 / 细胞来源：细支气管－肺泡癌可能来源于Ⅱ型肺泡细胞或克拉拉细胞，但是通常认为其来源于Ⅱ型肺泡细胞。

诊断要点：

- 不规则结节状生长，肿瘤界限较清晰至不清（在小鼠直径常大于 3 ～ 4mm）。可占据整个肺叶。

- 肿瘤在组织结构上有变化，肿瘤细胞的形态和结构因区域不同而异。
- 有丝分裂活性增强。

大鼠：

- 肺泡型（腺样）肿瘤的生长模式：立方至柱状细胞形成腺样结构。
- 乳头型肿瘤的生长模式：立方至柱状细胞或多形细胞排列成乳头状结构，以结缔组织为中心支撑。
- 管型肿瘤的生长模式：切面呈明显的管状（变长）。
- 实体型肿瘤的生长模式：圆形细胞排列紧密，细胞之间没有空隙。
- 混合型肿瘤的生长模式：在同一肿瘤中可见腺状、乳头状和实体区域。

小鼠：

- 乳头型肿瘤的生长模式：立方至柱状细胞或多形细胞排列成乳头状结构，以结缔组织为中心支撑。细胞质中可含有糖原和 / 或中性脂肪。

大鼠和小鼠：

- 肿瘤中有些区域细胞质嗜碱性和异型性增加，表明分化较低的肿瘤细胞在局部扩张。
- 常伴有巨噬细胞进入肿瘤和毗邻肺泡。
- 大肿瘤有的区域出现坏死、出血、胆固醇结晶、纤维化（特别是胸膜下的局部）以及细支气管闭塞性纤维化。
- 表现出恶性肿瘤的特征，如实质的破坏，侵袭细支气管壁、间质和 / 或胸膜，并 / 或通过淋巴管、气道扩散及远处转移。
- 恶性肿瘤晚期和侵袭（至胸膜），常伴以显著的细胞多形性（梭形至圆形的异型细胞）、结缔组织形成和有丝分裂率增加。
- 可见鳞状细胞化生的区域。

鉴别诊断：

- 细支气管 - 肺泡腺瘤：未见向肺血管和肺外实质的侵袭性生长，不转移。无或仅有轻微细胞多形或异型。
- 腺泡癌：肿瘤细胞利用先存的肺泡壁形成明显的腺样或腺泡样结构。由无明显特征的立方至柱状或多形细胞组成，与纤毛细胞或黏液细胞混合存在更为常见。大部分或整个肿瘤倾向于分化为黏液腺癌等单一细胞类型。
- 腺鳞癌或鳞状细胞癌：肿瘤中可见恶性鳞状细胞区域或整体由鳞状细胞癌构成。
- 恶性间皮瘤：很难区分胸膜扩散的乳头状细支气管 - 肺泡癌与上皮样恶性间皮瘤。细支气管 - 肺泡癌的转移（到胸膜等）常具有较强间变性，可能被误诊为间叶细胞型的恶性间皮瘤。

- 转移瘤：其他器官的原发腺癌转移到肺，首先在血管周围且为多灶性。仔细查找可在肺脉管中发现肿瘤栓子。

备注：细支气管－肺泡腺瘤和癌是大鼠和小鼠最常见的自发和化学刺激诱发的肺肿瘤。这些肿瘤的组织发生具有争议。曾描述过具有 II 型肺泡细胞、细支气管克拉拉细胞或两种细胞组织学特点的肿瘤，但通常认为是源于 II 型肺泡细胞。由于这些肺肿瘤的组织发生具有争议，故一般将来源于肺泡 / 细支气管区域的肿瘤归类为肺泡 / 细支气管腺瘤或癌。

细支气管－肺泡肿瘤被认为具有形态学和生物学连续性，因此有时难以区分良恶性。如上所述，几种明显的组织学类型的细支气管－肺泡肿瘤得到公认。然而，区分这些组织学类型也很困难。评估毒理学研究时，病理学家应当考虑何时以及是否适合对肿瘤进行基于组织学类型的区分。如上所述，由于组织学来源的不确定性，将大鼠和小鼠肺部来源于肺泡 / 细支气管区域的肿瘤归类为细支气管－肺泡肿瘤更合理。

虽然上述归类在兽医文献中被广泛应用，但在人类原发性肺肿瘤分类中，细支气管肺和肺泡 / 细支气管这些术语有更特殊的定义（Nikitin 等，2004）。这种情况有时会造成混淆，有学者建议放弃这些术语，支持以清楚的组织学类型为唯一依据进行分类和描述。

（Belinsky 等，1992，1991；Boorman，1985a；Boorman，1985b；Boorman，1985c；Breeze 和 Wheeldon，1977；Dixon 等，1991；Dixon 和 Maronpot，1991；Dungworth，Ernst 等，1992；Dungworth，Hahn 等，1992；Dungworth 等，2001；Foley 等，1991；Gunning 等，1991；Gunning，Stoner 和 Goldblatt，1991；Gunning，Goldblatt 和 Stoner，1992；Heath，Frith 和 Wang，1982；Howroyd 等，2009；Kristiansen 等，1993；Malkinson，1989；Maronpot 等，1991；Matsuzaki，1975；R. A. Miller 和 Boorman，1990；Mohr 等，1990；2006；2006；Nikitin 等，2004；Ohshima 等，1985；Pour 等，1976；Rehm 等，1991；Rehm 和 Ward，1989；Rehm 等，1991；Rehm，Ward 和 Sass，1994；Rehm 等，1988；Reznik-Schüller 和 Reznik，1982；Rittinghausen 等，1992；Rittinghausen 等，1996a；Rittinghausen 等，1996b；Schüller，1987；Schüller，1990；Singh 等，1985；Thaete 等，1987；Thaete 和 Malkinson，1990，1991；Ward 等，1983；Ward 和 Rehm，1990；Ward 等，1985；Witschi，1985；Yamamoto 等，1989）。

腺泡癌（仅限于小鼠）：终末细支气管，肺泡［Carcinoma，Acinar（Mice Only）：Terminal Bronchioles，Alveoli］（图 116）

发病机制 / 细胞来源：腺泡癌被认为是直接来源于终末气道的细支气管上皮（克拉拉）细胞的恶性转化，或由肺泡壁的克拉拉细胞群发生。一些研究者认为，这些肿瘤来自从细支气管迁移到肺实质的克拉拉细胞，也有学者认为其来自 II 型肺泡细胞化生。

诊断要点：

- 广泛的膨胀性生长，边缘不规则，或形成更局限的结节。
- 肿瘤细胞利用现有的肺泡壁形成明显的腺样 / 腺泡样结构。
- 由无明显特征的立方至柱状或多形细胞组成，或与纤毛细胞、黏液细胞混合出现更为常见。

- 大部分或整个肿瘤倾向于分化为黏液腺癌等单一细胞类型。
- 可见多样的细胞质嗜酸性小球。
- 缺乏明显的鳞状上皮化生。
- 肿瘤可见明显的恶性特征，如穿透基底膜、组织破坏。

鉴别诊断：

- 细支气管－肺泡癌：明显的结节性团块，细胞形成乳头状结构。由立方至柱状细胞组成，缺乏纤毛细胞、黏液细胞或鳞状细胞。
- 腺鳞癌或鳞状细胞癌：肿瘤部分（腺鳞癌）或全部（鳞状细胞癌）由恶性鳞状细胞组成。

备注：自然发生的腺泡癌极为罕见。气管内滴注甲基胆蒽或皮肤接触卡莫司汀［N-nitrosobis-(2-chloroethyl)urea］可诱发腺泡癌。后者在自发性肺部肿瘤发生率低的小鼠品系中不会导致实体 / 乳头状肿瘤。胞质嗜酸性小球（胞质内嗜酸性蛋白质积聚）可能是腺泡癌细胞的一个重要特征，也可见于非肿瘤性和细胞增生性肺病变中。这些小球通常被认为是含有蛋白类物质的扩张的内质网（Dungworth 等，2001；Rehm 等，1991；Rittinghausen 等，1996；Rittinghausen 等，1996a；Rittinghausen 等，1996b）。

腺鳞癌：终末细支气管，肺泡（Carcinoma，Adenosquamous：Terminal Bronchioles，Alveoli）（图 117）

同义词：carcinoma，mucoepidermoid

发病机制 / 细胞来源：

大鼠：细支气管－肺泡腺癌来自Ⅱ型肺泡细胞和 / 或克拉拉细胞，可由克隆转化为恶性鳞状细胞表型；

小鼠：腺鳞癌被认为来自腺泡癌或细支气管－肺泡癌，可由克隆转化为恶性鳞状细胞表型。

诊断要点：

- 结节状或边缘不规则的广泛的膨胀性生长。
- 由大量腺癌性和恶性鳞状细胞成分组成。
- 鳞状细胞可见角化现象，在中心形成角化珠，或角化细胞脱落而使腺泡扩张。
- 鳞状细胞分化可通过具有明显细胞间桥且缺乏角化现象的多角形细胞的形成来识别。细胞也可因非典型的胞核而明显变大。
- 肿瘤常表现出明显的恶性征象，如穿透基底膜和组织破坏。

鉴别诊断：

- 细支气管－肺泡癌或腺泡癌：具有鳞状细胞化生的细支气管－肺泡癌或腺泡癌由两部

分组成，大部分为肿瘤性腺体结构；小部分为鳞状细胞，其形状较规则，外观良性。

- 鳞状细胞癌：肿瘤全部由恶性鳞状细胞组成，尽管可能有由增生的细支气管或Ⅱ型肺泡细胞围成的空隙。

备注：腺鳞癌与伴有鳞状细胞化生的细支气管 – 肺泡癌的区别有时并不明显。

小鼠：腺鳞癌最常来源于腺泡癌或细支气管 – 肺泡癌中鳞状细胞的转变而不常见于乳头状肿瘤中(Boorman, Morgan和Uraih, 1996; Dixon和Maronpot, 1991; Dungworth等, 1992; Dungworth等, 2001；Mohr等，1990；Rehm等，1991；Rehm，Ward和Sass，1994；Rittinghausen等，1992；Rittinghausen等，1996a；Rittinghausen等，1996b）。

鳞状细胞癌：终末细支气管，肺泡（Carcinoma，Squamous Cell：Terminal Bronchioles，Alveoli）（图118）

同义词： carcinoma，epidermoid

修饰词： 无角化；角化

发病机制 / 细胞来源： 肺泡上皮细胞和 / 或克拉拉细胞的鳞状细胞化生的恶性转化。

诊断要点：

- 肿瘤生长模式为伴有中心角化（角化珠）的细胞团块或不规则的细胞巢，或角化不明显，但细胞间桥明显。
- 常见细胞碎片、坏死以及炎细胞，特别是中性粒细胞。
- 细胞有恶性特征（异型性、结构破坏及有丝分裂率增加）。角化肿瘤中的局部侵袭比在无角化肿瘤中更常见。
- 常见相当多形的细胞，包括形成最大直径可达60μm或更大的巨大细胞（“巨细胞”）。
- 可侵袭邻近肺实质、胸膜、血管和（或）支气管。
- 常有显著的硬癌反应。

无角化：

- 无明显角化，但具有细胞间桥明显的特点。
- 细胞常多形，有的细胞小，胞质少，类似上呼吸道的基底细胞；有的细胞大，胞质丰富，呈嗜酸性。

大鼠：

- 由基底细胞样或较大的非角化鳞状细胞组成的结节或小团块。原有肺泡结构仍然存在。细胞具有恶性特征（异型性、结构紊乱以及有丝分裂象增多），但基质或血管侵袭不明显。

角化：

- 角蛋白的量从少到多不等。

大鼠：

- 伴有中心为大块角蛋白和坏死瘤组织的鳞状细胞癌来源于良性角化的囊性鳞状细胞肿瘤壁的恶性转化。

鉴别诊断：

- 鳞状细胞化生：肺结构正常。病灶小，呈多灶性病变，细胞异型性程度低。
- 腺鳞癌：肿瘤由鳞状上皮细胞和腺体成分组成，二者均为恶性。
- 细支气管－肺泡癌或腺泡癌：肿瘤由衬以立方或多形性细胞的乳头状或腺泡样结构组成，鳞状细胞化生缺如或不明显。

大鼠：

- 角化或非角化囊性上皮瘤：无恶性细胞特征（异型性、结构破坏、有丝分裂）或行为特征（侵袭）。

备注：

大鼠：

- 常见的特征是向纵隔转移或侵袭。
- 区分良性鳞状细胞肿瘤与分化良好的鳞状细胞癌有时存在任意性。

小鼠：

- 小鼠肺的自发性鳞状细胞癌极少见，在大鼠描述的鳞状细胞良性增生（角化囊肿和角化囊性上皮瘤）在小鼠尚无报道。

（Boorman，1985a；Boorman，1985b；Boorman，1985c；Boorman,Morgan 和 Uraih，1996 Dixon 和 Maronpot，1991；Dungworth,Ernst 等，1992；Dungworth,Hahn 等，1992；Dungworth 等，2001；Faccini,Abbott 和 Paulus，1990；Kuschner 和 Laskin，1970；Lijinsky 和 Reuber，1988；Maeda 等，1986；Mohr 等，2006,1990；Rehm 和 Kelloff，1991；Rehm 等，1991；Rehm，Ward 和 Sass，1994；Rittinghausen 等，1992；Rittinghausen 等，1996a；Rittinghausen 等，1996b；Schüller，1990；Schülte 等，1994；Shabad 和 Pylev，1970；Yamamoto 等，1989）。

参考文献

Adams, D. R., Jones, A. M., Plopper, C. G., et al, 1991. Distribution of cytochrome P-450 monoxygenase enzymes in the nasal mucosa of hamster and rat. Am J Anat 190, 291-298.

Adriaensen, D., Scheuermann, D. W., Gajda, M., et al, 2001. Functional implications of extensive new data on the innervation of pulmonary neuroepithelial bodies. Ital J Anat Embryol 106, 395-403.

Baker, D. G., 1998. Natural pathogens of laboratory mice, rats, and rabbits and their effects on research. Clin Microbiol Rev 11, 231-266.

Barrow, C. S., Buckley, L. A., James, R. A.,et al, 1986. Sensory irritation: Studies on correlation to pathology, structure-activity, tolerance development, and prediction of species differences to nasal injury. In Toxicology of the Nasal Passages (C. S. Barrow, ed.), pp. 101-122, Hemisphere Publishing Co., Washington, DC.

Beer, D. G., Malkinson, A. M., 1985. Genetic influence on type 2 or Clara cell origin of pulmonary adenomas in urethan-treated mice. J Natl Cancer Inst 75, 963-969.

Belinsky, S. A., Devereux, T. R., Foley, J. F., et al, 1992. Role of the alveolar type II cell in the development and progression of pulmonary tumors induced by 4-(methylnitrosamino)-1-(3-pyridyl)-1-butanone in the A/J mouse. Cancer Res 52, 3164-3173.

Belinsky, S. A., Devereux, T. R., White, C. M., et al, 1991. Role of Clara cells and type II cells in the development of pulmonary tumors in rats and mice following exposure to a tobacco-specific nitrosamine. Exp Lung Res 17, 263-278.

Belinsky, S. A., Walker, V. E., Maronpot, R. R., et al, 1987. Molecular dosimetry of DNA adduct formation and cell toxicity in rat nasal mucosa following exposure to the tobacco specific nitrosamine 4-(N-methyl-N-nitrosamino)-1-(3-pyridyl)-1-butanone and their relationship to induction of neoplasia. Cancer Res 47, 6058-6065.

Bermudez, E., Gross, E. A., Chen, Z., et al, 1992. Isolation and characterization of cell lines from formaldehyde-induced rat nasal squamous cell carcinomas. Toxicologist 12, 379.

Bermudez, E., Mangum, J. B., Asgharian, B., et al, 2002.Long-term pulmonary responses of three laboratory rodent species to subchronic inhalation of pigmentary titanium dioxide particles. Toxicol Sci 70, 86-97.

Bermudez, E., Mangum, J. B., Wong, B. A., et al, 2004. Pulmonary responses of mice, rats, and hamsters to subchronic inhalation of ultrafine titanium dioxide particles. Toxicol Sci 77, 347-357.

Bogdanffy, M. S., 1990. Biotransformation enzymes in the rodent nasal mucosa: The value of a histochemical approach. Environ Health Perspect 85, 177-186.

Bond, J. A., 1986. Bioactivation and biotransformation of xenobiotics in rat nasal tissue. In Toxicology of the Nasal Passages (C. S. Barrow, ed.), pp. 249-261, Hemisphere Publishing Co, Washington.

Boorman, G. A., 1985a. Bronchiolar/alveolar adenoma, lung, rat. In Monographs on Pathology of Laboratory Animals. Respiratory System (T. C. Jones, U. Mohr, and R. D. Hunt, eds,), pp. 99-101, Springer, Berlin, Heidelberg, New York, Tokyo.

Boorman, G. A., 1985b. Bronchiolar/alveolar carcinoma, lung, rat. In Monographs on

Pathology of Laboratory Animals. Respiratory System (T. C. Jones, U. Mohr, and R. D. Hunt, eds,), pp 112-116, Springer, Berlin, Heidelberg, New York, Tokyo.

Boorman, G. A., 1985c. Squamous cell carcinoma, lung, rat. In Monographs on Pathology of Laboratory Animals. Respiratory System (T. C. Jones, U. Mohr, and R. D. Hunt, eds,), pp. 124-127, Springer, Berlin, Heidelberg, New York, Tokyo.

Boorman, G. A., Brockmann, M., Carlton, W. W., et al, 1996. Classification of cystic keratinizing squamous lesions of the rat lung: Report of a workshop. Toxicol Pathol 24, 564-572.

Boorman, G. A., Eustis, S. L., 1990. Lung. In Pathology of the Fischer Rat. Reference and Atlas (G. A. Boorman, S. L. Eustis, M. R. Elwell, C. A. Montgomery Jr, and W. F. MacKenzie, eds.), pp. 339-367, Academic Press, San Diego, New York, London.

Boorman, G. A., Morgan, K. T., Uraih, L. C., 1990 Nose, larynx, and trachea. In Pathology of the Fischer Rat. Reference and Atlas (G. A. Boorman, S. L. Eustis, M. R. Elwell, C. A. Montgomery Jr, and W. F. MacKenzie, eds.), pp. 315-337, Academic Press, San Diego, New York, London.

Boros, D. L., 1978. Granulomatous inflammations. Prog Allergy 24, 183-267.

Brandsma, A. E., ten Have-Opbroek, A. A., Vulto, I. M.,et al,1994. Alveolar epithelial composition and architecture of the late fetal pulmonary acinus: An immunocytochemical and morphometric study in a rat model of pulmonary hypoplasia and congenital diaphragmatic hernia. Exp Lung Res 20, 491-515.

Branstetter, D. G., Moseley, P. P., 1991. Effect of lung development on the histological pattern of lung tumors induced by ethylnitrosourea in the C3HeB/FeJ mouse. Exp Lung Res 17, 169-179.

Breeze, R. G., Wheeldon, E. B., 1977. The cells of the pulmonary airways.Am Rev Respir Dis 116, 705-777.

Brix, A. E., Jokinen, M. P., Walker, N. J., et al, 2004. Characterization of bronchiolar metaplasia of the alveolar epithelium in female Sprague-Dawley rats exposed to 3,30,4,40,5-pentachlorobiphenyl (PCB126). Toxicol Pathol 32, 333-337.

Brix, A. E., Nyska, A., Haseman, J. K., et al, 2005. Incidences of selected lesions in control female Harlan Sprague-Dawley rats from two-year studies performed by the National Toxicology Program. Toxicol Pathol 33, 477-483.

Brown, H. R., 1990. Neoplastic and potentially preneoplastic changes in the upper respiratory tract of rats and mice. Environ Health Perspect 85, 291-304.

Brown, H. R., Monticello, T. M., Maronpot, R. R., et al, 1991. Proliferative and neoplastic lesions in the rodent nasal cavity. Toxicol Pathol 19, 358-372.

Bucher, J. R., Elwell, M. R., Thompson, M. B., et al, 1990. Inhalation toxicity studies of cobalt sulfate in F344/N rats and B6C3F1 mice. Fundam Appl Toxicol 15, 357-372.

Buchweitz, J. P., Harkema, J. R., Kaminski, N. E., 2007. Time-dependent airway epithelial and inflammatory cell responses induced by influenza virus A/PR/8/34 in C57BL/6 mice. Toxicol Pathol 35, 424-435.

Buckley, L. A., Jiang, X. Z., James, R. A., et al, 1984. Respiratory tract lesions induced by sensory irritants at the RD50 concentration. Toxicol Appl Pharmacol 74, 417-429.

Buckley, L. A., Morgan, K. T., Swenberg, J. A., et al, 1985. The toxicity of dimethylamine in F-344 rats and B6C3F1 mice following a 1-year inhalation exposure. Fundam Appl Toxicol 5, 341-352.

Burton, F. G., Clark, M. L., Miller, R. A., et al, 1982. Generation and characterization of red phosphorus smoke aerosols for inhalation exposure of laboratory animals. Am Ind Hyg Assoc J 43, 767-772.

Busch, R. H., Lauhala, K. E., Loscutoff, S. M., et al, 1984. Experimental pulmonary emphysema induced in the rat by intratracheally administered elastase: Morphogenesis. Environ Res 33, 497-513.

Castleman, W. L., 1992. Effects of infectious agents and other factors on the lungs. In Pathobiology of the Aging Rat, Vol. 1 (U. Mohr, D. L. Dungworth, and C. C. Capen, eds), pp. 181-191, ILSI Press, Washington, DC.

Chandra, M., Riley, M. G. I., Johnson, D. E., 1991. Clear-cell carcinoma in the trachea of a rat. Lab Anim Sci 41, 262-264.

Chen, H. C., Pan, I. Z., Liang, C. T., et al, 1995. Nasal adenocarcinoma with myoepithelial component in a CD-1 mouse. Vet Pathol 32, 710-713.

Dahl, A. R., 1986. Possible consequences of cytochrome P-450-dependent monooxygenases in nasal tissues. In Toxicology of the Nasal Passages (C. S. Barrow, ed), pp. 263-273, Hemisphere Publishing Co, Washington, DC.

Dickhaus, S., Reznik, G., Green, U., et al, 1977. The carcinogenic effect of beta-oxidized dipropylnitrosamine in mice. I. Dipropylnitrosamine and methyl-propylnitrosamine. Z Krebsforsch 90, 253-258.

Dickhaus, S., Reznik, G., Green, U., et al, 1978. The carcinogenic effect of beta oxydized dipropylnitrosamine in mice. II. 2-hydroxypropyln-propylnitrosamine and 2-oxo-propyl-n-propylnitrosamine. Z Krebsforsch 91, 189-193.

Dixon, D., Horton, J., Haseman, J. K., et al, 1991. Histomorphology and ultrastructure of spontaneous pulmonary neoplasms in strain A mice. Exp Lung Res 17, 131-155.

Dixon, D., Maronpot, R. R., 1991. Histomorphologic features of spontaneous and chemically-induced pulmonary neoplasms in B6C3F1 mice and Fischer 344 rats. Toxicol Pathol 19, 540-556.

Dorman, D. C., Brenneman, K. A., McElveen, A. M., et al, 2002. Olfactory transport: A direct route of delivery of inhaled manganese phosphate to the rat brain. J Toxicol Environ Health A 65, 1493-1511.

Driscoll, K., 1995. Role of cytokines in pulmonary inflammation and fibrosis.In Concepts in Inhalation Toxicology (R. O. McClellan and R. F. Henderson, eds.), pp. 471-504, Taylor and Francis, Washington, DC.

Dungworth, D. L., Ernst, H., Nolte, T., et al, 1992. Nonneoplastic lesions in the lungs. In Pathobiology of the Aging Rat, Vol. 1 (U. Mohr, C. C. Capen, and D. L. Dungworth, eds.), pp. 143-160, ILSI Press, Washington.

Dungworth, D. L., Hahn, F. F., Hayashi, Y., et al, 1992. 1. Respiratory system. In International classification of rodent tumours. Part I: The rat (U. Mohr, C. C. Capen, D. L.

Dungworth, D. L., Hahn, F. F., Nikula, K. J., 1995. Noncarcinogenic responses of the respiratory tract to inhaled toxicants. In Concepts in Inhalation Toxicology (R. O. McClellan and R. F. Henderson, eds.), pp. 533-576, Taylor and Francis, Washington, DC.

Dungworth, D. L., Rittinghausen, S., Schwartz, L., et al, 2001. Respiratory system and mesothelium. In International Classification of Rodent Tumors: The mouse (U. Mohr, ed.), pp. 93-94, Springer, Berlin, Heidelberg, New York.

Elder, A., Gelein, R., Finkelstein, J. N., Driscoll, K. E., Harkema, J., and Oberdorster, G., 2005. Effects of subchronically inhaled carbon black in three species. I. Toxicol Sci 88, 614-629.

Elizegi, E., Pino, I., Vicent, S., et al, 2001. Hyperplasia of alveolar neuroendocrine cells in rat lung carcinogenesis by silica with selective expression of proadrenomedullin-derived peptides and amidating enzymes. Lab Invest 81, 1627-1638.

Elkon, D., 1983. Olfactory esthesioneuroblastoma. In Nasal Tumours in Animals and Man. Vol II: Tumour pathology (G. Reznik and S. F. Stinson, eds.), pp. 129-147, CRC Press, Boca Raton, FL.

Ernst, H., Dungworth, D. L., Kamino, K., et al, 1996. Nonneoplastic lesions in the lungs. In Pathobiology of the Aging Mouse, Vol. 1 (U. Mohr, D. L. Dungworth, C. C. Capen, W. W. Carlton, J. P. Sundberg, and J. M. Ward, eds.), pp. 281-300, ILSI Press, Washington, DC.

Everitt, J. I., Bermudez, E., Mangum, J. B., et al, 1994. Pleural lesions in Syrian Golden hamsters and Fischer-344 rats following intrapleural instillation of man-made ceramic or glass fibers. Toxicol Pathol 22, 229-236.

Everitt, J. I., Gelzleichter, T. R., Bermudez, E., et al, 1997. Comparison of pleural responses of rats and hamsters to subchronic inhalation of refractory ceramic fibers.Environ Health Perspect 105, 1209-1213.

Everitt, J. I., Richter, C. B., 1990. Infectious diseases of the upper respiratory tract: Implications for toxicology studies. Environ Health Perspect 85, 239-247.

Faccini, J. M., Abbott, D. P., Paulus, G. J. J., 1990. Respiratory Tract. Mouse Histopathology, pp. 48-63, Elsevier, Amsterdam, New York, Oxford.

Feron, V. J., Woutersen, R. A., Spit, B. J., 1986. Pathology of chronic nasal toxic responses including cancer. In Toxicology of the Nasal Passages (C. S. Barrow, ed.), pp. 67-89, Chemical Industry Institute of Toxicology Series, Hemisphere, Washington, New York, London.

Foley, J. F., Anderson, M. W., Stoner, G. D.,et al, 1991. Proliferative lesions of the mouse lung: Progression studies in strain A mice. Exp Lung Res 17, 157-168.

Frith, C. H., Ward, J. M., 1988. Respiratory system. In Color Atlas of Neoplastic and Non-neoplastic Lesions in Aging Mice, pp. 27-32, Elsevier, Amsterdam, Oxford, New York, Tokyo.

Gaskell, B. A., 1990. Nonneoplastic changes in the olfactory epithelium—experimental studies. Environ Health Perspect 85, 275-289.

Germann, P. G., Ockert, D., Heinrichs, M., 1998. Pathology of the oropharyngeal cavity in six strains of rats: predisposition of Fischer 344 rats for inflammatory and degenerative changes. Toxicol Pathol 26, 283-289.

Gopinath, C., Prentice, D. E., Lewis, D. J., 1987. Chapter 4: The respiratory system. In Atlas of Experimental Pathology, pp. 22-42, MTP Press, Lancaster, Boston, The Hague, Dordrecht.

Greaves, P., 1996. Respiratory tract. In Histopathology of Preclinical Toxicity Studies, Third Edition. Elsevier, Amsterdam, New York, Oxford.

Greaves, P., Faccini, J. M., 1984. Chapter 6: Respiratory tract. In Rat Histopathology.A Glossary for Use in Toxicity and Carcinogenicity Studies, Second Edition, Elsevier, Amsterdam, New York, Oxford.

Green, U., Konishi, Y., Ketkar, M. B., et al, 1980. Comparative study of the carcinogenic effect of BHP and BAP on NMRI mice. Cancer Lett 9, 257-261.

Griciute, L., Castegnaro, M., Bereziat, J. C., 1981. Influence of ethyl alcohol on carcinogenesis with N-nitrosodimethylamine. Cancer Lett 13, 345-352.

Griciute, L., Castegnaro, M., Bereziat, J. C., et al, 1986.Influence of ethyl alcohol on the carcinogenic activity of N-nitrosonornicotine. Cancer Lett 31, 267-275.

Gross, E. A., Patterson, D. L., Morgan, K. T., 1987. Effects of acute and chronic dimethylamine exposure on the nasal mucociliary apparatus of F-344 rats. Toxicol Appl Pharmacol 90, 359-376.

Gunning, W. T., Castonguay, A., Goldblatt, P. J., et al, 1991. Strain A/J mouse lung adenoma growth patterns vary when induced by different carcinogens. Toxicol Pathol 19, 168-175.

Gunning, W. T., Stoner, G. D., Goldblatt, P. J., 1991. Glyceraldehyde-3-phosphate dehydrogenase and other enzymatic activity in normal mouse lung and in lung tumors. Exp Lung Res 17, 255-261.

Gunning, W. T., Goldblatt, P. J., Stoner, G. D., 1992. Keratin expression in chemically induced mouse lung adenomas. Am J Pathol 140, 109-118.

Haines, D. C., Chattopadhyay, S., Ward, J. A., 2001. Pathology of aging B6;129 mice. Toxicol Pathol 29,653-661.

Haley, P. J., 1991. Mechanisms of granulomatous lung disease from inhaled beryllium: The role of antigenicity in granuloma formation. Toxicol Pathol 19, 514-525.

Halliwell, W. H., 1997. Cationic amphiphilic drug-induced phospholipidosis.Toxicol

Pathol 25, 53-60.
Hardisty, J. F., Garman, R. H., Harkema, J. R., et al, 1999. Histopathology of nasal olfactory mucosa from selected inhalation toxicity studies conducted with volatile chemicals. Toxicol Pathol 27, 618-627.
Hardy, C. J., Coombs, D. W., Lewis, D. J., et al, 1997. Twentyeight-day repeated-dose inhalation exposure of rats to diethylene glycol monoethyl ether. Fundam Appl Toxicol 38, 143-147.
Harkema, J. R., 1990. Comparative pathology of the nasal mucosa in laboratory animals exposed to inhaled irritants. Environ Health Perspect 85,231-238.
Harkema, J. R., 1991. Comparative aspects of nasal airway anatomy: relevance to inhalation toxicology. Toxicol Pathol 19, 321-336.
Harkema, J. R., Carey, S. A., Wagner, J. G., 2006. The nose revisited: A brief review of the comparative structure, function, and toxicologic pathology of the nasal epithelium. Toxicol Pathol 34, 252-269.
Harkema, J. R., Morgan, K. T., 1996. Histology, ultrastructure, embryology, function: Normal morphology of the nasal passages. In Monographs on Pathology of Laboratory Animals. Respiratory System, Second Edition (T. C. Jones, D. L. Dungworth, and U. Mohr, eds.), pp. 3-17,Springer, Berlin, Heidelberg, New York, Tokyo.
Haschek-Hock, W. M., Witschi, H. P., 1991. Chapter 22, Respiratory system. In Handbook of Toxicologic Pathology (W. M. Haschek-Hock and C. G. Rousseaux, eds.), pp. 761-827, Academic Press, San Diego, CA.
Haworth, R., Woodfine, J., McCawley, S., et al, 2007. Pulmonary neuroendocrine cell hyperplasia: identification, diagnostic criteria and incidence in untreated ageing rats of different strains. Toxicol Pathol 35, 735-740.
Hayashi, S., Mori, I., Nonoyama, T., 1998. Spontaneous proliferative lesions in the nasopharyngeal meatus of F344 rats. Toxicol Pathol 26, 419-427.
Hayes, W. C., Cobel-Geard, S. R., Hanley, T. R. Jr, et al, 1981. Teratogenic effects of vitamin A palmitate in Fischer 344 rats. Drug Chem Toxicol 4, 283-295.
Heath, J. E., Frith, C. H., Wang, P. M., 1982. A morphologic classification and incidence of alveolar-bronchiolar neoplasms in BALB/c female mice. Lab Anim Sci 32, 638-647.
Hebel, R., Stromberg, M. W., 1986. Anatomy and Embryology of the Laboratory Rat, Second Edition, pp. 58-64, Biomed Verlag, Muenchen.
Heppleston, A. G., Young, A. E., 1972. Alveolar lipo-proteinosis: An ultrastructural comparison of the experimental and human forms. J Pathol 107, 107-117.
Herbert, R. A., Leininger, J. R., 1999. Nose, larynx and trachea. In Pathology of the Mouse. Reference and Atlas (R. R. Maronpot, G. A.Boorman, and B. W. Gaul, eds.), pp. 259-292, Cache River Press, Vienna, IL.
Hicks, S. M., Vassallo, J. D., Dieter, M. Z.,et al, 2003. Immunohistochemical analysis

of Clara cell secretory protein expression in a transgenic model of mouse lung carcinogenesis. Toxicology 187, 217-228.

Hoenerhoff, M. J., Starost, M. F., Ward, J. M., 2006. Eosinophilic crystalline pneumonia as a major cause of death in 129S4/SvJae mice. Vet Pathol 43, 682-688.

Holmström, M., Wilhelmsson, B., Hellquist, H., 1989. Histological changes in the nasal mucosa in rats after long-term exposure to formaldehyde and wood dust. Acta Otolaryngol (Stockh) 108, 274-283.

Hook, G. E., 1991. Alveolar proteinosis and phospholipidoses of the lungs. Toxicol Pathol 19, 482-513.

Howroyd, P., Allison, N., Foley, J. F., et al, 2009. Apparent alveolar bronchiolar tumors arising in the mediastinum of F344 rats. Toxicol. Pathol. 37, 351-358.

Ibanes, J. D., Leininger, J. R., Jarabek, A. M., et al, 1996. Re-examination of respiratory tract responses in rats, mice, and rhesus monkeys chronically exposed to inhaled chlorine. Inhal Toxicol 8, 859-876.

Ito, T., Ikemi, Y., Kitamura, H., et al, 1989. Production of bronchial papilloma with calcitonin-like immunoreactivity in rats exposed to urban ambient air. Exp Pathol 36, 89-96.

Jecker, P., Ptok, M., Pabst, R., et al, 1996. Distribution of immunocompetent cells in various areas in the normal laryngeal mucosa of the rat. Eur Arch Otorhinolaryngol 253, 142-146.

Jeffrey, A. M., Iatropoulos, M. J., Williams, G. M., 2006. Nasal cytotoxic and carcinogenic activities of systemically distributed organic chemicals. Toxicol Pathol 34, 827-852.

Jiang, X.-Z., Buckley, L. A., Morgan, K. T., 1983. Pathology of toxic responses to the RD50 concentration of chlorine gas in the nasal passages of rats and mice. Toxicol Appl Pharmacol 71, 225-236.

Jiang, X.-Z., Morgan, K. T., Beauchamp, R. O., 1986. Histopathology of acute and subacute nasal toxicity. In Toxicology of the Nasal Passages (C. S. Barrow, ed.), pp. 51-66, Hemisphere Publishing Co., Washington, DC.

Johanson, W. G. Jr, Pierce, A. K., Reynolds, R. C., 1971. The evolution of papain emphysema in the rat. J Lab Clin Med 78, 599-607.

Jones, T. C., Hunt, R. D., King, N. W., 1997. Veterinary Pathology, Williams and Wilkins, Baltimore, MD.

Kai, K., Sahto, H., Yoshida, M., et al, 2006. Species and sex differences in susceptibility to olfactory lesions among the mouse, rat and monkey following an intravenous injection of vincristine sulphate. Toxicol Pathol 34, 223-231.

Kai, K., Satoh, H., Kajimura, T., et al, 2004. Olfactory epithelial lesions induced by various cancer chemotherapeutic agents in mice. Toxicol Pathol 32, 701-709.

Karube, T., Katayama, H., Takemoto, K., et al, 1989. Induction of squamous metaplasia, dysplasia and carcinoma in situ of the mouse tracheal mucosa by inhalation of sodium chloride mist following subcutaneous injection of 4-nitroquinoline 1-oxide. Jpn J Cancer Res 80, 698-701.

Kasacka, I., Sawicki, B., 2004. Immunohistochemical and electronmicroscopical identification of neuroendocrine cells in the respiratory tract of rats with experimental uraemia. Folia Morphol (Warsz) 63, 233-235.

Kast, A., 1996. Pulmonary hair embolism, rat. In Monographs on Pathology of Laboratory Animals. Respiratory System, Second Edition (T. C. Jones, D. L. Dungworth, and U. Mohr, eds.), pp. 293-302, Springer, Berlin, Heidelberg, New York, Tokyo.

Kaufmann, W., Bader, R., Ernst, H.,et al, 2009. First International ESTP Expert Workshop: "Larynx squamous metaplasia." A reconsideration of morphology and diagnostic approaches in rodent studies and its relevance for human risk assessment. Exp Toxicol Pathol Mar 12 [epub ahead of print].

Keenan, C. M., Kelly, D. P., Bogdanffy, M. S., 1990. Degeneration and recovery of rat olfactory epithelium following inhalation of dibasic esters. Fundam Appl Toxicol 15, 381-393.

Keenan, K. P., 1987. Cell injury and repair of the tracheobronchial epithelium.In Lung Carcinomas. Current Problems in Tumour Pathology (E. M.McDowell, ed.), pp. 74-93, Churchill Livingstone, New York.

Kerns, W. D., 1985a. Polypoid adenoma, nasal mucosa, rat. In Monographs on Pathology of Laboratory Animals. Respiratory System (T. C. Jones, U. Mohr, and R. D. Hunt, eds.), pp. 41-47, Springer, Berlin, Heidelberg, New York, Tokyo.

Kerns, W. D., 1985b. Squamous cell carcinoma, nasal mucosa, rat. In Monographs on Pathology of Laboratory Animals. Respiratory System (T. C. Jones, U. Mohr, and R. D. Hunt, eds.), pp. 54-61, Springer, Berlin, Heidelberg, New York, Tokyo.

Kerns, W. D., Pavkov, K. L., Donofrio, D. J., et al, 1983. Carcinogenicity of formaldehyde in rats and mice after long-term inhalation exposure. Cancer Res 43, 4382-4392.

Kimbrough, R. D., Gaines, T. B., Linder, R. E., 1974. 2,4-Dichlorophenyl-p-nitrophenyl ether (TOK): effects on the lung maturation of rat fetus. Arch Environ Health 28, 316-320.

Kittel, B., 1996. Goblet cell metaplasia, rat. In Monographs on Pathology of Laboratory Animals. Respiratory System (T. C. Jones, U. Mohr, and R.D. Hunt, eds.), pp. 303-307, Springer, Berlin, Heidelberg, New York, Tokyo.

Kittel, B., Ernst, H., Dungworth, D. L., et al, 1993.Morphological comparison between benign keratinizing cystic squamous cell tumours of the lung and squamous lesions of the skin in rats. Exp Toxic Pathol 45, 257-267.

Kittel, B., Ruehl-Fehlert, C., Morawietz, G., et al, 2004.Revised guides for organ sampling and trimming in rats and mice-Part 2. A joint publication of the RITA and NACAD groups. Exp Toxicol Pathol 55, 413-431.

Klaassen, A. B. M., Jap, P. H. K., Kuijpers, W., 1982. Ultrastructural aspects of the nasal

glands in the rat. Anat Anz 151, 455-466.
Kociba, R. J., McCollister, S. B., Park, C., et al, 1974. 1,4-Dioxane. I. Results of a 2-year ingestion study in rats. Toxicol Appl Pharmacol 30, 275-286.
Konishi, Y., Higashiguchi, R., 1996, Pulmonary lipidosis, rat. In Monographs on Pathology of Laboratory Animals. Respiratory System (T. C. Jones, U. Mohr, and R. D. Hunt, eds.), pp. 270-272, Springer, Berlin, Heidelberg, New York, Tokyo.
Korenaga, T., Fu, X., Xing, Y., et al, 2004. Tissue distribution, biochemical properties, and transmission of mouse type A AApoAII amyloid fibrils. Am J Pathol 164, 1597-1606.
Kristiansen, E., Madsen, C., Meyer, O., et al, 1993.Effects of high-fat diet on incidence of spontaneous tumors in Wistar rats. Nutr Cancer 19, 99-110.
Kumar, V., Abbas, A., Fausto, N., eds., 2004. Robbins and Kotran Pathologic Basis of Disease, W. B. Saunders, Philadelphia.
Kuschner, M., Laskin, S., 1970. Pulmonary epithelial tumors and tumorlike proliferations in the rat. In Morphology of experimental respiratory carcinogenesis, AEC Symposium Series 21 (P. Nettesheim, M. G. Hanna, and J. W. Deatherage, eds.), pp. 203-226.USAEC, Oak Ridge.
Larson, S. D., Plopper, C. G., Baker, G., et al, 2004. Proximal airway mucous cells of ovalbumin-sensitized and -challenged Brown Norway rats accumulate the neuropeptide calcitonin generelated peptide. Am J Physiol Lung Cell Mol Physiol 287, L286-L295.
Laskin, S., Sellakumar, A. R., Kuschner, M., et al, 1980. Inhalation carcinogenicity of epichlorohydrin in noninbred Sprague-Dawley rats. J Natl Cancer Inst 65, 751-757.
Lauweryns, J. M., Van Ranst, L., 1988. Protein gene product 9.5 expression in the lungs of humans and other mammals. Immunocytochemical detection in neuroepithelial bodies, neuroendocrine cells and nerves. Neurosci Lett 85, 311-316.
Lauweryns, J. M., van Ranst, L., Lloyd, R. V., et al, 1987.Chromogranin in bronchopulmonary neuroendocrine cells. Immunocytochemical detection in human, monkey, and pig respiratory mucosa. J Histochem Cytochem 35, 113-118.
Lee, K. P., Trochimowicz, H. J., 1982. Induction of nasal tumours in rats exposed to hexamethylphosphoramide by inhalation. J Natl Cancer Inst 68, 157-171.
Levasseur, G., Baly, C., Grébert, D.,et al, 2004. Anatomical and functional evidence for a role of argininevasopressin (AVP) in rat olfactory epithelium cells. Eur J Neurosci 20, 658-670.
Levin, S., Bucci, T. J., Cohen, S. M., et al, 1999. The nomenclature of cell death: Recommendations of an ad hoc Committee of the Society of Toxicologic Pathologists. Toxicol Pathol 27, 484-490.
Lewis, D. J., 1991. Morphological assessment of pathological changes within the rat larynx. Toxicol Pathol 19, 352-358.

Lewis, J. L., Nikula, K. J., Sachetti, L. A., 1994. Induced xenobioticmetabolizing enzymes localized to eosinophilic globules in olfactory epithelium of toxicant-exposed F344 rats. Inhal Toxicol 6(Suppl), 422-425.
Lijinsky, W., Reuber, M. D., 1988. Neoplasms of the skin and other organs observed in Swiss mice treated with nitrosoalkylureas. J Cancer Res Clin Oncol 114, 245-249.
Lopez, A., 2007. Respiratory System. In Pathologic Basis of Veterinary Disease (M. D. McGavin and J. F. Zachary, eds.), pp. 463-558, Mosby Elsevier, St. Louis, MO.
Losco, P. E., 1995. Dental dysplasia in rats and mice. Toxicol. Pathol 23, 677-688.
Luts, A., Uddman, R., Absood, A., et al, 1991.Chemical coding of endocrine cells of the airways: presence of helodermin-like peptides. Cell Tissue Res 265, 425-433.
Maeda, T., Izumi, K., Otsuka, H., et al, 1986. Induction of squamous cell carcinoma in the rat lung by 1,6-dinitropyrene. J Natl Cancer Inst 76, 693-701.
Maekawa, A., Odashima, S., 1975. Spontaneous tumors in ACI/N rats. J Natl Cancer Inst 55, 1437-1445.
Maita, K., Hirano, M., Harada, T., et al, 1988. Mortality, major cause of moribundity, and spontaneous tumors in CD-1 mice. Toxicol Pathol 16, 340-349.
Malkinson, A. M., 1989. The genetic basis of susceptibility to lung tumors in mice. Toxicology 54, 241-271.
March, T.H., Barr,E. B.,Finch, G. L., et al, 1999. Cigarette smoke exposure produces more evidence of emphysema in B6C3F1 mice than in F344 rats. Toxicol Sci 51, 289-299.
March, T. H., Wilder, J. A., Esparza, D. C., et al, 2006. Modulators of cigarette smoke-induced pulmonary emphysema in A/J mice. Toxicol Sci 92, 545-559.
Mariassy, A. T., 1992. Epithelial cells of trachea and bronchi. In Comparative Biology of the Normal Lung (P. A. Parent, ed.), pp. 63-76.CRC Press, Boca Raton, FL.
Maronpot, R. R., 1990. Pathology Working Group review of selected upper respiratory tract lesions in rats and mice. Environ Health Perspect 85, 331-352.
Maronpot, R. R., Miller, R. A., Clarke, W. J., et al, 1986. Toxicity of formaldehyde vapor in B6C3F1 mice exposed for 13 weeks. Toxicology 41, 253-266.
Maronpot, R. R., Palmiter, R. D., Brinster, R. L., et al, 1991. Pulmonary carcinogenesis in transgenic mice. Exp Lung Res 17, 305-320.
Matsuzaki, O., 1975. Histogenesis and growing patterns of lung tumors induced by potassium 1-methyl-1,4-dihydro-7-(2-[5-nitrofuryl]vinyl)-4-oxo-1,8-naphthyridine-3-carboxylate in ICR mice. Gann 66, 259-267.
Mauderly, J. L., Gillett, N. A., 1992. Changes in respiratory function. In Pathobiology of the Aging Rat. Vol 1 (U. Mohr, D. L. Dungworth, and C. C. Capen, eds.), pp. 129-142, ILSI Press, Washington, DC.
Mauderly, J. L., McCunney, R. J. (eds.), 1996. Particle Overload in the Rat Lung and Lung Cancer: Implications for Human Risk Assessment.Taylor and Francis, Washington, DC.

McBride, J. T., Springall, D. R., Winter, R. J., et al, 1990. Quantitative immunocytochemistry shows calcitonin gene-related peptide-like immunoreactivity in lung neuroendocrine cells is increased by chronic hypoxia in the rat. Am J Respir Cell Mol Biol 3, 587-593.

Mercer, R. R., Crapo, J. D., 1992. Architecture of the acinus. In Comparative Biology of the Normal Lung (R. A. Parent, ed.), pp. 109-119, CRC Press, Boca Raton, FL.

Mery, S., Gross, E. A., Joyner, D. R., et al, 1994.Nasal diagrams: A tool for recording the distribution of nasal lesions in rats and mice. Toxicol Pathol 22, 353-372.

Meyrick, B., 1991. Structure function correlates in the pulmonary vasculature during acute lung injury and chronic pulmonary hypertension. Toxicol Pathol 19, 447-457.

Michielsen, C. P., Leusink-Muis, A., Vos, J. G., et al, 2001.Hexachlorobenzene-induced eosinophilic and granulomatous lung inflammation is associated with in vivo airways hyperresponsiveness in the Brown Norway rat. Toxicol Appl Pharmacol 172, 11-20.

Miller, F. J. (ed.), 1995 Nasal Toxicity and Dosimetry of Inhaled Xenobiotics, Taylor and Francis, Washington, DC.

Miller, R. A., Boorman, G. A., 1990. Morphology of neoplastic lesions induced by 1,3-butadiene in B6C3F1 mice. Environ Health Perspect 86, 37-48.

Miller, R. A., Renne, R. A., 1996. Effects of xenobiotics on the larynx of the rat, mouse, and hamster. In Monographs on Pathology of Laboratory Animals. Respiratory System, Second Edition (T. C. Jones, D. L.Dungworth, and U. Mohr, eds,), pp. 51-57, Springer, Berlin, Heidelberg, New York, Tokyo.

Miller, R. R., Young, J. T., Kociba, R. J., et al, 1985. Chronic toxicity and oncogenicity bioassay of inhaled ethyl acrylate in Fischer 344 rats and B6C3F1 mice. Drug Chem Toxicol 8, 1-42.

Mohr, U., Ernst, H., Roller, M., et al, 2006. Pulmonary tumor types induced in Wistar rats of the so-called “19-dust study.” Exp Toxicol Pathol 58, 13-20.

Mohr, U., Rittinghausen, S., Takenaka, S., et al, 1990. Tumours of the lower respiratory tract and pleura in the rat. In Pathology of Tumours in Laboratory Animals. Vol I.Tumours of the Rat, Second edition (V. S. Turusov and U. Mohr, eds.), pp. 275-299, IARC Scientific Publications No. 99, Lyon, France.

Monticello, T. M., Morgan, K. T., Uraih, L., 1990. Nonneoplastic nasal lesions in rats and mice. Environ Health Perspect 85, 249-274.

Montuenga, L. M., Springall, D. R., Gaer, J., et al, 1992. CGRPimmunoreactive endocrine cell proliferation in normal and hypoxic rat lung studied by immunocytochemical detection of incorporation of 5’-bromodeoxyuridine. Cell Tissue Res 268, 9-15.

Morgan, K. T., 1991. Approaches to the identification and recording of nasal lesions in toxicology studies. Toxicol Pathol 19, 337-351.

Morgan, K. T., Harkema, J. R., 1996. Nonneoplastic lesions of the olfactory mucosa. In Monographs on Pathology of Laboratory Animals.Respiratory System, Second

Edition (T. C. Jones, D. L. Dungworth, and U. Mohr, eds.), pp. 28-43, Springer, Berlin, Heidelberg, New York, Tokyo.
Morgan, K. T., Monticello, T. M., 1990. Airflow, gas deposition, and lesion distribution in the nasal passages. Environ Health Perspect 85, 209-218.
Morris, J. B., 2006 Nasal toxicology. In Inhalation toxicology (H. Salem and S. A. Katz, eds.), pp. 349-371, Taylor and Francis, Washington, DC.
Myers, R K, McGavin, M. D., 2007. Cellular and tissue responses to injury. In Pathologic Basis of Veterinary Disease, Fourth Ed. (M. D. McGavin and J.F. Zachary, eds.), pp. 3-62. Mosby Elsevier, St. Louis.
Nagai, H., 1994. Goblet cell metaplasia in the pulmonary alveolar epithelium in a rat. Toxicol Pathol 22, 555-558.
Nagano, K., Enomoto, M., Yamanouchi, K., et al, 1988.Toxicologic pathology of upper respiratory tract. Jap J Toxicol Pathol 1, 115-127.
Nagano, K., Katagiri, T., Aiso, S., et al, 1997. Spontaneous lesions of nasal cavity in aging F344 rats and BDF1 mice. Exp Toxicol Pathol 49, 97-104.
Nettesheim, P., Szakal, A. K., 1972. Morphogenesis of alveolar bronchiolization. Lab Invest 26, 210-219.
Nikitin, A. Y., Alcaraz, A., Anver, M. R., et al, 2004. Classification of proliferative pulmonary lesions of the mouse: Recommendations of the mouse models of human cancers consortium. Cancer Res 64, 2307-2316.
Ohshima, M., Ward, J. M., Singh, G., et al, 1985. Immunocytochemical and morphological evidence for the origin of N-nitrosomethylurea-induced and naturally occurring primary lung tumors in F344/NCr rats. Cancer Res 45, 2785-2792.
Pack, R. J., Al-Ugaily, L. H., Morris, G., 1981. The cells of the tracheobronchial epithelium of the mouse: A quantitative light and electron microscope study. J Anat 132, 71-84.
Palmer, K. C., 1985. Clara cell adenomas of the mouse lung. Interaction with alveolar type 2 cells. Am J Pathol 120, 455-463.
Palmer, K. C., Grammas, P., 1987. Beta-adrenergic regulation of secretion from Clara cell adenomas of the mouse lung. Lab Invest 56, 329-334.
Parent, R. A. (ed.), 1992. Comparative Biology of the Normal Lung, CRC Press, Boca Raton, FL.
Parker, J. C., Cross, S. S., Rowe, W. P., 1970. Rat coronavirus (RCV): A prevalent, naturally occurring pneumotropic virus of rats. Arch Gesamte Virusforsch 31, 293-302.
Parkes, W. R., 1982. Fundamentals of pathogenesis and pathology. In Occupational Lung Disorders, pp 54-88, Butterworths, London.
Philpot, R. M., Anderson, M. W., Eling, T. E., 1977. Uptake, accumulation, and metabolism of chemicals by the lung. In Metabolic Functions of the Lung (Y. S.

Bakle and J. R. Vane, eds.), pp. 123-171, Dekker, New York, NY.
Pino, M. V., Valerio, M. G., Miller, G. K., et al, 1999. Toxicologic and carcinogenic effects of the type IV phosphodiesterase inhibitor RP 73401 on the nasal olfactory tissue in rats. Toxicol Pathol 27, 383-394.
Plopper, C. G., Dungworth, D. L., 1987. Structure, function, cell injury and cell renewal of bronchiolar and alveolar epithelium. In Lung Carcinomas (E. M. McDowell, ed.), pp. 94-128, Churchill Livingstone, Edinburgh.
Plopper, C. G., Hyde, D. M., 1992. Epithelial cells of bronchioles. In Comparative Biology of the Normal Lung (R. A. Parent, ed.), pp. 85-92, CRC Press, Boca Raton.
Plopper, C. G., Mariassy, A. T., Wilson, D. W., et al, 1983. Comparison of nonciliated tracheal epithelial cells in six mammalian species: Ultrastructure and population densities. Exp Lung Res 5, 281-294.
Pour, P., Stanton, M. F., Kuschner, M., et al, 1976.Tumours of the respiratory tract. In Pathology of Tumours in Laboratory Animals. Vol I. Tumours of the rat, Part 2 (V. S. Turusov, ed.), pp. 1-40, IARC Scientific Publications, No. 6, Lyon, France.
Pour, P. M., Götz, U., 1983. Prevention of N-nitrosobis(2-oxopropyl)amine-induced nasal cavity tumors in rats by orchiectomy. J Natl Cancer Inst 70, 353-357.
Proctor, D. F., Chang, J. C. F., 1983. Comparative anatomy and physiology of the nasal cavity. In Nasal Tumors in Animals and Man, Volume 1 (G. Reznik and S. F. Stinson, eds.), CRC Press, Boca Raton, FL.
Quest, J. A., Tomaszewski, J. E., Haseman, J. K., et al, 1984. Two-year inhalation toxicity study of propylene in F344/N rats and B6C3F1 mice. Toxicol Appl Pharmacol 76, 288-295.
Rabinovitch, M., 1991. Investigational approaches to pulmonary hypertension. Toxicol Pathol 19, 458-469.
Rabstein, L. S., Peters, R. L., 1973. Tumors of the kidneys, synovia, exocrine pancreas and nasal cavity in BALB-cf-Cd mice. J Natl Cancer Inst 51, 999-1006.
Rebar, A. H., Greenspan, B. J., Allen, M. D., 1986. Acute inhalation toxicopathology of lithium combustion aerosols in rats. Fundam Appl Toxicol 7, 58-67.
Reed, C. J., 1993. Drug metabolism in the nasal cavity: relevance to toxicology. Drug Metab Rev 25, 173-205.
Rehm, S., Devor, D. E., Henneman, J. R., et al, 1991. Origin of spontaneous and transplacentally induced mouse lung tumors from alveolar type II cells. Exp Lung Res 17, 181-195.
Rehm, S., Kelloff, G. J., 1991. Histologic characterization of mouse bronchiolar cell hyperplasia, metaplasia, and neoplasia induced intratracheally by 3-methylcholanthrene. Exp Lung Res 17, 229-244.
Rehm, S., Lijinsky, W., 1994. Squamous metaplasia of bronchiolar cellderived adenocarcinoma induced by N-nitrosomethyl-n-heptylaminein Syrian hamsters. Vet Pathol 31, 561-571.

Rehm, S., Lijinsky, W., Singh, G., et al, 1991. Mouse bronchiolar cell carcinogenesis. Histologic characterization and expression of Clara cell antigen in lesions induced by N-nitrosobis-(2-chloroethyl) ureas.Am J Pathol 139, 413-422.

Rehm, S., Ward, J. M., 1989. Quantitative analysis of alveolar type II cell tumors in mice by whole lung serial and step sections. Toxicol Pathol 17, 737-742.

Rehm, S., Ward, J. M., Anderson, L. M., et al, 1991. Transplacental induction of mouse lung tumors: stage of fetal organogenesis in relation to frequency, morphology, size, and neoplastic progression of N-nitrosoethylurea-induced tumors. Toxicol Pathol 19, 35-46.

Rehm, S., Ward, J. M., Sass, B., 1994. Tumours of the lungs. In Pathology of Tumours in Laboratory Animals, Vol. 2. Tumours of the Mouse, Second Edition (U. Mohr and V. S. Turusov, eds.), pp. 325-339, IARC Scientific Publications No. 111, Lyon, France.

Rehm, S., Ward, J. M., ten Have-Opbroek, A. A. W., et al, 1988. Mouse papillary lung tumors transplacentally induced by N-nitrosoethylurea: Evidence for alveolar type II cell origin by comparative light microscopic, ultrastructural, and immunohistochemical studies. Cancer Res 48, 148-160.

Renne, R. A., Dungworth, D. L., Keenan, C. M., et al, 2003. Non-proliferative lesions of the respiratory tract in rats. In R-1 Guides for Toxicologic Pathology, STP/ARP/AFIP, Washington, DC.

Renne, R. A., Giddens, W. E., Boorman, G. A., et al, 1986. Nasal cavity neoplasia in F344/N rats and (C57BL/6 x C3H)F1 mice inhaling propylene oxide for up to two years. J Natl Cancer Inst 77, 573-582.

Renne, R. A., Gideon, K. M., 2006. Types and patterns of response in the larynx following inhalation. Toxicol Pathol 34, 281-285.

Renne, R. A., Gideon, K. M., Harbo, S. J., et al, 2007. Upper respiratory tract lesions in inhalation toxicology. Toxicol Pathol 35, 163-169.

Renne, R. A., Gideon, K. M., Miller, R. A., et al, 1992. Histologic methods and interspecies variations in the laryngeal histology of F344/N rats and B6C3F1 mice. Toxicol Pathol 20, 44-51.

Renne, R. A., Miller, R. A., 1996. Microscopic anatomy of toxicologically important regions of the larynx of the rat, mouse, and hamster. In Monographs on Pathology of Laboratory Animals. Respiratory System, Second Edition (T. C. Jones, D. L. Dungworth, and U. Mohr, eds.), pp. 43-51, Springer, Berlin, Heidelberg, New York, Tokyo.

Reznik, G., 1983. Spontaneous primary and secondary lung tumors in the rat.In Comparative respiratory tract carcinogenesis. Spontaneous Respiratory Tract Carcinogenesis 1 (H. M. Reznik-Schueller HM, ed.), p. 95, CRC Press, Boca Raton, FL.

Rehm, S., Ward, J. M., 1989. Quantitative analysis of alveolar type II cell tumors in

mice by whole lung serial and step sections. Toxicol Pathol 17, 737-742.
Rehm, S., Ward, J. M., Anderson, L. M., et al, 1991. Transplacental induction of mouse lung tumors: stage of fetal organogenesis in relation to frequency, morphology, size, and neoplastic progression of N-nitrosoethylurea-induced tumors. Toxicol Pathol 19, 35-46.
Rehm, S., Ward, J. M., Sass, B., 1994. Tumours of the lungs. In Pathology of Tumours in Laboratory Animals, Vol. 2. Tumours of the Mouse, Second Edition (U. Mohr and V. S. Turusov, eds.), pp. 325-339, IARC Scientific Publications No. 111, Lyon, France.
Rehm, S., Ward, J. M., ten Have-Opbroek, A. A. W., et al, 1988. Mouse papillary lung tumors transplacentally induced by N-nitrosoethylurea: Evidence for alveolar type II cell origin by comparative light microscopic, ultrastructural, and immunohistochemical studies. Cancer Res 48, 148-160.
Renne, R. A., Dungworth, D. L., Keenan, C. M., et al, 2003. Non-proliferative lesions of the respiratory tract in rats. In R-1 Guides for Toxicologic Pathology, STP/ARP/AFIP, Washington, DC.
Renne, R. A., Giddens, W. E., Boorman, G. A., et al, 1986. Nasal cavity neoplasia in F344/N rats and (C57BL/6 x C3H)F1 mice inhaling propylene oxide for up to two years. J Natl Cancer Inst 77, 573-582.
Renne, R. A., Gideon, K. M., 2006. Types and patterns of response in the larynx following inhalation. Toxicol Pathol 34, 281-285.
Renne, R. A., Gideon, K. M., Harbo, S. J., et al, 2007. Upper respiratory tract lesions in inhalation toxicology. Toxicol Pathol 35, 163-169.
Renne, R. A., Gideon, K. M., Miller, R. A., et al, 1992. Histologic methods and interspecies variations in the laryngeal histology of F344/N rats and B6C3F1 mice. Toxicol Pathol 20, 44-51.
Renne, R. A., Miller, R. A., 1996. Microscopic anatomy of toxicologically important regions of the larynx of the rat, mouse, and hamster. In Monographs on Pathology of Laboratory Animals. Respiratory System, Second Edition (T. C. Jones, D. L. Dungworth, and U. Mohr, eds.), pp. 43-51, Springer, Berlin, Heidelberg, New York, Tokyo.
Reznik, G., 1983. Spontaneous primary and secondary lung tumors in the rat.In Comparative respiratory tract carcinogenesis. Spontaneous Respiratory Tract Carcinogenesis 1 (H. M. Reznik-Schueller HM, ed.), p. 95, CRC Press, Boca Raton, FL. C. C. Capen, and D. L. Dungworth, eds.), pp. 161-172, ILSI Press, Washington, DC.
Rittinghausen, S., Dungworth, D. L., Ernst, H., et al, 1996a. Naturally occurring pulmonary tumors in rodents. In Monographs on Pathology of Laboratory Animals. Respiratory System, Second edition (T. C. Jones, U. Mohr, and R. D. Hunt, eds.), pp. 183-206, Springer, Berlin, Heidelberg, New York, Tokyo.

Rittinghausen, S., Dungworth, D. L., Ernst, H., et al, 1996b. Primary pulmonary tumors. In Pathobiology of the Aging Mouse, Vol. 1 (U. Mohr, D. L. Dungworth, C. C. Capen, W. W. Carlton, J. P. Sundberg, and J. M. Ward, eds.), pp. 301-314, ILSI Press, Washington, DC.

Rittinghausen, S., Kaspareit, J., 1998. Spontaneous cystic keratinizing epithelioma in the lung of a Sprague-Dawley rat. Toxicol Pathol 26, 298-300.

Rivenson, A., Furuya, K., Hecht, S. S., et al, 1983. Experimental nasal cavity tumors induced by tobacco-specific nitrosamines (TSNA). In Nasal Tumors in Animals and Man, Vol. Ⅲ, Experimental Nasal Carcinogenesis (G. Reznik and S. F. Stinson, eds.), pp. 79-113, CRC Press, Boca Raton, FL.

Robinson, D. A., Foster, J. R., Nash, J. A., et al, 2003. Threedimensional mapping of the lesions induced by beta-beta’ -iminodiproprionitrile, methyl iodide and methyl methacrylate in the rat nasal cavity. Toxicol Pathol 31, 340-347.

Roggli, V. L., Shelburne, J. D., 1994. Pneumoconioses, mineral and vegetable.In Pulmonary Pathology, Second Edition (D. H. Dail and S. P. Hammar, eds.), pp. 867-900, Springer, New York.

Rouquier, S., Giorgi, D., 2007. Olfactory receptor gene repertoires in mammals. Mutat Res 616, 95-102.

Sagartz, J. W., Madarasz, A. J., Forsell, M. A., et al, 1992. Histological sectioning of the rodent larynx for inhalation toxicity testing. Toxicol Pathol 20, 118-121.

Schlage, W. K., Bulles, H., Friedrichs, D., et al, 1998.Cytokeratin expression patterns in the rat respiratory tract as markers of epithelial differentiation in inhalation toxicology. I. Determination of normal cytokeratin expression patterns in nose, larynx, trachea, and lung. Toxicol Pathol 26, 324-343.

Schlage, W. K., Bulles, H., Friedrichs, D., et al, 1998. Cytokeratin expression patterns in the rat respiratory tract as markers of epithelial differentiation in inhalation toxicology. II. Changes in cytokeratin expression patterns following 8-day exposure to room-aged cigarette sidestream smoke. Toxicol Pathol 26, 344-360.

Schüller, H. M., 1987. Experimental carcinogenesis in the peripheral lung. In Lung Carcinomas (E.M. McDowell, ed.), pp. 243-254, Churchill Livingstone, Edinburgh, London, New York.

Schüller, H. M., 1990. Tumors of the respiratory tract. In Atlas of Tumor Pathology of the Fischer Rat (S. F. Stinson, H. M. Schuller, and G.Reznik, eds.), pp. 57-68, CRC Press, Boca Raton, FL.

Schüller, H. M., Gregg, M., Reznik, G. K., 1990. Tumours of the nasal cavity. In Pathology of Tumours in Laboratory Animals. Vol I. Tumours of the rat, 2nd edition (V. S. Turusov and U. Mohr, eds.), pp. 259-274, IARC Scientific Publications No. 99, Lyon, France.

Schulte, A., Ernst, H., Peters, L., et al, 1994. Induction of squamous cell carcinomas in the mouse lung after long-term inhalation of polycyclic aromatic hydrocarbon-

rich exhausts. Exp Toxic Pathol 45, 415-421.
Schwartz, L. W., Hahn, F. F., Keenun, K. P., et al, 1994. Proliferative lesions of the rat respiratory tract. In R-1 Guides for Toxicologic Pathology, STP/ARP/AFIP, Washington, DC.
Seaman, W. J., 1987. Respiratory system, Chapter 2. In Postmortem Change in the Rat: A Histologic Characterization, pp. 8-17, Iowa State University Press, Ames, IA.
Shabad, L. M., Pylev, L. N., 1970. Morphological lesions in rat lungs induced by polycyclic hydrocarbons. In Morphology of Experimental Respiratory Carcinogenesis, AEC Symposium Series 21 (P. Nettesheim, M. G. Hanna, and J. W. Deatherage, eds.), pp. 227-242, USAEC, Oak Ridge, TN.
Shimosegawa, T., Said, S. I., 1991. Co-occurrence of immunoreactive calcitonin and calcitonin gene-related peptide in neuroendocrine cells of rat lungs. Cell Tissue Res 264, 555-561.
Sills, R. C., Morgan, K. T., Boorman, G. A., 1994. Accessory nasal structures in toxicology studies. Inhal Toxicol 6(Suppl), 221-248.
Singh, G., Katyal, S. L., Ward, J. M., et al, 1985. Secretory proteins of the lung in rodents: immunocytochemistry.J Histochem Cytochem 33, 564-568.
Smith, B. R., Brian, W. R., 1991. The role of metabolism in chemicalinduced pulmonary toxicity. Toxicol Pathol 19, 470-481.
Snider, G. L, Lucey, E. C., Stone, P. J., 1986. Animal models of emphysema. Am Rev Respir Dis 133, 149-169.
St. Clair, M. B. G., Morgan, K. T., 1992. Changes in the upper respiratory tract. In Pathobiology of the Aging Rat. Vol 1 (U. Mohr, D. L. Dungworth, and C. C. Capen, eds.), pp. 111-127, ILSI Press, Washington, DC.
St. George, J. A., Harkema, J. R., Hyde, D. M., et al, 1993.Cell populations and structure-function relationships of cells in the airways. In Toxicology of the Lung, Second Edition (D. E. Gardner, J. D. George, and R. O. McClellan, eds.), pp. 81-110, Raven Press, New York.
Stinson, S. F., 1983. Nasal cavity cancer in laboratory animal bioassays of environmental compounds. In Nasal Tumors in Animals and Man. Vol. Ⅲ: Experimental Nasal Carcinogenesis (G. Reznik and S. F. Stinson, eds.), pp. 158-169, CRC Press, Boca Raton, FL.
Stinson, S. F., Reznik, G., 1985. Adenocarcinoma, anterior nasal epithelium, rat. In Monographs on Pathology of Laboratory Animals. Respiratory system (T. C. Jones, U. Mohr, and R. D. Hunt, eds.), pp. 47-54, Springer, Berlin, Heidelberg, New York, Tokyo.
Stinson, S. F., Reznik-Schueller, H. M., 1985. Neoplasms, mucosa, ethmoid turbinates, rat. In Monographs on Pathology of Laboratory Animals.Respiratory system (T. C. Jones, U. Mohr, and R. D. Hunt, eds.), pp. 67-71, Springer, Berlin, Heidelberg, New York, Tokyo.

Takahashi, A., Iwasaki, I., Ide, G., 1985. Effects of minute amounts of cigarette smoke with or without nebulized N-nitroso-N-methylurethane on the respiratory tract of mice. Jpn J Cancer Res 76, 324-330.

Takeuchi, T., Nagano, K., Aiso, S., et al, 1997. Occurrence of foreign body rhinitis in F344 rats during toxicologic studies. J Toxicol Pathol 10, 25-29.

Takeuchi, T., Nagano, K., Katagiri, T., et al, 1997. Increased incidence of foreign body rhinitis in F344 rats during two-year inhalation exposure to methyl bromide. J Toxicol Pathol 10, 145-148.

Tamano, S., Hagiwara, A., Shibata, M. A., et al, 1988. Spontaneous tumors in aging (C57BL/6N x C3H/HeN)F1 (B6C3F1) mice. Toxicol Pathol 16, 321-326.

ten Have-Opbroek, A. A. W., 1986. The structural composition of the pulmonary acinus in the mouse. A scanning electron microscopical and developmental-biological analysis. Anat Embryol (Berl) 174, 49-57.

Thaete, L. G., Gunning, W. T., Stoner, G. D., et al,1987.Cellular derivation of lung tumors in sensitive and resistant strains of mice: Results at 28 and 56 weeks after urethan treatment. J Natl Cancer Inst 78, 743-749.

Thaete, L. G., Malkinson, A. M., 1990. Differential staining of normal and neoplastic mouse lung epithelia by succinate dehydrogenase histochemistry. Cancer Lett 52, 219-227.

Thaete, L. G., Malkinson, A. M., 1991. Cells of origin of primary pulmonary neoplasms in mice: morphologic and histochemical studies. Exp Lung Res 17, 219-228.

Thaete, L. G., Nesbitt, M. N., Malkinson, A. M., 1991. Lung adenoma structure among inbred strains of mice: the pulmonary adenoma histologic type (Pah) genes. Cancer Lett 61, 15-20.

Thornton-Manning, J. R., Dahl, A. R., 1997. Metabolic capacity of nasal tissue interspecies comparisons of xenobiotic-metabolizing enzymes. Mutat Res 380, 43-59.

Trinh, K., Storm, D. R., 2004. Detection of odorants through the main olfactory epithelium and vomeronasal organ of mice. Nutr Rev 62, S189-92; discussion S224-41.

Turk, M. A. M., Henk, W. G., Flory, W., 1987. 3-Methylindole-induced nasal mucosal damage in mice. Vet Pathol 24, 400-403.

Tyler, W. S., Julian, M. D., 1992. Gross and subgross anatomy of lungs, pleura, connective tissue septa, distal airways, and structural units. In Comparative Biology of the Normal Lung (R. A. Parent, ed.), pp. 37-48, CRC Press, Boca Raton, FL.

Uraih, L. C., Maronpot, R. R., 1990. Normal histology of the nasal cavity and application of special techniques. Environ Health Perspect 85, 187-208.

Van Lommel, A., 2001. Pulmonary neuroendocrine cells (PNEC) and neuroepithelial bodies (NEB): chemoreceptors and regulators of lung development. Paediatr Respir Rev 2, 171-176.

VanLommel, A.,Bollé,T., Fannes,W., et al, 1999. The pulmonary neuroendocrine system: the past decade. Arch Histol Cytol 62, 1-16.
Vollrath, M., Altmannsberger, M., 1989. Ä sthesioneuroblastom: Histogenese und Diagnose [in German]. Strahlenther Onkol 165, 461-467.
Vollrath, M., Altmannsberger, M., 1989. Chemically induced esthesioneuroepithelioma: Ultrastructural findings. Ann Otol Rhinol Laryngol 98, 256-266.
Vollrath, M., Altmannsberger, M., Weber, K., et al, 1986. Chemically induced tumors of rat olfactory epithelium: A model for human esthesioneuroepithelioma. J Natl Cancer Inst 76, 1205-1216.
Wakamatsu, N., Devereux, T. R., Hong, H. L., et al, 2007. Overview of the molecular carcinogenesis of mouse lung tumor models of human lung cancer. Toxicol Pathol 35, 75-80.
Walker, B. E., 1971. Induction of cleft palate in rats with antiinflammatory drugs. Teratology 4, 39-42.
Ward, J. M., Hamlin, M. H., Ackerman, L. J., et al, 1983. Age-related neoplastic and degenerative lesions in aging male virgin and ex-breeder ACI/segHapBR rats. J Gerontol 38, 538-548.
Ward, J. M., Rehm, S., 1990. Applications of immunohistochemistry in rodent tumor pathology. Exp Pathol 40, 301-312.
Ward, J. M., Singh, G., Katyal, S. L., et al, 1985. Immunocytochemical localization of the surfactant apoprotein and Clara cell antigen in chemically induced and naturally occurring pulmonary neoplasms of mice. Am J Pathol 118, 493-499.
Ward, J. M., Yoon, M., Anver, M. R., et al, 2001. Hyalinosis and Ym1/Ym2 gene expression in the stomach and respiratory tract of 129S4/SvJae and wild-type and CYP1A2-null B6, 129 mice. Am J Pathol 158, 323-332.
Warheit, D. B., 1989. Interspecies comparisons of lung responses to inhaled particles and gases. Crit Rev Toxicol 20, 1-29.
Widdicombe, J. H., Chen, L. L., Sporer, H., et al, 2001. Distribution of tracheal and laryngeal mucous glands in some rodents and the rabbit. J Anat 198, 207-221.
Witschi, H. P., 1985. Enhancement of lung tumor formation in mice. Carcinog Compr Surv 8, 147-158.
Witschi, H. P., 1986. Separation of early diffuse alveolar cell proliferation from enhanced tumor development in mouse lung. Cancer Res 46, 2675-2679.
Woutersen, R. A., Van Garderen-Hoetmer, A., Bruijntjes, J. P., et al, 1989. Nasal tumours in rats after severe injury to the nasal mucosa and prolonged exposure to 10 ppm formaldehyde. J Appl Toxicol 9, 39-46.
Wright, J. L., Churg, A., 2007. Current concepts in mechanisms of emphysema. Toxicol Pathol 35, 111-115.
Wright, J. L., Cosio, M., Churg, A., 2008. Animal models of chronic obstructive pulmonary disease. Am J Physiol Lung Cell Mol Physiol 295, L1-L15.

Yamamoto, K., Nakajima, A., Eimoto, H., et al, 1990. Dose-response study of N-nitrosomethyl(2-hydroxypropyl)amine-induced nasal cavity carcinogenesis in rats. Exp Pathol 38, 53-59.

Yamamoto, K., Nakajima, A., Eimoto, H., et al, 1989. Carcinogenic activity of endogenously synthesized N-nitrosobis (2-hydroxypropyl)amine in rats administered bis(2-hydroxypropyl)amine and sodium nitrite. Carcinogenesis 10, 1607-1611.

Yeh, H. C., Harkema, J. R., 1993. Gross morphometry of airways. In Toxicology of the Lung, Second Edition (D. E. Gardner, J. D. George, and R. O. McClellan eds.), pp 55-79. Raven Press, New York.

Young, J. T., 1981. Histopathologic examination of the rat nasal cavity. Fundam Appl Toxicol 1, 309-312.

Yu, M. C., Nichols, P. W., Zou, X. N., et al, 1989. Induction of malignant nasal cavity tumours in Wistar rats fed Chinese salted fish. Br J Cancer 60, 198-201.

Zhang, X. D., Andrew, M. E., Hubbs, A. F., et al, 2006. Airway responses in Brown Norway rats following inhalation sensitization and challenge with trimellitic anhydride. Toxicol Sci 94, 322-329.

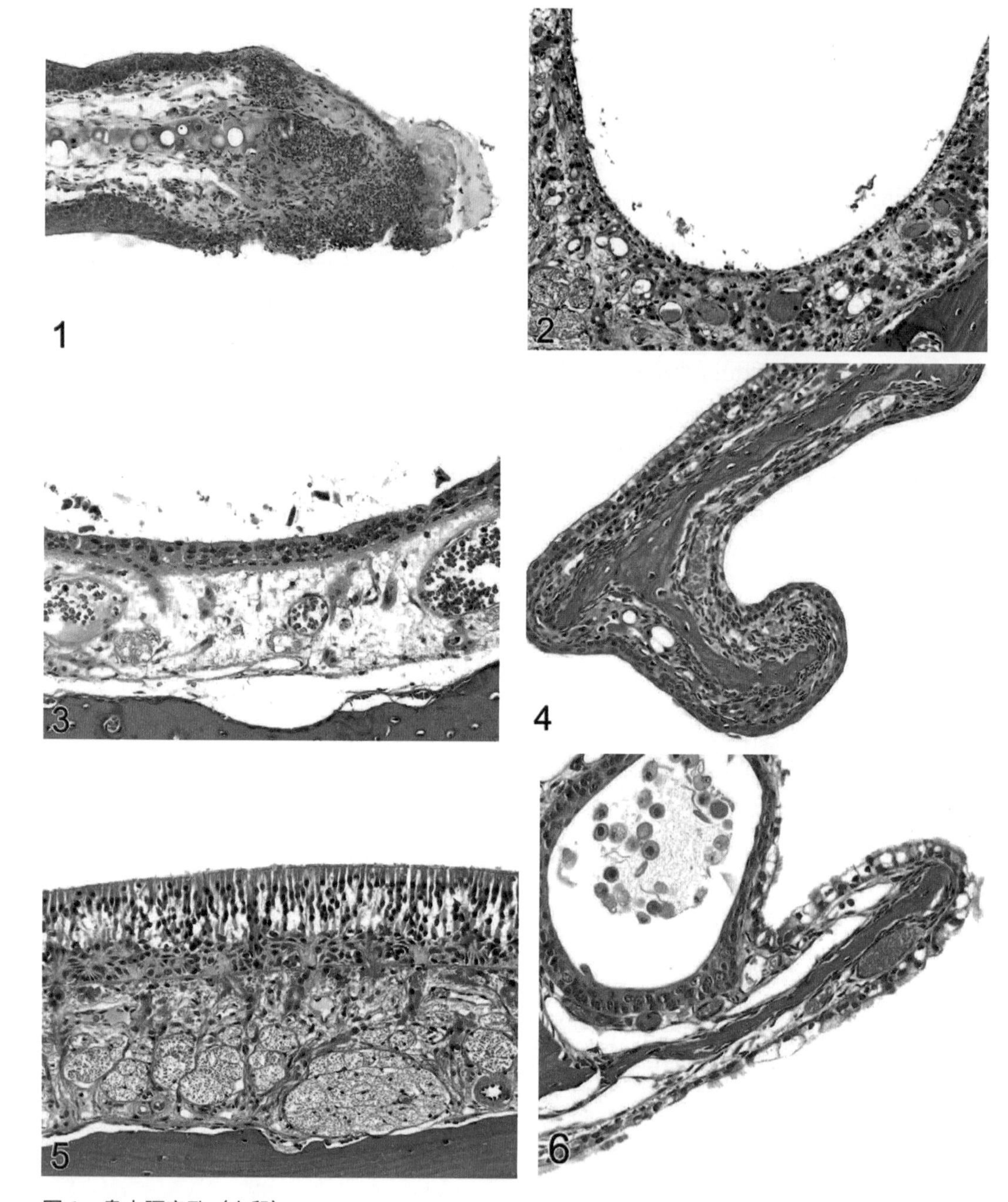

图 1　鼻中隔穿孔（小鼠）

图 2　鼻中隔萎缩、坏死（大鼠）

图 3　轴索和嗅上皮萎缩（大鼠）

图 4　鼻甲萎缩，急性炎症，鳞状上皮化生（小鼠）

图 5　嗅上皮变性，基底细胞增生（大鼠）

图 6　鼻甲呼吸上皮胞质空泡化（小鼠）

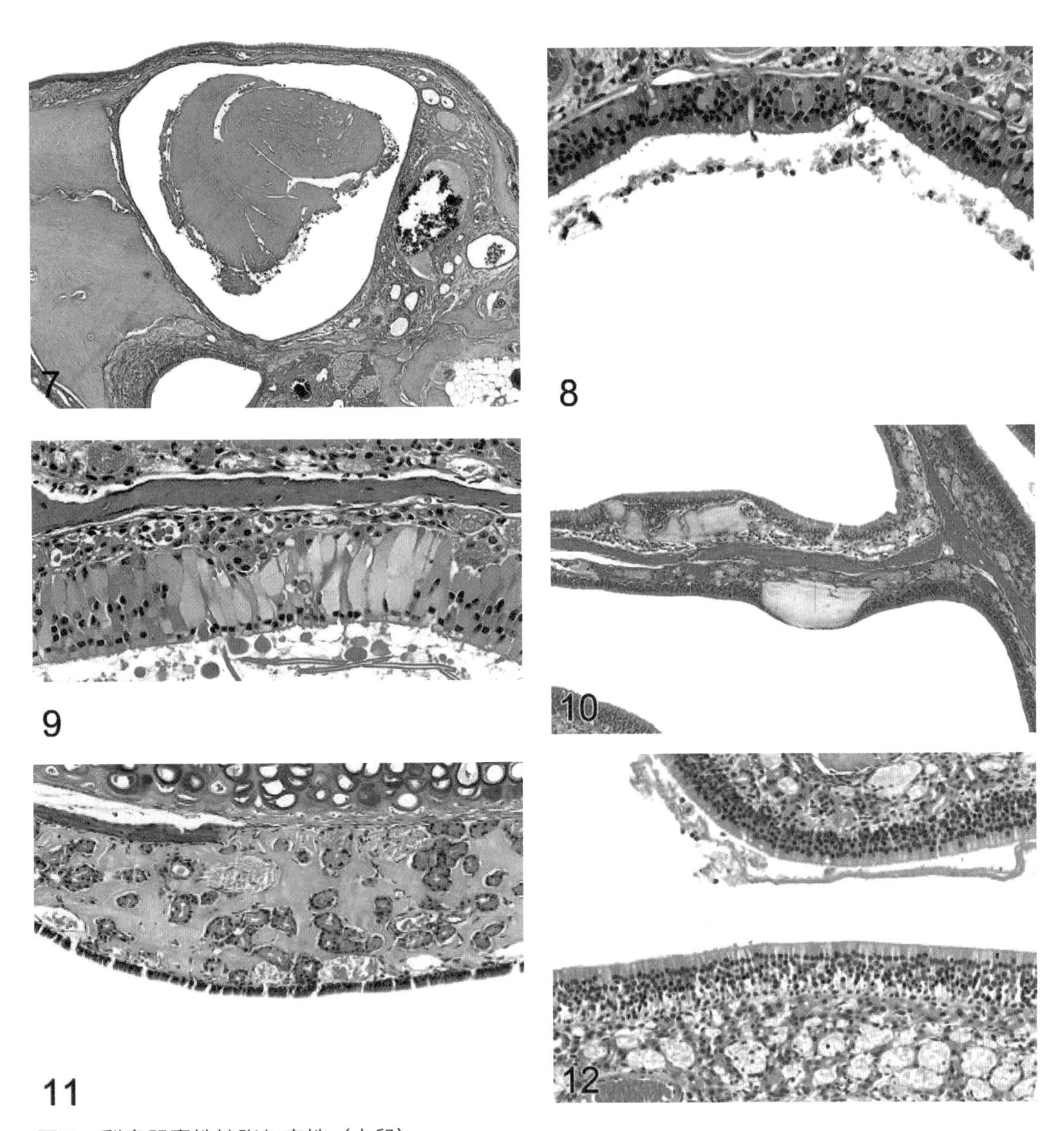

图 7　犁鼻器囊性扩张与变性（大鼠）

图 8　嗅上皮内嗜酸性小球（大鼠）

图 9　嗅上皮变性，嗅上皮内嗜酸性小球（小鼠）

图 10　筛鼻甲淀粉样小体（大鼠）

图 11　鼻中隔黏膜下淀粉样物质（小鼠）

图 12　嗅上皮早期坏死（大鼠）

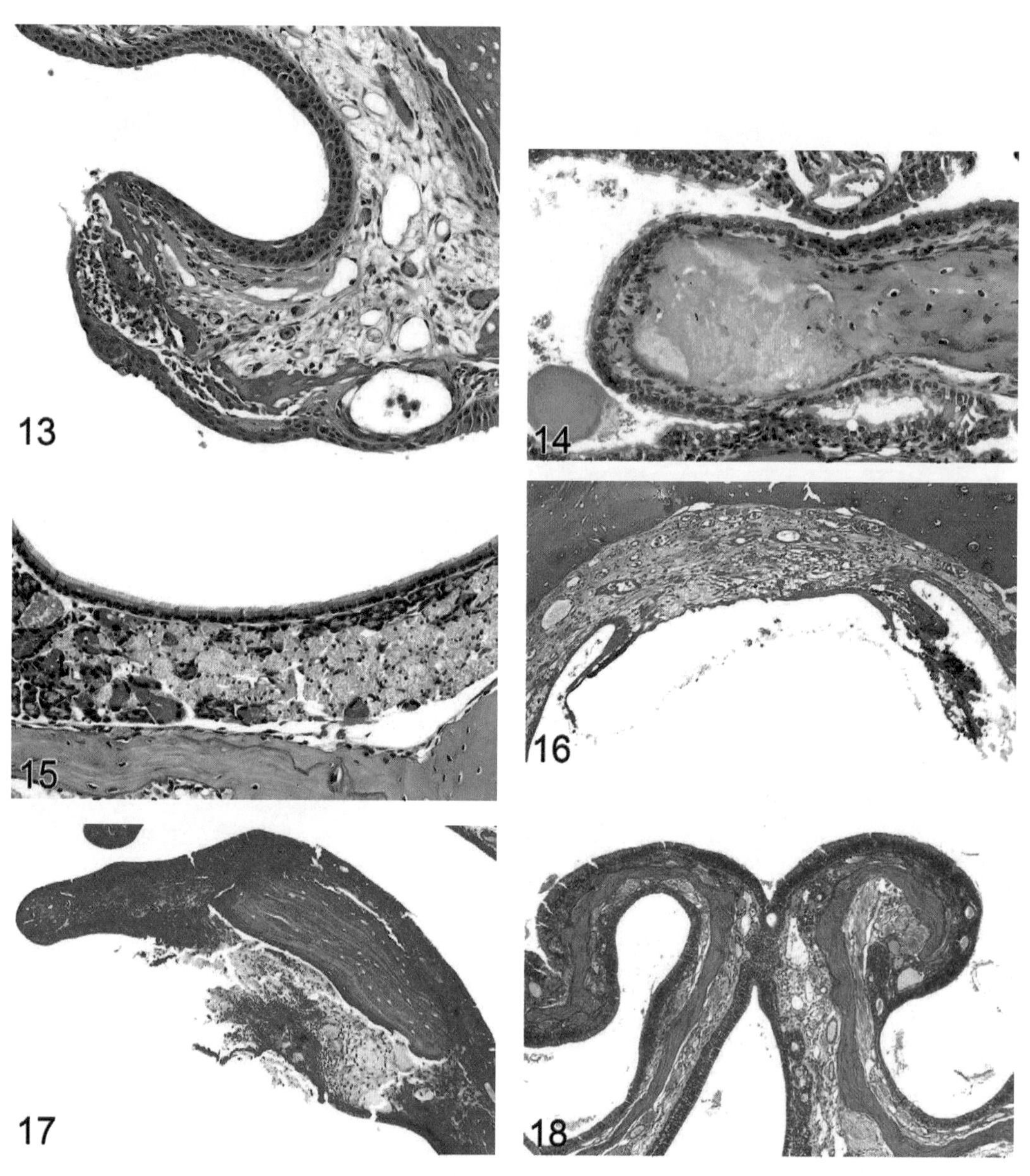

图 13　鼻甲坏死，炎症，鳞状上皮化生（小鼠）

图 14　鼻甲坏死（小鼠）

图 15　Steno's（斯代诺氏）腺坏死（小鼠）

图 16　嗅上皮溃疡（大鼠）

图 17　鼻甲溃疡，化脓性炎（大鼠）

图 18　筛鼻甲粘连，骨纤维化（大鼠）

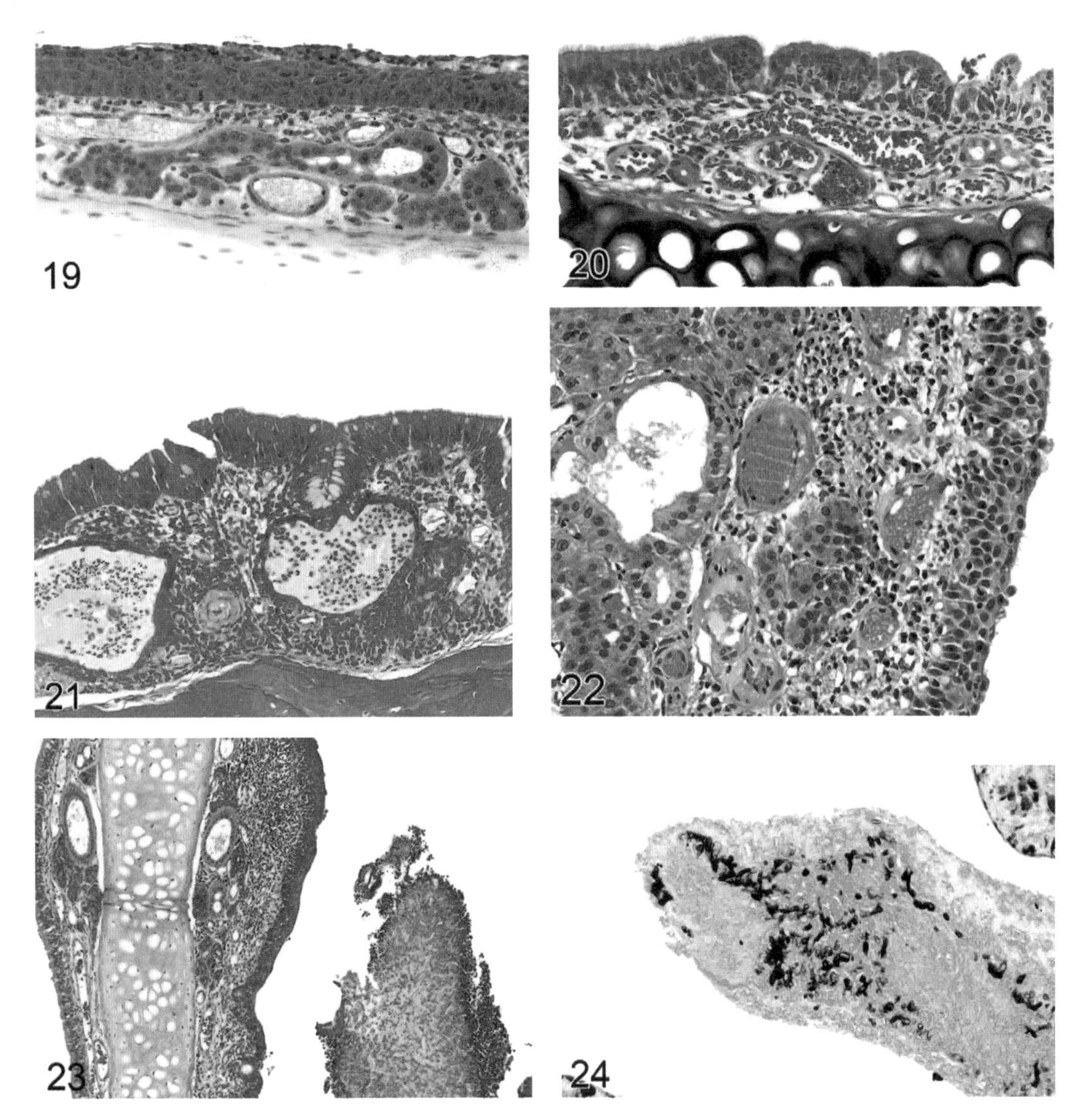

图 19　嗅上皮再生（大鼠）

图 20　化脓性炎症，增生（小鼠）

图 21　嗅上皮慢性炎症（大鼠）

图 22　鼻中隔慢性活动性炎症（小鼠）

图 23　鼻腔肉芽肿性炎（大鼠）

图 24　鼻腔内的真菌性肉芽肿，镀银染色（大鼠）

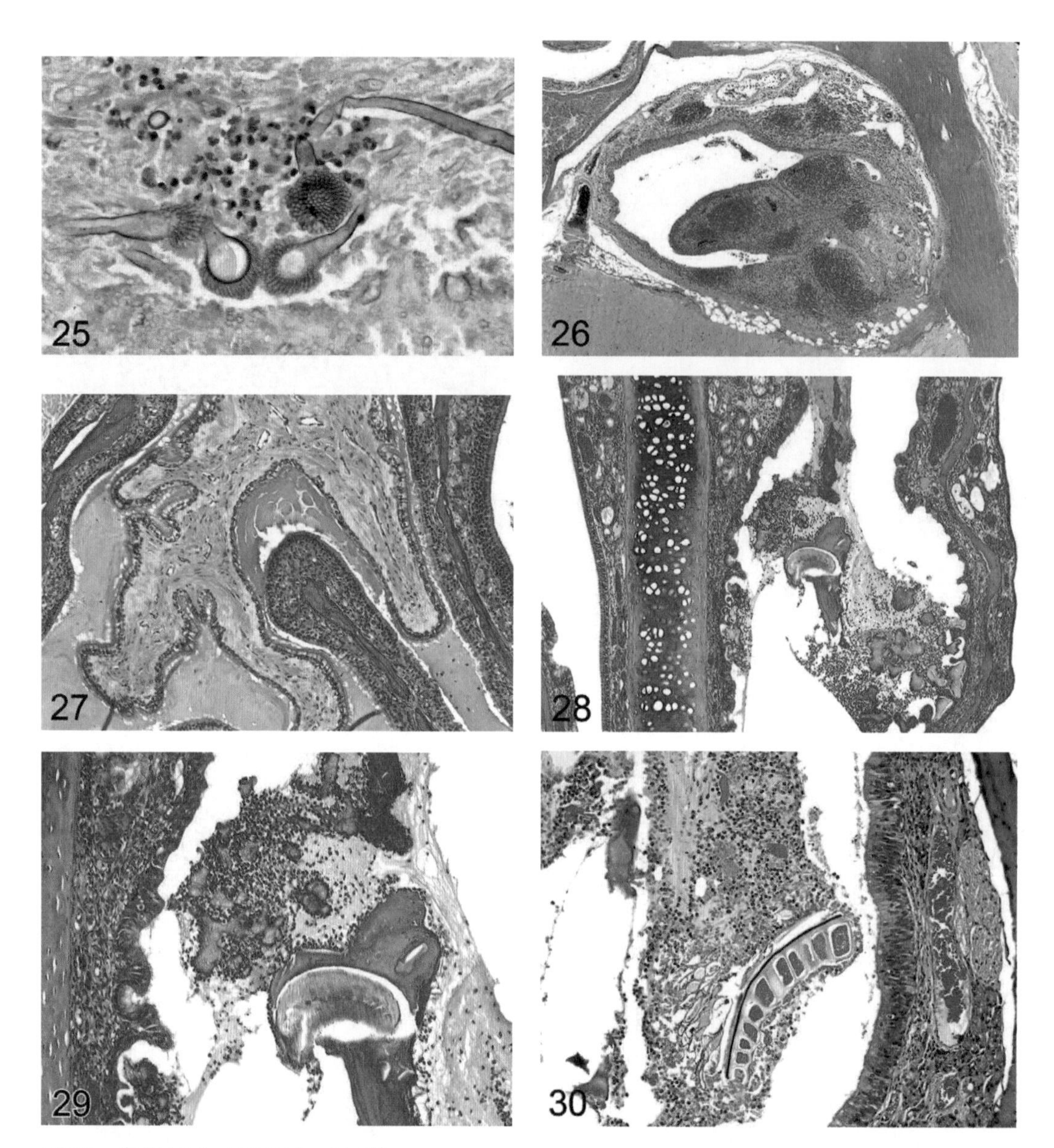

图 25　鼻腔真菌，真菌染色（大鼠）

图 26　鼻泪管肉芽肿性炎（大鼠）

图 27　扩展到筛鼻甲周围的炎性息肉（小鼠）

图 28　鼻腔异物，炎性渗出物（大鼠）

图 29　鼻腔异物，图 28 的高倍放大（大鼠）

图 30　鼻腔中的植物，有炎性渗出（大鼠）

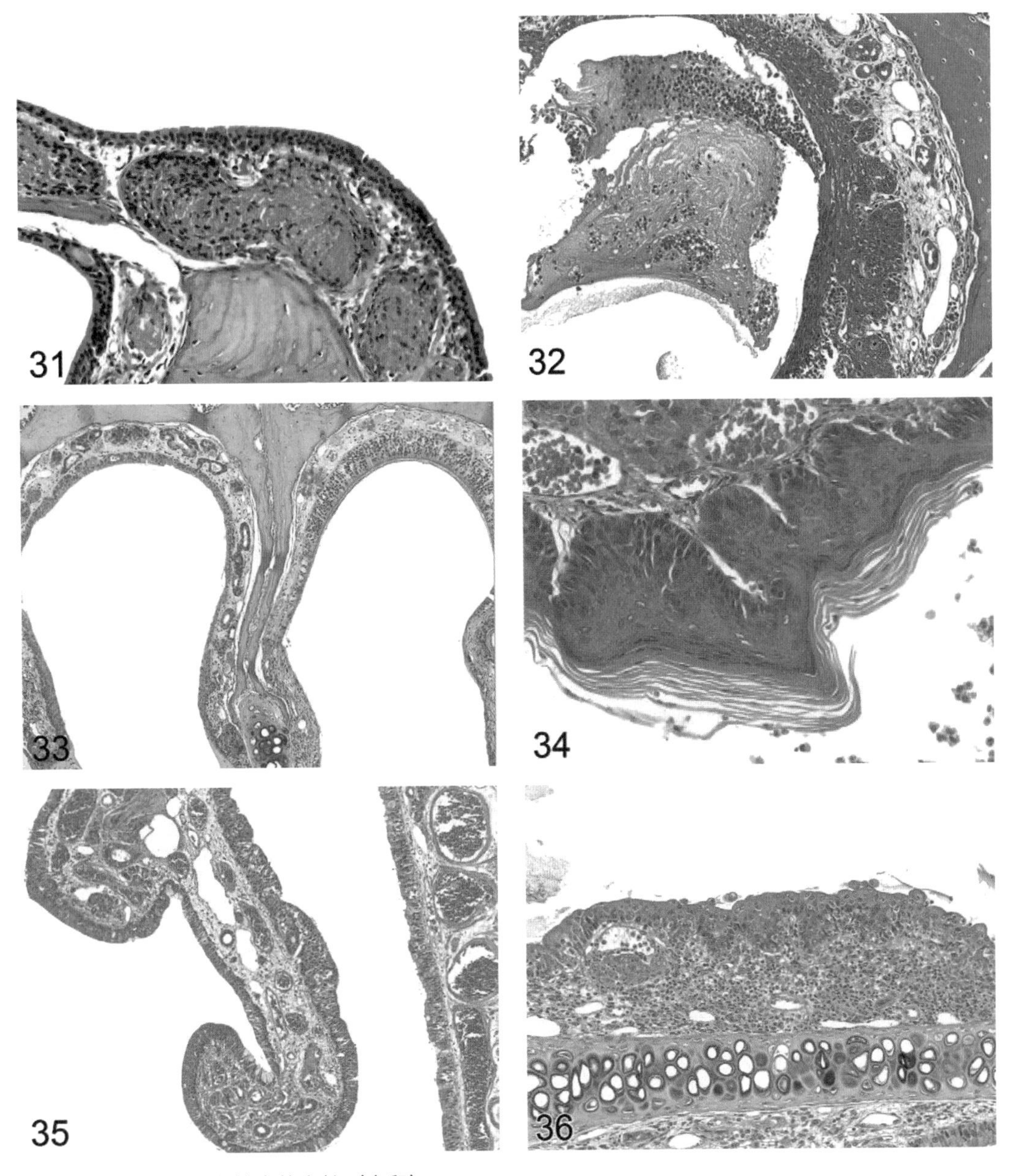

图 31　鼻腔黏膜下血管中的血栓（大鼠）

图 32　鼻腔鳞状上皮化生（小鼠）

图 33　鼻腔嗅上皮的呼吸上皮化生（小鼠）

图 34　鼻腔鳞状上皮增生（大鼠）

图 35　鼻腔移行上皮增生（大鼠）

图 36　鼻腔呼吸上皮增生（大鼠）

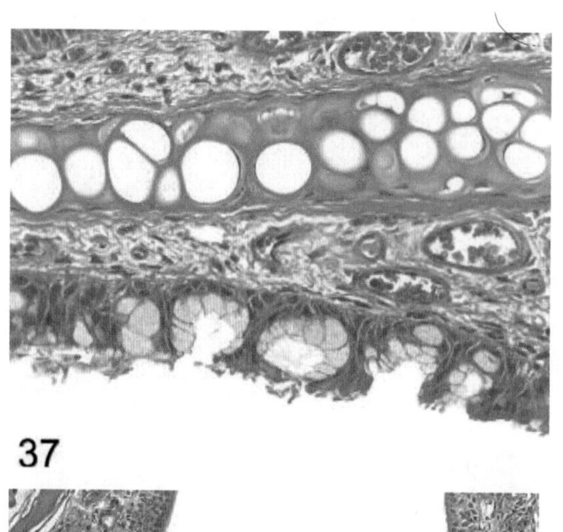

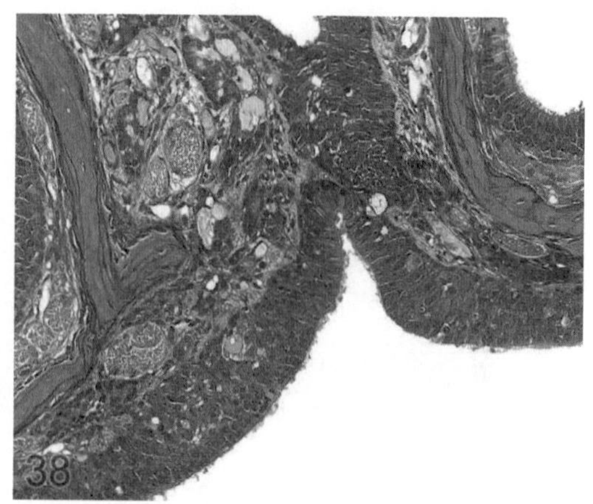

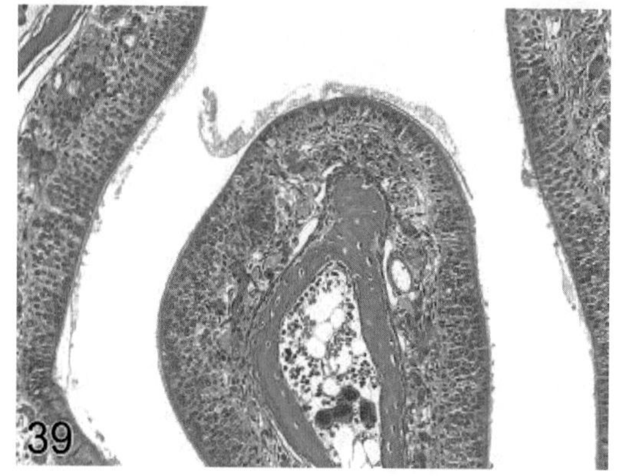

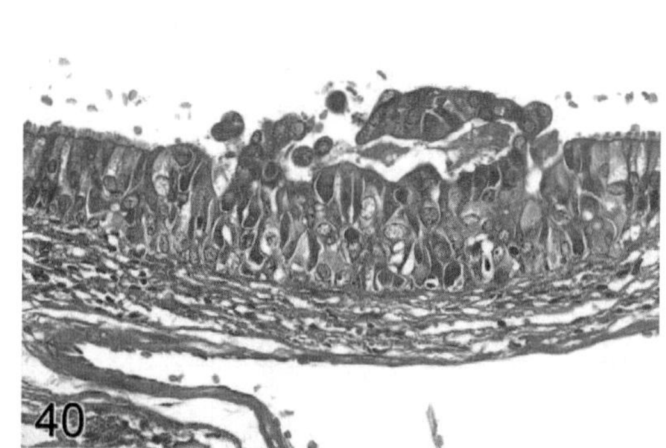

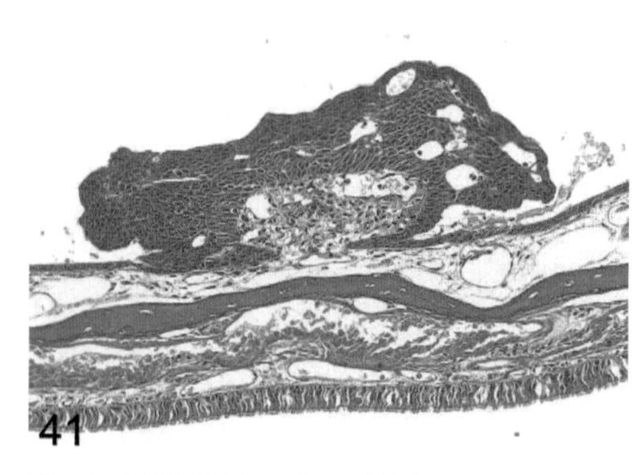

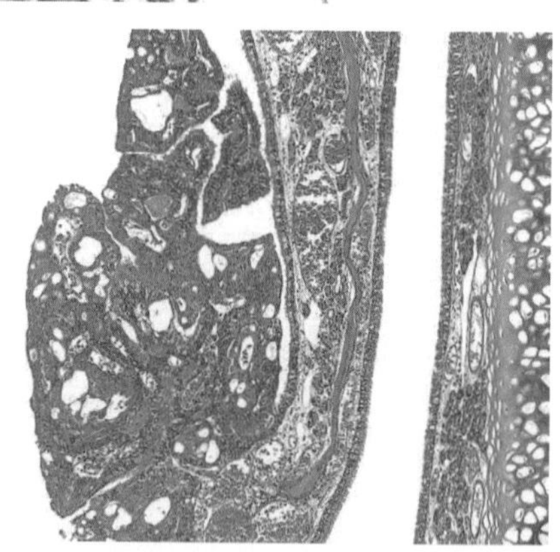

图 37　鼻腔黏液细胞增生（大鼠）

图 38　鼻腔嗅上皮增生（大鼠）

图 39　鼻腔基底细胞增生（小鼠）

图 40　鼻腔呼吸上皮增生伴细胞异型（大鼠）

图 41　鼻腔乳头状瘤（大鼠）

图 42　鼻腔腺瘤（大鼠）

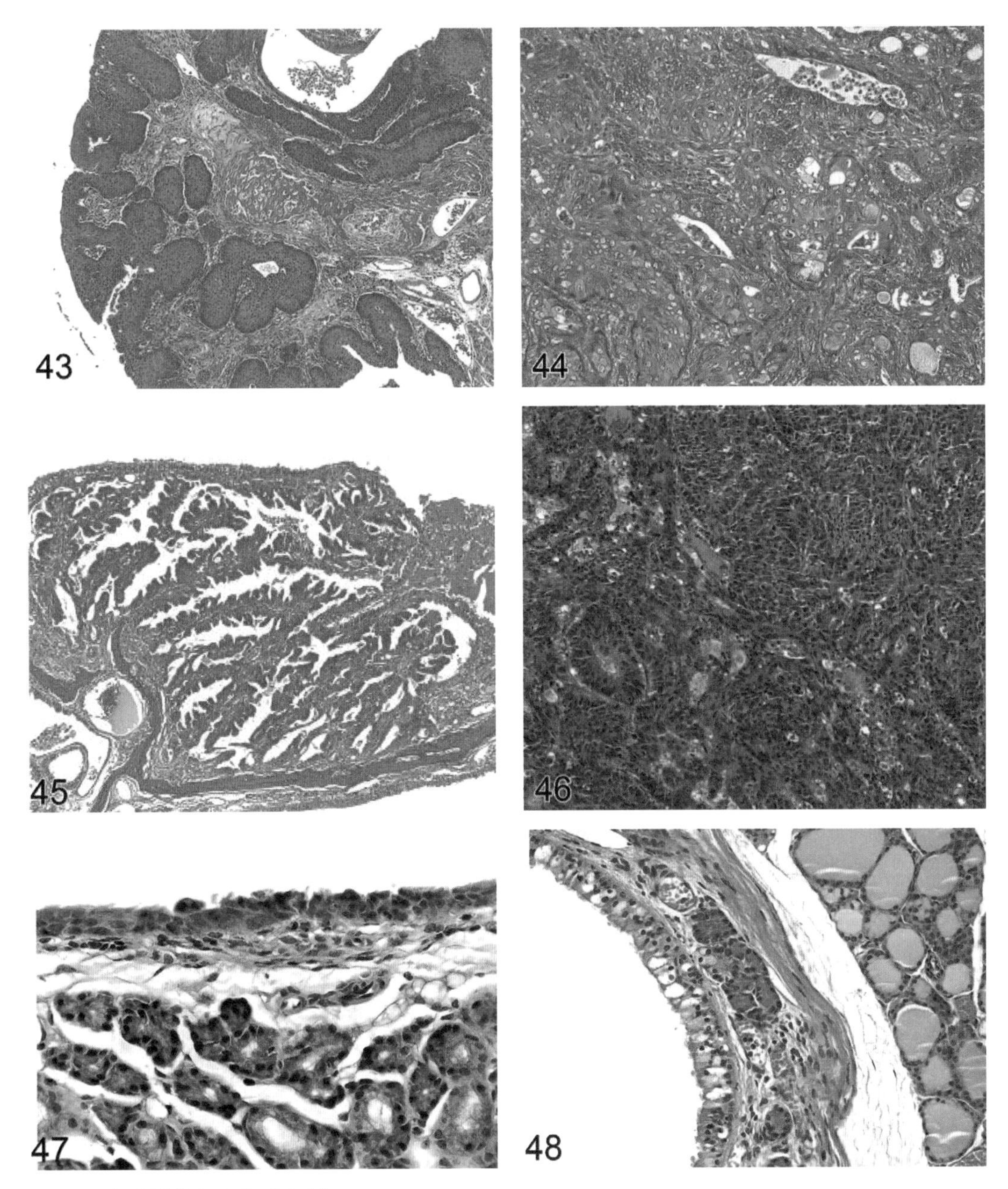

图 43　鼻腔鳞状上皮癌（大鼠）

图 44　鼻腔腺鳞状癌（大鼠）

图 45　鼻腔腺癌（大鼠）

图 46　鼻腔神经上皮癌（大鼠）

图 47　会厌上皮变性伴急性炎症（小鼠）

图 48　气管上皮变性（小鼠）

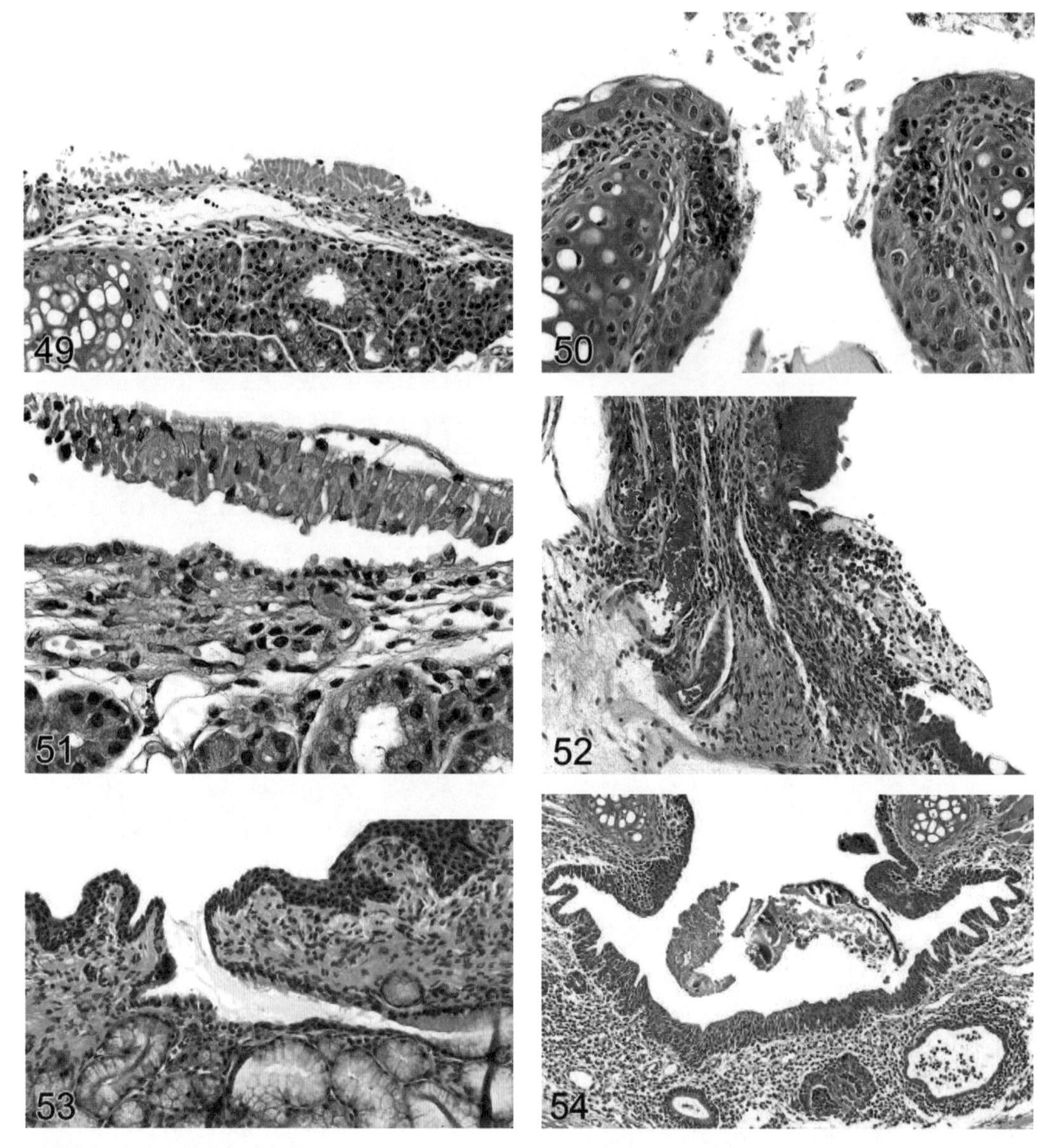

图 49　会厌上皮急性坏死（小鼠）

图 50　喉杓状突顶端坏死，炎症（小鼠）

图 51　会厌上皮坏死，溃疡（小鼠）

图 52　会厌溃疡，化脓性炎（大鼠）

图 53　会厌鳞状上皮化生延伸进入黏膜下腺体导管（大鼠）

图 54　喉腹囊的慢性炎症，异物（小鼠）

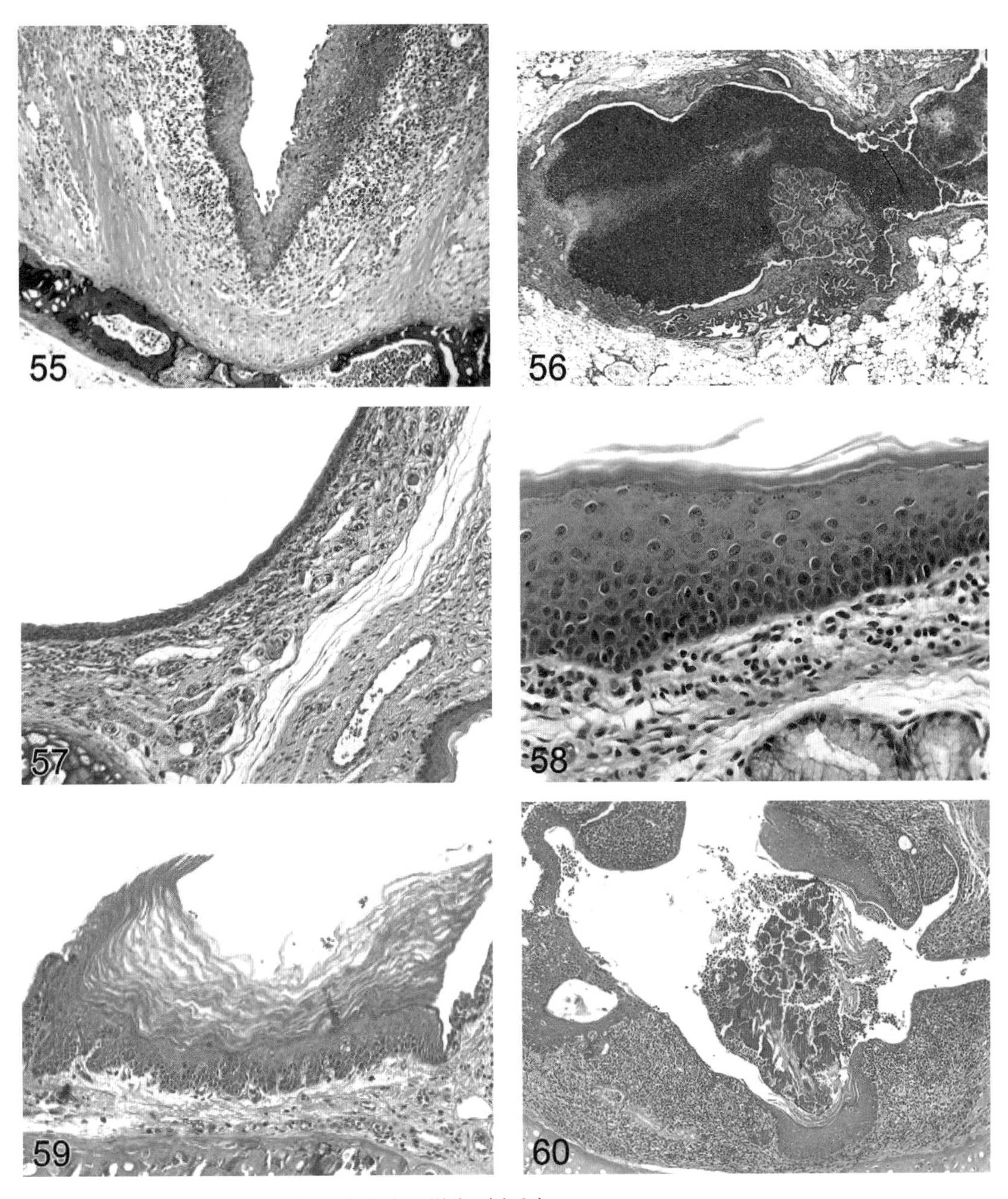

图 55　喉尾部慢性炎症，鳞状上皮化生，增生（大鼠）

图 56　伴有上皮增生、脓性渗出物的支气管扩张（大鼠）

图 57　会厌上皮变异（大鼠）

图 58　会厌鳞状上皮化生、增生与角化（大鼠）

图 59　气管上皮鳞状上皮化生（大鼠）

图 60　喉腹囊鳞状上皮化生与增生（大鼠）

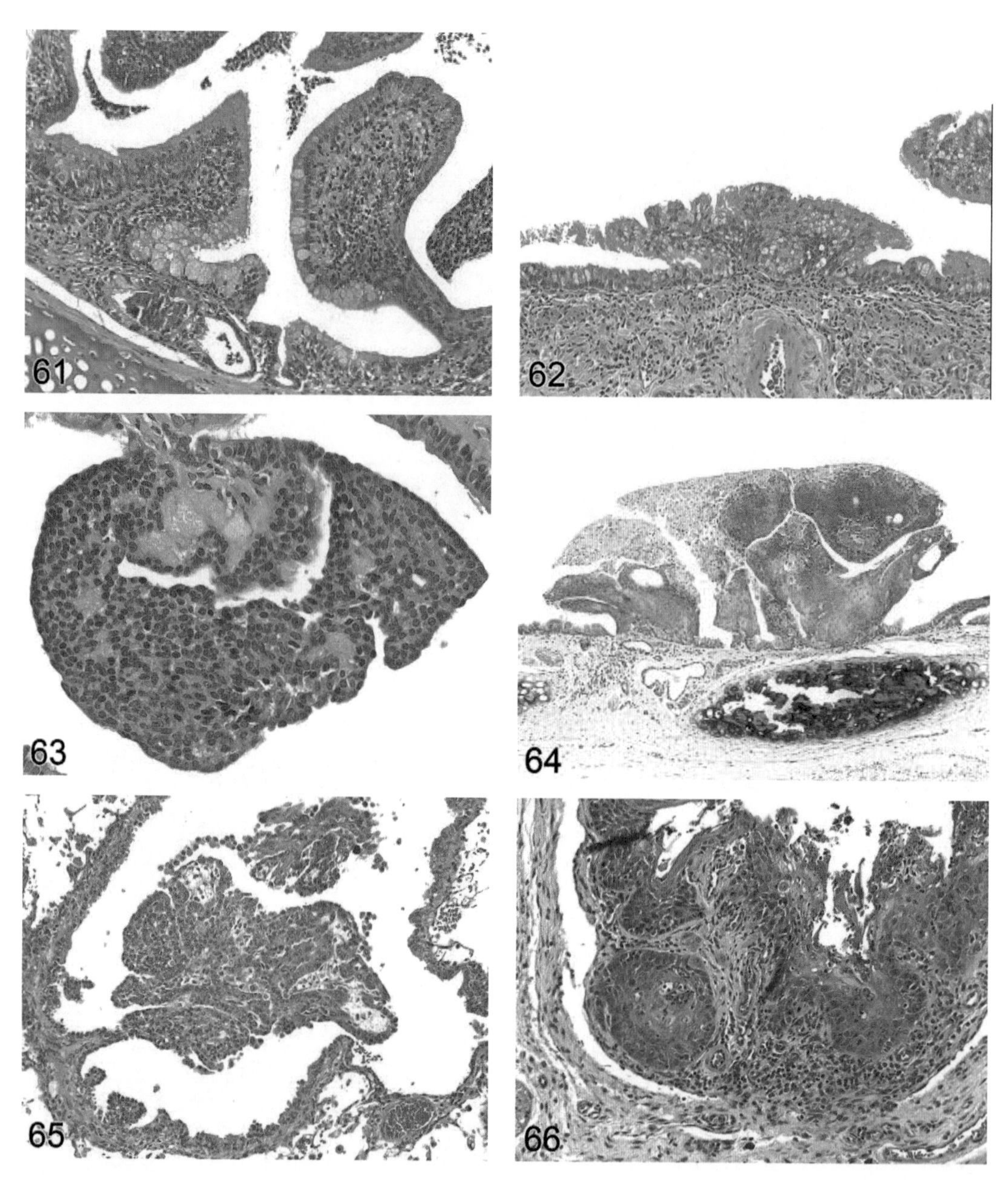

图 61　喉呼吸上皮增生（大鼠）

图 62　支气管黏液细胞增生（大鼠）

图 63　支气管神经内分泌细胞增生（大鼠）

图 64　气管鳞状细胞乳头状瘤（大鼠）

图 65　支气管乳头状瘤（小鼠）

图 66　咽喉鳞状细胞癌（大鼠）

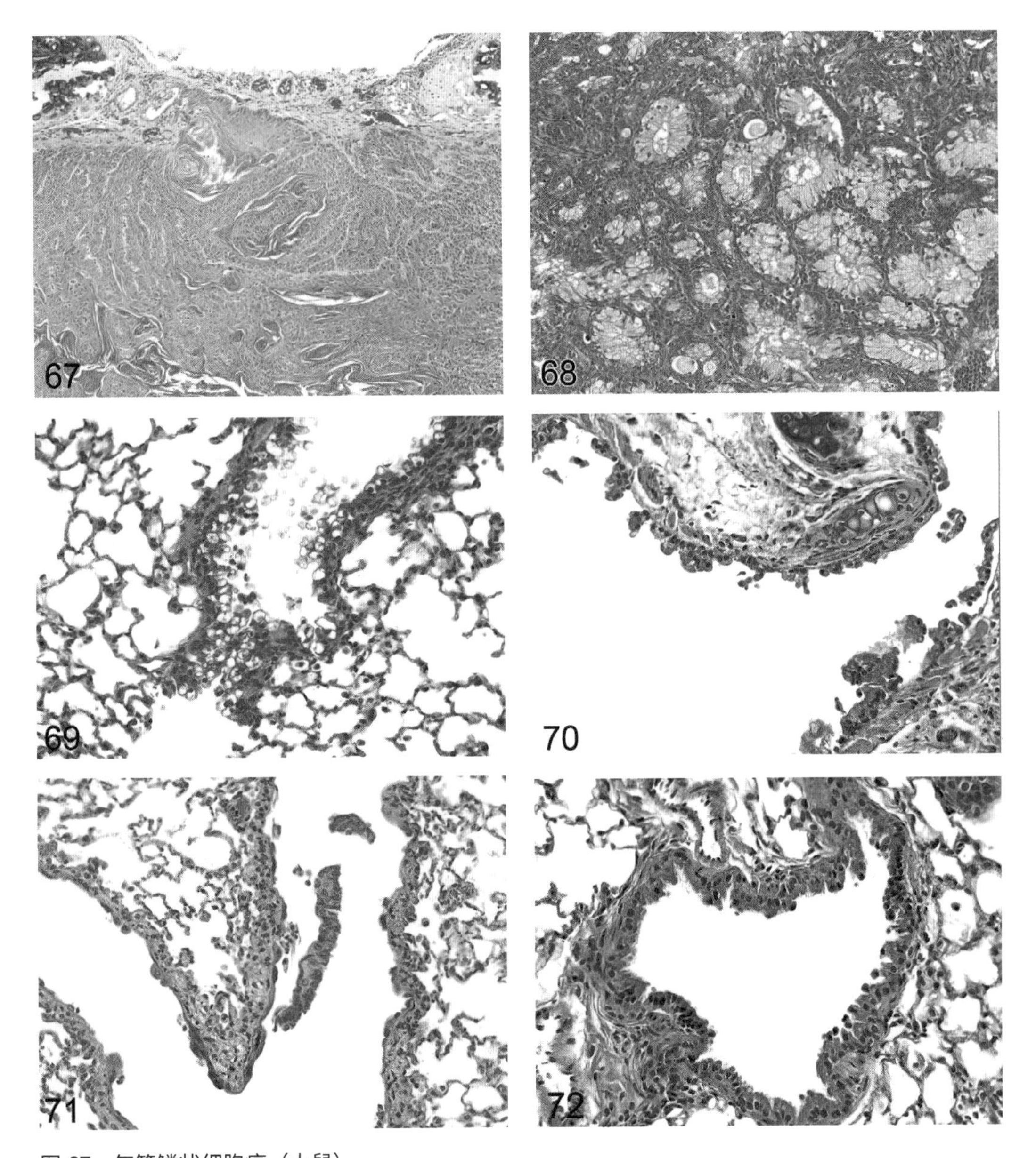

图 67　气管鳞状细胞癌（大鼠）

图 68　支气管腺癌（大鼠）

图 69　细支气管上皮细胞质空泡化（小鼠）

图 70　细支气管上皮坏死（小鼠）

图 71　细支气管上皮变性、坏死、再生（小鼠）

图 72　细支气管上皮再生（小鼠）

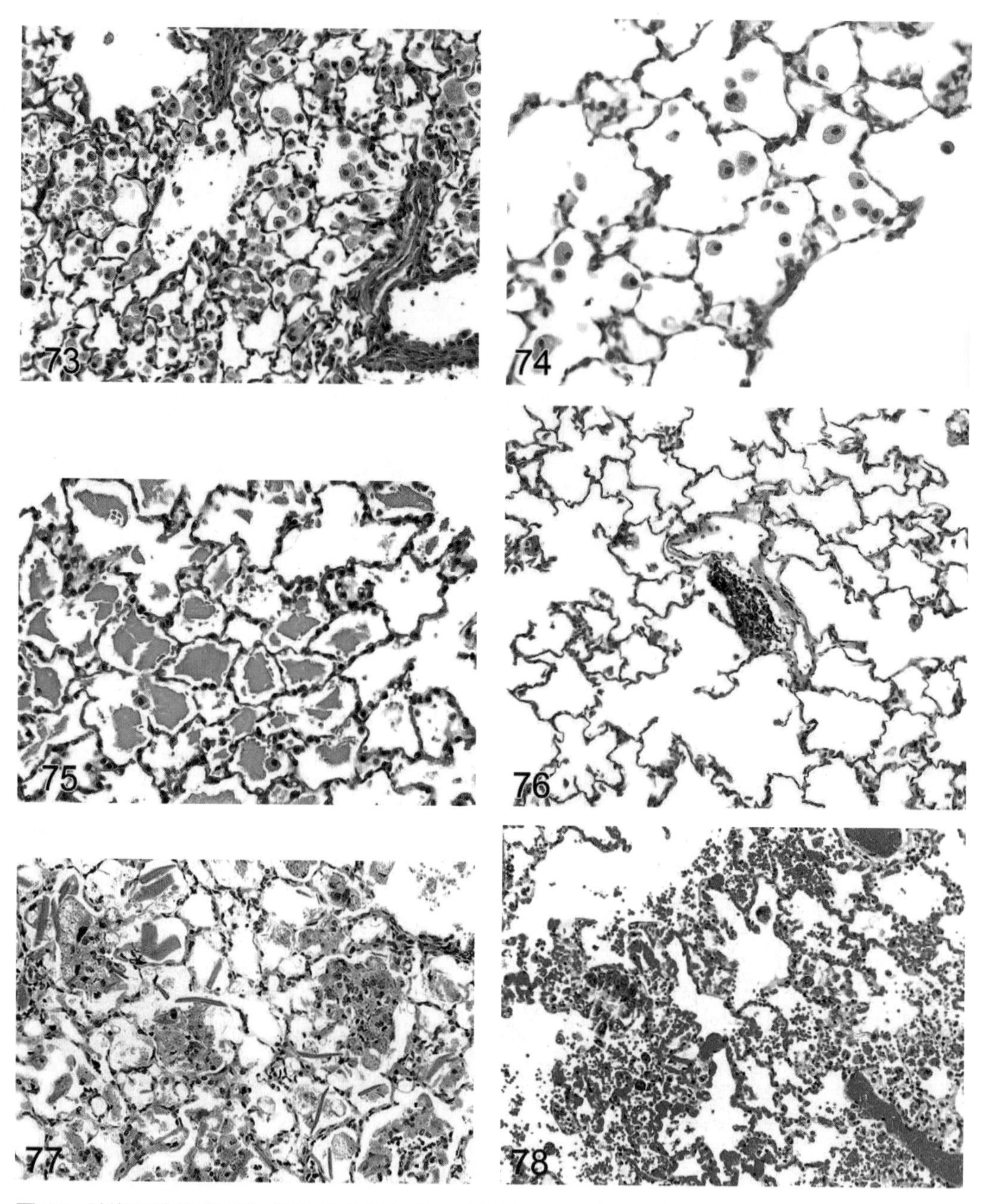

图 73　肺泡巨噬细胞聚集（组织细胞增多症）（小鼠）

图 74　肺磷脂沉积症（大鼠）

图 75　肺泡脂蛋白沉积症（大鼠）

图 76　肺血管周巨噬细胞中的含铁血黄素（大鼠）

图 77　肺巨噬细胞与肺泡中的血红蛋白结晶（小鼠）

图 78　肺泡巨噬细胞中吞噬的玉米油（大鼠）

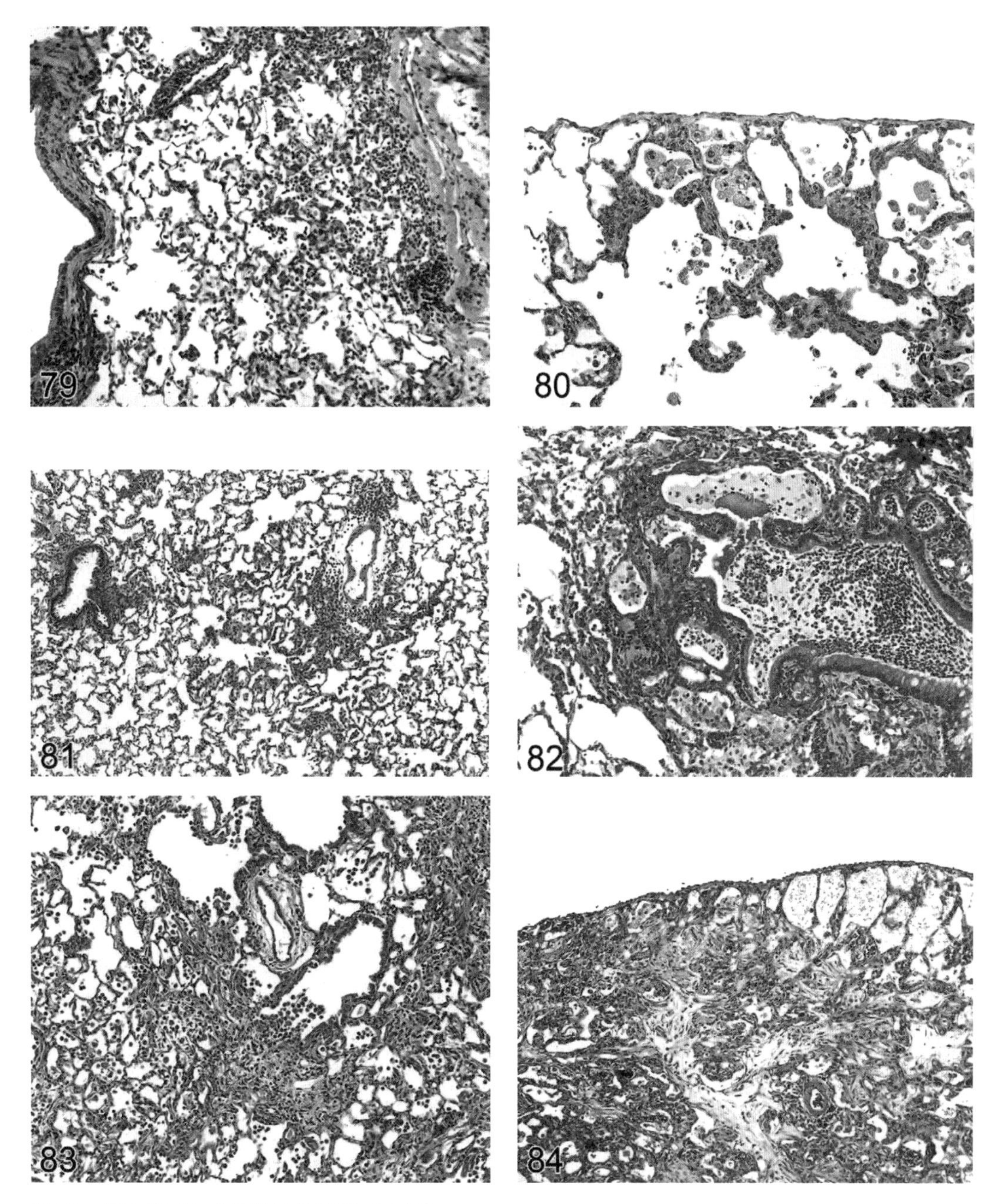

图 79　肺血管周与肺泡的脓性渗出（大鼠）

图 80　肺胸膜下慢性间质性炎（大鼠）

图 81　肺实质中的慢性间质性炎（大鼠）

图 82　肺细支气管和肺泡中的脓性渗出（大鼠）

图 83　肺混合性炎性浸润，早期肺泡纤维化（大鼠）

图 84　肺慢性炎症伴纤维化（大鼠）

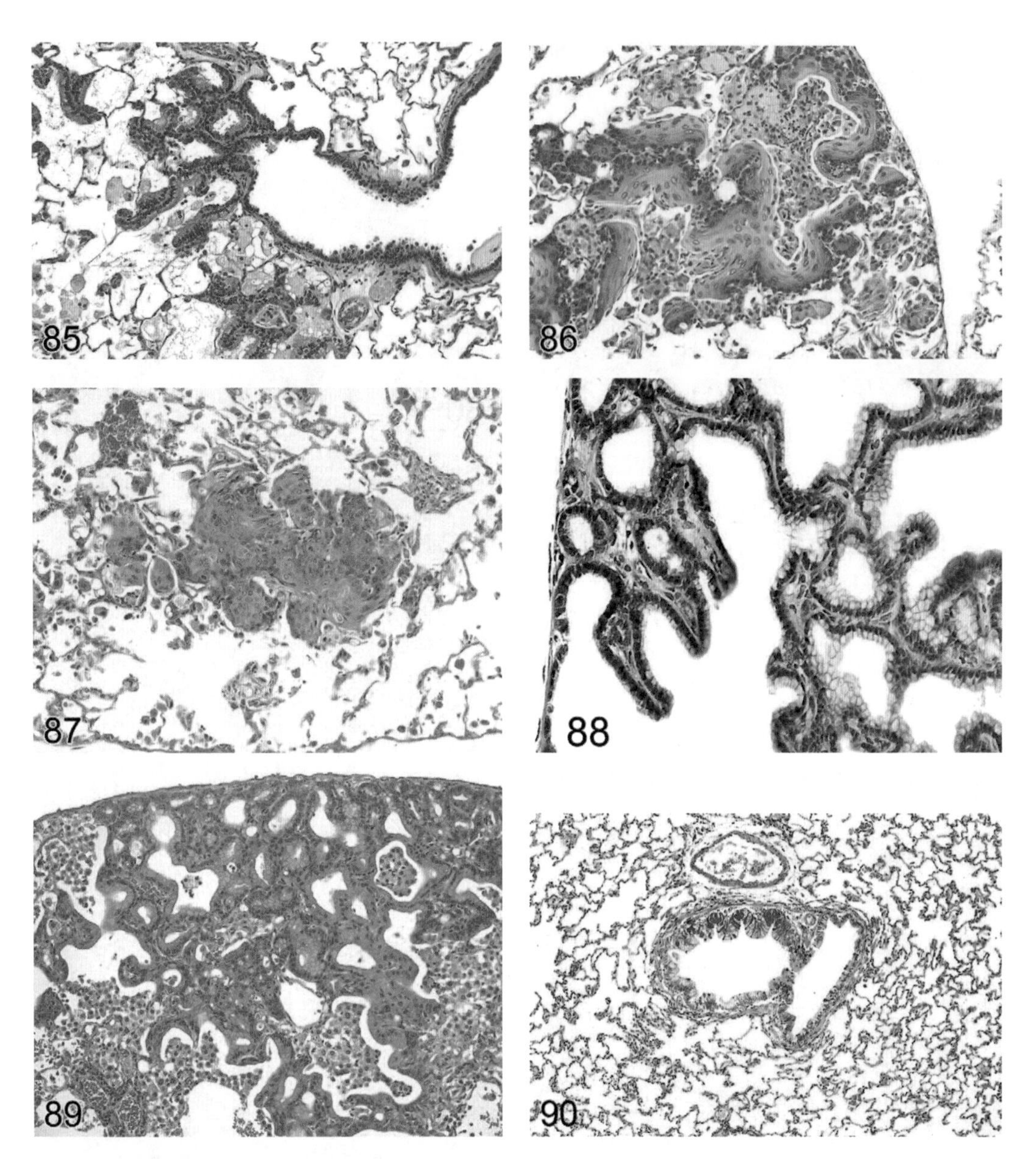

图 85　肺泡上皮支气管化（大鼠）

图 86　肺泡上皮的鳞状上皮化生（大鼠）

图 87　肺泡上皮的鳞状上皮化生（小鼠）

图 88　肺泡上皮的黏液细胞（杯状细胞）化生（小鼠）

图 89　肺泡上皮的黏液细胞（杯状细胞）化生（小鼠）

图 90　细支气管黏液细胞化生，阿辛蓝染色（大鼠）

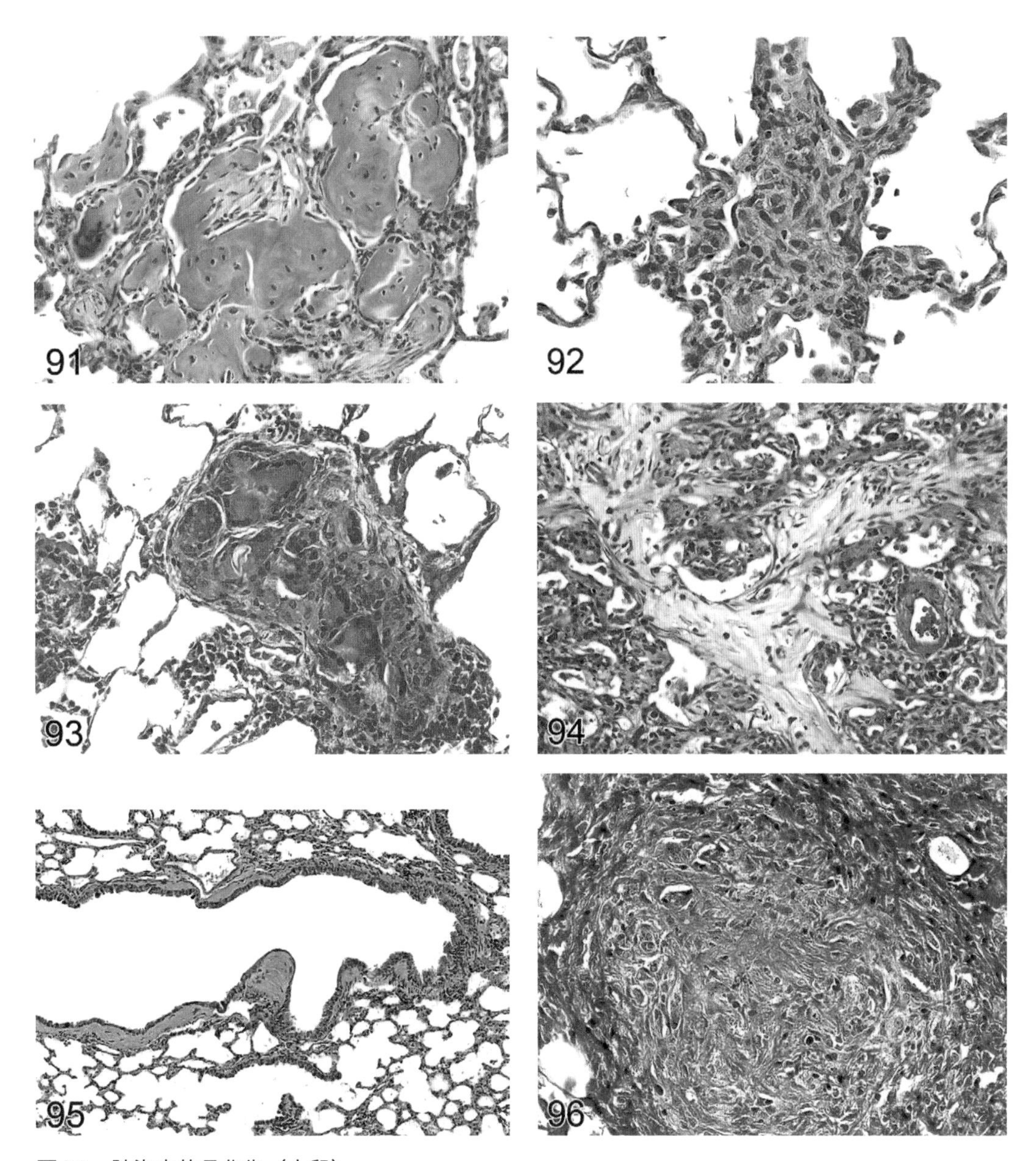

图 91　肺泡中的骨化生（大鼠）

图 92　肺泡局灶性肉芽肿性炎（小鼠）

图 93　肺多核巨细胞与异物（大鼠）

图 94　肺泡间隔发育良好，间质纤维化（大鼠）

图 95　肺细支气管壁纤维化（大鼠）

图 96　肺纤维化，三色染色（大鼠）

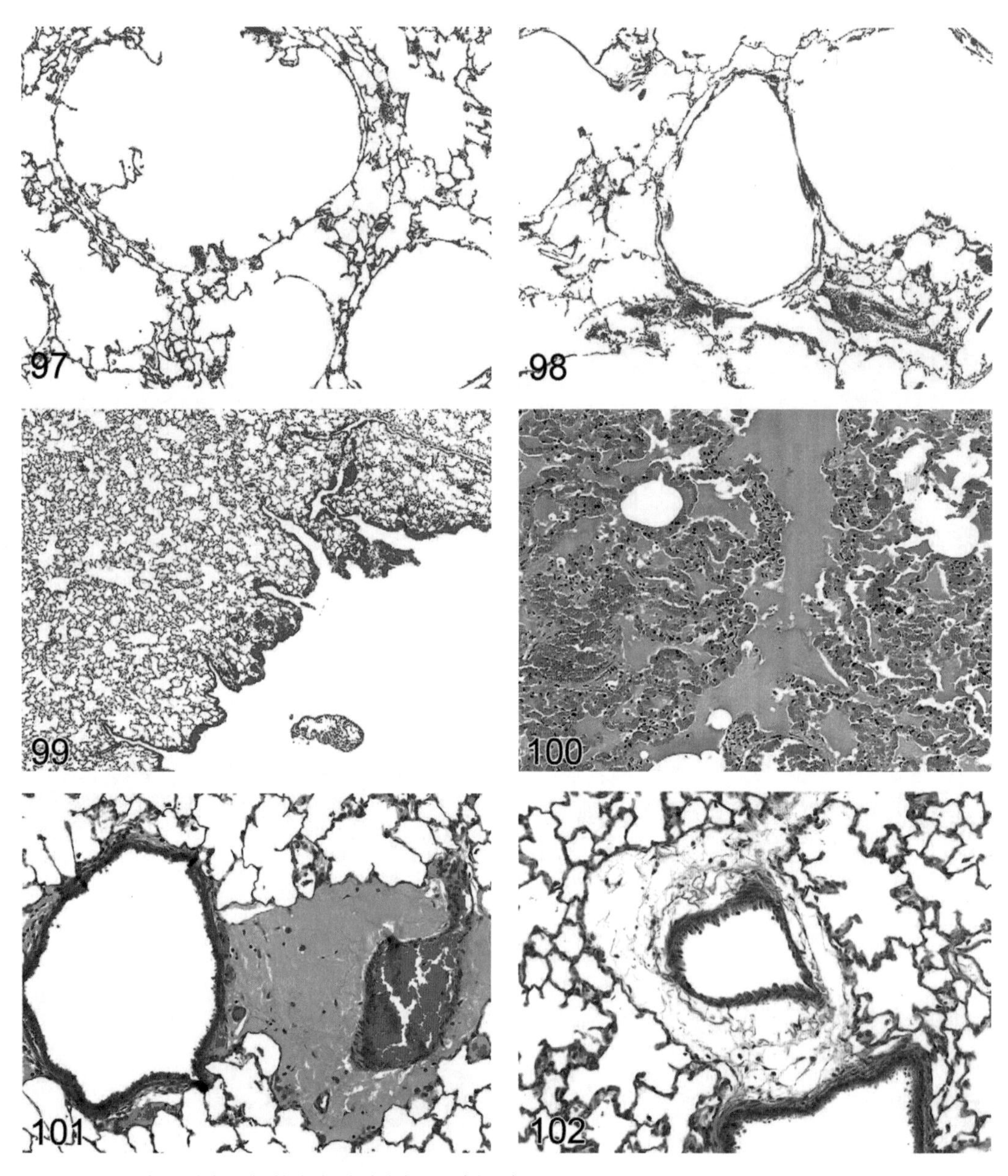

图 97　因固定液过多引起的人为肺腺泡扩张（大鼠）

图 98　滴注弹力蛋白酶引起的肺泡性肺气肿（大鼠）

图 99　用 100% CO_2 施行安乐死引起的肺泡出血（大鼠）

图 100　肺严重充血、水肿（大鼠）

图 101　肺血管周与细支气管周水肿（大鼠）

图 102　因过度膨胀人为造成肺血管间隙增大（大鼠）

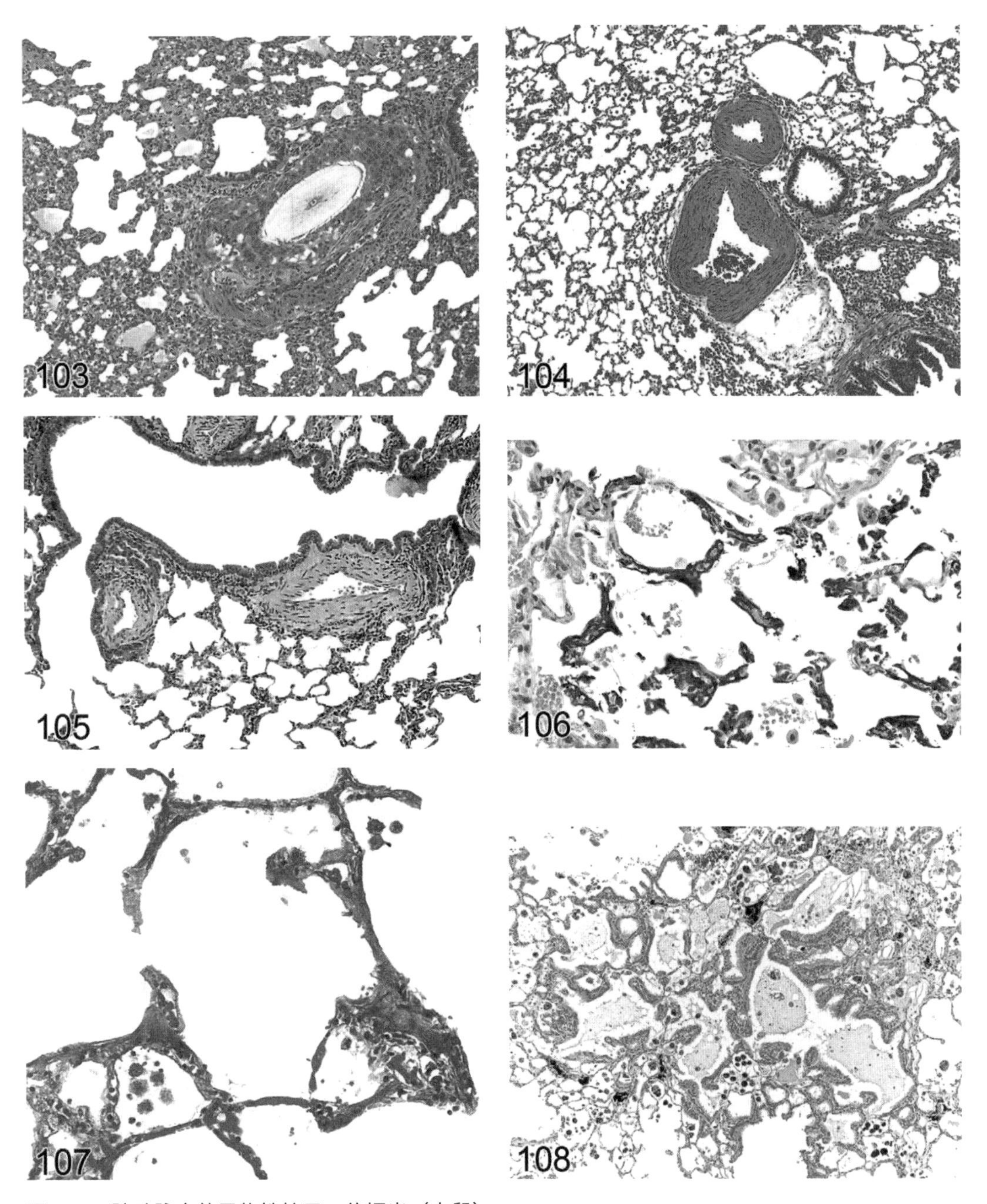

图 103　肺动脉中的异物性栓子，偏振光（大鼠）

图 104　肺动脉的中膜肥大（大鼠）

图 105　细支气管旁的肺动脉中膜肥厚（小鼠）

图 106　肺泡及肺血管矿化（大鼠）

图 107　肺泡间隔严重矿化（大鼠）

图 108　肺细支气管肺泡增生（大鼠）

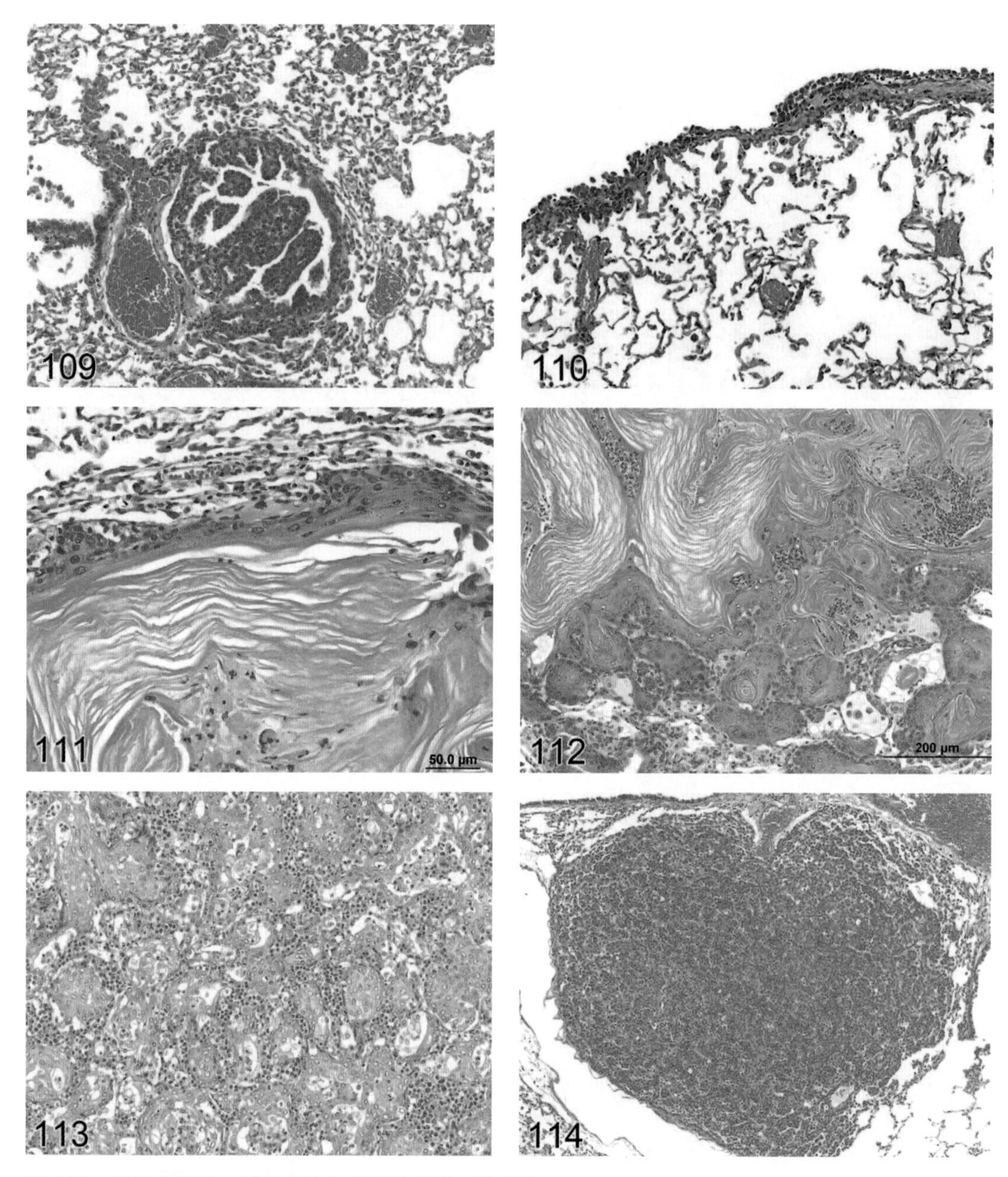

图 109　肺终末细支气管的细支气管肺泡增生（小鼠）

图 110　肺脏层胸膜间皮增生（大鼠）

图 111　肺角化囊肿（大鼠）

图 112　肺囊性角化上皮瘤（大鼠）

图 113　肺非角化上皮瘤（大鼠）

图 114　肺细支气管肺泡腺瘤（小鼠）

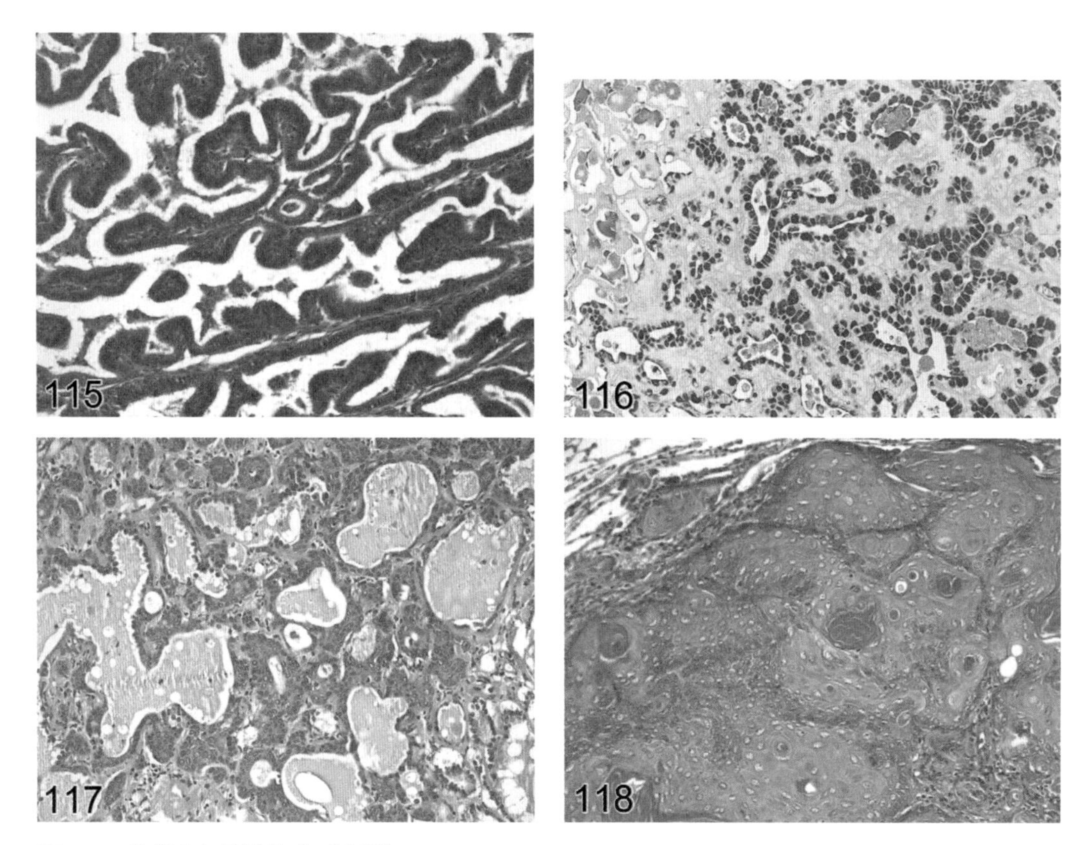

图 115　肺细支气管肺泡癌（大鼠）

图 116　肺腺泡癌（小鼠）

图 117　肺腺鳞癌（大鼠）

图 118　肺鳞状细胞癌（大鼠）

第二章
大鼠和小鼠肝胆系统的增生性和非增生性病变

BOB THOOLEN[1], ROBERT R. MARONPOT[2*], TAKANORI HARADA[3], ABRAHAM NYSKA[4], COLIN ROUSSEAUX[5], THOMAS NOLTE[6], DAVID E. MALARKEY[7], WOLFGANG KAUFMANN[8], KARIN KÜTTLER[9], ULRICH DESCHL[10], DAI NAKAE[11], RICHARD GREGSON[12], MICHAEL P. VINLOVE[13], AMY E. BRIX[14], BHANU SINGH[15], FIORELLA BELPOGGI[16] AND JERROLD M. WARD[17]

1 Global Pathology Support, The Hague, The Netherlands
2 Maronpot Consulting LLC, Raleigh, North Carolina, USA
3 The Institute of Environmental Toxicology, Joso-shi, Ibaraki, Japan
4 Haharuv 18, Timrat, Israel
5 Wakefield QC, Canada
6 Boehringer Ingelheim Pharma GmbH & Co., Biberach an der Riss, Germany
7 National Toxicology Program, Cellular and Molecular Pathology Branch, Research Triangle Park, North Carolina, USA
8 Merck KGaA, Darmstadt, Germany
9 BASF Aktiengesellschaft, Ludwigshafen, Germany
10 Boehringer Ingelheim Pharma GmbH & Co. KG, Biberach/Riss, Germany
11 Tokyo Metropolitan Institute of Public Health, Shinjuku, Tokyo, Japan
12 Charles River Laboratories, Pathology Department, Senneville, QC, Canada
13 Pathology Associates, Charles River, Frederick, Maryland, USA
14 Experimental Pathology Laboratories Inc., Research Triangle Park, North Carolina, USA
15 DuPont Haskell Global Centers for Health and Environmental Science, Newark, Delaware, USA
16 Ramazzini Institute, Bentivoglio (BO), Italy
17 Global VetPathology, Montgomery Village, Maryland, USA
*Chairman of the Liver INHAND Committee

摘要

大鼠和小鼠病理变化术语及诊断标准的国际规范（International Harmonization of Nomenclature and Diagnostic Criteria for Lesions in Rats and Mice，INHAND）是由欧洲、英国、日本和北美毒理病理学会联合倡议而建立的对实验动物增生性和非增生性病变的国际认可标准化术语项目。本文的目的是提供实验大鼠和小鼠的肝胆系统典型显微病变的标准化术语和鉴别诊断，同时提供病变的彩色显微照片图解。本文中提到的标准化术语在网上有电子版可供学会人员使用（http://goreni.org）。本文的素材来源于世界各地的政府、学术界和实验室组织病理学数据库。内容包含自发性和老龄性病变以及供试品诱发病变。在实验动物肝胆系统的病变中，广泛接受和使用国际标准化术语可以减少在不同国家之间监管和科研机构的混乱，可为提高和增强毒理学家和病理学家的国际信息交流提供一个共同的语言。

关键词：诊断病理学；肝胆系统；组织病理学；肝脏；术语；啮齿动物病理学

概述

在啮齿类动物临床前毒性研究和致癌性研究中，肝脏是安全性评价的主要靶器官。因此，肝脏病理在许多毒理病理学研究中起着关键作用。由于在安全性评价研究中所使用的啮齿类动物肝脏损伤表现多样，因此有时会造成毒理病理学家诊断困难。而本文正是规范了特定病变的诊断术语，这些术语是由资深毒理病理学家一致同意并推荐使用的。

诊断标准和术语的标准化对统一肝脏非增生性和增生性病变的分类和诊断至关重要。INHAND 文件可用作统一实验大鼠和小鼠肝损伤诊断标准的指导原则。文中推荐的诊断标准和首选术语不是强制性的，而是由毒性试验病理专题负责人经过慎重地考虑最终做出来的合适的诊断。

INHAND 计划倡导对不同啮齿类动物的器官系统使用一致的诊断术语（使用相同的术语将病变分类）。由美国、英国、日本和欧洲国家学会的联合倡导。

本文通过回顾不同物种间解剖学和肝功能的差异，随后用标准化格式列出肝损伤的术语，在对肝损伤进行描述的同时进行鉴别诊断，以帮助区分主要诊断和出现的类似损伤，并对可能发生于人的类似肝损伤做出了比较，具有指导意义。但是应该注意的是，本文提到的一些损伤的首选诊断术语可能违背了标准的教科书中传统的命名方法。此外，对某一特定诊断术语的图解显微照片偶尔可能会描写其他的组织改变，这也正反映了毒理病理学评价中经常观察到的实际情况。

解剖

肝脏占据了腹腔上1/3的空间，并且包括多个小叶；不同学者对肝小叶的命名各不相同。基本上分为左、中、右和尾叶（Harada等，1999；Eustis等，1990）。肝脏表面覆有薄层结缔组织被膜，被膜外衬以腹膜间皮细胞。中叶有一个不完整的裂缝，镰状韧带附着于此。小鼠胆囊位于中叶裂缝，而大鼠没有胆囊。肝右叶由前、后两部分组成，小尾叶由两个或多个盘状分叶组成（图1）。

肝小叶的命名因物种不同而不同，有时不同学者的命名也不一样。根据目前的解剖特征列出了不同物种之间肝小叶的差异（表1）。

表1　肝小叶的物种差异

	人类（4/8）	猴（4/8）	犬（6/7）	大鼠（4/7）	小鼠（4/7）	猫（6/7）
左叶	左叶（2部分） 前段+后段	左（侧）叶	左叶 左侧叶+左中叶	左叶 左侧叶+左中叶	左叶 左侧叶+左中叶	左叶 左侧叶（最大）+左中叶
右叶	右叶（2部分） 前段+中段+后段	右（侧）叶	右叶 右侧叶（痕）+右中叶	右叶 右侧叶+右中叶	右叶 右侧叶+右中叶	右叶 右侧叶+右中叶
中叶	方叶	中叶（最大）	方叶		方叶（小）	方叶
尾叶	尾叶 乳突+尾突	尾叶	尾叶 尾突+乳突	尾叶 尾突+前乳突+乳突	尾叶 尾突+乳突	尾叶 尾突+乳突

组织形态学

肝脏的平面微结构至少从三个角度进行分类（图2）。解剖模型呈经典的六角形小叶结构，分为小叶中央区、中间带状区和门管周围区。三角形的门小叶是基于胆汁流量进行划分的微结构，并且以门三联管为中心（门管）。椭圆形或菱形肝腺泡是肝脏的功能性亚单位，包括血液流动和代谢功能，并分为1区（门静脉周围区）、2区（过渡；中间带状区）和3区（小叶中央区）。在功能上，1区的肝细胞是发挥肝的氧化功能，如糖异生、脂肪酸的β氧化和胆固醇的合成，3区细胞对于糖酵解、脂肪生成和基于细胞色素P-450的药物解毒作用更重要。

血液供应和胆汁流量

肝脏具有肝门静脉和肝动脉双重的血液供应。肝动脉提供氧合血。引流的脾、胃、肠、胰腺的血液，大约75%由肝门静脉进入肝脏。肝动脉和门静脉的分支在门管区与胆管伴行，并通过肝细胞的“界板”与肝细胞索分隔。在大鼠，胆管汇合形成肝管通往小肠，在小鼠则通往胆囊。血液由门管区流向位于每个小叶中心的中央静脉，同时胆汁由肝小叶中心流向门管区，再到肝管。

组织学

肝小叶（Kiernan，1883）和腺泡（Rappaport等，1954）分别是对肝脏的结构和功能单位最常用的两种描述（图2）。肝小叶是肝脏的结构单位，是基于肝脏内的血流进行区分，通常被用于进行描述性的病理和形态学诊断。肝腺泡是肝脏的功能单位，是基于肝脏内血流和代谢进行区分。最近把肝脏的实质单位描述为一个圆锥形的三维结构单位，该单位约由14个肝小叶组成，有共同的血管支流供应和排出（Malarkey等，2005；Teutsch，Schuerfeld和Groezinger，1999；Teutsch，2005），更进一步地解释了传统的平面组织切片中经典的肝小叶大小和形状随机分布的现象，也为理解不同肝小叶对化学损伤反应的不一致提供了依据。

肝脏由多种类型的细胞组成，除了肝细胞，还包括胆管细胞、内皮细胞、枯否细胞、Ito细胞（星形细胞）、贮脂细胞以及血窦和血管中的除造血细胞外的隐窝细胞。肝细胞呈多面体，约占肝脏的60%，以板状或索状从中央静脉向门管区呈放射状排列。在二维切面，肝细胞通常为单层，相互吻合连接（Miyai，1991）。肝细胞一侧表面与血窦壁之间的狭小空间为狄氏间隙，在此处肝细胞暴露于组织液。肝细胞对侧面相邻肝索的肝细胞形成胆小管。一个肝索的相邻肝细胞形成桥粒、缝隙连接、钉状突起连接。在门管区胆管细胞形成胆管，并与肝动脉和门静脉一起组成门三联管。有孔内皮细胞组成血窦并合成前列腺素。枯否细胞是固定于窦壁的巨噬细胞，能够自我更新，约占所有肝细胞总数的 10%（Eustis 等，1990）。枯否细胞有吞噬功能，能分泌炎症介质、分解代谢脂肪和蛋白质。Ito 细胞（星形细胞）是位于窦周间隙的细胞，能储存维生素 A，也是肝脏胶原的主要来源。隐窝细胞是具有自然杀伤活性的淋巴细胞，主要位于门管周围区（Wright 和 Stacey，1991）。

免疫组化

利用荧光或色素标记的抗体与抗原反应，是鉴别肝脏中不同类型细胞的有效的辅助方法。表 2 中选出部分范例。

表 2　鉴别肝脏不同细胞类型所使用的组织化学染色

肝细胞的免疫组织化学染色	
细胞类型	抗体
肝细胞	CK8，CK18
胆小管	Polyclonal CEA
胆管上皮细胞	CK7，CK19，AE1/AE3
内皮细胞	Factor VIII，CD31，CD34
单核细胞	ED1
枯否细胞	CD68，F4/80，ED2，SRA-E5
肝星状细胞（激活的）、成纤维细胞和平滑肌细胞	a-SMA
树突细胞	NLDC-145，OX-6
卵圆细胞	a-fetoprotein （AFP），CK20
凋亡	Bcl-2，Caspase 3 和 7
增殖标记	Ki67/MIB-1，PCNA

IHC（免疫组织化学）的应用可以帮助诊断，在人体病理学中 IHC 的测定通常用来辅助诊断。但不是所有商品化的抗体都可在不同实验室之间和不同物种之间以同样的方式做出反应。此外，组织需要采取专门处理来暴露细胞抗原，避免使其交联。免疫组化染色通常需要设阳性和阴性对照，有助于正确诊断。IHC 结果的解释通常与组织病理学结果、有

时也与大体观察和 / 或临床病理或其他相关的研究结果一起进行。

生理学

肝脏具有许多生理功能，在维持内环境稳态中起重要作用。肝脏大小取决于遗传因素以及生化活性与维持最佳功能所需质量的比率。它能对多种有害刺激做出快速反应，如短暂的毒性损伤、感染或肝部分切除，肝脏会迅速恢复到最佳质量，以维持正常功能。

肝功能是复杂多样的，包括内分泌和外分泌活性、代谢、合成、解毒、早期胚胎和胎儿发育的造血功能（Harada 等，1999）。肝脏持续暴露于由肠道吸收，经门静脉到达肝脏的物质和经动脉血液供应的全身性的物质。在毒理病理方面，肝脏的一个关键功能是将肠道吸收的受试物进行生物转化，从而起到解毒作用。肝细胞对受试物的代谢可以发生Ⅰ期（通常是细胞色素氧化酶系列）和Ⅱ期反应（通常形成水溶性葡萄糖醛酸）（Graham 和 Lake，2008；Martignoni，Groothuis 和 de Kanter，2006）。代谢过程也可以通过产生能与蛋白质反应的亲电物质、核酸和其他细胞器等引起间接毒性（Xu，Li 和 Kong，2005）。与肝功能相关的固有酶和诱导酶在整个肝小叶和不同小叶之间分布不均匀（Greaves，2007）。

背景变化和潜在的疾病状态会影响肝和胆管的形态，例如，限制热量摄入会使肝细胞体积减小，使得对受试物相关变化的解释更加复杂。影响肝脏形态的其他因素包括：体重减轻、血液流动、食物摄入量、血管变化及血流动力学改变、暴露时间和持续时间、撤药效应和功能异质性。功能异质性通过代谢、氧的供应、β 氧化、氨基酸代谢、糖异生、糖酵解、尿素生成、脂质生成和胆汁酸与胆红素分泌的差异来表达。这些因素可能会影响啮齿类动物增生性和非增生性肝损伤的发生。

肝脏尸检和取材方案

尸检时，可对大鼠和小鼠肝脏称重并仔细检查个别肝小叶的大体病变。在传统的啮齿类动物的临床前研究中，大体病变必须与组织病理结果进行关联。特定的肝取材方案（例如，见 Ruehl-Fehlert 等，2003）（图 1）应与所使用的标准操作程序（SOPs）保持一致。解剖时分离下来的肝叶以及已取材的肝片可固定在 10% 福尔马林中性缓冲液中（组织厚不超过 1 cm，10 倍体积的福尔马林液）。

肝脏损伤分级

在安全性评价研究中分析肝脏病变需要考虑较多因素，包括平行对照组动物的大体和显微镜观察结果、血液学、临床化学和肝脏重量，以及动物种属及品系、年龄、笼养、饮食和组织取材。

许多病理学家使用分级系统来记录病变严重程度。在毒理病理学研究中，采用评分系统可产生序列数据以便于对病变的影响和趋势进行统计分析（Gad 和 Rousseaux，2002）。但是，并非所有的分级系统都是相同的，可能会在病变的分布、分期和程度上有所差异。对病变严重程度判定的一致性已受到关注，在一些文章中已有讨论（Hardisty 和 Eustis，1990；World Health Organization，1978）。

大多数毒理病理学家使用常见的分级标准来描述炎症、坏死或其他变性和反应性损伤，如临界或轻微、轻度、中度、明显和严重。组织定位语常用于描述肝脏内的损伤分布，例如，门管的、门管周围的、中央带状的、小叶中央的、肺门的、导管的、导管周围的、微管周围的或被膜下。局灶、多灶性和弥散在形态学诊断中常用作分布参数的修饰词。根据正式的定义，局灶性病变是指一个特定的区域或中心，而多灶性是指一个以上的中心。然而，一些病理学家所使用的“局灶”一词囊括局灶和多灶两种，指的是病变的性质，而不是它的实际分布，而用分级来反映多灶性的程度。病变严重性的评分系统不是唯一的，差异很大，也不可能让所有的病理学家都保持相同的标准。表 3 中列举了肝脏局灶性和多灶性病变的一个分级系统，但并非全球通用或 INHAND 特别推荐的系统。

表 3　肝脏局灶性和多灶性病变的分级系统示例

严重程度	病变肝的比例	等级	定量标准
临界的或轻微	极少量	1	1~2 个局灶
轻度或少量	少量	2	3~6 个局灶
中度或数个	中量	3	7~12 个局灶
明显或很多	大量	4	>12 个局灶
严重	极大量	5	弥漫

诊断术语、诊断标准和鉴别诊断

先天性病变

简介

啮齿类动物的肝脏偶尔会出现发育异常。这些畸形可能表现形式不同，起源不同。大多为单发，在临床前毒性研究中，病理学家在鉴别啮齿类动物肝脏背景病变与受试物引起的病变时应考虑到这种因素。

肝膈结节（Hepatodiaphragmatic Nodule）（图 3 和图 4）

发病机制：发育异常。

诊断要点：

- 外观与色泽接近正常肝实质。
- 中间叶通常呈圆形膨大。
- 可出现有丝分裂象增加，细胞的改变，核的改变。
- 特征性病变是出现小的横向突出的线性染色质结构。

鉴别诊断：

- 灶性肝细胞改变，与正常的肝实质细胞颜色不同，而且不突出到膈膜。
- 肝细胞瘤——肉眼可见时也不会突出到胸腔。
- 再生性增生结节（结节性增生）——典型的增生由多个结节构成，通常由卵圆细胞或结缔组织增生带分隔开。

备注：肝膈结节发生于任何年龄的大鼠，在胎儿中也可发生，为推测其为先天起源的证据。虽然它们看起来是穿过膈膜的突出物，且延伸至胸腔，实际上它是黏附在横膈上的，表面被覆一薄层横膈纤维成分（Eustis 等，1990）。

在 Fischer344 大鼠中已被报道肝膈结节发生率为 1% ～ 11%（Eustis 等，1990），在其他品系大鼠罕有报道。小鼠不发生这种结节，但有类似于大鼠肝膈结节的局灶性病变，并具有中央含核仁样嗜碱性小体的大核。

肝细胞反应，细胞变性，损伤和死亡

介绍

大部分肝细胞的功能和结构由代谢、分化和特化的遗传编码所决定。肝实质细胞可以灵活地适应不断变化的生理需求，伴可逆的功能和形态改变。过度应激或有害刺激可能导致肝脏不能维持内环境稳定或引起不可逆性细胞损伤。有害刺激所引起的形态学改变取决于损伤的性质、严重程度及持续时间。在高剂量时靶细胞经过一系列的细胞变性后经常发生死亡，但低剂量时退行性改变不一定导致细胞死亡。细胞变化最后如果不引起细胞或动物的死亡可被称为“适应性”变化，根据变化的性质可以分为可逆的和不可逆的反应。细胞适应包括代谢或功能的改变，引起细胞器增加和各种内源性和外源性物质在细胞内积累，已维持细胞和动物的存活和正常生活。人的肝脏可能发生相似变化，如胆汁淤积，为人长期药物治疗所引起的常见肝损伤。然而，在动物中，当过度的适应性反应或对化学暴露的防御反应未发生时，可发生不可逆的细胞损伤和细胞死亡，随后可能伴有疾病和死亡。适应性改变或诱导适应性改变的化学物质的剂量通常不会导致啮齿类动物的疾病或死亡，这些过程常与剂量和化学物质相关。

脂肪变性（Fatty Change）

同义词/亚型： lipidosis, vacuolation, lipid, macrovesicular and/or microvesicular steatosis, phospholipidosis

发病机制： 脂质代谢和沉积紊乱。

诊断要点：

大泡性脂肪变性（图 5 和图 6）

- 每个肝细胞中含有一个大的、界限清楚的圆形空泡。
- 细胞核和细胞质移位到周边。
- 有些肝细胞可包含一个或多个较小空泡。

小泡性脂肪变性（图 7）

- 肝细胞部分或完全被许多小脂质空泡填充。
- 受累肝细胞可能有一个“泡沫”样外观。
- 对比大泡性脂肪变性，小空泡通常不将细胞核挤于周边。

鉴别诊断：

- 水样变性——细胞质透明，没有核移位。
- 糖原沉积——在细胞质中有不规则、边界不清的空泡（稀疏），通常细胞核位于中心。

备注：病理学家对于这种变化存在首选术语的分歧。仅根据 HE 染色切片诊断肝细胞胞质空泡化是一种普遍接受的描述性诊断。基于观察者的经验，根据特殊形态特征可诊断胞质空泡化，基本可认为是胞质脂质沉积，为脂肪变性的初步诊断。但是要对胞质内脂质确诊则需要进行特殊染色。

多种试剂可诱导脂肪变性，通常分为两种主要类型，即小泡性和大泡性，也常见混合形式（Greaves，2007；Gopinath，Prentice 和 Lewis，1987；Goodman 和 Ishak，2006；Kanel 和 Korula，2005）。大泡脂质沉积是对各种损伤的反应，也可以视为由于脂质从血液中摄取和肝细胞脂蛋白分泌不平衡所引起的生理适应（Goodman 和 Ishak，2006）。小泡脂质沉积通常指示更严重的肝功能障碍，但也可由营养障碍引起（Greaves，2007）。

特殊的受试物可诱发人的大泡或小泡性脂肪变性（Kanel 和 Korula，2005）。在动物研究中，常见大泡和小泡性脂肪变性并存。此时，可记录最主要的形式或记录为大小泡混合型脂肪变性。在病理报告描述部分进行评论是恰当的，尤其是当脂沉积症只记录了其最主要的病变形式时。肝脏也可以观察到糖原沉积和脂肪变性的混合形式（图 8 和图 9）。

脂肪变性及坏死可一起出现，但所占比例可不同。除接触受试物外的许多其他原因，如慢性肝损伤、饮食、代谢和激素状态、动物的虚弱和尸检前禁食，在对病变进行判定时也应加以考虑（Vollmar 等，1999；Katoh 和 Sugimoto，1982；Nagano 等，2007；Denda 等，2002）。其分布可以是弥漫性的（例如，乙硫氨酸），或者是带状的（例如，四氯化碳毒性，发生于小叶中央区；磷毒性，发生于门管周围区；胆碱缺乏的毒性，发生于中间带状区）。固定不足有时也可引起小泡性空泡化的人工假象，但大多是胞质透明度减弱（Li 等，2003）。

灶性脂肪变性有时可自发，通常也是这样描述。小鼠的一种特殊变化，发生在肝脏镰状韧带和胆囊的附着处，并被称为“张力性脂质沉积”（Harada 等，1999）（图 10 和图 11）。自发的脂肪变性在不同品系间可能不同，并且是 BALB 小鼠的一种正常现象。这些小鼠的肝脏通常比其他品系的苍白。啮齿类动物肝脏的局灶性脂肪变性以前被归为空泡化的肝细胞变异灶（Eustis 等，1990），但现在的实际操作是诊断为局灶性脂肪变性，而不是作为肝细胞变异病灶（图 12 和图 13）。

脂肪变性也可在动物和人类的其他肝毒性损伤（例如，慢性肝毒性、变性、炎症和坏死）或营养紊乱（如饮食、维生素 A 过量）时观察到。冰冻切片的特殊染色可以显示脂肪（例如，油红 O 或苏丹黑）（Jones，2002）。

磷脂质病（Phospholipidosis）

同义词： cytoplasmic vacuolation，foam cells

发病机制： 受试物诱导产生阳离子双亲和性结构。

诊断要点：

•多个不规则或圆形透明的，膜包裹的空泡。

•往往引起肝细胞的弥散性变化。

鉴别诊断：

•脂肪变性——透明的圆形空泡往往是单个或多个散在分布。

•糖原沉积——胞质中有不规则且界限不清楚的透明空泡（稀疏），核通常位于中心；用过碘酸－希夫染色呈阳性。

备注：仅根据肝脏的 HE 染色切片不可能确诊磷脂质病。肝细胞胞质空泡化的诊断通常作为一个描述性诊断比较合适。由于胞质空泡化可能与小泡性脂肪变性相似，在没有电子显微镜或特殊免疫染色的情况下建议采用胞质空泡化的描述性诊断。

磷脂质病可以通过有阳离子双亲和性结构的受试物诱发（Halliwell，1997；Anderson 和 Borlak，2006；Reasor，Hastings 和 Ulrich，2006；Chatman 等，2009）（图 14 和图 15）。磷脂质病是肝空泡化的特殊形式，当受试物和磷脂的复合物在溶酶体内积聚时可以看到脂质贮积紊乱，它是由同心层状膜性结构包绕得溶酶体髓样小体 / 板层小体，可以通过特殊染色和电子显微镜来确诊（Hruban，Slesers 和 Hopkins，1972；Obert 等，2007）（图 16），免疫染色呈阳性。对溶酶体相关蛋白和亲脂素进行免疫组化染色，可以用于区分磷脂质病和常规的脂肪变性（Obert 等，2007）。无论是先前存在的中性脂肪还是磷脂都可同时显示。大泡和小泡性脂肪变性（空泡化）通常位于细胞周边，油红 O 染色呈阳性，围绕这些脂质空泡的膜对亲脂素（一种构成非溶酶体脂滴周围膜的蛋白质）染色呈阳性，但对 LAMP-2（溶酶体相关蛋白）免疫组化结果为阴性（Obert 等，2007）。这表明空泡化是由于非溶酶体的中性脂质沉积所致。细胞质中的小空泡位于肝细胞中央，免疫组化 LAMP-2 染色表现为阳性（图 17），但对于油红 O 和亲脂素染色表现为阴性，表示为磷脂沉积（Obert 等，2007）。

淀粉样物质沉积（Amyloidosis）（图 18 和图 19）

发病机制：细胞处理过程中蛋白质折叠错误。

诊断要点：

•淡染、均匀、无定形的嗜酸性物质的沉积。

•沉积常常位于肝窦周围、门静脉周围或涉及血管壁。

•定位于细胞外。

备注：这种疾病在大鼠比较罕见，而在仓鼠和小鼠较为常见，且与年龄相关（Greaves，2007；BSTP，2007）。病理变化的基础是细胞不能阻止蛋白质错误折叠，不能将错误折叠蛋白恢复正常，或不能降解消除错误折叠的蛋白质。与其他蛋白聚集性疾病相似，可导致有潜在细胞毒性的淀粉样物质的聚集和沉积。（Aigelsreiter 等，2007）。这种淀粉样物质主要由 β- 折叠构象的蛋白质构成。

自发的淀粉样物质沉积发病率通常随年龄的增加而增加，且常见于 CD-1 小鼠（Harada 等，1996）。在肝中观察到的淀粉样物质常被称为继发性淀粉样物质沉积（血清淀粉样物质 A），而且可在血窦和门静脉管壁内看到。与肝窦淀粉样物质沉积相邻的肝细胞往往萎缩。许多因素（如物种、年龄、品系、性别、内分泌状况、饮食、压力和寄生虫）可以影响淀粉样物质沉积的发生（Beregi 等，1987；Coe 和 Ross，1990；Lipman 等，1993；Harada 等，1996；Liu 等，2007）。其他器官也常发生淀粉样物质沉积（如肾脏、鼻腔黏膜下层、肠黏膜固有层、心脏、唾液腺、甲状腺、肾上腺皮质、肺、舌、睾丸、卵巢和主动脉）。

淀粉样物质可通过其他组织化学染色来确认（刚果红），呈粉红色染色，而在偏振光下呈苹果绿双折光（Vowles 和 Francis，2002；Kanel 和 Korula，2005）。通过免疫组化也能确诊淀粉样物质。

矿化（Mineralization）（图 20）

发病机制：继发于饮食或钙代谢异常的高钙血症；肝细胞坏死（营养不良性矿化）。

诊断要点：

•细胞内或细胞外嗜碱性物质沉积，有时伴钙化。

鉴别诊断：

•人工产物——透明区域有苏木精染料沉积。

•色素沉积——与矿化着色不同，经常在巨噬细胞内看到。

•受试物或代谢产物在胆管内的累积。

•可能与坏死、炎症或肿瘤相关。

备注：矿化在啮齿类动物肝胆很少见。肝矿化常受到饮食因素（矿物质含量）和钙代谢紊乱的影响（Harada 等，1999；Spencer 等，1997；Yasui，Yase 和 Ota，1991；DePass 等，1986）。有时炎症或肿瘤形成时可同时观察到矿化（Harada 等，1999；Kanel 和 Karuda，2005）。可通过其他染色（Alizarin Red，von Kossa）来证实（Churukian，2002）。

色素沉着（Pigmentation）/ 色素沉积（Pigment Deposition）（图 21 至图 25）

发病机制：偶然发生或继发于细胞或红细胞分解产物，细胞膜脂质过氧化，亚铁血红素代谢改变。

诊断要点：

脂褐素：

- 在肝细胞和枯否细胞中可见色素。
- 颜色可有所不同，从淡黄色到深褐色。
- 苏丹染色后在紫外光下可自发荧光。
- 常沉积于胆小管附近。

铁 / 含铁血黄素：

- 可以呈黄色至褐色。
- 可能是细颗粒状。
- 通常出现在枯否细胞和肝细胞内。

卟啉：

- 色素为致密的暗棕色至红棕色，偏振光下呈鲜红色，中心位置是黑色的“马耳他十字”。

- 新鲜的冰冻切片中呈明亮的红色荧光，如暴露于紫外线则变暗。
- 最常位于胆管和胆小管。

胆汁（胆汁淤积）（图 23 至图 25）：

- 在胆小管中外观像细长的淡棕绿色栓塞。
- 在胆小管破裂后将出现在枯否细胞。
- 可在肝细胞中表现为细颗粒状色素，这在人类肝脏中很普遍，但在啮齿类动物中少见。
- 在啮齿类动物并非常见的受试物反应，在人类和猴更常见。

鉴别诊断：

- 人工产物——透明区域有苏木精染料沉积。
- 甲醛色素沉积——细胞外黄棕色颗粒状沉积物，常与红细胞有关。
- 供试品 / 代谢物——仅见于某些特殊化合物。
- 矿化——嗜碱性沉积，可能与钙化相关。

备注：啮齿类动物肝细胞和枯否细胞内偶然可发现许多不同的色素，有些可能会在用药后增加和 / 或积累，确诊一个特定的色素通常需要特殊染色。

脂褐素或类蜡素有时被称为“消耗性”或“老龄性”色素，因为常在老龄动物中观察到，是细胞膜崩解的标志。脂褐素在有丝分裂后及老化的细胞中聚集。已被证实为氧化蛋白质、脂质、碳水化合物及微量金属的混合物（Seehafer 和 Pearce，2006）。各种刺激可加速这种色素的沉积，如药物和化学品的接触、创伤、循环因子和饮食（Greaves，2007）。某些特殊的化学品可使肝脏脂褐素蓄积加重（Kim 和 Kaminsky，1988；Marsman，1995）。大鼠给予 PPARα 激动剂如非诺贝特，啮齿类动物给予降血脂药后所引起的脂质过氧化增加，延长用药时间后均可诱发脂褐素沉积（Nishimura 等，2007；Goel，Lalwani 和 Reddy，1986；Reddy 等，1982）。大鼠部分肝切除时也可观察到脂褐素沉积增加（Sigal 等，1999）。脂褐素不溶于醇和二甲苯等用于制片的溶剂，可用特殊染色如 Smorl 染色进行证实。苏丹黑 B 染色可使沉积的颗粒呈灰色，PAS 染色可为阳性，在 Luxol 快蓝和 Ziehl-Neelsen 染色中也可呈阳性（Jones，2002）。

血红素蛋白的前体卟啉色素，可见于给予某些受试物时。当胆道梗阻继发胆汁淤积时，或胆汁代谢紊乱时，常可见到胆色素。胆色素用 Hall 法染色呈绿色。

含铁血黄素色素指示沉积铁，作为红细胞的分解产物沉积铁是最常产生的，源于血红蛋白，局部或全身多余的铁可在肝中沉积。铁沉积可能发生于饮食摄入过多或给予受试物（Popp 和 Cattley，1991；Greaves，2007；Travlos 等，1996）。注射过量铁后可被存储为含铁血黄素，沉积于肝脏的网状内皮组织和其他器官（如脾和骨髓）（Bruguera，1999；Pitt 等，1979）。给仓鼠腹腔注射黄曲霉毒素 B_1 也可诱发含铁血黄素沉着（Ungar，Sullman 和 Zuckerman，1976）。内源性铁沉积可见于血细胞崩解（溶血事件）。铁色素可见于枯否细胞、巨噬细胞和肝细胞。在肝细胞中，铁以铁蛋白的形式被存储（三价铁结合到脱铁铁蛋白）（Popp 和 Cattley，1991）。有报道 Sprague-Dawley 大鼠肝脏具有自发性铁色素沉着遗传易感性（Masson 和 Roome，1997）。在老龄化小鼠肝脏中也可见铁沉积（Harada 等，1996）。铁可通过普鲁士蓝染色证实，铁呈蓝色。

含铁血黄素在酸中，尤其是草酸中溶解缓慢。无醛固定剂可去除含铁血黄素或与铁反应使其发生改变，而呈（假）阴性结果（Churukian，2002）。疟原虫感染小鼠试验，肝细胞和枯否细胞中发现疟疾色素，它是生物色素而不是含铁血黄素。

卟啉色素通常在组织中仅见少量，且是血红蛋白的组分——亚铁血红素的前体（Churukian，2002）。啮齿类动物给予包括灰黄霉素等多种化合物后发现肝脏中有卟啉沉积，可伴发肝细胞肿瘤（Stejskal 等，1975；Zatloukal 等，2000；Knasmuller 等，1997；Tschudy，1962）。灰黄霉素可抑制小鼠肝线粒体酶亚铁螯合酶，也可（代偿性地）诱导 ALA 合成酶。灰黄霉素诱导的小鼠肝脏卟啉蓄积可能继发细胞损伤、坏死和炎症（Knasmuller 等，1997）。在大鼠和小鼠肝脏中的原卟啉色素主要见于胆管导致胆管增生和门管区炎症，但也可见于肝细胞、枯否细胞和门管区巨噬细胞（Hurst 和 Paget，1963）。卟啉的双折光性可能与色素中的双层结构成分有关（Stejskal 等，1975）。此色素也可见于伴发肝纤维化、肝硬化、胆管增生、门管区周围炎症和肝癌时（Kanel 和 Korula，2005；Hurst 和 Paget，1963；Greaves，2007；Rank，Straka 和 Bloomer，1990）。

晶体（Crystals）（图 26 至图 28）

发病机制：高血脂（胆固醇晶体），Chi313（YM1）蛋白（嗜酸性胆汁晶体）。

诊断要点：

- 菱形或针状结构，在偏振光下常双折光。
- 在小鼠，针状晶体可以发生于细胞内或细胞外，与强嗜酸性的上皮细胞胞质有关。细胞外见大小不等的晶体。

鉴别诊断：

- 人工产物——透明区域有蓝色苏木精染料沉积。

备注：在高脂血症中，胆固醇晶体可以在肝中沉积，可伴或无肉芽肿性炎症（Greaves，2007；Graewin 等，2004；Handley，Chien 和 Arbeeny，1983）。胆石形成的过程中，除了经典的菱形单水化合物晶体，胆固醇也可以瞬时结晶为针状、螺旋状和管状等无水胆固醇晶体（Dowling，2000）。肝内胆管和胆囊的嗜酸性晶体在各种实验小鼠品系中均有报到，通过 Ym1 蛋白质（现在称 Chi313 蛋白）免疫组化染色证实其中有的晶体含有几丁质酶样蛋白（Ward 等，2001；Harbord 等，2002）。

小鼠晶体的形成可能与炎症和 / 或增生性胆管改变和纤维化有关，也可为自发（Lewis，1984；Rabstein，Peters 和 Spahn，1973；Enomoto 等，1974）。偏光显微镜对于众多晶体的证实是一个简单的方法，晶体能够产生平面偏振光，从而显示出双折光性。

核内和胞质包涵体（Inclusions, Intranuclear and Cytoplasmic）（图 29 至图 32）

同义词：inclusion bodies，intranuclear cytoplasmic invagination，acidophilic inclusions，globular bodies

发病机制：在横截面可见肝细胞核膜内陷形成的胞质隆出，而无真正的隆出。可见于特殊病毒感染。肝细胞的胞质中蛋白物质沉积。

诊断要点：

- 核内包涵体为圆形、明显、常位于偏心位，且可部分或几乎完全占据细胞核。
- 核内包涵体往往呈嗜酸性，可为粒状或絮状。
- 胞质包涵体为圆形至椭圆形、均匀、嗜酸性，并在胞质中表现为单一或多种结构。

鉴别诊断：

- 扩大的核仁——正常大小的细胞核中有一个或多个深染的嗜碱性结构。
- 病毒包涵体（巨细胞病毒，试验性病毒感染）。
- 胞质空泡的人工假象——死后血浆涌入（Li 等，2003）。

备注：核内和胞质内包涵体在老龄化小鼠肝脏中很常见，且在正常以及肿瘤肝细胞都可见（Percy 和 Barthold，2001；Frith 和 Ward，1988；Irisarri 和 Hollander，1994）。电镜显示，当包涵体位于胞质隆突于细胞核的部分时，可包含胞质内的细胞器（van Zwieten 和 Hollander，1997）。在电镜下，胞质内包涵体分为 3 类：粗面内质网扩张的扁囊中的致密网状物，粗面内质网中的纤细颗粒物，胞质中非膜性结合的致密颗粒纤维状物（Helyer 和 Petrelli，1978）。

Kakizoe，Goldfarb 和 Pugh（1989）将不同品系小鼠胞质包涵体的发生率与肝肿瘤的发生进行关联。C57BL/6 小鼠比 C3H 和 C57BL/6×C3H F1 小鼠对肝癌的抵抗力相对更强。仅在 C57BL/6 小鼠的肿瘤形成早期的局灶性病灶中细胞内含有包涵体。作者认为肝脏包涵体的发生率升高可能与肿瘤生长减慢相关，最终导致 C57BL/6 小鼠肝细胞肿瘤的发生率降低。已有报道小鼠给予不同化学物及发生溶酶体贮积病时可见其他类型的胞质包涵体，如 Mallory 小体、片状和晶体状包涵体（Gebbia 等，1985；Meierhenry 等，1983；Rijhsinghani 等，1980；Shio 等，1982）。

禁食和非禁食大鼠的胞质空泡可发生于肝细胞和内皮细胞，呈死后时间依赖性（Li 等，2003）。这种人工假象在尸检时未放血的大鼠中更常见，且胞质空泡表示血浆涌入受累细胞（图 33）。该变化在雄性比雌性更多见。

肝细胞肥大（Hypertrophy，Hepatocellular）（图 34 至图 41）

同义词：hepatocytomegaly

发病机制：代谢酶诱导引起内质网增加，过氧化物酶体增加，线粒体增加。

诊断要点：

- 肿大的肝细胞染色明显不同。
- 胞质可均质或呈颗粒状。
- 分布可呈区域性（小叶中央区、门管周围区、中间区）。
- 可累及大部分或全部小叶。
- 肝细胞的肝板结构可消失。
- 肝窦受压。
- 可能并发变性和 / 或单个细胞坏死。

鉴别诊断：

- 肝细胞肿瘤——膨胀性生长的肿块，生长方式改变；小叶结构消失。
- 再生性增生性结节——生长方式改变；小叶结构变形。
- 细胞变异灶——通常是肝实质内离散分布的细胞聚集灶。
- 肝细胞变性——受累细胞的胞质颗粒性和嗜酸性增加。
- 肝细胞贮积症。
- 多倍体——细胞核增大和 / 或双核肝细胞常伴胞质量的增加。

备注：肝细胞肥大常继发于受试物诱导所致微粒体酶增加，好发于某个肝区或特定小叶。肝细胞胞质的增多继发于胞质蛋白质的增加或细胞器数量的增多（如平滑内质网、过氧化物酶体、线粒体）。典型的肝细胞肥大不伴随肝细胞数量或 DNA 的增加（即增生或多倍体），然而确实存在肝细胞肥大并发有丝分裂增加的情况（如 PPAR-α 激动剂）。

酶诱导下的肝细胞肥大被认为是对化学应激的适应性反应。这种反应存在动物品系差异。当肝细胞过度肥大时可导致肝细胞变性和坏死。肝细胞肥大可能与肝脏的绝对重量增加有关。酶诱导引起肝细胞肥大可伴短暂有丝分裂现象。全小叶性肥大在组织学上可能很难判定，因为它不像亚小叶性肥大那样自身对比很明显。对病理学家而言，在某些情况下，如一组肝脏重量增加很少（如小于 20%）时，有关代谢酶诱导的肝细胞肥大可能并不明显。

肝细胞增大或肿胀可能是由于糖原、脂肪或其他物质的沉积引起，可表现为变性或肝细胞坏死。为了避免与较常使用的生理酶诱导的肝细胞肥大相混淆，建议另一种形式的肝细胞增大不能诊断为肝细胞肥大。

肝细胞萎缩（Hepatocellular Atrophy）（图 42 和图 43）

发病机制：营养不足、饥饿、血液动力学改变或肿瘤造成的压迫性萎缩。

诊断要点：

- 肝细胞体积减小。
- 肝小梁减小伴胞质量减少，肝细胞核间距离变小，门管区间距离变小，嗜碱性增加。
- 肝细胞核可能比正常小。
- 可能呈区域性分布。
- 可能与肝细胞变性和 / 或单个细胞坏死相关。
- 可能与肝窦增大相关。
- 胞质糖原耗竭。

鉴别诊断：

- 收缩的人工假象——质地较硬组织中的软组织回缩。
- 固定或组织处理过程中的人工假象——组织染色不佳伴有正常结构缺失。

备注：肝细胞萎缩可以由许多原因引起，如营养不足、饥饿、血液动力学的改变或肿瘤的压迫性萎缩（Yu 等，1994；Gruttadauria 等，2007；Belloni 等，1988）。大鼠肝细胞萎缩可能与肝脏绝对重量降低有关（Belloni 等，1988）。萎缩的肝细胞超微结构显示糖原量减少、线粒体数量减少。

变性（Degeneration）

简介：在诊断术语中，变性是一种非特异性诊断，可用于当提供的有用信息有限且不能反映出主要形态特征时。它常处于临界线，如果可以适应，则能恢复到正常的结构和功能，如果不能适应则会导致细胞死亡。在人类临床医学中，退行性疾病常指累及器官和组织的慢性衰弱，这些器官和组织的损害是经过长时间的慢性积累造成的。在啮齿类动物研究中，变性也可用于慢性衰弱，但更常用来反映具有明显形态特征的急性或慢性细胞变化。不同特征的变性可伴 / 不伴炎症和 / 或坏死。

根据 HE 染色切片对不同形式的变性、继发于酶诱导的肝细胞肥大、其他形式的肝细胞增大（如糖原沉积 / 滞留），以及早期坏死（又名胀亡）进行区分可能比较困难。有时可能需要进行特殊染色以便更清楚地界定细胞变化的性质。仅使用 HE 染色，对胞质的改变建议使用描述性的诊断来代替解释性诊断（如颗粒变性和玻璃样变性）。尽管如此，传统病理文献也更明显地确立了一些退行性病变，如水样变性、囊性变性。诊断术语的选择受到病变形态特征、病理学惯例和病理学家经验的影响。

肝细胞中糖原沉积是一种胞质的变化，在 HE 染色石蜡切片上，表现为胞质内的空亮区域、核位于中心。摄食后，糖原在细胞内沉积是正常的生理反应。由于啮齿类动物主要在傍晚进食，糖原量最大值将出现在清晨。肝细胞内的糖原全天都被动员，小叶中央的肝细胞则是最先被调出的。因此肝细胞内糖原量的变化取决于动物是否被禁食以及尸检的时间。给药引起的代谢紊乱可能导致营养不足或糖原储存异常从而使糖原不能积累。

胞质改变（Cytoplasmic Alteration）（图 44）

同义词：cytoplasmic alteration, cytoplasmic change, granular change, granular degeneration, hyaline degeneration, glycogen accumulation; ground glass change

发病机制：通常由受试物诱导，也可与其他形式的肝损伤有关。

诊断要点：

- 受累细胞可见胞质颗粒性增加、细胞肿胀、嗜酸性增强。

鉴别诊断：

- 固定或组织处理过程中的人工假象——组织染色不佳，缺乏正常结构。
- 肝细胞肥大——胞质量增加伴有均匀细颗粒状的结构；通常与微粒体酶的诱导或过氧化物酶体增殖有关。

•胞质空泡的人工假象——死后血浆涌入。

•凝固性坏死——缺乏胞质和核的结构。

备注：颗粒变性可伴发其他形式的肝脏损害（如坏死、水样变性、炎症）（Huang 等，2007；Gokalp 等，2003；Datta 等，1998；Xu 等，1992；Aydin 等，2003）。肝细胞的颗粒变性可由细胞器的肿胀或细胞器的数目增加引起，包括过氧化物酶体、线粒体和滑面内质网。一些病理学家不把颗粒变性作为一个确切的病变，因此未将它列为诊断术语。

许多学者都对玻璃样变性进行了描述，有时可伴有 Mallory 小体的形成（Gonzalez-Quintela 等，2000；NTP Toxicology 和 Caracinogenesis Studies Ethylene Glycol，1993；Peters 等，1983；Bruni，1960；Shea，1958；Omar，Elmesallamy 和 Eassa，2005；Lin 等，1996），但由于常出现伴随病变，所以很少单独描写。未放血的大鼠死后时间依赖性的胞质变化，反映出血浆的涌入是一种人工假象（Li 等，2003）（图 33）。

水样变性（Degeneration，Hydropic）（图 45）

同义词： cytoplasmic alteration，cytoplasmic change，hydropic change，cloudy swelling

发病机制： 继发于细胞膜完整性破坏后胞质内液体的积聚。

诊断要点：

•胞质空泡化和“气球”样变，核位于中心。

•发生部位可能是小叶中央区或门管周围区，透明细胞变和细胞肿胀增加。

鉴别诊断：

•胞质空泡的人工假象——死后血浆涌入。

•糖原沉积——肝细胞没有明显增大；胞质内空亮区域不规则。

备注：由于细胞膜完整性的破坏，可能会出现胞质内液体的积聚。这导致空泡化和细胞“气球”样变。可能由多种受试物所引起，不同小叶均可发生，也可为肝细胞坏死的先兆（Gkretsi 等，2007；Wang 等，2007；Peichoto 等，2006；Matsumoto 等，2006；Chengelis，1988）。

囊性变性（Degeneration，Cystic）（图 46 和图 47）

同义词： spongiosis hepatis

发病机制： 窦周星形细胞（Ito 细胞）的囊性增大，在老龄大鼠中易见。

诊断要点：

•多腔性囊肿，被覆纤细的隔膜，含细絮状嗜酸性物质（PAS 阳性）。

•囊肿内无被覆的内皮细胞，不压迫周围肝实质。

•偶尔可伴有红细胞或白细胞。

•可见于肝细胞变异灶和肝肿瘤。

•受累细胞可显著增大。

鉴别诊断：

•血管扩张（肝紫癜，血管扩张）——扩张的衬有血管内皮的腔隙，腔隙中常有血细胞。

•肝窦扩张——明显的肝窦和衬有内皮细胞的腔隙。

•坏死——细胞核消失和细胞质的物质染色浅淡。

•血管瘤——内衬扁平内皮细胞的扩张的血管；可有肝细胞受压。

•血管肉瘤——内衬单层和 / 或多层内皮细胞的膨胀性结节隆起，并有肝实质的破坏。

备注：大鼠，尤其是老龄雄性大鼠可能发生自发和受试物诱导的肝囊性变 / 海绵化（Karbe 和 Kerlin，2002；Bannasch，2003；Babich 等，2004；Newton 等，2001）。但小鼠较为罕见。这种病变可能与其他肝脏病变同时出现或相关联（坏死，再生；局灶性肝细胞变性；肝细胞瘤）。发病机制尚不完全清楚（Bannasch，Black 和 Zerban，1981；Karbe 和 Kerlin，2002）。

细胞死亡（坏死，凋亡）［Cell Death （Necrosis，Apoptosis）］

简介：发育良好的机体，细胞死亡是不可逆细胞损伤的最终结果。肝脏的细胞死亡可出现明显的单独或合并发生的一系列形态学变化。细胞死亡有两种主要表现：坏死和凋亡。几十年来，单个孤立的肝细胞坏死，诊断为“单个细胞坏死”，由于大多数损伤的细胞有典型的细胞凋亡形态学，现在大多数病理学家视其为“凋亡”（Levin，1999；Levin 等，1999；Elmore，2007），如果不伴有炎症反应，这两个术语是同义的。然而，由于“凋亡”诊断应有一系列特定的生化和形态学的改变，最好有电镜的支持，因此，诊断单细胞坏死更为谨慎，除非电镜观察到细胞凋亡的确切证据（Levin 等，1999）。它可以在病理学叙述时指出所观察到的“单细胞坏死”与“细胞凋亡”形态是一致的。

发病机制：包括缺氧的直接或间接的细胞损伤。细胞凋亡（即单个细胞坏死）可能自发，也可能通过用药加剧或诱导。

单细胞坏死（凋亡）［Single Cell Necrosis（Apoptosis）］（图 48 至图 50）

诊断要点：

•肝细胞胞质浓缩，嗜酸性增强，外形呈多角形和一个有点棱的轮廓。

•无炎症反应，除非同时有坏死发生。

•一个肝小叶内，可以见到一个或两个自发性凋亡的肝细胞。

•干预后加重。

•在常规 HE 染色，凋亡的肝细胞（凋亡小体）一般是胞质浓缩的圆形小体。

•典型的圆形凋亡小体通常有清晰晕轮包围。

•凋亡细胞中可有核碎片。

•凋亡小体通常被邻近的正常细胞如肝细胞和巨噬细胞吞噬清除。

鉴别诊断：

•小的局灶性细胞坏死——细胞肿胀，胞膜不完整；不呈圆形；胞质没有凋亡小体染色浓；有炎性细胞浸润。

备注：细胞凋亡是基因调控的“程序性细胞死亡”的一种形式，镜下观察，HE 染色的细胞凋亡是胞膜完整的嗜酸性增强的缩小的胞体，可见核碎片和胞质出芽，但无炎症反应。确诊凋亡可通过组织学检查，电镜下特征性所见也可证实。因此，单纯的 HE 染色片子，诊断“单细胞坏死”比较合适。TUNEL 试剂盒或细胞凋亡蛋白酶免疫染色可协助诊断凋亡和计数凋亡细胞，但坏死也可以是免疫阳性。抑制细胞凋亡在癌变过程中也起着关键的作用（Foster，2000）。在肝脏中虽然可以观察到自发凋亡，但肝细胞中某些化学药物可能能直接启动促凋亡途径（Feldmann，1997；Reed，1998）。肝脏的细胞凋亡也可以伴随药物相关的条带状坏死，尤其是在有外源物质诱导的情况下（Cullen，2005；Greaves 等，2001）。

凋亡是不伴有炎症反应的细胞程序性死亡。可能发生于暴露在异生物质之后的数小时内，几个细胞甚至偶尔是单个细胞会发生肿胀和坏死，但不伴有炎症反应，这是典型的早期坏死，这种情况诊断为局灶性坏死比单细胞坏死（凋亡）更合适。

局灶 / 多灶坏死（Necrosis，Focal/Multifocal）（图 51 至图 53）

诊断要点：

•单个或多灶的数个染色浅淡的肝细胞。

•通常形态轮廓正常。

•可能与炎症有关。

•分布可以不规则，但也常发生在被膜下，没有或有轻微炎症。

•早期通常累及 3 个或 4 个肝细胞，随着病变的进展可有更多肝细胞受累。

•被膜下坏死有时与肥大并存。

鉴别诊断：

•髓外造血灶——成熟和 / 或者不成熟红细胞系和髓样细胞聚集，但无肝细胞坏死。

•灶性炎细胞浸润——通常为单核细胞聚集，没有明显肝细胞坏死。

•传染病（肝炎病毒，鼠痘，梭状芽孢杆菌，肝螺杆菌，细小病毒，诺如病毒）——传染病的病菌不同，可以看到特异的急慢性炎症，变性和增生性改变。

备注：一些病理学家使用局灶用于描述单局灶性和多灶性，这种描述只反映病变的性质，并不能反映病变的分布。多灶性的程度应该用分级来反映病变的性质。局灶、多灶和被膜下坏死偶尔在未经处理的啮齿动物可以看到，也可能是继发于血流不畅导致缺氧的最终结果。胃扩张的直接压迫肝脏和某些类型的束敷可以发生被膜下坏死（Parker 和 Gibson，1995；Nyska 等，1992）。

区域性坏死（小叶中心，中间区，汇管区，弥漫性）［Necrosis，Zonal（Centrilobular，Midzonal，Periportal，Diffuse）］

发病机制： 受试物直接或间接的损害和继发于组织缺氧。

小叶中心性坏死（Centrilobular）（图 54 至图 59）

有时被称为腺泡周围坏死，即小叶中心肝细胞死亡，常发生在缺氧或暴露于单宁酸、氯仿或其他肝毒性药物之后（Gopinath，Prentice 和 Lewis，1987）。此区域（拉帕波特区 3）由于氧含量过低和高浓度受试物代谢酶产生的有毒代谢产物的影响，对缺氧损伤特别敏感（Comporti，1985；Walker，Racz 和 McElligott，1985）。

诊断要点：

- 坏死早期肝细胞肿胀。
- 胞质嗜酸性增强。
- 细胞核发生裂解，没有固缩。
- 可能有轻微的炎症反应。
- 伴有肝细胞的糖原耗尽、水样变性、脂肪变性、出血和气球样变。

小叶中间带坏死（Midzonal）（图 60 和图 61）

这种坏死是带状坏死中最不常见的形式，常由特定毒物（如呋喃、刀豆 -A、铍）引起（Wilson 等，1992；Boyd，1981；Seawright，1972；Satoh 等，1996；Cheng，1956）。其位置特异，并与代谢有关。

诊断要点：

- 位于中央静脉（区域III）和汇管区（区域 I ）之间区域的肝细胞肿胀和嗜酸性变。
- 细胞核发生裂解。
- 肝小叶中间 2~3 层厚的肝细胞受累。

小叶周边性坏死（Periportal）（图 62）

许多化学物质作用后可发生汇管区的肝细胞坏死（如磷、硫酸亚铁、丙烯醇）（Kanel 和 Korula，2005；Atzori 和 Congiu，1996；Sasse 和 Maly，1991）。受累肝细胞环绕门管区（Popp 和 Cattley，1991），可以伴有炎症和其他变化（Ward，Anver 等，1994；Ward，Fox 等，1994；二元混合物的毒理学和致癌作用研究的 NTP 技术报告，2006）。

诊断要点：

- 肿胀和 / 或嗜酸性的肝细胞完全包绕门管区。
- 细胞核裂解。
- 可伴有门静脉周围炎症、纤维化、胆管增生和卵圆细胞增生。

弥漫性（Diffuse）（图 63 和图 64）

同义词：massive necrosis，panlobular necrosis

诊断要点：

- 很大一部分肝叶的坏死。
- 可能与肝叶扭转有关。
- 随机分布在整个肝脏不局限于某个具体肝叶。

鉴别诊断：

- 自溶——镜下组织结构消失，嗜酸性减弱，缺乏核内容物。
- 肝叶扭曲——整个肝叶受累，镜下结构消失。
- 梗死——梗死区常为楔形，与附近的血栓有关。

备注：带状坏死通常与外源物直接损伤肝细胞或者内源性物质或诱导酶所致代谢激活而引起的肝损害有关。更多的肝小叶接触较高剂量的有毒物质时，在肝小叶中往往存在更集中的浓度梯度。

啮齿类动物可以自发发生肝细胞坏死，外源物、毒素、高剂量治疗导致的组织缺氧，循环紊乱和胆汁淤滞均可诱发肝细胞坏死。坏死（小叶中心、中间区、汇管区）可能会伴随着其他的组织学变化（脂肪变性、充血、出血、炎症、胆汁淤滞、肝纤维化等），从而形成各种各样的病理变化。坏死也可跨越多个区域表现为“桥接坏死”（如中央静脉到中央静脉，门静脉到门静脉之间，或门静脉到中央区之间）。桥接坏死最终可能引起桥接纤维化。

“碎片样坏死”是坏死的一种特殊形式，其特征是界板的（肝细胞与门静脉的结缔组织之间的肝细胞）局限性坏死，通常伴有炎症，可以有免疫反应介导，在小鼠中可以看到，与人类慢性活动性肝炎相似（Kitamura 等，1992；Nonomura 等，1991；Kuriki 等，1983）。

肝细胞核巨大和 / 或多核肝细胞（Karyocytomegaly and/or Multinucleated Hepatocytes）（图 65 和图 66）

同义词：karyocytomegaly，multinucleated hepatocytes，binucleated hepatocytes，karyomegaly，nuclear hypertrophy，hepatocytomegaly，polyploidy，anisonucleosis，anisokaryosis

发病机制：核染色质复制但胞质未分裂。在老龄啮齿动物常见核大小和染色体倍体数的变化（核巨大和 / 或细胞核大小不一）。

诊断要点：

•肝细胞有两个或多个核，或增大的单核，染色体可以是四倍体或八倍体。

•多倍体肝细胞通常比相邻的二倍体肝细胞大。

•核大小不一的肝细胞在肝小叶内随机分布，小叶中心更常见。

鉴别诊断：

•肝细胞瘤——肝细胞增生呈膨胀性结节，结节内肝小叶结构改变或消失。

•酶诱导的肝细胞肥大——细胞质增加，核大小或数量无变化。

备注：肝细胞核巨大是多倍体的反映，即核物质复制而胞质没有复制。其结果是肝细胞内二倍体核数目增加或单个肝细胞核的倍体增加 。

某些品系的老龄小鼠和某些治疗可以造成肝细胞肥大以及核巨大（Harada 等，1996）。不同品系的老龄大鼠中也很常见细胞和细胞核大小以及多倍体的变化。 核巨大和细胞核大小不等是正常的偶然发现，特别是在老龄小鼠（Percy 和 Barthold，2001）。细胞形状的增加（巨细胞）是伴随肝细胞倍体的增加。小鼠的细胞核大小不等（与核大小不匹配）比大鼠更为常见和明显。

品系不同，多倍体形成和形式不同。 成年 C3H 和 DBA 小鼠肝脏常见两个四倍体核即八倍体细胞，而 NZB 和 NMRI 品系则在相应年龄表现出较高比例的二倍体细胞，而四倍体细胞比例明显低。ERCC1 缺失小鼠的早期（第 3 周）观察到多倍体。在这种 ERCC1 缺失小鼠，肝脏的多倍体最有可能通过 DNA 损伤积累所致的 P21 水平增高所引起（Chipchase，O' Neill 和 Melton，2003）。化学物质如苯巴比妥引起的中毒性损害（Martin 等，2001）和肝部分切除也可诱导多倍体的增加，通常是广泛而短暂的肝细胞增殖（Gerlyng 等，1993）。

细胞核大小不等（多倍体）与年龄相关，核和细胞的改变也可以通过外源物诱导产生（Schoental 和 Magee，1959；Jones 和 Butler，1975；Singh 等，2007；Nyska 等，2002；Guzman 和 Solter，2002；Lalwani 等，1997；Travlos 等，1996；Kari 等，1995；Herman 等，2002）。此外，多核细胞（细胞融合，而不是细胞分裂形成）可以在给予大鼠 2，3，7，8- 四氯二苯并 - 对 - 二噁英后形成（Gopinath，Prentice 和 Lewis，1987；Jones 和 Butler，1975）。由于细胞膜内陷，嗜酸性的胞质包涵体在受累肝细胞的细胞核中可以看到。

胆道囊肿（肝囊肿）［Cysts，Biliary（Hepatic Cysts）］（图 67 至图 69）

发病机制：多见于老龄动物中，表现为胆管结构的扩张。

诊断要点：

•范围可小可大。

•囊肿为单个或多个。

•肉眼可见含有清亮或淡黄色的液体。

•可以发生在肝脏的任何位置，单房或者多房。

•多房性囊肿由不完整或完整的结缔组织隔膜分为不同大小的腔。

- 囊肿壁内衬扁平或立方上皮细胞。
- 周围肝实质轻度受压。

鉴别诊断：

- 囊性变——明显增大的细胞，絮状浅淡嗜酸性胞质。
- 血管扩张（肝紫癜）——衬有内皮细胞的扩张的血管腔内可以含有血细胞。
- 胆管扩张——内衬立方上皮细胞的扩张胆管；非多房。
- 寄生虫囊肿——囊壁厚并含有寄生虫组织。
- 胆管腺瘤——周围实质受压，与胆道囊肿比较，内衬的上皮比较扁平。

备注：胆道囊肿在老龄大鼠很常见（Burek，1978；Greaves，2007；Harada 等，1999）。孤立的囊肿周围组织没有明显的形态学变化。位置不同，相邻的肝细胞索可有压迫性萎缩，纤维化和含铁血黄素沉积，胆管增生或门静脉周围淋巴细胞浸润。单发性囊肿常由肝内胆管囊状扩张引起（Sato 等，2005）。多发性囊肿可以单独发生或与多囊肾并发（Masyuk 等，2004，2007）。胆道囊肿可为单房或多房（Goodman 等，1994）。大鼠（Muff 等，2006；Sato 等，2006）和仓鼠（Percy 和 Barthold，2001）中可有多囊肝，与人的 Caroli 病相似（Clemens 等，1980；Numan 等，1986；Serra 等，Recalde 和 Martellotto，1987）。在多囊性疾病中看到的囊肿是多样的，可分布于整个肝脏，大小不一，但通常比小的胆道囊肿要大。

炎性细胞浸润和肝脏炎症（肝炎）

介绍

在肝组织中经常看到各种形式的炎性细胞浸润：单灶性、多灶性和广泛性。从急性炎细胞浸润（S）或偶发的不伴有邻近肝细胞改变的淋巴细胞 / 淋巴组织细胞单核细胞的聚集，到伴有分叶的中性粒细胞和单核细胞（淋巴细胞、浆细胞、巨噬细胞）浸润的大片肝细胞坏死。当有多种类型的细胞（淋巴细胞；较少的巨噬细胞和浆细胞）混合或细胞类型是单核，但 HE 染色不能明确炎细胞类型，可以用“单个核细胞”这个术语。如果以某种类型细胞为主体，那么应该分为淋巴细胞浸润、浆细胞浸润或组织细胞浸润。尽管病原体（如细菌、病毒、寄生虫）可以存在，但在大多数安全评估研究中，炎症的原因要么不清楚，要么就是由特定的治疗方案引起。在肝脏中的炎性反应可以伴随卵圆细胞和成纤维细胞增生，还有代替缺失肝细胞的肝细胞增生。

因此在肝脏诊断“炎症”应谨慎。肝炎症（肝炎）表现为众多的病理变化，是严重而广泛的肝脏病变，并需要多个诊断术语进行充分描述（图 70）。这种类型的反应在常规啮齿动物毒性研究中并不常见。

传统的肝脏炎症分为急性、亚急性、慢性、肉芽肿等。这些术语是解释性的，不是准确的定义，根据试验长短而各不相同，通常不止一个单一细胞类型，并且不具有可供鉴别的疾病特征。建议使用更具描述性的方法，或者用亚分类词或个人自行决定（图 71）。

炎细胞浸润（Infiltration, Inflammatory Cell）

发病机制： 不同种类的炎细胞浸润是对各种病因所致肝细胞死亡的反应。这些病因可以是传染性病原体、毒物、毒性代谢产物和组织缺氧。

中性粒细胞浸润（Infiltration, Neutrophil）（图 72）

同义词： inflammation, acute; acute inflammatory cell infiltrate, focus/foci of acute inflammatory cells; aggregate of acute inflammatory cells

诊断要点：

- 主要是中性粒细胞（在某些特定的试验可以是嗜酸性粒细胞）局部聚集，常与肝细胞的濒死有关或者在大面积肝细胞坏死的周边。可有少数淋巴细胞和更少的巨噬细胞。
- 浸润细胞通常是局灶性或多灶性。
- 在某些区域，可以发现散在的单个肝细胞坏死或小簇肝细胞坏死并不伴有中性粒细胞浸润。
- 可与相邻几个小叶的整个区域坏死相关，也与相邻小叶之间融合性肝坏死相关（桥接肝坏死）。
- 出血与病灶较大有关。
- 可能有卵圆细胞增生。

鉴别诊断：

- 髓外造血灶——不伴有肝细胞坏死的成熟和 / 或者不成熟的红细胞和髓系细胞聚集。
- 粒细胞性白血病——肝实质被单一成分的中性粒细胞或中性粒细胞的前体浸润。
- 慢性炎症——炎细胞主要是单个核细胞（淋巴细胞和巨噬细胞），并且可以伴有纤维化和卵圆细胞增生。

备注：肝脏中性粒细胞浸润是肝细胞损伤和坏死的初始反应，但少数淋巴细胞或巨噬细胞也可以存在。此外，中性粒细胞病灶无明显肝细胞坏死的情况也可以存在，尤其是很多情况下只是对肝脏的短时效应。在多种反应中，坏死区是变性的中性粒细胞和坏死的实质细胞的混合。

肝细胞死亡诱发的炎细胞浸润，可以是微小灶，也可以是多个相邻小叶的大片凝固性坏死。对于受试物诱导的细胞死亡和炎症，病变的严重程度通常与肝毒物的剂量相关。细胞凋亡可能与传统坏死相伴发生。根据病因，急性炎症可以有一个特定的小叶分布，可能在相邻小叶或汇管区和小叶中心发生桥接状坏死。

单核细胞浸润（Infiltration, Mononuclear）（图 73 至图 79）

同义词： inflammation, chronic; mononuclear cell aggregates; inflammation, granulomatous，focus/foci of mononuclear cells

发病机制：感染，毒性受试物，持续而较少的实质细胞死亡和免疫介导的作用。

具体亚型包括：淋巴细胞浸润，组织细胞（单核）浸润，浆细胞浸润。

诊断要点：

- 浸润的细胞包括淋巴细胞、浆细胞、巨噬细胞，偶尔有多核巨细胞。
- 浸润的细胞可以是灶性、多灶性或弥漫性分布。
- 老龄动物可以见到随机分布的单个核细胞聚集（主要是淋巴细胞）而没有肝细胞变性或坏死。
- 汇管区门静脉周围主要是淋巴细胞聚集。
- 肝细胞坏死可能轻微或轻度，伴有散在的细胞变性。
- 界板局部破坏的单核细胞往往浸润至汇管区。
- 在一些汇管区可有胆管增生。
- 肝血窦内可以看到单核细胞增加。
- 有些囊状纤维化和门静脉周围纤维化。
- 有时有肝细胞再生。

鉴别诊断：

- 组织细胞肉瘤——肝实质被浸润而代之以多形性组织细胞的聚集。
- 淋巴瘤——单一的淋巴细胞替代并浸润肝实质。
- 早期淋巴瘤可能与年龄相关的局部淋巴样细胞聚集。
- 髓外造血灶——成熟和 / 或不成熟的红细胞和髓细胞聚集，不伴随肝细胞坏死。
- 病毒性肝炎——可能与慢性（活动性）炎症鉴别较困难；病毒病因能提供支持。

备注：单个核细胞浸润的形态学特征多种多样，严重性取决于肝损伤的程度，持续时间以及正在进行的再生反应。与急性炎症不同，慢性损伤中性粒细胞较少，更多的是汇管区单核细胞浸润和界板的坏死。肉芽肿性炎症以局灶性或多灶性的类上皮细胞为特征，偶尔有肝细胞坏死区域相关的多核巨细胞聚集，可以认为是单核细胞浸润的特殊类型和肝脏慢性炎症的一部分（图 74 至图 77）。

当上皮样细胞 / 巨噬细胞为主的 炎症持续时间长或在慢性炎症区域单核上皮样细胞和多核巨细胞伴随存在，一些病理学家认为肝脏肉芽肿性炎是慢性炎症的一种形式，即上皮样细胞 / 巨噬细胞为主的长时间存在的病变。脂肪物质和胆固醇沉积可能导致炎性肉芽肿。丰富的胆固醇的局部聚积被称为胆固醇肉芽肿（图 78 和图 79）。

当只有少数单核细胞孤立存在时，一些病理学家将其诊断为单核细胞聚集。这种局部聚集被认为是背景病变，诊断为“某细胞类型聚集”，而不诊断为炎症或炎性细胞浸润，这样可能更为合适且误导更小。治疗可增加这些单核细胞聚集的发生频率。在小鼠幽门螺杆菌（*Helicobacter* sp.）和鼠诺如病毒感染可能会导致这些损伤。

混合细胞浸润（Infiltration，Mixed）（图 80）

同义词：infiltration，purulent 和 mononuclear；chronic active inflammation；mixed inflammatory cell focus/foci

诊断要点：

- 单核细胞伴有中性粒细胞浸润。
- 活跃的肝细胞变性区和 / 或坏死区常存在混合细胞浸润。
- 肝细胞再生存在混合细胞浸润。
- 小叶内随机分布。
- 可能有中性粒细胞和单核细胞浸润的共同诊断要点。

鉴别诊断：

- 组织细胞肉瘤——肝实质被浸润而代之以多形性组织细胞的聚集。
- 淋巴瘤——单一形态淋巴细胞替代肝实质细胞并发生浸润。

备注：一些病理学家认为中性粒细胞和单核细胞共同存在的浸润为慢性活动性炎症。这种类型的反应提示了不良刺激持续存在和 / 或免疫处于激活状态。其他人则认为慢性活动性炎症仅仅是慢性炎症的一种形式，只是在炎症过程中有中性粒细胞浸润的区域，倾向于是一个伴随事件。小鼠慢性肝螺杆菌感染中常见中性粒细胞和单核细胞浸润（慢性活动性炎症）。

胆管周围浸润（肝内）［Infiltration，Peribiliary（Intrahepatic）］（图 81）

发病机制：年龄相关的变化可能通过治疗加剧。

诊断要点：

- 胆管周围的炎性细胞聚集，累及少数或多个门管区。
- 有时伴有纤维化。
- 可伴有不同程度的胆管增生。

鉴别诊断：

- 胆管纤维化——胆管增生和化生以及纤维化延伸到肝小叶；可能位于包膜下。

备注：大鼠和小鼠的肝脏，常见以单核细胞为主的轻中度胆管周围炎细胞浸润，发生率随动物年龄增加而增加。门管区持续性的胆汁淤滞也可能导致胆管炎症。虽然这样的背景病变可以认为是单核细胞浸润的一种类型，但如果治疗后加剧时要单独诊断。

纤维化（Fibrosis）（图 82 和图 83）

发病机制：急性或长期肝毒性的一种反应。

诊断要点：

- 肝脏汇管区结缔组织增多。
- 老龄大鼠胆管周围纤维化。
- 在啮齿动物肝脏中有三种形式的纤维化：细胞周围、胆管周围和坏死后。细胞周围形式最常见于小鼠。
- 正常肝的结构保持。
- 增生的纤维组织可围绕肝小叶和发生在相邻汇管区和汇管区之间的桥状坏死。
- 结缔组织分隔增生性肝细胞结节，在大鼠中常见但在小鼠中不常见。
- 卵圆细胞增生，从门静脉周围向周围区域延伸。
- Masson 三色、van Gieson 染色或银染有助于纤维化的判定。

鉴别诊断：

- 胆管增生——明显的胆管周围纤维化与胆管上皮增生及腺上皮化生（例如，杯状细胞的变化，帕内特细胞）。
- 再生性增生——结节性生增长；小叶结构破坏或不完整。
- 多灶性细胞变性——肝实质内细胞的散在聚集。
- 多发性肝细胞腺瘤。
- 硬癌——肿瘤性上皮细胞会嵌入在反应性增生的胶原结缔组织中。

备注：种属不同，慢性损伤引起的纤维化形式各不相同。当纤维化伴随着肝细胞结节或非结节性再生时，一些人认为是肝硬化。与犬和人类不同，啮齿类动物典型的肝硬化比较罕见，肝细胞结节再生、卵圆细胞增殖和胆管增生并不一定伴有明显的纤维化反应。啮齿类动物长时间或反复接触某些化学物质（四氯化碳、酒精、tetrachlorovinphos、邻苯二甲酸二烯丙酯）可以诱发这样一个明显的纤维化，脂质摄入不足，或继发于持续感染的慢性肝炎（Ward，1997），也可诱发明显的纤维化。我们认为相比于有合理分级的肝纤维化的诊断，诊断严重肝硬化反应并不适合。这种反应的形态学特征在病理学中很容易描述。应当注意，严重肝纤维化可以导致肝细胞瘤。

传染病

介绍

小鼠肝脏的传染病是一个重要疾病，可以干扰毒理学和致癌作用的研究。有关下面所述的疾病的组织学变化可用先前炎症和炎细胞浸润的方法来记录，但如果通过 PCR、免疫组织化学，以及其他诊断方法确定后，它们可诊断为独立的疾病，而有助于病理学家诊断传染病。以下是一些主要的传染病，用来区分这些病变背景和受试物诱发的病变。

幽门螺杆菌肝炎（*Helicobacter* sp. Hepatitis）（图 84，见图 87）

发病机制：由许多不同的螺杆菌属感染。

诊断要点：

- 伴有或不伴有炎症的局灶性或多灶性的坏死区域。
- 在病变区或病变周围看到银染阳性的螺旋状和杆状细菌，常见于肝细胞之间（因为螺杆菌是在胆汁中）。
- 慢性病变——局灶性、多灶性或弥漫性的炎细胞灶，肝细胞肥大，卵圆细胞增生和胆管炎。
- 卵圆细胞增生，局灶性或弥漫性，轻微或明显。

鉴别诊断：

- 炎症，局灶性或多灶性，急性或慢性，病因不明。
- 鼠诺如病毒感染。
- 孢子虫病。

备注：已经确定多种幽门螺杆菌可以自发地感染啮齿动物肝脏（Ward，Anver 等，1994；Ward，Fox 等，1994；Goto 等，2000；Zenner，1999）。幽门螺杆菌能增加被感染的某些品系小鼠肝细胞肿瘤的发病率，也能发生肝脏病变（Ward，Fox 等，1994；Tian 等，2005；Rogers 和 Fox，2004）还能够促进啮齿动物肝脏的癌变（NTP 茶碱毒理学和致癌作用研究，1998；Zenner，1999；Diwan 等，1997）。该细菌的致病性因细菌种类、小鼠品系和批次的不同而改变。

肝螺杆菌可引起易感小鼠如 A 株、C3H 和 BALB/C 鼠的肝脏的急性或亚慢性，轻微或严重的病变（Ward，Anver 等，1994）。许多小鼠品系是抗肝感染的，但 A 品种小鼠最易感（Ward，Anver 等，1994；Ward，Fox 等，1994）。在肝脏中偶然发现局灶性或多灶性坏死，可以看出有或无炎性细胞如巨噬细胞、淋巴细胞、中性粒细胞。在严重感染的肝脏，更严重的慢性病灶可以观察到。肝螺杆菌病变在雄性比雌性中多见，在 6 月龄及以上的小鼠发病率增高（Percy 和 Barthold，2001）。胆管螺杆菌也可引起轻度肝病变。

肝螺杆菌很少引起肝脏病变，除非设施和动物房被感染。如果在研究中使用易感小鼠品系，会发生更严重弥漫性病变。关于小鼠在 2 年致癌试验中发生感染的问题，已有复杂的解释（Hailey 等，. 1998；Stout 等，2008）。

诺如病毒小鼠肝炎（Murine Norovirus Hepatitis）（图 73）

发病机制：被鼠诺如病毒感染。

诊断要点：

- 免疫缺陷小鼠可见局灶性，多灶性或弥漫性炎症区域，有时伴有脉管炎。
- 大多品系的小鼠都有局灶性或多灶性的小的炎症区。

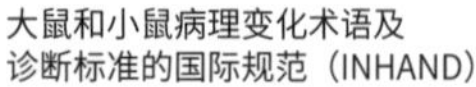

- 炎性病灶含有巨噬细胞和淋巴细胞。
- 免疫组化显示病灶中的炎细胞，尤其是巨噬细胞和枯否细胞，对小鼠诺如病毒抗原呈阳性反应。

鉴别诊断：

- 幽门螺杆菌肝炎表现相似，但含有银染阳性菌。
- 幽门螺杆菌肝炎多见于 A、BALB/c 和 C3H 品系小鼠，而这些品系不容易受到 MNV 感染。
- 局灶性或多灶性，急性或慢性的病因不明的炎症。

备注：在一些免疫缺陷品系小鼠中鼠诺沃克病毒（MNV）可能会导致重症肝炎，但大多数有免疫性小鼠只有很轻微肝炎或无肝炎发生（Ward 等，2006）。 由于如今 MNV 感染是最常见的病毒感染克隆小鼠。因此其对试验结果的潜在影响是未知的。

可以推测 MNV 感染可以影响涉及免疫系统或肝脏的化学物质或感染因子。

小鼠病毒肝炎（Mouse Hepatitis Virus Hepatitis）（图 63、图 64、图 70）

发病机制：小鼠肝炎病毒（MHV）感染肝细胞、内皮细胞和巨噬细胞（枯否细胞）。

诊断要点：

- 局灶性或多灶性肝坏死。
- 源于肝细胞、内皮细胞和巨噬细胞的多核细胞（合胞体）。
- 其他组织的 MHV 病变，包括腹膜、中枢神经系统和血管。
- 免疫缺陷小鼠的慢性肝炎和坏死后肝硬化。

鉴别诊断：

- 由毒素引起的坏死。
- 由鼠诺如病毒引起的坏死。
- 由幽门螺杆菌引起的坏死。
- 由毛发样梭状芽孢杆菌引起的坏死。

备注：MHV 是一种冠状病毒，可以感染肝细胞、内皮细胞和巨噬细胞。小鼠品系不同，年龄不同，肝炎病毒对小鼠肝脏的致病性不同（Percy 和 Barthold，2007）。可看到多核（合胞体）肝细胞，内皮细胞和巨噬细胞存在的局灶性和多灶性坏死。免疫缺陷小鼠可发展为慢性持续性感染（Ward，Collins 和 Parker，1977）。

临床 MHV 感染在年轻小鼠中最常见。成年小鼠可有血清抗体，但没有临床症状，极少有组织病理变化。一些病例仅有肝脏损伤。MHV 是美国和欧洲最流行的鼠病毒之一（Homberger，1996），但现在已不太常见了。

Tyzzer 氏病（梭状芽孢杆菌感染）［Tyzzer' s Disease（*Clostridium piliforme* Infection）］

发病机制： 梭状菌感染（芽孢杆菌）。

诊断要点：

•局灶性或多灶性坏死，伴有中性粒细胞浸润的凝固性或干酪样坏死。

•肝细胞内有长的嗜碱杆菌束。

•Warthin-Starry、姬姆萨染色，或 PAS 染色，可以看到细菌。

鉴别诊断：

•由其他已知的或未知的原因引起的坏死。

备注：以 Ernest Tyzzer 命名，他首先在日本 walzing 小鼠中描述了这种菌落（Fox 等，2002）。梭菌属泰泽氏菌（泰泽氏芽孢杆菌）是一个长的、细的、可形成细胞内芽孢的细菌。死亡突发病变少，有或没有腹泻。从结肠感染，可累及肝脏（局灶性肝炎），偶尔感染心脏（心肌炎）。特殊染色（例如，姬姆萨染色或 Warthin-Starry 银染色）可以看到胞质内的丝状细菌。

Tyzzer 氏病在啮齿动物比较罕见，散发。沙鼠非常容易受到感染（Fox 等，2002）。

大体病变包括肝肿大，单个或多灶性坏死，其他组织可见或大或小的病变，特别是肠（Percy 和 Barthold，2007）。镜下可以观察到多个坏死灶（凝固性坏死）和 / 或多灶性坏死性肝炎。

血管病变

介绍

肝脏具有双重血液供应，约 75% 血液经肝门静脉（门静脉）供应，它携带的是缺氧的静脉血液，约 25% 的血液通过肝动脉供应。门静脉的血液中含有从肠道吸收的有毒物质，因此肝脏是第一个暴露于通过胃肠道吸收的有毒物质的器官。

肝实质内的肝细胞与肝窦毛细血管紧密接触，门脉各属支与肝动脉各分支共同开口于肝血窦，肝血窦内混合血液汇于中央静脉。肝血窦衬敷有孔的内皮细胞，允许脂蛋白和其他大分子通过，但血细胞不能通过，枯否细胞存在于血窦腔且锚定在血窦壁上。

循环系统损伤的肝脏病理的形态学变化取决于受到影响的血管的位置（即小叶血窦、肝静脉或门静脉）。

瘀血（Congestion）（图 85）

同义词： chronic passive congestion

发病机制： 循环衰竭，通常为右心衰竭。

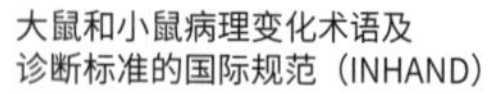

诊断要点：

- 毛细血管床或大血管中红细胞数量明显增加。
- 没有明显的管壁膨胀（血管扩张）。
- 诊断常结合大体观察（例如，变红，局灶的暗红）。
- 可伴有小叶中心性坏死。

鉴别诊断：

- 血管扩张——衬有内皮细胞的扩张血管；扩张的血管腔内通常含有红细胞。
- 大量坏死。
- 出血——不规则片状血液且没有血管。
- 自溶——细胞结构改变，染色浅淡。

备注：循环障碍如右心衰竭会导致肝瘀血，通常伴有小叶中心区坏死（Burt，Portmann 和 MacSween，2002）。动物死后或放血不完全的情况下，在肝血窦看到血液不应该诊断为瘀血。如果这些结果必须记录，则可将血液淤滞定性为被动充血。

血管扩张（Angiectasis）（图 86 和图 87）

同义词： peliosis hepatis，telangiectasis，sinusoidal dilation

发病机制： 血流或血管发生紊乱；肝窦壁减弱。

诊断要点：

- 肉眼观察——表面可见血液充盈，薄壁管腔凸出表面（Bannasch 等，1997）。
- 显微镜镜检——有如下两种形态类型：
  - 囊性（“Phlebectatic”）——内衬内皮细胞的血管腔局部扩张（膨胀）（照片由 Hardisty 等提供，2007）。可以是一个孤立的病变或是多中心。该囊内衬单层内皮细胞且充满血液，被肝细胞索彼此分隔（Bannasch，Wayss 和 Zerban，1997）。内皮细胞正常，并没有核分裂象的增加。与扩张血窦相邻的组织保存完好，无坏死细胞。
  - 海绵状血管瘤（“实质”）——囊腔没有或只有部分衬以内皮。因此，不仅肝窦腔，狄氏管腔也可形成囊肿，而且血液直接与邻近的肝细胞接触。实质细胞局部坏死不呈带状分布。这种病变不太可能是癌前病变，已显示一些毒素可以诱发病变。当无内皮细胞内衬时用紫癜代替血管扩张。

鉴别诊断：

- 血管瘤——膨胀性结构内衬扁平内皮细胞；可能与肝细胞的压迫有关。
- 囊性变（海绵状水肿肝）——腔内未充满血液，但有小的絮状嗜酸性物质。

备注：血管扩张是肝血窦的囊性或海绵状扩张，这可发生在各种病理损伤。有报道右心衰竭、肝静脉血栓形成、淀粉样蛋白沉积、肉芽肿或肿瘤性疾病引起的缺氧或瘀血可以形成人的肝窦扩张（Greaves 和 Faccini，1992；Bruguera 等，1978）。这些病变也在不同的啮齿动物和不同的疾病中可以自发，或在肿瘤引起的血流动力学改变后发生，一些化合物可以诱导其发生。已在亚硝胺、稠吡咯生物碱或糖皮质激素治疗后的啮齿类动物肝中观察到局部肝窦扩张和肝紫斑病（Greaves，2007；Ruebner，Watanabe 和 Wand，1970；Ungar，1986；Wolstenholme 和 Gardner，1950）。

肝脏的血流动力学和微循环变化在肝窦扩张的病理学过程中很重要（Slehria 等，2002）。死亡大鼠剖检时也可以看到被膜下的肝窦扩张（Kimura 和 Abe，1994）。

血管扩张是指由多个大小和形状不同的充满血液的囊性空间，可能是由于肝窦壁和 / 或支持组织缺失或减弱后形成。这两种亚型可以同时发生。尽管存在争议（Greaves，2007；Edwards，Colombo 和 Greaves，2002），仍然认为海绵体亚型（“实质”）没有内皮细胞内衬。血管扩张可出现在老龄大鼠中（Lee，1983）。大、小鼠感染病毒，某些药物或化学品都可诱发这些病变（Bergs 和 Scotti，1967）（Mendenhall 和 Chedid，1980；Husztik，Lazar 和 Szabo，1984）。

在动物或人感染巴尔通体属也可发生血管扩张（Wong 等，2001；Breitschwerdt 和 Kordick，2000），与人的某些疾病以及给予合成代谢类固醇和口服避孕药相关（Naeim，Cooper 和 Semion，1973；Zimmerman，1998；Tsokos 和 Erbersdobler，2005）。

血管扩张指小血管扩张形成的一组血管病变。转基因小鼠模型，大、小鼠给予受试物都可观察到（Srinivasan 等，2003；Bourdeau 等，2001）（Robison 等， 1984；Kimet 等， 2004）。衰老小鼠偶发，有时与肝细胞肿瘤有关（原田等，1996，1999）。血管扩张可由化学诱导（Bannasch，Wayss 和 Zerban，1997），一些动物模型已经建议将其视为癌前病变。

血栓形成（Thrombosis）（图 88）

发病机制：由于动脉炎、静脉炎或心房血栓形成后致凝血系统的激活。

诊断要点：

- 以血管腔内形成血栓为特点，如血窦和中央静脉。
- 附着在血管内皮细胞或游离在血管管腔内的无定型物质（因为片子是平面的）。
- 含有纤维蛋白、血小板和两者网罗的血细胞。
- 内皮损伤。
- 大鼠或小鼠中可与组织细胞肉瘤同时发生。

鉴别诊断：

- 死后血凝块。
- 组织坏死区——镜下组织的结构缺失和染色亲和力下降；嗜酸性减弱，且核结构不清。

备注：肝血栓形成的机制。暴露于野百合碱（MCT）的大鼠，凝血系统的活化与纤维蛋白沉积和小叶中心血窦的缺氧相关（Copple 等，2002）。化学物质导致肝内皮细胞受损之后可以形成纤维蛋白血栓。有专家认为内毒素模型中局灶的和散在的肝细胞坏死是由相邻血窦内纤维蛋白血栓的形成所造成的循环系统紊乱引起的。使用 2- 丁氧基乙醇诱发的 由全身血栓导致的溶血性贫血大鼠模型，除其他一些器官见到血栓外，在中央静脉和肝血窦也可见纤维蛋白性血栓（Ramot 等，2007）。

梗死（Infarction）（图 89 和图 90）

发病机制： 大血管血流的中断，肝小叶的扭转。

诊断要点：

- 广泛坏死可伴有炎症。
- 坏死没有腺样结构。

鉴别诊断：

- 直接毒性导致的肝细胞坏死可以是弥漫性或小叶分布，也可伴随有梗死；两者并不相互排斥。

备注：啮齿类动物中，除了自发性肝叶扭转，自发的梗死非常罕见，只有在非常特定的试验条件下可以发生。在暴露于脂多糖后联合注射 NG - 甲基 L- 精氨酸和阿司匹林的小鼠会有显著肝细胞酶的释放，组织学特点是伴有广泛梗死和坏死的血管内血栓形成（Harbrecht 等，1994）。大鼠腹腔注射血管收缩剂，如苯福林会常规产生脾梗死和偶发的肝梗死（Levine 和 Sowinski，1985）。离体灌注 1.0g/kg 的具有细胞毒性的 5-FU 或 41° C 高温 10min 导致大鼠 90% ～ 100% 的死亡，组织学检查具有广泛或片状的坏死和梗死（Miyazaki 等，1983）。

内皮细胞肥大 / 核巨大（Endothelial Cell Hypertrophy/Karyomegaly）（图 91）

同义词： endothelial cell enlargement，cytomegaly

备注： 这是一个相对较新的诊断术语。由于在 HE 染色切片中区分肝窦细胞的确切类型极其困难，所以确诊内皮细胞肥大 / 核巨大需要使用特殊染色方法。

发病机制： 暴露于某类受试物后引起持续的 DNA 合成和细胞周期阻滞。

诊断要点：

- 形状不规则的巨核。
- 核与细胞体积都比正常细胞大。
- 可能发生由于肝血窦内皮细胞损伤或 / 和肝窦阻塞导致的局部缺血所致的继发性变化。这些变化包括肝窦充血，出血，血栓形成，肝细胞脂肪变性、坏死（Lailach 等，1977；Nyska 等，2002）。

鉴别诊断：

- 内皮细胞增生的特征是内皮细胞数目的增加。
- 肝巨细胞和肝细胞巨核。
- 细胞核大小不均——细胞核大小不同和 / 或双核肝细胞掺杂有二倍体样肝细胞核。

•枯否细胞活化——组织细胞体积增大，胞质明显，沿肝窦排列。

•组织细胞肉瘤——多形性的组织细胞聚集，浸润和取代肝实质。

备注：对野百合碱进行的研究（Wilson 等，2000）表明内皮细胞核巨大是由持续的 DNA 合成与浓度依赖的细胞周期阻滞所引起。染毒细胞会发生一系列的改变，包括染色体复制增多，也称为核内有丝分裂（核内多倍体），伴有细胞核和细胞质的巨大。这表明胞质的多少与胞核 DNA 的含量二者直接相关。

研究表明，Ridelliinne 所诱导的内皮巨细胞和核巨大（Nyska 等，2002）发病机制与上述类似。大鼠给予这种天然存在的吡咯烷类生物碱后，可导致肝内皮细胞体积巨大和核巨大，为细胞特异性细胞毒性多种反应之一。通常认为它的代谢产物可直接与内皮细胞的 DNA 相互作用。

在 HE 染色的切片上，这种改变有时被认为是枯否细胞明显或枯否细胞肥大，需要进一步的鉴定来确定是否为内皮细胞起源的。免疫组织化学染色和电子显微镜观察可用于识别所涉及的细胞类型。

内皮细胞增生（Hyperplasia，Endothelial）

同义词： endothelial cell hyperplasia，angiomatous hyperplasia

发病机制： 肝窦内正常被覆内皮细胞的增生，但不伴有肝窦扩张。

诊断要点：

•呈灶性，位于门管区，含有数量增加的毛细血管。

•毛细血管内不含有血液。

•缺乏支持组织。

•可见核分裂象和核异型性。

鉴别诊断：

•血管瘤——膨胀性结构，被覆扁平内皮细胞，可挤压肝实质。

•血管扩张——血管腔扩张，内衬内皮细胞，扩张的腔内常含有红细胞。

备注：内皮起源和增生可以利用 CD31/Ki-67 双重免疫组化染色方法确认（Ohnishi 等，2007）。人、小鼠和大鼠的内皮细胞动力学比较研究表明，雌、雄性 B6C3F1 小鼠的肝脏标记指数（labeling index，LI）显著高于雌、雄性大鼠和人肝脏的 LI（$P < 0.01$），而雌、雄性大鼠肝脏的 LI 又显著大于人肝脏的 LI（$P < 0.05$）。这表明小鼠自发性血管肉瘤的发生率高于大鼠和人类，可能与 B6C3F1 小鼠内皮细胞的增生率在正常情况下就高于大鼠和人类有关（Ohnishi 等，2007）。

非肿瘤性增生性病变

引言

多种不同起源的非肿瘤性增生性病变可以自发于啮齿动物的肝脏，也可由化学物质诱导产生。它们的发病率和形态学特征在不同种系和性别动物间存有较大差异。其中某些损伤甚至可被认为是癌前病变。

作为一种非肿瘤性的增生性反应，在啮齿类动物肝脏可见到高于正常背景或对照组动物水平的肝细胞有丝分裂（图 92）。其发生原因各不相同，可能与生理反应（如机体早期生长或怀孕）有关，亦可与肝脏部分切除或坏死后的修复有关。这种变化可诊断为细胞改变或有丝分裂改变，并在病理记录中进行描述。有的实验室在诊断中使用“有丝分裂增加”这个术语。

灶性细胞改变

引言

灶性细胞改变在试验周期长于 12 个月的啮齿类动物试验中常见，在给予某些受试物的短期毒性试验研究中亦可见到。该病变可通过特殊染色进行鉴定。在 HE 染色切片根据其占优势的细胞类型又可对其进行进一步的分类。不同实验室在诊断混合细胞亚型肝细胞变异灶时标准不同。一种观点认为混合型细胞变异灶无优势细胞类型，它由嗜碱性细胞、空泡状细胞、嗜酸性细胞和 / 或透明性细胞混合构成。另一种观点认为它由任意两种表型的细胞以 50%/50% 的比例构成。也有人认为一个“真正”的混合变异灶应包含清晰可辨的嗜碱性细胞和嗜酸性细胞，但与这两种细胞的比例多少无关。正是由于对该病变亚型的诊断标准无法达成一致，因此推荐病理学家详细地记录病灶的形态特征，特别是因处理使其改变时。

同义词： areas of cellular alteration；focus of altered hepatocytes；hyperplastic focus；preneoplastic focus；enzyme altered focus；phenotypically altered focus

发病机制： 一种在表型上与周围的肝实质细胞显著不同的肝细胞局部增生。

诊断要点：

- 有时肉眼可在肝脏表面见到小的白色病灶，但不呈圆形结节。
- 病灶直径可小于一个肝小叶，也可为多个小叶大小。
- 病灶呈圆形或卵圆形或不规则形。
- 根据其与周围实质细胞的染色、肝细胞大小、形态的差异可辨认病灶的类型。
- 根据占优势的细胞类型来区分亚型。即病灶 80% 的细胞由一个形态的细胞类型（嗜酸性细胞、嗜碱性细胞等）构成，或者由混合细胞类型构成。
- 对周围肝组织通常没有或仅有很轻微的压迫。
- 病灶中肝板与周围肝实质渐渐相融合，然而病灶中细胞的染色和外观与相邻的正常肝细胞明显不同，因此边界清楚。
- 肝小叶的结构保存完好。

- 小的病灶不出现汇管区和中央静脉，但病灶较大时可含有。
- 病灶内肝窦可被挤压，因此难以见到典型的肝板结构。
- 细胞数量的增加可引起肝索扭曲变形。
- 细胞的大小和胞质染色的差异取决于病灶类型的不同。
- 通常无细胞异型性。
- 病灶中可出现囊性变（肝海绵状变性）和血管扩张（肝紫癜）。
- 细胞质中可含脂质。
- 可见多种类型的胞质包涵体。

嗜碱性型（Basophilic）（图 93 至图 97）

弥漫性嗜碱性型（Basophilic，diffuse）（图 93 和图 94）

- 细胞与正常肝细胞大小一样或稍大，由于含丰富的游离核糖体使胞质呈均质嗜碱性。
- 细胞呈多形性，核大呈空泡状，核仁明显。
- 细胞松散。
- 可见核分裂象。

虎纹状嗜碱性型（Basophilic，tigroid）（图 95）

- 细胞通常体积较小，有时可见增大的细胞。
- 细胞常常排列呈扭曲索状。
- 细胞内含丰富的嗜碱性小体，呈团块或条带状，分布在细胞核旁或胞质周边区域。在核旁形成条纹状图案（粗面内质网增加所致）。
- 有丝分裂率增加。

NOS 嗜碱性型（Basophilic，NOS）（图 96）

- 病灶缺乏明显的虎斑样结构，也非弥漫嗜碱性。
- 病灶内可发生紫癜或海绵状变性。

嗜碱性型（小鼠没有更进一步的分类）［Basophilic（no further classification in mice）］（图 97）

- 灶内细胞可大于或小于正常肝细胞，但通常是小于正常肝细胞。
- 由于游离核糖体或粗面内质网使细胞质呈现明显的嗜碱性。

- 细胞通常含有明显的糖原。
- 胞质内含嗜碱性团块，胞质相对透明或呈均质嗜碱性。
- 可见假性血管浸润。
- 肝细胞内偶见嗜酸性胞质包涵体。

嗜伊红型（Eosinophilic）（图 98 至图 100）

同义词： acidophilic，ground glass

- 通常由增大的、胞质嗜伊红性的多边形肝细胞组成。
- 也可见一些透明细胞。
- 胞质呈明显的颗粒状和淡粉色、强嗜伊红性，或呈毛玻璃状外观。
- 细胞核常增大，核仁明显，位于细胞核中央。
- 嗜伊红性增强可能与细胞内滑面内质网、过氧化酶体或线粒体的增加有关（大鼠、小鼠）。
- 糖原储存过多。

混合细胞型（Mixed Cell）（图 101 至图 104）

同义词： basophilic/eosinophilic mixed

不同类型的细胞共同构成的异质性病灶（见上文引言）。

透明细胞型（Clear Cell）（图 105 至图 107）

- 由正常大小或增大细胞组成，胞质呈明显的透明区域。
- 也可存在一些嗜酸性细胞或嗜碱性细胞。
- 细胞核常小且致密，位于细胞中央。有时细胞核也可增大。
- 糖原储存过多。
- 细胞膜明显。

双嗜型（大鼠和小鼠）［Amphophilic（in Rats and Mice）］（图 108）

- 肝细胞胞质对于酸性和碱性染料同时具有亲和力。
- 细胞较大，具有均质颗粒状强嗜酸性胞质，以及散在分布的弱嗜碱性物质。
- 细胞核稍增大。
- 糖原较少或缺乏。
- 双嗜性胞质（嗜碱性和嗜酸性）是由于线粒体和粗面内质网（线粒体－粗面内质网复合体）增殖所致。

•与其他变异灶相比，在大鼠和小鼠本型较少发生。

鉴别诊断：

•再生性肝细胞增生——有迹象证实肝细胞曾经或正在受到损伤。

•非再生性肝细胞增生——常为单个大的增生结节，不会同时出现肝细胞损伤或表型的改变。在大鼠和小鼠中罕见。

•肝细胞腺瘤——正常肝小叶结构丧失，呈不规则增生。增生的肝板经常垂直或倾斜地作用于周围的肝实质上。周围正常肝细胞受压明显。

•肝细胞癌——呈明显的小梁状，腺样或低分化生长。肝小叶和肝板结构破坏。可见细胞异型性和浸润性生长。

备注：肝细胞变异灶是一种局灶性肝细胞增生，增生的细胞表型与周围肝实质细胞明显不同。根据表型和染色特性可将它进一步分为亚型。肝细胞变异灶可自发于老龄大鼠和其他啮齿动物，也可由化学处理诱发。给予肝脏致癌物后，病灶的发病率、体积大小和 / 或多样性通常会增加，其发生的时间也会缩短（Hanigan，Winkler 和 Drinkwater，1993；Frith，Ward 和 Turusov，1994；Bannasch 和 Zerban，1990；Moore，Thamavit 和 Bannasch，1996）。肝细胞变异灶不一定是癌前病变，病灶可有明显的脂肪沉积以及特征性的囊性变及血管扩张（见 B- 伴有海绵状改变的病灶；图 96）。

病灶可以按优势细胞种类细分为不同亚型。如某一特定病灶内单一细胞类型少于 80%，则被定义为混合型。大部分的混合型病灶由嗜碱性和嗜酸性 / 透明型的细胞组成。由于这些病灶没有占优势的细胞表型，故称为“混合型”。

这些病灶的发生率具有种属和品系的差异。较为常见的是一个病灶主要由某一类型细胞构成，并含有少数另一类型的细胞。

由嗜酸性细胞和透明细胞构成的混合型病灶可按透明细胞的比例分为嗜酸性细胞灶或透明细胞灶。在啮齿类动物中，至今尚未观察到由双嗜性细胞和其他表型细胞混合构成的病灶。

在大鼠和小鼠中，双嗜性细胞灶通常比其他类型的病灶少见。

一系列的模型把特殊类型的肝细胞变异灶与致癌性联系起来（Mahon，1989）。亚硝基吗啉模型表明嗜酸性细胞灶和透明细胞灶为瘤前病变。黄曲霉毒素试验表明嗜碱性细胞灶为瘤前病变（Bannasch，Zerban 和 Hacker，1985）。有报道认为，肝癌发生与嗜碱性或双嗜性肝细胞灶的增加有关（Goodman 等，1994）。虽然年龄相关的嗜酸性或虎斑状嗜碱性细胞病灶与肝性致癌物暴露无关，但对于仓鼠，亚硝胺或其他致癌物可诱发包括嗜碱性肝细胞灶在内的多种类型的病灶（Frith，Ward 和 Turusov，1994；Moore，Thamavit 和 Bannasch，1996）。由于一些肝细胞变异灶可能是肿瘤形成的潜在的瘤前病变，对此必须仔细辨认（Maronpot 等，1989）。肝细胞变异灶尽管可以由致癌物诱发，但它也可以是一种非肿瘤性的末期损害，且并非所有的变异灶都与致癌物有关（Peraino 等，1984；Harada，Maronpot，Morris 等，1989；Harada，Maronpot，Morris 等，1989；Squire，1989；Schulte-Hermann 等，1989）。最重要的是应把对照组与处理组动物出现的变异灶类型进行比较。有些病理学家认为，空泡性细胞病变是灶性脂肪变性而不将它作为一个单独的细胞变异灶亚型。

非再生性肝细胞增生（Hyperplasia，Hepatocellular，Non-Regenerative）（图 109 和图 110）

同义词： hyperplasia，hepatocellular，focal hepatocellular hyperplasia

发病机制： 累及多个肝小叶的肝细胞增生灶，无肝损伤迹象，可自发产生或由处理因素诱发。

诊断要点：

- 相对较大的病变，往往大于数个相邻小叶，偶尔伴有血管扩张和 / 或肝海绵状变性（囊性变性）。
- 由轻度肿大的肝细胞组成。
- 肝细胞染色与周围的肝实质相近。
- 病灶内的肝板倾向于与相邻的肝实质融为一体。
- 对相邻肝实质有极轻微到轻度地挤压。
- 肝小叶结构完整。
- 存在汇管区和中央静脉。
- 当伴有血管扩张 / 海绵状变性时肝索可扭曲变形。

鉴别诊断：

- 肝细胞变异灶——存在表型或染色的改变。通常与慢性肝脏损伤无关，但肝细胞变异灶也可发生于受损的肝脏。
- 肝细胞腺瘤——正常肝小叶结构丧失，呈不规则增生。增生的肝板经常垂直或倾斜地作用于周围的肝实质上。周围正常肝细胞受压明显。
- 肝细胞癌——呈明显的小梁状、腺样或低分化生长。肝小叶和肝板结构破坏。可见细胞异型性和浸润性生长。
- 肝细胞增生（再生性）——肝脏曾经或正在受损、纤维化，或曾暴露于某种已知的肝毒物质。肝小叶结构常被破坏变形。

备注：非再生性肝细胞增生在啮齿类动物中极少见。可为自发，也可由处理诱发，在无肝脏受损的证据下，可形成横跨多个肝小叶的肝细胞增生团。该病变与现有的或之前肝细胞所受的损伤无关。对于老龄啮齿类动物，当同一张切片上存在癌前肝细胞变异灶和肝细胞腺瘤时，诊断存在困难。这种病变与犬的肝脏结节性增生类似。

非再生性肝细胞增生基本上分为两种。一种相对较小，伴随着血管扩张和 / 或肝海绵状变性，另一种较大，常大于数个小叶。前者雌、雄性动物均可发生，后者则主要见于未经处理的对照组雌性 F344 大鼠，但偶有报道也可发生于处理组大鼠（Tasaki 等，2008；Hailey 等，2005；Bach 等，2010）。当发生于靠近肝被膜表面时，这种结节性增生可形成明显肉眼可见的凸起区域。结节内的增殖细胞核抗原（PCNA）标记指数比周围肝实质升高，但胎盘型谷胱甘肽 S 转移酶（GSTP）免疫组化染色阴性。

非再生性增生早期病灶可能与较小的肝细胞变异灶大小相似，前者的生长方式和染色情况与周边实质很相似，进而可将两者鉴别（图 109）。

再生性肝细胞增生（Hyperplasia，Hepatocellular，Regenerative）（图 111 至图 113）

同义词： hyperplasia，hepatocellular；hyperplasia，regenerative；hyperplasia，nodular；regeneration，nodular

发病机制： 对曾经的肝细胞损伤或持续存在的肝细胞损伤的结节性再生反应。

诊断要点：

- 灶性或多灶性（结节状）外观。
- 病变的直径可以达到几毫米。
- 球形增殖，可伴有少量的包膜。
- 周围肝实质常受到挤压。
- 肝小叶通常保持正常结构，也可发生扭曲变形。
- 可存在汇管区和中央静脉。
- 可见胆管和卵圆细胞增生。
- 肝细胞改变轻微，可有轻微的胞质嗜碱性或核仁明显。
- 可见有丝分裂指数增加。
- 肝细胞曾经或正在受损的证据，如细胞凋亡 / 坏死、慢性炎症、慢性充血、肝纤维化、肝硬化或已知肝毒性。
- 大鼠病变比小鼠更易于呈结节状。

鉴别诊断：

- 肝细胞变异灶——存在染色的改变。通常与慢性肝损伤无关，但也可发生于已受损的肝脏。
- 肝细胞腺瘤——正常肝小叶结构丧失，呈不规则增生。增生的肝板经常垂直或倾斜地作用于周围的肝实质上。周围正常肝细胞受压明显。
- 肝细胞癌——呈明显的小梁状、腺样或低分化生长。肝小叶和肝板结构破坏。可见细胞异型性和浸润性生长。
- 肝细胞增生（非再生性）——无肝细胞损伤的病史或证据。

备注：这些病变被认为是对现有或曾有肝细胞损伤的再生性反应。肝毒物暴露病史并出现多个再生结节（呈小叶状但结构常扭曲变形），可使诊断更具有说服力。对于老龄啮齿类动物肝脏或存在多个诱发病灶和肿瘤的肝脏，当同一张切片上存在癌前肝细胞变异灶和肝细胞腺瘤时，诊断存在困难。

在肝脏局部切除（PH）时，术后 24~72h 的肝细胞增生呈弥漫性，并伴有许多核分裂象，且无肝毒性迹象。虽然也是增生（再生性肝细胞），但应与肝细胞毒性损伤后的肝结节状增生反应鉴别。术后 96h，肝脏组织结构基本正常。然而，小鼠在肝脏局部切除后可在肝脏中见到慢性胆道病变。

枯否细胞肥大 / 增生（Hypertrophy/Hyperplasia，Kupffer Cell）（图 114 和图 115）

同义词： Kupffer cell proliferation；histiocytosis，focal or diffuse

发病机制： 源于吞噬外来物质、雌激素治疗、炎性状态和对细胞因子的反应。自发罕见。

诊断要点：

- 卵圆形或梭形细胞增生，沿肝窦排列，呈弥漫性或多灶状。
- 细胞与组织细胞形态相似，常包含吞噬的物质。
- 可呈片状或结节状。
- 可仅有肥大而无增生，反之亦然。

鉴别诊断：

- 单核细胞浸润——界限清楚的，常单个存在，与坏死细胞有关。
- 组织细胞肉瘤——累及整个肝脏，组织细胞弥漫性和不规则性增生。常与肝实质破坏有关。偶尔可见多核巨细胞。
- 卵圆细胞增生——由单排或双排卵圆细胞组成，有时形成不完整的（假）导管样结构。细胞的大小和形状通常较为一致，含有少量弱嗜碱性的细胞质，细胞核呈圆形或卵圆形。

备注：枯否细胞增生极少自发，可见于吞噬受试物后，或是雌激素治疗和炎性状态的结果。它可由细胞因子诱发。肥大和增生常伴发。鉴于正常肝脏的枯否细胞难于辨别，因此正常枯否细胞的肥大常给人以枯否细胞增多的印象。

Ito 细胞增生（Hyperplasia，Ito Cell）（图 116 至图 118）

同义词： stellate cell；perisinusoidal cell；fat-storing perisinusoidal cell

发病机制： 贮脂窦周细胞的增生。

诊断要点：

- Ito 细胞灶性或弥漫性增生。
- 呈片状、簇状或沿肝索生长。
- 细胞空泡化且大小和形状各异。
- 胞质内含有较多大小不一的脂滴。
- 细胞核呈卵形或圆形，并可被胞质脂滴分割成锯齿状。
- 可有中等量的胶原基质。

鉴别诊断：

- 脂肪变性 / 脂质沉积——脂肪细胞的胞质比 Ito 细胞的更透亮。
- Ito 细胞瘤——体积更大累及范围更广。部分区域可对邻近的肝实质产生明显的挤压。

备注：Ito 细胞增生极为罕见，主要发生在小鼠。它来源于贮脂窦周细胞，更为熟知的名称是 Ito 细胞（Dixon 等，1994；Enzan，1985；Tillmann 等，1997）。该病变的生物学行为尚未完全明确，但可能与 Ito 细胞瘤的发生具有连续性（见下文）。Ito 细胞瘤或许是 Ito 细胞增生更为严重更加局限化的一种形式。

胆管增生（Bile Duct Hyperplasia）（图 119 至图 122）

发病机制：老龄动物汇管区自发性改变，也可由处理因素诱发或加重。

诊断要点：

- 汇管区小胆管数量增加。
- 可仅累及部分汇管区。
- 可伴有胆管周围纤维化和管周细胞浸润。
- 胆管上皮分化良好，构成正常形态的胆管。
- 胆管上皮可出现变性或萎缩性改变。
- 可伴有卵圆细胞增生。
- 在小鼠的特定部位可发生黏液上皮化生或透明变性。
- 形成囊状结构。
- 灶性胆管增生可伴发囊性扩张。
- 常呈腺泡状，内衬扁平上皮细胞。

鉴别诊断：

- 胆管瘤——边界清楚；常单个存在；腺泡内衬立方上皮。
- 胆管纤维化——中心部分发生萎缩、胶原化和无血管，外围部分发生活跃增生；常见黏液生成。
- 胆管癌——浸润生长，侵袭周围肝组织或血管；细胞呈多形性；黏液生成。
- 卵圆细胞增生——由单排或双排卵圆形细胞组成，有时形成不完整的（假）导管样结构。细胞的大小和形状通常较为一致，含有少量弱嗜碱性的细胞质，细胞核呈圆形或卵圆形。

备注：常与肝损伤、修复和胆道受阻有关。肝内胆管扩张是一种自发性与年龄相关的病变，大鼠比小鼠更常见。

胆管纤维化（Cholangiofibrosis）（图 123 至图 126）

同义词：bile duct adenomatosis；intestinal cell metaplasia；adenofibrosis

发病机制：起源于原始卵圆细胞增生，该增生是对明显肝实质坏死的反应。

诊断要点：

- 由囊性扩张的胆管构成，囊内充满黏液和细胞碎片，囊周围炎性细胞浸润及结缔组织包绕。
- 腺上皮通常为单层，由扁平至高柱状的多形性、强嗜碱性细胞构成，其中含杯状细胞并偶见潘氏细胞。
- 腺上皮，特别是位于囊性扩张部位，可因变性而部分缺失，形成新月样结构。
- 在较大病灶的中心部位可发生硬化，仅残存少量胆管上皮，提示有退化的发生。
- 病灶可仅局限于小灶，也可累及某一肝叶较大的连接区域，但常不会明显影响肝叶外形。
- 病灶的生长常引起周围肝实质的收缩和回缩。靠近肝被膜的明显扩张的或充满黏液的囊性腺可向肝叶表面凸出。
- 陈旧性病变使肝脏表面收缩形成疤痕。
- 当肝实质广泛受累时，可出现肝细胞再生性增生。

鉴别诊断：

- 胆管癌——排列紧密的胆管细胞呈实性片状、小梁状或巢状，大面积地取代肝实质。肠上皮化生不显著，腺体不扩张或极轻微扩张。
- 胆管增生——汇管区出现许多小胆管。胆管上皮分化良好，形成比较正常的导管，腺体有时出现极轻微的扩张。

备注：该病变是一种涉及胆管上皮细胞的炎症性、增生性和化生性反应。在毒性受试物如二噁英、呋喃和类似的化学物品致使大鼠产生肝脏毒性时可观察到这种病变（Bannasch 和 Zerban，1990；Deschl 等，1997；Eustis 等，1990；Kimbrough 等，1973；Kimbrough 和 Linder，1974；Sirica，1992；Hailey 等，2005）。在肝实质明显坏死后最初的反应是卵圆细胞增生（Engelhardt，1997）。

胆管纤维化曾被诊断为胆管癌，尤其是当肝脏被广泛侵袭时，这存在争议。这种病变自然情况下不会发生，主要出现在各种肝毒物受试物高剂量暴露的大鼠体内。胆管纤维化的肠上皮化生包含杯状细胞、潘氏细胞和柱状细胞，这些细胞在 HE 染色的石蜡切片中可被识别，且与肠道内的主要细胞类似，嗜铬细胞需经过特殊染色识别。在某些情况下化生的细胞已被电子显微镜证实。尽管已有报道认为胆管纤维化可进展为具有恶性特征的胆管癌（Bannasch 和 Zerban，1990；Sirica，1992），但大多数情况下尚未证实可发生明确的转移。此病变在人类未见。

卵圆细胞增生（Oval Cell Hyperplasia）（图 127 至图 129）

同义词：oval cell proliferation；bile ductule cell hyperplasia

发病机制：源于终末小胆管（郝令氏管）上皮细胞的自发性病变，也见于肝感染后或继发于肝毒性损伤。

诊断要点：

- 一般起源于汇管区，往往呈多灶性。
- 由单排或双排的卵圆到圆形细胞沿肝窦呈线性排列。
- 可形成一些或许多小胆管，深入肝实质内。
- 可见不完整的胆管样结构。
- 细胞的大小及形状通常一致，可呈梭形。
- 胞质少、弱嗜碱性，核圆形或卵圆形。
- 卵圆细胞表达角蛋白。

鉴别诊断：

- 胆管增生——汇管区出现数个小胆管。胆管上皮分化成熟并形成正常的导管。
- 早期或轻度纤维化——胶原基质明显。
- 炎症——炎症时可见单个核或多形核细胞浸润及纤维结缔组织。

备注：卵圆细胞增生被认为是起源于终末小胆管（郝令氏管）上皮细胞。本病极少自发于大鼠。严重肝损伤和暴露于致肝癌物可见卵圆细胞增生。卵圆细胞增生经常与汇管区管道紧密相连，尽管在受试物引起的肝损伤时，散在分布的增生细胞团可弥散地分布于整个肝脏（Engelhardt，1997）。

小鼠卵圆细胞增生是肝幽门螺杆菌（*H. hepaticus*）和胆型螺杆菌（*H. bilis*）所致慢性活动性肝炎的特征性病变，也可见于各种致肝癌物处理时。卵圆细胞增生与肝细胞肿瘤的高发存在着紧密联系，并可能在肝癌的发生发展中具有重要的作用。一些作者认为，卵圆细胞可能与肝细胞癌和胆管细胞癌有关系，它是肝脏的干细胞。建议在对卵圆细胞增生进行诊断的同时进行病变程度的分级，即使当它仅为肝脏复杂病变的一部分。

肿瘤

引言

啮齿动物肝脏是化学致癌物最常见的作用靶点（Maronpot 等，1986；Evans 和 Lake，1998），这或许是因为肝脏具有代谢和解毒受试物的功能。啮齿动物的致肝癌物通常为肝毒物。这些毒物的慢性毒性作用可促进肝癌发生，肝基因毒性致癌物也常是肝毒物。对于大鼠和小鼠肝的癌前病变和肿瘤，已有超过 30 年的试验诱导史（Frith 和 Wiley，1982；Malarkey 等，1995；Evans 等，1992；Ward 等，1983，1986；Ward，Lynch 和 Riggs，1988；Popp，1984），在一些图书章节中已有其分类标准（Bannasch 和 Zerban，1990；Brooks 和 Roe，1985；Greaves 和 Faccini，1984；Jones 和 Butler，1978；Ward，1981；Harada 等，1999；Eustis 等，1990），并由委员会（ILAR1980）或毒理病理学会［术语和诊断标准的标准化体系（SSNDC）指南 http://www.toxpath.org/ssndc.asp］进行规范。术语已发展成当今的命名法，这些命名以大量肝脏致癌作用的出版物为基础。

有试验研究证实，包括肝细胞变异灶、肝细胞腺瘤和肝细胞癌在内的肝细胞增生性损害在处理因素停止后可恢复（Maronpot，2009）。最引人注目的例子是关于小鼠停止慢性氯丹暴露后的报道（Malarkey 等，1995）。在大鼠和小鼠（Lipsky 等，1984；Greaves，Irisarri 和 Monro，1986；Marsman 和 Popp，1994）及人（Frémond 等，1987；McCaughan，Bilous 和 Gallagher，1985；Emerson 等，1980；Steinbrecher 等，1981）的其他研究中也有类似的报道。需要持续给药以稳定维持啮齿动物肝脏癌前病变和肿瘤性损伤的化学制剂，可以被归类为条件性致肝癌物（Maronpot，2009）。

肝细胞腺瘤（Hepatocellular Adenoma）（图 130 至图 134）

同义词： adenoma，hepatic；adenoma，liver parenchymal cell；hepatoma，benign；tumor，liver cell，benign；hepatoma，benign；type A nodule

发病机制： 自发和暴露于具有致癌作用的肝毒性受试物后；遗传工程小鼠的基因改变。

诊断要点：

- 通常肉眼可见，病变可小至 1mm 或较大、呈均匀圆形结节。有时肉眼观察不到。
- 组织学上，病变呈结节状并挤压邻近正常肝细胞。
- 与周围受压的肝实质之间边界清晰，腺瘤周受压的正常肝细胞至少要达到 2/4 象限。
- 正常肝小叶结构丧失，以不规则的模式生长。
- 肝板经常斜向侵犯周围肝实质。
- 肝细胞大小和染色不同。
- 腺瘤也可按照前述的肝细胞变异灶的染色和胞质的形态学特点进行分类。
- 肿瘤细胞的染色可类似于其周围肝实质，这时可归类为双嗜性。
- 通常为单发结节，多发结节也可见到。
- 可见纤维包膜。
- 偶尔可含有门管区。
- 有丝分裂指数可增加。
- 局部细胞可出现异型性（多形核，粗团块样染色质，核仁大，核质比增加，细胞质嗜碱性，局部形成癌样小梁状结构）。
- 腺瘤细胞可出现变性改变，如胞质内包涵体、透明小体或空泡化。
- 肝窦可被压缩或扩张。
- 通常不出现坏死。
- 可见血管假性浸润。
- 病变可肉眼观察到或自肝脏表层隆起。

•可伴肝细胞变异灶或肝细胞癌。

鉴别诊断：

•肝细胞变异灶——肝板逐步与周围的肝实质融合，肝小叶结构存在。
•再生性增生（受损的肝脏中）——存在已有或现有肝细胞损伤的证据；正常肝小叶结构存在，但有些扭曲变形。
•非再生性增生——有一些肝小叶形态的证据，存在中央静脉和门管区。
•肝细胞癌——浸润性生长；边界不清；肝板及结构消失；出现细胞异型性；腺样、小梁状或低分化生长。

备注：肝细胞腺瘤可自发，在老龄啮齿类动物和具有致癌作用的肝毒性受试物处理下发病率增加（Harada 等，1999；Eustis 等，1990；Stinson，Hoover 和 Ward，1981）。在小鼠，无论是自发还是诱导性腺瘤，其中都可以见到组织学来源于肝腺瘤的肝细胞癌（Jang 等，1992）。这个过程在大鼠中相对少见。

偶尔可观察到较大的肝细胞增生性病变，对于这种病变诊断困难。这些病变可以压迫相邻的实质和 / 或隆起于表面，但至少在一些区域中也会存在正常或轻微扭曲的带有中央静脉和汇管区的肝小叶结构。它们的生物学特性尚不清楚，但由于它们的大小和明显的压迫作用，有时将之归入肝细胞腺瘤的类型。这类较大的病变，同时具有明显的小叶结构，且带有中央静脉和汇管区时，推荐将它诊断为非再生性肝细胞增生（见本文前述）。

肝细胞癌（Hepatocellular Carcinoma）（图 135 至图 140）

同 义 词： adenocarcinoma，liver cell；carcinoma，hepatic cell；carcinoma，hepatocellular；carcinoma，liver cell；hepatoma，malignant；hepatocarcinoma；nodule，type B

发病机制： 自发和暴露于具有致癌作用的肝毒性受试物后；遗传工程小鼠的基因改变。

诊断要点：

•局部浸润性生长和 / 或缺乏明显的界限。
•可出现明显的细胞多形性。
•可产生染色特性的改变。
•正常的肝小叶结构缺失。
•可观察到血管浸润或转移。
•有丝分裂指数可增加。
•可能有胆管存在。
•可存在出血、坏死和髓外造血灶。
•可呈单一形态类型或下述几种类型的混合形态出现。

•可转移到肺部。

小梁状：

- 由分化良好的多层肝细胞构成小梁样。
- 肝板与肝窦交替。
- 有时肝窦可扩张形成血池。

腺泡样：

- 单层肿瘤性肝细胞围绕一个空白中心排列。
- 腺泡可为大小不一的囊状。
- 腺泡样结构不超过肿瘤的 50%。
- 腺泡部分间夹杂小梁状和实性结构区域。

实性：

- 细胞趋向于低分化，较小，深染，具有多形性。
- 有时细胞主要呈梭形。
- 可有单核巨细胞或多核巨细胞形成。
- 核分裂多且异型。
- 间质一般不明显。
- 血管结构不成熟，往往可见血栓形成。

腺样（小鼠）：

- 单层肿瘤细胞包绕着空腔结构。
- 内衬细胞通常由强嗜碱性立方细胞组成。

鉴别诊断：

•肝细胞变异灶——肝板与周围的肝实质逐渐融合，正常的肝小叶结构仍存在。
•再生性增生——存在已有或现有肝细胞损伤的证据；正常肝小叶结构存在，但有些扭曲变形；与周围肝组织分界清楚。
•非再生性增生——有肝小叶形态的一些证据，存在中央静脉和门管区。
•肝细胞腺瘤——无局部浸润，无细胞异型，与周围肝实质分界清楚。不形成小梁状结构。
•胆管上皮癌——腺样结构中可出现黏液。如果不出现黏液则区分鉴别困难。
•血管肉瘤——内皮细胞非典型增生形成血管腔样结构。

备注：可自发，然而在老龄的啮齿类动物或经致癌物及肝毒物处理的动物中发生率增加（Bannasch 和 Zerban，1990；Brooks 和 Roe，1985；Greaves 和 Faccini，1984；Jones 和 Butler，1978；Ward，1981；Harada 等，1999；Eustis 等，1990；Popp，1984，1985；Vesselinovitch，Mihailovich 和 Rao，1978）。可根据生长模式对诊断进行调整（Frith 和 Wiley，1982）。

小梁状型是大鼠肝细胞癌最常见的形式，该型在小鼠发生相对较少。肝细胞癌可出现在已存在的腺瘤内，尤其在小鼠腺瘤内（图 139 和图 140）。尽管有一些学者把这些病变称为腺瘤中的癌灶，但这种病变应诊断为肝细胞癌。这些癌和前文描述的癌的形态外观相似，暗示腺瘤进展成癌。应注意内皮细胞增生或形成较大窦状间隙的出血区域，它有可能被误诊为血管肿瘤。

肝母细胞瘤（Hepatoblastoma）（图 141 至图 144）

同义词：tumor，mixed，poorly differentiated

发病机制：未知，但被认为起源于肝脏胚基细胞、肿瘤性肝细胞、卵圆细胞和胆管上皮细胞。

诊断要点：

- 边界清楚的结节。
- 可见含明显包膜的多变结构。
- 充满血液的血管腔包绕器官样结构。
- 管腔周围围绕着数层瘤细胞。
- 细胞呈放射状或向心状排列呈玫瑰花团状、小梁状或假腺体样结构。
- 在玫瑰花结中心有时含有双嗜性物质或内衬内皮细胞的小血管。
- 细胞较小、细长，强嗜碱性。有时细胞也可或多或少的嗜酸性并具有更小、更圆和非深染的细胞核。
- 可见大量核分裂象。
- 可见较大的出血、色素沉着、纤维化或坏死区。
- 可见类骨样、骨或鳞状上皮分化和髓外造血灶。

鉴别诊断：

- 胆管上皮癌（低分化）——出现腺样结构伴有黏液生成，常出现广泛的纤维化但没有类骨或骨的形成。
- NOS 肉瘤——只存在间充质样结构。
- 肝细胞癌——只存在稀疏的间质结构，肝细胞分化明显。

备注：肝母细胞瘤通常由起源于血管周围的器官样结构组成（Harada 等，1999；Nonoyama 等，1986，1988；Turusov，Day 等，1973；Turusov，Deringer 等，1973）。这些细胞具有原始细胞的外观特点。胞质稀少、略嗜碱性，核卵圆形、深染。在其他类型的肝细胞肿瘤中也可见这种细胞，尤其是在肝细胞腺瘤内。大鼠的该病变罕有报道。该病变见于某种特定品系的小鼠，并可被某些致肝癌物诱发产生（Diwan，Ward 和 Rice，1989）。

肝母细胞瘤通常出现在肝细胞肿瘤内或靠近肿瘤处。此时，一般优先选择诊断为单一的肝母细胞瘤，而不选择两个诊断（肝母细胞瘤和肝细胞肿瘤）。如果不使用惯用的单一肝母细胞瘤，则所使用的替代的诊断术语需要由病理学家进行详细说明。在一些试验中肝母细胞瘤肺转移的发生率极高。

胆管上皮瘤（Cholangioma）（图 145 和图 146）

同义词： adenoma，bile duct；adenoma，biliary；adenoma，cholangiocellular；cholangioma，benign

发病机制： 胆道细胞的增生。

诊断要点：

•腺泡的大小及形状各异。

•膨胀性生长伴有压迫。

•核圆形或椭圆形，偶尔空泡样。伴有一或两个明显的核仁。

•胞质略嗜碱性。

可分为两种亚型：

单一型：

- 一般为单一的分界清楚的肿瘤。
- 腺泡内衬大小不一的单层立方上皮。
- 偶尔细胞是多层的。
- 可有疏松的血管间质。

囊性：

- 典型病变由扩张的腺泡组成。
- 腺泡内衬立方上皮。
- 偶尔可见乳头状结构，伸入囊腔内。
- 囊之间可见肝细胞团块。

鉴别诊断：

•胆管囊肿——内衬扁平上皮；不呈膨胀性生长；无腺泡或乳头状结构形成。

•胆管增生——多灶性，通常分布广泛。

•胆管纤维化——中央部分萎缩、胶原化、无血管，而外围部分活跃增生；常见黏液生成。

•胆管上皮癌——细胞非典型增生，浸润性生长。

备注：胆管上皮瘤在啮齿类动物的对照组和处理组均极少见（Bannasch 和 Zerban，1990；Brooks 和 Roe，1985；Frith 和 Ward，1979；Greaves 和 Faccini，1984；Harada 等，1999；Jones 和 Butler，1978；Lewis，1984；Maronpot 等，1986）。

胆管上皮癌（Cholangiocarcinoma）（图 147 和图 148）

同义词： adenocarcinoma，bile duct；adenocarcinoma，cholangiocellular；carcinoma，bile duct；carcinoma，cholangiocellular；cholangioma，malignant

发病机制：起源于胆管上皮增生。

诊断要点：

- 胆道结构通常呈腺管样，也出现实性或乳头状区域，有较少或没有黏液，大部分含有极少量的结缔组织。
- 腺泡内衬的细胞强嗜碱性，具有较大的细胞核及核仁，偶尔因糖原蓄积胞质透明。
- 腺体内衬一层或多层立方或柱状细胞。
- 血管、淋巴管和周围肝实质浸润明显。
- 可出现大的实性团块。
- 预期出现转移或可能发生转移的证据。

鉴别诊断：

- 胆管纤维化——中央部分萎缩、胶原化、无血管，而外围部分活跃增生；腺泡扩张常伴有黏液生成和炎症反应。结缔组织反应比较明显。
- 胆管上皮瘤——无浸润，间质疏松，细胞形态单一，单层立方细胞，可有囊状腺体。
- 肝细胞癌（腺泡样）——没有黏液产生；含明显肝细胞特点的肿瘤细胞。

备注：对于大鼠和小鼠，胆管上皮瘤和胆管上皮癌极少自发，然而在暴露于具有肝毒性受试物后可诱发（Eustis 等，1990；Frith 和 Ward，1979；Harada 等，1999；Jones 和 Butler，1978；Lewis，1984；Narama 等，2003）。在经多种肝毒性受试物处理的大鼠，已确诊胆管上皮癌的一个特殊表型，即胆管上皮癌同时伴有胆管纤维化的特征，包括胆道腺泡扩张、黏液产生、肠上皮化生、炎性细胞浸润和纤维化（Bannasch 和 Zerban，1990；Bannasch，Brenner 和 Zerban，1985；Sirica，1992；Kimbrough 和 Linder，1974；Maronpot 等，1986）。由于明确的转移很少见，要区别胆管纤维化和这型胆管癌很困难，且存在争议，所以二者的区别主要基于肝脏受累的范围和程度。

这些罕见的胆管上皮癌含有胆管纤维化的一些特征，但炎症反应较轻，黏液囊肿较少，胆管结构不规则，可发生转移。有建议将这种特殊形式的胆管上皮癌诊断为“肠型胆管上皮癌”（Greaves，2007），但在最近的一次科学研讨会（NTP Satellite Symposium，2010）上，并未将之确认为一个独立（亚型）的诊断术语。

肝胆管细胞腺瘤（Adenoma，Hepatocholangiocellular）（图 149 和图 150）

发病机制：肝细胞和肝内胆道上皮细胞混合性增生。推测为干细胞来源。

诊断要点：

- 表现出肝细胞腺瘤和胆管癌的特点。
- 由肿瘤性的肝细胞组成的索状区域与由类似于胆道上皮细胞的肿瘤性的上皮细胞混合

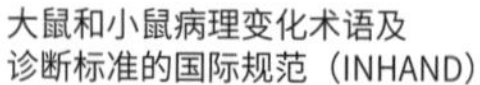

组成。肝细胞可形成小管和导管样结构。

•肿瘤性的胆道上皮形成被覆立方细胞的轻度扩张的腺泡。

•胆道上皮存在轻微或无细胞层数增多及异型性。

•可无间质成分。

•与周围实质相比，肝细胞可有嗜酸性、嗜碱性或透明细胞的改变。

•核分裂罕见。

鉴别诊断：

•肝细胞腺瘤——由肿瘤性肝细胞组成，不规则生长，正常肝小叶结构消失。肝板经常垂直或倾斜地挤压周围实质。存在不同程度的压迫。

•胆管瘤——由肿瘤性胆管上皮组成。边界清楚，常为实性，腺泡被覆一致的高分化立方上皮。

•肝胆管腺瘤——可表现有肝细胞腺瘤和胆管腺瘤的特点，肝细胞成分可为典型的索状排列，胆道上皮成分细胞层数增多及异型性不明显。

备注：极少自发。由肝细胞和肝内胆管上皮的混合性增生构成，但是这两种成分都不是恶性的（Deschl 等，2001；Frith 和 Ward，1979；Harada 等，1999；Narama 等，2003）。

肝胆管细胞癌（Carcinoma，Hepatocholangiocellular）（图 151 和图 152）

发病机制：肝细胞和肝内胆道上皮细胞混合性增生。推测为干细胞来源。

诊断要点：

•表现出肝细胞癌和胆管癌的特点。

•肝细胞组分可排列成小梁状、腺样或实性结构。

•胆道组分可形成腺泡样或无腔小巢。细胞可多层或具异型性。

•导管有时可同时被覆两种细胞，即肝细胞和胆管上皮细胞。

•可见出血、坏死的区域。可有大量核分裂象。

鉴别诊断：

•肝细胞癌——由恶性肝细胞组成。

•胆管癌——由恶性胆管上皮组成。

•肝胆管细胞腺瘤——具有肝细胞腺瘤和胆管癌的特点。肝性组分由典型的索状细胞构成。胆管上皮的组分有轻微的或无细胞层数增多或异型性。

备注：极少自发。此肿瘤同时包含肝细胞和胆管上皮细胞肿瘤的成分（Deschl 等，2001；Frith 和 Ward 1979；Harada 等，1999；Narama 等，2003；Teredesai，Wohrmann 和 Schlage，2002），其中任何一种组分具有恶性的特征即可诊断为恶性。

良性 Ito 细胞瘤（Tumor，Ito Cell，Benign）（图 153 和图 154）

同义词： fat-storing cell tumor；stellate cell tumor，lipoma

发病机制： 源自窦周脂肪储存细胞，称为 Ito 细胞。

诊断要点：

- 单中心或多中心的无包膜团块。
- 局灶性或弥漫性的肿瘤细胞聚积。
- 明显可见相邻肝实质细胞不同程度受压。
- 可以呈片状，成群或沿肝索生长。
- 细胞的大小及形状不同，并有空泡形成。
- 胞质存在数量不等、不同大小的脂肪滴。
- 细胞核呈卵圆形或圆形，可因胞质脂滴挤压而变形。
- 癌旁肝组织萎缩常见。
- 一定程度的胶原基质。
- 病变的边缘可见梭形细胞。
- 无包膜。

鉴别诊断：

- Ito 细胞增生——多中心脂肪瘤样病变或单一的小病灶，对周围肝实质无明确的压迫。
- 脂肪肉瘤——可出现多种形态的脂肪细胞、泡沫细胞、巨细胞、黏液样细胞或成纤维细胞样细胞。

备注：Ito 细胞肿瘤极为罕见。因此该肿瘤的组织和生物学行为都缺乏良好的定论（Dixon 等，1994；Enzan，1985；Tillmann 等，1997）。

组织细胞肉瘤（Histiocytic Sarcoma）（图 155）

同义词： kupffer cell sarcoma

发病机制： 可源于附着于肝窦内皮的巨噬细胞即枯否细胞，或循环的巨噬细胞，或从其他器官（如皮肤、子宫等）转移而来。

诊断要点：

- 以肝脏内结节为特征，中心区域可发生坏死，周围有栅栏状的肿瘤细胞（多中心起源）包绕。
- 一致性的圆形或椭圆形泡沫细胞，胞质嗜酸性，细胞界限模糊，长形或折叠的细胞核。
- 可见异物多核巨细胞散在于肿瘤。
- 异型细胞少见，通常无多形性，核分裂象多见。

- 肿瘤沿血窦和血管生长，并经常转移到其他器官，如肺、脾。
- 转移和扩散常见于浆膜表面和血管腔。
- 可出现少量纤维化。

鉴别诊断：

- 恶性纤维组织细胞瘤——该肿瘤由组织细胞样细胞、肿瘤巨细胞、成纤维细胞和未分化的细胞混合而成，纤维成分很明显。
- 恶性淋巴瘤——经常有淋巴结和脾脏受累，无巨细胞出现。组织细胞肉瘤和淋巴瘤可同时发生于肝脏。

备注：组织细胞肉瘤很少发生在大鼠和小鼠（Harada 等，1999；Eustis 等，1990），肿瘤可累及不同组织如脾、肺和子宫，是系统性损伤的一部分；如仅累及肝脏时，有时称为枯否细胞肉瘤（Deschl 等，2001；Carlton 等，1992）。

血管瘤（Hemangioma）（图 156 和图 157）

同义词：hemangioendothelioma，benign

发病机制：来源于内衬于血管腔的内皮细胞，最常见于肝窦。

诊断要点：

- 常见对周围组织一定程度的挤压。
- 肿瘤极少出现包膜。
- 血腔或血窦内有单层一致性无异型性的内皮细胞衬覆。
- 核分裂象极少出现。
- 实性细胞区域可出现无异型性一致性的细胞。
- 在小鼠肝脏通常为多灶性发生或与血管扩张畸形同时发生。

毛细管血管瘤型：

- 具紧密排列的毛细血管结构。
- 血管腔之间有较少基质。

海绵状血管瘤的型：

- 具有大的血管结构。
- 大的血管结构之间有丰富的结缔组织。

鉴别诊断：

- 血管扩张畸形——扩张的血管或血窦具有结构正常和分化良好的内皮细胞，血管或血窦数量无增多。
- 血管瘤样增生——增生的血管由正常的内皮细胞内衬，对周围的组织有较小或无挤压。

- 淋巴管瘤——血管腔内无红细胞。
- 血管肉瘤——恶性肿瘤的细胞学和组织学特征出现，如细胞多形性，核分裂象增加，组织浸润或转移。
- 良性血管外皮细胞瘤——肿瘤由致密的梭形细胞构成，包围在薄壁血管形成指纹状排列。在网状纤维染色切片中，致密的网状纤维围绕单个肿瘤细胞。

备注：关于啮齿类动物血管瘤已有文献描述（Booth 和 Sundberg，1996；Carter，1973；Faccini，Abbott 和 Paulus，1990；Frith 和 Ward，1988；Frith 和 Wiley，1982；Heider 和 Eustis，1994；Jones 和 Butler，1975；Maita 等，1988；Greaves 和 Barsoum，1990；Greaves 和 Faccini，1984；Mitsumori，1990；Peckham 和 Heider，1999；Stewart，1979；Stewart 等，1980；Squire 和 Levitt，1975；Ward 等，1979；Yamate 等，1988；Zwicker 等，1995）。海绵状血管瘤被一些学者认定为一种先天性畸形而非肿瘤。

血管肉瘤（Hemangiosarcoma）（图 158 至图 160）

同义词： hemangioendothelioma，malignant

发病机制： 源于间质干细胞，血管或肝窦内皮细胞。

诊断要点：

- 内覆于血管或肝窦的内皮细胞具有中等程度的多形性。
- 内皮细胞可多层和 / 或成群出现。
- 可见多种多样形式的血管，但血管形成不良。
- 具未分化或纤维肉瘤区域。
- 核分裂象常见。
- 局部浸润和转移常见。

鉴别诊断：

- 肉芽组织——典型者表现为新生血管与成纤维细胞，胶原纤维束及肉芽组织表面相垂直，无恶性的细胞组织学特征。
- 血管瘤——无恶性的细胞组织学特征，诸如细胞多形性、核分裂象增加、转移等。
- 恶性血管外皮细胞瘤——肿瘤由紧密排列的梭形瘤细胞构成，具有恶性肿瘤的细胞学特征，包围在薄壁血管形成指纹状排列。
- 纤维肉瘤——肿瘤缺乏由内皮细胞内衬的明显的血管结构。

备注：关于啮齿类血管瘤和血管肉瘤的发生已有较为完善的阐述（Binhazim，Coghlan 和 Walker，1994；Booth 和 Sundberg，1996；Faccini，Abbott 和 Paulus，1990；Frith 和 Ward，1988；Frith 和 Wiley，1982；Giddens 和 Renne，1985；Greaves 和 Barsoum，1990；Greaves 和 Faccini，1984；Heider 和 Eustis，1994；Jones 和 Butler，1975；Maita 等，1988；Mitsumori，

1990；Morgan 等，1984；Peckham 和 Heider，1999；Popper，Maltoni 和 Selikoff，1981；Pozharisski 和 Turusov，1991；Sakamoto，Takayama 和 Hosoda，1989；Solleveld 等，1988；Stewart，1979；Yamate 等，1988）。

大鼠和小鼠内皮细胞来源的血管肉瘤可因广泛的工业、天然和药物性化合物诱导而成。近些年来不胜枚举的例子记录了这方面的进展，并提出这些肿瘤的发生和人类患病存在潜在关联性（Klaunig 和 Kamendulis，2005；Laifenfeld 等，2010；Ohnishi 等，2007）。

其他肝脏病变

髓外造血（Extramedullary Hematopoiesis）（图 161 和图 162）

同义词： hematopoietic cell proliferation；myelopoiesis；erythropoiesis

发病机制： 为成年啮齿动物对造血需求增加的反应。

诊断要点：

- 灶性造血细胞聚集，随机分布在肝窦、中央静脉周围和门管区。
- 红细胞和粒细胞均可出现这种灶状分布，极少有巨核细胞出现。
- 通常情况下与肝细胞变性坏死不相关。

鉴别诊断：

- 单核细胞聚集——仅淋巴细胞和组织细胞可见，或伴有粒细胞。
- 局灶性炎症——成熟炎细胞混合出现，通常伴有细胞坏死或是因细胞坏死而发生的反应。

备注：髓外造血（EMH）偶尔由于造血的需求增加可以在啮齿动物肝脏观察到。在妊娠中期，胚胎的肝脏造血很显著，但到了出生之后该功能下降，故在胚胎期的肝脏中通常能见到造血。肝脏髓外造血在啮齿类动物中比人更为常见，小鼠比大鼠更为常见，雌性比雄性更为常见（Eustis 等，1990；Harada 等，1996，1999）。导致髓外造血的主要因素有：贫血、应激、药物毒性、感染、肿瘤（如组织细胞肉瘤）及妊娠。在红系前体细胞占优势的情况下，通常命名为髓外红细胞造血。

肝细胞内红细胞（Intrahepatocellular Erythrocytes）（图 163）

同义词： emperipolesis，cytoplasmic inclusions；hepatic erythrophagocytosis

发病机制： 不明。

诊断要点：

- 肝细胞内包含完整的红细胞，单个或成群出现。
- 病变肝细胞体积显著增大。
- 肝细胞核位于细胞边缘。

鉴别诊断：

- 血管扩张畸形——扩张的血管内衬内皮细胞，腔内经常含有红细胞。
- 囊性变——由体积增大星状细胞组成，其胞质为絮状嗜酸性。

备注：肝细胞胞质包含大量的红细胞，广泛发生于小鼠（Harada 等，1999）。至少有九个分开的癌症生物测定和一个在 B6C3F1 小鼠 14d 的研究发生了这种状况。这些研究中的两个似乎是与试验处理相关。通过电子显微镜证明这种噬红细胞现象未获成功。可能机制是内吞作用，这种肝细胞内吞红细胞的现象在冬眠蛙中已有报道（Barni 和 Bernocchi，1991）。

胰腺腺泡上皮化生（Pancreatic Acinar Metaplasia）（图 164 和图 165）

发病机制：肝实质内自发性大鼠胰腺腺泡上皮化生是极少发生的。但有报道称长期接触多氯联苯可诱导发生（Kimbrough，1973；Eustis 等，1990；Greaves，2007）。

诊断要点：

- 岛状胰腺组织具有正常的胰腺腺泡与酶原颗粒。
- 与肝组织接合成为肝脏的组成部分。

鉴别诊断：

- 组织处理过程中的人工假象——胰腺组织漂浮至肝脏所致。
- 转移性胰腺腺泡肿瘤——局部浸润致组织的破坏；胰腺存在原发性胰腺腺泡肿瘤。
- 胰腺组织异位——灶性胰腺组织邻接于但未与肝实质整合为一体。

备注：在自发情况下，明确区别化生和胰腺异位是不可能的。因为胰腺和肝脏具胚胎发育相关性，存在明确的潜在化生能力。

肝细胞腺上皮化生（Hepatocytes，Glandular Metaplasia）（图 166 和图 167）

发病机制：肝细胞增生形成腺体结构。

诊断要点：

- 数量不等腺体样结构弥散分布于肝实质内。
- 也可出现增生性结节和肝细胞腺瘤。
- 汇管区胆管直径大小的 1~10 倍。
- 腺体样细胞类似于肝细胞，但较小，而立方状类似胆管上皮。
- 腺腔内可含有嗜酸性颗粒物质或伴有游离的红细胞。

鉴别诊断：

- 胆管瘤：腺泡大小和形状各不相同，膨胀性生长对周边有压迫。

•肝胆管瘤：存在肝细胞腺瘤和胆管瘤的特点。

备注：具肝细胞特点的腺体结构取代部分肝实质可见于长期给予3，3'，4，4'，5-五氯联苯和2，3'，4，4'，5-五氯联苯的毒性试验（NTP Toxicology和Carcinogenesis Studies，2006）。据推测，腺体结构的出现是由于肝前体细胞的异常分化所致（NTP Toxicology和Carcinogenesis Studies，2006）。

血管内肝细胞（Intravascular Hepatocytes）（图168）

同义词：vascular pseudoinvasion；vascular infiltration of hepatocytes

发病机制：不明，偶发。

诊断要点：

•正常形态的肝细胞进入肝静脉和血管腔内。

•通常涉及大中型肝静脉。

•浸润的肝细胞团被内皮细胞覆盖。

鉴别诊断：

•血管周围局灶性病变向血管内延伸，通常为嗜碱性病变。

•转移性肝细胞肝癌。

备注：在对照和试验组小鼠血管内肝细胞都很罕见。有报道类似的变化发生在二乙基亚硝胺处理的小鼠中，表现为肝细胞的局灶性嗜碱性变（Goldfarb等，1983；Koen，Pugh和Goldfarb，1983）。这种变化的意义尚未知。

胆囊病变

先天性病变

肝细胞异位（Heterotopic Hepatocytes）

发病机制：发育异常；出生后转化。

诊断要点：

•形态成熟肝细胞存在于胆囊黏膜下层（Harada等，1999）。

鉴别诊断：

•肝细胞肿瘤转移——由异型性肝细胞组成的局部膨胀侵袭性包块。

•人工假象——肝组织落至胆囊。

胰腺腺泡异位（Heterotopic Acinar Pancreas）（图 169 和图 170）

发病机制：发育异常；出生后转化。

诊断要点：

•成熟的胰腺腺泡组织位于胆囊壁上（Harada 等，1999）。

鉴别诊断：

•转移性胰腺腺泡细胞癌——肿瘤的局部性浸润伴胆囊组织的扭曲和 / 或破坏。

•胰腺上皮化生——胆囊黏膜出现形态正常的胰腺组织。

变性

胆囊玻璃样变性（Hyalinosis，Gallbladder）（图 171 至图 174）

同义词：hyalinosis，cytoplasmic inclusions，crystals

发病机制：由炎症和不明因素诱发的胆囊上皮细胞病变。

诊断要点：

•胆囊上皮细胞胞质均质透明嗜酸性。

•YM1/YM2 免疫组化显示该蛋白质常为阳性反应。

•上皮细胞内见嗜酸性针状晶体，相同或较大的晶体也可见于细胞外。

•可能伴随其他组织的透明变性，如胆管上皮细胞、胃、肺。

鉴别诊断：

•可与其他脏器的玻璃样变同时发生，如胆管上皮、胃和肺。

鉴别诊断：

•非胞质嗜酸性玻璃样变的其他细胞变性。

•淀粉样变——淡嗜酸性物质沉淀于细胞外。

备注：细胞质中的透明蛋白已被证明是 YM1/ YM2（现 Chi313），为一种壳多糖酶样蛋白，功能未知。小鼠的镰刀形红细胞贫血症，与胆结石相关。在大多数品系小鼠中玻璃样变性是罕见的（Harada 等，1999；Hsu 等，2006；Yang 和 Campbell，1964），但可见于 129 和 B6 型；129 型的小鼠（Ward 等，2001）及某些基因工程小鼠具较高的发病率。据报道，透明变性在暴露于青霉素的 B6C3F1 雌性小鼠中发病率增加。

腺体化生（Glandular Metaplasia）

同义词：adenomatoid change

发病机制：自发或与炎症及增生相关的胆囊病变。

诊断要点：

- 黏膜增厚，弥漫或局灶性高柱状细胞增生并在固有膜内出现大量腺体。
- 胆囊上皮细胞可以表现出持续的细胞增殖。
- 肥大的柱状细胞具均染鲜艳的嗜酸性胞质，形成的腺管结构腔内含有嗜酸性晶体。
- 可存在胆囊的慢性炎症表现。

备注：在小鼠胆囊及肝胆管的腺体化生发生率低，终生致癌性研究中发现腺体化生与老龄小鼠的胆石、胆囊炎、胆管炎、乳头瘤样增生、乳头状瘤、壁内囊肿和局灶性上皮溃疡相关。这一病变主要发生于雌性小鼠（Lewis，1984），某些品系小鼠也可自发性发生。人的胆囊化生性病变已有记载，包括杯状细胞、潘氏细胞和 / 或肠黏膜嗜铬细胞（Hruban，Argani 和 Ali，2006）化生。

胆囊结石（Gallbladder，Calculi）（图 175 和图 176）

同义词：stones，gallstones，choleliths

发病机制：过量饮食和代谢改变。

诊断要点：

- 小鼠的胆囊内可见结石。
- 结石质实或质软，单个或多个，有白色和黄色及灰色等颜色不一。
- 由于发生机制不同，结石可由胆固醇、钙盐、血红蛋白的混合物组成，偶尔由以上的单一成分组成。
- 常与胆囊的炎性损伤有关。

鉴别诊断：

- 矿化——与坏死、（良性或恶性）肿瘤性坏死和炎症相关。
- 肿瘤（大体观察）——组织学表现为肿瘤。
- 炎症——可见无结石的炎性渗出物。
- 寄生物——组织学具可辨认的寄生虫。

备注：小鼠胆结石极少自发，但可以通过各种试验方法诱导形成（Chang，Suh 和 Kwon，1999；Hsu 等，2006；Ichikawa 等，2009；Lee 和 Scott，1982；Lewis，1984；Rege 和 Prystowsky，1998；Tepperman，Caldwell 和 Tepperman，1964；Trotman 等，1983；Xie 等，2009）。

炎症病变

胆囊炎（Cholecystitis）（图 177 和图 178）

同义词： inflammation，gallbladder

发病机制： 毒物暴露，细菌或病毒感染。

诊断要点：

- 可伴有溃疡或黏膜表层细胞的糜烂。
- 炎症类型范围可从急性到慢性，包括肉芽肿反应。
- 管腔内可含有坏死细胞碎片。
- 在某些胆囊炎可见黏膜增生和黏液上皮化生。
- 早期病变为黏膜下水肿。

增生性病变

胆囊腺上皮增生（Hyperplasia，Gallbladder）（图 179 和图 180）

发病机制： 受试物对胆囊黏膜的刺激所致。

诊断要点：

- 病变通常范围较小。
- 病变从累积乳头状皱襞上的个别细胞到形成小的乳头状突起。
- 上皮细胞通常为单层。
- 细胞分化良好。
- 可出现极轻微的异型性。

鉴别诊断：

- 腺瘤——生长方式紊乱，可具一定异型性。
- 腺癌——细胞异型性增加，生长方式为浸润性生长。
- 腺瘤样变 / 腺体化生——上皮细胞的局灶性或弥漫性增生形成腺体结构。细胞分化良好，通常是柱状嗜酸性，轻度或无细胞异型性。细胞质或腺腔中可见嗜酸性晶体。

备注：有关胆囊腺上皮增生的详细描述见参考文献（Deschl 等，2001；Harada 等，1996，1999；Yoshitomi，Alison 和 Boorman，1986；Yoshitomi 和 Boorman，1994）。

胆囊腺瘤（Adenoma，Gallbladder）（图 181 至图 183）

同义词： adenoma，papillary

发病机制： 来源于胆囊上皮。

诊断要点：

- 一般分化良好且为实性。
- 生长方式为乳头样或菜花状。
- 上皮细胞为单层，偶尔可见多层。
- 纤维血管间质成分多少不等。
- 细胞具一定异型性，表现为较大的细胞核或有 1~2 个核仁的巨核。
- 可见核分裂象。
- 可见炎性细胞浸润和局灶性间质钙化。

鉴别诊断：

- 增生（局灶）——灶性病变，可见较轻的异型性。
- 腺癌——细胞异型性增加，生长紊乱，浸润性生长。
- 腺瘤样变 / 腺化生——上皮细胞灶性或弥漫性增生形成腺体结构。细胞分化良好，通常是柱状嗜酸性，轻度或无细胞异型性。细胞质或腺腔中可见嗜酸性晶体。

备注：胆囊良性和恶性上皮性肿瘤已在多个文献中有所描述（Deschl 等，2001；Harada 等，1996，1999；Lewis，1984；Yoshitomi，Alison 和 Boorman，1986；Yoshitomi 和 Boorman，1994）。

胆囊腺癌（Adenocarcinoma，Gallbladder）

发病机制： 来源于胆囊上皮。

诊断要点：

- 可为无蒂的宽基底肿物或以黏膜的弥漫性增厚为特征。
- 生长紊乱。
- 具细胞异型性。
- 胞质较少且嗜碱性。
- 核体积增大。
- 核分裂象易见。
- 侵袭胆囊壁或邻近组织。

鉴别诊断：

- 增生——病灶较小，轻度异型性。

●腺瘤——无浸润性生长现象，细胞异型性不明显。

●腺瘤样变（腺体化生）——上皮细胞灶性或弥漫性增生形成腺体结构。细胞分化良好，通常是嗜酸性柱状，轻度或无细胞异型性。细胞质或腺腔中可见嗜酸性晶体。

备注：胆囊良性和恶性上皮性肿瘤已有多个文献记载（Deschl 等，2001；Harada 等，1996，1999；Lewis，1984；Yoshitomi，Alison 和 Boorman，1986；Yoshitomi 和 Boorman，1994）。

参考文献

Aigelsreiter, A., Janig, E., Stumptner, C., et al, 2007. How a cell deals with abnormal proteins. Pathogenetic mechanisms in protein aggregation diseases. Pathobiology 74, 145–158.

Anderson, N., Borlak, J, 2006. Drug-induced phospholipidosis. FEBS Lett 580, 5533–5540.

Atzori, L., Congiu, L, 1996. Effect of verapamil on allyl alcohol hepatotoxicity. Drug Metabol Drug Interact 13, 87–98.

Aydin, G., Ozcelik, N., Cicek, E., et al, 2003. Histopathologic changes in liver and renal tissues induced by Ochratoxin A and melatonin in rats. Hum Exp Toxicol 22, 383–391.

Babich, M. A., Chen, S. B., Greene, M. A., et al, 2004. Risk assessment of oral exposure to diisononyl phthalate from children’ s products. Regul Toxicol Pharmacol 40, 151–167.

Bach, U., Hailey, J. R., Hill, G. D., et al, 2010. Proceedings of the 2009 National Toxicology Program Satellite Symposium. Toxicol Pathol 38, 9–36.

Bannasch, P, 2003. Comments on R. Karbe and R. L. Kerlin, 2002. Cystic degeneration/spongiosis hepatis (Toxicol Pathol 30, 216-227). Toxicol Pathol 5, 566–570.

Bannasch, P., Bloch, M., Zerban, H, 1981. Spongiosis hepatis. Specific changes of the perisinusoidal liver cells induced in rats by Nnitrosomorpholine. Lab Invest 44, 252–264.

Bannasch, P., Brenner, U., Zerban, H, 1985. Cholangiofibroma and cholangiocarcinoma, liver, rat. In Monographs on Pathology of Laboratory Animals. Digestive System (T. C. Jones, U. Mohr, and R. D. Hunt, eds.), pp. 52–65. Springer, New York.

Bannasch, P., Wayss, K., Zerban, H, 1997. Peliosis hepatis, rodents. In Digestive System (T. C. Jones, U. Mohr, and R. D. Hunt, eds.), pp. 154–160. Springer-Verlag, Berlin, New York.

Bannasch, P., Zerban, H, 1990. Tumours of the liver. In Pathology of Tumours in Laboratory Animals. Vol. I: Tumours of the Rat (V. S. Turusov and U. Mohr, eds.), pp. 199–240, 2nd edition. IARC Scientific Publications No. 99, Lyon, France.

Bannasch, P., Zerban, H., Hacker, H. J, 1985. Foci of altered hepatocytes, rat. In Monographs on Pathology of Laboratory Animals. Digestive System (T. C. Jones, U. Mohr, and R. D. Hunt, eds.), pp 10–30. Springer, New York.

Barni, S., Bernocchi, G., 1991. Internalization of erythrocytes into liver parenchymal cells in naturally hibernating frogs (Rana esculenta L.). J Exp Zoology 258, 143–150.

Belloni, A. S., Rebuffat, P., Gottardo, G., et al, 1988. A morphometric study of the effects of short-term starvation on rat hepatocytes. J Submicrosc Cytol Pathol 20, 751–757.

Beregi, E., Penzes, L., Regius, O., et al, 1987. Biological changes and diseases in aged CBA/Ca mice. Compr Gerontol [A] 1, 72–74.

Bergs, V. V., Scotti, T. M., 1967. Virus-induced peliosis hepatitis in rats. Science 158, 377–378.

Binhazim, A. A., Coghlan, L. G., Walker, C., 1994. Spontaneous hemangiosarcoma in the tail of a Long-Evans rat carrying the Eker mutation.Lab Anim Sci 44, 191–194.

Booth, C. J., Sundberg, J. P., 1996. Hemangiomas and hemangiosarcomas.In Pathobiology of the Aging Mouse. Vol 1. Cardiovascular System (U. Mohr, D. L. Dungworth, C. C. Capen, W. W. Carlton, J. P. Sundberg, and J. M. Ward, eds.), pp 393–401. ILSI Press, Washington, DC.

Bourdeau, A., Faughnan, M. E., McDonald, M. L., et al, 2001. Potential role of modifier genes influencing transforming growth factor-beta1 levels in the development of vascular defects in endoglin heterozygous mice with hereditary hemorrhagic telangiectasia. Am J Pathol 158, 2011–2020.

Boyd, M. R., 1981. Toxicity mediated by reactive metabolites of furans. Adv Exp Med Biol 136, B865–879.

Breitschwerdt, E. B., Kordick, D. L., 2000. Bartonella infection in animals: Carriership, reservoir potential, pathogenicity, and zoonotic potential for human infection. Clin Microbiol Rev 13, 428–438.

Brooks, P. N., Roe, F. J. C., 1985. Hepatocellular adenoma, liver, rat. In Monographs on Pathology of Laboratory Animals. Digestive System (T. C. Jones, U. Mohr, and R. D. Hunt, eds.), pp. 47–52. Springer, New York.

Browning, F. M., Schroeder, C. R., Berringer, O. M., 1974. An Atlas and Dissection Manual of Rhesus Monkey Anatomy. 2nd printing. Rose Printing Company Inc., Tallahassee, Florida.

Bruguera, M., 1999. Biopsia hepática en las enfermedades hepáticas por depósito. Gastroenterologia Y Hepatología 22, 20–24.

Bruguera, M., Aranguibel, F., Ros, E., et al, 1978. Incidence and clinical significance of sinusoidal dilatation in liver biopsies. Gastroenterology 75, 474–478.

Bruni, C., 1960. Hyaline degeneration of rat liver cells studied with the electron microscope. Lab Invest 9, 209–215.

BSTP., 2007. Modular Education Programme in Toxicological Pathology. Module 8: Liver. Cambridge University, Department of Pathology, Cambridge, UK.

Burek, J. D., 1978. Pathology of Aging Rats. CRC Press, West Palm Beach, Florida.

Burt, A. D., Portmann, B. C., MacSween, R. N. M., 2002. Liver pathology associated with diseases of other organs or systems. In Pathology of the Liver (R. N. M. MacSween, ed.). 4th edition, pp. 827–883. Churchill Livingstone, London.

Carlton, W. W., Ernst, H., Faccini, J. M., et al, 1992. Soft tissue and musculoskeletal system 2. In International Classification of Rodent Tumours—Part 1—The Rat (U. Mohr, ed.), p. 31. WHO IARC Scientific Publications, Lyon, France.

Carter, R. L., 1973. Tumours of the soft tissues. In Pathology of Tumours in Laboratory Animals. Vol I. Tumours of the Rat, Part 1 (V. S. Turusov, ed.), pp 151–168. IARC Scientific Publications, Lyon, France.

Chang, H. J., Suh J. I., Kwon, S. Y., 1999. Gallstone formation and gallbladder mucosal changes in mice fed a lithogenic diet. J Korean Med Sci 14, 286–292.

Chatman, L. A., Morton, D., Johnson, T. O., et al, 2009. A strategy for risk management of drug-induced phospholipidosis. Toxicol Pathol 37, 997–1005.

Cheng, K. K., 1956. Experimental studies on the mechanism of the zonal distribution of beryllium liver necrosis. J Pathol Bacteriol 71, 265–276.

Chengelis, C. P., 1988. Changes in hepatic glutathione concentrations during carbon disulfide induced hepatotoxicity in the rat. Res Commun Chem Pathol Pharmacol 61, 97–109.

Chipchase, M. D., O' Neill, M., Melton, D. W., 2003. Liver biology and pathobiology—Characterization of premature liver polyploidy in DNA repair (Ercc1)-deficient mice. Hepatology. Official Journal of the American Association for the Study of Liver Diseases 38, 958–966.

Churukian, C. J., 2002. Pigments and minerals In Theory and Practice of Histological Techniques (J. D. Bancroft and M. Gamble, eds.), pp. 243–267. Churchill Livingstone, Edinburgh, Scotland.

Clemens, M., Jost, J. O., Kautz, G., et al, 1980. Das Caroli-Syndrom. Der Chirurg; Zeitschrift Fur Alle Gebiete Der Operativen Medizen 51, 219–222.

Coe, J. E., Ross, M. J., 1990. Amyloidosis and female protein in the Syrian hamster. Concurrent regulation by sex hormones. J Exp Med 171, 1257–1267.

Comporti, M., 1985. Lipid peroxidation and cellular damage in toxic liver injury. Lab Inves 53, 599–623.

Copple, B. L., Banes, A., Ganey, P. E., et al, 2002. Endothelial cell injury and fibrin deposition in rat liver after monocrotaline exposure. Toxicol Sci 65, 309–318.

Cullen, J. M., 2005. Mechanistic classification of liver injury. Toxicol Pathol 33, 6–8.

Datta, K., Chin, A., Ahmed, T., et al, 1998. Mixed effects of 2, 6-dithiopurine against

cyclophosphamide mediated bladder and lung toxicity in mice. Toxicology 125, 1–11.
Davenport, M., Gonde, C., Redkar, R., et al, 2001. Immunohistochemistry of the liver and biliary tree in extrahepatic biliary atresia. J Ped Surg 36, 1017–1025.
Denda, A., Kitayama, W., Kishida, H., et al, 2002. Development of hepatocellular adenomas and carcinomas associated with fibrosis in C57BL/6J male mice given a choline-deficient, L-amino acid-defined diet. Jpn J Cancer Res 93, 125–132.
DePass, L. R., Garman, R.H.,Woodside, M. D., et al, 1986. Chronic toxicity and oncogenicity studies of ethylene glycol in rats and mice. Fundam Appl Toxicol 7, 547–565.
Derelanko, M. J., 2000. Acute/chronic toxicology. In Toxicologist's Pocket Handbook, p. 13. CRC Press, Boca Raton, Florida.
Deschl, U., Cattley, R., Harada, T., et al, 2001. Liver, gallbladder, and exocrine pancreas, In International Classification of Rodent Tumours: The Mouse (U. Mohr, ed.), pp. 59–86. Springer, New York.
Deschl, U., Ernst, H., Frantz, J. D., et al, 1997. Digestive system.In International Classification of Rodent Tumours Part 1—The Rat (U. Mohr, ed.), pp. 65–98. WHO IARC Scientific Publications, Lyon, France.
Diwan, B. A., Ward, J. M., Ramljak, D., et al, 1997.Promotion by Helicobacter hepaticus-induced hepatitis of hepatic tumors initiated by N-nitrosodimethylamine in male A/JCr mice. Toxicol Pathol 25, 597–605.
Diwan, B. A., Ward, J. M., Rice, J. M., 1989. Promotion of malignant "embryonal" liver tumors by phenobarbital: Increased incidence and shortened latency of hepatoblastomas in (DBA/2 x C57BL/6)F1 mice initiated with N-nitrosodiethylamine. Carcinogenesis 10, 1345–1348.
Dixon, D., Yoshitomi, K., Boorman, G. A., et al, 1994. "Lipomatous" lesions of unknown cellular origin in the liver of B6C3F1 mice. Vet Pathol 31, 173–182.
Dowling, R. H., 2000. Review: Pathogenesis of gallstones. Aliment Pharmacol Ther 14, Suppl 2, 39–47.
Edwards, R., Colombo, T., Greaves, P., 2002. "Have you seen this?" peliosis hepatis. Toxicol Pathol 30, 521–523.
Elmore, S., 2007. Apoptosis: A review of programmed cell death. Toxicol Pathol 35, 495–516.
Emerson, Q. B., Nachtnebel, K. L., Penkava, R. R., et al, 1980.Oral-contraceptive-associated liver tumors. Lancet 1, 1251.
Engelhardt, N. V., 1997. Oval cells in rodent liver, mouse, rat. In Digestive System (T. C. Jones, J. A. Popp, and U. Mohr, eds.), pp. 162–166. ILSI Monograph, ILSI Press, Washington, DC.
Enomoto, M., Naoe, S., Harada, M., et al, 1974. Carcinogenesis in extrahepatic bile duct and gallbladder—carcinogenic effect of N-hydroxy-2-acetamidofluorene in

mice fed a "gallstone-inducing" diet. Jpn J Exp Med 44, 37–54.
Enzan, H., 1985. Proliferation of Ito cells (fat-storing cells) in acute carbon tetrachloride liver injury. A light and electron microscopic autoradiographic study. Acta Pathol Jpn 35, 1301–1308.
Eustis, S. L., Boorman, G. A., Harada, T., et al, 1990. Pathology of the Fischer Rat. Reference and Atlas (G. A. Boorman, S. L. Eustis, M. R. Elwell, C. A. Montgomery, Jr, and W. F. MacKenzie, eds.), pp. 71–92.Academic Press, San Diego, California.
Evans, J. G., Collins, M. A., Lake, B. G., et al, 1992. The histology and development of hepatic nodules and carcinoma in C3H/He and C57BL/6 mice following chronic phenobarbitone administration. Toxicol Pathol 20, 585–594.
Evans, J. G., Lake, B. G., 1998. The digestive system II: The hepatobiliary system In Target Organ Pathology—A Basic Text (J. Turton and J. Hooson, eds.), pp. 61–97. Taylor & Francis Ltd., London.
Faa, G., Van, E. P., Roskams, T., et al, 1998. Expression of cytokeratin 20 in developing rat liver and in experimental models of ductular and oval cell proliferation. J Hepatol 29, 628–633.
Faccini, J. M., Abbott, D. P., Paulus, G. J .J., 1990. Mouse Histopathology.A Glossary for Use in Toxicity and Carcinogenicity Studies. Elsevier, Oxford, UK.
Feldmann, G., 1997. Liver apoptosis. J Hepatol 26 Suppl 2, 1–11.
Foster, J. R., 2000. Cell death and cell proliferation in the control of normal and neoplastic tissue growth. Toxicol Pathol 28, 441–446.
Fox, J. G., Anderson, L. C., Loew, F. M., et al, 2002.Laboratory Animal Science. 2nd edition. Academic Press, San Diego, California.
Frémond, B., Jouan, H., Sameh, A. H., et al, 1987. Tumeurs du foie secondaires á l' androgénothérapie. A propos de 2 cas chez l' enfant. Chirurgie Pédiatrique 28, 97–101.
Frith, C. H., Ward, J. M., 1979. A morphologic classification of proliferative and neoplastic hepatic lesions in mice. J Environ Pathol Toxicol 3, 329–351.
Frith, C. H., Ward, J. M., 1988. Color Atlas of Neoplastic and Non-Neoplastic Lesions in Aging Mice. Elsevier, Oxford, UK.
Frith, C. H., Ward, J. M., Turusov, V. S., 1994. Tumours of the Liver.Pathology of Tumours in Laboratory Animals. Vol 2. Tumours of the Mouse, 2nd edition. IARC Scientific Publications, Lyon, France.
Frith, C. H., Wiley, L., 1982. Spontaneous hepatocellular neoplasms and hepatic hemangiosarcomas in several strains of mice. Lab Anim Sci 32, 157–162.
Gad, S. C., Rousseaux, C. G., 2002. Use and misuse of statistics as an aid in study interpretation. In Handbook of Toxicologic Pathology (W. M. Haschek, C. G. Rousseaux, and M. A. Wallig, eds.), Vol. 1, pp. 327–418. Academic Press, San Diego, California.
Gebbia, N., Leto, G., Gagliano, M., et al, 1985.Lysosomal alterations in heart and liver

of mice treated with doxorubicin.Cancer Chemotherapy and Pharmacology 15, 26–30.
Geller, S. A., Dahll, D., Alsabeh, R., 2008. Application of immunohistochemistry to liver and gastrointestinal neoplasms: Lysosomal alterations in heart and liver of mice treated with doxorubicin. Arch Pathol Lab Med 132, 490–499.
Gerlyng, P., Abyholm, A., Grotmol, T., et al, 1993. Binucleation and polyploidization patterns in developmental and regenerative rat liver growth. Cell Proliferation 26, 557–565.
Giddens, W. E., Renne, R. A., 1985. Haemangiosarcoma, nasal cavity, mouse. In Monographs on Pathology of Laboratory Animals. Respiratory Systems (T. C. Jones, U. Mohr, and R. D. Hunt, eds.), pp 72–74. Springer, New York.
Gkretsi, V., Mars, W. M., Bowen, W. C., et al, 2007.Loss of integrin linked kinase from mouse hepatocytes in vitro and in vivo results in apoptosis and hepatitis. Hepatology 45, 1025–1034.
Goel, S. K., Lalwani, N. D., Reddy, J. K., 1986. Peroxisome proliferation and lipid peroxidation in rat liver. Cancer Res 46, 1324–1330.
Gokalp, O., Gulle, K., Sulak, O., et al, 2003. The effects of methidathion on liver: Role of vitamins E and C. Toxicol Ind Health 19, 63–67.
Goldfarb, S., Pugh, T. D., Koen, H., et al, 1983. Preneoplastic and neoplastic progression during hepatocarcinogenesis in mice injected with diethylnitrosamine in infancy. Environ Health Perspect 50, 149–161.
Gonzalez-Quintela, A., Mella, C., Perez, L. F., et al, 2000. Increased serum tissue polypeptide specific antigen (TPS) in alcoholics: a possible marker of alcoholic hepatitis. Alcohol Clin Exp Res 24, 1222–1226.
Goodman, D. G., Maronpot, R. R., Newberne, P. M., et al, 1994. Proliferative and selected other lesions in the liver of rats. In Guides for Toxicologic Pathology (STP/ARP/AFIP), pp 1–24. Society of Toxologic Pathology, Washington, DC.
Goodman, Z. D., Ishak, K. G., 2006. Hepatobiliary system and pancreas.In Surgical Pathology and Cytopathology (S. G. Silverberg, ed.), Vol. 2, 4th ed., pp., 1465–1526. Elsevier, Oxford, UK.
Gopinath, C., Prentice, D. E., Lewis, D. J., 1987. The liver. In Atlas of Experimental Toxicological Pathology (G. A. Grasham, ed.), Vol. 13, pp. 43–60. MTP Press Limited, Lancaster, England.
Goto, K., Ohashi, H., Takakura, A., et al, 2000. Current status of Helicobacter contamination of laboratory mice, rats, gerbils, and house musk shrews in Japan. Curr Microbiol 41, 161–166.
Graewin, S. J., Lee, K. H., Tran, K. Q., et al, 2004. Leptin-resistant obese mice do not form biliary crystals on a high cholesterol diet. J Surg Res 122, 145–149.
Graham, M. J., Lake, B. G., 2008. Induction of drug metabolism: Species differences and toxicological relevance. Toxicology 254, 184–191.

Gray, H., Williams, P. L., Bannister, L. H., 1995. Gray' s Anatomy: The Anatomical Basis of Medicine and Surgery (L. H. Bannister, M. M.Berry, P. Collins, M. Dyson, J. E. Dusch, and M. W. J. Ferguson, eds.), pp 1795–1802. Churchill Livingstone, New York.

Greaves, P., 2007. Liver and pancreas. In Histopathology of Preclinical Toxicity Studies. 3rd edition. pp 457–514. Elsevier, Oxford, UK.

Greaves, P., Barsoum, N., 1990. Tumours of soft tissues. In Pathology of Tumours in Laboratory Animals. Vol. I. Tumours of the Rat, 2nd edition (V. S. Turusov and U. Mohr, eds), pp 597–623. IARC Scientific Publications, Lyon, France.

Greaves, P., Edwards, R., Cohen, G. M., et al, 2001. "Have you seen this?" Diffuse hepatic apoptosis. Toxicol Pathol 29, 398–400.

Greaves, P., Faccini, J. M., 1984. Rat Histopathology. A Glossary for Use in Toxicity and Carcinogenicity Studies, pp 88–97. Elsevier, Oxford, UK.

Greaves, P., Faccini, J. M., 1992. Digestive system. In Rat Histopathology: A Glossary for Use in Toxicity and Carcinogenicity Studies, pp.105–148. Elsevier, Oxford, UK.

Greaves, P., Irisarri, E., Monro A. M., 1986. Hepatic foci of cellular and enzymatic alteration and nodules in rats treated with clofibrate or diethylnitrosamine followed by phenobarbital: Their rate of onset and their reversibility. J Natl Cancer Inst 76, 475–484.

Gruttadauria, S., Mandala, L., Miraglia, R., et al, 2007. Successful treatment of small-for-size syndrome in adult-to-adult living-related liver transplantation: single center series. Clin Transplant 21, 761–766.

Guzman, R. E., Solter, P. F., 2002. Characterization of sublethal microcystin-LR exposure in mice. Vet Pathol 39, 17–26.

Hailey, J. R., Haseman, J. K., Bucher, J. R., et al, 1998. Impact of Helicobacter hepaticus infection in B6C3F1 mice from twelve National Toxicology Program two-year carcinogenesis studies. Toxicol Pathol 26, 602–611.

Hailey, J. R., Walker, N. J., Sells, D. M., et al, 2005. Classification of proliferative Hepatocellular lesions in Harlan Sprague-Dawley rats chronically exposed to dioxin-like compounds. Toxicol Pathol 33, 165–174.

Halliwell, W. H., 1997. Cationic amphiphilic drug-induced phospholipidosis. Toxicol Pathol 25, 53–60.

Handley, D. A., Chien, S., Arbeeny, C. M., 1983. Ultrastructure of hepatic cholesterol crystals in the hypercholesterolemic-diabetic rat. Pathol Res Pract 177, 13–21.

Hanigan, M. H., Winkler, M. L., Drinkwater, N. R., 1993. Induction of three histochemically distinct populations of hepatic foci in C57BL/6J mice. Carcinogenesis 14, 1035–1040.

Harada, T., Maronpot, R. R., Enomoto, A., et al, 1996. Changes in the liver and gallbladder. In Pathobiology of the Aging Mouse. Vol. 2 (U. Mohr, D. L. Dungworth, C. C. Capen, W. W.Carlton, J. P. Sundberg, and J. M. Ward, eds.), pp 207–241. ILSI

Press, Washington, DC.
Harada, T., Maronpot, R. R., Morris, R. W., et al, 1989. Observation on altered hepatocellular foci in National Toxicology Program 2-year carcinogenicity studies in rats. Toxicol Pathol 17, 690–708.
Harada, T., Maronpot, R. R., Morris, R. W., et al, 1989. Morphological and sterological characterization of hepatic foci of cellular alteration in control Fischer 344 rats. Toxicol Pathol 17, 579–93.
Harada, T., Enomoto, A., Boorman, G. A., et al, 1999. Liver and gallbladder, In Pathology of the Mouse (R. R. Maronpot, ed.), pp. 119–183. Cache River Press, Vienna, IL.
Harbord, M., Novelli, M., Canas, B., et al, 2002. Ym1 is a neutrophil granule protein that crystallizes in p47phox-deficient mice. The J Biol Chem 277, 5468–5475.
Harbrecht, B. G., Stadler, J., Demetris, A. J., et al, 1994. Nitric oxide and prostaglandins interact to prevent hepatic damage during murine endotoxemia. Am J Physiol 266, G1004–1010.
Hardisty, J. F., Elwell, M. R., Ernst, H., et al, 2007. Histopathology of hemangiosarcomas in mice and hamsters and liposarcomas/fibrosarcomas in rats associated with PPAR agonists. Toxicol Pathol 35, 928–941.
Hardisty, J. F., Eustis, S. L., 1990. Toxicologic pathology: A critical stage in study interpretation. In Progress in Predictive Toxicology (D. B. Clayson, ed.). CRC Press, Boca Raton, Florida.
Helyer, B. J., Petrelli, M., 1978. Cytoplasmic inclusions in spontaneous hepatomas of CBA/H-T6T6 mice. Histochemistry and electron microscopy. Journal of the National Cancer Institute 60, 861–869.
Heider, K., Eustis, S. L., 1994. Tumours of the soft tissues. In Pathology of Tumours in Laboratory Animals. Vol. 2. Tumours of the Mouse, 2nd edition (V. Turusov and U. Mohr, eds.), pp. 611–649. IARC Scientific Publications, Lyon, France.
Homberger, F. R., 1996. Mouse hepatitis virus. Schweiz Arch Tierheilkd 138, 183–188.
Herman, J. R., Dethloff, L. A., McGuire, E. J., et al, 2002. Rodent carcinogenicity with the thiazolidinedione antidiabetic agent troglitazone. Toxicol Sci 68, 226–236.
Hruban, R. H., Argani, P., Ali, S. Z., 2006. The pancreas and extrahepatic biliary system. In Silverberg' s Principles and Practice of Surgical Pathology and Cytopathology (G. G. Silverberg, ed.), pp., 1576–1593. Churcill Livingstone, Oxford, UK.
Hruban, Z., Slesers, A., Hopkins, E., 1972. Drug-induced and naturally occurring myeloid bodies. Lab Invest 27, 62–70.
Hsu, L., Diwan, B., Ward, J. M., et al, 2006. Pathology of "Berkeley" sickle-cell mice includes gallstones and priapism. Blood 107, 3414–3415.
Huang, J., Ren, R. N., Chen, X. M., et al, 2007. An experimental study on hepatotoxicity of topiramate in young rats. Zhongguo Dang Dai Er Ke Za Zhi 9, 54–58.

Hurlimann, J., Gardiol, D., 1991. Immunohistochemistry in the differential diagnosis of liver carcinomas. Am J Surg Pathol 15, 280–288.

Hurst, E. W., Paget, G. E., 1963. Protoporphyrin, cirrhosis and hepatoma in livers of mice given griseofulvin. Br J Dermatol 75, 105–112.

Husztik, E., Lazar, G., Szabo, E., 1984. Immunologically induced peliosis hepatis in rats. Br J Exp Pathol 65, 313–318.

Ichikawa, H., Imano, M., Takeyama, Y., et al, 2009. Involvement of osteopontin as a core protein in cholesterol gallstone formation. J Hepatobiliary Pancreat Surg 16, 197–203.

Institute of Laboratory Animal Resources, National Research Council, National Academy of Sciences., 1980. Histologic typing of liver tumors of the rat. J Natl Cancer Inst 64, 177–206.

Irisarri, E., Hollander, C. F., 1994. Digestive system—Aging of the liver In Pathobiology of the Aging Rat—Vol. 2. (U. Mohr, D. L. Dungworth, and C. C. Capen, eds.), pp. 341–349. ILSI Press, Washington, DC.

Jang, J. J., Weghorst, C. M., Henneman, J. R., et al, 1992. Progressive atypia in spontaneous and N-nitrosodiethylamineinduced hepatocellular adenomas of C3H/HeNCr mice. Carcinogenesis 13, 1541–1547.

Jones, G., Butler, W. H., 1975. Morphology and spontaneous neoplasia. In Mouse Hepatic Neoplasia (W. M. Butler and P. M. Newberne, eds.), pp 21–59. Elsevier, Oxford, UK.

Jones, G., Butler, W. H., 1978. Light microscopy of rat hepatic neoplasia.In Rat Hepatic Neoplasia (P. M. Newberne and W. H. Butler, eds.), pp 114–135. MIT Press, Cambridge, Massachusetts.

Jones, M. L., 2002. Lipids In Theory and Practice of Histological Techniques (J. D. Bancroft and M. Gamble, eds.), pp. 201–230. Churchill Livingstone, Edinburgh, Scotland.

Kakizoe, S., Goldfarb, S., Pugh, T. D., 1989. Focal impairment of growth in hepatocellular neoplasms of C57BL/6 mice: A possible explanation for the strain' s resistance to hepatocarcinogenesis. Cancer Res 49, 3985–3989.

Kanel, G. C., Korula, J., 2005. Atlas of Liver Pathology, 2nd edition.Elservier Saunders, Los Angeles, California.

Karbe, E., Kerlin, R. L., 2002. Cystic degeneration/Spongiosis hepatis in rats. Toxicol Pathol 30, 216–227.

Kari, F., Bucher, J., Haseman, J., et al, 1995. Long-term exposure to the anti-inflammatory agent phenylbutazone induces kidney tumors in rats and liver tumors in mice. Jpn J of Cancer Res 86, 252–263.

Kashiwagi, R., Kaidoh, T., Inoué, T., 2001. Immunohistochemical study of derndritic cells and kupffer cells in griseofulvin-induced protoporhyric mice. Yonago Act Med 44, 7–16.

Katoh, M., Sugimoto, T., 1982. Effect of malotilate (diisopropyl 1, 3-dithiol-2-ylidenemalonate) on chronic liver injury caused by carbon tetrachloride.Nippon Yakurigaku Zasshi 80, 83–91.

Kiernan, F., 1883. The anatomy and physiology of the liver.Philosophical Transactions of the Royal Society of London Series B, Biol Sci 123, 711–770.

Kim, J. C., Kaminsky, L. S., 1988. 2,2,2-Trifluoroethanol toxicity in aged rats. Toxicol Pathol 16, 35–45.

Kim, J. C., Shin, D. H., Kim, S. H., et al, 2004. Subacute toxicity evaluation of a new camptothecin anticancer agent CKD-602 administered by intravenous injection to rats. Regul Toxicol Pharmacol 40, 356–369.

Kimbrough, R. D., 1973. Pancreatic-type tissue in livers of rats fed polychlorinated biphenyls. J Natl Cancer Inst 51, 679–681.

Kimbrough, R. D., Linder, R. E., 1974. Induction of adenofibrosis and hepatomas of the liver in BALB-cJ mice by polychlorinated biphenyls (Aroclor 1254). J Natl Cancer Inst 53, 547–552.

Kimbrough, R. D., Linder, R. E., Burse, V. W., et al, 1973.Adenofibrosis in the rat liver, with persistence of polychlorinated biphenyls in adipose tissue. Arch Environ Health 27, 390–395.

Kimura, M., Abe, M., 1994. Histology of postmortem changes in rat livers to ascertain hour of death. Int J Tissue React 16, 139–150.

Kitamura, K., Iwasaki, H. O., Yasoshima, A., et al, 1992. Pathology of chemically induced chronic active hepatitis in mice. Exp Mol Pathol 57, 153–166.

Klaunig, J. E., Kamendulis, L. M., 2005. Mode of action of butoxyethanol-induced mouse liver hemangiosarcomas and hepatocellular carcinomas. Toxicol Lett 156, 107–115.

Knasmuller, S., Parzefall, W., Helma, C., et al, 1997. Toxic effects of griseofulvin: Disease models, mechanisms, and risk assessment. Crit Rev Toxicol 27, 495–537.

Koen, H., Pugh, T. D., Goldfarb, S., 1983. Centrilobular distribution of diethylnitrosamine-induced hepatocellular foci in the mouse. Lab Invest 49, 78–81.

König, H. E., Sautet, J., Liebich, H. G., 2004. Digestive system (apparatus digetorius). In Veterinary Anatomy of Domestic Mammals: Textbook and Colour Atlas (H. E. König, H.-G. Liebich, and H. Bragulla, eds.), pp. 332–337. Schattauer, Stuttgart.

Kuriki, J., Murakami, H., Kakumu, S., et al, 1983. Experimental autoimmune hepatitis in mice after immunization with syngeneic liver proteins together with the polysaccharide of Klebsiella pneumoniae. Gastroenterology 84, 596–603.

Laifenfeld, D., Gilchrist, A., Drubin, D., et al, 2010. The role of Hypoxia in 2-butoxyethanol–induced hemangiosarcoma. Toxicol Sci 113, 254–266.

Lailach, J. J., Johnson, W. D., Raczniak, T. J., et al, 1977.Fibrin thrombosis in monocrotaline pyrrole-induced cor pulminale in rats. Arch Pathol Lab Med 101, 69–73.

Lalwani, N. D., Dethloff, L. A., Haskins, J. R., et al, 1997. Increased nuclear ploidy, not cell proliferation, is sustained in the peroxisome proliferator-treated rat liver. Toxicol Pathol 25, 165–176.

Lee, K. P., 1983. Peliosis hepatis-like lesion in aging rats. Vet Pathol 20, 410–423.

Lee, S. P., Scott, A. J., 1982. The evolution of morphologic changes in the gallbladder before stone formation in mice fed a cholesterol-cholic acid diet. Am J Pathol 108, 1–8.

Levin, S., 1999. Commentary: Implementation of the STP recommendations on the nomenclature of cell death. Society of Toxicologic Pathologists.Toxicol Pathol 27, 491.

Levin, S., Bucci, T. J., Cohen, S. M., et al, 1999. The nomenclature of cell death: Recommendations of an ad hoc Committee of the Society of Toxicologic Pathologists. Toxicol Pathol 27, 484–490.

Levine, S., Sowinski, R., 1985. Splenic infarcts produced in rats by vasoconstrictor drugs. Exp Pathol 28, 13–19.

Lewis, D. J., 1984. Spontaneous lesions of the mouse biliary tract. J Comp Pathol 94, 263–271.

Li, X., Elwell, M. R., Ryan, A. M., et al, 2003. Morphogenesis of post mortem hepatocyte vacuolation and liver weight increases in Sprague-Dawley rats. Toxicol Pathol 31, 682–688.

Lin, C. C., Chang, C. H., Yang, J. J., et al, 1996. Hepatoprotective effects of emodin from Ventilago leiocarpa. J Ethnopharmacol 52, 107–111.

Lipman, R. D., Gaillard, E. T., Harrison, D. E., et al, 1993. Husbandry factors and the prevalence of age-related amyloidosis in mice. Lab Anim Sci 43, 439–444.

Lipsky, M. M., Tanner, D. C., Hinton, D. E., et al, 1984. Reversibility, persistence, and progression of safrole-induced mouse liver lesions following cessation of exposure. In Mouse Liver Neoplasia (J. A. Popp, ed.), pp 161–177. Hemisphere Publishing Corporation, Washington, DC.

Liu, Y., Cui, D., Hoshii, Y., et al, 2007. Induction of murine AA amyloidosis by various homogeneous amyloid fibrils and amyloid-like synthetic peptides. Scand J Immunol 66, 495–500.

Mahon, D. C., 1989. Altered hepatic foci in rat liver as weight of evidence of carcinogenicity: The Canadian perspective. Toxicol Pathol 17, 709–715.

Maita, K., Hirano, M., Harada, T., et al, 1988. Mortality, major cause of moribundity, and spontaneous tumors in CD-1 mice. Toxicol Pathol 16, 340–349.

Malarkey, D. E., Devereux, T. R., Dinse, G. E., et al, 1995. Hepatocarcinogenicity of chlordane in B6C3F1 and B6D2F1 male mice: Evidence for regression in B6C3F1 mice and carcinogenesis independent of ras proto-oncogene activation. Carcinogenesis 16, 2617–2625.

Malarkey, D., Johnson, K., Ryan, L., et al, 2005.New insights into functional aspects of

liver morphology. Toxicol Pathol 33, 27–34.
Malhotra, V., Sakhuja, P., Gondal, R., 2004. Immunohistochemistry in liver diseases. J Gastroenterol Hepatol 19, S364–369.
Maronpot, R. R., 2009. Biological basis of differential susceptiblity to hepatocarcinogenesis amoung mouse strains. J Toxicol Pathol 22, 11–33.
Maronpot, R. R., Harada, T., Murthy, A. S. K., et al, 1989.Documenting foci of hepatocellular alteration in two-year carcinogenicity studies: Current practices of the national toxicology program. Toxicol Pathol 17, 675–684.
Maronpot, R. R., Montgomery, C. A., Boorman G. A., et al, 1986. National Toxicology Program nomenclature for hepatoproliferative lesions of rats. Toxicol Pathol 14, 263–273.
Marsman, D. S., 1995. NTP Technical Report on Toxicity Studies of Dibutyl Phthalate (CAS No. 84-74-2) Administered in Feed to F344/N Rats and B6C3F? Mice. Toxicity Report Series, No. 30. U.S. Department of Health and Human Services, Public Health Service, National Institutes of Health, Research Triangle Park, North Carolina.
Marsman, D. S., Popp, J. A., 1994. Biological potential of basophilic hepatocellular foci and hepatocellular adenoma induced by the peroxisome proliferator, Wy-14,643. Carcinogenesis 15, 111–117.
Martignoni, M., Groothuis, G. M., de Kanter, R., 2006. Species differences between mouse, rat, dog, monkey and human CYP-mediated drug metabolism, inhibition and induction. Expert Opin Drug Metab Toxicol 2, 875–894.
Martin, N. C., McGregor, A. H., Sansom, N., et al, 2001. Phenobarbitone-induced ploidy changes in liver occur independently of p53. Toxicology Letters 119, 109–115.
Masson, R., Roome, N. O., 1997. Spontaneous iron overload in Sprague-Dawley rats. Toxicol Pathol 25, 308–316.
Masyuk, T. V., Huang, B. Q., Masyuk, A. I., et al, 2004. Biliary Dysgenesis in the PCK Rat, an Orthologous Model of Autosomal Recessive Polycystic Kidney Disease. The Am J of Pathol 165, 1719–1730.
Masyuk, T., Masyuk, A., Torres, V., et al, 2007. Octreotide inhibits hepatic cystogenesis in a rodent model of polycystic liver disease by reducing cholangiocyte adenosine 3' ,5' -cyclic monophosphate.Gastroenterology 132, 1104–1116.
Matsumoto, M., Aiso, S., Umeda, Y., et al, 2006. Thirteen-week oral toxicity of para- and ortho- chloronitrobenzene in rats and mice. J Toxicol Sci 31, 9–22.
McCaughan, G. W., Bilous, M. J., Gallagher, N. D., 1985. Long-term survival with tumor regression and androgen-induced liver tumors. Cancer 56, 2622–2626.
Meierhenry, E. F., Ruebner, B. H., Gershwin, M. E., et al, 1983. Dieldrin-induced mallory bodies in hepatic tumors of mice of different strains. Hepatology 3, 90–95.
Mendenhall, C. L., Chedid, A., 1980. Peliosis hepatis. Its relationship to chronic alcoholism, aflatoxin B1, and carcinogenesis in male Holtzman rats. Digestive

Diseases and Sciences 25, 587–592.

Mitsumori, K., 1990. Blood and lymphatic vessels. In Pathology of the Fischer Rat. Reference and Atlas (G. A. Boorman, S. L. Eustis, M. R. Elwell, C. A. Montgomery, Jr., and W. F. MacKenzie, eds.), pp. 473–484. Academic Press, San Diego, California.

Miyai, K., 1991. The discovery of new diseases by utilizing laboratory data for clinical research. Perspectives in Biology and Medicine 34, 542–548.

Miyazaki, M., Makowka, L., Falk, R. F., et al, 1983. Protection of thermochemotherapeutic-induced lethal acute hepatic necrosis in the rat by 16,16-dimethyl prostaglandin E2. J Surg Res 34, 415–426.

Moore, M. A., Thamavit, W., Bannasch, P., 1996. Tumours of the liver. In Pathology of Tumours in Laboratory Animals—Vol. 3 (V. Turusov and U. Mohr, eds.), pp. 79–125. IARC, Lyon, France.

Morgan, K. T., Frith, C. H., Swenberg, J. A., et al, 1984. A morphologic classification of brain tumors found in several strains of mice. J Natl Cancer Inst 72, 151–160.

Muff, M. A., Masyuk, T. V., Stroope, A. J., et al, 2006. Development and characterization of a cholangiocyte cell line from the PCK rat, an animal model of Autosomal Recessive Polycystic Kidney Disease. Lab Invest 86, 940–950.

Naeim, F., Copper, P. H., Semion, A. A., 1973. Peliosis hepatis. Possible etiologic role of anabolic steroids. Arch Pathol 95, 284–285.

Nagano, K., Sasaki, T., Umeda, Y., et al, 2007. Inhalation carcinogenicity and chronic toxicity of carbon tetrachloride in rats and mice.Inhal Toxicol 19, 1089–1103.

Narama, I., Imaida, K., Iwata, H., et al, 2003. A review of nomenclature and diagnostic criteria for proliferative lesions in the liver of rats by a working group of the Japanese Society of Toxicologic Pathology. J Toxicol Pathol 16, 1–17.

Newton, P. E., Wooding,W. L., Bolte, H. F., et al, 2001. A chronic inhalation toxicity/oncogenicity study of methylethylketoxime in rats and mice. Inhal Toxicol 13, 1093–1116.

Nishimura, J., Dewa, Y., Muguruma, M., et al, 2007. Effect of fenofibrate on oxidative DNA damage and on gene expression related to cell proliferation and apoptosis in rats. Toxicol Sci 97, 44–54.

Nonomura, A., Kono, N., Yoshida, K., et al, 1991. Histological changes of the liver in experimental graft-versus-host disease across minor histocompatibility barriers. V. A light and electron microscopic study of the intralobular changes. Liver 11, 149–157.

Nonoyama, T., Fullerton, F., Reznik, G., et al, 1988.Mouse hepatoblastomas: A histologic, ultrastructural, and immunohistochemical study. Vet Pathol 25, 286–296.

Nonoyama, T., Reznik, G., Bucci, T. J., et al, 1986. Hepatoblastoma with squamous differentiation in a B6C3F1 mouse. Vet Pathol 23, 619–622.

NTP Satellite Symposium., 2010. Pathology Potpourri. Chicago Marriott Downtown, Chicago, Illinois.

NTP technical report on the toxicology and carcinogenesis studies of 2, 3, 7, 8-tetrachlorodibenzo-p-dioxin (TCDD) (CAS No., 1746-01-6) in female Harlan Sprague-Dawley rats (Gavage Studies) 2006. Natl Toxicol Program Tech Rep Ser 521, 4–232.

NTP technical report on the toxicology and carcinogenesis studies of a binary mixture of 3,3',4,4',5-pentachlorobiphenyl (PCB 126) (CAS no., 57465-28-8) and 2,3',4,4',5-pentachlorobiphenyl (PCB 118) (CAS no., 31508-00-6) in female Harlan Sprague-Dawley rats (Gavage studies)2006.NIH Publication, No. 07-4467, Natl Toxicol Program Tech Rep Ser 531.

NTP toxicology and carcinogenesis studies of ethylene glycol (CAS No. 107-21-1) in B6C3F1 mice (feed studies)., 1993. NIH Publication, No. 93-3144. Natl Toxicol. Program Tech Rep Ser 413.

NTP toxicology and carcinogenesis studies of 3, 30, 4, 40, 5-pentachlorobiphenyl (PCB 126) (CAS No., 57465-28-8) in female Harlan Sprague-Dawley rats (Gavage Studies)., 2006. Natl Toxicol Program Tech Rep Ser 520, 4-246.

NTP toxicology and carcinogenesis studies of theophylline (CAS No. 58-55-9) in F344/N Rats and B6C3F1 mice (Feed and Gavage Studies) 1998.NIH Publication, No. 98-3963, Natl Toxicol Program Tech Rep Ser 473.

Numan, F., Cokyuksel, O., Camuscu, S., et al, 1986.Caroli syndrome. Rontgenblatter 39, 191–192.

Nyska, A., Moomaw, C. R., Foley, J. F., et al, 2002. The hepatic endothelial carcinogen riddelliine induces endothelial apoptosis, mitosis, S phase, and p53 and hepatocytic vascular endothelial growth factor expression after short-term exposure. Toxicol Appl Pharmacol 184, 153–164.

Nyska, A., Waner, T., Wormser, U., et al, 1992. Possible pitfalls in rat extended dermal toxicity testing: an hepatic-ocular syndrome. Arch Toxicol 66, 339–346.

Obert, L. A., Sobocinski, G. P., Bobrowski,W. F., et al, 2007. An immunohistochemical approach to differentiate hepatic lipidosis from hepatic phospholipidosis in rats. Toxicol Pathol 35, 728–734.

Ohnishi, T., Arnold, L. L., Clark, N. M., et al, 2007. Comparison of endothelial cell proliferation in normal liver and adipose tissue in B6C3F1 mice, F344 rats, and humans. Toxicol Pathol 35, 904–909.

Omar, A., Elmesallamy, G.-S., Eassa, S., 2005. Comparative study of the hepatotoxic, genotoxic and carcinogenic effects of praziquantel distocide & the natural myrrh extract Mirazid on adult male albino rats. J Egypt Soc Parasitol 35, 313–329.

Parker, G. A., Gibson, W. B., 1995. Liver lesions in rats associated with wrapping of the torso. Toxicol Pathol 23, 507–512.

Peckham, J. C., Heider, K., 1999. Skin and subcutis. In Pathology of the Mouse. Reference and Atlas (R. R. Maronpot, G. A. Boorman, and B. W.Gaul, eds.), pp. 555–512. Cache River Press, Vienna.

Peichoto, M. E., Teibler, P., Ruiz, R., et al, 2006. Systemic pathological alterations caused by Philodryas patagoniensis colubrid snake venom in rats. Toxicon 48, 520–528.

Peraino, C., Staffeldt, E. F., Carnes, B. A., et al, 1984. Characterization of histochemically detectable altered hepatocyte foci and their relationship to hepatic tumorigenesis in rats treated once with diethylnitrosamine or benzo(a) pyrene within one day after birth. Cancer Res 44, 3340–3347.

Percy, D. H., Barthold, S. W., 2001. Hamster. In Pathology of Laboratory Rodents and Rabbits, pp. 194–195. Blackwell Publishing, Ames, Iowa.

Percy, D. H., Barthold, S. W., 2007. Pathology of Laboratory Rodents and Rabbits, 3rd edition, p. 356. Blackwell Publishing, Ames, Iowa.

Peters, M., Liebman, H. A., Tong, M. J., et al, 1983. Alcoholic hepatitis: Granulocyte chemotactic factor from Mallory body-stimulated human peripheral blood mononuclear cells. Clin Immunol Immunopathol 28, 418–430.

Pitt, C. G., Gupta, G., Estes, W. E., et al, 1979. The selection and evaluation of new chelating agents for the treatment of iron overload. J Pharmacol Exp Therap 208, 12–18.

Popp, J. A., 1984. Mouse Liver Neoplasia. Current Perspectives. Hemisphere Publishing Co., New York.

Popp, J. A., 1985. Hepatocellular carcinoma, liver, rat. In Monographs on Pathology of Laboratory Animals. Digestive System (T. C. Jones, U. Mohr, and R. D. Hunt, eds.), pp. 39–46. Springer, New York.

Popp, J. A., Cattley, R. C., 1991. Hepatobiliary system In Handbook of Toxicologic Pathology (W. M. Haschek and C. G. Rousseaux, eds.), pp. 279–314. Academic Press, San Diego, California.

Popper, H., Maltoni, C., Selikoff, J., 1981. Vinyl chloride-induced hepatic lesions in man and rodents. A comparison. Liver 1, 7–20.

Pozharisski, K. M., Turusov, V. S., 1991. Angiosarcoma of the renal capsule, mouse. In Monographs on Pathology of Laboratory Animals. Cardiovascular and Musculoskeletal Systems (T. C. Jones, U. Mohr, and R. D.Hunt, eds.), pp. 91–97. Springer, New York.

Rabstein, L. S., Peters, R. L., Spahn, G. J., 1973. Spontaneous tumors and pathologic lesions in SWR-J mice. J Natl Cancer Inst 50, 751–758.

Rajtová, V., Horák, J., Popesko, P., 2002. A Colour Atlas of the Anatomy of Small Laboratory Animals. Saunders, London.

Ramot, Y., Lewis, D., Ortel, T., et al, 2007. Age and dose related sensitivity in 2-butoxyethanol f344 rat model of hemolytic anemia and disseminated thrombosis. Exp Toxicol Pathol 58, 311–322.

Rank, J. M., Straka, J. G., Bloomer, J. R., 1990. Liver in disorders of porphyrin metabolism. J Gastroenterol Hepatol 5, 573–585.

Rappaport, A. M., Borowy, Z. J., Lougheed, W. M., et al, 1954.Subdivision of hexagonal liver lobules into a structural and functional unit; role in hepatic physiology and pathology. Anat Rec 119, 11–33.

Reasor, M. J., Hastings, K. L., Ulrich, R. G., 2006. Drug-induced phospholipidosis:Issues and future directions. Expert Opin Drug Saf 5, 567–583.

Reddy, J. K., Lalwani, N. D., Reddy, M. K., et al, 1982. Excessive accumulation of autofluorescent lipofuscin in the liver during hepatocarcinogenesis by methyl clofenapate and other hypolipidemic peroxisome proliferators. Cancer Res 42, 259–266.

Reed, D. J., 1998. Evaluation of chemical-inducedoxidative stress as a mechanism of hepatocyte death In Toxicology of the Liver (G. L. Plaa and W. R.Hewitt, eds.), pp. 187–220. Taylor & Francis, Washington, DC.

Rege, R. V., Prystowsky J. B., 1998. Inflammation and a thickened mucus layer in mice with cholesterol gallstones. J Surg Res 74, 81–85.

Rijhsinghani, K., Krakower, C., Swerdlow, M., et al, 1980. Alpha-1-antitrypsin in intracellular inclusions of diethylnitrosamine induced hepatomas of C57BLxC3H F1 mice. Carcinogenesis 1, 473–479.

Robison, R. L., Van Ryzin, R. J., Stoll, R. E., et al, 1984. Chronic toxicity/carcinogenesis study of temazepam in mice and rats. Fundam Appl Toxicol 4, 394–405.

Rogers, A. B., Fox, J. G., 2004. Inflammation and cancer. I. Rodent models of infectious gastrointestinal and liver cancer. Am J Physiol Gastrointest Liver Physiol 286, G361–366.

Ruebner, B. H., Watanabe, K., Wand, J. S., 1970. Lytic necrosis resembling peliosis hepatis produced by lasiocarpine in the mouse liver. A light and electron microscopic study. Am J Pathol 60, 247–271.

Ruehl-Fehlert, C., Kittel, B., Morawietz, G., et al, 2003. Revised guides for organ sampling and trimming in rats and mice—Part 1. Exp and Toxicol Pathol 55, 91–106.

Sakamoto, M., Takayama, S., Hosoda, Y., 1989. Hemangioendothelial sarcoma in brown adipose tissue of mouse induced by carcinogenic heterocyclic amine, Glu-P-1. Toxicol Pathol 17, 754–758.

Sasse, D., Maly, I. P., 1991. Studies on the periportal hepatotoxicity of allyl alcohol. Prog Histochem Cytochem 23, 146–149.

Sato, Y., Harada, K., Furubo, S., et al, 2006. Inhibition of intrahepatic bile duct dilation of the polycystic kidney rat with a novel tyrosine kinase inhibitor gefitinib. Am J Pathol 169, 1238–1250.

Sato, Y., Harada, K., Kizawa, K., et al, 2005. Activation of the MEK5/ERK5 cascade is responsible for biliary dysgenesis in a rat model of Caroli’ s disease. Am J Pathol 166, 49–60.

Satoh, M., Kobayashi, K., Ishii, M., et al, 1996. Midzonal necrosis of the liver after concanavalin A-injection. The Tohoku J Exp Med 180, 139–152.

Schoental, R., Magee, P. N., 1959. Further observations on the subacute and chronic liver changes in rats after a single dose of various pyrrolizidine (Senecio) alkaloids. J Pathol Bacteriol 78, 471–482.

Schulte-Hermann, R., Kraupp-Grasl, B., Bursch, W., et al, 1989. Effects of non-genotoxic hepatocarcinogens phenobarbital and nafenopin on phenotype and growth of different populations of altered foci in rat liver. Toxicol Pathol 17, 642–650.

Seawright, A. A., 1972. A metabolic basis for midzonal necrosis of the liver.J Pathol 107, Pxv.

Seehafer, S. S., Pearce, D. A., 2006. You say lipofuscin, we say ceroid: Defining autofluorescent storage material. Neurobiology of Aging 27, 576–588.

Serra, C. A., Recalde, E. B., Martellotto, G. I., 1987. Caroli' s disease: Congenital cystic and segmentary dilatation of the intrahepatic bile ducts. Rev Fac Cien Med Univ Nac Cordoba 45, 28–30.

Shea, S. M., 1958. The method of paired comparisons in histopathological ranking; hyaline degeneration of liver cells. A M A Arch Pathol 65, 77–80.

Shio, H., Fowler, S., Bhuvaneswaran, C., et al, 1982. Lysosome lipid storage disorder in NCTR-BALB/c mice. II. Morphologic and cytochemical studies. The Am J of Pathol 108, 150–159.

Sigal, S. H., Rajvanshi, P., Gorla, G. R., et al, 1999. Partial hepatectomy-induced polyploidy attenuates hepatocyte replication and activates cell aging events. The Am J of Physiol 276, 1260–1272.

Singh, N. D., Sharma, A. K., Dwivedi, P., et al, 2007.Citrinin and endosulfan induced maternal toxicity in pregnant Wistar rats: Pathomorphological study. J Appl Toxicol 27, 589–601.

Sirica, A. E., 1992. The Role of Cell Types in Hepatocarcinogenesis. CRC Press, Boca Raton, Florida.

Slehria, S., Rajvanshi, P., Ito, Y., et al, 2002. Hepatic sinusoidal vasodilators improve transplanted cell engraftment and ameliorate microcirculatory perturbations in the liver. Hepatology 35, 1320–1328.

Solleveld, H. A., Miller, R. A., Banas, D. A., et al, 1988. Primary cardiac hemangiosarcomas induced by 1,3-butadiene in B6C3F1 hybrid mice. Toxicol Pathol 16, 46–52.

Spencer, A. J., Wilson, S. A., Batchelor, J., et al, 1997. Gadolinium chloride toxicity inthe rat. Toxicol Pathol 25, 245–255.

Squire, R. A., 1989. Evaluation and grading of rat liver foci in carcinogenicity tests. Toxicol Pathol 17, 685–689.

Squire, R. A., Levitt, M. H., 1975. Report of a workshop on classification of specific hepatocellular lesions in rats. Cancer Res 35,3214–3223.

Srinivasan, S., Hanes, M. A., Dickens, T., et al, 2003. A mouse model for hereditary

hemorrhagic telangiectasia (HHT) type 2. Hum Mol Genet 12, 473–482.
Steinbrecher, U. P., Lisbona, R., Huang, S. N., et al, 1981. Complete regression of hepatocellular adenoma after withdrawal of oral contraceptives.Dig Dis Sci 26, 1045–1050.
Stejskal, R., Itabashi, M., Stanek, J., et al, 1975. Experimental porphyria induced by 3-(2,4,6-trimethylphenyl)-thioethyl)-4 methylsydnone.Virchows Arch B Cell Pathol 18, 83–100.
Stewart, H. L., 1979. Tumours of the soft tissues. In Pathology of Tumours in Laboratory Animals. Vol. II. Tumours of the Mouse (V. S. Turusov, ed.), pp. 487–526. IARC Scientific Publications, Lyon, France.
Stewart, H. L., Williams, G., Keysser, C. H., et al, 1980. Histologic typing of liver tumors of the rat. J Natl Cancer Inst 64, 179–206.
Stinson, S.F., Hoover, K. L., Ward, J. M., 1981. Quantitation of differences between spontaneous and induced liver tumors in mice with an automated image analyzer. Cancer Lett 14, 143–150.
Stout, M. D., Kissling, G. E., Suárez, F. A., et al, 2008. Influence of Helicobacter hepaticus infection on the chronic toxicity and carcinogenicity of triethanolamine in B6C3F1 mice. Toxicol Pathol 36, 783–794.
Tasaki, M., Umemura, T., Inoue, T., et al, 2008. Induction of characteristic hepatocyte proliferative lesion with dietary exposure of Wistar Hannover rats to tocotrienol for 1 year. Toxicology 250, 143–150.
Tepperman, J., Caldwell, F. T., Tepperman, H. M., 1964. Induction of gallstones in mice by feeding a cholesterol-cholic acid containing diet. Am J Physiol 206, 628–634.
Teredesai, A., Wohrmann, T., Schlage, W., 2002. Hepatocholangiocellular carcinoma in a rat—Case report. J Vet Med A Physiol Pathol Clin Med 49, 541–544.
Teutsch, H. F., 2005. The modular microarchitecture of human liver. Hepatology 42, 317–325.
Teutsch, H. F., Schuerfeld, D., Groezinger, E., 1999. Three-dimensional reconstruction of parenchymal units in the liver of the rat. Hepatology 29, 494–505.
Tian, X. F., Fan, X. G., Fu, C. Y., et al, 2005. Experimental study on the pathological effect of Helicobacter pylori on liver tissues.Zhonghua Gan Zang Bing Za Zhi 13, 780–783.
Tillmann, T., Kamino, K., Dasenbrock, C., et al, 1997. Subcutaneous soft tissue tumours at the site of implanted microchips in mice. Exp Toxic Pathol 49, 197–200.
Travlos, G. S., Mahler, J., Ragan, H. A., et al, 1996.Thirteen-week inhalation toxicity of 2- and 4-chloronitrobenzene in F344/N rats and B6C3F1 mice. Fund and Appl Toxicol 30, 75–92.
Trotman, B. W., Bernstein, S. E., Balistreri, W. F., et al, 1983.Interaction of hemolytic anemia and genotype on hemolysis-induced gallstone formation in mice. Gastroenterology 84,719–724.

Tschudy, D. P., 1962. Biochemical studies of experimental porphyria. Metabolism 11, 1287–1301.

Tsokos, M., Erbersdobler, A., 2005. Pathology of peliosis. Forensic Sci Int 149, 25–33.

Turusov, V. S., Day, N. E., Tomatis, L., et al, 1973.Tumors in CF-1 mice exposed for six consecutive generations to DDT. J Natl Cancer Inst 51, 983–997.

Turusov, V. S., Deringer M. K., Dunn T. B., et al, 1973. Malignant mouse-liver tumors resembling human hepatoblastomas. J Natl Cancer Inst 51, 1689–1695.

Ungar, H., 1986. Venoocclusive disease of the liver and phlebectatic peliosis in the golden hamster exposed to dimethylnitrosamine. Pathol Res Pract 181, 180–187.

Ungar, H., Sullman, S. F., Zuckerman A. J., 1976. Acute and protracted changes in the liver of Syrian hamsters induced by a single dose of aflatoxin B1. Observations on pathological effects of the solvent (dimethylformamide). Brit J of Exp Pathol 57, 157–164.

van Zwieten, M. J., Hollander, C. F., 1997. Intranuclear and intracytoplasmic inclusions, liver, rat. In Monographs on Pathology of Laboratory Animals: Digestive System (T. C. Jones, J. A. Popp, and U. Mohr eds.), pp. 133–139. Springer, New York.

Vesselinovitch, S. D., Mihailovich, N., Rao, K. V. N., 1978. Morphology and metastatic nature of induced hepatic nodular lesions in C57BL x C3H F1 mice. Cancer Res 38, 2003–2010.

Vollmar, B., Siegmund, S., Richter, S., et al, 1999. Microvascular consequences of Kupffer cell modulation in rat liver fibrogenesis. J Pathol 189, 85–91.

Vons, C., Beaudoin, S., Helmy, N., et al, 2009. First description of the surgical anatomy of the cynomolgus monkey liver. Am J of Primatol 71, 400–408.

Vowles, G. H., Francis, R. J., 2002. Amyloid. In Theory and Practice of Histological Techniques (J. D. Bancroft and M. Gamble, eds.), pp. 303–324. Churchill Livingstone, Edinburgh, Scotland.

Walker, R. M., Racz, W. J., McElligott, T. F., 1985. Acetaminopheninduced hepatotoxic congestion in mice. Hepatology 5, 233–240.

Wang, J., Zhou, G., Chen, C., et al, 2007. Acute toxicity and biodistribution of different sized titanium dioxide particles in mice after oral administration. Toxicol Lett 168, 176–185.

Ward, J. M., 1981. Morphology of foci of altered hepatocytes and naturally occurring hepatocellular tumors in F344 rats. Virchows Arch A 390, 339–345.

Ward, J. M., 1997. Cirrhosis, mouse. In Monographs on Pathology of Laboratory Animals: Digestive System (T. C. Jones, J. A. Popp, and U. Mohr, eds.), pp. 151–154. 2nd Edition. Springer, New York.

Ward, J. M., Anver, M. R., Haines, D. C., et al, 1994.Chronic active hepatitis in mice caused by Helicobacter hepaticus. Am J Pathol 145, 959–968.

Ward, J. M., Collins, M. J., Jr., Parker, J. C., 1977. Naturally occuring mouse hepatitis

virus infection in nude mouse. Lab Anim Sci 27, 372–376.
Ward, J. M., Diwan, B. A., Ohshima, M., et al, 1986. Tumor-initiating and promoting activities of di(2-ethylhexyl) phthalate in vivo and in vitro. Environ Health Perspect 65, 279–291.
Ward, J. M., Fox, J. G., Anver, M. R., et al,1994b. Chronic active hepatitis and associated liver tumors in mice caused by a persistent bacterial infection with a novel Helicobacter species. J Natl Cancer Inst 86, 1222–1227.
Ward, J. M., Goodman, D. G., Squire, R. A., et al, 1979. Neoplastic and nonneoplastic lesions in aging (C57BL/6N x C3H/HeN)F1 (B6C3F1) mice. J Natl Cancer Inst 63, 849–854.
Ward, J. M., Lynch, P., Riggs, C., 1988. Rapid development of hepatocellular neoplasms in aging male C3H/HeNCr mice given phenobarbital. Cancer Lett 39, 9–18.
Ward, J. M., Rice, J. M., Creasia, D., et al, 1983. Dissimilar patterns of promotion by di(2-ethylhexyl)phthalate and phenobarbital of hepatocellular neoplasia initiated by diethylnitrosamine in B6C3F1 mice. Carcinogenesis 4, 1021–1029.
Ward, J. M., Wobus, C. E., Thackray, L. B., et al, 2006. Pathology of immunodeficient mice with naturally-occurring murine norovirus infection. Toxicol Path 34, 708–715.
Ward, J. M., Yoon, M., Anver, M. R., et al, 2001. Hyalinosis and Ym1/Ym2 gene expression in the stomach and respiratory tract of 129S4/SvJae and wild-type and CYP1A2-null B6, 129 mice. Am J Pathol 158, 323–332.
Wilson, D. M., Goldsworthy, T. L., Popp, J. A., et al, 1992. Evaluation of genotoxicity, pathological lesions, and cell proliferation in livers of rats and mice treated with furan. Environ Mol Mutagen 19, 209–222.
Wilson, D., Lame, M., Dunston, S., et al, 2000. DNA damage cell checkpoint activities are altered in monocrotaline pyrrole-induced cell cycle arrest in human pulmonary artery endothelial cells. Toxicol Appl Pharmacol 166, 69–80.
Wolstenholme, J. T., Gardner, W. U., 1950. Sinusoidal dilatation occurring in livers of mice with a transplanted testicular tumor. Proc Soc Exp Biol Med 74, 659–661.
Wong, A. K., Alfert, M., Castrillon, D. H., et al, 2001. Excessive tumor-elaborated VEGF and its neutralization define a lethal paraneoplastic syndrome. Proc Natl Acad Sci U.S.A 98, 7481–7486.
World Health Organization., 1978. Principles and Methods for Evaluating the Toxicity of Chemicals. Part I. World Health Organization, Geneva.
Wright, P. F., Stacey, N. H., 1991. A species/strain comparison of hepatic natural lymphocytotoxic activities in rats and mice. Carcinogenesis 12, 1365–1370.
Xie, Y., Newberry, E. P., Kennedy, S. M., et al, 2009.Increased susceptibility to diet-induced gallstones in liver fatty acid binding protein (L-Fabp) knockout mice. J Lipid Res 50, 977–987.
Xu, C., Li, C. Y., Kong, A. N., 2005. Induction of phase I, II and III drug metabolism/

transport by xenobiotics. Arch Pharm Res 28, 249–268.
Xu, S. X., Zheng, D., Sun, Y. M., et al, 1992. Subchronic toxicity studies of fenbendazole in rats. Vet Hum Toxicol 34, 411–413.
Yamate, J., Tajima, M., Ihara, M., et al, 1988. Spontaneous vascular endothelial cell tumors in aged B6C3F1 mice. Jpn J Vet Sci 50, 453–461.
Yang, Y. H., Campbell, J. S., 1964. Crystalline excrements in bronchitis and cholescystitis of mice. Am J Pathol 45, 337–345.
Yasui, M., Yase, Y., Ota, K., 1991. Distribution of calcium in central nervous system tissues and bones of rats maintained on calcium-deficient diets. J Neurol Sci 105, 206–210.
Yoshitomi, K., Alison, R. H., Boorman, G. A., 1986. Adenoma and adenocarcinoma of the gallbladder in aged laboratory mice. Vet Pathol 23, 523–527.
Yoshitomi, K., Boorman, G. A., 1994. Tumours of the gallbladder. In Pathology of Tumours in Laboratory Animals. Vol. 2. Tumours of the Mouse (V. Turusov and U. Mohr, eds.), pp. 271–279, 2nd edition. IARC Scientific Publications, Lyon, France.
Yu, W., Wan, X., Wright, J. R., Jr., et al, 1994. Heterotopic liver transplantation in rats: Effect of intrahepatic islet isografts and split portal blood flow on liver integrity after auxiliary liver isotransplantation. Surgery 115, 108–117.
Zatloukal, K., Stumptner, C., Lehner, M., et al, 2000. Cytokeratin 8 protects from hepatotoxicity, and its ratio to cytokeratin 18 determines the ability of hepatocytes to form Mallory bodies. Am J Pathol. 156, 1263–1274.
Zenner, L., 1999. Pathology, diagnosis and epidemiology of the rodent Helicobacter infection. Comp Immunol Microbiol Infect Dis 22, 41–61.
Zimmerman, H. J., 1998. Drug-induced hepatic disease. In Toxicology of the Liver (G. L. Plaa, and W. R. Hewitt, eds.), pp. 3–60. Taylor & Francis, Washington, DC.
Zwicker, G. M., Eyster, R. C., Sells, D. M., et al, 1995. Spontaneous vascular neoplasms in aged Sprague-Dawley rats. Toxicol Pathol 23, 518–526.

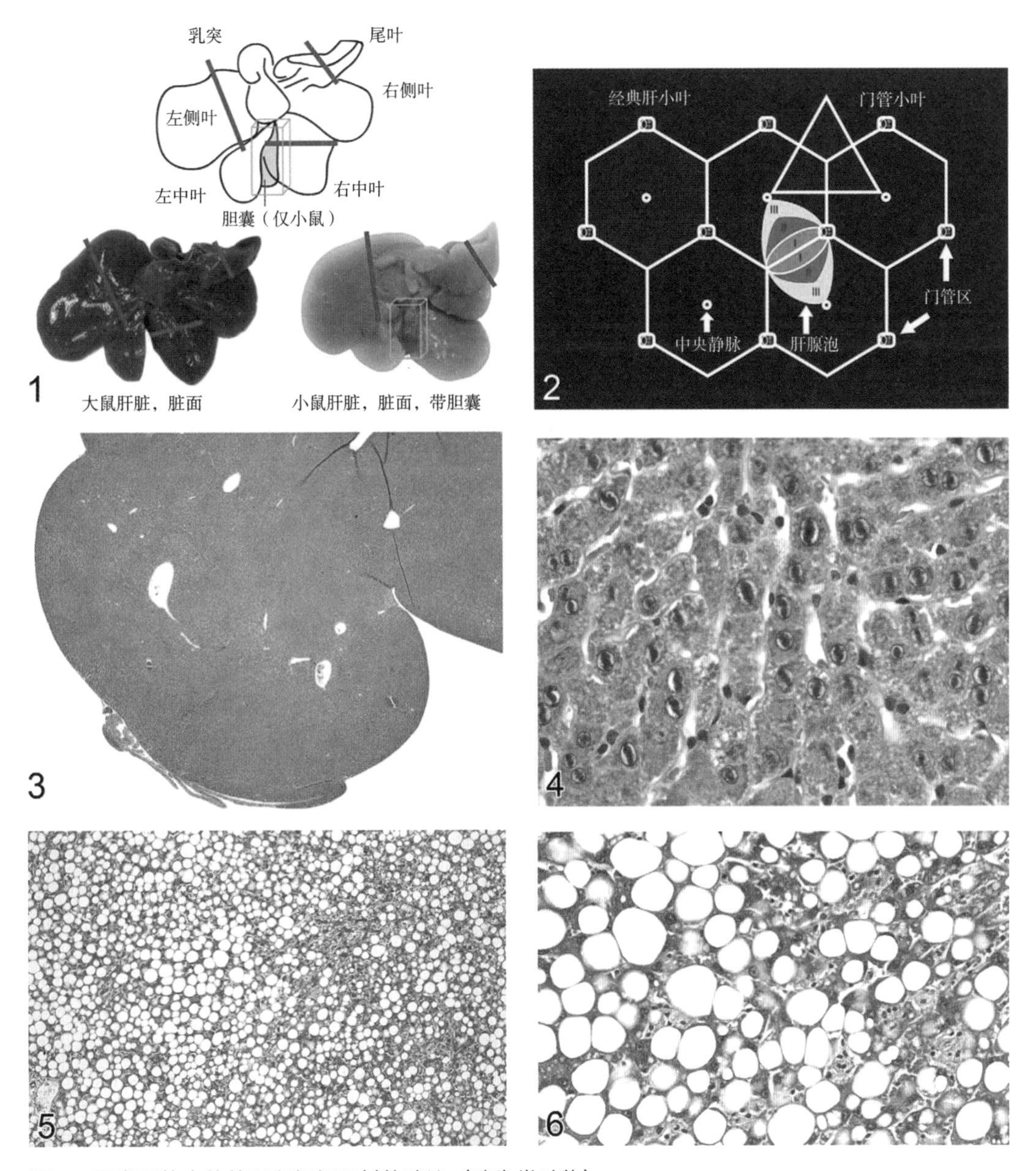

图 1　正常肝的大体外观和组织取材的建议（啮齿类动物）

　　引自 http://reni.item.fraunhofer.de/ reni/trimming/index.php.

图 2　肝脏的平面微结构

图 3　肝膈面结节（大鼠肝）

图 4　肝膈面结节，核内包含物（染色质），图 3 高倍放大（大鼠肝）

图 5　大泡性脂肪变性（大鼠肝）

图 6　大泡性脂肪变性，图 5 高倍放大（大鼠肝）

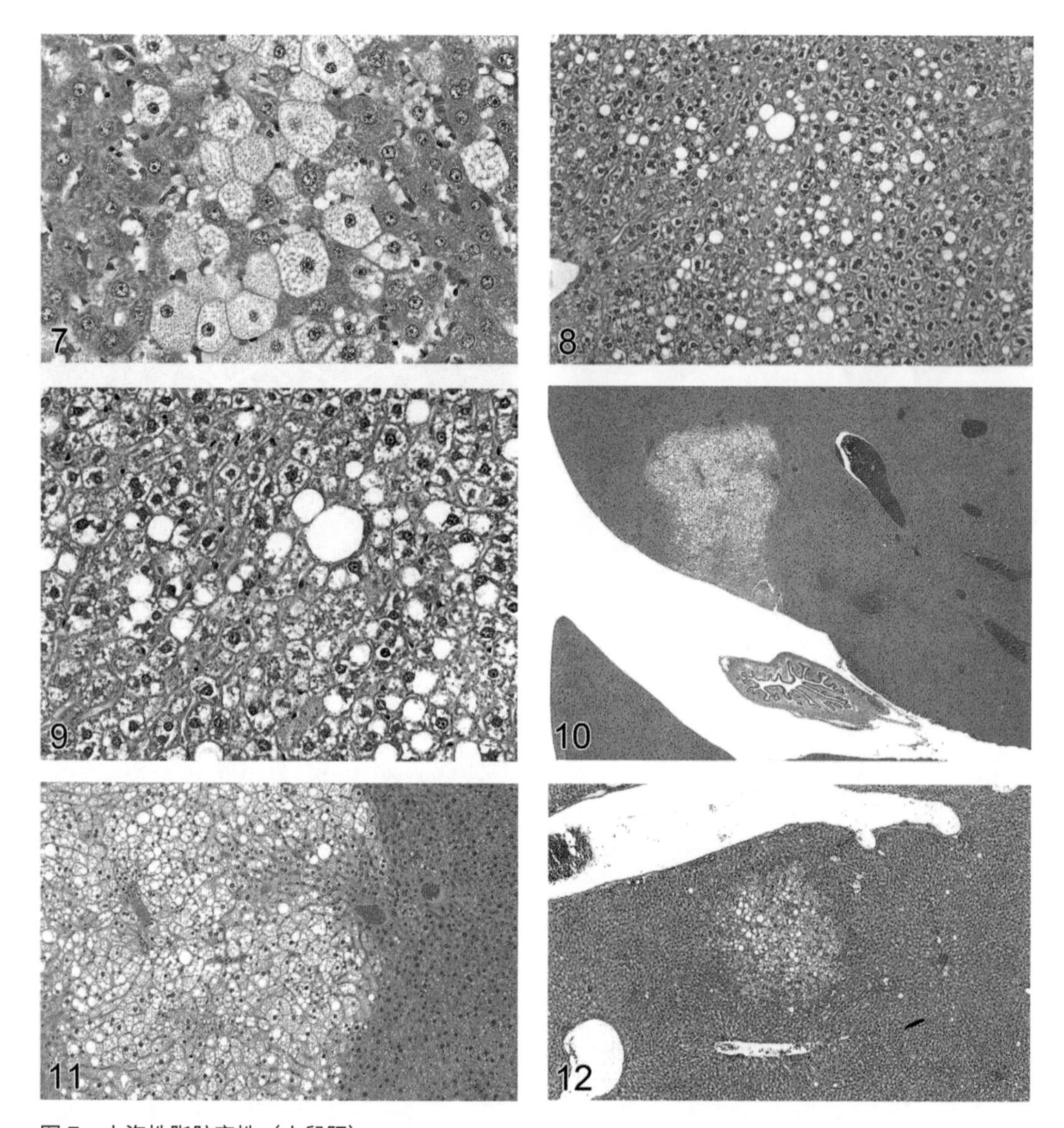

图 7　小泡性脂肪变性（小鼠肝）

图 8　脂肪变性与胞质糖原混合（小鼠肝）

图 9　脂肪变性与胞质糖原混合，图 8 高倍放大（小鼠肝）

图 10　张力性脂质沉积（小鼠肝）

图 11　张力性脂质沉积，图 10 高倍放大（小鼠肝）

图 12　局灶性脂肪变性（大鼠肝）

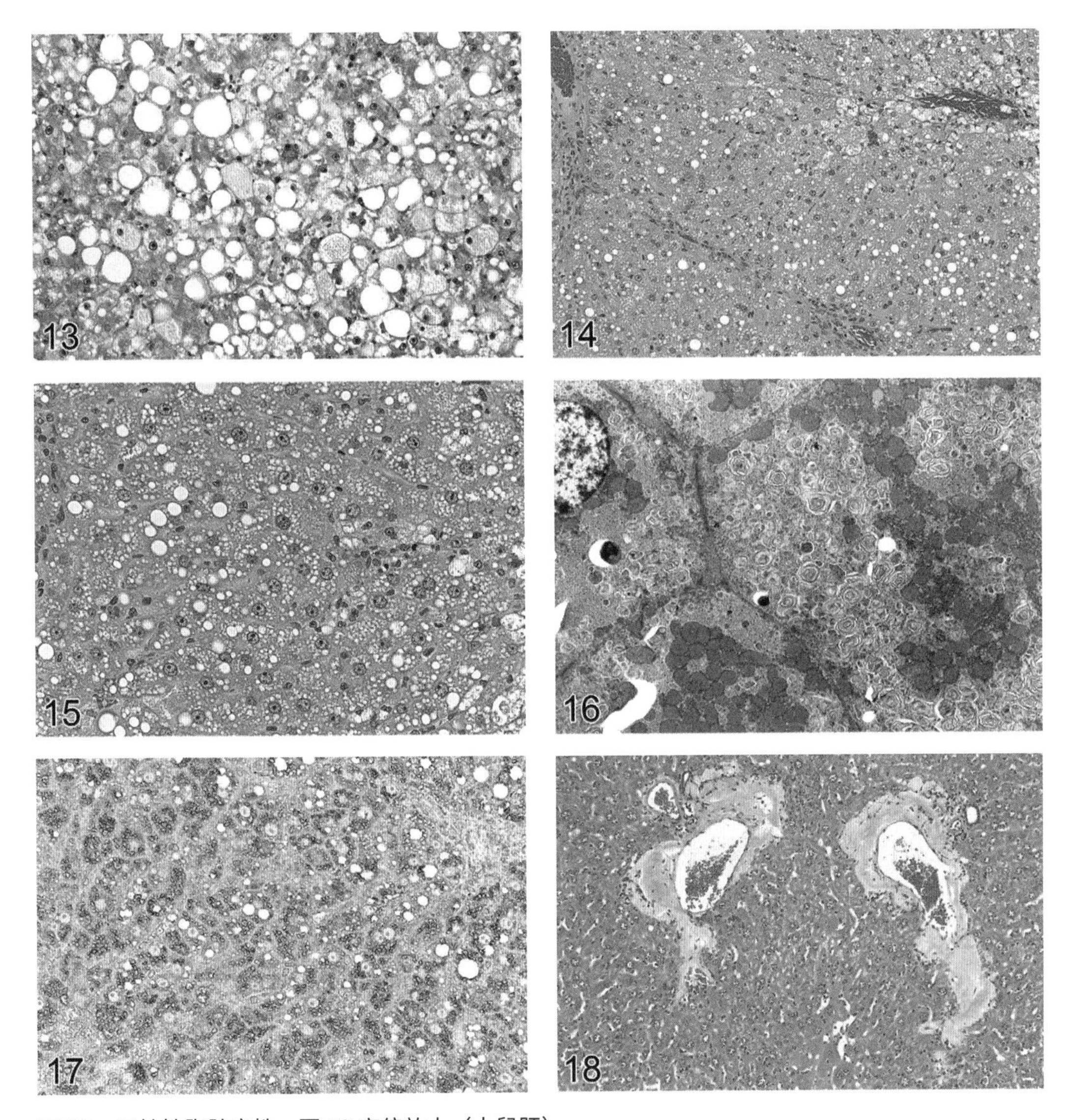

图 13　局灶性脂肪变性，图 12 高倍放大（大鼠肝）

图 14　磷脂质沉积症（大鼠肝）

图 15　磷脂质沉积症，图 14 高倍放大（大鼠肝）

图 16　磷脂质沉积症，EM 同心膜包裹溶酶体髓样小体 / 板层小体（大鼠肝）

图 17　磷脂质沉积症，中心小泡形成，LAMP-2 染色阳性（大鼠肝）

图 18　淀粉样变性（小鼠肝）

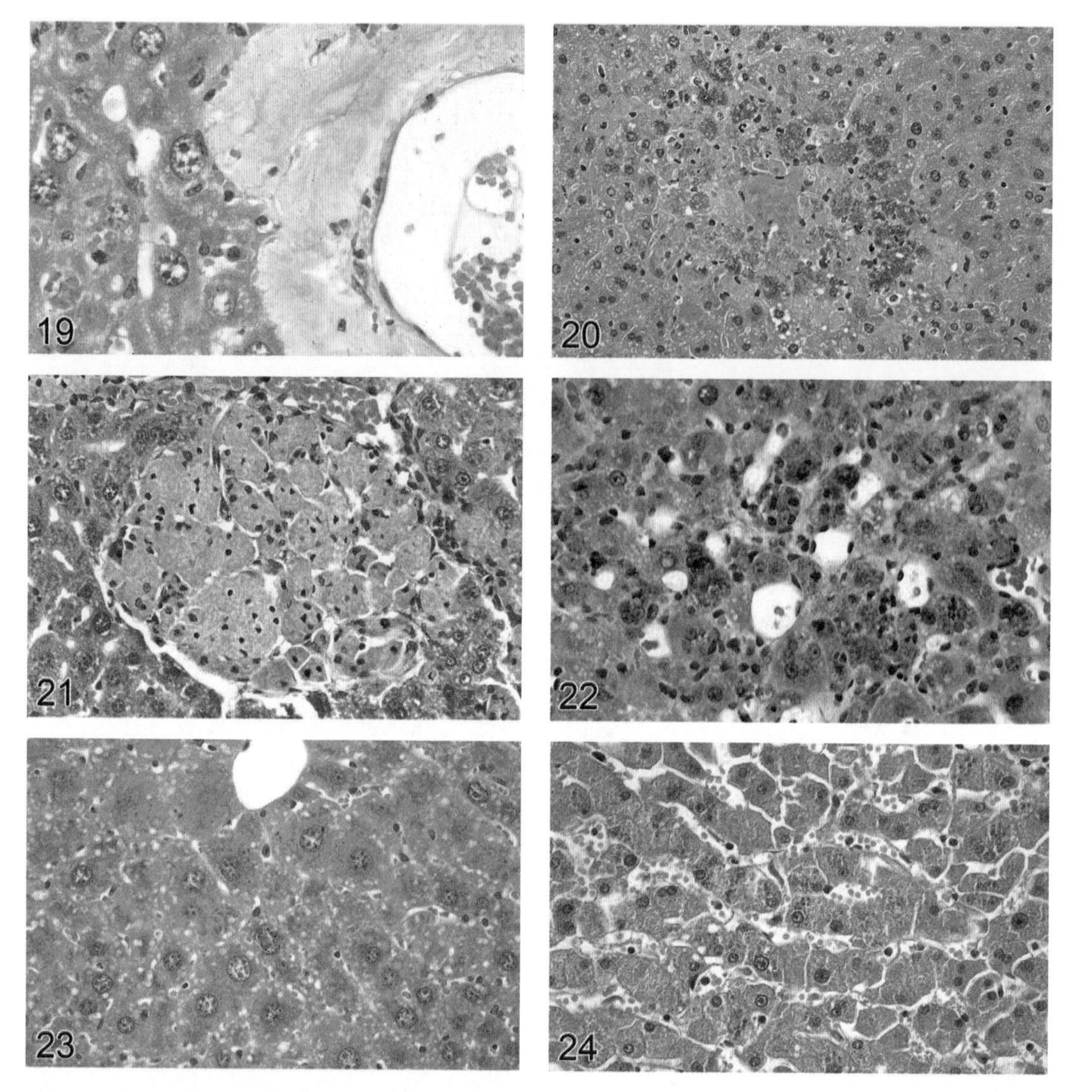

图 19　淀粉样变，图 18 高倍放大（小鼠肝）

图 20　与小叶中央坏死相关的局灶性矿化（小鼠肝）

图 21　组织细胞灶中的色素沉着（小鼠肝）

图 22　色素沉着（大鼠肝）

图 23　小叶中央型肝细胞肥大伴胆汁淤积（小鼠肝）

图 24　胆汁淤积（小鼠肝）

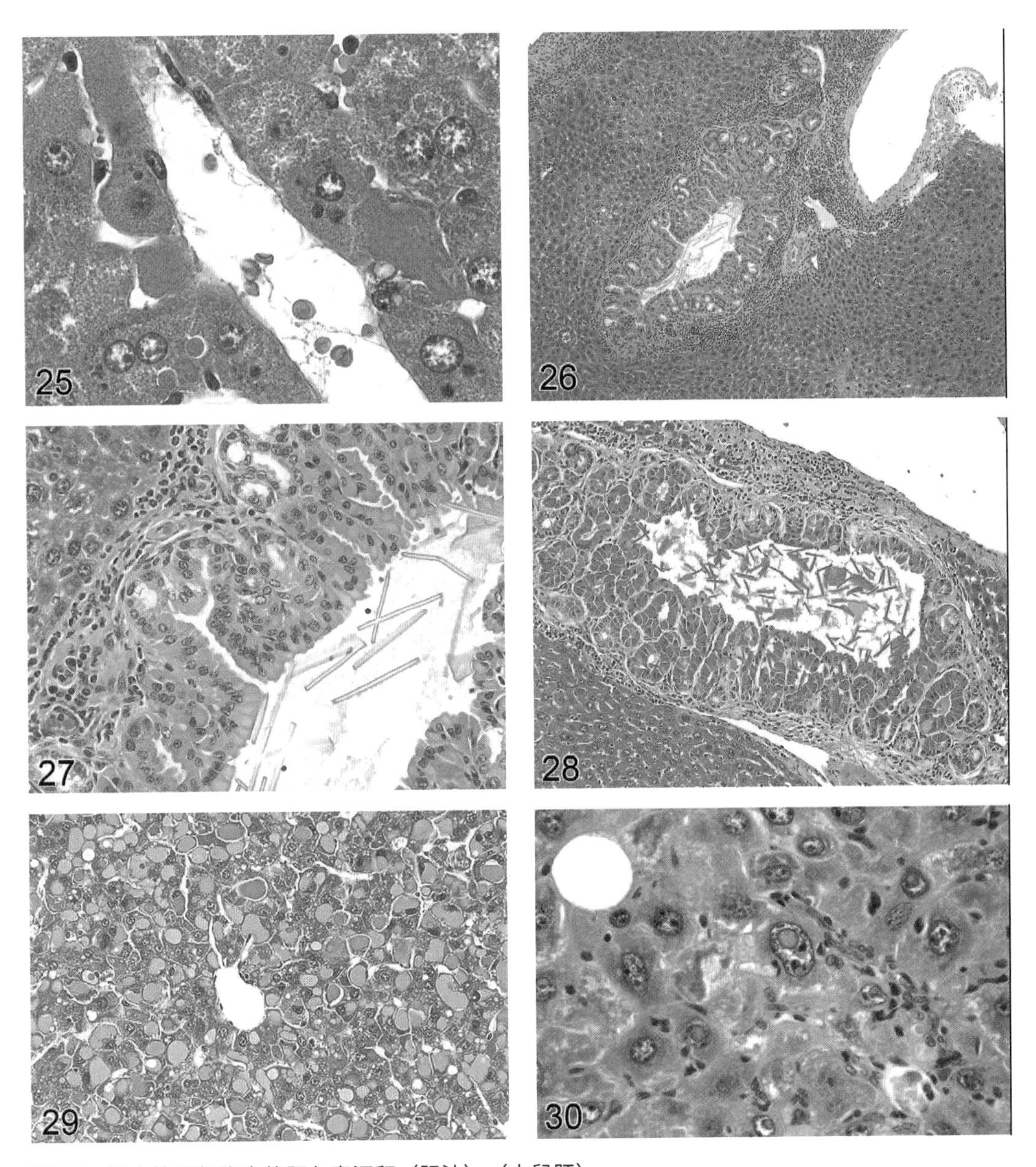

图 25　肥大的肝细胞内的胆色素沉积（胆汁）（大鼠肝）

图 26　增生胆管的透明变性伴有结晶形成和胆管周围炎细胞浸润（小鼠肝）

图 27　增生胆管的透明变性伴有结晶形成和胆管周围炎细胞浸润，图 26 高倍放大（小鼠肝）

图 28　增生胆管的透明变性伴有结晶形成（小鼠肝）

图 29　肝细胞腺瘤中胞质内的大量透明小体（小鼠肝）

图 30　核内包含物（胞质内陷物）（小鼠肝）

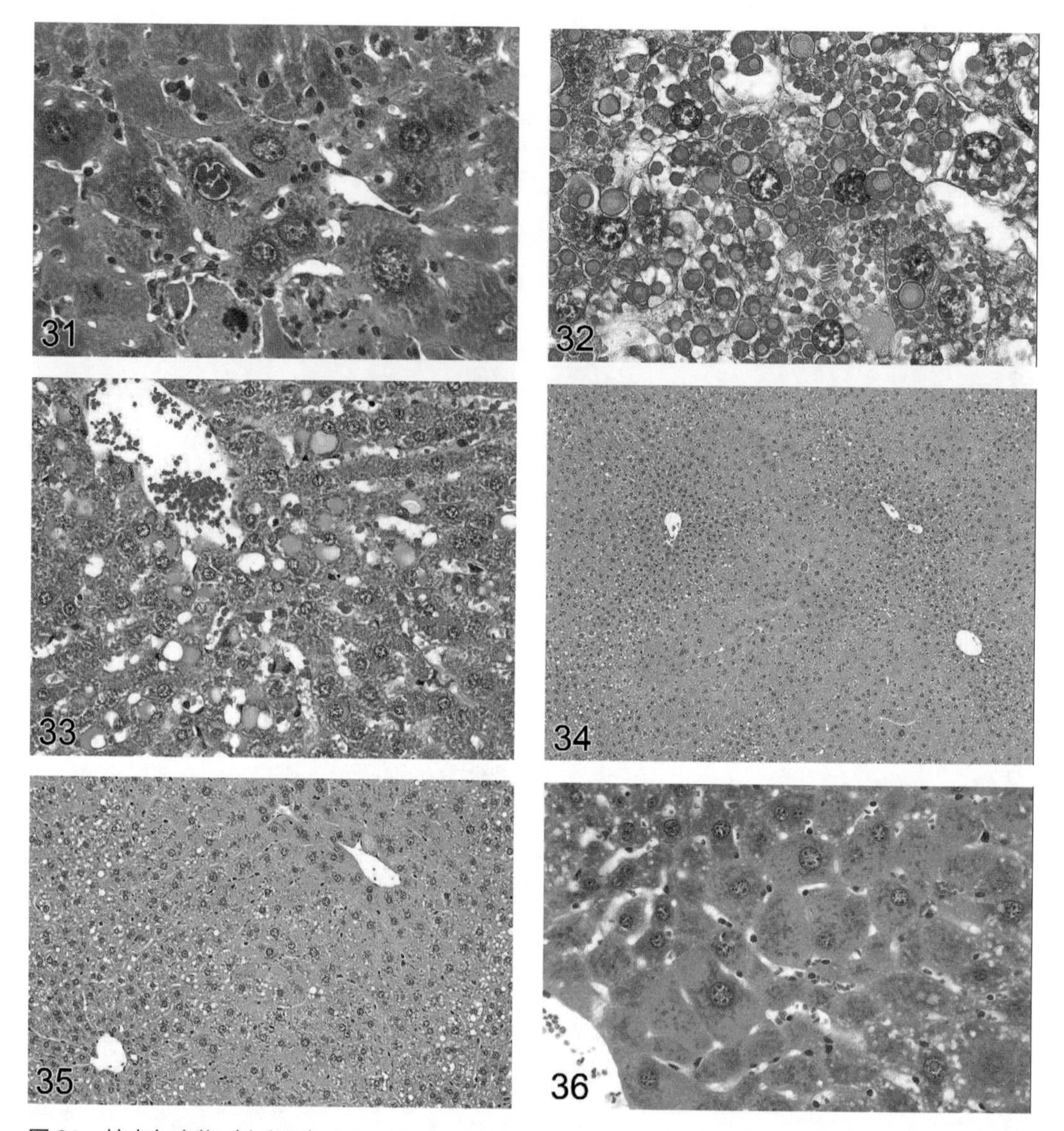

图 31　核内包含物（小鼠肝）

图 32　肝细胞腺瘤中的胞质包含物（小鼠肝）

图 33　血浆注入（小鼠肝）

图 34　小叶中央型肝细胞肥大（小鼠肝）

图 35　小叶中央型肝细胞肥大的高倍放大（小鼠肝）

图 36　肝细胞肥大（小鼠肝）

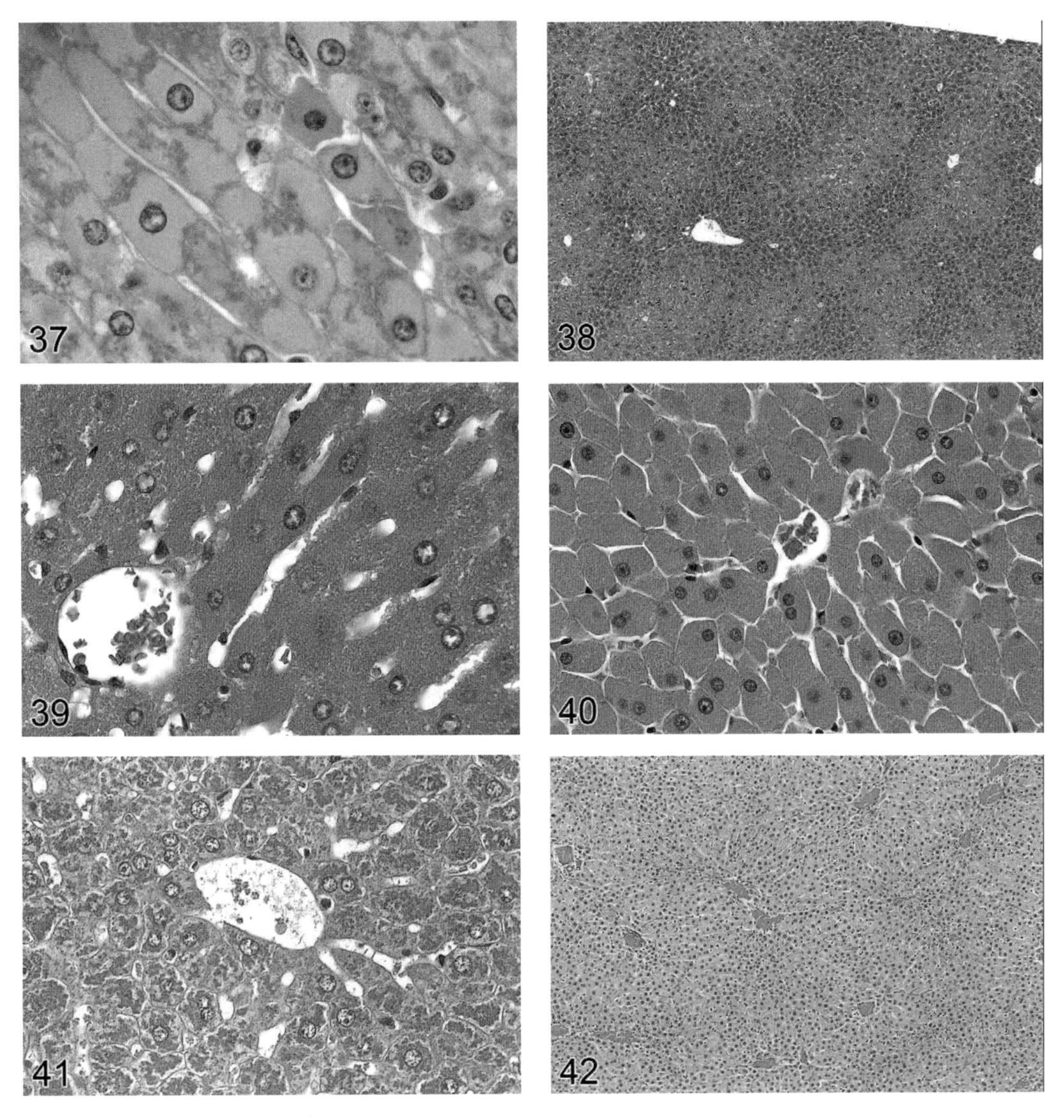

图 37　肝细胞肥大（小鼠肝）

图 38　小叶中央型肝细胞肥大（小鼠肝）

图 39　用过氧化物酶体增生剂处理后，伴有嗜酸颗粒性细胞质的肝细胞肥大（大鼠肝）

图 40　用过氧化物酶体增生剂处理后的肝细胞肥大（大鼠肝）

图 41　线粒体肥大所致的肝细胞体积增大（大鼠肝）

图 42　萎缩（大鼠肝）

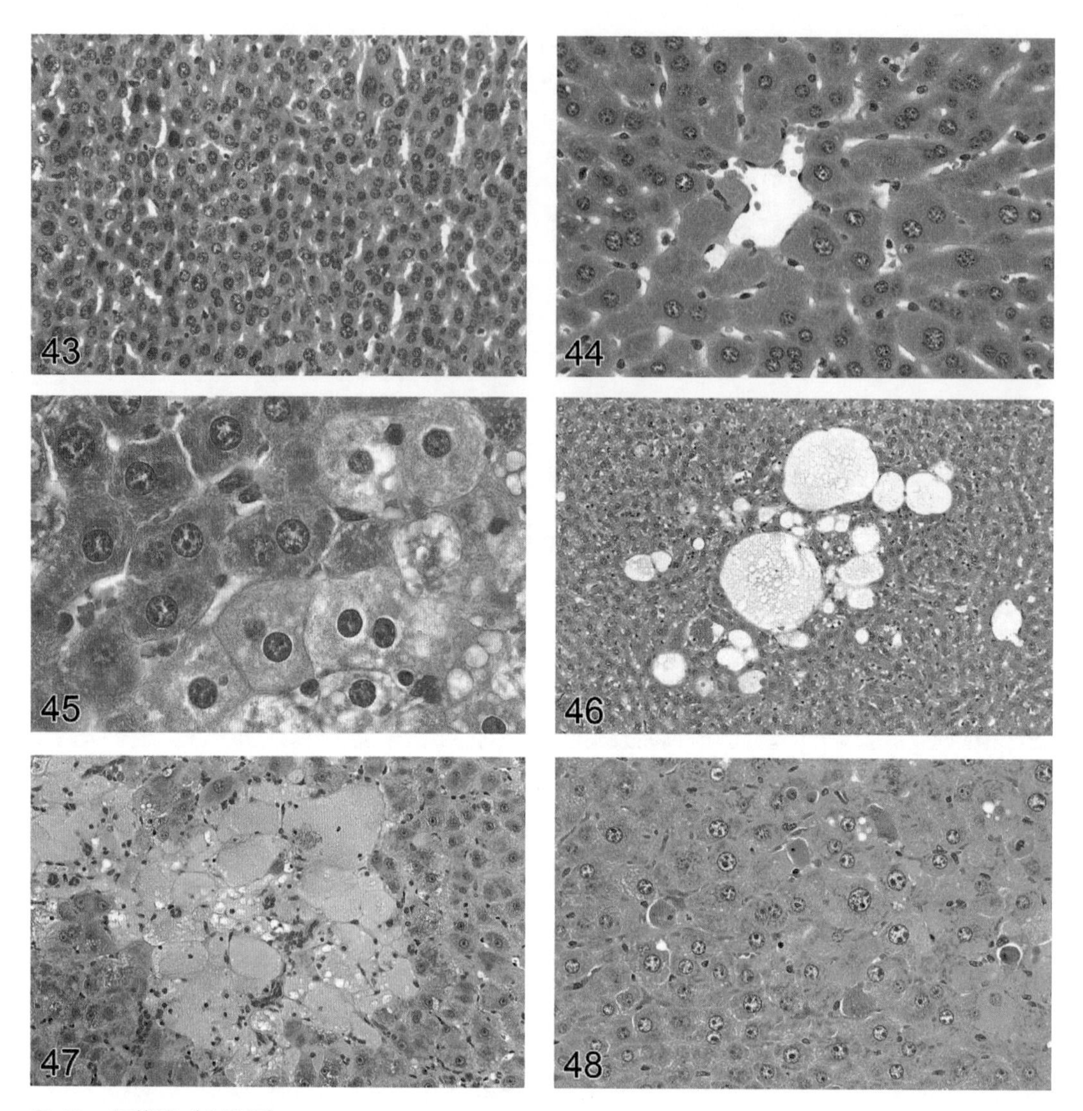

图 43　肝萎缩（小鼠肝）

图 44　细胞质变化（小鼠肝）

图 45　水样变性（小鼠肝）

图 46　囊性变性（大鼠肝）

图 47　囊性变性（大鼠肝）

图 48　细胞凋亡（小鼠肝）

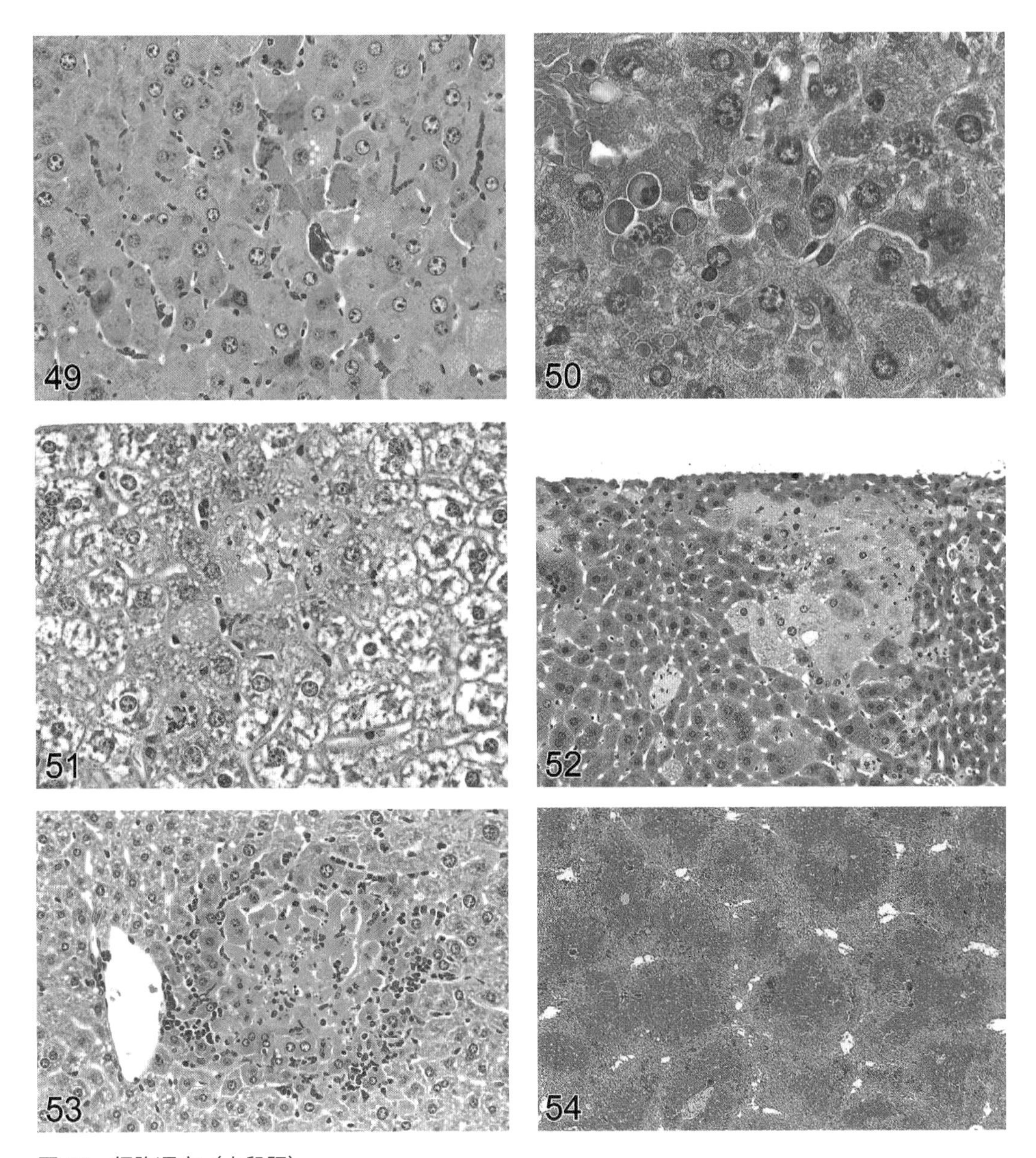

图 49　细胞凋亡（小鼠肝）

图 50　细胞凋亡（小鼠肝）

图 51 和图 53　局灶性坏死（小鼠肝）

图 52　多灶性坏死（小鼠肝）

图 54　小叶中心桥接坏死（大鼠肝）

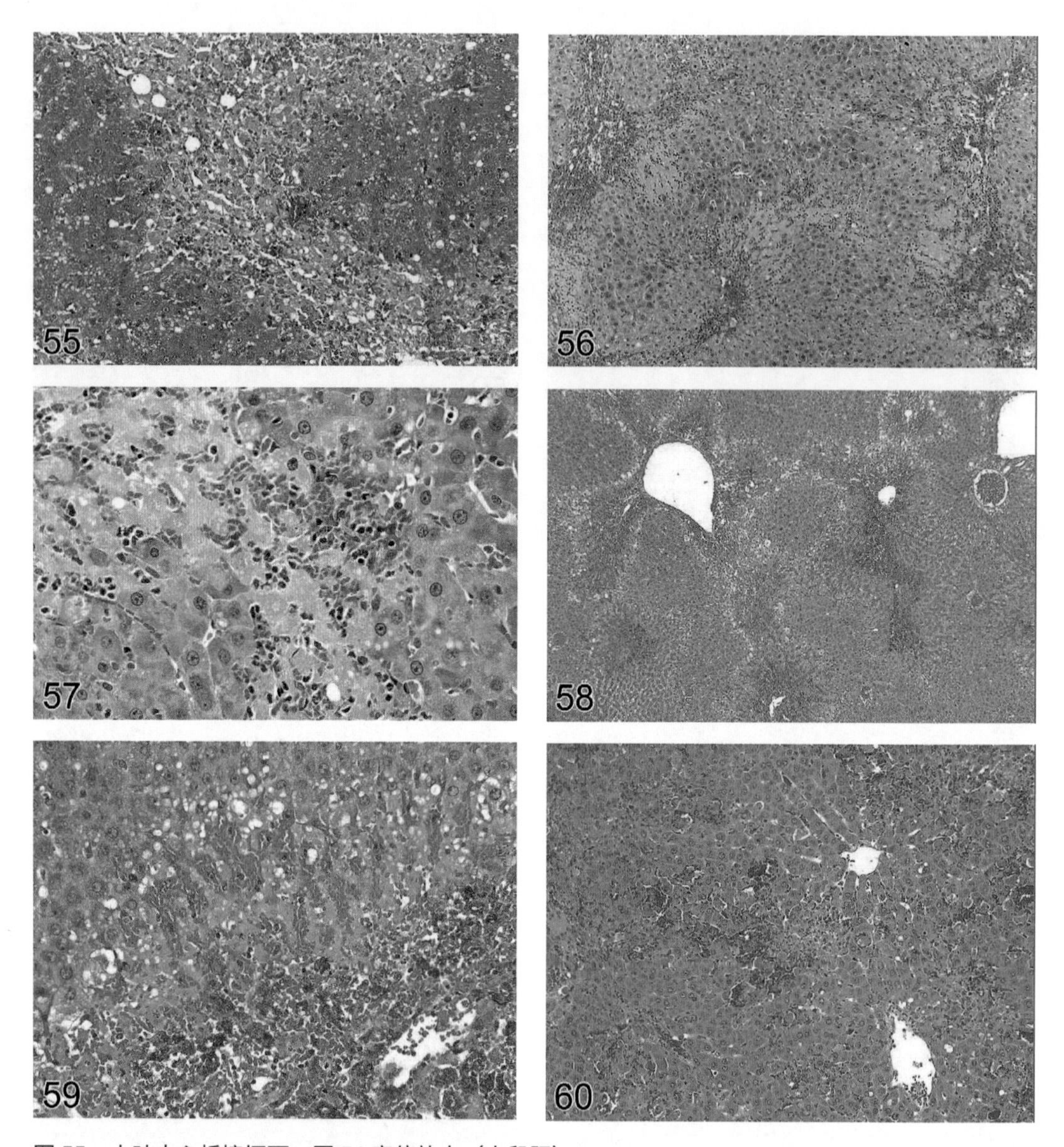

图 55　小叶中心桥接坏死，图 54 高倍放大（大鼠肝）

图 56　早期桥接的小叶中心坏死（大鼠肝）

图 57　早期桥接的小叶中心坏死，图 56 高倍放大（大鼠肝）

图 58　伴有矿化的小叶中心桥接坏死（大鼠肝）

图 59　伴有矿化的小叶中心桥接坏死，图 58 高倍放大（大鼠肝）

图 60　中间带坏死（大鼠肝）

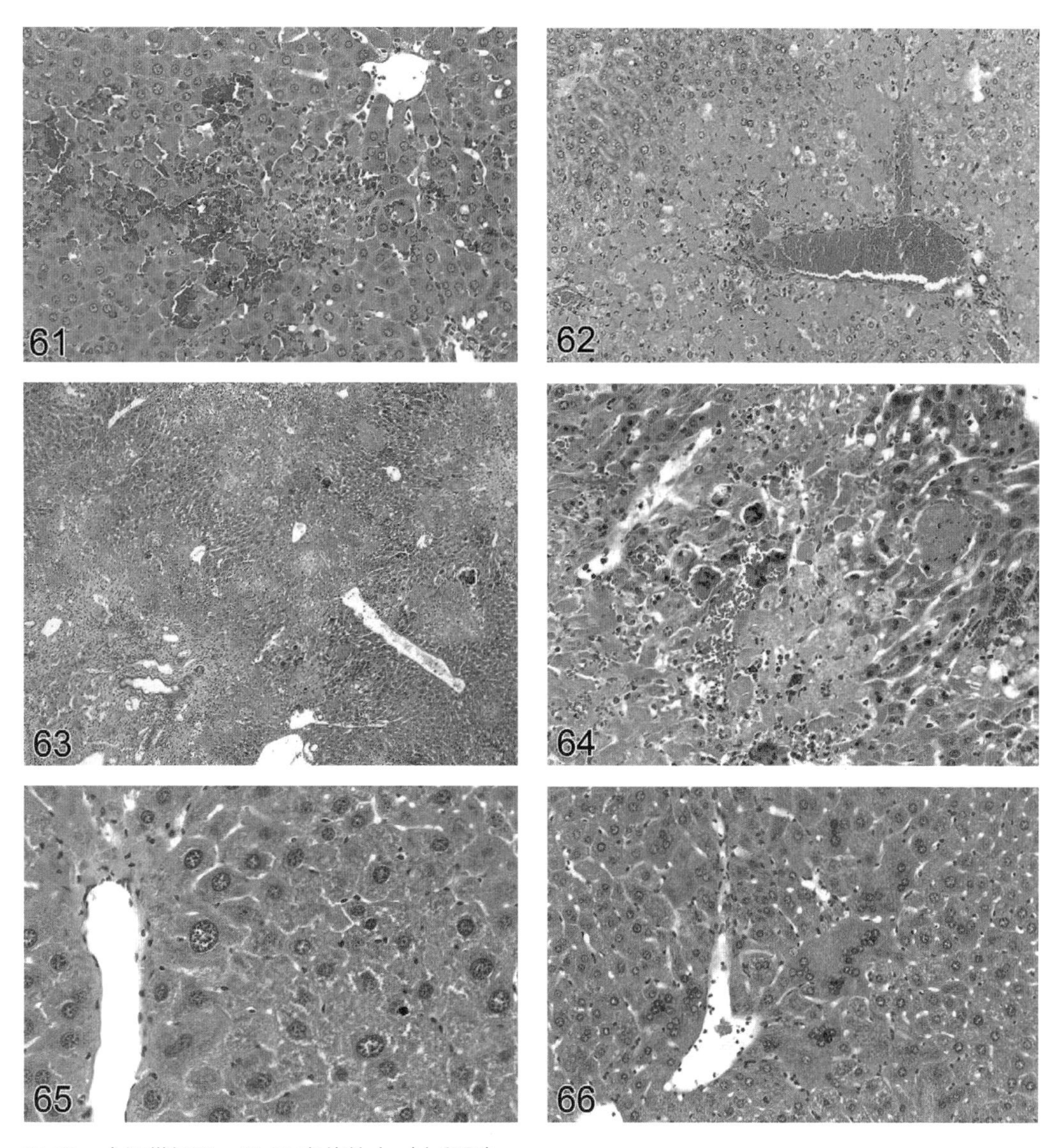

图 61　中间带坏死，图 60 高倍放大（大鼠肝）

图 62　汇管区周围坏死（小鼠肝）

图 63　弥漫性坏死，伴有炎症和胆管增生（图左下方）（小鼠肝）

图 64　小鼠肝炎病毒感染时的弥漫性坏死和多核巨细胞，图 63 高倍放大（小鼠肝）

图 65　巨核肝细胞（小鼠肝）

图 66　多核肝细胞，巨核肝细胞（小鼠肝）

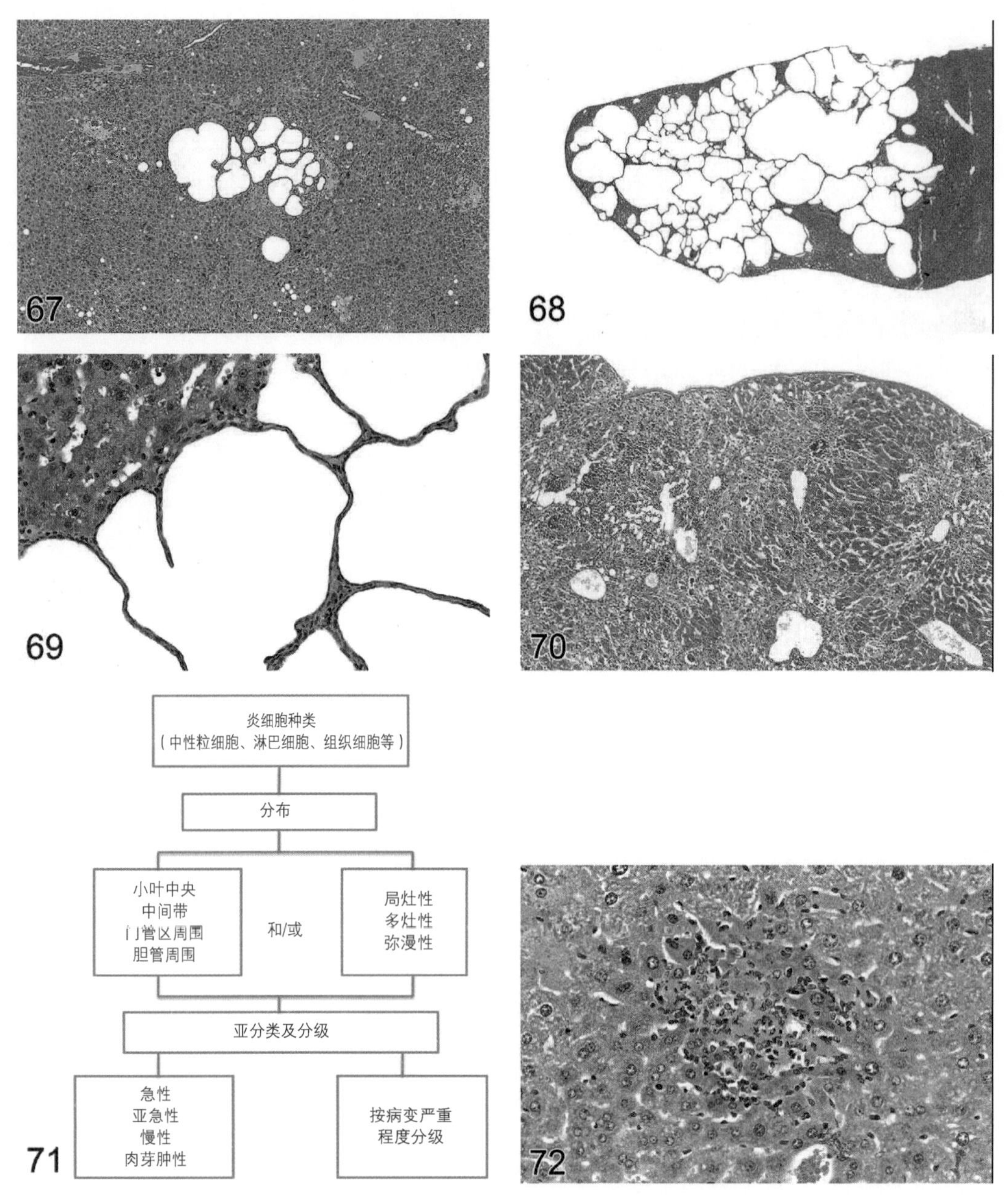

图 67　胆管囊肿（大鼠肝）

图 68　胆管囊肿（大鼠肝）

图 69　胆管囊肿，图 68 高倍放大（大鼠肝）

图 70　广泛化炎症，坏死后轻度纤维化。小鼠肝炎病毒感染（小鼠肝）

图 71　肝脏炎症反应分类的描述方法

图 72　肝细胞坏死相关的局灶性中性粒细胞浸润（小鼠肝）

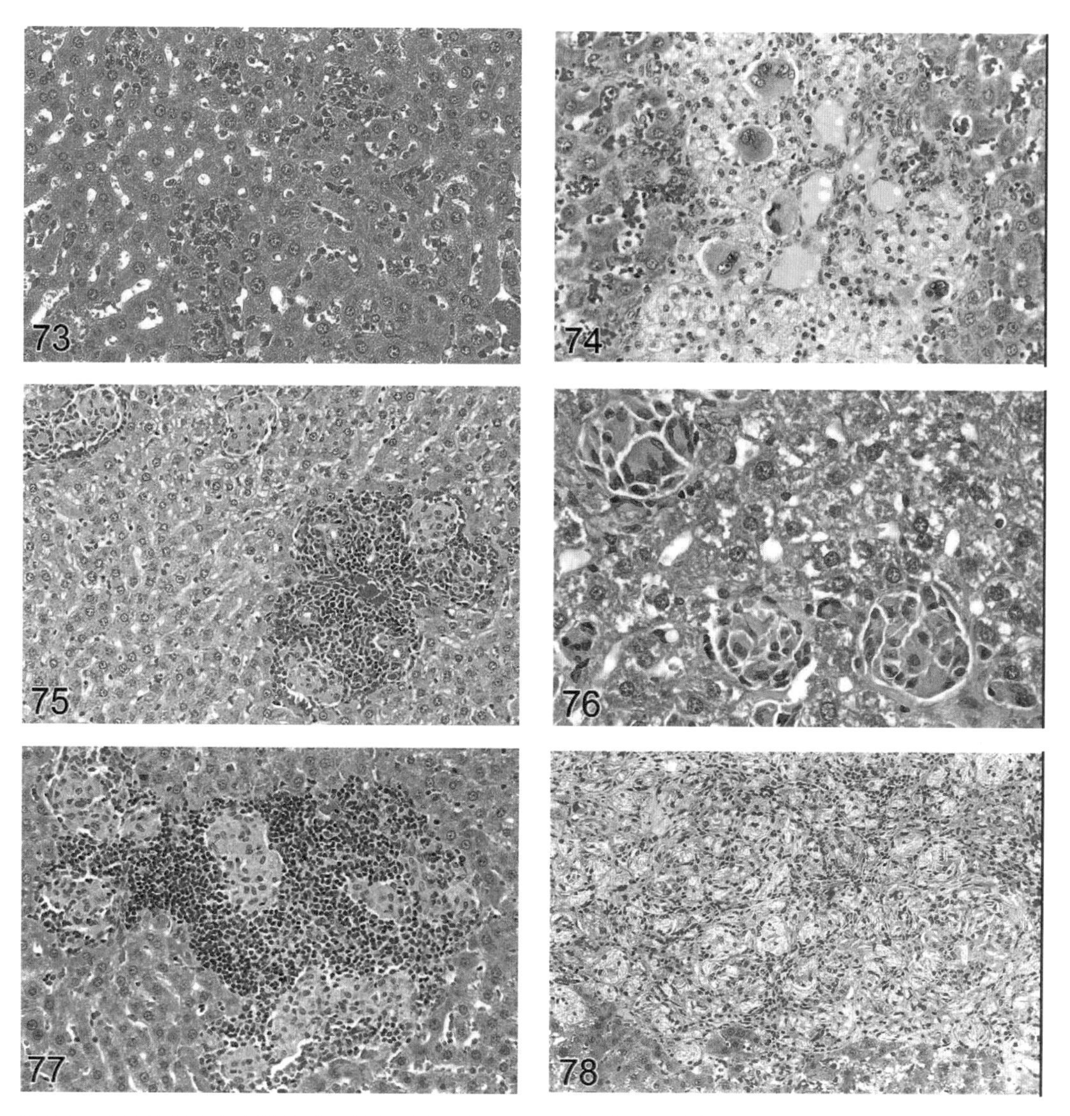

图 73　多灶性单个核细胞浸润，诺如病毒（Norovirus）感染（小鼠肝）

图 74　单个核细胞浸润，伴有载色素组织细胞和多核巨细胞的肉芽肿性炎症（大鼠肝）

图 75　混合性炎细胞浸润和肉芽肿性炎症（大鼠肝）

图 76　单个核细胞浸润（微肉芽肿）

图 77　单个核细胞浸润（大鼠肝）

图 78　单个核细胞浸润，肉芽肿性炎症（胆固醇肉芽肿）（大鼠肝）

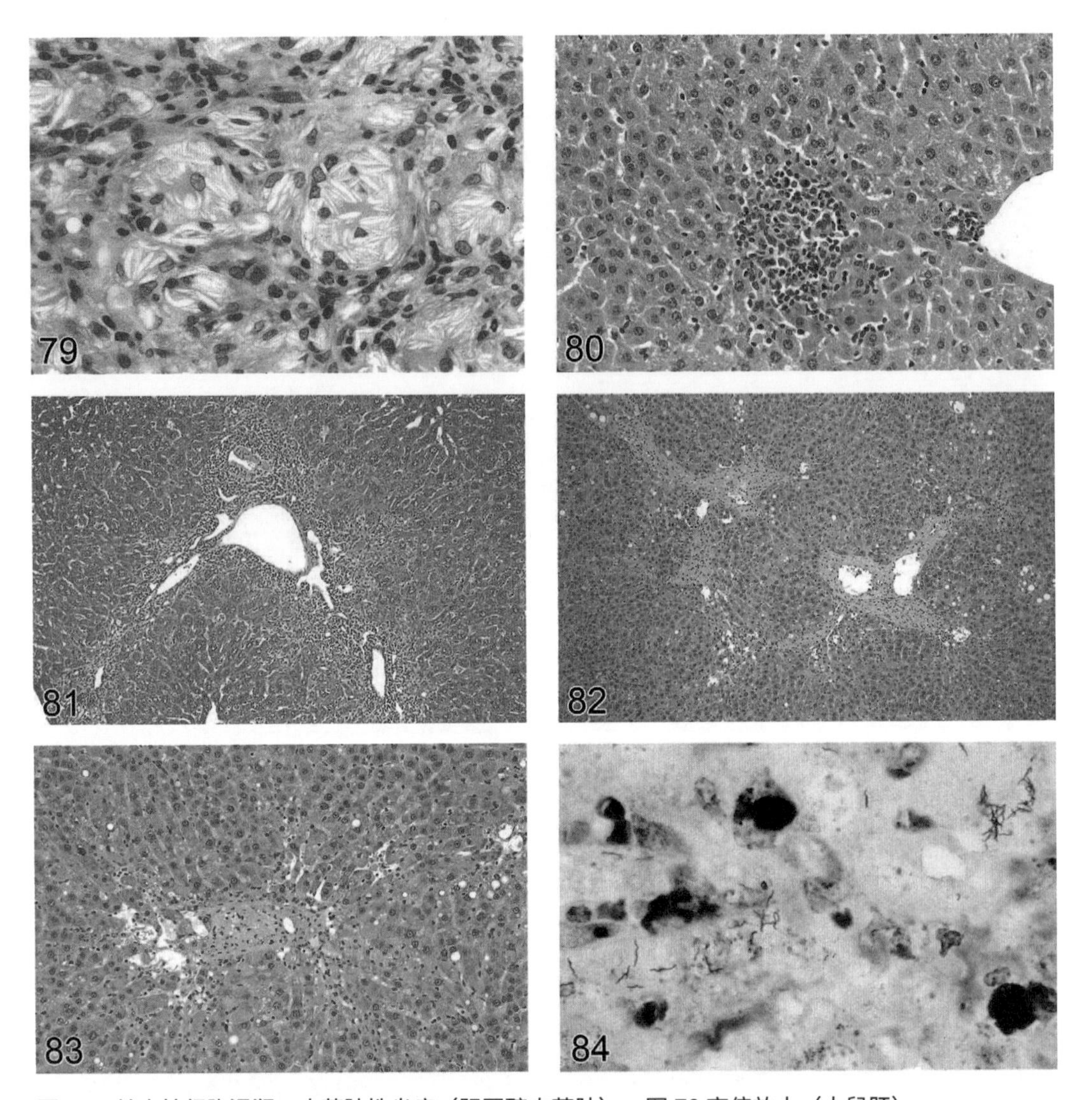

图 79　单个核细胞浸润，肉芽肿性炎症（胆固醇肉芽肿），图 78 高倍放大（大鼠肝）

图 80　局灶性中性粒细胞浸润（小鼠肝）

图 81　汇管区周围性细胞浸润（小鼠肝）

图 82　纤维化，小叶间早期桥接（大鼠肝）

图 83　纤维化，图 82 高倍放大（大鼠肝）

图 84　银染显示的幽门螺杆菌（小鼠肝）

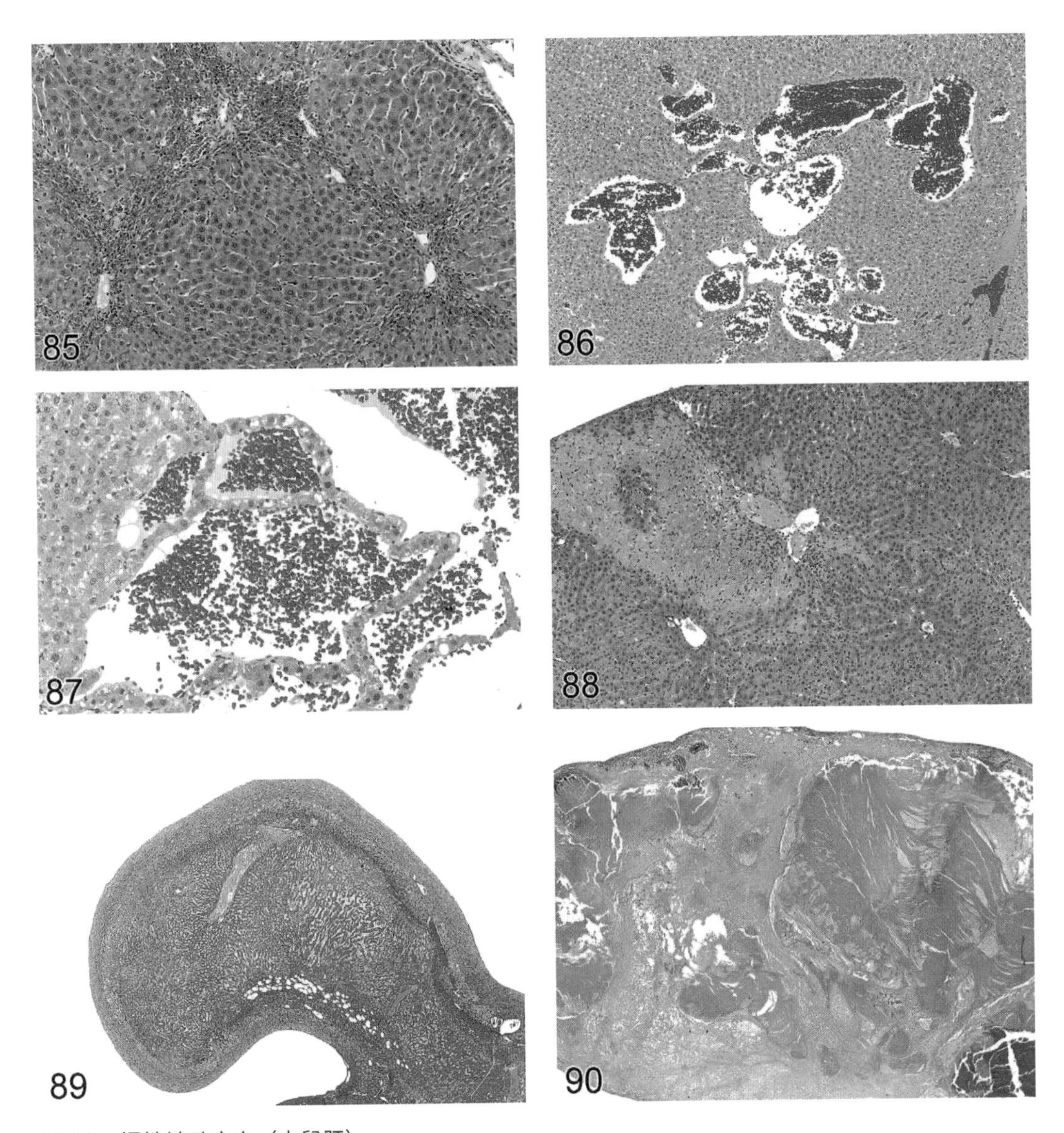

图 85　慢性被动充血（大鼠肝）

图 86　血管扩张（大鼠肝）

图 87　血管扩张（大鼠肝）

图 88　血栓形成和相关区域的坏死（大鼠肝）

图 89　梗死的小叶（小鼠肝）

图 90　梗死（小鼠肝）

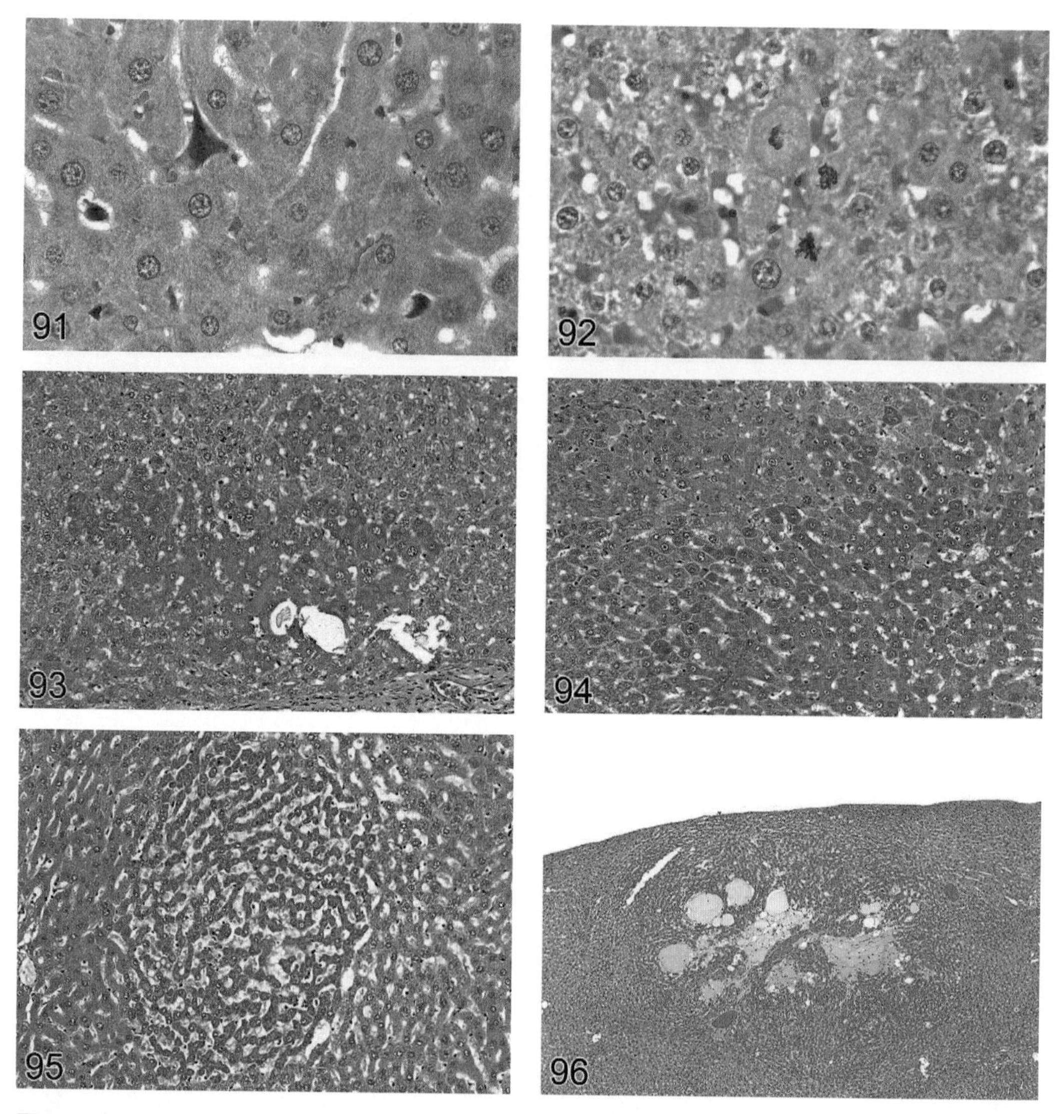

图 91　内皮细胞核巨大（肝窦细胞核巨大）（大鼠肝）

图 92　有丝分裂增多（小鼠肝）

图 93　弥漫性嗜碱性细胞灶（大鼠肝）

图 94　弥漫性嗜碱性细胞灶，图 93 高倍放大（大鼠肝）

图 95　嗜碱性细胞变异灶（虎斑样）（大鼠肝）

图 96　伴有囊性变性的嗜碱性细胞变异灶（大鼠肝）

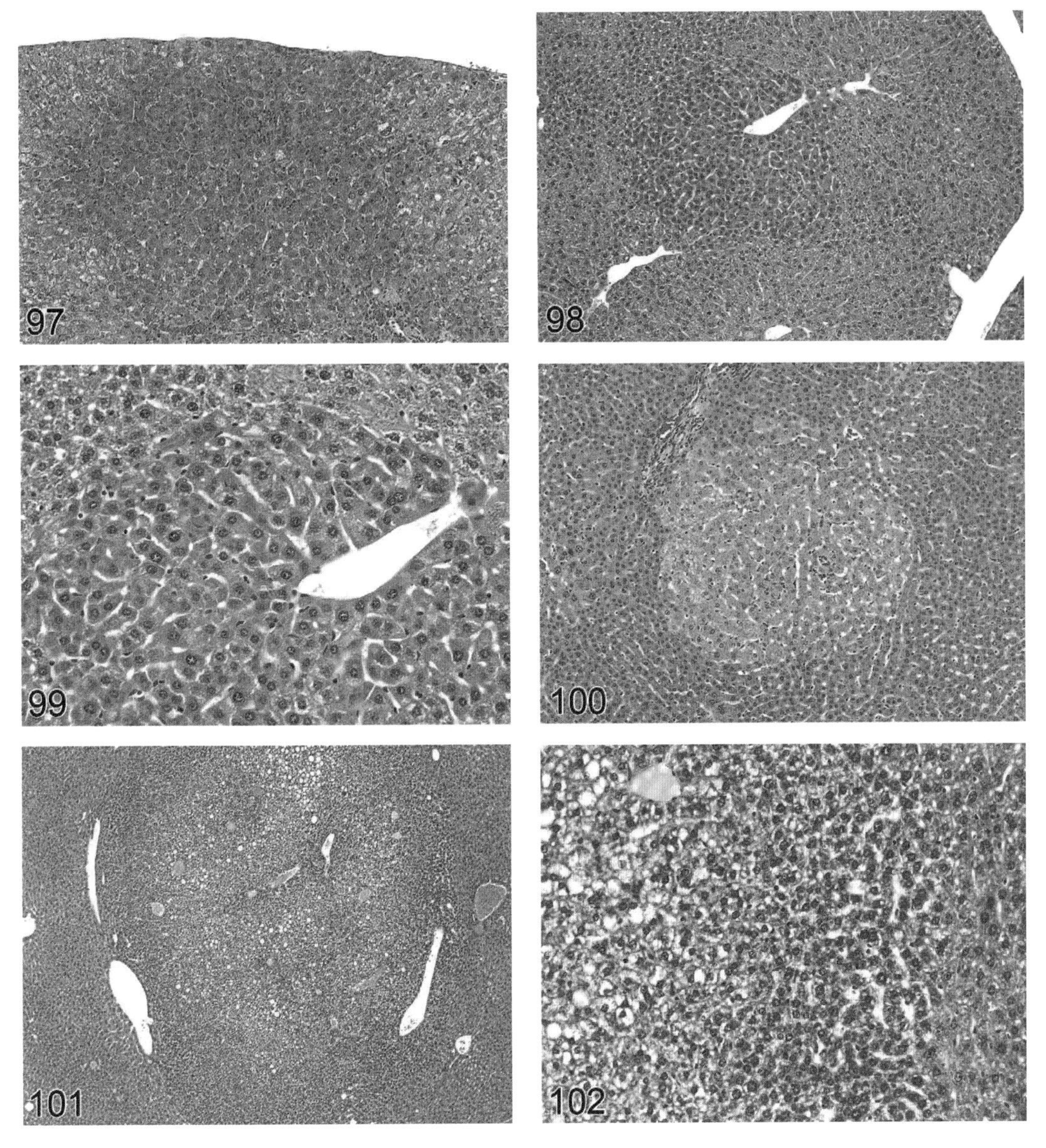

图 97　嗜碱性细胞变异灶（大鼠肝）

图 98　嗜酸性细胞变异灶（大鼠肝）

图 99　嗜酸性细胞变异灶，图 98 高倍放大（大鼠肝）

图 100　嗜酸性细胞变异灶，细胞质呈淡红色（大鼠肝）

图 101　一个大的嗜碱性细胞变异灶，肝细胞中心可见糖原（小鼠肝）

图 102　嗜碱性细胞变异灶，肝细胞中心可见糖原，图 101 边缘高倍放大（小鼠肝）

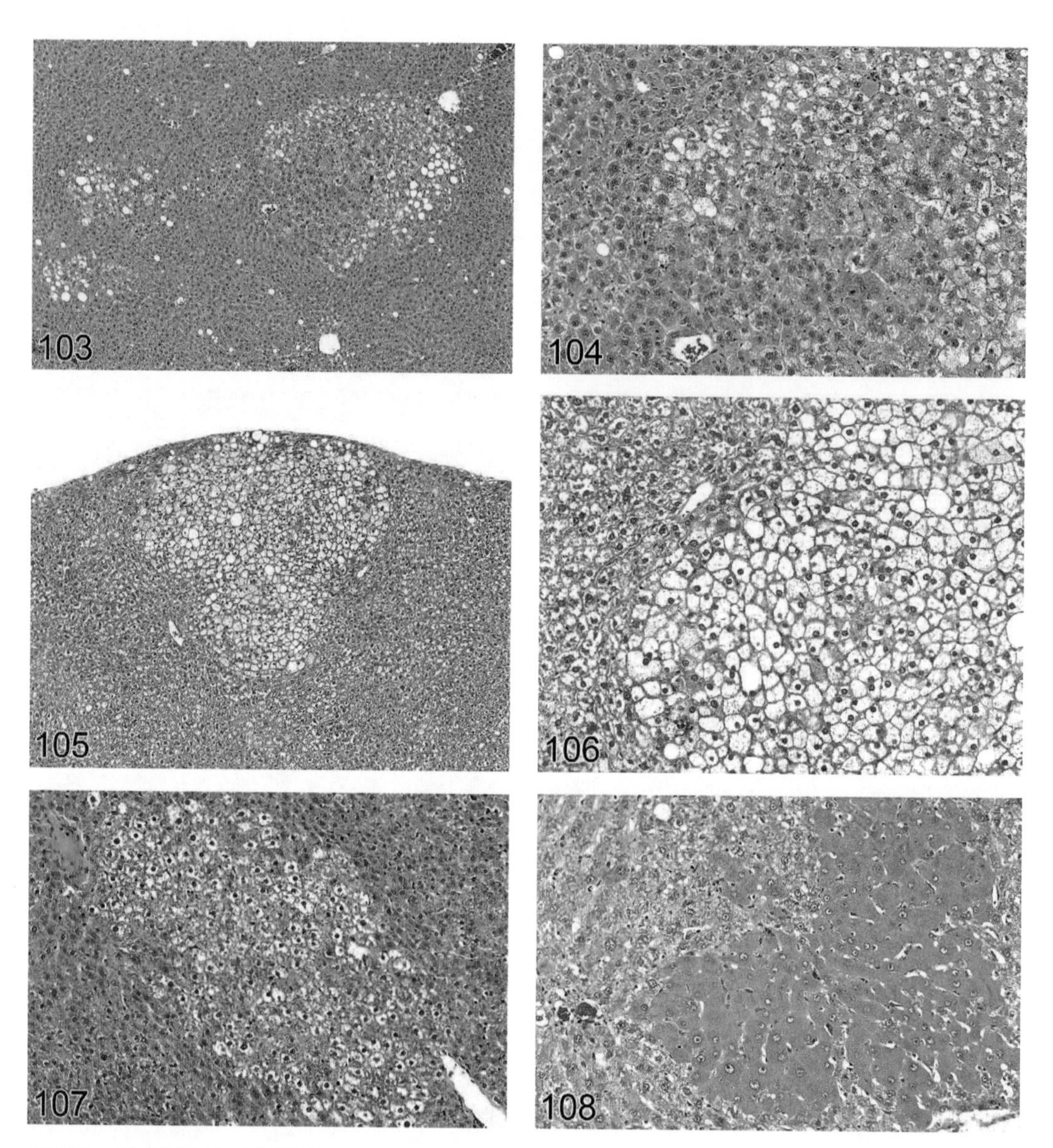

图 103　混合细胞灶（大鼠肝）

图 104　混合细胞灶，图 103 高倍放大（大鼠肝）

图 105　透明细胞灶（小鼠肝）

图 106　透明细胞灶，图 105 高倍放大（小鼠肝）

图 107　透明细胞变异灶（大鼠肝）

图 108　双嗜性细胞灶（大鼠肝）

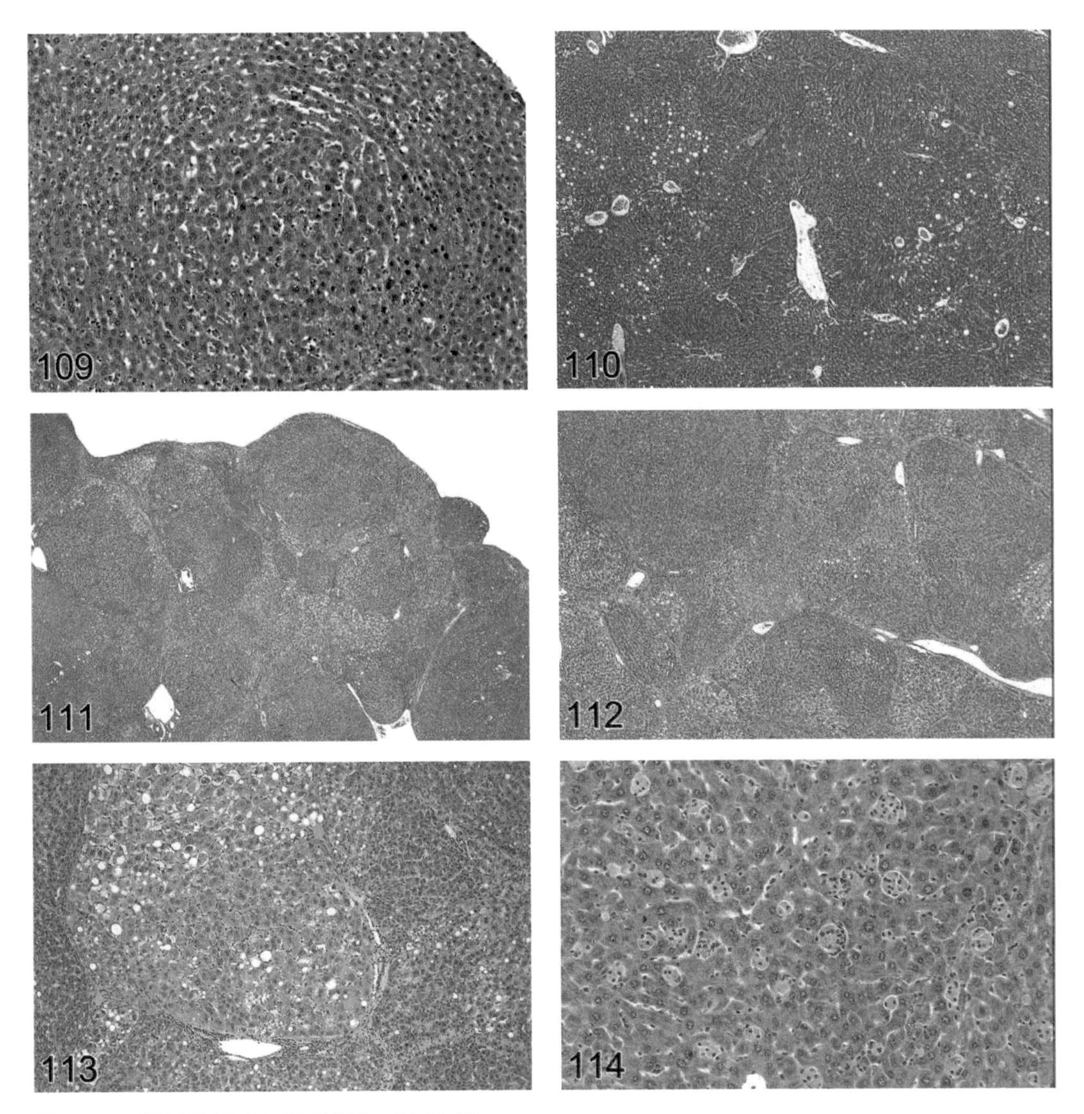

图 109　早期肝细胞非再生性增生（大鼠肝）

图 110　肝细胞非再生性增生（大鼠肝）

图 111　肝细胞再生性增生（大鼠肝）

图 112　肝细胞再生性增生，图 111 高倍放大（大鼠肝）

图 113　肝细胞再生性增生，图 111 高倍放大（大鼠肝）

图 114　枯否细胞增生（小鼠肝）

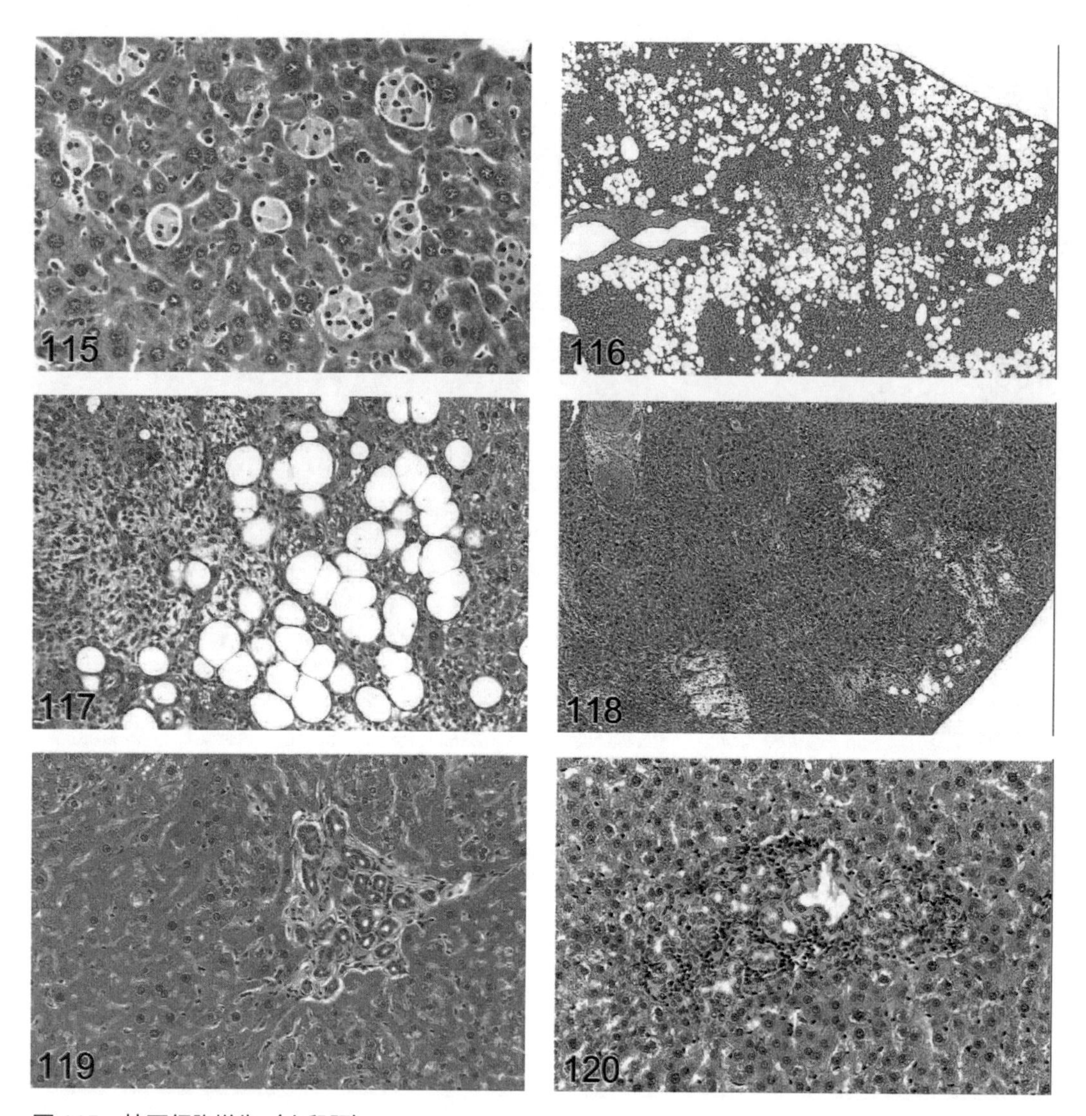

图 115　枯否细胞增生（小鼠肝）

图 116　细胞增生（小鼠肝）

图 117　细胞增生，图 116 高倍放大（小鼠肝）

图 118　多灶性细胞增生（小鼠肝）

图 119　胆管增生（大鼠肝）

图 120　胆管增生伴随单核细胞浸润（大鼠肝）

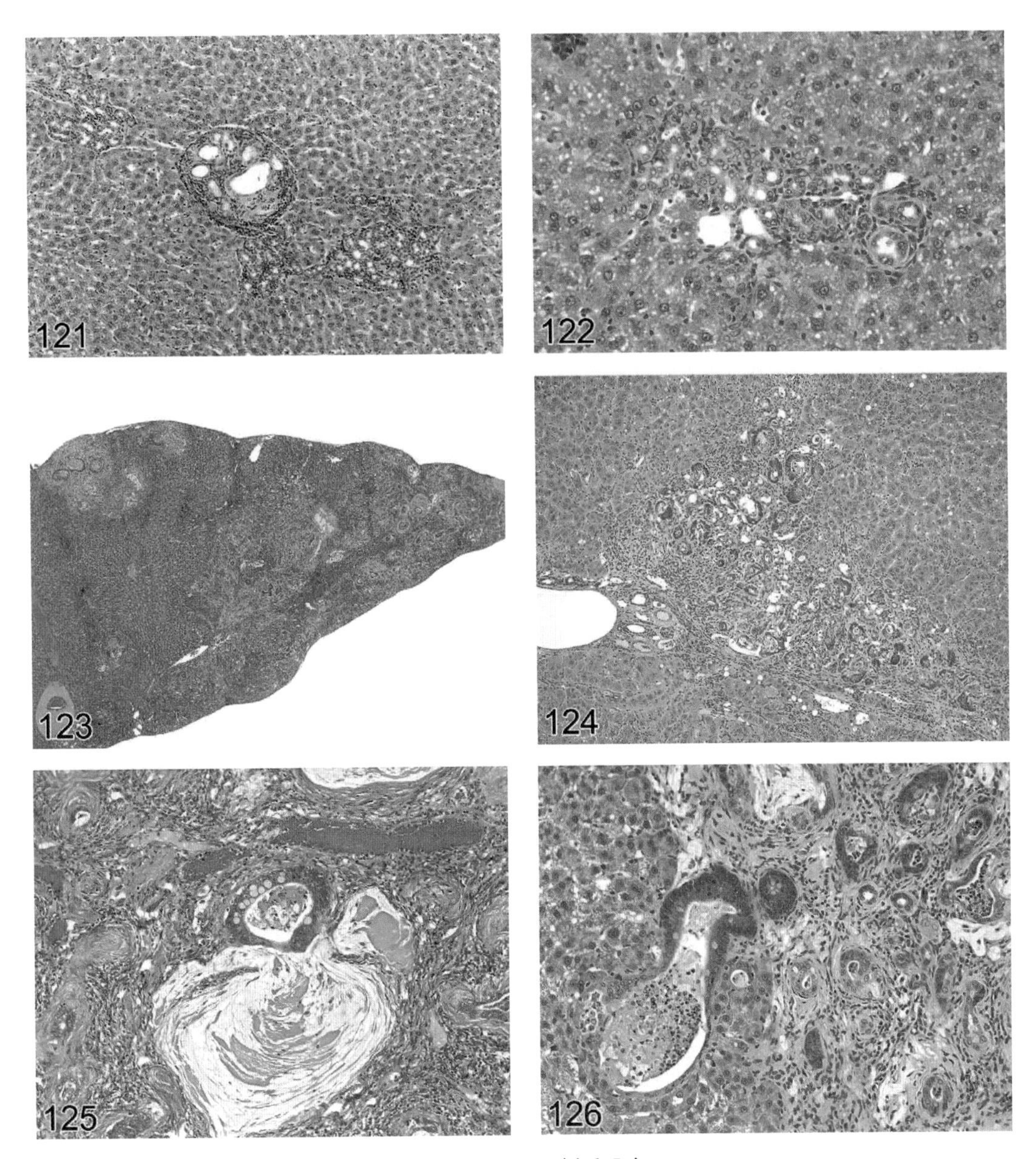

图 121　胆管增生伴随单个核细胞浸润及早期纤维化（大鼠肝）

图 122　胆管增生（大鼠肝）

图 123　胆管纤维化（大鼠肝）

图 124　胆管纤维化（大鼠肝）

图 125　胆管纤维化（大鼠肝）

图 126　胆管纤维化（大鼠肝）

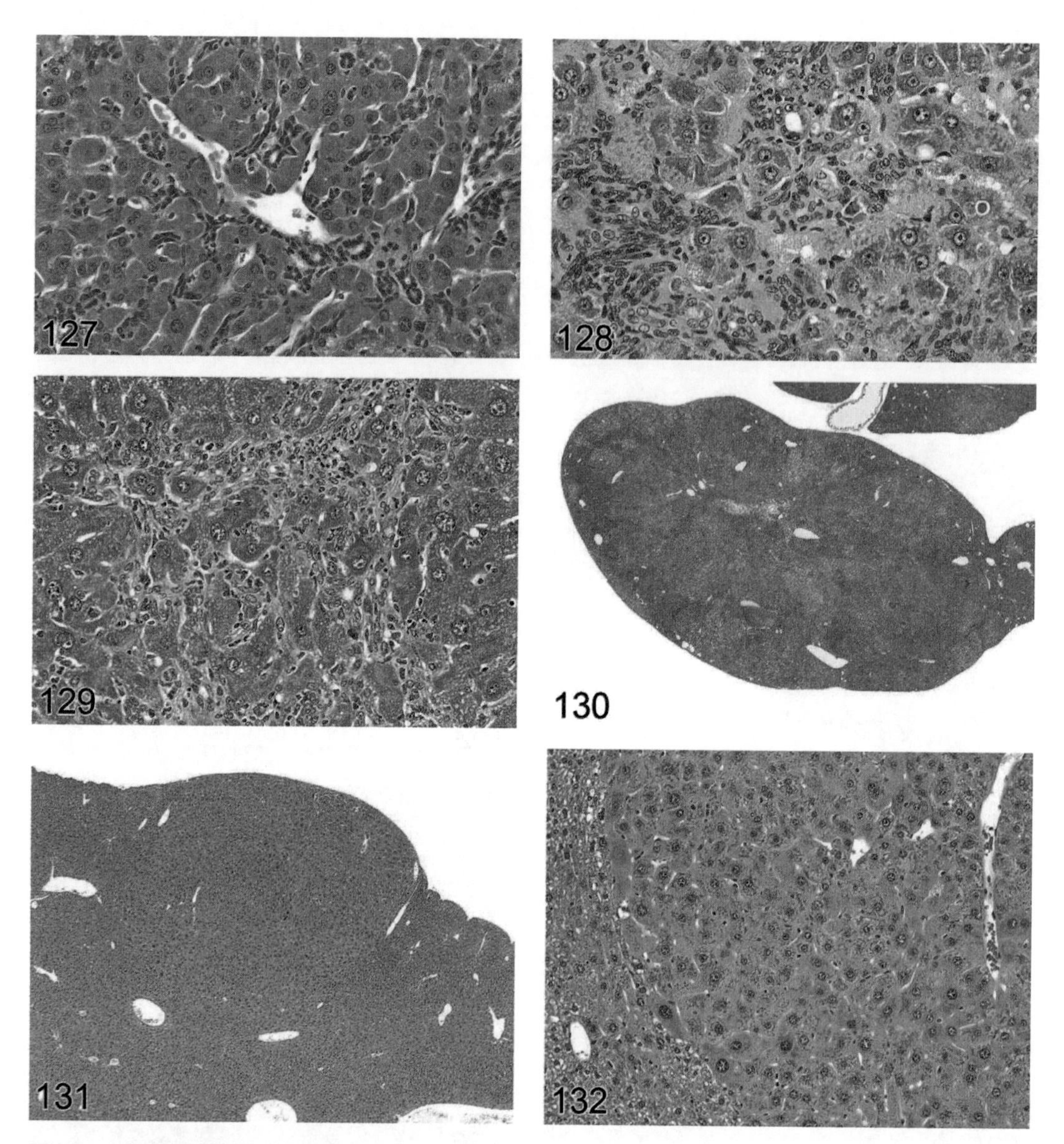

图 127　卵圆细胞增生（大鼠肝）

图 128　卵圆细胞增生（小鼠肝）

图 129　卵圆细胞增生（小鼠肝）

图 130　大肝细胞腺瘤（小鼠肝）

图 131　嗜酸性肝细胞腺瘤（小鼠肝）

图 132　嗜酸性肝细胞腺瘤，图 131 高倍放大（小鼠肝）

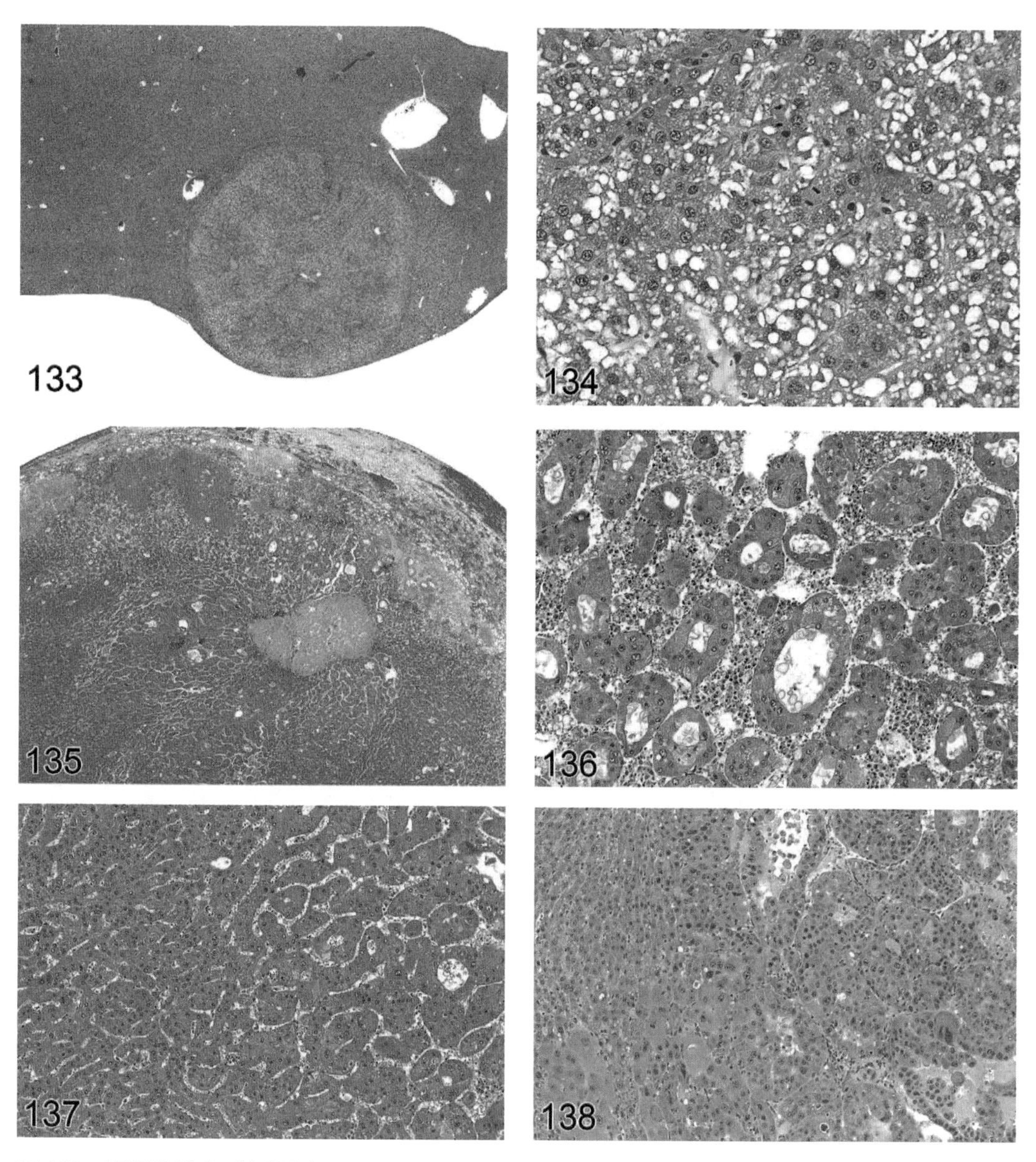

图 133　肝细胞腺瘤（小鼠肝）

图 134　肝细胞腺瘤，图 133 高倍放大（小鼠肝）

图 135　肝细胞癌（小鼠肝）

图 136　肝细胞癌，明显的腺体形成，图 135 高倍放大（小鼠肝）

图 137　肝细胞癌，明显的腺体和小梁形成，图 135 高倍放大（小鼠肝）

图 138　伴有腺体和小梁形成的肝细胞癌（小鼠肝）

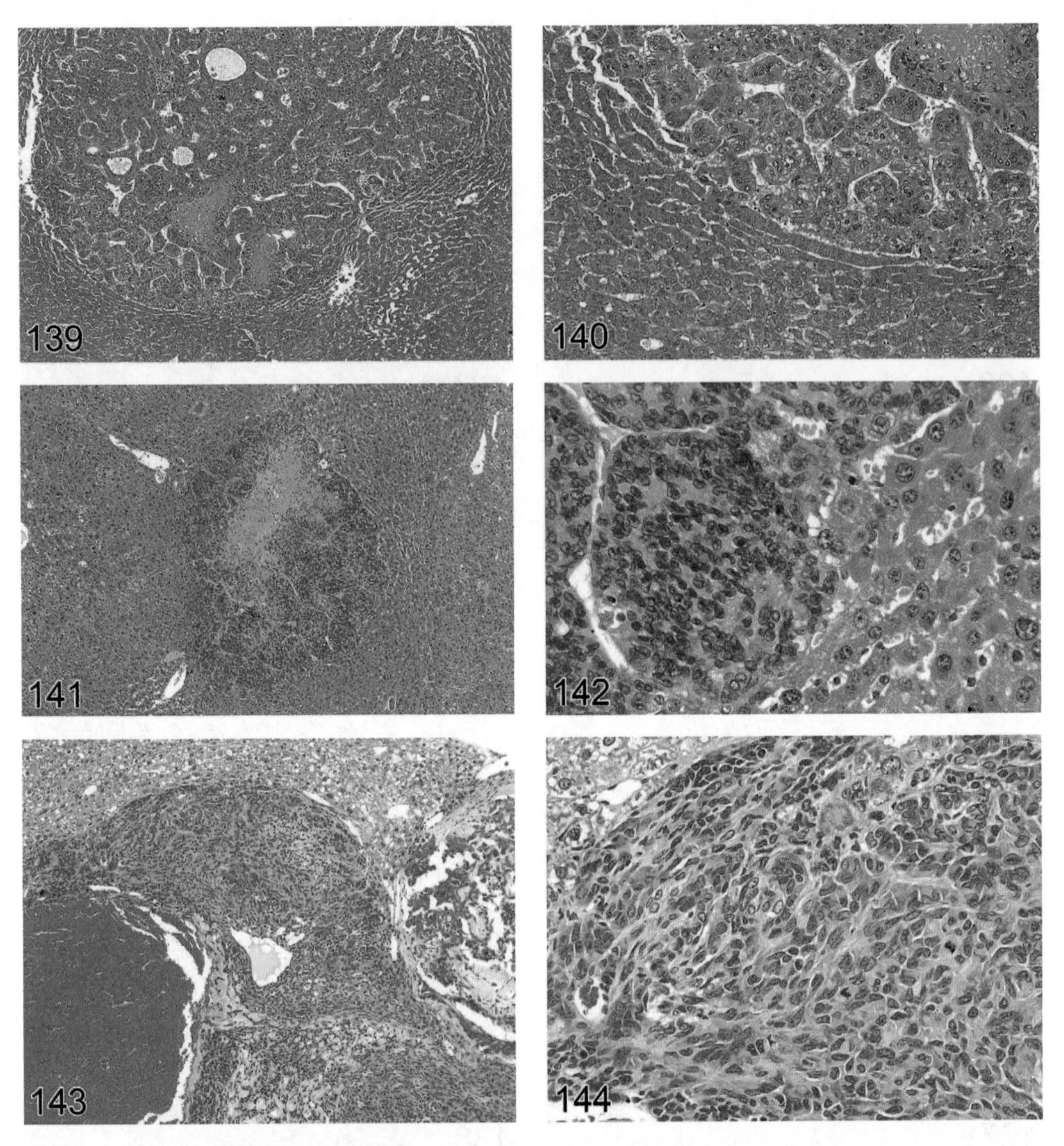

图 139　起源于肝细胞腺瘤的肝细胞癌（小鼠肝）

图 140　起源于肝细胞腺瘤的肝细胞癌，图 139 高倍放大（小鼠肝）

图 141　肝母细胞瘤（小鼠肝）

图 142　肝母细胞瘤，图 141 高倍放大（小鼠肝）

图 143　肝母细胞瘤，可见骨化生（小鼠肝）

图 144　肝母细胞瘤，图 143 高倍放大（小鼠肝）

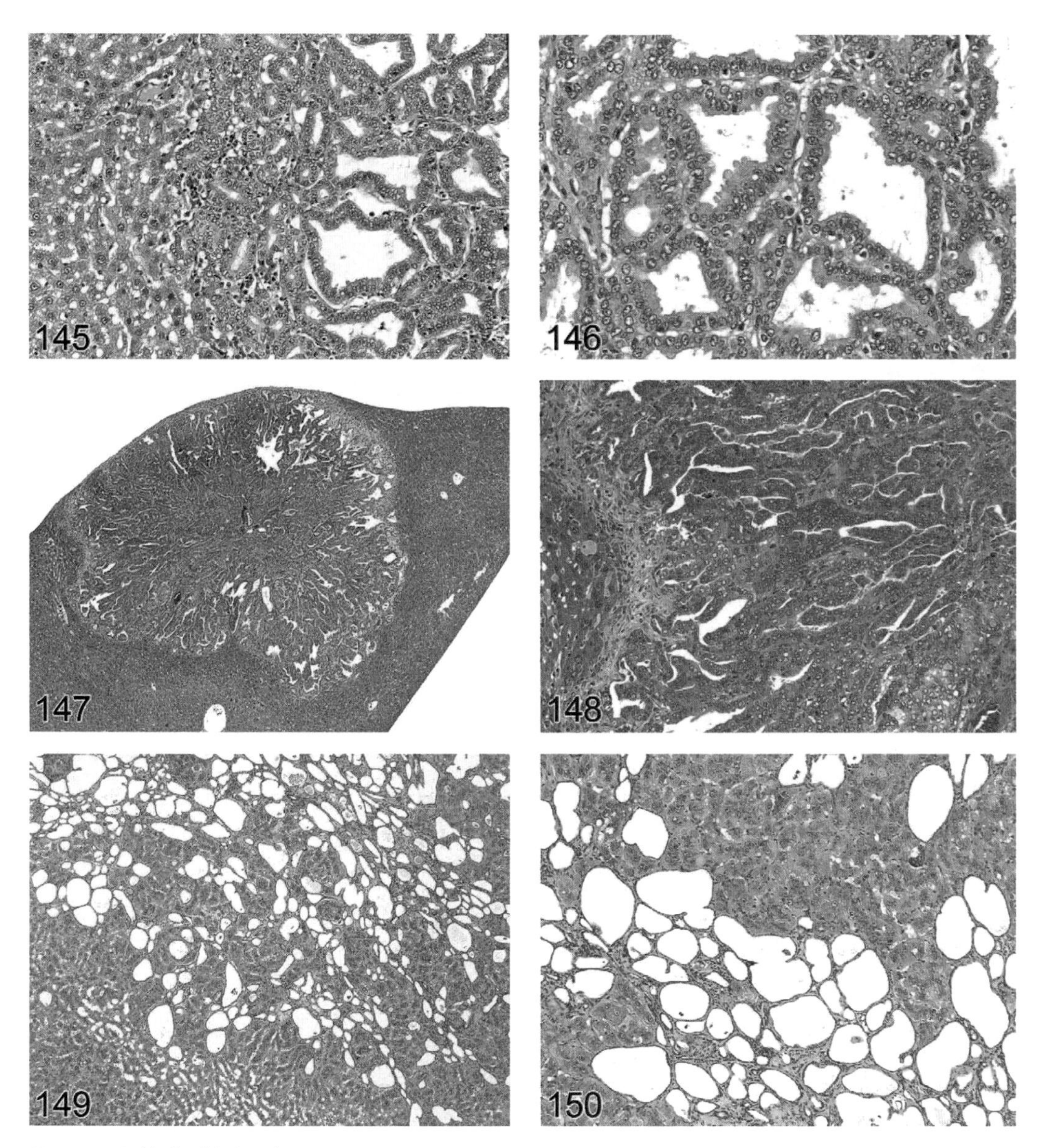

图 145　胆管瘤（小鼠肝）

图 146　胆管瘤，图 145 高倍放大（小鼠肝）

图 147　胆管癌（小鼠肝）

图 148　胆管癌，图 147 高倍放大（小鼠肝）

图 149　肝胆管瘤（肝胆管腺瘤）（大鼠肝）

图 150　肝胆管瘤（肝胆管腺瘤），图 149 高倍放大（大鼠肝）

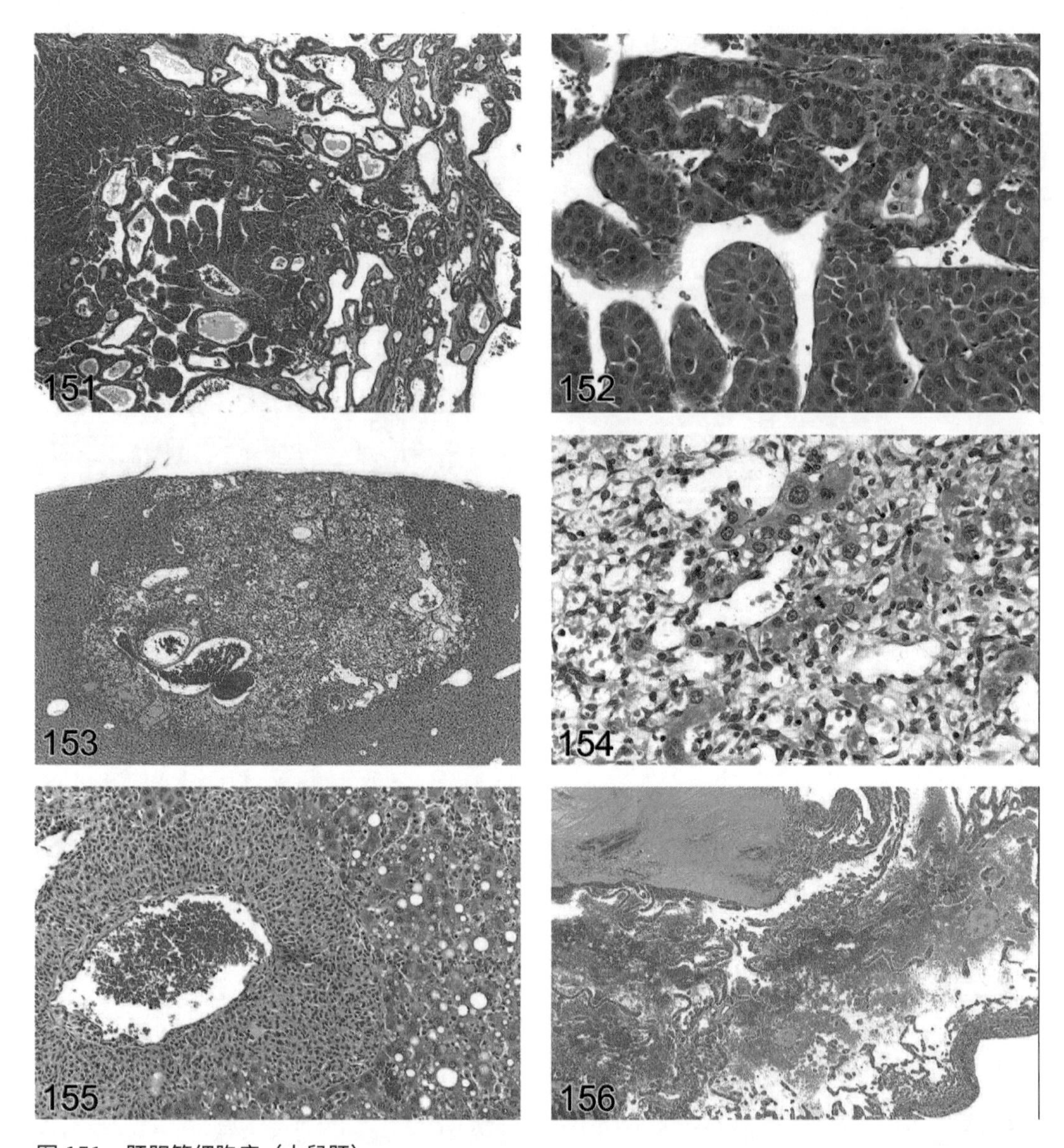

图 151　肝胆管细胞癌（大鼠肝）

图 152　肝胆管细胞癌，图 151 高倍放大（大鼠肝）

图 153　贮脂细胞瘤（小鼠肝）

图 154　贮脂细胞肿瘤，图 153 高倍放大（小鼠肝）

图 155　组织细胞肉瘤，血管周围浸润（小鼠肝）

图 156　血管瘤（小鼠肝）

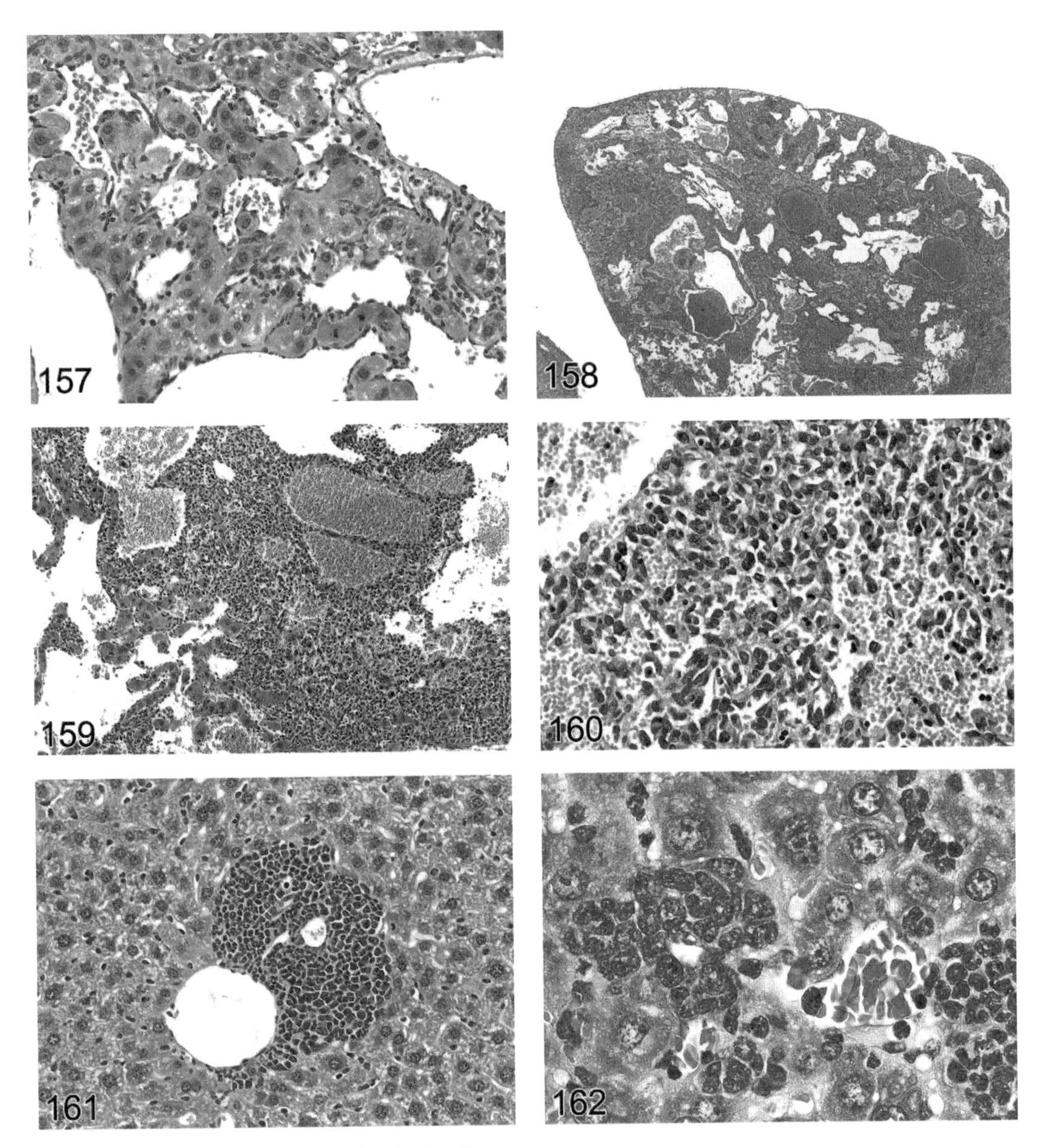

图 157　血管瘤，图 156 高倍放大（小鼠肝）
图 158　血管肉瘤（小鼠肝）
图 159　血管肉瘤，图 158 高倍放大（小鼠肝）
图 160　血管肉瘤，图 159 高倍放大（小鼠肝）
图 161　髓外造血（小鼠肝）
图 162　髓外造血，髓系细胞生成（小鼠肝）

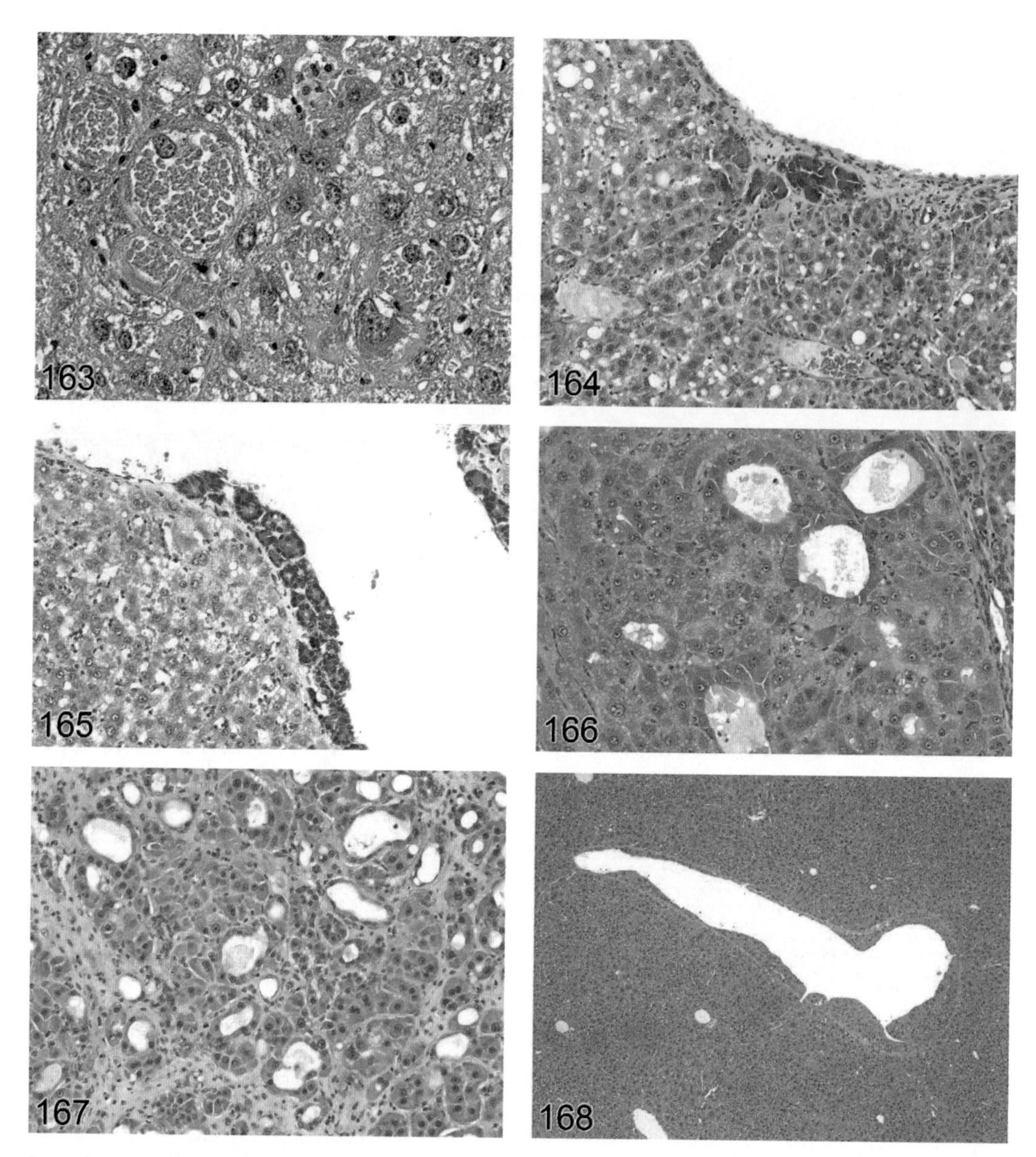

图 163　肝细胞内红细胞（小鼠肝）

图 164　胰腺腺泡化生（大鼠肝）

图 165　异位的胰腺腺泡（大鼠肝）

图 166　肝细胞腺样化生（大鼠肝）

图 167　肝细胞腺样化生（大鼠肝）

图 168　血管内膜下血管内肝细胞增生（小鼠肝）

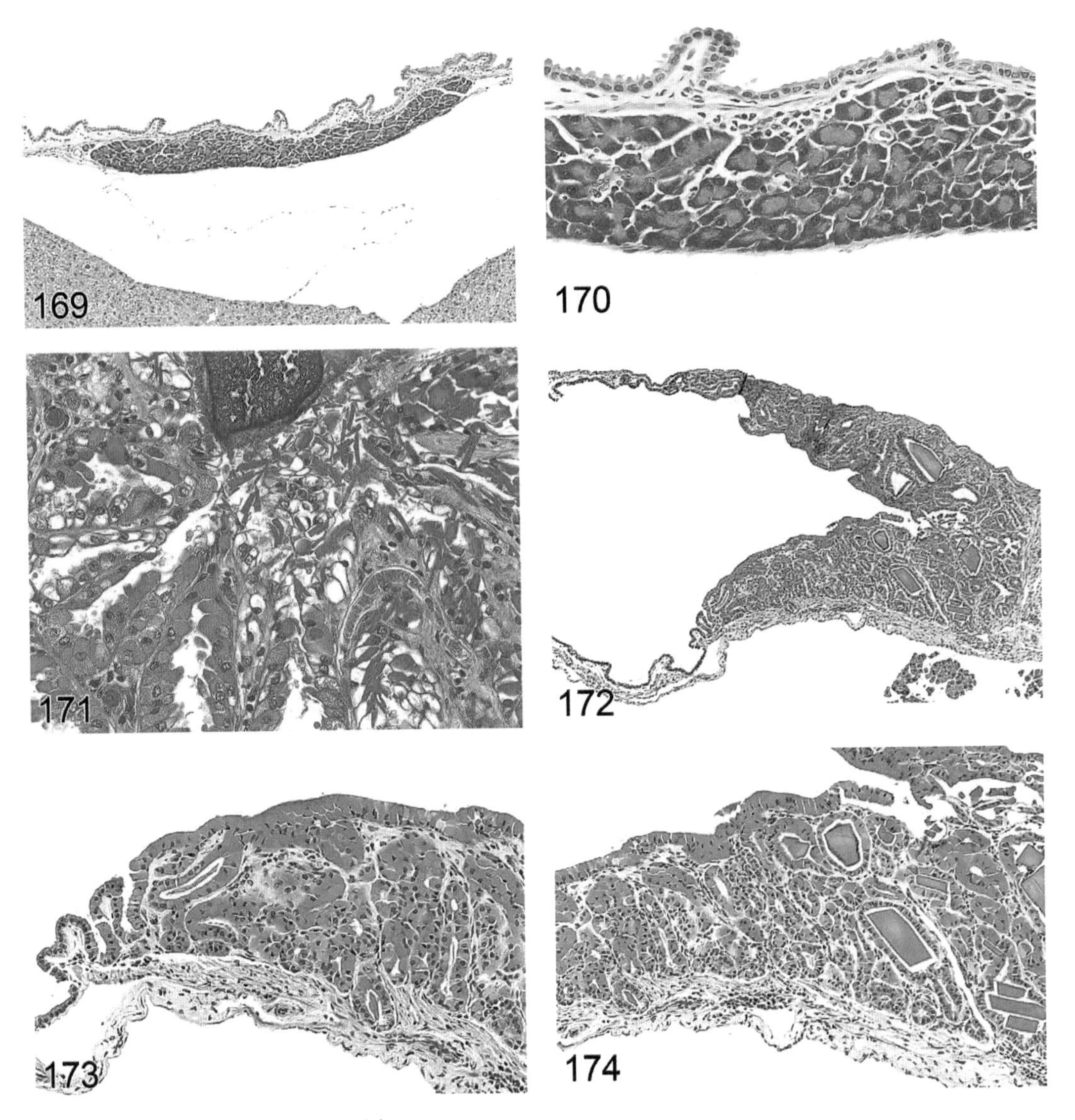

图 169　异位胰腺腺泡（小鼠胆囊）

图 170　异位胰腺腺泡，图 169 高倍放大（小鼠胆囊）

图 171　透明变性，可见部分胆结石（小鼠胆囊）

图 172　透明变性，伴晶体形成（小鼠胆囊）

图 173　透明变性与黏膜增生，图 172 高倍放大（小鼠胆囊）

图 174　透明变性伴晶体形成，图 172 高倍放大（小鼠胆囊）

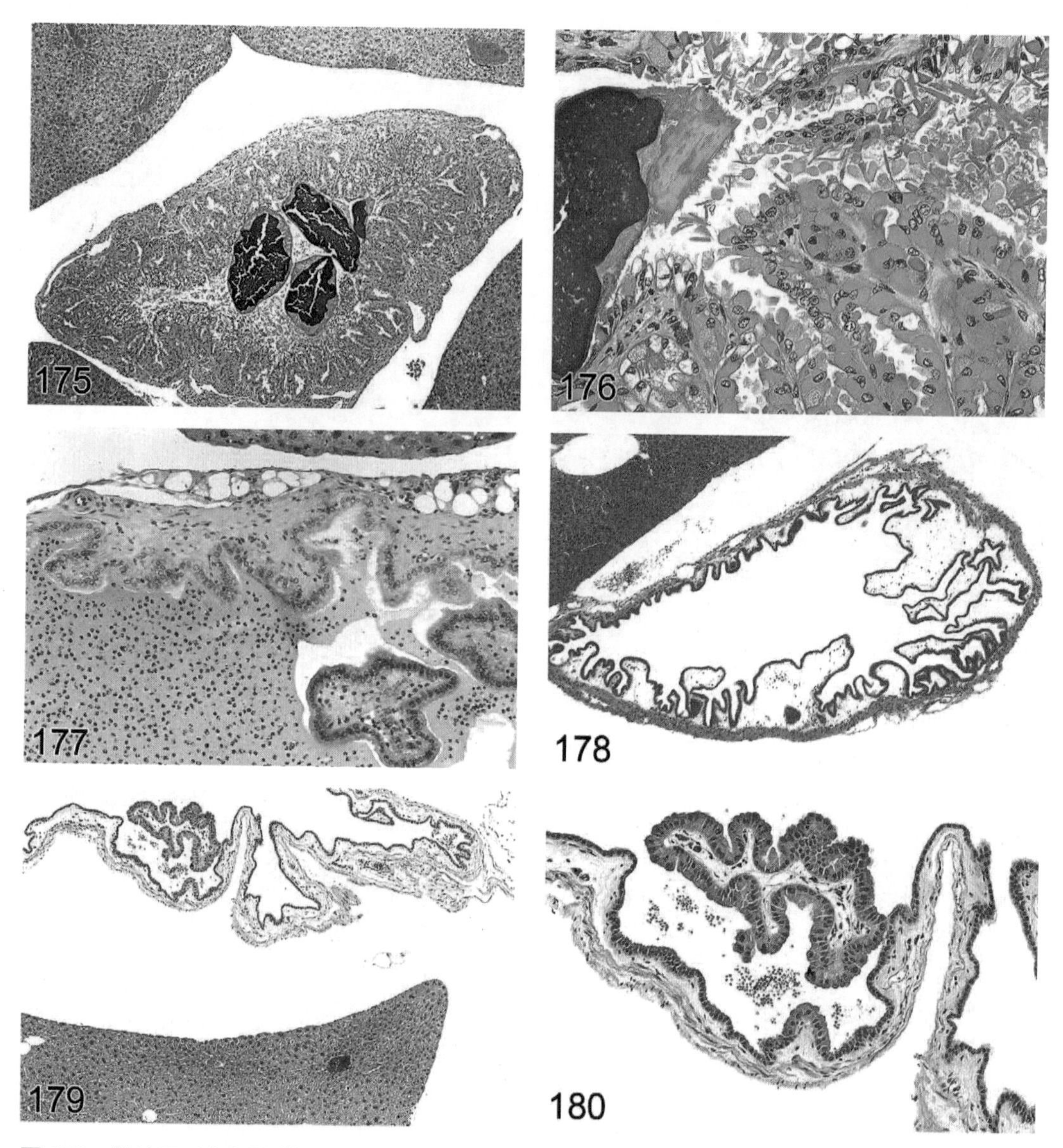

图 175　胆结石（小鼠胆囊）

图 176　透明变性与胆结石（小鼠胆囊）

图 177　胆囊炎（小鼠胆囊）

图 178　黏膜下层水肿（小鼠胆囊）

图 179　黏膜增生（小鼠胆囊）

图 180　黏膜增生，图 179 高倍放大（小鼠胆囊）

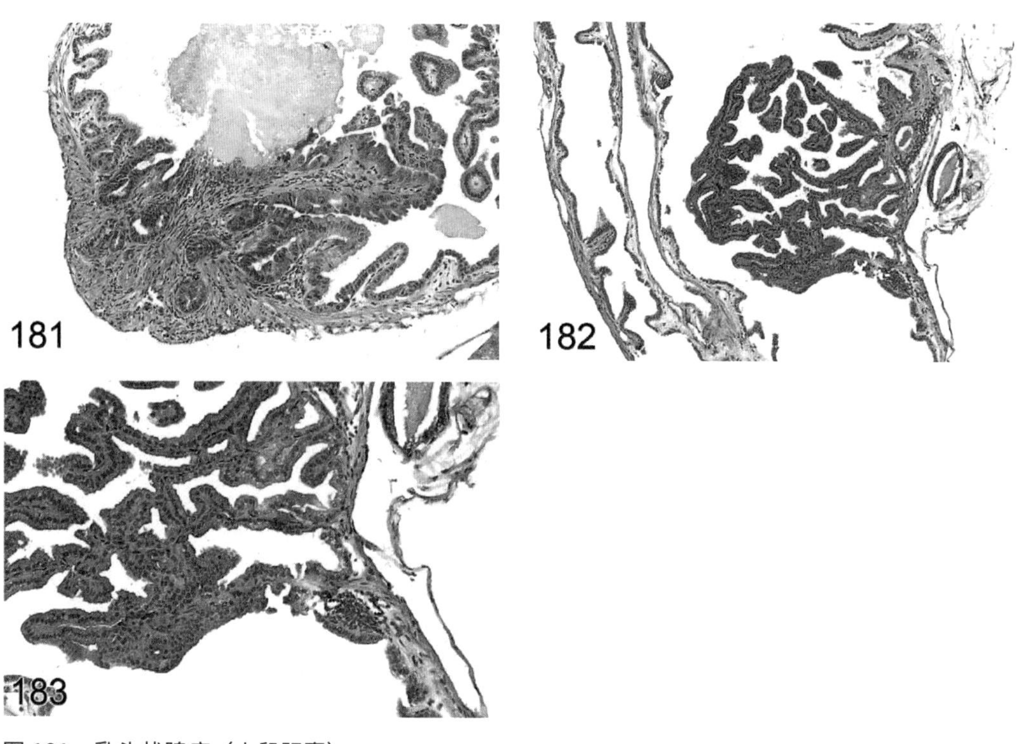

图 181　乳头状腺瘤（小鼠胆囊）

图 182　乳头状腺瘤（小鼠胆囊）

图 183　乳头状腺瘤，图 182 高倍放大（小鼠胆囊）

第三章 大鼠和小鼠泌尿系统的增生性和非增生性病变

KENDALL S. FRAZIER[1], JOHN CURTIS SEELY[2], GORDON C. HARD[3], GRAHAM BETTON[4], ROGER BURNETT[5], SHUNJI NAKATSUJI[6], AKIYOSHI NISHIKAWA[7], BEATE DURCHFELD-MEYER[8], AND AXEL BUBE[8]

1 GlaxoSmithKline—Safety Assessment, King of Prussia, Pennsylvania, USA
2 EPL Inc, Research Triangle Park, North Carolina, USA
3 Private Consultant, Tairua, New Zealand
4 Betton ToxPath Consulting LLP, Macclesfield, UK
5 TAS Valley Consultancy, Tasburgh, UK
6 Astellas Pharma Inc.—Drug Safety Research Labs, Osaka, Japan
7 National Institute of Health Science, Tokyo, Japan
8 Sanofi-Aventis, Hattersheim, Germany

摘要

INHAND 项目（大鼠和小鼠病理变化术语及诊断标准的国际规范）是一个由欧洲毒理病理学会（ESTP）、英国毒理病理学会（BSTP）、日本毒理病理学会（JSTP）以及北美毒理病理学会（STP）联合倡议来制订实验动物增生性和非增生性病变的国际认可的术语项目。本出版物目的是提供大鼠和小鼠尿路观察到的病变分类的一套标准化术语。本文中提供的尿路病变标准化术语可以在网站上（http://www.goreni.org/）获取电子版。材料来源于全球政府、学术机构和企业实验室的组织病理学数据库。内容包括自发性病变、老龄性病变以及受试物暴露引起的病变。实验动物尿路病变术语的国际规范被广泛认可与使用，将有助于减少不同国家监管部门和科学研究机构之间的误解，并且提供一套通用语言，用于增加和丰富毒理学家和病理学家之间的国际信息交流。

关键词：泌尿系统，临床前安全性评价 / 风险管理，大鼠病理学，小鼠病理学

引言

INHAND 项目（大鼠和小鼠病理变化术语及诊断标准的国际规范）是一个由欧洲毒性病理学会（ESTP）、英国毒理病理学会（BSTP）、日本毒理病理学会（JSTP）以及北美毒理病理学会（STP）联合倡议来制订实验动物增生性和非增生性病变的国际认可的术语项目。本出版物目的是提供大鼠和小鼠尿路观察到的病变分类的一套标准化术语。本文中提供的尿路病变标准化术语可以在网站上（http://www.goreni.org/）获取电子版，该网站还有其他的显微病理照片和更新后的信息。本文遵循着相似的解剖学方法。实验动物泌尿系统病变术语的国际规范被广泛认可并使用，将有助于减少不同国家监管部门和科学研究机构之间的误解，并且提供一套通用语言，用于增加和丰富毒理学家和病理学家之间的国际信息交流。

不同器官系统中通用的全身性非增生性病变的首选术语，如出血、动脉周围炎或血栓形成，被单独收录在正在准备中的另一个单独的 INHAND 草稿中，因此本文并未收录，除非这些术语具有与尿路有关病理过程的显著特征。同样，全身性肿瘤，如淋巴瘤或组织细胞肉瘤，在造血系统下单独文件中进行描述，因此，本文也将不做讨论。目前认为体内多个位点 / 部位发生的肿瘤，在特定的器官系统中进行描述是最恰当的，如在神经系统描述神经鞘瘤，或在心血管系统描述血管肉瘤，及在 INHAND 指南的其他文件中描述的肿瘤。由于大多数肾盂的病变都与下尿路的病变相似或完全相同，所以在本文中肾盂增生性和非增生性病变都包括在下尿路部分而不是肾脏部分，肾盂病理学特定特征会在下尿路部分强调指出。

包括大鼠与小鼠在内的所有哺乳动物种属的泌尿系统都由肾脏和下尿路（输尿管、膀胱和尿道）组成。尽管肾脏的基本功能是除去新陈代谢产生的废物，但其辅助功能还包括激素调节、控制体液容量、电解质调节、低分子量蛋白转换以及代谢过程。下尿路的功能是转运（和储存）肾脏形成的尿液并排出体外。

啮齿类动物随着年龄的增长常见非增生性退行性肾脏病变，包括与慢性进行性肾病（chronic progressive nephropathies，CPNs）综合征有关的病变。这些病变可能因外源化学物质处理而加重或加剧，使对其解释变得困难。现代实验动物管理规范已经降低了肾脏传染性病变的发生率，但与传染病有关的炎症性病变仍可发生。但本文并不对其进行详述。关于传染病、饮食以及老龄化对大鼠与小鼠尿路的影响已经发表了多篇非常好的综述（Barthold，1998；Hard 和 Khan，2004）。

肾脏是治疗性和诊断性药物极为常见的靶器官。肾脏损伤可能由于对肾小球或肾小管的直接作用，或是血液动力学改变的间接作用。在临床前毒性试验中肾脏发生病变常见的可能原因是，给药剂量高、高肾血流量（引起药物高浓度峰值）、许多药物和 / 或其代谢产物倾向经肾排泄、代谢活动、高耗氧量以及浓缩尿液药物的能力。肾脏损伤的表现形式和类型取决于所用刺激物的性质及其特定作用方式。但是，应着重考虑肾单位通常作为一个整体对干扰做出的反应，而不仅在特定的损伤部位。

实验啮齿类动物的增生性病变会自然发生，或由于暴露在潜在的毒性受试物例如经典遗传毒性致癌物而出现（Hard 等，1995）。可诱发肾脏肿瘤发生的药物的多样性表明，啮齿类动物肾脏致癌作用有多种不同的机制（Hard，1998a）。尽管绝大多数甚至可能全部非遗传毒性肾脏致癌物具有肾毒性，但反之则不一定正确，许多肾毒性物质并未证实为肾脏致癌物。

由于大鼠与小鼠的下尿路（输尿管、膀胱和尿道）由相似的组织层（尿路上皮、上皮下结缔组织以及平滑肌）组成，它们有可能具有由外源性物质诱导的相似的增生性或非增生性病变。但是，啮齿类动物常见膀胱病变，而输尿管和尿道的病变则比较少见。这种差别的原因是，相对于膀胱较长时间接触储存于其内的物质，尿液只是迅速地通过了输尿管和尿道（Hard 等，1999）。大鼠和小鼠骨盆内膀胱的解剖学方位，以及大鼠和小鼠是平行四足动物，也使得它们与人类相比更易于在膀胱前壁潴留微晶体及其他颗粒，因此增加了啮齿类动物发生增生性病变的可能性（DeSesso，1995）。对尿路上皮的急性毒性，可能由外源性物质或其代谢物与尿路上皮的反应，尿中固体物的产生或正常尿液化学成分的显著改变造成，其影响的范围从仅浅表尿路上皮到全层的溃疡。

形态学

大鼠和小鼠的肾脏是单乳头肾，位于腹膜后，右肾较左肾稍靠颅侧。一个楔形肾乳头突入肾窦，并且被肾盂包裹，肾盂下连输尿管。肾的功能性单位，即肾单位，被分为肾小球、近端小管、髓袢降支和升支、远曲小管、连接小管、集合管、肾间质和肾小球旁器（juxtaglomerular apparatus，JGA）。一只成年大鼠肾脏大约有 30 000 个肾单位，而小鼠肾脏约有 10 000 个肾单位，但是在不同的品系和年龄之间略有差异，并随着寿命的增长而逐渐减少。啮齿类动物的肾脏也可被分为五个区域：皮质、外髓外带、外髓内带、内髓和肾乳头。只要有可能，毒性肾脏反应应该依据结构和部位来分类。

成熟大鼠肾脏的重量占体重的 0.51% ～ 1.08%（平均 0.65%），而成熟小鼠肾脏的重量随着年龄、品系，尤其是性别的不同，差异很大，占体重的 1.15% ～ 2.25%，雄性的肾脏较雌性稍重（Schlager，1968）。肾脏的血液供应来自于肾动脉，分支形成叶间动脉，随后延续为弓状动脉，沿皮髓质交界处，走向与包膜平行，延续为小叶间动脉，最后成为入球微动脉和肾小球毛细血管。靠近髓质的出球微动脉离开肾小球，再形成为髓质供血的直小血管。这些血管最终相互结合形成弓状静脉。

肾小球由突入肾小囊（鲍曼氏囊）的毛细血管网组成。血管网衬覆内皮细胞，被覆有孔的基底膜，对面是一层足细胞。相邻的中心区域由系膜细胞组成。独特的基底膜带有大量负电荷。超过 70kD 血浆蛋白质的滤过通常会被负电荷及大小选择性屏障所限制。小鼠肾小球的大小相对于肾脏总重量要小于其他种属，包括大鼠。肾小球的大小随着年龄的增加而增大，并且在不同的啮齿动物品系中有所不同。正常的成年雄性小鼠，偶尔在成年雄性大鼠，近曲小管的上皮细胞会延伸进入鲍曼氏囊。

近端小管占皮质结构亚单位的大部分（约 75%）。大鼠近端小管可分为 S1 段、S2（曲部）段和 S3（直部）段。小鼠识别 S2 段向 S3 段的转变比大鼠困难，大鼠 S2 段向 S3 段的转变较明显。S1 段通常在组织切片上呈椭圆形或横切面，有浓厚的发育良好的刷状缘和许多位于基底部的细长线粒体。S2 段的刷状缘较短，线粒体较少，但是溶酶体较明显。组织切片上，卷曲和横切面更显著。S3 段或直部，切片上同时有横切面和纵切面，含有少量吞噬溶酶体小滴，但是刷状缘比其他段略高。髓质旁肾单位直部位于外带内，而短袢肾单位直部同时位于外带和髓放线内。

近端小管 S3 段突然变为髓袢的降支细段，形成了外髓的内带和外带的界限。髓旁肾单位有长髓袢细段，能够深入肾乳头；而短袢（被膜下）肾单位的髓袢细段较短，分布于整个外髓。这些肾小管衬覆扁平、双嗜性上皮细胞并且有稀疏的微绒毛。它们的外径显著地小于近端小管，但是管腔直径略小于近端小管。细升支变成粗升支，在髓放线中返回皮质。粗升支被认为是远端肾单位的一部分，也构成了致密斑和远曲小管。粗升支末端靠近它来源的肾小球，恰好越过致密斑。粗升支内衬细胞呈立方形、嗜酸性，有明显的椭圆形位于中央的细胞核，细胞的体积也小于近曲小管的细胞。Tamm-Horsfall 蛋白附在管腔细胞膜表面，用免疫组化染色 Tamm-Horsfall 蛋白能够显著地标记这些结构。

肾小球旁器（JGA）位于肾小球一极，由致密斑、入球微动脉和出球微动脉、入球微动脉肾素分泌颗粒细胞和球外网格（系膜）细胞组成。致密斑的细胞呈低柱状，顶端核。在肾素分泌的管球反馈控制过程中，JGA 是十分重要的。

远曲小管较短，靠近肾小球，开始于致密斑并延伸至连接小管，后续集合管。连接小管在大鼠和小鼠并不明确。远曲小管内衬细胞比髓袢升支粗段的细胞略高，远曲小管的管腔较大，大小可变。

集合管从皮质沿着髓放线，经过外髓和内髓到达肾乳头的尖端。内衬细胞由开始的低立方状到肾乳头增加高度变为低柱状。

肾盂内衬移行上皮（尿路上皮），但是与膀胱的上皮相比，肾盂的移行上皮较薄。肾乳头内衬的上皮有轻微变化，在尖端仅有一层细胞。

肾间质由基质、纤维细胞和树突状细胞组成，在大鼠仅占皮质体积的 7%，而髓质间质占到了髓质体积的 29%。髓质的肾间质（特别是在肾乳头）富含糖胺聚糖并含有几种嵌入在细胞外基质的间质细胞。I 型（星形）细胞脂质丰富，与前列腺素的生成有关，而II型（单核）细胞呈圆形，有大的细胞核，细胞质较少；III型（周）细胞呈扁平状，通常与直小血管有关。

肾脏特定区段病变的定位，常在帮助确定啮齿类动物外源性物质诱导性病变的机制时帮助很大。尽管前面段落描述的形态变化可提供区段的特异性，免疫组化在病变区段定位中也是一个有用的辅助工具。例如，免疫组化染色 Tamm-Horsfall 蛋白不仅能够标记各种动物种属的髓袢升支粗段，而且也可用于标记大鼠和小鼠的远曲小管（Vekaria 等，2006）。针对钙结合蛋白 -D28K 的免疫组化染色，能特异地标记啮齿类动物的远曲小管（Timurkaan 和 Tarakci，2004）。α-GST 免疫染色可标记包括近曲小管 S1 和 S2 段及 S3 段直部。水通道蛋白 -2 免疫组化可用于标记位于髓质和延伸入皮质的集合管（Vekaria 等，2006）。

啮齿类动物的下尿路由一对输尿管、膀胱和尿道组成。这三个器官的内衬上皮均为尿路上皮（移行上皮），由三层或以上的上皮细胞层构成，虽然有丝分裂活力常较低，但尿路上皮很易发生增生性反应。大多数基底部的立方层细胞代谢旺盛，较大的中间层细胞相互交错，而表面的圆顶状细胞体积较大，呈多边形，有不对称的单位膜。尿路上皮外围一层厚度不同的结缔组织、两层平滑肌（内环外纵）及外膜。基底膜将尿路上皮和下面的结缔组织分开。

输尿管是肾盂的延续，由膀胱壁的背外侧倾斜地穿过膀胱壁的肌层，由膀胱三角区旁边开口入膀胱腔。由于肾盂边缘输尿管肾盂结合处和输尿管在膀胱壁入口处的收缩，故这两处为最常见的梗阻部位。

啮齿类动物的膀胱位于骨盆内，腹侧紧贴结肠。啮齿类动物膀胱的前部被称为膀胱顶，而膀胱后部一直到尿道口则被称为膀胱三角区。正常大鼠和小鼠的最大储尿量可达 1mL，但是梗阻或肿瘤形成时储尿量可超过 1mL。上皮下出现少量的炎症细胞，特别是肥大细胞和 / 或淋巴细胞，可以被视为正常，尤其是在小鼠。

雌性动物的尿道较短，而雄性动物的尿道明显较长。雄性动物的尿道从膀胱经过骨盆带，通过阴茎直达其外口。雄性和雌性啮齿动物，绝大部分尿道内衬上皮是（移行）尿路上皮，但是偶尔也会在某些位点被复层鳞状上皮所替代，特别是在尿道的外口附近。

INHAND 术语：肾脏

肾脏先天性病变

肾上腺残留：被膜或被膜下皮质（Adrenal Rest：Capsule or Subcapsular Cortex）

动物种属： 大鼠和小鼠

同义词： ectopic adrenal，adrenocortical choristoma

发病机制 / 细胞来源：

- 在胚胎器官发生过程中一群异常迁移的细胞的发育异常。

诊断要点：

- 分化良好的肾上腺皮质细胞的少量聚集。
- 附着于被膜外或位于被膜下。

鉴别诊断：

- 肿瘤：有侵袭性，不易与分化良好的肾上腺相区别。
- 肾上腺错构瘤：非肿瘤性，但为排列紊乱的或低分化的肾上腺细胞。

备注：肾上腺残留是先天性异常，几乎没有毒理学意义。在人类其罕见恶变，但在啮齿类动物尚未确证（Prentice 和 Jorgenson，1979；Goren，Engelberg 和 Eidelman，1991）。

未发生 / 发生不全：皮质和 / 或髓质（Agenesis：Cortex and/or Medulla）

动物种属： 大鼠，小鼠

同义词： unilateral hypoplasia，renal aplasia

发病机制 / 细胞来源：

- 单侧发育异常为整个肾脏或其大部分未能从后肾管发育；双侧发生不全是致命性的。
- 在某些品系可能是遗传缺陷。
- 孤儿受体酪氨酸激酶（Ret）参与后肾分化，针对这种激酶或相关因子的药物可引发肾发育不全，比如脾酪氨酸（syk）激酶抑制剂或其他致畸药物。

诊断要点：

- 肉眼可见肾脏缺失或明显发育不全。
- 品种不同其发生率差异显著，但是用于毒理学试验的大多数种属罕见。

备注：肾未发生 / 发生不全是对这种病变的大体观察术语。肾未发育（renal aplasia）通常是指完全缺乏可辨认的肾实质；而有一些残留时，用发生不全（agenesis）较为恰当。“单侧肾脏，缺如”或“肾脏，缺失”的组织学诊断常用于镜检发病率表格中。缺乏 Ret 激酶基因的转基因小鼠和某种品系突变的大鼠可出现包括肾发生不全在内的单侧泌尿生殖畸形。影响或抑制后肾分化的药物也和肾发生不全有关（Clemens 等，2009；Chen 等，1995；Amakasu，Suzuki 和 Suzuki，2009）。

发育不全：皮质和 / 或髓质（Hypoplasia：Cortex and/or Medulla）

动物种属：大鼠，小鼠

同义词：无

发病机制 / 细胞来源：

- 肾发育不全是由后肾胚基减少或输尿管芽诱导肾单位形成的不完全导致的一种数量性缺陷（Bush，Stuart 和 Nigam，2004；Neiss，1982）。

诊断要点：

- 大体可见异常小的肾脏。
- 品种间发生率明显不同，但在多数啮齿类动物种属罕见。
- 常为单侧，而对侧肾脏肥大；当两侧都发育不全时会造成早期死亡。
- 最常见的特点是肾单位的数量减少。

鉴别诊断：

- 肾发育不良：存在异常成分，包括原始间叶组织或类似后肾管的原始外胚层结构。
- 肾发生不全：一侧肾脏完全缺如，或小残留难以辨认。肾发育不全的诊断，应有一些比较正常的肾组织结构（肾单位存在，但体积变小和 / 或数量减少）。

备注：肾发育不全最常见于突变品系的小鼠和大鼠，如 hgn 品系。但在生殖毒理学研究中也可偶尔发现自发性病变。在使用影响后肾分化的致畸药物时可发生肾发育不全，这与诱发肾脏发生不全的药物类似（Ret 激酶抑制剂或 syk 激酶抑制剂；Suzuki 等，2007；Suzuki 和 Suzuki，1995；Clemens 等，2009）。

发育不全：皮质，髓质（Dysplasia：Cortex，Medulla）

动物种属：大鼠，小鼠

同义词：无

发病机制 / 细胞来源：

- 肾实质发育障碍引起的一种畸形，与肾组织的特定细胞成分分化异常有关。

诊断要点：

- 在皮质或髓质内存在以下任何一种异常组织：持续存在的原始间充质，持续存在的外胚层结构或非典型肾小管，或位置异常的组织如软骨。
- 可能存在使小管分离的间质纤维化或无定形透明物质。
- 肾脏可缩小与畸形。

鉴别诊断：

- 肿瘤：侵袭性生长，通常只涉及一种无序的细胞类型。
- 发育不全：肾单位减少和肾脏体积变小，但无异常组织。

备注：肾发育不良在大、小鼠都已得到确认。尽管大多数病例是先天性的，但也偶见于出生前或出生后早期暴露于致畸剂。

肾上皮（肾小管）变化

肾小管萎缩：近端小管和远端小管（Atrophy，Tubule：Proximal and Distal Tubules）（图 1 和 图 2）

动物种属：大鼠，小鼠

同义词：无

发病机制 / 细胞来源：

- 通常仅限于皮质的肾小管上皮。
- 由于所有的肾组织成分都是相互依存的，故肾小球或肾小管大部分发生的不可逆损伤终将导致功能障碍、代偿失调和终期肾疾病，其特征是显著的肾小管萎缩，肾小球退化与皱缩，瘢痕肾。
- 弥漫性皮质萎缩也可因肾盂积水引起压迫肾小管萎缩而发生。

诊断要点：

- 肾小管收缩萎陷，管腔闭塞。
- 肾小管周围间质不同程度的纤维化。
- 肾小管基层常增厚。

鉴别诊断：

- 梗死：可能涉及肾小管萎缩和纤维化，但由于其血管性发病机制而呈楔形分布。

备注：肾小管萎缩是大鼠和小鼠进行性肾衰竭的常见特征，经常在慢性进行性肾病晚期出现。在啮齿类动物进行性肾衰模型，肾小管上皮细胞的凋亡是肾小管萎缩发病机制中不可或缺的因素。增加活性氧和有助于促凋亡信号的肾环境，可促使细胞死亡。转化生长因子 -β（TGF-β）已被证明在诱导伴有肾小管萎缩的纤维化过程中发挥重要作用，这涉及萎缩上皮、基底膜、间质成纤维细胞和上皮 - 间叶转分化的复杂相互作用（Frazier 等，2000）。

肾小管变性：近端小管和远端小管，集合管（Degeneration，Tubule：Proximal and Distal Tubules，Collecting Ducts）（图 3 和图 4）

动物种属：大鼠，小鼠

同义词：degeneration/regeneration

发病机制 / 细胞来源：

- 肾小管或小管上皮。
- 与坏死类似，肾小管变性的原因很多，包括缺氧、ATP 产生中断、线粒体损伤、自由基形成、过氧化反应或细胞信号传导扰乱等。
- 超微结构的变化包括糖原丧失、微绒毛损失、囊泡形成，细胞核聚集或内质网肿胀。
- 肾小管空泡形成可能是最初的表现，然后发生其他组织形态学变化。

诊断要点：

- 变性包括与肾小管上皮细胞生命活动丧失有关的一些形态学变化，包括染色改变、空泡形成、出泡、细胞脱落和其他包括修复在内的变化。当某一特定成分（即空泡形成）特别突出或仅有某一种变化时，需做出特异性形态学诊断而不用变性这一通用术语。
- 变性代表可逆的变化或代表不可逆的坏死的早期表现。

鉴别诊断：

- 坏死：不可逆的细胞变化，伴有最终的细胞脱落或细胞丧失。

单个细胞坏死：近端小管和远端小管，集合管（Necrosis，Single Cell：Proximal and Distal Tubules，Collecting Ducts）（图 5 和图 6）

动物种属：大鼠，小鼠

同义词：single cell death，apoptosis，apoptotic necrosis

发病机制 / 细胞来源：

- 肾小管或小管上皮。

诊断要点：

- 仅涉及个别细胞，为单个的或散在的。
- 细胞质嗜酸性增强。
- 细胞核变化多样，包括染色质边集、核固缩和核碎裂。
- 无炎症反应。
- 长期给予或更高剂量的毒物可进展为更显著的肾小管坏死。

鉴别诊断：

- 无，但是受累及的上皮细胞分布可能非常广泛，使得难以辨认，因此需要仔细检查全部显微镜视野。
- 与早期自溶鉴别不难，自溶分布更广泛，涉及核碎裂而不是核固缩，而且常伴有明显的细胞质着色变化。

备注：肾脏单个细胞坏死的特征和其他脏器这种坏死相同。虽然细胞凋亡占大多数，但在同一切片可能同时存在细胞凋亡和坏死。形态上，凋亡更难发现，因为其发展迅速，死亡细胞的清除也很快。因此，“单个细胞坏死”一术语更为可取。不同于肾小管坏死，细胞凋亡不释放细胞内容物，并且由于被邻近细胞快速吞噬和落入管腔，故无炎症成分（Davis 和 Ryan，1998）。单个细胞坏死的特征是细胞皱缩、嗜酸性变、核固缩多样。周围肾小管上皮细胞一般正常，但有丝分裂率可增加。在肾脏，细胞凋亡是受严格调控的，这与维持肾重要功能有关，所以凋亡细胞罕见于其他正常对照组的肾脏（Davis 和 Ryan，1998）。在髓袢细段的发育过程中，多余细胞由髓质中的细胞凋亡予以清除。细胞凋亡是 ATP 依赖性程序，由不同的刺激激发，包括脂肪酸合成酶（FAS）配体、穿孔蛋白、胞内钙增多和一组特定基因如 *bax* 和 *bak*。一旦被启动，细胞色素 C 和特定的半胱氨酸蛋白酶负责下游效应，包括 DNA 和蛋白质分离、细胞结构成分分解和最终的细胞死亡（Davis 和 Ryan，1998；Jurgensmeier 等，1998）。近曲小管的急性损伤与远曲小管的单个细胞坏死有关（Davis 和 Ryan，1998；Bucci 等，1998）。凋亡的上皮细胞可由 TUNEL、裂解的胱天蛋白酶 3（caspase 3）或膜联蛋白 V（Annexin V）免疫染色法或电镜观察确认，尽管这种方法在常规的毒理学研究中极少使用。和其他器官（如肝脏）的免疫染色方案相比，在肾脏中优化的 TUNEL 染色需要更低的浓度并且可以省略扩增步骤（Short，1998）。

坏死：近端小管和远端小管，集合管（Necrosis：Proximal and Distal Tubules，Collecting Ducts）（图 7 和图 117）

动物种属：大鼠，小鼠

同义词：acute tubular necrosis，toxic nephrosis，oncotic necrosis，coagulative necrosis

发病机制 / 细胞来源：

- 肾小管或小管上皮。

诊断要点：

- 胞质嗜酸性、核固缩或核碎裂。
- 受累及的上皮细胞脱落入管腔或小管内衬上皮细胞层变薄 / 变细。
- 管腔内常见细胞管型和无定形细胞碎片。
- 坏死常伴有其他退行性病变，包括肾小管扩张（见下文）、空泡形成或结晶尿有关。
- 可发生急性炎症反应。

•反复损伤可伴有再生性增生。

•慢性损伤可使基层丧失，导致肾小管萎缩和（或）间质纤维化。

鉴别诊断：

•死后自溶：整个组织切片一致性溶解，细胞层次结构或厚度无变化。

•人工损伤。

备注：坏死可因代谢产物或外源物通常对肾小管的直接毒副作用而发生，或可继发于局部缺血，但形态学变化和结局通常相似（Harriman 和 Schnellmann，2005）。直接作用可能有区域性，近端小管最常受害。病变呈多灶性或弥漫性。缺血较多呈带状或斑片状分布。和近端小管的 S3/ 直部一样，髓质髓袢的升支粗段对缺氧格外敏感。直部也有细胞色素（CYP）高代谢能力，可以生成活性代谢产物。在肾小管上皮细胞中的 β- 裂解酶和 γ 谷氨酰转肽酶可以解离共轭代谢产物，从而生成局部毒物。肾小管坏死的细胞发病机制随诱导原因的多样而不同，但包括氧化应激、离子稳态的影响、细胞骨架损伤、溶酶体积聚与崩解、线粒体损伤、磷脂质沉积和信号激酶失活等（Almanzar 等，1998；Choudhury 和 Ahmed，2006；Lameire，2005；van de Water，Imamdi 和 de Graauw，2005）。坏死阶段包括糖原和微绒毛损失、囊泡形成、细胞核聚集和内质网肿胀（这些都是可逆的），随后出现核染色丧失、线粒体功能障碍和肿胀、伴随细胞肿胀的离子泵功能障碍，最终胞内容物消化溶解。炎症反应常有变化，但不管什么原因，最后的结局是萎缩和纤维化或纤维替代。与其他类型的毒性损伤相同，近端小管直部是最容易出现坏死的部位之一，因为其为代谢活化部位，与转运体介导的积累有关，并且对缺血性缺氧或再灌注敏感。为了使坏死与功能改变和生物标志物相联系，确定哪一区段受累非常重要。

肾乳头坏死：髓质和肾乳头（Necrosis，Papillary：Medulla and Papilla）（图 8 至图 11）

动物种属：大鼠，小鼠（大鼠更常见）

同义词：pyramidal necrosis，analgesic nephropathy

发病机制 / 细胞来源：

•髓质间质细胞，髓质集合管和髓袢升支粗段上皮。

诊断要点：

•最早期主要涉及间质细胞的肾乳头顶部结构丧失。

•发展为血栓形成，出血，髓袢、集合管、微血管损失，并被嗜酸性均质基质所取代。

•最严重的形式表现为从顶部到全乳头的融合性坏死。

•矿化和 / 或炎症可发生在坏死组织与活体组织之间的横带区（隔离区）。

•坏死乳头的脱落可发生在隔离区，接着移行上皮细胞再生形成表皮，随后移行细胞增生。

•继发性变化包括肾盂肾炎、皮质肾小管扩张和 / 或肾盂积水。

•依据肾乳头被涉及的范围可对病变严重程度进行分级；如果肾乳头顶端不在切片上，早期轻微病变可能会被遗漏。

鉴别诊断：

•死后自溶：包括所有髓质尤其内带和外带在内的整个组织切片一致性溶解。

•肾盂肾炎：由逆行性感染引起。

备注：大鼠对化学物质诱发的肾乳头坏死特别敏感，并且对有些药物引起损伤的敏感性有明显性别差异。肾乳头坏死的组织学特征随药物和剂量不同而异，从肾乳头基质轻度水肿或黏液样变性，到乳头顶部的明显坏死、出血或完全缺失。在药物中，经非甾体类抗炎药（NSAID）处理可发生肾乳头损伤已得到公认，并进行了深入研究。病理生理机制包括抑制前列腺素的血管扩张作用和使髓质血流量重新分配而导致缺血。远端髓质的有毒物质浓度和局部代谢活动（如前列腺素氢过氧化物酶活性）也可发挥作用（Bach 和 Nguyen，1998）。初始靶点是髓质间质细胞，随后发生髓质毛细血管、髓袢和集合管的退行性改变（Choudhury 和 Ahmed，2006；Schnellman，1998）。炎症变化很不相同，从散在的到严重的化脓性浸润。由于肾盂肾炎可能是一种更严重的结局，故在某些情况下很难确定最初的原因是肾乳头坏死或是炎症过程。

梗死：皮质（Infarct：Cortex）（图 12 和图 13）

动物种属：大鼠，小鼠

同义词：cortical scar

发病机制 / 细胞来源：

•皮质肾单位。

•由弓状动脉供血的皮质大块楔形区域的坏死，其界限清楚。

•常与局部血液供应障碍有关，原因是血流障碍、血栓形成或慢性肾疾病引起或有关的肾动脉血管疾病。

•也可能因转移性肿瘤或晚期单核细胞白血病而发生。

•可与给予外源性药物有关，包括急性肾毒性药物，尤其是能损害肾血管的药物。

诊断要点：

•新发生的病变包括中心区、外围区和边缘区；中心区为楔形坏死区，外围区有中性粒细胞、单核细胞浸润和肾小管变性，边缘区为瘀血。

•慢性病变有不同的疤痕形成，间质被成熟的纤维化取代，肾小管明显萎缩和萎陷，有时伴有炎症或营养不良性矿化。

•被膜表面常有凹陷。

鉴别诊断：

•其他肾疾病的间质纤维化；弥漫间质性病变不呈楔形区域，因为与血流障碍无关。

出血：皮质，髓质（Hemorrhage：Cortex，Medulla）

动物种属：大鼠，小鼠

同义词：无

发病机制 / 细胞来源：

- 出血可能由炎症、肾小管坏死和血管损伤引起，或由结石、肿瘤的存在引起。

诊断要点：

- 血尿或尿中含血红蛋白。
- 可能发生红细胞渗出，但伴有肾出血的红细胞渗出比下尿路出血少见，除非伴发肿瘤。
- 在单个或许多肾单位的肾小管内常形成鲜红色血红蛋白管型。

鉴别诊断：

- 瘀血。

备注：出血常伴随急性损伤，在肾脏是一种与肾毒物有关的原发性病变，无明显变性或坏死。亚急性损伤可伴随肾小管细胞质内或间质巨噬细胞内含铁血黄素沉着。管腔出血表明间质血管和上皮基层的损伤或肾小球的损伤，因为完整的红细胞不能通过正常的肾小球滤过屏障。

空泡形成：近端小管和远端小管，集合管（Vacuolation：Proximal and Distal Tubules，Collecting Ducts）（图 14 至图 16）

动物种属：大鼠，小鼠

同义词：vacuolization，vacuolar degeneration

发病机制 / 细胞来源：

- 肾小管或小管上皮。

诊断要点：

- 上皮细胞因蓄积液体、脂质或其他物质而肿胀、变淡，或细胞质呈颗粒状外观。
- 可见大小不等的散发性透明或半透明腔隙。
- 大泡（大腔隙）或小泡（许多小腔隙）形式。
- 常发生在皮质外部肾小管，特别是 CD-1 小鼠。

鉴别诊断：

- 死后自溶：细胞肿胀呈弥漫性，细胞质呈颗粒样或花边样外观。肾小管中的空泡往往大小不均或轮廓模糊。伴有核疏松和 / 或整个组织切片溶解。
- 糖原蓄积：细胞质透明和 / 或呈泡沫样外观，与高血糖有关。

备注：空泡形成发生于变性和坏死之前，但是一种可逆的变化或见于正常动物（Johnson 等，

1998）。作为诊断术语，它最好用于当其为原发性或唯一退行性病变的情况。肾小管的脂肪蓄积是由于毒物损伤引致细胞器结构破坏的结果。细胞质中的脂质用特殊染色如油红 O、苏丹黑或锇酸显示。其他技术如电子显微镜或免疫组织化学可用于确定空泡内其他物质的性质。右旋糖酐溶媒和造影剂也与细胞质空泡蓄积有关。肾脏的磷脂质沉积可用常规 HE 染色显微镜观察上皮细胞的空泡形成。在超微结构上，磷脂质沉积表现为溶酶体内有电子致密物的板层样膜结构积聚。

糖原蓄积：近端小管和远端小管（Accumulation，Glycogen：Proximal and Distal Tubules）

动物种属：大鼠和小鼠

同义词：clear cell，tubule，osmotic nephrosis，hydropic change

发病机制 / 细胞来源：

- 肾小管或小管上皮。

诊断要点：

- 上皮细胞因蓄积液体和糖原而肿胀、变淡，或细胞质呈颗粒样外观。
- 不同大小的散发性的透明或半透明腔隙。
- 在“渗透性肾病”中给予有渗透活性的化合物后可发生。

鉴别诊断：

- 空泡形成：局限的（膜包裹）苍白色透明区。

备注：糖原蓄积的发生原因是在糖尿病肾病过程中远端肾小管吸收糖或其他高渗物质（Monserrat 和 Chandler，1975；Ahn 等，1992）、溶酶体糖酵解活性的缺失（Bucci 等，1998），或与静脉注射糖类如右旋糖和甘露糖相关的渗透性肾病。由于这种改变主要是在胞质而非溶酶体，因此从专业上讲这并不是真正的空泡形成。受害细胞肿胀，外观透明或泡沫状。这种变化过去有多种诊断术语，如“肾小管小泡状空泡形成”“细胞质疏松”“肾小管透明细胞”或“肾小管糖原贮积病”。过碘酸雪夫（PAS）染色（淀粉酶 - 不稳定）或 Best 胭脂红染色受累及细胞，在超微结构上电子显微镜可见胞质有丰富的糖原颗粒（Frank 和 Gray，1976）。尽管描述性术语如空泡形成、细胞质变化或透明细胞可用于这些病变的描述，但是组织中的糖原已被确证的情况下，适合用术语“糖原蓄积”。区别这些与糖尿病肾病有关的病变很重要，因为它们被认为是肾脏的癌前病变，可能发展为肾细胞癌或其他肾肿瘤（Ahn 等，1992；Dombrowski，2007）。

透明小滴蓄积：近端小管和远端小管（Accumulation，Hyaline Droplets：Proximal and Distal Tubules）（图 17 和图 18）

动物种属：大鼠，小鼠

同义词：hyaline droplet accumulation，eosinophilic Droplets

发病机制 / 细胞来源：

- 肾小管上皮细胞。
- 通常表示近端小管细胞质次级溶酶体中低分子量（LMW）蛋白质的蓄积。
- LMW 蛋白质蓄积可能有多种来源，但已知的包括 α2u- 球蛋白肾病和溶菌酶（由全身性组织细胞肉瘤产生）。

诊断要点：

- 近曲小管（主要是近端小管 S2 段）胞质嗜酸性小滴不同程度的增加。
- 在非常严重的情况下（发生于全身性组织细胞肉瘤），全部近端小管受累及。
- 小滴为大小不等的圆形，但雄性大鼠也可呈多角形（α2u- 球蛋白肾病），见 α2u- 球蛋白肾病。
- 可伴有外髓外带和内带交界处的颗粒管型。

鉴别诊断：

- 透明小滴蓄积仅出现在雄性大鼠时，需要与正常形态的小滴相区别，正常形态小滴为近曲小管 S2 段的次级溶酶体。
- 血红蛋白、肌红蛋白蓄积，或肾小管管内出血（可不位于上皮细胞内，常伴有管型）。
- 当这种蛋白质已通过免疫组化、特殊染色所确定或小滴高度符合 α2u- 球蛋白肾病的特征时，α2u- 球蛋白肾病是首选术语。

备注：是由于滤过的蛋白质增加或其分解代谢减少引起肾小管重吸收和水解作用的正常平衡失调所致，透明小滴是 LMW 蛋白在溶酶体内蓄积（Maak 等，1979；Alden，1986）。在患有组织细胞肉瘤的大鼠和小鼠出现大小不等的含有溶菌酶的透明小滴，可通过免疫组织化学方法证实（Hard 和 Snowden，1991）。小滴可能局外源性物质：不含有上述任何一种蛋白质的蛋白质复合物。尽管 α2u- 球蛋白肾病是一种透明小滴肾病，但在大鼠许多或大多数病例中如果出现典型的特征，尤其是当被特殊染色或免疫组化所证实，则应将 α2u- 球蛋白肾病作为首选术语。当出现不典型特征，包括大小不等的或大的小滴、雌性高发、在肾单位部位异常、或当特殊染色或免疫组化染色证明 α2u- 球蛋白不是主要成分时，透明小滴肾病可作为首选的诊断术语。在用反义寡核苷酸处理的啮齿类动物、犬和猴，当其近端小管出现小滴和颗粒状结构，但其嗜碱性较强而且形状不规则时，应单独诊断为“嗜碱性颗粒”，即使部分颗粒 HE 染色稍呈嗜酸性（Marquis 和 Grindel，2000）。这些颗粒是溶酶体内抗降解聚阴离子寡核苷酸分子的蓄积，而不是其他类型的透明小滴的蛋白质成分。

α2u- 球蛋白肾病：近端小管（Alpha2u-Globulin Nephropathy：Proximal Tubules）（图 19 至图 21）

动物种属： 大鼠

同义词： eosinophilic droplets，alpha-2u-globulin Nephropathy

发病机制 / 细胞来源：

- 由某些化学物质或其代谢产物与血液循环中低分子蛋白质 α-2u 球蛋白（仅在雄性大

鼠肝脏中合成）的非共价结合化学性诱导。
- 这种化学物质与 α2u- 球蛋白的结合延长了蛋白质重吸收进入近端小管 S2 段的半衰期，造成蛋白质在溶酶体内蓄积。

诊断要点：

- 皮质近端小管 S2 段细胞质嗜酸性小滴不同程度的增多。
- 管腔有零星脱落的细胞；受累及部分近端小管的核分裂象增加；在更严重病例可出现一些肾小管嗜碱性变。
- 在外髓的外带和内带交界处常形成颗粒管型，表明在近端小管 S3 段到髓袢的降支管腔缩小的部位有细胞碎片蓄积。
- 伴有自发性慢性进行性肾病（CPN）的加重。

鉴别诊断：

- 与 α2u- 球蛋白肾病相关的蓄积，需要与近曲小管 S2 段中代表次级溶酶体的正常形态小滴相区别。
- 透明小滴蓄积：当不清楚蓄积的滴状物是否含有 α2u- 球蛋白时可首选这个术语（例如当没有进行特殊染色或免疫染色，有其他一些较轻微透明小滴的情况，如雌性发病率高或小滴的大小或形状显著不规则，例如，组织肉瘤颗粒相关的溶菌酶）。
- 小滴数量增加，多角形和正常小滴形态的破坏是 α2u- 球蛋白肾病的特征（Hard，2008）。

备注：根据电泳命名法“u”代表“泌尿”，与这种疾病相关的蛋白质最初就被标记为 α2u- 球蛋白（Roy 和 Neuhaus1966；Neuhaus 和 Lerseth，1979）。在有的文献中又被改称为或被误称为 α-2 微球蛋白或 α-2mu 球蛋白。α2u- 球蛋白由雄激素调节，仅在雄性大鼠肝脏大量合成，因此，α2u- 球蛋白肾病具有性别和种属特异性（Montgomery 和 Seely，1990；Short 等，1989；Swenberg 等，1989）。许多外源物与 α2u- 球蛋白结合，降低了溶酶体的降解作用（Alden 等，1984）。这些小滴可以通过 Mallory Heidenhain 染色、Martius scarlet blue 染色、chromotrope-analine-blue 染色，以及免疫组化加强显示效果（De Rijk 等，2003），或在紫外光照下检查 HE 染色的肾脏（Hard，2008）。虽然没有必要常规使用特殊染色对所有的大鼠透明小滴来明确诊断是否为 α2u- 球蛋白肾病，但在雌性发生或出现小滴的异常组织学特征等特殊情况下，特殊染色可能会帮助明确诊断。由于超负荷相关性细胞损失继发的持续增生作用，故伴有慢性透明小滴肾病或 α2u- 球蛋白肾病的大鼠肾肿瘤发病率增高，细胞更新的增加可促进大鼠慢性进行性肾病（CPN）的发生（Alden 等，1984；Mattie 等，1991）。

肾小管扩张：近端小管和远端小管，集合管（Dilation，Tubule：Proximal and Distal Tubules，Collecting Ducts）（图 22 和图 23）

动物种属：大鼠，小鼠

同义词：simple tubular dilatation，tubular dilatation

发病机制 / 来源细胞:

•肾小管及小管上皮。

诊断要点:

•肾小管管腔有轻度至中度扩张，内衬相对正常或轻度扁平上皮。

•常伴有肾小管坏死。

•管腔可有管型、细胞碎片或化脓性炎症。

•放射状或带状分布。

•发生原因是结晶尿、蛋白质管型或细胞碎片引起的肾单位梗阻和下尿路梗阻。

•此术语不应用于多囊性疾病。

鉴别诊断:

•多囊性肾疾病或其他先天性囊肿。

备注：肾小管扩张最常伴有其他形式的肾损伤（如坏死或变性），但不伴有给予各种药物，包括变性淀粉、锂盐和血管紧张素转换酶（ACE）抑制剂后发生的退行性病变（Christensen 和 Ottensen，1986；Schetz 等，2005）。间质性炎症或纤维化差异很大，取决于病因和个体病程。肾小管扩张的发病机制与肾小管淤滞、肾过度血流动力学改变或电解质和水分丢失有关（Gardner，1988；Lameire，2005）。某些外源性物质尤其是皮质类固醇，可引起幼龄动物肾小管扩张，但没有其他肾小管损害的证据。在新生儿期干扰肾单位发育的药物也可能引起肾小管扩张和 / 或囊肿形成（Perey，Herdman 和 Good，1967）。由于大量难溶性药物如磺胺或喹诺酮抗生素和嘌呤类似物形成的结晶尿阻塞管腔可导致肾小管扩张（Schetz 等，2005）。这些物质可能沉淀在肾单位引起大量滤液滞留、压力增大，导致多个区段的扩张。晶体可出现在病变远端的肾小管或集合管，肾盂内的结晶或继发性尿路上皮增生可辅助确定原因。然而结晶在制片过程中往往被去除。

囊肿：皮质和髓质（Cyst：Cortex and Medulla）（图 24 和图 117）

动物种属：大鼠，小鼠

同义词：cystic tubular dilation，tubular ectasia，cystic tubule

发病机制 / 细胞来源:

•发生于皮质类固醇处理的年轻大鼠，由于扩张的集合管无法与发育中的肾单位相连。

诊断要点:

•肾小管管腔明显扩张。

•内衬单层扁平上皮细胞。

•腔内容物多少不等。

•偶见薄的纤维包膜。

•偶见肾小管周围炎症。

鉴别诊断：

•扩张的弓形静脉（静脉中可能没有红细胞，但一定内衬内皮细胞）。

•肾小管扩张：许多肾小管受累及，而且可见管腔明显变小。

备注：囊性肾小管是肾小管扩张的一个更严重表现，常见于大鼠和小鼠慢性进行性肾病（CPNs）的晚期。大鼠和小鼠肾囊肿也可表现为单个的先天性腔隙或与先天性多囊肾疾病有关（Perey，Herdman 和 Good，1967；Smith 等，2006）。卡罗里氏病（Caroli' s disease）在肾脏和肝脏胆管树可见一组多囊性病变，大鼠的多囊性肾疾病（polycystic kidney disease，PCK）是一种常染色体隐性遗传病，其他品系则是自发性疾病（Nakanumaet 等，2010）。

逆行性肾病：近端小管和远端小管、髓质肾小管（Nephropathy，Retrograde：Proximal and Distal Tubules，Medullary Ducts）（图 25 至图 27）

动物种属：大鼠，小鼠

同义词：reflux nephropathy，ascending pyelonephritis

发病机制 / 细胞来源：

•由下尿路的影响（包括尿逆流、局部性或暂时性梗阻、压力增加）或和上行性感染引起从肾乳头到皮质的上行性变化（Vivaldi 等，1959；Heptinstall，1964；Heptinstall，1965）。

诊断要点：

•从肾乳头延伸到皮质的一组肾小管病变。

•皮质病变表现为不规则灶状或片状肾小管嗜碱性变，通常沿肾单位的走向呈线状排列；伴有远端小管扩张；大片嗜碱性和扩张的集合管，通过外髓和内髓，主要是锥体周围。

•受累及的集合管细胞 / 核密集（单纯性增生），有丝分裂常增多；皮质嗜碱性病变和髓质集合管有关。

•除非由于上行性感染，炎症细胞并不明显；最终为跨过肾脏外带进入内髓的慢性瘢痕，集合管仍然扩张和增生（Mackenzie 和 Asscher，1986）。

鉴别诊断：

•血源性肾盂肾炎或留置插管引起的感染性血栓：和本病的皮质病变类似，但常伴有中性粒细胞。

•梗阻性肾病：肾小管管腔晶体沉积；以单形核细胞、有时有上皮样细胞和 / 或多核巨细胞为特征的肉芽肿性炎症。

•CPN：界限相对明确的皮质嗜碱性近端小管灶，基底膜明显增厚；伴有髓质透明蛋白管型。

•慢性梗死：通常在被膜下有一从皮质与轴平行的锥形区，不与延伸到髓质扩张的集合管区相连。

备注：在大鼠（小鼠较少），逆行性肾病是暴露于饮食中三聚氰胺而引起的肾脏病变（Hard 等，2009）。这种逆行性肾病的发病机制和形态变化学与阻塞性肾病不同。逆行性肾病似乎与短暂或局部的阻塞或尿路内容物沉淀引起回流现象有关，从而使肾单位受到刺激和变化，伴以退行性病变，例如肾小管嗜碱性变为主和远端肾单位肾小管和集合管扩张。

与此相反，梗阻性肾病一定是尿液流出障碍（通常由于结晶堵塞）引起，因此，相邻肾单位的整个管道均发生扩张和 / 或坏死，没有尿液的逆流或回流（另见尿道梗阻和梗阻性尿路病）。

肾小管嗜碱性变：近端小管和远端小管，集合管（Basophilia，Tubule：Proximal and Distal Tubules，Collecting Ducts）（图 28 至图 30）

动物种属：大鼠，小鼠

同义词：tinctorial change

发病机制 / 来源细胞：

- 肾小管及小管上皮。

诊断要点：

- 肾小管上皮细胞胞质呈嗜碱性，但其他形态正常。
- 轻度增大或饱满（肥大）。
- 胞核与胞质比率增加及有丝分裂增加是大鼠 CPN 早期的特征和唯一表现，同时伴有基底膜增厚。

鉴别诊断：

- 染色人工假象（影响大量相邻肾小管，而不是呈多灶性）。
- 单纯肾小管增生：尽管这种增生可使肾小管呈嗜碱性，但还有肾小管内衬细胞局灶性密集和数量增加。
- 肾小管再生：损伤后嗜碱性变是共同特征，但再生的肾小管细胞扁平或呈矮立方状，刷状缘发育不完全，有丝分裂率高，一般没有基底膜增厚。
- 再生、肾小管增生及肾小管嗜碱性变三个术语不应相互使用，因为肾小管嗜碱性变的发生可无修复过程。
- 当出现肾小管嗜碱性变有关其他特征，如核密集和基底膜增厚，特别是大鼠的亚慢性和慢性研究时，CPN 是首选的术语。

备注：肾小管嗜碱性变是最常见的诱发性肾损伤的表现之一，尤其是在大鼠重复给药的毒性研究中。这种变化是退行性病变的结果或是细胞的过度更新，表现为上皮细胞胞质的染色变化（Gopinath，Prentice 和 Lewis，1987）。在发育中的年轻大鼠，皮质部有少数嗜碱性肾小管是正常现象。肾小管嗜碱性变表示肾小管再生，但也可是早期萎缩或持续性轻度毒性损伤。它通常与 CPN 有关基底膜增厚同时发生，是发生率随大鼠和小鼠年龄增长而增加的背景变化。在缺乏肾脏再生和变性等其他证据时，肾小管嗜碱性变应作为首选术语，但不应用作包括肾脏再生和退行性过程在内的一个额外诊断。与形态变化有关的病理生理变化包括，内质网增加、细胞核增大以及取决于病因溶酶体内髓鞘样小体或包含物（Lameire，2005；Peter，Burek 和 VanZwieten，1986）。在慢性亚硝胺处理诱导的大鼠，与对照组以及周围近端和远端小管相比，嗜碱性肾小管的甘油醛-3-磷酸脱氢酶（GAPDH）和葡萄糖-6-磷酸脱氢酶（G6PDH）染色呈阳性，而其他酶活性染色则降低（Tsuda 等，1986）。

慢性进行性肾病：近端小管和远端小管（Chronic Progressive Nephropathy, CPN：Proximal and Distal Tubules）（图 31 至图 34）

动物种属：大鼠，小鼠

同 义 词：chronic progressive nephrosis，chronic Nephritis，spontaneous nephrosis，chronic nephrosis，progressive glomerulonephrosis，glomerulonephrosclerosis nephritis，glomerulonephritis，dietary nephritis，chronic progressive glomerulonephropathy，glomerulosclerosis，old rat nephropathy（Barthold，1998）

发病机制 / 细胞来源：

- 自然发生，病因不明。
- 大鼠受各种生理因素（如热量摄入、饮食蛋白质含量及雄性激素）的影响；但最近研究证实，饮食蛋白质含量对 CPN 的严重程度有影响，而对发病率无影响（Travlos 等，2011）。
- 某些化学物质可增加发病率和 / 或严重程度。
- 刚成年的动物其最早的病变是嗜碱性肾小管或外肾明显的再生，但此后很快出现肾小管嗜碱性变体细胞核密集和 / 或基底膜增厚；在外髓常首先见到透明管型和各种单形核细胞浸润。
- 病变常会发展到周围的实质，最终导致终末期肾，病变随品系不同而异。
- 在亚慢性和慢性研究中，当形态特征如肾小管嗜碱性变、胞核聚集及基底膜增厚均存在时，CPN 是更可取的术语；在年轻动物患病早期，如果肾小管嗜碱性变是唯一的形态特征，那么它就是一个适合的诊断术语。

诊断要点：

大鼠

- 嗜碱性近端小管病灶或区域，伴或不伴单纯性肾小管增生，伴有基底膜明显增厚和细胞核密集。
- 除最早期病变外，髓质内透明管型显著；随病复发展，出现肾小管萎缩、扩张，局灶性肾小球硬化和肾小球萎缩；主要在血管周围有簇状单形核细胞浸润。
- 在疾病非常晚期，肾盂内衬的移行细胞增生。

- 在终末期肾，全部肾实质均受累，扩张的肾小管内出现透明管型，导致大体检查肾脏表面粗糙不平；疾病晚期，尤其是用化学方法加重的病例，偶见具有复杂内衬上皮的外观独特的肾小管，而且还伴有显著增厚的基底膜。
- 疾病晚期病例可见间质纤维化。

小鼠

- 病变特征没有大鼠明显，但相似，而且常伴有肾小球扩张。
- 小鼠基层氨基酸组成的变化未得到证实，所以认为发病机制与大鼠不同。

鉴别诊断：

- 非典型肾小管增生：实性、嗜碱性肾小管常被明显的结缔组织细胞所包围；基底膜增厚不明显。
- 单纯性肾小管增生和 / 或再生：可能是 CPN 其中的一种变化，但当病变缺乏其他特征（如基底膜增厚和管型）时，这些诊断应予保留。
- 肾盂肾炎：斑块状皮质嗜碱性；伴有中性粒细胞浸润。
- 梗阻性肾病：肾小管管腔中有结晶沉积，具有单形核细胞，有时有上皮样细胞和 / 或多核巨细胞为特征的肉芽肿性炎症。

备注：关于 CPN 的综述文章很多（Gray，1977；Gray，Van Zwieten 和 Hollander，1982；Barthold，1979；Goldstein，Tarloff 和 Hook，1988；Hard 和 Khan，2004）。晚期 CPN 的大鼠伴有甲状旁腺增生（由于缺乏近端小管对维生素 D 的激活）及广泛转移性矿化。因为大鼠 CPN 既有再生也有退行性变，故细胞更新率高，晚期疾病是肾肿瘤发生的风险因素。疾病晚期，独特的肾小管病变不是癌前病变，需要和非典型肾小管增生区分（Hard 和 Seely，2006）。小于 12 周龄的年轻大鼠，其 CPN 早期病变的诊断常会出现某些错误。应尽可能准确诊断早期的 CPN，其病变包括嗜碱性肾小管，伴有基底膜显著增厚，外髓外带细胞核密集和 / 或透明管型存在，这些可作为确诊的特征。在年轻动物，当只有一个特征存在并且还不能确定能否代表 CPN 的早期变化时，病理学家可自行使用成分诊断（如单独诊断为嗜碱性肾小管），就可理解为代表了最早的 CPN 病变。许多化学物质可加重 CPN，因此在慢性毒性研究过程中 CPN 的发生率和严重程度增加。偶尔化学品可引起具有 CPN 的某些特征反应，但是会导致比 CPN 恶化时分布更为广泛的肾小管病变。这些病变可根据没有明显基层增厚的肾小管病变和出现了皮质和更远处透明管型等特征进行鉴别诊断。氨基酸组成的改变以及肾小管周围基底层的羟基化和糖基化，已经被证实并且被认为是大鼠本病的重要发病机制（Abrass，2000）。

管型：近端小管，远端小管，髓袢 / 升支粗段，髓质集合管（Casts: Proximal Tubules，Distal Tubules，Loop of Henle/thick ascending limb，Medullary Collecting Ducts）（图 35 和图 36）

动物种属：大鼠，小鼠

同义词：tubular proteinosis

发病机制 / 细胞来源：

- 肾小管管腔。

诊断要点：

- 肾小管的纵切面或横切面上被一致的包含物所占据。
- 透明管型或颗粒管型最为常见，但在描述各种类型时可用首选术语“管型”。
- 当脱落上皮细胞充满管腔并失去其细胞外形时，也可出现细胞管型。

透明管型（Cast，Hyaline）

诊断要点：

- 肾小管腔内充满均质嗜酸性物质。
- 通常为蛋白质成分。

颗粒管型（Cast，Granular）

诊断要点：

- 肾小管腔内充满非均质的颗粒状物质。
- 呈嗜酸性或嫌色性。
- 通常由细胞崩解产物和碎片组成。
- 通常发生在 α2u- 球蛋白肾病时外髓的外带和内带交界处。

鉴别诊断：

- 肾小管结晶尿。
- 死后人工假象。
- 在粗升支和远端小管产生的滤出液的正常组分为 Tamm-Horsfall 蛋白（尿调节素）。

备注：肾小管充满嗜酸性（透明）蛋白质管型通常表明肾单位的肾小球通透性增加并与肾小球损伤有关。然而，肾小管内的大量蛋白质也可损伤周围肾小管上皮细胞。管型是大鼠和小鼠慢性肾病所伴发的共同特征，并数量随年龄增长而增加（Alden，1986；Peter，Burek 和 Van Zwieten，1986）。颗粒管型是原发性肾小管损伤的较重要标志，也常伴管腔坏死的细胞碎片，并可能伴轻度炎症浸润。肾小管内主要由血红蛋白组成的管型，发生于红细胞破坏引起急性溶血之后，主要见于铜中毒、输血反应或药物引起的严重溶血性贫血（Ericsson，Mostofi 和 Lundgren，1969）。同样，肾小管内所见的肌红蛋白构成的管型，是继发于显著的肌肉损伤（Riggs，Schochet 和 Parmar，1996）。后两种管型常呈深红色，伴有管腔内完整的红细胞。

间质脂肪聚集：皮质和髓质间质（Adipose Aggregate，Interstitial：Cortical and Medullary Interstitium）

动物种属：大鼠，小鼠

同义词：lipomatosis，lipomatous metaplasia

发病机制 / 细胞来源：

- 未知：间质细胞质通常含数量不等的脂滴和少量成熟的脂肪细胞。这些细胞可增殖或增多，可能表示他们来自肾髓质 I 型间质细胞或其他多能间充质干细胞的分化。

诊断要点：

- 发生在皮质尤其髓质的间质。
- 呈分化良好的无包膜脂肪细胞灶，这种细胞灶可替代其他细胞使间质扩张，因此邻近小管可轻度受压。
- 通常被认为是一种自发背景病变，但在外源性物质处理后偶见其发病率增加。

鉴别诊断：

- 脂肪瘤：膨胀性病变，随时间而不断生长，常影响周围细胞组织结构；边界清楚；比间质脂肪聚集更大。
- 脂肪肉瘤：侵袭性生长，瘤细胞分化不良，有空泡。

备注：目前还不清楚间质中这些脂肪瘤样结节的细胞来源。它们可能源于正常存在的脂肪细胞，但也可能是 I 型髓质细胞的增生或化生反应，或是未分化干细胞的脂肪细胞分化。它们可以自发出现，尤其是在啮齿动物肥胖模型，如 Zucker 糖尿病肥胖大鼠，或用一些影响脂肪代谢的化合物处理后常会增加。与其他组织细胞化生一样，脂肪瘤样化生这个术语已被用于这种病变，表明一种组织可以被另一种组织可逆性替换。但是，与真正的化生不同，这些病变不是癌前病变，不会发生脂肪肉瘤转化，并且其毒理学意义不大，因为它们通常不会对肾功能造成有害影响。

结晶：近端小管和远端小管，集合管（Crystals：Proximal and Distal Tubules，Collecting Ducts）（图 37）

动物种属：大鼠，小鼠

同义词：crystalluria，urolithiasis，tubular calculi

发病机制 / 细胞来源：

- 肾小管管腔。

诊断要点：

- 结晶位于肾小管管腔（在固定 / 处理过程中会溶解消失；需要冷冻固定或新鲜冷冻切片显示结晶）。

- 发生位置常在皮质或外髓。
- 在偏振光下，结晶更为明显。
- 结晶形状可被多核吞噬细胞吞噬所掩盖。
- 可导致梗阻性肾病。

鉴别诊断：

- 管型：一般呈嗜酸性染色，无双折射性。
- 矿化（肾结石因磷酸钙而染成蓝色，而不是透明或棕色）。

备注：给予的化合物或其代谢物可沉淀在尿滤液中，尤其是这些物质溶解度低和 / 或血浆浓度高伴以肾清除率高时（Yarlagadda 和 Perazella，2008）。由于在远端肾小管（特别是大鼠）尿液浓缩和高渗性，故结晶尿在这一部位更为常见（Hagiwara 等，1992）。结晶诱导药物包括喹诺酮类或磺胺类抗生素和嘌呤类似物如阿昔洛韦。控制饮食或给予可改变尿 pH 的药物（例如，碳酸酐酶抑制剂）或引起血管内血容量不足，都会增加肾小管结晶尿的发生率。结晶也可与矿物质形成复合物，如乙二醇中毒可见草酸钙结晶（Robertson，2004；Liand McMartin，2009）。乙二醇的代谢物由乙醇脱氢酶氧化成草酸，后者螯合了肾小管内钙离子导致其沉淀和最终阻塞管腔（Hess，Bartels 和 Pottenger，2004）。任何原因引起的结晶都可导致相邻管上皮细胞变性和坏死，或结晶可伴发由尿流受阻引起的梗阻性肾病。肾小管结晶尿也可伴随着肾盂结石的存在，因为这两种病变的病因发病机制相似。因为许多结晶具有双折射性，故用偏振光显微镜检查常有助于发现和正确诊断。

梗阻性肾病：近端小管，远端小管，升支粗段（Nephropathy，Obstructive: Proximal Tubules，Distal Tubules，Thick Ascending Limb）

动物种属：大鼠，小鼠

同义词：crystal nephropathy

发病机制 / 细胞来源：

- 肾损伤由肾小管腔中沉积的化学结晶所导致。
- 炎症过程由结晶堵塞肾小管所引起（Chevalier，2006）。
- 雄性小鼠发生本病是由于膀胱或尿道蛋白栓形成使尿流出受阻；可伴发精子潴留、明显的包皮嵌顿或龟头包皮炎。

诊断要点：

- 肾小管管腔有结晶沉积，结晶具有双折射性；堵塞的近端肾小管扩张。
- 肉芽肿性炎症的特征是间质单形核炎症细胞浸润。
- 有时存在上皮样细胞及朗汉斯型多核巨细胞；轻度纤维化；有时中性粒细胞浸润。
- 巨细胞内有时可见到结晶。
- 雄性小鼠存在蛋白栓。

•输尿管堵塞，如腹腔内肿瘤。

鉴别诊断：

•逆行性肾病：肾小管嗜碱性变，皮质和髓质病变。

•血源性肾盂肾炎：中性粒细胞性炎症，肾小管扩张罕见，呈区域性。

矿化：髓质集合管；皮髓质交界处；近端小管或远端小管；肾盂（Mineralization: Medullary Collecting Ducts；Corticomedullary Junction；Proximal or Distal Tubules，Renal Pelvis）（图 1，图 38 和图 39）

动物种属：大鼠，小鼠

同义词：calcification，nephrocalcinosis，multilamellar bodies

发病机制 / 细胞来源：

•营养不良性矿化特异发生在肾小管和集合管，转移性矿化则由全身性钙 / 磷比例失调所致。

•这两种矿化均常见，实验动物为自发或由药物处理引起。

•饮食钙 / 磷比例失调（特别是在雌性大鼠）时易发生；其原因包括给予钙或维生素 D、草酸盐、甲状旁腺激素样激素化合物或改变尿 pH 的药物，以及许多其他类型的药物和制剂（Ritskes-Hoitinga 和 Beynen，1992）。

•通常由钙（和少量镁）盐、磷和糖蛋白组成。

•一种常见的自发形式的矿化被认为是近端小管 S1 段的微绒毛和微泡的脱落并在髓质外带蓄积，这些碎片随后发生矿化（Nguyen 和 Woodard，1980）。

•眼观切面上可见白点，显微镜下可见嗜碱性致密颗粒状沉积物。

•在雌性大鼠，由于饮食钙 / 磷比例失调，在外髓外带的矿化发生率更高，发生率和严重程度随年龄增长而增加（Clapp，Wade 和 Samuels，1982；Ritskes-Hoitinga 和 Beynen，1992）。

肾小管矿化（Mineralization，tubule）

诊断要点：

•由于肾小管变性，随后肾小管细胞质被沉积物替代。

管腔内矿化（Mineralization，intraluminal）

诊断要点：

•在皮髓质交界处最为常见，为混合性化学成分，但也可发生于皮质、髓质或肾乳头。

•毗邻肾小管发生退行性和 / 或坏死性病变。
•在肾乳头，常以线性发生于髓袢弯曲前段，这是慢性研究中 α2u- 球蛋白肾病的特征。

基底膜矿化（Mineralization，basement membrane）

•在间质沿基底膜呈局灶性或线性嗜碱性沉积物。
•首先发生在近曲小管、伴随血管及血管球簇的间质。

间质矿化（Mineralization，interstitial）

•间质内呈颗粒状或圆形嗜碱性沉积物。
•最常见于皮质，并常沿基层出现。

鉴别诊断：

•肾小管内细菌群落：细菌革兰氏染色呈阳性，矿物质呈阴性。

特殊染色：

•茜素红 S 或 Von Kossa 染色可显示矿化。

备注：矿化在啮齿类动物毒性研究中经常遇到。在很多或大多数研究中，没有部位修饰语的矿化诊断已经足够了。但在某些情况下，使用间质、肾小管、基底膜等词来表示，可能更重要。许多外源性药剂可以影响钙、磷或甲状旁腺激素（PTH）调节（Matsuzaki 等，1997）。矿化还有一个深层意义，为肾功能衰竭的早期间接性改变。骨化三醇的缺乏和钙传感器受体的异常可为最初的重要因素，然而在后来的肾功能衰竭晚期，高磷血症则成为另一个重要致病因素。更为常见的是，肾矿化被看作是大鼠皮髓质交界处一个自发性病变，是一个背景发现而没有临床意义。雌性大鼠特别敏感，而小鼠较不易发生间质矿化。矿化综合征也常见啮齿类动物的肾盂。给予影响钙调节或影响尿 pH 的药物，如碳酸酐酶抑制剂，会加重矿化病变（Ritskes-Hoitinga 和 Beynen，1992；Nicoletta 和 Schwartz，2004）。

骨化生：间质（Metaplasia，Osseous: Interstitium）

动物种属： 大鼠
同义词： ectopic bone formation
发病机制 / 细胞来源：
•肾小管被间质骨组织取代。
•发病机制与矿化无关。
•可由慢性皮质类固醇治疗引起。

诊断要点：

•通常在皮质间质出现局灶性病变。

•由岛屿状的类骨质和 / 或分化良好的骨组成，其边界不规则。

•较大的病灶可出现骨髓。

•很少有继发性炎症，也不是癌前病变。

鉴别诊断：

•矿化：由嗜碱性无定形结晶沉积物组成，而不是类骨质，不含细胞核（成骨细胞）。

备注：肾脏骨化生最常见于 Fischer F344 大鼠（Montgomery 和 Seely，1990），罕见于在其他品系或种属，但慢性皮质类固醇治疗可引起任何器官发病，特别是皮肤（Frazier 等，1998），在长期给予某种骨形态发生蛋白（BMPs）的啮齿类动物偶尔也可见到。

色素沉着：近端小管和远端肾小管，集合管（Accumulation，Pigment：Proximal and Distal Tubules，Collecting Ducts）（图 31、图 40 和图 41）

动物种属：大鼠，小鼠

同义词：lipofuscinosis，bilirubinuric nephropathy

发病机制 / 细胞来源：

•细胞内出现脂褐素、胆红素或再吸收的血铁色素沉着。

•一些药物可促进脂褐素小滴发生在近端上皮细胞内，或其本身就是有色的，可引起有色物质的蓄积。

•如果肝脏疾病或胆汁结合酶（UGT1A1）抑制 / 功能障碍导致全身性血液中胆红素水平增加，则胆红素可在肾小管内沉着。

•在免疫介导的或药物诱导的溶血性贫血，以及与白血病有关的贫血，含铁血黄素都会在近端小管的细胞质中沉着。

诊断要点：

•细胞质中有黄色至棕色的小点或颗粒。

•脂褐素见于大多数啮齿类实验动物，特别是大鼠的肾脏，最常位于近端小管。

鉴别诊断：

•需要用特殊染色来区分不同类型的色素。

特殊染色：

•脂褐素 PAS 呈弱阳性，并且可用 AFIP Schmorl 氏染色法辨认。

•含铁血黄素用 Perl 染色或普鲁士蓝染色呈阳性。

•胆红素用霍尔（Hall）氏法呈阳性。

备注：色素沉着的功能性意义各不相同，脂褐素沉积（功能性意义很小或没有），血红蛋白尿肾病（溶血性贫血引起的血红蛋白过载）可导致严重的肾功能障碍（Ichikawa 和 Hagiwara，1990；

Ivy 等，1990；Ikeda 等，1985），因此，区分色素的成分很重要。

包涵体：近端小管和远端小管，集合管（Inclusion Bodies：Proximal and Distal Tubules，Collecting Ducts）

动物种属：大鼠，小鼠

同义词：无

发病机制 / 细胞来源：

- 铅中毒可引起近曲小管的细胞核、细胞质和线粒体内的包涵体（Navarro-Moreno 等，2009）。
- 在细胞质中，可出现髓鞘样小体（如庆大霉素或其他氨基糖苷类抗生素）、蛋白质沉淀物（如双磷酸盐）、巨线粒体或增生的内质网（Pfister 等，2005）。
- 由铁沉积物组成的细胞质包含物，见于可影响铁代谢或转运（如慢性铀肾毒性）的化合物（Donnadieu-Claraz 等，2007）。
- 病毒基质蛋白在细胞核或细胞质内蓄积的结果，如巨细胞病毒在肾小管病毒包涵体。

诊断要点：

- 在细胞内呈均质的嗜碱性或嗜酸性物质。
- 根据来源，可位于细胞质或细胞核内。

鉴别诊断：

- 透明小滴：强嗜酸性，大量分布于整个皮质（尤其是 S2 段）。

特殊程序：

- 不同类型的包含物都需要通过电子显微镜来鉴别。

备注：细胞核和细胞质包含物常见于毒性研究的啮齿类动物肾小管，其发病机制颇不相同。包涵物可为重金属、抗生素和其他多种药物，病毒感染也能引起。尽管磷脂质沉积一般用常规 HE 染色在显微镜下呈空泡状，但在肾脏磷脂质沉积时由板层样膜结构组成的溶酶体包含物非常明显，用甲苯胺蓝染色和酸性磷酸酶免疫组织化学可以很容易地看到（Schneider，1992）。根据发病机制和部位，包含物可随时间推移而伴发进一步实质损伤和变性。

嗜碱性颗粒：近端小管和远端小管（Basophilic Granules：Proximal and Distal Tubules）（图 42）

动物种属：大鼠，小鼠

同义词：无

发病机制 / 细胞来源：

- 重复给予反义寡核苷酸药物，在近端和远端小管的细胞质常可发生嗜碱性颗粒。这些分子的选择性尿排泄途径和聚阴离子性质，有利于其在近端小管溶酶体结合和存留，因为它们结构被改变，不能被迅速代谢。

诊断要点：

•为细胞内的均质或颗粒状外形，一般呈强嗜碱性，但小部分用 HE 染色也呈嗜酸性。

•最常见于近端小管，远曲小管也可发现，而肾小球系膜细胞罕见。

•在高剂量或长期给药后常伴有细胞退行性病变，但最终会导致受累及细胞坏死。

鉴别诊断：

•透明小滴：呈强嗜酸性，整个皮质呈多灶性及弥漫性分布。

•包涵体：发生于对特定类型药物的暴露。嗜碱性颗粒是仅与反义寡核苷酸药物有关的首选术语。

特殊程序：

•颗粒的性质可以通过核酸染色或电子显微镜来确认，颗粒中的吞噬溶酶体含有电子致密的球状物质，后者就是与寡核苷酸有关的物质。

备注：在所有临床前毒理学研究动物种属中，肾脏是对硫代磷酸酯寡核苷酸化合物的积聚最敏感的器官之一（Marquis 和 Grindel，2000；Henry 等，1999）。这种化合物从肾小球滤过，然后通过近端小管刷状缘吸收，以及基于其聚阴离子性质，通过基侧膜主动从循环转运。但是，由于积聚在溶酶体中且不能通过细胞顶膜进入尿滤液，因此便逐渐蓄积（Rappaport 等，1995；Sawai等，1996）。也有报道，一些寡核苷酸可产生嗜酸性颗粒，而不是嗜碱性颗粒，并且这些颗粒常被包含在猴和其他种属动物近端小管的空泡中（Henry 等，1999）。

间质淀粉样变：间质，肾小管（Amyloidosis，Interstitial：Interstitium，tubules）（图 43）

动物种属：小鼠，大鼠（罕见）

同义词：无

发病机制 / 细胞来源：

•间质或肾小管淀粉样物质沉积一般发生肾小球淀粉样变之后而不是之前。

•某些品系的小鼠随年龄增加而自发，但也见于慢性炎症之后。

•自发性疾病的特点是血清免疫球蛋白或其他有缺陷血清蛋白的多肽片段在细胞外沉积。

•AA 淀粉样物质来源于循环血清淀粉样物质 A（serum amyloid A，SAA），是与高密度脂蛋白（high-density lipoprotein，HDL）颗粒有关的急性期载脂蛋白。

诊断要点：

- 肾小管周围和 / 或间质有均质嗜酸性物质沉积。
- 有 β- 折叠结构的不溶性蛋白原纤维沉淀。
- 刚果红阳性，苹果绿双折射性，Thioflavine T 阳性，或免疫组化染色阳性。
- 随年龄增加自然发生。
- 发病和时间有品系和性别差异。
- 严重时，髓质血液供应中断导致肾乳头坏死。
- 在 CD -1 及其他品系小鼠极其常见，但大鼠罕见。
- 可波及肾小管 / 集合管和间质，其他器官如肠道也常受累及。

鉴别诊断：

- 透明性或纤维素样沉积通常为灶性，刚果红染色不出现双折射性。

备注：淀粉样变呈进行性发展，一般不可逆。淀粉样变性是解释小鼠慢性研究如 CD -1 小鼠 2 年致癌试验的一个复杂因素，是发病的常见原因。由于动物供应商和饲养人员对淀粉样变的认知，其在小鼠 CD-1 等品系已很少见。淀粉样原纤维通常是由免疫球蛋白多肽轻链组成，A 型原纤维是实验动物的主要组成部分（Rochen 和 Shakespeare，2002）。淀粉样物质的前体蛋白是 SAA，是在细胞因子影响下肝脏产生的主要急性期蛋白家族（Yu 等，2000）。在正常情况下，急性期蛋白可被降解，但在小鼠、仓鼠和人，这种蛋白质可以在肾脏以淀粉样物质的形式沉积，伴以广泛的肾小球、肾小管和间质改变。小鼠淀粉样物质的沉积从 8 月龄开始即可发现（或更早，取决于品系），其发病率随年龄增长而增加（Higuchi 等，1991）。淀粉样变性可包括一个以上亚部位（肾小管、肾小球和间质）。

肾小管再生：近端小管和远端小管（Regeneration，Tubule：Proximal and Distal Tubules）（图 44 和图 45）

动物种属：大鼠，小鼠

同义词：tubular cell regeneration

发病机制 / 细胞来源：

- 肾小管上皮坏死 / 脱落后再生，基底膜保持完整。

诊断要点：

- 对肾小管对细胞损失的反应。
- 非常扁平的嗜碱性细胞遍布整个基底膜。
- 肾小管内衬嗜碱性矮立方细胞，细胞具有初期的刷状缘。
- 有丝分裂率高。

鉴别诊断：

- 肾小管嗜碱性变是与化学损伤后肾小管再生有关的一个常见特征；然而，这两个术语不应混用，因为没有修复过程也可发生肾小管嗜碱性变。在许多情况下，如 CPN，基底膜会出现增厚，但增厚并非正常再生的特征。

备注：肾单位坏死后的反馈是，肾小球封闭，以防坏死的肾小管扩张。急性坏死后，再生细胞会覆盖坏死上皮已经脱落的基底膜区（Cuppage 和 Tate，1967）。如果细胞损失呈斑块状，相邻的非坏死细胞则扩展并覆盖裸露的基底膜，肾小管内衬扁平的嗜碱性细胞。如果细胞损失严重，肾单位下部细胞的有丝分裂活性增强，通过细胞移行覆盖暴露的基底膜。急性坏死后，近端小管上皮细胞在 5～7d 内可以重建。细胞最初嗜碱性，很低，几乎呈鳞状外观。第 5 天逐渐变成较高的立方形，只有初期的刷状缘。10～14d，再生细胞的高度和染色性接近正常，刷状缘也比较正常。21～28d 之后，小管具有正常酶和功能。基底膜损坏，上述过程停止，则可导致纤维化。有些生长因子和细胞因子参与或增强这再生过程（Dube 等，2004）。再生中的肾小管上皮常能抵抗最初的肾毒素，因为减少分泌运载系统或刷状缘的损失可阻止毒素的进一步积聚。再生完全的肾小管再次敏感，从而导致变性和再生的循环变化。在这样的情况下，变性 / 再生可用组合诊断。在没有任何再生或变性证据的情况下，肾小管嗜碱性变这一术语更为可取。

巨大核：近端小管和远端小管（Karyomegaly：Proximal and Distal Tubules）（图 46）

动物种属：大鼠

同义词：nuclear enlargement

发病机制 / 细胞来源：

- 核酸重复复制，细胞核和细胞质不分裂。

诊断要点：

- 肾小管主要是近端小管的细胞，其核显著增大。
- 核形状稍不规则。
- 通常散在发生，但某些化学品引起者则多见。

鉴别诊断：

- 不应与细胞周期中代表 DNA 复制的中度核增大相混淆。

备注：巨大核（核大小增加）和细胞及核巨大（细胞大小和核大小都增大）偶尔发生于大鼠肾小管上皮细胞，发病机制不明确。受影响的细胞核表现深染、多个核仁和形状不规则。近端小管细胞的巨大核常被认为是使用肾致癌物及其他药物如赖氨酸丙氨酸、重金属和某些抗癌药后的慢性病变（Hard 等，1995；Hard 等，1999；Montgomery 和 Seely，1990）。一些肾致癌物（如黄曲霉毒素或赭曲霉毒素 A）常早期在大鼠肾小管诱导巨大核（Boorman 等，1992）。巨大核细胞不认为是必定发展成肾小管肿瘤的癌前细胞，所以与致癌性的关系不确定（Hard 等，1995；Montgomery 和 Seely，1990）。

肾小管肥大：近端小管和远端小管，集合管（Hypertrophy，Tubule：Proximal and Distal Tubules，Collecting Ducts）（图 24，图 47 至图 49）

动物种属：大鼠，小鼠

同义词：无

发病机制 / 细胞来源：

- 远端小管肥大是对肾需求增加发生的一种代偿性或适应性反应。
- 与离子转运能力增强有关；其发生是因为饮食中氯化钠过量，或某些药物剂量过大。
- 偶见于晚期 CPN。
- 集合管的细胞病变发生在钾稳态改变后（如钾的饮食变化或髓袢利尿剂）。

诊断要点：

- 单个肾小管细胞的大小增加，而细胞数量不增加。
- 细胞质常呈强嗜酸性，但也可淡染；为单层高立方状或柱状细胞，其基部宽；核常位于顶部。
- 主要见于皮质的远曲小管。

备注：虽然肥大的肾小管是由单层细胞组成，但因细胞增大，有时斜切面好像很复杂。肥大的肾小管不是增生性病变，也不是癌前病变。肾小管肥大的特征符合于对活跃的跨细胞运输能力增加的适应性反应（Ellison，Velazquez 和 Wright，1989；Hard 等，1999）。内外髓集合管细胞具有异质性，在电解质、氢离子和碳酸氢盐转运过程中起特异性作用（Kaissling 等，1985）。闰盘暗细胞适应性增加见于低钾血症（Evan 等，1980）。

肾小球变化

肾小球肾炎：肾小球（Glomerulonephritis：Glomeruli）（图 50 至图 55，图 119 和图 120）

动物种属：大鼠，小鼠

同义词：无

发病机制 / 细胞来源：

- 是肾小球慢性退行性病变和显著的血流动力学改变的一个后遗症。大鼠海曼肾炎模型表明，补体激活可导致足细胞损伤（Cybulsky，Quigg 和 Salant，2005）。

诊断要点：

- 膜增生性：表现为基底膜增厚，可呈均匀增厚，是抗体直接针对肾小球基底膜抗原的反应；或呈“块状”不规则增厚，伴循环免疫复合物的沉积。肾小球基底膜增厚可通过 PAS 染色、甲胺银染色或电子显微镜（EM）确证。

- 新月体性：表现为肾小球脏层和 / 或壁层上皮细胞增多，其厚度有两个或更多细胞。常为节段性，也可发生粘连，使鲍曼氏囊腔减小。用三色染色法可使纤维细胞性和纤维性新月体呈蓝 / 绿色。
- 系膜细胞增生。
- 单形核炎症细胞浸润。

鉴别诊断：

- 透明性肾小球病：无单形核细胞性炎症变化。
- 伴有肾小球病成分的 CPN：其他结构如肾小管和基底膜有病变。
- 鲍曼氏囊化生 / 增生。
- 肾小球硬化：肾小球被纤维化取代，但无显著收缩。
- 细胞核的缺失一般比萎缩更常见。

备注：膜增生性和新月体性的特征可同时存在。仅通过常规 HE 染色难以确定肾小球损伤的特点。在这种情况下，简单诊断为肾小球肾炎或肾小球病即可。

透明性肾小球病：肾小球（Glomerulopathy，Hyaline：Glomeruli）

动物种属： B6C3F1 小鼠，大鼠

同义词： 无

发病机制 / 细胞来源：

- 肾小球免疫球蛋白沉积的慢性退行性变化的一个后遗症。

诊断要点：

- 肾小球毛细血管袢的细胞数量减少，通常为弥漫性或全小球性。
- 非细胞性免疫球蛋白沉积；PAS 染色阳性、Masson 三色染色阳性，刚果红染色阴性。

鉴别诊断：

- 肾小球硬化：肾小球被纤维化取代而不是增厚基底膜。
- 膜增生性肾小球肾炎：与肾小球系膜细胞增生和单形核细胞浸润相关。
- 淀粉样变：肾小球基底膜沉积物呈刚果红染色阳性和双折射性。

备注：透明性肾小球病常发生在对照组小鼠，但最近被确认它是大鼠和小鼠对慢性胡薄荷酮暴露的一种反应（National Toxicology Program [NTP]，2009）。电镜显示肾小球系膜被细颗粒状的无定形物质所占据，提示为免疫复合物沉积（NTP，2009）。在人类，透明性肾小球病被称为免疫球蛋白样肾小球病，其超微结构特征是系膜内含有规律的微管结构（D’ Agati，Jennette 和 Silva，2005）。

系膜增生性肾小球病：肾小球（Glomerulopathy，Mesangioproliferative：Glomeruli）（图 56）

动物种属：小鼠，大鼠

同义词：mesangial thickening

发病机制 / 细胞来源：

- 如果从肾小球基底膜渗漏的高分子蛋白质负荷加重，单核吞噬细胞（CD68 阳性）将使其清除并增生。

诊断要点：

- 肾小球系膜细胞肥大。
- 可见一些有丝分裂细胞。
- 系膜基质增多，最初为轴向，PAS 阳性。
- 无毛细血管改变。
- 需要薄切片和特殊染色确诊。

鉴别诊断：

- 肾小球肾炎：具有基底膜增厚和单形核细胞炎性成分以外的其他特征。
- 透明性肾小球病：为非细胞性。

备注：吗啡诱导的大鼠肾小球系膜细胞增生是通过 Kappa 阿片受体介导的（Weber 等，2008）。血小板生成素转基因小鼠可发生系膜增生性肾小球病（Shimoda 等，2007）。在一些病例中，如果不能进一步分类，在临床前的毒性研究中可以用简单术语：肾小球病或肾小球肾炎，而不用额外的修饰语。

肾小球硬化：肾小球（Glomerulosclerosis：Glomeruli）（图 1 和图 33）

动物种属：小鼠，大鼠

同义词：includes focal segmental glomerular sclerosis

发病机制 / 细胞来源：

- 是肾小球慢性退行性病变和显著的血流动力学改变的一个后遗症。

诊断要点：

- 一个或多个肾小球毛细血管袢皱缩和缩小，鲍曼氏囊腔通常扩大。
- 常与大鼠晚期 CPN 及小鼠慢性肾病有关（Hard 和 Seely，2005；Ma 和 Fogo，2003）。
- 可为灶性或多灶性、节段性或全肾小球性分布。

鉴别诊断：

- 肾小球萎缩：肾小球皱缩但无纤维化

备注：疾病早期变化轻微但可发展为局灶性节段性肾小球硬化，例如，嘌呤霉素氨基核苷肾病（Hagiwara 等，2006）。一旦肾小球血液动力学或退行性病变开始，肾小球系膜和足细胞内的复杂后续事态即被转化生长因子 β（TGF-beta）和细胞转化生长因子（CTGF）介导发生，这些因子刺激成纤维细胞增生和胶原形成，最终替代正常结构（Frazier 等，1996；Kriz 和 Lehir，2005；Lee 和 Song，2009）。大鼠肾小球硬化可通过一些毒物诱导，包括 N- 亚硝胺，相关的组织和超微结构改变已经被详细描述（Roman，Banasch 和 Aterman，1975）。

系膜溶解：肾小球（Mesangiolysis：Glomeruli）（图 57）

动物种属：小鼠，大鼠

同义词：hemolytic uraemic syndrome

发病机制 / 细胞来源：

- 一种退行性病变，与内皮损伤、补体激活和毛细血管壁通透性丧失有关。

诊断要点：

- 肾小球内系膜细胞和 / 或内皮细胞坏死。
- 蛋白性漏出物进入鲍曼氏囊腔。
- 局灶性和节段性。
- 毛细血管袢内纤维蛋白沉积。
- 新月体形成和继发硬化。

鉴别诊断：

- 肾小球硬化：肾小球纤维化但无明显缩小；细胞核的丧失比萎缩更常见。

备注：系膜溶解在临床前毒性研究中并不常见，常与血管毒性化合物有关或在糖尿病模型中出现。在抗 -Thy-1 大鼠模型早期可出现系膜溶解（Kriz 等，2003），也与补体激活（如一些蛇毒）有关。特殊染色和 / 或电子显微镜检查可做出诊断，并与其他肾小球损伤鉴别。

肾小球淀粉样变：肾小球（Amyloidosis，Glomerular：Glomeruli）（图 43）

动物种属：小鼠，仓鼠

同义词：无

发病机制 / 细胞来源：

- 自发性疾病，特点是细胞外沉积血清免疫球蛋白片段的多肽片段或其他缺陷的血清蛋白。

- AA 淀粉样物质来源于循环中的 SAA 蛋白，是与高密度脂蛋白（DHL）颗粒有关的急性期载脂蛋白。

诊断要点：

- 肾小球细胞数量减少并含无定形淡红色淀粉样蛋白沉积，刚果红染色阳性，在偏振光下显示苹果绿色。
- 肾小球最常受累及，但淀粉样变可发展到肾小管 / 集合管和间质；其他器官如肠管也常受累及（Gruys 和 Snel，1994）。
- 超微结构研究表明，系膜细胞和基层被淀粉样原纤维广泛地累及。

鉴别诊断：

- 膜性肾小球肾炎：基底膜增厚，因免疫球蛋白、免疫复合物和补体在基底膜沉积。
- 透明性肾小球病：PAS 阳性，刚果红阴性，IgG、IgM 或 IgA 免疫染色阳性。
- 肾小球硬化：肾小球因纤维化而闭塞；三色染色阳性，而刚果红染色阴性。

备注：淀粉样变是进行性的，一般不可逆。淀粉样变是解释小鼠慢性研究如 2 年致癌试验一个复杂化因素，是死亡的重要原因。在历史上，淀粉样变在 CD-1 品系非常多见，由于供应商和饲养人员对其已有认知，故现已很少。在其他一些品系的小鼠依然常见，但大鼠罕见。有关病理生理机制的更多详情，可参阅间质性淀粉样变。

肾小球萎缩：肾小球（Atrophy，Glomerular：Glomeruli）（图 1）

动物种属： 小鼠，大鼠

同义词： collapsing glomerulopathy

发病机制 / 细胞来源：

- 肾小球萎缩是肾小球慢性退行性病变和随后血流动力学改变的一个后遗症；肾小球萎缩也见于链脲霉素诱导的伴足细胞凋亡的大鼠糖尿病。

诊断要点：

- 一个或较多毛细血管袢和皱缩和缩小，鲍曼氏囊腔常同时扩张。
- 可为局灶性、弥漫性、节段性或全肾小球性分布。
- kd/kd 小鼠的塌陷性肾小球病表现为，突触极蛋白和 WT-1 足细胞标志物的缺失，以及 Ki67 表达的增加（Barisoni 等，2005）。

鉴别诊断：

- 肾小球硬化时被纤维化肾小球取代，而无明显缩小；细胞核的丧失比肾小球萎缩更常见。

备注：这种病变是慢性肾小球病的标志，也是疾病晚期的特征（Hard 等，1999）。萎缩也出现在大鼠多囊性肾病的无肾小管肾小球中［常染色体显性遗传多囊性肾病（ADPKD）］（Tanner 等，2002）。

鲍曼氏囊腔扩张：肾小球（Dilation，Bowman’s space：Glomeruli）（图 1 和图 58）

动物种属：小鼠，大鼠

同义词：enlargement of Bowman’s space

发病机制 / 细胞来源：

- 鲍曼氏囊腔扩张的发生可能是肾小球高滤过造成鲍曼氏囊内流体静压增加，或是萎缩而引起血管袢收缩的结果。也可能是肾小管内逆流上行的结果。

诊断要点：

- 鲍曼氏囊直径明显增大，肾小球血管袢的大小不同时增加，故鲍曼氏囊腔扩大。
- 常伴有附近实质的梗死或晚期慢性肾病（Hard 和 Seely，2005；Hard 等，1995）。
- 可为局灶性、多灶性、节段性或全肾小球性分布。

鉴别诊断：

- 肾小球病：鲍曼氏囊腔扩张，但肾小球细胞成分无明显变化。

备注：这种病变表示肾小球内流体静压改变，可导致肾小球和伴随肾小管的退行性变化（Hard 等，1999）。

鲍曼氏囊化生 / 增生：肾小球（Metaplasia/Hyperplasia，Bowman’s Capsule：Glomeruli）（图 59）

动物种属：小鼠，大鼠

同义词：metaplasia，Bowman’s capsule，hyperplasia of parietal epithelial cells

发病机制 / 细胞来源：

- 在成年雄性小鼠，鲍曼氏囊壁层上皮细胞会受到激素的影响，循环睾酮水平的改变可影响这些细胞的形态。

诊断要点：

- 雌性小鼠，鲍曼氏囊的壁层扁平鳞状上皮细胞被高立方状上皮所替代；鲍曼氏囊上皮细胞肥大在雄性小鼠是正常的。
- 在大鼠，壁层的单层鳞状上皮也可发生类似的变化，变成与近端小管相似的立方状细胞。

•在形态变化的同时，壁层上皮细胞的数量也增加。

鉴别诊断：

•处理人工假象包括近端肾小管上皮细胞疝入囊腔内。壁层上皮细胞与周围近端肾小管（PCTs）上皮细胞难以区分。

•变化的雌雄异型可能在其他器官（如肾上腺）较明显。

备注：鲍曼氏囊的化生 / 增生可自发于老龄化大鼠，雄性比雌性更常见（Hard 等，1999）。相反，鲍曼氏囊化生通常仅限于雌性小鼠。在大鼠肾小球疾病特别是肾小球硬化时，壁层上皮细胞可发生肥大或增生（Peter，Burek 和 Van Zwieten，1986）。在自发性高血压的大鼠也可发现，但其是否与高血压有关尚不清楚（Haensley 等，1982）。诊断化生或增生，需要根据具体情况具体分析。化生 / 增生性变化不认为是癌前病变。

系膜增生：肾小球（Hyperplasia，Mesangial：Glomeruli）

动物种属：小鼠，大鼠

同义词：mesangial cell hypertrophy

发病机制 / 细胞来源：

•系膜细胞在数量、大小和细胞质体积方面的增加都是对某些刺激，包括高血糖和某些药物积聚的一种反应（Wehner 和 Petri，1983）。

诊断要点：

•肾小球内系膜细胞核的数量增多，但不一定伴有细胞增大。

•随着时间及进一步损伤，系膜增生可伴有系膜细胞外基质蛋白的分泌增加和显著的蛋白尿，此时称为系膜增生性肾小球肾炎更为准确。

•这些增生性变化不认为是癌前病变，与肾脏肿瘤无关。

鉴别诊断：

•系膜增生性肾小球肾炎或其他相关的肾小球病，虽有系膜基质和细胞外基质蛋白的增多，但系膜细胞的数量及细胞体积可能并不同时增加。

•肾小球肾炎应伴有蛋白尿和管型，而这些病变并不是单纯系膜增生的特征。

备注：系膜增生常报道于链脲霉素诱导的糖尿病大鼠模型，以及一些药物如氯喹诱导的磷脂质沉积，它们都伴有足细胞和系膜细胞的溶酶体蓄积（Wehner 和 Petri，1983）。其他药物如有的生长因子抑制剂或抗癌药，也能引起系膜出现包涵体，这些病变也和系膜增生有关。血氨水平升高或给予 NH_4Cl，可诱导肾小球系膜细胞肥大但不增生（Ling 等，1998）。这种系膜细胞肥大是系膜细胞蛋白质降解减少，而不是蛋白质合成增加所引起。

肾脏炎症

间质炎症细胞浸润：皮质与髓质的间质（Infiltrate，Inflammatory Cell，Interstitium：Interstitium of Cortex and Medulla）（图 33，图 49 和图 60）

动物种属：大鼠，小鼠

同义词：inflammation，focal

发病机制：未知

诊断要点：

- 间质中有炎症细胞小灶，包括单形核细胞（淋巴细胞、浆细胞和 / 或巨噬细胞）和 / 或少量中性粒细胞。
- 呈急性和慢性。

备注：大鼠和小鼠的炎症细胞浸润极其普遍，常没有毒理学意义。炎症细胞灶的数量随年龄的增加和 / 或大鼠 CPN 或小鼠慢性肾病的出现而增加。

间质性肾炎：皮质与髓质的间质（Interstitial Nephritis：Interstitium of Cortex and Medulla）

动物种属：大鼠，小鼠

同义词：无

发病机制 / 细胞来源：

- 未知，但是在某些情况下可能与抗体复合物直接作用于基底膜或细胞外基质成分有关；间质性肾炎与给予某些化合物如琥珀酰亚胺（Barrett，Cashman 和 Moss，1983）、锂盐、甲氧西林（Linton 等，1980）、别嘌呤醇以及与非甾体类抗炎药（非依赖性环氧化酶活性）长期使用产生的特定综合征有关；间质性肾炎也是大鼠 CPN 的一个成分和小鼠慢性肾病的一个固定特征。

诊断要点：

- 伴有单形核细胞（淋巴细胞、浆细胞和 / 或巨噬细胞）和不同程度水肿的较广泛的间质性炎症。
- 呈急性和慢性。
- 可因纤维细胞增多进一步发生纤维化。

鉴别诊断：

- 间质炎症细胞浸润：主要是淋巴细胞局灶性浸润，而不是间质性肾炎的广泛性混合性炎症。

- 慢性肾盂肾炎：肾乳头和肾髓质的炎症细胞浸润通常更严重，也可累及肾小管腔。急性肾盂肾炎以中性粒细胞为主。
- 淋巴瘤：均一或同质的大细胞或分化差的淋巴细胞。
- 慢性进行性肾病（CPN）：病变常为局灶性，伴有基底膜的改变；肾小管呈嗜碱性；间质性肾炎仅仅是这种综合征的次要成分。

备注：间质性炎症可伴随多种肾脏疾患，如抗基底膜抗体、免疫复合物病或慢性肾病。但是不论病因为何，间质性肾炎这一术语通常指间质的弥漫性炎症病变。局灶性间质炎症细胞浸润，表现为分化良好的淋巴细胞呈单发性、分散性或在血管周围积聚，这些病灶首选专业术语是“间质炎症细胞浸润”。啮齿动物弥漫性间质性肾炎的特点普遍表现为淋巴细胞、浆细胞和少量巨噬细胞呈斑块状或弥漫性分布。这种分布非常重要，因为局灶性病变可能对肾功能的影响不明显，不太可能和受试物处理有关。大鼠的原发性间质性炎症与犬或人不同，比较少见，而且持续性、极轻度慢性、肾毒性表现为 CPN 的恶化，而不单是慢性间质性肾炎。然而，间质性肾炎是啮齿类动物认可的药物处理后的并发症，可代表某种药物必然出现的肾脏病变（Linton 等，1980）。由琥珀酰亚胺或甲氧西林等药物引起这类变化的病理生理机制和定位于间质的原因不太清楚。

微脓肿：皮质、髓质（Microabscess：Cortex，Medulla）

动物种属：大鼠，小鼠

同义词：ubulitis, renal abscess, suppurative nephritis, pyelonephritis (in diffuse or severe cases)

发病机制 / 细胞来源：

- 单发性或多灶性。
- 镜下分散的中性粒细胞聚集小灶（位于肾小管的管腔内、鲍曼氏囊腔或间质）。
- 当存在于间质组织时，通常和细菌栓子有关。
- 表现为局部细菌感染。

诊断要点：

- 在肾小管腔内通常围绕脱落的细胞巢形成。
- 中央有坏死碎屑的点状急性炎症细胞灶，有时可见到细菌。
- 肾间质内伴有细菌栓子。
- 在肾小管或间质间隙可见大量中性粒细胞；这些白细胞可在肾小管内形成管型。
- 中性粒细胞可在远端小管与集合管内黏结，然后从尿中排出白细胞管型。
- 在一些严重病例，肾脏皮质和髓质切面均呈淡黄色外观。
- 受累及的肾小管呈明显嗜碱性，增生上皮细胞（单纯型）周围有炎症细胞浸润，管腔内含细胞碎片凝塞（主要是变性的中性粒细胞）。

鉴别诊断：

- 慢性炎症：细胞浸润是粒细胞、淋巴细胞、组织细胞混合物和纤维化。
- 肾小管-间质性肾炎(梗阻性肾病)：结晶形成的同时，还可观察到肾小管或间质的炎症、异物巨细胞和肾小管上皮细胞增生。
- 急性炎症灶：常呈局部广泛性或弥漫性，中心区无坏死和细菌。

备注：微脓肿的镜下特征是分散的中性粒细胞聚集小灶，通常位于间质组织中。小灶可为单灶性或多灶性，常位于双侧肾脏。肾脏微脓肿常是全身播散性细菌感染的结果，在肾小管间的毛细血管或肾小球血管袢由化脓细菌直接形成栓塞引起。微脓肿和形成感染性血栓的静脉给药有关。菌血症可引起以肾小球为中心的微脓肿。微脓肿也可发生在肾小管腔内，因为管腔有淤滞物和/或细胞碎片，为细菌的生长提供了良好的环境。肾盂肾炎或肾盂炎也可表现为微脓肿形成（Duprat 和 Burek，1986），为肾盂和肾实质的急性炎症，常通过细菌的上行性感染引起（更多内容参见肾盂肾炎）。在 CPN 晚期，受害的个别近端小管常发生微脓肿，此时不需要单独进行诊断。如果是斜切，这种病变表现为实性、嗜碱性肾小管，类似非典型肾小管增生灶。病灶内和其周围的中性粒细胞可确定为炎症性变化，而不是癌前病变。

间质水肿：皮质，髓质（Edema，Interstitial：Cortex，Medulla）

动物种属：小鼠，大鼠

同义词：无

发病机制/细胞来源：

- 皮质、髓质和肾乳头的间质组织。

诊断要点：

- 血管周围及肾小管间的间隙增宽（间质水肿）。
- 肾间质内偶在扩张的肾小管，管腔内可见均质粉红色染色物质。

鉴别诊断：

- 死后自溶：整个组织切片均匀性溶解，没有细胞成分的结构改变。

备注：水肿的特点是在肾皮质、髓质和肾乳头的间质内出现嗜酸性蛋白质液体。可单独发生，也可伴随急性炎症。与急性肾小管损伤有关的轻度间质水肿和炎症，是与非甾体类抗炎药（NSAID）毒性有关肾病的常见特征（Hard 和 Neal，1992）。

肾盂肾炎：髓质（间质和集合管）[Pyelonephritis：Medulla（Intersititum and Collecting Ducts）]（图 61 和图 62）

动物种属：大鼠，小鼠

同义词：papillitis，pyelitis

发病机制 / 细胞来源：

- 肾盂肾炎的病因是下尿路细菌的上行性感染，或罕见于药物诱导的始发于皮质和外髓的间质性肾炎的扩展，但在毒性研究中，更常见的原因是继发于肾乳头坏死，如慢性镇痛药（NSAID）的毒性可以引起（Bach 和 Bridges，1985a；Bach 和 Nguyen，1998）。也可能起因于与肾盂尿石相关的尿路上皮的溃疡性病变。随着年龄的增加，肾盂肾炎的发病率与严重程度也随之增加。但是在 Fischer F344 大鼠，自发性急性肾盂肾炎罕见。

诊断要点：

- 内髓和肾乳头的集合管管腔和间质出现化脓性炎症，呈放射状延伸到皮质。
- 皮质或者外髓的肾小管呈嗜碱性。
- 集合管出现继发性坏死。
- 随后发展为慢性炎症，表现为淋巴细胞、浆细胞和单核细胞浸润与间质纤维化。
- 肾乳头尖端可发生坏死和溃疡。
- 与管腔内中性粒细胞相邻的肾小管上皮呈嗜碱性和可逆性增生。
- 严重病例眼观肾盂扩张，伴有脓性渗出液；相邻的髓质充血，皮质可见白色或黄色放射状条纹。
- 显微镜下，特征是肾乳头出现溃疡和坏死，在髓质和皮质实质，尤其是皮质肾小管管腔，有明显至严重的中性粒细胞浸润。

鉴别诊断：

- 间质性肾炎：炎症细胞的浸润通常以淋巴细胞和巨噬细胞为主，累及皮质和髓质。
- 逆行性肾病：特征是肾小管扩张，但无化脓性炎症。

备注：肾盂肾炎是一种肾小管间质性疾病，以化脓性或混合炎症为特征，肾乳头和远端肾实质常发生坏死，当发生慢性肾盂肾炎时，可导致间质纤维化和集合管的缺失（Heptinstall，1964）。肾盂肾炎是涉及的一系列病变的首选术语，单个诊断术语如肾小管嗜碱性变、炎症细胞浸润、管型等，都可概括这一诊断中，除非仍不清楚是独立的还是相关的过程。啮齿类动物容易自发（感染）肾盂肾炎，几种不同的啮齿动物肾盂肾炎模型，可用来评估抗生素治疗人类肾盂肾炎的效果。由于自发性膀胱输尿管的回流，大鼠上行感染是膀胱炎常见结果，但血源性的下行感染也能引起（Heptinstall，1965）。导致髓质容易感染的几个因素包括相对缺氧（由于直部血管的低灌注）、白细胞吞噬功能的低渗性相关性抑制，输尿管与有细菌存在的膀胱相连。髓质的炎症变化呈放射状延伸到皮质。虽然肾盂肾炎常与原发性乳头坏死有关，但是不伴有乳头损伤的情况也偶见于毒性研究中药物诱导的病变，特别是在免疫抑制化合物，如影响 T 细胞功能和细胞介导免疫的环孢霉素（Miller 和 Findon，1988）。已发现特定的毒力因子可以增加细菌的致病性，在啮齿类动物的病变中最常分离出的病原体是大肠杆菌和变形杆菌（Pichon 等，2009；Rice 等，2005）

间质纤维化：皮质，髓质（Fibrosis，Interstitial：Cortex，Medulla）（图 1，图 8 和图 33）

动物种属： 大鼠，小鼠

同义词： peritubular fibrosis

发病机制 / 细胞来源：

- 因相邻肾小管损伤的反应而形成的。

诊断要点：

- 间质纤维胶原积聚，间质细胞尤其肌成纤维细胞增加。
- 肾小管变性后其周围细胞外基质积聚。
- 根据肾小管损伤的范围，病变可呈局灶性或弥漫性。
- 末期纤维瘢痕形成，肾脏表面不平。

鉴别诊断：

- 间质性肾炎：淋巴细胞、浆细胞和巨噬细胞较多。
- 与炎症灶和早期间质性肾炎（间质炎症细胞浸润）鉴别。

备注：皮质间质通常是由成纤维细胞、树突状细胞和少量淋巴细胞或巨噬细胞组成的网状结构（Kaissling 和 Le Hir，2008）。在慢性间质纤维化中，间质细胞具有肌成纤维细胞特征，后者是来源于残留成纤维细胞的增生和分化（Yang 和 Liu，2001）。这些细胞出现的时间及其位于受损肾小管附近的位置，表明间质反应是由肾小管变化的刺激引起（Eddy，1996；Frazier 等，2000）。转化后的细胞能分泌大量金属蛋白酶 -2，此酶具有特异降解基底膜的作用。转化生长因子 β（TGF-β）已被证明可使转化后的细胞释放 α- 平滑肌肌动蛋白，并启动肌动蛋白微丝在间质基质中进行重组（Eddy，1996）。蛋白尿可导致生长因子（如 HGF 和 TGF-b）的肾小球滤过增加，使生长因子水平升高。反过来，这些生长因子又可激活肾小管细胞中的细胞因子，从而刺激间质纤维化（Wang，Lapage 和 Hirschberg，2000）。研究表明，肌成纤维细胞和纤维化反应是修复过程的一部分，阻止它们的转化可加重肾功能障碍。病变的长期进展最终会导致肾被膜表面的凹陷。

非肿瘤性增生性病变

肾小管增生：近端小管和远端小管，集合管单纯性肾小管增生（Hyperplasia，Tubule：Proximal and Distal Tubules，Collecting Ducts）（图 63 至图 65）（Hyperplasia，Tubule，Simple）（图 63）

同义词： focal tubule hyperplasia

诊断要点：

- 肾小管内衬细胞的数量增多，但不突入管腔或超过一层。

•胞质常呈嗜碱性。
•在肾小管的斜切面可见内衬细胞局部密集。
•肾小管大小可因管腔扩张或细胞数量增加而有所差异。

鉴别诊断：

•非典型肾小管增生：超过一层细胞形成一个实性肾小管，乳头状突起或内衬几个细胞厚度，受影响的肾小管扩张或呈囊状。
•肾小管嗜碱性变：核不密集；通常限于单独肾单位的肾小管。

备注：CPN 的嗜碱性肾小管特征为单纯性肾小管增生（Alden 等，1992；Hard 等，1995）。单纯性肾小管增生可为 CPN 的自发性或化学诱导性，可能是单个细胞变性及代偿性再生的结果。

非典型肾小管增生（Hyperplasia，Tubule，Atypical）（图 64 和图 65）

动物种属：大鼠，小鼠
同义词：atypical tubular hyperplasia，atypical tubular hyperplasia
发病机制 / 细胞来源：
•起源于肾小管上皮，通常是近端小管；也可能起源于远端肾单位。

诊断要点：

•复合性增生局限于一个肾小管；可能由代表单个肾小管卷曲的1～5个实性小管轮廓组成。
•单独发生。
•超过一层细胞形成一个实性肾小管，乳头状突起或内衬几个细胞厚度，受影响的肾小管扩张或呈囊状。
•肾小管管腔部分或全部闭塞。
•肾小管大小可因管腔扩张或细胞数目增多而增大。
•通常细胞质发达，细胞边界明显；一般呈嗜碱性玻璃样光泽，但偶尔呈嗜酸性或透明；核仁常明显。
•细胞和胞核多形性，细胞和胞核大小差异显著。
• 核浆比增加。
•单个肾小管的结构保持完整，无邻近实质压迫。
•膨胀性生长表现为外周紧密包裹的成纤维细胞或毛细血管，无血管内生长。

鉴别诊断：

•肾小管再生：细胞呈嗜碱性，但细胞数量不增加。
•CPN 肾小管再生：细胞边界不明显或无玻璃样光泽；核仁常不明显；可被增厚的基底膜包围；可呈复合性生长，但无成纤维细胞的边集或外围排列（Hard 和 Seely，

2006）。

- 肾小管肥大：细胞体积增大，仍保持单层；细胞数量不增加。
- 腺瘤：增生延伸超过了单个肾小管；通常纤维血管内生长明显；如果是实性，大小超过5～6个肾小管范围，并且结构有些复杂，即不符合单个肾小管的卷曲（Shinohara和 Frith，1980）。

备注：一般认为，非典型肾小管增生是癌前病变，将进展为腺瘤（Bannasch，1984；Frith，Terracini 和 Turusov，1994；Hard，1984；Hard，1985a）。增生灶外围包裹成纤维细胞或毛细血管，是与非典型肾小管增生有关的膨胀性生长一个特别有用的标志（Hard 和 Seely，2005）。发育不良（dysplasia）不建议作为这种病变的术语，因为它表示某些种属异常肾发育的特异诊断用语（Hard 等，1999；Picut 和 Lewis，1987；Seely，1999）。

嗜酸性细胞增生：集合管（Hyperplasia，Oncocytic：Collecting Duct）（图 66）

动物种属： 大鼠

同义词： 无

发病机制 / 细胞来源：

- 起源于集合管上皮细胞。

诊断要点：

- 由少数到几个与单个肾小管卷曲一致的肾小管组成。
- 嗜酸性细胞增生是单一形态的细胞群，胞质呈细颗粒状，染色浅或呈弱嗜酸性，细胞核居中，核仁不明显。

鉴别诊断：

- 嗜酸性细胞瘤：为实性小团块，其扩大可超过一个较大的完整肾小管，压迫周围肾小管和 / 或生长模式改变。
- 嫌色性腺瘤：细胞边界明显，界限清楚。

特殊程序：

- 电镜下，嗜酸性细胞的胞质特点是非典型线粒体密集。
- 免疫组化，嗜酸性细胞细胞色素 -C- 氧化酶染色阳性。

备注：嗜酸性细胞增生是一种难以和嗜酸性细胞瘤区分的增生性病变。这两种病变似乎均是不发展为癌的良性末期过程，未见转移报道（Bannasch 等，1998a；Nogueira 和 Bannasch，1988；Montgomery 和 Seely，1990）。有些嗜酸性细胞瘤的形态异常或不规则，很容易和嗜酸性细胞增生区分，但任何大于 3 个肾小球轮廓的嗜酸性细胞病变都应认为呈嗜酸性细胞瘤而不是增生。嗜酸性细胞增生和嗜酸性细胞瘤应与其他类型的肾小管增生或腺瘤分别记录，因为它们起源的肾段、特异的形态及风险评估的意义不同。

其他病变

髓外造血：与肾盂毗邻的间质（Extramedullary Hematopoiesis：Interstitium Adjacent to Pelvis）

动物种属：大鼠，小鼠

同义词：无

发病机制 / 细胞来源：

- 红系和 / 或髓系祖细胞。
- 由影响红细胞生成的药物引起，但在啮齿类动物中刺激的特异性存在差异（Ben-Ishay，1977）。
- 啮齿类动物肾的髓外造血比脾或肝少见。
- 可发生在缺氧、给予某些细胞因子或外源性红细胞生成素情况下。

诊断要点：

- 在肾盂附近的脂肪组织和间质中有异质性已分化的红系和 / 或髓系细胞簇。
- 不侵袭或取代现存的肾组织。

鉴别诊断：

- 淋巴瘤或白血病：同质性细胞群，具有侵袭性，经常延伸到和取代肾实质。

备注：肾髓外造血的主要毒理学意义是提示存在再生性贫血和 / 或红系或髓系刺激（Dixon，Heider 和 Elwell，1995；Pospisil 等，1998）。

球旁细胞增生：皮质（Hyperplasia，Juxtaglomerular：Cortex）

动物种属：大鼠，小鼠

同义词：juxtaglomerular hypertrophy

发病机制 / 细胞来源：

- 球旁细胞。
- 这种变化发生在高血压、缺钠、肾上腺切除术，尤其是 ACE 抑制剂和血管紧张素Ⅱ颉颃剂处理的啮齿类动物（Doughty 等，1995；Owen 等，1995）。
- 这是浅表皮质的入球和出球微动脉的一种适应性反应，在肾血流量减少后通过出球微动脉的血管收缩作用来维持肾小球的滤过。

诊断要点：

- 球旁细胞的增生和肥大。
- 肾小球旁器（JGA）的肾素分泌细胞是经过转化的微动脉平滑肌细胞；晚期病例肾小球旁器的肥大呈洋葱皮样形态。
- 细胞内颗粒增加，在薄切片上，肾素免疫染色增强，甲苯胺蓝染色明显。

鉴别诊断：无。

备注：通过现存颗粒细胞的肥大、平滑肌细胞向肾素合成细胞的化生以及球旁细胞的增生，血管紧张素 II 受体或 ACE 颉颃可刺激肾脏增加肾素分泌（正如 BrdU 标记中显著增加）（Owen 等，1995；Ozaki 等，1994）。超微结构上，肥大的细胞含有丰富的粗面内质网和游离核糖体，高尔基复合体明显与大量胞质囊泡有关（Dominick 等，1990）。超微结构变化也提示，刺激的肾素合成是通过调节途径，在过度刺激的条件下，肾素是通过胞吐作用和胞质颗粒溶解而分泌的（Jackson 和 Jones，1995）。

肿瘤性增生性病变

腺瘤：肾（Adenoma：Kidney）（图 67 至图 70）

动物种属：大鼠，小鼠

同义词：renal tubule adenoma，renal cell adenoma，benign renal epithelioma，benign renal cell tumor

发病机制 / 细胞来源：

- 嗜碱性细胞腺瘤认为主要来源于近端小管，而某些透明细胞瘤和嗜酸性细胞腺瘤至少在大鼠已证明起源于集合管。
- 大鼠中已被证明嗜酸性细胞型来源于集合管（Nogueira 和 Bannasch，1988；Zerban 等，1987）。

诊断要点：

- 单发性、界限清楚或不规则状，呈结节状生长；通常位于肾脏的外区（即皮质和外髓外带；Nogueira 等，1989）。
- 界限清楚，明显压迫周围实质。
- 细胞分化良好。
- 可见细胞或核多形性。
- 细胞染色常呈嗜碱性，但也偶见嗜酸性、双嗜性，如嗜酸性细胞、透明细胞、嫌色细胞或混合细胞型。
- 嗜酸性细胞型有细颗粒，胞质弱嗜酸性；核居中，核仁模糊，瘤细胞在皮质外区形成实性单一形态小团块。

- 嗜酸性细胞呈细胞色素 -c- 氧化酶染色反应阳性（Mayer 等，1989）。超微结构观察，细胞质主要特征是非典型线粒体密集（Krech 等，1981）。
- 大于 5～6 个相邻肾小管的轮廓，超出起源肾小管结构的界限。
- 生长方式呈实体性、管状、囊性、小叶状、乳头状、囊性乳头状或混合性。
- 可能存在小管腔。
- 可见早期血管内生长。
- 没有多发性坏死区或出血区。

鉴别诊断：

- 非典型肾小管增生：其增生不超出单个完整的肾小管；通常少于代表单个肾小管卷曲的 6 个相邻的肾小管轮廓；没有血管内生长（Bannasch 和 Ahn，1998b；Dietrich 和 Swenberg，1991；Hard，1990；Mitsumori 等，2002）。
- 癌：大于几毫米；细胞和 / 或核多形性，有多发性坏死或出血区；通常有丝分裂活性明显；有侵袭或转移（Hard，1984；Alden 等，1992；Hard 等，2001a）。
- CPN 再生的肾小管：细胞和细胞核不明显；无血管内生长；常由增厚的基底膜包围，基底膜外无成纤维细胞（Hard 和 Seely，2005）。
- 嗜酸性细胞瘤：为大的弱嗜酸性颗粒细胞团，常无腺体形成。

备注：为非典型肾小管增生直到发展为腺瘤和癌的增生性反应（Dietrich 和 Swenberg，1991）。小叶结构的嗜碱性腺瘤一直是大鼠和小鼠最常见的类型。小鼠的生长方式往往呈乳头状或囊样乳头状（Shinohara 和 Frith，1980；Alden 等，1992；Hard 等，2001b）。双嗜性、空泡型腺瘤在大鼠呈散发，已确定是自发性病变（Hard 等，2008），但嫌色细胞腺瘤可被化学物处理诱发（Bannasch 和 Ahn，1998b）。

嗜酸性细胞瘤：肾（Oncocytoma：Kidney）（图 71 和图 72）

动物种属：大鼠

同义词：oncocytic adenoma，acidophilic adenoma，oxyphilic adenoma

发病机制 / 细胞来源：

- 在大鼠，已被证明起源于集合管（Nogueira 和 Bannasch，1988）；之前是嗜酸性细胞增生。

诊断要点：

- 肾脏外区的实性小团块。
- 形态一致的嗜酸性细胞群。
- 压迫周围肾小管使其变形，或肿物内其生长方式改变。

•嗜酸性细胞胞质呈细颗粒状，弱嗜酸性，核位于细胞中央，核仁模糊不清。
•可有包膜，但不一致。
•细胞色素 -c- 氧化酶染色嗜酸性细胞呈阳性（Mayer 等，1989），超微结构上，细胞质主要特征是非典型线粒体密集（Krech 等，1981）。

鉴别诊断：

•嗜酸性细胞增生：嗜酸性细胞病变是由与单个肾小管卷曲一致的少数肾小管组成。
•嫌色性腺瘤：细胞边界明显；界限清楚。
•肾腺瘤：界限清楚；形态不同，且无嗜酸性细胞的特点。

备注：嗜酸性细胞瘤似乎是一种不发展为癌的良性末期病变，未见转移的报道（Bannasch 等，1998a；Nogueira 和 Bannasch，1988；Montgomery 和 Seely，1990）。嗜酸性细胞增生是增生性病变，很难与嗜酸性细胞瘤区别。有些嗜酸性细胞瘤形态异常或不规则，很容易区分，但任何大于肾小球 3 倍大小的嗜酸性细胞病变，应认为呈嗜酸性细胞瘤。嗜酸性细胞瘤其他诊断标准包括：对整个周围的压迫（伴或不伴部分包膜），生长方式的改变，或病变内正常肾小管外形的丧失。嗜酸性细胞增生和嗜酸性细胞瘤应与其他类型的肾小管增生或腺瘤分别记录，因为它们起源的肾段不同，形态各异，而且风险评估无临床意义。

癌：肾（Carcinoma：Kidney）（图 73 至图 75）

动物种属：大鼠，小鼠

同义词：adenocarcinoma, renal tubule carcinoma, renal cell carcinoma, malig nant renal epithelioma

发病机制 / 细胞来源：

•可能主要来源于近端小管（Hard，1998c）；也有可能起源于远端肾单位，特别是透明细胞瘤（Nogueira 等，1989）。

诊断要点：

•界限清楚或不规则形的肉质结节状生长。
•通常呈膨胀性生长，除非是呈侵袭性和膨胀性生长的间变型（Montgomery 和 Seely，1990；Hard，1990；Hard，1984；Hard，1985a）。
•细胞多形性，有时细胞核多形性。
•常有多个坏死区或出血区，血管分支丰富。
•散在或明显增多的有丝分裂活性。

大鼠

• 细胞染色常呈嗜碱性，但也可见嗜酸性、双嗜性、透明细胞，嫌色性或混合细胞型。
• 细胞排列呈管状、小叶状、乳头状、实体性或混合性。

- 嫌色细胞瘤的特征是细胞质呈细小空泡状，细胞边界清楚。

小鼠

- 细胞染色常呈嗜碱性，但也有嗜酸性、透明性或混合性（Seely，1999）。
- 细胞排列呈实体性、乳头状、间变性或混合性（Nogueira 等，1989；Shinohara 和 Frith，1980；Sass，1998）。
- 间变型比大鼠更常见。

鉴别诊断：

- 腺瘤：仅几毫米，分化较好，没有多个变性区；没有或只有轻微细胞多形性，无明显侵袭或转移（Frith，Terracini 和 Turusov，1994）。
- 肾母细胞瘤：其特征是肾母细胞高度嗜碱性和密集排列。
- 起源于远处上皮器官肿瘤的继发性转移：通常在肾小管和肾小球间浸润并将其挤向肿块边缘；可能存在腺体结构；在肾切片上可能有数个转移灶；可能从肾表面生长，或通过肾门区或血管周围侵袭。

备注：肾细胞肿瘤和管状癌前病变可能是自发性的，特别是在老龄动物，但当受试物引起发生率和数量显著增加时，表明存在潜在的致癌作用。存在着从非典型肾小管增生发展为腺瘤和癌的肿瘤性增生反应。小鼠的间变型似乎比大鼠更常见。在大鼠，小叶结构的嗜碱性细胞癌一直是最常见的类型。透明细胞型（人类最常见）和乳头状型可在大鼠发生，但很不常见。透明细胞癌不能着色是由于脂质和/或糖原颗粒含量高。间变型和肉瘤型罕见（Alden 等，1992；Hard 等，2001a）。接近 2cm 大的肿瘤，有较高的肺转移率。Eker 大鼠模型易发生肾肿瘤（包括癌），并且在 *TSC2* 基因具有基因组突变（Hino 等，1999；Laping 等，2007）。

在大鼠散在发生的双嗜性、空泡型癌，已被证明是自发性的（Hard 等，2008）。与嗜酸性细胞瘤相同，这些肿瘤类型应与嗜碱性肿瘤类型单独分类。

嫌色细胞腺瘤/癌是肾小管肿瘤一种亚型，具有透明到颗粒状的细胞质，细胞界限清楚，细胞核位于中央（Bannasch 和 Ahn，1998b）。这种肿瘤的发生是由于化学物质处理的结果。

肾母细胞瘤病：肾（Nephroblastematosis：Kidney）（图 76）

动物种属：大鼠

同义词：nephroblastomatosis，blastemal rest，nephrogenic rest

发病机制/细胞来源：

- 可能来源于发育中后肾原基的残留。

诊断要点：

- 单个嗜碱性细胞小团块，团块由密集的肾母细胞组成，其细胞质不明显，细胞核呈嗜碱性。

- 常位于外髓的外带，在直部肾小管之间浸润。
- 具有早期器官分化成上皮性玫瑰花结样的少量特征。
- 偶见肾母细胞有丝分裂，也位于邻近直部肾小管。

鉴别诊断：

- 淋巴细胞聚集灶：病灶更分散，由单形核炎症细胞组成；无早期上皮性玫瑰花结形成。
- 肾母细胞瘤：较大，通常包括类器官分化，如原始的嗜碱性肾小管；侵袭皮质，偶尔侵袭肾盂；肾母细胞簇常位于成熟导管的周围，这些导管可能是肾盂内衬上皮细胞的延伸。

备注：这种自发性病变散见于特定的大鼠种群，表明存在易感的遗传基础。随着肾母细胞瘤病病灶的扩大，似乎有发展成肾母细胞瘤的可能，因此可认为是癌前病变；肾母细胞和肾母细胞瘤之间的区别似乎很主观，应当尽可能以类器官分化的大小和程度为依据（Beckwith，Kiviat 和 Bonadio，1990；Mesfin，1999）。直部肾小管的有丝分裂活性，似乎是对胚基的自分泌反应。

肾母细胞瘤：肾（Nephroblastoma：Kidney）（图 77 和图 78）

动物种属：大鼠，小鼠

同义词：embryonal nephroma，Wilms' tumor（human nomenclature）

发病机制 / 细胞来源：

- 可能起源于后肾原基。

诊断要点：

大鼠

- 界限清楚的肉质增生物；不连续的强嗜碱性肾母细胞团块，有时围绕成熟的导管；母细胞排列成小梁状、腺泡状、乳头状或罕见的束状或圆柱状（Cardesa 和 Ribalta，1998；Hard，1985b；Hard 和 Grasso，1976；Turusov，Alexandrov 和 Timoshenko，1980）。
- 类器官分化通常表现为上皮性玫瑰花结、原始嗜碱性肾小管、肾小球或成熟上皮导管样结构。
- 从纤细的蜂窝组织到发育良好的纤维束的间质变化；在母细胞团和原始肾小管常见有核分裂象。

小鼠

- 在疏松的网状组织中有成团块或散在分布的未分化嗜碱性母细胞；有时存在原始的肾小管样结构。
- 间质明显。

鉴别诊断：

- 肾间叶细胞肿瘤：由肿瘤性结缔组织成分如成纤维细胞样梭形细胞组成，这些细胞使原有肾小管分离；被包入肿瘤内的肾小管常出现单纯性增生。
- 乳头型肾小管肿瘤：肿瘤性肾小管上皮细胞乳头状伸入类上皮囊，但不应与将要形成的肾小球混淆。

备注：遗传毒性化学物仅仅是通过胎盘、出生前暴露的途径诱导大鼠形成肾母细胞瘤（Turusov，Alexandrov 和 Timoshenko，1980；Mesfin 和 Breech，1992；Mesfin 和 Breech，1996；Jasmin 和 Riopelle，1970；Hottendorf 和 Ingraham，1968；Hard 和 Noble，1981；Hard 和 Grasso，1976；Hard，1985b；Cardesa 和 Ribalta，1998）。由于这种肿瘤与肾间叶细胞肿瘤的混淆，可能使大鼠肾母细胞瘤被过度诊断（Seely，2004）。尽管肾母细胞瘤不常转移，但还应作为恶性肿瘤。大鼠肾母细胞瘤的证病性特征是原基高度嗜碱性，并沿着上皮细胞途径向肾脏成分进行肾脏类器官分化。肿瘤生长常伴有周围受压实质中的慢性炎症反应。肾母细胞瘤在小鼠极为罕见，只记录过少数病例。其形态与大鼠的相似，但有些病例以疏松网状原基细胞为主，这些细胞很少发生类器官分化。曾有一例描述过类器官分化的结构类似于原始的无血管肾小球。与大鼠的实践相反，尚无明确证据说明化学物质可诱导小鼠的这种肿瘤（Seely，1999）。人的 Wilms 瘤是人的肾母细胞瘤同义词，但这一术语不用作啮齿类动物的肾母细胞瘤。

肾间叶细胞肿瘤：肾（Renal Mesenchymal Tumor：Kidney）（图 79）

动物种属：大鼠

同义词：stromal nephroma，interstitial cell tumor of kidney，mixed malignant tumor of kidney，malignant mesenchymal cell tumor

发病机制 / 细胞来源：

- 细胞起源于外髓外带间质的非典型成纤维样细胞灶（Hard 和 Butler，1970a；Sunter 和 Senior，1983）。
- 随着肿瘤的生长，瘤灶渗向周围浸润，并使肿瘤团块内生存活的固有肾小管分离。

诊断要点：

- 呈单发或多发性病变，其界限不清，形状不规则，呈侵袭性生长；恶性。
- 实质组织被侵袭性生长的肿瘤所取代。
- 囊肿形成明显。
- 小肿瘤具有纤维结构。
- 大肿瘤呈多腔性、囊性、凝胶状和出血性。
- 为异质性结缔组织细胞成分，但主要是梭形细胞与一些星形细胞和平滑肌纤维；偶尔可见横纹肌母细胞、横纹肌、软骨、类骨质或血管肉瘤样区域（Dezso 等，1990；Hard，1998b；Hard 和 Butler，1970b）。

•星形细胞类似于原始间叶细胞或黏液样组织。
•在非典型团块中，胶原蛋白沉积是特征，网状纤维明显。
•肾小管被“洋葱皮样”梭形细胞层的密集螺环所围绕；在梭形细胞区核分裂象很常见。
•纤维肉瘤样片状成纤维细胞以“人”字形方式排列。
•肾小管或移行上皮巢及这些上皮结构可发生增生或化生。

鉴别诊断：

•肾母细胞瘤：由上皮母细胞、原始肾小管，有时还有原始肾小球体组成的胚胎性肿瘤；与结缔组织性肾间叶细胞肿瘤相比，肾母细胞瘤基本上是上皮性肿瘤。
•脂肪肉瘤：大体检查类似于肾间叶细胞肿瘤，但是由成熟脂肪细胞、成脂细胞和低分化的间叶细胞共同组成；分离的原有肾上皮成分变为囊状或萎缩。
•肾肉瘤：为密集的单一嗜碱性梭形细胞群，几乎没有胶原沉积，也没有使原有肾小管分离。

备注：由于原有的肾小管不仅在肿瘤组织内存活，而且还可以增生和 / 或化生，所以肾间叶细胞肿瘤经常被误诊为肾母细胞瘤（Seely，2004；Turusov，Alexandrov 和 Timoshenko，1980）。这很可能是由于间叶肿瘤细胞的影响。在大鼠，肾间叶细胞肿瘤是一种罕见的自发性恶性肿瘤，仅可由强遗传毒性化学物诱发。自发性肿瘤罕见转移，但可见于实验诱导的肿瘤。肿瘤的良性和恶性之间不能明确分开，因为这种肿瘤可一直发展到威胁生命的大小。肾间叶细胞肿瘤的特征是多种结缔组织细胞类型，代表着多能性干细胞起源。随后的一些研究表明，肾间叶细胞肿瘤是起源于外髓外带间质的非典型成纤维样细胞灶（Hard 和 Butler，1970a）。间叶细胞肿瘤在小鼠极为罕见，肿瘤的特征不清楚。

肾肉瘤：肾（Renal Sarcoma：Kidney）

动物种属：大鼠，小鼠（不常见）
同义词：renal fibrosarcoma
发病机制 / 细胞来源：
•细胞起源和组织发生未明。

诊断要点：

•由形态单一的密集排列、强嗜碱性成纤维细胞样梭形细胞群组成；没有胶原蛋白沉积或不明显（Montgomery 和 Seely，1990）。
•在边缘可看到原有肾小管和肾小球，但在肿瘤团块中多不存在。
•有时呈束状；核分裂象散在或多见。
•侵袭性生长，替代实质组织。
•在肿瘤边缘可见被包入的原有肾小管和肾小球，但肿瘤团块中多不存在。

- 细胞排列成与细胶原纤维有关的密集的片状或交错成束状。
- 有时存在束状型。
- 细胞核大，呈梭形，常有数个核仁。
- 可见有丝分裂象。
- 可见出血和坏死区。

鉴别诊断：

- 肾间叶细胞肿瘤：细胞不密集，其中有分离的零星分布的原有上皮成分；胶原蛋白沉积明显。
- 脂肪肉瘤：由成熟和未成熟的脂肪细胞及未分化的间叶细胞混合物组成。

备注：肾肉瘤是实验大鼠和小鼠一种自发性的但是罕见的肿瘤。类似的肿瘤可在大鼠（不超过7日龄）和小鼠用多瘤病毒试验诱发，早期病灶出现在外髓外带（Flocks等，1965；Ham和Siminovitch，1961；Prechtel，Zobl和Georgii，1967）。肾内给予20-甲基胆蒽也能诱发肾肉瘤。病毒诱发的肾肉瘤在接种后可迅速发生，并进行性侵袭而取代肾组织（Stevenson和Von Haam，1962）

INHNAD术语：下尿路

下尿路非增生性病变

输尿管未发育：输尿管（Aplasia，Ureteral：Ureter）

动物种属：大鼠，小鼠

同义词：agenesis

发病机制/细胞来源：

- 输尿管的先天性缺如。

诊断要点：

- 大体检查，一侧输尿管缺如。
- 一般是单侧，肾也缺如。

备注：在啮齿类动物中这是一种不常见或罕见的变化。未发生（agenesis）通常是指大体检查输尿管缺如，而未发育（aplasia）是较常用的组织学术语。

肾盂扩张：肾盂（Dilation，Pelvis：Renal Pelvis）

动物种属：大鼠，小鼠

同义词： drug-induced pelvic dilation, iatrogenic renal pelvic dilation, congenital pelvic dilation

发病机制 / 细胞来源：

- 继发于尿液流出受阻导致的实质损伤和炎症。
- 在与结晶尿、肾盂肾炎或梗阻无关的病例，其发病机制尚不清楚。
- 获得性和先天性扩张：除了通过发病年龄外往往难以区别。
- 单侧或双侧。
- 由于其上的精索动脉或卵巢动脉压迫输尿管，大鼠常会发生右侧肾盂扩张。
- 可为一过性，尤其是先天性扩张（Sellers 等，1960）。
- 与给予某些药物有关，特别是在生殖毒理学研究或发育毒性研究中（Fujita 等，1979）。

诊断要点：

- 肾盂扩张，伴或不伴有炎症或实质变性。
- 内衬尿路上皮可增生。
- 肾盂呈轻度至重度扩张，可伴有结石、含铁血黄素沉着或药物结晶。
- 在慢性病例可压迫实质，使肾小管萎缩、肾小球减少和肾小球硬化，可进展为皮质完全萎缩（Gobe 和 Axelsen，1987）。
- 在严重病例，由于尿液流出受阻的继发性影响，可发生肾小管损伤，皮质和髓质的硬化和瘢痕形成。

鉴别诊断：

- 偶发性肾盂扩张：没有尿液流出受阻引起损伤的证据。

备注：肾盂扩张是正确的组织学诊断，而这种病变的正确大体检查术语则是肾盂积水。这些术语包括先天性肾盂扩张和医源性肾盂扩张。

扩张：输尿管（Dilation：ureter）（图 80）

动物种属： 大鼠，小鼠

同义词： dilatation，ureter，hydroureter，macroscopic term

发病机制 / 细胞来源：

- 先天性、遗传性或获得性。
- 常有显著的肾盂扩张 / 肾盂积水。

诊断要点：

- 大体检查输尿管变厚。

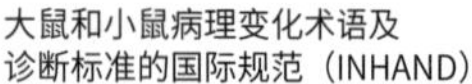

- 大鼠右侧最常见。
- 单侧或双侧。

备注：尽管先天性较常见，但输尿管扩张可作为药物诱发性或自发性尿路结石的一个后遗症。在小鼠胚胎体内暴露的胎儿酒精中毒综合征研究中，观察到了乙醇诱导的输尿管积水（Gage 和 Sulik，1991）。

炎症细胞浸润：输尿管、尿道、肾盂：（Infiltrate，Inflammatory Cell：Ureter，Urethra，Renal Pelvis）

动物种属：大鼠，小鼠

同义词：ureteritis，cystitis，urethritis，pyelitis

发病机制 / 细胞来源：

- 啮齿类动物炎症浸润通常发生在肾盂的黏膜下层，是没有生物学意义的自发性背景病变。但是，如果由于上行细菌感染，可能严重。
- 输尿管和肾盂的炎症常由膀胱的上行病变引起。肾盂炎症也可为肾盂肾炎下行感染的结果。
- 局灶性至弥漫性淋巴细胞浸润常见于内衬肾盂的上皮下区域。

诊断要点：

- 炎症的类型取决于病变的主要成分。
- 炎症可为急性、亚急性、慢性、坏死性或肉芽肿性。
- 纤维素性、坏死性或溃疡性。
- 出血常与炎症伴发。
- 炎症可作为肿瘤性过程的一部分。
- 尿路上皮增生常伴发炎症。
- 在急性到慢性病例，慢性炎症细胞位于上皮下区域，急性化脓则见于管腔。

鉴别诊断：

- 无。与淋巴瘤容易鉴别，淋巴瘤是单一形态的淋巴细胞群。

备注：输尿管或肾盂的炎症最常由逆行性细菌感染引起，但也可由下行性感染（肾盂肾炎）引起，或是尿路结石或输尿管积水的结果（Seely，1999）。参与发病机制的细菌通常是那些常在啮齿类动物尿路其他部位分离到的细菌，包括大肠杆菌、变形杆菌或葡萄球菌等。在啮齿类动物，尤其是大鼠，髓外造血灶可见于肾门的脂肪组织中，低倍镜下类似于炎症。肾乳头坏死最常见于肾盂炎 /肾盂肾炎（Burek 等，1988）。肾盂的炎症可延伸到集合管并进一步上行进入肾实质（Montgomery，1998；Duprat 和 Burek，1986）。有一例肾盂尿路上皮的炎症和坏死是在三甲基 – 咪唑并吡唑并嘧啶给药 2 周后发生的（Macallum 和 Albassam，1994）。

糜烂：膀胱，肾盂（Erosion：Urinary Bladder，Renal Pelvis）

动物种属：小鼠，大鼠

同义词：attenuation，urothelium

发病机制 / 细胞来源：

- 没有基底膜暴露的尿路上皮的浅表坏死或变性。

诊断要点：

- 尿路上皮的局灶性至多灶性不完全缺损，无基底膜缺损或上皮下组织暴露。

鉴别诊断：

- 溃疡：尿路上皮及整个上皮层均发生坏死，伴有急性炎症和出血。

备注：与引起溃疡的许多相同的原因都有关，包括毒物、炎症、粗尾似毛体线虫（*Trichosomoides crassicaude*）、结晶尿和结石。

溃疡：膀胱，肾盂（Ulceration：Urinary Bladder，Renal Pelvis）（图 81）

动物种属：大鼠，小鼠

同义词：necrosis，urothelium

发病机制 / 细胞来源：

- 尿路上皮及整个上皮层均发生坏死，伴有急性炎症和出血。
- 溃疡的许多原因也与炎症的原因相似。

诊断要点：

- 通常，局灶性至多灶性尿路上皮全部缺损，上皮下组织暴露。
- 伴急性炎症和出血；慢性病例上皮下组织纤维化明显。

鉴别诊断：

- 糜烂：尿路上皮的浅表坏死或变性，无基底膜暴露。

备注：肾盂的溃疡不常见。可由毒物引起或继发于炎症或结石。

尿路上皮空泡形成：膀胱（Vacuolation，Urothelium：Urinary Bladder）

动物种属：大鼠，小鼠

同义词：无

发病机制 / 细胞来源：

- 是膀胱上皮的非特异性病变，见于暴露于许多化学毒物或致癌物后。
- 也见于自溶性变化。

诊断要点：

•呈大小不等的空泡，常位于尿路上皮的浅表层细胞中。

鉴别诊断：

•包含物：组织处理洗脱后可透明，但常留有一些嗜酸性包含物。

尿路上皮包含物：膀胱（Inclusions，Urothelium：Urinary Bladder）（图 82）

动物种属：小鼠

同义词：inclusion bodies，inclusions，transitional epithelium

发病机制 / 细胞来源：

•可代表变性的细胞成分、脂质或受试化学品或代谢产物的蓄积。

诊断要点：

•嗜酸性或透明包含物（组织处理洗脱）见于浅表层（伞细胞），而中间层或基底细胞层较不常见。

•没有其他细胞病理学变化。

鉴别诊断：

•空泡形成：为透明腔隙而非实体物，见于整个尿路上皮而非局限于伞细胞。

备注：小鼠膀胱的包含物相当常见，可发生于对照组，但也可与给药相关。与癌前病变或肿瘤无关（Cohen，2002）。在一个无机砷给药的试验报告中曾发现，代表线粒体内颗粒的嗜酸性小包含物（Suzuki 等，2008）。类似的包含物也见于暴露于其他金属的情况，这可能有保护性作用。

结石：膀胱，输尿管，肾盂（Calculi：Urinary Bladder，Ureter，Renal Pelvis）（图 83 和图 84）

动物种属：大鼠，小鼠

同义词：urolithiasis，concretion，calculosis

发病机制 / 细胞来源：

•可自发形成或由化学物诱导形成。

诊断要点：

•单发或多发，大小不同；颜色变化取决于成分。

•通常在管腔游离存在。

•显微镜下，因成分不同而呈同心层状嗜碱性或嗜酸性物质。

•常伴有慢性炎症和移行细胞增生。
•大小从沙粒大到可阻塞膀胱颈的大结石。
•结石可伴上皮的坏死和 / 或溃疡。

鉴别诊断：

•结晶：为单个小颗粒；不呈同心层。

备注：与肾小管结晶尿一样，高浓度和低溶解度的化合物或其代谢产物可为肾盂、输尿管或膀胱沉淀，这取决于尿液 pH 和矿物成分（Yarlagadda 和 Perazella，2008）。结石可由许多化学物及其代谢产物形成，或因尿液组成和生理改变，使正常尿液成分发生沉淀而形成（Cohen，2002）。外源性物质诱发的结石通常是矿物质的复杂混合物，可由药物 / 矿物质混合物组成，或单独由磷酸镁、磷酸钙或草酸钙组成。大鼠的结石通常由磷酸钙组成，很少由磷酸铵镁组成（Hard 等，1999；Montgomery 和 Seely，1990）。小鼠的相似结石（鸟粪石）也有报告（Wojcinski 等，1992）。结石在啮齿类动物可自然发生，与外源性物质无关的这种结石在膀胱比肾盂更为常见（Peter，Burek 和 Van Zwieten，1986）。表面粗糙的结石不断刺激邻近肾盂尿路上皮，常可导致尿路上皮增生，而这种增生反应可使啮齿类动物慢性研究的肿瘤发病率增加（Clayson，1974；Bach 和 Bridges，1985b）。在老龄大鼠，矿物质沉积可在肾乳头上皮下自发形成，而且与被覆尿路上皮的变性、溃疡或炎症有关。这些矿物质沉积见于乳头基部或穹窿的尿路上皮基层，有时游离于肾盂中（Greaves，2007）。结石的慢性物理刺激与膀胱肿瘤形成有关（Fukushima 和 Murai，1999；Jull，1979）。

结晶：膀胱，输尿管，肾盂（Crystals：Urinary Bladder，Ureter，Renal Pelvis）

动物种属：大鼠，小鼠

同义词：urolithiasis

发病机制 / 细胞来源：

•结晶尿是啮齿类动物尿液中正常所见。在诱发条件下，结晶可从尿液中析出并刺激局部组织。

诊断要点：

•由于结晶在组织处理过程中被洗脱，故组织切片镜检时不一定能看到。
•可引起膀胱尿路上皮增生和黏膜炎症。

鉴别诊断：

•结石（结石症）：大结石通常发生矿化。

备注：尿液成分的品系相关差异可影响尿蛋白、结石形成离子、柠檬酸盐（结石形成的抑制剂）的数量和 / 或尿量（Tannehill-Gregg 等，2009）。品系差异已在过氧化物酶体增殖物激活受体（PPAR）

激动剂的研究中和尿石症刺激膀胱肿瘤发生中得到证明。结晶在大鼠甚至对照鼠的尿液中几乎经常出现，其组成通常为磷酸铵镁。磷酸钙的沉淀与糖精钠和膀胱细胞毒性、细胞增殖增加及致癌性的关系已表明是大鼠特异性现象（Cohen，1999）。

水肿：膀胱（Edema： Urinary Bladder）

动物种属： 大鼠，小鼠

同义词： 无

发病机制 / 细胞来源：

- 通常伴随炎症，是血液循环障碍或病因未明。

诊断要点：

- 在膀胱上皮下的结缔组织层中，可见略嗜酸性无定形液体。

鉴别诊断：

- 福尔马林充盈的人工假象。

备注：膀胱水肿的发生机制与其他组织的水肿相似，都是由于炎症细胞因子的影响或药物的药理作用引起黏膜下毛细血管通透性增加的结果。

炎症细胞浸润：膀胱（Infiltrate，Inflammatory Cell：Urinary Bladder）（图 85 和图 86）

动物种属： 大鼠，小鼠

同义词： cystitis，inflammation

发病机制 / 细胞来源：

- 膀胱炎症的原因包括许多因素：细菌感染、尿固体物、毒物或肿瘤的存在。

诊断要点：

- 存在炎症细胞或炎症其他特征，如瘀血、出血、坏死和溃疡。
- 炎症细胞可出现在膀胱任何区域或见于膀胱腔中。
- 炎症可呈急性、亚急性、慢性、坏死性、肉芽肿性或溃疡性 。

鉴别诊断：

- 淋巴瘤 / 白血病 / 组织细胞肉瘤：为均一的单形核细胞浸润，通常分化不良；啮齿类动物的膀胱比其他组织少见。

备注：小鼠膀胱炎症性病变的特点已有人做过很好的描述（Frith，1979）。

坏死：膀胱（Necrosis：Urinary Bladder）

动物种属：大鼠，小鼠

同义词：无

发病机制 / 细胞来源：

•尿路上皮细胞毒性损伤的结果。

•可见尿中固体物或是对化学毒物的反应。

诊断要点：

•细胞破碎，呈嗜酸性，核固缩，核碎裂。

鉴别诊断：

•死后自溶。

备注：上皮细胞坏死可引起可逆性再生性增生（Gopinath，Prentice 和 Lewis，1987）。

出血：膀胱（Hemorrhage：Urinary Bladder）

动物种属：大鼠，小鼠

同义词：无

发病机制 / 细胞来源：

•出血的发生是由于炎症、溃疡以及存在结石或肿瘤。

诊断要点：

•大体剖检尿液呈血色。

•存在渗出的红细胞。

•通常伴有其他病变，如炎症、结石或肿瘤。

鉴别诊断：

•瘀血。

备注：出血是任何原因引起膀胱急性损伤的标志。亚急性损伤可伴有含铁血黄素沉着，或存在内含吞噬碎片的巨噬细胞。

血管扩张：膀胱（Angiectasis：Urinary Bladder）

动物种属：大鼠，小鼠

同义词：dilatation，blood vessel

发病机制：

•自发性病变或继发于血管扩张性化学物。

诊断要点：

- 血管扩张。
- 单发或多发。
- 常见于黏膜下的血管。

鉴别诊断：

- 血管瘤：由网状血管通道和腔隙组成，内衬的内皮细胞分化不同，管腔常充满红细胞；血管扩张通常仅发生于内衬分化良好的内皮细胞的一簇血管。

备注：小鼠的血管扩张比大鼠更常见，其病理学意义不大。

扩张：膀胱（Dilation：Urinary Bladder）

动物种属：大鼠，小鼠

同义词：无

发病机制 / 细胞来源：

- 膀胱扩张可自然发生而没有明显病因，或是因利尿剂或尿道堵塞而引起尿量持续性增加的结果。

诊断要点：

- 膀胱腔扩张；由于在组织处理过程中内容物脱失，通常为空腔。
- 膀胱壁薄，上皮厚度减少。
- 炎症可存在或不存在。

鉴别诊断：

- 福尔马林固定所致的人工假象。

备注：剖检时，为了较好充盈和固定膀胱，偶尔将福尔马林注入膀胱。膀胱充盈过度则可导致将人工假象误认为膀胱扩张（Cohen 等，2007）。

矿化（图 87）：膀胱（Mineralization：Urinary Bladder）

动物种属：大鼠，小鼠

同义词：dystrophic calcification，nephrocalcinosis

发病机制 / 细胞来源：

- 矿化见于先前的变性和 / 或坏死区域。
- 啮齿类动物不常见。

诊断要点：

•在结缔组织或肌肉壁中可见嗜碱性颗粒状沉积物。

鉴别诊断：

•结石：位于膀胱腔。

备注：与啮齿类动物其他组织的矿化相同，膀胱矿化的发生也常与钙、磷比例失调有关（Ritskes-Hoitinga 和 Beynen，1992；Nicoletta 和 Schwartz，2004）。

梗阻性尿路病：膀胱（Uropathy，Obstructive：Urinary Bladder）

动物种属：小鼠

同义词：obstructive syndrome，mouse urological syndrome（MUS）

发病机制 / 细胞来源：

•炎性物质和蛋白栓使尿液从膀胱流出受阻。

•常见于细菌感染。

•病因为多种因素：激素、雄性打斗、附属性腺尿道栓、感染源、自残、脱水和铁丝笼损伤。

诊断要点：

•大体检查见包皮嵌顿、皮肤溃疡、膀胱扩张和输尿管积水 / 肾盂积水。

•龟头包皮炎或溃疡。

•蛋白质物质含有炎症细胞；精子或脱落的尿路上皮细胞在尿道形成蛋白栓。

•慢性病例有膀胱结石。

•多数病例有细菌。

•常见膀胱扩张、输尿管积水和肾盂积水。

鉴别诊断：

•包皮腺和 / 或局部的皮肤溃疡 / 炎症。

•结石：在梗阻性尿路病的情况下，如果结石存在，它是梗阻的结果而不是原因，一般尿道内见不到结石。

备注：梗阻性尿路病在 1962 年报道（Sokoloff 和 Barile，1962），在 1965 年再次报道（Babcock 和 Southam，1965）。它仍被认为是长期研究中自发性死亡的常见原因（Everitt，Ross 和 Davis，1988）。种群管理的改进和雄性小鼠的单笼饲养，已使小鼠梗阻性尿路病的发病率减少。使用铁丝笼则发病率增加（Bendele，1998）。有报道认为抗生素和赭曲霉素 A 可预防本病的发生（Bendele 和 Carlton，1986）。

憩室：膀胱（Diverticulum：Urinary Bladder）

动物种属：大鼠，小鼠

同义词：无

发病机制 / 细胞来源：

•先天性，或与持续存在的尿路梗阻有关，或由慢性炎症病变引起。

诊断要点：

•袋状膨出内衬上皮向下生长，入肌肉壁或外膜。

鉴别诊断：

•移行细胞癌：细胞异型性，沿内衬上皮聚集。

备注：憩室为罕见的自发性病变，易发生炎症，并可被误诊为是移行细胞癌，但其上皮外观正常，无异型增生或异型性（Frith，Terracini 和 Turusov，1994）。

尿路上皮肥大：膀胱（Hypertrophy，Urothelium：Urinary Bladder）

动物种属：大鼠，小鼠

同义词：hypertrophy，transitional cell

发病机制 / 细胞来源：

•尿路上皮的细胞质体积增大，其机制不知。

诊断要点：

•细胞体积增大。

鉴别诊断：

•细胞巨大。

备注：有报道认为，大鼠体内有一种 PPAR 激动剂可直接作用引起尿路上皮肥大（Oleksiewicz 等，2005）。尿路上皮肥大可能是癌前病变（Lawson，Dawson 和 Clayson，1970）。

蛋白栓：膀胱，尿道（Proteinaceous Plug：Urinary Bladder，Urethra）（图 88 和图 89）

动物种属：大鼠，小鼠

同义词：无

发病机制 / 细胞来源：

•是一种常见的死后所见，为安乐死过程中，附属性腺的濒死性分泌物，特别是大鼠。

诊断要点：

•雄性啮齿类动物膀胱或尿道内的嗜酸性蛋白性物质。

•在小鼠，可与脱落的尿路上皮细胞混在一起。

•偶尔含有精子。

•可能很大，部分填充膀胱腔。

鉴别诊断：

•结石：主要含有矿物质而不是蛋白质，不含有精子；常伴继发性炎症或溃疡。

备注：蛋白栓是没有临床或毒理学意义的偶发病变，其记录应由病理学家决定。蛋白栓不认为是尿结石的前兆（Hard 等，1999）。

线虫病：膀胱（Nematodiasis：Urinary Bladder）（图 90）

动物种属：大鼠：粗尾似毛体线虫（*Trichosomoides crassicauda*）（自然发生）；血吸虫病（schistosomiasis）（试验产生）

同义词：parasitism，*Trichosomoides crassicauda*

发病机制 / 细胞来源：

•寄生虫的感染是由于笼具不当清洁和垫料污染而发生，这些物品接触其他感染大鼠尿中的虫卵和幼虫。

诊断要点：

•膀胱腔中或附着在黏膜的线虫切面。

•成年雌虫的直径为 0.2mm，具有表皮的体腔；切片上可见小肠和含有虫卵的生殖腺；雄虫比雌虫小得多（为雌虫长度的 1/8）。

•可伴有膀胱糜烂或尿路上皮增生，但膀胱炎症不常见。

•偶见伴发的尿石症。

•幼虫可迁移到其他器官，包括肾脏和肺脏，可伴有肉芽肿性炎症。

鉴别诊断：

•结石。

备注：由于实验动物饲养管理的改善，膀胱寄生虫如蛔虫、粗尾似毛体线虫已很少遇到。除非是野生啮齿类动物群。大鼠膀胱蠕虫的慢性感染可使动物易发生移行细胞癌或其他尿路上皮肿瘤（Barthold，1986）。膀胱的乳头状增生和明显的乳头状瘤常伴随这种寄生虫，但被认为其发生与尿石症有关，而不是线虫的直接作用（Serakides 等，2001）。

梗阻：尿道（Obstruction：Urethra）

动物种属：大鼠，小鼠

同义词：occlusion，urethra

发病机制 /细胞来源：

•继发于尿石症、蛋白栓或尿道慢性炎症后的狭窄。

诊断要点：

•蛋白栓常含有脱落的上皮细胞、炎症细胞和精子。

•伴发结石。

•梗阻可能难以看到，尿道任何部位较小范围的增生、肿瘤或结石均可引起梗阻。

鉴别诊断：

•梗阻性尿路病：小鼠膀胱尿流出受阻是小鼠泌尿系统综合征的一部分，而不是由于结石。

备注：蛋白栓或结石的堵塞可见于尿道梗阻。

炎症细胞浸润：尿道（Infiltrate，Inflammatory Cell：Urethra）

动物种属：大鼠，小鼠

同义词：urethritis

发病机制 / 细胞来源：

•通常由于阴茎 / 包皮的某种外伤而发生，在这些部位细菌相关的炎症可蔓延到尿道。

诊断要点：

•急性到慢性炎症病变。

鉴别诊断：

•造血系统肿瘤：低分化的均一细胞群。

备注：尿道炎症一般来自泌尿生殖道远端的上行性感染，与外源性物质处理无关。

下尿路增生性病变

尿路上皮增生：输尿管，膀胱，尿道，肾盂（Hyperplasia，Urothelium：Ureter，Urinary Bladder，Urethra，Renal Pelvis）（图 83、图 86、图 91 至图 96）

动物种属：大鼠，小鼠

同义词：hyperplasia，transitional cell

发病机制 / 细胞来源：

•起源于输尿管、膀胱和部分尿道的内衬尿路上皮。

•再生性增生是由上皮的糜烂、溃疡和 / 或坏死引起。

诊断要点：

•细胞数目增加，不一定有细胞异型性。

•常见膀胱炎症。

•可记录为局灶性、弥漫性，其特点为单纯性、结节状或乳头状。

•可见多少不等的有丝分裂。

•单一性生长。

•可见局灶性、多灶性或弥漫性内衬尿路上皮多细胞增厚。

•细胞大小正常、略小或较大。

•内含 PAS 阳性颗粒的细胞数目增加。

•可见慢性炎症或结石。

•生长方式是单纯性、乳头状或结节状。

•单纯性：内衬上皮呈线性均匀增厚，局灶性向外或向内生长不明显。可见几种严重程度（见备注）。

•乳头状：内衬上皮的纤细外生性突起伸入管腔，突起由简单分支的纤维血管轴支持，短微乳头被覆厚度不同的上皮细胞层。

•结节状：圆形或椭圆形实性移行细胞巢向外突出进入管腔（外生性），或向下生长（内生性），也可与单纯性增生或乳头状增生同时发生。

有异型性

- 细胞和胞核多形性、深染，核仁增大。
- 细胞排列不规则。
- 生长方式是结节状或乳头状。
- 细胞质呈嗜碱性。
- 可见有丝分裂象。

无异型性

- 细胞形态一致，保留正常尿路上皮分化的、结构较好的特征。
- 细胞质可呈嗜碱性。

鉴别诊断：

•尿路上皮乳头状瘤：由均一的上皮细胞组成，蒂呈复杂的分支；病变单发，但可多发，体积较大。

•移行细胞（尿路上皮）癌：有转移或侵袭，界限不清或细胞异型性明显；有出血和坏死。啮齿类动物的肾盂癌不常见。

备注：大鼠正常肾盂内衬上皮主要由乳头部的立方上皮及肾盂其他部位的尿路上皮组成。尿路上皮增生发生在肾盂表面的任何部位。输尿管的增生病变常局限于远端三分之一段，范围呈局灶性到弥漫性。各种形式的尿路上皮增生都是对细菌感染、尿路毒物、致癌物、结石的反应，或与肾乳头坏死有关。靶向尿路的化学致癌物可诱发有异型性和无异型性两种形式的增生。异型性增生被视为癌前病变。增生必须和当膀胱非充盈状态固定时造成的折叠和 / 或斜切面明显的细胞数目增加仔细进行区别。在大鼠也有报道增生是广泛处理的结果（Cohen 等，1996）。慢性膀胱炎引起的增生经常向下扩展进入黏膜下层（Shinohara 和 Frith，1981）。结节状或明显向下生长进入膀胱的增生可被误诊为肿瘤，即使它们无细胞异型性（Cohen，2002）。如果刺激因素去除，这些病例的增生能完全恢复。小鼠的自发性移行细胞增生罕见，但是引起这些细胞损伤的化学物质可诱发增生。而且增生可能是对引起肾盂肾炎的病原体的反应，也可继发于下尿路阻塞。非典型增生应经常与无异型性的尿路上皮增生进行鉴别，因为当涉及膀胱致癌物时，非典型增生会被认为是膀胱上皮癌的先兆。非典型尿路上皮增生与遗传毒性尿路上皮致癌物如 N- 丁基 -N-（4- 羟丁基）亚硝胺（OH-BBN）有关（Bach和 Gregg，1988）。尿路上皮增生有几种严重程度。随着增生的程度增加，增生活性也增加。结节状增生在形态上相当于人类的冯·布鲁恩的上皮细胞巢或囊性膀胱炎。尽管结节状增生的区域似乎与表面上皮无关，但连续切片常可显示与上皮有关。乳头状增生和结节状增生在某些病例难以区分，因此，修饰语不一定必要或描述。如果病因刺激除去，增生可以恢复。膀胱的急性或慢性炎症常伴有增生。在少数的病例，单纯性、乳头状和结节状增生表现为鳞状上皮化生，但不一定有角化。腺化生较不常见。

鳞状上皮化生：输尿管，膀胱，尿道，肾盂（Metaplasia，Squamous Cell: Ureter，Urinary Bladder，Urethra，Renal Pelvis）（图 97 和图 98）

动物种属：大鼠，小鼠

同义词：无

发病机制 / 细胞来源：

•尿路上皮发生鳞状上皮化生或被鳞状上皮替代。

诊断要点：

•常伴有增生。

•出现局灶性至多灶性扁平鳞状细胞。

•可变角化，有时仅出现透明角质颗粒。

•鳞状上皮化生范围可较小或非常广泛。

•角蛋白剥落。

•尿路上皮被鳞状细胞替代。

•化生呈局灶性、多灶性或弥漫性。

•细胞核多为圆形、椭圆形或扁平状。

●细胞轴与基底膜平行。

●有时可见核多形性和细胞异型性。

●表面细胞可高度角化、未角化或仅含有透明角质颗粒。

●可见角化物质脱落。

鉴别诊断：

●鳞状细胞乳头状瘤 / 鳞状细胞癌：生长方式是外生性；纤维血管间质稀少；增生性鳞状上皮明显增厚，可见核分裂象。

备注：膀胱鳞状上皮化生是对给予膀胱毒物和致癌物、维生素 A 缺乏或慢性炎症的反应。角化如此广泛，以致有时整个膀胱腔都充满脱落的角化物。肾盂的鳞状上皮化生比膀胱少得多。鳞状上皮化生可随后发生移行细胞癌，并伴有鳞状细胞分化、鳞状细胞乳头状瘤和鳞癌。

腺化生：输尿管，膀胱，尿道（Metaplasia，Glandular：Ureter，Urinary Bladder，Urethra）（图 98）

动物种属：大鼠，小鼠

同义词：glandular cell metaplasia，mucinous hyperplasia，mucinous metaplasia

发病机制 / 细胞来源：

●尿路上皮发生腺化生。

诊断要点：

●立方状至柱状上皮细胞。

●形成腺样结构。

●有或无黏液产生。

●无侵袭或任何恶性指征，无核分裂象。

鉴别诊断：

●腺瘤 / 腺癌：细胞异型性，有核分裂象或侵袭的证据。

●鳞状细胞化生：有鳞状细胞结构和角化。

备注：腺化生是罕见的自发性病变，尿路上皮增生可发生局灶性或全部化生。化生发生时，移行上皮常被鳞状上皮替代。柱状或腺上皮替代膀胱尿路上皮引起柱状或腺化生不常见，这种类型的化生可见于结节性增生中。在少数情况下，腺体内衬类似杯状细胞的高柱状、黏液分泌细胞。

移行细胞乳头状瘤：输尿管，膀胱，尿道（Papilloma，Transitional Cell：Ureter，Urinary Bladder，Urethra）（图 99 至图 102）

动物种属：大鼠，小鼠

同义词：papilloma，urothelium

发病机制 / 细胞来源：

- 乳头状瘤是起源于移行细胞上皮的良性肿瘤。

诊断要点：

- 以外生性生长方式进入膀胱腔，有蒂。
- 不常见的是反向（内生）性生长方式可被认为是扁平病灶，或上皮向下生长进入膀胱肿物的蒂（内翻性乳头状瘤）。
- 细胞均一，分化良好。
- 细胞异型性小，无明显侵袭。
- 核分裂象罕见或无。
- 被覆正常移行上皮的纤维血管指状蒂，蒂复合状或分支状，有纤维血管轴。
- 可伴有炎症。
- 单发或多发。
- 可见腺化生或鳞状上皮化生。
- 鳞状上皮化生有角蛋白形成。
- 细胞质嗜碱性比正常细胞稍强。
- 单个细胞细长，相互平行排列，与基底膜呈直角。

鉴别诊断：

- 尿路上皮增生：呈多灶性或弥漫性，其大小明显较小，尿路上皮内衬细胞单纯性增厚。
- 移行细胞（尿路上皮）癌：化生或侵袭的证据；界限不清，细胞异型性；核分裂象多，有出血或坏死。

备注：下尿路的肿瘤可通过增生发展为乳头状瘤，再到非侵袭性和侵袭性癌（Cohen，1989）。在人医文献中，这一病变的新术语是尿路上皮乳头状瘤，今后有希望成为这种病变的首选术语。但是，这种病变以前使用移行细胞乳头状瘤，在专业上仍是正确和适用的，并易于同鳞状细胞乳头状瘤的病变区别。因为内翻性尿路上皮乳头状瘤的生物学行为似乎与常见的外生性乳头状瘤相同，二者均可归为乳头状瘤。但是，光学显微镜下区分向下生长的内翻性乳头状瘤与真正的侵袭是困难的。有时，外生性乳头状瘤可表现为类似内翻性乳头状瘤的局灶性内生性生长方式。移行细胞乳头状瘤被认为是从正常尿路上皮最终发展到癌的中间步骤。化学诱发的膀胱乳头状瘤，通常是由带有少量结缔组织的移行上皮细胞实性团块组成，而自发性乳头状瘤则常在纤维血管间质轴上被覆薄层尿路上皮。

鳞状细胞乳头状瘤：输尿管，膀胱，尿道（Papilloma，Squamous Cell：Ureter，Urinary Bladder，Urethra）

动物种属：大鼠，小鼠

同义词：无

发病机制 / 细胞来源：

•可直接发生于有鳞状细胞化生的移行上皮。

诊断要点：

•常呈外生性生长方式，单发。

•常为分化良好的鳞状上皮。

•不侵袭邻近组织。

•角化程度不同，角蛋白脱落入膀胱腔。

•在结缔组织血管化的蒂上分布着分支状增生的鳞状上皮。

•分化良好的鳞状上皮显著增厚。

•细胞特征类似于鳞状细胞化生。

•细胞异型性和核分裂象不常见。

•角化的鳞状上皮仅含有透明角质颗粒或高度角化。

鉴别诊断：

•鳞状细胞化生：无或轻微外生性生长，鳞状上皮增厚不明显；常无血管化的结缔组织蒂。

•鳞状细胞癌：细胞异型性，细胞极性缺失，核分裂象多，或存在侵袭的证据。

备注：膀胱的鳞状细胞乳头状瘤是啮齿类动物罕见的自发性肿瘤，完全由具有鳞状分化肿瘤细胞组成，而无细胞异常。肿瘤性鳞状上皮可能呈严重角化，有时膀胱腔含有大量脱落的角化物。化学诱导的膀胱乳头状瘤可能全部为鳞状上皮，但自发性鳞状细胞乳头状瘤尚无报道（Hard 等，1999）。

移行细胞癌：输尿管，膀胱，尿道，肾盂（Carcinoma，Transitional Cell：Ureter，Urinary Bladder，Urethra，Renal Pelvis）（图 103 至图 113）

动物种属：大鼠，小鼠

同义词：carcinoma，urothelium

发病机制 / 细胞来源：

•起源于内衬尿路上皮（移行细胞上皮）。

•可自发，或暴露于化学致癌物、尿中固体物或感染而发生（Boorman 和 Hollander，1974）。

诊断要点：

•常呈单发，罕见多发。

•可能很大，界限不清。

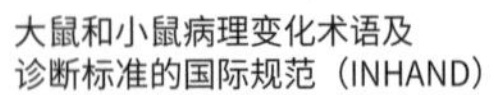

•侵袭入膀胱壁。
•细胞形态分化良好，或高度间变。
•核分裂象多少不等。
•可见异常核分裂象。
•可见混合细胞成分。
•生长方式为细蒂的乳头状突入膀胱腔，或呈基部宽厚的无蒂实体性生长。
•尿路上皮排列成条索状和实性片状（有时为极性排列），或中空的巢状或小梁状。
•间质是纤细的结缔组织结构。
•血管形成明显。
•可见出血和坏死。
•肿物内大部分细胞是移行细胞，但可出现鳞状分化。
•在尿路上皮片中，移行细胞的细胞极性丧失。
•可见核多形性。
•核形奇异或呈纺锤形。
•可见炎症细胞，尤其是淋巴细胞和肥大细胞。
•偶见转移。
•在这些恶性肿瘤中，有的可为非侵袭性病变，其形态与非侵袭肿瘤相似。

鉴别诊断：

•尿路上皮乳头状瘤：无侵袭或细胞多形性；纤维血管轴有复杂分支。
• 鳞状细胞癌：大部分细胞是鳞状细胞；可见角化和角化珠形成。
•肾癌：没有非肾小管来源的细胞或尿路上皮分化的证据。

备注：下尿路和肾盂的自发性癌在大多数啮齿类动物品系都是少见的肿瘤（Cohen，1998）。高度恶性的肿瘤容易侵袭但转移很少，转移见于局部淋巴结和肺脏（Frith 等，1995）。偶见与鳞状细胞混合发生。主要的细胞类型决定诊断，即移行细胞癌或鳞状细胞癌。在人医文献中较新的术语称尿路上皮癌，早晚它将可能成为临床前毒性研究中这类病变的首选术语，移行细胞癌这个术语已使用多年，并仍然适用。这些肿瘤常伴有显著的炎症反应。移行细胞癌可突入膀胱腔呈外生性生长，或长入上皮下组织呈内生性实体性生长。癌的诊断仅根据形态学进行。证明分化好的乳头状癌的侵袭是困难的，常需要仔细观察大乳头状病变的结缔组织蒂以及膀胱壁的情况。膀胱癌通常局部侵袭，但偶见局部淋巴结和肺脏转移。尿路上皮癌有多种类型：假腺样分化、鳞状细胞分化、腺样（黏膜的）分化、鳞状细胞与腺样分化，以及细胞内黏液生成。

致癌作用晚期，癌瘤呈混合性组织类型和细胞分化。在这种情况下，可根据存在的不同成分进行分类。混合性癌是由移行细胞和鳞状细胞混合，或是移行细胞和腺细胞混合，或是移行细胞、鳞状细胞和腺细胞混合组成的。小鼠诱发的输尿管移行细胞癌非常罕见。小鼠膀胱或尿道的自发性移行细胞癌也罕见。几种遗传毒性化学物，主要是 N-[4-（5- 硝基 -2- 呋喃基）-2- 噻唑基] 甲酰胺（FANFT）

和 OH-BBN 可试验性诱发移行细胞癌。化学致癌物诱发的小鼠膀胱肿瘤通常是扁平、分化差、侵袭性癌，而在大鼠诱发的则是外生性膀胱乳头状肿瘤。OH-BBN 是对小鼠特别强的膀胱致癌物，可快速诱发具有高度侵袭性、可转移到肺脏的移行细胞癌（Akagi 等，1973）。肾盂的自发性移行细胞癌在对照组小鼠未见报道，但其可由遗传毒性化学物例如二甲基亚硝胺和 OH-BBN 诱发。在 NON/Shi 小鼠的 OH-BBN 研究表明，移行细胞癌可转移到肺脏（Akagi 等，1973；Fukushima 等，1976）。在 B6C3F1 小鼠进行的四氯偶氮苯（TCAB）研究发现，尿道移行细胞癌和尿道腺癌可侵袭周围组织（Singh 等，2010）。移行细胞癌可由各种化学物诱发（Frith，1986；Jokinen，1990；Gaillard，1999；Cohen，2002）。小鼠的移行细胞癌比鳞状细胞癌转移少。大鼠肾盂的移行细胞癌生长界限不清，首先在肾盂内增生，然后侵袭肾实质并使其变形。偶见与鳞状细胞的混合物，这些肿瘤常伴有明显的炎症反应。总之，啮齿类动物的间叶细胞肿瘤比上皮肿瘤少很多（Gaillard，1999）。

鳞状细胞癌：输尿管，膀胱，尿道（Carcinoma，Squamous Cell：Ureter，Urinary Bladder，Urethra）（图 113 至图 115）

动物种属：大鼠，小鼠

同义词：epidermoid carcinoma

发病机制 / 细胞来源：

- 起源于移行细胞上皮，上皮发生鳞状分化再发展为肿瘤，或由移行上皮肿瘤转化为移行细胞癌，然后发生鳞状分化。

诊断要点：

- 通常为高度侵袭性的单个肿瘤。
- 从分化良好到分化不良。
- 细胞异型性和多形性明显。
- 鳞状上皮通常高度角化，有角化珠形成或仅含有透明角质颗粒。
- 核分裂象常见。
- 纤维胶原间质成分发育良好。
- 鳞状细胞排列成索状、片状或不规则巢状。
- 常见炎症细胞浸润。
- 可见周围组织侵袭。
- 常有转移。
- 分化好的细胞可见细胞间桥、正常角化、轻度核异型性和低有丝分裂指数。
- 分化差的细胞可见细胞和核异型性、异常角化（角化不全）、常见核分裂象和异常核分裂象。
- 可见矿化，尤其在大鼠。
- 小鼠血管形成非常显著。

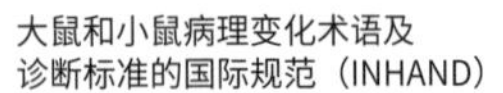

鉴别诊断：

•移行细胞癌：移行细胞分化；有限的鳞状分化区，间质通常由纤细结构组成。
•鳞状细胞乳头状瘤：无侵袭，轻度细胞异型性；血管化的分支状结缔组织蒂。

备注：在尿路上皮肿瘤（包括移行细胞癌）中可见鳞状分化区。鳞状细胞癌的诊断依据是肿瘤的大部分细胞是鳞状细胞。自发性鳞状细胞癌非常罕见，但在多核烃进入肾或肾盂和 OH-BBN 处理后引起肾盂积水的 NON/Shi 小鼠，可在肾盂试验地诱发鳞状细胞癌。膀胱鳞状细胞癌可由二丁基亚硝胺和 OH-BBN 诱发（Akagi 等，1973；Fukushima 等，1976）。大部分鳞状细胞癌分化不良，比移行细胞癌更易侵袭，易发生转移。但是，与移行细胞癌相比，鳞状细胞癌与致癌物的相关性较小，而转移似乎更为常见。

腺癌：输尿管，膀胱，尿道（Adenocarcinoma：Ureter，Urinary Bladder，Urethra）

动物种属：大鼠，小鼠
同义词：adenocarcinoma，urothelium
发病机制 / 细胞来源：
•起源于发生腺化生和肿瘤转化的尿路上皮。

诊断要点：

•可为单发的大肿瘤。
•腺样结构，被覆一层或多层立方至柱状细胞。
•中度细胞异型性，呈侵袭性生长方式。
•腺样结构可含黏液。
•核偏位。
•可见核分裂象。

鉴别诊断：

•移行细胞癌：移行细胞分化；有限区域的鳞状分化；间质通常由纤细结构组成。
•腺化生：无细胞异型性或核分裂象，无侵袭。

备注：膀胱肿瘤既可由 DNA 活性物质也可由非 DNA 活性物质诱导产生（Cohen，2002）。根据美国国家毒理学项目中心（NTP）报告，已测试的膀胱致癌物更容易采取非遗传毒性肿瘤发生机制，涉及移行和鳞状上皮肿瘤（Wolf，2002）。膀胱的原发性腺癌是那些全部都是腺结构的癌瘤。有偶发腺化生灶的移行细胞癌不属于真正的腺癌。组织学区分原发性和转移性膀胱腺癌很困难。大鼠膀胱三种最常见的继发性腺癌是精囊腺癌、前列腺癌和子宫腺癌（Kunze 和 Chowaniec，1990）。有助于区分膀胱原发性腺癌的特征包括：移行上皮灶、正常尿路上皮转变为肿瘤性立方和柱状上皮的区域，以及相邻上皮的增生性病变。在组织发生上，腺癌很可能来源于移行细胞癌中化生的腺体，或来自柱状或腺化生区域的增生，包括所谓的腺性膀胱炎。

间叶增生性病变：膀胱，尿道（Mesenchymal Proliferative Lesion：Urinary Bladder，Urethra）（图 118）

动物种属： 小鼠

同义词： decidual-like reaction，vegetative lesion，benign mesenchymal tumor

发病机制 / 细胞来源：

- 细胞起源尚不明确，但是推测是从体腔旁组织起源，这种组织不仅与两性生殖器官有关，也与三角区附近膀胱的间叶部分有关（Karbe 等，2000）。

诊断要点：

- 主要发生在黏膜下组织，通常是在膀胱尾侧半部，三角区附近。
- 单发或多发。
- 可突入膀胱腔。
- 高度血管化，有发育良好的血管通道。
- 在周围常有慢性单形核炎症细胞浸润，有含铁血黄素的巨噬细胞沉着。
- 常无坏死。
- 界限清楚，但无包膜。
- 生长方式是实体性或息肉状。
- 可能有凝固性坏死区。
- 有两种细胞：致密的岛屿状中为大的多形性上皮样细胞，周围环绕梭形细胞。
- 上皮样细胞界限明显，胞质呈均质嗜酸性，或呈纤维状，可见嗜酸性颗粒。
- 上皮样细胞的胞核偏位、多形性或奇异形，核仁明显。
- 梭形细胞呈纤维细胞样或平滑肌样。
- 可见核分裂象。
- 不侵袭表面尿路上皮或超过浆膜，被覆上皮保持完整。
- 可见梭形细胞成分局部侵袭平滑肌和黏膜下层。

实体性亚型

- 单发或多发的黏膜下增殖。

息肉状亚型

- 息肉样肿块向管腔隆起或突入管腔。
- 肿块含有被覆尿路上皮的纤维血管间质。
- 紧靠表面，有尿路上皮下实性间叶增生性病变灶。

鉴别诊断：

- 平滑肌瘤 / 平滑肌肉瘤：明确的平滑肌分化。

- 慢性炎症：无核分裂象或侵袭，成纤维细胞分化良好。
- 肉瘤或纤维肉瘤：成纤维细胞分化；并在膀胱壁内侵袭或生长，而不呈息肉状突入膀胱腔。

备注：小鼠膀胱的间叶细胞肿瘤已报道有血管和平滑肌分化（Butler，Cohen 和 Squire，1997）。这种病变的明确性质有争议，间叶细胞增生良性肿瘤或蜕膜样反应等不同观点。过去曾将这种间叶肿瘤错误地认为是平滑肌瘤 / 平滑肌肉瘤，甚至是未分化肉瘤，目前病理学家的共识是间叶增生性病变不是真正的肿瘤。这些病变的发生机制至今不清。有报道认为，这种病变与子宫和精囊的病变有些相似，因此提出它们可能代表蜕膜样反应（Karbe 等，1998；Karbe，1999；Karbe 等，2000）。该病变主要是自发性的，并有品系特异性，最常见于 Swiss 源性小鼠，因此，主要见于 Swiss Webster、NMRI 和 CD1 品系，而 B6C3F1 小鼠未见。特别是间叶细胞肿瘤，其形态学特征都是从许多与 Swiss Webster CD-1 小鼠有关的研究中获得的（Halliwell，1998；Cohen，2002）。该病变的免疫组织化学为细胞角蛋白呈阴性，结蛋白呈弱阳性，肌动蛋白为可疑阳性（Halliwell，1998）。透射电镜可见平滑肌分化明显（Jacobs 等，1976）。有人描述了有关手术植入玻璃或石蜡球，尤其是在植入后膀胱缝合线附近，可看到相同的膀胱病变（Bonser 和 Jull，1957）。虽然已经注意到给予不同组合的内源性雌激素和孕激素可使发生率增加，但是这些病变是否可由化学物质诱发目前尚不清楚（McConnell，1989）。

致谢

作者对 John Vahle、Peter Mann、Tracy Gales、Beth Mahler、Beverly Maleef、Wolfgang Kaufmann、Charlotte Keenan、Rupert Kellner 和 Sam Cohen 在准备本文的帮助和贡献谨表示衷心的感谢！

参考文献

Abrass,C., 2000. The nature of chronic progressive nephropathy in aging rats.Adv in Renal Replacement Ther 7,4–10.

Ahn,Y.S.,Zerban,H.,Grobholz,R.,et al, 1992. Sequential changes in glycogen content,expression of glucose transporters and enzyme patterns during development of clear/acidophilic cell tumors in rat kidney. Carcinogenesis 13,2329–2334.

Akagi,G.,Akagi,A.,Kimura,M.,et al, 1973. Comparison of bladder tumors induced in rats and mice with N-butyl-N-(4-hydroxybutyl)-nitrosoamine.Gann 64,331–336.

Alden,C.L., 1986. A review of unique male rat hydrocarbon nephropathy.Toxicol Pathol 14,109–111.

Alden,C.L.,Hard,G.C.,Krieg,K.,et al, 1992. International classification of rodent tumours,Part 1: The Rat,3: Urinary System.(U.Mohr,Ed.),pp.1–46.IARC Scientific Publications No.122.International Agency for Research on Cancer,Lyon.

Alden,C.L.,Kanerva,R.L,Ridder,C.,et al, 1984. The pathogenesis of the nephrotoxicity of volatile hydrocarbons in the male rat.Adv Modern Environ Toxicol 7,107–120.

Almanzar,M.M.,Frazier,K.S.,Dube,P.H.,et al, 1998. Expression of OP-1 is selectively modified after acute ischemic renal injury.J Amer Soc Nephrol 9,1456–1463.

Amakasu,K.,Suzuki,K., Suzuki,H., 2009. The unilateral urogenital anomalies (UUA) rat: A new mutant strain associated with unilateral renal agenesis,cryptorchidism,and malformations of reproductive organs restricted to the left side.Comparative Med 59,249–256.

Babcock,V.I., Southam,C.M., 1965. Obstructive uropathy in laboratory mice.Proc Soc Exp Biol Med 120,580–581.

Bach,P.H., Bridges,J.W., 1985a.Chemically induced renal papillary necrosis and upper urothelial carcinoma.Part 1.Crit Rev Toxicol 15,217–329.

Bach,P.H., Bridges,J.W., 1985b.Chemically-induced renal papillary necrosis and upper urothelial carcinoma.Part 2.Crit Rev Toxicol 15,331–441.

Bach,P.H., Gregg,N.J., 1988. Experimentally induced renal papillary necrosis and upper urothelial carcinoma.Int Rev Exp Pathol 30,1–54.

Bach,P.H., Nguyen,T.K., 1998. Renal papillary necrosis–40 years on.Toxicol Pathol 26,73–91.

Bannasch,P., 1984. Sequential cellular changes during chemial carcinogenesis.J Cancer Res Clin Oncol 108,11–16.

Bannasch,P.,Zerban,H.,Ahn,Y.S.,et al, 1998. Oncocytoma,kidney,rat.In Monographs on Pathology of Laboratory Animals.Urinary System (T.C.Jones,G.C.Hard,and U.Mohr,eds.),2nd ed.,pp.64–79.Springer-Verlag,Berlin.

Bannasch,Z.H., Ahn,Y.S., 1998. Renal cell adenoma and carcinoma,rat.In Monographs on Pathology of Laboratory Animals.Urinary System(T.C.Jones,G.C.Hard,and U.Mohr,eds.),2nd ed.,pp.79–118.Springer-Verlag,Berlin.

Barisoni,L.,Madaio,M.P.,Eraso,M.,et al, 2005. The kd/kd mouse is a model of collapsing glomerulopathy.J Am Soc Nephrol 16,2847–2851.

Barrett,M.C.,Cashman,S.J., Moss,J., 1983. Experimental interstitial renal fibrosis in rats.Nephritis induced by N-(3,5-dichlorophenyl) succinimide.Brit J Exp Pathol

64,425–436.
Barthold,S.W., 1979. Chronic progressive nephropathy in aging rats.Toxicol Pathol 7,1–6.
Barthold,S.W., 1986. Trichosomoides crassicauda infection,urinary bladder,rat.In Monographs on Pathology of Laboratory Animals.Urinary System.(T.C.Jones,U. Mohr,and Hunt,RD,eds.),pp.379–381.Springer-Verlag,Berlin.
Barthold,S.W., 1998. Chronic progressive nephropathy rat.In Monographs on Pathology of Laboratory Animals.Urinary System (T.C.Jones,G.C.Hard,and U.Mohr,eds),2nd ed.,pp.228–233.Springer-Verlag,Berlin.
Beckwith,J.B.,Kiviat,N.B., Bonadio,J.F., 1990. Nephrogenic rests,nephroblastomatosis,and the pathogenesis of Wilms' tumor.Pediatr Pathol 10,1–36.
Bendele,A.M., Carlton,W.W., 1986. Incidence of obstructive uropathy in male B6C3F1 mice on a 24-month carcinogenicity study and its apparent prevention by Ochratoxin A.Lab Anim Sci 36,282–285.
Bendele,M., 1998. Urologic syndrome,mouse.In Urinary System (T.C.Jones,G. C.Hard,and U.Mohr,eds.),2nd ed.,pp.456–462.Springer- Verlag,Berlin.
Ben-Ishay,Z., 1977. The erythroid island: Structure and function.Pathobiol Ann 7,63–81.
Bonser,G.M., Jull,J.W., 1957. The histopathological changes in the mouse urinary bladder following surgical implantation of paraffin wax pellets containing various chemicals.J Pathol Bacteriol 72,499–505.
Boorman,G.A., Hollander,C.F., 1974. High incidence of spontaneous urinary and ureter tumors in the Brown Norway rat.J NatlCancer Inst 55,1005–1008.
Boorman,G.A.,McDonald,M.R.,Imoto,S., et al, 1992. Renal lesions induced by ochratoxin A exposure in the F344 rat.Toxicol Pathol 20,236–245.
Bucci,T.J.,Howard,P.C.,Tolleson,W.H., et al, 1998. Renal effects of fumonisin mycotoxins in animals.Toxicol Pathol 26,160–164.
Burek,J.D.,Duprat,P.,Owen,R.,et al, 1988. Spontaneous renal disease in laboratory animals.International Rev of Exp Path 30,231–319.
Bush,Stuart,K.T.,Stuart,R.O,et al, 2004. Developmental biology of the kidney.In The Kidney,1 (B.M.Brenner,ed.),7th edition.,pp.73–103.Saunders,Philadelphia.
Butler,W.H.,Cohen,S.H., Squire,R.A., 1997. Mesenchymal tumors of the mouse urinary bladder with vaxcular and smooth muscle differentiation.Toxicol Pathol 25,268–274.
Cardesa,A., Ribalta,T., 1998. Nephroblastoma,kidney,rat.In Monographs on Pathology of Laboratory Animals.Urinary System (T.C.Jones,G.C.Hard,and U.Mohr,eds.),2nd ed.,pp.129–138.Springer-Verlag,Berlin.
Cheng,A.M.,Rowley,B.,Pao,W.,et al, 1995. Syk tyrosine kinase required for mouse viability and B-cell development.Nature 378,303–306.
Chevalier,R.L., 2006. Pathogenesis of renal injury in obstructive uropathy.Curr Op Pediatrics 18,153–160.
Chevalier,R.L., 2006. Specific molecular targeting of renal injury in obstructive

nephropathy.Kid Intl 70,1200–1201.
Choudhury,D., Ahmed,Z., 2006. Drug-associated renal dysfunction and injury.Nature Clin Pract Nephrol 2,80–91.
Christensen,S., Ottensen,P.D., 1986. Lithium-induced uremia in rats.Survival and renal function and morphology after one year.Acta Pharmacol Toxicol (Copenhagen) 58,339–347.
Clapp,M.J.L.,Wade,J.D., Samuels,D.M., 1982. Control of nephrocalcinosis by manipulationg the calcium: phosphorus ratio in commercial rodent diets.Lab Anim 16,130–132.
Clayson,D.B., 1974. Bladder carcinogenesis in rats and mice: possibility of artifacts.J Natl Cancer Inst 52,1685–1689.
Clemens,G.R.,Schroeder,R.E.,Magness,S.H.,et al, 2009. Developmental toxicity associated with receptor tyrosine kinase ret inhibition in reproductive toxicity testing.Birth Defects Res Pt A–Clin & Molec Teratol 85,130–136.
Cohen,S.M.,Cano,M.,Anderson,T., et al, 1996. Extensive handling of rats leads to mild urinary bladder hyperplasia.Toxicol Pathol 24,251–257.
Cohen,S.M.,Ohnishi,T.,Clark,N.M., et al, 2007. Investigations of rodent urinary bladder carcinogens: Collection,processing,and evaluation of urine and bladders.Toxicol Pathol 35,337–347.
Cohen,S.M., 1989. Toxic and nontoxic changes induced in the urothelium by xenobiotics.Toxicol Appl Pharmacol 101,484–498.
Cohen,S.M., 1998. Urinary bladder carcinogenesis.Toxicol Pathol 26,121–127.
Cohen,S.M., 1999. Calcium phosphate-containing urinary precipitate in rat urinary bladder carcinogenesis.In Species Differences in Thyroid,Kidney and Urinary Bladder Carcinogensis (C.C.Capen,E.Dybing,J.M.Rice,and J.D.Wilbourn,eds.),pp.175-189,IARC Scientific Publications No.147 International Agency for Scientific Cancer,Lyon.
Cohen,S.M., 2002. Comparative pathology of proliferative lesions of the urinary bladder.Toxicol Pathol 30,663–671.
Cuppage,F.E,Tate,A., 1967. Repair of the nephron following injury with mercuric chloride.Am J Pathol 51,405–429.
Cybulsky,A.V.,Quigg,R.J., Salant,D.J., 2005. Experimental membranous nephropathy redux.Am J Physiol renal Physiol 289,F660–671.
D' Agati,V.D.,Jennette,J.C., Silva,F.G., 2005. Non-Neoplastic Kidney Diseases.An Atlas of Nontumor Pathology.American Registry of Pathology and Armed Forces Institute of Pathology,Washington,DC.ARP Press,Silver Spring,MD.AFIP Fascicle 4,first series,Chapter 9,pp.225–230.
Davis,M.A., Ryan,D.H., 1998. Apoptosis in the kidney.Toxicol Pathol 26,81–825.
De Rijk,E.P.C.T.,Ravesloot,W.T.M.,Wijnands,Y., et al, 2003. A fast histochemical staining method to identify hyaline droplets in the rat kidney.Toxicol Pathol 31,462–464.
DeSesso,J.M., 1995. Anatomical relationships of urinary balders compared:Their

potential role in the development of bladder tumours in humans and rats.Food Chem Toxicol 33,705–714.

Dezso,B.,Rady,P.,Morocz,I., et al, 1990. Morphological and immunohistochemical characteristics of dimethylnitrosamine-induced malignant mesenchymal renal tumor in F-344 rats.J Cancer Res Clin Oncol 116,372–378.

Dietrich,D.R., Swenberg,J.A., 1991. Preneoplastic lesions in rodent kidney induced spontaneously or by non-genotoxic agents: Predictive nature and comparison to lesions induced by genotoxic carcinogens.Mutation Res 248,239–260.

Dixon,D.,Heider,K., Elwell,M.R., 1995. Incidence of nonneoplastic lesions in historical control male and female Fischer-344 rats from 90-day toxicity studies.Toxicol Pathol 23,338–348.

Dombrowski,F.,Klotz,L.,Bannasch,P.,et al, 2007. Renal carcinogenesis in models of diabetes-metabolic changes are closely related to neoplastic development. Diabetologia 50,2580–2590.

Dominick,M.A.,Bobrowski,W.F.,Metz,A.L., et al, 1990. Ultrastructural juxtaglomerular cell changes in normotensive rats treated with quinapril,an inhibitor of angiotensin-converting enzyme.Toxicol Pathol 18,396–406.

Donnadieu-Claraz,M.,Bonnehorgne,M.,Dhieux,B., et al, 2007. Chronic exposure to uranium leads to iron accumulation in rat kidney cells.Radiation Res 167,454–464.

Doughty,S.E.,Ferrier,R.K.,Hillan,K.J., et al, 1995. The effects of ZENECA ZD8731,an angiotensin II antagonist,on renin expression by juxtaglomerular cells in the rat: comparison of protein and mRNA expression as detected by immunohistochemistry and in situ hybridization.Toxicol Pathol 23,256–261.

Dube,P.H.,Almanzar,M.M.,Frazier,K.S., et al, 2004. Osteogenic Protein-1: Gene expression and treatment in rat remnant kidney model.Toxicol Pathol 32,384–392.

Duprat,P., Burek,J.D., 1986. Suppurative nephritis,pyelonephritis,rat.In Monographs on Pathology of Laboratory Animals.Urinary System (T.C.Jones,U.Mohr,and R.D.Hunt,eds.),pp.219–224.Springer-Verlag,Berlin.

Eddy,A.A., 1996. Molecular insights into renal interstitial fibrosis.J Am Soc Nephrol 7,2495–2508.

Ellison,D.H.,Velazquez,H., Wright,F.S., 1989. Adaptation of the distal tubule of the rat.Structural and functional effects of dietary salt intake and chronic diuretic infusion.J Clin Invest 83,113–126.

Ericsson,J.L.E.,Mostofi,F.K., Lundgren,G., 1969. Experimental hemoglobinuric nephropathy-I.Comparative light microscopic,histochemical and pathophysiologic studies.Virchows Arch B Cell Pathol 3,181–200.

Evan,A.,Huser,J.,Bengele,H.H., et al, 1980. The effect in alterations in dietary potassium on collecting system morphology in the rat.Lab Invest 42,668–675.

Everitt,J.I.,Ross,P.W., Davis,T.W., 1988. Urologic syndrome associated with wire caging in AKR mice.Lab Anim Sci 38,609–611.

Flocks,J.S,Weis,T.P.,Kleinman,D.C.,et al, 1965. Dose-response studies to polyoma virus in rats.J Natl Cancer Inst 35,259–284.

Frank,D.W., Gray,J.E., 1976. Cyclodextrin nephrosis in rat.Am J Pathol 83,367–382.

Frazier,K.S.,Dube,P.,Paredes,A., et al, 2000. Connective tissue growth factor expression in the rat remnant kidney model and association with tubular epithelial cells undergoing transdifferentiation.Vet Pathol 37,328–335.

Frazier,K.S.,Hullinger,G.A.,Liggett,A., et al, 1998. Multiple cutaneous metaplastic ossification associated with canine iatrogenic hyperglucocorticoidism.J Vet Diagn Invest 10,303–307.

Frazier,K.S.,Williams,S.H.,Kothapalli,D., et al, 1996. Stimulation of fibroblast cell growth,matrix production and granulation tissue formation by connective tissue growth factor.J Invest Dermatol 107,406–411.

Frith,C.H., 1979. Morphologic classification of inflammatory,nonspecific,and proliferative lesions of the urinary bladder of mice.Invest Urol 16,435–444.

Frith,C.H., 1986. Transitional cell carcinoma,urinary tract,mouse.In Monographs on Pathology of Laboratory Animals.Urinary System (T.C.Jones,U.Mohr,and R.D.Hunt,eds.),pp.341–348.Springer,Berlin.

Frith,C.H.,Eighmy,J.J.,Fukushima,S., et al, 1995. Proliferative Lesions of the Lower Urinary Tract(Urinary Bladder,Urethra and Ureters) in Rats.In Guides for Toxicologic Pathology.STP/ARP,AFIP,Washington,DC.

Frith,C.H.,Terracini,B., Turusov,V.S., 1994. Tumours of the kidney,renal pelvis and ureter.In Pathology of Tumours in Laboratory Animals,Vol.2,Tumours of the Mouse (V.S.Turusov,and U.Mohr,eds.),2nd ed.,pp.357–382.IARC Scientific Publications No.111,Lyon.

Frith,C.H.,Terracini,B., Turusov,V.S., 1994. Tumours of the kidney,renal pelvis and urete.Pathology of tumours in laboratory animals,vol 2.Tumours of the mouse,2nd ed.,pp.357–381.IARC Scientific Publications No.111,Lyon.

Fujita,K.,Fujita,H.M.,Ohtawara,Y., et al, 1979. Hydronephrosis in ACI/N rats.Lab Anim 13,325–327.

Fukushima,S.,Hirose,M.,Tsuda,H., et al, 1976. Histological classification of urinary bladder cancers in rats induced by N-butyl-N-(4-hydroxybutyl) nitrosamine.Gann 67,81–90.

Fukushima,S., Murai,T., 1999. Calculi,precipitates and microcrystalluria associated with irritation and cell proliferation as a mechanism of urinary bladder carcinogenensis in rats and mice.In Species Differences in Thyroid,Kidney and Urinary Bladder Carcinogenesis (C.C.Capen,E.Dybing,J.M.Rice,and J.D.Wilbourn,eds.),pp 159-174,IARC Scientific Publications No.147 International Agency for Scientific Cancer,Lyon.

Gage,J.C., Sulik,K.K., 1991. Pathogenesis of ethanol-induced hydronephrosis and hydroureter as demonstrated following in vivo exposure of mouse embyos.

Teratology 44,299–312.
Gaillard,E.T., 1999. Ureter,urinary bladder and urethra.In Pathology of the Mouse. Reference and Atlas (R.R.Maronpot,G.A.Boorman,and B.W.Gaul,eds.),pp.235–258. Cache River Press,Vienna.
Gardner,K.D.,Jr., 1988. Pathogenesis of human cystic renal disease.Ann Rev of Med 39,185–191.
Gobe,G.C., Axelsen,R.A., 1987. Genesis of renal tubular atrophy in experimental hydronephrosis in the rat.Role of apoptosis.Lab Invest 56,273–281.
Goldstein,R.S.,Tarloff,J.B., Hook,J.B., 1988. Age-related nephropathy in laboratory rats. FASEB J 2,2241–2251.
Gopinath,C.,Prentice,D.E., Lewis,D.J., 1987. The Urinary System.In:Atlas of Experimental Toxicologic Pathology (Current Histopathology Vol.13),pp.78.MTP Press,Norwell,MA.
Goren,E.,Engelberg,I., Eidelman,A., 1991. Adrenal rest carcinoma in hilum of kidney. Urology 38,187–190.
Gray,J.E., 1977. Chronic progressive nephrosis in the albino rat.Crit Rev Toxicol 5,115–144.
Gray,J.E.,Van Zwieten,M.J., Hollander,C.F., 1982. Early light microscopic changes of chronic progressive nephrosis in several strains of aging laboratory rats.J Gerontol 37,142–150.
Greaves,P., 2007. Histopathology of Preclinical Toxicity Studies,3rd ed,pp. 591–592. Elsevier,Amsterdam.
Gruys,E., Snel,F.W.J.J., 1994. Animal models for reactive amyloidosis.Bailliere' s Clinical Rheumatology 8,599–611.
Haensley,W.E.,Granger,H.J.,Morris,A.C.,et al, 1982. Proximal tubule-like epithelium in Bowman' s capsule in spontaneously hypertensive rats.Changes with age.Am J Pathol 107,92–97.
Hagiwara,A.,Asakawa,E.,Kurata,Y.,et al, 1992. Dose-dependent renal tubular toxicity of harman and norharman in male F344 rats.Toxicol Pathol 20,197–204.
Hagiwara,M.,Yamagata,K.,Capaldi,R.A,et al, 2006. Mitochondrial dysfunction in focal segmental glomerulosclerosis of puromycin aminonucleoside nephrosis.Kidney Int 69,1146–1152.
Halliwell,W.H., 1998. Submucosal mesenchymal tumors of the mouse urinary bladder. Toxicol Pathol 26,128–136.
Ham,A.W., Siminovitch,L., 1961. Viral carcinogenesis with particular reference to in vivo and in vitro studies with the polyoma virus.Progr Exp Tumor Res 2,67–89.
Hard,G.C., 1984. High-frequency,single-dose model of renal adenoma/carcinoma induction using dimethylnitrosamine in Crl:(W)BR rats.Carcinogenesis 5,1047–1050.
Hard,G.C., 1985a.Identification of a high frequency model for renal carcinoma by the induction of renal tumors in the mouse with a single dose of streptozotocin.

Cancer Res 45,703–708.
Hard,G.C., 1985b. Differential renal tumor response to N-ethylnitrosourea and dimethylnitrosamine in the Nb rat: Basis for a new rodent model of nephroblastoma. Carcinogenesis 6,1551–1558.
Hard,G.C., 1990. Tumours of the kidney,renal pelvis and ureter.In Pathology of Tumours in Laboratory Animals,Vol.1,Tumours of the Rat (V.S.Turusov and U.Mohr,eds.),2nd ed.,pp.301–344.IARC Scientific Publications No.99,Lyon.
Hard,G.C., 1998a.Mesenchymal tumor,kidney,rat.In Monographs on Pathology of Laboratory Animals.Urinary System (T.C.Jones,G.C.Hard,and U.Mohr,eds.),2nd ed.,pp.118–129.Springer-Verlag,Berlin.
Hard,G.C., 1998b. Lipomatous tumors,kidney,rat.In Monographs on Pathology of Laboratory Animals.Urinary System (T.C.Jones,G.C.Hard,and U.Mohr,eds.),2nd ed.,pp.139–146.Springer-Verlag,Berlin.
Hard,G.C., 1998c. Mechanisms of chemically induced renal carcinogenesis in the laboratory rodent.Toxicol Pathol 26,104–112.
Hard,G.C., 2008. Some aids for histological recognition of hyaline droplet nephropathy in 90-day toxicity studies.Toxicol Pathol 36,1014–1017.
Hard,G.C.,Alden,C.L.,Bruner,R.H.,et al, 1999. Non-proliferative lesions of the kidney and lower urinary tract in rats.In Guides for Toxicologic Pathology,pp.1–32.STP/ARP/AFIP.
Hard,G.C.,Alden,C.L.,Stula,E.F., et al, 1995. Proliferative lesions of the kidney in rats. In: Guides for Toxicologic Pathology,pp.1–19.STP/ARP/AFIP.
Hard,G.C., Butler,W.H., 1970a. Cellular analysis of renal neoplasia:Light microscope study of the development of interstitial lesions induced in the rat kidney by a single carcinogenic dose of dimethylnitrosamine.Cancer Res 30,2806–2815.
Hard,G.C, Butler,W.H., 1970b. Cellular analysis of renal neoplasia: Induction of renal tumors in dietary-conditioned rats by dimethylnitrosamine with a reappraisal of morphological characteristics.Cancer Res 30,2796–2805.
Hard,G.C.,Durchfeld-Meyer,B.,Short,B., et al, 2001b.Urinary system.In International Classification of Rodent Tumors.The Mouse (U.Mohr,ed.),pp.139–162.Springer-Verlag,Berlin.
Hard,G.C.,Flake,G.P., Sills,R.C., 2009. Re-evaluation of kidney histopathology from 13-week toxicity and two-year carcinogenicity studies of melamine in the F344 rat: Morphologic evidence of retrograde nephropathy.Vet Pathol 46,1248–1257.
Hard,G.C., Grasso,P., 1976. Nephroblastoma in the rat: Histology of a spontaneous tumor,identity with respect to renal mesenchymal neoplasms,and a review of the previously recorded cases.J Natl Cancer Inst 57,323–329.
Hard,G.C.,Howard,P.C.,Kovatch,R.M.,et al, 2001a. Rat kidney pathology induced by chronic exposure to fumonisin B1 includes rare variants of renal tubule tumor. Toxicol Pathol 29,379–386.

Hard,G.C., Khan,K.N., 2004. A contemporary overview of chronic progressive nephropathy in the laboratory rat,and its significance for human risk assessment. Toxicol Pathol 32,171–180.

Hard,G.C., Neal,G.A., 1992. Sequential study of the chronic nephrotoxicity induced by dietary administration of ethoxyquin in Fischer-344 rats.Fund Appl Toxicol 18,278–287.

Hard,G.C., Noble,R.L., 1981. Occurrence,transplantation,and histological characteristics of nephroblastoma in the NB hooded rat.Investig Urol 18,371–376.

Hard,G.C., Seely,J.C., 2005. Recommendations for the interpretation of renal tubule proliferative lesions occurring in rat kidneys with advanced chronic progressive nephropathy (CPN).Toxicol Pathol 33,641–649.

Hard,G.C., Seely,J.C., 2006. Histological investigation of diagnostically challenging tubule profiles in advanced chronic progressive nephropathy (CPN) in the Fischer 344 rat.Toxicol pathol 34,941–948.

Hard,G.C.,Seely,J.C.,Kissling,G.E., et al, 2008. Spontaneous occurrence of a distinctive renal tubule tumor phenotype in rat carcinogenicity studies conducted by the national toxicology program.Toxicol Pathol 36,388–396.

Hard,G.C., Snowden,R.T., 1991. Hyaline droplet accumulation in rodent kidney proximal tubules: An association with histiocytic sarcoma.Toxicol Pathol 19,88–97.

Harriman,J.F., Schnellmann,R.G., 2005. Mechanisms of renal cell death.In Toxicology of the Kidney (J.B.Tarloff and J.H.Lash,eds.),3rd ed.,pp.245–297 CRC Press,Boca Raton.

Henry,S.P.,Templin,M.V.,Gillett,N., et al, 1999. Correlation of toxicity and pharmacokinetic properties of a phosphorothioate oligonucleotide designed to inhibit ICAM-1.Toxicol Pathol 27,95–100.

Heptinstall,R.H., 1964. Experimental pyelonephritis.Bacteriological and morphological studies on the ascending route of infection in the rat.Nephron 1,73–92.

Heptinstall,R.H., 1965. Experimental pyelonephritis: A comparison of bloodborne and ascending patterns of infection.J Pathol Bacteriol 89,71–80.

Hess,R.,Bartels,M.J., Pottenger,L.H., 2004. Ethylene glycol: An estimate of tolerable levels of exposure based on a review of animal and human data.Arch Toxicol 78,671–680.

Higuchi,K.,Naiki,H.,Kitagawa,K.,et al, 1991. Mouse senile amyloidosis.ASSAM amyloidosis in mice presents universally as a systemic age-associated amyloidosis. Virchows Arch B Cell Pathol Incl Mol Pathol 60,231–238.

Hino,O.,Fukuda,T.,Satake,N.,et al, 1999. TSC2 gene mutant (Eker) rat model of a Mendelian dominantly inherited cancer.Prog Exp Tumor Res 35,95–108.

Hottendorf,G.H., Ingraham,K.J., 1968. Spontaneous nephroblastomas in laboratory rats.J Am Vet Med Soc 153,826–829.

Ichikawa,T., Hagiwara,K., 1990. Specific kidney injury of rats by lipofuscin formation under vitamin E deficiency and GSH depletion.Adv in Exp Med & Biol 266,363–364.

Ikeda,H.,Tauchi,H.,Shimasaki,H.,et al, 1985. Age and organ difference in amount and distribution of autofluorescent granules in rats.Mech Ageing Develop 31,139–146.

Ivy,G.O.,Kanai,S.,Ohta,M.,et al, 1990. Lipofuscin-like substances accumulate rapidly in brain,retina and internal organs with cysteine protease inhibition.Adv Exp Med & Biol 266,31–47.

Jackson,D.G., Jones,H.B., 1995. Histopathological and ultrastructural changes in the juxtaglomerular apparatus of the rat following administration of ZENECA ZD6888 (2-ethyl-5,6,7,8-tetrahydro-4-[(20-(1H-tetrazol-5-yl)biphenyl-4-yl)- methoxy] quinoline),an angiotensin II antagonist.Toxicol Pathol 23,7–15.

Jacobs,J.B.,Cohen,S.H.,Arai,M., et al, 1976. Chemically induced smooth muscle tumors of the mouse urinary bladder.Cancer Res 36,2396–2398.

Jasmin,G., Riopelle,J.L., 1970. Nephroblastomas induced in ovariectomized rats by dimethylbenzanthracene.Cancer Res 30,321–326.

Johnson,R.C.,Dovey-Hartman,B.J.,Syed,J., et al, 1998. Vacuolation in renal tubular epithelium of Cd-1 mice.An incidental finding.Toxicol Pathol 26,789–792.

Jokinen,M.P., 1990. Urinary bladder,ureter,and urethra.In Pathology of the Fisher Rat. Reference and Atlas (G.A.Boorman,S.L.Eustis,M.R.Elwell,C.A.Montgomery,W. F.MacKenzie,eds),pp.109–126.Academic Press,San Diego.

Jull,J.W., 1979. The effect of time on the incidences of carcinomas induced by the implementation of paraffin wax pellets into mouse bladder.Cancer Letter 6,21–25.

Jurgensmeier,J.M.,Xie,Z.,Deveraux,Q., et al, 1998. BAX directly induces release of cytochrome c from isolated mitochondria.Proc Natl Acad Sci USA 95,4997–5002.

Kaissling,B.,Bachman,S., Kriz,W., 1985. Structural adaptation of the distal convoluted tubule to prolonged furosemide treatment.Am J Physiol 248,F374–381.

Kaissling,B., Le Hir,M., 2008. The renal cortical interstitium: Morphological and functional aspects.Histochem Cell Biol 130,247–262.

Karbe,E., 1999. “Mesenchymal Tumor” or “Decidual-like Reaction” Toxicol Pathol 27,354–362.

Karbe,E.,Hartman,E.,George,C., et al, 1998. Similarities between the uterine decidual reaction and the “mesenchymal lesion” of the urinary bladder in aging mice. Exp Toxicol Pathol 50,330–340.

Karbe,E.,Schaetti,P.,Hartmann,E.,et al, 2000. Mesenchymal proliferation with decidual-like morphology in seminal vescles of aging mice.Exp Toxicol Pathol 52,465–472.

Krech,R.,Zerban,H., Bannasch,P., 1981. Mitochondrial anomalies in renal oncocytes induced in rat by N-nitrosomorpholine.Eur J Cell Biol 25,331–339.

Kriz,W.,Hähnel,B.,Hosser,H., et al, 2003. Pathways to recovery and loss of nephrons in anti-Thy-1 nephritis.J Am Soc Nephrol 14,1904–1926.

Kriz,W., Lehir,M., 2005. Pathways to nephron loss starting from glomerular diseases-Insights from animal models.Kidney Int 69,404–419.

Kunze,E., Chowaniec,J., 1990. Tumours of the urinary bladder.In Pathology of Tumours in Laboratory Animals.Vol I.Tumours of the Rat(V.S.Turusov and U.Mohr,eds.),2nd ed.,pp.345–397.IARC Scientific Publications No.99,Lyon.

Lameire,N., 2005. The pathophysiology of acute renal failure.Crit Care Clinics 21,197–210.

Laping,N.J.,Everitt,J.I.,Frazier,K.S., et al, 2007. Tumor-specific efficacy of transforming growth factor-fbetagRI inhibition in Eker rats.Clinical Cancer Res 13,3087–3099.

Lawson,T.A.,Dawson,K.M., Clayson,D.B., 1970. Acute changes in nucleic acid synthesis in the mouse urinary bladder epithelium induced by three bladder carcinogens. Cancer Res 30,1586–1592.

Lee,H.S., Song,C.Y., 2009. Differential role of mesangial cells and podocytes in TGF-beta-induced mesangial matrix synthesis in chronic glomerular disease.Histol Histopathol 24,901–908.

Li,Y., McMartin,K.E., 2009. Strain differences in urinary factors that promote calcium oxalate crystal formation in kidney in ethylene glycol treated rats.Am J Physiol Renal Physiol 296,F1080–1087.

Ling,H.,Ardjomand,P.,Samvakas,S., et al, 1998. Mesangial cell hypertrophy induced by NH4Cl: Role of depressed activities of cathepsins due to elevated lysosomal pH.Kidney Int 53,1706–1712.

Linton,A.L.,Clark,W.F.,Driedger,A.A.,et al, 1980. Acute interstitial nephritis due to drugs. Review of the literature with a report of nine cases.Ann Intern Med 93,735–741.

Ma,L.J., Fogo,A.B., 2003. Model of robust induction of glomerulosclerosis in mice: Importance of genetic background.Kidney Int 64,350–355.

Maak,T.,Johnson,V.,Kau,S.T., et al, 1979. Renal filtration,transport and metabolism of low molecular weight proteins:A review.Kidney Int 16,251–270.

Macallum,G.E., Albassam,M.A., 1994. Renal toxicity of a nondopaminergic antipsychotic agent,trimethyl imidazopyrazolopyrimidine,in rats.Toxicol Pathol 22,39–47.

Mackenzie,R., Asscher,A.W., 1986. Progression of chronic pyelonephritis in the rat. Nephron 42,171–176.

Marquis,J.K., Grindel,J.M., 2000. Toxicological evaluation of oligonucleotide therapeutics.Curr Op Molec Therapeutics 2,258–263.

Matsuzaki,H.,Uchara,M.,Suzuki,K., et al, 1997. High phosphorus diet rapidly induces nephrocalcinosis and proximal tubular injury in rats.J Nutr Sci Vitaminol (Tokyo) 43,627–641.

Mattie,D.R.,Alden,C.L.,Newell,T.K.,et al, 1991. A 90-day continuous vapor inhalation toxicity study of JP-8 fuel followed by 20 or 21 months of recovery in Fischer 344 rats and C57BL/6 mice.Toxicol Pathol 19,77–87.

Mayer,D.,Weber,E.,Kadenbach,B., et al, 1989. Immunocytochemical demonstration of cytochrome-c-oxidase as a marker for renal oncocytes and oncocytomas.Toxicol

Pathol 17,46–49.

McConnell,R.F., 1989. General observations on the effects of sex steroids in rodents with emphasis on long-term oral contraceptive studies.In Safety Requirements for Contraceptive Steroids (F.Michael,ed.),pp.211–229.Cambridge University Press,Cambridge.

Menini,S.,Iacobini,C.,Oddi,G.,et al, 2007. Increased glomerular cell (podocyte) apoptosis in rats with streptozotocin-induced diabetes mellitus: Role in the development of diabetic glomerular disease.Diabetologia 50,2591–2599.

Mesfin,G.M., 1999. Intralobar nephroblastemosis: Precursor lesions of nephroblastoma in the Sprague-Dawley rat.Vet Pathol 36,379–390.

Mesfin,G.M., Breech,K.T., 1992. Rhabdomyocytic nephroblastoma (Wilms' tumor) in the Sprague-Dawley rat.Vet Pathol 29,564–566.

Mesfin,G.M., Breech,K.T., 1996.Heritable nephroblastoma (Wilms' tumor) in the Upjohn Sprague-Dawley rat.Lab Animal Sci 46,321–326.

Miller,T.E., Findon,G., 1988. Exacerbation of experimental pyelonephritis by cyclosporin A.J Med Microbiol 26,245–250.

Mitsumori,K.,Yoshida,M.,Iwata,H., et al, 2002. Classification of renal proliferative lesions in rats and/or mice and their diagnostic problems: Report from the working group of the Japanese society of toxicologic pathology.Toxicol Pathol 15,175–190.

Monserrat,A.J., Chandler,A.E., 1975. Effects of repeated injections of sucrose in the kidney: Histologic,cytochemical and functional studies in an animal model. Virchows Arch B 19,77–91.

Montgomery,C.A., 1998. Suppurative nephritis,pyelonephritis,mouse.In Monographs on pathology of Laboratory animals.Urinary System (T.C.Jones,U.Mohr,and R.D.Hunt,eds.),2nd ed.,pp.244–248. Springer-Verlag,Berlin.

Montgomery,C.A., Seely,J.C., 1990. Kidney.In Pathology of the Fischer Rat. Reference and Atlas (G.A.Boorman,S.L.Eustis,M.R.Elwell,C.A.Montgomery,and W.F.MacKenzie,eds.),2nd ed.,pp.127–153.Academic Press,San Diego.

Nakanuma,Y.,Harada,K.,Sato,Y., et al, 2010. Recent progress in the etiopathogenesis of pediatric biliary disease,particularly Caroli' s disease with congenital hepatic fibrosis and biliary atresia.Histol Histopathol 25,223–235.

Navarro-Moreno,L.G.,Quintanar-Escorza,M.A.,Gonzalez,S., et al, 2009. Effects of lead intoxication on intercellular junctions and biochemical alterations of the renal proximal tubule cells.Toxicol In Vitro 23,1298–1304.

Neiss,W.F., 1982. Morphogenesis and histogenesis of the connecting tubule in the rat kidney.Anat & Embryol 165,81–95.

Neuhaus,O.W., Lerseth,D.S., 1979. Dietary control of the renal reabsorption and excretion of a2-globulin.Kidney Int 16,409–415.

Nguyen,H.T., Woodard,J.C., 1980. Intranephronic calculosis in rats: an ultrastructural

study.Amer J Pathol 100,39–56.
Nicoletta,J.A., Schwartz,G.J., 2004. Distal renal tubular acidosis.Curr Opin Pediatrics 16,194–198.
Nogueira,E., Bannasch,P., 1988. Cellular origin of rat renal oncocytoma.Lab Invest 59,337–343.
Nogueira,E.,Klimek,F.,Weber,E.,et al, 1989. Collecting duct origin of rat renal clear cell tumors.Virchows Arch B Cell Pathol Incl Mol Path 57,275–283.
NTP., 2009. Toxicology and Carcinogenesis Studies of Pulegone (CAS No.89-82-7) in F344/N Rats and B6C3F1 Mice (Gavage Studies).National Toxicology Program,National Institutes of Health,Research Triangle Park.NTP TR 563,NIH Publication No.10-5905.
Oleksiewicz,M.B.,Thorup,I.,Nielsen,H.S.,et al, 2005. Generalized cellular hypertrophy is induced by a dual-acting PPAR agonist in rat urinary bladder urothelium in vivo. Toxicol Pathol 33,552–560.
Owen,R.A.,Molon-Noblot,S.,Hubert,M.F., et al, 1995. The morphology of juxtaglomerular cell hyperplasia and hypertrophy in normotensive rats and monkeys given an angiotensin II receptor antagonist.Toxicol Pathol 23,606–619.
Ozaki,K.,Maeda,H.,Uechi,S., et al, 1994. The presence of giant granules in the juxtaglomerular cells of beige rats may affect plasma renin activity and blood pressure.Exp Molec Pathol 61,221–229.
Perey,D.Y.E.,Herdman,R.C., Good,R.A., 1967. Polycystic renal disease:A new experimental model.Science 158,494–496.
Peter,C.P.,Burek,J.D., Van Zwieten,M.J., 1986. Spontaneous nephropathies in rats. Toxicol Pathol 14,91–100.
Pfister,T.,Atzpodien,E.,Bohrmann,B.,et al, 2005. Acute renal effects of intravenous bisphosphonates in the rat.Basic Clin Pharmacol Toxicol 97,374–381.
Pichon,C.,Héchard,C.,Du Merle,L.,et al, 2009. Uropathogenic escherichia coli AL511 requires flagellum to enter renal collecting duct cells.Cellular Microbiol 11,616–628.
Picut,C.A., Lewis,R.M., 1987. Microscopic features of canine renal dysplasia.Vet Pathol 24,156–163.
Prechtel,K.,Zobl,H., Georgii,A., 1967. Sarcoma formation due to Polyoma virus in the kidneys of rats.Verh Dtsch Ges Pathol 51,354–356.
Prentice,D.E., Jorgenson,W., 1979. Ectopic adrenal tissue in the kidney of Rhesus monkeys (Macaca mulatta).Lab Anim 13,221–223.
Rappaport,J.,Hans,B.,Kopp,J.B.,et al, 1995. Transport of phosphorothioate oligonucleotides in kidney: Implications for molecular therapy.Kid Int 47,1462–1469.
Rice,J.C.,Peng,T.,Spence,J.S.,et al, 2005. Pyelonephritic escherichia coli expressing P fimbriae decrease immune response of the mouse kidney.J Am soc of Nephrol 16,3583–3591.
Riggs,J.E.,Schochet,S.S.,Jr., Parmar,J.P., 1996. Rhabdomyolysis with acute renal failure

and disseminated intravascular coagulation: Association with acetaminophen and ethanol.Mil Med 161,708–709.

Ritskes-Hoitinga,J., Beynen,A.C., 1992. Nephrocalcinosis in the rat: A literature review. Prog Food Nutr Sci 16,85–124.

Robertson,W.G., 2004. Kidney models of calcium oxalate stone formation.Nephron Physiol 98,21–30.

Röcken,C., Shakespeare,A., 2002. Pathology,diagnosis and pathogenesis of AA amyloidosis.Virchows Archiv 440,111–122.

Romen,W.,Bannasch,P., Aterman,K., 1975. Toxic glomerulosclerosis.Morphology and pathogenesis.Light and electron microscopic studies of the glomerular changes in the kidney of rats poisoned by N nitrosomorpholine.Virchows Archiv Abteilung B Cell Pathol 19,205–219.

Roy,A.K., Neuhaus,O.W., 1966. Identification of rat urinary proteins by zone and electrophoresis.Proc Soc Biol Med 121,894–899.

Sass,B., 1998. Adenoma,adenocarcinoma,kidney,mouse.In Monographs on Pathology of Laboratory Animals.Urinary System (T.C.Jones,G.C.Hard,and U.Mohr,eds.),2nd ed.,pp.146–159.Springer-Verlag,Berlin.

Sawai,K.,Mahato,R.I.,Oka,Y.,et al, 1996. Disposition of oligonucleotides in isolated perfused rat kidney: Involvement of scavenger receptors in their renal uptake.J Pharmacol Exp Therap 279,284–290.

Schetz,M.,Dasta,J.,Goldstein,S.,et al, 2005. Drug-induced acute kidney injury.Curr Opin in Crit Care 11,555–565.

Schlager,G., 1968. Kidney weight in mice: Strain differences and genetic determination. J Hered 59,171–174.

Schneider,P., 1992. Drug-induced lysosomal disorders in laboratory animals:New substances acting on lysosomes.Arch Toxicol 66,23–33.

Schnellman,R.G., 1998. Analgesic nephropathy in rodents.J Toxicol Environ Health,Part B 1,81–90.

Seely,J.C., 1999. Kidney.In Pathology of the Mouse.Reference and Atlas (Maronpot RR,Boorman GA,Gaul BW,eds.),pp.207–234.Cache River Press,Vienna.

Seely,J.C., 2004. Renal mesenchymal tumor vs nephroblastoma: revisited. J Toxicol Pathol 17,131–136.

Sellers,A.L.,Rosenfeld,S., Friedman,N.B., 1960. Spontaneous hydronephrosis in the rat.Proc Soc Exp Biol Med 104,512–515.

Serakides,R.,Ribeiro,A.F.C.,Silva,C.M.,et al, 2001. Proliferative and inflammatory changes in the urinary bladder of female rats naturally infected with Trichosomoides crassicauda:Report of 48 cases.Arquivo Brasileiro de Medicina Vet Zootecnia 53,198–202.

Shimoda,H.K.,Yamamoto,M.,Shide,K., et al, 2007. Chronic thrombopoietin overexpression induces mesangioproliferative glomerulopathy in mice.Am J

Hematol 82,802–806.
Shinohara,Y., Frith,C.H., 1980. Morphologic characteristics of benign and malignant renal cell tumors in control and 2-acetylaminofluorenetreated BALB/c female mice.Am J Pathol 100,455–468.
Shinohara,Y., Frith,C.H., 1981. Comparison of experimental and spontaneous bladder urothelial hyperplasias occurring in BALB/c mice.Invest Urol 18,233–238.
Short,B.G., 1998. Apoptosis in the Kidney: A toxicologic pathologist' s perspective. Toxicol Pathol 26,826–827.
Short,B.G.,Burnett,V.L., Swenberg,J.M.(1989).Elevated proliferation of proximal tubule cells and localization of accumulated a2u-globulin in F344 rats during exposure to unleaded gasoline or 2,2,4-trimethylpentane.Toxicol Appl Pharmacol 101,414–431.
Singh,B.P.,Nyska,A.,Kissling,G.E., et al, 2010. Urethral carcinoma and hyperplasia in male and female B6C3F1 mice treated with 3,3',4,4'-tetrachloroazobensene (TCAB). Toxicol Pathol 38,373–383.
Sokoloff,L., Barile,M.F., 1962. Obstructive genitourinary disease in male STR/1 N mice. Am J Pathol 41,233–246.
Smith,L.A.,Bukanov,N.O.,Husson,H.,et al, 2006. Development of polycystic kidney disease in juvenile cystic kidney mice: Insights into pathogenesis,ciliary abnormalities,and common features with human disease.J Am Soc Nephrol 17,2821–2831.
Stevenson,J.L., Von Haam,E., 1962. Induction of kidney tumors in mice by the use of 20-methylcholanthrene-impregnated strings.Cancer Res 22,1177–1179.
Sunter,J.P., Senior,P.V., 1983. Induction of renal tumours in rats by the administration of 1,2-dimethylhydrazine.J Pathol 140,69–76.
Suzuki,H., Suzuki,K., 1995. Pathophysiology and postnatal pathogenesis of hypoplastic kidney (hpk/hpk) in the male hypogonadic mutant rat (hgn/hgn).J Vet Med Sci 57,891–897.
Suzuki,H.,Yagi,M.,Saito,K., et al, 2007. Embryonic pathogenesis of hypogonadism and renal hypoplasia in hgn/hgn rats characterized by male sterility,reduced female fertility and progressive renal insufficiency.Congenital Anomalies 47,34–44.
Suzuki,S.,Arnold,L.L.,Muirhead,D.,et al, 2008. Inorganic arsenic-induced intramitochondrial granules in mouse urothelium.Toxicol Pathol 36,999–1005.
Swenberg,J.M.,Short,B.,Borghoff,S.,et al, 1989. The comparartive pathobiology of a2u-globulin nephropathy.Toxicol Appl Pharmacol 97,35–46.
Tannehill-Gregg,S.H.,Dominick,M.A.,Reisinger,A.J.,et al, 2009. Strain-related differences in urine composition of male rats of potential relevance to urolithiasis. Toxicol Path 37,293–305.
Tanner,G.A.,Tielker,M.A.,Connors,B.A.,et al, 2002. Atubular glomeruli in a rat model of polycystic kidney disease.Kid Int 62,1947–1957.
Timurkaan,S., Tarakci,B.G., 2004. Immunohistochemical determination of

Calbindin-D28 k in the kidney of postnatal rats.Veterinarni Medicina 49,334–338.

Travlos,G.S.,Hard,G.C.,Betz,L.J.,et al, 2011. Chronic progressive nephropathy in male F344 rats in 90-day toxicity studies: Its occurrence and association with renal tubule tumors in subsequent 2-year bioassays.Toxicol Pathol 39,381–389.

Tsuda,H.,Hacker,H.J., Katayama,H., 1986. Correlative histochemical studies on preneoplastic and neoplastic lesions in the kidney of rats treated with nitrosamines.Virchows Archiv Abteilung B Cell Pathology 51,385–404.

Turusov,V.S.,Alexandrov,V.A., Timoshenko,I.V., 1980. Nephroblastoma and renal mesenchymal tumour induced in rats by N-nitrosoethyl- and N-nitrosomethylurea. Neoplasma 27,229–235.

van de Water,B.,Imamdi,R., de Graauw,M., 2005. Signal transduction in renal cell repair and regeneration.In Toxicology of the Kidney (J.B.Tarloff and J.H.Lash,eds.),3 rd ed.,pp.299–341.CRC Press,Boca Rotan.

Vekaria,R.M.,Shirley,D.G.,Sevigny,J.,et al, 2006. Immunolocalizationof nucleotidases along the rat nephron.Am J Physiol Renal Physiol 290,F550–560.

Vivaldi,E.,Cotran,R.,Zangwill,D.P.,et al, 1959. Ascending infection as a mechanism in pathogenesis of experimental nonobstructive pyelonephritis.Proc Soc Exp Biol Med 102,242–244.

Wang,S.-N.,Lapage,J., Hirschberg,R., 2000. Role of glomerular ultrafiltration of growth factors in progressive interstitial fibrosis in diabetic nephropathy.Kidney Int 57,1002–1014.

Weber,M.L.,Farooqui,M.,Nguyen,J., et al, 2008. Morphine induces mesangial cell proliferation and glomerulopathy via κ-opioid receptors.Am J Physiol Renal Physiol 294,F1388–1397.

Wehner,H., Petri,M., 1983. Glomerular alterations in experimental diabetes of the rat. Pathol Res Pract 176,145–157.

Wojcinski,Z.W.,Renlund,R.C.,Barsoum,N.J.,et al, 1992. Struvite urolithiaisis in a B6C3F1 mouse.Lab Anim 26,281–287.

Wolf,J.C., 2002. Characteristics of the spectrum of proliferative lesions observed in the kidney and urinary bladder of Fischer 344 rats and B6C3F1 mice.Toxicol Pathol 30,657–662.

Yang,J., Liu,Y., 2001. Dissection of key events in tubular epithelial to myofibroblast transition and its implications in renal interstitial fibrosis.Am J Pathol 159,1465–1475.

Yarlagadda,S.G., Perazella,M.A., 2008. Drug-induced crystal nephropathy:An update. Expert Opin Drug Safety 7,147–158.

Yu,J.,Guo,J.T.,Zhu,H., et al, 2000. Amyloid formation in the rat:Adenoviral expression of mouse serum amyloid A proteins.Amyloid 7,32–40.

Zerban,H.,Nogueira,E.,Riedasch,G., et al, 1987. Renal oncocytoma:Origin from the collecting duct.Virchows Arch B (Cell Pathol) 52,375–387.

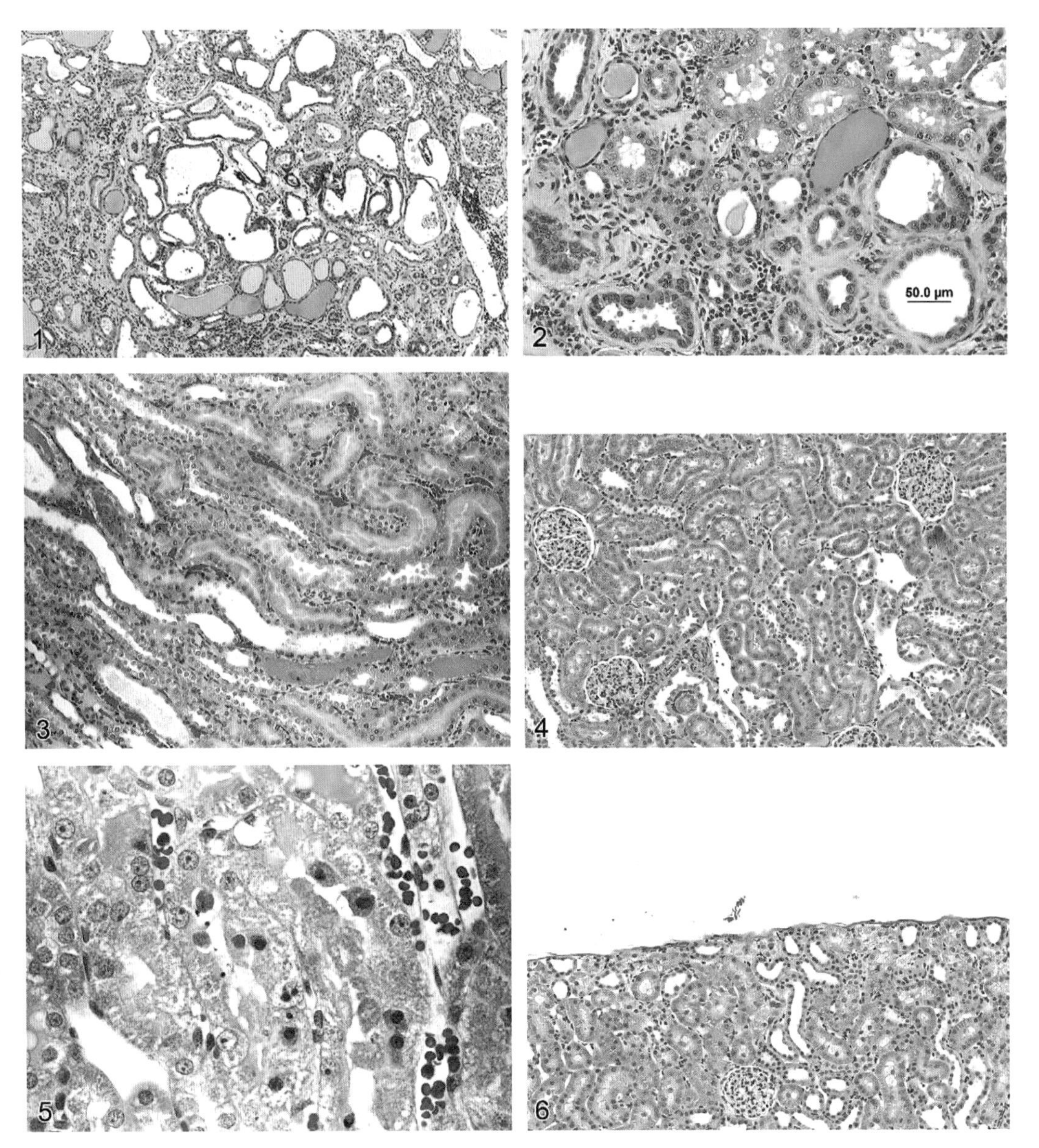

图 1　肾疾病终末期：可见肾小管萎缩、间质纤维化、肾小管扩张、肾小球硬化、肾小球萎缩，并伴有鲍曼氏囊腔扩张、基底膜矿化、间质炎症细胞浸润和管型（大鼠）

图 2　肾，肾小管变性和萎缩，伴再生

图 3　肾，肾小管变性，伴扩张和管腔内脱落的上皮细胞

图 4　肾，肾小管变性，特征是呈嗜碱性，内衬上皮细胞缺失，管腔内罕见脱落的坏死细胞（大鼠）

图 5　肾，单个细胞坏死（大鼠）

图 6　肾，单个细胞坏死（大鼠）

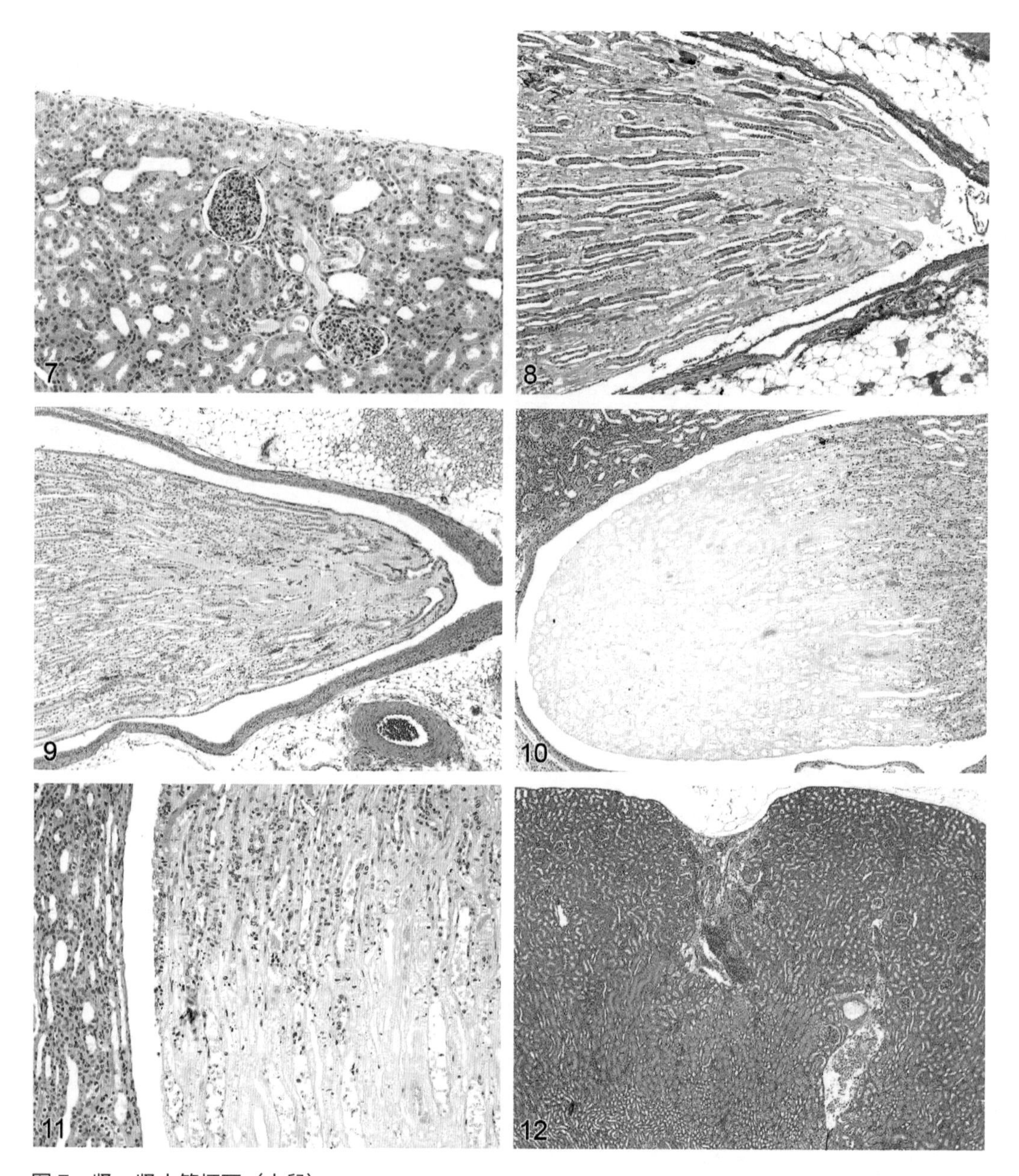

图7　肾，肾小管坏死（大鼠）

图8　肾，肾乳头坏死（大鼠）

图9　肾，肾乳头坏死（大鼠）

图10　肾，肾乳头坏死（小鼠）

图11　肾，肾乳头坏死（小鼠）

图12　肾梗死（大鼠）

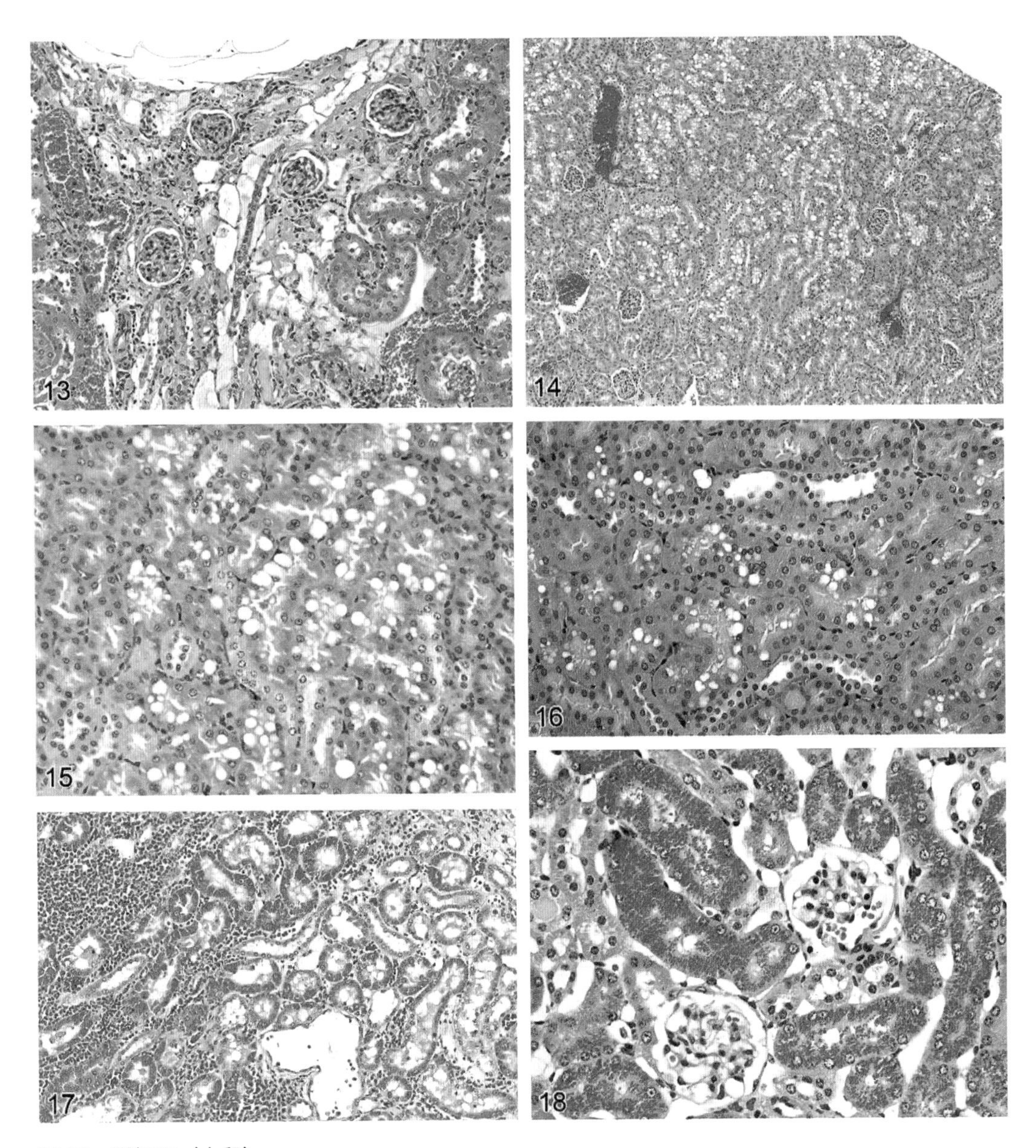

图 13　肾梗死（大鼠）

图 14　肾小管空泡形成（大鼠）

图 15　肾小管空泡形成（大鼠）

图 16　肾小管空泡形成（大鼠）

图 17　肾组织细胞肉瘤引发的透明小滴蓄积（小鼠）

图 18　肾组织细胞肉瘤引发的透明小滴蓄积（小鼠）

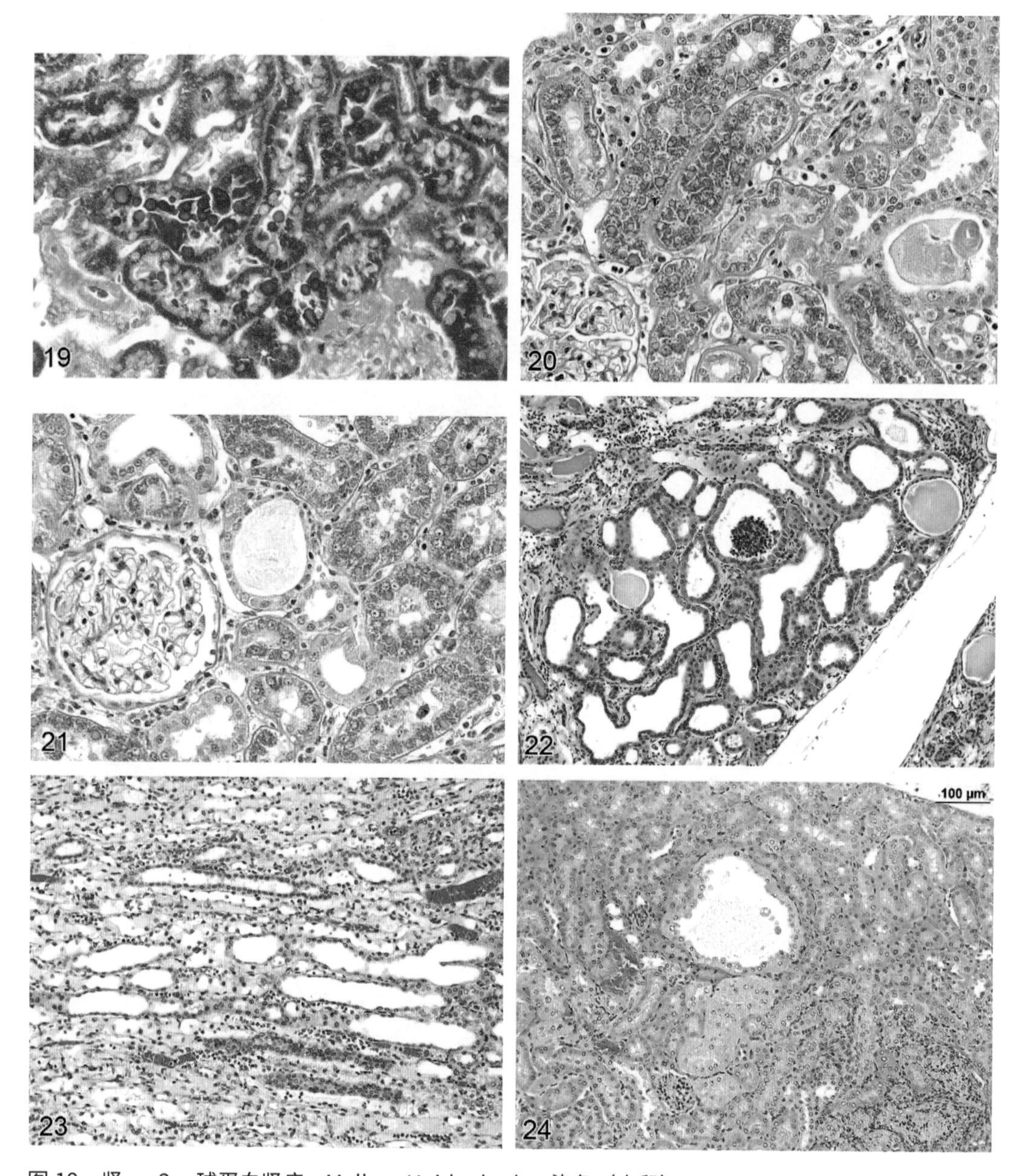

图 19　肾，α2u- 球蛋白肾病，Mallory Heidenhaden 染色（大鼠）

图 20　肾，α2u- 球蛋白肾病（大鼠）

图 21　肾，α2u- 球蛋白肾病（大鼠）

图 22　肾，肾小管扩张（大鼠）

图 23　肾小管（髓质）扩张

图 24　肾，肾小管囊肿伴肥大

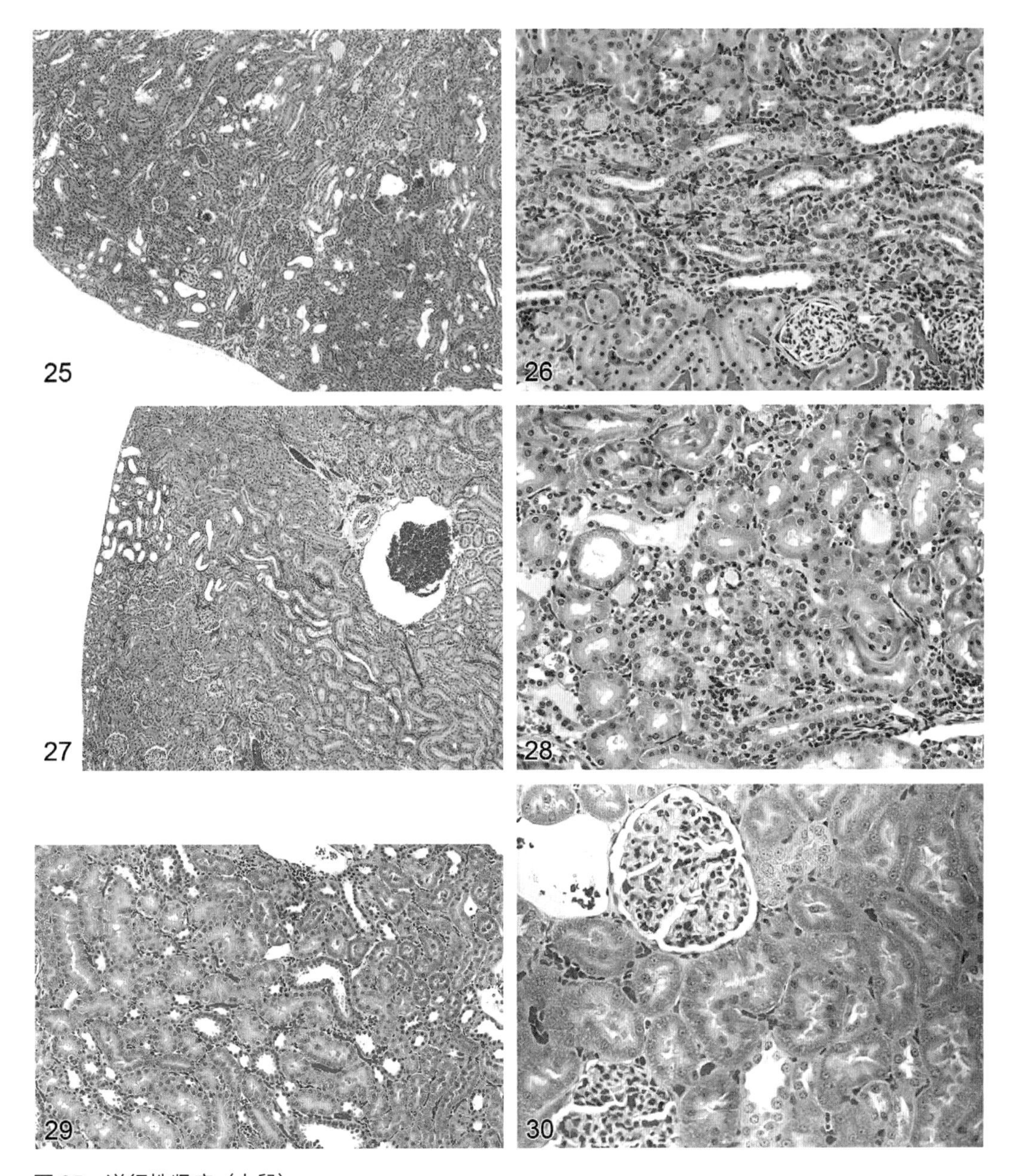

图 25　逆行性肾病（大鼠）

图 26　逆行性肾病（大鼠）

图 27　肾，逆行性肾病（大鼠）

图 28　肾，肾小管嗜碱性变（大鼠）

图 29　肾，非慢性进行性肾病（药物诱发），肾小管嗜碱性变（大鼠）

图 30　肾，肾小管嗜碱性变（非慢性进行性肾病）（大鼠）

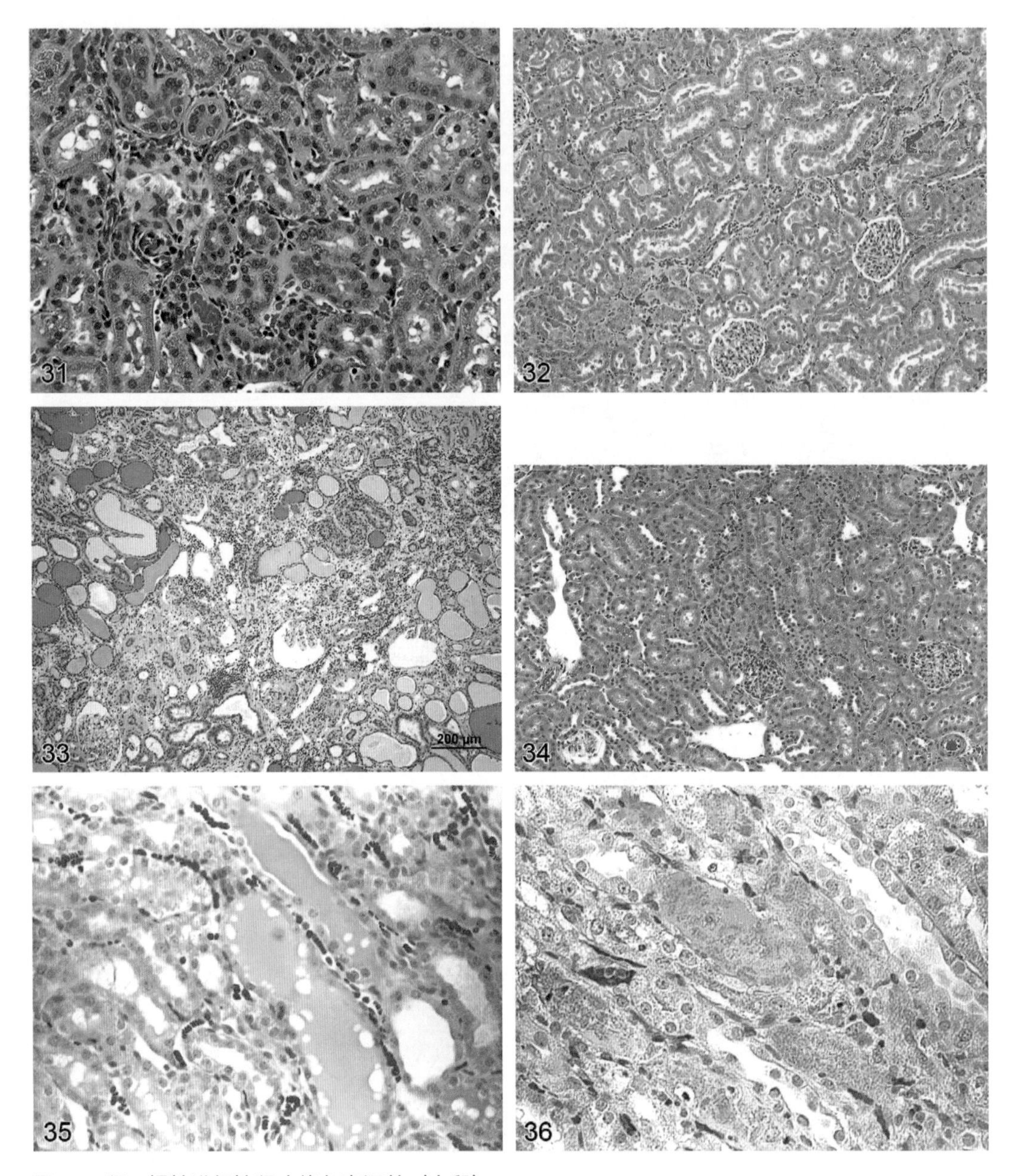

图 31　肾，慢性进行性肾病伴色素沉着（大鼠）

图 32　肾，慢性进行性肾病（大鼠）

图 33　肾，慢性进行性肾病（晚期），特征是肾小管萎缩、间质纤维化、肾小管扩张、管型、增生、鲍曼氏囊腔扩张、肾小球硬化、肾小球萎缩、管型和间质炎症细胞浸润（大鼠）

图 34　肾，慢性进行性肾病（早期），特征是局灶性肾小管嗜碱性变、胞核密集、基底膜增厚（大鼠）

图 35　肾，透明管型（小鼠）

图 36　肾，颗粒管型（大鼠）

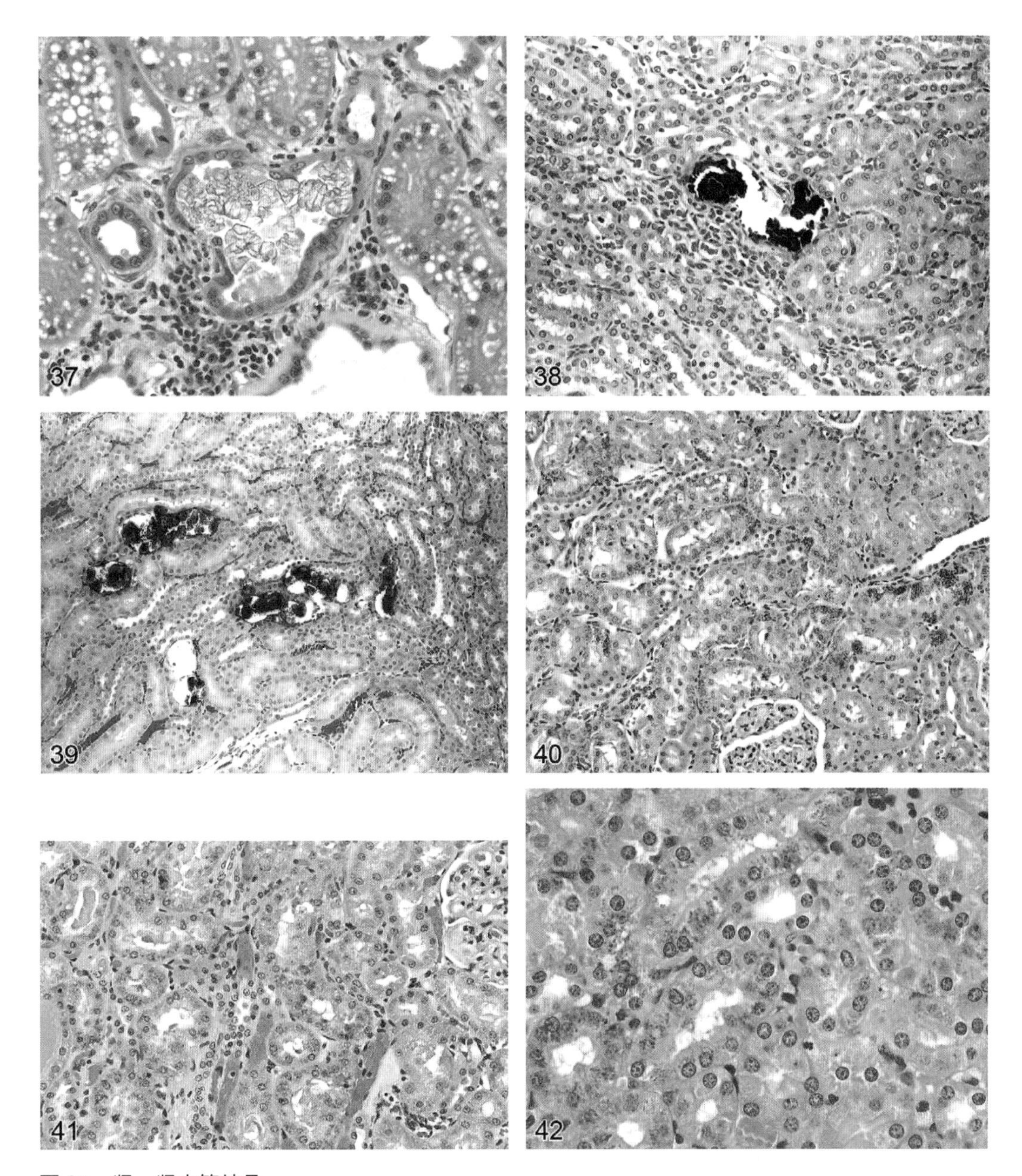

图 37　肾，肾小管结晶

图 38　肾矿化（大鼠）

图 39　肾矿化（大鼠）

图 40　肾，肾小管色素沉着

图 41　肾色素沉着（大鼠）

图 42　肾，肾小管嗜碱性颗粒（大鼠）

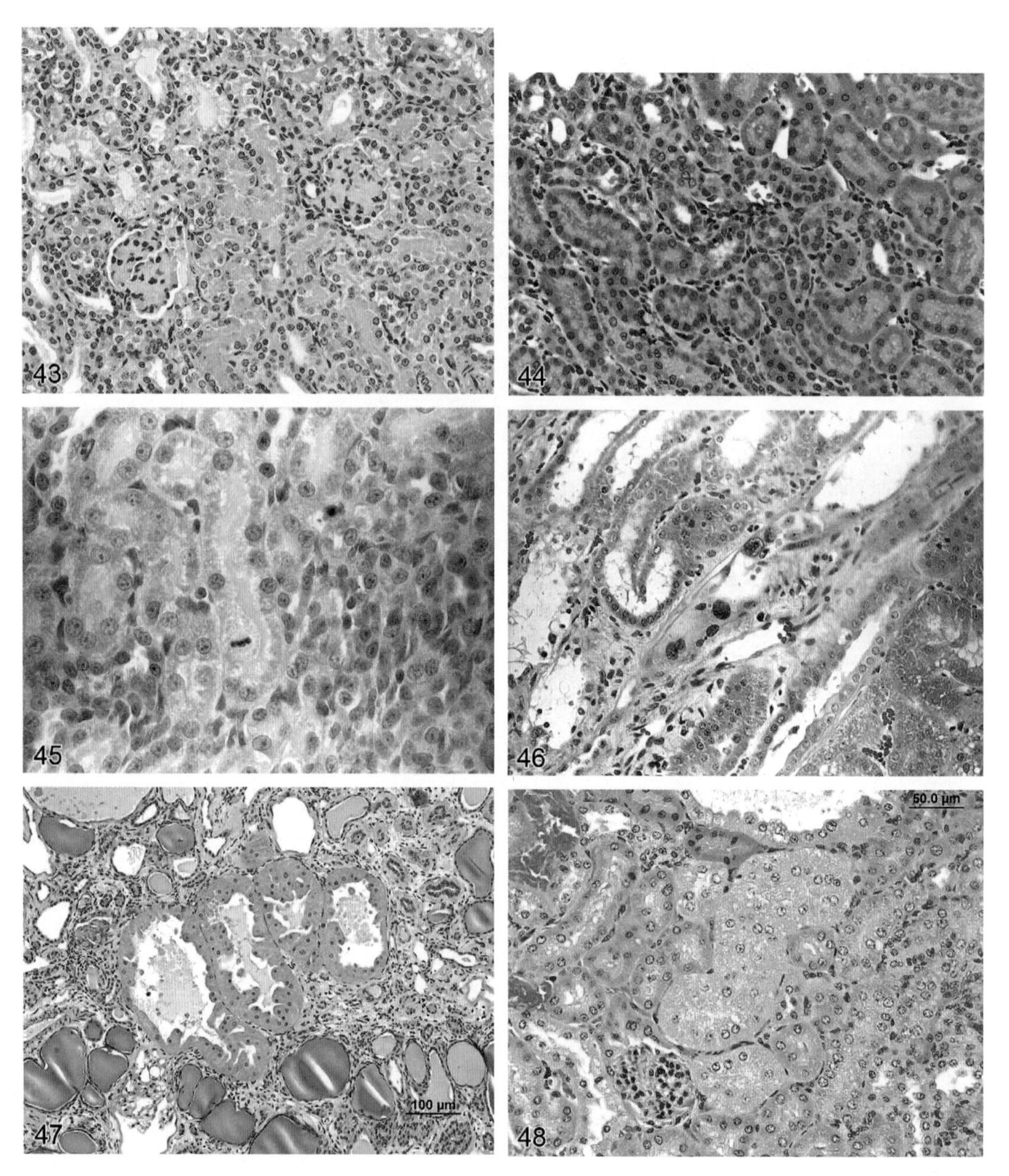

图 43　肾，肾小球和间质淀粉样变（小鼠）

图 44　肾，肾小管再生（大鼠）

图 45　肾，在肾小管前已变性之后的停止给药期肾小管再生（大鼠）

图 46　肾，肾小管的巨大核（大鼠）

图 47　肾，慢性进行性肾病（CPN）引起的肾小管肥大（小鼠）

图 48　肾，肾小管肥大（大鼠）

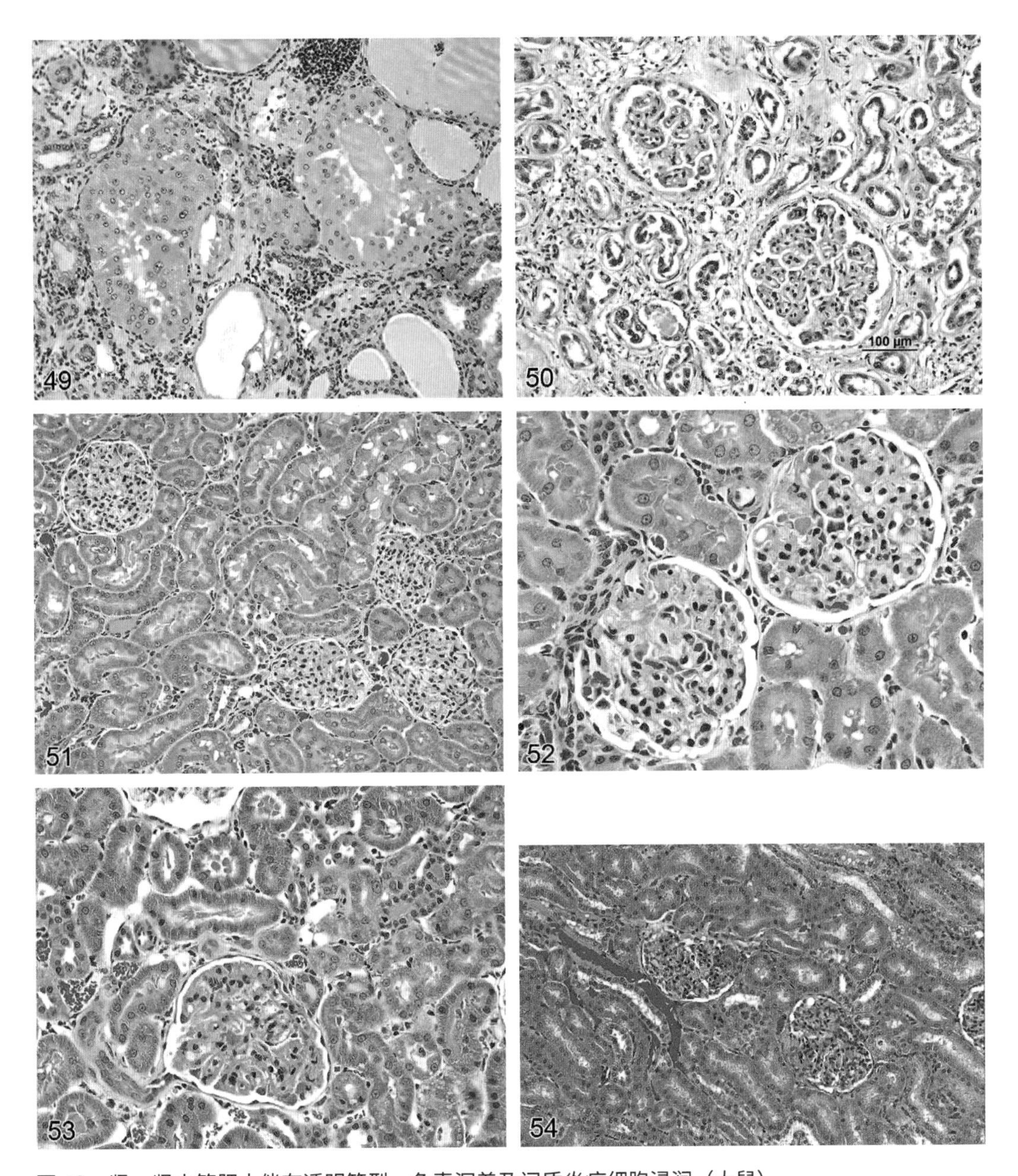

图 49　肾，肾小管肥大伴有透明管型、色素沉着及间质炎症细胞浸润（大鼠）

图 50　肾，肾小球肾炎（大鼠）

图 51　肾，肾小球肾炎

图 52　肾，肾小球肾炎伴有继发于微血管病的纤维素性微血栓

图 53　肾小球肾炎（大鼠）

图 54　肾，肾小球肾炎

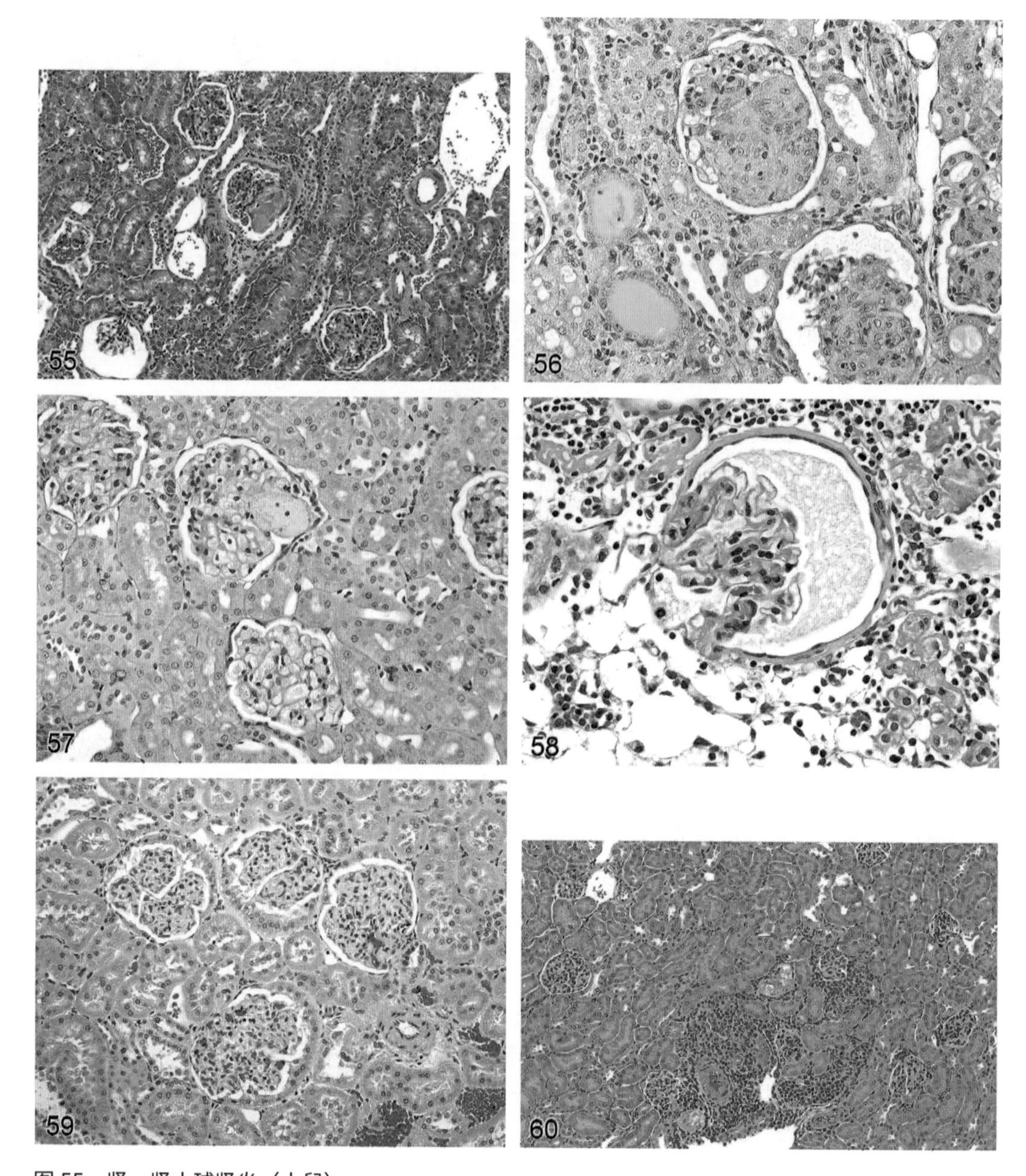

图 55　肾，肾小球肾炎（大鼠）

图 56　肾，系膜增生性肾小球病（大鼠）

图 57　肾系膜溶解（小鼠）

图 58　肾鲍曼氏囊腔扩张（大鼠）

图 59　肾鲍曼氏囊化生 / 增生

图 60　肾炎症细胞浸润（小鼠）

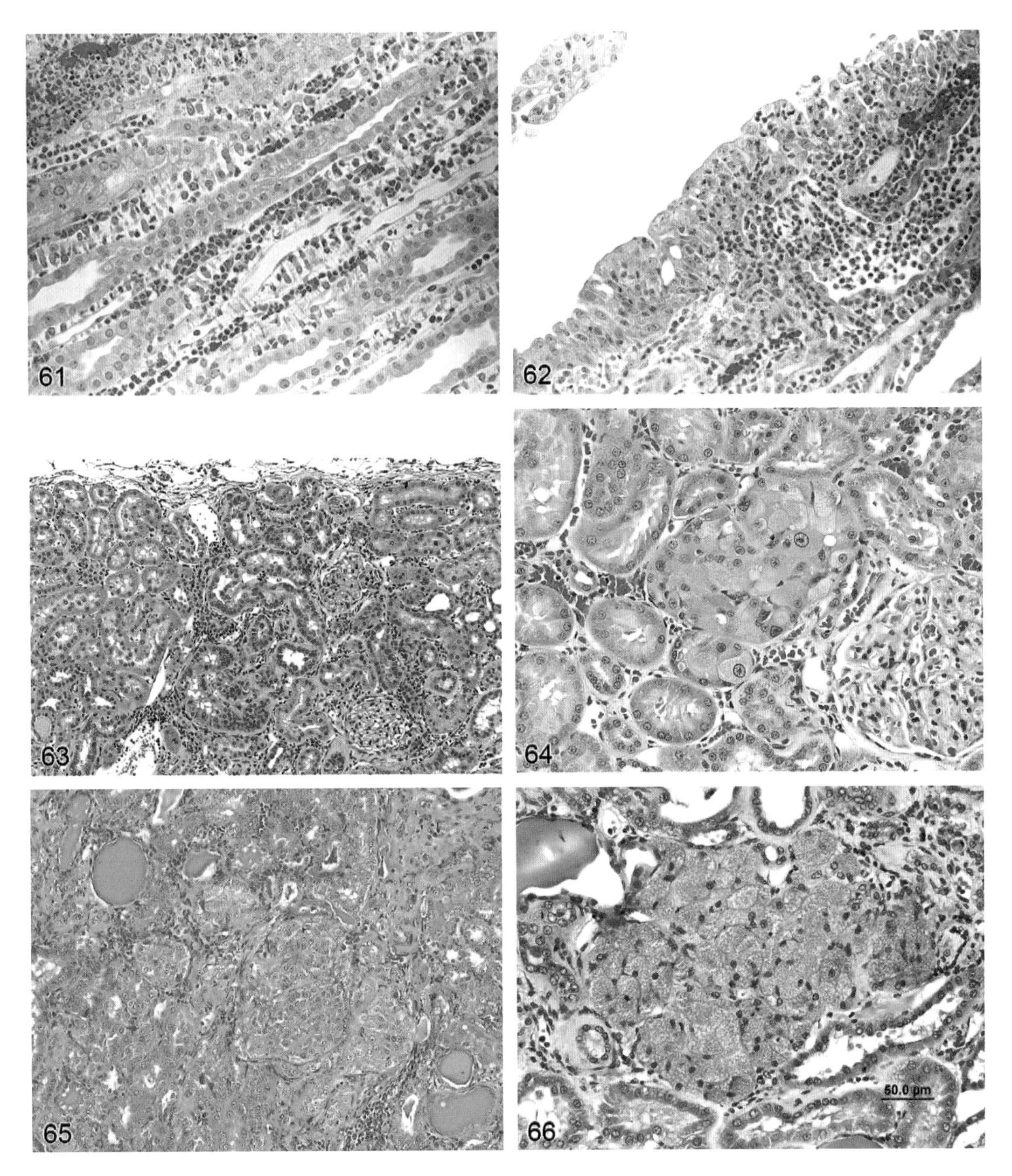

图 61　肾，肾盂肾炎（大鼠）

图 62　肾，尿路上皮增生：伴有肾盂肾炎的尿路上皮增生（大鼠）

图 63　肾，肾小管增生

图 64　肾，肾小管增生（大鼠）

图 65　非典型肾小管增生（大鼠）

图 66　肾，嗜酸性细胞增生（大鼠）

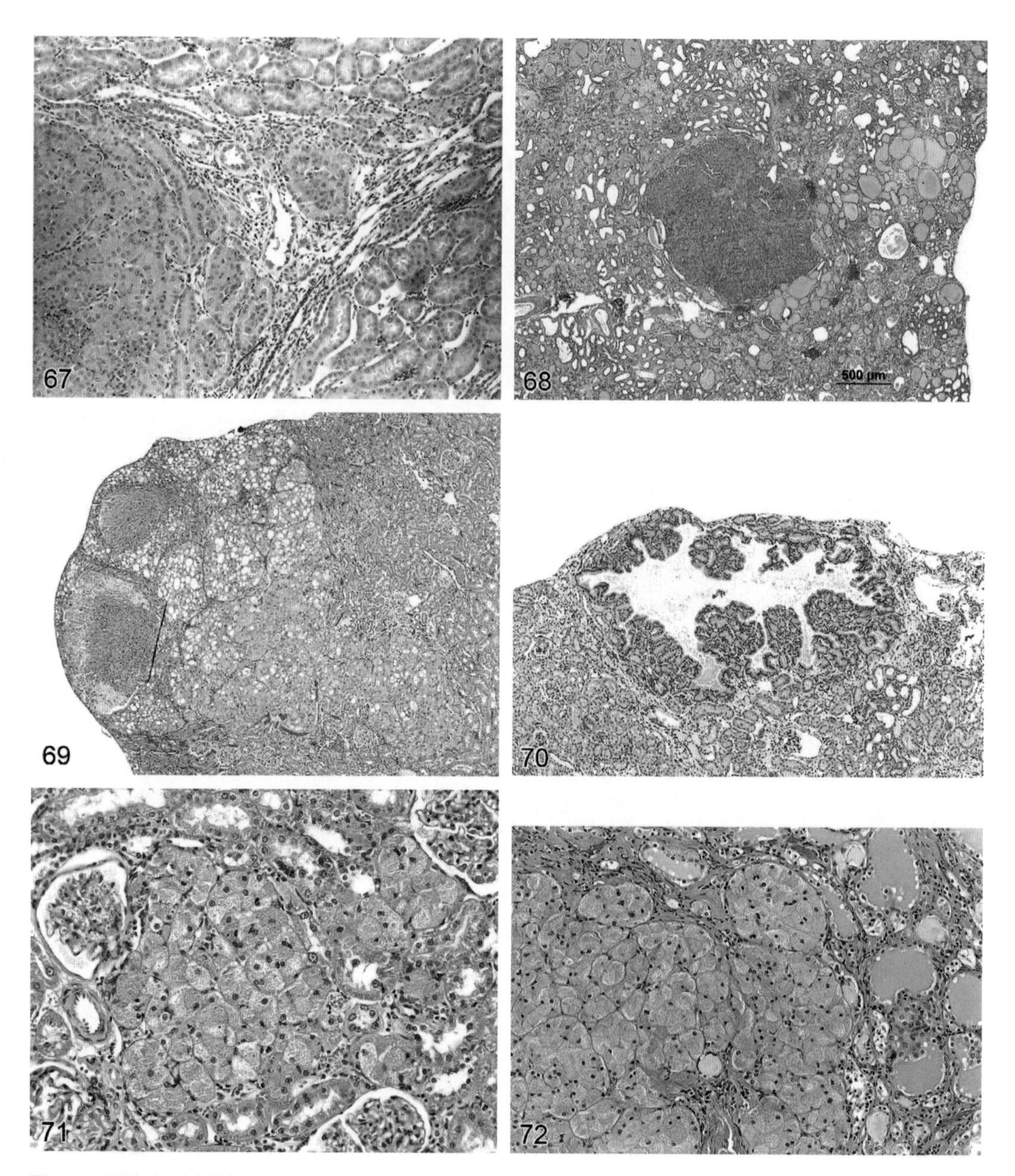

图 67　肾腺瘤（大鼠）

图 68　肾腺瘤（大鼠）

图 69　自发性腺瘤（双嗜性空泡型）（大鼠）

图 70　肾腺瘤（小鼠）

图 71　肾，嗜酸性细胞瘤（大鼠）

图 72　肾，嗜酸性细胞瘤（大鼠）

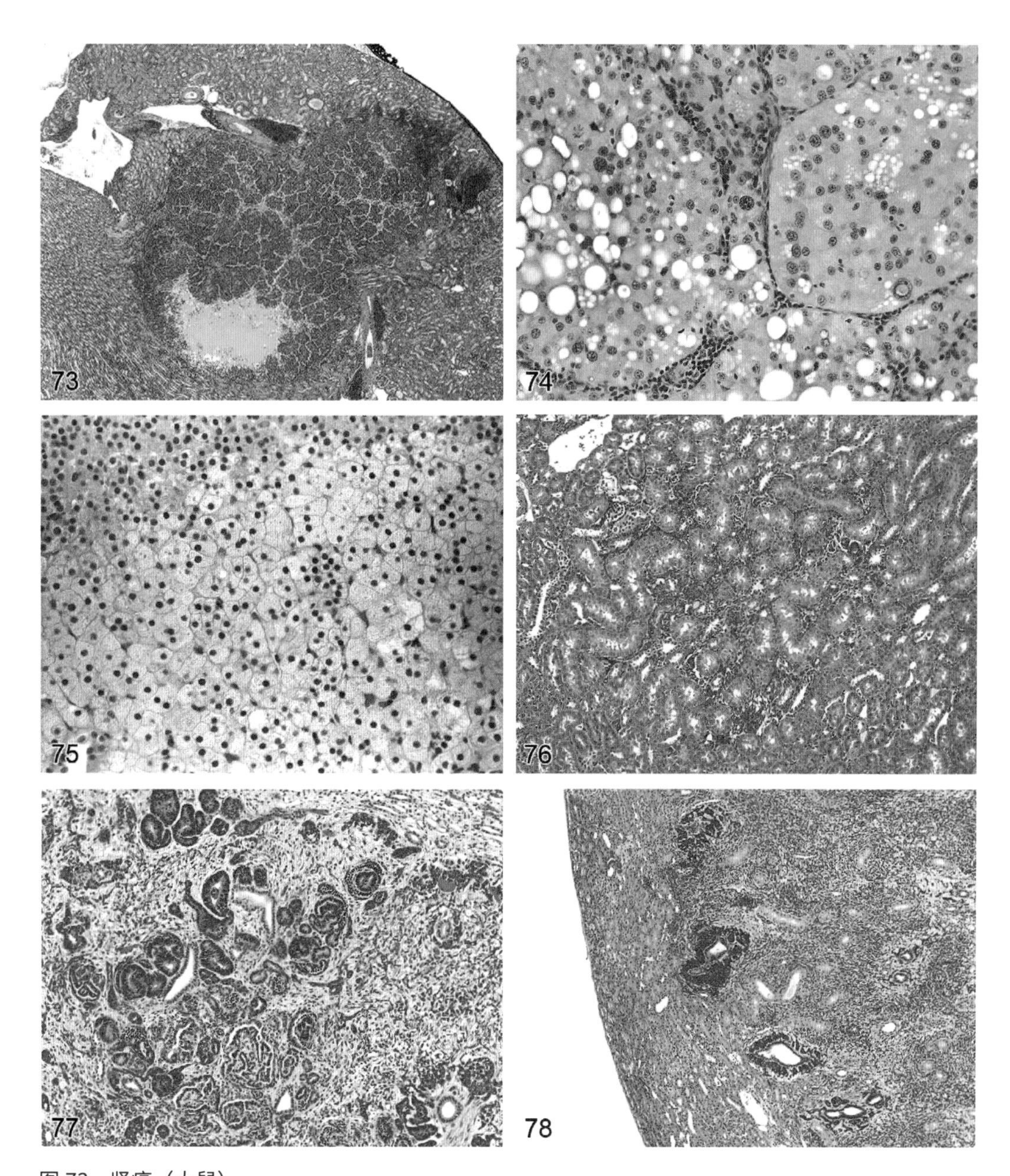

图 73　肾癌（大鼠）

图 74　肾癌（大鼠）

图 75　肾透明细胞癌

图 76　肾母细胞瘤病（大鼠）

图 77　肾，伴有肾小球样小体的肾母细胞瘤（大鼠）

图 78　肾，肾母细胞瘤（大鼠）

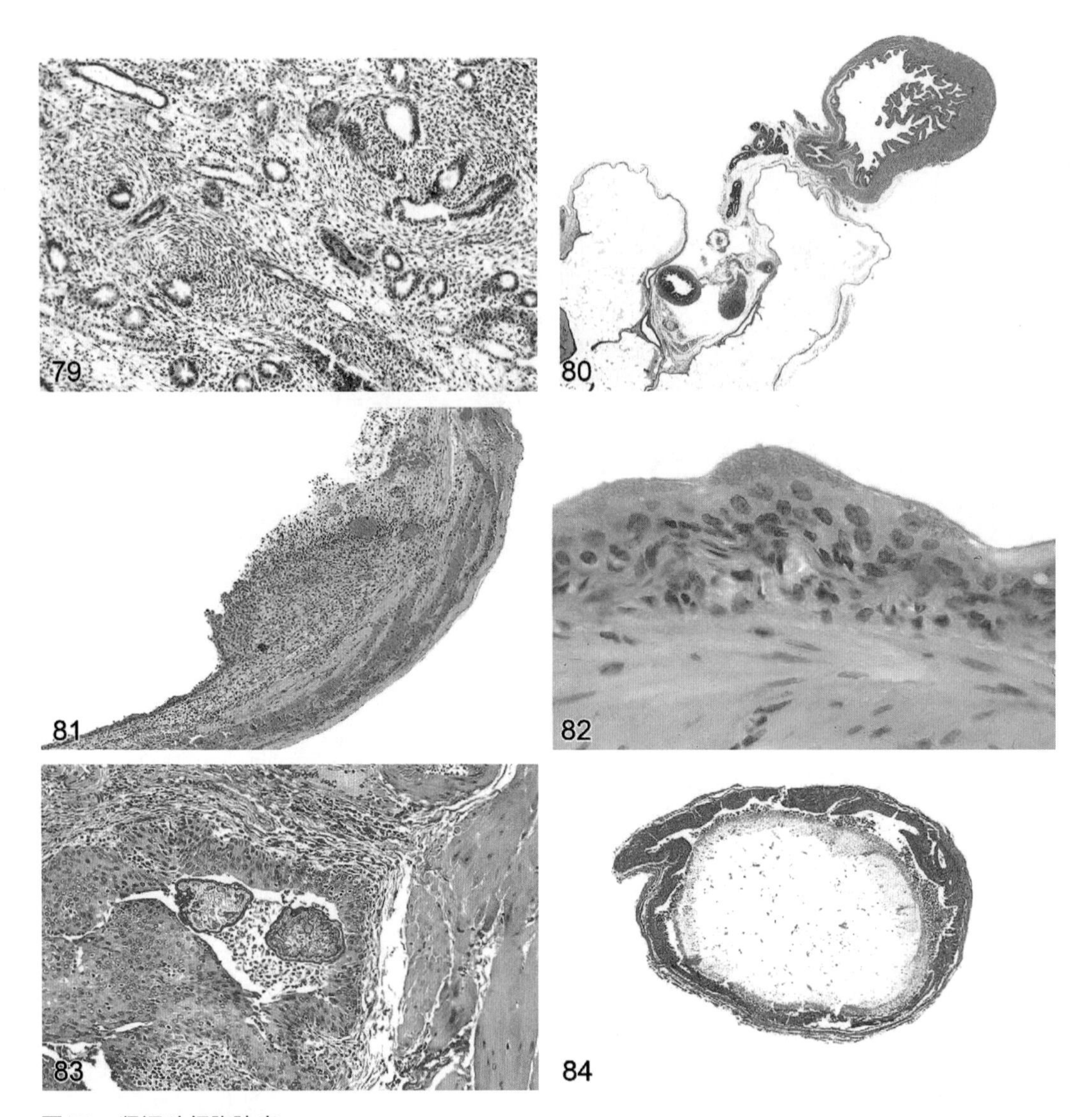

图 79　肾间叶细胞肿瘤

图 80　输尿管，扩张（大鼠）

图 81　膀胱，溃疡（大鼠）

图 82　膀胱，尿路上皮的嗜酸性包含物

图 83　膀胱，结石和尿路上皮增生（大鼠）

图 84　膀胱，结石

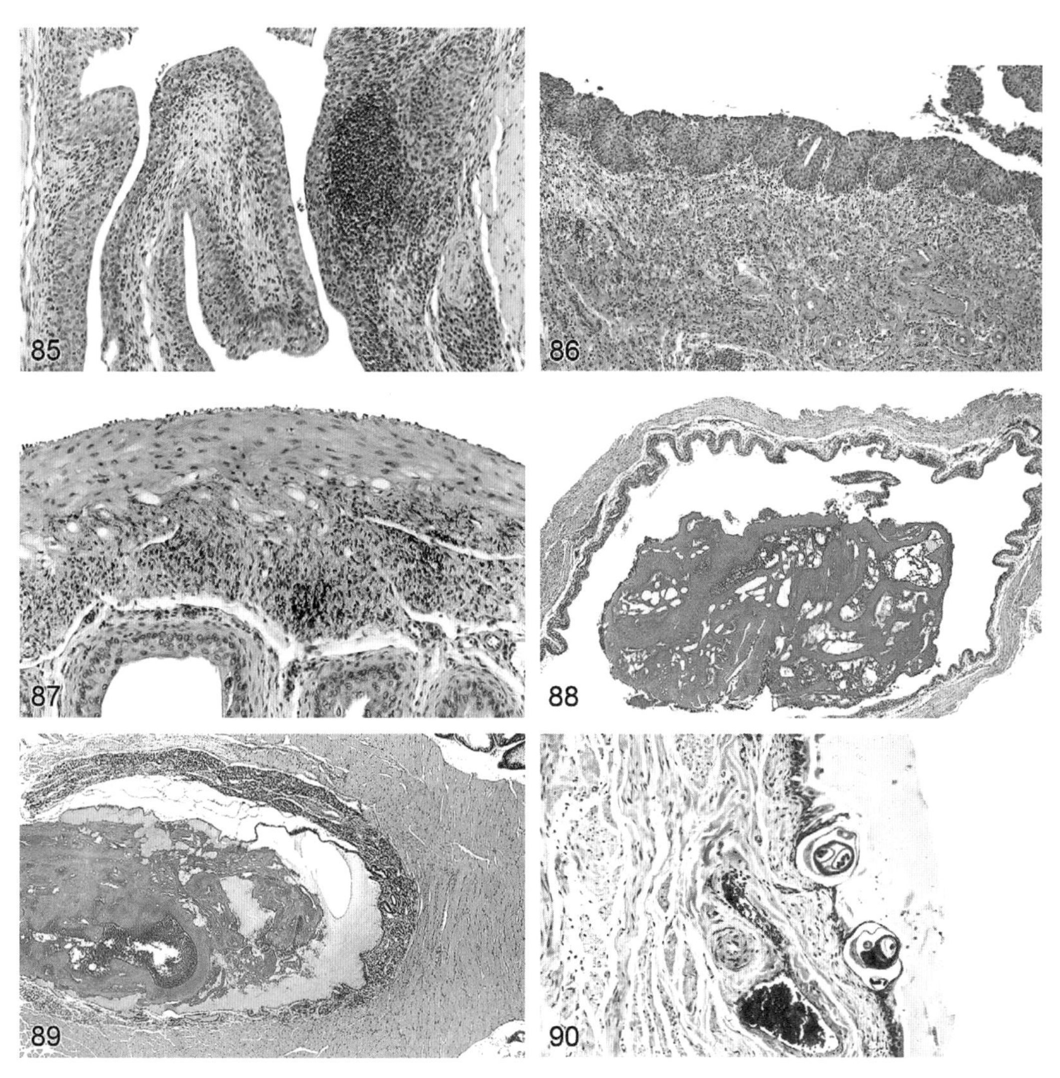

图 85　膀胱，慢性炎症细胞浸润（大鼠）

图 86　膀胱，炎症细胞浸润和尿路上皮增生（大鼠）

图 87　膀胱，矿化（大鼠）

图 88　膀胱，蛋白栓

图 89　尿道，蛋白栓

图 90　膀胱，粗尾似毛体线虫引起的线虫病（大鼠）

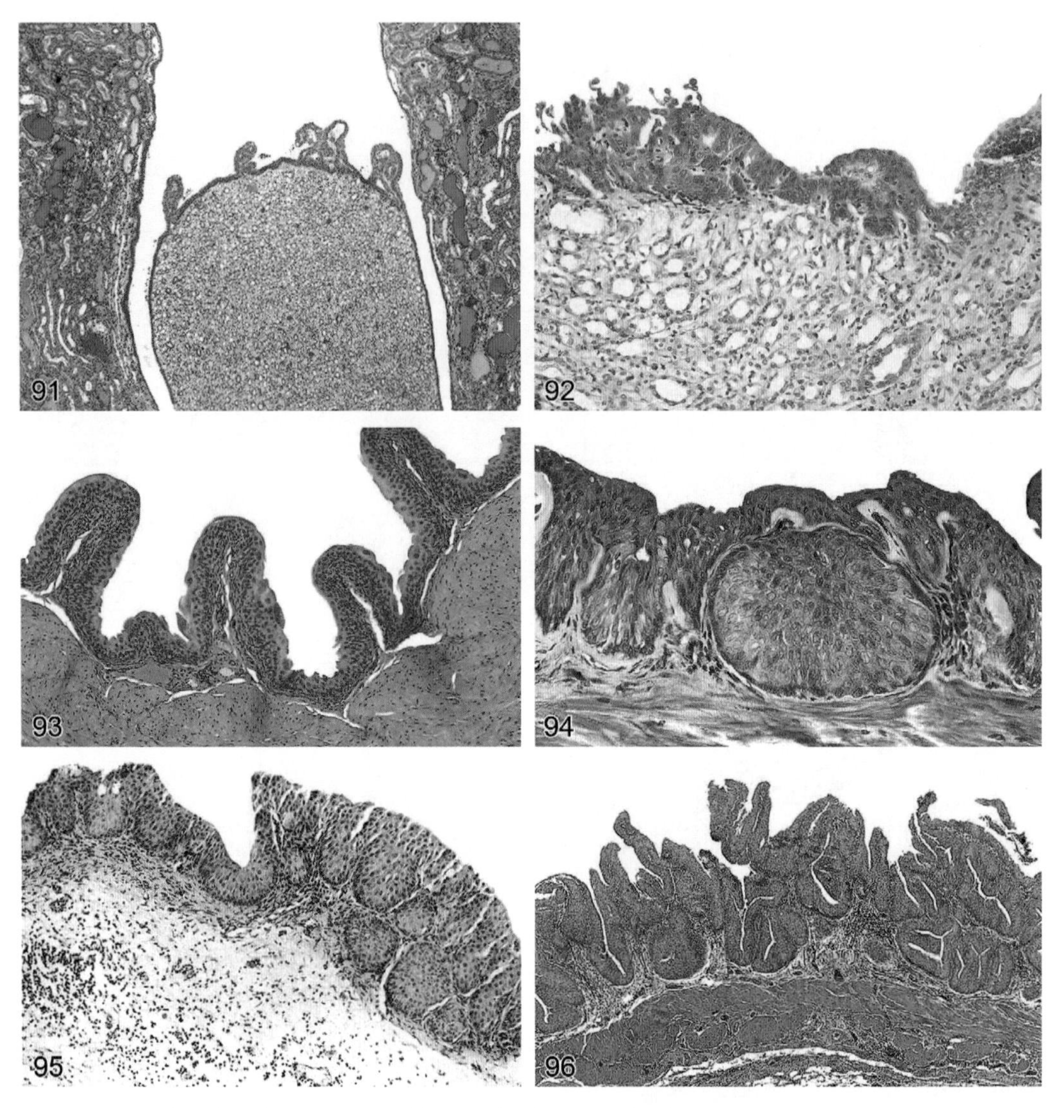

图 91　肾，慢性进行性肾病（CPN）引起的乳头内衬上皮增生（大鼠）

图 92　肾盂尿路上皮的非典型增生（大鼠）

图 93　膀胱，尿路上皮增生（大鼠）

图 94　膀胱，尿路上皮增生（结节状）（大鼠）

图 95　膀胱，尿路上皮增生（结节状）（大鼠）

图 96　膀胱，尿路上皮增生（乳头状）（大鼠）

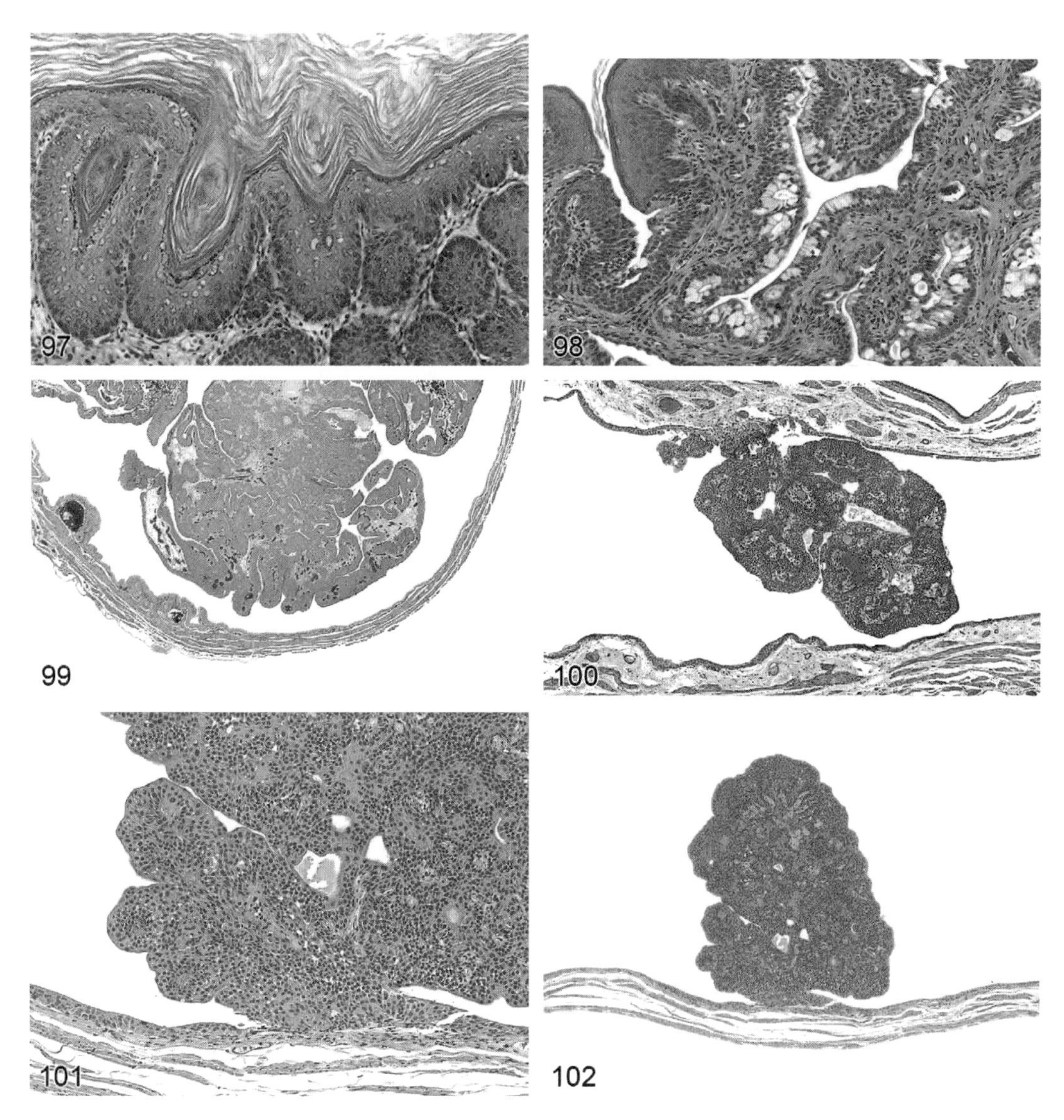

图 97　膀胱，鳞状细胞化生

图 98　膀胱，腺化生（黏液性）与鳞状细胞化生（大鼠）

图 99　膀胱，移行细胞乳头状瘤（大鼠）

图 100　膀胱，移行细胞乳头状瘤（大鼠）

图 101　膀胱，移行细胞乳头状瘤

图 102　膀胱，乳头状瘤（大鼠）

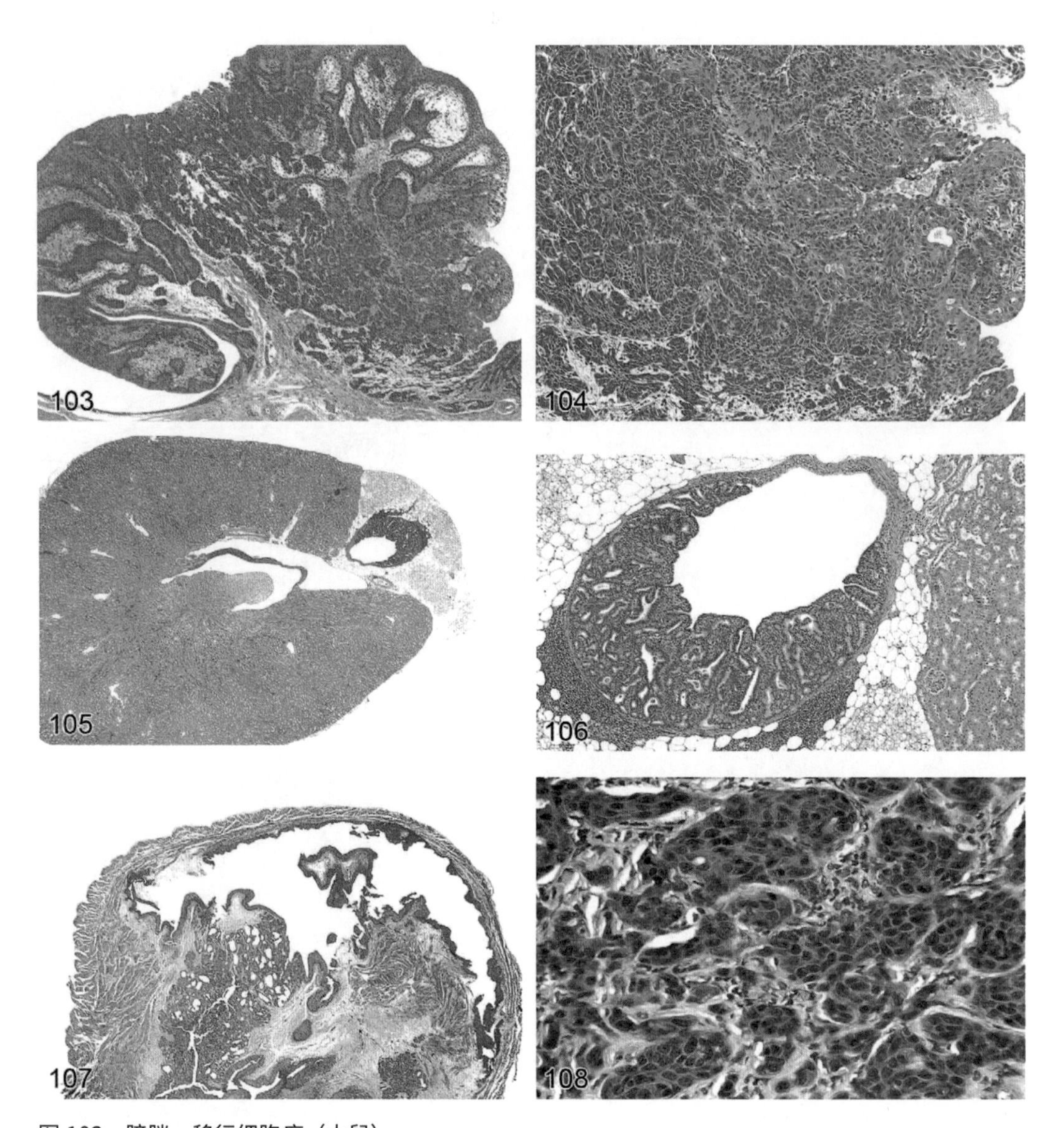

图 103　膀胱，移行细胞癌（大鼠）

图 104　膀胱，移行细胞癌（大鼠）

图 105　输尿管，移行细胞癌（大鼠）

图 106　输尿管，移行细胞癌（大鼠）

图 107　膀胱，移行细胞癌（大鼠）

图 108　膀胱，移行细胞癌（大鼠）

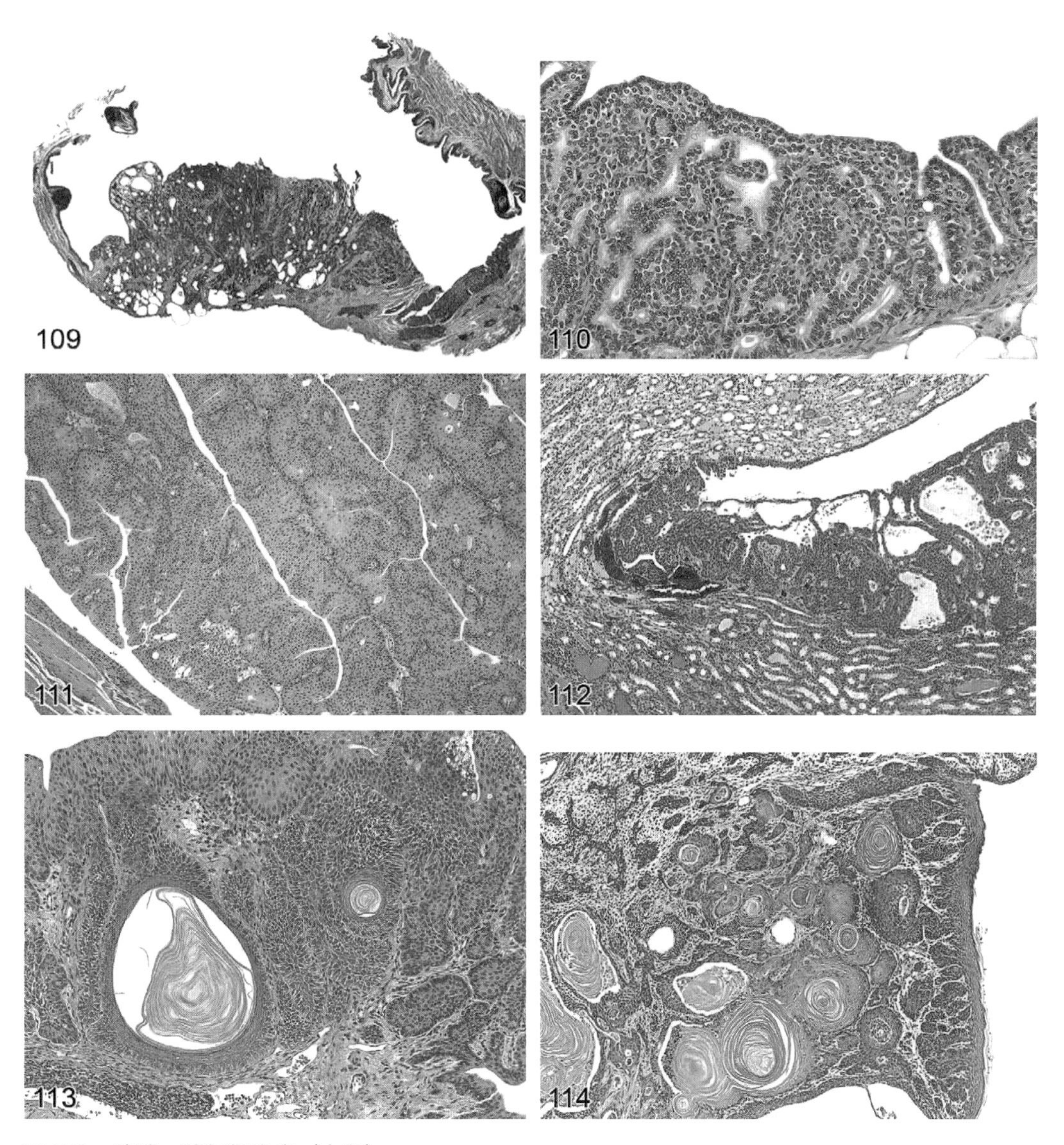

图 109　膀胱，移行细胞癌（大鼠）

图 110　输尿管，移行细胞癌（大鼠）

图 111　膀胱，移行细胞癌（大鼠）

图 112　肾盂，移行细胞癌（大鼠）

图 113　具有移行细胞癌和鳞状细胞癌两者特征的膀胱肿瘤

图 114　膀胱，鳞状细胞癌（大鼠）

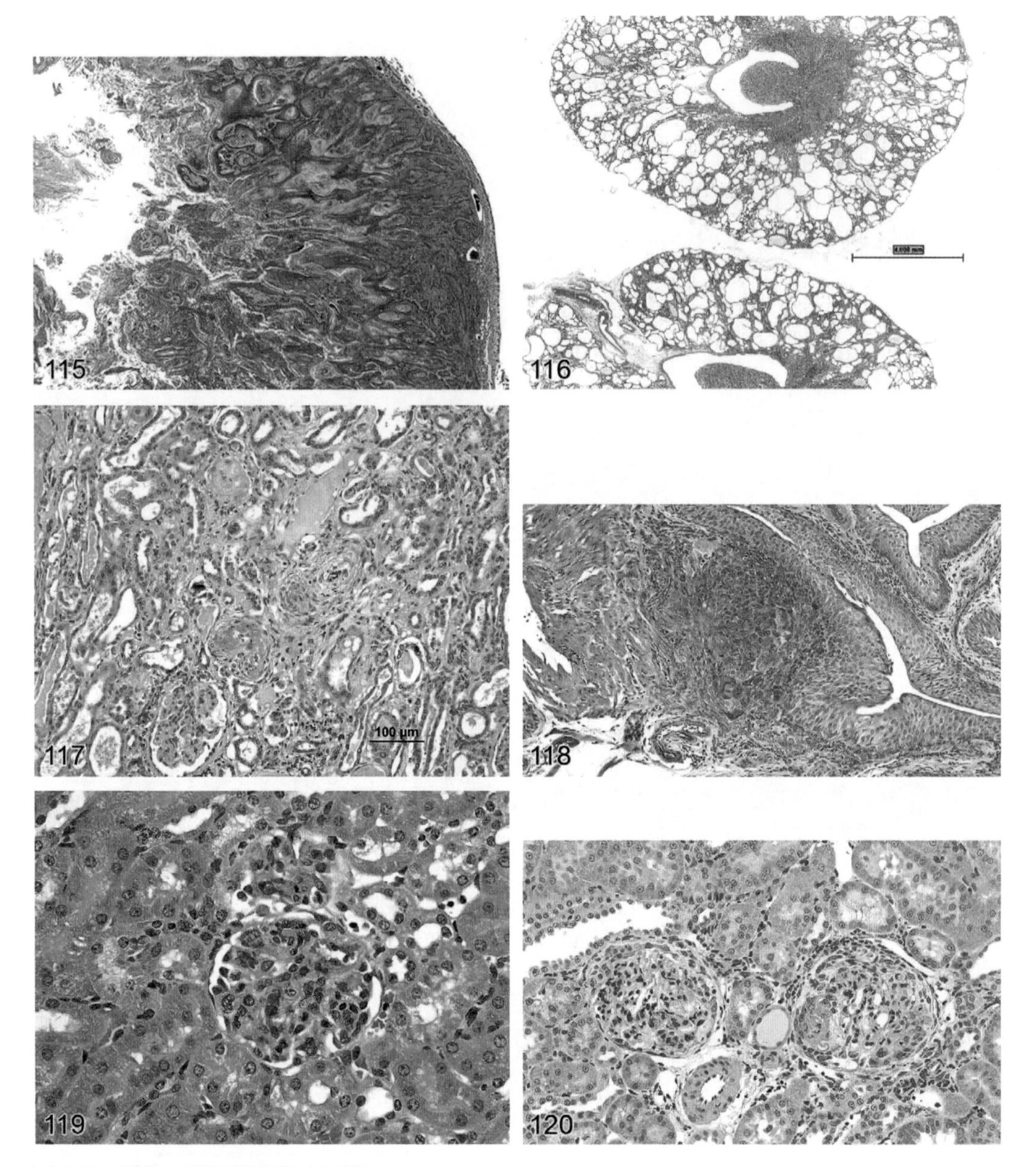

图 115　膀胱，鳞状细胞癌（大鼠）

图 116　多囊肾（大鼠）

图 117　高血压引起的肾坏死和间质纤维化（大鼠）

图 118　膀胱，间叶增生性病变（小鼠）

图 119　肾，肾小球肾炎（小鼠）

图 120　肾，肾小球肾炎（大鼠）

第四章
大鼠和小鼠中枢和外周神经系统的增生性和非增生性病变

WOLFGANG KAUFMANN[1], BRAD BOLON[2], ALYS BRADLEY[3], MARK BUTT[4], STEPHANIE CZASCH[1], ROBERT H. GARMAN[5],CATHERINE GEORGE[6], SIBYLLE GRÖ TERS[7], GEORG KRINKE[8], PETER LITTLE[9], JENNY MCKAY[10], ISAO NARAMA[11], DEEPA RAO[12],MAKOTO SHIBUTANI[13], AND ROBERT SILLS[14]

1 Merck KGaA, Darmstadt, Germany
2 The Ohio State University, College of Veterinary Medicine, Columbus, Ohio, USA
3 Preclinical Services Charles River, Tranent, Edinburgh, UK
4 Tox Path Specialists, Hagerstown, Maryland, USA
5 Consultants in Veterinary Pathology, Inc., Murrysville, Pennsylvania, USA
6 Ipsen Innovation, Les Ulis, France
7 BASF SE, Ludwigshafen, Germany
8 Frenkendorf, Switzerland
9 Private Consultant Neuropathology, Carthage, North Carolina, USA
10 AstraZeneca, Alderley Park, Macclesfield, UK
11 Setsuan University, Nagaotohgecho, Japan
12 ILS, Inc., Research Triangle Park, North Carolina, USA
13 Tokyo University of Agriculture and Technology, Tokyo, Japan
14 NIEHS, Research Triangle Park, North Carolina, USA

摘要

用于啮齿类动物毒性研究病理组织分析的诊断术语规范，可提高并加强世界各地不同实验室间数据库的可比性和一致性，INHAND 项目（大鼠和小鼠病理变化术语及诊断标准的国际规范）是四个主要毒理病理学会共同倡议来制订啮齿类动物增生性和非增生性病变全球公认的术语。本文推荐的标准化术语是用于对小鼠和大鼠中枢神经系统（CNS）和外周神经系统（PNS）组织中的变化进行分类。材料来源于世界各地的学术、政府和企业组织病理学数据库，涵盖的病变包括常见的自发性和年龄相关性变化，以及主要毒物引起的改变，也图示了可能与真正病变混淆的常见人工假象。本文介绍的神经系统术语也可在 goRENI 网站查询（http：//www.goreni.org/）。

关键词：诊断病理学；中枢神经系统（CNS）；外周神经系统（PNS）；脑；术语；啮齿类动物病理学

引言

INHAND 项目（大鼠和小鼠病理变化术语及诊断标准的国际规范）是由欧洲毒理病理学会（ESTP）、英国毒理病理学家学会（BSTPs）、日本毒理病理学会（JSTP）和北美毒理病理学会（STP）联合发起的一个项目，该项目旨在形成国际公认的啮齿类动物的增生性和非增生病变的术语。本文提供了一套标准化的术语，被推荐用于啮齿类动物中枢（CNS）和外周（PNS）神经系统的病变的分类。诊断要点通常基于 HE 染色切片的形态学，但本文也列出了适用的特殊诊断技术。文中出现的神经系统术语也可以在 goRENI 网站查询（http：//www.goreni.org/），其他器官系统的标准化术语（Renne 等，2009；Thoolen 等，2010）框架基本类似，也可在此网站进行查询。

用于啮齿类动物各种增生性和非增生性病变诊断特征研究术语的全球标准化和规范，可提高世界各地不同实验室研究结果的可比性和一致性，尽管这些实验室有不同的文化背景、培训经历和研究时间。全球使用规范术语作为啮齿类动物研究中病理学评估的常规学术语言，将有助于所有相关机构和监管部门使用啮齿动物的研究数据进行危害识别和风险评估。

形态学

神经系统是一个三维结构组成的复杂细胞网络，在短距离的（Switzer 等，2011）区域内其解剖结构和化学成分变化很大（Bolon，2000）。因此，对中枢和外周神经系统的神经病理学可靠分析，通常需要高级的培训和具有各种高度专业化的参考材料（Bolon 和

Butt，2011；Bolon 等，2011b）。获得成功的关键因素，在于详细了解主要神经系统区域的解剖、功能及分子排列的复杂时空差异。

中枢和外周神经系统的两种主要功能细胞是神经元和神经胶质细胞（Summers 等，1995）。其他数量较少的专门细胞系包括脉络丛、室管膜、脑膜和血管内皮。神经病理学诊断分析基于三个连续的、密切相关的步骤：①病变的形态学评估；②病变区域分析；③这些结果的综合分析。最后的病因诊断需要一些后续的检查结果，包括已有的临床、流行病学、分子水平数据及剖检结果（Poirier 等，1990）。

特定区域结构和功能

中枢神经系统通常被分为两个主要部分，脑和脊髓。脑划分为三大区域：前脑，包括成对大脑半球和间脑；中脑，包括黑质、听觉和视觉系统的中枢成分；后脑，包括小脑、脑桥和延髓。“脑干”由中脑和腹侧后脑（即脑桥和延髓）组成。脊髓分为四个主要区域：颈段、胸段、腰段和骶段。外周神经系统通常分为两个系统，躯体干神经（传送运动和感觉信号）和植物神经系统（调节内部稳态）。颅神经和脊神经神经节在中枢和外周神经系统之间的交汇处非常突出。

中枢神经系统有七个主要部分（Amaral，2000；Kanel，2000）。最尾侧部分是脊髓。灰质包含负责自主和反射动作的运动神经元及负责反射弧协调的中间神经元，而白质含有髓鞘轴突纵向的升支、降支。脊髓的形状随它的长度而变化。在颈膨大和腰膨大的增厚区，包含大量用于支持四肢的神经元，而支配躯干的其他脊髓区域因仅需较少的神经元就可达到神经支配的目的，因而体积较小。第二部分是延髓，是颈髓向前的直接延伸，形成脑干的尾部。这个区域含有负责重要自主功能（如呼吸、心脏节律性、消化）的中枢。第三部分是小脑，调节运动的范围和力量，以及学习运动相关的技能的能力。它通过一些称为小脑脚的主要纤维束与脑干的前部和尾部区域连接。第四部分是脑桥，为脑干的中间部分，位于小脑腹侧。脑桥包含脑桥核，传递来自大脑皮层的运动和感觉信息到达小脑，以及参与呼吸、睡觉和味觉的中枢。第五部分是中脑，体积最小且最靠近脑干前部。它位于脑桥后部和间脑前部之间，包含许多微小但重要的核团。一个具有重要临床意义的中脑核团是黑质，它向基底神经节（特别是尾状核和壳核）提供信号，以调节非自主运动；黑质多巴胺能神经元的耗损是帕金森病的特征性神经病变。第六部分是间脑，主要部分是丘脑背侧和下丘脑腹侧。丘脑起着信息门控制作用，调节来自中枢神经系统其他区域的感觉和运动信号传递到大脑皮层，而许多下丘脑的核团调节自律、内分泌和内脏的功能。脑的最后一个主要部分是大脑半球，这是构成哺乳动物中枢神经系统最大的一部分。这个区域包括大脑皮层、位于其下的内囊（白质束）和三个深层神经元支配区，即杏仁核（调节社会行为和情感表达）、基底神经节（控制无意识的、精细的动作）和海马结构（支持记忆）。脑和脊髓外表面是由三层的脑膜组成：软膜（精细的内层）、蛛网膜（颗粒中间区负责调节脑脊液）和硬膜（坚韧的外壳）。神经纤维网（即中枢神经系统实质）由无数毛细血管穿过。这些血管通道的结构特殊，如没有窗孔结构以及存在大量紧密和黏附连接，形成了血脑屏障主要的解剖学基础（BBB；Willis，2011）。

CNS 脑室系统是脑和脊髓内相互交联充满液体的贮液腔隙。两个大脑半球内侧脑室通过小孔（Monro 孔）与间脑内的第三脑室相连。这个脑室通过中脑导水管（Sylvius 管）与位于小脑下方和脑桥 / 延髓上方间隙的第四脑室连接。在啮齿类动物，该脑室或者通过中央管引流进入脊髓，或者通过外侧孔（Luschka 孔）进入小脑延髓池。脑室和中央管被覆室管膜细胞。脑室（特别是侧脑室和第四脑室）含有显著的脉络丛，专门生成脑脊液（CSF；Johanson 等，2011）；脉络丛上皮细胞也是许多系统性疾病易发的位点（Greaves，2000）。脑室周围器官是六个特别神经元聚集体，位于靠近被覆室管膜的脑室系统（Garman，2011）。

外周神经系统包括神经节和神经。特征的神经元和神经胶质所组成的神经节因系统（植物和躯体干神经系统）和位点的不同而有变化。神经是由包裹在薄层结缔组织中的轴突（或叫“神经纤维”）组成。有髓鞘的轴突包裹有许多髓鞘层，而无髓鞘的轴突（如大多数植物神经节的节后轴突和痛觉神经节的少数神经元轴突）则被神经胶质细胞的胞质所隔离。

细胞结构特征

神经系统的诊断术语是基于主要损伤的神经细胞类型，以及基于一个或多个主要靶点部位发生变化的特定细胞成分。因此，诊断病理学家首先必须知道神经元、神经胶质细胞和其他细胞系的正常特征，它们之间的相互关系，以及在神经系统不同区域其形状和大小的正常变化（Garman，2011）。

神经元是中枢神经系统和外周神经系统中神经节的主要功能元素，其轴突的突起是外周神经系统的关键功能成分。典型的神经元有四个不同的部分：一个细胞体（胞体或神经元胞体）、多个树突（接收传入的信号）、一个轴突（携带传出的信号）和突触前终端（参与突触的形成）。神经元可能很大，如脊髓腹角的运动神经元，或者很小，像小脑皮层颗粒细胞；它们可能有丰富的和广泛的树状突，如小脑浦金野细胞，或很少的树状突，像在背根神经节的神经元。

神经胶质通过多种方式支持神经元功能。大胶质细胞包括执行多种功能的星形胶质细胞和成髓鞘细胞：中枢神经系统的少突胶质细胞和外周神经系统的施万氏细胞（Schwann cell）。星形胶质细胞大约占所有神经胶质的 50%；大鼠中星形胶质细胞与神经元的比例是 60∶40（在人类是 100∶10；Montgomery，1994）。两个主要星形胶质细胞表型是原浆质型（在正常情况下是主要的）和纤维型（对神经元损伤反应时增加）。星形胶质细胞以吞噬细胞和填补空洞（即形成疤痕）的方法来修复神经损伤，通过调节突触内神经递质水平帮助信号传导，通过产生生长因子来促进神经元存活和修复，通过他们在血脑屏障和软膜衍生的胶质膜的作用控制神经微环境, 维持大脑血管生成, 并提供神经纤维网的结构。此外，星形胶质细胞参与解毒（如谷氨酸代谢）和毒性作用［如 1- 甲基 -4- 苯基 -1，2，3，6- 四氢吡啶 (MPTP) 转换为毒害神经的代谢物 MPP^+］，特化的放射状神经胶质细胞在发育过程中起着沟通神经元迁移和引导轴突延伸的作用。小神经胶质细胞是中胚层衍生的中枢神经系统胶质细胞，来自神经系统外的巨噬细胞。他们的主要功能是通过免疫监视和吞噬作用来保护中枢神经系统，但在中枢受损的情况下它们也可起维持血脑屏障功能的作用（Kofler 和 Wiley，2011）。中枢受损后，休眠的小胶质细胞与神经元和星形胶质细胞相互作用而活化（即激活），之后它们迁移到病变的部位（尤其是坏死），增生并行使其吞噬功能。小神经胶质细胞在神经发育期间，还负责清除不能存活和过多的凋亡神经元和胶质细胞（Amaral，2000；Spencer，2000；Kierszenbaum，2002）。

神经系统的形态学分析

在啮齿类动物临床前毒性研究中，神经病理学检查是根据试验问题的性质而制订的。在一般毒性研究（即先前怀疑的神经毒性不存在）中被评估的区域数量比专门研究（即重点是神经毒性）中评估的更为广泛的组织数量要少。对于一般毒理学研究，神经组织常被摘出并固定于 10% 中性福尔马林缓冲液或类似的固定剂中。这种处理方法比较简单，但常会产生人工假象，使缺乏经验的从业者误诊为神经毒性病变（Garman，1990；Jortner，2006）。在特殊神经毒性研究中，通过使用血管内灌注的方法将神经组织原位固定（Fix 和 Garman，2000；Bolon 等，2006；Jordan 等，2011），可大大减少或消除这种人工假象。外周神经系统组织可能需要特殊处理技术（如塑料包埋），这取决于要评估的病变性质和 / 或专门的规则要求（Bolon 等，2011a；Jortner，2011）。

无论是一般毒性研究，还是专门神经毒性研究，对于神经组织的常规检查部位，应该包括前脑多个部分、中脑和后脑交叉处一个部分、脊髓颈段和腰段部分，以及外周体干神经一段（OECD，1998；US EPA，1998a）。文献报道，啮齿类动物脑的几个区域包括大脑皮层、海马结构以及小脑，对毒性损伤非常敏感。在啮齿类动物的研究中，建议进行前脑的两个冠状切面（横切面）（Solleveld 和 Boorman，1990；Radovsky 和 Mahler，1999），包括大脑半球（带有额叶、扣带、顶叶、枕叶、颞叶和梨状叶皮层）、基底神经节（尾状核和壳核）、胼胝体（连接两侧对称的大脑半球区纤维形成的突出桥）和海马结构。前脑的尾部切面应包括海马和间脑（丘脑和下丘脑）。中脑切面应尽量取到黑质。靠后部分切面通常包含小脑和延髓。通常来讲，脑桥在常规的啮齿类动物研究中是不进行检查的（Solleveld 和 Boorman，1990；Radovsky 和 Mahler，1999）。脊髓取颈段和腰段，最好通过膨大部（含有支配前后肢体干神经运动神经轴突的神经元），根据情况，还可以在胸椎中段取样［其在侧角（中间角）的神经元将轴突伸展向自主外周神经系统的交感神经部分］。外周神经系统通常检查近端坐骨神经部分（这种体干神经携带有来自腰膨大部运动神经元的轴突）。专门神经毒性研究常规取材的补充结构包括：脑桥、多个背根神经节和远端体干神经（OECD，1997；EPA，1998b；Bolon 等，2006）及其他必要的结构（例如，尾丘；Morgan 等，2004）。当一种物质根据其分子与已知神经毒物即神经毒性作用的假设模型相似，临床资料表明神经功能障碍，或证明其在中枢神经系统或外周神经系统中能产生结构性病变，而被怀疑具有神经毒性作用的时候，这种强化的神经组织取材方法就会被用到，而且通常是必需的。

术语

该术语词汇按照以下层次构成：病变的类型（非增生性或增生性），细胞类型（例如，神经元、神经胶质细胞），有时按照细胞靶点（例如，细胞体、轴突、髓鞘）。每一层下的术语按字母顺序排列以方便检索。包括最后一组用语用以说明一些常见的人工假象，这些假象可被无经验的诊断人员误认为是神经退行性或神经毒性病变。

所有术语在使用时应明确其在中枢神经系统和 / 或外周神经系统的部位。重点考虑的是要确定病变涉及的主要中枢神经系统的区域或外周神经系统的结构（单个或多个），包括必要时对特定亚区域的描述语（如小脑皮质的颗粒细胞层、海马的 CA1 区等）。该亚区域可被确定为神经病变诊断系列的一部分（如“脑：坏死，弥漫性，明显的，浦金野细胞，小脑”，其中“脑”是组织），或这种受影响的区域可以是组织（如“小脑，浦肯野细胞层：坏死，弥漫性，显著，”，其中“小脑，浦肯野细胞层”是组织）。只要对受损的细胞 / 细胞群尽可能指代明确，这两种描述方法都是可以接受的。

非增生性病变

在 CNS 中最常见的非增生性异常包括受损或死亡细胞（尤其是神经元、它们的轴突突起和隔离轴突的髓鞘）和各种用以降低（在 CNS）或逆转（在 PNS）损害的修复性变化。在细胞水平上，最重要的过程将涉及神经元，各种胶质细胞系和血管。

神经元—细胞体

神经元细胞丢失（Cell loss，neuronal）（图 1 至图 6）

生物学行为：细胞死亡

同义词：decreased neuronal numbers，decreased neuronal cellularity

发病机制：早期的神经元坏死 / 凋亡，或罕见的发育缺陷，其中有的神经元群部分或完全无法形成。

诊断要点：

- 常出现区域特异性神经元数量减少。
- 在较急性病变中，偶见死亡神经元的残留碎片和 / 或吞噬细胞碎片的反应性巨噬细胞。
- 在慢性病变中，活跃的星形胶质细胞或多种胶质细胞见于损伤神经元的附近或填充在核周体消失的部位，但神经元碎片已被清除。

特殊诊断技术：灌注固定组织的形态学或体视学分析，是一种精确定量神经元细胞损失的非常有效的方法。

鉴别诊断：

- 神经元数目的区域特异性变化（即正常变异范围内）。
- 神经发育不全（数量减少，没有次级反应）。

•神经元坏死 / 凋亡（有明显的垂死神经元残留碎片和 / 或吞噬细胞碎片的反应性巨噬细胞，伴有附近神经纤维网的明显破坏）。

备注："神经细胞损失"一词是在能清楚记录到神经元数目减少（无论通过何种方法）的情况下才是适用的。这一组织病理学术语是指在灶性区域内看不到神经元细胞死亡（凋亡或坏死）的末期病变。残留神经元的退行性变化或反应性神经胶质细胞改变，如在周围组织中有巨噬细胞的进入或星形胶质细胞的活化等，都有助于做出诊断。有明显证据的垂死神经元应以专用术语（如坏死）描述。有代表性的是在各种动物和人类遗传病发生的速度非常缓慢的神经元细胞损失，其可被称为神经元营养性衰竭，这表明细胞损失起因于缓慢的萎缩或退化，而不是突然的变性。

尽管一些工业或环境化学物已被证明会直接损坏中枢神经系统神经元（Greaves，1990），但是在大鼠和小鼠临床前毒性试验中有关神经元缺失的描述却较少。在大鼠，诱发神经元损失的方法有颈动脉结扎（Bendel 等，2005）与三甲基锡（trimethyltin）处理（Little 等，2002；Philbert，Billingsley 和 Reuhl，2000），或者使用兴奋性氨基酸的神经毒性类似物，如卡英酸（kainic acid），它们可以激活离子型谷氨酸受体（Liang 等，2007）。氯碘羟喹（Clinoquinol）（一种可引起人亚急性脊髓视神经病变的药物）可诱发小鼠海马神经元中等程度的损失（Koga 等，1988）。

在大鼠，与年龄相关的自发性神经元损失可影响浦肯野细胞（Rogers 等，1984）、视交叉上核神经元（Chee 等，1988）及皮层下神经元（Sabel 和 Stein，1981）。其他一些报道描述，海马 CA3 区自发性神经元细胞损失与工作记忆障碍有关（Kadar 等，1990）。海马神经元和皮层下神经核团的进行性、年龄相关的缺失可以通过用乙酰基 -L- 肉碱（acetyl-L-carnitine）处理而得以延缓（Napoleone 等，1990）。大鼠 CNS 的自发性神经元细胞缺失与小鼠的相似（Sturrock，1996）。

在神经发育（神经毒性）研究中，更专业的术语"神经元发育不全"应被用来描述其后代的形态学特征。这个术语表示，由于发育受影响，一个或者多个主要的脑区域仅见神经元细胞数量减少。（而没有任何其他细胞反应）。

染色质溶解（Chromatolysis）（图 7 和图 8）

生物学行为：在对轴突损伤的应答中，核周体的反应性变化

同义词：axonal reaction，central chromatolysis

组织发生：神经元

发病机制：细胞损伤后，为加速合成修复所需要的蛋白质，聚集的粗面内质网发生消散。

诊断要点：

• "中央染色质溶解"，在 HE 染色的石蜡切片上，表现最典型的特征是细胞中心区的胞质尼氏小体（致密嗜碱性物）大量减少或全部消失。受害神经元几乎无尼氏小体具有嗜酸性细胞质，通常伴有圆的、肿胀的细胞轮廓，细胞核周移。

•可见核仁增大。

• "外周染色质溶解"见于部分修复的神经元，尼氏小体首先在细胞中心重新形成。

特殊的诊断技术：尼氏小体染色（如甲酚紫）可以帮助检测。

鉴别诊断：无。

备注：染色质溶解是中型到大型神经元损伤后核周体的一种反应性变化，能引起这种变化的因素包括感染、局部缺血、代谢功能障碍、一些毒物和外伤。经典的原因是轴突横断（因此同义词为轴突反应）。然而这种变化也可由细胞体的直接损伤引起，或者是原发性脱髓鞘的继发性反应（Duchen，1992）。

在正常神经元，粗面内质网与大量多核糖体混在一起形成的尼氏小体广泛分散在细胞质中。但在受伤的神经元中，尼氏体发生局部至完全溶解，从而释放核糖体，以制造修复受损细胞基础结构所需的蛋白质。

中央染色质溶解的最典型特征是细胞中心（核周体）尼氏体的丢失。这种细胞外观在神经元受到持续损伤后不久最明显。如果受损的神经元存活，一旦外周连接被重新建立，其核周体的外观可以相反的顺序恢复到正常。通常聚集在细胞质尼氏小体中的核糖体在细胞恢复过程中被分散，并随着恢复过程的完成而从中央重组到外周。周边染色质溶解也可能发生，特别是在神经元再生的后期，当蛋白质生产率下降使尼氏小体核糖体重新形成时（McMartin 等，1997）。伴随慢性染色质溶解的其他变化包括轴突萎缩（特别是如果受害的轴突仅限于中枢神经系统，而修复作用常发生障碍时）和 / 或者神经胶质增生（通过星形胶质细胞或小神经胶质细胞增生；Summers，Cummings 和 DeLahunta，1995a）。

神经元异位（Heterotopia，neuronal）（图 9 和图 10）

生物学行为：自限性发育障碍

同义词：ectopia

组织发生：神经元前体细胞

发病机制：由于神经元的早期迁移和 / 或末期分化均出现异常，故神经簇定位异常。

诊断要点：

- 非典型部位神经元簇（例如，实质、脑室周围或脑膜下），最常影响大脑皮质、小脑和海马。
- 神经元组织在大脑皮层的正常层状结构消失。
- 主要异位常伴有其他脑畸形，如主要脑区发育不全或脑内积水（脑室扩张）。
- 异位神经元常呈现其在原脑区的正常形态特征。

特殊诊断技术：无。

鉴别诊断：无。

备注：任何异位病灶的出现均表明早期中枢神经系统发育的障碍。严重异位与一些功能缺陷有关，特别是神经回路结构异常引起的过度兴奋及相关的电生理学缺陷（Gabel 和 LoTurco，2001）。

较大的异位可为是显著神经毒性损害的标志，且是不可逆的（Kaufmann，2000；Kaufmann，

2011）。许多具有极严重神经行为缺陷的细胞位移方式，是人胎儿酒精综合征（FAS）的特征；小鼠和大鼠 FAS 模型的神经病理病变及行为缺陷表现出与人类疾病的高度一致（Harper 和 Butterworth，1997）。在大鼠发育神经毒性（DNT）研究中，主要异位见于当母体在神经发生过程中用一次高剂量的抗有丝分裂剂如甲基氧化偶氮甲醇（methylazoxymethanol，MAM，在 DNT 研究中常见的阳性对照剂）处理时。后代诱导的病变形式因母体处理时的妊娠时间不同而不同。在大鼠，MAM 可诱发出具有过度兴奋的异位（Kaufmann 和 Gröters，2006）。

轻微的异位是自发性的，随时间可以逆转，且没有临床意义。在规范的啮齿动物研究中，轻微的异位是没有被诊断的，这可能是没有被认识或没有表现。轻微异位的发生率在当前的文献中尚无报告，但根据工作组成员的经验，其发生率是非常低的。

神经元坏死（Necrosis，neuronal）（图 11 至图 18）

生物学行为：退行性病变

同 义 词：homogenizing cell change，ischemic cell change，metabolic arrest change，oncotic necrosis，“red dead” neurons

组织发生：神经元细胞体

发生机制：近期细胞死亡，通常影响特定群体或特定神经区域的多个相邻的细胞。

诊断要点：

- 在 HE 染色的石蜡切片中，略有皱缩，神经元常呈多角形，胞质强嗜酸性。
- 核固缩，有时皱缩（初期）。
- 核碎裂或核溶解（后期）。

特殊诊断技术：坏死的神经元可用下列方法特异性标记：

- 荧光染料（例如，Fluoro-Jade B 或者 Fluoro-Jade C；Schmued 等，2005）5～10μm 厚（即常规）浸渍固定、石蜡包埋切片。受害的细胞在暗视野中呈亮绿色（注：经浸渍固定的标本，血管中残留的红细胞可自发荧光，因此可使坏死神经元的检测更为困难）。
- 铜 - 银染色（Switzer，2000），30～40μm 厚的未固定组织的冰冻切片。受害的细胞在浅黄色背景中呈黑色。

鉴别诊断：

- 神经元深染的人工假象（因神经元胞体固缩、细胞核和细胞质收缩，可见尖的嗜碱性神经元，常伴随明显扭曲的嗜碱性尖的树突）

备注：神经元坏死是一种常见的针对不可逆损伤发生的末期细胞反应。这种病变可由许多原因诱发，其中最常见的是局部缺血、代谢功能障碍，或暴露于某些毒物（化学品、药物、或金属）。许多不同的机制均可引起细胞内一些生物化学变化，最终导致神经元破坏，但在神经病理学中通常用的神经元坏死一词是指细胞能量系统破坏的途径，引起细胞器内液体积聚（微空泡），并最终波及整个胞体（肿胀或胀亡），而不是引起细胞凋亡级联反应（Levin 等，1999）。神经胶质增生（星形胶质细胞或小胶质细胞，或两者）常作为慢性病变中神经元坏死前的一种非特异性标志（McMartin 等，1997）。

除了这里所描述的众所周知的嗜酸性固缩变化（红色死亡）外，神经元细胞死亡还包括一系列其他变化。其他连续性病变包括神经肿胀和溶解，以及“幻影形成”（即空的胞质膜，代表死亡细胞最后留下的遗迹）。

真正的坏死病变包含嗜碱性神经元，这已在一些严重的神经元损害中被证实，如电或机械损伤所诱发的神经元损害（Csordás，Mázló 和 Gallyas，2003；Zsombok，Tóth 和 Gallyas，2005）。这一所见有时在人类神经病理学中被称为慢性神经细胞变化。损伤后不久，受到致命危害的细胞表现为皱缩，细胞质嗜碱性变淡，有时细胞核稍深染。这种变化在数小时内会演变为更为典型的强嗜酸性外观，这种死亡细胞的特征可延续好几天。

在 HE 染色的石蜡切片上，神经元坏死的主要鉴别诊断是黑色神经元人工假象，这是未经固定或固定不充分的神经组织受压的结果。这种变化常表现为神经元群中度皱缩，呈多角形，胞质致密嗜碱性，胞核浓缩深染，树状突常呈螺旋状尖突（Duchen，1992；Jortner，2006）。主要易发部位是大脑皮质（尤其是中间层）、海马（CA1 和 CA3），小脑（浦金野细胞）和脊髓 [腹（前）灰角大运动神经元]。黑色神经元人工产物很普通，但并非经常都有，与急性（嗜碱性）神经元坏死的鉴别是，后者的细胞质和细胞核更为皱缩、深染，树突尖端，以及神经损伤的时间经过。

噬神经细胞作用（Neuronophagia）（图 19 至图 22）

生物学行为：小胶质细胞对神经元损伤的反应，最终吞噬变质的神经元

同义词：microglial cell nodule

组织发生：固有的小神经胶质细胞和它们的循环前体细胞（单核细胞系）

发病机制：小胶质细胞对促炎信号（趋化因子和细胞因子）或存在于变性或病毒感染神经元改变的细胞表面标记的反应。

诊断要点：位于神经元附近的小胶质细胞浸润，在 HE 染色切片上根据其细胞结构特征很容易辨认。

- 在小胶质细胞活化早期，其细胞核色淡，细长，有时外形不规则，而充分活化的细胞其核大，形圆。
- 在活化早期，小胶质细胞的网状胞质不用特殊染色无法辨认，但在陈旧性病变，小胶质细胞类似巨噬细胞，胞质完全被碎片充满。
- 相关神经元常具有变质的形态学特征。

特殊诊断技术：尽管噬神经细胞作用在 HE 染色切片中很容易被辨认，而活化的小胶质细胞特异性标志物的检测也可以用来进行确证。

- 免疫组化选择：CD11b/c（小鼠）；CD45；离子钙结合衔接分子 1（Iba1，激活的巨噬细胞 / 小胶质细胞标志物）；OX-42，CD11b 的大鼠对应标志物；以及较常用的

巨噬细胞和单核细胞标志物如 CD68，ED-1（大鼠活化的巨噬细胞 / 小胶质细胞标志物），ED-2（大鼠外周巨噬细胞特异的标志物），F4/80（小鼠巨噬细胞标记物），Mac-1 和 RM-4（大鼠树突状细胞和巨噬细胞标志物；Fix 等，1996；Gehrmann 等，1995；Ito 等，2001；Mander 和 Morris，1995；Nagatani 等，2009）。

- 凝集素组化染色：西非单豆素 -IB4（GS-IB4）。

鉴别诊断：无。

备注：噬神经细胞作用表示由活化的小胶质细胞（在中枢神经系统的固有吞噬细胞）清除变质神经元的过程（McMartin 等，1997；Summers，Cummings 和 DeLahunta，1995）。噬神经细胞作用见于各种以神经元死亡为特征的病变中，以嗜酸性神经元变性最为典型，这是神经元坏死的最常见的细胞形态方式（Kelley，Lifshitz 和 Povlishock，2007）。根据神经损伤的原因和周围情况，活化的小胶质细胞可能有助于变质过程，清除神经元与其突触，或者甚至起到保护作用（Neumann 等，2006；Stoll 和 Jander，1999）。

在有改变的或外来表面抗原或表面抗原 / 抗体复合物的死亡神经元病变中，噬神经细胞作用最为明显。在这些情况下，噬神经细胞作用的早期特征是小胶质细胞包围外观似乎正常的神经元。然而明显的神经元变性常会在同一切片的其他位置找到。此外，也可见到小胶质细胞结节，而没有任何与其有关的可辨认的神经元。

在毒物相关的中枢神经系统病变中，浸润的小胶质细胞通常出现在变性神经元的近旁，但噬神经细胞作用往往不如在免疫介导的和病毒诱发的脑炎中明显。因此，在神经毒性神经元变性的病例中，主要诊断可能是"急性神经元坏死 / 神经元细胞损失"，而噬神经细胞作用也只能作为变性过程的一个期望的次要部分。

神经元空泡形成（Vacuolation，neuronal）（图 23 至图 26）

生物学行为：神经元内细胞质或膜结合细胞器的扩张

同义词：无

组织发生：神经元细胞（细胞体或突起）

发病机制：亚细胞器内液体或代谢副产物的滞留。

诊断要点：CNS 灰质或 PNS 神经节中神经元的胞质空泡形成（常呈透明或淡嗜酸性）。

特殊诊断技术：一些贮积病或诱发的磷脂质病的神经元空泡，可通过电子显微镜或使用特殊染色来确定［例如，LFB 染色，过碘酸 - 希夫染色（PAS），或苏丹黑］，以检测空泡内的特定生化成分。

鉴别诊断：

- 脱髓鞘。
- 白质空泡形成（海绵状变化或水肿）。
- 死后自溶造成的空泡现象发生：剖检时神经组织取材、处理、固定不当；或组织在乙醇中脱水时间过长（例如，超过 1 周）。确定为人工造成的空泡形成不应记录在病理所见的数据库中。

备注：空泡形成是 CNS 组织检查中最常见的变化。然而，将人工造成的空泡变性与病理性（真实）空泡变性区分并不容易。其他结构异常（如反应）性胶质细胞增生、轴突球状体或细胞碎片的分布和共同存在，均有助于区分人工造成的空泡变化和真正的空泡形成病变。

神经元胞体和神经纤维网的空泡变性是海绵状脑病的特征性病变，如人类的克雅氏病（Dearmond 和 Prusiner，1997）以及在多种家畜报道的类似的疾病，但在啮齿类动物中没有报告（Summers，Cummings 和 DeLahunta，1995）。在神经纤维网，空泡可见于神经元核周体、树突和轴突。电子显微镜可见，这些空泡以单层或双层膜为界。

神经元——轴突

轴突萎缩（Atrophy，axonal）

生物学行为：为适应性、暂时性或渐进性细胞退化过程的形态特征

同义词：somatofugal atrophy

组织发生：神经元轴突的突起

发病机制：重要结构分子的顺行运输（中心到外围）受到干扰。

诊断要点：

- 轴突平均直径减小，轴突间隙扩大。
- 可伴有轴突肿胀。

特殊的诊断技术：轴突萎缩可通过检查轴突结构直接评估，或通过萎缩轴突的髓鞘形态间接评估。选取的方法包括：

- 显示 CNS 和 PNS 轴突［如银浸渍染色（Bielschowsky' s，Bodian' s）］或髓鞘（如 LFB）的常规组织染色。
- 常规免疫组织化学方法来显示 CNS 或 PNS 的轴突［如抗神经丝蛋白（NFP）］或髓鞘［如抗髓鞘碱性蛋白（MBP）］。
- 用于 PNS 轴突和髓鞘的单纤维制备（Krinke，Vidotto 和 Weber，2000a）。

鉴别诊断：神经内膜水肿［轴突间隙增宽，轴突平均直径没有显著变小（McMartin 等，1997）］。

备注：作为病理过程的轴突萎缩在 PNS 中通常是最为突出的（McMartin 等，1997）。这一部位易发病变的基础在于整个轴突必须由从细胞体（胞体）转运来的蛋白所能维持。因此，在这种转运活动中断后，CNS 神经元中最易受害的部分是轴突远端。原发性轴突萎缩的主要机制是神经原纤维的顺行运输不足，神经原纤维是轴浆中的主要蛋白质，因此是决定轴突管径的主要因素（Summers，

Cummings 和 DeLahunta，1995），此外还抑制靶源性营养信号向神经元胞体的逆向传递（Gold，Griffin 和 Price，1992）。尽管轴突萎缩也可能是最终轴突崩解或丧失的前兆病变（Gold，Griffin 和 Price，1992），但轴突萎缩可在没有轴突损失或神经病变时发生（Elder 等，1999）。轴突萎缩也可作为原发性脱髓鞘疾病的继发性结果（Hanemann 和 Gabreels-Festen，2002）。最后，轴突萎缩可在不能到达相应靶组织的轴突分支的正常神经发育过程中逐步发展［一种撤回（回缩反应），而不是变性，Bernstein 和 Lichtman，1999］。

广泛损伤（例如，化学品接触、手术操作）引起的轴突萎缩最容易观察到，因为多个神经中的大量轴突受到了影响。然而，如果一个相邻的轴突过于饱满，影响其近邻时，轴突发生局灶性萎缩（McMartin 等，1997）。在一般情况下，轴突萎缩在神经组织的横截面上最为明显；在 PNS，病变往往在塑料切片中最为清楚。轴突萎缩的其他标志是髓鞘环折叠的出现（圆形髓鞘消失；Krinke 等，1988），这表示功能完全的髓鞘对轴突大小病理变化的急性继发性适应，或以星形胶质细胞增多作为一种慢性反应（Andersson 等，2005）。

轴突变性（Degeneration，axonal）（图 27 至图 31）

生物学行为：轴突结构破坏

同义词：axonopathy，dying-back axonopathy，nerve fiber degeneration，Wallerian-type degeneration

组织发生：神经元的轴突突起（主要影响 CNS 的细胞）

发病机制：原发性轴突损伤，或对原发性髓鞘损害发生的继发性反应。

诊断要点：

- 早期的特征是轴突多发性嗜酸性肿胀（球状体；McMartin 等，1997）。在这种急性病变中髓鞘常不受影响。
- 晚期的主要病变是轴突破碎，伴有内含消化小泡和中央轴突碎片的巨噬细胞（格子细胞）形成。变性的髓鞘卵圆小体可继发形成。
- 这些变化在 PNS 而不是在 CNS 常伴随神经纤维的修复：轴突从中央到外周再生，同时施万细胞也增殖。

特殊诊断技术：

- 塑料或树脂包埋、甲苯胺蓝染色切片的常规组织学评估（主要用于 PNS；Greaves，2007）。
- CNS 或 PNS 轴突的细胞骨架组织学染色［如银浸渍（Bielschowsky' s，Bodian' s）］或免疫组化染色（如抗 NFP）。
- 单神经纤维制备，适用于 PNS 轴突和髓鞘（Krinke，Vidotto 和 Weber，2000a）。

鉴别诊断：轴突营养不良。

备注：轴突变性一词是这种变化的首选术语，因为它是最常见的表述形式。其他名称可专用于某些疾病过程或发病机制。

"轴突病"意指原发性轴突损伤，导致远端轴突的损失但对细胞体无重要影响；可加修饰词以指明病变在轴突全长上的位置（如中枢或外周、近端或远端）。例如，远端轴突病（如暴露于有机磷酯诱发）常涉及最大和最长的轴突，如外周神经、脊髓的本体感觉和运动神经、视神经，以及其他长外周神经的轴突。

其他术语包含对病变发生机制的了解。例如，术语沃勒（Wallerian）变性被频繁使用，以至于现在几乎用于任何类型的轴突崩解。然而，在严格意义上，这个术语指的是外科横断后远侧末端有髓鞘轴突的迅速崩解。如轴突变性发生的情况类似（即由神经毒物化学横断）时，使用术语沃勒样或沃勒类变性就是可取的（Grant Maxie 和 Youssef，2007）。同样，"逆死"轴突病变或神经病变意指毒性病灶为神经细胞体，变性开始于突触，然后反过来向远端轴突进展（Cavanagh，1964）。显然，这个词必须谨慎使用，因为这种机制并不适用于轴突变性的所有情况。

轴突变性常见于各种年龄组的大鼠，是一种偶发的自发性病变，如可见于 15 个月龄或更老的大鼠脊髓组织切片中（Mufson 和 Stein，1980），或见于亚慢性神经毒性研究中的脊柱根神经和外周神经中（Eisenbrrandt，1990）。有人在 zitter 大鼠报道，遗传性海绵状变性的特征是，在轴突周围或髓鞘内间隙，以及在脑桥和丘脑中一些少突胶质细胞或星形胶质细胞的胞质中可见空泡（Kondo 等，1995）。大鼠的所有上述变化随年龄增长更加明显。

轴突营养不良（Dystrophy，axonal）（图 32 至图 35）

生物学行为：轴突结构破坏

同义词：axonal swelling，neuroaxonal dystrophy

组织发生：轴突，通常在长纤维的终端和前终端内（Grant Maxie 和 Youssef，2007）

发病机制：细胞内骨架成分的聚积。

诊断要点：

- 轴突肿大嗜酸性梭形，或鱼雷状增大肿胀（球状体），在纵切面上最为明显。在横切面上，球状体的直径比附近未受害的轴突轮廓大。
- 球状体轮廓可呈光滑的颗粒状，或内含空泡。
- 球状体最常见于脑中继核内及周围以及 PNS 轴突末梢。
- 球状体中偶见矿化引起的嗜碱性细胞增多。
- g 率［轴突直径与神经纤维（轴突 + 髓鞘）直径之比值］降低（McMartin 等，1997）。

特殊诊断方法：

- 球状体用常规浸银染色呈黑色（例如，Bielschowsky' s 或 Bodian' s 染色）。
- 在电子显微镜下，球状体含有贮积的正常和变性细胞器，以及异常的膜状和管状。

鉴别诊断：轴突变性。

备注：轴索营养不良尚无统一的发病机制，但其机制可能涉及轴突逆行转运功能的障碍，导致轴突密集部位（如郎飞氏结）球状体中神经丝和残留细胞器的局部聚集。与神经元变性不同，轴突营养不良的球状体①可长时间存在，和②常与炎性反应无关，因为它们很少发生破碎和溶解。

轴突营养不良，是一种年龄相关的背景性变化，也可以是某些神经疾病（包括一些神经毒性疾病）中一种神经病理变化。已有报道在脑干尾部的中继核（例如，超过 6 个月龄的大鼠薄束核和楔状核以及背索的外前部）（Farmer，Wisniewski 和 Terry，1976；Fujisawa 和 Shiraki，1978），还有老龄大鼠的自主神经节（Schmidt，Plurad 和 Modert，1983），都有自发性病变。轴索营养不良也有许多神经元贮积病、某些基因靶向（敲除）小鼠（例如，gad -/-，Saigoh 等，1999；Sepp-/-，Valentine 等，2005）、维生素 E 缺乏症、糖尿病大鼠（Schmidt 等，2000；Sima 和 Yagihashi，1986）的特点。能广泛引起轴突肿胀的典型神经毒物包括丙烯酰胺、二硫化碳、3，3- 亚氨基二丙腈（IDPN；Griffin 等，1982）和 γ- 双酮类（LoPachin 和 Lehning，1997）。这些药物可引起结构类似的病变，但其发生的分子机制不同（Graham，1999）。

神经胶质——细胞体

II 型星形细胞（Type II astrocytes）（图 36 至图 39）

生物学行为：细胞毒性反应

同义词：astrocytic swelling，Alzheimer type II astrocytes

组织发生：脑固有的星形细胞

发病机制：接触过多循环代谢副产物可使星形胶质细胞和 / 或它们的细胞器（尤其是核）扩张。

诊断要点：

- 细胞核肿胀的特征为中心透亮及异染色质边缘化。
- 核仁（常为一个或两个）增大。
- 受影响的星形细胞的细胞质不明显（这可与 HE 染色切片中其他反应性星形细胞的外观比较）。
- 星形胶质细胞可聚集成两个或三个。
- 最常见于苍白球，但也可见于不同的脑区（包括新皮层、基底神经节和海马）。

特殊诊断技术：特殊的细胞外观是特征，但可通过抗胶质纤维酸性蛋白（GFAP）免疫组化的弱标记模式帮助确诊。

鉴别诊断：无。

备注：在形态上与细胞毒类星形细胞肿胀有关的 II 型星形细胞，是肝性脑病的标志性脑损伤（Agamanolis，2005；Fuller 和 Goodman，2001；Harris 等，2008；Jayakumar 等，2006；Norenberg，1981，1996；Norenberg 等，1974；Summers，Cummings 和 DeLahunta，1995）。

细胞功能障碍可引起细胞骨架的破坏，因此便可解释弱 GFAP 标记模式。如果起始原因予以适当处理，II 型星形细胞经过一段时间可以恢复到正常的细胞形态。如肝病持续性不减轻，则星形细胞肿胀会变得更为严重，且常会形成脑干疝和死亡（Agamanolis，2005；Norenberg，Rama Rao 和 Jayakumar，2005）。

氨是被建议的毒物，是在肝脏蛋白质分解代谢和产生尿素酶的结肠细菌的一个副产品。重度肝功能不全或来自肠道的门脉血流都可使高浓度氨到达大脑并迅速通过血脑屏障。氨在星形胶质细胞的细胞质中被有效地转变成谷氨酰胺，这种活动以星形细胞中毒为代价，保护了邻近的神经元不受毒性影响（Albrecht 和 Norenberg，2006；Jayakumar 等，2006；Norenberg，Rama Rao 和 Jayakumar，2005）。谷氨酰胺诱发星形细胞肿胀的可能机制是，实质水的高溶质梯度渗透，引起细胞内肿胀，胞质内谷氨酰胺转移到线粒体内转变成谷氨酸盐和氨（Albrecht 和 Norenberg，2006），促进自由基生成（即氧化 / 亚硝化应激），并引起线粒体通透性改变（Albrecht 和 Norenberg，2006；Jayakumar 等，2006；Norenberg，Rama Rao 和 Jayakumar，2005；Norenberg 等，2007）。

在已诱发的高氨血实验动物，经灌注固定的组织通常观察不到 II 型星形细胞（M.D. Norenberg，个人交流），因此，这种变异的星形细胞形态模式可能代表一种浸泡固定的人工产物（尽管是有益的和一致的）。

星形胶质细胞肿胀 / 空泡形成（Astrocyte swelling/vacuolation）（图 40 和图 41）

生物学行为： 星形胶质细胞细胞质或膜结合细胞器的扩张

同义词： acute gliopathy, astrocyte swelling, astrocyte vacuolation, glia syndrome, glio-vascular lesion

组织发生： 固有星形胶质细胞

发病机制： 液体和 / 或代谢副产物的滞留。

诊断要点：

- 星形胶质细胞肿胀导致明显的神经纤维网明显空泡形成，有时压迫邻近神经元。
- 主要分布在灰质。
- 双侧对称。

鉴别诊断： 啮齿类动物无［反刍动物硫胺素缺乏时因星形细胞内水肿而引起其细胞肿胀（与海绵状神经纤维网内毛细血管周和神经元周的空泡形成有关）邻近大脑皮层坏死区缺血的神经元（Summers，Cummings 和 DeLahunta，1995）］。

备注：这种星形细胞病变，一般认为是急性能量匮乏，后者是经糖分解途径的葡萄糖利用能力受损（Cavanagh，1993；Forsyth，1996；Krinke 和 Classen，1998），血管内皮呈现继发性受累，可能是因为肿胀的星形细胞末足压迫相邻的毛细血管（Ito 等，2011）。

诱发脑内星形细胞肿胀和空泡形成的一些毒物，包括 6- 氨基烟酰胺（6-AN；Sasaki，1982；Krinke 和 Classen，1998）、氯糖（chlorosugars）（Jacobs 和 Ford，1981）、二硝基苯和三溴咪

唑（Cavanagh，1993）。发生区域和细胞变化可因每种毒物的位点特异易损性而不同。大脑星形细胞不是唯一的靶点，因为暴露于 6-AN 的犬背根神经节和头（上）颈自主神经节内的神经元周围卫星细胞也可发生相似的病变（Krinke 和 Classen，1998）。

与星形细胞反应相关的自发性多灶性海绵状脑病在老龄大鼠大脑皮质的神经胶质细胞已有报道（Krinke 和 Eisenbrandt，1994）。这种大鼠的病变随年龄增长更为明显。

星形胶质细胞增生（Astrocytosis）（图 42）

生物学行为：组织修复（瘢痕）

同义词：astrogliosis，gemistocytic astrocytes，gemistocytosis，glial hyperplasia，glial hypertrophy，reactive astroglia

组织发生：固有星形胶质细胞（有些可能来自干细胞的前体细胞）

发病机制：增生的星形细胞填充或包围缺损。

诊断要点：

- CNS 受损区域内或附近星形细胞数量增多。
- HE 染色切片的常见细胞结构特征包括：
  - 核大色淡，细胞质明显。
  - 胞质增多，呈弱嗜酸性（“肥胖星形细胞”），细胞突起肿胀（McMartin 等，1997；Grant Maxie 和 Youssef，2007）。
  - “肥胖星形细胞”的核偏离中心。

特殊诊断技术：鉴定星形细胞标志物的免疫组化程序：

- 细胞系：细胞骨架蛋白质，例如，GFAP 和波形蛋白（Fix 等，1996；Grant Maxie 和 Youssef，2007）。
- 病变特征：细胞增生标志物，如 5- 溴 -2- 脱氧尿苷（BrdU）、Ki67 或增生细胞核抗原（PCNA），以区分细胞体积增大（肥大）与细胞数目增多（增生）。

鉴别诊断：非其他特异性的胶质细胞增生。

备注：星形细胞增生与星形胶质细胞增生常可互换使用。但有些病理学家使用两个术语有严格界定，认为星形胶质细胞增生是富含纤维的细胞突起数目和 / 或大小增加（星形细胞肥大），而星形细胞增生仅指细胞增生（星形细胞增生）（Montgomery，1994；Summers，Cummings 和 DeLahunta，1995）。具有外形圆润、突起明显的肥大反应性星形细胞有时被称为肥胖星形细胞。

老龄啮齿类动物脑的自发性胶质细胞增多也常见于其他动物种属（Mandybur，Ormsby 和 Zemlan，1989）。

非特定类型胶质细胞增生（Gliosis，Not Otherwise Specified）（NOS；图43至图46）

生物学行为：组织修复（瘢痕）

同义词：astrocytosis，astrogliosis，gemistocytosis，glial hyperplasia，glial hypertrophy，microgliosis，oligodendrocyte satellitosis

组织发生：CNS胶质细胞，尤其是固有星形细胞和小胶质细胞

发病机制：通过任何细胞或多个胶质细胞系的细胞的肥大和/或增生来修复缺损。

诊断要点：

- 通过细胞结构特征和部位确证为神经胶质细胞（而不是神经元）。
- 在HE染色的切片中，常通过该类型细胞特异性特征对细胞系进一步明确每种类型的反应性细胞：
  - 星形胶质细胞：细胞大，有丰富的嗜酸性细胞质，细胞核大，呈椭圆形，有几个肿胀的细胞突起。
  - 小胶质细胞：细胞小，核呈梭形有时呈波浪状（因此称为杆状细胞），几乎没有细胞质。
  - 少突胶质细胞：细胞小，核呈圆形，细胞质淡染，呈薄轮状，通常围绕在受损神经元的周围（即卫星现象）。

鉴别诊断：星形细胞增生/星形胶质细胞增生，小胶质细胞增生，卫星现象。

备注：非特定类型的胶质细胞增生一词，是指CNS胶质细胞一种共同的非特异的反应性应答，主要是星形胶质细胞和小胶质细胞（免疫系统的固有成分），而不是少突胶质细胞（髓鞘形成细胞）。当不能确认涉及的胶质细胞是CNS的哪一群或哪些群时，非特定类型的胶质细胞增生这个名称是可被接受的。但是在可能的情况下，较明确的术语（例如，星形细胞增生，小胶质细胞增生或卫星现象）应优先选用。用于描述PNS反应性胶质细胞病变的类似术语包括“施万细胞增生”和“Büngner带”。

胶质细胞增生可能是神经胶质细胞的体积增大（肥大）和/或数量增多（增生）的结果。胶质细胞对各种刺激反应的研究表明，小胶质细胞增生比星形胶质细胞增生更具特征。这种增生反应可在受到多种形式的损伤，包括炎症和给予神经毒性后的CNS发生（如甲基汞；Nagashima，1997）。

小胶质细胞增生（Microgliosis）（图47至图49）

生物学行为：炎症促发性反应

同义词：microglial cell proliferation，reactive microglia，gitter cells

组织发生：固有的小胶质细胞

发病机制：参与免疫监视（如抗原处理和呈递）和效应活动（如吞噬作用）细胞的增生。

诊断要点：

- 小胶质细胞局灶性 / 多灶性聚集。
- 在 HE 染色切片中，小胶质细胞的主要特征为呈细长的梭形（即杆状细胞；Summers，Cummings 和 DeLahunta，1995；Grant Maxie 和 Youssef，2007）。

特殊诊断技术：小胶质细胞特异标记物的检测可用于确诊：

- 免疫组化选择：CD11b/C（小鼠）；CD45；3 型受体补体；Iba1；组织巨噬细胞中不存在角蛋白硫酸蛋白多糖；OX-42，大鼠 CD11b 的对应物；以及巨噬细胞和单核细胞较一般的标记物，如 CD68、ED-1（大鼠标记物）、ED-2（为大鼠外周巨噬细胞所特异）、F4/80 和 Mac-1（Fix 等，1996；Gehrmann 等，1995；Ito 等，2001；Mander 和 Morris，1995）。
- 凝集素组化染色：西非单豆素 -IB4（GS-IB4）。

鉴别诊断：无。

备注：小胶质细胞增生通常是由于局部 CNS 损伤（通常是一个神经细胞群）引起的。固有细胞通过被激活（以更好地作为抗原呈递细胞和巨噬细胞发挥功能）做出反应，这通常需要肥大和一些增生。小胶质细胞的激活可在神经元成分出现明显病变之前发生（LaVoie，Card 和 Hastings，2004）。在特别需要时，血液循环中的单核细胞可进入神经纤维网作为小胶质细胞的干细胞（Stoll 和 Jander，1999）。在明显脑损伤的情况下，小胶质细胞是主要的吞噬细胞群，常变为有特征形态的“格子细胞”（即充满大量透明小泡的圆形大细胞；图 40）。

在啮齿类动物，小胶质细胞增生的发生是对许多不同刺激的应答，这些刺激包括神经毒物如硫化羰（Morgan 等，2004）、甲基苯丙胺（Escubedo 等，1998；LaVoie，Card 和 Hastings，2004）和三甲基锡（Kuhlmann 和 Guilarte，2000）。小胶质细胞增生的发生和消退出现在星形胶质细胞反应之前（Kuhlmann 和 Guilarte，2000）。

卫星现象（Satellitosis）

生物学行为：可能为了更有效地支持相邻的神经元

组织发生：固定的少突胶质细胞

发病机制：对原发性神经元变性的应答（Franklin 和 Kotter，2008）。

诊断要点：在变性神经元胞体附近，有环状或小簇少突胶质细胞。

特殊诊断技术：细胞型特异性标记物（即髓鞘蛋白）的免疫组化，如 2′ 3′ - 环核苷酸 3′ - 磷酸二酯酶（CNP；Summers，Cummings 和 DeLahunta，1995）、髓鞘少突胶质糖蛋白（MOG）和 Nogo-A（标记成熟细胞；Kuhlmann 等，2007）。

鉴别诊断：无。

备注：少突胶质细胞是对 CNS 损伤反应最小的胶质细胞群（Summers，Cummings 和

DeLahunta，1995），在一般情况下，卫星现象一词只应在与对照动物位点相同的结构中位于神经元附近的卫星细胞的程度进行严格比较后使用。这种病变曾在用醋酸铅（Ozsoy 等，2010）和福美双（dimethylcarbamothioylsulfanyl N，Ndimethylcarbamodi Thioate，一种杀菌剂；Lee 和 Peters，1976）损伤后有描述。

神经胶质——髓鞘

脱髓鞘（Demyelination）（图 50）

生物学行为：完整髓鞘崩解

同义词：myelinolysis，myelinopathy

组织发生：髓鞘或髓鞘形成细胞（CNS 少突胶质细胞，PNS 施万细胞）

发病机制：正常形成的髓鞘破坏，而对髓鞘内的轴突无重要影响。

诊断要点：

- 在原发性脱髓鞘的早期可通过存在完整裸露的轴突与继发性脱髓鞘相鉴别。在这两种情况下，髓鞘卵形体可能都存在（McMartin 等，1997）。
- 在髓鞘脱落或髓鞘减少的神经纤维，髓鞘染色减少。
- 在髓鞘再生（只在 PNS 有效发生）过程中，沿受害神经纤维出现厚度不同的髓鞘节段，分开施万细胞的卵圆形核靠近轴突处形成线性的行列（Büngner 带）。

特殊诊断技术：在诊断程序可直接检测髓鞘的完整性或通过评估轴突结构间接探索脱髓鞘的机制。

- 常规髓鞘染色（石蜡切片）。
  - LFB 或依来铬青色素髓鞘染色（单独使用或与甲酚紫复染剂液联合使用染色轴突），或四氧化锇。
  - 在脱髓鞘后期，可用 LFB/PAS 染色法确认巨噬细胞内吞噬不见的和部分消化的髓鞘碎片（Grant Maxie 和 Youssef，2007）。
- 常规髓鞘染色（冰冻切片或组织块）。
  - Marchi 技术（Strich，1968）。
- 特异髓鞘蛋白免疫组化染色（石蜡切片）。
  - 髓鞘——MBP、MOG、和脂蛋白蛋白（PLP；Sato 等，2003）。
  - 髓鞘形成细胞——少突胶质细胞（CNS）CNP 和 Nogo-A 染色（Kuhlmann 等，2007）；施万细胞（PNS）S-100 染色。
- 常规轴突染色（石蜡切片）以显示脱髓鞘是原发的（即髓鞘丢失但轴突完好无损）或是继发的（即先发生轴突丧失，然后发生髓鞘变性）。
  - 银浸渍技术（Bielschowsky’s，Bodean’s）标记轴突的细胞骨架。

- 超微结构分析（塑料或树脂包埋切片），能精确识别轴突周围的髓鞘层数和厚度，这在辨认重新形成髓鞘的轴突与正常轴突方面特别有用（McKay，Blakemore 和 Franklin，1998；Smith 和 Jeffery，2006）。
- 单纤维制备（PNS）以比较节间距离（即髓鞘段长度）及轴突和髓鞘的完整性（Krinke 等，2000a）。

鉴别诊断： 髓鞘内水肿。

备注：“原发性脱髓鞘”是在直接对髓鞘形态损伤（通常是毒物）时发生。原发性脱髓鞘病变不累及轴突，也不引起远端神经纤维的沃勒（Wallerian）（继发性）轴突变性。相反，“继发性脱髓鞘”则是原发性轴突变性病变导致随后髓鞘丧失的结果。轴突丧失，髓鞘可以生存，但如果中央轴突崩解，髓鞘则无法残存。

原发性自发性脱髓鞘见于老龄大鼠腰段脊髓脊神经根（特别是腹根）（Krinke，1983）。研究最全面的原发性诱发的动物脱髓鞘模型是试验性自身免疫性脑脊髓炎（EAE），其可引起类似人类多发性硬化（MS）的 CNS 病变（Ryffel，1988）。髓鞘丧失是通过动物接种均质化的完整髓鞘或纯化的髓鞘成分，由适当的佐剂携带或由致敏的 T 细胞被动传送与髓鞘抗原反应而发生的。一些化学物质，如溴化乙锭（Suzuki，1988）和溶血卵磷脂（Hall，1988），直接注射到 CNS 或 PNS 后可引起原发性脱髓鞘。这些灶性到多灶性病变与 MS 的脱髓鞘病变有一些相似。有一种异常的 PNS 脱髓鞘机制是碲暴露，由接触碲后施万细胞胆固醇代谢改变引起（Anthony 等，2001；Jortner，2000）。

在 PNS，可由施万细胞有效地和完全地进行髓鞘再生，但在 CNS 髓鞘再生的程度有限（Zawadzka 和 Franklin，2007；Patrikios 等，2006；Franklin 和 Kotter，2008）。然而，正在进行的一些研究表明：中枢神经系统的髓鞘再生是脱髓鞘的一种自然结果，并且比目前认为的还可能更广泛。在 CNS 和 PNS，再生的髓鞘比原来的细，而且呈短节段状。

髓鞘内水肿（Intramyelinic edema）（图 51 至图 58）

生物学行为： 髓鞘层的破坏

同义词： leukoencephalopathy，myelin edema，myelin vacuolation

组织发生： 髓鞘层（CNS 或 PNS）

发病机制： 髓鞘层间流入液体。

诊断要点：

- 轴突周围的髓鞘被大小不等的小泡所破坏，其中有的为空泡，有的含有少量的膜状物。
- 外观和分布区域取决于损伤的某种或某些机制和引起的致病物。
- 在髓鞘内持续性水肿的后期，可出现继发性髓鞘及轴突变性。

特殊诊断技术： 可用的技术在“脱髓鞘”内容中（见上文）已有详细叙述。

- 超微结构评估（灌注固定的组织最理想）是证明髓鞘层分离和 / 或髓鞘形成细胞胞质肿胀的主要诊断方法。当空泡涉及神经纤维网而不仅限于白质束时，电镜评估尤其有用。

- 常可用 GFAP 免疫组化辅助诊断，不仅可显示继发性星形胶质细胞反应是否存在，也可证明空泡未在星形胶质细胞内。
- 核磁共振成像（MRI）已被成功地用于检测病人和动物模型髓鞘内水肿的存在和分布（Peyster 等，1995）。

鉴别诊断：

- 胞质空泡形成［少突神经胶质细胞、星形胶质细胞，或神经元，如果位于灰质；常表现为一个或几个大小不一（但往往大）的细胞体内的透明空泡］。
- 人工制片中产生的空泡（由于不适当的组织处理）。

备注：髓鞘内水肿最常由于髓鞘层沿主致密线（周期内线）分离的结果，后者代表的是融合的髓鞘细胞膜外层（Hirano 和 Llena，2006；McMartin 等，1997；van Gemert 和 Killeen，1998）。在光镜下，当髓鞘内分离的各层发现空泡时，可诊断为髓鞘内水肿。但是，超微结构评估常需要证明髓鞘层沿主致密线的分离或水肿涉及少突胶质细胞的细胞质（或在 PNS 病例的施万细胞；Hirano 和 Llena，2006）。

髓鞘内水肿是常见的神经毒害的结果。这种病变可能由于化学物对髓鞘的直接作用，或是对髓鞘形成细胞（少突胶质细胞或施万细胞；Bouldin，2000；McMartin 等，1997；Summers，Cummings 和 DeLahunta，1995；van Gemert 和 Killeen，1998）损伤的结果。当少突胶质细胞或施万细胞损伤时，胞质突起则肿胀（髓鞘层的分离除外）。

髓鞘内水肿常与接触脂溶性化合物（例如，六氯苯，三乙基锡）有关，因脂溶性化合物可以快速渗透入 BBB，且对髓鞘有亲和性（Krinke，2000；Steinschneider，2000）。由这些亲脂性物质引起的髓鞘内水肿的分布（即脑和脊髓髓鞘明显区的广泛性空泡形成），与高剂量氨己烯酸处理后所出现的情况有很大不同，后者在特定的神经解剖区域内发生神经纤维网的空泡形成（Schaumburg，2000）。然而，这两种情况出现的单个空泡的外观是类似的。髓鞘内水肿的早期不伴有髓鞘或轴突变性，因此，可完全恢复。然而，长期水肿可引起髓鞘或轴突的继发性变性。例如，长期接触六氯酚可伴发轴突变性，用三乙基锡处理的兔，超微结构证明有髓鞘的吞噬作用（Krinke，2000；Steinschneider，2000）。退行性变化可在少突胶质细胞中观察到（如铜宗毒性），此外，也有中脑髓鞘内水肿引起导水管狭窄而继发脑水肿的报道（Bouldin，2000）。

脉络丛

空泡形成（Vacuolation）（图 59 和图 60）

生物学行为：偶发

同义词：无

组织发生：脉络丛上皮

发病机制：液体、代谢副产物或不溶性异物的滞留。

诊断要点：

- 脉络丛上皮被大小不等的圆形透明空泡充满或扩张。
- 常呈多灶性到弥散性分布。

特殊诊断技术：以脂质保存剂（如 1%的四氧化锇）进行固定后，通过透射电镜可帮助确定受害的细胞器。

鉴别诊断：生理性空泡形成［在脉络丛上皮细胞体内常可见数量不等、大小不一（但一般小）的透明空泡］。

备注：在经异源性物质处理的啮齿类动物，真正的空泡变化是由于细胞内贮积脂质（例如，磷脂沉积）、未消化的物质［例如，膜降解产物、聚乙二醇（PEG，用以延长其循环半衰期的复合性生物药物）］和 / 或溶酶体内的水（如水肿变化）。例如，F344 大鼠给予双（4- 氨基 -3- 乙基环己基 1）甲烷（一种环氧树脂的胺固化剂），可见脉络丛不同程度的空泡变化，这是由于水的吸收和个别情况下的层状包涵体的形成（Shibata 等，1990）。一种抗心律不齐活性的哌啶环化合物二异丁酰胺，给予大鼠后，可诱发脉络丛上皮以及许多周围器官的明显空泡形成（在犬和猴程度较轻），其原因是板层状磷脂包涵体在溶酶体内积聚（髓鞘附图；Koizumi 等，1986；Greaves，2000；Johanson 等，2011）。

血管

动脉炎（Arteritis）（图 61 和图 62）

生物学行为：动脉壁的炎症和纤维素样坏死

同义词：panarteritis nodosa，periarteritis，polyarteritis，polyarteritis nodosa

组织发生：动脉（各种大小），小动脉

发病机制：不确定是自发性疾病，可能由于内皮刺激或药物引起的病变损伤管壁。

诊断要点：

- 在早期，血管中膜的纤维素样坏死（嗜酸性非细胞性物质浸润）呈混合性，但主要是急性炎性反应。
- 后期以几种变性和炎性变化为特征：
  - 血管本身：炎性浸润物含有许多以单核细胞为主的炎症细胞并伴随动脉内纤维化。
  - 血管本身：发生内膜增生和血栓形成，致使管腔变窄并最终闭塞（Rubin 等，2000）。
  - 血管周围结缔组织：由于大量单核炎症细胞和纤维化而明显扩大。
- 如累及 CNS 的动脉或 PNS 邻近结构，则使动脉受压和 / 或继发这些组织的炎症。

特殊诊断技术：病变在 HE 染色的石蜡切片中具有特征性，但也可通过以下方法确认：

•米勒（Miller）弹性蛋白染色，可选择性将动脉内弹性膜染成紫 / 黑色，故有助于确定这种结构的破坏。
•灌注固定组织的甲苯胺蓝染色可提高血管壁病理变化的可视性。

鉴别诊断：医源性炎症［与套管在鞘内的放置有关，常因给予有抗原性或刺激性药物而加重；在发炎组织或其周围，通过一个狭窄的管道（急性引入针）或圆孔（与长期植入插管有关）可以很容易地辨认］。

备注：多结节性动脉炎是一种慢性、渐进性、退行性疾病，最常发生于老龄雄性大鼠。动脉壁的炎症和纤维素样坏死既可从内皮和内膜开始，也可首先从周围组织和血管滋养管扩展而影响外膜。这种自发性疾病常会危害 SD 大鼠和自发性高血压大鼠（SHR 品系），在慢性进行性肾病晚期的大鼠尤为严重（CPN；Percy 和 Barthold，2001；Suzuki，Oboshi 和 Sato，1979）。然而，神经系统的血管常不受害（Cutts，1966）。这可能有助于化合物诱发的动脉炎的鉴别诊断。与犬相反，作为对作用于心血管系统药物的应答，啮齿类动物似乎特别易于在肠系膜和胰腺血管床的中等动脉发生药物诱导的动脉炎。

尽管动脉炎一词已经被广泛应用在经典的啮齿类动物疾病中，但也可用作其他化合物诱发的炎症或变性病变的描述性术语（请参阅 INHAND 心血管系统）。

梗死（Infarct）（图 63 和图 64）

生物学行为：CNS 实质的退行性病变

同义词：regional necrosis

组织发生：中到大动脉或静脉

发病机制：流入局部的血流中断，导致单独区域的缺血。

诊断要点：

•神经损伤常局限于邻近一支主要血管的单独区域。
•在早期，累及的大量细胞（多种细胞，特别是神经元）发生核固缩和细胞质嗜酸性增强。
•在后期，广泛的核碎裂和核溶解。
•终期病变为神经纤维网囊性变性，有很多新参与的活化的小胶质细胞和巨噬细胞（格子细胞）聚集以清除坏死碎片，同时在周围存活的神经纤维中有大量胶质细胞（主要是反应性星形胶质细胞）。

特殊诊断技术：特征变化用常规方法即可辨认。反应性星形胶质细胞（抗 -GFAP）或可能增生的毛细血管（抗 - VIII 相关抗原因子）的免疫组化检测，可用于帮助定位陈旧病变中胶质和血管疤痕的边界。

鉴别诊断：出血（常是多灶性，位于与较大血管有一定距离的毛细血管附近，但不伴有坏死）。

备注：当梗死（即，中风）一词，应用于神经系统时，意指一个局部区域的细胞普遍死亡，因为血液循环障碍，向有代谢活性的神经细胞尤其是神经元氧的输送减少（McMartin 等，1997）。尽管其他血管变化如血管破裂（自发性或外伤性）或全身性低血压（即，由于严重的失血或长期休克）也可影响 CNS 循环，但神经梗死的主要原因通常是血管闭塞。血管意外事件的部位和原因在组织切片中几乎不可见；相反，诊断是通过由特定血管供血的神经纤维网出现的局灶性、弥漫性、普遍性坏死做出结论的。梗死早期（少于 24h），表现为从外观正常的神经纤维网突然变为一个所有细胞都表现程度不等的坏死区域，如细胞核固缩、细胞质嗜酸性增强，也可能有细胞质空泡形成和中度细胞皱缩。梗死边缘附近的一些或许多血管周围有不规则的出血。几天之后，活化的小胶质细胞和新形成的巨噬细胞［即吞噬细胞（格子细胞）］开始大量进入梗死区以清除坏死碎片。最后，坏死组织被清除的局部形成一个充满液体、无内衬细胞的大腔，腔壁被混合性胶质细胞（以星形胶质细胞为主）和新生毛细血管密集浸润。

血栓（Thrombus）（图 65 和图 66）

生物学行为：在一条或数条动脉管腔变窄或完全堵塞

同义词：thrombosis，vascular occlusion

组织发生：含有血小板、纤维素及其他带入的血细胞的凝固血液在血管内聚集

发病机制：包括三个主要因素：内皮损伤、血流改变和血液凝固性增加。

诊断要点：

- 管腔内有一个或多个不规则的嗜酸性（颜色不均）团块物，内含“受困”的血细胞（特别是血小板和红细胞）。
- 常附着于部分血管壁。
- 可伴发梗死区（局部或远处）。

特殊诊断技术：弹性蛋白染色可以帮助显示动脉内弹力膜，因此可清楚地区分血栓和血管壁的界限。

鉴别诊断：死后血块（见以下备注）。

备注：在大鼠和小鼠，血栓形成可能多由接触血管内毒物（如细菌内毒素、外源小分子物质）使内皮细胞损伤引起。药物可通过影响血管壁的正常结构、功能和不同的血液成分或改变血流动力学等不同机制，从而使血液处于高凝状态（Ramot 和 Nyska，2007）。血管炎症可能是一种促进因素，但在啮齿类动物没有家畜重要。

在大鼠和小鼠，血栓形成和随后的脑梗死很少发生。在 F344 大鼠，上述情况与单核细胞性白血病有关。动脉阻塞引起的梗死，最初细胞（尤其神经元）急性坏死很明显，伴随或不伴随水肿和出血。随时间延长，神经纤维网可慢慢消失或被神经胶质和血管增生反应取代，它们在坏死的神经元崩解之

后依然存在。

血栓必须与“死后血凝块”加以区分。血凝块颜色均一（与真正血栓的杂色相比），主要由纤维蛋白、血小板和很少量混入的血细胞组成，与血管壁不粘连。

概述

胆固醇结晶（Cholesterol clefts）（图 67 和图 68）

生物学行为：根据大小部位，为偶然所见或占位性物质，可阻碍脑脊液循环，或压迫邻近实质

同义词：cholesteatoma，cholesterol granuloma

组织发生：细胞膜

发病机制：坏死、炎症和出血部位释放的脂蛋白副产物在细胞外聚集或形成结晶。

诊断要点：

- 为随机混在一起的扁平状、菱形裂隙，但常具有类似的平行平面。
- 典型的结晶约长 50μm，中间稍凸。
- 由于结晶在组织处理过程中被溶剂溶解，故这种裂隙为空隙。

特殊诊断技术：

- 冰冻切片中的胆固醇结晶呈双折射性。
- 如果结晶中含有酯化的胆固醇，可以用油红 O 染色（Kruth，1984）。

鉴别诊断：无。

备注：大多数细胞利用胆固醇合成细胞膜。在 CNS，正常髓鞘的分解代谢可引起甘油三酯和胆固醇酯的生成。然而，胆固醇和胆固醇酯在细胞外（胆固醇结晶）和细胞内的积聚均罕见，因为其代谢是高度调节的。

在中枢神经系统的一些病理过程中，如坏死、炎症和出血均可见胆固醇和胆固醇酯积聚。泡沫状巨噬细胞见于损伤的白质束中，其中髓鞘发生显著的崩解，引起细胞膜崩解的脂质和胆固醇被巨噬细胞吞噬。在马属动物，胆固醇结晶被认为是脉络丛局部出血引起肉芽肿性反应而继发产生的。发生的这种肉芽肿（或胆脂瘤）能阻塞脑脊液通过室间孔流出，从而导致梗阻性脑积水。啮齿类动物的类似病变非常罕见。

出血（Hemorrhage）（图 69）

生物学行为：依据出现的范围、位置而不同，以及是否有临床特征，是否压迫中枢神经实质组织

同义词：hematoma，hemorrhagic lesions

组织发生：实质血管或脑膜血管

发病机制：血管破裂。

诊断要点：

- 中枢神经系统的出血通常局限于脑膜（硬膜外或硬膜下）和 / 或实质。
- 在远离血管系统的神经纤维网，可见散立性瘀点病灶，或大的损伤性病灶，呈灶性、多灶性或弥漫性分布。
- 出血常紧靠毛细血管。
- 可见炎症细胞浸润，主要是成熟血肿附近的界限性反应。
- 脑室系统附近的大血肿可继发脑水肿和脊髓出血（脑脊液中出现大量的血液）。
- 慢性出血病变可伴有“胆固醇裂隙”。

特殊诊断技术：神经组织的急性出血非常明显，因为只有一种鲜红色的红细胞。细胞内铁积聚的特殊染色（如普鲁士蓝），常用于识别陈旧出血部位含铁血黄素沉积（Wilcock 和 Colton，2009），尤其在微出血的情况下。

鉴别诊断：梗死（出血变体，通常表现为有界限的坏死区域，在靠近一个中型至大型动脉或静脉分水岭可见出血）。

备注：神经系统内的出血表现几种形式。脑膜和实质血管壁的糜烂和破裂常起因于某些病理过程（如弥散性血管内凝血、系统感染和出血性素质过程中一系列血栓栓塞性变化；Jubb 和 Huxtable，1992；Summers，Cummings 和 DeLahunta，1995）和创伤。必须仔细观察以确定动物生前是否有真的血液外渗，因为在死后变化中，也会出现血液外渗；出血结束时很少或者不引起组织反应（Jubb 和 Huxtable，1992）。新鲜脑被切开时，切面所见的小点血液，常为充血的毛细血管切面，而不是出血点（Jones，Hunt 和 King，1996）。

红细胞的渗出（通过完整的血管壁）常见于多种原因引起的急性死亡，而且与死后神经创伤引起的非常相似。大脑和小脑的白质尤其容易发生。缺氧、弥散性血管内凝血相关的微血栓和传染性疾病都会通过这一机制发生病理性瘀斑（Jubb 和 Huxtable，1992）。

大血管破裂所引起的蛛网膜下出血，可发展成为大的占位性出血块，从而挤压邻近的脑组织（Jones，Hunt 和 King，1996）。血肿的继发性损害包括广泛的脑水肿、区域性神经缺血、脑疝形成和 / 或致命的脑干压迫。小的损伤可形成星形胶质细胞疤痕，而大病灶则溶解并形成囊肿，内衬充满含铁血黄素的巨噬细胞（Summers，Cummings 和 DeLahunta，1995）。啮齿类动物很少发生孤立性血肿（Jubb 和 Huxtable，1992）。然而，有些大脑中的肿瘤（如单核细胞性白血病、垂体腺瘤或原发性脑肿瘤）能够引起大鼠脉管系统的破裂，从而导致病灶周围实质的大量出血、水肿及坏死（Solleveld 和 Boorman，1990）。作为大脑淀粉样变性血管病的继发结果，血管周围的微出血为阿尔茨海默症转基因小鼠的共同特征（Wilcock 和 Colton，2009）。

中枢神经系统出血的诱导模型通常采用患有自发性高血压啮齿类动物作为血管意外的前兆（Nagatani 等，2005），或探讨血管壁病变的影响（如动脉粥样硬化；Shiraya 等，2009）（Lee 和 Berry，1978），以及在 CNS 出血的发生发展方面作用于血管元素的药物（Skold，Risling 和 Holmin，2006）。

脑积水（Hydrocephalus）（图 70 至图 72）

生物学行为：依据范围和长期性，可不出现临床症状，或压迫邻近中枢神经系统实质

同义词：ventricular dilatation

组织发生：不适用

发病机制：各种原因（见以下备注），通过长期液体的蓄积，导致一个或多个脑室扩张。

诊断要点：

•侧脑室（有时为第三脑室）扩张（肉眼观察）。

•相邻脑（通常为大脑皮质）萎缩（如果在发育期，则出现发育不全）。

•扩张脑室的室管膜衬里变薄（变平和纤毛消失）。

鉴别诊断：

•人工造成的脑室扩张（灌注固定时血管压力过大）。

备注：脑积水是一种由很多病因引起的一般在最后出现的慢性变化。一种机制为代偿，即由于在发育过程中脑实质的萎缩和发育不全而使脑室变的扩张。另一种机制为阻塞，由于狭窄（如胆固醇结晶、肿瘤）阻碍了脑脊液的循环（Miller 和 Ironside，1997）；脑室系统中最关键的一段是中脑导水管（Sylvius），这是一个连接第三和第四脑室的狭窄通道（Summers，Cummings 和 DeLahunta，1995）。有时将液体无法从前脑室流向后部的变化称为阻塞性脑积水。还有一种是较少见的机制，脉络丛上皮产生脑脊液过多，或蛛网膜颗粒吸收脑脊液不充分。这两种形式由于脑脊液循环不受影响，故有时称为流通性脑积水。

代偿形式的脑积水通常为先天性的，反映了怀孕期间中枢神经系统的发育障碍。现已明确，造成这种缺损（图 66）的原因是 MAM 导致畸剂（Kaufmann 和 Gröters，2006）。在某些品系的大鼠和小鼠，遗传性中脑导水管狭窄可引起先天性脑积水（D' Amato 等，1986），但在多数品系的大鼠，先天性脑积水非常罕见，其发生率低于 1%。

在长期进行致癌研究的啮齿类动物中，老龄动物可发生大脑内肿瘤（如神经胶质瘤、松果腺瘤和垂体腺瘤，见图 67）或炎性团块（Solleveld 和 Boorman，1990；Radovsky 和 Mahler，1999），从而使脑实质变形或使连接侧脑室和第三脑室的室间孔（导致一侧侧脑室积水）或导水管（引起两个侧脑室、通常为第三脑室的扩张）发生闭塞，则常会发生阻塞性脑积水。

炎症（Inflammation）

生物学行为：依据程度和分布（局限性和广泛性），表现为无临床症状，或已经受到其他病原影响而使神经组织发生附加损伤

同义词：encephalitis，meningitis，myelitis，neuritis（用特异部位的术语更准确地描述病变的分布）

组织发生：固有神经胶质细胞（星形胶质细胞和小胶质细胞），固有的和 / 或循环的

白细胞（所有类别），血管内皮细胞和周细胞

发病机制：多种机制（见以下备注），全部为局部或系统免疫细胞对有害刺激的反应。

诊断要点：

- 主要特征为可辨别的白细胞浸润伴其他组织损伤的标志［如水肿、纤维化、神经胶质增生、出血、坏死（神经元或神经胶质），血管充血；Summers，Cummings和DeLahunta，1995］。
- 白细胞可能为同源的单一细胞系组成的细胞群，或是多种类型炎性细胞的聚集物（混合物），并且所有的细胞都易于区分。
- 主要由粒细胞（以中性粒细胞为主）构成的炎症，可加修饰词，如化脓性。主要由淋巴细胞、巨噬细胞和浆细胞构成的混合细胞浸润，可简化为“单形核细胞”作为描述语；主要由巨噬细胞，也可能包括多核巨细胞构成的炎细胞浸润，被称为“肉芽肿性”浸润；而“脓性肉芽肿性”浸润主要为中性粒细胞和巨噬细胞。
- 神经系统的炎症特征是轴突崩解和/或髓鞘变性。
- 直接给予中枢神经系统具有抗原性或刺激性化合物后，需要区分插管引起的炎症（如异物反应）和化合物诱发的炎症（Butt，2011）。

特殊诊断技术：HE染色的切片容易确认炎症的存在，而细胞类型特异性标记的免疫组化则可确定特定的白细胞系（Eltayeb等，2007；Randall和Pearse，2008）。

鉴别诊断：

- 炎症细胞浸润。
- 恶性淋巴瘤。
- 恶性网状细胞增生。

备注：炎症是正常宿主的一种防御机制，是一种错误的过度反应（如自体免疫性疾病），或是药物诱导的免疫功能障碍或神经细胞损伤的一种结果。有些神经炎症的动物模型其特征是具有明显的病变表现（如试验性、变应性脑炎的多灶性血管周围单形核细胞浸润；Eltayeb等，2007）。一般来说，炎症应与中枢神经系统中有其他大量细胞的白细胞反应予以区分（如淋巴瘤和恶性网状细胞增生等肿瘤），炎症细胞来自多细胞系，分化良好。

需要从生物学上区分明显的“炎症”过程和“炎症细胞浸润”，“炎症”发生机制的核心是活化的白细胞聚集。而对于炎症细胞浸润，则表示无害的白细胞灶状聚集，是偶发性背景组织病理的一部分，或是适度的炎症细胞浸润，这种浸润是继发于其他原发性外源性化学物质诱发的组织反应。炎症细胞浸润与其他一些组织反应（如水肿、纤维化、神经胶质增生、出血、坏死和血管充血）无关。

炎症细胞浸润（Infiltrate，inflammatory cell）（图73）

生物学行为：偶发性

同义词：无

组织发生：固有的或者循环的白细胞（所有类型）

发病机制：不明确，推测可能是自限性免疫应答，用以有限监视和组织修复活动。

诊断要点：

- 在中枢神经系统实质（一般在灰质）、脉络丛或脑膜（常靠近血管），可见局限的多发性白细胞（常为单形核细胞）聚集小灶。
- 炎症发展或消退过程中不伴有代表性的其他组织损伤变化［如水肿、纤维化、神经胶质细胞增生、出血、坏死（神经元和神经胶质细胞）、血管充血］。
- 不伴有轴突崩解和 / 或髓鞘变性。

特殊的诊断技术：无。

鉴别诊断：炎症。

备注：炎性细胞浸润意指少量的、局灶性白细胞（或偶为多灶）聚集，是偶发性背景组织病理的一部分，或是适度的炎性细胞浸润，这种浸润是继发于其他原发性、外源性化学物质诱发的组织反应。而炎症则指损伤神经组织中白细胞的一种主要作用，并伴随许多有关的损伤性变化（如水肿、纤维化、神经胶质增生、出血、坏死和 / 或血管充血）。

脂褐素聚积（Lipofuscin accumulation）（图 74）

区域：灰质，中枢神经系统核团

生物学行为：年龄相关性细胞降解产物的胞内积聚

同义词：lipofuscinosis

组织发生：神经元，星形胶质细胞，少突胶质细胞

发病机制：脂褐素为自噬溶酶体的残留小体，由脂质和磷脂的复合物与蛋白质聚合而成。

诊断要点：

- 神经元胞质中有褐色颗粒积聚，细胞常呈中等大小至很大。
- 色素颗粒的颜色为淡黄色至深褐色；有些则呈嗜酸性（类蜡脂）。

特殊诊断技术：

- 脂褐素颗粒的检查可用几种特殊染色：PAS 染色呈粉色，油红 O 染色呈淡红色至红色，LFB 染色呈深蓝色至紫色，黑色素 Schmorl' s 技术染色呈淡蓝色至蓝色，也可用 Ziehl-Neelsen 抗酸染色。Lapham 氏法对神经脂褐素有高度特异性（Lapham，Johnstone 和 Brundjar，1964）。
- 使用紫外光（365nm）的自荧光有助于脂褐素的确诊。

鉴别诊断：

- 神经黑素颗粒（儿茶酚胺合成的副产物）特异地存在于人类和非人灵长类动物的黑质和其他脑核团中，而大鼠和小鼠则没有。

备注：脂褐素积聚是由于神经细胞清除降解副产物的效率随年龄增长而降低的结果。（Kreutzberg，Blackmore 和 Graeber，1997）。脂褐素是在神经元、星形胶质细胞和少突胶质细胞的胞体中通过细胞膜的脂质过氧化作用而产生的。有报道表明，脂褐素存在于老龄猴的毛细血管内皮和管周细胞中（El-Ghazawi 和 Malaty，1975），而大鼠和小鼠的这两种细胞则不存在。脂褐素的聚集对细胞似乎没有损害作用。

自发性脂褐素聚积在老龄大鼠和小鼠罕见。在老龄大鼠，海马的锥体神经元和小脑浦金野细胞可发现脂褐素明显增多（Riga 和 Riga，1974；Amenta 等，1988）。在啮齿类动物致癌性研究过程中（小鼠 18 个月和 F344 大鼠 24 个月），中枢神经系统的脂褐素聚积比非神经组织（如肾上腺皮质、肾小管上皮、甲状腺滤泡细胞）轻微一些。与脂褐素相一致的密电子残余体在电子显微镜检查中比在光镜检查中更易被发现（Sturrock，1996）。有人报道了中枢神经系统中脂褐素聚积在品系间的差异，Sprague-Dawley 大鼠较多受害（Zeng 等，1994），而在 25 月龄以上的 ASH/TO 小鼠，色素聚积在多个脑区（Sturrock，1996）。

在啮齿类动物中枢神经系统中，脂褐素的聚积是由某些神经毒性药物诱发的。像慢性维生素 E 缺乏一样，对酒精（Paula-Barbosa 等，1991）和铅（Paula-Barbosa 等，1991）的接触，能增加脂褐素在大鼠中的积聚（Towfighi，1981）。核因子 κB p50（Lu 等，2006）或组织蛋白酶 D 和 F（Koike 等，2000；Tang 等，2006）的缺失能够促进脂褐素在神经元的聚积。星形胶质细胞过表达 IL-6 的转基因小鼠，呈现 BBB 结构的缺陷，使铁在中枢神经系统积聚过多，从而出现明显的脂褐素形成（Casteinau 等，1998）。与年龄相关的（生理性）脂褐素不同，诱发类型的色素似乎具有细胞毒性，这已通过类蜡质脂褐素沉积症中神经元细胞缺失所证实。

矿化（Mineralization）（图 75 至图 78）

生物学行为：偶发性

同义词：calcification，calcospherite

组织发生：不同的

诊断要点：

- 在中枢神经系统的 HE 染色切片中常为不规则的大小不等的蓝 / 紫色灶。
- 可能波及血管壁（尤其中膜）。
- 典型的层状外观（深浅区域交替）。

特殊诊断技术：

- 经典的 von Kossa 染色可用于石蜡切片，尽管螯合作用化学（硝酸银）对钙盐无特异性。
- 也可使用茜素红 S 进行染色。

- 固定含钙沉积的组织最好使用无酸固定剂，如 10% 中性福尔马林缓冲液或酒精（Bancroft 和 Gamble，2002）。

鉴别诊断：

- 嗜碱性小体应与营养不良性钙化加以区分，后者发生在神经组织损伤的部位（Solleveld 和 Boorman，1990）。

备注：中枢神经系统的矿化作用被认为是一种修复反应，主要发生于原发性血管壁损伤（发病率因年龄而异）或继发于坏死区的营养不良性变化。

动物中枢神经系统的矿化现象很少，而某些品系的小鼠其发生率却较高。虽然受累的血管周围被严重包裹，以致管腔狭窄，但血栓形成和局部缺血则很少。偶见无明显先前血管损伤的自发性血管矿化。在中枢神经系统的矿化中最常见的钙盐为碳酸钙和磷酸钙（Summers，Cummings 和 DeLahunta，1995）。神经纤维网中的钙盐具有单折光性。某些能干扰钙和 / 或磷内稳态并引起多器官矿化的化合物，也可能引起脑矿化（Brown 等，2005a，b；Spencer，1998）。

在老龄小鼠（B6C3F_1 和其他品系；Morgan 等，1982）和大鼠（Yanai 等，1993）丘脑，偶见无定型的嗜碱性小体。这些不规则的层状小体在缺乏维生素 D 受体的老龄化小鼠中特别多（Kalueff 等，2006）。这种病灶在大鼠小脑则很少见到（Yanai 等，1993）。小体呈两侧对称，含有钙和磷，位于血管基底膜相关细胞的外侧，但与邻近神经纤维网中的细胞反应无关。这种沉着物能使血液供给发生障碍，导致局灶性坏死，并最终形成星形胶质瘢痕、毛细血管增生，以及（大损伤）空洞（Maronpot，Boorman 和 Gaul，1999）。这些沉着物的发生机制和意义尚不清楚（Solleveld 和 Boorman，1990）。

鳞状上皮囊肿（Squamous cyst）（图 79 至图 81）

生物学行为：根据大小和部位，可为偶然所见，或为挤压邻近中枢神经系统实质的占位性肿块

同义词：epidermoid cyst，epidermal，inclusion cyst，epithelial inclusion cyst

组织发生：神经管闭锁过程中表面外胚层异位（Grant Maxie 和 Youssef，2007）

发病机制：发育异常（Boorman，Montgomery 和 MacKenzie，1990）。

诊断要点：

- 囊肿一般被覆复层鳞状上皮细胞并充满同心层状角蛋白（Boorman，Montgomery 和 MacKenzie，1990；Goldschmidt 等，1998）。
- 共有 4 层正常表皮，包括颗粒细胞层。
- 在破裂的囊肿内及其附近可发生针对角蛋白的肉芽肿性炎症。

特殊诊断技术：无。

鉴别诊断：皮样囊肿（如果复层鳞状上皮也包括附件，如汗腺、毛囊和 / 或皮脂腺，则用此术语）。

备注：大鼠的鳞状上皮囊肿罕见，认为是偶然所见改变（Boorman，Montgomery 和 MacKenzie，1990）。脊膜为常发部位（Levine，1966）。而在小鼠，鳞状上皮囊肿是中枢神经系统相当常见的病变（Maronpot，Boorman 和 Gaul，1999；Nobel 等，1987）。囊肿常位于脑中线（尤其第四脑室附近），其大小随年龄增长而增大（Maronpot，Boorman 和 Gaul，1999）。脊髓鳞状上皮囊肿也常见于小鼠腰荐部柔膜。虽然邻近中枢神经系统组织受到挤压，且随时间而更加明显，但动物很少出现神经症状（Summers，Cummings 和 DeLahunta，1995）。

脊髓空洞症 / 脊髓积水（Syringomyelia/Hydromyelia）

生物学行为：发育异常或变性病变

同义词：无

组织发生：不适用

发病机制：不明确，推测是由于系统广泛性脑脊液压力增加所致中央管内压力增加而引起。

诊断要点：

•脊髓空洞症：脊髓实质空洞形成（尤其在脊髓背索和 / 或背角的中间部分）。

•脊髓积水：脊髓中央管的扩张。

特殊诊断技术：无。

鉴别诊断：无。

备注：脊髓空洞症（实质空洞形成）和脊髓积水（中央管扩张）常相继发生，一般影响 2 个以上脊髓节段。多数情况下，很难辨认脊髓空洞和扩张的中央管间的联系。原发性空洞常为轴突异常发育的结果，一般伴发先天性脑积水和颅骨及颈椎骨的畸形，但也见于原发性脊髓积水及感染（Virelizier，Dayan 和 Allison，1975）、炎症、肿瘤、某些毒物（如使君子氨酸；Yang 等，2001）、创伤和血管损伤而继发的实质水肿（Summers，Cummings 和 DeLahunta，1995），如脑脊液压力随时间不断增加，这种病变也会扩大。

空洞通常衬以破损的实质、反应性神经胶质细胞和室管膜（连接空洞和导管的开口附近）。急性损伤时缺少神经胶质反应，而有大量神经胶质细胞反应时可认为是慢性（Harding，1992）。在空洞附近的脊髓实质，炎症和神经胶质细胞增生都很轻微（Summers，Cummings 和 DeLahunta，1995）。

增生性病变（PROLIFERATIVE LESIONS）

神经系统肿瘤非常重要，但在啮齿类动物 18 ～ 24 个月的致癌研究中却很少见。常规的啮齿类动物研究不允许重复评估病变随时间而发展的情况，所以对啮齿类动物神经肿瘤的未来真正生物学行为的正确评估尚不清楚。因此，仅根据形态学特征，如细胞分化、侵袭性和增殖速度提出以对宿主功能的影响分为“良性”和“恶性”。某些病变具有分化良好的特征，但随时间延长，生物学上逐渐具有侵袭性（如神经胶质瘤），被称为低度恶性，而不是良性，从而能够比较好地解决这类型神经肿瘤的临床结果，以对此类神经肿瘤的临床结果能更好称呼。非入侵小动物成像的新技术，将有助于解决该类病变生物学行为的问题。

很多分类系统已被用于基因工程（Weiss 等，2002）和毒物处理的（Koestner 等，1999；Krinke 等，2000b；Solleveld，Gorgacz 和 Koestner，1991；Weber 等，2011）啮齿类动物的神经增生性病变的定义。本建议是为小鼠和大鼠定义适合的常见增生性病变术语。

神经元

成神经管细胞瘤（Medulloblastoma）（图 82 至图 85）

生物学行为：恶性瘤

同义词：cerebellar neuroblastoma，primitive neuroectodermal tumor（PNET）of cerebellum

组织发生：神经上皮组织

诊断要点：

- 全部或主要位于小脑。
- 由主要表现为神经元分化的神经上皮干细胞组成的细胞团块。
- 细胞圆形，其外观与小脑皮层的颗粒层细胞类似（Becker 和 Hinton，1983；Cardesa 等，1996；Gould 等，1990；Gullotta，1990；Krinke 等，2000b；Mennel，1988；Solleveld，Gorgacz 和 Koestner，1991；Solleveld 和 Boorman，1990；Yamate 等，1987），特征为：
  - 细胞小、圆，或呈细长（胡萝卜）形；
  - 圆形到长形，核淡染；
  - 核仁明显；
  - 细胞质和细胞边缘不清。
- 瘤细胞常形成螺纹状和玫瑰样花结（即瘤细胞在小血管外围呈同心层排列）；玫瑰样花结中央有纤维状物质。
- 常见异常核分裂象。
- 小脑结构常被侵袭性生长的瘤细胞替代。

●可通过充满脑脊液的腔在中枢神经系统内转移。

特殊诊断方法：在大鼠和小鼠，特异性免疫组化标记物尚未确定。在人类的同一个肿瘤中，证明有一种以上中间丝共同表达，这表明其未分化的原始神经外胚层状态。突触素和神经特异性烯醇化酶（NSE）有助于在非人灵长类动物和犬的应用。GFAP 的表达则取决于肿瘤内星型胶质细胞岛的存在。在间变性肿瘤中活性降低。

鉴别诊断：

●恶性室管膜瘤。
  ○ 通常靠近脑室系统 [如中脑导水管、小脑第四脑室下方（非第四脑室内）或脊髓中央管]；
  ○ 多边形细胞呈行或环状排列。
●恶性松果体瘤：位于中脑背面的中线上。

备注：髓母细胞瘤是原始神经外胚层肿瘤家族中的一员。而起源于小脑细胞的这种肿瘤，则为一种变异的神经母细胞瘤。

这种病变是小鼠罕见的一种原发性肿瘤，但将含有致癌混合物的小丸直接植入小鼠小脑蚓体或皮层侧叶也可以诱发，或用烷化剂乙基亚硝基脲（ENU）通过胎盘或新生小鼠也可诱发。髓母细胞瘤还可在小鼠、大鼠和仓鼠通过颅内接种各种灵长类或人类的病毒而试验性诱发（Rapp 等，1969；Padgett 等，1977；Ogawa，1989），或在小鼠通过基因工程诱发（Huse 和 Holland，2009）。

恶性神经肌母细胞瘤（Neuromyoblastoma，malignant）（图 86 和图 87）

生物学行为：恶性肿瘤

同义词：无

组织发生：寡能神经元前体细胞

诊断要点：

●区域：在颅腔腹侧腺垂体区及其附近脊神经可见局部的侵袭性肿块。
●有两个细胞群，它们在不同的肿瘤及在同一肿瘤的不同区域所占比例不尽相同（Ernst 等，1993；Maekawa 等，1989；Miller，Westwood 和 Jackson，1992；Shirota，Itoh 和 Kagiyama，1986）：
  ○ 神经母细胞：发生于形态较一致的不规则细胞群，其特征为：
    ▪ 核呈圆形或略呈椭圆形，有染色质散点，但没有核仁；
    ▪ 胞质不明显，呈嗜酸性和纤维状外观；
    ▪ 核分裂象很少。
  ○ 肌母细胞呈多形性，其特征为：
    ▪ 单个或多个泡状核，其核仁明显；

- ▪ 胞质丰富，呈嗜酸性；
- ▪ 细胞形状从长条状（带状）到大球形；
- ▪ 细胞质内有多少不等的具有横纹的纤维；
- ▪ 核分裂象多少不等，但较为常见，偶见异常核分裂象。

特殊诊断技术：免疫组化和电镜检查有助于确诊，尤其对肌母细胞表型。

- 免疫组化
  - ○ 神经母细胞对神经特异性烯醇化酶呈阳性，而肌母细胞对神经特异性烯醇化酶呈阴性。
  - ○ 肌母细胞横纹很易用磷钨酸苏木精（PTAH）或海登海因（Heidenhin）铁苏木精染色证明。
  - ○ 两种细胞都呈 GFAP 阴性反应，同时以 S-100 蛋白染色不增强。
- 肌母细胞的超微结构检查，可见其方向不规则的肌丝束和偶现的原始 Z 带。偶尔分化较好的细胞其肌丝方向比较正常，横纹肌的条带状形态比较正常。

鉴别诊断：

- 成神经管细胞瘤——一种表现为神经外胚层和中胚层成分的小脑 PENT。
- 恶性外周神经鞘瘤——一种混合型肿瘤，其中包含分化良好的横纹肌纤维并混有神经成分（主要是施万细胞，呈现与轴突有关的 S-100 染色增强）。
- 恶性畸胎瘤——一种混合型肿瘤，包含外胚层、内胚层和中胚层分化的组织。

备注：呈多系分化的脑肿瘤在啮齿类动物很少见。有报道，在 Alderley Park（Wistar 源性）大鼠的神经肌母细胞瘤发源于脑干或相邻脑神经，且其神经和肌肉分化具有连续性特征。

胶质 / 施万细胞

低度恶性星形胶质细胞瘤（Astrocytoma，malignant，low grade）（图 88 和图 89）

生理学行为：低度侵袭性肿瘤

同 义 词：astrocytoma，benign，astrocytoma，low grade；glioma，astrocytic，benign

组织发生：固有星型胶质细胞

诊断要点：

- 肿瘤病变界限不清，通常为中等大小，局限于中枢神经系统的某一主要区域。
- 细胞结构为中等到密集。
- 肿瘤细胞可侵入脑膜。

- 细胞均匀一致（即分化良好），核圆或椭圆，胞质多少不一，但一般为中等含量，呈嗜酸性，细胞界限不清。
- 在大鼠中，细胞分化可分为几种类型（Cardesa 等，1994；Fitzgerald，Schardein 和 Kurtz，1974；Gopinath，1986；Jaenisch，1990；Maekawa 和 Mitsumori，1990；Solleveld，Gorgacz 和 Koestner，1991；Yamate 等，1987；Zwicker 等，1992）。

① 原生质型：星形细胞有纤细的胞质突起，形成网状基质。

② 纤维型：细胞形圆，而胞核形长。

③ 肥胖细胞型：细胞大而肥胖，细胞质丰富，内含一个偏中心的圆形至椭圆形细胞核。

④ 纤维细胞型：一种少见的类型，由排列成束状和带状的细长、单极或双极细胞组成。

- 在大鼠，肿瘤性星形胶质细胞可能呈一种或多种独特的形式，包括肿瘤周围的神经元卫星现象和血管周围袖套（表示更具有侵袭性）。
- 在小鼠，这种病变的特征是单一形态的肿瘤细胞群（最类似于大鼠的原生质型），随机混有局部的神经细胞群，有的病例还有反应性肥胖星形胶质细胞（Faccini，Abbott 和 Paulus，1990；Fraser，1971，1986；Frith 和 Ward，1988；Krinke 和 Kaufmann，1996；Krinke 等，2000b；Morgan 和 Alison，1988；Morgan 等，1984；Radovsky 和 Mahler，1999；Swenberg，1982；Walker 等，1994；Zimmerman 和 Innes，1979）。
- 在大鼠肿瘤中存在，但在小鼠肿瘤中缺少的特征包括：
  - 出血灶与坏死灶；
  - 在坏死灶周围，肿瘤性星型胶质细胞呈栅栏状排列。
  - 局灶性到多灶性的多形性（主要为细胞和细胞核的异型性）。

特殊诊断技术：

- 在大鼠和小鼠的脑中，肿瘤性星形胶质细胞普遍缺乏神经胶质纤维酸性蛋白（GFAP）活性（Cardesa 等，1994；Krinke 和 Kaufmann，1996）。
- 在 ENU 诱导的大鼠神经胶质肿瘤中，大部分星形胶质瘤对 GFAP 和 leu-7 的反应呈阴性，但是对于 S-100 和（通常）波形蛋白的反应呈阳性（Zook，Simmens 和 Jones，2000；Raju 等，1990）。
- 对巨噬细胞 / 小神经胶质细胞的免疫组化标志物，如 ED-1、Iba1 和 RM-4，有助于将组织细胞系里的星形胶质细胞样肿瘤与真的星形胶质细胞瘤相鉴别（Nagatani 等，2009）。

鉴别诊断：在考虑一些神经胶质细胞的病变时，应注意以下一些特征：

- “高度”恶性星形胶质细胞瘤：
  - 蔓延到脑（或脊髓）的多个区域，可以是一个单独连续病变或是多中心病变；
  - 引起中枢神经系统实质的广泛损伤；
  - 显著特征常包括多发性坏死、出血灶，细胞异型性和多形性，侵袭性生长。
- 低度恶性混合性神经胶质瘤：是一种兼有肿瘤性星形胶质细胞和肿瘤性少突胶质细胞的混合性肿瘤（少突胶质细胞占肿瘤细胞群的 20% 或更多）。
- 星型胶质细胞增生（反应性胶质增生）：可能很难区分，但这些分化良好的非肿瘤细胞广泛、高表达 GFAP。

备注：人类和家畜的星形胶质瘤细胞通常会表达 GFAP，并可用 PTAH 确证。相反，啮齿类动物脑的肿瘤性星形胶质细胞不能用 GFAP 或 PTAH 证明（Kleihues 和 Cavenee，1997；Koestner 等，1999；Krinke 等，2000b），大鼠自发性神经胶质细胞瘤中的 GFAP 阳性星形胶质细胞似为一种反应性细胞，而非肿瘤细胞。由化学物质诱导的大鼠神经胶质瘤中包含的 GFAP 阳性星形胶质细胞，同时代表肿瘤性细胞群和反应性细胞群。大鼠自发的星形胶质细胞瘤没有多核巨细胞和血管内皮细胞增生的特征。

世界卫生组织根据已知的生物学习性，将人类中枢神经系统肿瘤国际分类分为 4 级：1 级和 2 级为低级（比较良性）肿瘤，3 级和 4 级则为高度恶性肿瘤（Kleihues 和 Cavenee，1997）。

根据细胞分化的进一步亚分类则需要病理学家依据具体情况来决定。

高度恶性星形胶质细胞瘤（Astrocytoma，malignant，high grade）（图 90 和图 91）

生物学行为：恶性肿瘤

同义词：glioma，astrocytic，malignant

组织发生：固有星形胶质细胞

诊断要点：低度星形细胞瘤的特征在上文中已描述。

- 局部扩张性、多中心性或弥漫性病变，其边界不清楚，蔓延至两个或更多的 CNS 的主要区域。
- 细胞密度高。
- 肿瘤细胞常在患病区围绕神经元细胞体（即卫星现象），沿着坏死灶呈栅栏状排列，同时沿着辐射状血管在血管周隙蔓延。
- 常见脑膜和室管膜的广泛浸润。
- 细胞具有多形性（即分化差至未分化）特征，包括不同形状的细胞核（圆形到纺锤形），细胞界限模糊，呈原生质型或纤维型分化。
- 可见反应性星形胶质细胞（肥胖星形细胞 GFAP 阳性）。
- 可见出血和坏死。

特殊诊断技术：

- 大鼠和小鼠脑中的肿瘤性星形胶质细胞普遍缺乏 GFAP 反应（Cardesa 等，1994；Krinke 和 Kaufmann，1996；Krinke 等，2000b）。
- 在 ENU 诱导的大鼠神经胶质瘤中，大多数星形胶质瘤对 GFAP 和 leu-7 反应呈阴性，但是对于 S-100 和（通常）波形蛋白反应呈阳性（Zook，Simmens 和 Jones，2000；Raju 等，1990）。

鉴别诊断：需要考虑几种胶质细胞病变，下面列出它们的特征：

- 低度恶性星形胶质细胞瘤
  - 局限于中枢神经系统的某一区域，常呈中等大小；
  - 由于肿瘤细胞异型性和多形性的程度低，故病变形态单一；
  - 常无坏死和出血。
- 恶性混合神经胶质瘤：为一种同时有肿瘤性星形胶质细胞和肿瘤性少突神经胶质细胞的混合瘤（少突神经胶质细胞占肿瘤细胞群的 20% 或更多）。
- 恶性网状细胞增生：肿瘤（认为发源于间叶细胞）特征是，梭形细胞沿着中枢神经系统的血管内，以及脑膜浸润。该病变的组织学特征表明，未来肿瘤诊断应采用更多的一组细胞类型特异的神经胶质细胞和巨噬细胞生物标记物来确定啮齿类动物中枢神经系统的各系细胞。

备注：“世界卫生组织家畜肿瘤国际组织学分类——神经系统肿瘤”（Koestner 等，1999）将星形胶质细胞瘤分为低度（分化良好的）、中度（间变的）和高度［胶质母细胞瘤或多形性胶质母细胞瘤（GBM）］三种肿瘤。高度星形胶质细胞瘤是最恶性的一种。除了有中度（间变性的）星形胶质细胞瘤的明显多形性特征外，高度胶质母细胞瘤还伴有血管增生和 / 或坏死变化。本文所描述的高度恶性星形胶质细胞瘤一词，包括世界卫生组织分类中的中度和高度两种恶性星形胶质细胞瘤。

在 SD 大鼠所描述的恶性星形胶质细胞瘤呈现双核的颗粒细胞分化。这种类型的特征是，出现散在的双核细胞，其胞质内含有大量直径 1 ～ 2μm 的强嗜酸性颗粒。肿瘤性星形胶质细胞的溶菌酶、PTAH、波形蛋白染色呈阳性。在淀粉酶消化前后，双核细胞里的颗粒均可用 PAS 和 PTAH 着染。这种肿瘤的特性类似于人颗粒细胞星形细胞瘤（Pruimboom-Brees 等，2004）。

星型胶质细胞瘤是 VM 和 BRVR 系小鼠神经胶质组织发生的主要肿瘤。肿瘤主要发生在雄性，发生率为 1%，可在中枢神经系统内到处扩散，包括前脑、中脑、后脑和脊髓（Fraser，1986）。

低度恶性混合性神经胶质瘤（Glioma，mixed，malignant，low grade）

生物学行为：肿瘤无侵袭性生长方式

同义词：oligoastroglioma，benign

组织发生：星型胶质细胞和少突胶质细胞

诊断要点：

- 有关小鼠（Zimmerman 和 Innes，1979；Swenberg，1982；Morgan 等，1984；Frith 和 Ward，1988；Morgan 和 Alison，1988；Faccini，Abbott 和 Paulus，1990；Walker 等，1994；Krinke 和 Kaufmann，1996；Radovsky 和 Mahler，1999）和大鼠（Fitzgerald，Schardein 和 Kurtz，1974；Gopinath，1986；Yamate 等，1987；Jaenisch，1990；Maekawa 和 Mitsumori，1990；Solleveld，Gorgacz 和 Koestner，1991；Zwicker 等，1992；Cardesa 等，1994）的病变特点已有多篇报告。
- 病变局限于中枢神经系统的一个主要区域。
- 肿块由一片肿瘤性少突神经胶质细胞和星形胶质细胞组成，表现为下述两种排列方式之一：两种细胞按不同的比例混合在一起；或相互邻近的单独大区域主要为某一种细胞。
- 每种神经胶质细胞至少占 20% 的肿瘤。
- 可见血管内皮细胞肥大及增生。
- 肿瘤与周围正常组织界限清楚。
- 常无坏死和出血。

特殊诊断技术：

- 星形胶质细胞
  - 大鼠和小鼠脑的肿瘤性星形胶质细胞通常缺少 GFAP 反应活性。
  - 在大鼠 ENU 诱导的神经胶质瘤中，多数星形胶质细胞瘤的 GFAP 和 Leu-7 为阴性，S-100 多呈阳性，波形蛋白几乎都呈阳性（Zook，Simmens 和 Jones，2000；Raju 等，1990）。
- 少突神经胶质细胞
  - 人和大鼠少突神经胶质细胞瘤的 MBP 免疫染色为阳性，这有助于小鼠该肿瘤的确诊。
  - CNP 有助于分化不好的肿瘤诊断。
  - 某些人类少突神经胶质瘤可表达 S-100 和 Leu-7，但是对少突神经胶质瘤并非特异。
  - 在大鼠 ENU 诱导的神经胶质瘤中，多数少突神经胶质细胞瘤 Leu-7 为阳性，而 GFAP 和 S-100 常为阴性；肿瘤性细胞对波形蛋白通常为阴性，但局部为阳性。
  - 肿瘤性少突神经胶质细胞，半乳糖脑苷脂和碳酸酐酶 C 染色为阳性。

鉴别诊断：

- 高度恶性混合性神经胶质瘤：
  - 扩展到脑（或脊髓）的多个区域，可呈单个连续性病变或多中心病变。

- ○ 肿瘤性星形胶质细胞和肿瘤性少突神经胶质细胞的混合物，可以与恶性星形胶质细胞瘤进行区分，因为前者每种肿瘤细胞数量占瘤团细胞 20% 以上。
- ○ 有坏死和出血灶，可见显著的细胞异型性和多形性，以及明显的浸润性生长。
- •低度恶性星形细胞瘤：
  - ○ 肿瘤性星形胶质细胞在病变中占 80% 以上。
- •低度恶性少突神经胶质细胞瘤：
  - ○ 肿瘤性少突神经胶质细胞在病变中占 80% 以上。

备注：一些少突神经胶质细胞瘤包含大量反应性而非肿瘤性星形胶质细胞。GFAP 免疫细胞化学染色可用来鉴别啮齿类动物的反应性星形胶质细胞（GFAP 阳性）和肿瘤性星形胶质细胞（GFAP 阴性）。室管膜瘤常包括神经胶质成分（Gopinath，1986），因为胚胎性室管膜细胞表型与神经胶质细胞的前体细胞相似。

高度恶性混合性神经胶质瘤（Glioma，mixed，malignant，high grade）（图 92 至图 95）

生物学行为：恶性肿瘤

同义词：glioma，anaplastic

组织发生：星形胶质细胞和少突神经胶质细胞和 / 或前体细胞

诊断要点：

- •已有多篇文章对小鼠（Zimmerman 和 Innes，1979；Swenberg，1982；Morgan 等，1984；Frith 和 Ward，1988；Morgan 和 Alison，1988；Faccini，Abbott 和 Paulus，1990；Walker 等，1994；Krinke 和 Kaufmann，1996；Radovsky 和 Mahler，1999；Krinke 等，2000b）和大鼠（Fitzgerald，Schardein 和 Kurtz，1974；Gopinath，1986；Yamate 等，1987；Jaenisch，1990；Maekawa 和 Mitsumori，1990；Solleveld，Gorgacz 和 Koestner 1991；Zwicker 等，1992；Cardesa 等，1994）的病变特征做了描述。
- •这种弥漫性浸润病变其边界不清楚，存在于脑（和 / 或脊髓）的多个区域。
- •这种病变由不同比例的肿瘤性星形胶质细胞和肿瘤性少突神经胶质细胞构成，每一种细胞类型在肿瘤中至少占 20%。
- •细胞异型性和多形性分布很广泛。
- •在一些区域和一些肿瘤中，星形胶质细胞或少突神经胶质细胞分化不明显。
- •两种肿瘤性神经胶质细胞或者弥漫性混合存在，或者形成主要由某一细胞组成的区域。
- •偶见肿瘤性巨细胞（通常为星形胶质细胞系）。
- •可见坏死灶、明显的血管增生、水肿和出血。

特殊诊断技术：

- 星形胶质细胞
  - 大鼠和小鼠脑的肿瘤性星形胶质细胞通常没有 GFAP 反应；
  - 在大鼠 ENU 诱导的神经胶质瘤中，大多数神经胶质细胞瘤呈 GFAP 和 Leu-7 阴性，大多数呈 S-100 阳性，几乎所有的均呈波形蛋白阳性（Zook，Simmens 和 Jones，2000；Raju 等，1990）。
- 少突神经胶质细胞
  - 有报道，在人和大鼠的少突神经胶质细胞瘤，MBP 免疫染色为阳性，这也可用于小鼠多种肿瘤的确诊；
  - CNP 可用于诊断低分化的肿瘤；
  - 一些人类的少突神经胶质瘤可表达 S-100 和 Leu-7，但其表达并非少突神经胶质瘤所特有；
  - 在大鼠 ENU 诱导的神经胶质细胞瘤中，大多数少突神经胶质瘤 Leu-7 呈阳性，GFAP 和一般 S-100 呈阴性；肿瘤细胞波形蛋白常呈阴性，而局部呈阳性；
  - 肿瘤性少突神经胶质细胞的半乳糖脑苷脂和碳酸酐酶 C 染色为阳性。

鉴别诊断：

- 低度恶性混合性神经胶质瘤：
  - 病变局限于脑（脊髓）的一个区域；
  - 肿瘤由分化良好的星形胶质细胞和少突神经胶质细胞组成，细胞异型性小或无，肿瘤中每一种细胞类型至少占 20% 以上。
- 高度恶性星形胶质细胞瘤：
  - 肿瘤性星形胶质细胞占病变的 80% 以上。
- 高度恶性少突神经胶质瘤：
  - 肿瘤性少突神经胶质细胞占病变的 80% 以上。

备注：研究表明，成年大鼠的神经胶质瘤起初由单一分化的星形胶质细胞或少突神经胶质细胞组成。随着肿瘤增大，细胞组成变为混合性，并具有间变性。

啮齿类动物的恶性混合性（间变性）神经胶质瘤具有人多形性成胶质细胞瘤（GBM）的某些组织学特征。有的病理学家认为，GBM 是人神经肿瘤学的专用诊断词，不能用作诊断大鼠肿瘤的术语。

低度恶性少突神经胶质瘤（Oligodendroglioma，malignant，low grade）（图 96 至图 98）

生物学行为： 最低程度侵袭性的肿瘤

同义词： glioma，oligodendrocytic，benign；oligodendroglioma，benign

组织发生：少突神经胶质细胞

诊断要点：

- 有多篇文章对小鼠（Zimmerman 和 Innes，1979；Swenberg，1982；Morgan 等，1984；Frith 和 Ward，1988；Morgan 和 Alison，1988；Faccini，Abbott 和 Paulus，1990；Walker 等，1994；Krinke 和 Kaufmann，1996；Radovsky 和 Mahler，1999；Krinke 等，2000b）和大鼠（Fitzgerald，Schardein 和 Kurtz，1974；Gopinath，1986；Yamate 等，1987；Jaenisch，1990；Maekawa 和 Mitsumori，1990；Solleveld，Gorgacz 和 Koestner，1991；Zwicker 等，1992；Cardesa 等，1994）的病变特点做了描述。
- 病变界限清楚，局限于脑和脊髓的某一主要区域。
- 均一的小肿瘤细胞排列成片状、条行状或巢状，细胞核形圆、居中、深染；细胞质透或染色较浅（核周晕）；细胞边缘清楚。
- 这种肿瘤如不及时固定，则常出现明显的核周透明环，因此呈典型的“蜂窝”状和“煎蛋”样外观。
- 肿瘤细胞区被纤维血管基质隔开。
- 微血管增生明显，伴有广泛的不典型毛细血管内皮增生，尤其在肿瘤的周围。
- 可见坏死与囊性变性、出血与含铁血黄素沉着。
- 可见数量不等的其他神经胶质细胞，如星形胶质细胞，以及少突神经胶质细胞与星形细胞间的过渡形态的细胞。

特殊诊断技术：

- 有报道，人和大鼠肿瘤的 MBP 免疫染色为阳性，这可用于小鼠该肿瘤的确诊。
- 少突神经胶质细胞转录因子 1（Olig-1）是一种可能作为人少突神经胶质细胞的标记物。
- CNP 有助于诊断分化不良的肿瘤。
- 有的人少突神经胶质细胞瘤可表达 S-100 和 Leu-7，但其表达并非少突胶质细胞所特有。
- 在大鼠 ENU 诱导的神经胶质细胞瘤中，多数少突神经胶质细胞瘤呈 Leu-7 阳性，GFAP 和 S-100 一般为阴性；肿瘤细胞波形蛋白呈阴性，但局部可呈现阳性（Zook，Simmens 和 Jones，2000）。
- 肿瘤性少突神经胶质细胞的半乳糖脑苷脂和碳酸酐酶 C 染色为阳性。

鉴别诊断：

- 高度恶性少突神经胶质瘤：
  - 可扩展到脑或脊髓的多个区域。
  - 细胞异型性和多形性明显，可见侵入性生长。

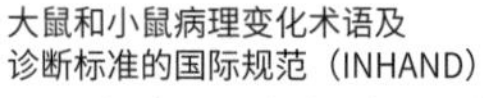

- 良性室管膜瘤：
  - 肿瘤细胞为多边形，排列成行和玫瑰花结状（即放射状的细胞围绕一个空腔）。
  - 肿瘤中少突神经胶质细胞罕见。
  - 肿瘤局限于脑（和脊髓）的脑室及其周围区域。
- 低度恶性混合性神经胶质瘤：
  - 混合性神经胶质瘤包括至少 20% 肿瘤性星形胶质细胞和 20% 肿瘤性少突胶质细胞。
  - 如果超过 80% 的肿瘤细胞为某一种细胞（星形胶质细胞或少突胶质细胞），这种肿瘤则称为低度主要细胞肿瘤（星形胶质细胞瘤或少突神经胶质细胞瘤）。

备注："WHO 家畜肿瘤国际组织学分类——神经系统肿瘤"（Koestner 等，1999）将少突神经胶质肿瘤分为少突神经胶质瘤（良性）和间变性（恶性）少突胶质细胞瘤。眼观上，两种肿瘤均为红色、粉红色或灰粉色，呈实性，有时为柔软的凝胶样肿块。大体检查时，可见一些空腔或易碎的区域（坏死灶）和 / 或暗红色区域（出血）。这些病变主要见于大脑半球、基底神经节和胼胝体。分化良好的少突神经胶质瘤在光镜下容易识别，因为呈典型的"蜂窝状"，这是由于肿瘤细胞的细胞膜明显，核周的细胞质不着色而呈亮晕。

在很多小鼠品系，低度恶性少突神经胶质瘤为主要化学物诱导的神经胶质源性肿瘤。虽然在 BALB/c 小鼠中它们被描述为一种自发性病变，但是很少自然发生。

高度恶性少突神经胶质瘤（Oligodendroglioma，malignant，high grade）（图 99 至图 103）

生物学行为：恶性肿瘤

同义词：glioma，oligodendrocytic，malignant；oligodendroglioma，anaplastic

组织发生：少突神经胶质细胞

诊断要点：

- 已有多篇文章对小鼠（Zimmerman 和 Innes，1979；Swenberg，1982；Morgan 等，1984；Frith 和 Ward，1988；Morgan 和 Alison，1988；Faccini，Abbott 和 Paulus，1990；Walker 等，1994；Krinke 和 Kaufmann，1996；Radovsky 和 Mahler，1999；Krinke 等，2000b）和大鼠（Fitzgerald，Schardein 和 Kurtz，1974；Gopinath，1986；Yamate 等，1987；Jaenisch，1990；Maekawa 和 Mitsumori，1990；Solleveld，Gorgacz 和 Koestner，1991；Zwicker 等，1992；Cardesa 等，1994）的病变特点做了描述。
- 病变范围明显，边界清楚，蔓延至脑（和脊髓）的多个区域。
- 肿瘤细胞呈现局灶性或者弥漫性间变，表现为细胞密度高、细胞异型性和多形性明显，核多形，肿瘤边缘肾小球样血管明显增生，有丝分裂指数增加，坏死和 / 或脑膜浸润。

一些肿瘤细胞常表现出典型的少突神经胶质细胞的特征：细胞核呈圆形、居中、深染；细胞质透明或淡染（核周晕）；细胞界限清楚。

- 肿瘤细胞通常排列成片状、条状或巢状，尽管有较大的圆形至椭圆形细胞核的细胞也可形成环状。
- 不典型的毛细血管内皮增生（花环状）（尤其是在肿瘤的周边）既很广泛，又很特征。
- 常见带有囊性中心和 / 或出血的坏死灶。

特殊诊断技术：

- 据报道，人和大鼠肿瘤的 MBP 免疫染色为阳性，这可用于小鼠该肿瘤的确诊。
- Olig-1 是一种有可能作为人少突胶质细胞的标志物。
- CNP 有助于诊断分化不良的肿瘤。
- 某些人少突神经胶质细胞瘤可表达 S-100 和 Leu-7，但其表达并非少突神经胶质细胞瘤所特有。
- 在大鼠 ENU 诱导的神经胶质细胞瘤中，多数少突神经胶质细胞瘤呈 Leu-7 阳性，GFAP 和 S-100 一般为阴性；肿瘤细胞波形蛋白通常为阴性，但是局部可呈现阳性（Zook，Simmens 和 Jones，2000）。
- 肿瘤性少突神经胶质细胞其半乳糖脑苷脂和碳酸酐酶 C 染色为阳性。

鉴别诊断：

- 低度恶性少突神经胶质瘤：
  - 病变局限于 CNS 的一个区域。
  - 肿瘤细胞是分化良好的单一形态的少突神经胶质细胞群（如核居中、核周晕及细胞界限清楚），无细胞异型。
- 恶性室管膜瘤：
  - 肿瘤细胞为多边形，常排列成行和玫瑰花结状。
  - 肿瘤中少突神经胶质细胞罕见。
  - 肿瘤局限于脑（和脊髓）的脑室及其周围区域。
- 高度恶性混合性神经胶质瘤：
  - 混合性神经胶质瘤包括至少 20% 肿瘤性星形胶质细胞和 20% 肿瘤性少突胶质细胞。
  - 如果超过 80% 的肿瘤细胞为某一种细胞（星形胶质细胞或少突胶质细胞），并表现中度至重度异型，这种肿瘤则称为恶性（高度）主要细胞肿瘤（星形胶质细胞瘤或者少突神经胶质瘤）。

备注：“低度恶性少突神经胶质瘤”定义下的备注适用于此处。

良性神经鞘瘤（Schwannoma，benign）

生物学行为：任何器官含有外周神经的良性肿瘤

同义词：neurilemmoma，neurinoma

组织发生：施万细胞（外周神经的髓鞘细胞）被认为是神经外胚层来源，但具有表达间充质特性分化的能力

诊断要点：

- 肿瘤的诊断特征汇总于以下参考文献：Koestner，Swenberg 和 Wechsler，1971；Stewart 等，1974；Mandybur 和 Brunner，1982；Swenberg，1982；Gough 等，1986；Alison 等，1987；Laber-Laird，Jokinen 和 Jerome，1988；Landes 等，1988，1990；Rice 和 Ward，1988a，1988b；Cardesa 等，1989，1990；Russel 和 Rubinstein，1989；Maekawa 和 Mitsumori，1990；White 等，1990；Yoshitomi 和 Brown，1990；Yoshitomi 和 Boorman，1991；Greaves，Faccini 和 Courtney，1992，2004；Jensen 等，1993；Walker 等，1994；Krinke，1996；Kleihues 和 Cavenee，1997；Ernst 等，2001；Ikeda，Sato 和 Sueyoshi，2003；Stemmer-Rachamimov 等，2004；Teredesai 和 Wöhrmann，2005。
- 通常带有包膜的扩张性、压迫性病变，位于外周神经或神经丛附近，其生长常不引起临床症状。
- 有 2 种基本特征类型：
  - Antoni A 型：轴突施万细胞细长，细胞界限不清，并形成核栅栏（即细胞核排列成平行带状）。相邻的栅栏和中间的胞质形成"维罗凯小体（Verocay bodies）"（特征性 Antoni A 型排列中，栅栏形成平行的行由均质无核的嗜酸性细胞间物质分隔）。
  - Antoni B 型：细胞区稀疏，基质透明，有时含有囊腔。
- 在具体某一肿瘤中，Antoni A 型和 B 型不一定都很明显，故肿瘤常主要由一种类型构成。
- 根据形态特征可分为几种变异型肿瘤：
  - 细胞型：主要由细胞性 Antoni A 型组织构成，无 Verocay 小体。
  - 颗粒细胞型：包含细胞质有颗粒的细胞，类似于脑膜颗粒细胞瘤的细胞。
  - 黑色素型：某些肿瘤细胞含有黑色素小体。
  - 丛状型：呈多结节状生长模式，可能涉及一个神经丛的不同分支。

特殊诊断技术：

施万细胞分化可通过以下技术确定：

- S-100，PLP 或者外周髓鞘蛋白 22kD（PMP22）呈免疫组化阳性。

●电子显微镜下可见排列着连续基底膜的弯曲的胞突。

鉴别诊断：

●纤维瘤：

○ 由相邻结缔组织发生的良性梭形细胞肿瘤。

○ 肿瘤细胞可表达波形蛋白，但不表达施万细胞标志物。

●平滑肌瘤：

○ 嗜酸性梭形细胞，胞核长而两端钝圆，结蛋白免疫染色阳性。

○ 平滑肌瘤的细胞束常相互垂直排列。

●恶性神经鞘瘤：

○ 呈细胞异型性、高度核分裂（增殖）活性、局部浸润生长和 / 或远处转移。

●神经瘤：

○ 为外周神经的非肿瘤性增生病变，其中施万细胞数量增加，以用于营养再生的轴突。

备注：在大鼠，特征病变发生于心脏（心内膜神经鞘瘤、神经鞘瘤病）、耳郭附近、眼内和眼眶，以及颌下腺内。在所有的实验动物品系中，其发生率都极低（Novilla 等，1991）。

肿瘤变异型和特殊类型的报告，可依据“具体情况具体分析”的原则确定，在常规标准试验中不做统一要求。

恶性神经鞘瘤（Schwannoma，malignant）

生物学行为：含有外周神经的任一器官中的恶性肿瘤

同义词：neurilemmoma，malignant；neurinoma，malignant

组织发生：施万细胞（外周神经的髓鞘细胞），被认为是神经外胚层来源，但具有表达间充质特性分化的能力

诊断要点：

●肿瘤的诊断特征汇总于以下文献：Koestner，Swenberg 和 Wechsler，1971；Stewart 等，1974；Mandybur 和 Brunner，1982；Swenberg，1982；Gough 等，1986；Alison 等，1987；Laber-Laird，Jokinen 和 Jerome，1988；Landes 等，1988，1990；Rice 和 Ward，1988a，1988b；Cardesa 等，1989，1990；Russel 和 Rubinstein，1989；Maekawa 和 Mitsumori，1990；White 等，1990；Yoshitomi 和 Brown，1990；Yoshitomi 和 Boorman，1991；Greaves，Faccini 和 Courtney，1992，2004；Jensen 等，1993；Walker 等，1994；Krinke，1996；Kleihues 和 Cavenee，1997；Ernst 等，2001；Ikeda，Sato 和 Sueyoshi，2003；Stemmer-Rachamimov 等，2004；Teredesai 和 Wöhrmann，2005。

- 无包膜的扩张性、压迫性病变，位于外周神经或神经丛附近；常不表现临床症状，除非肿瘤挤压或侵入中枢神经系统或其他组织造成其功能改变。
- 其有丝分裂率高，细胞或有丝分裂异型高和局部浸润性生长或远处转移恶性特征。
- 有 2 种基本特征类型：
  - Antoni A 型：轴突施万细胞细长，细胞界限不清，并形成核栅栏（即细胞核排列成平行带状）。相邻的栅栏和中间的胞质形成“Verocay 小体”（特征性 Antoni A 型排列中，栅栏形成平行的行，由均质无核的嗜酸性细胞间物质分隔）。
  - Antoni B 型：细胞区稀疏，基质透明，有时含有囊腔。
- 在某一具体肿瘤中，Antoni A 型和 B 型不一定都很明显，故肿瘤常主要由一种类型构成。
- 在适合情况下可使用肿瘤变体（前面良性神经鞘瘤的内容中有描述）。

特殊诊断技术：施万细胞分化可通过以下几种技术确定：

- S-100、PLP 或 PMP22 免疫组化阳性。
- 电子显微镜下可见内衬排列着连续基底膜的弯曲的胞突。

鉴别诊断：

- 纤维肉瘤：
  - 由相邻结缔组织起源的恶性梭形细胞肿瘤，常会包绕或掩盖受累的神经。
  - 肿瘤细胞可表达波形蛋白，但不表达施万细胞标志物。
- 平滑肌瘤：
  - 嗜酸性梭形细胞，胞核细长，两端钝圆，结蛋白免疫染色阳性。
  - 平滑肌瘤的细胞束常相互垂直排列。
- 神经瘤：
  - 为非肿瘤性增生病变，其中施万细胞数量增加，以用于营养再生的轴突。
- 良性神经鞘瘤：
  - 无细胞异型性，有丝分裂（增生）活性低，无侵袭生长或远处转移。

备注：在大鼠，特征病变发生于心脏（心内膜神经鞘瘤、神经鞘瘤病），耳郭附近，眼内和眼眶，以及颌下腺内。

神经鞘瘤在大鼠可通过直接作用的烷化剂，如 N- 亚硝基乙基脲或甲磺酸甲酯，经胎盘的致癌物作用而形成。神经鞘瘤已在产后可由大鼠接触 7，12- 二甲苯 [a] 蒽或 N- 亚硝基乙基脲后而诱发。在 MBP 启动子调控下，表达猴病毒 40 大肿瘤抗原和原核 β- 半乳糖苷酶（Lacz）的双转基因鼠中，恶性神经鞘瘤已有描述（Jensen 等，1993）。经 NF1 或 NF2 基因处理的神经纤维瘤病的基因工程小鼠模型中，可发生外周神经鞘肿瘤，包括神经鞘瘤（Stemmer-Rachamimov 等，2004）。

肿瘤变异型和特殊类型的报告，可依据“具体情况具体分析”的原则确定，在常规标准试验中不做统一要求。

脑膜

颗粒细胞聚集（Aggregates，granular cell）（图 104 和图 105）

生物学行为：非肿瘤性增生

同义词：无

组织发生：不确定，可能是神经嵴来源的脑膜细胞

诊断要点：特征明显（Mitsumori 等，1987；Mitsumori，Maronpot 和 Boorman，1987；Mitsumori，Stefanski 和 Maronpot，1988；Radovsky 和 Mahler，1999；Krinke 等，2000b）：

- 颗粒细胞呈多边形，边界清楚，但并不总是在胞质内挤满大小不等的嗜酸颗粒。
- 所见细胞单个散点或呈小簇分布，特别是在脑膜。
- 颗粒细胞聚集物不挤压相邻的神经组织。

特殊诊断技术：胞质颗粒可通过 PAS 染色显示。

鉴别诊断：

- 良性颗粒细胞肿瘤：
  - 脑膜瘤肿块是由颗粒细胞密集形成。
  - 瘤块非浸润性压迫其下的脑组织，除非特别小。

备注：啮齿类动物脑膜的这种罕见的病变特征是孤立存在，不压迫相邻脑实质。由于颗粒细胞不是脑膜中的固有细胞，故不应使用“颗粒细胞增生”这一术语。

良性颗粒细胞瘤（Tumor，granular cell，benign）

生物学行为：良性肿物。

同义词：benign granular cell tumor；granular cell tumor，benign

组织发生：不确定，可能是神经嵴来源的脑膜细胞

诊断要点：

特征明显（Mitsumori 等，1987；Wright 等，1990；Yoshida 等，1997；Radovsky 和 Mahler，1999；Krinke 等，2000b；Vang 等，2000）：

- 瘤块坚实，呈圆形至斑块状，常呈具有纤细血管基质的小结节状增生，并局限在脑膜。
- 这些瘤块常会对其下的脑组织造成非浸润性压迫。
- 肿瘤是由比较均匀一致的多角形细胞组成，胞核居中或偏于一侧，形呈圆形或卵圆形，

有少量大小不等的红染颗粒。肿瘤细胞紧密相连，但在较分散的肿瘤组织中也可单独存在。胞核常透亮，含有细小散点的染色质。HE 染色胞质常含有嗜酸性颗粒，但并不是所有细胞都有此特征。

- 肿瘤内其他非主要细胞类型包括核细长不规则（类似于小胶质细胞核）和小圆形细胞，其胞质颗粒稀疏，而核染色质致密。
- 常无核分裂象。

特殊诊断技术： 颗粒细胞分化可通过以下几种技术确认：

- PAS 染色可显示这种肿瘤细胞的许多胞质颗粒成分（Krinke 等，2000）。
- 电镜可观察两种细胞类型，一种具有致密的溶酶体，第二种具有中间丝（Yoshida 等，1997）。

鉴别诊断：

- 颗粒细胞聚集：
  - 小的细胞灶，其具有颗粒细胞的组织学特征。
  - 增生灶不挤压神经纤维网。
- 恶性颗粒细胞肿瘤：
  - 大体和组织学外观类似于良性颗粒细胞瘤。
  - 恶性肿块可入侵其下的脑组织，常表现为一个或数个肿瘤细胞浸润的小结节群。

备注：大鼠脑膜的良性颗粒细胞瘤（GCT）在慢性试验中是一种比较普通的肿瘤。但在小鼠这种肿瘤则罕见（Radovsky 和 Mahler，1999）。在一篇 107 例大鼠脑膜肿瘤的综述文章中，26 个病例中有 21 例确认是脑膜内皮型脑膜瘤到颗粒细胞瘤的过渡形态，这表明所有大鼠的脑膜肿瘤都可能相关或源自蛛网膜细胞前体（Mitsumori 等，1987）。该结论已被后来的电镜研究所证实（Yoshida 等，1997）。

大鼠的良性 GCT 不会入侵脑组织，但在某些病例的切片上可能存在人工造成的肿瘤岛状物出现在大脑中，而与脑膜没有任何联系。这些团块的非入侵（表层的）性质需做进一步制片来确定。

具有类似形态的人 GCT 常见于软组织，如舌和皮下组织，较少发生于脑（Vang 等，2000）。它们与大鼠脑膜颗粒细胞瘤的关系尚未确定，不过目前的证据支持人和大鼠的肿瘤均是神经嵴来源的说法（Wright 等，1990）。

恶性颗粒细胞瘤（Tumor，granular cell，malignant）（图 106 至图 110）

生物学行为： 恶性肿瘤

同义词： malignant granular cell tumor；granular cell tumor，malignant

组织发生： 不确定，可能是神经嵴来源的脑膜细胞

诊断要点：

特征明显（Mitsumori 等，1987；Wright 等，1990；Yoshida 等，1997；Radovsky

和 Mahler，1999；Krinke 等，2000b；Vang 等，2000）：

- 瘤块质硬，形圆至斑块状，常为具有纤细血管基质的小结节状增生，并局限在脑膜。
- 肿物压迫并入侵相邻的脑组织，通常为较小的常多发性小结节状肿瘤细胞浸润团块。正常脑膜组织常无入侵证据。
- 尽管其生长方式呈恶性，但瘤块是由比较均一的多角形细胞群组成的，核居中或偏于一侧，呈圆形或卵圆形，含有少量至中等大小不同的红染颗粒，偶见巨核细胞增多。肿瘤细胞间常紧密相连，但在较分散的肿瘤组织中也可单独存在。胞核常透亮，含有细小散在的染色质。胞质常含有嗜酸性颗粒，但并不是所有细胞都有此特征。
- 肿瘤内其他非主要细胞类型包括核细长不规则（类似于小胶质细胞核）和小圆形细胞，其胞质颗粒稀疏，而核染色质致密。
- 常无核分裂象。

特殊诊断技术：颗粒细胞分化可通过以下几种技术确认。

- PAS 染色可显示这种肿瘤细胞的许多胞质颗粒成分（Krinke 等，2000b）。
- 电镜可观察两种细胞类型，一种具有致密的溶酶体小体，第二种具有中间丝（Yoshida 等，1997）。

鉴别诊断：

- 良性颗粒细胞肿瘤：
  - 大体和组织学外观类似于恶性颗粒细胞瘤（GCT）；
  - 良性肿块可压迫但不侵入其下的脑组织。

备注：大鼠脑膜的颗粒细胞瘤（GCTs）在慢性试验中是一种比较普通的肿瘤，但在小鼠这种肿瘤则罕见（Radovsky 和 Mahler，1999）。尽管大鼠脑膜的所有 GCTs 通常被认为是良性的，但不同的生长方式则表明其有良性和恶性之分。恶性 GCTs 与良性的区别主要在于其小结节状浸润的特征。有些良性肿块如果在切片上看不到与脑膜的联系，可能会误认为具有浸润性。

脑膜血管瘤病

生物学行为：良性增生性疾病，指血管畸形或错构瘤（即通常在受累的组织中可见杂乱无章的细胞混合物），而不是肿瘤

同义词：无

组织发生：血管周围、间叶具有成纤维细胞和脑膜上皮型细胞分化能力的多潜能细胞

诊断要点：

- 大脑膜斑块状增厚（肉眼可见），常使前脑背面受害，呈双侧分布，包含中线。
- 在大脑皮质和 / 或脑干部可见血管周围的血管周隙渗透。
- 脑膜斑块状增厚和脑血管外周细胞渗透，可能都是由胞核呈纤细的梭形和偶为多边形

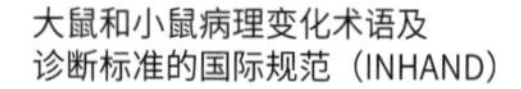

的脑膜上皮细胞组成。

- 增生的细胞没有异型性、多形性或高有丝分裂活性。
- 血管周围蔓延可从脑膜直到颅骨血管孔周围的颅骨。

特殊诊断技术： 据报道，该病变对波形蛋白的免疫反应是恒定的。某些细胞对 α- 平滑肌肌动蛋白呈阳性，表明可能存在肌纤维母细胞分化。

鉴别诊断：

- 良性脑膜瘤
  - 血管周围渗透不是良性脑膜瘤的特征。
- 恶性脑膜瘤
  - 恶性脑膜瘤的特征包括细胞异型性、多形性以及高有丝分裂活性；
  - 没有上述特征的血管周围蔓延不可诊断为恶性脑膜瘤。

备注：脑膜血管瘤病是一种罕见的疾病。人类仅有个别病例报告，而动物也只有零星病例。在人类中，多数病例发生于儿童和青壮年，他们没有临床症状，但常有癫痫发作。在犬，可看到脑局部受压的特征症状，如共济失调、转圈、眼球转动、轻度四肢软弱、肌肉萎缩或感觉缺失（Ribas，Carpenter 和 Mena，1990；Pumarola 等，1996）。

在小鼠，这种病变的特征直到近来才被正确地描述（Balme，Roth 和 Perentes，2008）。但在过去由于根据病变在血管周围分布将其误认为恶性脑膜瘤。之前误诊的病例可能包括一例类似于良性纤维脑膜瘤的小鼠脑膜肿瘤，但却被归类为恶性脑膜瘤，因为“在脑前部沿小血管外膜有广泛的浸润”（Krinke 和 Kaufmann，1996）和“脑膜肉瘤”（Krinke 和 Kaufmann，1996）。小鼠特征性临床症状尚无报道。

脑膜血管瘤病的错构瘤性特征因其常发生在 2 型神经纤维瘤病的病人而很明显（Stemmer-Rachamimov 等，1997）。人脑膜瘤在脑膜血管瘤病背景下发生是一种良性临床过程，尽管在病理学和放射学上与侵袭性脑膜瘤相似（Kim 等，2002）。

良性脑膜瘤（meningioma，benign）（图 111 和图 112）

生物学行为： 良性肿物

同义词： 无

组织发生： 脑膜基质细胞

诊断要点：

- 眼观可见，脑、脑神经（通常为视神经）或脊髓表面有明显的团块、斑块或增厚。
- 在脑，病变常位于大脑半球背面或背外侧，但也可发生于基底部区，如蝶鞍。
- 界限清楚。
- 有些压迫，但不入侵下层实质。
- 可有几种亚型 (Rubinstein, 1972; Gopinath, 1986; Mitsumori 等, 1987; Mitsumori,

Maronpot 和 Boorman，1987；Mitsumori，Stefanski 和 Maronpot，1988）：

  ○ 成纤维细胞型：为细长（梭形或纺锤形）的细胞胞质淡嗜酸性；胞核小、细长，染色质呈网状或深染的。细胞相互交织成疏松的束或丛状，细胞间有数量不等的胶原；可能呈现不规则的栅栏样或黏液瘤样区域。
  ○ 脑膜上皮细胞型：为较大的上皮样细胞，胞质呈均匀嗜酸性，胞核呈泡状。细胞排列成片状或小叶状，被纤维间质隔开。
  ○ 混合型：包含成纤维细胞和脑膜上皮细胞的成分。
- 沙粒体（肿瘤内层状钙化凝块）是啮齿类动物脑膜瘤不常见的特征。
- 核分裂象少见，外形正常。
- 大鼠的某些合胞体脑膜瘤可见颗粒细胞。

特殊诊断技术：呈波形蛋白、胶原蛋白和网状蛋白免疫组化阳性。

鉴别诊断：

- 良性颗粒细胞肿瘤（大鼠）：
  ○ 脑膜瘤块由均质多边形细胞组成，细胞界限清楚，细胞质含有丰富的 PAS 染色阳性颗粒。
  ○ 压迫但不入侵下层实质。
- 恶性脑膜瘤：
  ○ 浸润性生长，细胞异型性、多形性，常见核分裂象（有些异常）和多核细胞。
- 脑膜血管瘤病：
  ○ 大脑膜的斑块样增厚，并可见血管周围扩延，常位于大脑背部皮层表面。
  ○ 由分化良好的梭形细胞（脑膜上皮细胞）组成。
- 组织细胞肉瘤（小鼠）：
  ○ 为分化良好的组织细胞、多核巨细胞和少量成纤维细胞分化。
  ○ 在坏死区周围，肿瘤细胞呈假栅栏样排列。
- 恶性网状细胞增生：
  ○ 为多形性淋巴样细胞到组织型细胞，脑膜、血管周隙和脑室周围空隙有明显间质浸润。
  ○ 肿块含有丰富的网状纤维。
  ○ 多核巨细胞和核分裂象很多。

备注：良性脑膜瘤在小鼠（和犬）相当常见，但也见于大鼠。病变可通过鲁斯肉瘤病毒和甲基胆蒽在犬和非人类灵长类动物诱发。

变异型和特异型肿瘤的报告，可依据“具体情况具体分析”的原则决定，在常规标准试验中不做统一要求。

恶性脑膜瘤（Meningioma，malignant）（图113至图118）

生物学行为： 恶性肿瘤

同义词： meningeal sarcoma

组织发生： 脑膜质细胞

诊断要点：

- 在脑、脑（常为视）神经或脊髓表面，眼观为界限不清的实性肿块、斑块或脑脊膜增厚。与脑膜明显紧贴或接近。
- 浸润性长入其下的脑实质，常沿辐射状小血管外膜广泛浸润，肿瘤与正常组织间无明显界限。
- 细胞密集，排列交错或呈不规则片状。
- 核分裂象多，有时见异常核分裂象。
- 依据主要的分化方式可分几种亚型（Becker和Hinton，1983；Maekawa，1984；Krinke等，1985；Maekawa等，1987；Yamate等，1987；Mennel，1988；Mitsumori，Stefanski和Maronpot，1988；Gould等，1990；Gullotta，1990；Maekawa和Mitsumori，1990；Solleveld和Boorman，1990；Solleveld，Gorgacz和Koestner，1991；Janisch和Schreiber，1994；Cardesa等，1996；Rempel，Ge和Gutierrez，1999，Krinke等，2001）。
  - 纤维型：梭形细胞，胞质非常丰富，呈嗜酸性；胞核细长；有丰富的细胞外胶原基质。
  - 梭样细胞型：梭形细胞，胞质少，呈嗜碱性；胞核细长；细胞外胶原基质很少。
  - 未分化型：多形细胞，可见异型胞核，偶见多核巨细胞。

特殊诊断技术： 呈波形蛋白、胶原蛋白、网状蛋白免疫组化反应阳性。

鉴别诊断：

- 良性脑膜瘤：
  - 为扩张的但有明显界限的团块，被覆或紧贴脑膜，可压迫但不侵入其下的脑实质。
  - 形态一致的梭形细胞。
  - 核分裂象少见，外形正常。
- 组织细胞肉瘤：
  - 为分化良好的组织细胞、多核巨细胞和少量成纤维细胞分化。
  - 在坏死区域周围，肿瘤细胞呈假栅栏样排列。

备注：这种病变是大鼠和小鼠罕见的自发性肿瘤，但在仓鼠则较常发生。恶性脑膜瘤可通过给小鼠软脑膜注入致癌物质（如甲基胆蒽）或给新生恒河猴（猕猴）大脑内注射劳斯氏肉瘤病毒（伯拉第斯拉瓦株）而诱发。

变异型和特异型的肿瘤报告，可依据“具体情况具体分析”的原则决定，在常规标准试验中不做统一要求。

室管膜 A

良性室管膜细胞瘤（Ependymoma，benign）

生物学行为：良性肿瘤

同义词：无

组织发生：内衬脑室系统和脊髓中央管的室管膜细胞

诊断要点：小鼠（Zimmerman 和 Innes，1979；Swenberg，1982；Morgan 等，1984；Frith 和 Ward，1988；Morgan 和 Alison，1988；Faccini，Abbott 和 Paulus，1990；Walker 等，1994；Krinke 和 Kaufmann，1996；Radovsky 和 Mahler，1999，Krinke 等，2000b）和大鼠（Dagle，Zwicker 和 Renne，1979；Gopinath，1986；Yamate 等，1987；Jaenisch，1990；Kaneko 等，1990；Maekawa 和 Mitsumori，1990；Solleveld 和 Boorman，1990；Solleveld，Gorgacz 和 Koestner，1991；Cardesa 等，1994；Schmitt 等，1997；Spassky 等，2005）的特征已详述如下：

- 肿瘤位于脑室与导水管和 / 或脊髓中央管附近。
- 肿瘤由多边形细胞组成，核呈圆形或卵圆形，深染，染色质精细；细胞界限不清，排列成行或玫瑰花结状（在空腔周围排列着放射状的细胞）。
- 在分化良好的室管膜细胞瘤，可见有腔的玫瑰花环、纤毛以及基体（毛基体）。
- 可见血管周围假玫瑰花结（细胞排列在血管而非空腔周围）或管状结构。
- 这种肿瘤可能含有其他神经胶质成分。

特殊诊断技术：

- 小鼠室管膜细胞可表达 S100β 和 L- 谷氨酸 /L- 天冬氨酸转运蛋白（GLAST；Spassky 等，2005）。GLAST 也是大鼠室管膜细胞的标志物（Schmitt 等，1997）。
- 用 PTAH 染色标记时，毛基体特别明显。

鉴别诊断：

- 恶性室管膜细胞瘤：
  - ○ 肿瘤入侵脑室系统附近的神经纤维网。
  - ○ 其他恶性组织学特征包括显著的细胞异型性和多形性、坏死灶和多核巨细胞。
  - ○ 分化良好的室管膜亚细胞器（纤毛和相关基体）少见。
- 脉络丛乳头状瘤：
  - ○ 这种肿瘤是由纤维血管基质上被覆单层柱状或立方上皮细胞构成的乳头状结构组

成的。
- ○ 无玫瑰花结和假玫瑰花结形成。

- 髓母细胞瘤：
  - ○ 这种肿瘤发生在小脑，与脑室系统无关。
  - ○ 带有中央腔的玫瑰花结很普遍，常含有嗜酸性纤维性物质。

备注：大鼠的中枢神经系统室管膜瘤为罕见肿瘤。大鼠室管膜瘤常含有其他神经胶质成分（Gopinath，1986），因为胚胎室管膜细胞的组织学外观类似于神经胶质前体细胞。曾报道有一例与脑室系统无关的大鼠自发性小脑室管膜瘤（Yamate 等，1987）。

在成人，该肿瘤的免疫组化研究中上皮标记蛋白（中间丝和分泌蛋白）常呈阴性，但可表达星形胶质细胞标记物 GFAP。某些室管膜瘤有独特的细胞结构特征，如空泡和乳头状突起；这种起源于下连合器的伸长细胞型室管膜瘤，是由特化的室管膜细胞（伸长细胞）构成，它们具有深入下丘脑的长基突。这些肿瘤变体在人有报道，但在大鼠或小鼠则无。

恶性室管膜细胞瘤（Ependymoma，malignant）（图 119 至图 124）

生物学行为：恶性肿瘤

同义词：anaplastic ependymoma

组织发生：内衬脑室系统和脊髓中央管的室管膜细胞。

诊断要点：

小鼠（Zimmerman 和 Innes，1979；Swenberg，1982；Morgan 等，1984；Frith 和 Ward，1988；Morgan 和 Alison，1988；Faccini，Abbott 和 Paulus，1990；Walker 等，1994；Krinke 和 Kaufmann，1996；Radovsky 和 Mahler，1999，Krinke 等，2000b）和大鼠（Dagle，Zwicker 和 Renne，1979；Gopinath，1986；Yamate 等，1987；Jaenisch，1990；Kaneko 等，1990；Maekawa 和 Mitsumori，1990；Solleveld 和 Boorman，1990；Solleveld，Gorgacz 和 Koestner，1991；Cardesa 等，1994；Schmitt 等，1997；Spassky 等，2005）的特征已详述如下：

- 该肿瘤位于脑室或脑导水管和脊髓中央管附近。
- 多边形细胞排列成行，围绕空腔排列成玫瑰花结，或围绕血管排成假玫瑰花结；玫瑰花结或假玫瑰花结不是很常见。
- 显示分化良好的室管膜亚细胞器［如纤毛和相关基体（毛基体）］不常见。
- 恶性特征包括明显的细胞异型性和多形性，浸润性生长，坏死灶，多核巨细胞。
- 肿瘤中可能存在其他神经胶质成分（反映了室管膜细胞起源于神经胶质）。
- 核分裂活跃和细胞密度较高。

特殊诊断技术：

- 小鼠室管膜细胞可表达 S100β 和 L- 谷氨酸 /L- 天冬氨酸转运蛋白（GLAST；

Spassky 等，2005）。GLAST 也是大鼠室管膜细胞的一种标记物（Schmitt 等，1997）。

- PTAH 染色标记时，毛基体（如果有）特别明显。

鉴别诊断：

- 良性室管膜细胞瘤：
  - 该肿瘤局限在脑室腔内。
  - 肿瘤细胞分化良好，易形成排或在空腔周围形成玫瑰花结和 / 或在血管周围形成假玫瑰花结。
  - 纤毛和基体（毛基体）常见。
- 恶性少突神经胶质细胞瘤：
  - 肿瘤细胞呈片层状排列，胞核小而圆，胞质透明（不着色，如煎蛋样外观），细胞界限清楚，毛细血管内皮非典型增生。
  - 瘤块可见于脑室外的部位。

备注：与少突胶质细胞一样，室管膜瘤也位于脑室系统附近，肿瘤区的细胞排成行或玫瑰花结状。由于大鼠室管膜瘤罕见，故尚无适合的诊断标准来鉴别这两种恶性变异肿瘤与恶性神经胶质瘤。

对于用乙基亚硝基脲诱导的某些中枢神经系统的肿瘤，有些病理学家更倾向于称其为恶性胶质瘤而不是恶性室管膜细胞瘤。这些肿瘤显然起源于室管膜下基质的细胞，并分化为胶质细胞和室管膜细胞；有些病理学家将这些肿瘤归为胶质室管膜细胞瘤。在乙基甲硝基脲诱导的中枢神经系统肿瘤中，恶性室管膜细胞瘤是最普通的脊髓肿瘤类型。其特征是直接连于中央管的室管膜衬里。相反，乙基甲硝基脲诱导的脑恶性室管膜细胞瘤很少见，与脑室系统的室管膜衬里没有任何直接联系（Koestner，Swenberg 和 Wechsler，1971）。

脉络丛

脉络丛乳头状瘤（Papilloma，choroid plexus）（图 125 和图 126）

生物学行为：良性肿瘤

同义词：无

组织发生：脉络丛上皮细胞

诊断要点：肿瘤特征由以下文献汇总而成（Thompson 等，1961；Wechsler，Rice 和 Vesselinovitch，1979；Morgan 等，1984；Dickson 等，1985；Marks 等，1989；Chandra，Riley 和 Johnson 1992；Koestner 等，1999；Pace，1998；Radovsky 和 Mahler，1999）：

•该肿瘤紧靠脉络丛的解剖学部位。
•发育良好的乳头状突起呈树枝状（杂乱的分枝）。
•为单层立方或柱状上皮，胞核呈圆形或卵圆形，胞质丰富呈嗜酸性；细胞沿狭窄的纤维血管基质中心排列。
•无上皮细胞假复层结构（堆叠状）。
•无核分裂象。

特殊诊断技术：大鼠脉络丛上皮细胞可表达高浓度的甲状腺素运载蛋白。大鼠脉络丛上皮细胞呈角蛋白抗体免疫组化阳性。

鉴别诊断：

•脉络丛癌：
  ○ 瘤块源于脉络丛，呈以下恶性肿瘤的细胞结构特征：向邻近脑中侵袭生长，细胞异型性和多形性，以及明显的假复层结构（堆叠状）。
  ○ 有核分裂，但核分裂率不定。
•良性室管膜瘤：
  ○ 瘤块源于室管膜，常远离脉络丛附着部位。
  ○ 非乳头状外观，肿瘤细胞排列成行、玫瑰花结（中心为小空腔）和假玫瑰花结（围绕毛细血管）。
  ○ 肿瘤性室管膜细胞有纤毛和基体（毛基体）。

备注：脉络丛的乳头状瘤在大鼠神经外胚层肿瘤中并不常见。它们在小鼠中，除了化学物诱导的肿瘤（脑室内给予）或猴病毒 40 转染的转基因小鼠外，也是极为罕见的。

在犬，乳头状瘤可用角蛋白抗体染色。虽然有些人的脉络丛肿瘤对 GFAP 呈现多灶性免疫反应性，但这种染色在非人类的脉络丛肿瘤中尚无报告。

脉络丛癌（Carcinoma，choroid plexus）

生物学行为：恶性肿瘤

同义词：无

组织发生：脉络丛上皮细胞

诊断要点：

该肿瘤特征由以下文献汇总：Zimmerman 和 Innes，1979；Swenberg，1982；Morgan 等，1984；Gopinath，1986；Solleveld 等，1986；Solleveld，Gorgacz 和 Koestner，1991；Yamate 等，1987；Frith 和 Ward，1988；Morgan 和 Alison，1988；Faccini，Abbott 和 Paulus，1990；Maekawa 和 Mitsumori，1990；Solleveld 和 Boorman，1990；Cardesa 等，1994；Walker 等，1994；Krinke 和 Kaufmann，

1996；Krinke 等，2000b：

- 该肿瘤位于脉络丛附着的解剖部位。
- 该肿瘤是由发育程度不等的树枝状、乳头状突起组成。
- 多呈不典型或异型上皮细胞沿纤维血管基质中心排列。
- 上皮细胞假复层形成（堆置状）是常见的特征。
- 常入侵邻近脑组织。

特殊诊断技术：大鼠脉络丛上皮可高表达转甲状腺素蛋白。

鉴别诊断：

- 脉络丛乳头状瘤：
  - 乳头由单层立方到柱状上皮细胞构成，其胞核呈圆形至椭圆形；胞质丰富，呈嗜酸性，细胞沿狭窄的纤维血管基质中心排列。
  - 肿瘤细胞不入侵其下的脑组织。
  - 无恶性肿瘤的细胞结构特征（细胞异型性和多形性，上皮假复层形成）。
- 恶性室管膜瘤：
  - 被覆无纤毛上皮细胞的乳头状纤维血管基质不是室管膜瘤的特征。

备注：脉络丛肿瘤在大鼠和小鼠都是少见或相当罕见的。

其他细胞系

脂肪错构瘤（Hamartoma，lipomatous）（图 127 和图 128）

生物学行为：源于固有细胞类型的非肿瘤性占位性团块状病变

同义词：无

组织发生：脂肪细胞（白脂肪细胞）

诊断要点：

特征由以下文献汇总：Budka，1974；Morgan 等，1984；Morgan 和 Sheldon，1988；Adkison 和 Sundberg，1991；Brander 和 Perentes，1995；Krinke 等，2000b：

- 主要位于脑中线或脑室。
- 呈界限清楚的团块。
- 由单个或多个内含一个大脂肪滴的成熟白色就脂肪细胞群组成。
- 可能与胼胝体发育不全和相邻血管与脑组织侧向位移有关。

特殊诊断技术：无，因为这种细胞有分化良好的白脂肪细胞的典型特征。

鉴别诊断：

良性或恶性畸胎瘤：含脂肪和其他组织（来自于所有三个胚层细胞）的复合性肿瘤。

备注：这种极其罕见的肿瘤样结节代表着一种在原位正常发生的过度生长的细胞群［与迷芽瘤相反（异位细胞残留），此瘤是一种在异常部位出现的正常成熟细胞的聚集］。此病变不是肿瘤，但却有占位性良性肿瘤的生物学习性。脂肪瘤性错构瘤在 C57BL 和 C3H/HeJ 小鼠中有描述（Adkison 和 Sundberg，1991）。在大鼠只有一篇文献报告（Brander 和 Perentes，1995）。

恶性网状细胞增多（Reticulosis，malignant）（图 129 至图 133）

生物学行为：恶性肿瘤

同义词：lymphoreticulosis；microgliomatosis；primary（malignant） lymphoma of the nervous system；primary histiocytic sarcoma of the brain

组织发生：不明（在其他种属，包括人，可能是单核细胞和小胶质细胞混合来源）

诊断要点：病变特征由以下文献汇总：Rubinstein，1972；Koestner，1974；Vandevelde，Fankhauser 和 Luginbühl，1985；Garman，Snellings 和 Maronpot，1985；Bigner 等，1986；Gopinath，1986；Garman，1988；Zwicker 等，1992；Cardesa 等，1994；Favara 等，1997；Thio 等，2006。

- 该病变由多形性细胞和含有丰富网状纤维的明显基质组成。
- 细胞广泛浸润脑膜以及血管周围和脑室周围区。
- 细胞群的细胞包括数量不等的多形核的淋巴样细胞到组织细胞型细胞。
- 有些病变中多核巨细胞明显。
- 核分裂象多见。

特殊诊断技术：经典的方法是通过网状蛋白染色以显示肿瘤细胞周围有丰富的网状纤维。在大鼠，肿瘤细胞常表现为巨噬细胞标志物 CD68（克隆 ED1）免疫组化强阳性。

鉴别诊断：

- 恶性星形细胞瘤：
  - 肿瘤可沿血管渗透到达脑膜，导致继发性促结缔组织增生反应。
  - 肿瘤由界限不清的圆形或梭形细胞组成。
  - 分化不良的肿瘤细胞对 GFAP 反应偶呈阳性。因此，难以鉴别恶性星形细胞瘤与恶性网状细胞增生。
- 组织细胞肉瘤：
  - 呈多中心性病变外观。
- 肉芽肿性炎症：

○ 某些神经病变呈肉芽肿外观，因此可认为是炎症性病变，而不是肿瘤性病变。
○ 这些病变主要表现为血管周围细胞浸润，包含多种细胞类型：淋巴细胞、浆细胞及巨噬细胞。类似病变也见于他种动物，尤其是犬。

备注：恶性网状细胞增生症起初被用作可能是“小胶质”（间叶）细胞和淋巴增生细胞起源病变的诊断术语。然而，现在该术语有时用来描述恶性淋巴瘤的病变。这一术语已被某些病理学家摒弃，因为小胶质细胞肿瘤的存在还需确认。

该术语经常用在大鼠和犬中枢神经系统的病变，这种病变根据其组织学特征既不是淋巴瘤也不是典型的神经胶质瘤。F344 大鼠给予丙烯腈诱发的病变被描述为小神经胶质瘤，呈弥散性浸润，可形成典型的神经元周围卫星现象以及血管周围聚集。一些人建议，在 SD 大鼠脑组织中发生的肿瘤，其特征如果有明显的脑膜侵犯、脑膜下浸润、卫星现象和血管套袖现象时，则应考虑为星形胶质细胞瘤。

在人类病例中，恶性网状细胞增生症的细胞类型，通过免疫组化认定是免疫母细胞，表明该病变是恶性结外淋巴瘤。啮齿类动物细胞系的确认需要进一步确定不同淋巴来源（T 淋巴细胞 CD3 阳性，B 淋巴细胞 CD45RA 阳性）和单核来源［CD68 阳性（克隆 ED1）（大鼠）或 F4/80（小鼠）］细胞的特征。

常见人为现象

某些偶见的变化常被一些没有经验的工作者误认为是神经病理变化。下述三种变化在啮齿类动物最为常见。已确认的人工不应在病理数据库中被报告。然而，当只涉及某一剂量组的系统性人工产物，且专题病理学家予以认同，可在描述时对该组织 / 脏器进行备注说明。

暗神经元人为现象（Dark neuron artifact）（图 134 至图 136）

同义词： basophilic neurons，dark “spiky” nerve cells，neuronal hyperchromatosis

诊断要点： 变化特征由以下文献汇总：Cammermeyer，1960，1961，1972，1973，1978；Garman，1990；Summers，Cummings 和 DeLahunta，1995；Jortner，2006：

- 通常在大脑皮质、海马、小脑皮质以及脑干的大神经元内含量丰富。
- 细胞核与细胞质皱缩，伴以神经元胞体与周围神经纤维网分离，有时在神经元周围造成明显的多边形收缩空隙。
- 偶见复杂“螺旋形”树状突，尤其是在大脑皮质。
- 胞质呈嗜碱性深染（细胞体和树状突），由于胞核与细胞质混合，常看不到皱缩、深染的细胞核。

- 尼氏体不清楚。
- 偶呈微嗜酸性，故 HE 切片呈深蓝 - 红色（即双染性）。
- 所有受影响的神经元都有类似的特征。

发生机制： 确切机制不清楚，但某些因素已经明确。

- 粗糙处理未固定的组织（如受损性解剖、挤压）会促成这种变化（Cammermeyer，1978；Garman，1990）。
- 缺血是该过程不可缺少的部分（Cammermeyer，1973）。
- 神经元的神经毒性作用已得到证实：组织甲醛固定前，皮质活检后以谷氨酸钠颉颃剂处理大鼠，可消除暗神经元形成（Kherani 和 Auer，2008）。

鉴别诊断：

- 神经元坏死：
  - ○ 坏死神经元的胞质常呈明亮的嗜酸性（“红死”神经元），胞核暗而固缩。
  - ○ 在急性坏死阶段，缺血性神经元不能与嗜碱性神经元（Cammermeyer，1972）区分，但这种早期病变的特征是，邻近神经元存在不同阶段的变性（而暗神经元群仅有单一的形态特征）。
- 持续一段时间的坏死病变常伴有胶质细胞变化，如反应性神经胶质细胞和 / 或活化的小胶质细胞（Jortner，2006）。

备注：“暗神经元”是一种普通组织学人工产物，常被缺乏经验的研究人员解释为变性或死亡的细胞（Jortner，2006）。这种变化最常见于浸泡固定的组织，但也见于灌注充分固定的组织（Cammermeyer，1978; Garman，1990），当中枢神经系统组织经过灌注固定后原位停留（即不处理）几个小时后再移动时，这种人工产物的程度最小（Garman，1990）。

髓鞘气泡（Myelin Bubbles）

同义词： adaxonal vacuoles，myelin spaces，myelin vacuoles

诊断要点（Yao 等，1994）：

- 这种所见常表现为整个轴突周围扩大，而且呈局灶性间隙，因此在神经纵切面上最易辨认。
- 典型气泡有鞘壁，呈不规则的椭圆形扩张。
- 几个相邻的气泡可以薄隔分开（可能代表相邻施万细胞所属的细胞膜）。
- 外周神经中的较大有髓神经纤维更容易受到影响。
- 这种变化主要影响石蜡包埋的组织，而不是塑料包埋的标本。

发病机制： 还未明确。

鉴别诊断（Collan 等，1980）：

•轴突变性：
  ○ 髓鞘肿胀延伸一段距离（即形成链）。
  ○在肿胀的施万细胞链内，轴突可发生崩解。
  ○肿胀的髓鞘中可见清除碎片的巨噬细胞（格子细胞）（即髓鞘消化室）。
•髓鞘内水肿：
  ○轴突外围的髓鞘被大小不等的空泡破坏，这些空泡为空腔或含有少量膜状物质。
  ○长期髓鞘内水肿可继发髓鞘和轴突变性。

备注：这种所见是人类神经活检中常见的人工产物，或可反映组织固定前的处理情况（Collan 等，1980）。

白质空泡形成（White Matter Vacuolation）

同义词： vacuolar artifact

诊断要点： （Radovsky 和 Mahler，1999）

•在有髓神经密集区，可见大小不等的不规则空泡，呈局灶性或弥漫性分布。
•主要见于大脑放射冠、胼胝体、内囊、小脑深部白质和脑干。
•空泡形圆、光滑，通常中空。

发病机制： 由于神经系统脂质含量高，常规石蜡包埋的组织处理可导致溶剂相关脂质溶解和白质中细小空泡的形成。

鉴别诊断：

•老龄相关的空泡形成：
  ○ 发生在大脑白质。
  ○ 影响很老龄的雌性小鼠（Wells 和 Wells，1989）。
•星形胶质细胞肿胀和空泡形成：
  ○ 空泡位于细胞内，因此很小。
•髓鞘内水肿：
  ○ 轴突周围的髓鞘被大小不等的空泡破坏，这些空泡为空腔或含有少量膜状物质。
  ○ 长期髓鞘内水肿可继发髓鞘和轴突变性。
•海绵状脑病（Summers，Cummings 和 DeLahunta，1995；Wells 和 Wells，1989）：
  ○ 空泡出现于神经元核周体或突起。
  ○ 在小鼠的试验性羊痒病中（传染性海绵状脑病感染绵羊），空泡仅见于灌注固定的石蜡包埋脑中，而新鲜冰冻切片中则无（Betmouni，Clements 和 Perry，1999）。

备注：人工空泡变化常随机出现于髓鞘密集的结构中，而空泡病变（即神经病理变化）常呈双侧对称（Hooper 和 Finnie，1987）出现。

福尔马林固定的组织标本在 70％的酒精中延长时间存放（如超过 1 周，Wells 和 Wells，1989），人工空泡变化会加重。空泡变化在自溶的组织中也会加重，并伴有轻度星形胶质细胞肿胀和核浓缩，以及灰质轻度神经纤维网空泡形成（Summers，Cummings 和 DeLahunta，1995）。

参考文献

Adkison, D. L., Sundberg, J. P., 1991. “Lipomatous” hamartomas and choristomas in inbred laboratory mice. Vet Pathol 28, 305–312.

Agamanolis, D. P. ,2005. Metabolic and toxic disorders. In Neuropathology (R. A. Prayson, ed.), pp 339–420. Elsevier, Philadelphia, PA.

Albrecht, J., Norenberg, M. D., 2006. Glutamine: A Trojan horse in ammonia neurotoxicity. Hepatology 44, 788–794.

Alison, R. H., Elwell, M. R., Jokinen, M. P., et al, 1987. Morphology and classification of 96 primary cardiac neoplasms in Fischer 344 rats. Vet Pathol 24, 488–494.

Amaral, D. G., 2000. The anatomical organization of the central nervous system. In Principles of Neural Science (E. R. Kandel, J. H. Schwartz,and T. M. Jessel, eds.), 4th edition., pp 317–336. McGraw Hill, New York.

Amenta, D., Ferrante, F., Franch, F., et al, 1988. Effects of longterm hydergine administration on lipofuscin accumulation in senescent rat brain. Gerontology 34, 250–256.

Andersson, S., Gustafsson, N., Warner, M., et al, 2005. Inactivation of liver X receptor b leads to adult-onset motor neuron degeneration in male mice. Proc Natl Acad Sci USA 102, 3857–3862.

Anthony, D. C., Montine, T. J., Valentine, W. M., et al, 2001. Toxic responses of the nervous system. In Casarett and Doull’ s Toxicology: The Basic Science of Poisons (C. D. Klaassen, ed.), 6th ed., pp 546–555.McGraw Hill, New York.

Balme, E., Roth, D. R., Perentes, E., 2008. Cerebral meningioangiomatosis in a CD-1 mouse: A case report and comparison with humans and dogs. Exp Toxicol Pathol 60, 247–251.

Bancroft, J. D., Gamble, M., 2002. Chapter 13. Pigments and minerals. In Theory and ractice of Histological Techniques. Harcourt Publishers Limited,London, pp. 258–256.

Becker, L. E., Hinton, D., 1983. Primitive neuroectodermal tumors of the central nervous system. Hum Pathol 14, 538–550.

Bendel, O., Alkass, K., Bueters, T., et al, 2005.Reproducible loss of CA1 neurons following carotid artery occlusion combined with halothane-induced hypotension. Brain Res 1033, 135–142.

Bernstein, M., Lichtman, J. W., 1999. Axonal atrophy: The retraction reaction. Curr Opin Neurobiol 9, 364–370.

Betmouni, S., Clements, J., Perry, V. H., 1999. Vacuolation in murine prion disease: An informative artifact. Curr Biol 9, R677–679.

Bigner, D. D., Bigner, S. H., Burger, P. C., et al, 1986. Primary brain tumours in Fischer 344 rats chronically exposed to acrylonitrile in their drinking water. Food Chem Toxicol 24, 129–137.

Bolon, B., 2000. Comparative and correlative neuroanatomy for the toxicologic pathologist. Toxicol Pathol 28, 6–27.

Bolon, B., Butt, M., 2011. Fundamental Neuropathology for Pathologists and Toxicologists: Principles and Techniques. John Wiley & Sons, Hoboken,NJ.

Bolon, B., Bradley, A., Butt, M., et al, 2011a. Compilation of international regulatory guidance documents for neuropathology assessment during nonclinical general toxicity and specialized neurotoxicity studies. Toxicol Pathol 39, 92–96.

Bolon, B., Bradley, A., Garman, R., et al, 2011b. Useful toxicologic neuropathology references for pathologists and toxicologists. Toxicol Pathol 39, 234–239.

Bolon, B., Garman, R., Jensen, K., et al, 2006. A 'best practices' approach to neuropathologic assessment in developmental neurotoxicity testing–for today. Toxicol Pathol 34, 296–313.

Boorman, G. A., Montgomery, C. A., MacKenzie, W. F., 1990. Chapter 11. Brain. In Pathology of the Fischer Rat. Academic Press, Inc., San Diego, CA, pp 159–160.

Bouldin, T. W., 2000. Cuprizone. In Experimental and Clinical Neurotoxicology (P. S. Spencer, H. H. Schaumburg and A. C. Ludolph, eds.), 2nd ed.,pp. 426–427.Oxford University Press, New York.

Brander, P., Perentes, E., 1995. Intracranial lipoma in a laboratory rat. Vet Pathol 32, 65–67.

Brown, A. P., Courtney, C. L., Carlson, T., et al, 2005a.Administration of a MEK inhibitor results in tissue mineralization in the rat due to dysregulation of phosphorus and calcium homeostasis. Toxicologist 84, 108 (abstr 529).

Brown, A. P., Courtney, C. L., King, L. M., et al, 2005b. Cartilage dysplasia and tissue mineralization in the rat following administration of a FGF receptor tyrosine kinase inhibitor. Toxicol Pathol 33, 449–455.

Budka, H., 1974. Intracranial lipomatous hamartomas (intracranial "lipoma"). A study of 13 cases including combination owith medulloblastoma,colloid and epidermoid cysts, angiomatosis and other malformations.Acta Neuropathol (Berl) 28, 205–222.

Butt, M. T., 2011. Morphologic changes associated with intrathecal catheters for direct delivery to the central nervous system in preclinical studies.Toxicol Pathol 39, 213–219.

Cammermeyer, J., 1960. A critique of neuronal hyperchromatosis. J Neuropathol 19, 141–142.

Cammermeyer, J., 1961. The importance of avoiding "dark" neurons in experimental neuropathology. Acta Neuropathologica 1, 245–270.

Cammermeyer, J., 1972. Nonspecific changes of the central nervous system in normal and experimental material. In The Structure and Function of the Nervous System (G. H. Bourne, ed.), Vol. 6., pp. 131–251. Academic Press,New York.

Cammermeyer, J., 1973. "Ischemic neuronal disease" of Spielmeyer_A reevaluation. Arch Neurol 29, 391–393.

Cammermeyer, J., 1978. Is the solitary dark neuron a manifestation of postmortem trauma to the brain inadequately fixed by perfusion? Histochemistry 56, 97–115.

Cardesa, A., Carlton, W. W., Dungworth, D. L., et al, 1994. 7. Central nervous system, eye, heart, and mesothelium. In International Classification of Rodent Tumours, Part I: The Rat (U. Mohr, C. C. Capen, D. L.Dungworth, R. A. Griesemer, N. Ito, and V. S. Turusov, eds.), pp. 1–80.IARC Scientific Publications No. 122, Lyon, France.

Cardesa, A., Ribalta, T., Vogeley, K. T., et al, 1990. Tumors of the peripheral nervous system. In Pathology of Tumors in Laboratory Animals. Vol I. Tumors of the Rat(V. S. Turusov and U. Mohr, eds.), 2nd edition., pp, 699–724.IARC Scientific Publications No. 99, Lyon, France.

Cardesa, A., Ribalta, T., VonSchilling, B., et al, 1989.Experimental model of tumors associated with neurofibromatosis. Cancer 63, 1737–1749.

Cardesa, A., ZuRheim, G. M., Cruz-Sanchez, F. F., et al, 1996. In Pathology of Tumours of Laboratory Animals Volume III–Tumours of the Hamster (V. S. Turusov and U. Mohr, eds.), 2nd edition., pp. 427–465. WHO/IARC Scientific Publications, IARC,Lyon, France.

Casteinau, P. A., Garrett, R. S., Palinski, W., et al, 1998. Abnormal iron deposition associated with lipid peroxidation in transgenic mice expressing interleukin-6 in the brain.J Neuropathol Exp Neuro 57, 268–282.

Cavanagh, J. B., 1993. Selective vulnerability in acute energy deprivation syndromes. Neuropathol Appl Neurobiol 19, 461–470.

Cavanagh, J. B., 1964. The significance of the "dying-back" process in experimental and human neurological disease. Int Nat Rev Exp Pathol 7,219–267.

Chandra, M., Riley, M. G. I., Johnson, D. E., 1992. Spontaneous neoplasms in aged Sprague-Dawley rats. Arch Toxicol 66, 496–502.

Chee, C. A., Roozendaal, B., Swaab, D. F., et al, 1988. Vasoactive intestinal polypeptide neuron changes in the senile rat suprachiasmatic nucleus. Neurobiol Aging 9, 307–312.

Collan, Y., Ylikoski, J., Palva, T., et al, 1980. Artifacts in eighth cranial nerve biopsy. Acta Octolaryngol 89, 71–75.

Csordás,A.,Mázló, M., Gallyas, F., 2003. Recovery versus death of "dark" (compacted) neurons in non-impaired parenchymal environment: Light and electron microscopic observations. Acta Neuropathol 106, 37–49.

Cutts, J. H., 1966. Vascular lesions resembling polyarteritis nodosa in rats undergoing prolonged stimulation with oestrogen. Br J Exp Pathol 47,401–404.

Dagle, G. E., Zwicker, G. M., Renne, R. A., 1979. Morphology of spontaneous brain tumors in the rat. Vet Pathol 16, 318–324.

D' Amato, C. J., O' Shea, K. S., Hicks, S. P., et al, 1986. Genetic prenatal aqueductal stenosis with hydrocephalus in rat. J Neuropathol Exp Neurol 45, 665–682.

Dearmond, S. J., Prusiner, S. B., 1997. Prion disease. In Greenfield's Neuropathology (D. I. Graham and P. L. Lantos, eds.). 6th Edition., Vol.2, pp.235–271. Arnold, London.

Dickson, P. W., Aldred, A. R., Marley, P. D., et al, 1985. High prealbumin and transferrin mRNA levels in the choroid plexus of rat brain. Biochem Biophys Res Commun 127,890–895.

Duchen, L. W., 1992. General pathology of neurons and neuroglia. In Greenfield' s Neuropathology (J. H. Adams and L. W. Duchen, eds.), 5th ed., pp.8, 11–14, 22–27. Oxford University Press, New York.

Eisenbrandt, D. L., Mattson, J. L., Albee, R. R., et al, 1990. Spontaneous lesions in subchronic neurotoxicity testing of rats.Toxicol Pathol 18, 154–164.

Elder, G. A., Friedrich, V. L., Jr., Margita, A., et al, 1999.Age-related atrophy of motor axons in mice deficient in the mid-sized neurofilamentssubunit. J Cell Biol 146, 181–192.

El-Ghazawi, E. F., Malaty, H. A., 1975. Observation on extra neuronal lipofuscin in human brain. Cell Tissue Res 161, 555–565.

Eltayeb, S., Berg, A. L., Lassmann, H., et al, 2007. Temporal expression and cellular origin of CC chemokine receptors CCR1, CCR2 and CCR5 in the central nervous system: Insight into mechanisms of MOG-inducedEAE. J. Neuroinflamm 4, 1–13.

EPA, 1998a. Health Effects Test Guidelines OPPTS 870., 3100. 90-day oral toxicity in rodents. http://www.epa.gov/epahome/research.htm EPA., 1998b. Health Effects Test Guidelines OPPTS 870.6200 Neurotoxicity screening battery. http://www.epa.gov/epahome/research.htm.

Ernst, H., Carlton, W. W., Courtney, C., et al, 2001. Soft tissue and skeletal muscle. In International Classification of Rodent Tumors,The Mouse (U. Mohr, ed.), pp. 361–387. Springer, Heidelberg, Berlin, NewYork, WHO IARC, Lyon, France.

Ernst, H., Lake, S. G., Stuart, B. P., et al, 1993. Neuromuscular hamartoma (benign 'Triton' tumour) in a mouse.Exp Toxic Pathol 45, 369–373.

Escubedo, E., Guitart, L., Sureda, F. X., et al, 1998. Microgliosis and down-regulation of adenosine transporter induced by methamphetamine in rats. Brain Res 814,

120–126.
Faccini, J. M., Abbott, D. P., Paulus, G. J. J., 1990. Mouse Histopathology.XI. Nervous System and Special Sense Organs. Elsevier, Amsterdam,pp. 187–210.
Farmer, P. M., Wisniewski, H. W., Terry, R. D., 1976. Origin of dystrophic axons in the gracile nucleus. J Neuropathol Exp Neurol 35, 366.
Favara, B. E., Feller, A. C., Pauli, M.,et al, 1997. Contemporary classification of histiocytic disorders. The WHO committee on Histiocytic/Reticulum cell proliferation.Reclassification of the histiocyte society. Med Pediatr Oncol 29, 157–166.
Fitzgerald, J. E., Schardein, J. L., Kurtz, S. M., 1974. Spontaneous tumors of the nervous system in albino rats. J Natl Cancer Inst 52, 265–273.
Fix, A. S., Garman, R. H., 2000. Practical aspects of neuropathology: A technical guide for working with the nervous system. Toxicol Pathol 28,122–131.
Fix, A. S., Ross, J. F., Stitzel, S. R., et al, 1996. Integrated evaluation of central nervous system lesions: Stains for neurons, astrocytes, and microglia reveal the spatial temporal features of MK-801-induced neuronal necrosis in the rat cerebral cortex. Toxicol Pathol 24, 291–304.
Forsyth, R. J., 1996. Astrocytes and the delivery of glucose from plasma to neurons. Neurochem Int 28, 231–241.
Franklin, R. J. M., Kotter, M. R., 2008. The biology of CNS remyelination.J Neurol 255, 19–25.
Fraser, H., 1971. Astrocytomas in an inbred mouse strain. J Pathol 103, 266–270.
Fraser, H., 1986. Brain tumours in mice, with particular reference to astrocytoma. Food Chem Toxicol 24, 105–111.
Frith, C. H., Ward, J. M., 1988. Color Atlas of Neoplastic and Nonneoplastic Lesions in Aging Mice. Central Nervous System. Elsevier,Amsterdam, pp. 93–99.
Fujisawa, K., Shiraki, H., 1978. Study of axonal dystrophy. I. Pathology of the neuropil of the gracile and the cuneate nuclei in aging and old rats:A stereological study. Neuropathol Appl Neurobiol 4, 1–20.
Fuller, G. N., Goodman, J. C., 2001. Cells of the nervous system. Chapter 2. In Practical Review of Neuropathology. Lippincott Williams & Wilkins,Philadelphia. pp. 30–31.
Gabel, L. A., LoTurco, J. J., 2001. Electrophysiological and morphological characterization of neurons within neocortical ectopias. J Neurophysiol 85, 495–505.
Garman, R. H., 1988. Malignant reticulosis, rat. In Monographs on Pathology of Laboratory Animals (T. C. Jones, U. Mohr, and R. D. Hunt, eds.), pp.117–123. Nervous system. Springer, Berlin.Garman, R. H., 1990. Artifacts in routinely immersion fixed nervous tissue.Toxicol Pathol 18, 149–153.
Garman, R. H., 2011. Histology of the central nervous system. Toxicol Pathol 39, 22–35.
Garman, R. H., Snellings, W. M., Maronpot, R. R., 1985. Brain tumors in F344 rats

associated with chronic inhalation exposure to ethylene oxide.Neurotoxicology 6, 117–137.

Gehrmann, J., Banati, R. B., Weissner, C., et al, 1995. Reactive microglia in cerebral ischaemia: An early mediator of tissue damage? Neuropathol Appl Neurobiol 21, 277–289.

Gold, B. G., Griffin, J. W., Price, D. L., 1992. Somatofugal axonal atrophy precedes development of axonal degeneration in acrylamide neuropathy.Arch Toxicol 66, 57–66.

Goldschmidt, M. H., Dunstan, R. W., Stannard, A. A., et al, 1998. Chapter 5. Cysts. In Histological Classification of Epithelial and Melanocytic Tumors of the Skin of Domestic Animals. U.S. Armed Forces Institute of Pathology, Washington, DC.,pp. 33–35.

Gopinath, C., 1986. Spontaneous brain tumours in Sprague-Dawley rats. Food Chem Toxicol 24, 113–120.

Gough, A. W., Hanna, W., Barsoum, N. J., et al, 1986.Morphologic and immunohistochemical features of two spontaneous peripheral nerve tumors in Wistar rats. Vet Pathol 23, 68–73.

Gould, V. E., Jansson, D. S., Molenaar,W. M., et al, 1990. Primitive neuroectodermal tumors of the central nervous system. Patterns of expression of neuroendocrine markers and all classes of intermediate filament proteins.Lab Invest 62, 498–509.

Graham, D. G., 1999. Neurotoxicants and the cytoskeleton. Curr Opin Neurol 12, 733–737.

Grant Maxie, M., Youssef, S., 2007. Chapter 3. Nervous system. In Jubb,Kennedy and Palmer' s Pathology of Domestic Animals (M. Grant Maxie,ed.), Vol. 1., 5th ed., pp. 287–289, 291, 292, 294–295, 454. Saunders Elsevier,Philadelphia, PA.

Greaves, P., 1990. Nervous Systemand Special Sense Organs. InHistopathology of Preclinical Toxicity Studies. Elsevier, Amsterdam, pp. 756–798.

Greaves, P., 2000. Nervous System and Special Sense Organs. In Histopathology of Preclinical Toxicity Studies. Elsevier, Amsterdam, 2nd ed., pp.823–883.

Greaves, P., 2007. Nervous System and Special Sense Organs. In Histopathology of Preclinical Toxicity Studies. Elsevier Academic Press, Amsterdam,3rd ed., pp. 861–933.

Greaves, P., Carlton, W. W., Courtney, C. L., et al, 2004. Non-proliferative and Proliferative Lesions of Soft Tissues and Skeletal Muscle in Mice. In Guides for Toxicologic Pathology, STP/ARP/AFIP, Washington, DC, pp. 1–18.

Greaves, P., Faccini, J. M., Courtney, C. L., 1992. Proliferative Lesions of Soft Tissues and Sekeletal Muscle in Rats. In Guides for Toxicologic Pathology. STP/ARP/AFIP, Washington DC, pp. 1–14.

Griffin, J. W., Gold, B. G., Cork, L. C., et al, 1982. IDPN europathy in the cat: Co-existence of proximal and distal axonal swellings. Neuropath Appl Neurobiol 8,

351–364.
Gullotta, F., 1990. Immunohistochemistry in childhood brain tumours: What are the facts? Childs Nerv Syst 6, 118–122.
Hall, S. M., 1988. Neurotoxic effects of lysolecithin, mouse, rat. In Monogra phs of Pathology of Laboratory Animals, (T. C. Jones, U. Mohr, and R. D. Hunt, eds.), pp. 63–73. Springer-Verlag, Berlin.
Hanemann, C. O., Gabreels-Festen, A. A., 2002. Secondary axon atrophy and neurological dysfunction in demyelinating neuropathies. Curr Opin Neurol 15, 611–615.
Harding, B. N., 1992. Malformations of the nervous system. In Greenfield' s Neuropathology (J. H. Adams and L. W. Duchen, eds.), 5th ed., pp.550–551. Oxford University Press, New York.
Harper, C., Butterworth, R., 1997. Nutrional and metabolic disorders. In Greenfield' s Neuropathology (D. I. Graham and P. L. Lantos, eds.), 6th edition.,pp. 601–655. Arnold, London.
Harris, J., Chimelli, L., Kril, J., et al, 2008. Nutritional deficiencies,metabolic disorders and toxins affecting the nervous system. In Greenfield' s Neuropathology (S. Love, D. N. Louis, and W. Ellison, eds.), 8th Ed., pp. 675–731.Edward Arnold Ltd, London.
Hirano, A., Llena, J., 2006. Fine structure of neuronal and glial processes in neuropathology. Neuropathology 26, 1–7.
Hooper, P. T., Finnie, J. W., 1987. Focal spongy changes in the central nervous system of sheep and cattle. J Comp Pathol 97, 433–440.
Huse, J. T., Holland, E. C., 2009. Genetically engineered mouse models of brain cancer and the promise of preclinical testing. Brain Pathol 19, 132–143.
Ikeda, A., Sato, Y., Sueyoshi, S., 2003. Spontaneously occurring intracranial malignant cystic schwannoma in rat. J Tox Pathol 16, 77–79.
Ito, U., Hakamata, Y., Kawakami, E., et al, 2011. Temporary focal cerebral ischemia results in swollen astrocytic end-feet that compress microvessels and lead to focal cortical infarction. J Cereb Blood Flow Metab 31, 328–338.
Ito, D., Tanaka, K., Suzuki, S., et al, 2001. Enhanced expression of Iba1, ionized calcium-binding adapter molecule 1, after transient focal cerebral ischemia in rat brain. Stroke 32, 1208–1215.
Jacobs, J. M., Ford, W. C., 1981. The neurotoxicity and antifertility properties of 6-chloro-6-deoxyglucose in the mouse. Neurotoxicology 2,405–417.
Jaenisch, W., 1990. Tumours of the central nervous system. In Pathology of Tumours in Laboratory Animals. Vol I. Tumours of the Rat (V. S. Turusov and U. Mohr, eds.), 2nd edition., pp. 677–698. IARC Scientific Publications No. 99, Lyon, France.
Janisch, W., Schreiber, D., 1994. Neoplasms of the central and peripheral nervous system of laboratory animals. In Pathology of Neoplasia and Preneoplasia in

Rodents (P. Bannasch and W. Gossner, eds.), pp. 134–138.EULEP Colour Atlas, Stuttgart.

Jayakumar, A. R., Rama Rao, K. V., Murthy, C. R. K., et al, 2006. Glutamine in the mechanism of ammonia-induced astrocyte swelling.Neurochem Intl 48, 623–628.

Jensen, N. A., Rodriguez, M. L., Garvey, J. S., et al, 1993. Transgenic mouse model for neurocristopathy: Schwannomas and facial bone tumors. Proc Natl Acad Scia USA 90, 3192–3196.

Johanson, C., Stopa, E., McMillan, P., et al, 2011. The distributional nexus of choroid plexus to cerebrospinal fluid,ependyma, and brain: Toxicologic/pathologic phenomena, periventricular destabilization, and lesion spread. Toxicol Pathol 39, 186–212.

Jones, T. C., Hunt, R. D., King, N. W., 1996. Chapter 27. The nervous system. In Veterinary Pathology. Lippincott Williams &Wilkins, Philadelphia,PA, pp., 1259–1297.

Jordan, W. H., Young, J. K., Hyten, M. J., et al, 2011. Preparation and analysis of the central nervous system. Toxicol Pathol 39, 58–65.

Jortner, B. S., 2000. Mechanisms of toxic injury in the peripheral nervous system:Neuropathologic considerations. Toxicol Pathol 28, 54–69.

Jortner, B. S., 2006. The return of the dark neuron. A histological artifact complicating contemporary neurotoxicologic evaluation. Neurotoxicology 27,628–634.

Jortner, B. S., 2011. Preparation and analysis of the peripheral nervous system. Toxicol Pathol 39, 66–72.

Jubb, K. V. F., Huxtable, C. R., 1992. Chapter 3. Nervous system. In Jubb,Kennedy and Palmer' s Pathology of Domestic Animals. Vol 1., 4th edition.,pp. 267–439, Academic Press, San Diego, CA.

Kadar, T., Silbermann, M., Brandeis, R., et al, 1990. Age-related structural changes in the rat hippocampus: Correlation with working memory deficiency. Brain Res 512, 113–120.

Kalueff, A., Loseva, E., Haapasalo, H., et al, 2006. Thalamic calcification in vitamin D receptor knockout mice. Neuroreport 17, 717–721.

Kandel, E. R., 2000. The brain and behavior. In Principles of Neural Science (E. R. Kandel, J. H. Schwartz, and T. M. Jessel, eds.), 4th edition., pp. 5–18,McGraw Hill, New York.

Kaneko, Y., Takeshita, I., Matsushima, T., et al, 1990. Immunohistochemical study of ependymal neoplasms: Histological subtypes and glial and epithelial characteristics. Virchows Arch A 417, 97–103.

Kaufmann, W., 2000. Developmental neurotoxicity. In The Laboratory Rat (G. J. Krinke, ed.), pp. 227–250. Academic Press, San Diego.

Kaufmann, W., 2011. Pathology methods in non-clinical neurotoxicity studies: The developing central nervous system. In Fundamental Neuropathology for

Pathologists and Toxicologists: Principles and Techniques (B. Bolon and M. Butt, eds.). John Wiley, Hoboken, NJ, pp. 339–364.
Kaufmann, W., Gröters, S., 2006. Developmental neuropathology in DNT studies—a sensitive tool for the detection and characterization of developmental neurotoxicants, Repro Toxicol 22, 196–213.
Kelley, B. J., Lifshitz, J., Povlishock, J. T., 2007. Neuroinflammatory responses after experimental diffuse traumatic brain injury. J Neuropathol Exp Neurol 66, 989–1001.
Kherani, Z. S., Auer, R. N., 2008. Pharmacologic analysis of the mechanism of dark neuron production in cerebral cortex. Acta Neuropathol 116,447–452.
Kierszenbaum, A. L., 2002. Nervous tissue. In Histology and Cell Biology (A.L. Kierszenbaum, ed.), pp 199–227. Mosby, St. Louis, MO.Kim, N. R., Choe, G., Shin, S. H.,Wang, K. C., Co, B. K., Choi, K. S., and Chi,J. G., 2002. Childhood meningiomas associated with meningioangiomatosis:Report of five cases and literature review. Neuropathol Appl Neurobiol 28, 48–56.
Kleihues, P., Cavenee, W. K., 1997. Pathology and Genetics of Tumours of the Nervous System. IARC, Lyon, France.
Koestner, A., Bilzer, T., Fatzer, R., et al, 1999. Astrocytic tumors. In WHO International Histological Classification of Tumors of the Nervous System of Domestic Animals. 2nd series (F.Y. Schulman, ed.), Vol V., pp. 17–19. U.S. Armed Forces Institute of Pathology, Washington DC.
Koestner, A., 1974. Primary lymphoreticuloses of the nervous system in animals.In Malignant Lymphomas of the Nervous System. Acta Neuropathol (K. Fellinger and F. Seitelberger, eds.), Suppl IV., pp. 85–89. Springer, Berlin,Heidelberg, New York.
Koestner, A., Swenberg, J. A., Wechsler, W., 1971. Transplacental production with ethylnitrosourea of neoplasms of the nervous system in Sprague-Dawley rats. Am J Pathol 63, 37–56.
Kofler, J., Wiley, C. A., 2011. Microglia: Key Innate Immune Cells of the Brain. Toxicol Pathol 39, 103–114.
Koga, M., Tateishi, J., Sato, Y., et al, 1988. Neurotoxic effect of clinoquinol, mouse. In Monographs on Pathology of Laboratory Animals.Nervous System (T. C. Jones, U. Mohr, and R. D. Hunt, eds.), pp.29–32. Springer, Berlin.
Koike, M., Nakanishi, H., Saftig, P., et al, 2000. Cathepsin D deficiency induces lysosomal storage with ceroid lipofuscin in mouse CNS neurons. J Neurosci 20, 6898–6909.
Koizumi, H., Waranabe, M., Numata, H., et al, 1986.Species differences in vacuolation of the choroid plexus induced by the piperidine-ring drug disobutamide in the rat, dog, and monkey. Toxicol Appl Pharmacol 84, 125–148.
Kondo, A., Sendoh, S., Miyata, K., et al, 1995. Spongy degeneration in the zitter rat: Ultrastructural and immunohistochemical studies.J Neurocytol 24, 533–544.

Krinke, G., 1983. Spinal radiculoneuropathy in aging rats: Demyelination secondary to axonal dwindling? Acta Neuropathol Berl 59, 63–69.
Krinke, G., 1996. Nonneoplastic and neoplastic changes in the peripheral nervous system. In Pathobiology of the Aging Mouse, Vol 2. Nervous System(U. Mohr, D. L. Dungworth, C. C. Capen, et al. eds.), pp. 83–93. ILSI Press,Washington DC.
Krinke, G., 2000. Triethyltin. In Experimental and Clinical Neurotoxicology (P. S. Spencer, H. H. Schaumburg, and A. C. Ludolph, eds.), pp., 1206–1207.Oxford University Press, New York.
Krinke, G., Classen, W., 1998. Spongioform neuropathy induced in dogs by prolonged, low-level administration of 6-aminonicotinamide (6-ANA).Exp Toxicol Pathol 50, 277–282.
Krinke, G., Eisenbrandt, D. L., 1994. Nonneoplastic changes in the brain.In Pathology of the Aging Rat (U. Mohr, D. L. Dungworth, and C. C.Capen, eds.), Vol. 2, pp. 3–21. ILSI Press, Washington, DC.
Krinke, G., Froehlich, E., Herrmann, M., et al, 1988. Adjustment of the myelin sheath to axonal atrophy in the rat spinal root by the formation of infolded myelin loops. Acta Anat 131, 182–187.
Krinke, G., Kaufmann, W., 1996. Neoplasms of the central nervous system.In Pathobiology of the Aging Mouse (U. Mohr, D. L. Dungworth, C.C. Capen, W. W. Carlton, J. P. Sundberg, and J. M. Ward, eds.), Vol. 2, pp.69–81. ILSI Press, Washington DC.
Krinke, G., Kaufmann, W., Mahrous, A. T., et al, 2000b. Morphologic characterization of spontaneous nervous system tumors in mice and rats. Toxicol Pathol 28, 178–192.
Krinke, G., Naylor, D. C., Schmid, S., et al, 1985.The incidence of naturally-occurring primary brain tumours in the laboratory rat. J Comp Pathol 95, 175–192.
Krinke, G., Vidotto, N., Weber, E., 2000a. Teased-fiber technique for peripheral myelinated nerves: Methodology and interpretation. Toxicol Pathol 28, 113–121.
Kreutzberg, G. W., Blackmore, W. F., Graeber, M. B., 1997. Cellular pathology of the central nervous system. In Greenfield' s Neuropathology (D. I. Graham and P. L. Lantos, eds), 6th ed, pp. 85–140. Arnold, London.
Kruth, H. S., 1984. Localization of unesterified cholesterol in human atherosclerotic lesions. Demonstration of filipin-positive, oil-red-O-negative particles.Am J Pathol 114, 201–208.
Kuhlmann, A. C., Guilarte, T. R., 2000. Cellular and subcellular localization of peripheral benzodiazepine receptors after trimethyltin neurotoxicity.J Neurochem 74, 1694–1704.
Kuhlmann, T., Remongton, L., Maruschak, B., et al, 2007. Nogo-A is a reliable oligodendroglial marker in adult human and mouse CNS and in demyelinated lesions. J Neuropathol Exp Neurol 66,238–246.
Laber-Laird, K. E., Jokinen, M. P., Jerome, C. P., 1988. Naturally occurring

schwannoma in a Fischer 344 rat. Vet Pathol 25, 320–322.
Landes, C. H., Heider, K., Krinke, A. L., et al, 1990. Contribution of immunohistochemistry toward the diagnosis of tumors of laboratory rats. Exp Pathol 40, 239–250.
Landes, C. H., Ruefenacht, H. J., Naylor, D. C., et al, 1988. Rat endomyocardial disease: A neural origin? Exp Pathol 34, 65–69.
Lapham, L. W., Johnstone, M. A., Brundjar, K. H., 1964. A new paraffin method for the combined staining of myelin and glial fibers. J Neuropathol Exp Neurol 23, 156–160.
LaVoie, M. J., Card, J. P., Hastings, T. G., 2004. Microglial activation precedes dopamine terminal pathology in methamphetamine-induced neurotoxicity.Exp Neurol 187, 47–57.
Lee, C. C., Peters, P. J., 1976. Neurotoxicity and behavioral effects of thiram in rats. Environ Health Perspect 17, 35–43.
Lee, J., Berry, C. L., 1978. Cerebral micro-aneurysm formation in the hypertensive rat. J Pathol 124, 7–11.
Levin, S., Bucci, T. J., Cohen, S. M., et al, 1999. The nomenclature of cell death:Recommendations of an ad hoc committee of the society of toxicologic pathologists. Toxicol Pathol 27, 484–490.
Levine, S., 1966. Epidermoid cysts of the spinal cord: A spontaneous disease of rats. J Neuropathol Exp Neurol 25, 498–504.
Liang, L. P., Beaudoin, M. E., Fritz, M. J., et al, 2007.Kainate-induced seizure, oxidative stress and neuronal loss in aging rats.Neuroscience 147, 1114–1118.
Little, A. R., Benkovic, S. A., Miller, D. B., et al, 2002.Chemically induced neuronal damage and gliosis: Enhanced expression of the proinflammatory chemokine, monocyte chemoattractant protein (MCP)-1, without a corresponding increase in proinflammatory cytokines(1). Neuroscience 115, 307–320.
LoPachin, R. M., Lehning, E. J., 1997. The relevance of axonal swelling and atrophy to g-diketone neurotoxicity: A forum position paper. Neuro-Toxicology 18, 7–22.
Lu, Z. Y., Yu, S. P., Wei, J. F., et al, 2006. Age-related neural degeneration in nuclear factor kB p50 knockout mice. Neuroscience 139,965–978.
Mader, T. H., Morris, J. F., 1995. Immunophenotypic evidence for distinct populations of microglia in the rat hypothalamo-neurohypophysial system. Cell Tissue Res 280, 665–673.
Maekawa, A., 1984. Spontaneous tumours of the nervous system and associated organs and/or tissues in rats. Gann 75, 784–791.
Maekawa, A., Mitsumori, K., 1990. Spontaneous occurrence and chemical induction of neurogenic tumors in ratsinfluence of host factors and specificity of chemical structure. Crit Rev Toxicol 20, 287–310.
Maekawa, A., Onodera, H., Furuta, K., et al, 1989. Teratoma of the pituitary gland in a

young male rat. J Comp Pathol 100, 349–352.

Maekawa, A., Onodera, H., Tanigawa, H., et al, 1984.Spontaneous tumours of the nervous system and associated organs and/or tissues in rats. Gann 75, 784–791.

Mander, T. H., Morris, J. F., 1995. Immunophenotypic evidence for distinct populations of microglia in the rat hypothalamo-neurohypophysial system. Cell Tissue Res 280, 665–673.

Mandybur, T. I., Brunner, G. D., 1982. Experimental hematogenic metastases of malignant schwannoma in the rat. Acta Neuropathologica 57,151–157.

Mandybur, T. I., Ormsby, I., Zemlan, F. P., 1989. Cerebral aging: A quantitative study of gliosis in old nude mice. Acta Neuropathol 77, 507–513.

Maronpot, R. R., Boorman, G. A., Gaul, B. W., 1999. Nervous system. In Pathology of the Mouse. Cache River Press, Vienna, IL, pp. 453–456.

Marks, J. R., Lin, J., Hinds, P., et al, 1989.Cellular gene expression in Papillomas of the Choroid Plexus from Transgenic mice that express the simian virus 40 large T antigen. J Virol 63,790–797.

McKay, J. S., Blakemore, W. F., Franklin, R. J. M., 1998. Trapidilmediated inhibition of CNS remyelination results from reduced numbers and impaired differentiation of oligodendrocytes. Neuropathol Appl Neurobiol 24, 498–506.

McMartin, D. N., O' Donoghue, J. L., et al, 1997.Non-proliferative lesions of the nervous system in rats. NS-1. In Guides for Toxicologic Pathology. STP/ARP/AFIP, Washington DC.

Mennel, H. D., 1988. Ultrastructural findings in transplanted experimental brain tumours and their significance for the cytogenesis of such tumours. Exp Pathol 33, 75–86.

Miller, J. D., Ironside, J. W., 1997. Raised intracranial pressure, oedema and hydrocephalus. In Greenfiled' s Neuropathology (D. I. Graham and P. L. Lantos, eds), 6th edition, pp 157–195. Arnold, London.

Miller, J. L., Westwood, F. R., Jackson, D. G., 1992. Neuromyoblastomain the rat. J Comp Pathol 106, 439–443.

Mitsumori, K., Dittrich, K. L., Stefanski, S., et al, 1987a. Immunohistochemistry and electron microscopy study of meningeal granular cell tumours in rats. Vet Pathol 24, 359.

Mitsumori, K., Maronpot, R. R., Boorman, G. A., 1987b. Spontaneous tumours of the meninges in rats. Vet Pathol 24, 50–58.

Mitsumori, K., Stefanski, S., Maronpot, R. R., 1988. Benign and malignant neoplasms, meninges, rat. In Monographs on Pathology of Laboratory Animals: Nervous System (T. C. Jones and U. Mohr, eds.), pp. 108–117.Springer, Berlin.

Montgomery, D. L., 1994. Astrocytes: Form, function, and roles in disease. Vet Pathol 31, 145–167.

Morgan, D. L., Little, P. B., Herr, D. W., et al, 2004. Neurotoxicity of carbonyl sulfide in F344 rats following inhalation exposure for up to 12 weeks. Toxicol Appl Pharmacol 200, 131–145.

Morgan, K. T., Alison, R. H., 1988. Gliomas, mouse. In Monographs on Pathology of Laboratory Animals. Nervous System (T. C. Jones, U. Mohr,and R. D. Hunt, eds.), pp. 123–130. Springer, Berlin.

Morgan, K. T., Frith, C. H., Swenberg, J. A., et al, 1984. A morphologic classification of brain tumors found in several strains of mice. J Natl Cancer Inst 72, 151–160.

Morgan, K. T., Johnson, B. P., Froth, C. H., et al, 1982. An ultrastructural study of spontaneous mineralization in the brains of aging mice.Acta Neuropathol 58,120–124.

Morgan, K. T., Sheldon, W. G., 1988. Lipoma, brain, mouse. In Monographs on Pathology of Laboratory Animals. Nervous System (T. C. Jones,U. Mohr, and R. D. Hunt, eds.), pp. 130–134. Springer, Berlin.

Mufson, E. J., Stein, D. G., 1980. Degeneration in the spinal cord of old rats. Exp Neurol 70, 179–186.

Nagashima, K., 1997. A review of experimental methylmercury toxicity in rats:Neuropathology and evidence for apoptosis. Toxicol Pathol 25, 624–631.

Nagatani, M., Ando, R., Yamakawa, S., et al, 2009: Histological and Immunohistochemical Studies on Spontaneous Rat Astrocytomas and Malignant Reticulosis. Toxicol Pathol 37, 599–605.

Nagatani, S., Hayashi, T., Sato, K., et al, 2005. Reduction of cerebral infarction in stroke-prone spontaneously hypertensive rats by statins associated with amelioration of oxidative stress. Stroke 36, 670–672.

Napoleone, P., Ferrante, F., Ghirardi, O., et al, 1990. Age-dependent nerve cell loss in the brain of Sprague-Dawley rats:Effect of long term acetyl-L-carnitine treatment. Arch Gerontol Geriatr 10,173–185.

Neumann, J., Gunzer, M., Gutzeit, H. O., et al, 2006. Microglia provide neuroprotection after ischemia.FASEB J 20, 714–716.

Nobel, T. A., Nyska, A., Pirak, M., et al, 1987. Epidermoid cysts in the central nervous system of mice. J Comp Pathol 97, 357–359.

Norenberg, M. D., Jayakumar, A. R., Rama Rao, K. V., et al, 2007. New concepts in the mechanism of ammonia-induced astrocyte swelling. Metab Brain Dis 22, 219–234.

Norenberg, M. D., Rama Rao, K. V., Jayakumar, A. R., 2005. Mechanisms of ammonia-induced astrocyte swelling. Metab Brain Dis 20,303–318.

Norenberg, M. D., 1996. Astrocytic-ammonia interactions in hepatic encephalopathy. Sem Liver Dis 16, 245–253.

Norenberg, M. D., 1981. The astrocyte in liver disease. In Advances in Cellular Neurobiology (S. Fedoroff and L. Hertz, eds.), Vol 2, pp. 303–352. Academic Press, New York.

Norenberg, M. D., Lapham, L. W., Nicholls, F., et al, 1974. An experimental model for the study of hepatic encephalopathy. Arch Neurol 31, 106–109.

Novilla, M. N., Sandusky, G. E., Hoover, D. M., et al, 1991. A retrospective survey of endocardial proliferative lesions in rats. Vet Pathol 28, 156–165.

OECD., 1997. OECD guideline for the testing of chemicals. 424: Neurotoxicity study in rodents. http://www.oecd.org/ehs/test/health.htm.

OECD., 1998. OECD guideline for the testing of chemicals. 408: Repeated dose 90-day oral toxicity study in rodents. http://www.oecd.org/ehs/test/health.htm.

Ogawa, K., 1989. Embryonal neuroepithelial tumors induced by human adenovirus type 12 in rodents. 2. Tumor induction in the central nervous system. Acta Neuropathol 78, 232–244.

Ozsoy, S.Y., Ozsoy, B., Ozyildiz, Z., et al, 2010. Protective effect of L-carnitine on experimental lead toxicity in rats: A clinical,histopathological and immunohistochemical study. Biotechnic Histochem 86 (6), 436–443.

Pace, V., 1998. Spontaneous choroid plexus carcinoma in an albino rat. Exp Toxicol Pathol 50, 225–228.

Padgett, B. L., Walker, D. L., ZuRhein, G. M., et al, 1977. Differential neurooncogenicity of strains of JC virus, a human polyoma virus,in newborn Syrian hamsters. Cancer Res 37, 718–720.

Patrikios, P., Stadelmann, C., Kutzeling, A., et al, 2006. Remyelination is extensive in a subset of multiple sclerosis patients. Brain 129, 3165–3172.

Paula-Barbosa, M. M., Brandão, F., Pinho, M. C., et al, 1991. The effects of Piracetam on lipofuscin of the rat cerebellar and hippocampal neurons after long-term alcohol treatment and withdrawal: A quantitive study. Alcohol Clin Exp Res 15, 834–838.

Percy, D. H., Barthold, S. W., 2001. Polyarteritis nodosa. In Pathology of Laboratory Rodents and Rabbits. Iowa State Press, Ames, IA, 2nd ed., pp. 153.

Peyster, R. G., Sussman, N. M., Hershey, B. L., et al, 1995. Use of ex vivo magnetic resonance imaging to detect onset of vigabatrin-induced intramyelinic edema in canine brain. Epilepsia 36, 93–100.

Philbert, M. A., Billingsley, M. L., Reuhl, K. R., 2000. Mechanisms of injury in the central nervous system. Toxicol Pathol 28, 45–53.

Poirier, J., Gray, F., Escourolle, R, 1990. Manual of Basic Neuropathology.3rd ed. Saunders.

Pruimboom-Brees, I. M., Brees, D. J., Shen, A. C., et al, 2004.Malignant astrocytoma with binucleated granular cells in a Sprague-Dawley rat. Vet Pathol 41, 287–290.

Pumarola, M., De Las Mulas, M., Vilafranca, M., et al, 1996.Meningioangiomatosis in the brain stem of a dog. J Comp Pathol 115,197–201.

Radovsky, A., Mahler, J. F., 1999. Nervous system. In Pathology of the Mouse. Reference and Atlas (R. R. Maronpot, G. A. Boorman, and B. W. Gaul, eds.), pp. 445–470. Cache River Press, Vienna, IL.

Raju, N. R., Yaeger, M. J., Okazaki, D. L., et al, 1990.Immunohistochemical characterization of rat central and peripheral nerve tumors induced by ethylnitrosourea. Toxicol Pathol 18, 18–23.
Ramot, Y., Nyska, A., 2007. Drug-induced thrombosis_experimental, clinical and mechanistic considerations. Toxicol Pathol 35, 208–225.
Randall, K. J., Pearse, G., 2008. A dual-label technique for the immunohistochemical demonstration of T-lymphocyte subsets in formalin-fixed,paraffin-embedded rat lymphoid tissue. Toxicol Pathol 36, 795–804.
Rapp, F., Pauluzzi, S., Waltz, T. A., et al, 1969. Induction of brain tumors in newborn hamsters by simian adenovirus SA7. Cancer Res 29, 1173–1178.
Rempel, S. A., Ge, S., Gutierrez, A., 1999. SPARC: A potential diagnostic marker of invasive meningiomas. Clin Cancer Res 5, 237–241.
Renne, R., Brix, A., Harkema, J., et al, 2009. Proliferative and nonproliferative lesions of the rat and mouse respiratory tract. Toxicol Pathol 37, 5S–73S.
Ribas, J. L., Carpenter, J., Mena, H., 1990. Comparison of meningioangiomatosis in a man and a dog. Vet Pathol 27, 369–371.
Rice, J. M., Ward, J. M., 1988a. Cardiac neurilemmoma, rat. In Monographs on Pathology of Laboratory Animals. Nervous System (T. C. Jones,U. Mohr, and R. D. Hunt, eds.), pp. 165–169. Springer, Berlin.
Rice, J. M., Ward, J. M., 1988b. Schwannomas (induced), cranial, spinal,and peripheral nerves, rat. In Monographs on Pathology of Laboratory Animals.Nervous System (T. C. Jones, U. Mohr, and R. D. Hunt, eds.), pp.154–160. Springer, Berlin.
Riga, S., Riga, D., 1974. Effects of centrophenoxine on the lipofuscin pigment in the nervous system of old rats. Brain Res 72, 265–275.
Rogers, J., Zornetzer, S. F., Bloom, F. E., et al, 1984. Senescent microstructural changes in rat cerebellum. Brain Res 292, 23–32.
Rubin, Z., Arceo, R. J., Bishop, S. P., et al, 2000. Non-proliferative lesions of the heart and vasculature in rats. Nervous system in rats. In Guides for Toxicologic Pathology. STP/ARP/AFIP, Washington DC.
Rubinstein, L. J., 1972. Tumors of mesodermal tissues. In Atlas of Tumor Pathology. Tumors of the Central Nervous System. U.S. Armed Forces Institute of Pathology, Washington DC, pp. 169–186.
Russel, D. S., Rubinstein, L. J., 1989. Schwannoma. In Pathology of Tumors of the Nervous System. Edward Arnold, London, pp. 797.
Ryffel, B., 1988. Experimental allergic encephalomyelitis. In Monographs of Pathology of Laboratory Animals (T. C. Jones, U. Mohr, and R. D. Hunt,eds.), pp. 6–16. Springer-Verlag, Berlin.
Sabel, B. A., Stein, D. G., 1981. Extensive loss of subcortical neurons in the aging rat brain. Exp Neurol 73, 507–516.
Saigoh, K., Wang, Y.-L., Suh, J.-G., et al, 1999.Intragenic deletion in the gene encoding

ubiquitin carboxy-terminal hydrolase in gad mice. Nat Genet 23, 47–51.

Sasaki, S., 1982. Brain edema and gliopathy induced by 6-aminonicotinamide intoxication in the central nervous system of rats. Am J Vet Res 43, 1691–1695.

Sato, G., Tanaka, R., Akiyama, K., et al, 2003. Immunohistochemical analysis of myelination following hemicranial irradiation in neonatal rats. Neurosci Lett 353, 131–134.

Schaumburg, H. H., 2000. Vigabatrin. In Experimental and Clinical Neurotoxicology (P. S. Spencer, H. H. Schaumburg, and A. C. Ludolph, eds.),2nd Edition, pp., 1230–1232, Oxford University Press, New York.

Schmidt, R. E., Dorsey, D. A., Beaudet, L. N., et al, 2000. Effect of IGF-1 and neurotrophin-3 on gracile neuroaxonal dystrophy in diabetic and aging rats. Brain Res 876, 88–94.

Schmidt, R. E., Plurad, S. B., Modert, C. W., 1983. Neuroaxonal dystrophy in the autonomic ganglia of aged rats. J Neuropathol Exp Neurol 42, 376–390.

Schmitt, A., Asan, E., Püschel, B., et al, 1997. Cellular and regional distribution of the glutamate transporter GLAST in the CNS of rats: Nonradioactive in situ hybridization and comparative immunocytochemistry.J Neurosci 17, 1–10.

Schmued, L. C., Stowers, C. C., Scallet, A. C., et al, 2005. Fluoro-Jade C results in ultra high resolution and contrast labeling of degenerating neurons.Brain Res 1035, 24–31.

Selvin-Testa, A., Loidl, C. F., Lopez, E. M., et al, 1995. Prolonged lead exposure modifies astrocyte cytoskeleton proteins in the rat brain. Neurotoxicology 16, 389–401.

Shibata, T., Ohshima, S., Shimizu, Y., et al, 1990. Pathomorphological changes in rat brain choroid plexus due to administration of the amine-curing agent, bis (4-amino-3-methylcyclohexyl) methane. Virchows Archiv A Pathol Anat 417,203–212.

Shiraya, S., Miyake, T., Aoki, M., et al, 2009. Inhibition of development of experimental aortic abdominal aneurysm in rat model by atorvastatin through inhibition of macrophage migration. Atherosclerosis 202, 34–40.

Shirota, K., Itoh, T., Kagiyama, N., 1986. Spontaneous medulloblastoma with myoblasts in a Sprague-Dawley rat. Jpn J Vet Sci 48, 409–411.

Sima, A. A. F., Yagihashi, S., 1986. Central-peripheral distal axonopathy in the spontaneously diabetic BB-rat: Ultrastructural and morphometric findings. Diabet Res Clin Practice 1, 289–298.

Skold, M. K., Risling, M., Holmin, H., 2006. Inhibition of VEGFR2 activity in experimental brain contusions aggravates injury outcome and leads to early increased neuronal and glial degeneration. Eur J Neurosci 23, 21–34.

Smith, P. M., Jeffery, N. D., 2006. Histological and ultrastructural analysis of white matter damage after naturally-occurring spinal cord injury.Brain Pathol 16, 99–

109.
Solleveld, H. A, Bigner, D. D., Averill, D. R., et al, 1986. Brain tumors in man and animals: Reports of a workshop.Environ Health Perspect 68, 155–173.
Solleveld, H. A., Boorman, G. A., 1990. Brain. In Pathology of the Fischer Rat. Reference and Atlas (G. A. Boorman, S. L. Eustis, M. R.Elwell, Jr., C. A. Montgomery, and W. F. Mackenzie, eds.), pp. 155–178.Academic Press, Inc., San Diego, CA.
Solleveld, H. A., Gorgacz, E. J., Koestner, A., 1991. Central nervous system neoplasms in the rat. In Guides for Toxicologic Pathology. STP/ARP/AFIP, Washington, DC.
Spassky, N., Merkle, F. T., Flames, N., et al, 2005. Adult ependymal cells are postmitotic and are derived from radial glial cells during embryogenesis. J Neurosci 25, 10–18.
Spencer, A., 1998. Gadolinium chloride toxicity in the mouse. Human Exp Toxicol 17, 633–637.
Spencer, P. S., 2000. Biological principles of chemical neurotoxicity. In Experimental and Clinical Neurotoxicology (P. S. Spencer and H. H.Schaumburg, eds.), 2nd ed, pp. 3–54. Oxford University Press, NewYork.
Steinschneider, M., 2000. Hexachlorophene. In Experimental and Clinical Neurotoxicology (P. S. Spencer, H. H. Schaumburg and A. C. Ludolph,eds.), 2nd edition, pp. 630–631, Oxford University Press, New York.
Stemmer-Rachamimov, A. O., Horgan, M. A., Taratuto, A. L., et al, 1997. Meningioangiomatosis is associated with neurofibromatosis 2 but not with somatic alterations of the NF2 gene. J Neuropathol Exp Neurol 56, 485–489.
Stemmer-Rachamimov, A. O., Louis, D. N., Nielsen, G. P., et al, 2004. Comparative pathology of nerve sheath tumors in mouse models and humans. Cancer Res 64, 3718–3724.
Stewart, H. L., Deringer, M. K., Dunn, T. B., et al, 1974. Malignant schwannomas of nerve roots, uterus and epididymis in mice. J Natl Cancer Inst 53, 1749–1758.
Stoll, G., Jander, S., 1999. The role of microglia and macrophages in the pathophysiology of the CNS. Prog Neurobiol 58, 233–247.
Strich, S. J., 1968. Notes on the Marchi method for staining degenerating myelin in the peripheral and central nervous system. J Neurol Neurosurg Psychiat 31, 110–114.
Sturrock, R. R., 1996. Structural and quantitative changes in the brain during normal aging. In Pathology of the Aging Mouse (U. Mohr, D. L. Dungworth, C. C. Capen, W. W. Carlton, J. P. Sundberg, and J. M.Ward, eds.), Vol 2, pp.3–38. ILSI Press, Washington, DC.
Summers, B. A., Cummings, J. F., DeLahunta, A., 1995a. Principles of neuropathology. In Veterinary Neuropathology. Mosby, St. Louis, MO,pp. 3–50.
Summers, B. A., Cummings, J. F., DeLahunta, A., 1995b. Neuropathology of aging. In Veterinary Neuropathology. Mosby, St. Louis, MO, pp.52–53.
Summers, B. A., Cummings, J. F., DeLahunta, A., 1995c. Malformations of the central nervous system. In Veterinary Neuropathology. Mosby, St. Louis, MO, pp. 68–94.

Summers, B. A., Cummings, J. F., DeLahunta, A., 1995d. Inflammatory disease of the central nervous system. In Veterinary Neuropathology.Mosby, St. Louis, MO, pp. 95–188.
Summers, B. A., Cummings, J. F., DeLahunta, A., 1995e. Chapter 4. Injuries to the central nervous system. In Veterinary Neuropathology. Mosby,St. Louis, MO, pp. 189–193.
Summers, B. A., Cummings, J. F., DeLahunta, A., 1995f. Degenerative disease of the central nervous system. In Veterinary Neuropathology.Mosby, St. Louis, MO, pp. 208–350.
Summers, B. A., Cummings, J. F., DeLahunta, A., 1995g. Chapter 6.Tumors of the central nervous system. In Veterinary Neuropathology.Mosby, St. Louis, MO, pp. 354–355.
Suzuki, K., 1988. Neurotoxic effects of ethidium bromide, rat. In Monographs of Pathology of Laboratory Animals (T. C. Jones, U. Mohr, and R. D. Hunt,eds.), pp. 47–52. Springer-Verlag, Berlin.
Suzuki, T., Oboshi, S., Sato, R., 1979. Periarteritis nodosa in spontaneously hypertensive rats—incidence and distribution. Acta Pathol Jpn 29, 697–703.
Swenberg, J. A., 1982. Neoplasms of the nervous system. In The Mouse in Biomedical Research. Vol IV, Experimental Biology and Oncology (H.L. Foster, J. D. Small, and J. G. Fox, eds), pp. 529–537. Academic Press, San Diego, CA.
Switzer, R. C. III., 2000. Application of silver degeneration stains to neurotoxicity testing. Toxicol Pathol 28, 70–83.
Switzer, R. C. III, Lowry-Franssen, C., Benkovic, S., 2011. Recommended neuroanatomical sampling practices for comprehensive brain evaluation in nonclinical safety studies. Toxicol Pathol 39, 73–84.
Tang, C. H., Lee, J. W., Galves, M. G., et al, 2006. Murine cathepsin F deficiency causes neuronal lipofuscinosis and late-onset neurological disease. Mol Cell Biol 26, 2309–2316.
Teredesai, A., Wöhrmann, T., 2005. Endocardial schwannomas in the Wistar rat. J Vet Med, Series A 52, 403–406.
Thio, T., Hilbe, M., Grest, P., et al, 2006. Malignant histiocytosis of the brain in 3 dogs. J Comp Pathol 134, 241–244.
Thompson, S., Huseby, R. A., Fox, M. A., et al, 1961.Spontaneous tumors in the Sprague Dawley rats. J Natl Cancer Inst 27,1037–1057.
Thoolen, B., Maronpot, R. R., Harada, T., et al, 2010. Proliferative and nonproliferative lesions of the rat and mouse hepatobiliary system. Toxicol Pathol 38, 5S–81S.
Towfighi, J., 1981. Effects of chronic vitamin E deficiency on the nervous system of the rat. Acta Neuropathol 54, 261–267.
Valentine, W. M., Hill, K. E., Austin, L. M., et al, 2005. Brainstem axonal degeneration in mice with deletion of selenoprotein P. Toxicol Pathol 33, 570–576.

Vandevelde, M., Fankhauser, R., Luginbühl, R., 1985. Immunocytochemical studies in canine neuroectodermal brain tumors. Acta Neuropathol (Berl) 66, 111–116.

Vang, R., Heck, K., Fuller, G. N., et al, 2000. Granular cell tumor of intracranial meninges. Clin Neuropathol 19, 41–44.

van Gemert, M., Killeen, J., 1998. Chemically induced myelinopathies.International J Toxicol 17, 231–274.

Virelizier, J. L., Dayan, A. D., Allison, A. C., 1975. Neuropathological effects of persistent infection of mice by mouse hepatitis virus. Infection Immunity 12, 1127–1140.

Walker, V. E., Morgan, K. T., Zimmerman, H. M., et al, 1994.Tumours of the central and peripheral nervous system. In Pathology of Tumours in Laboratory Animals. Vol 2. Tumours of the Mouse (V. S. Turusov and U. Mohr, eds.), 2nd edition, pp. 731–776. IARC Scientific PublicationsNo. 111, Lyon, France.

Weber, K., Garman, R., Germann, P. G., et al, 2011. Classification of neural tumors in laboratory rodents,emphasizing the rat. Toxicol Pathol 39, 129–151.

Wechsler, W., Rice, J. M., Vesselinovitch, S. D., 1979. Transplacental and neonatal induction of neurogenic tumors in mice: Comparison with related species and with human pediatric neoplasms. Natl Cancer Inst Monogr 51, 219–226.

Weiss, W. A., Israel, M., Cobbs, C., et al, 2002. Neuropathology of genetically engineered mice: Consensus report and recommendations from an international forum. Oncogene 21, 7453–7463.

Wells, G. A., Wells, M., 1989. Neuropil vacuolation in brain: A reproducible histological processing artefact. J Comp Pathol 101, 355–362.

White, W., Shiu, M. H., Rosenblum, M. K., et al, 1990. Cellular schwannoma. Cancer 66, 1266–1275.

Wilcock, D. M., Colton, C. A., 2009. Immunotherapy, vascular pathology,and microhemorrhages in transgenic mice. CNS Neurol Disord Drug Targets 8, 50–64.

Willis, C. L., 2011. Glia-induced reversible disruption of blood-brain barrier integrity and neuropathological response of the neurovascular unit. Toxicol Pathol 39, 172–185.

Wright, J. A., Goonetilleke, U. R., Waghe, M., et al, 1990. Comparison of a human granular cell tumour (myoblastoma) with granular cell tumours (meningiomas) of the rat meninges—an immunohistological and ultrastructural study. J Comp Pathol 103, 191–198.

Yamate, J., Tajima, M., Nunoya, T., et al, 1987. Spontaneous tumors of the central nervous system of Fischer 344/Du Crj rats. Jpn J Vet Sci 49, 67–75.

Yanai, T., Masegi, T., Ueda, K., et al, 1993. Spontaneous globoid mineralization in the cerebellum of rats. J Comp Pathol 109, 447–451.

Yang, L., Jones, N. R., Stoodley, M. A., et al, 2001. Excitotoxic model of post-traumatic syringomyelia in the rat. Spine (Phila Pa 1976) 26, 1842–1849.

Yao, D. L., Komoly, S., Zhang, Q. L., et al, 1994. Myelinated axons demonstrated in the CNS and PNS by anti-neurofilament immunoreactivity and Luxol fast blue counterstaining. Brain Pathol 4, 97–100.

Yoshida, T., Mitsumori, K., Harada, T., et al, 1997. Morphological and ultrastructural study of the histogenesis of meningeal granular cell tumors in rats. Toxicol Pathol 25, 211–216.

Yoshitomi, K., Brown, H. R., 1990. Ear and pinna. In Pathology of the Fischer Rat. Reference and Atlas (Boorman et al. eds.), pp. 227–238.Academic Press, San Diego, CA.

Yoshitomi, K., Boorman, G. A., 1991. Intraocular and orbital malignant schwannomas in Fischer 344 rats. Vet Pathol 28, 457–466.

Zawadzka, M., Franklin, R. J. M., 2007. Myelin regeneration in demyelinating disorders: New developments in biology and clinical pathology.Curr Opin Neurol 20, 294–298.

Zeng, Y. C., Bongrani, S., Bronzetti, E., et al, 1994. Influence of long-term treatment with L-deprenyl on the age-dependent changes in rat brain microanatomy. Mech Ageing Dev 73, 113–126.

Zimmerman, H. M., Innes, J. R. M., 1979. Tumours of the central and peripheral nervous system. In Pathology of Tumours in Laboratory Animals.Vol II. Tumours of the Mouse (V. S. Turusov, ed.), pp. 629–654. IARC Scientific Publications No. 23, Lyon, France.

Zook, B. C., Simmens, S. J., Jones, R. V., 2000. Evaluation of ENUinduced gliomas in rats: Nomenclature, immunochemistry, and malignancy.Toxicol Pathol 28, 193–201.

Zsombok, A., Tóth, Z., Gallyas, F., 2005. Basophilia, acidophilia and argyrophilia of "dark" (compacted) neurons during their formation, recovery or death in an otherwise undamaged environment. J Neurosci Methods(Mar 15) 142, 145–152.

Zwicker, G. M., Eyster, R. C., Sells, D. M., et al, 1992. Spontaneous brain and spinal cord/nerve neoplasms in aged Sprague-Dawley rats. Toxicol Pathol 20, 576–584.

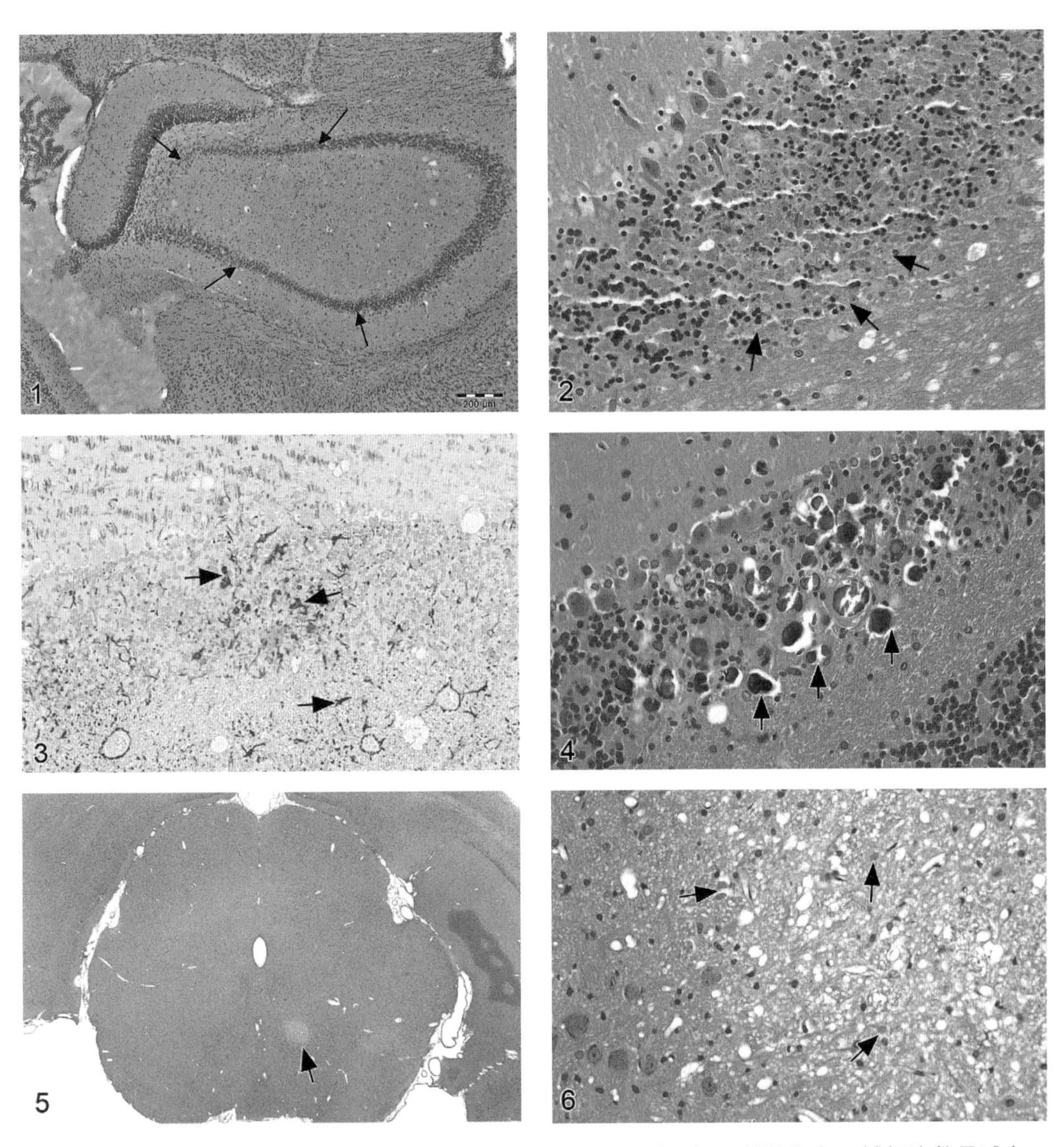

图 1　海马神经细胞减少，箭头所指的狭窄的嗜酸性海马角（CA）区域比相邻区域细胞数量减少，Wistar 大鼠，HE×40

图 2　小脑颗粒细胞层神经细胞减少，箭头所指区域细胞减少，许多残留的颗粒状神经元胞核萎缩，表明已坏死，Wistar 大鼠，HE×200

图 3　小脑颗粒层神经细胞减少，胶质原纤维酸性蛋白（GFAP）的表达增加表明反应性星状细胞增生（疤痕），星状胶质细胞特异中间丝（箭头所指）与神经病变有关，Wistar 大鼠，GFAP 染色 ×200

图 4　小脑颗粒细胞层矿化，神经细胞损失后的营养不良性钙化（箭头所指），Wistar 大鼠，HE×200

图 5　神经细胞损失伴随中脑灰质空泡化（箭头），Wistar 大鼠，HE×10

图 6　神经细胞损失伴随灰质空泡化，箭头所指为坏死的神经元，Wistar 大鼠，HE×100

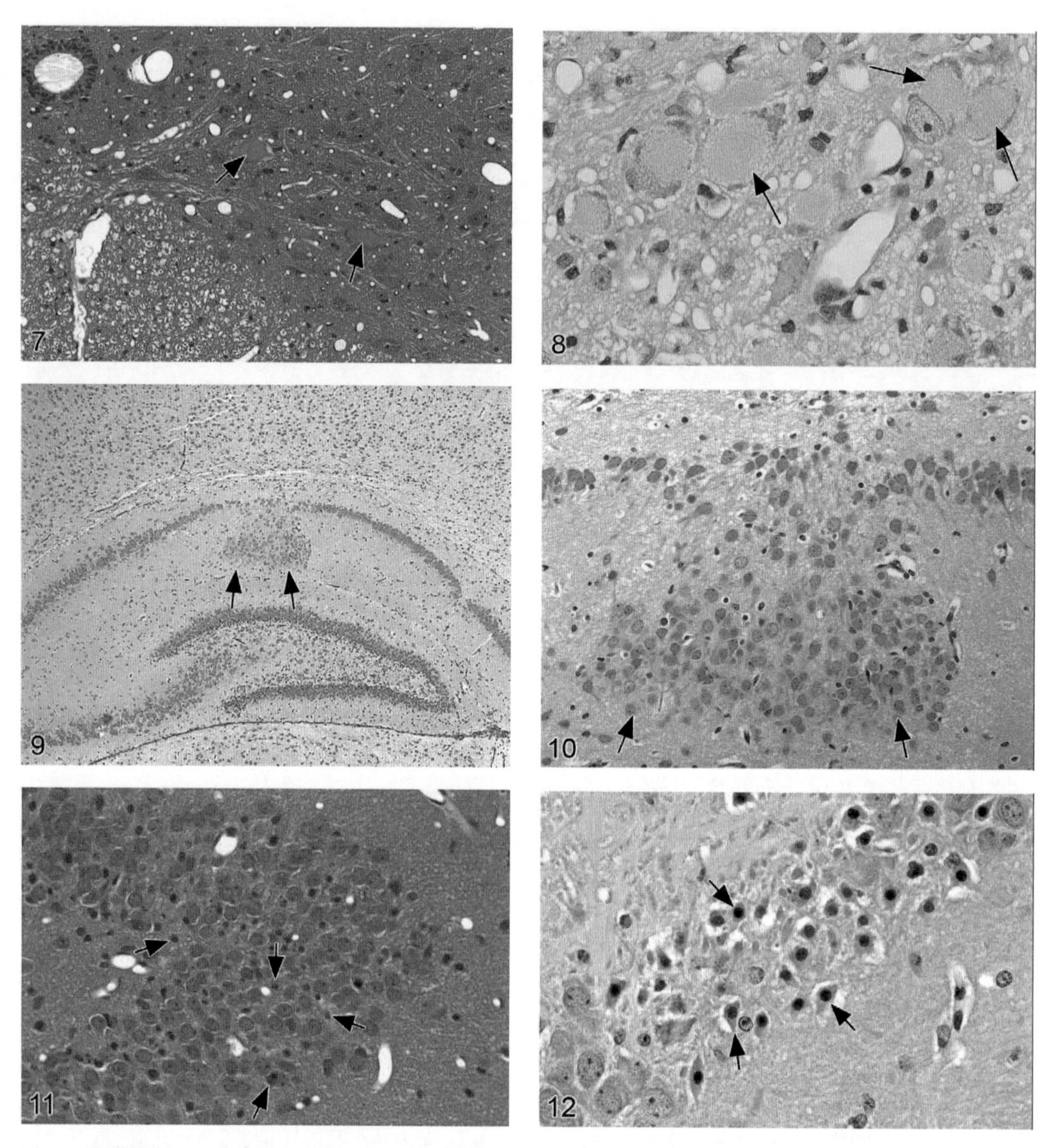

图 7　在脊髓段 C7（颈段肿胀）腹侧运动神经元染色质溶解（箭头所指），Wistar 大鼠，HE×400

图 8　脊髓腹角运动神经元染色质溶解（箭头所指），中央细胞质缺乏尼氏体，表明核糖体已经脱离粗面内质网，形成神经修复所需新蛋白质。Wistar 大鼠，LFB 染色 ×1000

图 9　海马 CA1 层异位，辐射层 / 腔隙层内的神经细胞团块（箭头所指），在产前发育期接触神经毒，出生后 21d 的 Wistar 大鼠，HE×50

图 10　海马 CA1 层异位，辐射层 / 腔隙层内的神经细胞团块（箭头所指），在产前发育期接触神经毒，出生后 21d 的 Wistar 大鼠，HE×200

图 11　海马神经元坏死（箭头指示区域），小嗜酸性（红死）细胞是坏死神经元的特征，Wistar 大鼠，HE×400

图 12　海马神经元坏死，小嗜酸性（红死）细胞（箭头所指）是坏死神经元的特征，Wistar 大鼠，HE×400

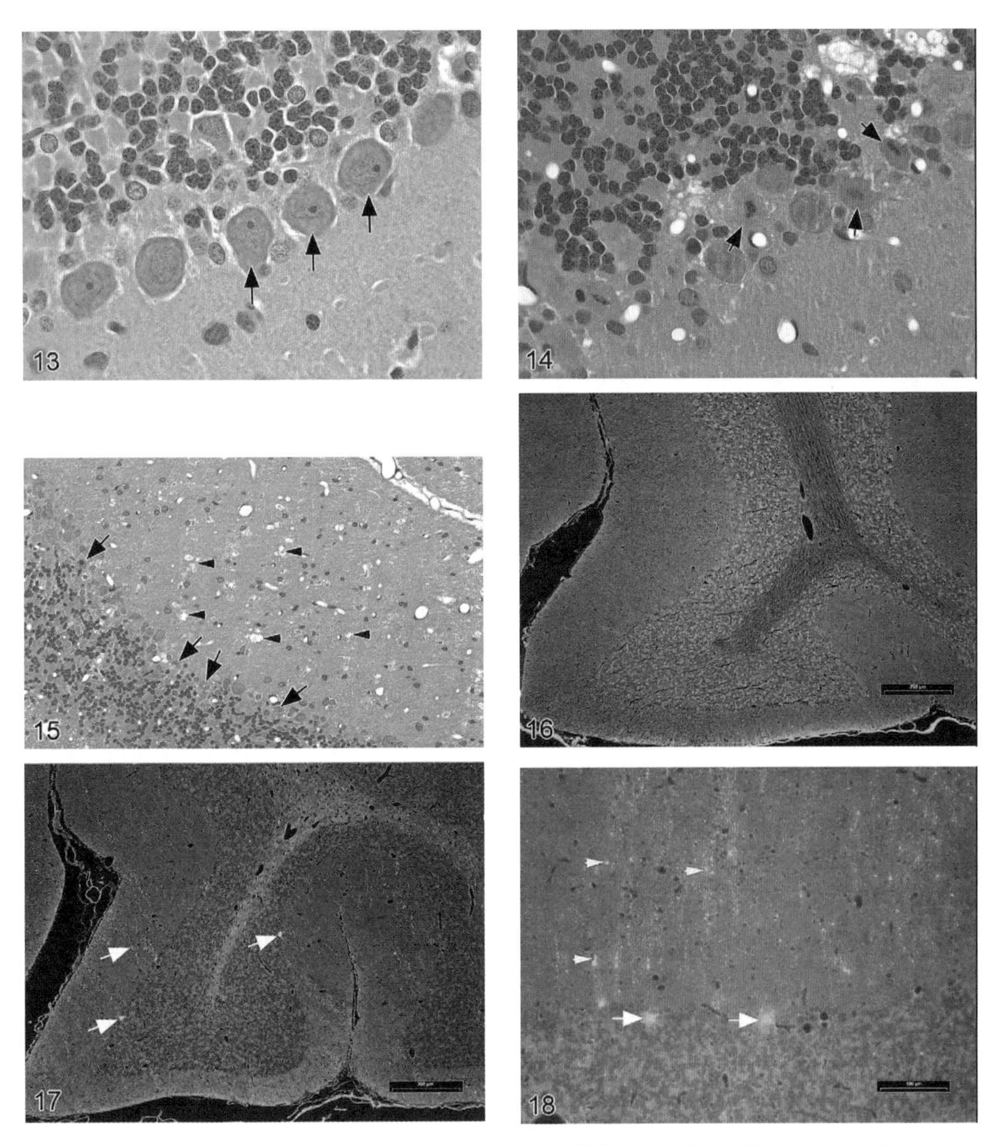

图 13　小脑皮层的正常浦肯野细胞（箭头所指），可见丰富的尼氏小体，对照 Wistar 大鼠，HE×400

图 14　小脑皮层浦肯野细胞，神经元坏死（箭头所指），注意深染的核段片和强嗜酸性细胞质。Wistar 大鼠，HE×400

图 15　小脑皮层浦肯野细胞，神经元坏死（箭头所指），注意分子层不规则的空泡，表示坏死浦金野细胞的神经纤维变性和崩解（小箭头），Wistar 大鼠，HE×200

图 16　小脑皮层，对照动物 Wistar 大鼠荧光绿染色没有观察到阳性反应，荧光绿染色 ×10

图 17　小脑皮层，神经元坏死（箭头），注意：分子层中崩解的神经细胞突起（轴突断片呈间断的串珠状亮绿色荧光）。箭头所指为坏死的浦肯野细胞，三甲基锡（TMT）处理，Wistar 大鼠，荧光绿染色 ×10

图 18　小脑皮层浦肯野细胞神经元坏死（箭头），三甲基锡（TMT）处理后，在分子层中坏死浦肯野细胞（长粗箭头指示细胞体）的神经细胞突起（小箭头指示荧光串珠线）崩解，Wistar 大鼠，荧光绿染色 ×100

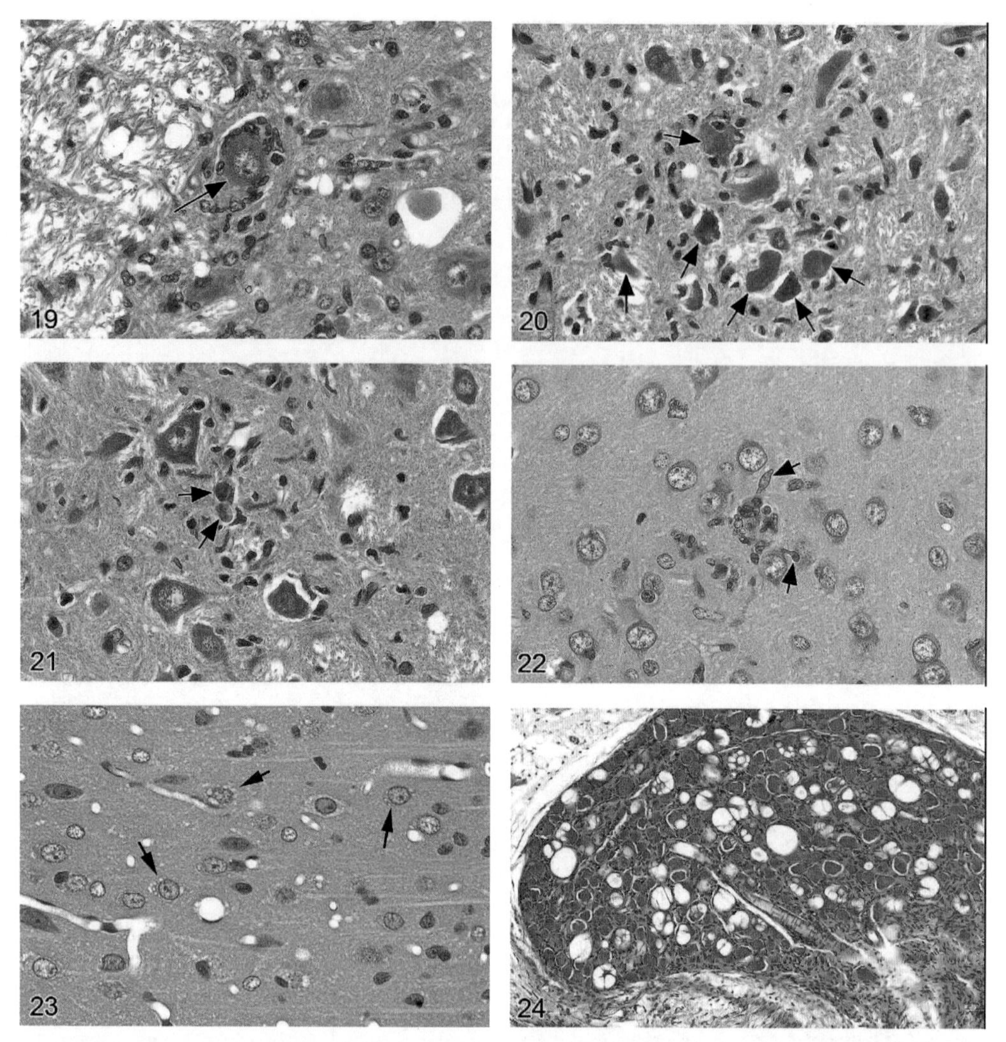

图 19 噬神经细胞作用，黄病毒试验感染的小鼠脊髓。早期病变：一个大运动神经元（箭头）被浸润的小胶质细胞（核小、深染、呈长杆状）围绕，但神经元不是变性。注意：大量病毒抗原表明在神经元中进行着吞噬作用，HE×433

图 20 噬神经细胞作用，黄病毒试验感染的小鼠上橄榄卵圆形核。亚急性病变：明显浸润的小胶质细胞（核小、深染、呈杆状）在几个变性神经元的周围（箭头），HE×433

图 21 噬神经细胞作用，黄病毒试验感染小鼠的第七脑神经核。神经元变性（箭头）较前图严重，表现为广泛的细胞缩小，核破碎，胞质嗜酸性，HE×433

图 22 噬神经细胞作用，黄病毒试验感染小鼠的颞叶皮层。在图中央有一堆明显的小胶质细胞，胞核细长状或不规则（如箭头所指）。但在噬神经细胞作用晚期，神经元变性不易辨认。这种病变可考虑为小胶质细胞结节，但推断是噬神经细胞作用，HE×433

图 23 注射 MK-801 后 6h 杀死小鼠，小鼠的后压部皮层神经元空泡形成，MK-801 是 N- 甲基 -D- 天冬氨酸（NMDA）受体颉颃剂，HE 染色

图 24 小鼠半月神经节的神经元空泡形成，这种背景空泡形成（尽管程度较低）也常出现在小鼠背根神经节，HE 染色

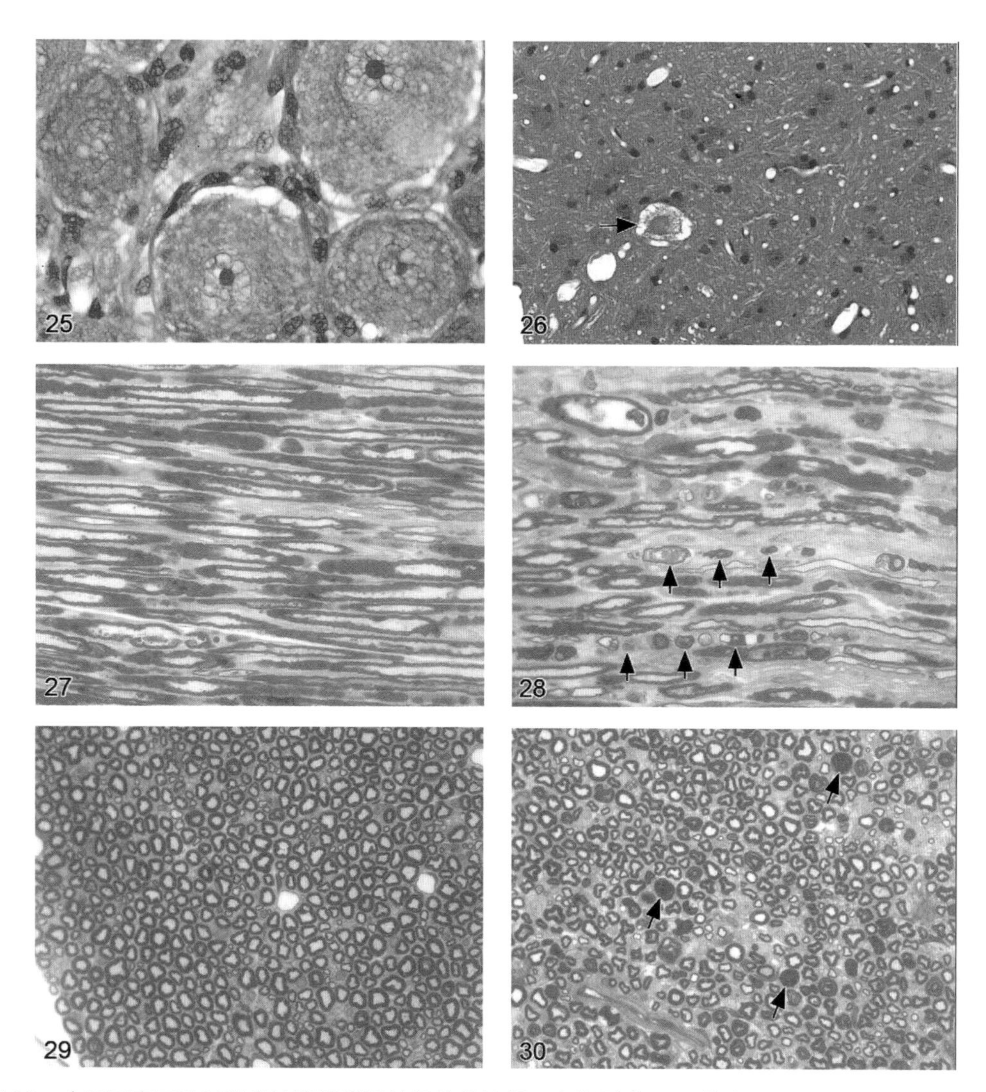

图 25　由于固定不及时引起的脊髓背根神经节的神经元空泡形成，HE 染色

图 26　神经元空泡形成（箭头所指），Wistar 大鼠，脊髓运动神经元，HE×400

图 27　正常坐骨神经（纵切面），最大直径表明所有轴突（淡染）都完整，髓鞘（暗紫色）厚度基本均一。对照 Wistar 大鼠。灌注固定和环氧树脂包埋，天青亚甲基蓝碱性品红（Azurmethylenebluebasic Fuchsin）（AmbF）染色 ×400

图 28　坐骨神经（纵切面）轴突变性（箭头），主要特征是轴突碎片和髓鞘变薄或缺失。Wistar 大鼠，灌注固定和环氧树脂包埋，天青亚甲基蓝碱性品红（Azurmethylenebluebasic Fuchsin）（AmbF）染色 ×400

图 29　正常坐骨神经（横切面），神经纤维的中央为白色轴突，其外围是厚层黑色髓鞘（有髓纤维）或无髓鞘（无髓纤维）。对照 Wistar 大鼠，灌注固定和环氧树脂包埋，天青亚甲基蓝碱性品红（Azurmethylenebluebasic Fuchsin）（AmbF）染色 ×400

图 30　坐骨神经（横切面）轴突变性（箭头），受损神经纤维的形态表现为黑暗的中心（施万细胞增生）替代白色中央轴突。Wistar 大鼠，灌流固定和环氧树脂包埋，天青亚甲基蓝碱性品红（Azurmethylenebluebasic Fuchsin）（AmbF）染色 ×400

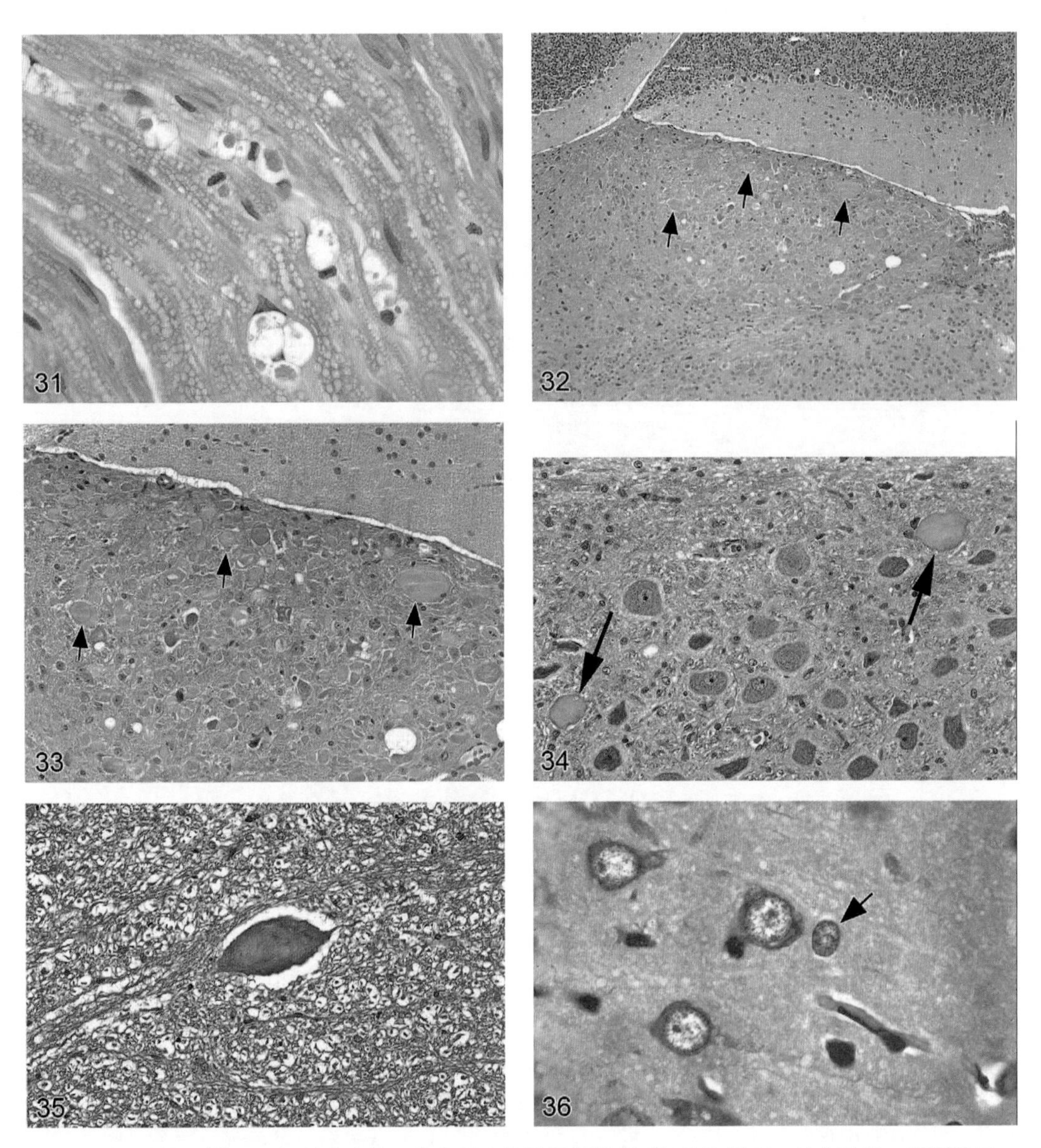

图 31　坐骨神经（纵切面）轴突变性，许多受害的神经纤维呈“气泡”外观，轴突破碎，髓鞘破坏。Wistar大鼠，浸泡固定和石蜡包埋，HE×400

图 32　脊髓 C1 段，薄束 / 楔束核（横切面），（神经元）轴突营养不良。由于在散乱的骨架蛋白中被包入的细胞器聚集，故受害轴突［嗜酸性大轮廓（箭头）］明显肿大。B6C3F1 小鼠，与年龄相关的自发性病变，HE×100

图 33　脊髓 C1 段，薄束 / 楔束核（横切面），（神经元）轴突营养不良，图 32 的高倍放大

图 34　轴突营养不良，注意带有轴突肿胀（箭头）的单个神经纤维，HE 染色

图 35　轴突营养不良，注意带有轴突肿胀（箭头）的单个神经纤维，HE 染色

图 36　对照大鼠大脑皮层的正常星形胶质细胞（箭头），由于小点状异染色质的弥散分布，胞核小而较黑，柯达彩色胶卷扫描 ×280　，固蓝 - 焦油紫染色（LFB）

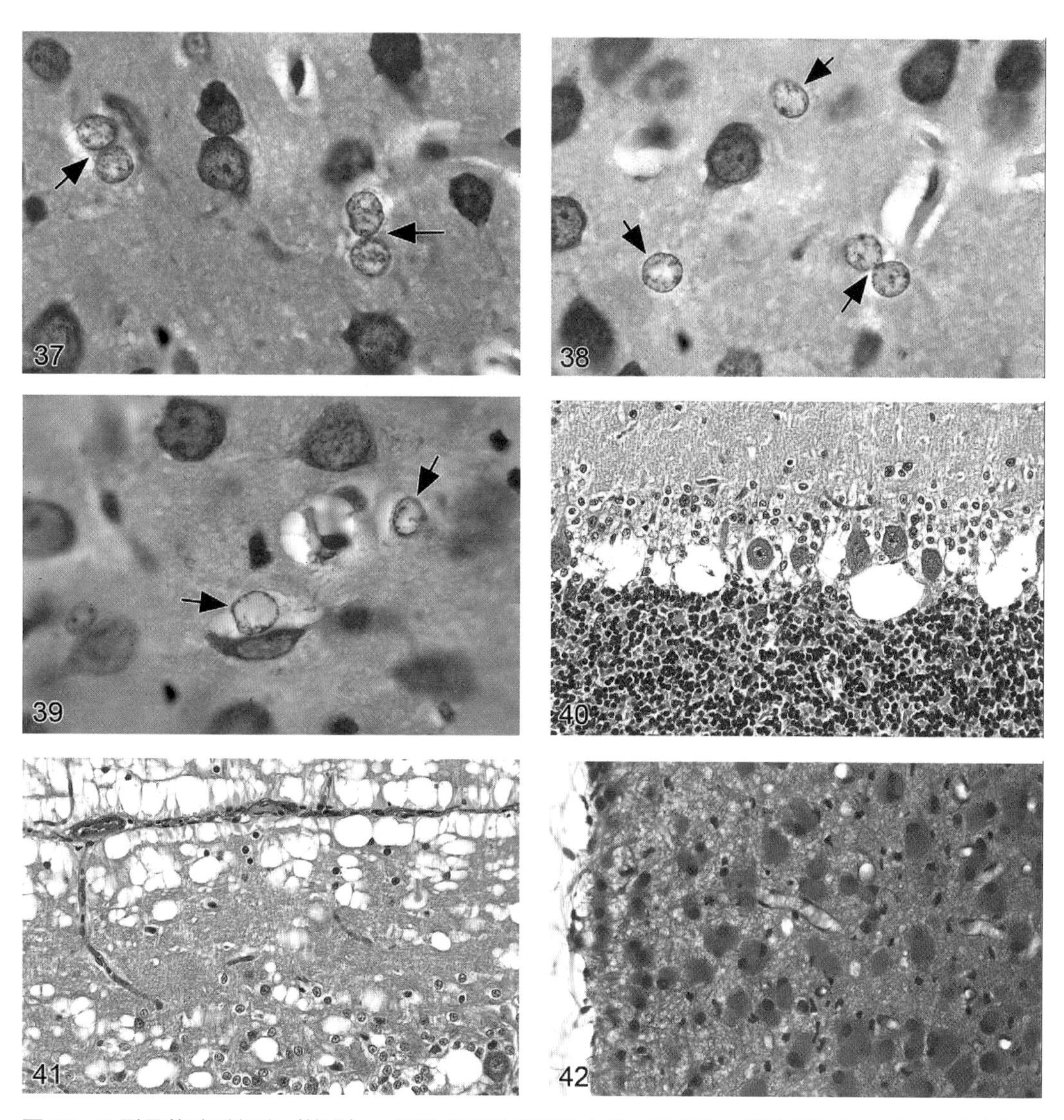

图 37　II 型星状胶质细胞（箭头），肝脑病试验诱发的大鼠大脑皮层。箭头所指为一对明显受害的星形胶质细胞，其特征为有些肿胀、核淡染、胞质模糊。LFB 染色，柯达彩色胶卷扫描 ×280

图 38　II 型星形胶质细胞（箭头），肝脑病试验诱发的大鼠大脑皮层。受害星形胶质细胞（箭头）有些肿胀，核淡染，核开始失去正常细粒状异染色质的弥散分布方式。LFB 染色，柯达彩色胶卷扫描 ×280

图 39　II 型星形胶质细胞（箭头），肝脑病诱发的大鼠大脑皮层。细胞核的特征是中央透明，异染色质边集。固蓝 - 焦油紫染色（LFB），柯达彩色胶卷扫描 ×280

图 40　星形胶质细胞肿胀，小脑皮质浦肯野神经元层（幼猫瓜氨酸血症），HE 染色

图 41　星形胶质细胞肿胀，小脑皮质（幼猫瓜氨酸血症），HE 染色

图 42　猴枕叶皮质区内的肥胖星形胶质细胞（甲基汞脑病），HE 染色

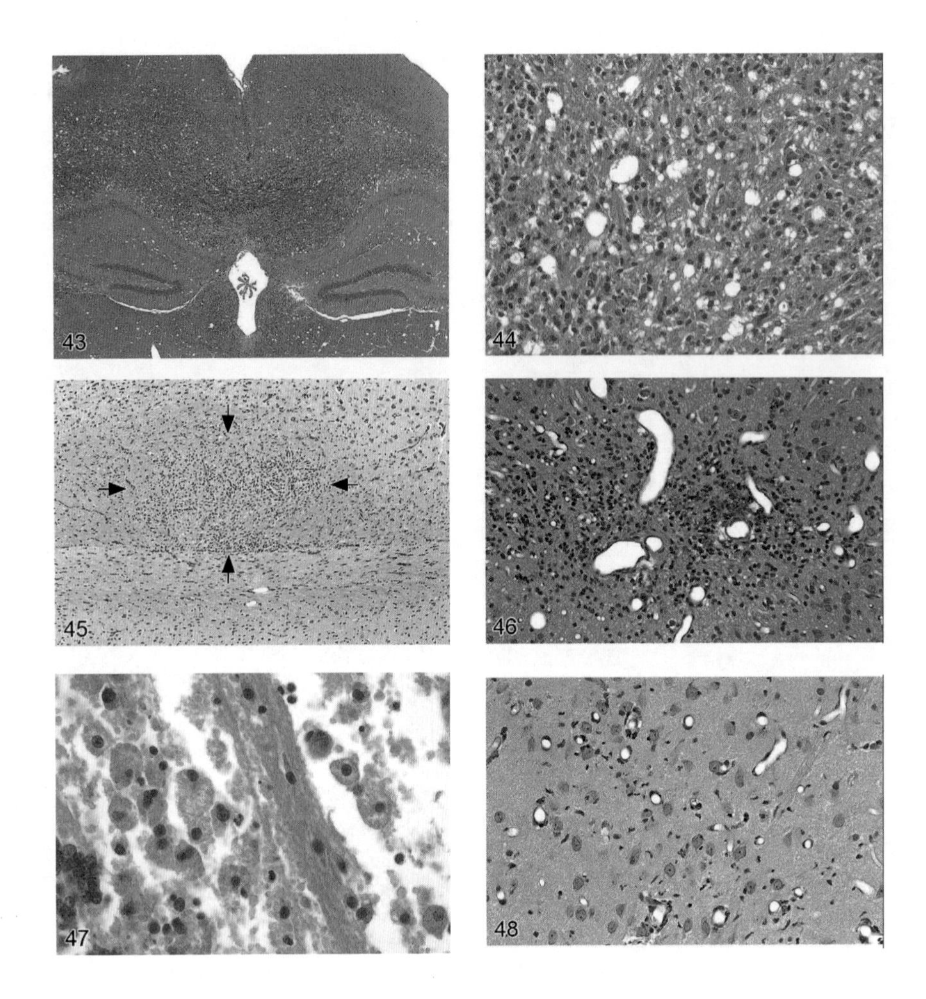

图 43　胼胝体非其他特异性神经胶质细胞增生（NOS），由于神经胶质细胞弥漫性增多，故白质束明显扩大并染色加深。位于整个切面（主要是白质束）的小白点是人工固定造成的。小鼠，HE×20

图 44　胼胝体非其他特异性神经胶质细胞增生（NOS），黑色小神经胶质细胞的胞核数量明显增多，圆形大空隙是人工固定造成的。小鼠，HE×200

图 45　非其他特异性神经胶质细胞增生（NOS），未指明脑区域。局部（箭头所指）区域细胞密度比邻近神经纤维网中的细胞数量明显增加。小鼠，HE×100

图 46　非其他特异性神经胶质细胞增生（NOS），神经胶质细胞团块中含有几个非特异性脑质细胞质有黄色颗粒的大含铁血黄素吞噬细胞，这或反映许多病灶毛细血管陈旧出血的修复。小鼠，HE×200

图 47　非特异脑区小胶质细胞增生，囊腔（白色间隙）含有大量小胶质细胞（带有泡沫或嗜酸性胞质的活化小神经胶质），这些小胶质细胞吞噬了严重坏死区的细胞碎片。啮齿类动物，HE×200

图 48　小胶质细胞增生，伴有严重低血压的狗尾状核。小胶质细胞浸润明显死亡的神经元（主要是小颗粒神经元），而大胆碱能中间神经元比较完好。HE 染色

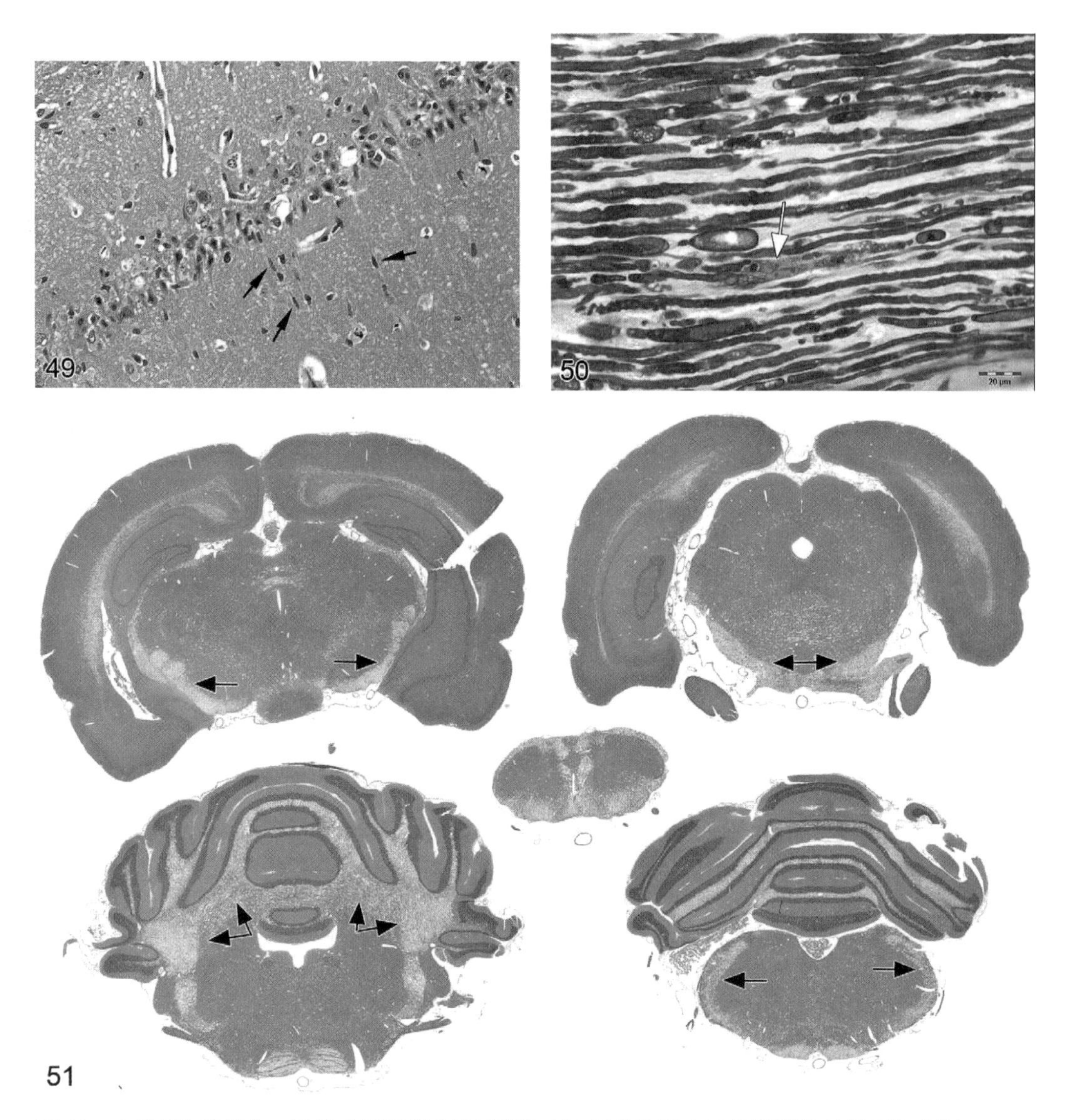

图 49　小胶质细胞增生，注意典型杆状小胶质细胞对海马椎体层 CA1 区嗜酸性神经元的应答

图 50　坐骨神经（纵切面）脱髓鞘，淡紫色施万细胞（白箭头）核占据了被髓鞘（深蓝）包裹的轴突（浅蓝）所在的位置。Wistar 大鼠，灌注固定和塑料包埋，AmbF 染色 ×100

图 51　髓鞘内水肿，在大部分主要白质束如内囊、小脑脚与小脑叶以及周围髓质，对称性淡染的神经纤维网（箭头）都很明显。Wistar 大鼠，HE×1

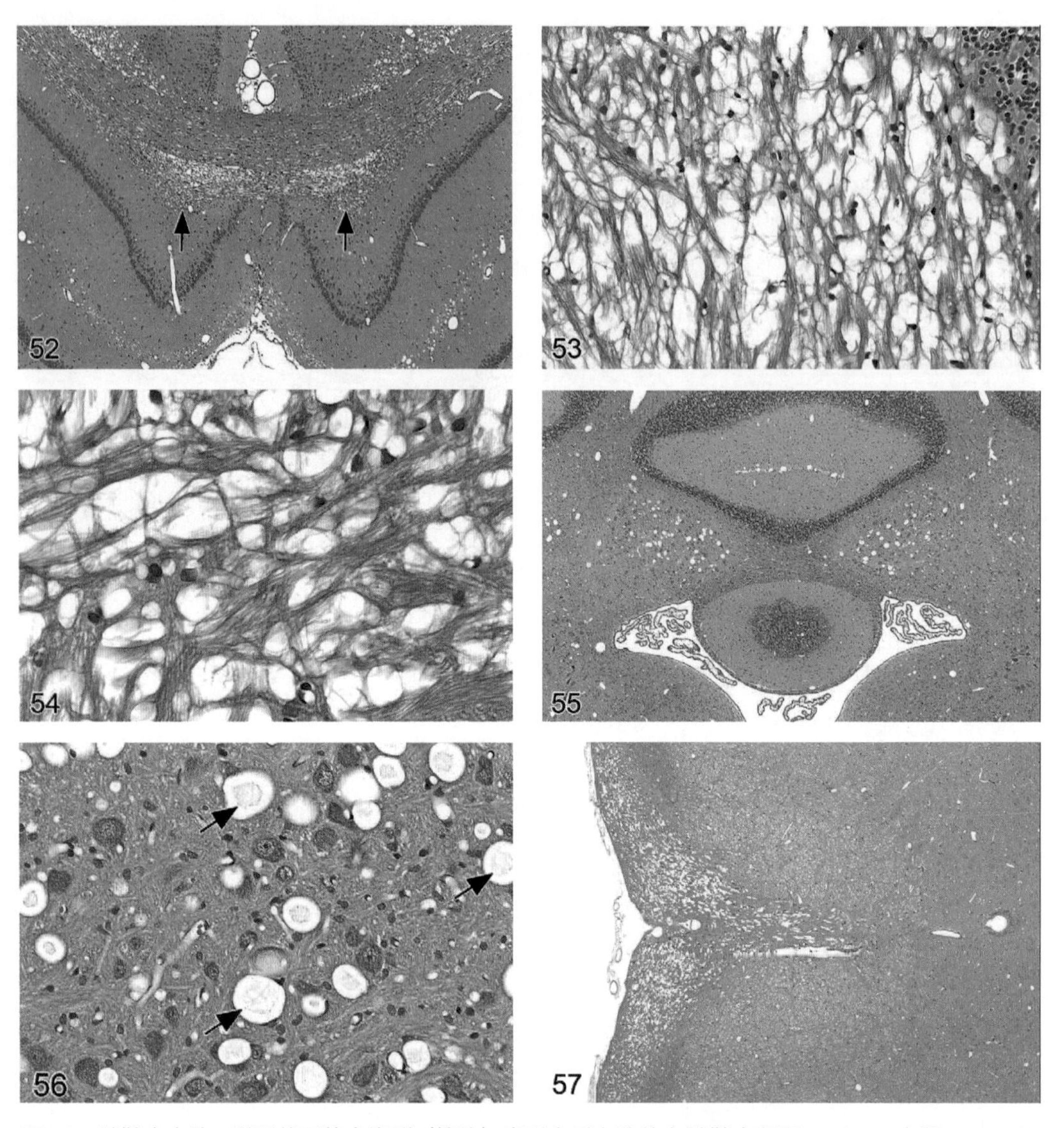

图 52　髓鞘内水肿，胼胝体下的白泡群（箭头）表明白质有液体在髓鞘内积聚。Wistar 大鼠，HE×20

图 53　小脑髓鞘内水肿，小脑叶的髓鞘被广泛存在的白色腔隙所破坏，表明体液在这些部位积累。窄条状的嗜酸性纤维将髓鞘层分离。Wistar 大鼠，HE×200

图 54　小脑髓鞘内水肿，髓鞘破坏表现为被窄条状的嗜酸性纤维（分离的髓鞘层）分隔成大小不等的白色腔隙（蓄积的液体）。少突神经胶质细胞胞核形态正常。Wistar 大鼠，HE×200

图 55　小脑髓鞘内水肿，特征是在白质中可见透明的圆形大空洞。Wistar 大鼠，HE×20

图 56　小脑深核的髓鞘内水肿，表现为白质中出现透明的空泡，有时带有成分不清楚的淡染的核心，这些核心（箭头）有时称为 Buscaino（巴斯凯诺）小体（黏液细胞和异染色小体）。Wistar 大鼠，HE×40

图 57　背索（薄束和楔束）髓鞘的水肿，用三乙基锡（TET）处理后。受害的白质束因大量小空泡而呈网孔状。Wistar 大鼠，HE×40

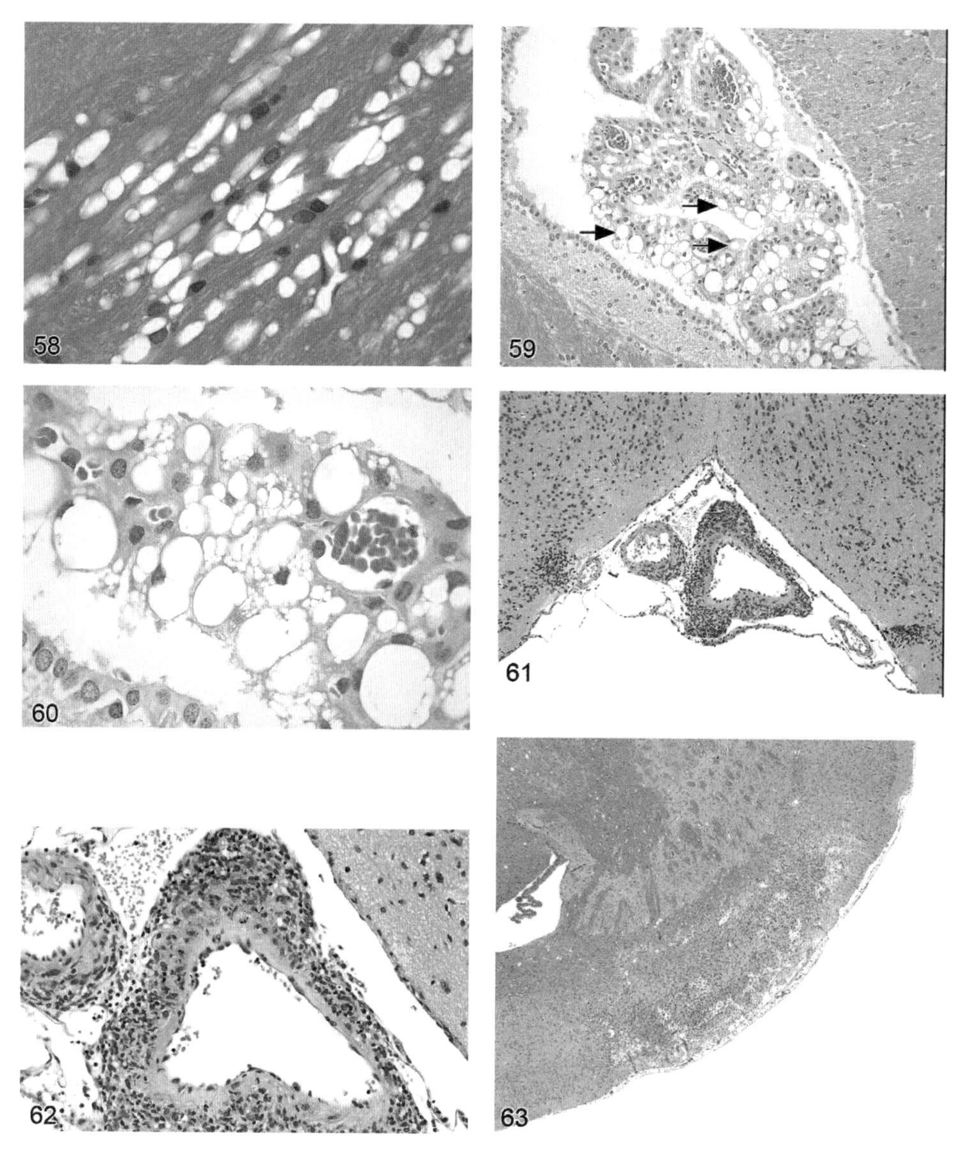

图 58　颈部脊髓背索（薄束和楔束）的髓鞘内水肿，用三乙基锡（TET）处理后，Wistar 大鼠，HE×200

图 59　侧脑室脉络丛空泡形成，上皮细胞的细胞质由于有卵圆形透明的大空泡（箭头）而胀大，诱发的变化同与不溶性聚合物结合的蛋白系统管理扩大有关，Wistar 大鼠，HE×200

图 60　侧脑室脉络丛空泡形成，图 59 高倍放大，Wistar 大鼠，HE×1000

图 61　前脑脑膜血管的动脉炎（结节性全动脉炎），白细胞围绕血管并广泛渗入血管壁，Wistar 大鼠，HE×40

图 62　前脑脑膜血管的动脉炎（结节性全动脉炎），混合性白细胞浸润于血管周围并广泛渗入血管壁各层，Wistar 大鼠，HE×200

图 63　大脑皮层梗死，箭头所指的有界限的整个实质区发生坏死，表现为神经细胞层丧失和表面凹陷（组织萎缩），Wistar 大鼠，HE×25

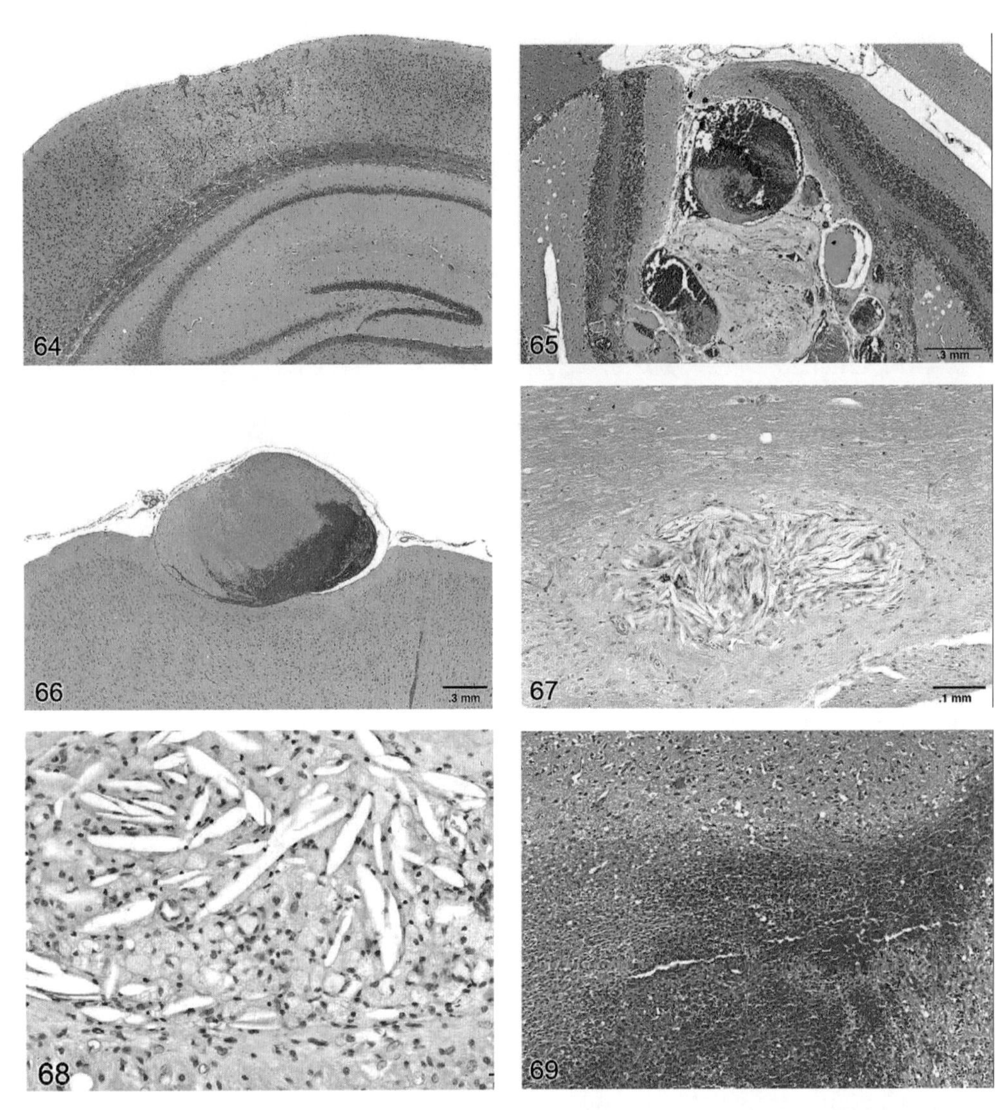

图 64　小脑皮质梗死，箭头所指的有界限的整个实质区发生坏死。神经元层被大量聚集的神经胶质细胞和崩解的神经纤维网所取代（由不整齐的白色腔隙所指示），Wistar 大鼠，HE×40

图 65　小脑血栓形成，多条有血栓的扩张血管（由黏附在血管壁上的红细胞和纤维蛋白组成嗜酸性物质），血管周围结缔组织中可见呈黄色颗粒状的含铁血黄素，提示这些血栓已存在相当一段时间，Wistar 大鼠，HE×132

图 66　大脑皮质脑膜血管的血栓形成，血管因有大血栓而明显扩张，附近脑实质受压萎缩。血栓由红细胞、纤维素和少量细胞组成，F344 大鼠，HE×100

图 67　脊髓（纵切面）胆固醇裂隙，裂隙排列成散乱一堆，伴以轻度肉芽肿性炎症，B6C3FI 小鼠，HE×330

图 68　非特异性神经组织胆固醇结晶，细长、尖锐的裂隙伴以明显的由大量泡沫巨噬细胞组成的肉芽肿性炎症，B6C3FI 小鼠，HE×660

图 69　大脑出血，神经纤维网中有大量渗出的红细胞，未见黄褐色的含铁血黄素，表明为急性损伤，Wistar 大鼠，HE×100

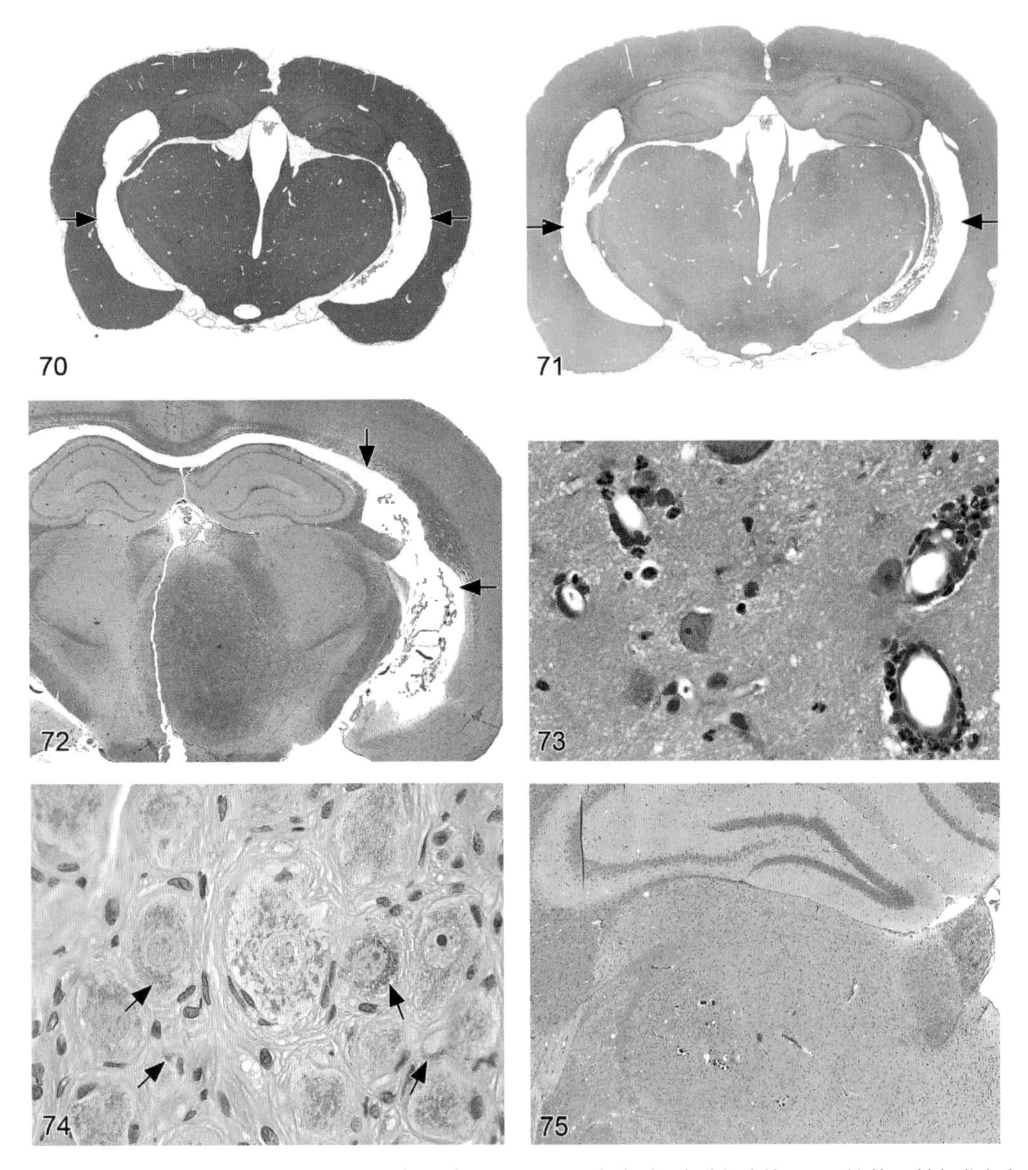

图 70　侧脑室代偿性脑积水，侧脑室（箭头）扩张且眼观为空腔。机制：妊娠 15d 给药甲基氧化偶氮甲醛（MAM，30mg/kg IP），处理相关性主要脑区发育不良。Wistar 大鼠，62 日龄，HE×1

图 71　脑室系统代偿性脑积水，侧脑室（箭头）和第三脑室（中线腔）明显扩张。机制：处理相关性主要脑区萎缩。Wistar 大鼠，HE×1

图 72　侧脑室阻塞性脑积水，位于脑干中线的一个嗜碱性大肿瘤（高度恶性混合性神经胶质瘤）封闭了脑室排液通路，导致其扩张（箭头）。Wistar 大鼠，644d 自然死亡，后脑水平横切面，HE×1

图 73　血管周围混合细胞性炎性细胞浸润，HE 染色

图 74　非特异神经部位神经元脂褐素积聚，胞质中有多量细小的棕色颗粒（箭头）。非特异品系大鼠，HE×1000

图 75　丘脑矿化（箭头），在箭头附近的三个黑点为神经纤维网中分散的矿物凝块，这些沉积物通常是单侧的。F344 大鼠，HE×10

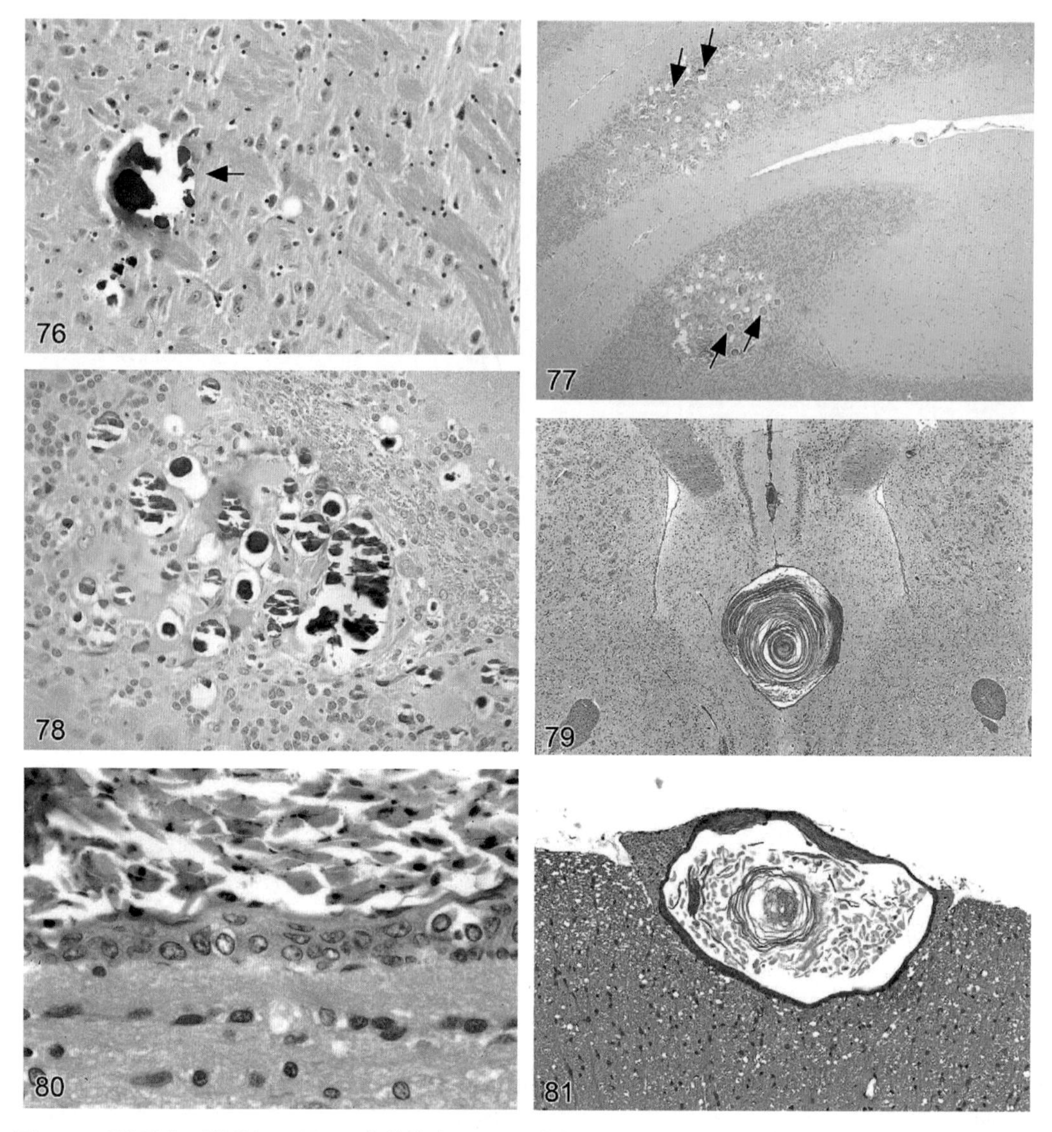

图 76 丘脑矿化（箭头），图 75 高倍放大。F344 大鼠，HE×10

图 77 小脑皮质矿化（箭头），注意神经元明显丧失后发生的营养不良性钙化。Wistar 大鼠，HE×10

图 78 小脑皮质矿化，高倍放大。Wistar 大鼠，HE×400

图 79 前脑鳞状上皮囊肿，脑中线处的非肿瘤性团块状囊肿（箭头），其中为薄层上皮细胞围绕在充满角蛋白和脱落上皮细胞的腔体周围。囊肿破裂后，内容物可引起强烈的炎性反应。小鼠，HE×40

图 80 前脑鳞状上皮囊肿，囊肿内衬薄层复层鳞状上皮细胞，并充满脱落的鳞状上皮细胞和大量角蛋白。小鼠，HE×400

图 81 脊髓鳞状上皮囊肿

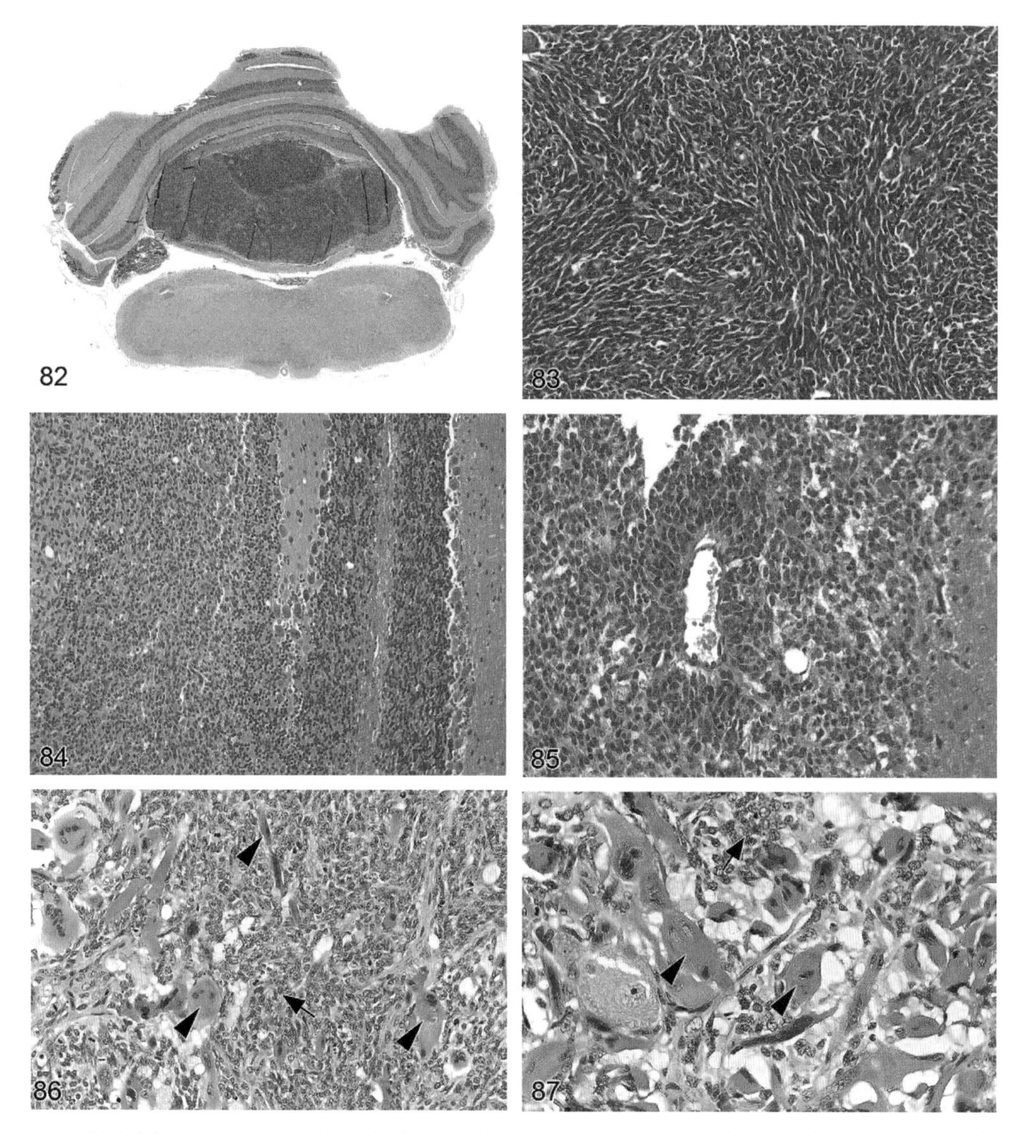

图 82　小脑成神经管细胞瘤，这种系统性神经外胚层瘤（PNET）主要位于小脑内。F344/N 大鼠，HE×10

图 83　小脑皮质成神经管细胞瘤，这种细胞致密的肿瘤由核呈长条状（胡萝卜状）的细胞组成。F344/N 大鼠，HE×100

图 84　小脑皮质成神经管细胞瘤，肿瘤由与颗粒细胞层相似的具有神经元特征的干细胞组成。B6C3F1 小鼠，HE×100

图 85　小脑皮质成神经管细胞瘤，图中央显示假玫瑰花结，由围绕小血管的同心层肿瘤细胞形成，HE×200

图 86　神经肌母细胞瘤，位于垂体和相邻脊神经区的局部侵袭肿瘤是由较均一的神经母细胞（箭头）和多形性肌母细胞（三角形箭头）混合组成，肌母细胞形状由长条状（条带状）至大的球状，数量不等，胞质内纤维有横纹，胞质嗜酸性。Wistar 大鼠，HE×250

图 87　神经肌母细胞瘤，图 86 高倍放大。Wistar 大鼠，HE×630

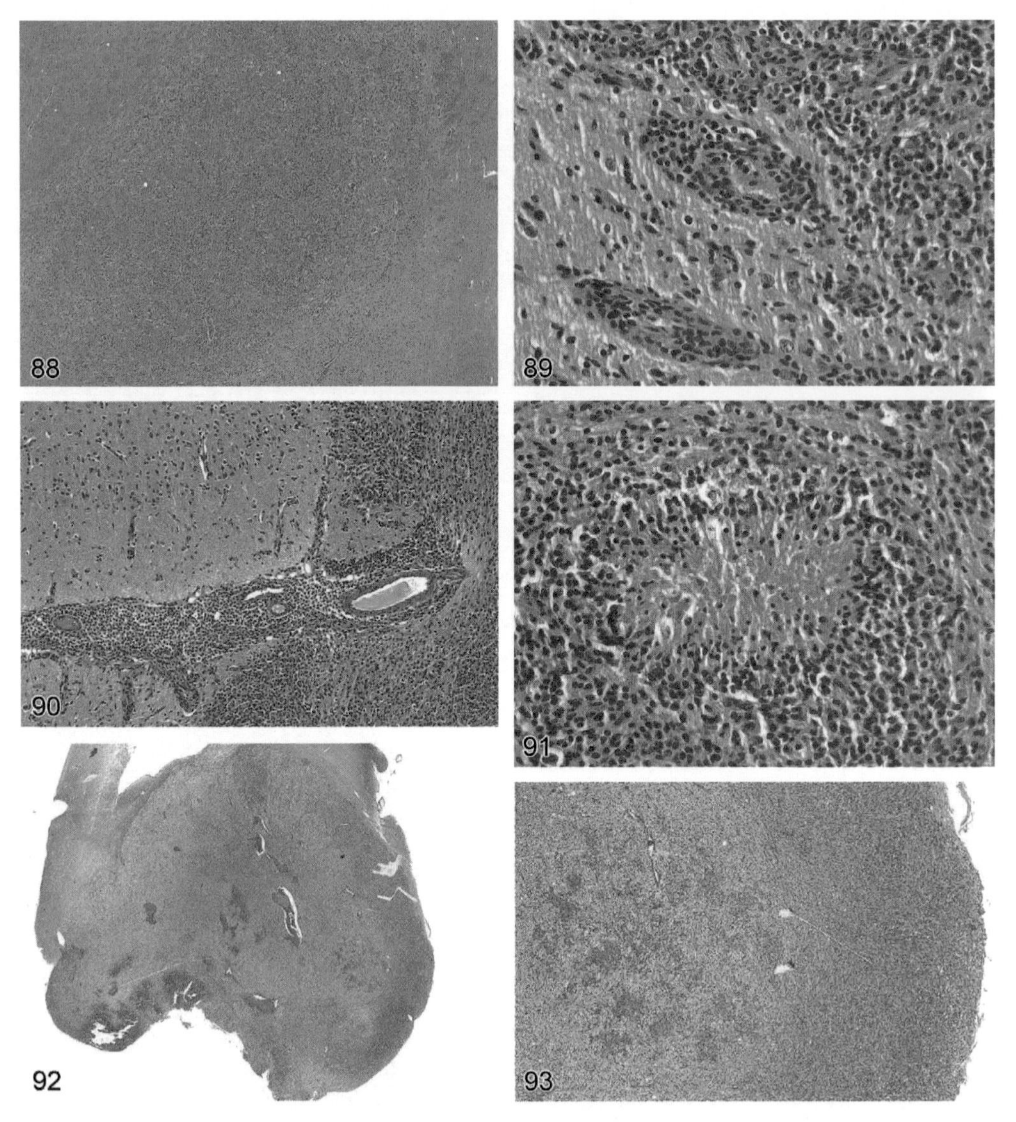

图 88　低度恶性星形胶质细胞瘤，肿瘤团块很难区分，而且细胞密度较低。Wistar 大鼠，试验 24 个月，死后剖检，HE×40

图 89　低度恶性星形胶质细胞瘤，瘤细胞形状较一致，分化良好。Wistar 大鼠，试验 24 个月，死后剖检，HE×200

图 90　高度恶性星形胶质细胞瘤，可见肿瘤细胞沿辐射状血管在血管外周隙播散，而且脑膜和室管膜发生广泛浸润。Wistar 大鼠，试验 24 个月，死后剖检，HE×40

图 91　大鼠星形胶质细胞瘤的常见特征是在坏死中心周围，肿瘤性星形胶质细胞呈栅栏样排列，但小鼠少见。Wistar 大鼠，试验 24 个月，死后剖检，HE×200

图 92　高度恶性混合性神经胶质瘤，高度神经胶质瘤是弥漫性浸润性病变，可损害脑或脊髓的多个区域。B6C3F1 小鼠，HE×50

图 93　高度恶性混合性神经胶质瘤，图 92 高倍放大。B6C3F1 小鼠，HE×50

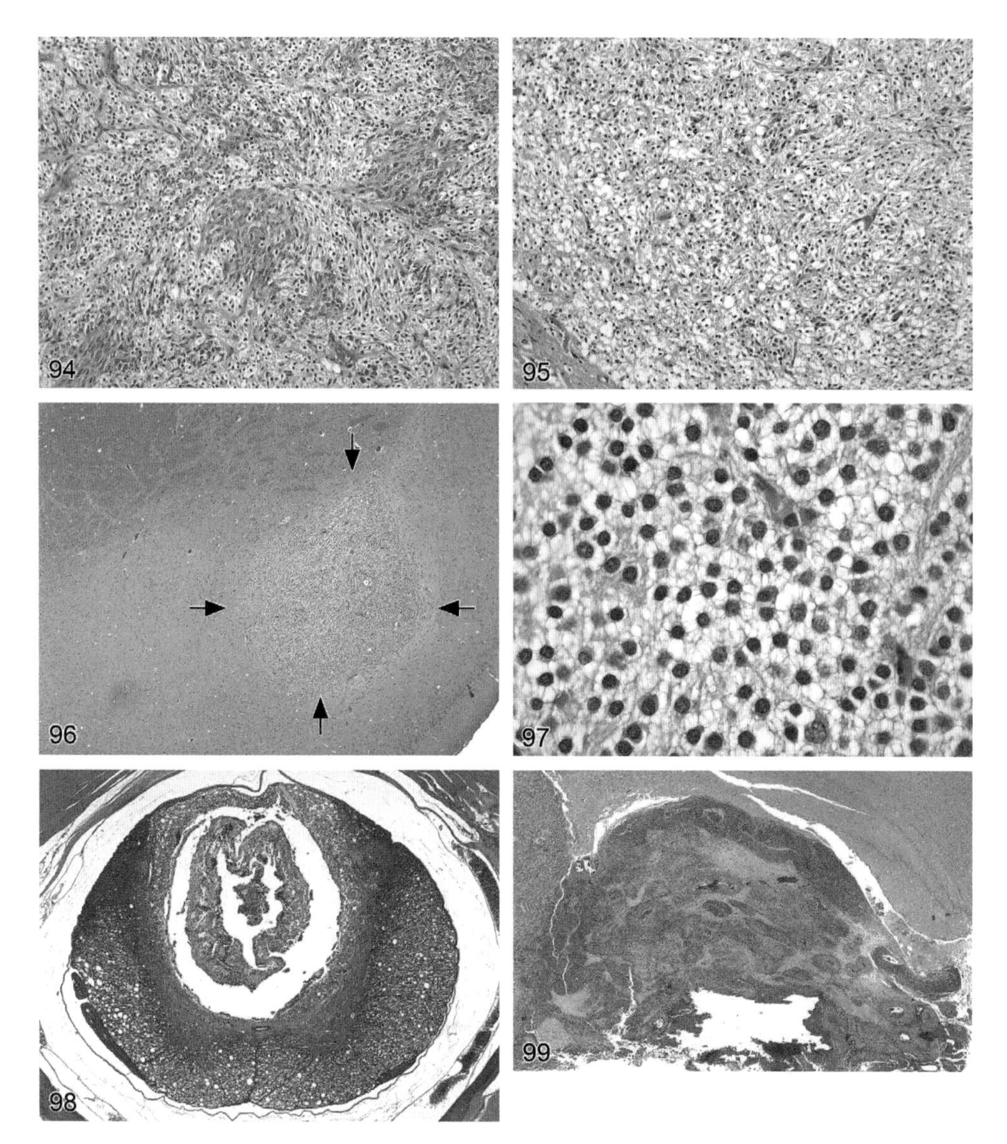

图 94　高度恶性混合性神经胶质瘤，混合瘤包含两群肿瘤细胞—星形胶质细胞（胞质呈嗜酸性）和少突胶质细胞（胞质透明），每种细胞至少占瘤团 20%，B6C3F1 小鼠，HE×100

图 95　高度恶性混合性神经胶质瘤，以少突胶质细胞（胞质透明）为主的瘤细胞群区，B6C3F1 小鼠，HE×100

图 96　低度恶性少突神经胶质瘤，低度少突神经胶质瘤是局限性病变（箭头），有明显的界限，只局限于中枢神经系统（CNS）的某一主要区域，Wistar 大鼠，试验 24 个月，死后剖检，HE×20

图 97　低度恶性少突神经胶质瘤，注意瘤细胞呈典型“蜂窝”或“荷包蛋”样，Wistar 大鼠，试验 24 个月，死后剖检，HE×400

图 98　低度恶性少突神经胶质瘤，注意颈脊髓中央管周围的部位，Wistar 大鼠，试验 24 个月，死后剖检，HE×20

图 99　高度恶性少突神经胶质瘤，高度少突神经胶质瘤是局限性的，可扩延到多个主要脑区，Wistar 大鼠，试验 24 个月，死后剖检，HE×20

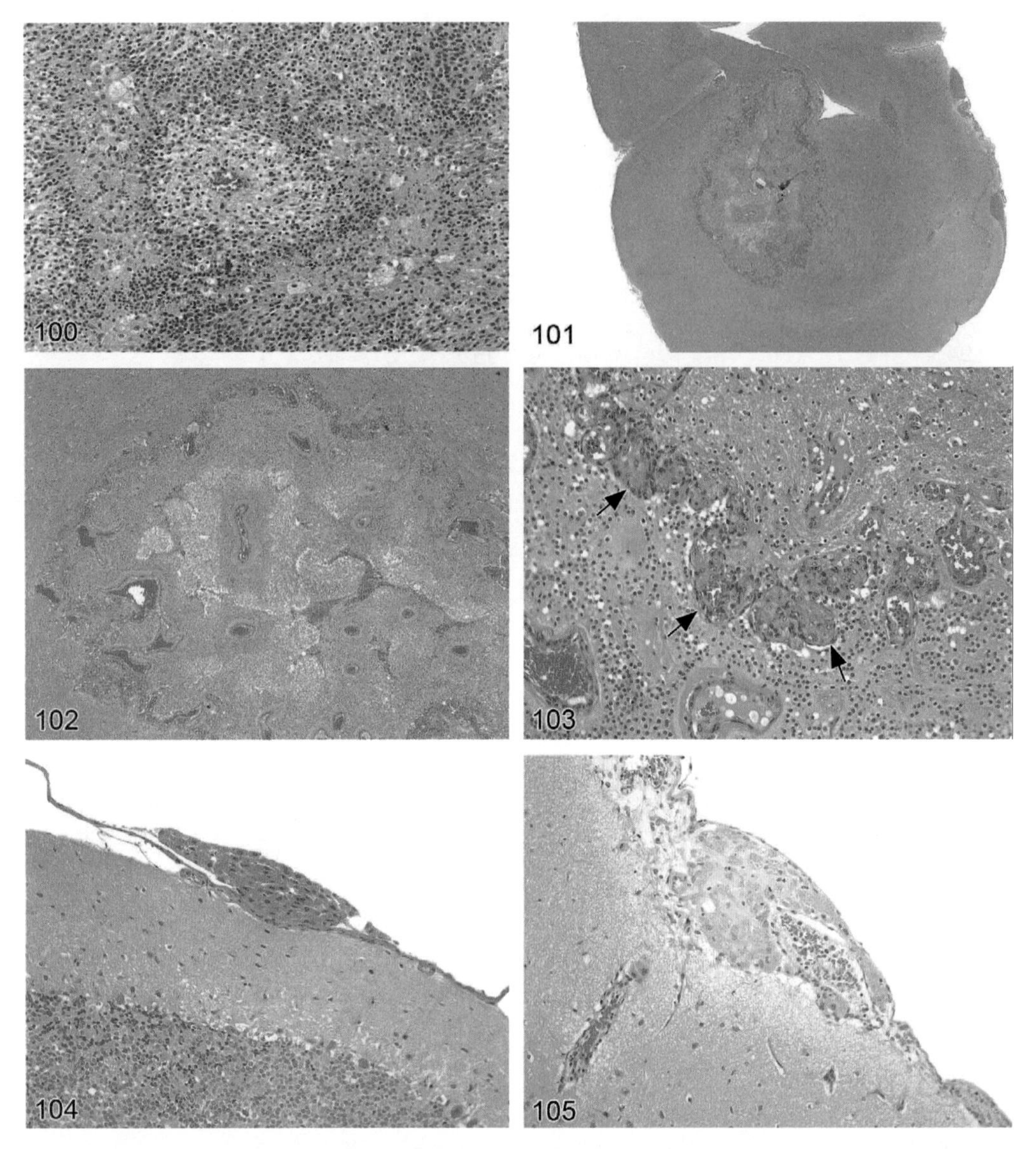

图 100　高度恶性少突神经胶质瘤，与图 96 和图 97 相比，细胞异型性更显著。Wistar 大鼠，试验 24 个月，死后剖检，HE×200

图 101　高度恶性少突神经胶质瘤，概观前脑左侧脑室周围的病变。Wistar 大鼠，试验 24 个月，死后剖检，HE×10

图 102　高度恶性少突神经胶质瘤，图 101 高倍放大，在有囊或出血中心的坏死灶附近，肿瘤细胞常排列成片、成行或巢状。Wistar 大鼠，试验 24 个月，死后剖检，HE×20

图 103　高度恶性少突神经胶质瘤。肿瘤边缘可见广泛的非典型毛细血管内皮细胞增生（呈花环样—箭头），形似小嗜酸性细胞岛。Wistar 大鼠，试验 24 个月，死后剖检，HE×100

图 104　局灶性颗粒细胞聚集，增生灶小，不挤压周围神经组织。Wistar 大鼠，HE×100

图 105　局灶性颗粒细胞聚集，颗粒细胞含少量或不含嗜酸性胞质颗粒。Wistar 大鼠，HE×100

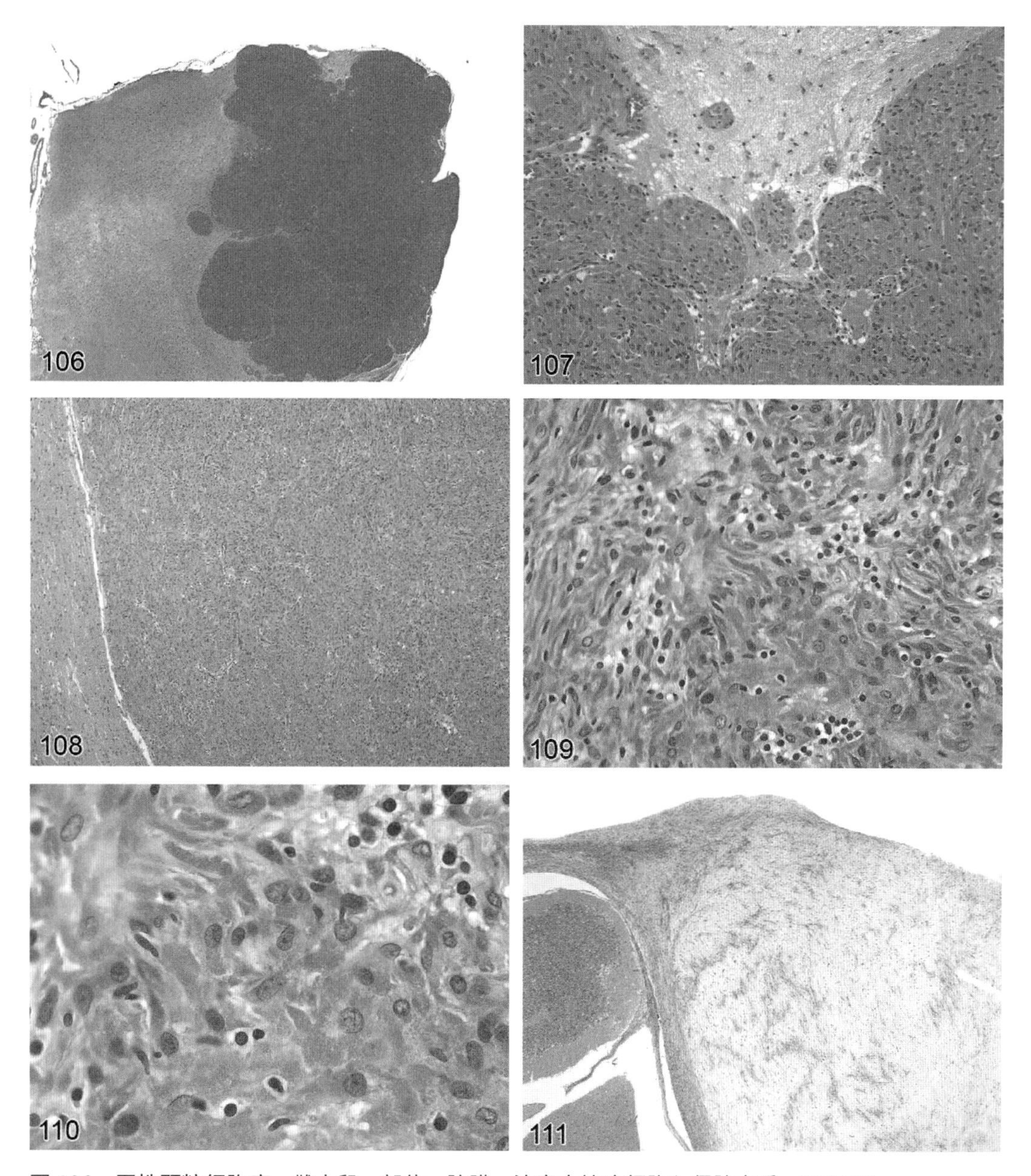

图 106　恶性颗粒细胞瘤，雌大鼠，部位：脑膜，注意大块瘤细胞入侵脑实质，HE×10

图 107　恶性颗粒细胞瘤，颗粒细胞因充满嗜酸性颗粒而易于辨认，局部入侵脑实质，雌大鼠，部位：脑膜。HE×100

图 108　恶性颗粒细胞瘤，雄大鼠。部位：脑膜，局部入侵脑实质，HE×40

图 109　恶性颗粒细胞瘤，雄大鼠。部位：脑膜，HE×200

图 110　恶性颗粒细胞瘤，雄大鼠。部位：脑膜，HE×400

图 111　良性脑膜瘤，小鼠，HE×20

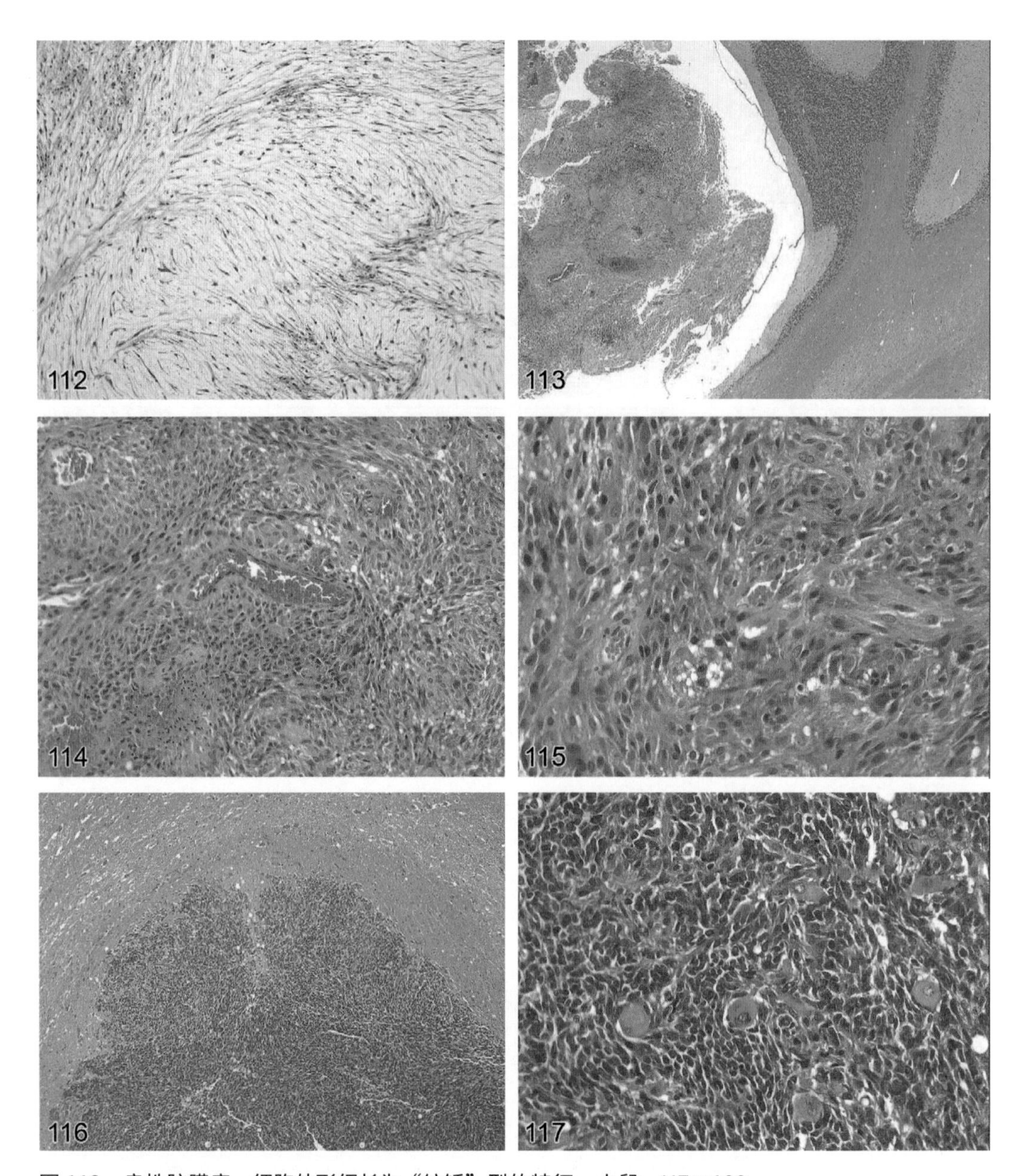

图 112　良性脑膜瘤，细胞外形细长为“纺锤”型的特征。小鼠，HE×100

图 113　恶性脑膜瘤，Wistar 大鼠，HE×20

图 114　恶性脑膜瘤，“成纤维细胞”型的特征是细胞呈上皮样细胞特征，胞质丰富且呈嗜酸性，细胞排列成被纤维分割的小叶。Wistar 大鼠，HE×40

图 115　恶性脑膜瘤，Wistar 大鼠，HE×200

图 116　恶性脑膜瘤，Wistar 大鼠，HE×40

图 117　恶性脑膜瘤，“未分化”型的特征是细胞呈梭形，嗜碱性胞质很少，胶原也很少。Wistar 大鼠，HE×200

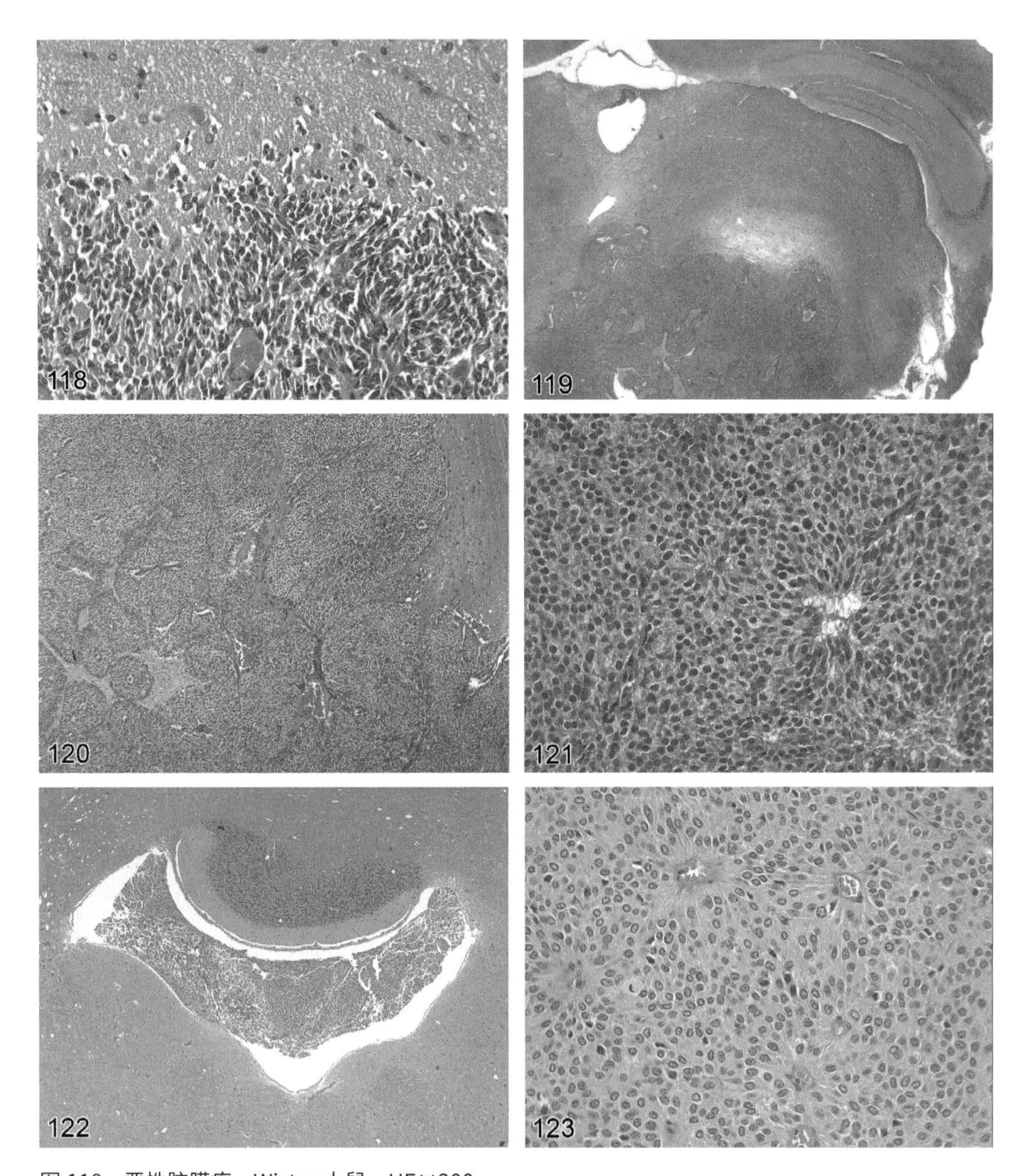

图 118　恶性脑膜瘤，Wistar 大鼠，HE×200

图 119　恶性室管膜细胞瘤，B6C3F1 小鼠，HE×12.5

图 120　恶性室管膜细胞瘤，B6C3F1 小鼠，HE×40

图 121　恶性室管膜细胞瘤，肿瘤细胞常形成，真玫瑰花结（在腔体周围呈放射状）。B6C3F1 小鼠，HE×200

图 122　恶性室管膜细胞瘤，室管膜细胞瘤位于脑室内或靠近脑室。Wistar 大鼠，HE×20

图 123　恶性室管膜细胞瘤，常见假玫瑰花结（肿瘤细胞在小血管近旁排列成栅栏状）。Wistar 大鼠，HE×200

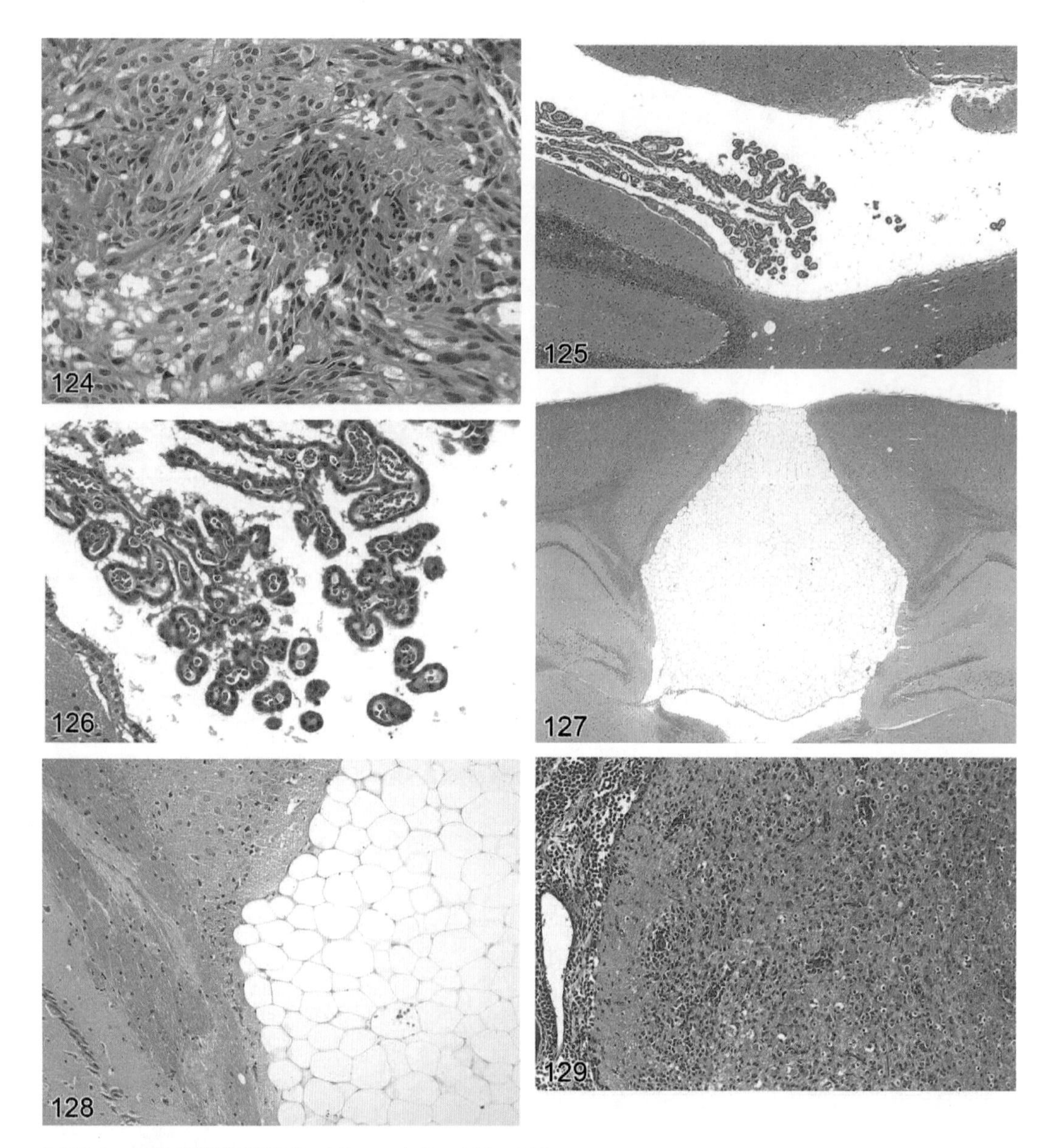

图 124　恶性室管膜细胞瘤，Wistar 大鼠，HE×200

图 125　脉络丛乳头状瘤，Wistar 大鼠，HE×50

图 126　脉络丛乳头状瘤，Wistar 大鼠，HE×100

图 127　脂肪错构瘤，这些非肿瘤性团块常位于脑中线，故造成胼胝体发育不齐全（其在海马体上缺如）。B6C3F1 小鼠，HE×20

图 128　脂肪错构瘤，B6C3F1 小鼠，HE×100

图 129　恶性网状细胞增多（肿瘤分类），F344 大鼠，仅基于形态学分类，HE

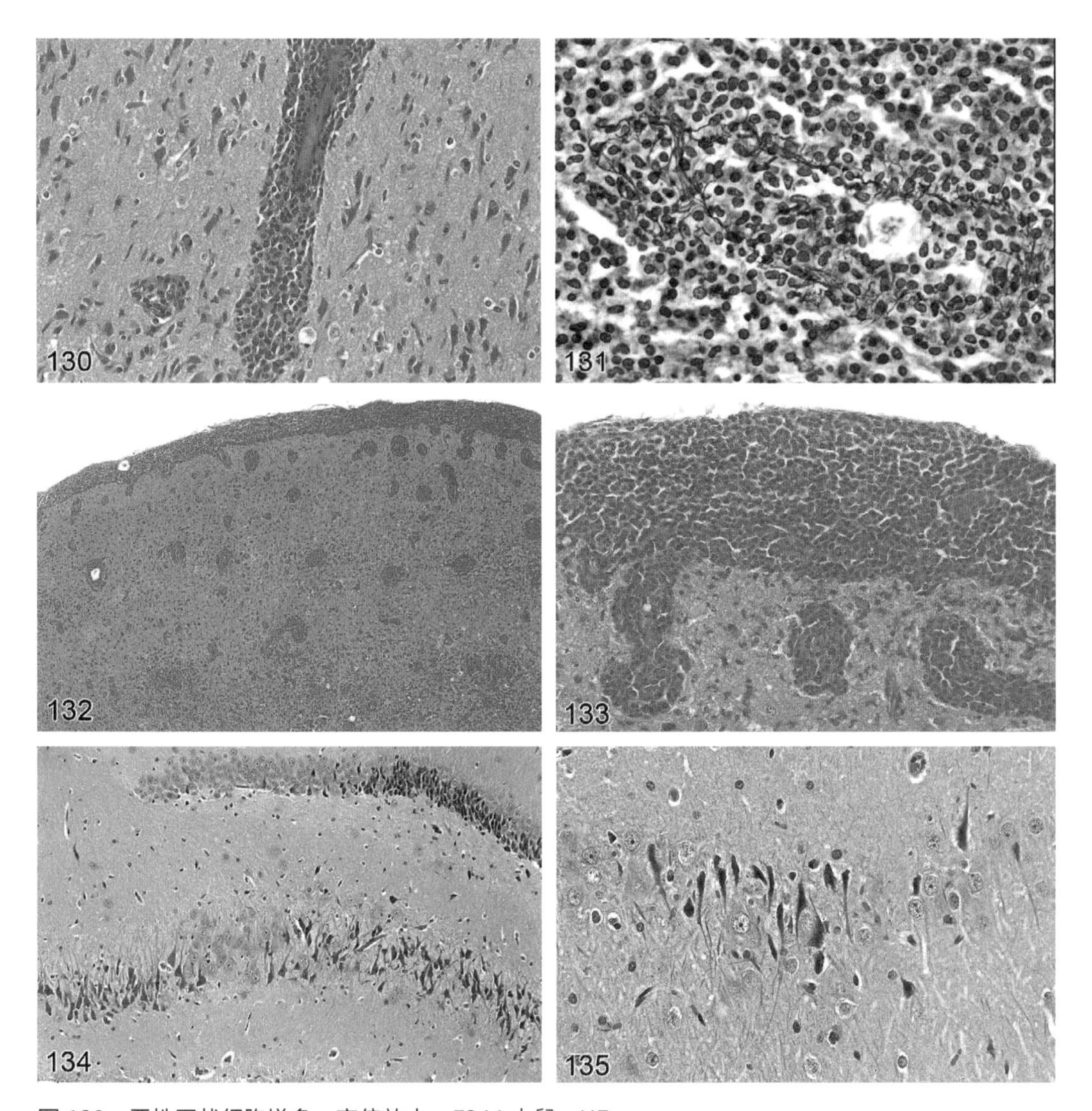

图 130　恶性网状细胞增多，高倍放大。F344 大鼠，HE

图 131　恶性网状细胞增多（肿瘤分类）。F344 大鼠脑，网状组织染色

图 132　恶性网状细胞增多，原诊断为“原发性中枢神经系统淋巴瘤”

图 133　恶性网状细胞增多，原诊断为“原发性中枢神经系统淋巴瘤”

图 134　神经组织中普通的人工变化，海马体多层暗神经元，提示脑表面受压，HE

图 135　神经组织中普通的人工变化，海马体暗锥体神经元的高倍放大，这种情况通常是神经元收缩，常由手指触摸引起。还应注意缺乏任何组织反应，HE

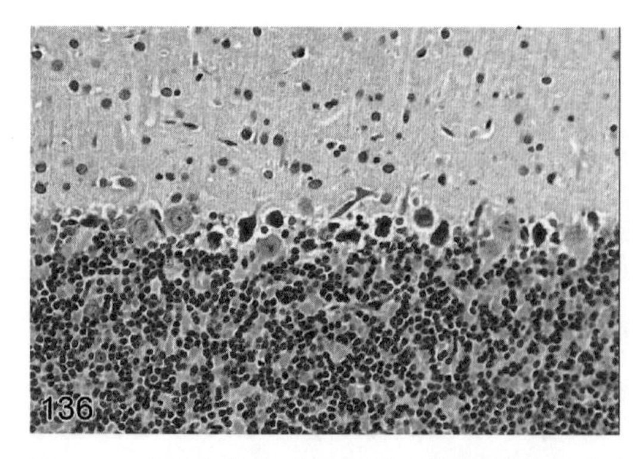

图 136　小脑中的暗（嗜碱性）浦肯野神经元，这是人工变化。HE

第五章 大鼠和小鼠雄性生殖系统的增生性与非增生性病变

Dianne Creasy[1], Axel Bube[2], Eveline de Rijk[3], Hitoshi Kandori[4], Maki Kuwahara[5], Regis Masson[6], Thomas Nolte[7], Rachel Reams[8], Karen Regan[9], Sabine Rehm[10], Petrina Rogerson[11], and Katharine Whitney[12]

1 Huntingdon Life Sciences, East Millstone, New Jersey, USA
2 Sanofi, Frankfurt, Germany
3 WIL Research, ' s-Hertogenbosch, The Netherlands
4 Takeda Pharmaceutical Company, Fujisawa, Kanagawa, Japan
5 The Institute of Environmental Toxicology, Ibaraki, Japan
6 Covance Laboratory SAS, Porcheville, France
7 Boehringer Ingelheim Pharma GmbH & Co. KG, Biberach an der Riss, Germany
8 Covance Laboratories, Inc., Greenfield, Indiana, USA
9 Regan Path/Tox Services, Inc, Ashland, Ohio, USA
10 Paoli, Pennsylvannia, USA
11 Charles River, Tranent, Edinburgh, UK
12 Abbott Laboratories, Abbott Park, Illinois, USA

摘要

INHAND 项目（大鼠和小鼠病理变化术语及其诊断标准的国际规范）由来自欧洲、英国、日本和北美的毒理病理学会联合发起，旨在为实验动物增生与非增生性病变建立一套国际公认的诊断术语。本文旨在为实验大鼠和小鼠雄性生殖系统的显微病变分类提供规范化术语及鉴别诊断，并附彩色显微照片对一些病变示例进行解释说明。学会会员也可从网站（http://goreni.org）获取本文提供规范化术语的电子版。材料来源包括全球政府、学术机构和企业实验室的组织病理学数据库。内容涵盖自发性与老龄性病变以及受试物暴露所引起的病变。一套广泛接受与使用的实验动物雄性生殖系统病变国际规范术语将降低不同国家监管和科学研究机构间的混乱，并提供共同语言以增强和丰富国际毒理学家和病理学家间的信息交流。

总序

为了解相关的背景信息和参考资料，每一部分首先简要综述正常功能、解剖学和组织学。尤其对睾丸而言，全面了解其正常形态学、精子发生和细胞组合，对发现异常非常重要。由于提供正常结构的深度综述不在本文范畴，因此，我们提供了参考文献以指导读者在需要的地方全面复习。

正确的固定和恰当的组织取样对详尽和一致的评估至关重要。有关取材方案读者可参考 goRENI（Kittel 等，2004；Boorman，Chapin 和 Mitsumori，1990；Boorman，Elwell 和 Mitsumori，1990；Foley，2001；Suwa 等，2001，2002）。

睾丸

引言：睾丸

睾丸的组织病理学评价是药物安全性评价和环境毒物评估的重要组成部分。毒理学研究中对睾丸组织恰当的显微评估需要考虑使用性成熟动物、恰当的固定、取样和处理（Foley，2001；Lanning 等，2002；Latendresse 等，2002；Kittel 等，2004），以及对精子发生及其不同种属的组织学表现的了解（Russell 等，1990）。

组织学：睾丸（Testis）（图 1 至图 3）

睾丸由大量紧密排列的生精小管袢所组成，其间被包括莱迪格（间质）细胞、血管、巨噬细胞、富含蛋白和睾酮的超滤液以及支持性基质所隔开。生精上皮由位于基底部的斯托利细胞（Sertoli cells，也称斯托利细胞）及其支持的连续同步成熟的生精细胞群所组成，后者即精原细胞、精母细胞、圆形精子细胞和长形精子细胞。生精小管被可收缩的肌样细胞所包裹，并通过直细小管与睾丸网汇合，后者与输出小管和附睾相连续（Boorman，Chapin 和 Mitsumori，1990）。

生殖细胞类型（Germ Cell Types）

生殖细胞类型在倍性、形态学及对有害作用包括化合物与药物的敏感性方面存在差异。

精原细胞在生精上皮内构成唯一的增殖细胞群，并且定居在由斯托利细胞间紧密连接形成的保护性“血 - 睾屏障”外，以上因素使精原细胞表现独特。由于其有丝分裂活动以及直接暴露于供养生精小管的间质超滤液，因此这些二倍体细胞对细胞毒剂特别敏感。精母细胞是最大的生殖细胞，主要为四倍体，代表生殖细胞分化的减数期。与其他类型的生殖细胞一样，精母细胞对各种可引发凋亡的环境（包括生理性消耗以及雄激素的缺乏和细胞毒效应）敏感；此外，它们可以作为细胞因子干扰剂的靶标。精子细胞，包括圆形和长形，是减数分裂的单倍体产物。随着成熟过程中细胞质和细胞器的进行性丢失，精子细胞依赖支持性斯托利细胞以实现成功的终末分化与释放。由于减数分裂过程中的 DNA 交换，精子细胞和精子变成了抗原性异物，这些“免疫特权”细胞（因为它们定位于血 - 睾屏障内）在生精上皮受到破坏时可激发炎性反应。

斯托利细胞（Sertoli Cells）

斯托利细胞也称支持细胞，是精子发生所必需的大的增殖后细胞。斯托利细胞起着多种复杂的作用，包括同时协助多组群成熟度不同的生殖细胞间的同步分化，维持血 - 睾屏障，分泌生精小管液体，释放成熟精子细胞以及吞噬残余体和凋亡的生殖细胞残骸（Clermont，1990）。斯托利细胞遭受毒剂作用后可出现多种形态学变化，包括对其支持的生殖细胞产生的影响。与生殖细胞相比，斯托利细胞很少发生凋亡或坏死，在面临各种慢性变性过程中，它们常常是生精上皮内唯一的幸存者。

莱迪格细胞（Leydig Cells）或称为间质细胞

对维护生殖细胞至关重要的睾丸内雄激素水平是由莱迪格细胞维持的，这些内分泌细胞位于保护性血 - 睾屏障之外。除了对类固醇生成的直接毒性作用外，莱迪格细胞功能可因影响促性腺激素的释放而受到间接影响。

细胞间关系与期识别性检查（Cellular Relationships and Stage-aware Examination）

人们已认识生殖细胞协调成熟时它们之间的关系，并用期加以描述（大鼠用罗马数字Ⅰ～XIV表示；小鼠用罗马数字Ⅰ～XII表示），构成了一个对睾丸进行显微镜检查的有用工具（Creasy，1997）。了解精子发生周期中存在的细胞关系（期识别性评价）有助于识别缺失细胞并发现精子发生特定点的细微变化。过碘酸希夫氏反应和用塑料包埋制成薄切片，有助于确认啮齿类动物精子细胞顶体的细微特征（Russell 等，1990），但不是识别期别所必需的。在常规石蜡包埋的苏木精和伊红染色切片上，通过识别大鼠两种形态不同细胞组合的能力：即成熟长形精子细胞释放（精子排放）前不久的第VII / VIII期，与代表减数分裂的精母细胞的第 XIV 期，可能识别啮齿类动物最常见的毒性形态学效应。识别给定的生精小管横切面在时间上与第 VII/VIII 期和第 XIV 期的对应关系，检查者便可知道应该代表的是哪些细胞层：第 I 期到第 VIII 期为双层精子细胞，一层圆形精子细胞和一层长形精子细胞（图 2），而第 IX 期到第 XIV 期为单层长形精子细胞（图 3）。这种情况在所有生精小管横断面上精母细胞和精原细胞都是除外的。在许多情况下，在其发育早期睾丸毒性具有细胞特异性和期特异性，但是随着持续的用药，细胞变性变得较为普遍且无特异性。在这方面，对于 1 个月或更短期的化合物暴露而言检查精子发生并识别期别是最有价值的（Lanning 等，2002）。鉴于短期试验中生精小管的变化与慢性试验不同，故本文提出有关细胞特异性与期特异性变化的术语，也提出了用于非特异性变化的术语。供试品相关的变化可能具有细胞和期特异性，也可能无特异性，然而偶发的背景性变化通常是无特异性的。

先天性病变：睾丸（Congenital Lesions：Testis）

未发育：睾丸（Agenesis：Testis）

同义词： aplasia

发病机制： 生殖（尿生殖）嵴、中肾发育异常。

诊断要点：

- 大体检查一侧或两侧睾丸缺如。

鉴别诊断：

- 睾丸纤维化（Fibrosis，testis）：如果某一睾丸因梗死而收缩并被纤维组织替代，可能被误认为未发育，但一般会残留生精小管组织和 / 或有明显的炎症及纤维化。

备注：这是一种罕见的先天性状态，但如果是在子宫内发育期间暴露发生的变化，它可能是一个供试品相关的所见。虽然这是一种大体观察，但也可用于单侧或双侧睾丸缺无的显微镜检查记录。

发育不全：睾丸（Hypoplasia：Testis）（图 4）

发病机制： 胎儿睾丸中性索发育障碍。

诊断要点：

- 一侧或双侧睾丸。
- 睾丸重量减轻。
- 单侧或双侧。
- 生精小管数量减少。

鉴别诊断：

- 采样造成的人工假象（Sampling artifact，因在睾丸颅侧端或尾侧端取样，造成生精小管数目减少的印象）：睾丸重量正常。
- 生精小管萎缩（Atrophy，tubular）：睾丸内生精小管数量正常，但小管缺乏全部或大部分生殖细胞。
- 睾丸纤维化（Fibrosis，testis）：如果某一睾丸因梗死而缩小并被纤维组织替代，可能误认为发育不全，但一般会有残留生精小管组织和 / 或有明显的炎症及纤维化。
- 未成熟（Immaturity）：睾丸内的生精小管数量正常，但小管缺乏数量不等的生殖细胞。

备注：建议发育不全（Hypoplasia）这个术语只用于发育异常而导致生精小管数量明显减少的情况。这个术语的范畴较为广泛，实际上它可能包含生殖细胞向整个曲细管或其某些段的迁徙障碍，导致小管发育不全（类似于在 Beagle 犬睾丸所见的节段性发育不全）。然而，由于不可能从形态上把这种情形与生殖细胞曾经存在，但因发生变性与耗竭的生精小管萎缩区别开来，因此建议，在啮齿类动物发育不全仅限用于生精小管数目减少。睾丸发育不全是啮齿类动物一种不常见的单侧或双侧性发育异常。如果在子宫内发育期间发生供试品暴露，这种异常也可能与其使用有关。

隐睾：睾丸（Cryptorchidism：Testis）

同义词：undescended testis，failure of testicular descent

发病机制：引带促使睾丸被动通过腹股沟管下降至阴囊的过程发生障碍。

诊断要点：

- 一个或两个睾丸位于腹腔。
- 睾丸小，重量减轻。
- 生精小管内的生殖细胞变性或缺失。
- 当单侧发生时，生精小管变性可见于对侧已下降的睾丸。

鉴别诊断：

- 尸检人工假象（Necropsy artifact）：睾丸组织学正常。
- 生精小管变性 / 萎缩：已下降的睾丸内生殖细胞发生变性和 / 或缺失。

备注：隐睾是由于睾丸正常下降（大鼠约在出生后 第 22 天下降）障碍，导致一个或两个睾丸存在于腹腔时的一种大体所见。尸检时在非隐睾动物的腹腔内经常发现睾丸，这是由于啮齿类动物具有经腹股沟管自动回缩睾丸的能力，而腹股沟管在成年啮齿类动物仍保持其状态（Boorman，Chapin 和 Mitsumori，1990）。由于除了生精小管变性与萎缩外，没有特异的组织病理变化以描述隐睾的特征，因此对腹腔内睾丸进行准确的大体观察至关重要。隐睾出现的生精小管变性 / 萎缩是由于生精上皮暴露于温度高于阴囊的腹腔所致。对侧下降睾丸发生变性的原因则不清楚。在长埃文斯（Long Evans）

大鼠（Barthold 等，2006）或单侧泌尿生殖器异常大鼠（Amakasu，Suzuki 和 Suzuki，2009），自发性隐睾的发生率很高。啮齿类动物的隐睾也与在子宫内暴露于邻苯二甲酸盐（Imajima 等，1997）和氟他胺（Ng 等，2005）有关。

非特异性生精小管变化：睾丸（Seminiferous Tubular Changes，Nonspecific：Testis）

引言

与睾丸精子发生障碍有关的术语取决于生殖细胞的变化是细胞特异的和 / 或期特异的（通常与供试品的使用有关，见于暴露 28d 或少于 28d 后），还是这种变化反映更广泛的、非特异性的生殖细胞变性与耗竭。我们首先提供可用于任何年龄动物的自发或化合物相关效应的非特异性术语。

生精小管变性 / 萎缩：睾丸（Degeneration/Atrophy，Tubular：Testis）（图 5）

发病机制：是生殖细胞变性与耗竭的结果，可能由斯托利细胞受损、原发性细胞毒性、缺氧、炎症或其他因素所介导。

诊断要点：

- 一些小管的生殖细胞全部耗竭，仅被覆斯托利细胞。
- 一些小管部分生殖细胞耗竭。
- 一些小管的生殖细胞正在明显变性或凋亡的。
- 具有“小管变性”与“小管萎缩”的 混合特征（见下文）。
- 睾丸重量减轻。

鉴别诊断：

- 见“小管变性”与“小管萎缩”。

备注：当出现萎缩、变性、空泡形成与脱落等混合性变化时，特别推荐“小管变性 / 萎缩”作为综合诊断。这比列出单个诊断更好。在小管变性 / 萎缩的大多数情况下，将有部分小管的生殖细胞正发生明显变性（小管变性），而部分小管的生殖细胞已全部丧失（小管萎缩）。由于变性和萎缩是连续的，通常没有理由对变性和萎缩的小管加以区分，因此推荐使用术语“变性 / 萎缩”。可用严重程度分级来表示受累及的生殖细胞和小管的数量。如果两个过程区别明显，对更特异的供试品相关变化单独使用术语“小管变性”和“小管萎缩”，可能更为合理。这可能对区分给药结束与恢复期之间的差别，或在时间进程研究中特别有帮助。

作为大鼠和小鼠一种低发生率的背景性所见，单侧和双侧性小管变性 / 萎缩均可见到。在大鼠和小鼠睾丸中常见的偶发性所见表现为仅被覆斯托利细胞的少数（如 1 ～ 5 个）萎缩小管（Foley，2001）。如果把这些记录下来，把它们与上面描述的更广泛分布的小管变性 / 萎缩加以区分是很重要的。为此可通过使用修饰语（如局灶性）来实现。

生精小管变性：睾丸（Degeneration，Tubular：Testis）（图 6 至图 8）

发病机制：是生殖细胞变性的结果，可能由斯托利细胞受损、原发性细胞毒性、缺氧、炎症或其他因素所介导。

诊断要点（可包含以下内容的任意组合）：

- 生殖细胞变性（单个生殖细胞其胞质呈嗜酸性、核浓缩），不限于某一特定的生殖细胞类型与期别。
- 多核生殖细胞。
- 精子细胞滞留。
- 斯托利细胞胞质空泡形成。
- 生殖细胞排列紊乱。
- 生殖细胞脱落于管腔。
- 节段性部分生殖细胞丧失。
- 附睾中出现变性生殖细胞与细胞碎片。
- 通常伴有睾丸重量的减轻。

鉴别诊断：

- 生精小管萎缩（Atrophy，tubular）：大多数小管的生殖细胞大部或全部耗竭，留下主要由斯托利细胞衬覆的小管。
- 生殖细胞变性（Degeneration，germ cell）：主要限于某一特定类型细胞和 / 或特定期别的小管；通常作为化合物相关变化见于少于 28d 的试验中。
- 固定所致人工假象（Fixation artifact）：生殖细胞分离，细胞脱落于管腔，但无生精小管上皮结构紊乱，附睾内也无细胞碎片或脱落的细胞；变化通常见于被膜下。
- 处理所致人工假象（Handling artifact）：结构紊乱和 / 或生殖细胞脱落于管腔，但无生殖细胞变性；通常累及被膜下的少量小管；附睾内无脱落的生殖细胞或碎片（Foley，2001）。
- 生精小管坏死（Necrosis，tubular）：包括斯托利细胞在内的生精上皮的凝固性坏死，可出现炎症。
- 自溶（Autolysis）：生殖细胞和斯托利细胞广泛分离，核染色质凝结与边集；附睾内无细胞碎片或脱落的细胞（Bryant 和 Boekelheide，2007）。

- 生精小管扩张（Dilation，tubular）：小管直径增大，上皮变薄，上皮内含正常补充的生殖细胞。

备注：小管变性及其后续变化小管萎缩，是睾丸毒性损伤的常见表现（Greaves，2012 a；Yuan 和 McEntee，1987），包含通过斯托利细胞损伤、生殖细胞损伤、激素紊乱或血管效应等介导的作用。在病变发生的早期，有可能识别特定于某个单一细胞类型的变化（斯托利细胞或特定的生殖细胞类型），在这种情况下，鼓励用细胞或期特异性诊断，但是随着持续给药，常常会发展成更普遍的非特异性小管变性或小管萎缩。小管变性和小管萎缩的区别（见下文）取决于受累及小管中剩余生殖细胞的数量。如果是萎缩和变性小管混合存在（这是普遍的情况），建议使用“小管变性 / 萎缩”一词。小管变性（通常为双侧）作为一种低发生率的背景性病变也可在大鼠和小鼠见到。病变通常表现为少量小管中存在部分生殖细胞耗竭和偶发的变性生殖细胞。

生精小管萎缩：睾丸（Atrophy，Tubular：Testis）（图 9 至图 11）

同义词： Sertoli cell-only tubules

发病机制： 长期或严重生殖细胞变性的结果，可由斯托利细胞损伤、原发性细胞毒性、缺氧、炎症或其他作用所介导。

诊断要点：

- 受累及小管的大部或全部生殖细胞缺如。
- 小管仅内衬斯托利细胞。
- 小管直径减小。
- 局灶性（节段性）或弥漫性分布。
- 莱迪格细胞大小和 / 或数目相对或实际增加。
- 受累及小管内可有少量生殖细胞残留。
- 睾丸大小和重量可能减小（取决于受累及的小管的数量）。

鉴别诊断：

- 生精小管变性（Degeneration，tubular）：小管有大量变性的生殖细胞。
- 发育不全（Hypoplasia）：小管数目减少。
- 直精小管（Tubuli recti）：结构正常，仅内衬斯托利细胞，范围局限并邻近睾丸网（被膜下）。这些不应作为诊断记录下来，也不应误认为是萎缩的小管。
- 生精小管扩张（Dilation，tubular）：小管直径增大，变薄的上皮内含正常补充的生殖细胞。

备注：小管萎缩是一种末期病变，小管内无生殖细胞残留。可能由于进行性变性和生殖细胞的吞噬 / 脱落或生殖细胞的蓄积性耗竭所导致（如成熟迟滞性耗竭）。它是一个非特异性变化。如果小管萎缩和变性混合出现，建议使用“小管变性 / 萎缩”一词。

生精小管坏死：睾丸（Necrosis，Tubular：Testis）（图 12）

发病机制： 影响生殖细胞和斯托利细胞的间歇性缺血或低氧（如血流紊乱所引起）。

诊断要点：

- 生殖细胞和斯托利细胞凝固性坏死。
- 通常呈局灶性或多灶性（节段性）。
- 正常小管结构受到破坏。
- 常伴有包围或侵犯受累及小管的炎性浸润。

鉴别诊断：

- 自溶（Autolysis）：无炎症反应；细胞溶解，但细胞质和细胞核无坏死性变化；斯托利细胞完整。
- 生精小管变性 / 萎缩（Degeneration/atrophy，tubular）：生殖细胞变性和 / 或耗竭；斯托利细胞完整；莱迪格细胞完整，无炎性反应。
- 睾丸坏死（Necrosis，testicular）：变化更弥漫，除小管成分坏死外，莱迪格细胞和间质结构也伴有坏死。

备注：小管坏死表示生精上皮的凝固性坏死，相反，生殖细胞变性则代表生殖细胞凋亡。通常斯托利细胞对细胞死亡常具有很强的抵抗性，其紧密连接（形成血 - 管屏障）很少遭受有害因子的破坏。然而缺血可引起斯托利细胞死亡，此种情况下炎症反应常伴随损伤发生。由于斯托利细胞的丧失，小管坏死是不可逆的；受损区被疤痕组织取代。小管坏死在化合物引起的缺血之后出现，是由于内皮细胞毒物（镉）或血管活性因子（如血清素、组胺和肾上腺素。Creasy，2001；Creasy 和 Foster，2002；Lanning 等，2002）作用的结果。

睾丸坏死：睾丸（Necrosis，Testis：Testis）（图 13 至图 15，图 43）

发病机制： 长时间缺血（如因扭转、血栓或长时间血管收缩所引起）影响所有睾丸成分。

诊断要点：

- 睾丸内所有结构均发生凝固性坏死（梗死）。
- 可能有急性至慢性炎症。

鉴别诊断：

- 自溶（Autolysis）：无炎性反应；细胞溶解，但胞质与胞核无坏死变化。
- 生精小管变性 / 萎缩（Tubular degeneration/atrophy）：生殖细胞变性和 / 或耗竭；斯托利细胞完整；莱迪格细胞完整，无炎症反应。
- 生精小管坏死（Tubular necrosis）：包括斯托利细胞在内的生精上皮变性，间质结构依然存在。

备注：睾丸坏死通常是缺血的结果，而缺血的最常见原因是睾丸扭转而导致长时间血流障碍。扭转是一个大体（而非显微的）术语。这一自发病变在大鼠和小鼠都不常见，而且多为单侧。小管损伤程度取决于扭转的持续时间和严重程度（Becker 和 Turner，1995）。化学品引起的睾丸坏死在给予镉的啮齿类动物已有报道，镉是啮齿类动物睾丸的一种内皮毒物（Aoki 和 Hoffer，1978），可通过毒物引起睾丸血管血栓形成所介导。大鼠单次给予人绒毛膜促性腺激素（hCG）后，其睾丸前下方可发生特征性局部坏死。这种坏死据认为是由于莱迪格细胞释放的前列腺素引起局部缺血所致（Chatani，2006）。睾丸坏死不可逆转，原因是斯托利细胞和小管结构丧失，受累区被疤痕组织所替代。程度较轻的缺血或缺氧可能导致小管坏死（见上文）。广泛的睾丸坏死也可因腹腔注射时意外直接注入睾丸所引起（出现这种情况是因为大鼠能将睾丸缩回腹腔）。

生精小管空泡形成：睾丸（Vacuolation，Tubular：Testis）（图 16）

发病机制：生精上皮空泡形成，可由多种变性性变化包括液体、脂质或磷脂质的蓄积所引起。空泡也可能是嵌入的生殖细胞的物理性缺失的结果。

诊断要点：

- 大空泡形成：在任何层级的生精小管上皮内出现单个大空泡。
- 小空泡形成：基底部斯托利细胞胞质内多个小空泡。

鉴别诊断：

- 固定所致人工假象（Fixation artifact）：由高渗固定液所引起，局限在紧靠基底膜的一排空泡，并在斯托利细胞紧密连接水平以下。

备注：在大多数对照组动物的睾丸中，有时可见到偶发的单个空泡。“小管空泡形成”这一诊断应仅用于空泡数量多于对照组水平时。空泡形成通常是斯托利细胞受到干扰的早期形态学标志（Creasy，2001）。空泡可以是细胞内的也可以是细胞间的空泡，两种情况都可能反映斯托利细胞液体平衡受到了干扰。基底部斯托利细胞胞质内的微小空泡是因一些斯托利细胞毒物（Hild 等，2001）以及一些诱发磷脂沉积症的化学品而发生。显著的生殖细胞变性和坏死常常伴随小管上皮空泡形成，继发于斯托利细胞突起间生殖细胞占据空间的丢失（Kerr 等，1993）。当空泡形成被认为是原发性或独立的事件时，才诊断小管空泡形成。

多核巨细胞：睾丸（Multinucleated Giant Cells：Testis）（图 17）

同义词：symplasts，syncytial cells

发病机制：斯托利细胞维持精子细胞（以及少数情况下精母细胞）组群间细胞骨架桥闭合的功能受损，或生殖细胞变性（Greaves，2012a）。

诊断要点：

- 细胞大，具有多个同样成熟度的生殖细胞核。

- 可出现在生精上皮内、生精小管管腔，或附睾管腔。
- 常有明显的小管变性或萎缩。

鉴别诊断：

- 未成熟睾丸（发育前期或发育期）：受累及的细胞数量少，无其他伴随的变性性变化，出现在对照组动物。

备注：精子发生的特点是分裂中的精原细胞和精母细胞在其子代细胞间保持稳定的胞质桥，从而使细胞群间发生相互联系。多核巨精子细胞或多核巨精母细胞可能是精子细胞或精母细胞变性和细胞间桥增宽的结果。在输出小管结扎后、伽马射线暴露后，或作为多种外源性化合物处理的结果，它们常常与年龄相关的局灶性睾丸萎缩相伴出现（Hild 等，2007）。这些合胞体最后死亡并被斯托利细胞吞噬或脱落于管腔。由于多核巨细胞常与小管变性有关，故通常被认为是小管变性的一部分，因此一般不做单独诊断。然而，当其是唯一出现的病变时，这一特定诊断是恰当的。在未成熟动物中多核巨细胞可能更为普遍，只有当出现频率显著超出同期对照动物时才予以记录。在西斯小鼠（sys mouse）中，当连接圆形精子细胞的细胞间桥在成熟前持续开放，精子发生即受到严重干扰，导致合胞体的形成（MacGregor 等，1990；Russell 等，1991）。

生精小管扩张：睾丸（Dilation，Tubular：Testis）（图 18 至图 20）

发病机制：输出小管 / 附睾头中液体重吸收减少，流出导管系统（睾丸网、输出小管或起始段）远端阻塞，由斯托利细胞分泌的生精小管液体增加，或小管周围成分的收缩受到抑制，均可导致生精小管液体增加。

诊断要点：

- 生精小管管腔直径增加。
- 伴有生精上皮变薄（但生殖细胞层数一般正常）。
- 睾丸重量通常增加。
- 可伴有睾丸网与输出小管扩张，或输出小管内精子淤滞 / 精子肉芽肿。
- 由于压力进行性增加，可伴有生殖细胞变性。

鉴别诊断：

- 生精小管变性 / 萎缩（Tubular degeneration/atrophy）：生殖细胞变性和 / 或耗竭，但管腔直径没有增大。

备注：生精小管扩张是一种背景性偶发病变，或与处理相关。两种情形下，病变均可为单侧或双侧。如果是单侧，则可能由输出小管闭塞所致。输出小管是斯托利细胞分泌的生精小管液重吸收的主要部位（Hess，2002）。过度重吸收能导致精子淤滞和堵塞；重吸收不足可引起输出小管扩张和流体背压（Hess，1998）。液体的重吸收涉及由钠、氯离子交换机制介导的主动转运以及通过充分的血液供给对液体的清除。雌激素是液体重吸收的重要调节剂，内皮素也参与此过程（Harneit 等，1997；

Hess，2002）。雌激素 α 受体敲除（ERKO）小鼠在生精液体开始分泌的鼠龄发生小管扩张，并在随后出现压力性萎缩和不育（Eddy 等，1996）。也有学者报道使用内皮素颉颃剂（Creasy，2001）、杀菌剂多菌灵（Nakai 等，1992）和 5HT 激动剂处理后可发生生精小管扩张，其发病机制据认为是由于覆盖在睾丸网上的纵隔血管丛收缩，导致液体重吸收减少所致（Piner 等，2002）。

睾丸网扩张：睾丸（Dilation，Rete Testis：Testis）（图 21）

发病机制： 输出小管 / 附睾头中液体重吸收减少，流出导管系统（睾丸网、输出小管或附睾）远端阻塞，生精小管周围成分的收缩受到抑制，或由斯托利细胞分泌的生精小管液体增加，均可导致细精管液体增加。

诊断要点：

- 睾丸网管腔增大。
- 可伴有生精小管扩张。

备注：睾丸网扩张可伴有睾丸网或输出小管内精子淤滞或精子肉芽肿，以及附睾精子的减少或缺如。睾丸网扩张是与 5-HT 激动剂引起的生精小管扩张相关联的早期事件（Piner 等，2002）。

生殖细胞脱落：睾丸（Exfoliation，Germ Cell：Testis）（图 22）

发病机制： 斯托利细胞 - 生殖细胞的细胞间连接受到干扰，导致生殖细胞不能附着在斯托利细胞上。

诊断要点：

- 生精小管腔内存在非变性的生殖细胞。
- 睾丸网或附睾的管腔内伴有脱落的生殖细胞。
- 伴有生精上皮内生殖细胞的耗竭。

鉴别诊断：

- 尸检人工假象（Necropsy artifact）：附睾的管腔内无脱落的生殖细胞，而且生精上皮无明显的生殖细胞耗竭。
- 未成熟和青春期前动物（Immature and prepubertal animal）：伴有附睾尾部精子缺如 / 减少。
- 异常残余体（Abnormal residual bodies）：强嗜酸性凋亡样小体，限于某期。

备注：生殖细胞脱落可能是对某些斯托利细胞毒物（如秋水仙碱、长春花碱和酞酸酯，Creasy 和 Foster，2002；Lanning 等，2002）的特异性反应，也可能是与非特异性生殖细胞变性相关联的继发性事件。在秋水仙素和多菌灵的案例中，邻近管腔的生殖细胞和斯托利细胞突起广泛脱落，这是由于形成斯托利细胞骨架的微管受到了影响。在酞酸酯的案例中，已经证明斯托利细胞的胞质突起发生收缩。以上案例中，生精小管腔内含大量外观正常的生殖细胞，生精上皮的生殖细胞明显耗竭。附睾内也有大量外观正常的生殖细胞。脱落的生殖细胞及细胞碎片也会伴随其他多种形式的生精小管变性 / 萎缩出现在附睾内，但通常这只反映变性中的生殖细胞的脱落而非对斯托利 - 生殖细胞连接的特异性影响。当生殖细胞脱落被认为是原发性事件时“生殖细胞脱落”才在睾丸中使用。“管腔内细胞碎片”一词可用于记录附睾内较常发生的变性生殖细胞碎片，而后者是继发于生精小管的变性 / 萎缩（见附睾 / 输出小管术语）。

精子淤滞：睾丸（Stasis，Sperm：Testis）（图 23）

同义词： sperm impaction

发病机制： 生精小管内液体减少或生精小管推进缓慢，释放进入生精小管或睾丸网腔的精子发生嵌塞。

诊断要点：

- 释放的精子通常在萎缩的生精小管腔内聚集。
- 通常伴有精子的矿化。
- 通常邻近睾丸网或在睾丸网内。

鉴别诊断：

- 精液囊肿（Spermatocele）：精子淤滞，生精小管扩张超过正常两倍。
- 精子肉芽肿（Sperm granuloma）：精子淤滞，伴有巨噬细胞浸润。

备注：精子淤滞与输出小管的液体重吸收增加或液体分泌减少有关（benomyl；Hess，1998）。精子淤滞偶见于大鼠和小鼠，尤其是在老龄小鼠的萎缩小管内。如用茶碱处理后所描述的那样，当精子淤滞发生于睾丸网并阻碍生精小管液体外排时，可导致小管扩张和小管萎缩（Foley，2001）。

精液囊肿：睾丸（Spermatocele：Testis）（图 24）

同义词： sperm cyst

发病机制： 生精小管内液体减少或生精小管推进缓慢，释放进入生精小管或睾丸网腔的精子发生嵌塞。

诊断要点：

- 精子充满生精小管，其直径大于正常生精小管两倍以上。

鉴别诊断：

- 精子肉芽肿（Sperm granuloma）：精子淤滞，伴有巨噬细胞浸润。
- 精子淤滞（Stasis，Sperm）：释放的精子在管腔内聚集；管腔增大不超过正常小管直径的两倍。

备注：可导致近端生精小管扩张或精子肉芽肿形成。精液囊肿和精子肉芽肿常为自发性变化，但也可因化合物影响生精小管内的分泌而成为化合物相关性病变。

细胞和 / 或期特异性生精小管变化：睾丸（Seminiferous Tubular Changes, Cell and/or Stage specific：Testis）

与特定生殖细胞类型和 / 或期相关的睾丸变化，推荐用以下术语，这些变化通常与较短期（长达 28d）的化合物给药相关。它们也可作为偶发的背景性变化，但在大鼠不常见。

生殖细胞变性：睾丸（Degeneration，Germ Cell：Testis）（图 25 至图 28）

同义词： apoptosis，single cell necrosis

修饰语： 精原细胞，精母细胞，圆形精子细胞，长形精子细胞

发病机制： 细胞特异性生殖细胞死亡的原因可能有多种，包括雄激素缺乏、缺氧、抗有丝分裂剂、促凋亡剂（Yan 等，2000）和细胞因子抑制剂。细胞特异性生殖细胞死亡也可通过影响斯托利细胞的功能来介导，这些功能对特定类型生殖细胞的存活至关重要。

诊断要点：

- 胞质嗜酸性 / 透明样变 / 收缩。
- 核凋亡小体（通常见于精原细胞）。
- 染色质凝聚（通常见于精母细胞）。
- 染色质边集（通常见于圆形精子细胞）。
- 杵状和畸形头（长形精子细胞）。
- 变性的生殖细胞被斯托利细胞吞噬。
- 随后生殖细胞消失 / 耗竭。
- 通常发生于特定的细胞类型并限于某期。

鉴别诊断：

- 背景性生殖细胞损耗（Background germ cell attrition）：通常为大鼠第XII期精原细胞（偶尔累及其他生殖细胞和其他期，如第XIV期的精母细胞）（Kerr，1992）；数量有限；出现于对照组动物；年轻（青春期）动物更常见。
- 残余体（Residual bodies）：限于第 VIII 或 第 IX 期（大鼠）；无核；可能在斯托利细胞重吸收期间出现在生精上皮的不同水平。
- 生精小管变性 / 萎缩（Tubular degeneration/atrophy）：无期特异性；累及多种生殖细胞类型；同时可见多核巨细胞、空泡形成和排列紊乱。

备注：尽管在本术语系统中推荐了"生殖细胞变性"一词，但大多数生殖细胞是通过启动程序性细胞死亡（凋亡）机制发生死亡的（包括化学品 / 药物引起的变化，但缺血性凝固性坏死除外）

（Boekelheide，2005；Boekelheide 等，2000；Brinkworth 等，1995；Shinoda 等，1998）。与其他大多数组织不同，凋亡的生殖细胞不表现病理学家们所熟悉的典型形态学特征。因此，尽管变性并不十分准确，但我们仍然推荐这一术语。由于受到累及的细胞被斯托利细胞快速吞噬，故生殖细胞变性在形态上呈一过性且不明显。“生殖细胞变性”一词最适合用于短期试验（通常 28d 或更短）所观察到的化合物相关性变化，参考受累及的特定细胞类型和期（当适用时），从而为了解毒性机制提供启示（Creasy，1997）。雄激素缺乏的早期效应可通过大鼠生精小管第 VII/VIII 期的圆形精子细胞和粗线期精母细胞的变性而得以确证（Hikim，Leung 和 Swerdloff，1995；Kerr 等，1993；Russell 等，1990）。有丝分裂活跃的精原细胞易受细胞毒物如白消安和博来霉素的影响；粗线期的精母细胞易受 2-二甲氧基甲醇和二硝基吡咯的影响；圆形精子细胞易受甲基磺酸乙酯和甲基氯的影响；长形精子细胞易受硼酸和二溴乙酸的影响（Creasy，2001；Creasy 和 Foster，2002）。在幼龄限食大鼠，已注意到由于其睾酮水平降低，有时可见第 VII 期粗线精母细胞变性（Rehm 等，2008）。

生殖细胞变性可导致生殖细胞耗减（见下文）。这两种所见可能都很明显，在这种情况下，“生殖细胞变性 / 耗减”是适用的术语。

生殖细胞耗减：睾丸（Depletion，Germ Cell：Testis）（图 29 至图 31）

修饰语：精原细胞，精母细胞，圆形精子细胞，长形精子细胞

发病机制：生殖细胞变性的结果（见上文）。

诊断要点：

- 一种类型的细胞（精原细胞、精母细胞、圆形精子细胞、长形精子细胞）部分或全部耗竭。
- 两层或三层生殖细胞（精原细胞、精母细胞和圆形精子细胞）部分或全部缺失，但存在较成熟的生殖细胞层（圆形精子细胞、长形精子细胞）。
- 通常为弥散性变化。
- 同时发生的生殖细胞变性可以见到但不突出。
- 睾丸重量可能稍有减轻（取决于丧失的细胞数量）。

鉴别诊断：

- 生精小管变性 / 萎缩（Tubular degeneration/atrophy）：不限于特定的一群或数群生殖细胞；受累及的生精小管内生殖细胞排列紊乱；常呈多灶性；常包含细胞完全缺失的生精小管、细胞部分缺失的及细胞变性的生精小管。

备注：特定靶生殖细胞群的死亡，及其随后的进行性期限依赖性子代细胞的丧失（成熟耗减），可引起生精上皮内多细胞层的耗竭。丧失的生殖细胞群类型和数目（如精原细胞、精母细胞、圆形精子细胞和 / 或长形精子细胞）取决于主要靶细胞群，以及受累及细胞死亡与睾丸检查之间所间隔的时间（Creasy，2001；Creasy 和 Foster，2002）。当使用“生殖细胞耗减”一词时，应指明受“生殖细胞变性”累及的生殖细胞类型和 / 或时期。这一诊断通常为一个月内的试验所采用。当生殖细胞变

性和生殖细胞耗减都明显时，生殖细胞变性 / 耗减这一术语是恰当的。

精子细胞滞留：睾丸（Retention，Spermatid：Testis）（图 32）

同义词：delayed spermiation

发病机制：精子释放过程功能障碍，这可能由于斯托利细胞或成熟精子细胞异常，或由于睾酮水平下降。

诊断要点：

- 生理性释放期（第 VIII 期）之后，最成熟的长形精子细胞（小鼠为第 16 步，大鼠为第 19 步）持续存留。
- 成熟的长形精子细胞出现在第 IX ～ XI 期生精小管的管腔表面或出现在基底部斯托利细胞胞质内（通常为第 XII 期小管），与基底膜平行横置。

鉴别诊断：

- 成熟中的动物，有些生精小管内背景性精子细胞滞留：在对照动物中出现。

备注：精子细胞滞留是一种不易察觉但很重要的变化，因其常与精子参数（数量、活动性和 / 或形态学）的异常有关，也可能与生育力的下降有关。这种变化只有通过检查合适期别的生精小管（大鼠为第 IX~XII 期）才能发现。精子细胞滞留偶见于正常大鼠睾丸；这一所见只有在滞留的精子细胞数目比正常水平明显增多时才应被记录。这一变化可单独出现（如硼酸和 2，5- 己二酮，Bryant 等，2008），也可以是许多其他变性性变化的一种（如甲磺酸酯，Kuriyama 等，2005）。由于睾酮是精子细胞成熟和精子释放的重要调节剂，因此精子细胞滞留也与雄激素缺乏有关（Beardsley 和 O' Donnell，2003；Beardsley，Robertson 和 O' Donnell，2006；D' Souza 等，2009；Saito 等，2000）。

非典型残余体：睾丸（Residual Bodies，Atypical：Testis）（图 33 和图 34）

同义词：enlarged residual bodies

发病机制：长形精子细胞的成熟障碍和 / 或斯托利细胞处理残余体的功能受损。

诊断要点：

- 残余体异常大、畸形或成堆。
- 外观呈凋亡样小体。
- 出现在管腔表面或被重吸收进入斯托利细胞胞质（生精上皮内或基底部）。
- 可存留到第 XI 期后。
- 可出现在附睾管腔中。

鉴别诊断：

- 管腔细胞碎片：存在胞核物质。

●生殖细胞变性：更平滑、更圆、更均质，在生精上皮内。

备注：残余体是长形精子细胞在向精子成熟过程中废弃的多余胞质和细胞器。细胞碎片与溶酶体、线粒体和内质网一起，以膜包裹残余体的形式被挤出，并在精子释出时（第 VIII 期）从成熟的精子细胞脱落。然后这些残余体在后续的期内（第 IX~XII 期）被吞噬并转运至基底部的斯托利细胞胞质内，此时它们因吞噬作用而消失。异常残余体是斯托利细胞处理这些胞质残余物功能障碍的结果。异常残余体常比正常残余体大，并在正常见不到的期中出现（如出现在正常从不会见到的早期小管）。异常残余体是小鼠常见的背景性所见，但也可能是大鼠和小鼠给药相关性所见。它们在给予二溴乙酸（一种用于水消毒的化学品）的大鼠（Linder 等，1994，1997）和小鼠中被描述过。

莱迪格细胞（间质细胞）变化：睾丸（Leydig Cell Changes-Testis）

莱迪格细胞空泡形成：睾丸（Vacuolation，Leydig Cell：Testis）

发病机制：可能由于类固醇生成发生障碍所致。

诊断要点：

●莱迪格细胞胞质淡染、空泡化。

鉴别诊断：

●巨噬细胞空泡形成（Vacuolation, macrophage）：巨噬细胞过碘酸希夫氏染色（PAS）呈阳性；莱迪格细胞为阴性。

备注：小鼠的莱迪格细胞胞质通常呈空泡化外观，而大鼠莱迪格细胞胞质通常呈致密嗜酸性。睾酮不在莱迪格细胞内储存，一旦产生即分泌。尽管莱迪格细胞胞质空泡形成罕见，但作为供试品相关性变化也可见到。它最可能表示类固醇生成发生障碍。

莱迪格细胞萎缩：睾丸（Atrophy，Leydig Cell：Testis）（图 35 和图 36）

同义词：decreased size/number of Leydig（interstitial）Cells

发病机制：由于酶的抑制使莱迪格细胞内类固醇生成减少，功能性需求降低或刺激减少。

诊断要点：

●莱迪格细胞减少和 / 或变小。

备注：只有当类固醇生成严重减少时莱迪格细胞萎缩才能在形态上被检测到（Keeney 等，1988）。由此产生的雄激素缺乏可引起副性腺和附睾这些雄激素依赖性组织的大小和重量减小（Creasy，2001）。也可能存在脑垂体内促性腺激素分泌细胞的肥大，以及雄性乳腺的萎缩（Creasy，2008）。莱迪格细胞萎缩通常伴随精子生成减少（长形精子细胞耗减，第 VII/VIII 期生殖细胞变性以及精子细胞滞留）。类固醇生成减少可通过直接抑制类固醇的生物合成或通过减少来自下丘脑－

垂体－性腺轴的刺激而引起。雌激素处理、高剂量睾酮或黄体生成素抑制也可引起莱迪格细胞萎缩（Greaves，2012a）。

莱迪格细胞坏死：睾丸（Necrosis，Leydig Cell：Testis）

发病机制：有报道认为莱迪格细胞坏死是化学方法诱导的变化（Jackson 等，1986），或与睾丸的缺血性坏死相关。

诊断要点：

- 莱迪格细胞核染色质凝结与边集。
- 莱迪格细胞碎片被睾丸巨噬细胞吞噬。
- 莱迪格细胞缺失。

备注：给予烷化剂乙基二甲基磺酸盐后莱迪格细胞坏死已有报道。莱迪格细胞坏死的时序变化已被描述（Bartlett，Kerr 和 Sharpe，1986；Jackson 等，1986；Molenaar 等，1985）。

其他物质：睾丸

淀粉样物质：睾丸（Amyloid：Testis）（图 37）

发病机制：年龄相关的退行性病变。

诊断要点：

- 细胞外弱嗜酸性物质聚积。
- 位于血管周围、生精小管周围或间质。
- 用刚果红染色、偏振光下呈绿色双折射光。
- 可形成细条带或广泛的片状。

备注：淀粉样物质沉积是一种年龄相关的、偶发的、自发性疾病，通常表现为全身性，以细胞外多肽类物质（常为血清淀粉样相关蛋白或免疫球蛋白片段）的沉积为特征，在常规切片上表现为弱嗜酸性无定型物。老龄小鼠常见，大鼠罕见。确认沉积物为淀粉样物质可用特殊染色如刚果红在光学显微镜下观察即可实现。淀粉样物质用这种染色在偏振光下显示为苹果绿。淀粉样物质在睾丸间质沉积可导致莱迪格细胞的萎缩。

纤维化：睾丸（Fibrosis：Testis）

发病机制：炎症、坏死或出血后成纤维细胞分泌胶原蛋白沉积所致。

诊断要点：

- 血管周围和 / 或生精小管周围的间质组织被胶原蛋白替代。

•生精小管直径缩小和 / 或轮廓变形。

•睾丸直径可能缩小。

•睾丸外形可能改变。

备注：纤维化常继发于与血液供应中断或血 - 睾屏障受损有关的炎症或变性过程。大鼠长期给予可卡因或镉后可诱导纤维化（Barroso-Moguel，Méndez-Armenta 和 Villeda-Hernàndez，1994；Bomhard，Vogel 和 Loser，1987；Gouveia，1988；Jana 和 Samanta，2006）。

矿化：睾丸（Mineralization：Testis）（图 38 和图 39）

发病机制： 矿物质在变性组织内沉积（营养不良性钙化）。

诊断要点：

•嗜碱性的无定形或板层状沉积物。

•可能累及生精小管基底膜、生精小管上皮、嵌塞的精子和白膜。

备注：钙盐常沉积在精子淤滞区，若用 Bouin’s 固定液，矿物质因部分或全部溶解而不明显。

色素：睾丸（Pigment：Testis）（图 40）

同义词： hemosiderosis，lipofuscinosis

发病机制： 随着年龄增长（脂褐素）或出血后（含血铁黄素）有色物质聚积。

诊断要点：

•黄褐色物质在斯托利细胞、莱迪格细胞或巨噬细胞的胞质内聚积。

鉴别诊断：

•人工福尔马林色素（酸性正铁血红素，acid hematin）：细胞外，黑色。

备注：脂褐素是脂肪氧化分解后的残余物，常见于老龄大鼠和小鼠（Giannessi 等，2005）。脂褐素 PAS 和施莫尔反应（Schmorl reaction）呈阳性。含铁血黄素沉着可在各年龄段发现，是出血后血红蛋白分解的结果。含铁血黄素中的铁用普鲁士染色（Perl’s stain）呈阳性。

巨噬细胞空泡形成：睾丸（Vacuolation，Macrophage：Testis）（图 41）

发病机制： 通常由于磷脂沉积所致。

诊断要点：

•巨噬细胞的胞质呈泡沫状，细胞位于间质。

鉴别诊断：

•莱迪格细胞空泡形成（Vacuolation，Leydig cell:）：巨噬细胞 PAS 染色呈阳性，莱迪格细胞呈阴性。

备注：尽管间质巨噬细胞大约占间质中全部细胞的 25%，在正常睾丸中它们通常很难与莱迪格细胞相区别。两者可通过 PAS 染色区分开来（莱迪格细胞 PAS 呈阴性，巨噬细胞呈阳性）。在一些药物引起的磷脂沉积病例中，巨噬细胞的胞质变成空泡状，与其他部位的泡沫状组织细胞外观相似。重要的是不要将其误认为是莱迪格细胞空泡形成。

炎性变化：睾丸（Inflammatory Changes-Testis）

炎症：睾丸（Inflammation：Testis）（图 42 和图 43）

同义词： inflammatory cell infiltrate

修饰语： 中性粒细胞性，淋巴细胞性，混合细胞性，肉芽肿性

发病机制： 在异物、微生物或坏死物质的刺激作用下，白细胞迁移至血管外间隙。

诊断要点：

- 不同成分的炎症细胞浸润。
- 中性粒细胞性，如对早期生精小管坏死发生反应时。
- 肉芽肿性，如对异物（精子）发生的反应。
- 淋巴细胞性，如对自身免疫状态的反应。
- 可伴有水肿和 / 或出血。
- 受累的生精小管周围肌样细胞层浸润。
- 生精小管可被破坏并取代。

备注：由于生精小管受到免疫学保护，故炎症并不常见。炎性细胞的出现通常表明斯托利细胞间的紧密连接遭到破坏和 / 或斯托利细胞受到坏死过程的严重损害。生精小管变性 / 萎缩在大多数情况下，不论是偶发的还是给药相关的，都不会引起炎性反应。文献报道过一种例外情况，即大鼠给予邻苯二甲酸二戊酯后，在斯托利细胞病变发展的早期出现一过性中性粒细胞浸润，之后消失（Creasy，Foster 和 Foster，1983）。

精子肉芽肿：睾丸（Sperm Granuloma：Testis）（图 44）

发病机制： 由于免疫活性细胞接触抗原性异物精子而发生的异物反应。通常由于血液 - 生精小管屏障破坏和 / 或生精小管 / 睾丸网的完整性丧失所引起。

诊断要点：

- 在聚集精子的中心核周围发生肉芽肿性炎症。
- 受累的生精小管或睾丸网扩张，伴有程度不同的破坏与破裂。
- 有上皮样巨噬细胞和异物巨细胞。

●外围可能发生纤维化。

鉴别诊断：

●精子囊肿：生精小管扩张，其直径达正常的两倍，无炎症。

备注：通常为睾丸网的偶发性变化，但也可继发于化学品诱发的输出小管阻塞。精子肉芽肿多见于附睾。

血管病变：睾丸（Vascular Changes：Testis）

血管 / 血管周围坏死 / 炎症：睾丸（Necrosis/Inflammation，Vascular/Perivascular：Testis）（图 45 和图 46）

同义词： vasculitis，arteritis，perivascular inflammation，periarteritis，polyarteritis nodosa

发病机制： 通常为自发性、年龄相关性、全身性"结节性多动脉炎"的一种特征，睾丸为常见部位。也可由外源性物质和高血压所引起。

诊断要点：

●平滑肌细胞核消失。

●核破裂形成的碎片。

●平滑肌细胞断裂。

●透明嗜酸性无定型物质（纤维素样变，fibrinoid change）引起中膜增厚。

●可伴有出血和 / 或炎症细胞浸润。

备注：自发性、年龄相关性坏死性动脉病是常见的年龄相关性病变，累及多种组织的中等大小血管，而在睾丸这种病变特别常见（Creasy，2012）。小鼠的发生率受脂肪和蛋白水平的影响，在大鼠限食可减少其发生率（Greaves，2012b）。然而，各种处理和药物也可引发或加重病变。欲对其详细讨论，可参见心血管系统的 INHAND 有关术语。睾丸内动脉周围的炎症常是全身性血管病如全身性高血压或免疫复合物沉积的反映。大鼠最常受到累及的动脉，包括自发和诱发的病变，是肠系膜、胰腺和睾丸的小肌性动脉；小鼠则常涉及肾脏血管（Greaves，2012b；Mitsumori，1990）。这种病变在发生自发性高血压的品系（Fawn-Hooded 大鼠和易于中风的自发性高血压大鼠；Saito 和 Kawamura，1999）、反复配种的雄性大鼠和试验诱发的高血压大鼠（Akagashi 等，1996）中比较流行。呋喃妥英可引起大鼠睾丸血管周围炎发病率升高。

水肿：睾丸（Edema：Testis）（图 47 至图 49）

发病机制： 血管通透性增强。

诊断要点：

- 间质中嗜酸性液体（间质液体）增多。
- 常伴有严重的生精小管萎缩（见以下备注）或明显的炎症。

鉴别诊断：

- 固定所致人工假象（Fixation artifact）：当睾丸固定于 Bouin’s 液时常见，而用改良的 Davidson’s 液固定时少见。如由固定所致，嗜酸性液体通常出现于外观正常的、收缩的生精小管周围，其特征是在睾丸中心更明显。

备注：重要的是不要将睾丸人工假象误解为水肿。间质液体的聚积（改变了的淋巴液）常是睾丸在高渗固定液（如 Bouin’s 液和改良 Davidson’s 液）中固定的结果，因为这种固定液可引起生精小管收缩，死后蛋白性液体即扩散到收缩的生精小管周围间隙。当因固定所致时，在睾丸中心部位液体聚集常更为明显（Latendresse 等，2002）。在一些生精小管严重萎缩的病例中，可出现死前可能就存在的真正水肿，但多数间质蛋白性液体的聚集可能是死后固定所致的人工假象。一个可能鉴别真正水肿和人工水肿的方法就是测定睾丸重量。如果水肿出现在固定之前，并伴随正常的生精小管出现，睾丸重量将会增加。

血管扩张：睾丸（Angiectasis：Testis）（图 50）

发病机制：血管局灶性扩张。

诊断要点：

- 血管直径增加。
- 相邻结构可能受压。

鉴别诊断：

- 瘀血：相邻组织没有受压。
- 血管瘤：血管管道数目增多，衬覆增生的内皮。正常睾丸结构紊乱。相邻结构受压。

备注：不常见的背景性病变，见于老龄大鼠和小鼠。

非肿瘤性增生性病变：睾丸（Non-neoplastic Proliferative Lesions：Testis）

引言

除莱迪格细胞增生和莱迪格细胞肿瘤外，啮齿类动物睾丸中很少见非肿瘤性或肿瘤性增生病变。莱迪格细胞增生可呈局灶性或弥散性病变。局灶性莱迪格细胞增生和莱迪格细胞腺瘤形成连续性变化，因此增生与腺瘤很难区分。当细胞外观缺乏任何显著形态差异时，通常将大小作为主要的但却是主观的分类标准。弥漫性莱迪格细胞增生通常是对激素失衡的生理反应。小鼠另一种比较常见的非肿瘤性增生病变是睾丸网上皮增生，这是一种常见的年龄相关的病变。

莱迪格细胞增生：睾丸（Hyperplasia，Leydig Cell：Testis）（图 51 和图 52）

种属：小鼠，大鼠

同义词：hyperplasia，interstitial cell

发病机制：对垂体黄体生成素水平升高的反应，或对睾丸内释放的刺激性旁分泌因子的反应；对精子形成减少的代偿性反应。

诊断要点：

- 生精小管之间的莱迪格细胞呈局灶性、多灶性或弥散性、团块状聚集。
- 细胞核居中，核仁明显，胞质丰富、嗜酸性、有时有空泡。
- 局灶性 / 多灶性。
  - 生精小管间有多角形或圆形莱迪格细胞聚集；
  - 周围组织没有或仅有轻微受压；
  - 直径小于或等于 3 个生精小管。
- 弥漫性。
  - 生精小管间有数层厚的莱迪格细胞桥接带；
  - 病变可局部扩展，累及睾丸的大部；
  - 也可出现增生灶。

鉴别诊断：

- 肉芽肿性炎症（Inflammation，granulomatous）：巨噬细胞的存在可能类似于有空泡的莱迪格细胞，但混合有其他炎性细胞。
- 莱迪格细胞腺瘤（Adenoma，Leydig cell）：通常附近生精小管受压，细胞和核常较大而圆，可能有些核异型。如基于这些标准还不能区别局灶性增生与腺瘤，增生性病变的直径大于 3 个生精小管时可认为是腺瘤。
- 莱迪格细胞相对增多(Relative increase in Leydig cells)：同时有生精小管直径减小。

备注：小鼠的正常莱迪格细胞比大鼠的大，数量也多。小鼠莱迪格细胞增生的特征呈弥漫性分布的方式，以被膜下区最为明显，而大鼠常呈局灶性或多灶性。区分莱迪格细胞是增生还是正常细胞，以及区分莱迪格细胞增生与莱迪格细胞腺瘤的诊断标准常常是主观的，这是因为大多数莱迪格细胞肿瘤开始是局灶性增生，并呈现从少量增生细胞的聚集到大肿瘤的连续进程。当伴随生精小管萎缩时，诊断增生要谨慎，因为生精小管体积的减小会给人以莱迪格细胞密度较高的印象。

从1992年起,美国毒理病理学家学会已确认三个生精小管作为增生和腺瘤的界限(McConnell等,1992)。Wistar大鼠莱迪格细胞增生性变化的形态测量学研究证实，莱迪格细胞增生小于3个正常生精小管，而良性莱迪格细胞瘤大于3个正常生精小管，两者细胞学上的不同点在于：增生的莱迪格细胞的核明显更小、较圆、缺痕较多。肿瘤细胞核较大，所含DNA的量常是正常或增生莱迪格细胞的两倍（Ettlin等，1992）。

对区别“正常”和莱迪格细胞增生的标准进行界定是有益的。对大鼠和小鼠而言，一般认为，局部莱迪格细胞聚集其直径等于或大于平均生精小管的一半时是局灶性增生。然而，对于一个特定的研究和特定的品系而言，这一限定可能低了，而其他标准（比如，从周围间质组织界定）可能更合适。

莱迪格细胞增生和肿瘤形成在F344大鼠尤其常见，但在Wistar和SD大鼠则不常见，也不严重。小鼠的品系差异也很明显，莱迪格细胞增生和肿瘤形成在一些品系中特别常见（如NMRI小鼠），但在其他品系则很少。莱迪格细胞增生见于睾丸雌性化的小鼠，并与给予雌激素化合物或5α-还原酶抑制剂相关。伴有许多巨噬细胞的肉芽肿性炎症可能与空泡化的莱迪格细胞相似。

莱迪格细胞增生在以下文献中已有描述：Boorman等，1987a；Boorman，Chapin和Mitsumori，1990；Faccini，Abbott和Paulus，1990；Frith和Ward，1988；Gordon，Majka和Boorman 1996；Mitsumori和Elwell 1988；Prahalada等，1994；Rao和Reddy 1987；Reddy和Rao 1987；Rehm等，2001。

睾丸网增生：睾丸（Hyperplasia，Rete Testis：Testis）（图53和图54）

种属： 小鼠为主，大鼠罕见

发病机制： 自发性年龄相关性病变，也可由外源性物质诱发。

诊断要点：

- 睾丸纵隔中的局灶性或多灶性病变。
- 不压迫相邻结构。
- 保持原来结构：小管内衬单层上皮细胞，可发生局部拥挤多达三层细胞。
- 在小鼠，常见乳头状或指状突起伸向管腔，这些突起的横切面类似玫瑰花结，突起中基质很少。
- 在大鼠，细胞呈扁平至立方形；而小鼠细胞呈高柱状，含丰富的嗜酸性胞质。
- 核呈圆形到椭圆形泡状，有一个核仁。
- 有丝分裂象很少。
- 可出现充满精子的囊状结构。

鉴别诊断：

- 睾丸网腺瘤（Adenoma，rete testis）：含有支持性间质的弥漫性乳头状结构，由于组织瘤块增大，相邻组织受到挤压。

- 睾丸网癌（Carcinoma，rete testis）：有恶性特征，如侵袭性、异型性、有丝分裂率高和出血。

备注：睾丸网增生本身不会挤压相邻组织。然而，当伴随睾丸网小管扩张时可压迫相邻结构。上皮不含波形蛋白，但可产生黏蛋白，即 PAS 和 / 或阿辛兰（Alcian blue）染色呈阳性。

睾丸网的增生性病变是老龄大鼠罕见的自发性病变，但在 CD-1 小鼠较为常见。已有报道，产前给予己烯雌酚可发生睾丸网的增生性病变（Bullock，Newbold 和 McLachlan，1988；Newbold 等，1985）。睾丸网的增生在下述文献中已有描述：Alison 等，1997；Boorman，Chapin 和 Mitsumori，1990；Boorman，Eustis 和 Elwell，1990；Frith 和 Ward，1988；Gordon，Majka 和 Boorman，1996；Maekawa 和 Hayashi，1987；Mitsumori 和 Elwell，1988；Rehm 等，2001；Yoshitomi 和 Morii，1984。

间皮增生（Hyperplasia，Mesothelium）（可参见“软组织”术语）

种属：大鼠

发病机制：未知。

诊断要点：

- 通常局部发生。
- 局灶性增厚或绒毛状突起，覆以立方形细胞，很少分层或不分层。
- 有丝分裂活性及细胞异型性不明显。
- 可含有少量纤维血管轴心或蒂。
- 可伴有纤维化或炎症。

鉴别诊断：

- 恶性间皮瘤（Malignant mesothelioma）：细胞密度高，播散广泛并浸润周围组织。
- 上皮样恶性间皮瘤（Epithelioid malignant mesothelioma）：腺体结构不明显或无腺体结构。肉瘤样恶性间皮瘤由梭形细胞组成。

备注：这种病变很少见于鞘膜（McConnell 等，1992）。也可参见“软组织”术语。

肿瘤性增生性病变：睾丸（Neoplastic Proliferative Lesions:Testis）

引言

除莱迪格细胞瘤外，睾丸和附睾的增生性病变在啮齿类动物少见或罕见。莱迪格细胞瘤是发生于啮齿类动物的一种年龄相关性肿瘤，大鼠比小鼠常见，但发生率有明显的品系间差异。在 18 ～ 24 月龄的 Fischer 344 大鼠，莱迪格细胞瘤的发生率接近 100%，而SD、IGS和汉诺威Wistar源性品系，发生率通常小于2%。在一些Wistar大鼠的其他品系，发生率可达40%，但是来源（饲养者）被确认是上述显著差异的主要原因。莱迪格细胞瘤在常用品系小鼠的背景发生率，B6C3F1小于1%，CD1小于2%。大鼠经任何能引起黄体生成素水平升高的措施处理后，小鼠通过高雌激素症，很容易诱发莱迪格细胞瘤（Clegg等，1997；Cook等，1999）。睾丸网肿瘤的发生率在老龄小鼠很低，在大鼠罕见。

睾丸网腺瘤和癌也可偶见于小鼠，并可用化学品诱发。虽然间皮瘤的确不是起源于睾丸实质，但却是大鼠睾丸鞘膜多发的肿瘤，在Fischer 344品系尤其常见，而小鼠尚无报道。

啮齿类动物睾丸的其他增生性病变都很少见。一些转基因小鼠模型在较年轻阶段可发生不常见的增生性病变，而且发生率高，但这里不包括这些病变。

用于睾丸肿瘤的术语和诊断标准主要依据世界卫生组织（World Health Organization，WHO）、国际癌症研究署（International Agency for Research on Cancer，IARC）和规范化的术语与诊断标准系统（Standardized System of Nomenclature and Diagnostic Criteria，SSNDC）以前颁布的内容（Alison等，1997；McConnell等，1992；Mostofi和Bresler，1976；Mostofi，Davis和Rehm，1994；Rehm等，2001）。还有很多关于啮齿类动物睾丸肿瘤的其他综述，详细描述了它们的一般特征和发生率（Boorman，Chapin和Mitsumori，1990a；Boorman，Eustis和Elwell，1990c；Faccini，Abbott和Paulus，1990；Frith和Ward，1988；Gordon，Majka和Boorman，1996；Maekawa和Hayashi，1992；Mitsumori和Elwell，1988；Radovsky Mitsumori和Chapin，1999；Rehm等，2001；Squire等，1978）。

莱迪格细胞腺瘤：睾丸（Adenoma，Leydig Cell:Testis）（图55至图58）

种属：小鼠，大鼠

同义词：tumor，Leydig cell，benign；interstitial cell tumor，benign；interstitial cell adenoma

发病机制：常见的自发性肿瘤，也是大鼠对引起循环血中黄体生成素水平持续增加的外源性物质的常见反应，或小鼠对雌激素类化合物的常见反应。

修饰语：网状的（用于大鼠）

诊断要点：

- 为团块状，常向周围压迫邻近的生精小管（可为单侧或两侧）。
- 主要由均一的多边形细胞组成，细胞质丰富，内含嗜酸性细小颗粒或空泡。
- 细胞核常居中，形圆，染色质分布均匀，有一个明显的核仁。核质比低。可见多倍体或较大胞核。

- 大肿瘤有分化不良的胞质很少的嗜碱性细胞区或长梭形细胞区。
- 有丝分裂率通常低；无非典型有丝分裂象。
- 一些肿瘤中血管适中，含有扩张的薄壁血管，有出血现象；偶尔出现局灶性坏死区。
- 囊性区含有蛋白性物质或血液。
- 基质一般很少，可出现有生精小管被网罗其中的纤维化区和玻璃样变区。
- 常无包膜；邻近的生精小管呈现程度不同的萎缩。
- 如果依据以上标准不能区分局灶性增生和腺瘤，增生性病变的直径大于三个生精小管时被认定为腺瘤。
- 大鼠网状型：含有嵌入腺样 / 管样结构区的莱迪格细胞瘤，腺管内衬立方或柱状细胞，有阿辛蓝（Alcian blue）染色阳性的刷状缘，有时充满 PAS 染色阳性的物质。

鉴别诊断：

- 莱迪格细胞增生（Hyperplasia，Leydig cell）：常不挤压周围生精小管，细胞核小（直径 6 ～ 7um），有较多的皱折。直径小于或等于三个生精小管。
- 莱迪格细胞癌（Carcinoma，Leydig cell）：多形性，细胞异型，侵犯相邻的组织（血管、包膜）或发生转移。
- 睾丸网增生或腺瘤（Hyperplasia or adenoma，Rete testis）：整个病变呈腺样 / 小管样结构，而不是被包埋在莱迪格细胞团块内。
- 良性斯托利细胞 - 莱迪格混合瘤（Tumor，mixed Sertoli–Leydig cell，benign）：既有莱迪格细胞的特征，也有形成小管的梭形斯托利细胞的特征。
- 良性颗粒细胞瘤（Tumor，granulosa cell，benign）：由滤泡样巢或索组成，其中充满胞质很少的小圆形细胞。
- 恶性精原细胞瘤（Seminoma，malignant）：为强嗜酸性或嗜碱性大细胞，细胞界限清楚；核质比高；常见小管内生长及非典型有丝分裂象。

备注：与局灶性增生相比，莱迪格细胞腺瘤的诊断主要依据莱迪格细胞瘤团的大小超过三个正常的生精小管。有两个或更多被小管组织分隔的肿瘤结节记录为多灶性。人们从对照的 Fischer 344 大鼠（Kanno 等，1987）和给予催乳素抑制剂的 Wistar 大鼠（Qureshi 等，1991）观察到形成小管的变异莱迪格细胞瘤。连续切片显示与睾丸网无关。免疫组织化学研究提示，小管是由化生的细胞形成的。莱迪格细胞组成的小管要与睾丸网的增生和腺瘤相区别（Maekawa 和 Hayashi，1987；Rehm 和 Waalkes，1988）。

大鼠莱迪格细胞腺瘤的自然发病率似乎与体重呈负相关（Nolte 等，2010）。莱迪格细胞增生和莱迪格细胞腺瘤在大鼠很容易由许多外源性物质包括不同种类的化学品和治疗药物而诱发。在几乎所有的病例下，潜在的共同机制似乎是通过增加黄体生成素对莱迪格细胞刺激而实现的（Clegg 等，1997；Cook 等，1999）。由于啮齿类动物和人类在不同睾丸肿瘤类型的流行性、激素生理学和反应、莱迪格细胞瘤的危险因素等存在重要差异，一般认为化学诱导的大鼠莱迪格细胞瘤与人的关联有限（Alison，Capen 和 Prentice，1994；Clegg 等，1997；Cook 等，1999）。然而，LH 水平升高的作用方式可能与人是毒理学相关的。对小鼠而言，莱迪格细胞瘤的主要危险因素似乎是雌激素过多（Huseby，1976，1980；Juriansz，Huseby 和 Wilcox，1988），这也被认为与人相关性有限（Clegg 等，1997；Cook 等，1999）。5α-还原酶抑制剂非那雄胺，也可引起小鼠莱迪格细胞肿瘤（Prahalada 等，1994；Zwieten，1994）。

莱迪格细胞腺瘤的其他方面在下述文献中也进行了描述：Ettlin 等，1992；Qureshi 等，1991；Rao 和 Reddy，1987。

莱迪格细胞癌：睾丸（Carcinoma，Leydig Cell：Testis）（图 59 和图 60）

种属： 小鼠，大鼠

同义词： tumor，Leydig cell，malignant：interstitial cell tumor，malignant

发病机制： 一般由莱迪格细胞腺瘤进展而来。大鼠通常由持续的 LH 水平升高所引起，小鼠则由雌激素类化合物所引起。

诊断要点：

- 肿瘤入侵包膜或相邻组织，或远处转移。
- 通常存在细胞多形性，如低分化的嗜碱性细胞或胞质很少的梭形细胞。
- 有丝分裂少见；有时见非典型有丝分裂象。
- 常见被网罗的生精小管。
- 常见坏死和 / 或出血区。

鉴别诊断：

- 莱迪格细胞腺瘤（Adenoma，Leydig cell）：未侵入相邻组织或转移。
- 恶性精原细胞瘤（Seminoma，malignant）：细胞大、透亮或嗜酸性，细胞界限清楚，核质比高。
- 良性颗粒细胞瘤（Tumor，granulosa cell，benign）：由滤泡样巢或索组成，其中充满小圆细胞，胞质很少，无侵袭。由于颗粒细胞瘤和莱迪格细胞癌都很罕见，都由胞质很少的小细胞构成，因而其鉴别特征尚无描述。

备注：侵入睾丸被膜、周围组织或精索，或者转移，是区分癌和腺瘤的最重要标准。在人与犬，莱迪格细胞可在没有恶性转化的情况下浸润至睾丸白膜。侵入血管与淋巴管的认定会带来问题。由于在莱迪格细胞瘤中出现充满血液及蛋白的腔隙，很容易做出假阳性诊断。有人报道己烯雌酚宫内暴露后，CD-1 小鼠发生了睾丸莱迪格细胞癌。

睾丸网腺瘤：睾丸（Adenoma，Rete Testis：Testis）（图 61 和图 62）

种属： 小鼠，大鼠

发病机制： 自发性、年龄相关性病变，可被外源性物质诱发。

诊断要点：

- 睾丸网结构的小管状 - 乳头状肿瘤，局限于睾丸纵隔。
- 挤压邻近组织。
- 乳头状结构和小管通常衬以单层或多层上皮细胞。
- 在大鼠，上皮从扁平到立方状；小鼠则为从立方状到高柱状或呈多形性、含有丰富的嗜酸性胞质。核呈圆形或卵圆形空泡状，含有 1 个核仁。
- 有丝分裂活性低。
- CD-1 小鼠的常见特征是因充满精子而扩张为囊性结构。

鉴别诊断：

- 睾丸网增生（Hyperplasia，rete testis）：不压迫邻近组织，仍保持原有结构。
- 睾丸网癌（Carcinoma，rete testis）：有恶性特征，如侵袭、明显异型性、高有丝分裂率以及出血。

备注：睾丸网腺瘤不含波形蛋白（vimentin），但可产生黏蛋白，即 PAS 或阿辛蓝（Alcian blue）染色呈阳性。

与大鼠不同，小鼠的睾丸网腺瘤呈一定程度的细胞多形。

睾丸网的增生性病变是老龄大鼠罕见的自发性病变，但小鼠较为常见（Yoshitomi 和 Morii，1984），据报道此病变在产前给予己烯雌酚和氯化铬后可在大鼠和小鼠中发生（Bullock，Newbold 和 McLachlan，1988；Newbold 等，1985，1986；Rehm 和 Waalkes，1988）。

睾丸网癌：睾丸（Carcinoma，rete testis：Testis）

种属： 小鼠常见，大鼠罕见

发病机制： 自发性、年龄相关性病变，外源性物质可诱发。

诊断要点：

- 其特征是位于睾丸纵隔内的睾丸网小管发生聚集与合并，睾丸纵隔因不规则乳头状生长的团块而大。
- 瘤细胞呈立方状（大鼠）或多形性（大鼠和小鼠），高柱状常见，含嗜酸性胞质及不典型、空泡状或嗜碱性胞核。
- 常见非典型有丝分裂象。
- 可见明显的硬癌性反应、黏液、出血和坏死。
- 大鼠可见侵袭邻近结构，可形成睾丸外团块。

鉴别诊断：

- 睾丸网增生（Hyperplasia，rete testis）：不因组织增生而压迫相邻组织，保持原来结构，不侵袭相邻结构。
- 睾丸网腺瘤（Adenoma，rete testis）：不侵袭相邻结构，无细胞异型性（大鼠），无硬癌性反应。
- 间皮瘤（Mesothelioma）：波形蛋白染色阳性。

备注：睾丸网的增生性病变是老龄大鼠的罕见的自发性病变，但小鼠较为常见（Yoshitomi和Morii，1984），据报道在产前给予己烯雌酚和氯化铬后可以发生（Bullock，Newbold和McLachlan，1988；Newbold等，1985，1986；Rehm和Waalkes，1988）。

睾丸网的肿瘤不含波形蛋白，但可产生黏蛋白，即PAS或阿辛蓝（Alcian blue）染色呈阳性。

恶性间皮瘤：睾丸（Mesothelioma Malignant：Testis）（图63和图64）（可参见“软组织”术语）

种属：大鼠

发病机制：自发性和外源性物质诱发的肿瘤。与莱迪格细胞肿瘤产生的促有丝分裂因子相关。

诊断要点：

- 其特征是自睾丸鞘膜的浆膜面向外呈叶状或乳头状生长。
- 通常起源于睾丸网/蔓状静脉丛。
- 波形蛋白染色阳性。
- 沿间皮表面（经常延伸到附睾）局部侵袭性生长，或局部转移到腹膜腔。

鉴别诊断：

- 间皮增生（Hyperplasia，mesothelium）：无明显有丝分裂活性、细胞异型性，不蔓延到邻近组织。通常局部细胞呈层状增厚或呈绒毛状凸起。可伴有炎症。
- 睾丸网癌（Carcinoma，rete testis）：肿瘤见于睾丸纵隔，穿过被膜侵袭。波形蛋白阴性。

备注：鞘膜间皮瘤是Fischer 344大鼠比较常见的肿瘤，也偶见于其他品系的大鼠。睾丸间皮瘤易于沿腔壁间皮表面播散，而迅速蔓延至附睾以及腹腔其他间皮衬覆的表面（McConnell等，1992）。基于间皮瘤可通过局部侵袭易于扩散，因此认为所有间皮瘤都是恶性的。自发性鞘膜间皮瘤以及几种与外源物相关的鞘膜间皮瘤与睾丸莱迪格细胞肿瘤存在因果联系，而莱迪格细胞肿瘤可导致间皮发生自分泌生长因子、诱导间皮细胞分裂（Maronpot等，2009），也可参见“软组织”术语。

良性斯托利细胞 - 莱迪格细胞混合瘤：睾丸（Tumor，Mixed Sertoli–Leydig Cell，Benign：Testis）

种属：小鼠，大鼠

发病机制：外源性物质诱发。

诊断要点：

- 由斯托利细胞与莱迪格细胞两种不同类型的细胞组成。
- 斯托利细胞垂直于基底膜排列，形成大小不等的小管，细胞淡染，呈空泡状，细长的胞质伸向管腔；细胞核有裂痕，有单一明显的核仁。胞质内可出现嗜酸性包含物，小管可包有层状矿化物。
- 多形莱迪格细胞，类似于单纯莱迪格细胞瘤的瘤细胞，与肿瘤性小管紧密混杂在一起，胞质嗜酸性或空泡化，细胞核圆形，位于细胞的中央。

鉴别诊断：

- 莱迪格细胞腺瘤或莱迪格细胞癌（Adenoma，Leydig cell or Carcinoma，Leydig cell）：仅有莱迪格细胞。也可含有长形和梭形莱迪格细胞，但不排列成斯托利细胞瘤所见的栅栏状或小管状形态。

备注：单发的斯托利细胞 - 莱迪格细胞混合瘤在用氯化铬处理的 Wistar 大鼠已有报道，与在人所报道的肿瘤相似。这两种细胞类型的混合物被认为可能存在共同的胚胎起源。

Rehm 和 Waalkes 在 1988 年以及 Wakui 等在 2008 年都报道了良性斯托利细胞 - 莱迪格细胞混合性肿瘤，但总体而言它们是罕见的肿瘤。

良性斯托利细胞瘤：睾丸（Tumor，Sertoli Cell，Benign：Testis）（图 65 至图 67）

种属：小鼠，大鼠

同义词：tubular adenoma，sustentacular cell tumor，sex cord stromal tumor，gonadal stromal tumor，androblastoma，arrhenoblastoma

发病机制：性索基质细胞，斯托利细胞。

诊断要点：

- 细胞通常在纤细的纤维血管基质上排列成栅栏状，因此形成弯曲的无明显管腔的小管状结构。
- 肿瘤细胞细长，胞质常淡染与空泡化，核染色质纤细、点彩状，细胞界限不清。
- 有丝分裂率很低。

鉴别诊断：

- 恶性斯托利细胞瘤（Tumor，Sertoli cell，malignant）：存在侵袭或低分化征象，有丝分裂率增加。
- 莱迪格细胞腺瘤或莱迪格细胞癌（Adenoma，Leydig cell or Carcinoma，Leydig cell）：也含有长形和梭形细胞，但不会排列成斯托利细胞瘤所见到的栅栏状 / 小管状形式。

备注：这些肿瘤在大鼠和小鼠非常罕见。诊断主要依据斯托利细胞排列方式与核的方位，使人想到斯托利细胞。斯托利细胞瘤在下列文献中已有描述：Boorman 等（1987c）；Franks（1968）；Gordon，Majka 和 Boorman（1996）。

恶性斯托利细胞瘤：睾丸（Tumor，Sertoli Cell，Malignant：Testis）

种属：小鼠，大鼠

同义词：tubular carcinoma，sustentacular cell tumor，sex cord stromal tumor，gonadal stromal tumor，androblastoma，arrhenoblastoma

发病机制：罕见的自发性肿瘤。

诊断要点：

- 其特征与良性斯托利细胞瘤相似。
- 局部侵袭邻近的睾丸结构。
- 含有低分化的区域，无栅栏状排列。
- 可出现坏死区。
- 有丝分裂象十分常见，尤其在分化不良的区域。

鉴别诊断：

- 莱迪格细胞腺瘤或莱迪格细胞癌（Adenoma，Leydig cell or Carcinoma，Leydig cell）：也含有长形和梭形细胞，但不会排列成斯托利细胞瘤所见的栅栏状 / 小管状形式。
- 良性斯托利细胞瘤（Tumor，Sertoli cell，benign）：分化良好，无侵袭征象。

备注：这些肿瘤在大鼠和小鼠极其罕见。已报道的那些似乎多为良性，只有一例（Abbott 1983）基于局部侵袭及低分化区而诊断为恶性。具有恶性特征的双侧斯托利细胞瘤在转基因小鼠已有报道（在这种小鼠的生精上皮中可表达多瘤病毒巨 T 蛋白）（Paquis-Flucklinger，Rassoulzadegan 和 Michiels，1994）。

良性颗粒细胞瘤：睾丸（Tumor，Granulosa Cell，Benign：Testis）（图 68 和图 69）

种属： 小鼠（主要），大鼠（罕见）

发病机制： 多为自发性。

诊断要点：

- 为卵巢颗粒细胞瘤的生长方式，如形成卵泡样巢和结节；此外，在小鼠，可见肿瘤细胞呈索状或片状取代生精小管，可出现充满血液的窦隙。
- 类似于卵巢颗粒细胞瘤所见的嗜碱性小细胞，缺乏嗜酸性胞质，核染色质点彩状，有单个核仁。
- 细胞多为圆形，也可见梭形或多形；偶见有丝分裂象。

鉴别诊断：

- 恶性精原细胞瘤（Seminoma，malignant）：细胞大而透亮，或呈嗜酸性，细胞界限清楚。主要为小管内生长。
- 良性斯托利细胞瘤（Tumor，Sertoli cell，benign）：形成生精小管样结构，内衬胞质丰富的细长形细胞。
- 莱迪格细胞腺瘤或莱迪格细胞癌（Adenoma，Leydig cell or Carcinoma，Leydig cell）：胞质稀少的未成熟嗜碱性小细胞构成莱迪格细胞肿瘤的一部分，但无卵泡样结构。梭形细胞通常是莱迪格细胞肿瘤的一部分，其他部分则由典型的含丰富胞质的圆形细胞组成。

备注：肿瘤罕见于大鼠而偶见于小鼠（Abdi，1995；Mitsumori 和 Elwell，1988；Mostofi，Davis 和 Rehm，1994）。F344 大鼠经单次氯化铬处理后曾观察到 2 例未发表的睾丸颗粒细胞瘤。在小鼠，详细记录了 1 例睾丸颗粒细胞瘤，7 例具有颗粒细胞瘤特征的性索基质肿瘤作了记载。曾有报道，通过在去势大鼠脾内移植睾丸组织诱发了睾丸颗粒细胞肿瘤（Kojima 等，1984）。这些睾丸肿瘤在人类也是少见的。

良性精原细胞瘤：睾丸（Seminoma，Benign：Testis）（图 70 至图 74）

种属： 小鼠，大鼠

同义词： spermatocytoma，spermatocytic seminoma

发病机制： 罕见的自发性生殖细胞肿瘤。

诊断要点：

- 细胞排列成片状并局限于一个或几个生精小管范围内。
- 细胞大，常为多边形，细胞界限清楚。

•细胞分化良好，与精原细胞、精母细胞、精子细胞相似。
•偶尔可见多核细胞。
•可有大量有丝分裂象，且可为非典型性。

鉴别诊断：

•恶性精原细胞瘤（Seminoma，malignant）：肿瘤细胞侵袭性生长，突破生精小管基底膜，散布于间质组织。精原细胞瘤的细胞形态和大小不规则，核质比很高。

备注：精原细胞瘤是大鼠和小鼠十分罕见的肿瘤，仅有少数几例报道。大多数报道的病例细胞分化差，有明显的侵袭（Kerlin 等，1998；Nyska 等，1993；Kim，Fitzgerald 和 De La Iglesia，1985；McConnell 等，1992）。根据这几例肿瘤的特点，McConnell 等（1992）建议所有啮齿类动物的精原细胞瘤都应考虑为恶性。然而，最近在幼龄 SD 大鼠观察到许多分化良好的小管内精原细胞瘤（图 70 至图 74），其特点与人的精母细胞性精原细胞瘤相似（Aggarwal 和 Parwani，2009；Emerson 和 Albright，2010）。由于这些肿瘤似乎仅局限于一个或几个生精小管且分化良好，故有人建议可将其诊断为良性精原细胞瘤。这些良性肿瘤的特点与 Boorman，Elwell 和 Mitsumori（1987b）图解的肿瘤相似。

恶性精原细胞瘤：睾丸（Seminoma，Malignant：Testis）（图 75 至图 77）

种属：小鼠，大鼠
同义词：germinoma，spermatoblastoma，spermatocytoma
发病机制：罕见的自发性生殖细胞肿瘤。

诊断要点：

•细胞排列成片状或小叶状，可充满生精小管并弥散浸润于基质。
•细胞大，呈圆形至多边形，细胞界限清楚。
•细胞大小不一，与原始的生殖细胞 / 精原细胞相似。
•可发生精母细胞分化。
•胞质嗜酸性、双染性或透亮，常含有糖原，胞质围绕在一个居中的大球形细胞核周围，有 1 ～ 2 个嗜碱性核仁。
•可有大量有丝分裂象，并可能为非典型核分裂象。
•肿瘤基质可有淋巴细胞或肉芽肿性反应。

鉴别诊断：

•良性精原细胞瘤（Seminoma, benign）：局限于一个或几个生精小管内，无侵袭迹象。分化良好的生殖细胞，与精母细胞、精原细胞或精子细胞相似。
•莱迪格细胞腺瘤或莱迪格细胞癌（Adenoma，Leydig cell or Carcinoma，Leydig

cell）：常为均一的富含嗜酸性胞质的细胞，有时也见梭形细胞区和小圆核细胞区。胞质稀少的未成熟嗜碱性小细胞可构成莱迪格细胞肿瘤的一部分。精原细胞瘤的形状和大小不规则，核质比很高。

- 胚胎癌（Carcinoma，embryonal）：为间变的上皮样大肿瘤细胞，外观原始。
- 良性颗粒细胞瘤（Tumor，granular cell，benign）：为大的或大小不一的上皮样或梭形嗜酸性细胞，有 PAS 阳性胞质颗粒。

备注：精原细胞瘤是大鼠和小鼠极为罕见的肿瘤。诊断主要基于定位和肿瘤细胞的细胞学特征（它们像精原细胞或有时像精母细胞）。它们呈 S-100 和波形蛋白染色阳性。间变性精原细胞瘤也有报道。“经典精原细胞瘤”起源于未分化的生殖细胞。精原细胞瘤在多篇其他参考文献中都有描述，如：Boorman，Elwell 和 Mitsumori（1987b）；Boor-man，Eustis 和 Elwell（1990c）；Faccini，Abbott 和 Paulus（1990）；Gordon，Majka 和 Boorman（1996）；Kerlin 等（1998）；Kim，Fitzgerald 和 De La Iglesia（1985）；McConnell 等（1992）；Mit-sumori 和 Elwell（1988）；Mostofi 和 Bresler（1976）；Nyska 等（1993）；Radovsky，Mitsumori 和 Chapin（1999）；Squire 等（1978）。

胚胎癌：睾丸（Carcinoma，Embryonal：Testis）（图 78 至图 80）

种属：小鼠，大鼠

发病机制：由多能生殖细胞、性索基质细胞、内脏卵黄囊细胞起源的罕见自发性肿瘤。

诊断要点：

- 由大的间变性上皮样细胞组成，细胞外形原始，界限不清。
- 胞核大，染色质粗，核仁明显。
- 肿瘤细胞呈实心片状，或穿插有腺泡状、乳头状或小管状结构的区域。
- 小管内生长被认为是肿瘤的早期阶段。
- 可见卵黄囊分化灶、绒毛膜癌灶，或分化良好的组织灶，如软骨、骨或皮肤。
- 基质很少，无炎症细胞浸润。
- 常有出血和坏死。

鉴别诊断：

- 恶性精原细胞瘤（Seminoma，malignant）：细胞大，多边形，界限清楚，可发生大小不等的精母细胞分化。
- 恶性畸胎瘤（Teratoma，malignant）：肿瘤组织多呈各种上皮、间叶和神经组织的分化。

备注：睾丸生殖细胞肿瘤根据其是单一“纯”组织类型还是一个以上的组织类型，可分为两类。人体内约 60% 的睾丸肿瘤呈现两种或两种以上的不同类型，其中最常见的混合形式为畸胎瘤、胚胎性癌、卵黄囊瘤以及绒毛膜癌的成分（Epstein，2010）。最近，这种肿瘤在 12 周龄的瑞士小鼠做了描述（Jamadagni 等），一侧睾丸表现胚胎癌（图 80）、绒毛膜癌（图 78）和卵黄囊瘤（图 79）的特征，对侧睾丸为畸胎瘤的特征（图 81）。在人类，混合性畸胎瘤和胚胎癌（畸胎癌）是常见的诊断。类似的混合性肿瘤在大鼠（Sawaki 等，2000）和小鼠（Jamadagni 等，2011）都有描述。对肿瘤特征的综合性评估包括分步切片以评估多个肿瘤区域。在啮齿类动物报道的这些相当少见的病例中，起源于胚胎细胞的睾丸肿瘤似乎在同一肿瘤内常常分化成不同的表型，因此在具有分化区域的胚胎癌和具有间变区域的单一表型纯胚胎性肿瘤（绒毛膜癌、卵黄囊瘤、畸胎瘤）之间进行区分，似乎有点武断。将这些罕见的复合肿瘤考虑为“混合性胚胎肿瘤”或许更为适当。肿瘤多灶原发和双侧出现已有报道，而且不认为代表转移（McConnell 等，1992；Sawaki 等，2000）。

绒毛膜癌：睾丸（Choriocarcinoma：Testis）（图 78）

种属： 大鼠

发病机制： 起源于多潜能细胞的罕见自发性肿瘤，多潜能细胞源自错位的内脏卵黄囊和储存在性腺、胎盘、纵隔或腹部的细胞。

诊断要点：

- 存在滋养层巨细胞和小而深染的细胞滋养层是诊断的必要条件。滋养层巨细胞为单核，常呈现不规则和奇异的形态。
- 缺乏固有的血管基质，必须以扩散方式获得营养。因此肿瘤往往在外周生长，而中心发生坏死，常伴有出血。可见纤维性包膜。
- 在发生早期即出现转移。

鉴别诊断：

- 恶性精原细胞瘤（Seminoma，malignant）：为多边形大肿瘤细胞，胞质嗜酸性深染或双染性，细胞可充满生精小管并广泛浸润基质。基质也常有成熟淋巴细胞浸润。
- 卵黄囊癌（Carcinoma，yolk sac）：肿瘤细胞形状不规则，核深染，核质比接近 1∶1。肿瘤细胞悬浮在蛋白性液体中。
- 胚胎癌（Carcinoma, embryonal）：间变的大上皮样细胞，形态原始，细胞界限不清。肿瘤包含向任何组织类型分化的区域。

备注：绒毛膜癌是一种非常罕见的肿瘤，小鼠仅有一例（作为混合瘤的一部分）做了描述（Jamadagni 等，图 78），大鼠也仅报道了一例自发性病例（Pirak 等，1991）。活细胞通常位于肿瘤的边缘。这也被认为与缺乏固有血管有关。由于人类绒毛膜癌具有发生梗死、坏死和转移的倾向，因此绒毛膜癌可偶尔在肺、骨髓、肝和其他部位被发现，而在子宫或睾丸完全没有原发病变。推测这种情况的原发病变在转移后发生了坏死和重吸收。

滋养层巨细胞可分泌促黄体激素和催乳激素（luteotropic and mammotrophic hormones）。

人绒毛膜促性腺激素和泌乳素（prolactin）可通过免疫组织化学方法检测。也请参阅“胚胎癌”词条下有关呈现两种或更多分化类型的混合性胚胎肿瘤的备注。

恶性卵黄囊癌：睾丸（Carcinoma，Yolk Sac，Malignant：Testis）（图 79）

种属：小鼠，大鼠

发病机制：罕见的自发性肿瘤，起源于卵圆柱或内脏卵黄囊的胚外部分。

诊断要点：

- 最具特征的是肿瘤细胞产生丰富的嗜酸性 PAS 阳性基质，而肿瘤细胞被包埋于其中。
- 可见到与两层胎膜（即壁层和脏层卵黄囊）极相似的细胞类型和模式。
- 壁层卵黄囊细胞形成杂乱的丛状、片状、玫瑰花结样、索状或乳头状结构。
- 壁层卵黄囊灶由多边形或立方形内胚层细胞组成，其胞质呈双染性，含 PAS 阳性小滴。
- 肿瘤细胞常整齐排列在醒目的基底膜上。
- 脏层卵黄囊细胞可在毛细血管周围形成乳头状结构，形成细胞丛，或与壁层细胞混合在一起。
- 脏层卵黄囊内胚层细胞不含嗜酸性、PAS 阳性小滴，为柱状或多边形大细胞，胞质淡染呈空泡状，核巨大。
- 细胞核深染，核染色质密集成块状，内含 1 ～ 2 个不明显的核仁。
- 核质比接近 1 ： 1。
- 肿瘤侵袭性扩散到腹膜表面，生长成巢状或大细胞群，但很少侵入实性器官的实质。

鉴别诊断：

- 莱迪格细胞腺瘤或莱迪格细胞癌（Adenoma，Leydig cell or Carcinoma，Leydig cell）：肿瘤细胞常含有明显的嗜酸性胞质。通常不转移扩散至腹膜表面。坏死区常见，但见不到肿瘤细胞悬浮于蛋白性液体中。大鼠的网状型变化还可出现腺样 / 小管样结构区，腺管内衬立方形至柱状细胞，但不产生 PAS 阳性的小滴。
- 胚胎癌（Carcinoma，embryonal）：含有卵黄囊分化的区域，但肿瘤的大部由间变的上皮样大细胞组成，形态原始，细胞界限不清。
- 睾丸网癌（Carcinoma，rete testis）：缺乏丰富的嗜酸性 PAS 阳性基质。
- 绒毛膜癌（Choriocarcinoma）：有坏死性中央腔，其中常伴有出血，但没有 PAS 阳性基质充填；存在滋养层巨细胞和小而深染的滋养层细胞。

备注：自发性卵黄囊肿瘤是大鼠（Nakazawa 等，1998）和小鼠罕见的肿瘤。只有一例小鼠的睾丸卵黄囊癌（作为混合瘤的一部分）做了报道（Jamadagni 等，图 79）。本分类系统所描述的特征是根据 CD-1 小鼠 2 年致癌试验中（在 IARC 完成）所发现的 1 例肿瘤。诱导的卵黄囊癌不仅可发生于性腺，还可发生于性腺外部位。不同的试验方法均可用于诱发卵黄囊肿瘤，如在去胎儿（fetectomized）大鼠的胎盘组织注射小鼠肉瘤病毒或在怀孕中期穿刺妊娠的子宫壁。甲胎蛋白由卵黄囊脏层细胞产生，荷瘤动物可见其血清水平升高。在单个细胞或细胞团之间明显的 PAS 阳性基质具有与卵黄囊壁层的 Reichert' s 膜相似的染色特征（Damjanov，1980；Sobis，1987；Sobis，Verstuyf 和 Vandeputte，1993；Teilum，1959）。也可参见"胚胎性癌"词条下与两种或更多分化类型的混合性胚胎肿瘤相关的备注。

良性畸胎瘤：睾丸（Teratoma，Benign：Testis）（图 81 至图 84）

种属： 小鼠，大鼠

发病机制： 起源于多潜能生殖细胞的罕见自发性肿瘤。

诊断要点：

- 畸胎瘤必须包含源于 3 个胚层的组织。
- 组织成分通常分化良好。
- 良性畸胎瘤常包含内衬立方形、肠道或呼吸道上皮的囊肿。囊肿周围有平滑肌围绕。
- 其他成分有胰腺组织、胃上皮、甲状腺、分化良好的神经组织、软骨、骨和 / 或骨骼肌。

鉴别诊断：

- 恶性畸胎瘤（Teratoma，malignant）：有周围侵袭或转移。
- 胚胎癌（Carcinoma，embryonal）：主要由大而间变的上皮样细胞组成，细胞形态不成熟，但可出现卵黄囊分化灶或分化良好的组织，如软骨、骨或皮肤。

备注：畸胎瘤是大鼠和小鼠非常罕见的肿瘤。Sawaki 等报道了两例幼龄 SD IGS 大鼠睾丸畸胎瘤（2000）。这两例肿瘤表现为混合的畸胎瘤和胚胎性癌，伴有胚胎性癌细胞向鳞状上皮的过渡，提示胚胎性癌发展为畸胎瘤。同样，在 1 例瑞士白化变种小鼠描述了含有胚胎癌成分的畸胎瘤（称为畸胎癌）（Jamadagni 等，2011），在 1 只 ICR（Institute of Cancer Research）小鼠报道了自发性畸胎瘤（Tani 等，1997）。小鼠畸胎瘤常见于 129 品系及其亚系。在这个品系中，已确证有一特异性突变（ter），可显著增加畸胎瘤的发生率，从野生型小鼠约 1% 增加到 ter 杂合子约 17%，以及 ter 纯合子雄性小鼠 90% 以上。畸胎瘤也在 P53-/- 转基因小鼠被报道过（Jacks 等，1994）。畸胎瘤可发生于任何组织，但最常见于生殖系统。它们起源于全能原始生殖细胞，并在胎儿发育的第 12 天开始发展（Alison 等，1997；McConnell 等，1992；Matin 等，1998；Mostofi，Davis 和 Rehm，1994；Rehm 等，2001）。也请参见"胚胎癌"词条下有关呈现两种或更多分化类型的混合性胚胎肿瘤潜能的备注。

恶性畸胎瘤：睾丸（Teratoma，Malignant：Testis）

种属： 小鼠，大鼠

发病机制：起源于多潜能生殖细胞的罕见自发性肿瘤。

诊断要点：

•畸胎瘤必须包含源于 3 个胚层的组织。
•神经、上皮和间叶组织分化差，类似于胚胎组织。
•周围侵袭，肿瘤可发生转移。
•通常出现坏死和出血区。

鉴别诊断：

•良性畸胎瘤（Teratoma，benign）：没有周围侵袭或转移的迹象。
•胚胎癌 Carcinoma，embryonal：主要由大而间变的上皮样细胞组成，其形态不成熟，但可出现卵黄囊分化灶或分化良好的组织，如软骨、骨或皮肤。

备注：参见“良性畸胎瘤”备注。

输出管道（输出小管和附睾）

引言：输出管道

雄性排出管系统由睾丸网、输出小管、附睾和输精管组成（Floy，2001）。每个生精小管的两端都进入睾丸网，后者充当精子离开睾丸的小收集池。在啮齿类动物，睾丸网在睾丸的头极（cranial pole）形成，通过睾丸网的睾外部与输出小管相连。睾丸网、输出小管和附睾形成一个完整的系统，将精子从睾丸转运到输精管。本节内容将聚焦于输出小管和附睾。

附睾内最常见的变化之一是在管腔内存在脱落的生殖细胞和细胞碎片，这些都源于睾丸的变性性变化。同样，精子含量降低（少精症 / 无精症，oligospermia/aspermia）的发生是因睾丸精子形成减少的结果。尽管两者都是睾丸病变的继发结果，但附睾本身也是重要的靶组织，在精子成熟、精子转运、精子储存及射精等方面也发挥重要作用。

功能、解剖学和组织学：输出管道

输出小管（Efferent Ducts）

输出小管将睾丸网和附睾连接在一起，也可归为睾丸的一部分、附睾头的一部分，或作为一个独立的器官。输出小管与睾丸网共同吸收 90% 以上的生精小管液。生精小管液由斯托利斯托利细胞所分泌，并能将精子从生精小管转运到附睾（Hess，2002）。输出小管与肾小管存在许多生理上的相似性。如果液体吸收在输出小管发生障碍，可因精子滞留而引起小管扩张与小管阻塞，两者均导致液体背压的升高，从而导致生精小管扩张和 / 或生殖细胞从生精小管消失。在啮齿类动物，输出小管形成长而薄的迂曲管道，位于附睾的脂肪垫内，在常规毒性试验中一般会从附睾上被修切丢弃。在犬类，它们位于附睾的起始段内，很容易被检查到；而在猕猴，输出小管被包裹在与附睾头相同的结缔组织包膜内，但稍位于近端，在常规附睾切片时可能被取到，也可能不被取到。尽管输出小管在常规啮齿类毒性试验中一般不被采集，但它们是重要的潜在毒性靶标，因而需要进行检查。

输出小管一般被认为从中肾（沃尔弗氏，Wolffian）管发生，也可能从中肾小管或肾小球发生（Ilio 和 Hess，1994）。在大鼠，最常报道的输出小管数在 2 ～ 9 根，而小鼠输出小管一般有 3 ～ 5 根（Ilio 和 Hess，1994）。大鼠输出小管根据形态可分为 3 个带或区：起始区、圆锥区和终末区（Foley，2001；Hess，2002）。大鼠和小鼠输出小管的终末部形成漏斗，小管在此汇合并形成单一的小管（总输出小管，common ductulus efferens），它骤然过渡到附睾的起始段（Ilio 和 Hess，1994）。大部分种属的输出小管上皮由 2 种主要细胞类型组成：主细胞和纤毛细胞。Hess（2002）和 Ilio 与 Hess（1994）对输出小管的解剖学、功能和生理学进行了详细综述。

附睾（Epididymis）

附睾是一连接输出小管与输精管的高度卷曲的管道。精子离开睾丸，大多不能游动，不能使卵子受精。在其到达附睾尾时，已成为完全成熟的细胞，具有持续向前游动以及识别卵子并使其受精的能力。除介导这种成熟过程外，附睾在射精前对精子还具有浓缩、保护和储存功能。分泌蛋白和内吞作用是附睾上皮的主要功能，分泌与表达的许多蛋白具有细胞和区段特异性，这也突出了对整个组织进行检查的重要性。整个附睾的管腔微环境是特化与复杂的，并因段而异，这种微环境通过分泌蛋白、离子及其转运体而得以维持（Hermo 和 Robaire，2002）。附睾尾的导管被明显分层的可收缩的平滑肌所包围，这种平滑肌有助于射精时精子的喷出。附睾在睾丸睾酮的影响下由沃尔弗氏管发展而来（Byskov 和 Hoyer，1998；Rodriguez，Kirby 和 Hinton，2002）。其位置和大小因种属不同而异。与人及家畜不同，啮齿类动物的附睾相对长并松散附着在睾丸上（Setchell，Maddocks 和 Brooks，1988）。它常被再分为起始段和中间段，输出小管在此向其排空，接下来为三个主要部分（头、体和尾），但根据组织学和 / 或功能的不同可进一步细分为多达 6 ～ 12 个不同的区域，包括各种细胞类型和各种功能。除某些区域外，一般而言从头到尾上皮的高度逐渐降低而管腔直径逐渐增大。存在于整个附睾的细胞类型包括顶部有静纤毛的主细胞（主要的细胞类型）、基底细胞和晕细胞（halo cell，一种 T 淋巴细胞和单核细胞亚型）。此外在起始段和中间段含有顶细胞和窄细胞，而在附睾头、体和尾部则有亮细胞（Abou-Haila 和 Fain-Maurel，1984；Foley，2001；Hermoand 和 Robaire，2002；Reid 和 Cleland，1957；Robaire 和 Hermo，1988；Setchell，Maddocks 和 Brooks，1988）。

固定和修切

与睾丸不同，常规的福尔马林固定对输出小管和附睾是理想的。对附睾全长进行检查非常重要，这是因为附睾的许多功能具有细胞特异性和区段特异性，而附睾毒性也常有区段特异性，正像 Kittel 等（2004）所描述的那样。为此，可通过制备纵切面而得以最佳实现。

由于啮齿类动物输出小管难以定位和确认，故一般不做常规采样（Sample），但如睾丸病变情况（生精小管扩张和 / 或严重萎缩，常为单侧）提示输出小管为靶部位时，则需对其取样（Hess，2002；Ilio 和 Hess，1994；La 等，2012）。

先天性病变：输出管道

未发育：输出小管，附睾（Aplasia：Efferent Ducts，Epididymis）（图 90）

同义词：agenesis

发病机制：先天性异常，在胚胎发生过程中由于原基发育障碍而导致附睾的缺如。在附睾形成的关键时期有赖于正常的睾酮水平。

诊断要点：

- 大体及显微镜检查，单侧或双侧附睾完全缺如。

鉴别诊断：

- 发育不良：附睾部分缺失或减小。

备注：附睾和输出小管完全不发育在啮齿类动物比较少见，但在妊娠期附睾发育的关键时期通过给予影响睾酮生物合成或睾酮结合的化合物可化学诱发（Mylchreestet 等，1998，1999）。

发育不全：输出小管，附睾（Hypoplasia：Efferent Duct，Epididymis）

同义词：segmental aplasia、segmental agenesis

发病机制：在胚胎发生过程中附睾或输出小管发育不完全。附睾的正常发育有赖于在其形成的关键时期足量的睾酮水平。

诊断要点：

- 附睾或输出小管的节段性缺失或节段性发育不全。
- 邻近未发育节段的部位大体检查时可见扩张和 / 或变色。

•组织学上，这些扩张的区域常出现精子淤滞、精子囊肿和 / 或形成精子肉芽肿。

•附睾可能存在，但比正常小，导管数目也减少。

备注：附睾完全不发育或发育不全在大鼠已有报道，是由于在子宫内暴露于具有抗睾酮活性的化学品，包括利谷隆（McIntyre，Barlow 和 Foster，2002）、邻苯二甲酸二丁酯（Barlow 和 Foster，2003）和邻苯二甲酸二异辛酯（Howdeshell 等，2007）所引起的。盲端输出小管在大鼠比较常见，因一个或多个导管发育不全所引起。它们通常伴有精子淤滞，有时还有炎症（Setchell，Maddocks 和 Brooks，1988）。

扩张性变化：输出管道

精子囊肿：输出小管，附睾（Spermatocele：Efferent Ducts，Epididymis）（图 91）

同义词： cyst，sperm retention cyst

发病机制： 导管的先天性或获得性阻塞导致导管精子蓄积和扩张。

诊断要点：

•导管扩张（大于或等于正常管腔直径的 3 倍），腔内充满数量不等的精子。

•内衬上皮肥大或正常。

•一般出现在附睾的起始段或头部。

鉴别诊断：

•精子肉芽肿（伴有炎症）。

•囊状萎缩（Cystic atrophy）：上皮扁平，腔内的精子减少或缺如。

备注：在小鼠附睾，精子囊肿可被视为背景性病变，通常发生于起始段（Frith 和 Ward，1988；Radovsky，Mitsumori 和 Chapin，1999）。据报道多种化合物引起化学诱导的精子囊肿或囊性病变（要看综述，见 Hess，1998），包括单次腹腔给予烷化剂乙烯二甲基磺酸盐（ethylenedimethanesulphonate，EDS）。EDS 使用后，整个附睾发生精子囊肿，绝大多数会随时间而消退，但有的会发展为精子肉芽肿（Cooper 和 Jackson，1973）。

变性性变化：输排出管道

引言

输出小管或附睾上皮的变性性变化如空泡形成或萎缩，通常反映功能性障碍。当毒性损伤导致上皮广泛受损，引起血 - 附睾屏障破裂或渗漏时，将会伴随发生炎症。附睾中两种最常见的变化是脱落的睾丸生殖细胞与管腔中精子相混存，以及附睾管内精子的数量和密度降低。这两种变化通常反映睾丸的损伤，而非附睾的原发性变性状态。因此它们被列入“其他病变”。

上皮变性：输出小管，附睾（Degeneration，Epithelial：Efferent Ducts，Epididymis）（图 92 和图 93）

发病机制： 附睾上皮变性由导致血 - 附睾屏障破坏的细胞功能障碍所引起，通常伴有炎症。

诊断要点：

- 内衬上皮普遍或节段性变薄或丧失。
- 由于血 - 附睾屏障的破坏，常伴有炎症反应。
- 由于破坏的精子进入间质，常导致精子肉芽肿的形成。

鉴别诊断：

- 固定 / 处理所致的人工假象：细胞外观正常但从基底膜脱落。自溶常导致内衬层的明显破坏，不伴有炎性浸润。

备注：上皮变性作为一种形态学发现，不管是作为一种背景性病变还是作为一种化学品诱发的病变都非常少见（Klinefelter，2002）。吸入氯甲烷对大鼠的影响是最佳例证（Chapin 等，1984；Chellman 等，1986），此时上皮变性伴有炎症并发展为精子肉芽肿形成。尽管上皮空泡形成可认为是上皮变性，但已分开处理（见下文）。

导管萎缩：输出小管，附睾（Atrophy，Ductal：Efferent Ducts，Epididymis）（图 94 和图 95）

发病机制： 附睾的萎缩通常是由于雄激素支持作用降低或睾丸的液体与精子产量减少引起。

诊断要点：

- 管腔普遍或节段性狭窄，上皮外观正常或其高度略低。
- 呈节段性萎缩时，常见于体 - 尾相接部。
- 受累区通常伴有精子的减少或缺如。
- 可出现上皮的管内折叠（筛孔样改变）。

鉴别诊断：

- 青春期变化：青春期大鼠（≤ 8 ～ 10 周龄）或小鼠（≤ 6 ～ 8 周龄）的附睾可仅部分扩张。

备注：附睾萎缩常伴有相关睾丸内生精小管的严重变性 / 萎缩。附睾管的扩张依赖于来自斯托利细胞的生精小管液体和形成正常精子的持续输出。附睾管直径的减小是对上述二者其一产物输出量降低的正常反应。附睾是一种雄激素依赖性组织，如果雄激素刺激减弱即会发生萎缩。附睾萎缩可通过睾丸生成睾酮减少、睾酮代谢为二氢睾酮（维持附睾功能的主要有效雄激素）水平降低或雄激素受体阻断而发生。类固醇生物合成抑制剂，如酮康唑，会导致睾丸病变及附睾萎缩；而雄激素受体颉颃剂如氟他安或 5α- 还原酶（将睾酮转化为双氢睾酮）抑制剂，在睾丸缺乏任何可见的形态学变化的情况下可引起附睾的萎缩（Creasy，1999）。

在附睾体部与尾部连接处发生的节段性萎缩有时可视为啮齿类动物的背景性所见，也可以是化学物诱发的病变。其意义不明。

附睾萎缩是老龄啮齿类动物继发于睾丸变性的一种常见的病变。

导管扩张：输出小管，附睾（Dilation，Ductal：Efferent Ducts，Epididymis）（图 96）

发病机制： 通常由于液体重吸收障碍或扩张的远侧端阻塞引起管道内液压升高。

修饰语： 囊性的（cystic）

诊断要点：

- 可内衬正常或扁平上皮。
- 受累及的导管空虚或内含细胞碎片。

鉴别诊断：

- 精子囊肿（Spermatocele）：导管局部扩张达正常直径的 3 倍或 3 倍以上，其中充满精子。

备注：输出小管扩张是液体重吸收障碍的早期标志，这种障碍可迅速引起睾丸生精小管扩张和萎缩的继发性效应（La 等，2012）。附睾管扩张也是供试品相关的效应。内衬上皮的附睾囊性扩张与萎缩，是啮齿类动物少见的一种背景性偶发病变。

筛孔样改变：输出小管，附睾（Cribriform Change：Efferent Ducts，Epididymis）（图 97）

同义词：(Intra)epithelial lumina formation (Foley, 2001), (epithelial hyperplasia) (Foley, 2001)，pseudoglandular formation

发病机制： 在发生收缩的导管节段内，其上皮发生折叠与桥接。

诊断要点：

- 附睾上皮的折叠导致管腔表面呈“扇形边”（scalloping）样。
- 形成明显的含有上皮内管腔的假腺体结构。

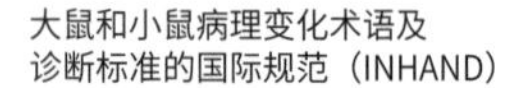

•当伴有输出小管阻塞时，病变可见于附睾头区（见备注）。

•常见于附睾体的远端或附睾头的近端，伴有精子减少或缺如以及导管萎缩。

备注：筛孔样改变通常见于附睾体远端与附睾尾的连接部，伴随着精子含量降低，并可能表示上皮发生折叠，上皮折叠继发于小管收缩（Foley，2001）。

筛孔样改变作为附睾头的节段性变化更为罕见，这种情况常伴随并继发于输出小管的阻塞。

上皮空泡形成：输出小管，附睾（Vacuolation，Epithelial：Efferent Ducts，Epididymis）（图 98 至图 102）

同义词：vacuolar degeneration、vesicular degeneration、hydropic degeneration，basophilic degeneration

修饰语：大泡性，小泡性，嗜碱性

发病机制：附睾上皮的空泡形成可由多种变性性变化包括液体、脂质、磷脂和糖蛋白积聚而引起。

诊断要点：

•小空泡形成的特点是常在细胞顶部出现小的胞质内空泡。

•大空泡形成的特点是在上皮细胞内或细胞间出现大而透亮的空泡，故可能破坏上皮的排列并使胞质与胞核移向细胞外周。常出现在附睾尾的近端部，是常见的年龄相关性变化。

•嗜碱性空泡形成的特点是嗜碱性泡沫状空泡形成，通常局限于特定节段的附睾头部上皮（常见于大鼠年龄相关性变化）。

•空泡形成可呈弥漫性，但更常见的是局限于附睾的特定节段。

鉴别诊断：

•固定所致的人工假象：固定不佳可引起附睾上皮细胞出现数量不等的空泡，特别是在被膜下的导管。

备注：化学方法诱导的上皮空泡形成已在许多化合物包括引起磷脂质沉积的药物上被报道过（Creasy，2001；Rudmann 等，2004）。磷脂质沉积通常为小空泡形成，可由多种阳性双亲性化合物引起，但非全部都在附睾中产生空泡。当产生时，空泡形成常局限于某个特定的区域（这个区域因化合物而异）。如果怀疑磷脂质沉积，应采取一些特殊处理程序，如塑料包埋的薄切片经甲苯胺蓝染色检查，使用溶酶体相关膜蛋白 -2（Lysosome Associated Membrane Protein-2，LAMP-2）进行免疫组织化学染色（immunohistochemistry，IHC）（Obert 等，2007），或电子显微镜检查进行确诊。附睾磷脂质沉积在给予多杀菌素的大鼠和小鼠（Stebbins 等，2002；Yano 等，2002），以及给予选择性的多巴胺 3 颉颃剂的大鼠（Rudmann 等，2004）都有报道。大空泡形成作为自发性变化常见于正常（对照）大鼠靠近附睾尾区域。也被报道变化随年龄而增多，这种空泡被认为是亮细胞的胞内转运发生了障碍（Robaire，2002）。当伴随睾丸内精子形成发生障碍时，亮细胞的空泡形成也常因附睾腔内的细胞碎片摄取增多而引起（图 99）。亮细胞可通过 PAS 染色而显示，后者可使溶酶体复合物深染。广泛的空泡形成可在老龄小鼠自然发生，如在 B6；129 小鼠所报道的那样（Haines，Chattopadhyay 和 Ward，2001）。在老龄大鼠，附睾头的特定区段常发生嗜碱性泡沫状空泡形成（Boorman，Chapin 和 Mitsumori，1990）。这可能表示由附睾的这一部分所分泌的产物（蛋白和糖蛋白）发生了变性。

上皮单个细胞坏死：输出小管，附睾（Single cell necrosis，Epithelial：Efferent Ducts，Epididymis）（图 103 和图 104）

同义词： apoptosis

发病机制： 可因雄激素刺激作用减弱和输出小管阻塞所致。

诊断要点：

- 上皮细胞数目增多，细胞变小、皱缩，胞质呈嗜酸性，胞核浓缩或碎裂。
- 一般局限于附睾的特定区域，最常见于附睾起始段或靠近头部，特别是与雄激素缺乏相关时。

鉴别诊断：

- 正常背景水平的单个细胞坏死：偶见坏死细胞。

备注：在正常附睾中有低背景水平的细胞凋亡和细胞分裂，但低雄激素状态则可迅速引起主细胞明显凋亡。当因雄激素耗竭引起时，上皮凋亡以波状方式随时间在附睾的不同节段移动，开始在起始段（在雄激素消失 18h 内），然后到附睾头、附睾体，最后于雄激素消失后第 5 天到附睾尾。输出小管结扎（或阻塞）也会引起主细胞凋亡，但仅局限于起始段（Ezer 和 Robaire，2002）。

鳞状细胞化生：输出小管，附睾（Metaplasia，Squamous Cell：Efferent Ducts，Epididymis）

发病机制： 引起正常附睾或输出小管上皮由复层鳞状上皮取代的适应性反应。可继发于组织损伤、转基因动物的分化被修饰或类维生素 A 缺乏（Slausson 和 Cooper，1990）。

诊断要点：

- 正常的附睾上皮细胞被扁平、细薄的复层鳞状上皮所取代。
- 受累及的导管含有板层状角蛋白螺环或碎屑。
- 可伴有重度炎症或精子肉芽肿。

备注：鳞状上皮化生可继发于附睾的炎症和 / 或精子肉芽肿形成。已有报道，小鼠附睾上皮的鳞状上皮化生可继发于试验性食物维生素缺乏症（Bern，1952）。附睾与输精管的鳞状上皮化生也可在转基因小鼠上发生，包括表达受小鼠乳腺瘤病毒启动子驱动的 RARα 显性阴性突变体的小鼠（Costa 等，1997），以及缺乏阴离子交换剂 2（Medina 等，2003）或同时伴有 *Vhlh* 和 *Pten* 突变的 Ae2 小鼠（Frew 等，2008）。

其他变化：输出管道

管腔细胞碎片（Cell Debris，Luminal）：输出小管（Efferent Ducts），附睾（Epididymis）（图 105 和图 106）

同义词： sloughed germ cells，germ cell debris，degenerate luminal germ cells，increased intraluminal germ cells

修饰语： 头部，尾部

发病机制： 作为成熟过程的一部分（青春期动物）或继发于睾丸生殖细胞损伤和 / 或脱落，使睾丸生殖细胞剥离和脱落进入附睾腔所致。

诊断要点：

- 存在细胞碎片和 / 或源自睾丸的可辨认的变性生殖细胞。
- 伴随精子密度的降低（或精子缺失）。
- 波及整个附睾或局限于附睾的某些节段（头或尾部）。
- 伴随附睾尾的亮细胞增多或空泡形成。

鉴别诊断：

- 青春期或未成熟状态下正常的细胞碎片。

备注：在正常成年大鼠的附睾内，脱落的生殖细胞和细胞碎片很少，因此这可作为检测睾丸损伤引起的细胞脱落非常灵敏的标志（Foley，2001）。由于精子形成的第一个周期缺乏效率，因此在正常成年小鼠的附睾中细胞碎片较多，甚至在青春期的大鼠和小鼠也较多。成年啮齿类动物附睾腔内脱落的变性生殖细胞增多，通常反映睾丸正在发生变性 / 萎缩、精子细胞滞留或生殖细胞脱落。确定细胞碎片的部位可为细胞从睾丸脱落的时间提供重要信息。附睾头的细胞碎片应是前 3d 内从睾丸释放的，而在远端的附睾尾的细胞可能在前一周以上释放。附睾内细胞碎片的存在常伴有附睾体与尾远端的亮细胞明显增多，这可能由于对颗粒物的细胞内吞作用增强所致（图 107）。如果幼龄动物（小于和等于 8 周）被用于短期试验（小于和等于 2 周），在附睾尾部常有大量细胞碎片。

管腔内精子减少：输出小管，附睾（Reduced Sperm，Luminal：Efferent Ducts，Epididymis）（图 106 和图 107）

同义词： hypospermia，oligospermia，aspermia，reduced spermatids

发病机制：精子含量减少通常是由于精子细胞损伤、雄激素的支持作用降低，或罕见地继发于先天性睾丸发育不全 / 未发育，使睾丸输出精子减少引起。

诊断要点：

- 附睾管腔内精子密度降低或缺乏精子。
- 精子数量减少可累及整个附睾，或局限于特定的区域（取决于精子生成障碍发生的时间）。
- 常伴随因睾丸生精小管发生变性 / 萎缩而产生的管腔内细胞碎片。
- 常伴随因精子和液体容量减少而引起的导管萎缩。

鉴别诊断：

- 要与青春期状态的精子减少相鉴别。

备注：精子含量减少是睾丸内精子生成障碍的必然结果（Radovsky，Mitsumori 和 Chapin，1999）。精子存在于大鼠和小鼠的附睾全段（从起始段一直到尾部），但在不同区域精子密度不同（Reid 和 Cleland，1957）。有时很难仅通过定性、主观的评估来识别精子密度的轻度降低，而精子定量分析对确定这种变化非常有用。“无精”一词可用来表示精子完全缺乏，但由于它是精子减少连续谱的一部分，故建议使用严重程度等级表示变化的程度。

精子的数量和密度也因动物年龄而不同。分别小于 8 周龄或 5 周龄的大鼠与小鼠，附睾尾部可能缺乏精子或精子数目很少。在大鼠约 12 周龄前、小鼠约 9 周龄前精子数目不会达到高峰，而且精子含量在青春期动物间差异明显。

精子数目的减少或增加也可通过直接或间接改变附睾结构和功能而发生。某些生殖毒物可增加或降低附睾输送精子的时间（Klinefelter，2002），或通过调低雄激素状态改变附睾的功能（Ezer 和 Robaire，2002）。

精子淤滞：输出小管，附睾（Sperm Stasis： Efferent Ducts，Epididymis）（图 108 至图 110）

发病机制：精子淤滞在输出小管是由于液体重吸收增加或精子在末端盲管嵌塞，当睾丸产生精子不活跃时，精子淤滞也可发生于附睾尾。

诊断要点：

- 附睾的某段或输出小管管腔内精子密度增加。
- 嵌塞不久的精子表现为稠密和嗜酸性，随时间推移因钙盐沉积可变为嗜碱性。
- 嵌塞部位的远端小管内通常没有精子。
- 随时间推移，精子淤滞一般会引起炎症反应（Radovsky，Mitsumori 和 Chapin，1999）。

鉴别诊断：

•精子囊肿（管腔大于或等于正常大小的 3 倍）。

•精子肉芽肿（伴有炎症）。

备注：精子通过输出小管和附睾不仅依赖于协调的流体动力学（液体由斯托利细胞分泌，由输出小管吸收），而且依赖于附睾和输精管内平滑肌的收缩。上述任一过程的障碍或导管系统任何部位的阻塞都会导致精子淤滞，而精子淤滞反过来常引起炎症和／或精子肉芽肿。近端输出小管的盲端常有精子淤滞，但一般不引发炎症反应（Foley，2001）。化学方法诱发的输出小管液体吸收增加常可引起精子淤滞，随后出现精子肉芽肿，从而继发睾丸生精小管扩张和萎缩（Hess，1998，2002；La 等，2012）。附睾尾精子淤滞可由多种原因引起，包括用 α-肾上腺素能颉颃剂如哌唑嗪和胍乙啶阻断肾上腺素能通路（Kline-felter，2002）。精子肉芽肿是精子淤滞常见的结局。如果精子生成严重障碍，使睾丸不再产生精子，则精子淤滞也可出现在附睾尾部。在这些情况下，附睾的其他部位没有精子，而在附睾尾常残留一些嗜酸性精子和细胞碎片。

淀粉样物质：输出小管，附睾（Amyloid：Efferent Ducts，Epididymis）

同义词： amyloidosis

发病机制： 小鼠年龄相关性变性状态。

诊断要点：

•弱嗜酸性细胞外物质积聚。

•出现在血管周围或间质。

•刚果红染色偏振光观察呈绿色双折射。

•可呈细带状或大片状。

备注：淀粉样变性是一种与年性相关的偶发的自发性疾病，常为系统性，其特征是多肽类（常为血清中淀粉样相关蛋白或免疫球蛋白片段）在细胞外沉积，在常规切片上表现为弱嗜酸性无定形物质。在老龄小鼠常见，大鼠罕见。确证沉积物为淀粉样物质，可通过特殊染色如刚果红染色光学显微镜观察而实现。采用这种染色淀粉样物质在偏振光下呈苹果绿色。

巨大核：附睾（通常局限于输精管）（Karyomegaly：Epididymis）（图 111 至图 113）

同义词： karyocytomegaly

发病机制： 不详。

诊断要点：

•最常见于输精管。

•单个或一群附睾上皮细胞显示胞核增大，嗜碱性深染，非典型性，一个或多个细胞核折叠。

- 这些细胞核显示胞质内陷，细胞可突入管腔并 / 或呈假复层。

备注：巨大核通常见于老龄小鼠输精管。如该病变在 B6；129 老龄小鼠已被报道（Haines，Chattopadhyay 和 Ward，2001）。尽管存在细胞异型性，但不清楚该病变的发展。

腺病：附睾（Adenosis：Epididymis）（图 114 和图 115）

发病机制：不详。

诊断要点：

- 成群的上皮细胞与附睾管紧密关联，或位于附睾管间。
- 常出现微管腔。
- 可伴随管周纤维化和上皮细胞空泡形成。

备注：腺病可自然发生于老龄小鼠（Radovsky，Mitsumori 和 Chapin，1999），或发生于出生后暴露于己烯雌酚的小鼠（Bullock，Newbold 和 McLachlan，1988）。

炎性变化：输出管道（Inflammatory Changes-Excurrent Ducts）

引言

炎症状态的诊断推荐步进式方法。间质组织的水肿有时可在没有任何明显炎性浸润的情况下发生。炎性细胞的轻微和 / 或局灶性聚集应被称为“炎症细胞浸润”，并使用附加的修饰语以特别说明涉及的主要细胞类型（淋巴细胞的、中性粒细胞的、淋巴浆细胞的等）。如果炎性浸润更弥漫，并伴有其他典型的炎症标志如水肿、充血，或细胞变性 / 坏死，便可使用炎症这个术语，并且可用合适的修饰词以特别说明炎症的特征（如淋巴细胞性、中性粒细胞性、化脓性等）。

水肿：输出小管，附睾（Edema：Efferent Ducts，Epididymis）（图 116）

发病机制：液体外渗进入间质组织，作为背景性病变偶见于青春期前或青春期的大鼠，在液体平衡障碍的情况下也可能是供试品相关的。

诊断要点：

- 间质组织因透明的弱嗜酸性或嗜碱性液体而扩大。
- 可伴以混合性炎症细胞轻度增多。

鉴别诊断：

•炎症：伴有弥漫性炎症浸润和组织损伤。

•正常成熟的附睾：疏松的间质结缔组织无液体聚集。

备注：附睾尾的水肿有时可被视为背景性病变，尤其是青春期的大鼠附睾（Sawamoto 等，2003）。它不应与组织成熟过程中附睾尾的疏松结缔组织正常扩大相混淆。当液体平衡发生障碍时（这可能涉及血管介导的变化 / 或导管对液体的吸收发生改变），水肿也可被视为一种供试品相关性变化。成熟中的大鼠给予 L- 半胱氨酸，在形成精子肉芽肿前也可见到发生水肿（单侧和双侧）（Sawamoto 等，2003）。

炎症细胞浸润：输出小管，附睾（Infiltrate，Inflammatory Cell：Efferent Ducts，Epididymis）（图 117 和图 118）

同义词： lymphocytic infiltrate，mononuclear cell infiltrate，inflammation

修饰语： 淋巴细胞性（lymphocytic），中性粒细胞性（neutrophilic），浆细胞性（plasmacytic），混合性炎症细胞（mixed inflammatory cell）

发病机制： 炎症细胞局部渗入间质组织，为病因不详的常见背景性病变。

诊断要点：

•炎症细胞（常为淋巴细胞）小灶性聚集，位于间质及血管周围，也可见于管腔内。

•混合性炎症细胞灶（微脓肿）也常被视为附睾周围相邻脂肪组织的背景性病变。

鉴别诊断：

•炎症：较弥漫的炎性浸润，尚有其他特征如水肿和组织损伤。

备注：局灶性淋巴细胞聚集通常被视为偶发的背景性病变，特别是在附睾头。附睾间质内的局灶性中性粒细胞浸润可表示炎症的早期。管腔内的炎性浸润物（混有精子）一般表示精子淤滞（见精子淤滞）。

炎症：输出小管，附睾（Inflammation：Efferent Ducts，Epididymis）（图 119 和图 120）

同义词： epididymitis

修饰语： 中性粒细胞性（neutrophilic），淋巴细胞性（lymphocytic），淋巴浆细胞性（lymphoplasmacytic），混合性炎症细胞（mixed inflammatory cell）。其他修饰语包括化脓性（purulent）或肉芽肿性（granulomatous）

发病机制： 通常为对组织损伤或坏死的反应。附睾内的炎症可继发于血 - 附睾屏障的破坏，使间质中的免疫活性细胞能与抗原性异物精子接触。

诊断要点：

- 炎症细胞呈局部扩散性或弥漫性聚集。
- 可在间质中、上皮内和 / 或管腔内。
- 伴随组织损伤和 / 或水肿。

鉴别诊断：

- 炎症细胞浸润（Inflammatory cell infiltrate）：局灶性，轻微，无组织损伤。
- 精子肉芽肿（Sperm granuloma）：在间质中混有或包裹变性精子的可见肉芽肿性炎症。

备注：附睾的炎症是一种少见的病变。与睾丸的情况一样，精子受相邻导管上皮细胞间紧密连接的保护而免受免疫活性细胞的伤害。然而这种屏障不如睾丸的有效，因此较易受到伤害。引起原发性附睾炎症的化学品报道相对较少。最佳例证是，Fischer 大鼠使用甲基氯后可导致导管上皮细胞破坏与炎症，这通常呈节段性并局限于附睾尾，随着时间的延长则不断发展为精子肉芽肿（Chapin 等，1984；Chellman 等，1986）。附睾与输精管的炎症也在出生后使用己烯雌酚的成年大鼠报道过（Atanassova 等，2005）。

在啮齿类动物，附睾间质存在明显的肥大细胞是一种常见的背景性病变所见，不应与炎症混淆。据报道，肥大细胞的数量随性成熟而变化，约在 90 日龄达到高峰。

精子肉芽肿：输出小管，附睾（Sperm Granuloma：Efferent Ducts, Epididymis）（图 121 至图 123）

同义词：spermatic granuloma、spermatogenic epididymitis

发病机制：当免疫活性细胞能接触抗原性异物精子时就可发生精子肉芽肿。这通常在附睾管腔破裂精子进入附睾间质后发生（McGinn 等，2000）。精子进入间质可在输精管梗阻、附睾上皮损伤、管道破裂后，或作为精子淤滞的慢性结局而发生。大部分精子肉芽肿位于附睾间质。

诊断要点：

- 中心聚集的变性精子，被数量不等的肉芽肿（异物）性炎症反应所包围。
- 炎症反应的特征是内层为上皮样（吞噬精子的）巨噬细胞，外围是富含淋巴细胞和浆细胞的疏松血管性结缔组织。
- 有时被纤维性包膜所包裹。
- 精子在中心腔内可形成分离的“球状块”。
- 在被嵌塞的精子周围可见附睾上皮肥大 / 增生（附睾管内肉芽肿）。
- 最常位于附睾体或附睾尾。

•输出小管内也可发生背景性或化学物诱发的病变。

鉴别诊断：

•精液囊肿（Spermatocele）：无炎症。

•炎症（inflammation）：无精子参与的炎症反应。

备注：精子肉芽肿形成最有可能开始于附睾管内衬上皮细胞的损伤，精子经上皮漏出与其下的固有层接触，在此免疫活性细胞启动异物性炎症反应，以试图隔离已挤出的精子。管壁的损伤有多种原因，包括精子淤滞、直接损害，或导管内压力增大。附睾中的精子肉芽肿比睾丸多见，可能是由于导管先天性局部或节段性未发育所致。此外，精子肉芽肿病变可由化学诱发，并在全附睾都有报道。化学诱发的精子肉芽肿例子包括继发于炎症的附睾尾肉芽肿（如甲基氯），大鼠上皮损伤（如二溴氯丙烷、α 氯代醇）后输出小管和附睾头的肉芽肿（Boorman，Chapin 和 Mitsumori，1990；Creasy，1999），给予 2- 甲基咪唑 B6C3F1 小鼠输出小管及附睾头的肉芽肿（Tani 等，2005），以及给予 L- 半胱氨酸附睾体和附睾尾的肉芽肿（Sawamoto 等，2003）。给予大鼠 α 肾上腺素能颉颃剂胍乙啶可在附睾与输精管连接处形成精子肉芽肿。这些肉芽肿的发生是由于附睾的交感神经支配受到抑制，而交感神经控制附睾尾导管与输精管平滑肌的收缩从而形成附睾内的压力（Kempinas 等，1998）。精子肉芽肿也可发生于输精管结扎术或输精管堵塞后。对一系列输精管切除术诱发的精子肉芽肿所作的连续切片显示，它们毫无例外地均位于间质，并且大多数在附睾管与精子肉芽肿间已失去任何连接（McGinn 等，2000）。

输出管道的血管变化（Vascular Changes Excurrent Ducts）

血管 / 血管周围坏死 / 炎症：输出小管，附睾（Necrosis/Inflammation，Vascular/Perivascular：Efferent Ducts，Epididymis）（图 124）

同义词：vasculitis，arteritis，perivascular inflammation，periarteritis，polyarteritis nodosa

发病机制：通常具有自发性、年龄相关性、系统性“结节性多动脉炎”的特点，这种动脉炎是一种小动脉壁的进行性退行性病变。病变也可由血管活性药物及化学品通过血管壁的过度扩张或系统性高血压而诱发或加重。

诊断要点：

•炎症细胞（通常是淋巴 - 浆细胞）包围血管（小动脉），并常浸润血管壁。

•常伴有中膜增厚、纤维素样坏死（血管中膜有纤维状嗜酸性物质聚积），或受累血管的透明样变（坏死）。

•常见于附睾周围邻近的脂肪组织或附睾间质。

鉴别诊断：

- 炎症细胞浸润（Inflammatory cell infiltrate）：炎性浸润通常为淋巴细胞，不累及血管壁，不伴有血管壁的增厚或退行性变化。
- 炎症（Inflammation）：炎症浸润更弥漫，不以血管为中心。

备注：小鼠年龄相关的结节性多动脉炎比大鼠更常见，睾丸比附睾更常见。虽然肠系膜和睾丸血管床的血管对自发性与诱发性病变较敏感，但附睾也可被累及。大鼠给予氯化镉后，其睾丸、附睾和副性腺均有血管损伤（Waites 和 Setchell，1966）。大多数情况下，动脉中膜坏死可被视为年龄相关的系统性“结节性多动脉炎”状态的一部分。也可参见 INHAND 心血管系统术语。

肿瘤性增生性病变：输出管道（Neoplastic Proliferative Lesions-Excurrent Ducts）

引言

大鼠和小鼠输出管的肿瘤十分罕见，起源于相关结缔组织基质的肿瘤，如平滑肌瘤 / 肉瘤，纤维瘤 / 肉瘤，以及血管瘤 / 肉瘤都很少见，而这里不包括这些在内。规范术语和诊断标准适用于附睾的两种特异肿瘤类型，在小鼠中曾被报道过，它们是组织细胞肉瘤和莱迪格细胞腺瘤。

莱迪格细胞腺瘤：附睾（Adenoma，Leydig Cell：Epididymis）（图 125 和图 126）

种属： 小鼠

同义词： tumor，Leydig cell，benign，tumor，interstitial cell，benign

发病机制： 自发性肿瘤，发病机制不详。

诊断要点：

- 结节状或弥散性团块，邻近的附睾管外周受压、移位或被替代。
- 由含有大量嗜酸性或空泡化胞质的多边形细胞组成。
- 核圆形，常位于中央，染色质分布均匀，有一个明显的核仁。核质比低。
- 缺乏胞质的小深染细胞及含有黄褐色色素（脂褐素）的细胞不常见。
- 有丝分裂少见，无非典型核分裂象。

鉴别诊断：

- 肉芽肿（Granuloma）：由空泡化的巨噬细胞和其他炎症细胞组成，中心有精子聚积。

- 组织细胞肉瘤（Sarcoma，histiocytic）：细胞呈梭形，可见多核巨细胞。明确的鉴别诊断需要进行免疫组化染色（IHC）［莱迪格细胞呈钙结合蛋白（calretin）、抑制素阳性；组织细胞肉瘤呈 Mac2 和 F4/80 阳性］。

备注：在 B6C3F1 小鼠已描述过这种罕见的肿瘤（Mitsumori 等，1989；Mitsumori 和 Elwell，1988）。关于附睾莱迪格细胞增生或癌尚无报道，并且由于正常情况下附睾中见不到莱迪格细胞，因此有人认为这些肿瘤是附睾的原发性组织细胞肉瘤（Yanoet 等，2008）。建议用免疫组化标志物进行确诊。

组织细胞肉瘤：附睾（Sarcoma，Histiocytic：Epididymis）（图 127 至图 129）

种属： 小鼠

同义词： reticulum cell sarcoma，histiocytic lymphoma，histiogenic tumor

发病机制： 为罕见的自发性肿瘤，起源于未分化的间叶细胞或组织细胞。

诊断要点：

- 在附睾尾突出成结节状。
- 由大片圆形至梭形的多形性细胞组成。
- 可见多核巨细胞。
- 胞质呈嗜酸性泡沫状，含淀粉酶耐受的 PAS 阳性沉积物，有噬红细胞现象，可能含有色素，如含铁血黄素、类胆红素和脂褐素。
- 细胞核多形，核切迹明显，有丝分裂象多见。
- 侵袭附睾组织和远处转移，主要为腹膜和肝脏。
- 由于阻塞可伴发精子肉芽肿。

鉴别诊断：

- 精子肉芽肿（Spermatic granuloma）：显示机化，中心区为精子，外围是肉芽肿性包膜，由上皮样巨细胞与混合性炎症细胞浸润所组成，有丝分裂象很少。无出血、组织侵袭和转移。
- 莱迪格细胞腺瘤（Adenoma，Leydig cell）：由多边形上皮细胞组成，梭形细胞罕见。无出血、组织侵袭和转移。明确的鉴别诊断需要免疫组化染色［莱迪格细胞呈钙结合蛋白（calretin）、抑制素阳性；组织细胞肉瘤呈 Mac2 和 F4/80 阳性］。

备注：附睾的组织细胞肉瘤仅见于小鼠，认为与小鼠子宫的组织细胞肉瘤相同。有人提出诊断为莱迪格细胞肿瘤的病变可能是组织细胞肉瘤（Yano 等，2008）。附睾的组织细胞肉瘤在下列文献中已有描述：Baldrick 和 Reeve（2007）；Itagaki，Tanaka 和 Shinomiya（1993）；Shiga（1994）；以及 Yano 等（2008）。

附属性腺（前列腺，精囊腺，凝固腺，尿道球腺）

引言和组织学：附属性腺（Accessory Sex Glands）（图 130 至图 134）

不同种属的附属性腺在解剖学、生物学、功能及数量上有显著差异。哺乳动物雄性附属性腺包括前列腺、凝固腺（前列腺前部）、精囊腺、壶腹腺、尿道球腺、尿道腺与包皮腺。尽管不是所有动物都存在全部的附属性腺（一些转基因啮齿类动物除外），但大鼠和小鼠则有全部这些腺体。本文仅介绍前列腺、精囊腺、凝固腺与尿道球腺。附属性腺的评估依赖于不同组织与不同区域充足而一致的采样，特别是在小鼠。附属性腺的解剖和取材指导可在 Boorman，Elwell 和 Mitsumori（1990）；Kittel 等（2004）和 Suwa 等（2001，2002）的文献中找到。

由中肾管系统发育来的输出管系统，包括睾丸网、输出小管、附睾与输精管。精囊腺及壶腹腺也由中肾管侧芽发育而来。尽管前列腺、凝固腺、尿道球腺与尿道及外生殖器有不同的胚胎学起源，但都是由尿生殖窦和尿生殖器发育而来。这些管道发育的激素调节也各不相同。

前列腺（Prostate Gland）

啮齿动物的前列腺由围绕尿道的成对腹侧部及背侧部组成。其每一部分有不同的生理功能，对激素扰动及毒剂损伤反应也不同。前列腺腹侧部腺泡衬以单层立方状到高柱状上皮，因分泌活性不同而呈现不同高度。在前列腺上皮中有少量其他细胞类型，包括非分泌性基底细胞、巨噬细胞型细胞和淋巴细胞型细胞。背外侧前列腺背面部分的显微镜特征类似于凝固腺，而侧面部分最相似于腹侧前列腺，具有独特的刷状缘。腺泡主要由基质平滑肌细胞及少量的纤维细胞所包绕。基于分泌活动，各叶腺泡都充满絮状分泌物。在腹叶，分泌物呈淡嗜酸性，侧叶呈强嗜酸性，背叶分泌物染色居中（Boorman，Elwell 和 Mitsumori，1990；Lee 和 Holland，1987，Suwa 等，2001，2002）。

凝固腺（Coagulating Gland）

凝固腺来源于前列腺，有时指前列腺头背部、头部或前部（Boorman，Elwell 和 Mitsumori，1990；Creasy，1998；Radovsky，Mitsumori 和 Chapin，1999）。凝固腺由 5～6 个管状结构组成，位置邻近精囊腺并与其平行，并常包含在精囊腺的切面中。凝固腺腺泡衬以柱状上皮，这些细胞排成分枝的乳头状突起伸入腔内，腔内含有与前列腺背部相似的嗜酸性蛋白性物质。

精囊腺（Seminal Vesicle）

啮齿类动物的精囊腺是成对的囊状器官，环绕着一个大中央腔，包裹着一层肌性管壁。囊腔黏膜呈蜂巢状结构，由复杂的皱襞构成，形成与中央腔相通的不规则的吻合管道。黏膜的初级皱襞薄，也向外伸入囊腔。小鼠的精囊腺上皮是由假复层柱状细胞组成，大鼠为单层柱状上皮（Suwa 等，2001，2002）。腺体分泌物呈强嗜酸性，构成 50% ～ 80% 的射出精液（Creasy 和 Foster，2002）。

尿道球腺（Bulbourethral Gland）

尿道球腺或称库珀腺（Cowper' s gland）是成对的小器官，由于位于坐骨海绵体肌与球海绵体肌之间，故难以进行大体检查或解剖分离。大鼠的尿道球腺呈梨形管泡状，腺泡衬以单层嗜碱性锥形细胞，细胞内含密集的具有丝状或网状纹理的分泌颗粒（Boorman, Elwell 和 Mitsumori，1990；Dünker 和 Aumü ller，2002）。分泌物呈弱嗜碱性染色，是由酸性和中性黏液物质组成。小鼠的腺体为多分枝排列的腺泡，衬覆充满腺泡腔的高柱状上皮细胞（Dünker 和 Aumüller，2002）。

在射精过程中，来自前列腺、精囊腺和凝固腺的分泌物在输精管与精子混合。当精子进入尿道海绵体部，与尿道球腺的分泌物混合（Creasy，1998），这些腺体的分泌物共同形成精液。不同种属的精液组成不同，但精液主要作用是延长精子在雌性生殖道运输的生存力（Luke 和 Coffey，1994）。精液的凝固也存在种属差异，多数鼠类啮齿动物在交配后，来自于精囊腺、凝固腺与尿道球腺的分泌物可形成交配栓（Hartung 和 Dewsbury, 1978）。例如，大鼠精液先是含有精子的液体相，随后变为固相，形成交配栓，其功能是把精子留在阴道里，提高受精率。大鼠凝固腺可分泌精液凝固酶（vesiculase），使凝固酶原（精囊腺分泌）转变为凝固酶。该过程需要尿道球腺分泌的辅助因子参与（Creasy, 1998）。

先天性病变：附属性腺

未发育：前列腺，精囊腺，凝固腺，尿道球腺（Aplasia：Prostate，Seminal Vesicle，Coagulating Gland，Bulbourethral Gland）

同义词： agenesis

发病机制： 性腺原基在胚胎发育中出现故障（Shappell 等，2004）。

诊断要点：

- 大体与镜下检查均无明显器官。

鉴别诊断：

•发育不全：器官不完全缺失。

备注：附属性腺的先天缺陷不常见（Boorman，Elwell 和 Mitsumori，1990），但在一些转基因啮齿类动物有报道。例如，p63-/- 小鼠的前列腺未发育（Sigmoretti 等，2000；Smits 等，1999），Hoxa-13+/-/Hoxd-13-/- 复合突变小鼠雄性附属性腺出现多种异常，包括凝固腺和尿道球腺未发育、精囊腺发育不全（见下）（Warot 等，1997）。有毒物质可诱发未发育的例证也有报道。例如，使用 2，3，7，8- 四氯二苯并对二噁英（5mg/kg，母体剂量）可抑制雄性后代前列腺胚芽形成，导致 C57BL/6J 小鼠前列腺未发育（Vezina 等，2008）。子宫内雄性大鼠给予酞酸二丁酯（DBP），也会导致附属性腺多方面的异常，包括精囊腺和凝固腺叶缺失（Barlow 和 Foster，2003）。

发育不全：前列腺，精囊腺，凝固腺，尿道球腺（Hypoplasia：Prostate，Seminal Vesicle，Coagulating Gland，Bulbourethral Gland）

发病机制：不完全发育有别于未发育，器官没有全部缺失，但器官发育不充分（Shappell 等，2004）。

诊断要点：

•器官体积小（考虑个体大小和性成熟度）。

•器官各叶常呈畸形。

•分泌减少。

鉴别诊断：

•萎缩：总体结构正常，但上皮萎缩。

备注：与未发育一样，发育不全也罕见，前列腺发育不全在 2 型 5α- 氧化还原酶（5α-reductase type 2）敲除小鼠和其他转基因啮齿类动物有报道（Li 等，2001）。子宫内 Sprague-Dawley 雄性大鼠暴露于酞酸二丁酯，据报道可发生前列腺腹侧及背外侧和精囊腺的发育不全（Barlow 和 Foster，2003）。

扩张性变化：附属性腺

腺泡 / 囊泡扩张：前列腺，凝固腺，尿道球腺，精囊腺（Dilation，Acinar/Vesicle：Prostate，Coagulating Gland，Bulbourethral Gland，Seminal Vesicle）（图 135 至图 137）

同义词：acinar distension，cystic dilation，cysts，distended vesicle

发病机制：腺体腺泡或精囊腺内因分泌物产生增多（雄激素过多症）或分泌物释放受

到抑制（抗肾上腺素能药，年龄相关性性功能减退）而扩张。囊性扩张可继发于精囊腺和凝固腺的阻塞和纤维性炎症。

诊断要点：

•大体检查，腺体因分泌物蓄积而出现局部扩张或整个腺体增大。

•可伴有器官重量增加。

•腺泡 / 囊泡局灶性或弥散性扩张，其内充满分泌物。

•可形成黏液性囊肿（前列腺和尿道球腺）。

•伴有腺泡壁或囊泡壁严重变薄（囊性扩张）。

•常伴有腺泡 / 囊泡内分泌物的降解。

备注：精囊腺及凝固腺的扩张发生于老龄大鼠和小鼠，并常伴有分泌物的降解和囊壁重度变薄（Faccini，Abbott 和 Paulus，1990；Frith 和 Ward，1988；Radovsky，Mitsumori 和 Chapin，1999；Suwa 等，2001，2002；Yamate 等，1990），分泌物的聚集是由于性功能减退和睾酮水平下降所致（Suwa 等，2001，2002）。这种变化有时也伴有囊泡壁慢性炎症，也可继发上行性尿路感染，这种情况在雄性小鼠中比较普遍。老龄大鼠和小鼠的前列腺也有发生腺泡黏液性囊肿的描述（Suwa 等，2001，2002）。在老龄大鼠和小鼠，可见尿道球腺腺泡和导管有类似的发展为囊性萎缩的扩张，增大的尿道球腺常被当作大体异常而采样（Kiupel，Brown 和 Sundberg，2000；Wardrip 等，1998）。

由分泌物产生增多并伴有器官增重的弥漫性腺泡或囊泡扩张，曾作为药物诱发的病变而报道，也有报道伴有高泌乳素血症和雄激素过多症（Coert 等，1985；Van Coppenolle 等，2001）。

变性性变化：副附属腺

萎缩：前列腺，精囊腺，凝固腺，尿道球腺（Atrophy，Prostate，Seminal Vesicle，Coagulating Gland，Bulbourethral Gland）（图 138 至图 143）

发病机制：附属性腺萎缩通常是与雄激素水平降低有关（Gordon，Majka 和 Boorman，1996；Liu 和 Hurtt，1996；Stolte，1993；Sugimura，Cunha 和 Donjacour，1986；Suwa 等，2002）。睾酮刺激作用减弱可导致由于分泌活动降低而引起的重量减轻（Creasy，1998）。

诊断要点：

•器官体积缩小、重量减轻。

•腺泡 / 囊泡腔缩小，上皮褶皱增多。

•腺泡腔分泌物减少或缺如。

•腺泡或囊泡衬以低矮或扁平上皮细胞，细胞内分泌小滴减少或消失。

- 严重萎缩致间质增生。
- 上皮细胞色素增多（脂褐素沉着）。
- 囊肿型
  - 扩张的腺泡 / 囊泡主要内衬扁平上皮；
  - 可出现显著的上皮丢失；
  - 腺泡 / 导管内可含蛋白性液体和少量细胞碎片或空腔（Faccini，Abbott 和 Paulus，1990；Gordon，Majka 和 Boorman，1996）。

鉴别诊断：

- 发育不全：腺体组织结构正常但器官整体小，并常为畸形。

备注：萎缩常伴有雄激素慢性耗竭，如去势和老龄性变化。老龄化引起的附属性腺萎缩性改变常无去势继发的明显（Boorman，Elwell 和 Mitsumori，1990）。腺体萎缩早期外观正常的上皮有明显的细胞凋亡。相对于性成熟度和整体的体型大小 / 体重来评估器官大小和分泌功能是很重要的。在评估附属性腺的分泌量和萎缩时，应确保腺体取样的一致性（Suwa 等，2001，2002）。

上皮空泡形成：前列腺，精囊腺，凝固腺（Vacuolation，Epithelial：Prostate，Seminal Vesicle，Coagulating Gland）（图 144 和图 145）

同义词： vacuolar degeneration，vesicular or hydropic degeneration

发病机制： 上皮细胞空泡形成可由多种变性性变化引起，包括液体、脂质、磷脂、糖蛋白的蓄积。

诊断要点：

- 因病因不同，空泡形成可呈小泡性或大泡性。
- 空泡常会使细胞核移位并可使细胞变形；空泡可位于细胞顶端、基部或二者均有。

鉴别诊断：

- 固定引起的人工假象：固定不良可导致上皮细胞中出现不同数量的空泡。
- 细胞凋亡：凋亡碎片出现在空泡内。

备注：磷脂沉积有时会累及前列腺和精囊腺上皮并出现弥漫性空泡形成。

上皮单个细胞坏死：前列腺，精囊腺，凝固腺，尿道球腺（Single cell necrosis，Epithelial：Prostate，Seminal Vesicle，Coagulating Gland，Bulbourethral Gland）（图 146）

同义词： apoptosis

发病机制：单个细胞坏死（细胞凋亡）认为是由细胞内信号和事件级联引起的程序性细胞死亡（Shappell 等，2004）。

诊断要点：

- 单个细胞呈现核碎裂或固缩，细胞质皱缩，呈嗜酸性。
- 其余上皮细胞外观正常。
- 无炎症变化。
- 伴有分泌量减少。

备注：性器官的细胞凋亡见于雄性激素急性耗竭，但进展为萎缩常需要持续性的雄激素耗竭（Shappell 等，2004）。细胞凋亡可以通过原位末端标记法（TUNEL）或其他凋亡标志物来确认。当评估附属性腺分泌量时，确保对腺体进行一致性采样非常重要（Suwa 等，2001，2002）。

坏死：前列腺，精囊腺，凝固腺，尿道球腺（Necrosis：Prostate，Seminal Vesicle，Coagulating Gland，Bulbourethral Gland）

发病机制：凝固性坏死可由缺氧和 / 或各种毒素引起（Shappell 等，2004）。可伴有泌尿生殖器感染所致的化脓性炎症。

诊断要点：

- 细胞呈强嗜酸性，轮廓清楚，但核细微结构消失（Shappell 等，2004）。
- 坏死区常涉及多个细胞，有时可跨越大面积的相邻细胞。
- 坏死区域边缘可有炎症细胞浸润、出血和 / 或水肿。

备注：老龄转基因动物的前列腺和精囊腺偶有凝固性坏死的报道，很可能继发于局部缺血（Shappell 等，2004）。坏死区域也可能与泌尿生殖器感染所致的化脓性炎症或肿瘤相关联。

化生：前列腺，精囊腺，凝固腺，尿道球腺（Metaplasia：Prostate，Seminal Vesicle，Coagulating Gland，Bulbourethral Gland）（图 147 至图 149）

修饰语：黏液细胞，鳞状细胞，移行细胞

发病机制：可能由于炎症介导的组织损伤、营养缺乏和激素失调，致使正常分泌上皮向黏液细胞、鳞状细胞、移行细胞分化。

诊断要点：

- 正常前列腺上皮（基底细胞和腺腔分泌细胞）被以下上皮取代：
  - 黏液性上皮：高柱状黏液分泌细胞。
  - 鳞状上皮：复层鳞状角化细胞。

○ 移行上皮：移行（尿路上皮）细胞。

备注：鳞状上皮化生常伴有严重的性腺炎症。化生性变化也见于转基因小鼠及给予雌激素类化合物的小鼠前列腺（Bierie 等，2003）。给予雌激素的雄性小鼠，其凝固腺（前列腺前部）、前列腺背侧部和精囊腺都可发生鳞状上皮化生。增生在凝固腺和精囊腺最为广泛，常致使大量腺泡转变为小的角质化结节（Bern，1952）。类似变化也见于给予雌激素的雄性大鼠（Alison 等，1997；Arai，1968；Arai，Suzuki 和 Nishizuka，1977；Bern，1952；Bierie 等，2003；Bosland，1992；Cunha 等，2001；Heywood 和 Wadsworth，1980；Kawamura 等，2000；Rehm 等，2001）。维生素 A 缺乏症的大鼠和小鼠（试验诱发）也可发生附属性腺的鳞状上皮化生，开始为一层鳞状上皮覆盖在原精囊腺、凝固腺、输精管、背侧前列腺腺腔上皮上。常见上皮内角质化和"角化珠"的形成（Bern，1952）。

其他变化：附属性腺

淀粉样物质：前列腺，精囊腺，凝固腺，尿道球腺（Amyloid：Prostate，Seminal Vesicle，Coagulating Gland，Bulbourethral Gland）

同义词： amyloidosis

发病机制： 小鼠与年龄相关的退行性疾病。

诊断要点：

- 细胞外有弱嗜酸性物质沉积。
- 血管周围、间质。
- 刚果红染色偏振光下呈绿色双折射。
- 可形成窄带状或大片状。

备注：淀粉样变是一种与年龄相关的偶见的自发性系统性疾病，其特征是细胞外有多肽类物质（常为血清淀粉样相关蛋白或免疫球蛋白片段）沉积，常规切片染色呈弱嗜酸性无定形物质。病变常见于老龄小鼠，而大鼠罕见。确定沉积物为淀粉样物质可用特殊染色如刚果红染色光学显微镜观察，淀粉样物质在偏振光下呈苹果绿色。

凝结物：前列腺，精囊腺，凝固腺，尿道球腺（Concretions：Prostate，Seminal Vesicle，Coagulating Gland，Bulbourethral Gland）（图 150 和图 151）

同义词： mineralized deposits，corpora amylacea

发病机制： 由于死亡细胞的受压脱水和"压实作用"，变性细胞的透明小团块发展为致密的凝结物，可出现矿化。

诊断要点：

- 圆形，同质或同心板层小体。

•常呈嗜酸性，但在边缘可呈嗜碱性着色。
•这些小体见于前列腺腺腔（Jones 和 Hunt，1983）。

备注：凝结物是一种十分常见的年龄相关性变化，通常与腺泡萎缩有关。

炎症性变化：附属性腺

引言

诊断炎症状态建议采用分步法。轻微和/或局灶性炎症细胞聚集可称为“炎症细胞浸润”，并附加修饰语以界定所涉及的主要细胞类型（淋巴细胞性、中性粒细胞性，淋巴浆细胞性等）。如果炎症细胞浸润较弥漫并伴有炎症其他典型特征：如水肿、充血、细胞变性/坏死，则可用炎症这一术语，并可采用恰当的修饰语以详细说明炎症的特征（如淋巴细胞性、中性粒细胞性，化脓性等）。

炎症细胞浸润：前列腺，精囊腺，凝固腺，尿道球腺（Infiltrate, Inflammatory Cell: Prostate, Seminal Vesicle, Coagulating Gland, Bulbourethral Gland）（图 152 至图 154）

同义词： lymphoid infiltrate, mononuclear cell infiltrate, inflammation

修饰词： 淋巴细胞性，中性粒细胞性，浆细胞性，混合炎症细胞

发病机制： 炎症细胞局灶性渗入间质组织或腺泡腔，常为病因不明的背景性病变。

诊断要点：

•小灶性炎症细胞聚集，在间质常为淋巴细胞，腺泡腔常为中性粒细胞。
•在腺泡腔内时常有脱落的细胞或细胞碎片。

鉴别诊断：

•炎症：炎症细胞浸润较弥漫，并伴有其他特征，如水肿、组织损伤、反应性增生、上皮化生。

备注：局灶性淋巴细胞聚集是大鼠和小鼠很常见的一种背景性病变，特别是在前列腺。在 B6C3F1 小鼠，超过 30% 个体其前列腺有淋巴细胞浸润，而凝固腺的淋巴细胞浸润约为 20%，但是炎症病变的形式因种属和发生部位（叶）而不同（Suwa 等，2001，2002）。腺泡腔和间质的局灶性中性粒细胞浸润也比较常见。

炎症：前列腺，精囊腺，凝固腺，尿道球腺（Inflammation：Prostate，Seminal Vesicle，Coagulating Gland，Bulbourethral Gland）（图 155 至图 157）

同义词：prostatitis，abscesses，seminal vesiculitis，granulomatous inflammation

修饰词：中性粒细胞性，淋巴细胞性，淋巴浆细胞性，混合细胞。其他修饰词包括化脓性或肉芽肿性

发病机制：通常是对组织损伤或坏死的一种反应，常由泌尿生殖道的细菌感染引起。

诊断要点：

- 局部扩散性或弥漫性炎症细胞聚集。
- 组织损伤明显，常有反应性增生。
- 可能与上皮的鳞状化生及空泡变性相伴发。
- 可发展为脓肿或化脓性肉芽肿性反应。
- 随着炎症的持续存在，间质结缔组织增多和 / 或纤维化。
- 由于尿道球腺增大、化脓，大体检查可见会阴部肿胀或肿大（Kiupel，Brown 和 Sundberg，2000；Sebesteny，1973）。

鉴别诊断：

- 炎症细胞浸润：局灶性，极少量，无明显组织损伤。

备注：附属性腺的炎症是大鼠和小鼠一种常见的随年龄而增加的背景性病变（Boorman，Elwell 和 Mitsumori，1990）。在前列腺，其活动性炎症常混有中性粒细胞和小单核细胞，可发展为脓肿形成，可伴有反应性上皮增生，细胞核异型性及矿物质沉着（Boorman，Elwell 和 Mitsumori，1990；Shappell 等，2004）。严重炎症可继发于上行性泌尿生殖道感染，这有时可能由于同笼动物打斗受伤或试验性感染引起。尿道球腺脓肿也可能与小鼠自然感染细菌或试验感染嗜肺巴氏杆菌（Sebesteny，1973），或小鼠自然感染金黄色葡萄球菌有关。值得注意的是，在感染金黄色葡萄球菌的小鼠中，雄性种鼠脓肿的发生率高于存栏雄鼠，这表明繁殖活动可增加感染的风险。不过与未感染的雄鼠相比，感染并未影响雄性种鼠的配种活动（Needham 和 Cooper，1976）。

基因工程小鼠的前列腺炎是由尿潴留和 / 或免疫功能改变或炎症反应引起的，在快速老化模型小鼠中，有前列腺背叶发生炎症的报道（Barthelemy 等，2004；Faccini，Abbott 和 Paulus，1990；Gordon，Majka 和 Boorman 1996；Shappell 等，2004；Stolte，1993；Sugimura 等，1994；Suwa 等，2002）。前列腺的不同叶对炎症的敏感性不同。Suwa 等（2001，2002）报道，前列腺背外侧叶炎症发生率最多，此后为腹叶、壶腹腺和凝固腺，精囊腺发生率最低。

前列腺的炎症会受激素紊乱影响并可由其诱发。高催乳素血症和雌二醇的使用可以引发炎症，尽管已证明雌二醇引发炎症是由催乳素水平升高介导的（Tangbanluekal 和 Robinette，1993；van Coppenolle 等，2001）。大鼠前列腺炎与垂体肿瘤（可能分泌催乳素）的相关性已得到证实，但小鼠则未被证实（Suwa 等，2001，2002）。

间质纤维化：前列腺，精囊腺，凝固腺，尿道球腺（Fibrosis，Stromal：Prostate，Seminal Vesicle，Coagulating Gland，Bulbourethral Gland）

发病机制： 可能与使用雌激素和失去雄激素的支持有关。也继发于慢性炎症。在转基因动物，间质纤维化可能由生长因子或细胞外基质的改变引起（Shappell 等，2004）。

诊断要点：

- 间质组织的比例较腺组织高（雌激素刺激）。
- 间质胶原散在性聚集，或致密结缔组织呈宽带状。
- 纤维化常伴以活动性或持续性炎症。
- 由于致密的嗜酸性胶原纤维沉着，致正常解剖结构完全改变。

鉴别诊断：

- 淀粉样物质：呈刚果红染色阳性的纤维状嗜酸性物质沉积在血管周围和腺腔周围。

备注：在大鼠和小鼠，长期使用雌激素会导致前列腺分泌减少，腺上皮萎缩，间质增生及前列腺和凝固腺鳞状化生（Heywood 和 Wadsworth，1980）。此外，严重的慢性附属性腺炎症可导致大面积纤维化。

血管变化：附属性腺

血管 / 血管周围炎：前列腺，精囊腺，凝固腺，尿道球腺（Inflammation，Vascular/Perivascular：Prostate，Seminal Vesicle，Coagulating Gland，Bulbourethral Gland）（图 158）

同义词： vasculitis，arteritis，perivascular inflammation，periarteritis，polyarteritis nodosa

发病机制： 总的特征为自发的、与年龄相关的系统性“结节性多动脉炎”，表现为小动脉壁的渐进性退行性病变。炎症也可因血管活性药物及化学品通过使血管壁过度扩张或系统性高血压而引发或加剧。

诊断要点：

- 炎症细胞（常为淋巴 - 浆细胞）围绕血管（小动脉）并常浸润血管壁。
- 通常伴有血管壁中层肥厚、纤维素样坏死（血管中层有纤维状嗜酸性物质沉积），或受累及血管的透明样变（坏死）。

鉴别诊断：

- 炎症细胞浸润：炎性浸润常为淋巴细胞性，不累及血管壁，不伴随血管壁肥厚或退行性变化。

●炎症：炎性浸润更弥漫，不以血管为中心。

备注：小鼠与年龄相关的结节性多动脉炎比大鼠更为常见。肠系膜和睾丸血管对自发性或诱发性血管变化较为敏感，附属性器官也可累及。大鼠给予氯化镉后，其睾丸、附睾和附属性腺的血管可发生病变（Waites 和 Setchell，1966；也可参见 INHAND 心血管系统的命名法）。

血管扩张：前列腺，精囊腺，凝固腺，尿道球腺，尿道腺（Angiectasis：Prostate，Seminal Vesicle，Coagulating Gland，Bulbourethral Gland，Urethral Glands）

发病机制： 血管扩张为自发的或继发于血管闭塞、血栓形成或高血压。

诊断要点：

不规则的扩张血管衬以正常的单层内皮细胞。

备注：血管扩张发生于老龄小鼠尿道和尿道周腺外围的海绵状血管，并常因大体异常或有时被误认为是增大的尿道球腺而被采样。

非肿瘤性增生性病变：附属性腺

引言

附属性腺增生性病变的术语及诊断标准主要根据 WHO/IARC，SSNDC，ILSI 先前所发表的资料（Alison 等，1997；Bosland 等，1998；Mitsumori 和 Elwell，1994；Rehm 等，2001）。其中包括很多其他有关啮齿动物前列腺、精囊腺、凝固腺肿瘤的综述，详细描述了其基本特征及发生率（Boorman，Elwell 和 Mitsumori，1990；Bosland，1992；Faccini，Abbott 和 Paulus，1990；Frith 和 Ward，1988；Gordon，Majka 和 Boorman，1996；Elwell，1988；Radovsky，Mitsumori 和 Chapin，1999；Rehm 等，2001；Squire 等，1978）。由于尿道球腺的增生性病变只在 SV40 TAG 转基因小鼠有描述（Shibata 等，1996），故没有将其纳入本分类中。

反应性增生：前列腺，凝固腺，精囊腺（Hyperplasia，Reactive：Prostate，Coagulating Gland，Seminal Vesicle）（图 159 和图 160）

种属： 小鼠，大鼠

同义词： hyperplasia，regenerative hyperplasia

发病机制： 腺泡上皮对泌尿生殖道感染引起的变性和炎症反应的修复性增生。小鼠尤其常见。

诊断要点：

●伴有炎症。

●多在前列腺的背侧叶和腹叶，前列腺前叶（凝固腺）及精囊腺少见。

●呈局灶性、多灶性或弥漫性病变。

●上皮细胞单纯增厚至 2 ～ 6 层或更多层；可伴有鳞状上皮化生。

●细胞呈立方状到高柱状，胞质嗜碱性增强。

●有些细胞出现异型性。

●可能出现假腺样结构。

鉴别诊断：

●非典型增生：局灶性病变，无明显炎症。

●腺瘤：挤压周围组织，破坏正常腺体结构。

备注：反应性增生是附属性腺最常见的增生类型。伴有炎症（常是化脓性炎症），这是与肿瘤形成前局灶性增生最可靠的鉴别诊断标准（Bosland，1987d；Faccini，Abbott 和 Paulus，1990；Frith 和 Ward，1988；Gordon，Majka 和 Boorman，1996；Mitsumori 和 Elwell，1988；Radovsky，Mitsumori 和 Chapin，1999；Rehm 等，2001；Reznik 等，1981；Reznik，1990）。

功能性增生：前列腺，凝固腺，精囊腺（Hyperplasia，Functional：Prostate，Coagulating Gland，Seminal Vesicle）

种属：小鼠，大鼠

同义词： adaptive hyperplasia，simple hyperplasia

发病机制：为了适应需求增加或激素刺激，器官因上皮细胞肥大或增生而增大。

诊断要点：

●上皮因细胞增多而呈弥漫性或局灶性（多灶性）单纯性增厚。

●弥漫性变化常伴有器官增重和体积增大。

●前列腺的局灶性功能性增生常见于腹叶的外围，其分泌常减少。

●内衬上皮形成的皱褶可突入腺腔。

●细胞呈立方状至高柱状，胞质嗜碱性增强。

●无细胞异型性或结构破坏。

●前列腺腺腔不闭合。

鉴别诊断：

●非典型增生：伴有细胞异型性的多层上皮局灶性病变。

•反应性增生：伴有炎症。

•腺瘤：至少导致一个腺腔（前列腺）闭合。周围组织受压，正常腺体结构破坏。

备注：功能性增生通常很难发现，因为组织外观基本正常，只是腺体数量增多。弥漫性变化最常见于使用外源性雄激素时，因为雄激素可引起附属性腺增大、增重、广泛性增生，以及分泌增多（Creasy，2008）。前列腺腹叶多灶性功能性增生可以看作自发性变化（Bosland，1987）。

非典型增生：前列腺，凝固腺，精囊腺（Hyperplasia，Atypical：Prostate，Coagulating Gland，Seminal Vesicle）（图161至图166）

种属：小鼠，大鼠

同义词：focal hyperplasia，prostatic intraepithelial neoplasia（PIN），adenomatous hyperplasia，dysplasia

发病机制：如果证据充足，如伴有附属性腺肿瘤发生率升高或病变表现出进展，腺上皮的变异性增生可归类为癌前病变。

诊断要点：

•见于前列腺腹叶和背外侧叶、凝固腺（前列腺前部）或精囊腺，尤其是基因工程小鼠（GEM）和给予睾酮的某些品系的大鼠。

•累及一个或几个相邻腺泡或精囊腺上皮的局灶性或多灶性病变（非弥漫性病变）。

•和反应性增生相比，深染的局灶性病变具有非典型细胞学特征。通常无炎症反应，但基因工程小鼠（GEM）可伴有基质增生反应。

•可见正常上皮逐渐过渡为局部增生的区域，或者有时也见更急剧的变化。

•正常前列腺腺体结构未被破坏，但精囊腺结构受到破坏。

•腺腔不闭合。

鉴别诊断：

•反应性增生：伴随有炎症。细胞正常，无异型性。

•腺瘤：通常病灶大于非典型增生，至少一个腺泡腔发生闭塞，或压迫邻近正常腺体，破坏其结构。

备注：常见于基因工程小鼠（GEM）前列腺腺癌模型和药物诱发的大鼠模型，也可作为自发病变而在大鼠和小鼠中发生（Bosland，1987d；Reznik等，1981；Shappell等，2004；Tamano等，1996）。非典型增生的诊断主要根据除少数邻近腺泡出现多层化的正常上皮外，腺体的其他方面正常，无结构紊乱。在精囊腺有局部结构紊乱和上皮细胞多层增生。前列腺的非典型增生和良性腺瘤间呈现形态学上的连续性，其界限常不明显。当非典型增生和腺瘤之间不能根据其他标准作为鉴别时，只要增生病变至少使一个腺泡腔发生闭塞，就可认为是腺瘤。在大鼠和小鼠的前列腺癌模型中，非典型增生被认为是一种癌前病变，有时被认为是前列腺上皮内肿瘤（PIN），尤其是基因工程小鼠（Park 等，2002；Shappell 等，2004；Shibata 等，1996）。前列腺背外侧和壶腹腺的非典型增生已知发生在使用致癌物质之后，常与合用睾酮有关。它与前列腺腹叶病变有一些区别：病变不太一致，其特征是腺泡小，衬覆单层非典型立方至有些扁平的上皮，胞质淡染，核淡染，细胞极性往往紊乱，无分泌现象，常见有些坏死及腺泡周围纤维肌组织增厚。

间叶增生性病变：前列腺，精囊腺（Mesenchymal Proliferative Lesion：Prostate，Seminal Vesicle）（图 167 和图 168）

种属：小鼠

同义词：vegetative lesion，mesenchymal tumor，decidual-like reaction，undifferentiated sarcoma，leiomyosarcoma，leiomyoblastoma，carcinosarcoma

发病机制：不明确。

诊断要点：

- 常位于上皮下。
- 细胞呈两种形态：在实性岛屿状中的大上皮样细胞和分布在外围的梭形细胞。
- 上皮样细胞界限明显，胞质均质嗜酸性染色或呈纤维丝状，可出现嗜酸性颗粒。
- 上皮细胞核偏向一侧，常呈多形或外形奇特，核仁明显。
- 梭形细胞似纤维细胞或平滑肌细胞。
- 有不同程度的单个核炎症细胞浸润，通常在外围出现。
- 大上皮样细胞内可出现 PAS 阳性颗粒。

鉴别诊断：

- 颗粒细胞聚集：颗粒细胞无异型性，不伴有梭形细胞。
- 良性颗粒细胞瘤：为胞质含有 PAS 阳性颗粒的大的或大小不一的上皮样细胞或纺锤形嗜酸性细胞。

备注：这种病变的明确定性仍然存在争论（Karbe，1999）。有观点认为这种病变是一种可能具有局部侵袭的良性肿瘤。也有观点根据这种病变形态类似于子宫蜕膜反应认为是一种蜕膜样反应，也能局部侵袭，但是仍然被认为是一种增生性病变。Karbe 等（1998）提供了一篇关于这一争论的综述。他们认为这种病变基本上是自发的，具有品系特异性，在 Swiss 系小鼠最为常见。也就是说，主要见于 Swiss Webster 小鼠，NMRI 小鼠和 CD1 小鼠，但在 B6C3F1 小鼠目前还没有发现。膀胱的类似病变被认为是自发性病变（与手术植入玻璃或石蜡颗粒有关，特别是在植入后紧靠膀胱缝线附近）。尽管体内注射雌激素和孕激素以及一种杀虫剂等各种化合物会导致发病率上升，但化学药物是否能引起这些病变目前还并不明确（Butler，Cohen 和 Squire，1997）。雌、雄小鼠的生殖器官如前列腺、精囊腺和子宫已确证都可发生形态相似的原发性病变。凝固腺也被包括为潜在部位，与前列腺和精囊腺具有相同的发生起源（Chandra 和 Frith，1991；Halliwell，1998；Karbe，1987；Karbe 等，1998；Kaspareit 和 Deerberg，1987；Mitsumori 和 Elwell，1994；Rehm 等，2001）。

肿瘤性增生性病变：附属性腺（Neoplastic Proliferative Lesions：Accessory Sex Glands）

引言

附属性腺器官的自发性肿瘤不常见，其中前列腺最易受累。前列腺肿瘤可由多种化学物质诱发。

附属性器官肿瘤的术语和诊断标准主要根据 WHO/IARC 和 SSNDC 先前所发表的资料（Alison 等，1997；Bosland 等，1998；Mitsumori 和 Elwell，1994；Rehm 等，2001）。其中包括许多关于啮齿类动物前列腺、精囊腺和凝固腺肿瘤的其他综述，详细描述了其一般特征和发生率（Boorman，Elwell 和 Mitsumori，1990；Bosland，1992；Faccini，Abbott 和 Paulus，1990；Frith 和 Ward，1988；Gordon，Majka 和 Boorman，1996；Mitsumori 和 Elwell，1988；Radovsky，Mitsumori 和 Chapin，1999；Rehm 等，2001；Squire 等，1978）。

腺瘤：前列腺，凝固腺，精囊腺（Adenoma：Prostate，Coagulating Gland，Seminal Vesicle）（图 169 至图 175）

种属：小鼠，大鼠

发病机制：自发或由致癌性外源物质诱发。

诊断要点：

- 位于精囊腺和前列腺腹叶，前列腺背外侧叶和凝固腺少见。
- 通常累及一个以上的前列腺腺泡，由于结构破坏，腺泡部分或完全闭合。
- 在精囊腺，腺瘤形成界限清楚的病灶，有纤维囊，纤维隔将肿瘤分割成许多假小叶。
- 细胞异形性小，常在前列腺有时在精囊腺内出现细胞拥护及细胞极性丧失。
- 细胞排列成乳头状、筛孔状、粉刺状或微腺体状。
- 有时完全或部分由薄纤维囊包绕。
- 可压迫周围组织。
- 可出现有丝分裂象。

鉴别诊断：

- 非典型增生：通常增生物较小，无腺泡腔闭合。腺体结构保持，无明显压迫或包膜形成。
- 良性颗粒细胞瘤：大的或大小不一的上皮样或梭形嗜酸性细胞，细胞质中有弱 PAS 阳性颗粒。
- 腺癌：结构破坏，细胞异型性明显，侵袭性生长或出现转移。

备注：凝固腺腺瘤可能因内含胶状物而出现眼观变形。前列腺 / 凝固腺腺瘤的诊断主要依据腺泡上皮细胞增生常使数个腺泡腔消失，有时受压，偶呈粉刺样生长。前列腺局部非典型增生和良性腺瘤之间似存在形态上的连续性，两者之间的区别不一定都很明显。如果它们不能用其他标准来鉴别，增生性病变使一个以上腺泡腔发生闭塞则可认为是腺瘤。前列腺背外侧叶的自发性腺瘤少见，但可由化学物质诱发（Bosland，1987 c）。诱发病变的主要生长方式为微腺体或管状，未见筛孔状和粉刺状。小鼠前列腺各叶的自发性增生性病变不常见，但是有些转基因小鼠的发生率高（Reznik 等，1981；Shappell 等，2004；Suttie 等，2003）。

鳞状细胞乳头状瘤：前列腺，凝固腺（Papilloma，Squamous Cell：Prostate, Coagulating Gland）

种属： 小鼠，大鼠

发病机制： 罕见的来自腺泡上皮的自发性肿瘤。

诊断要点：

- 黏膜形成明显的乳头状突起突入腺腔，伴有显著的鳞状上皮化生，有时可见角质化。
- 侵袭腺腔不明显。

鉴别诊断：

- 鳞状细胞化生：病变局限于正常黏膜表面，腺腔内无明显的乳头状突起。
- 鳞状细胞癌：可见侵入上皮下各层。

备注：鳞状细胞乳头状瘤相当少见。

良性上皮基质瘤：精囊腺（Tumor，Epithelial-Stromal，Benign：Seminal Vesicle）（图 176 和图 177）

种属： 小鼠［小鼠前列腺转基因腺癌（TRAMP）小鼠］

发病机制： 由精囊腺的基质和上皮成分发生。

诊断要点：

- 精囊腺的乳头状或息肉状瘤。
- 乳头状增生物混合有明显的基质成分。

•大肿瘤含有囊状或假腺状结构。

•可形成分叶状并伴有黏液瘤性或肌纤维性基质成分的膨胀。

•有丝分裂率低，侵袭不明显。

鉴别诊断：

•腺瘤：主要为上皮成分，基质不突出或不膨胀。

备注：上皮 - 基质瘤是 TRAMP 小鼠肿瘤之一（Tani 等，2005）。

腺癌：前列腺，凝固腺，精囊腺（Adenocarcinoma：Prostate，Coagulating Gland，Seminal Vesicle）（图 178 至图 184）

种属：小鼠，大鼠

发病机制：自发或在使用外源性致癌物质之后发生。也见于基因工程小鼠。

诊断要点：

•位于精囊腺与前列腺腹叶，少见于前列腺背外侧叶或凝固腺。

•大于五个腺泡（前列腺）。

•前列腺和凝固腺内可见明显的纤维囊膜。

•结构常被破坏。

•生长方式有筛孔状、粉刺状、乳头状、腺状 / 管状或未分化的实性结构。

•细胞异型性显著，具有多形或间变细胞。

•细胞很少分化良好，具有嗜碱性核及丰富的嗜酸性胞质。

•常见纤维组织分隔形成假小叶，间质硬化，或有黏液分泌，局灶性坏死和出血。

•可见鳞状化生区。

•有丝分裂象多。

•常伴有混合性炎症细胞浸润。

•侵袭邻近组织。

•可见局部淋巴结、肺和肾脏转移。

鉴别诊断：

•腺瘤：无明显侵袭性生长或转移。结构破坏轻微。细胞异形性小。

•良性颗粒细胞瘤：大的或大小不一的上皮样细胞，或纺锤形嗜酸性细胞，胞质内有 PAS 弱阳性颗粒。

•恶性颗粒细胞瘤：大的或大小不一的上皮样细胞，或纺锤形嗜酸性细胞，胞质内有 PAS 弱阳性颗粒。

备注：前列腺和凝固腺的腺癌诊断主要根据侵袭性生长、实性或腺样生长方式和广泛的坏死。前列腺腹叶和凝固腺的筛孔状腺癌无明显侵袭性生长，但其特征是细胞和细胞核明显多形。前列腺和精囊腺的腺癌在大多数品系的大鼠和小鼠是一种罕见的自发性肿瘤（Bosland，1987a，1987b；Shoda 等，1998）。它们在某些品系尤其是 ACI/segHapBR 大鼠被报道过（Oshima 等，1985；Ward 等，1983）。前列腺癌的转基因小鼠模型也有描述（Gingrich 等，1996；Gingrich 和 Greenberg，1996；Maroulakou，1994）。精囊腺和前列腺腺癌也可由多种致癌物质所诱发（Hoover 等，1990；Pour，1981，1983；Pour 和 Stepan，1987；Shirai 等，1987，1994；Slayter 等，1994；Tamano 等，1986）。雄性附属性腺的侵袭性大的肿瘤，可能很难确定腺体的来源。因此可归为腺癌，起源不详。

鳞状细胞癌：前列腺，凝固腺（Carcinoma，Squamous Cell：Prostate, Coagulating Gland）

种属： 小鼠，大鼠

修饰词： 腺鳞癌

发病机制： 给予外源性致癌物质后发生。

诊断要点：

- 细胞呈上皮样。
- 排列成条索状、片状或不规则巢状。
- 可有角化出现。
- 明显侵袭或转移。
- 腺鳞癌（变异型）：管状或腺样结构明显，并有广泛的鳞状细胞分化。

鉴别诊断：

- 鳞状细胞乳头状瘤：乳头状突起伸入管腔，侵袭邻近组织不明显。
- 腺癌：无明显的鳞状细胞分化。

备注：前列腺的鳞状细胞癌未作为一种自发性肿瘤被报道，但可由多种致癌物质而诱发（Bosland，1987a）。

癌肉瘤：前列腺（Carcinosarcoma：Prostate）（图 185）

品种： 小鼠（见于几种转基因小鼠）

同 义 词： poorly differentiated adenocarcinoma，sarcomatoid carcinoma，epithelial mesenchymal tumor

发病机制： 在前列腺腺癌晚期，由上皮 - 间叶转化而发生 。

诊断要点：

- 在腺癌有梭形细胞区、多形细胞区或均一稍圆的上皮样大细胞区，或单独成肿块。

•细胞呈细胞角蛋白 8 或其他角蛋白、波形蛋白或其他间叶细胞标记物染色阳性。
•核分裂象多少不一。
•可侵袭周围组织并发生转移。

鉴别诊断：

•腺癌：缺乏间叶细胞增生区。
•起源于前列腺上皮或上皮性肿瘤的肉瘤。

备注：在前列腺癌转基因小鼠（GEM）模型的几种腺癌的晚期，上皮 - 间叶转化在其演化过程中是一个重要阶段。这种转化见于腺癌中或进一步取代全部上皮成分。

恶性神经内分泌瘤：前列腺（Tumor，Neuroendocrine，Malignant：Prostate）（图 186）

种属：小鼠（基因工程小鼠 <GEM> 品系，尤其是前列腺癌模型鼠 <TRAMP>）
同义词：carcinoma with predominantly neuroepithelial differentiation
发病机制：基因工程小鼠品系中基因改变。

诊断要点：

•见于前列腺腹叶或尿道黏膜下腺体。
•在腺泡上皮内嗜碱性小细胞聚集并发展为膨胀性团块。
•在肿瘤团块中有包入的腺泡。
•纤细的纤维基质将肿瘤细胞分隔为小团状、假玫瑰结状或片状。
•可见细胞和细胞核明显多形和非典型有丝分裂象。
•细胞以血管为中心分布，并被坏死区分隔开。
•细胞呈突触素与 NSE 染色阳性。
•侵袭周围组织，在某些小鼠模型常转移至肺和其他组织。

鉴别诊断：

•腺癌：有腺样分化。
•未分化癌：免疫组化检测未见神经内分泌抗原。

备注：在正常前列腺的腺泡与导管细胞间有少量神经内分泌细胞，并分泌不同的生长因子。神经内分泌细胞瘤在前列腺癌模型小鼠有报道（Suttie 等，2005），只发生在前列腺腹叶。在 FVB/N 小鼠和 SV40 T-Ag 小鼠杂交鼠中也有报道（Garabedian，Humphrey 和 Gordon，1998）。在前列腺癌模型小鼠中，神经内分泌瘤被认为是一种由上皮细胞向神经内分泌细胞转变的低分化癌（Martiniello-Wilkes 等，2003）。

良性颗粒细胞瘤：前列腺，精囊腺，凝固腺（Tumor，Granular Cell，Benign：Prostate，Seminal Vesicle，Coagulating Gland）（图 187 和图 188）

种属：小鼠，大鼠

同义词：Abrikosoff' s tumor，myoblastoma benign

发病机制：发病机制不明，据报道起源于施万细胞或间叶细胞，为自发性肿瘤。

诊断要点：

- 界限明显的实性肿块。
- 由圆形至椭圆形大细胞组成，胞核大而淡染，胞质内有大量嗜酸性颗粒。
- 膨胀性生长使周围组织受压、萎缩。
- S-100 免疫组化反应呈阳性，PAS 呈弱阳性。

鉴别诊断：

- 恶性颗粒细胞瘤：细胞多形。

备注：颗粒细胞瘤呈粉红色或淡灰黄色单发性包块。这种肿瘤常见于雌性生殖道，偶见于雄性（Karbe，1987；Mitsumori 和 Elwell，1994；Radovsky，Mitsumori 和 Chapin，1999；Rehm 等，2001；Suwa 等，2002）。肿瘤也可发生在其他器官，特别是脑。颗粒细胞瘤免疫组化染色 NSE、S-100 蛋白和外周髓鞘蛋白均呈阳性。在雌性动物，有些称为颗粒细胞瘤的病变，可能是正常的或反应性增生的子宫腺（Picut 等，2009）。

恶性颗粒细胞瘤：前列腺，精囊腺，凝固腺（Tumor，Granular Cell，Malignant：Prostate，Seminal Vesicle，Coagulating Gland）

种属：小鼠，大鼠

发病机制：发病机制不明，据报道起源于施万细胞或间叶细胞，为自发性肿瘤。

诊断要点：

- 为实性团块，其组成为：外围是典型的颗粒细胞，中心是颗粒少的细胞和梭形细胞。
- 细胞多形，核质比高。
- 有丝分裂不常见。
- 常有坏死区，S-100 免疫组化反应阳性，PAS 呈弱阳性。

鉴别诊断：

- 良性颗粒细胞瘤：无异型性，界限明显，压迫周围组织。
- 腺癌：无 PAS 弱阳性颗粒细胞。

备注：恶性颗粒细胞瘤是文献中报道很少的病变。与良性颗粒细胞瘤一样，具有相同的生物学行为，未见局部及远处转移。

参考文献

Abbott, D. P., 1983. A malignant sertoli cell tumor in a laboratory rat. J Comp Pathol 93, 339–342.

Abdi, M. M., 1995. Granulosa cell tumor of the testis in a CD-1 mouse. Vet Pathol 32, 91–92.

Abou-Haila, A., Fain-Maurel, M., 1984. Regional differences of the proximal part of mouse epididymis: Morphological and histochemical characterization. Anat Rec 209, 197–208.

Aggarwal, N., Parwani, A. V., 2009. Spermatocytic seminoma. Arch Pathol Lab Med 133, 1985–1988.

Akagashi, K., Itoh, N., Kumamoto, Y., et al, 1996. Hypertensive changes in intratesticular arteries impair spermatogenesis of the stroke-prone spontaneously hypertensive rat. J Androl 17,367–374.

Alison, R. H., Capen, C. C., Prentice, D. E., 1994. Neoplastic lesions of questionable significance to humans. Toxicol Pathol 22, 179–186.

Alison, R., Ettlin, R. A., Foley, G. I., et al, 1997. In International Classification of Rodent Tumours, The Rat Male Genital System, Part I (U. Mohr, C. C. Capen, D. L. Dungworth, R. A. Griesemer, N. Ito, and U. S. Turusov, eds.), No. 122. IARC Scientific Publication, Lyon, France.

Amakasu, K., Suzuki, K., Suzuki, H., 2009. The unilateral urogenital anomalies (UUA) rat: A new mutant strain associated with unilateral renal agenesis, cryptorchidism, and malformations of reproductive organs restricted to the left side. Comp Med 59, 249–256.

Aoki, A., Hoffer, A. P., 1978. Reexamination of the lesions in rat testis caused by cadmium. Biol Reprod 18, 579–591.

Arai, Y., 1968. Metaplasia in male rat reproductive accessory glands induced by neonatal estrogen treatment. Experientia 24, 180–181.

Arai, Y., Suzuki, Y., Nishizuka, Y., 1977. Hyperplastic and metaplastic lesions in the reproductive tract of male rats induced by neonatal treatment with diethylstilbestrol. Virchows Arch A 376, 21–28.

Atanassova, N., McKinnell, C., Fisher, J., et al, 2005. Neonatal treatment of rats with diethylstilbestrol (DES) induces stromal-epithelial abnormalities of the vas deferens and cauda epididymis in adulthood following delayed basal cell

development. Reproduction 129, 589–601.
Baldrick, P., Reeve, L., 2007. Carcinogenicity evaluation: Comparison of tumor data from dual control groups in the CD-1 mouse. Toxicol Pathol 35,562–569.
Barlow, N. J., Foster, P. M. D., 2003. Pathogenesis of male reproductive tract lesions from gestation through adulthood following in utero exposure to Di(n-butyl) Phthalate. Toxicol Pathol 31, 397–410.
Barroso-Moguel, R., Mèndez-Armenta, M., Villeda-Hernàndez, J., 1994.Testicular lesions by chronic administration of cocaine in rats. J Appl Toxicol14, 37–41.
Barthelemy, M., Vuong, P. N., Gabrion, C., et al, 2004. Plasmodium chabaudi chronic malaria and pathologies of the urogenital tract in male and female BALB/c mice. Parasitology 128, 113–122.
Barthold, J. S., Si, X., Stabley, D., et al, 2006. Failure of shortening and inversion of the perinatal gubernaculums in the cryptorchid Long-Evans ORL rat. J Urol 176,1612–1617.
Bartlett, J. M. S., Kerr, J. B., Sharpe, R. M., 1986. The effect of selective destruction and regeneration of rat Leydig cells on the intratesticular distribution of testosterone and morphology of the seminiferous epithelium.J Androl 7, 240–253.
Beardsley, A., O' Donnell, L., 2003. Characterization of normal spermiation and spermiation failure induced by hormone suppression in adult rats. Biol Reprod 68, 1299–1307.
Beardsley, A., Robertson, D. M., O' Donnell, L., 2006. A complex containing alpha6-beta1-integrin and phosphorylated focal adhesion kinase between sertoli cells and elongated spermatids during spermatid release from the seminiferous epithelium. J Endocrinol 190, 759–770.
Becker, E. J., Turner, T. T., 1995. Endocrine and exocrine effects of testicular torsion in the prepubertal and adult rat. J Androl 16, 342–351.
Bern, H. A., 1952. Alkaline phosphatase activity in epithelial metaplasia. Cancer Res 12, 85–91.
Bierie, B., Nozawa, M., Renou, J. P., et al, 2003. Activation of beta-catenin in prostateepithelium induces hyperplasias and squamous transdifferentiation. Oncogene 22, 3875–3887.
Boekelheide, K., 2005. Mechanisms of toxic damage to spermatogenesis. J Natl Cancer Inst Monogr 34, 6–8.
Boekelheide, K., Fleming, S. L., Johnson, K. J., et al, 2000. Role of sertoli cells in injury associated testicular germ cell apoptosis. Proc Soc Exp Biol Med 225, 105–115.
Bomhard, E., Vogel, O., Loser, E., 1987. Chronic effects on single and multiple oral and subcutaneous cadmium administrations on the testes of Wistar rats. Cancer Lett 36, 307–315.
Boorman, G. A., Hamlin, M. H., Eustis, S. L., 1987a. Focal interstitial cell hyperplasia, testis, rat. In Monographs on Pathology of Laboratory Animals,Genital system. (T.

C. Jones, U. Mohr, and R. D. Hunt, eds.), pp.200–204, Springer, Berlin, Heidelberg, New York, Tokyo.

Boorman, G. A., Abbott, D. P., Hamlin, M. H., et al, 1987b. Seminoma,testis, rat. In Monographs on Pathology of Laboratory Animals,Genital system (T. C. Jones, U. Mohr, and R. D. Hunt, eds.), pp. 192–195.Springer, Berlin, Heidelberg, New York, Tokyo.

Boorman, G. A., Abbott, D. P., Hamlin, M. H., et al, 1987c. Sertoli' s cell tumor, testis, rat. In Monographs on Pathology of Laboratory Animals, Genital system (T. C. Jones, U. Mohr, and R. D. Hunt, eds.),pp. 195–199. Springer, Berlin, Heidelberg, New York, Tokyo.

Boorman, G. A., Chapin, R. E., Mitsumori, K., 1990. Testis and epididymis.In Pathology of the Fischer Rat, Reference and Atlas (G. A. Boorman, S. L. Eustis, M. R. Elwell, C. A. Montgomery Jr., and W. F. MacKenzie,eds.), pp. 405–418. Academic Press, San Diego, CA.

Boorman, G. A., Elwell, M. R., Mitsumori, K., 1990. Male accessory sex gland, penis and scrotum. In Pathology of the Fischer Rat, Reference and Atlas (G. A. Boorman, S. L. Eustis, M. R. Elwell, C. A. Montgomery Jr., and W. F. MacKenzie, eds.), pp. 419–428. Academic Press, San Diego, CA.

Boorman, G. A., Eustis, S. L., Elwell, M. R., 1990. Neoplasms of the testis. In Atlas of Tumor Pathology of the Fischer Rat (S. F. Stinson, H. M. Schuller, and G. K. Reznik, eds.), pp. 409–414. CRC Press, Boca Raton, FL.

Bosland, M. C., 1987a. Adenocarcinoma, prostate, rat. In Monographs on Pathology of Laboratory Animals, Genital system (T. C. Jones, U. Mohr, and R. D. Hunt, eds.), pp. 252–260. Springer, Berlin, Heidelberg, New York,Tokyo.

Bosland, M. C., 1987b. Adenocarcinoma, seminal vesicle/coagulating gland, rat. In Monographs on Pathology of Laboratory Animals, Genital system (T. C. Jones, U. Mohr, and R. D. Hunt, eds.), pp. 272–275. Springer, Berlin, Heidelberg, New York, Tokyo.

Bosland, M. C., 1987c. Adenoma, prostate, rat. In Monographs on Pathology of Laboratory Animals, Genital system (T. C. Jones, U. Mohr, and R. D. Hunt, eds.), pp. 261–266. Springer, Berlin, Heidelberg, New York, Tokyo.

Bosland, M. C., 1987d. Hyperplasia, prostate, rat. In Monographs on Pathology of Laboratory Animals, Genital system (T. C. Jones, U. Mohr, and R. D. Hunt, eds.), pp. 267–272. Springer, Berlin, Heidelberg, New York, Tokyo.

Bosland, M. C., 1992. Lesions in the male accessory sex glands and penis. In Pathobiology of the Aging Rat (U. Mohr, D. L. Dungworth, and C. C. Capen, eds.), pp. 443–467. ILSI Press, Washington, DC.

Bosland, M. C., Tuomari, D. L., Elwell, M. R., et al, 1998. Proliferative lesions of the prostate and other accessory sex glands in male rats. URG.4. In Guides for Toxicologic Pathology. STP/ARP/AFIP, Washington, DC.

Brinkworth, M. H., Weinbauer, G. F., Schlatt, S., et al, 1995. Identification of male germ cells undergoing apoptosis in male rats. J Reprod Fertil 105, 25–33.

Bryant, B. H., Boekelheide, K., 2007. Time-dependent changes in post-mortem testis histopathology in the rat. Toxicol Pathol 35, 665–671.

Bryant, B. H., Yamasak, I. H., Sandrof, M. A., et al, 2008. Spermatid head retention as a marker of 2,5-hexanedione-induced testicular toxicity in the rat. Toxicol Pathol 36, 552–559.

Bullock, B. C., Newbold, R. R., McLachlan, J. A., 1988. Lesions of testis and epididymis associated with prenatal diethylstilbestrol exposure. Environ Health Perspect 77, 29–31.

Butler, W. H., Cohen, S. H., Squire, R. A., 1997. Mesenchymal tumors of the mouse urinary bladder with vascular and smooth muscle differentiation. Toxicol Pathol 25, 268–274.

Byskov, A. G., Hoyer, P. E., 1988. Embryology of the mammalian gonads and ducts. In The Physiology of Reproduction (E. Knobil, J. D. Neill, eds.), 2nd ed., Vol. 1, pp. 487–540. Raven Press, New York, NY.

Chandra, M., Frith, C. H., 1991. Spontaneously occurring leiomyosarcomas of the mouse urinary bladder. Toxicol Pathol 19, 164–167.

Chapin, R. E., White, R. D., Morgan, K. T., et al, 1984. Studies of lesions induced in the testis and epididymis of F-344 rats by inhaled methyl chloride. Toxicol Appl Pharmacol 76, 328–343.

Chatani, F., 2006. Possible mechanism for testicular focal necrosis induced by hCG in rats. J Toxicol Sci 31, 291–303.

Chellman, G. J., Morgan, K. T., Bus, J. S., et al, 1986. Inhibition of methyl chloride toxicity in male F-344 rats by the anti-inflammatory agent BW-755C. Toxicol Appl Pharmacol 85, 365–379.

Clegg, E. D., Cook, J. C., Chapin, R. E., et al, 1997. Leydig cell hyperplasia and adenoma formation: Mechanisms and relevance to humans. Reprod Toxicol 11, 107–121.

Clermont, Y., 1990. Introduction to the Sertoli cell. In The Sertoli Cell (L. D. Russell and M. D. Griswold, eds.), pp. 552–575. Cache River Press, Clearwater, FL.

Coert, A., Nievelstein, H., Kloosterboer, H. J., et al, 1985. Effects of hyperprolactinemia on the accessory sex organs of the male rat. Prostate 6, 269–276.

Cook, J. C., Klinefelter, G. R., Hardisty, J. F., et al, 1999. Rodent Leydig cell tumorigenesis: A review of the physiology, pathology, mechanisms, and relevance to humans. Crit Rev Toxicol 29, 169–261.

Cooper, E. R. A., Jackson, H., 1973. Chemically induced sperm retention cysts in the rat. J Reprod Fertil 34, 445–449.

Costa, S. L., Boekelheide, K., Vanderhyden, B. C., et al, 1997. Male infertility caused by epididymal dysfunction in transgenic mice expressing a dominant negative mutation of retinoic acid receptor a. Biol Reprod 56, 985–990.

Creasy, D. M., 1997. Evaluation of testicular toxicity in safety evaluation studies: The appropriate use of spermatogenic staging. Toxicol Pathol 25, 119–131.

Creasy, D. M., 1998. The male reproductive system. In Target Organ Pathology (J. Turton and J. Hooson, eds.), pp. 371–406. Taylor and Francis Ltd., London, UK.

Creasy, D. M., 1999. Hormonal mechanisms in male reproductive tract toxicity. In Endocrine and Hormonal Toxicology (P. W. Harvey, K. C. Rush, and A. Cockburn, eds.), pp. 355–406. Wiley and Sons, New York, NY.

Creasy, D. M., 2001. Pathogenesis of male reproductive toxicity. Toxicol Pathol 29, 64–76.

Creasy, D. M., 2008. Endocrine disruption: A guidance document for histologic evaluation of endocrine and reproductive tests. Part 2: Male reproductive system. http://www.oecd.org/dataoecd/29/35/43754701.pdf. Part 4: Mammar ygland. http://www.oecd.org/dataoecd/30/20/43754898.pdf. Part 6: Pituitary: http://www.oecd.org/dataoecd/11/11/40581416.pdf. organization of Economic Cooperation and Development.

Creasy, D. M., 2012. Chapter 9: Reproduction of the rat, primate, dog and pig. In Background Lesions In Laboratory Animals: A Colour Atlas (E. McKinnes ed. pp 101-110). Saunders Elselvier, Edinburgh.

Creasy, D. M., Foster, P. M. D., 2002. Male reproductive system. In Handbook of Toxicologic Pathology (W. M. Haschek, C. G. Rousseaux, and M. A. Wallig, eds.), 2nd ed., Vol. 2, pp. 785–846. Academic Press, San Diego, CA.

Creasy, D. M., Foster, J. R., Foster, P. M., 1983. The morphological development of di-n-pentyl phthalate induced testicular atrophy in the rat. J Pathol 139, 309–321.

Cunha, G. R., Wang, Y. Z., Hayward, S. W., et al, 2001. Estrogenic effects on prostatic differentiation and carcinogenesis. Reprod Fertil Dev 13, 285–296.

Damjanov, I., 1980. Animal model of human disease: Yolk sac carcinoma (Endodermal sinus tumor). Am J Path 98, 569–572.

D' Souza, R., Pathak, S., Upadhyay, R., et al, 2009. Disruption of tubulobulbar complex by high intratesticular estrogen leading to failed spermiation. Endocrinology 150, 1861–1869.

Dünker, N., Aumüller, G., 2002. Transforming growth factor-beta 2 heterozygous mutant mice exhibit Cowper' s gland hyperplasia and cystic dilations of the gland ducts (Cowper' s syringoceles). J Anat 201, 173–183.

Eddy, E. M., Washburn, T. F., Bunch, D. O., et al, 1996. Targeted disruption of the estrogen receptor gene in male mice causes alteration of spermatogenesis and infertility. Endocrinology 137, 4796–4805.

Emerson, R. E., Ulbright, T. M., 2010. Intratubular germ cell neoplasia of the testis and its associated cancers: The use of novel biomarkers. Pathology 42, 344–355.

Epstein, J.I., 2010. The lower urinary tract and male genital system. In Robbins and Cotran Pathologic Basis of Disease 8th Edition; V. Kumar, A. Abbas, N. Fausto, and J.

Aster (Eds). pp. 987–993. Saunders.
Ettlin, R. A., Qureshi, S. R., Perrentes, E., et al, 1992. Morphological, immunohistochemical, stereological and nuclear shape characteristics of proliferative Leydig cell alterations in rats. Path Res Pract 188, 643–648.
Ezer, N., Robaire, B., 2002. Androgenic regulation of the structure and functions of the epididymis. In The Epididymis: From Molecules to Clinical (B. Robaire and B. T. Hinton, eds.), pp. 297–316. Kluwer Academic/ Plenum publishers, New York, NY.
Faccini, J. M., Abbott, D. P., Paulus, G. J. J., 1990. Mouse Histopathology. A Glossary for Use in Toxicity and Carcinogenicity Studies. Elsevier, Amsterdam, New York, Oxford.
Foley, G. L., 2001. Overview of male reproductive pathology. Toxicol Pathol 29, 49–63.
Franks, L. M., 1968. Spontaneous interstitial and Sertoli cell tumors of a testis in a C3H mouse. Cancer Res 28, 125–127.
Frew, I. J., Minola, A., Georgiev, S., et al, 2008. Combined VHLH and PTEN mutation causes genital tract cystadenoma and squamous metaplasia. Mol Cell Biol 28, 4536–4548.
Frith, C. H., Ward, J. M., 1988. Color Atlas of Neoplastic and Non-neoplastic Lesions in Aging Mice. Elsevier, Amsterdam, New York, Tokyo.
Garabedian, E. M., Humphrey, P. A., Gordon, J. I., 1998. A transgenic mouse model of metastatic prostate cancer originating from neuroendocrine cells. Proc Natl Acad Sci 95, 15382–15387.
Giannessi, F., Giambelluca, M. A., Scavuzzo, M. C., et al, 2005. Ultrastructure of testicular macrophages in aging mice. J Morphology 263, 39–42.
Gingrich, J. R., Barrios, R. J., Morton, R. A., et al, 1996. Metastatic prostate cancer in a transgenic mouse. Cancer Res 56, 4096–4102.
Gingrich, J. R., Greenberg, N. M., 1996. A transgenic mouse prostate cancer model. Toxicol Pathol 24, 502–504.
Gordon, L. R., Majka, J. A., Boorman, G. A., 1996. Spontaneous nonneoplastic and neoplastic lesions and experimentally induced neoplasms of the testes and accessory sex glands. In Pathobiology of the Aging Mouse (U. Mohr, D. L. Dungworth, C. C. Capen, W. W. Carlton, J. P. Sundberg, and J. M. Ward, eds.), Vol. 1, pp. 421–441. ILSI Press, Washington, DC.
Gouveia, M. A., 1988. The testes in cadmium intoxication: Morphological and vascular aspects. Andrologia 20, 225–231.
Greaves, P., 2012a. Male genital tract. In Histopathology of Preclinical Toxicity Studies, 4th ed. pp. 615–666. Elsevier, Amsterdam, the Netherlands.
Greaves, P., 2012b. Cardiovascular system. In Histopathology of Preclinical Toxicity Studies, 4th ed. pp. 290–297. Elsevier, Amsterdam, the Netherlands.
Haines, D. C., Chattopadhyay, S., Ward, J. M., 2001. Pathology of aging B6;129 mice. Toxicol Pathol 29, 653–661.

Halliwell, W. H., 1998. Submucosal mesenchymal tumors of the mouse urinary bladder. Toxicol Pathol 26, 128–136.

Harneit, S., Paust, H. J., Mukhopadhyay, A. K., et al, 1997. Localization of endothelin 1 and endothelin receptors A and B in human epididymis. Mol Hum Reprod 3, 579–584.

Hartung, T. G., Dewsbury, D. A., 1978. A comparative analysis of copulatory plugs in muroid rodents and their relationship to copulatory behavior. J Mamm 59, 717–723.

Hermo, L., Robaire, B., 2002. Epididymal cell types and their functions. In The Epididymis: From Molecules to Clinical Practice (B. Robaire and B. T. Hinton, eds.), pp. 81–102. Kluwer Academic/Plenum Publishers, New York, NY.

Hess, R. A., 1998. Effects of environmental toxicants on the efferent ducts, epididymis and fertility. J Reprod Fertil Suppl 53, 247–259.

Hess, R. A., 2002. The efferent ductules: Structure and function. In The Epididymis: From Molecules to Clinical Practice (B. Robaire and B. T. Hinton, eds.), pp. 49–80. Kluwer Academic/Plenum Publishers, New York, NY.

Heywood, R., Wadsworth, P., 1980. The experimental toxicology of estrogens. Pharmac Ther 8, 125–142.

Hikim, A. P., Leung, A., Swerdloff, R. S., 1995. Involvement of apoptosis in the induction of germ cell degeneration in adult rat after gonadotropin-releasing hormone antagonist treatment. Endocrinology 136, 2770–2775.

Hild, S. A., Reel, J. R., Dykstra, M. J., et al, 2007. Acute adverse effects of the indenopyridine CDB-4022 on the ultrastructure of Sertoli cells, spermatocytes, and spermatids in rat testes: Comparison to the known Sertoli cell toxicant Di-n-pentylphthalate (DPP). J Androl 28, 621–629.

Hild, S. A., Reel, J. R., Larener, J. M., et al, 2001. Disruption of spermatogenesis and Sertoli cell structure and function by the Indenopyridine CDB-4022 in rats. Biol Reprod 65, 1771–1779.

Hoover, D. M., Best, K. L., McKenny, B. K., et al, 1990. Experimental induction of neoplasia in the accessory sex organs of male Lobund Wistar rats. Cancer Res 50, 142–146.

Howdeshell, K. L., Furr, J., Lambright, C. R., et al, 2007. Cumulative effects of dibutyl phthalate and diethylhexyl phthalate on male rat reproductive tract development Altered fetal steroid hormones and genes. Toxicol Sci 99, 190–202.

Huseby, R. A., 1976. Estrogen-induced Leydig cell tumor in the mouse: A model system for the study of carcinogenesis and hormone dependency. J Toxicol Environ Health Suppl 1, 177–192.

Huseby, R. A., 1980. Demonstration of a direct carcinogenic effect of estradiol on Leydig cells of the mouse. Cancer Res 40, 1006–1013.

Ilio, K. Y., Hess, R. A., 1994. Structure and function of the ductuli efferentes: A review.

Microsc Res Tech 29, 432–467.
Imajima, T., Shono, T., Zakaria, O., et al, 1997. Prenatal phthalate causes cryptorchidism postnatally by inducing transabdominal ascent of the testis in fetal rat. J Pediatr Surg 32, 18–21.
Itagaki, I., Tanaka, M., Shinomiya, K., 1993. Spontaneous histiogenic tumors of epididymis observed in B6C3F1 mice. J Vet Med Sci 55, 241–246.
Jacks, T., Remington, L., Williams, B. O., et al, 1994. Tumor spectrum analysis in p53-mutant mice. Curr Biol 4, 1–7.
Jackson, A. E., O' Leary, P. C., Ayers, M. M., et al, 1986. The effects of Ethylene Dimethane Sulphonate (EDS) on rat Leydig cells: Evidence to support a connective tissue origin of Leydig cells. Biol Reprod 35, 425–437.
Jamadagni, S., Jamadagni, P. S., Lacy, S., et al, (in press). Spontaneous non-metastatic choriocarcinoma, yolk sac carcinoma, embryonal carcinoma and teratoma in the testes of a Swiss albino mouse. Toxicol Pathol.
Jamadagni, S. B., Jamadagni, P. S., Upadhyay, S. N., et al, 2011. A spontaneous teratocarcinoma in the testis of a Swiss albinos mouse. Toxicol Pathol 39, 414–417.
Jana, K., Samanta, P. K., 2006. Evaluation of single intratesticular injection of calcium chloride for nonsurgical sterilization in adult albino rats. Contraception 73, 289–300.
Jiménez-Trejo, F., Tapia-Rodriguez,M.,Queiroz,D. B. C., et al, 2007. Serotonin concentration, synthesis, cell origin, and targets in the rat caput epididymis during sexualmaturation and variations associatedwith adult mating status: Morphological and biochemical studies. J Androl 28, 136–149.
Jones, R. C., 2002. Evolution of the vertebrae epididymis. In The Epididymis: From Molecules to Clinical (B. Robaire and B. T. Hinton, eds.), pp. 11–33. Kluwer Academic/Plenum publishers, New York, NY.
Jones, T. C., Hunt, R. D., 1983. Cellular infiltrations and degenerations. In Veterinary Pathology (Lea and Febiger, publishers.), 5th ed., pp. 33–64. Philadelphia, PA.
Juriansz, R. L., Huseby, R. A., Wilcox, R. B., 1988. Interactions of putative estrogens with the intracellular receptor complex in mouse Leydig cells: Relationship to preneoplastic hyperplasia. Cancer Res 48, 14–18.
Kanno, J., Matsuoka, C., Furuta, K., et al, 1987. Glandular changes associated with the spontaneous interstitial cell tumor of the rat tests. Toxicol Pathol 15, 439–443.
Karbe, E., 1987. Granular cell tumors of genital organs, mice. In Monographs on Pathology of Laboratory Animals, Genital system (T. C. Jones, U. Mohr, and R. D. Hunt, eds.), pp. 282–286. Springer, Berlin, Heidelberg, New York, Tokyo.
Karbe, E., 1999. "Mesenchymal tumor" or "decidual-like reaction"? Toxicol Pathol 27, 354–362.
Karbe, E., Hartmann, E., George, C., et al, 1998. Similarities between the uterine decidual reaction and the "mesenchymal lesion" of the urinary bladder in aging

mice. Exp Toxic Pathol 50, 330–340.
Kaspareit, J., Deerberg, F., 1987. Spontaneous tumours of the seminal vesicles in male Han:NMRI mice. Z Versuchstierkd 29, 277–281.
Kawamura, H., Nonogaki, T., Yoshikawa, K., et al, 2000. Morphological changes in mouse accessory sex glands following neonatal estrogen treatment. Ann. Anat 182, 269–274.
Keeney, D. S., Mendis-Handagama, S. M., Zirkin, B. R., et al, 1988. Effect of long term deprivation of luteinizing hormone on Leydig cell volume, Leydig cell number, and steroidogenic capacity of the rat testis. Endocrinology 123, 2906–2915.
Kempinas, W. D., Suarez, J. D., Roberts, N. L., et al, 1998. Rat epididymal sperm quantity, quality, and transit time after guanethidine-induced sympathectomy. Biol Reprod 59, 890–896.
Kerlin, R. L., Roeseler, A. R., Jakowski, A. B., et al, 1998. A poorly differentiated germ cell tumor (seminoma) in Long Evans rat. Toxicol Pathol 63, 691–694.
Kerr, J. B., 1992. Spontaneous degeneration of germ cells in normal rat testis: Assessment of cell types and frequency during the spermatogenetic cycle. J Reprod Fertil 95, 825–830.
Kerr, J. B., Millar, M., Maddocks, S., et al, 1993. Stagedependent changes in spermatogenesis and Sertoli cells in relation to the onset of spermatogenic failure following withdrawal of testosterone. Anat Rec 235, 547–559.
Kerr, J. B., Savage, G. N., Millar, M., et al, 1993. Response of the seminiferous epithelium of the rat testis to withdrawal of androgen: Evidence for direct effect upon intercellular spaces associated with Sertoli cell junctional complexes. Cell Tissue Res 274, 153–161.
Kim, S. N., Fitzgerald, J. E., De La Iglesia, F. A., 1985. Spermatocytic seminoma in the rat. Toxicol Pathol 13, 215–221.
Kittel, B., Ruehl-Fehlert, C., Morawietz, G., et al, 2004. Revised guides for organ sampling and trimming in rats and mice, Part 2. A joint publication of the RITA and NACAD groups. Exp Toxic Pathol 55, 413–431.
Kiupel, M., Brown, K. S., Sundberg, J. P., 2000. Bulbourethral (Cowper' s) gland abnormalities in inbred laboratory mice. J Exp Anim Sci 40, 178–188.
Klinefelter, G. R., 2002. Actions of toxicants on the structure and function of the epididymis. In The Epididymis: From Molecules to Clinical Practice (B. Robaire and B. T. Hinton, eds.), pp. 353–370. Kluwer Academic/Plenum Publishers, New York, NY.
Kojima, A., Yamashita, K., Tsutsui, K., et al, 1984. Development of "granulose" cell tumors from intrasplenic testicular transplants in castrated Aci rats. Gann 75, 159–165.
Kuriyama, K., Kitamura, T., Yokoi, R., et al, 2005. Evaluation of testicular toxicity and sperm morphology in rats treated with methyl methanesulphonate (MMS). J

Reprod Dev 51, 657–667.
La, D. K, Johnson, C. A., Creasy, D. M., et al, 2012. Efferent duct toxicity with secondary testicular changes in rats following administration of a novel leukotriene A4 hydrolase inhibitor. Toxicol Pathol 40, 705–714.
Ladds, P. W., 1993. The male genital system. In Pathology of Domestic Animals, Vol. 3 (K. V. Jubb, P. C. Kennedy, and N. Palmer, eds.), pp. 471–529. Academic Press, Inc., San Diego, CA.
Lanning, L. L., Creasy, D. M., Chapin, R. E., et al, 2002. Recommended approaches for evaluation of testicular and epididymal toxicity. Toxicol Pathol 30, 507–520.
Latendresse, J. R., Warbritton, A. L., Jonassen, H., et al, 2002. Fixation of testes and eyes using a modified Davidson' s fluid: Comparison with Bouin' s fluid and conventional fluid. Toxicol Pathol 30, 524–533.
Lee, C., Holland, J. M., 1987. Anatomy, histology and ultrastructure correlation with function, prostate, rat. In Monographs on Pathology of Laboratory Animals, Genital system (T. C. Jones, U. Mohr, and R. D. Hunt, eds.), pp. 239–251. Springer, Berlin.
Li, X., Nokkala, E., Yan,W., et al, 2001. Altered structure and function of reproductive organs in transgenic male mice overexpressing human aromatase. Endocrinology 142, 2435–2442.
Linder, R. E., Klinefelter, G. R., Strader, L. F., et al, 1994. Spermatotoxicity of dibromoacetic acid in rats after 14 daily exposures. Reprod Toxicol 8, 251–259.
Linder, R. E., Klinefelter, G. R., Strader, L. F., et al, 1997. Histopathologic changes in testes of rats exposed to dibromoacetic acid. Reprod Toxicol 11, 47–56.
Liu, R. M. C., Hurtt, M. E., 1996. Susceptibility of the testis and accessory sex glands to toxic insult. In Pathobiology of the Aging Mouse (U. Mohr, D. L. Dungworth, C. C. Capen, W. W. Carlton, J. P. Sundberg, and J. M. Ward, eds.), Vol. 1, pp. 443–449. ILSI Press, Washington, DC.
Luke, M. A., Coffey, D. S., 1994. The male accessory sex tissues. In The Physiology of Reproduction (E. Knobil and G. D. Neill, eds.), Vol. 1, pp 1435–1488, Raven Press, New York, NY.
MacGregor, G. R., Russell, L. D., Van Beek, M. E. A. B., et al, 1990. Symplastic spermatids (sys): A recessive insertional mutation in mice causing a defect in spermatogenesis. Proc Natl Acad Sci USA 87, 5016–5020.
Maekawa, A., Hayashi, Y., 1987. Adenomatous hyperplasia, rete testis, rat. In Monographs on Pathology of Laboratory Animals, Genital system (T. C. Jones, U. Mohr, and R. D. Hunt, eds.), pp. 234–236. Springer, Berlin.
Maekawa, A., Hayashi, Y., 1992. Neoplastic lesions of the testis. In Pathobiology of the Aging Rat (U. Mohr, D. L. Dungworth, and C. C. Capen, eds.), Vol. 1, pp. 413–418. ILSI Press, Washington, DC.
Maronpot, R. R., Zeiger, E., McConnell, E. E., et al, 2009. Induction of tunica vaginalis

mesotheliomas in rats by xenobiotics. Crit Rev Toxicol 39, 512–537.
Maroulakou, I. G., Anver, M., Garrett, L., et al, 1994. Prostate and mammary adenocarcinoma in transgenic mice carrying a rat C3(1) simian virus 40 large tumor antigen fusion gene. Proc Natl Acad Sci USA 91, 11236–11240.
Martin, P., Liu, Y.-N., Pierce, R., et al, 2011. Prostate epithelial Pten/ TP53 loss leads to transformation of multipotential progenitors and epithelial to mesenchymal transition. Am J Pathol 179, 422–435.
Martiniello-Wilkes, R., Dane, A., Mortensen, E, et al, 2003. Application of the transgenic adenocarcinoma prosteate (TRAMP) model for preclinical therapeutic studies. Anticancer Res 61, 2239–2249.
Matin, A., Collin, G. B., Varnum, D. S., et al, 1998. Testicular teratocarcinogenesis in mice: A review. APMIS 106, 174–182.
McConnell, R. F., Westen, H. H., Ulland, B. M., et al, 1992. Proliferative lesions of the testes in rats with selected examples from mice URG-3. In Guides for Toxicologic Pathology. STP/ARP/AFIP, Washington, DC.
McGinn, J. S., Sim, I., Bennet, N. K., et al, 2000. Observations on multiple sperm granulomas in the rat epididymis following vasectomy. Clin Anat 13, 185–194.
McIntyre, B. S., Barlow, N. J., Foster, P. M. D., 2002. Male rats exposed to linuron in utero exhibit permanent changes in anogenital distance, nipple retention, and epididymal malformations that result in subsequent testicular atrophy. Toxicol Sci 65, 62–70.
Medina, J. F., Sergio Recalde, S., Prieto, J., et al, 2003. Anion exchanger 2 is essential for spermiogenesis in mice. Proc Natl Acad Sci USA 100, 15847–15852.
Mitsumori, K., 1990. Blood and lymphatic vessels. In Pathology of the Fischer Rat, Reference and Atlas (G. A. Boorman, S. L. Eustis, M. R. Elwell, C. A. Montgomery, Jr and W. F. MacKenzie, eds.), pp. 473–484. Academic Press, San Diego, CA.
Mitsumori, K., Elwell, M. R., 1988. Proliferative lesions in the male reproductive system of F344 rats and B6C3F1 mice: Incidence and classification. Environ Health Perspect 77, 11–21.
Mitsumori, K., Elwell, M. R., 1994. Tumours of the male accessory sex glands. In Pathology of Tumours in Laboratory Animals, Tumours of the Mice (V. S. Turusov and U. Mohr, eds.), Vol. 2, 2nd ed., No. 111, pp. 431–449. IARC Scientific Publications, Lyon, France.
Mitsumori, K., Talley, F. A., Elwell, M. R., 1989. Epididymal interstitial (Leydig) cell tumors in B6C3F1 mice. Vet Pathol 26, 65–69.
Molenaar, R., de Rooij, D. G., Rommerts, F. F. G., et al, 1985. Specific destruction of rat Leydig cells in mature rats after in vivo administration of ethane dimethyl sulfonate. Biol Reprod 33, 1212–1222.
Mostofi, F. K., Bresler, V. M., 1976. Tumours of the testis. In Pathology of Tumours in Laboratory Animals, Tumours of the Rat (V. S. Turusov, ed.), Vol. 1, Part 2, No. 6,

pp. 135–153. IARC Scientific Publications, Lyon, France.
Mostofi, F. K., Davis, J., Rehm, S., 1994. Tumours of the testis. In Pathology of Tumours in Laboratory Animals, Tumours of Mice (V. S. Turusov and U. Mohr, eds.), Vol. 2., 2nd ed., No. 111, pp. 407–429. IARC Scientific Publications, Lyon, France.
Mylchreest, E., Cattley, R. C., Foster, P. M. D., 1998. Male reproductive tract malformations in rats following gestational and lactational exposure to di(n-butyl) phthalate:An antiandrogenic mechanism. Tox Sci 43, 47–60.
Mylchreest, E., Sar, M., Cattley, R. C., et al, 1999. Disruption of androgen-regulated male reproductive development by di(n-butyl) phthalate during late gestation in rats is different from flutamide. Tox Appl Pharm 156, 81–95.
Nakai, M., Hess, R. A., More, B. J., et al, 1992. Acute and long-term effects of a single dose of the fungicide carbendazim (methyl 2-benzimidazole carbamate) on the male reproductive system in the rat. J Androl 13, 507–518.
Nakazawa, M., Tawaratani, T., Uchimoto, H., et al, 1998. Testicular yolk sac carcinoma in an aged Sprague-Dawley rat. J Toxicol Pathol 11, 203–204.
Needham, J. R., Cooper, J. E., 1976. Bulbourethral gland infections in mice associated with Staphylococcus aureus. Lab Anim 10, 311–315.
Newbold, R. R., Bullock, B. C., McLachlan, J. A., 1985. Lesions of the rete testis in mice exposed prenatally to diethylstilbestrol. Cancer Res 45, 5145–5150.
Newbold, R. R., Bullock, B. C., McLachlan, J. A., 1986. Adenocarcinoma of the rete testis. Diethylstilbestrol-induced lesions of the mouse rete testis. Am J Pathol 125, 625–628.
Newbold, R. R., Bullock, B. C., McLachlan, J. A., 1987. Testicular tumors in mice exposed in utero to diethylstilbestrol. J. Urol 138, 1446–1450.
Ng, S. L., Bidarkar, S. S., Souriat, M., et al, 2005. Gubernacular cell division in different rodent models of cryptorchidism supports indirect androgenic action via the genitofemoral nerve. J Pediatr Surg 40, 434–441.
Nolte, T., Kellner, R., Rittinghausen, S., et al, 2010. RITA-Registry of industrial toxicology animal data: The application of historical control data for Leydig cell tumors in rats. Exp Toxicol Pathol, published online.
Nyska, A., Harmelin, A., Sandbank, J., et al, 1993. Intratubular spermatocytic seminoma in a Fischer-344 rat. Toxicol. Pathol. 21, 397–401.
Obert, L. A., Sobocinski, G. P., Bobrowski,W. F., et al, 2007. An immunohistochemical approach to differentiate hepatic lipidosis from hepatic phospholipidosis in rats. Toxicol Pathol 35, 728–734.
Olson, G. E., NagDas, S. K., Winfrey, V. P., 2002. Structural differentiation of spermatozoa during post-testicular maturation. In The Epididymis: From Molecules to Clinical Practice (B. Robaire and B. T. Hinton, eds.), pp. 371–387. Kluwer Academic/Plenum Publishers, New York, NY.
Oshima, M., Ward, J. M., Wenk, M. L., 1985. Preventive and enhancing effects of

retinoids on the development of naturally occurring tumors of skin, prostate gland, and endocrine pancreas in aged male ACI/segHapBR rats. J Natl Cancer Inst 74, 517–524.

Paquis-Flucklinger, V. P., Rassoulzadegan, M., Michiels, J. F., 1994. Experimental Sertoli cell tumors in mouse and their progression into mixed germ cell-sex cord proliferation. Am J Path 144, 454–559.

Park, J. H., Walls, J. E., Galvez, J. J., et al, 2002. Prostatic intraepithelial neoplasia in genetically engineered mice. Am J Pathol 161, 727–735.

Picut, C. A., Swanson, C. L., Parker, R. F., et al, 2009. The metrial gland in the rat and its similarities to granular cell tumors. Toxicol Pathol 37, 474–480.

Piner, J., Sutherland, M., Millar, M., et al, 2002. Changes in vascular dynamics of the adult rat testis leading to transient accumulation of seminiferous tubule fluid after administration of a novel 5-hydroxytryptamine (5HT) agonist. Reprod Toxicol 16, 141–150.

Pirak, M., Waner, T., Abramovici, A., et al, 1991. Histologic and immunohistochemical study of a spontaneous choriocarcinoma in a male Sprague Dawley rat. Vet Pathol 28, 93–95.

Pour, P. M., 1981. A new prostatic cancer model: Systemic induction of prostatic cancer in rats by a nitrosamine. Cancer Lett 13, 303–308.

Pour, P. M., 1983. Prostatic cancer induced in MRC rats by N-nitrosobis(2-oxo propyl) amine and N-nitroso-bis(2-hydroxypropyl)amine. Carcinogenesis 4, 49–55.

Pour, P. M., Stepan, K., 1987. Induction of prostatic carcinomas and lower urinary tract neoplasms by combined treatment of intact and castrated rats with testosterone propionate and N-nitroso-bis(2-oxopropyl)amine. Cancer Res 47, 5699–5706.

Prahalada, S.,Majka, J. A., Soper, K. A., et al, 1994. Leydig cell hyperplasia and adenomas in mice treated with finasteride, a 5 alphareductase inhibitor: A possible mechanism. Fundam Appl Toxicol 22, 211–219.

Qureshi, S. R., Perentes, E., Ettlin, R. A., et al, 1991. Morphologic and immunohistochemical characterization of Leydig cell tumor variants in Wistar rats. Toxicol Pathol 19, 280–286.

Radovsky, A., Mitsumori, K., Chapin, R. E., 1999. Male reproductive tract. In Pathology of the Mouse, Reference and Atlas (R. R. Maronpot, G. A. Boorman, and B. W. Gaul, eds.), pp. 381–407. Cache River Press, Vienna, IL.

Rao, M. S., Reddy, J. K., 1987. Interstitial cell tumor, testis, rat. In Monographs on Pathology of Laboratory Animals, Genital system (T. C. Jones, U. Mohr, and R. D. Hunt, eds.), pp. 184–192. Springer, Berlin.

Reddy, J. K., Rao, M. S., 1987. Testicular feminization, testes, and testicular tumors, rat, mouse. In Monographs on Pathology of Laboratory Animals, Genital System (T. C. Jones, U. Mohr, and R. D. Hunt, eds.), pp. 204–212. Springer, Berlin, Heidelberg, New York, Tokyo.

Rehm, S., Harlemann, J., Cary, M., et al, 2001. Male genital system. In International Classification of Rodent Tumors, The Mouse (U. Mohr, ed.), pp. 163–210. Springer-Verlag, Berlin.

Rehm, S., Waalkes, M. P., 1988. Mixed Sertoli-Leydig cell tumor and rete testis adenocarcinoma in rats treated with CdCl2. Vet Pathol 25, 163–166.

Rehm, S., White, T. E., Zahalka, E. A., et al, 2008. Effects of food restriction on testis and accessory sex glands in maturing rats. Toxicol Pathol 36, 687–694.

Reid, B. L., Cleland, K. W., 1957. The structure and function of the epididymis, I. The histology of the rat epididymis. Aus J Zool 5, 223–246.

Reznik, G., Hamlin, M. H., Ward, J. M., et al, 1981. Prostatic hyperplasia and neoplasia in aging F344 rats. Prostate 2, 261–268.

Reznik, G. K., 1990. Prostatic hyperplasia and neoplasia. In Atlas of Tumor Pathology of the Fischer Rat (S. F. Stinson, H. M. Schuller, and G. K. Reznik, eds.), pp. 419–429. CRC Press, Boca Raton, FL.

Robaire, B., 2002. Aging of the epididymis. In The Epididymis: From Molecules to Clinical Practice (B. Robaire and B. T. Hinton, eds.), pp. 285–296. Kluwer Academic/Plenum Publishers, New York, NY.

Robaire, B., Hermo, L., 1988. Efferent ducts, epididymis and vas deferens; structure, function and their regulation. In The Physiology of Reproduction (E. Knobil and J. D. Neill, eds.), Vol. 1, 2nd ed., pp. 999–1080. Raven Press, New York, NY.

Robaire, B., Hinton, B. T., 2002. The Epididymis: From Molecules to Clinical Practice. Kluwer Academic/Plenum Publishers, New York, NY.

Rodriguez, C. M., Kirby, J. L., Hinton, B. T., 2002. The development of the epididyme. In The Epididymis: From Molecules to Clinical Practice (B. Robaire and B. T. Hinton, eds.), pp. 251–268. Kluwer Academic/Plenum Publishers, New York, NY.

Rudmann, D. G., McNerney, M. E., Vandereide, S. L., et al, 2004. Epididymal and systemic phospholipidosis in rats and dogs treated with the dopamine D3 selective antagonist PNU-177864. Toxicol Pathol 32, 326–332.

Russell, L. D., Ettlin, R. A., SinhaHikim, A. P., et al, 1990. Histopathology of the testis. In Histological and Histopathological Evaluation of the Testis, pp. 210–266. Cache River Press, Clearwater, FL.

Russell, L. D., Hikim, A. P., Overbeek, P. A., et al, 1991. Testis structure in the sys (symplastic spermatids) mouse. Am J Anat 192, 169–182.

Saito, K., O' Donnell, L., McLachlan, I., et al, 2000. Spermiation failure is a major contributor to early spermatogenic suppression caused by hormone withdrawal in adult rats. Endocrinology 141, 2779–2785.

Saito, N., Kawamura, H., 1999. The incidence and development of periarteritis nodosa in testicular arterioles and mesenteric arteries of spontaneously hypertensive rats. Hypertens Res 22, 105–112.

Sawaki, M., Shinoda, K., Hoshuyama, S., et al, 2000. Combination of a teratoma and embryonal carcinoma of the testis in SD IGS rats: A report of two cases. Toxicol Pathol 28, 832–835.

Sawamoto, O., Yamate, J., Kuwamura, M., et al, 2003. Development of sperm granulomas in the epididymides of L-Cysteinetreated rats. Toxicol Pathol 31, 281–289.

Sebesteny, A., 1973. Abscesses of the bulbourethral glands of mice due to Pasteurella pneumotropica. Lab Anim 7, 315–317.

Setchell, B. P., Maddocks, S., Brooks, D. E., 1988. Anatomy, vasculature, innervation, and fluids of the male reproductive tract. In The Physiology of Reproduction (E. Knobil and J. D. Neill, eds.), Vol. 1, 2nd ed., pp., 1063–1176. Raven Press, New York, NY.

Shappell, S. B., Thomas, G. V., Roberts, R. L., et al, 2004. Prostate pathology of genetically engineered mice: Definitions and classification. The consensus report from the Bar Harbor meeting of the mouse models of human cancer consortium prostate pathology committee. Cancer Res 64, 2270–2305.

Shibata, M. A., Ward, J. M., Devor, D. E., et al, 1996. Progression of prostatic intraepithelial neoplasia to invasive carcinoma in C3(1)/SV40 large T antigen transgenic mice: Histopathological and molecular biological alterations. Cancer Res 56, 4894–4903.

Shiga, A., 1994. Primary histiocytic sarcoma of the epididymis in B6C3F1 mouse. J Toxicol Pathol 7, 95–102.

Shinoda, K., Mitsumori, K., Yashura, K., et al, 1998. Involvement of rat apoptosis in the rat germ cell degeneration induced by nitrobenzene. Arch Toxicol 72, 296–302.

Shirai, T., Ikawa, E., Tagawa, Y., et al, 1987. Lesions of the prostate glands and seminal vesicles induced by N-methylnitrosourea in F344 rats pretreated with ethinyl estradiol. Cancer Lett 35, 7–15.

Shirai, T., Imaida, K., Masui, T., et al, 1994. Effects of testosterone, dihydrotestosterone and estrogen on 3,20-dimethyl-4-aminobiphenyl-induced rat prostate carcinogenesis. Int J Cancer 57, 224–228.

Shoda, T., Mitsumori, K., Imazawa, T., et al, 1998. A spontaneous seminal vesicle adenocarcinoma in an aged F344 rat. Toxicol Pathol 26, 448–451.

Sigmoretti, S.,Waltregny, D., Dilks, J., et al, 2000. p63 is a prostate basal cell marker and is required for prostate development. Am J Pathol 157, 1769–1775.

Slausson, D. O., Cooper, B. J., 1990. Disorders of cell growth. In Mechanisms of Disease, Second Edition (D. O. Slausson, B. J. Cooper, and M. M. Suter, eds.), pp. 377–471. Williams and Wilkins, Baltimore, MD.

Slayter, M. V., Anzano, M. A., Kadomatsu, K., et al, 1994. Histogenesis of induced prostate and seminal vesicle carcinoma in Lobund-Wistar rats: A system for histological scoring and grading. Cancer Res 54, 1440–1445.

Sobis, H., 1987. Yolk sac carcinoma, rat. In Monographs on Pathology of Laboratory

Animals, Genital System (T. C. Jones, U. Mohr, and R. D. Hunt, eds.), pp. 127–134. Springer, Berlin.

Sobis, H., Verstuyf, A., Vandeputte, M., 1993. Visceral yolk sac derived tumors. Int J Dev Biol 37, 155–168.

Smits, R., Kielman, M. F., Breukel, C., et al, 1999. Apc1638T: A mouse model delineating critical domains of the adenomatous polyposis coli protein involved in tumorigenesis and development. Genes Dev 13, 1309–1321.

Squire, R. A., Goodman, D. G., Valerio, M. G., et al, 1978. Tumors, Male reproductive system. In Pathology of Laboratory Animals (K. Benirschke, F. M. Garner, and T. C. Jones, eds.), Vol. II, pp., 1213–1225. Springer, Berlin.

Stebbins, K. E., Bond, D. M., Novilla, M. N., et al, 2002. Spinosad Insecticide: Subchronic and chronic toxicity and lack of carcinogenicity in CD-1 mice. Toxicol Sci 65, 276–287.

Stolte, M., 1993. Histomorphological age changes and ultrastructural characteristics of the preputial and clitoral glands of mice. J Exp Anim Sci 35,166–176.

Sugimura, Y., Cunha, G. R., Donjacour, A. A., 1986. Morphological and histological study of castration-induced degeneration and androgeninduced regeneration in the mouse prostate. Biol Reprod 34, 973–983.

Sugimura, Y., Sakurai, M., Hayashi, N., et al, 1994. Age-related changes of the prostate gland in the senescenceaccelerated mouse. Prostate 24, 24–32.

Suttie, A., Nyska, A., Haseman, J. K., et al, 2003. A grading scheme for assessment of proliferative lesions of the mouse prostate in the TRAMP model. Toxicol Pathol 31, 31–38.

Suttie, A. W., Dinse, G. E., Nyska, A., et al, 2005. An investigation of the effects of late-onset dietary restriction on prostate cancer development in the TRAMP mouse. Toxicol Pathol 3, 386–397.

Suwa, T., Nyska, A., Haseman, J. K., et al, 2002. Spontaneous lesions in control B6C3F1 mice and recommended sectioning of male accessory sex organs. Toxicol Pathol 30, 228–234.

Suwa, T., Nyska, A., Peckham, J. C., et al, 2001. A retrospective analysis of background lesions and tissue accountability for male accessory sex organs in Fischer-344 rats. Toxicol Pathol 29, 467–478.

Tamano, S., Rehm, S., Waalkes, M. P., et al, 1996. High incidence and histogenesis of seminal vesicle adenocarcinoma and lower incidence of prostate carcinomas in the Lobund-Wistar prostate cancer rat model using N-nitrosomethylurea and testosterone. Vet Pathol 33, 557–567.

Tangbanluekal, L., Robinette, C. L., 1993. Prolactin mediates estradiolinduced inflammation in the lateral prostate of Wistar rats. Endocrinology 132, 2407–2416.

Tani, Y., Murata, S., Maeda, N., et al, 1997. A spontaneous testicular teratoma in an ICR mouse. Toxicol Pathol 25,317–320.

Tani, Y., Sills, R. C., Foster, M. D., et al, 2005. Epididymal sperm granuloma induced by chronic administration of 2-Methylimidazole in B6C3F1 mice. Toxicol Pathol 33, 313–319.

Tani, Y., Suttie, G. P., Flake, A., et al, 2005.Epithelial-stromal tumor of the seminal vesicles in the transgenic adenocarcinoma mouse prostate model. Vet Pathol 42, 306–314.

Teilum, G., 1959. Endodermal sinus tumors of the ovary and the testis. Comparative morphogenesis of the so-called mesoephroma ovarii (Schiller) and extraembryonic (yolk sac-allantoic) structures of the rat' s placenta. Cancer12, 1092–1105.

Van Coppenolle, F., Slomianny, C., Carpentier, F., et al, 2001. Effects of hyperprolactinemia on rat prostate growth: Evidence of androgeno-dependence. Am J Physiol Endocrinol Metab 280, E120–129.

Vezina, C. M., Allgeier, S. H., Moore, R. W., et al, 2008. Dioxin causes ventral prostate agenesis by disrupting dorsoventral patterning in developing mouse prostate. Toxicol Sci 106, 488–496.

Waites, G. M. H., Setchell, B. P., 1966. Changes in blood flow and vascular permeability of the testis, epididymis and accessory reproductive organs of the rat after the administration of cadmium chloride. J Endocrinol 34, 329–342.

Wakui, S., Muto, T., Kobayashi, Y., et al, 2008. Sertoli-Leydig cell tumor of the testis in a Sprague-Dawley rat. J Am Assoc Lab Anim Sci 47, 67–70.

Ward, J. M., Hamlin, M. H., Ackerman, L. J., et al, 1983. Age-related neoplastic and degenerative lesions in aging male virgin and ex-breeder ACI/segHapBR rats. J Gerontol38, 538–548.

Wardrip, C. L., Lohmiller, J. J., Swing, S. P., et al, 1998. Bulbourethral gland cysts in three mice. Contemp Top Lab Anim Sci 37,101–102.

Warot, X., Fromental-Ramain, C., Fraulob, V., et al, 1997. Gene dosage-dependent effects of the Hoxa-13 and Hoxd-13 mutations on the morphogenesis of the terminal parts of the digestive and urogenital tracts. Development 124, 4781–4791.

Yamate, J., Tajima, M., Kudow, S., et al, 1990. Background pathology in BDF1 mice allowed to live out their life-span. Lab Anim 24, 332–340.

Yan, W., Samson, M., Jegou, B., et al, 2000. Bcl-w forms complexes with Bax and Bak, and elevated ratios of Bax/Bcl-w and Bak/Bcl-w correspond to spermatogonial and spermatocyte apoptosis in the testis. Mol Endocrinol 14, 682–699.

Yano, B. L., Bond, D. M., Novilla, M. N., et al, 2002. Spinosad insecticide: Subchronic and chronic toxicity and lack of carcinogenicity in Fischer 344 rats. Toxicol Sci 65,288–298.

Yano, B. L., Hardisty, J. F., Seely, J. C., et al, 2008. Nitrapyrin: A scientific advisory group review of the mode of action of carcinogenicity in B6C3F1 mice. Regul Toxicol Pharmacol 51, 53–65.

Yoshitomi, K., Morii, S., 1984. Benign and malignant epithelial tumors of the rete testis in mice. Vet Pathol 21, 300–303.

Yuan, Y. D., McEntee, K., 1987. Testicular degeneration, rat. In Monographs on Pathology of Laboratory Animals, Genital System (T. C. Jones, U. Mohr, and R. D. Hunt, eds.), pp. 212–217. Springer, Berlin.

Zwieten, M. J., 1994. Leydig cell hyperplasia and adenomas in mice treated with finasteride, a 5 alpha-reductase inhibitor: A possible mechanism.Fundam Appl Toxicol 22, 211–219.

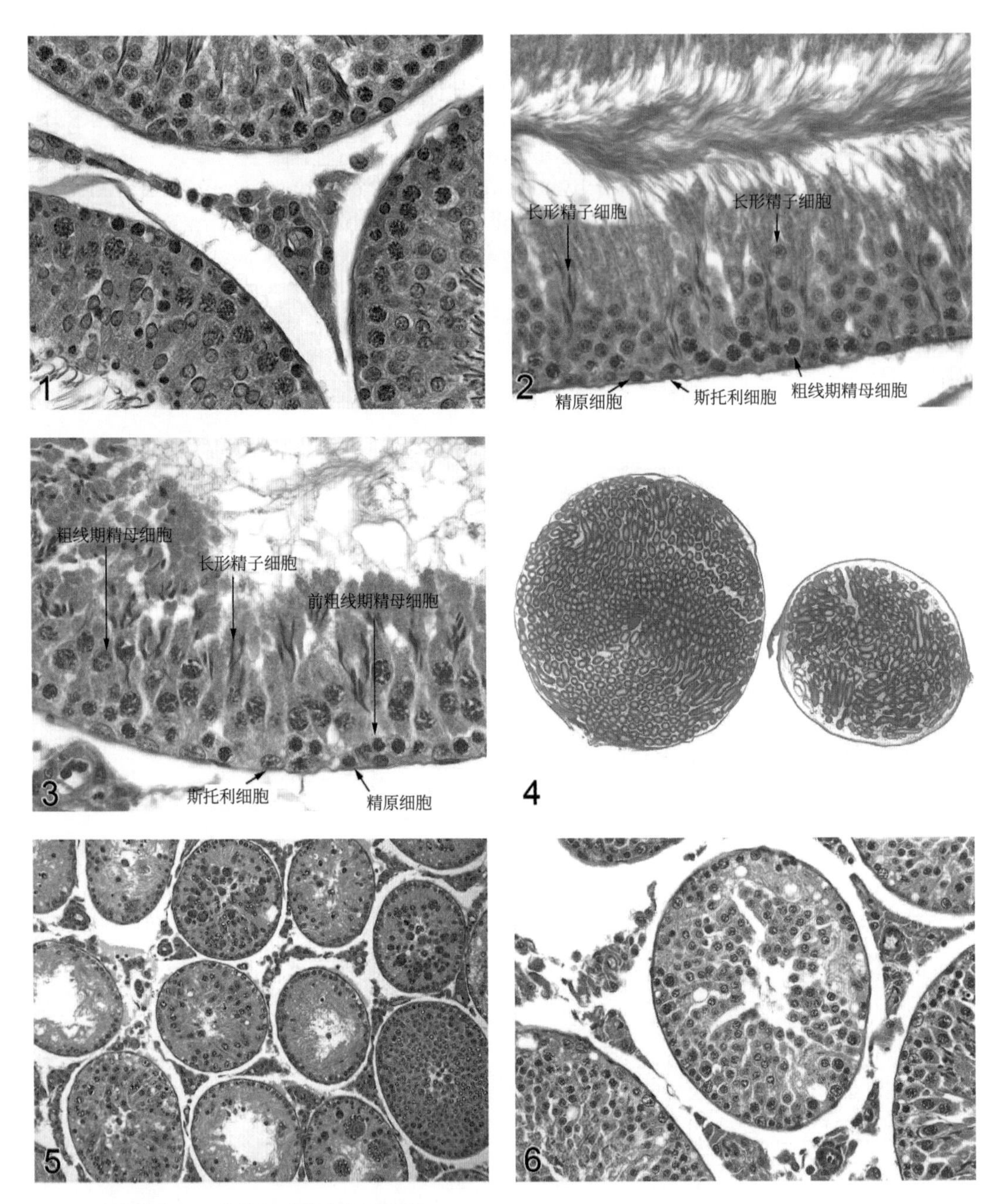

图 1　大鼠睾丸，正常生精小管和间质组织

图 2　大鼠睾丸，早期（V 期）生精小管中的正常细胞类型

图 3　大鼠睾丸，后期（XII 期）生精小管中的正常细胞类型

图 4　大鼠睾丸，单侧发育不全（左侧正常）

图 5　大鼠睾丸，生精小管变性 / 萎缩。含变性生殖细胞的生精小管与生殖细胞耗减的生精小管混合存在

图 6　大鼠睾丸，生精小管变性

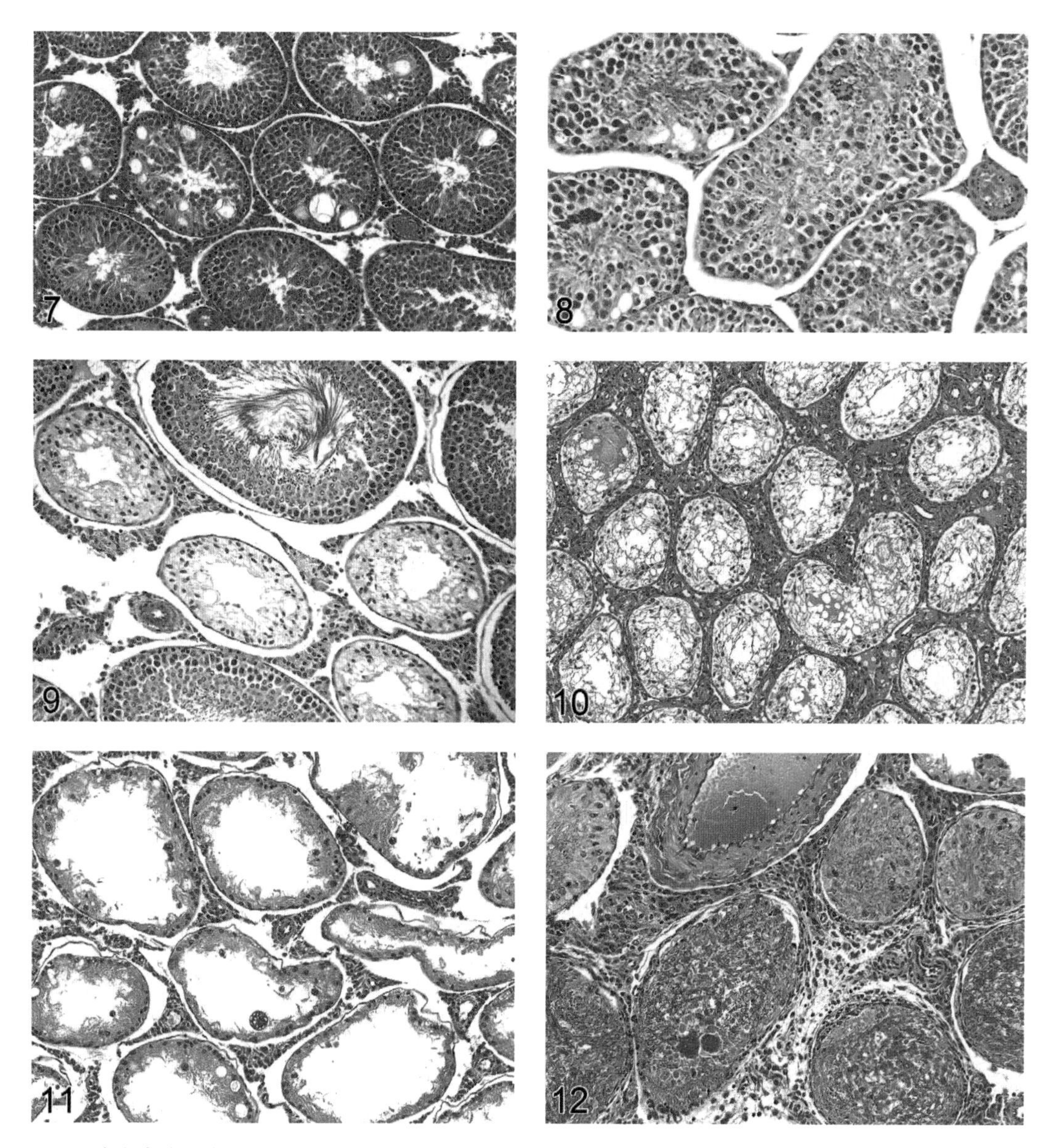

图 7　大鼠睾丸，生精小管变性

图 8　大鼠睾丸，生精小管变性

图 9　大鼠睾丸，节段性生精小管萎缩

图 10　大鼠睾丸，弥漫性生精小管萎缩（小管腔缩小）

图 11　大鼠睾丸，弥漫性生精小管萎缩（小管腔扩张）

图 12　大鼠睾丸，生精小管坏死，伴有炎症

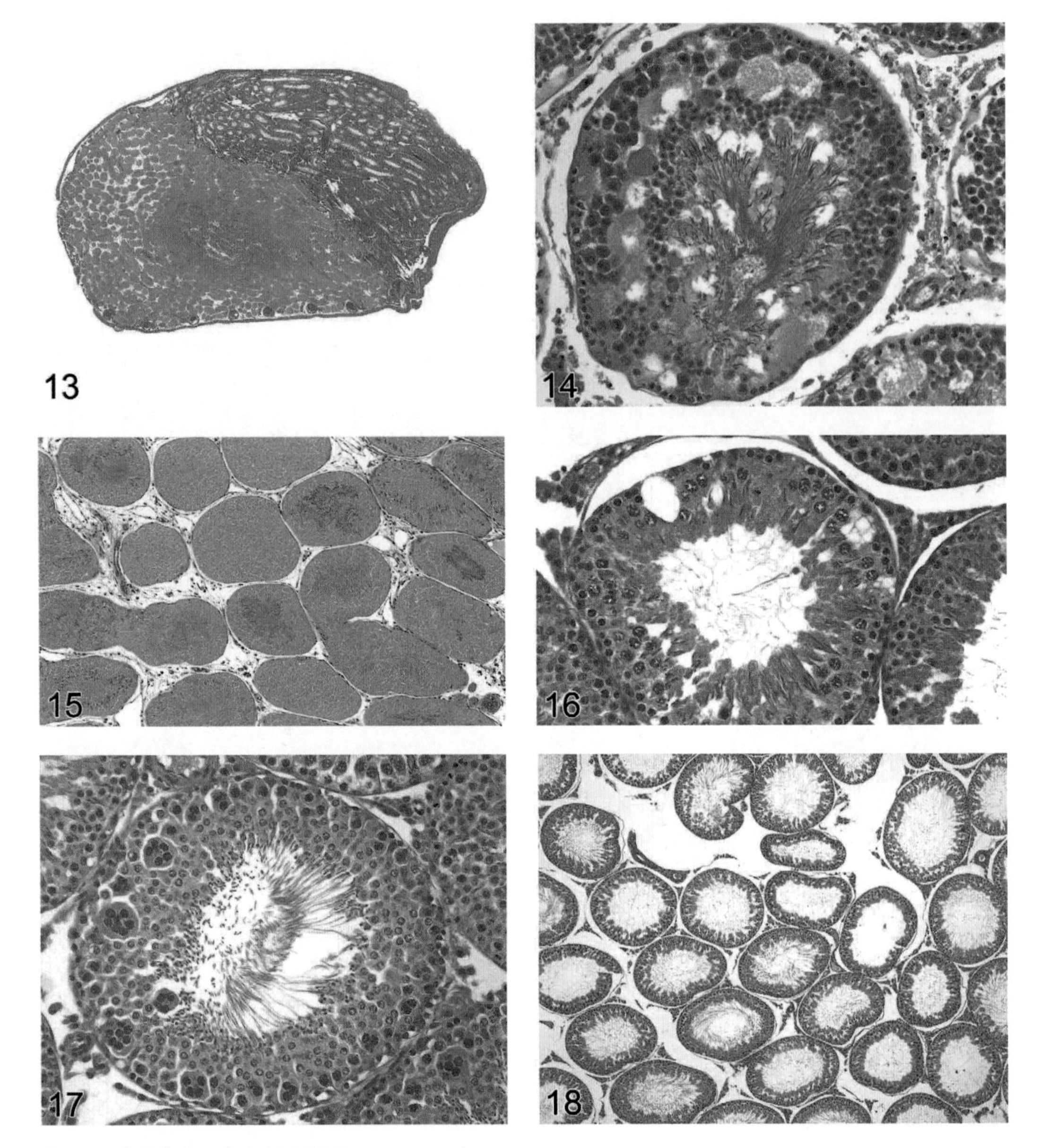

图 13　大鼠睾丸，睾丸部分坏死

图 14　大鼠睾丸，睾丸坏死：生精小管和间质成分坏死

图 15　大鼠睾丸，睾丸坏死：生精小管和间质成分坏死

图 16　大鼠睾丸，生精小管空泡形成，发生在无生殖细胞变性的情况下

图 17　大鼠睾丸，多核巨细胞

图 18　大鼠睾丸，生精小管扩张

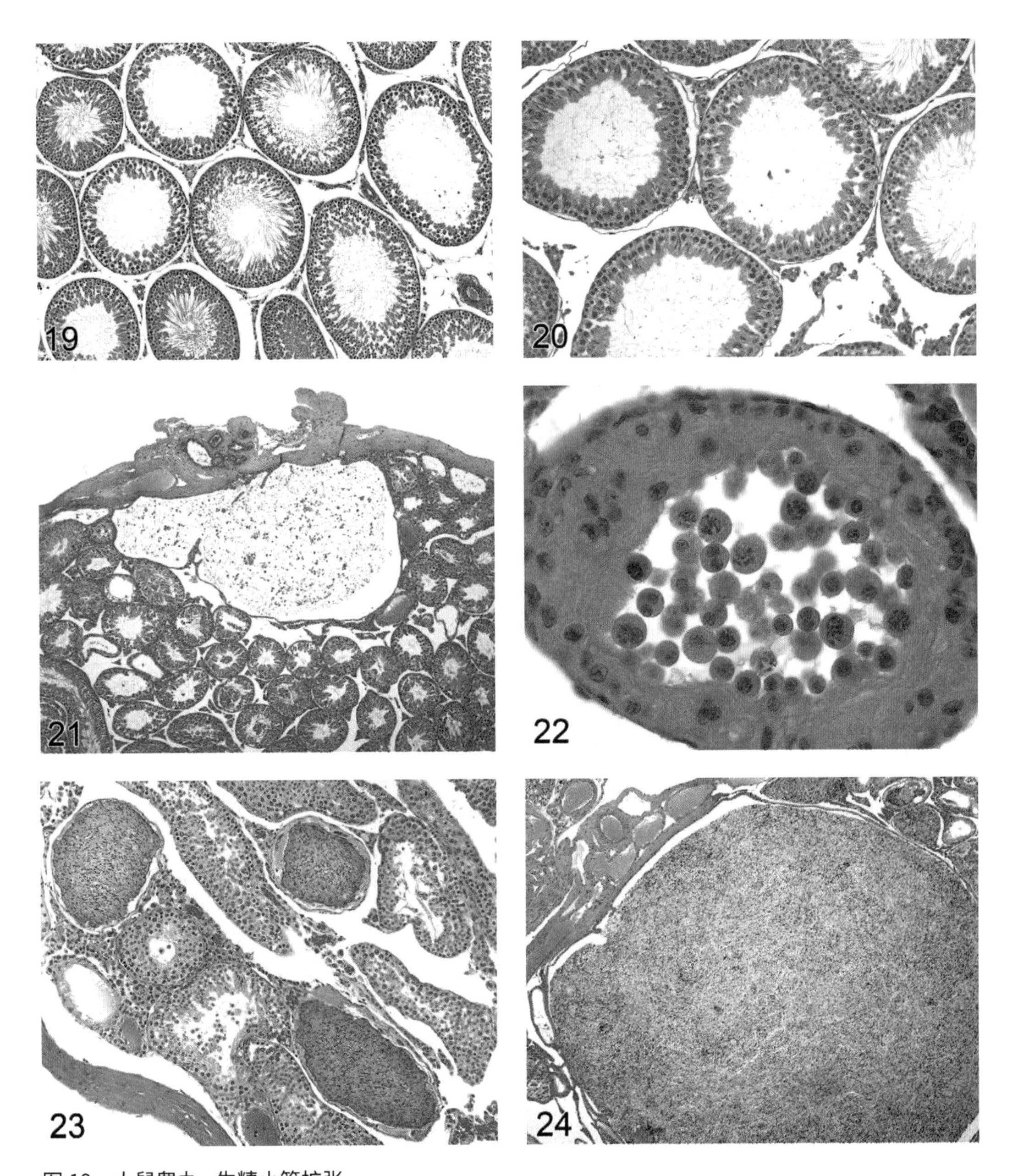

图 19　大鼠睾丸，生精小管扩张

图 20　大鼠睾丸，生精小管扩张：上皮变薄，但是生殖细胞层数和数量正常

图 21　小鼠睾丸，睾丸网扩张

图 22　大鼠睾丸，生殖细胞脱落。生殖细胞分离但形态正常

图 23　小鼠睾丸，精子淤滞

图 24　小鼠睾丸，睾丸网精子囊肿

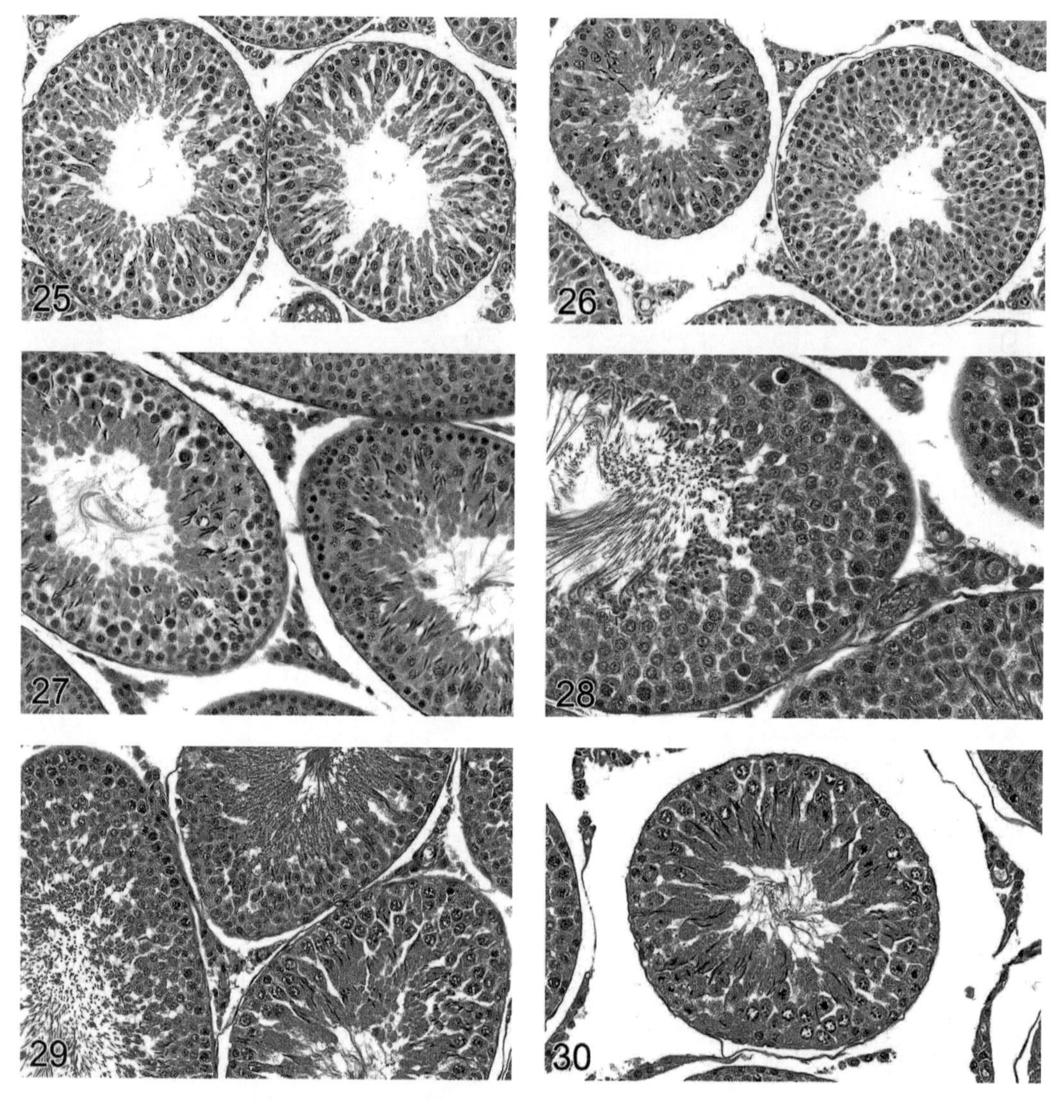

图 25　大鼠睾丸，长形精子细胞，生殖细胞变性，XIV 期（左），XII 期（右）。与正常相比，头部呈棒状并浓缩

图 26　大鼠睾丸，生殖细胞变性 / 耗竭，长形精子细胞。XII 期（左）具有棒状、浓缩的头部，早期生精小管（右）头部丢失，变成棒状

图 27　大鼠睾丸，生殖细胞变性，精母细胞，XIV 期（左侧小管）

图 28　大鼠睾丸，生殖细胞变性，精母细胞，VIII 期（由于睾酮水平低）

图 29　大鼠睾丸，生殖细胞耗减，精母细胞。VII 期生精小管（左）正在丢失前细线期精母细胞；VIII 期生精小管（右）正在丢失偶线期精母细胞；IV 期生精小管（上）正在丢失粗线期精母细胞。给予精原细胞毒 2 周后因细胞的成熟性耗竭所引起

图 30　大鼠睾丸，生殖细胞耗减，偶线期精母细胞（XIV 期生精小管）

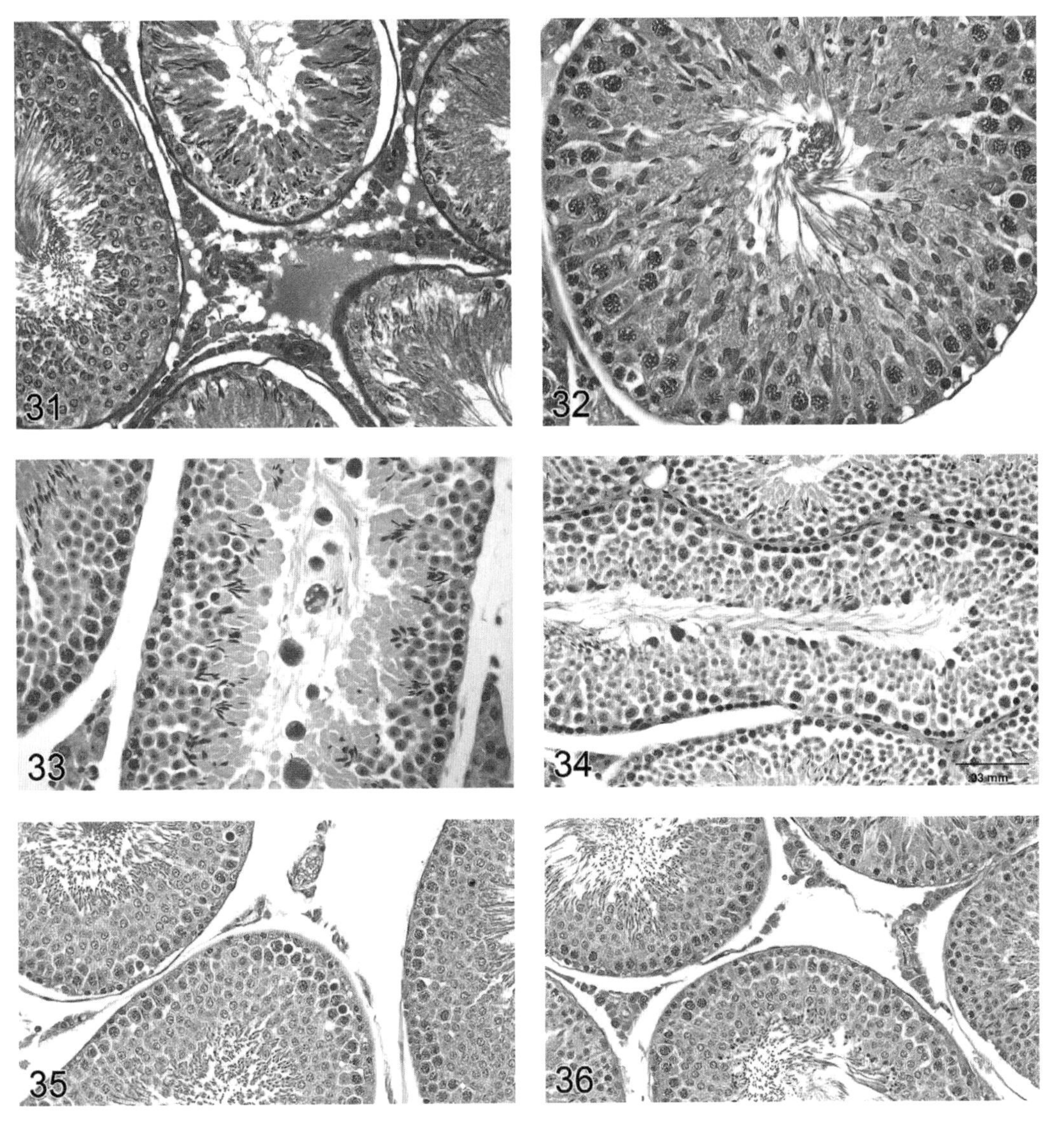

图 31　大鼠睾丸，持续给予 4 周影响精子发生的毒物后，细胞成熟耗减所引起生殖细胞、精原细胞、精母细胞、第 6 步精原细胞耗减

图 32　大鼠睾丸，第 X 期精子细胞滞留。生精小管管腔表面含有第 10 步和第 19 步的精子细胞

图 33　小鼠睾丸，非典型残余体

图 34　小鼠睾丸，非典型残余体

图 35　大鼠睾丸，第 VII 期，莱迪格细胞萎缩和精母细胞变性。因睾酮合成受到抑制所致

图 36　大鼠睾丸，正常的莱迪格细胞和第 VII 期生精小管（与图 35 比较）

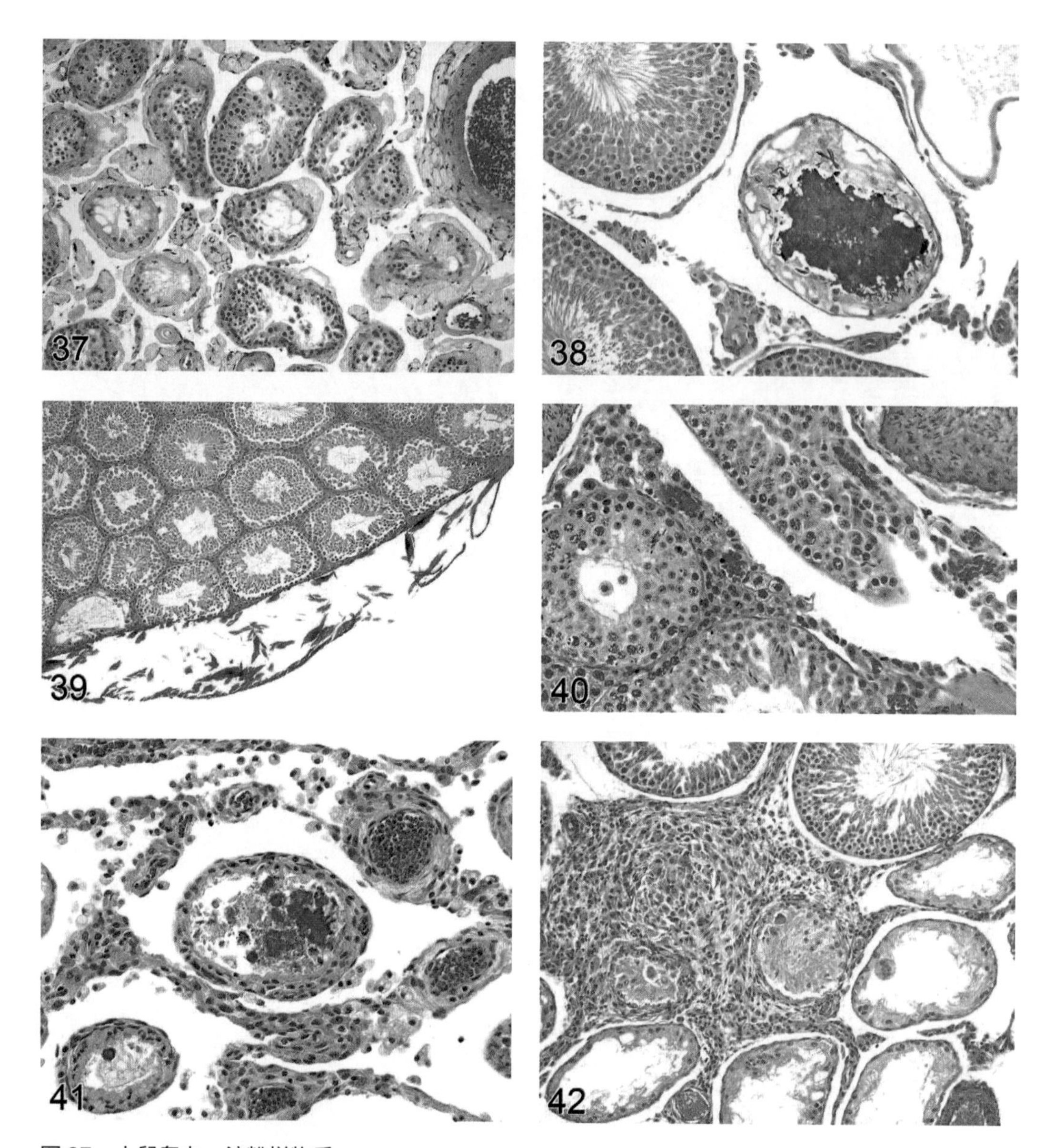

图 37　小鼠睾丸，淀粉样物质

图 38　大鼠睾丸，生精小管矿化

图 39　小鼠睾丸，被膜矿化

图 40　小鼠睾丸，间质色素

图 41　大鼠睾丸，巨噬细胞空泡形成（因磷脂沉积所致）

图 42　大鼠睾丸，肉芽肿性炎症

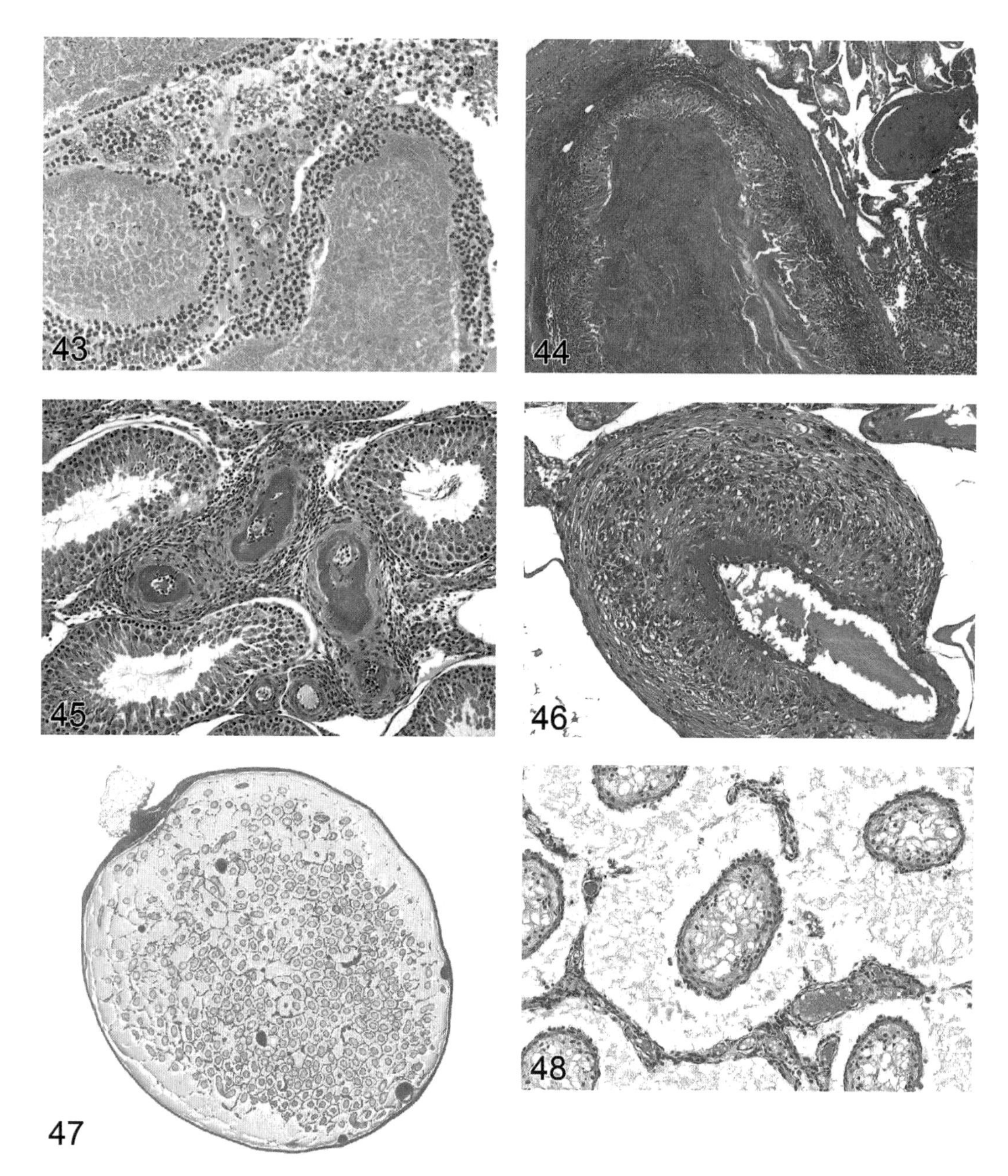

图 43　大鼠睾丸，中性粒细胞性炎性（与睾丸坏死有关）

图 44　大鼠睾丸，睾丸网精子肉芽肿

图 45　大鼠睾丸，血管 / 血管周围坏死 / 炎性

图 46　大鼠睾丸，血管 / 血管周围坏死 / 炎性

图 47　大鼠睾丸，间质水肿

图 48　大鼠睾丸，间质水肿，图 47 高倍放大

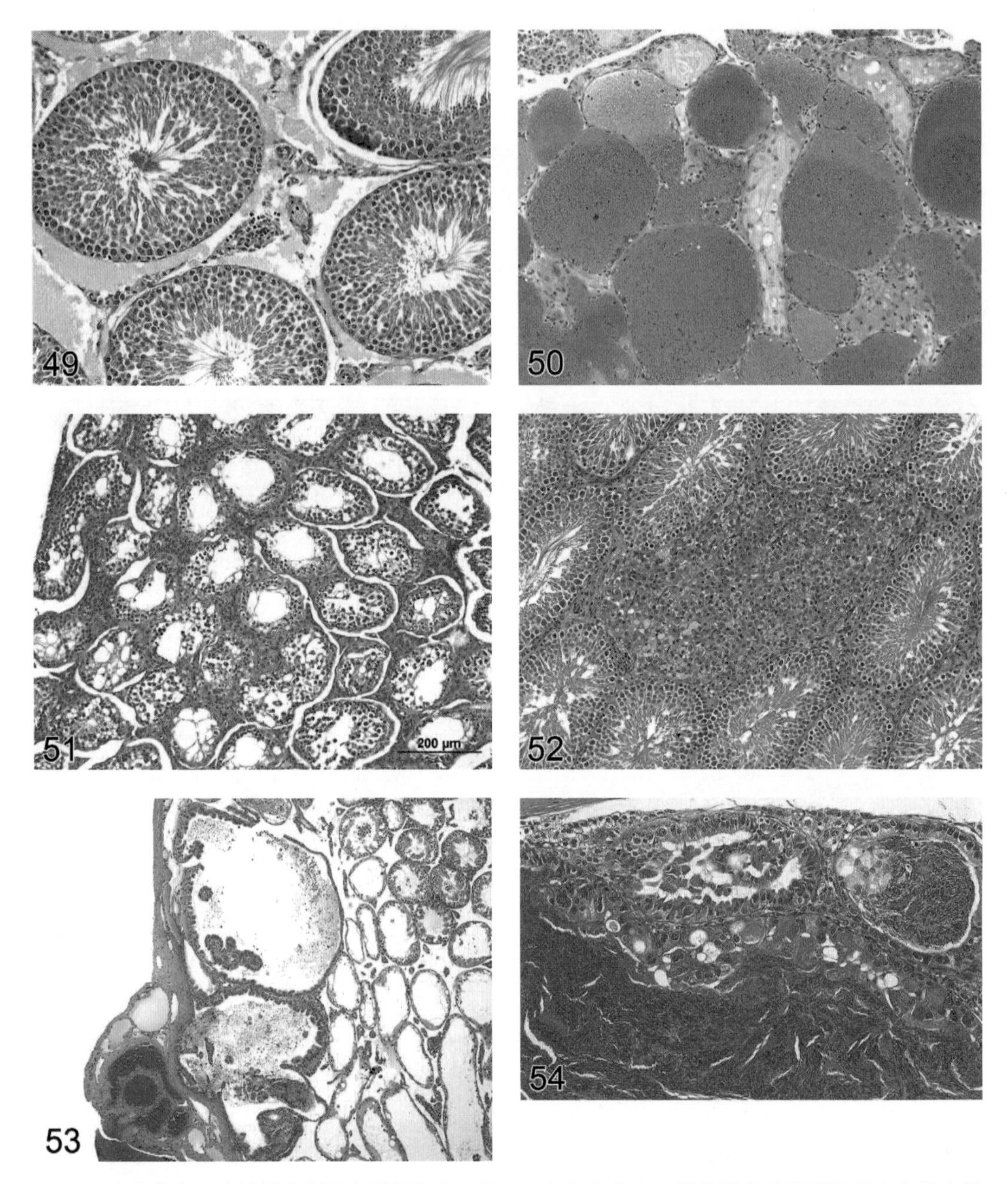

图 49　大鼠睾丸，高渗固定剂固定引起的人工假象。在睾丸中心正常生精小管周围间质存在蛋白性液体

图 50　大鼠睾丸，血管扩张

图 51　小鼠睾丸，弥漫性莱迪格细胞增生

图 52　大鼠睾丸，灶状莱迪格细胞增生

图 53　小鼠睾丸，睾丸网增生

图 54　小鼠睾丸，睾丸网增生

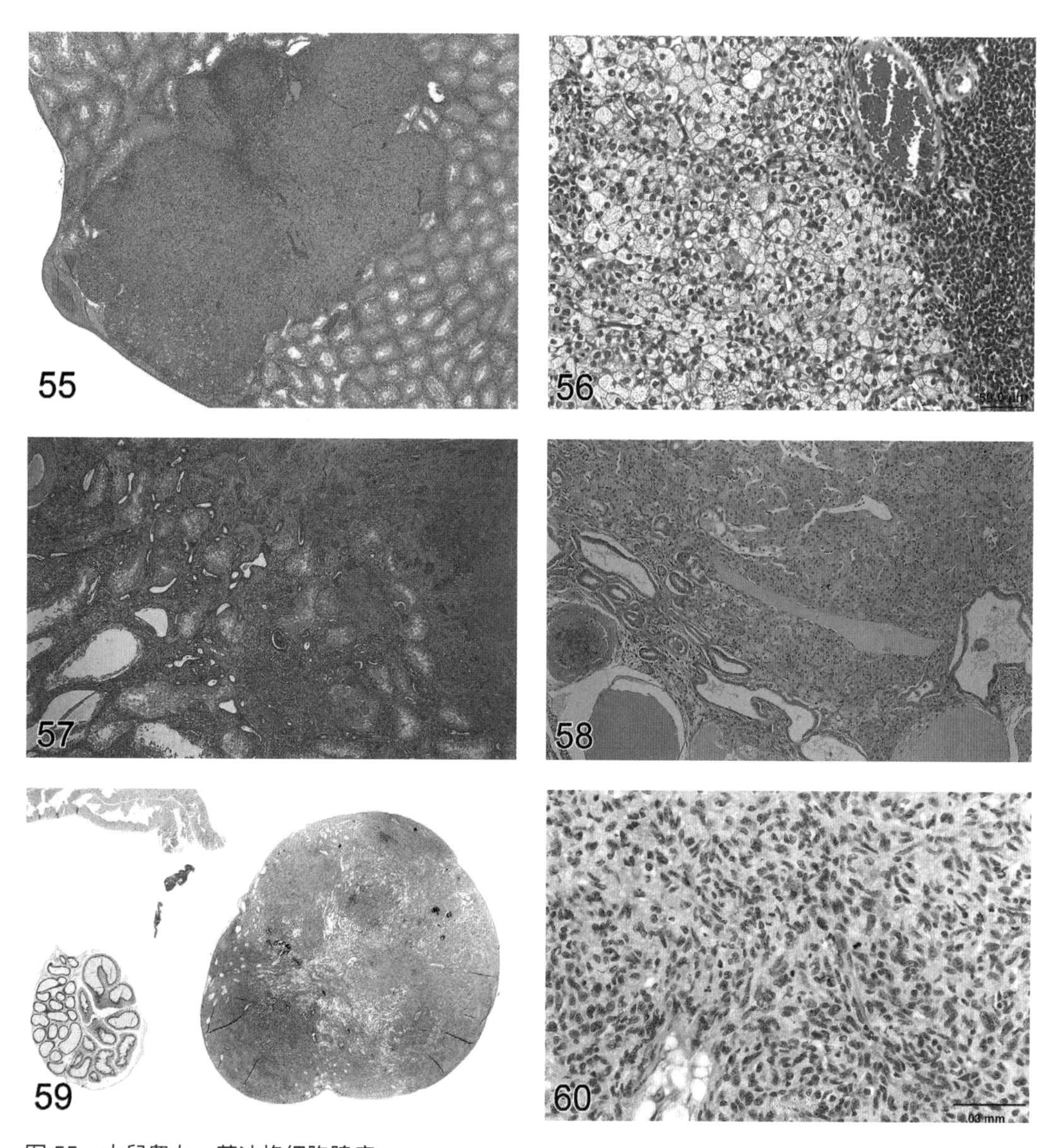

图 55　大鼠睾丸，莱迪格细胞腺瘤

图 56　大鼠睾丸，莱迪格细胞腺瘤。有两种特征不同的细胞：一种为淡染的泡沫样空泡化的细胞，另一种为梭形嗜碱性小细胞

图 57　大鼠睾丸，筛孔状莱迪格细胞腺瘤

图 58　大鼠睾丸，筛孔状莱迪格细胞腺瘤

图 59　大鼠睾丸，莱迪格细胞癌

图 60　大鼠睾丸，莱迪格细胞癌，图 59 高倍放大

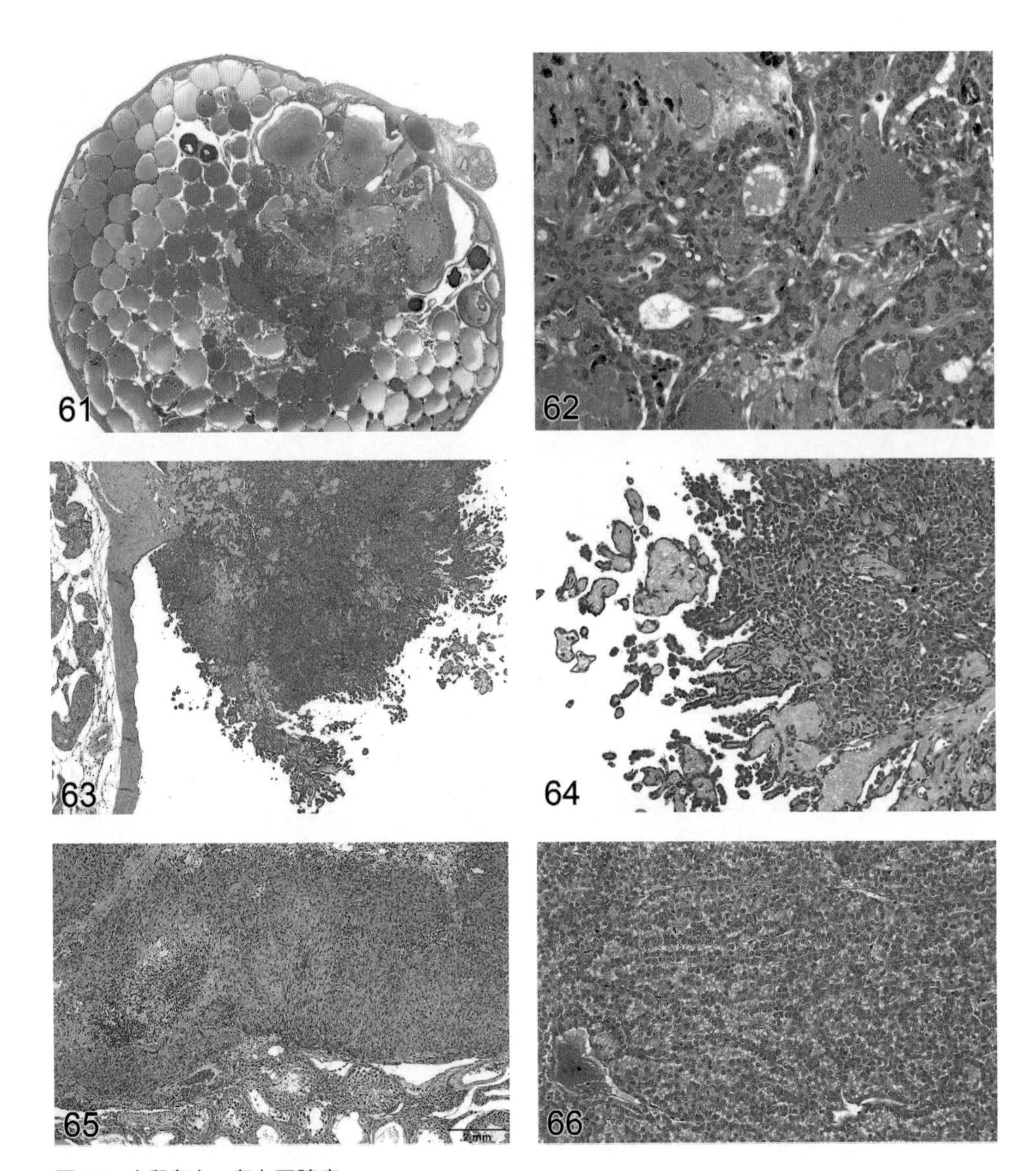

图 61　小鼠睾丸，睾丸网腺瘤

图 62　小鼠睾丸，睾丸网腺瘤，图 61 高倍放大

图 63　大鼠睾丸，恶性间皮瘤

图 64　大鼠睾丸，恶性间皮瘤

图 65　大鼠睾丸，良性斯托利细胞瘤

图 66　大鼠睾丸，良性斯托利细胞瘤

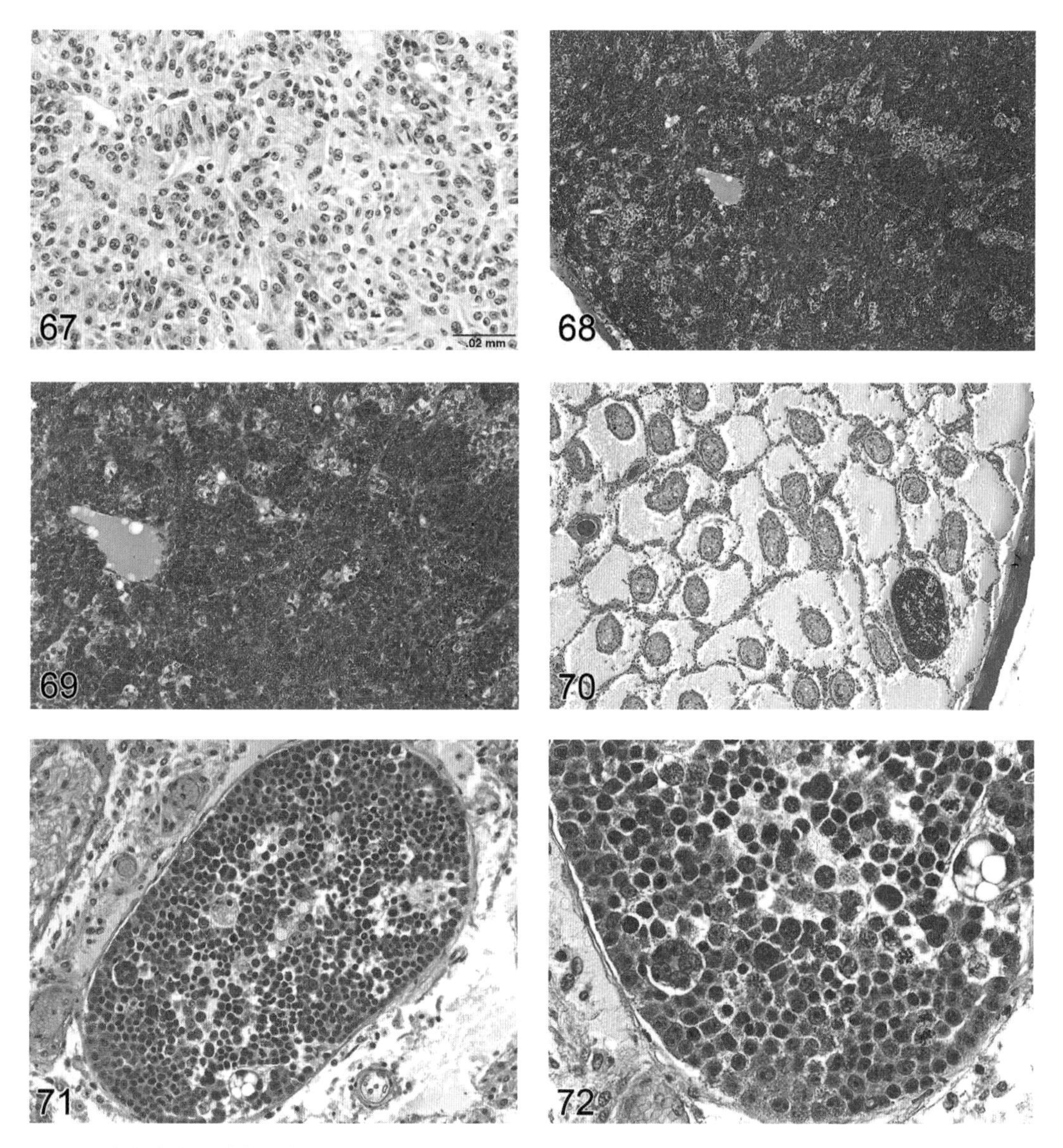

图 67　大鼠睾丸，良性斯托利细胞瘤

图 68　小鼠睾丸，良性颗粒细胞瘤

图 69　小鼠睾丸，良性颗粒细胞瘤，图 68 高倍放大

图 70　大鼠睾丸，良性精原细胞瘤

图 71　大鼠睾丸，良性精原细胞瘤，图 70 高倍放大

图 72　大鼠睾丸，良性精原细胞瘤，图 71 高倍放大

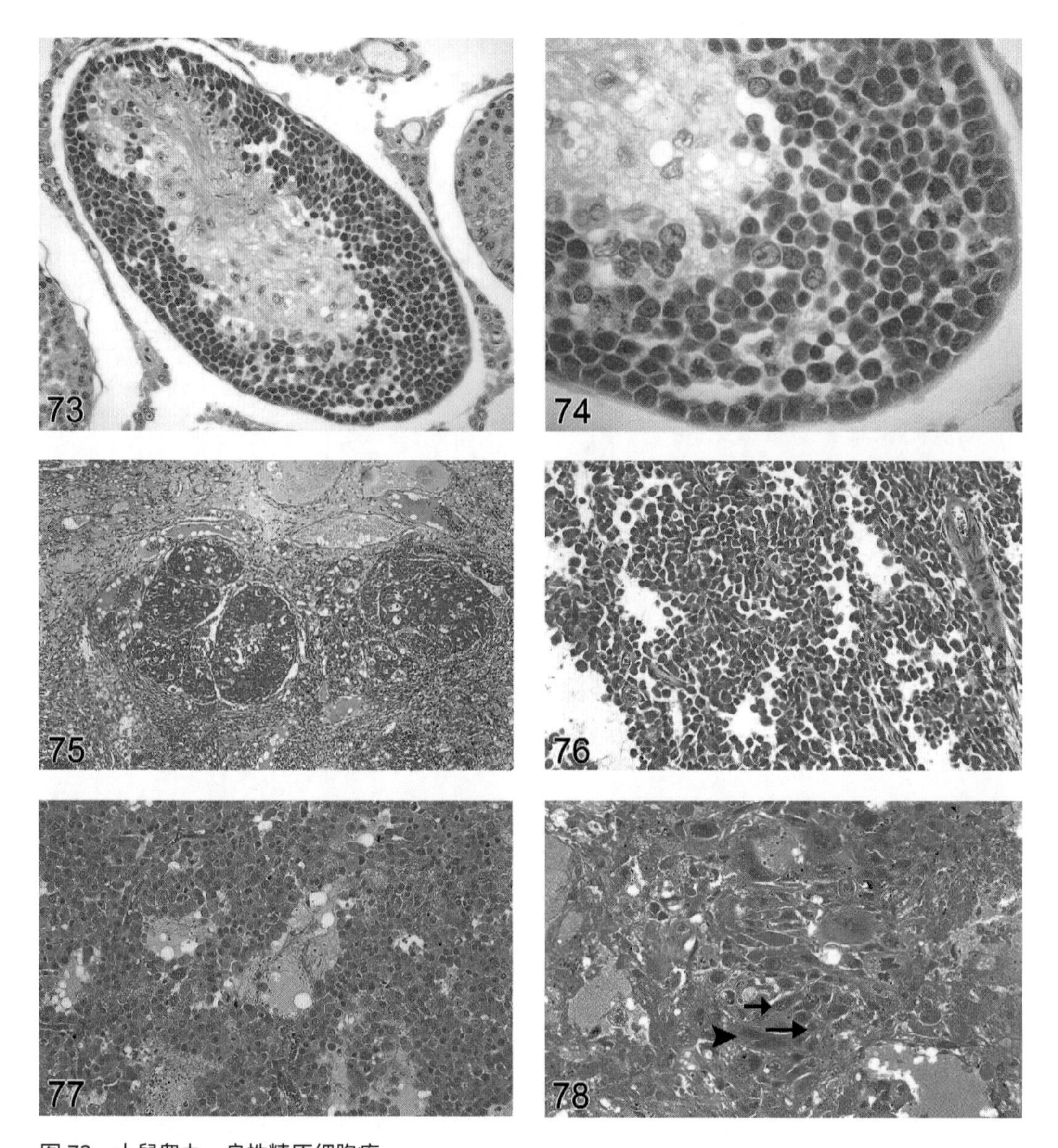

图 73　大鼠睾丸，良性精原细胞瘤

图 74　大鼠睾丸，良性精原细胞瘤，图 73 高倍放大

图 75　大鼠睾丸，恶性精原细胞瘤

图 76　大鼠睾丸，恶性精原细胞瘤

图 77　大鼠睾丸，恶性精原细胞瘤

图 78　小鼠睾丸，绒毛膜癌，细胞滋养层（箭号）和合体滋养层细胞（箭头）。与图 79、图 80 构成混合瘤的一部分

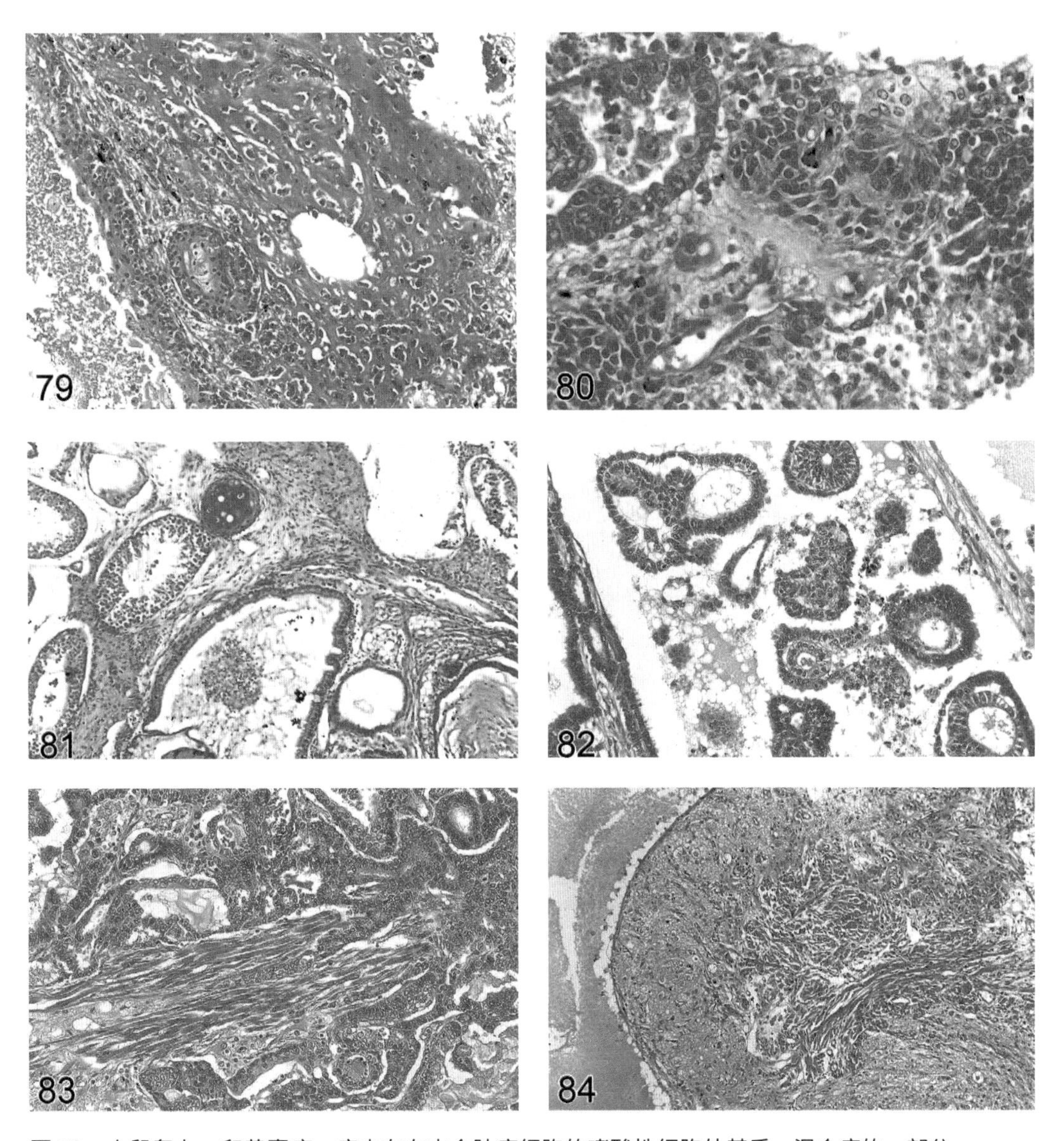

图 79　小鼠睾丸，卵黄囊癌，癌内存在内含肿瘤细胞的嗜酸性细胞外基质。混合瘤的一部分

图 80　小鼠睾丸，胚胎癌，与图 78、图 79 同为混合瘤的一部分

图 81　小鼠睾丸，良性畸胎瘤，图 78 至图 80 混合瘤的对侧睾丸

图 82　大鼠睾丸，良性畸胎瘤

图 83　大鼠睾丸，良性畸胎瘤，与图 82 为同一睾丸

图 84　大鼠睾丸，良性畸胎瘤，与图 82 为同一睾丸

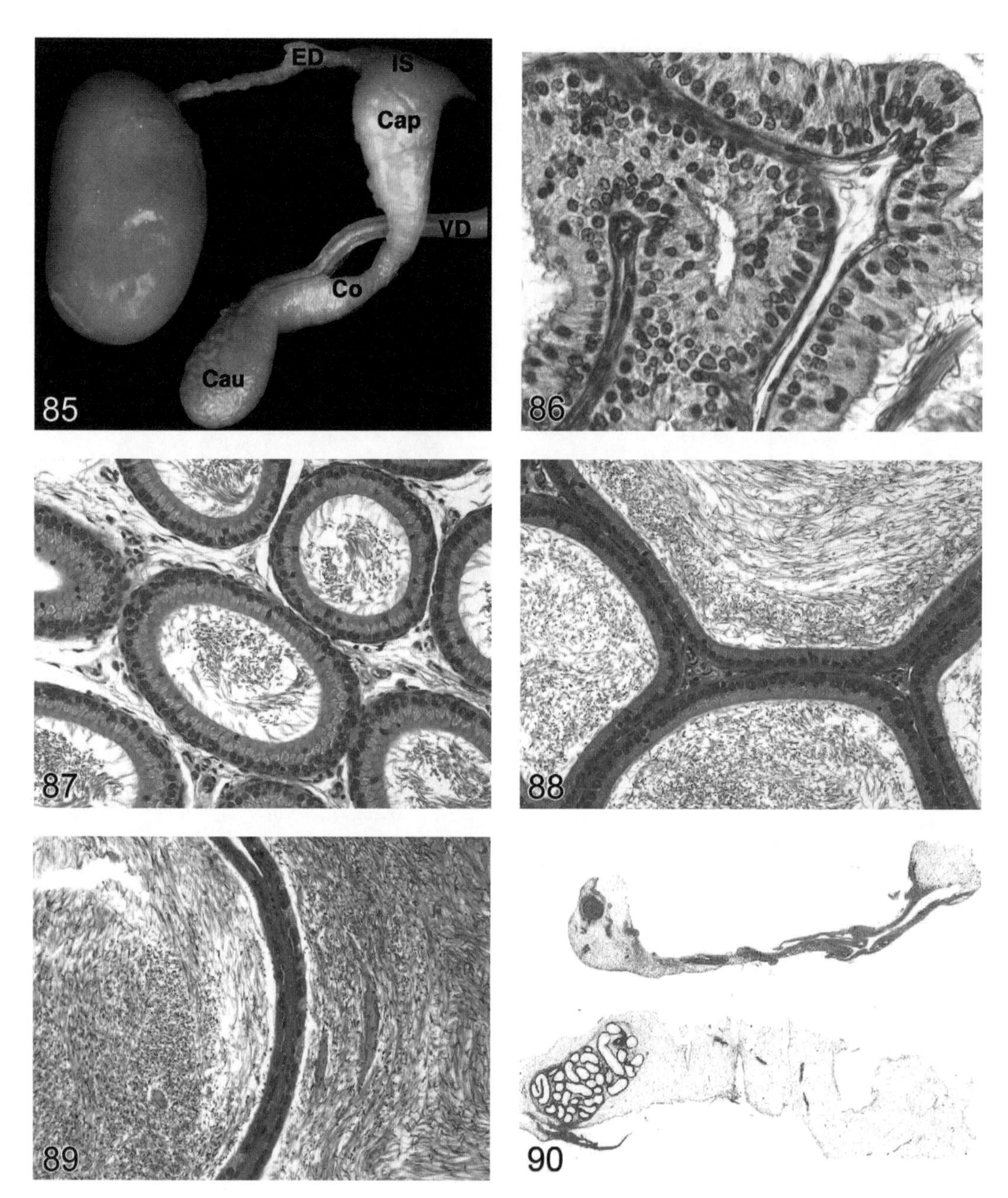

图 85　大鼠输出小管和附睾的正常解剖学：输出小管（ED），起始段（IS），头部（Cap），体部（Co），尾部（Cau），输精管（VD）

图 86　大鼠输出小管的正常组织学

图 87　大鼠附睾起始段的正常组织学

图 88　大鼠附睾头部的正常组织学

图 89　大鼠附睾尾部的正常组织学

图 90　大鼠附睾未发育和发育不全。上图为附睾未发育，下图仅见部分附睾并扩张

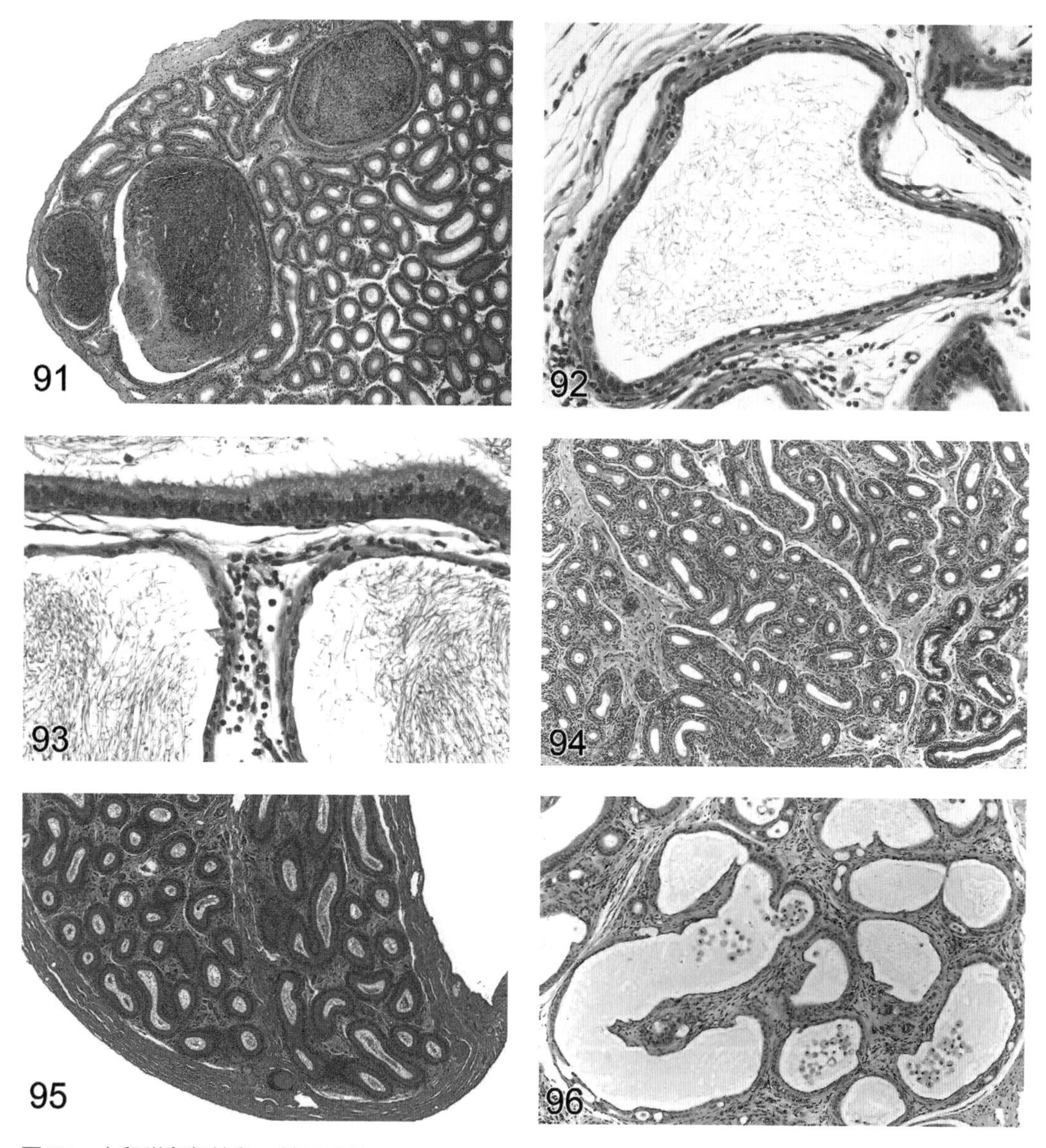

图 91　小鼠附睾起始段，精子囊肿

图 92　大鼠附睾头部，上皮细胞变性

图 93　大鼠附睾头部，上皮细胞变性

图 94　小鼠附睾，导管萎缩

图 95　大鼠附睾，导管萎缩

图 96　小鼠附睾，导管囊性扩张

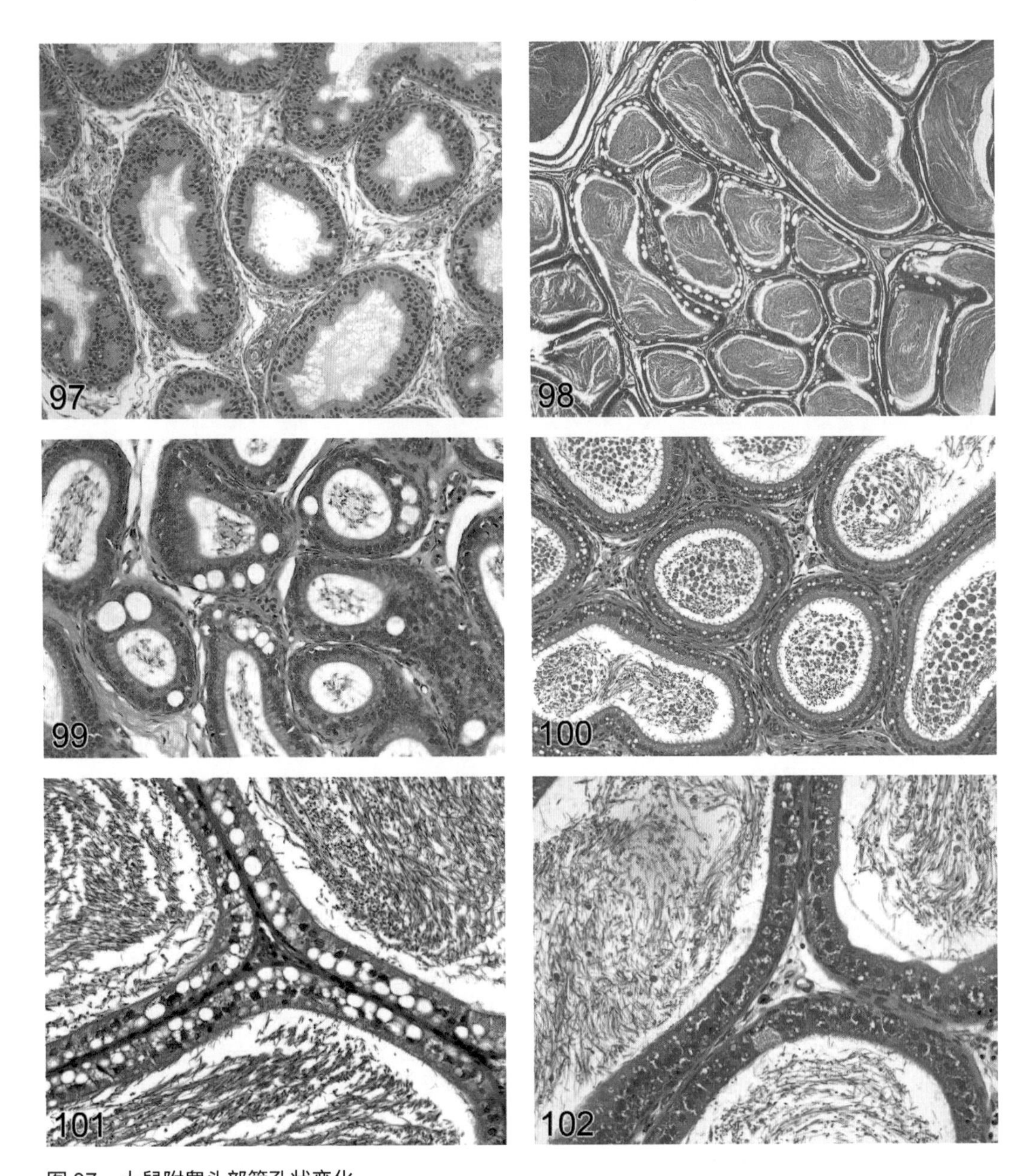

图 97　大鼠附睾头部筛孔状变化

图 98　大鼠附睾体一尾结合部上皮空泡形成

图 99　小鼠附睾头部大泡性上皮空泡形成

图 100　大鼠附睾头部小泡性上皮空泡形成和管腔内细胞碎片

图 101　大鼠附睾小泡性上皮空泡形成，因磷脂沉积所致

图 102　大鼠附睾头一体结合部嗜碱性空泡形成

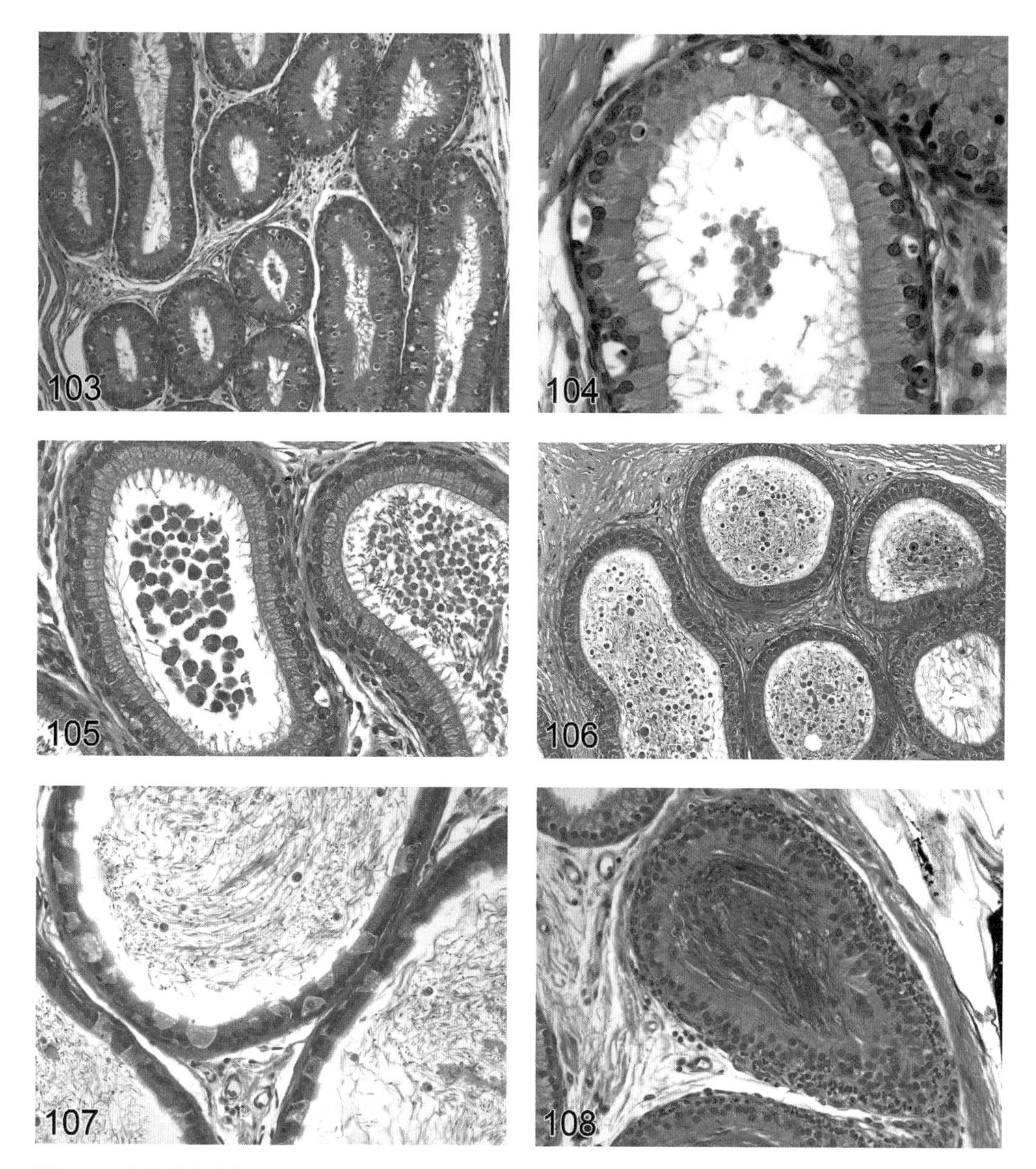

图 103　小鼠附睾头部单个上皮细胞坏死

图 104　大鼠附睾头部单个上皮细胞坏死

图 105　大鼠附睾头部管腔内细胞碎片（伴有精子减少）

图 106　小鼠附睾管腔内精子减少（伴有细胞碎片）

图 107　大鼠附睾尾部管腔内精子减少（伴有亮细胞增多）

图 108　大鼠输出小管精子淤滞（伴有中性粒细胞浸润）

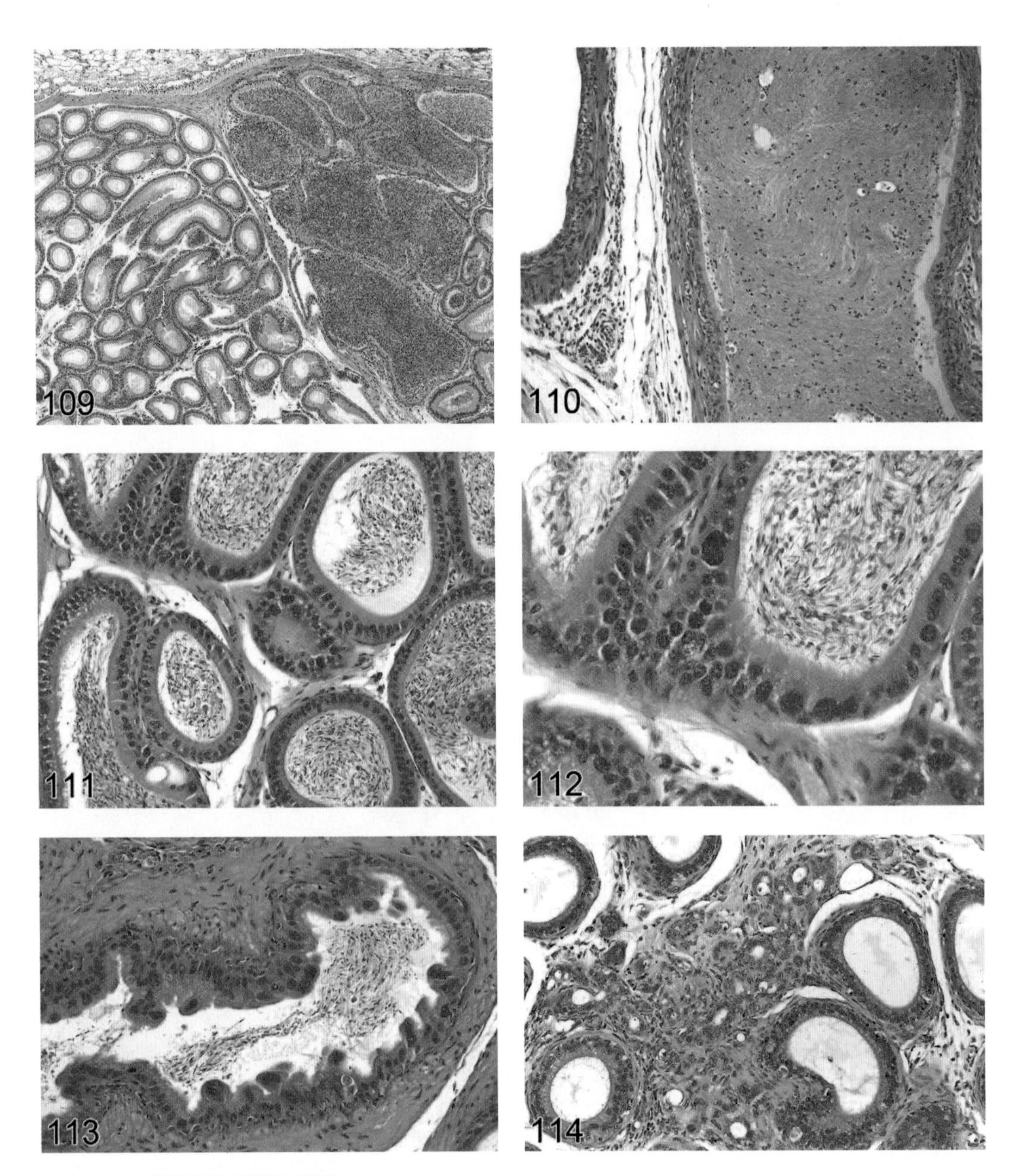

图 109　小鼠附睾头部精子淤滞

图 110　大鼠附睾尾部精子淤滞和炎症

图 111　小鼠附睾巨大核

图 112　小鼠附睾巨大核，图 111 高倍放大

图 113　小鼠输精管巨大核

图 114　小鼠附睾，腺病

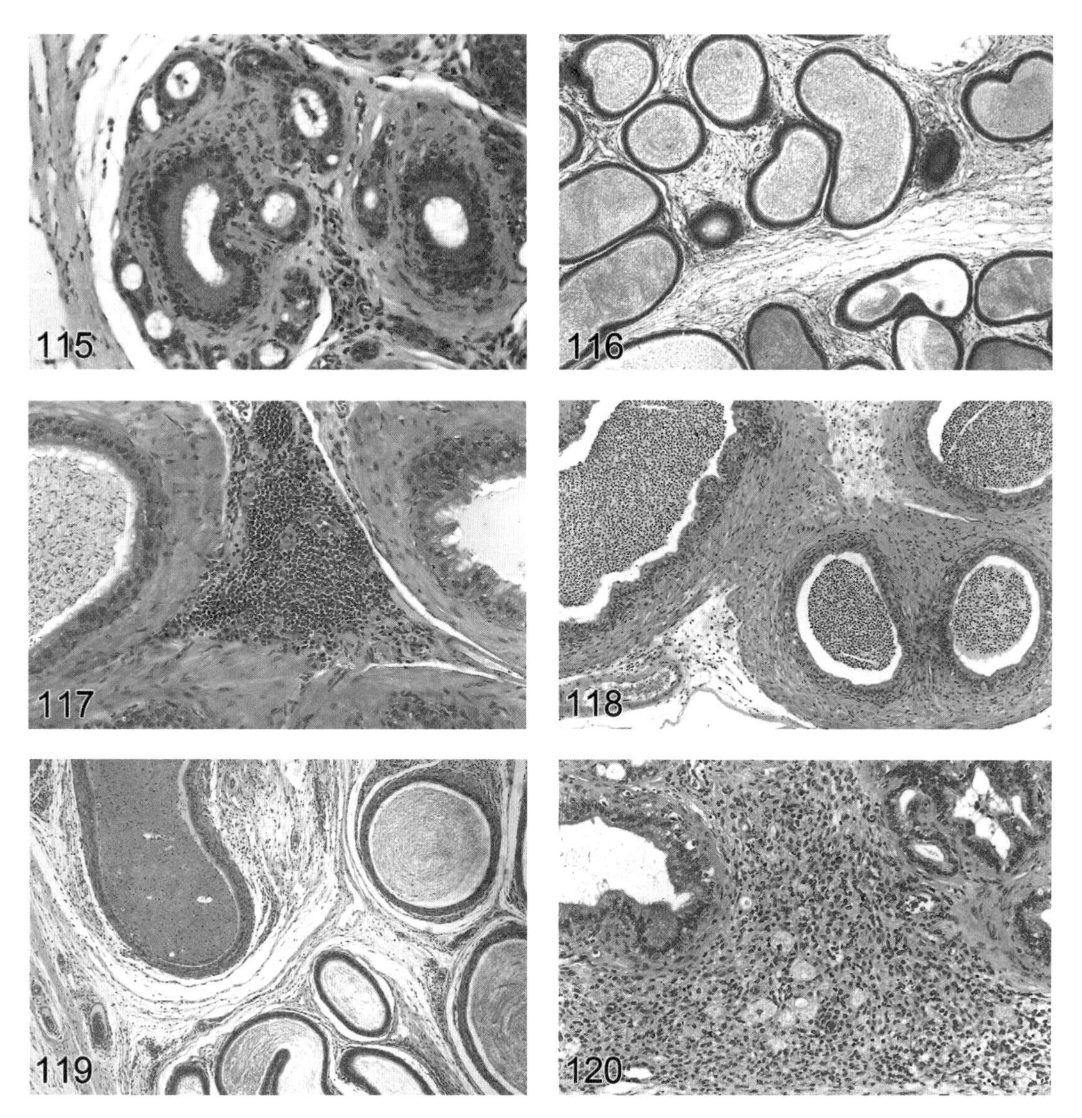

图 115　小鼠附睾，腺病

图 116　大鼠附睾尾，水肿

图 117　小鼠附睾，局灶性淋巴细胞性炎症细胞浸润

图 118　大鼠附睾，管腔内中性粒细胞性炎症细胞浸润

图 119　大鼠附睾，炎症（伴有精子淤滞）

图 120　小鼠附睾，炎症，混合性炎症细胞

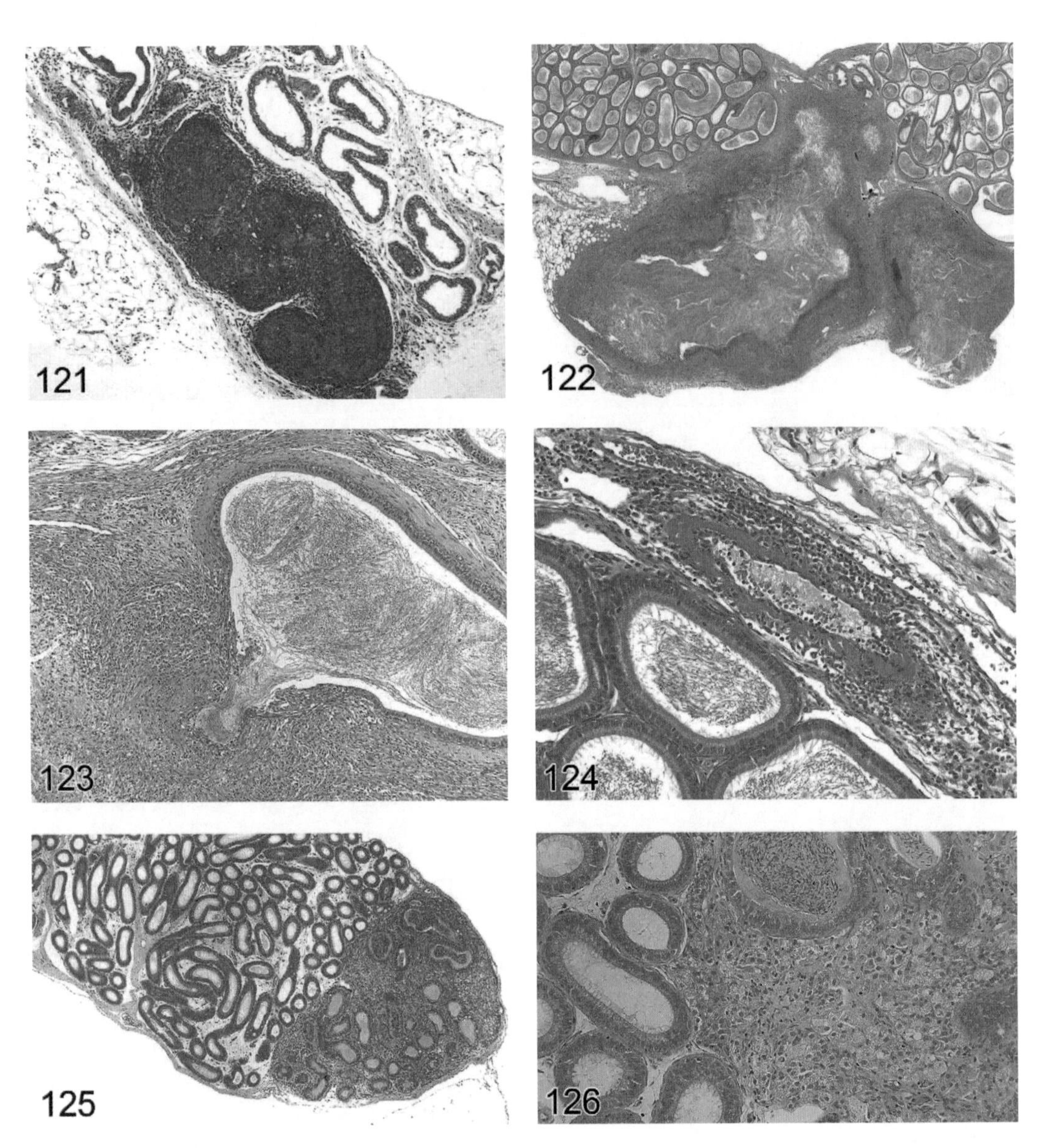

图 121　大鼠输出小管，精子肉芽肿

图 122　大鼠附睾头，精子肉芽肿

图 123　大鼠附睾尾，精子肉芽肿

图 124　大鼠附睾，血管 / 血管周围坏死 / 炎症

图 125　小鼠附睾，莱迪格细胞腺瘤

图 126　小鼠附睾，莱迪格细胞腺瘤，图 125 高倍放大

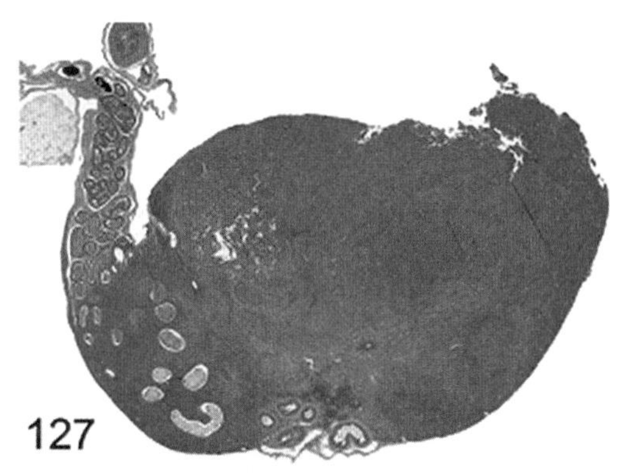

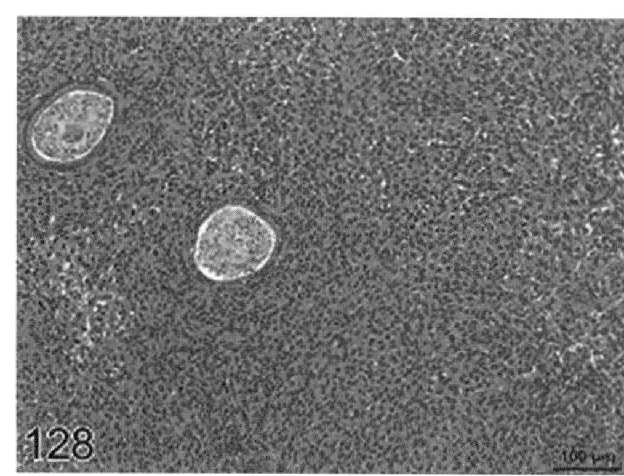

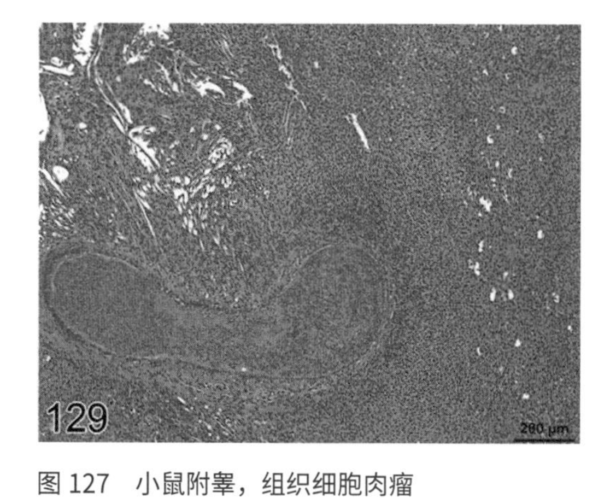

图 127　小鼠附睾，组织细胞肉瘤

图 128　小鼠附睾，组织细胞肉瘤

图 129　小鼠附睾，组织细胞肉瘤，图 127 高倍放大

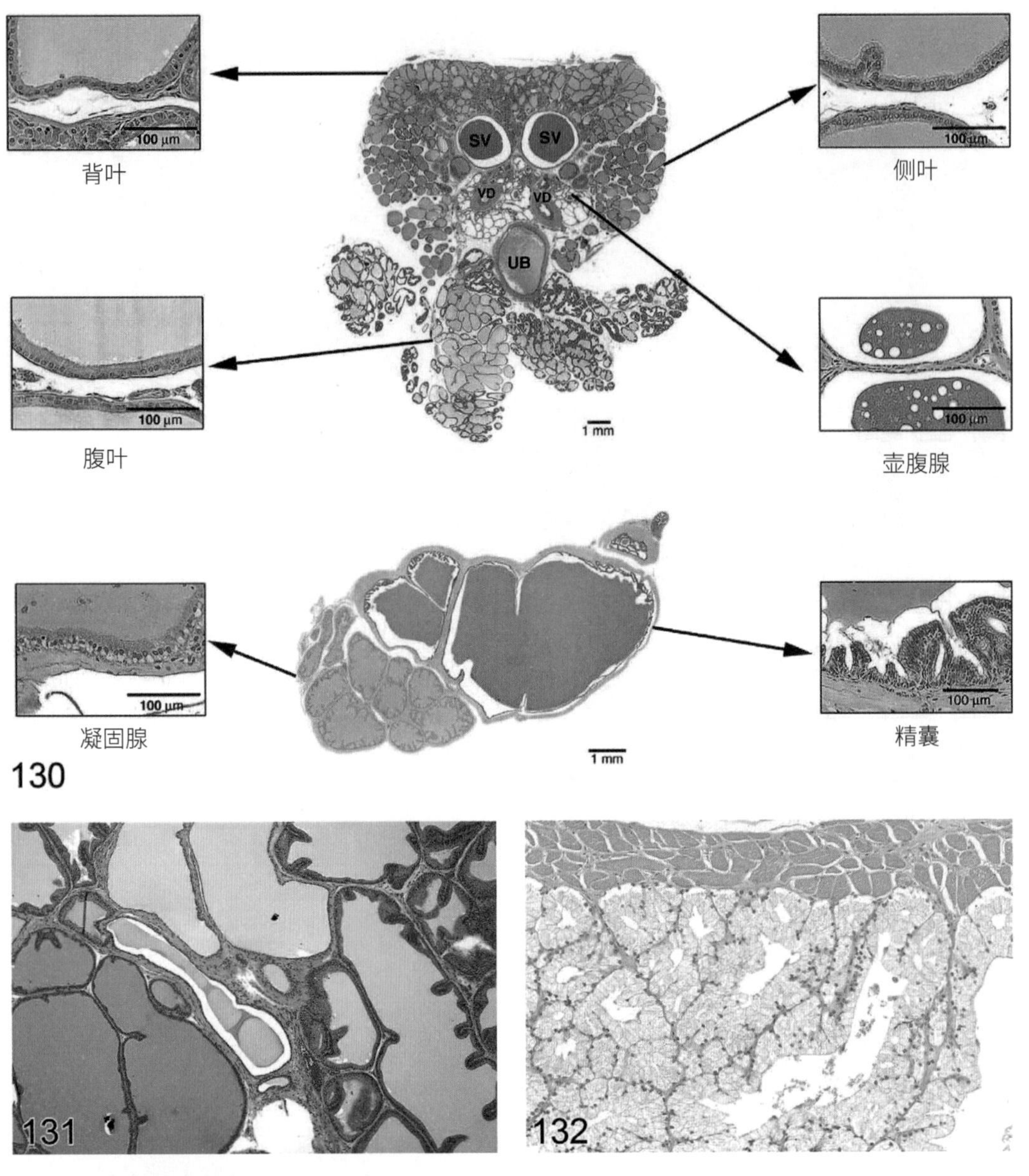

图 130　大鼠附属性腺的正常解剖学和组织学

图 131　大鼠前列腺的正常组织学，外侧（左下）和腹侧（右上）前列腺

图 132　小鼠尿道球腺的正常组织学

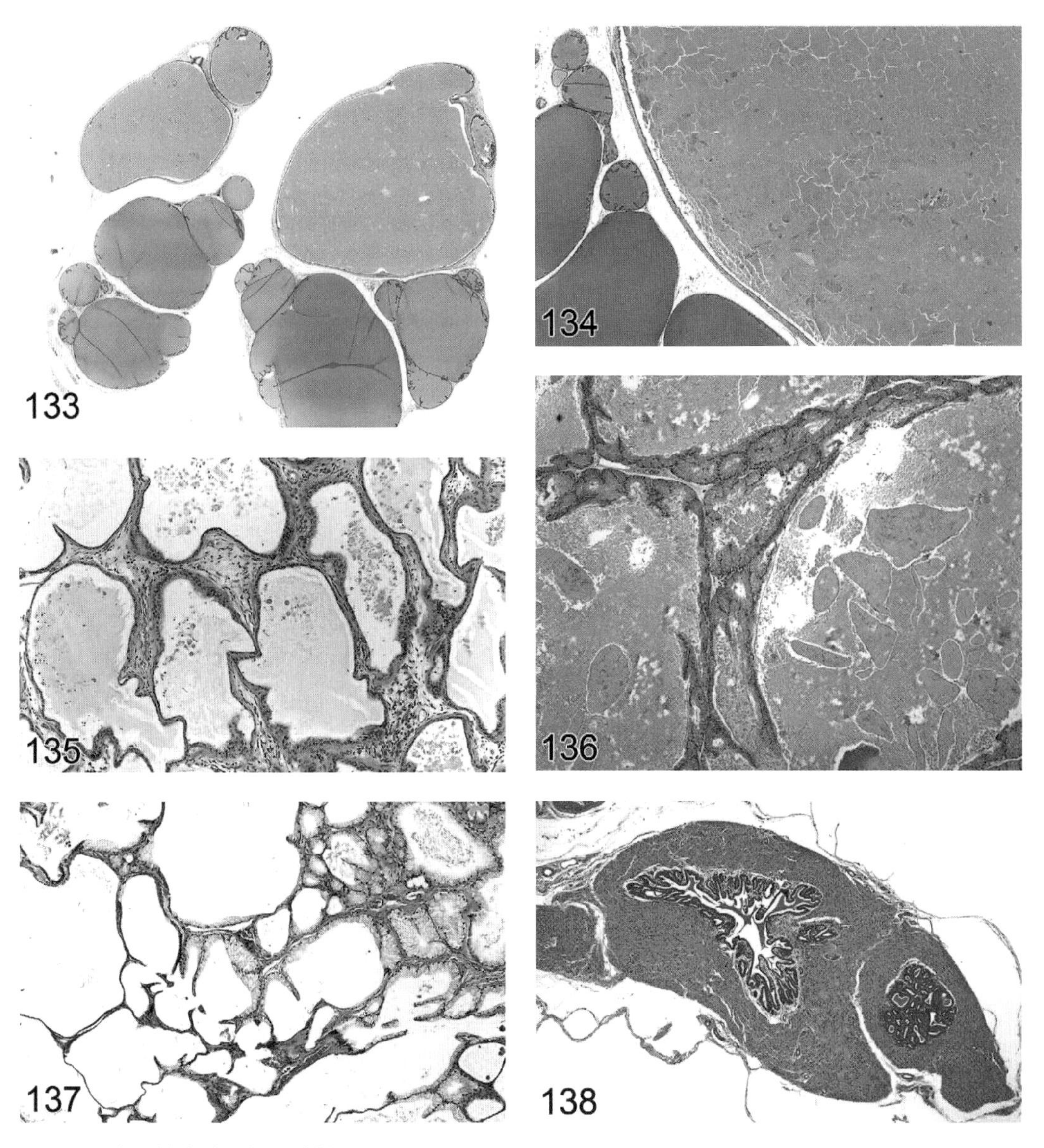

图 133　大鼠精囊腺和凝固腺扩张

图 134　大鼠精囊腺和凝固腺扩张，精囊腺内有退化的分泌物

图 135　小鼠前列腺腺泡囊性扩张

图 136　小鼠尿道球腺腺泡扩张

图 137　小鼠尿道球腺腺泡囊性扩张

图 138　大鼠精囊腺萎缩

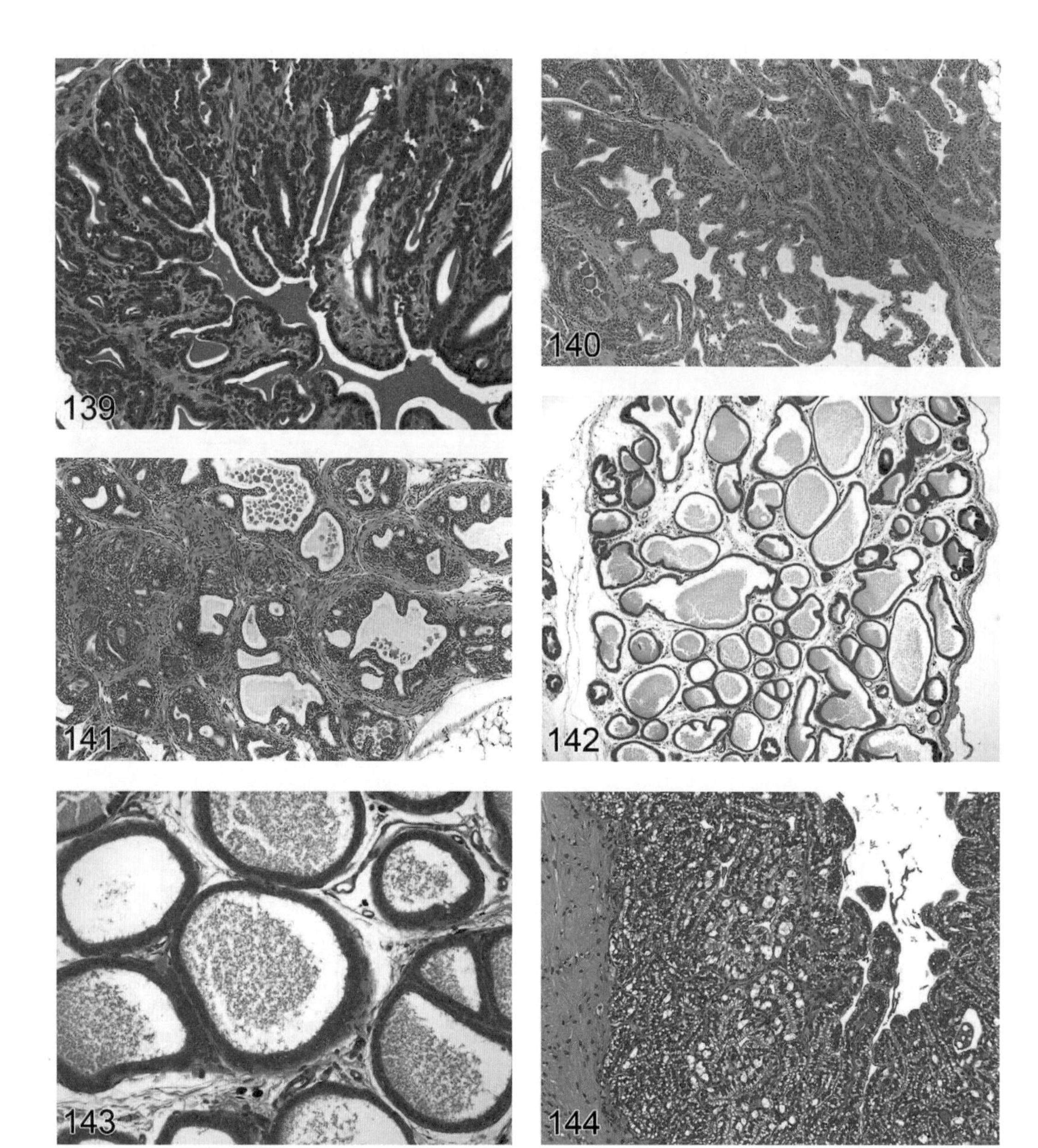

图 139　大鼠精囊腺萎缩，图 138 高倍放大

图 140　小鼠精囊腺萎缩

图 141　小鼠前列腺萎缩

图 142　大鼠前列腺萎缩

图 143　大鼠前列腺萎缩，图 142 高倍放大

图 144　大鼠精囊腺上皮细胞空泡形成

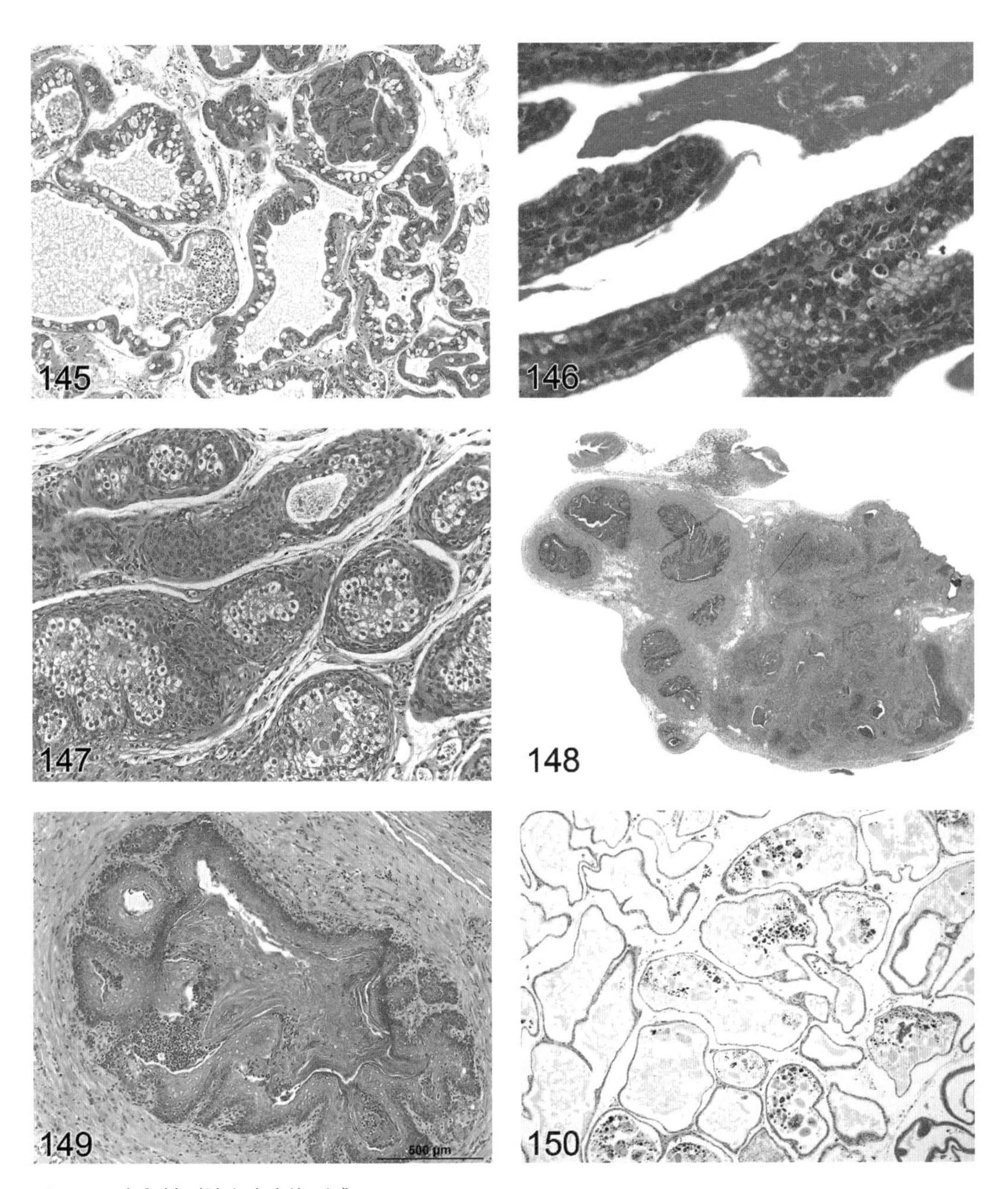

图 145　大鼠前列腺上皮空泡形成

图 146　大鼠精囊腺上皮单个细胞坏死

图 147　小鼠凝固腺鳞状上皮化生

图 148　小鼠精囊腺鳞状上皮化生及炎症

图 149　小鼠精囊腺鳞状上皮化生，图 148 高倍放大

图 150　大鼠前列腺凝结物

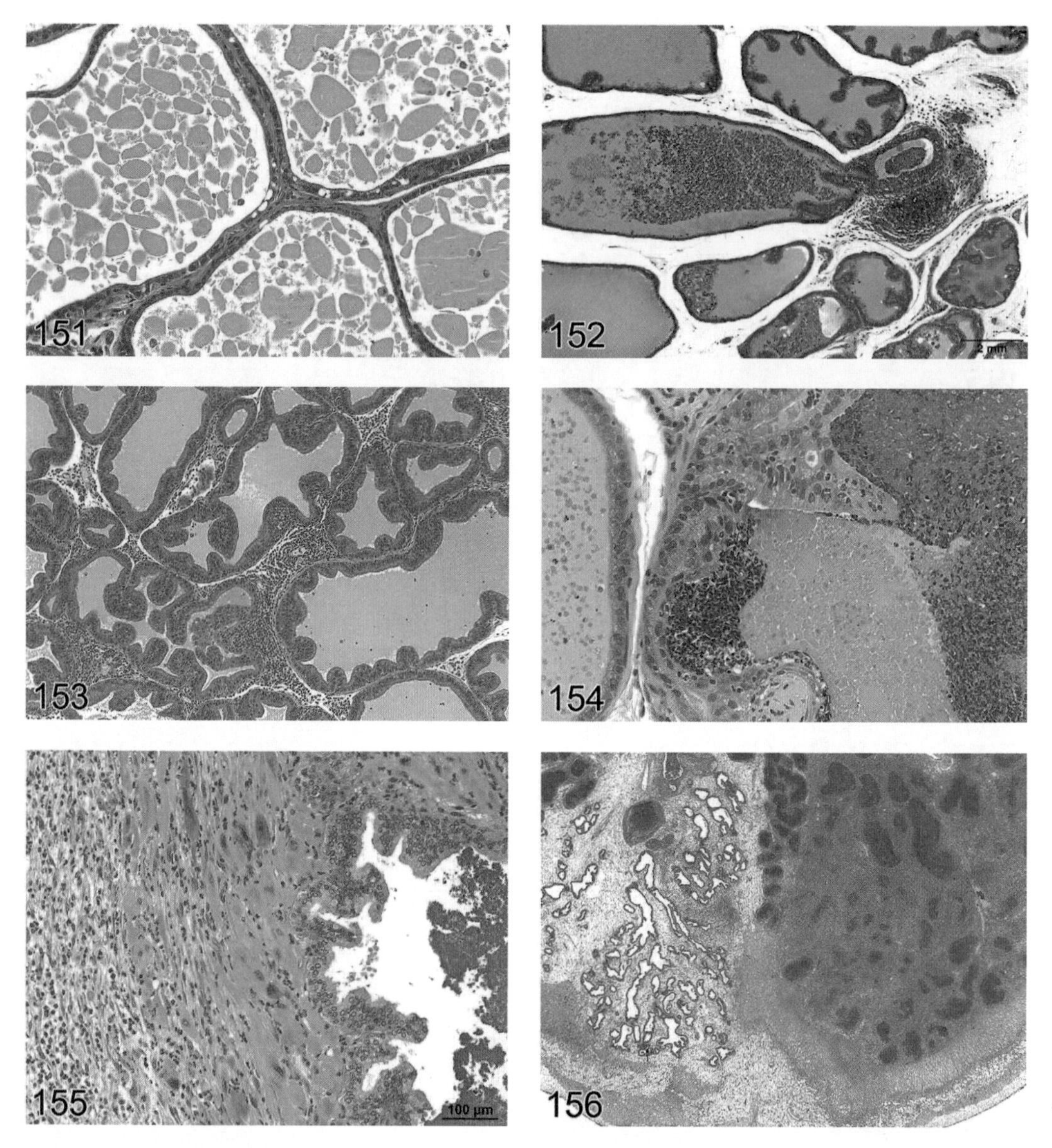

图 151　大鼠前列腺凝结物

图 152　小鼠前列腺淋巴细胞性炎症细胞浸润（伴有凝结物）

图 153　大鼠前列腺淋巴细胞性炎症细胞浸润

图 154　大鼠前列腺管腔内中性粒细胞性炎症细胞浸润

图 155　小鼠精囊腺炎症

图 156　大鼠前列腺化脓性炎症

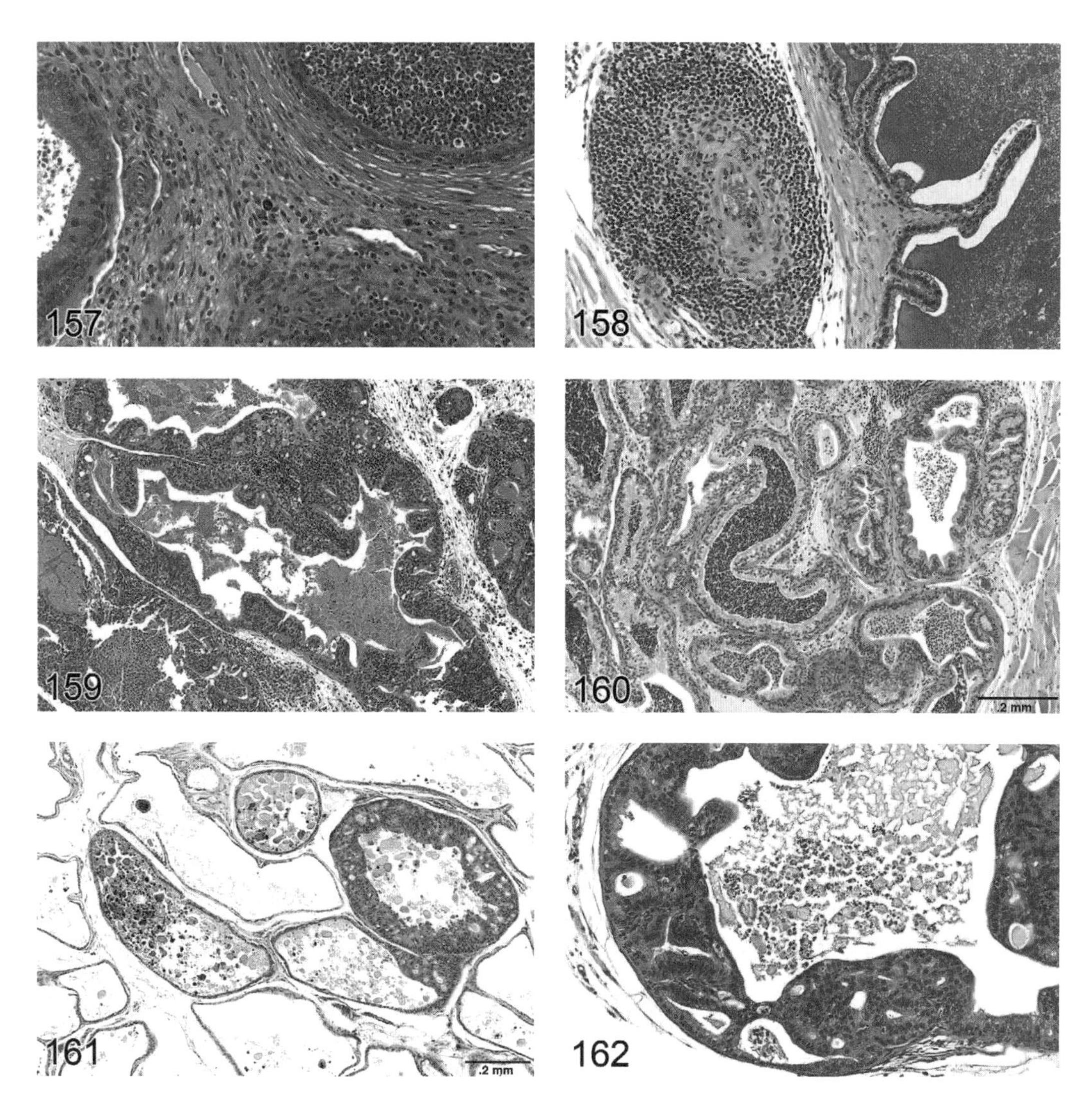

图 157　大鼠前列腺炎症

图 158　大鼠精囊腺血管 / 血管周围坏死 / 炎症

图 159　大鼠前列腺反应性增生（伴有炎症）

图 160　小鼠前列腺反应性增生（伴有炎症）

图 161　大鼠前列腺非典型性增生

图 162　小鼠前列腺非典型性增生

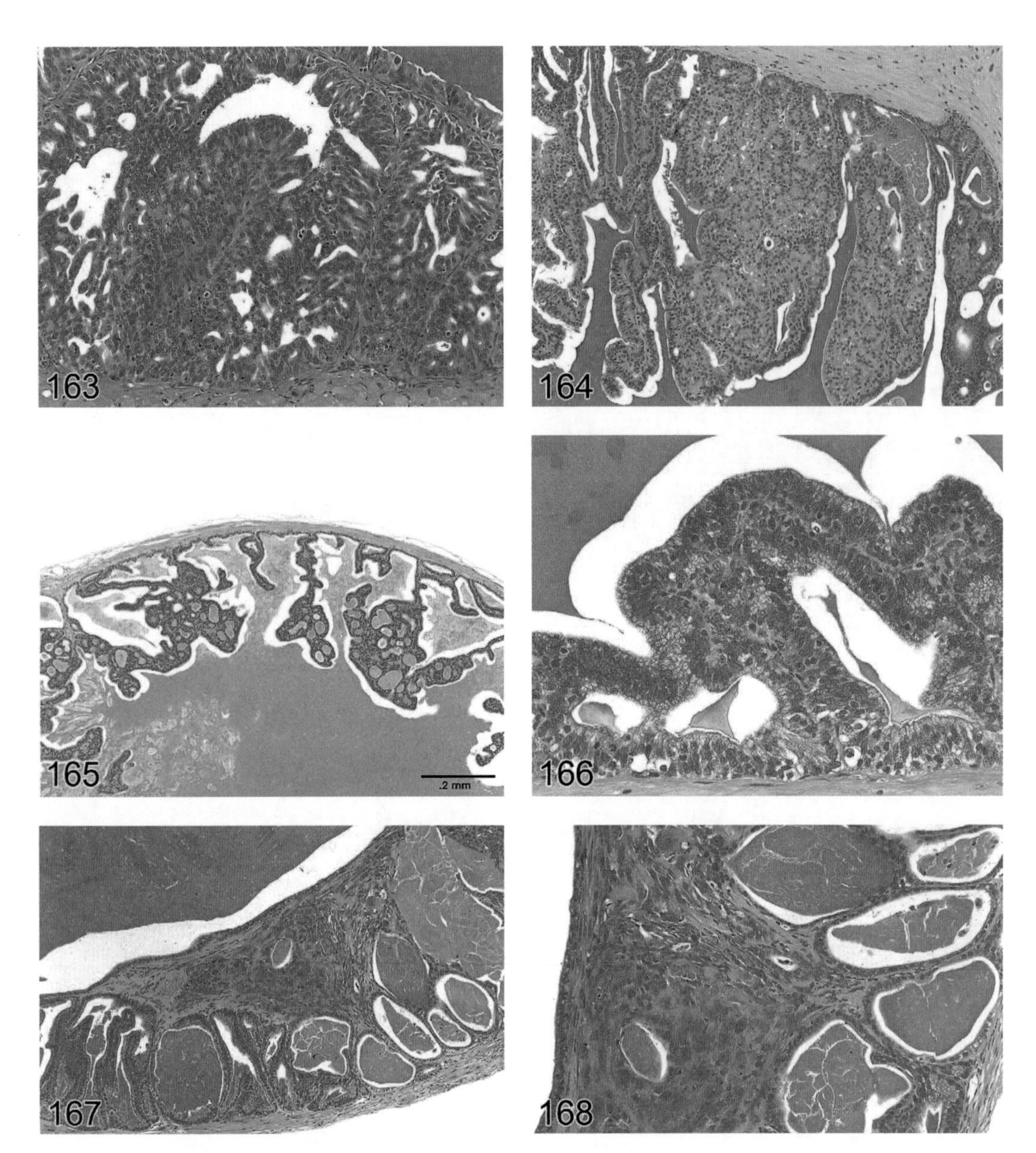

图 163　大鼠精囊腺非典型性增生

图 164　大鼠精囊腺非典型性增生

图 165　小鼠精囊腺非典型性增生

图 166　大鼠精囊腺非典型性增生

图 167　小鼠精囊腺间叶增生性病变

图 168　小鼠精囊腺间叶增生性病变：中央为大上皮样细胞，周围为梭形细胞和单个核细胞，图 167 高倍放大

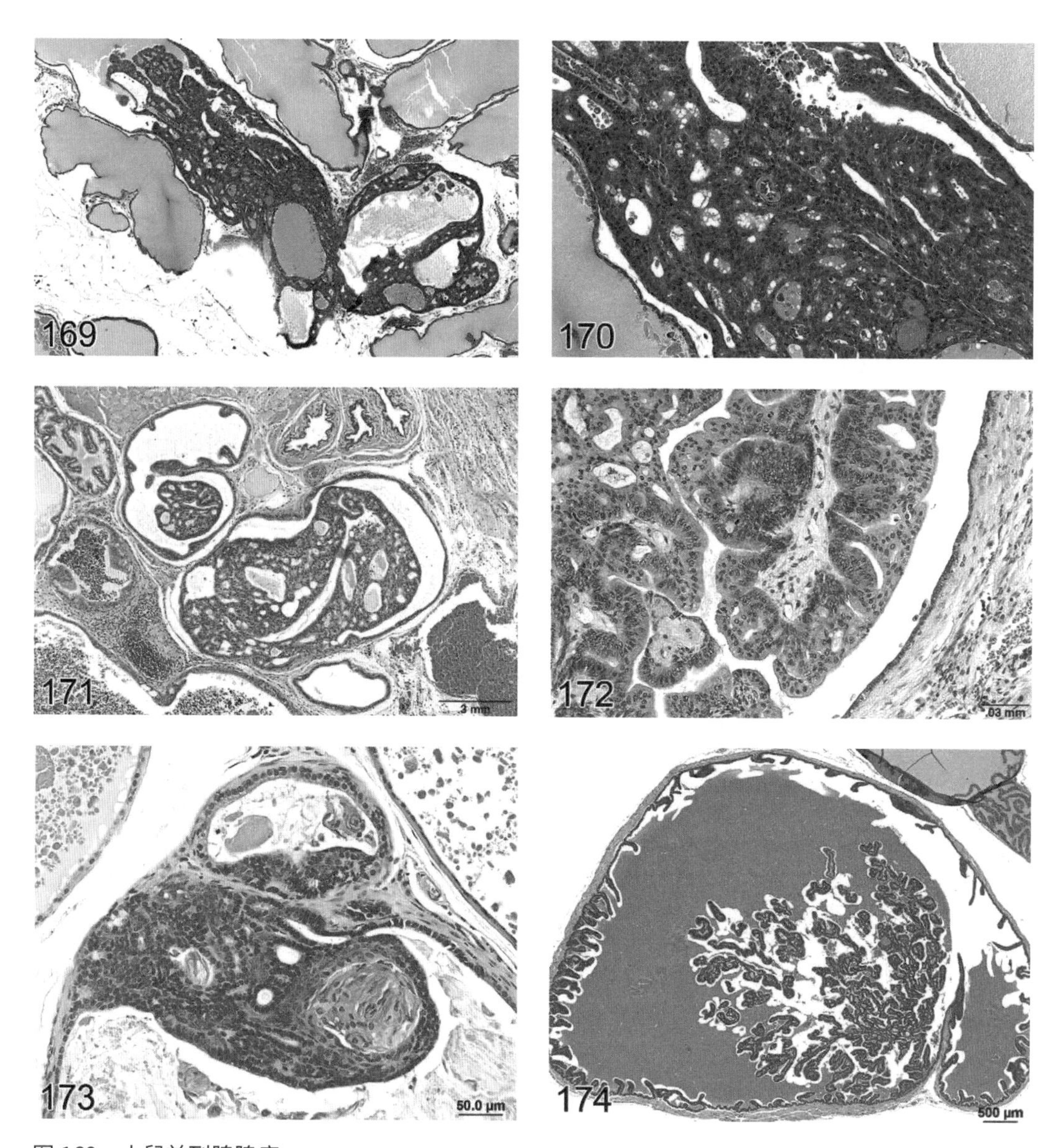

图 169　小鼠前列腺腺瘤

图 170　小鼠前列腺腺瘤，图 169 高倍放大

图 171　大鼠前列腺腺瘤

图 172　小鼠前列腺腺瘤

图 173　大鼠前列腺腺瘤

图 174　大鼠精囊腺腺瘤

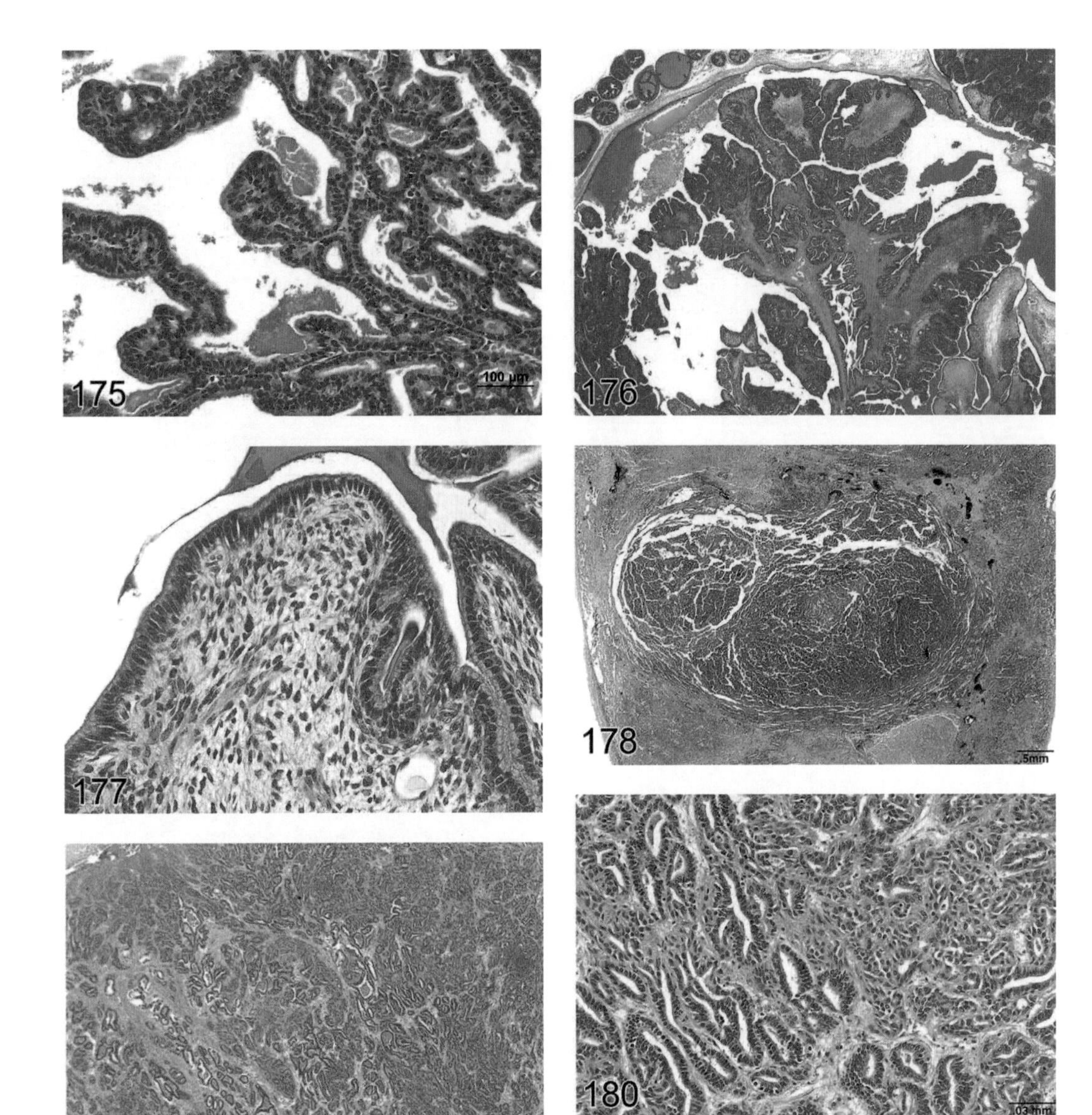

图 175　大鼠精囊腺腺瘤，图 174 高倍放大

图 176　小鼠精囊腺，良性上皮 – 基质瘤

图 177　小鼠精囊腺，良性上皮 – 基质瘤

图 178　小鼠前列腺腺癌

图 179　小鼠前列腺腺癌

图 180　小鼠前列腺腺癌，图 179 高倍放大

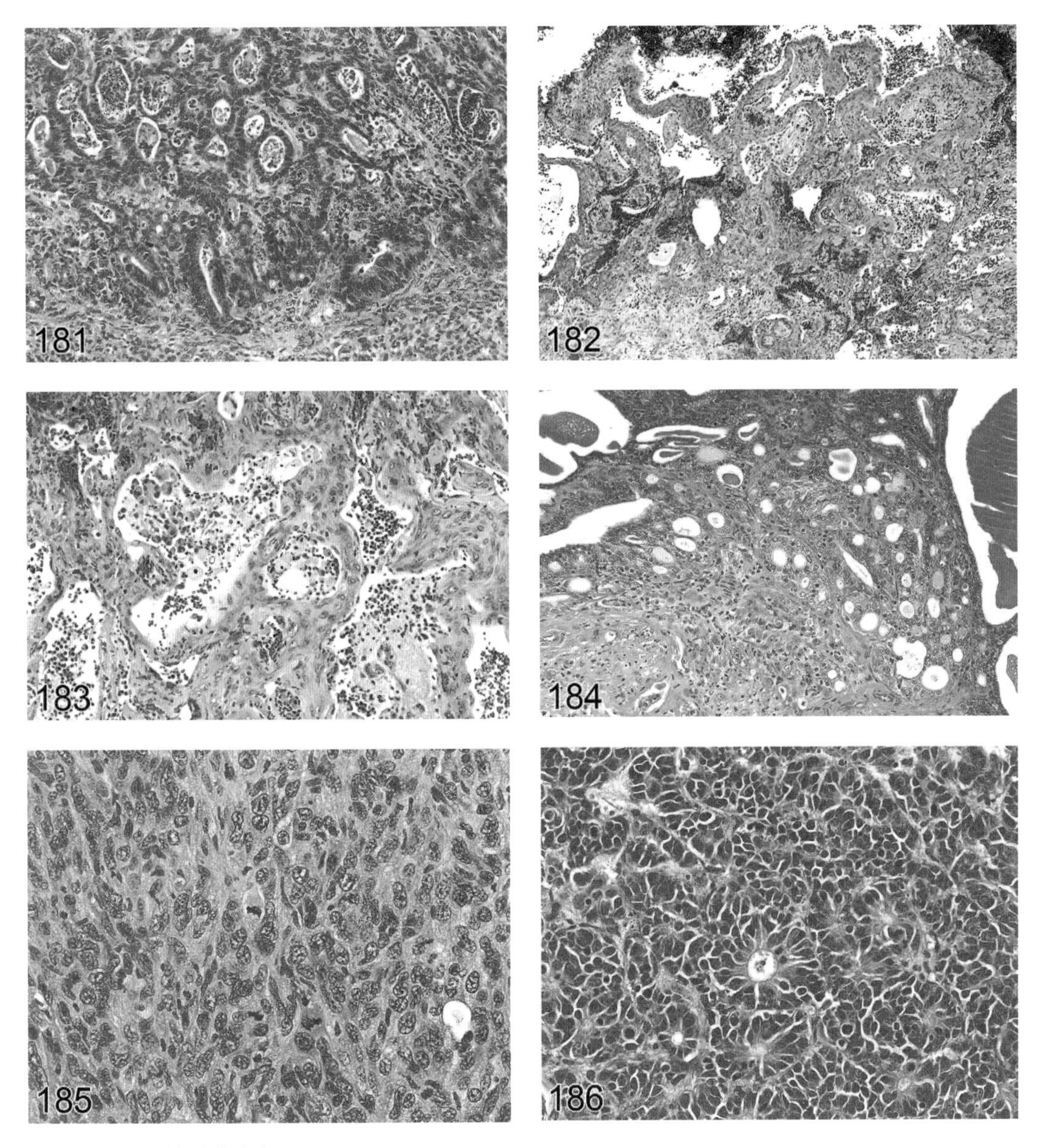

图 181　小鼠前列腺腺癌

图 182　小鼠精囊腺腺癌

图 183　小鼠精囊腺腺癌，图 182 高倍放大

图 184　大鼠精囊腺腺癌

图 185　小鼠前列腺癌肉瘤

图 186　小鼠前列腺恶性神经内分泌瘤

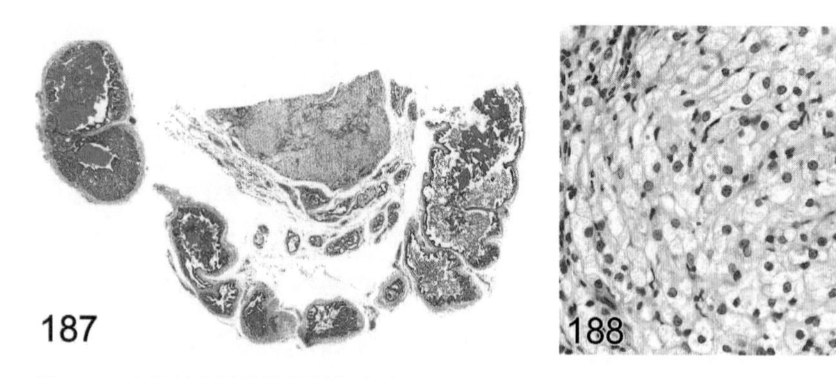

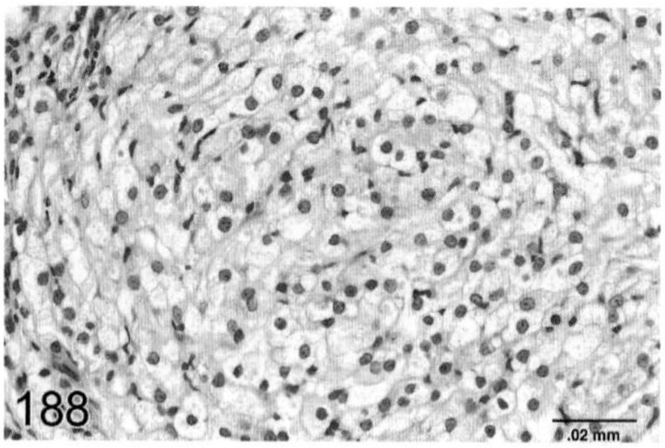

图 187　小鼠精囊腺良性颗粒细胞瘤

图 188　小鼠精囊腺良性颗粒细胞瘤，图 187 高倍放大

第六章
大鼠和小鼠乳腺、Zymbal 氏腺、包皮腺和阴蒂腺的增生性和非增生性病变

DANIEL RUDMANN[1], ROBERT CARDIFF[2], LUC CHOUINARD[3], DAWN GOODMAN[4], KARIN KU¨TTLER[5], HEIKE MARXFELD[5],ALFREDO MOLINOLO[6], SILKE TREUMANN[5], AND KATSUHIKO YOSHIZAWA[7]; FOR THE INHAND MAMMARY, ZYMBAL' S, PREPUTIAL, AND CLITORAL GLAND ORGAN WORKING GROUP

1 Eli Lilly and Co.,Lilly Research Laboratories, Indianapolis, Indiana, USA
2 UC Davis—School of Medicine, Davis, California, USA
3 Charles River Laboratories—Preclinical Services-CTBR, Senneville, Quebec, Canada
4 Consultant in Toxicologic Pathology, Potomac, Maryland, USA
5 BASF SE, Ludwigshafen, Germany
6 National Institutes of Health—Dental and Craniofacial Research, Bethesda, Maryland, USA
7 Kansai Medical University, Moriguchi, Osaka, Japan

作者声明对此文章的研究、原作者及出版物表示尊重，并不存在与之潜在的利益冲突。

作者未从该文章的研究、原作者以及出版物中收取经济利益。

通讯地址：Daniel Rudmann, Eli Lilly and Co ., Lilly Research Laboratories，355 E.Merrill Street, Indianapolis, IN 46225, USA；e-mail：rudmanndg@lilly.com.

缩写词：E，estrogens，雌激素；FGF，fibroblast growth factor，成纤维细胞生长因子；GEM，genetic engineered mouse，基因工程小鼠；HAN，hyperplastic alveolar nodule，增生性腺泡结节；INHAND，International Harmonization of Nomenclature and DiagnosticCriteria for Lesions in Rats and Mice，大鼠和小鼠病理变化术语及诊断标准的国际规范；MIN，mammary intraepithelial neoplasm，乳腺上皮内肿瘤；MMTV, mouse mammary tumor virus，小鼠乳腺肿瘤病毒；NST，no-specific type，非特定类型；P4，progesterone，孕酮；SD，Sprague-Dawley，SD 大鼠；TEBs，terminal end bud units，终末芽体；TNP，triple negative tumor phenotype，三阴性肿瘤表型；WHO，World Health Organization，世界卫生组织。

摘要

啮齿类实验动物的乳腺是评价外源性物质的重要器官，尤其是那些可干扰激素平衡或具有潜在致癌性的外源性物质。乳腺癌是导致全世界范围内人类发病和死亡的重要原因，也是使用啮齿类动物模型进行重要研究的一项课题。在使用动物模型进行外源性物质对人类风险评估中，Zymbal 氏腺、包皮腺和阴蒂腺为常规评估组织。实验动物乳腺、Zymbal 氏腺、包皮腺和阴蒂腺的病变术语已被广泛接受和应用，将会改进监管和科研机构的诊断保持一致，也将促进毒理学家和病理学家之间的国际信息交流。

关键词：啮齿类动物，术语，乳腺，Zymbal 氏腺，包皮腺，阴蒂腺，肿瘤，非增生性

简介

INHAND（大鼠和小鼠病理变化术语和诊断标准的国际规范）项目是由欧洲、英国、日本）和北美毒理病理学会联合倡议发起的，旨在推进国际认可的实验动物增生性与非增生性病变术语。本文出版的目的是提供在大鼠和小鼠试验中，对乳腺、Zymbal 氏腺、包皮腺和阴蒂腺的增生性和非增生性病变进行分类的规范术语。文中所述的诊断术语和标准，部分参考了先前由 STP 和世界卫生组织（WHO）出版的《大鼠乳腺增生性病变规范化术语》（Mann 等，1996）。本文中推荐使用的乳腺、Zymbal 氏腺、包皮腺和阴蒂腺的规范化术语也可在 goRENI 网页上查阅电子版（http://www.goreni.org/）。

我们的主要目标是提供以形态学为基础的适用于大鼠和小鼠的术语。这种扩大的学术团体有助于动物和人的术语和诊断标准的协调。该努力源于基因组学革命和渗透于医药领域的一种基因、一种医疗概念，而且部分源于使用基因工程小鼠（GEM）成为现实。很显然，“协调”将通过基因组学而实现。与人乳腺癌和其他癌相关的分子也可能与小鼠（和大鼠）相同器官的癌相关。分子生物学家正在验证与不同类型的人乳腺癌密切匹配的小鼠肿瘤全部基因表达模式。人乳腺癌的基因工程小鼠模型，正在构建在自发性或致癌物质诱发性小鼠乳腺肿瘤从未见到过的肿瘤表型，其中一些肿瘤在形态学上与人乳腺癌相似。需要有一套全新的术语以适应这些新创建的动物模型。这套术语包括组织学结构。尽管各种动物之间的这些术语“列表”尚未完成（表 1），毒理病理学家队伍将有更多机会接触这些新创建的动物。我们需要熟悉这些动物的病理学，了解它们与人的相似和不同之处。由于基因工程小鼠模型的数据与术语和诊断标准密切相关，所以整篇文章都在尝试对这些数据进行整合。

表 1　小鼠和人腺泡型乳腺肿瘤

小鼠表型			分子	人表型[a]		
组织学	细胞	试验		分类	组织学	亚型
腺瘤						
腺肌上皮瘤	—	—	PI3 K，Pten，Pi3K	腺瘤	纤维腺瘤（考登氏综合征）	—
癌						
腺状				导管的[b]/NST Luminal		
	ER+/PR+	MPA[c]	Tm（STAT1）	—	—	ER+/PR+
	ER+/PR+	MMTV：P[d] 型	Wnt	—	—	ER+/PR+
实体状	ErbB+/ER-/PR-	GEM	ErbB2，PyVmT	Her2+ TNP/ 基底型	—	ER-/PR-/Her2
多样性	大细胞	GEM	Tg（Myc）	—	—	—
乳头状	小细胞	GEM	Tg（Ras）	—	—	—
微腺泡状	伴有肌上皮	MMTV：Dunn A 型，GEM	Wnt，FGF	—	—	—
实体状	伴有肌上皮	MMTV：Dunn B 型，GEM	Wnt	—	—	—
实体状	无肌上皮	GEM	BrCa1/2	—	—	—
实体状	无肌上皮	GEM	RBxBrCa	—	—	—
EMT 型	双染色	移植，组织培养，GEM	P53，ras，src	紧密连接蛋白低	—	—
黏附不良的	单列	GEM	CDN1. p35	小叶状[b]	单列细胞	—
化生的	—	—	—	化生的	—	—
	鳞状细胞	致癌物，GEM	Ras，Wnt，APC	—	鳞状细胞	—
	梭形细胞，癌肉瘤	GEM	P53，ras，src	—	梭形细胞，癌肉瘤	—

a　大多数专家都认为乳腺肿瘤起源于终末树状结构［啮齿类腺泡或人类终末管型单位（TDLU）］。

b　临床上采用“导管”和“小叶”描述形态学特点，但并非描述细胞起源，这两种发生自 TDLU 的肿瘤，在文中使用“由导管型或小叶型分化”要比“导管型或小叶型起源”更合适（Cardiff 和 Wellings，1999）。

c　MPA 小鼠乳腺肿瘤模型：证明孕酮受体在乳腺癌发生的作用。

d　P 型为 Gr 和 RIII 品系小鼠的妊娠依赖性肿瘤，逐渐变成激素非依赖性。

啮齿类实验动物的乳腺是评估外源性物质作用的一个重要器官，尤其是影响激素平衡或具有潜在致癌性的外源性物质。乳腺癌是引起全球人类发病与死亡的一个重要原因（Siegel 等，2012），也是用啮齿类动物模型进行的重要研究课题（Cardiff 等，2000）。

Zymbal 氏腺、包皮腺和阴蒂腺是用动物模型进行外源性物质对人的风险评估中的标准组织。被广泛接受和使用的实验动物乳腺、Zymbal 氏腺、包皮腺和阴蒂腺病变术语的国际规范，将会减少不同国家监管机构和科研机构间的混乱，也可为增加和促进毒理学家和病理学家间的国际信息交流提供共同的语言。

在所有 GLP 和很多非 GLP 啮齿类动物毒理研究中，乳腺是采集的标准组织。在啮齿类动物研究中，所有的肉眼病变都要采集，常规采集雌性和雄性啮齿类动物腹股沟部位的一对乳腺（即第五对乳腺），可带有或不带有该部位的皮肤和淋巴结。通常横切或纵切乳腺。建议纵切（正面切）乳腺，以便有更大的面积检测处理相关性作用。除非测试特殊假设，毒理病理学家一般不会在致癌性研究中使用乳腺基因组学或免疫组织化学（IHC）标志物，因为它们只是用于结构观察研究。然而，如果观察到给药相关的改变，分子病理学技术在风险评估中就会很有用。乳腺的评估应与下丘脑 - 垂体 - 性腺轴、肾上腺以及其他终末器官如前列腺、包皮腺和阴蒂腺的组织学评估一起进行。

啮齿类实验动物的增生性病变可来源于遗传毒性物质，或感染性病原体，或是在老龄化过程中激素平衡改变所致，或是试验基因工程的结果。但是，最重要的乳腺增生性病变是由暴露于影响激素平衡或引起细胞损伤的潜在毒性物质所致。反复暴露于毒性物质而引起的细胞损伤可在组织损伤部位诱发修复过程，若不能完全恢复正常形态，则持续增生（增生或肿瘤）和 / 或化生为更有抵抗力的不同细胞类型。这些变化的结果很大程度上取决于毒物的性质和被暴露的组织类型。

非增生性病变通常也与试验性损伤有关，或是老龄化相关的退行性变化的结果。在现代化实验动物管理的条件下，啮齿类动物的自发性感染过程极为少见，故与传染性疾病相关的病变在此文中不进行详细叙述。就增生性与非增生性病变而言，基因工程也可在动物模型引起新的和重要的病变，这些病变需要实验室之间统一术语和描述语，从而有助于向人疾病的转化。这些都会在本文中给予描述或涉及。

基因工程小鼠模型

小鼠基因工程已经严格引进了数百个人乳腺癌的新小鼠模型。这些新模型可被分成四类：①扼要重述自发性和化学诱发性模型；②开发独特的特定基因型“标志”表型；③模拟人的形态学表型；④模拟人基因型或分子表型（Cardiff，Munn 和 Galvez，2006）

扼要重述自发性和化学诱发性小鼠模型

病毒诱发的肿瘤。通过小鼠乳腺肿瘤病毒（MMTV）的整合使小鼠 DNA 活化是导致“自发性”小鼠乳腺肿瘤主要基因突变事件。Apolant（1906）和 Haaland（1911）的最初描述是基于 MMTV 诱发的“自发性”肿瘤，Dunn（1959）的描述也是一样。分子学分析显示这类肿瘤大多数都有 wnt、成纤维细胞生长因子（FGF），和 / 或 notch 的活化。有趣的是，在 MMTV-LTR 启动子后利用包含有 wnt 或 FGF 的分子构建体对小鼠特异改造时，它们发生了 A 型、B 型或 P 型肿瘤（Sass 和 Dunn，1979）。同样重要的是，一个癌基因如 *wnt* 的活化会导致其他互补癌基因如 FGF 的共激活（van Leeuwen 和 Nusse，1995）。MMTV 是小鼠特异性病毒。所以，这些模型在研究不同肿瘤抑制和癌基因在乳腺肿瘤的发病机制中的潜在作用时是相当有意义的。利用 MMTV 自身来活化或抑制人类肿瘤的 DNA，不适用于人类肿瘤发展的研究。

化学诱发性肿瘤。仅对有限的化学诱发性肿瘤进行了分析。致癌物质如 7，12- 二甲基苯蒽（DMBA）或 3- 甲基胆蒽（MCA）可引起 *H-ras* 基因的突变激活（Cardiff 等，2000），从而导致伴有鳞状上皮化生的角化棘皮瘤或腺鳞癌的发生（Currier 等，2005）。伴有鳞状上皮化生的肿瘤存在 wnt-APC-B- 链蛋白途径的激活（Tsukamoto 等，1988；Gaspar 等，2009；Michaelson 和 Leder，2001）。其他类型的肿瘤尚未分析。

开发独特的特定基因型“标志”表型的小鼠模型

多数基因工程小鼠发生的肿瘤表型在之前从未见于小鼠。重要的观察在于，多数癌基因活化可引起具有特异基因标志表型的肿瘤，而来自同一途径的癌基因活化可引起具有相似表型的肿瘤（Rosner 等，2002）。例如，myc、ras 和 neu 肿瘤表型都是独特的，也是可以区别的。Tg（Myc）小鼠发生的肿瘤相似于乳腺 Burkitt 淋巴瘤，瘤细胞核大而多形，染色质粗大，细胞质丰富，呈双染性。Tg（Ras）肿瘤可形成乳头状结构，瘤细胞小，核呈椭圆形，细胞质红染（Sinn 等，1987），类似于人膀胱移上皮细胞癌。Tg（cNeu）肿瘤常呈实性结节，细胞核中等大小，细胞质呈淡粉橘黄色（Muller 等，1988；Komitowski，Sass 和 Laub，1982）。中央有坏死的肿瘤，类似于人的粉刺癌。以 Wnt 途径的其他分子如 APC 或 B- 链蛋白的突变，可引起具有相似形态的肿瘤（Gaspar 等，2009）。这些表型主要是基于细胞学特征，就像最近的有不同突变的 Tg（Myc）研究，细胞学特征相同，但组织学模式不同（Andrechek 等，2009）。

在另一个实例中，Tm（PTEN-/-）小鼠的乳腺肿瘤以腺肌上皮瘤为特征（Stambolic 等，2000），也与 PIK3 突变小鼠的特征相近（Meyer 等，2011）。散在的自发性腺肌上皮瘤的分子学研究尚未进行。这种上皮－间叶转化（EMT）肿瘤表型（Cardiff，2010；Radaelli，Damonte 和 Cardiff，2009）是先前被认为癌肉瘤的一种特殊类型（Barnes 等，2005）。在启动癌基因和 p53 突变的表达缺失的背景下，基因工程小鼠会发生 EMT（Debies 等，2008）。这些肿瘤从混合腺癌与梭形细胞瘤到单一梭形细胞瘤的一系列表型（Damonte 等，2007）。利用间叶细胞和上皮细胞标记的双染色标准最容易区分 EMT（Damonte 等，2007）。一些观察者推测，这些肿瘤都是化生癌，但是缺乏分子学证据来支持这一假说。还有许多其他列举，但要进一步讨论则超出本文的范围。

模拟人的肿瘤组织病理学的小鼠肿瘤

随着基因工程的发展，很多备选癌基因已由分子修饰的靶向作用小鼠乳腺所检出（Borowsky，2011）。与人类最相似的对应肿瘤是 Tg（c-ErbB2）和 Tm（CDN1-/-xp53-/-）。很多 Tg（c-ErbB2）肿瘤与人类相对应的过度表达相同基因的肿瘤类似（Bouchard 等，1989；Ursini-Siegel 等，2007）。Tm（CDN1-/-xp53-/-）肿瘤具有人类小叶癌典型的单一结构，这也与 E-Cadherin（CDN1）的缺失有关（Derksen 等，2006）。Tm（Stat1-/-）是首例基因工程小鼠模型，伴有同样的 ER+、PR+、FoxA1+ 肿瘤，经过试验证明其具有卵巢依赖性，而且与一些管腔 A 肿瘤（管腔 A 乳腺癌）的组织病理学相似（Chan 等，2012）。

小鼠模型与分子学分类

传统的以形态学为基础的人类乳腺癌分类法已由世界卫生组织颁布（WHO，2003）。这个广泛的 WHO 分类法包括所有根据理论上的细胞来源与组织学特点所得的预期诊断种类的标准。INHAND 分类基本上坚持这个原则，但是人的分类包括导管癌和小叶癌，这种分类适于临床命名，与目前肿瘤来源概念不一致（Cardiff 和 Wellings，1999）。

在 WHO 形态学分类中，最大单一类别是“浸润性导管癌，未特定分类（NOS）（WHO 2003）”。最近，已经有人建议用分子学分类作为人类 NOS 或无特异类型（NST）乳腺癌临床分类（Weigelt 和 Reis-Filho，2009）。这些分类都是以表达微阵列的层次分析为基础的。普遍采用的分子学分类可将非特异类型肿瘤分成五个分子亚类：管腔 A、管腔 B、Her2 阳性、正常细胞和基底细胞（Sorlie 等，2001）。

大多数临床医生已发现，将 NST 乳腺癌分为 ER+/PR+、HER2+ 和三阴性后大有裨益。由于 ER 和 HER2 是靶向性蛋白质，在过去十年中这种方便的临床分类法在人乳腺癌的临床管理上已采用。但是，很快证明三阴性肿瘤表型（TNP）与人类肿瘤在形态和临床上是不同的类型（Rakha 等，2007）。有些三阴性肿瘤的“基底细胞的”生物标志物的证明导向了一个普遍的假设，认为他们都是一样的。此外，基底细胞概念已被质疑为是一种没有根据的误解，应该废弃（Rakha，Reis-Filho 和 Ellis 2008；Gusterson 等，2005；Lavasani 和 Moinfar，2012）。大多数分析发现，在任何给定的类型中都存在特殊类型。现已提出了一个旨在反映这种特殊类型的新术语“腔性基底细胞的（luminobasal）”（Balko 等，2012）。上述例证说明目前人乳腺癌分类混乱。临床结果与表达图合在一起考虑，已离开了传统的形态学分类。形态学与分子学信息匹配的早期工作刚开始，因此，这种混乱可能会增加。总之，人乳腺癌的决定性分子学分类已经出现。

用表达微阵列作临床分类受到采用相同表达技术分类小鼠乳腺肿瘤尝试的支持（Herschkowitz 等，2007）。由于 MMTV-LTR 促生长的绝大多数小鼠肿瘤不表达 ER、PR 或者 Her2，这些都可以归于“三阴性”或人类 NST 乳腺癌基底细胞类型（Weigelt 和 Reis-Filho，2009）。这些将小鼠和人类分子表达图相匹配的尝试未包括将组织学模式与表达图相匹配的艰辛努力。与人类分子学类别匹配的尝试，也忽略了基因工程小鼠肿瘤的多样性，这可导致潜在的基因型分组的错误。INHAND 面临的下一轮挑战是准备使用乳腺癌分子学分类，并使之与传统的结构为基础的分类法相匹配。在此文的最后，我们将收入几种基因工程小鼠肿瘤的实例（图 40 至图 47）。

大鼠模型

大鼠毒性试验中，乳腺毒性的评估是关键。在很多试验中，大鼠可能是唯一使用性成熟动物进行毒理学动物模型研究，且给药期间跨度可从一天到一生。

由企业和机构（如国家毒理学计划）实施的急性到慢性试验，遵循药物安全评价和化学危害识别的标准方法（Davis 和 Fenton，2013）。企业赞助的试验通常使用 F344、SD、Harlan Sprague-Dawley 或 Wistar 大鼠，其中后三种目前最为常用。大鼠品系对非肿瘤性与肿瘤性病变敏感性的差异，证明其品系选择的重要性。例如，乳腺纤维腺瘤是雌性 SD 大鼠最常见的自发性肿瘤，据报道，在慢性试验中其发生率高达 70%。而雌性 Fischer 大鼠的发生率大约为 40%。这在人类风险评估时也是很重要的。人乳腺纤维腺瘤不被认为是癌前病变，也不用大鼠纤维腺瘤预测女性乳腺癌。相反，试验中，自发性乳腺腺癌被认为是有意义的 SD 大鼠发生率比 F344 大鼠高（Davis 和 Fenton，2013）。

不同种鼠与品系啮齿类动物的遗传易感性都被用于开展乳腺癌动物模型的研究。例如，大鼠的自发性乳腺癌，通常为乳腺腺癌，能够用 DMBA、N- 亚硝基甲脲和 N- 乙基 -N- 亚硝基脲（ENU）这类具有遗传毒性的致癌物处理而增加。这些诱发性乳腺肿瘤都具有激素依赖性，能够通过多种因素如生殖状态、激素治疗、饮食以及致癌物剂量与给药时间等进行调节（Davis and Fenton 2013）。

如小鼠模型一样，大鼠的发育和生理差异要求准确理解人类风险评估。例如，当未交配的雌性 SD 和 F344 大鼠到中年（8 ～ 14 月龄）后，会出现正常生殖的老龄化，催乳素分泌（PRL）水平增加。后者会促进很多自发性形态变化的发生，包括分泌物增多、导管扩张、腺泡及小导管上皮增生，以及导管周围纤维化。可引起垂体 PRL（催乳素）分泌增加的外源性物质，如多巴胺受体颉颃剂也可引起这些大鼠乳腺的变化。相反，多巴胺激动剂则可以减少 PRL 的分泌，降低上述组织病理变化和自发性乳腺肿瘤的发生率。绝经女性发生高泌乳素血症是不正常的，因此，大鼠衰老的组织学改变被认为是与年龄相关的正常变化，但在人类女性观察到的与之类似的组织学改变被认为是异型增生（Davis 和 Fenton，2013）。

形态学

乳腺

大鼠及小鼠乳腺的胚胎学发育已做了广泛研究，这里仅作简要回顾（Criani，1970；Knight 和 reaker，1982；Russo，Tewari 和 Russo，1989）。雌雄大鼠和小鼠的乳腺是由一层立方上皮发育而成的，这层上皮来源于乳芽（milk bud），由乳芽形成乳头，再不断发展为乳腺（Myers, 1917; Cardiff 和 Wellings, 1999）。上皮岛增厚变成立方细胞小丘，位于模糊的基底膜上；与此同时小丘间的上皮细胞萎缩（Myers, 1917）。在雌性或雄性胎儿，乳腺仅为未发育的上皮芽，尚未形成明显的导管或腺泡（Knight 和 Peaker，1982）。

在大鼠和小鼠，乳腺的发育和功能受到很多激素的调控，包括雌激素、雄激素、孕酮、PRL、生长激素（GH）、胰岛素、儿茶酚胺，以及促肾上腺皮质激素（ACTH）（Russo 和 Russo，1996）。雄激素使雄性表型分化并促使雄性最初的乳芽萎缩（Goldman，Shapiro 和 Neumann，1976；Sourla，Martel 等，1998；Sourla，Flamand 等，1998）。这种乳芽的萎缩是由睾酮诱发的基质凝聚引起的（Topper 和 Freeman，1980）。如果去除雄激素，那么雄性大鼠的乳腺形态就会变为雌性大鼠的乳腺形态；但若给雌性胎鼠使用雄激素，则会使它们的乳腺雄性化（Goldman，Shapiro 和 Neumann，

1976）。因为小鼠的这种雄激素反应缺失，就不会发生上述变化。PRL 也是控制啮齿类动物乳腺发育的一个重要的垂体激素。雌激素（E）和孕酮（P4）对大鼠胚胎的精确作用尚不清楚。在小鼠以及体外乳腺移植研究表明，孕酮在小鼠乳腺的胚胎发育中并不是十分重要的，在子宫内缺乏孕酮不会影响成年时期乳腺的成熟（Freenman 和 Topper，1978）。雌激素促使小鼠胚胎乳腺的发育，但抑制大鼠胚胎乳腺的发育（Ceriani，1970）。

雌性和雄性大鼠和小鼠，分别有 6 对和 5 对乳腺，每一个乳腺有一根中央乳导管，数条分支的二级导管以及多条三级导管（Ceriani，1970，Cardiff 和 Wellings，1999）。大鼠乳腺沿乳线两侧成对分布，颈部一对，胸部两对，腹部一对，腹股沟区两对（Astwood，Geschickter 和 Rausch，1937）。小鼠乳腺分布在胸部两对，颈部、腹部和腹股沟部各一对（Carditl 和 Wellings，1999）。乳腺组织包埋在脂肪垫中，内含大量脂肪细胞、前脂肪细胞、成纤维细胞，薄层间质将乳腺上皮与脂肪垫隔开（Hovey，McFadde 和 Axers，1999；Imgawa 等，2002；Silberstein，2001）。在毒理试验的乳腺切片中常见局部的淋巴结，因此可能观察到重要的组织学变化（图 1 至图 3）。雌性大鼠在青春期前期，乳腺生长主要受 GH 和 PRL 的影响，而雌二醇（E2）和 P4 的影响很小（Knight 和 Peaker，1982）。

青春期雌雄大鼠和小鼠的乳腺生长依赖于正常性腺功能，如切除卵巢或睾丸的大鼠乳腺不发育（Cowie 和 Folley，1961）。雄鼠早期的乳腺发育尚无详细报道，而雌鼠发育期乳腺生长的特征是上皮分化为终末芽体（TEBs），通过导管分支延长和脂肪垫的肥大快速膨胀（Cowie 和 Folley，1961；Russo，Tewari 和 Russo，1989；Knight 和 Peaker，1982；Cardiff 和 Wellings，1999）。新生终末芽体由侧分支的成熟导管形成，并且有可能形成小叶。TEBs 在性成熟大、小鼠乳腺是主要激素敏感区。PRL、雌激素和孕酮是调控处女啮齿类动物的乳腺 TEBs 发育为小叶腺泡结构的主要激素（Richards 等，1983）。这些激素在影响成年大鼠乳腺形态方面也很重要（Rudmann 等，2005；Lucas 等，2007）。如之前讨论的一样，雄激素在大鼠和小鼠乳腺发育上都起作用。而在成年大鼠，由卵巢产生的雄激素对于雌性和雄性乳腺的形态学都有影响。雄激素的作用通过雄激素受体而调节，雄激素受体可因雄激素刺激或 erbB 家族生长因子（上皮生长因子）刺激而上调。

在雌性大鼠和小鼠，乳腺导管、小导管和腺泡内衬 1 或 2 层上皮细胞，并由肌上皮细胞所包绕。在这些上皮结构里有三种细胞，即明细胞、暗细胞和中间型细胞。这些细胞群间的形态学差异是由于核糖体、线粒体、脂肪滴以及分泌小泡数量的不同所致（Greaves，2007）。大鼠的乳腺呈与性别有关的双形态（图 4 和图 5；Lucas 等，2007）。与雌性大鼠相比，雄性大鼠的乳腺导管很少，如能见到，则内衬多层上皮，为内含空泡的高立方状到矮柱状上皮细胞。雄性大鼠的乳腺以腺泡为主，内衬多层上皮细胞。促乳腺激素，如 PRL、雌激素和雄激素的不平衡，可引起雄性或雌性大鼠乳腺向对方性别的乳腺形态转变（Rudmann 等，2005；Lucas 等，2007）。

退行性变化

导管 / 腺泡上皮变性（Degeneration：Ductular/Alveolar Epithelium）

发病机制 / 细胞来源：导管、腺泡上皮细胞；肌上皮细胞。

诊断要点：

- 上皮细胞肿胀。
- 上皮细胞空泡化 / 空泡形成。
- 细胞层次结构消失。
- 腺泡或导管扩张伴分泌物聚积。

鉴别诊断：

- 死后自溶：整个组织均匀溶解，细胞层次结构或厚度没有变化。
- 萎缩：受影响的导管或腺泡变薄。

备注：乳腺的退行性变化少见，但可见于毒性物质暴露或老龄化。周围组织如脂肪垫、皮肤和局部淋巴结也可见不同程度的退行性变化。

导管 / 腺泡上皮单细胞坏死（Single-cell Necrosis：Ductular/Alveolar Epithelium）

同义词：apoptosis

发病机制 / 细胞来源：腺泡或导管上皮细胞。

诊断要点：

- 细胞常皱缩，细胞膜清晰。
- 细胞膜呈芽突状，核浓缩。
- 很少伴有炎症。

鉴别诊断：

- 坏死：细胞肿胀，胞质嗜酸性，核固缩 / 核碎裂，细胞碎片，常伴有炎症和上皮变薄。

导管 / 腺泡上皮坏死（Necrosis：Ductular/Alveolar Epithelium）

发病机制 / 细胞来源：腺泡 / 导管上皮。

诊断要点：

- 细胞肿胀或皱缩。

- 胞质嗜酸性。
- 核固缩或核碎裂。
- 细胞脱落。
- 可致上皮变薄。
- 可伴随炎症。
- 管腔内纤维素和 / 或细胞碎片聚积。

鉴别诊断：

- 死后自溶：整个组织均匀溶解，细胞层次结构或厚度没有变化。
- 凋亡：细胞皱缩，细胞膜清晰，呈芽突状，核浓缩，很少伴有炎症。
- 变性：细胞空泡化，但无炎症或细胞碎片。
- 萎缩：细胞层变薄，但无炎症或细胞碎片。
- 炎症：细胞浸润和肿胀，但无细胞脱落或细胞碎片。

备注：啮齿类动物不常见乳腺上皮坏死。大鼠脂肪坏死偶见于脂肪垫，常伴随肉芽肿性炎症和纤维化（Boorman 等，1990）。

导管 / 腺泡上皮嗜碱性变（Basophilia：Ductular/Alveolar Epithelium）

同义词： regeneration

发病机制 / 细胞来源： 腺泡或导管上皮。

诊断要点：

- 上皮细胞正常，但胞质嗜碱性。
- 核质比增加。
- 上皮结构排列不规则。
- 可见有丝分裂象。
- 发生在上皮、变性、坏死、增生或化生的区域内或附近。

鉴别诊断：

- 肥大 / 增生：上皮因细胞数量增多而变厚，导致上皮表面不平，呈波纹状，细胞层排列不规则（见本文增生性病变部分）。
- 肿瘤：膨胀性结节常突向腔内，伴有细胞异形性和对邻近组织的挤压（见本文增生性病变部分）。

备注：嗜碱性变是推荐的首选描述性专业术语。当嗜碱性变被解释为再生时（与肥大 / 增生不同，再生是新生细胞和组织取代缺失或受损结构），建议报告中包含这种解释（Kumar 等，2010）。在再生过程中，可见导管 / 腺泡上皮细胞排列不规则。当乳腺反复受到毒性物质损伤时，变性、坏死和再生常同时出现。见以上变性和坏死部分备注。

炎症性变化

乳腺炎症是各种大动物患病的重要原因。由于动物科学管理，啮齿类动物乳腺的炎症不常见。比较常见的组织学变化仅限于局灶性淋巴细胞、中性粒细胞、巨噬细胞或浆细胞的单一或混合浸润。

小叶炎症细胞浸润（Infiltrate：Lobule）

发病机制 / 细胞来源：腺泡或导管上皮及其相关组织。

诊断要点：

- 在小叶固有层和相关组织内，可见淋巴细胞、浆细胞、中性粒细胞、嗜酸性粒细胞、巨噬细胞的单一或混合浸润。

鉴别诊断：

- 炎症：浸润伴有上皮变性、水肿、出血 / 瘀血和 / 或纤维化。
- 造血细胞肿瘤：均一的淋巴细胞群浸润整个组织和其他区域。

备注：建议基本术语“炎症细胞浸润”后跟随主要细胞类型，如果没有主要细胞类型，可跟随“混合细胞”。仅由淋巴细胞或浆细胞组成的白细胞浸润，表明是对外源性物质的免疫学效应，也可能是自发性变化。

小叶炎症（Inflammation：Lobule）（图 6）

同义词：mastitis

发病机制 / 细胞来源：腺泡或导管上皮及其相关组织。

诊断要点：

- 急性炎症：血管瘀血，水肿，导管或腺泡腔内有聚积的浆液性、黏液性或纤维素性渗出物，中性粒细胞和脱落的上皮细胞。
- 慢性炎症：主要为淋巴细胞、浆细胞和巨噬细胞浸润；可见受损伤的上皮再生、增生和 / 或化生以及纤维组织增生。
- 慢性活动性炎症：为粒细胞、淋巴细胞和组织细胞的混合性细胞浸润；可见受损伤的上皮再生、增生和 / 或化生以及纤维组织增生。
- 肉芽肿性炎症：浸润的细胞主要是巨噬细胞（上皮样细胞），这些细胞形成交叉的束状，根据持续时间和致病因子可伴有淋巴细胞、浆细胞浸润和纤维化，常见的致病因子如真菌、分支杆菌或异物。受损伤上皮可见再生、增生和 / 或化生以及纤维组织增生。

受损伤区域可见粒细胞，这种情况下可描述为化脓性肉芽肿性炎症。

鉴别诊断：

- 坏死：核固缩，核碎裂，细胞肿胀或皱缩，细胞碎片，伴有炎症细胞浸润。

备注：炎症不需要用慢性程度术语来记录；最好在报告中描述炎症的特征。在急性炎症中，中性粒细胞游出到管腔和腺泡腔，可形成化脓性渗出物。渗出物中或黏膜浸润的嗜酸性粒细胞提示对免疫或寄生虫成分的炎症反应（Kumar 等，2010）。“慢性活动性炎症”意味着慢性炎症中，粒细胞重复出现或持续存在。慢性活动性炎症和肉芽肿性炎症在病因学和形态学上有很多相似。肉芽肿性炎症提示为抗溶解性或有免疫原性致病因子，如真菌、分支杆菌或异物（Kumar 等，2009）。肉芽肿性炎症常见于大鼠导管扩张破裂。区分异物性炎症与其他炎性病变很重要，因为二者的原因不同。慢性炎症有不同的特征，取决于病变的时间长短和初始病因。尽管乳腺的慢性炎症在啮齿类动物不常见，但也可因分泌物漏出导管外而发生。

小叶纤维化（Fibrosis：Lobule）（图 7）

发病机制 / 细胞来源：成纤维细胞或导管周围的成纤维细胞。

诊断要点：

- 多数中型导管结缔组织增厚。
- 通常呈导管周围性。

鉴别诊断：

- 慢性炎症中的纤维化。

备注：导管周围的纤维化常见于老龄大鼠，建议使用“导管周围”作为修饰语。BALB/c 小鼠经 EGF 处理后，最明显的组织学变化是中小导管的增生。这种增生伴有小叶间结缔组织明显增多和导管周围纤维化（Molinolo 等，1998）。

血管变化

小叶瘀血（Congestion：Lobule）

同义词：hyperemia

发病机制 / 细胞来源：乳腺及其周围组织的血管。

诊断要点：

- 血管广泛扩张，充满血液。

鉴别诊断：

- 安乐死或剖检过程造成的人工假象。

•死后自溶：整个组织均匀溶解，红细胞也溶解。

•血管扩张：扩张的血管使受影响的组织其正常结构变形。

备注：在濒死或死前处死的大鼠或小鼠，可见乳腺及其皮肤瘀血，这与动物下部血液聚积有关。据委员会的经验，瘀血一般不作为独立诊断用语。瘀血是炎症或退行性变化过程的一部分，因此，最好将其在报告中进行描述。

脂肪垫水肿（Edema：Fat pad）（图 8）

发病机制 / 细胞来源：乳腺及其周围组织的血管。

诊断要点：

•在脂肪垫间质或在血管、导管和腺泡周围有蛋白性液体。

鉴别诊断：

•死后自溶：整个组织均匀溶解，红细胞也溶解。

•纤维素性渗出物：呈烟雾状粉色渗出物，高倍镜下可见薄层纤维素。

•组织处理过程中产生的人工假象。

小叶出血（Hemorrhage：Lobule）

发病机制 / 细胞来源：导管腔、腺泡腔及其有关组织。

诊断要点：

•导管腔、腺泡腔或邻近脂肪垫内可见游离的红细胞。

鉴别诊断：

•血管扩张：血液只存在于扩张的血管腔内。

•人工假象：安乐死麻醉或剖检过程造成的人工变化。

小叶血管扩张（Angiectasis：Lobule）

发病机制 / 细胞来源：脂肪垫的血管。

诊断要点：

•血管增多，改变了受影响的组织正常结构。

鉴别诊断：

•血管瘤：内衬均一内皮细胞的间隙充满了血液，改变了受影响组织的结构。

•瘀血：血管广泛扩张，充满血液，受影响组织的结构没有改变。

•出血：血管壁外出现游离红细胞。

小叶血栓形成（Thrombosis：Lobule）

发病机制 / 细胞来源：乳腺和脂肪垫的血管。

诊断要点：

- 无定形粉色 / 灰色，明显分层的团块，含白细胞和红细胞。
- 常规检查很少见附着在血管壁上。

鉴别诊断：

- 死后血凝块：极少或无白细胞；不分层或可见细丝。

备注：血栓常与大鼠单核细胞性白血病或全身衰竭有关。

其他病变

导管 / 腺泡上皮淀粉样小体（Corpora Amylacea：Ductular/Alveolar Epithelium）（图 9）

发病机制 / 细胞来源：腺泡、导管上皮及其邻近固有层，腺泡腔或导管腔。

诊断要点：

- 嗜碱性或双嗜性小凝结物。
- 常呈层状，含矿化区域。
- 可能与导管和腺泡的扩张有关。

鉴别诊断：

- 坏死：有其他明显的组织损伤。
- 变性：有其他明显的组织损伤。
- 矿化：在其他部位或组织有明显的矿化。

备注：淀粉样小体在未处理的大鼠和小鼠不常见。小鼠的淀粉样小体 HE 染色呈嗜酸性，表示有淀粉样物质存在。

小叶淀粉样物质（Amyloid：Lobule）

发病机制 / 细胞来源：在各种组织中，有不同化学结构的糖蛋白多肽片段在细胞外沉积（Solomon 等，1999）。

诊断要点：

- 黏膜下层或间质有轻度嗜伊红无定形细胞外物质。

•刚果红染色在偏振光下呈绿色。

鉴别诊断：

•坏死：刚果红染色阴性，有组织损伤的其他证据。

•变性：刚果红染色阴性。

•结缔组织玻璃样变：刚果红染色阴性。

•渗出物或异物：刚果红染色阴性，有渗出物或异物的证据。

备注：在有些品系的老龄小鼠，淀粉样变性可发生于各种组织（Korenaga 等，2004），但文献中有关啮齿类动物乳腺的淀粉样变性报道很少（Beems，Gruys 和 Spit，1978）。一般认为，对病鼠各组织淀粉样蛋白沉积的严重程度进行评级是无用的。因此，当小鼠乳腺中观察到淀粉样蛋白时，建议使用“存在”作为描述语。

导管 / 腺泡扩张（Dilation：Duct/Alveolus）（图 10 至图 12）

同义词：cystic degeneration，cystic change，milk cysts，ectasia，galactocoele

发病机制 / 细胞来源：导管和腺泡。

诊断要点：

•扩张的管腔，有或无上皮肥大或增生。

•腔内常有蛋白性物质、脂质、巨噬细胞或细胞碎片。

•导管 / 腺泡上皮细胞常空泡化。

备注：管腔扩张可作为自发性衰老变化而发生，并且与乳腺增生和化生有关。幼龄动物给予外源性物质后的这种变化，提示下丘脑 - 垂体 - 性腺轴功能受到影响。可采用严重程度分级和报告描述来说明受累导管和腺泡的严重程度以及受影响管腔直径的大小。

小叶色素沉着（Pigment：Lobule）（图 13）

同义词：pigmentation，accumulation

发病机制 / 细胞来源：内源性物质在细胞内沉积，常用组织化学、免疫组织化学或电子显微镜的方法进行鉴别。

鉴别诊断：

•矿化。

•人工假象（如酸性血色素）。

诊断要点：

•乳腺中多种细胞群的胞质中含有内源性色素。

备注：色素通常为脂褐质、含铁血黄素或其他的血红蛋白崩解产物。色素沉着变化的分级可能没有意义，建议使用“存在”在报告中描述。

脂肪垫矿化（Mineralization：Fat Pad）

发病机制 / 细胞来源：脂肪垫。

诊断要点：

- 矿物沉积在间质，或呈线状矿物沉着在血管，HE 染色可见，用矿物染色可以确证。
- 常伴有巨噬细胞和炎症。

备注：乳腺血管的矿化见于患严重慢性肾病的老龄大鼠。

生长紊乱

非肿瘤性病变

小叶萎缩（Atrophy：lobule）（图 14）

同义词：feminization（雄性大鼠）
发病机制 / 细胞来源：导管和腺泡上皮细胞。

诊断要点：

- 雄性大鼠：如果由于 PRL 的作用，导管部分增多，腺泡部分衬以小型立方状细胞，胞质嗜碱性；腺泡上皮较薄。
- 雄性大鼠或小鼠：如果由于雄激素减少或消瘦的影响，则腺泡变小且数目较少。
- 雌性大鼠：导管 - 腺泡比例正常，但数目较少或上皮较薄。
- 导管或腺泡腔可见扩张。
- 脂肪垫量相对增多。

鉴别诊断：

- 发育不全：由于发育异常，导管和腺泡比例正常，但数目减少。
- 人工假象：剖检取材与制片过程造成的正常变异范围内的腺组织减少。

备注：因为雌性化是一种综合征，因此不建议使用该术语；仅用于雄性大鼠。由于该术语用于人，有可能产生误导作用。在雄性大鼠，外源性物质引起 PRL 升高可引起腺泡萎缩，使乳腺的腺管 - 腺泡外观与正常未发育的雌性乳腺相似（图 15；Ose 等，2009；Lucas 等，2007）。在雄性和雌性，外源性物质可影响下丘脑 - 垂体 - 性腺轴的功能，引起循环中促乳腺激素下降，从而导致腺体萎缩。乳腺制片不稳定可带来错误诊断或萎缩的结果。

小叶腺泡导管上皮细胞肥大 / 增生（Hypertrophy/hyperplasia，alveolar and/or ductal epithelial cell：lobule）（图 16）

同义词： masculinization，virilization（雌性大鼠）

发病机制 / 细胞来源： 雌性大鼠的雌激素与雄激素比值下降可引起正常雌性大鼠乳腺的导管 - 腺泡很像雄性的乳腺（小叶 - 腺泡）。或许也有腺泡 / 导管上皮肥大和增生的其他原因。成年小鼠乳腺对雄激素无反应。

对正常雄性乳腺的观察，总结如下：

- 主要为不规则的腺泡上皮细胞巢，不伴有明显的导管，这与在正常雌性乳腺所见的以导管为主的组织学（称导管 - 腺泡性）不同。
- 腺泡细胞变大，胞质丰富。
- 胞质嗜碱性与空泡形成。
- 腺泡和导管上皮呈假复层外观。
- 胞质增多。
- 导管或腺泡分泌物可增多。

鉴别诊断：

- 小叶腺泡增生：雌性动物保持明显的导管 - 腺泡状结构（以导管为主并有小巢状腺泡）。增生的腺泡上皮细胞和相关导管间关系正常。导管周围的腺泡数量增多，但单个腺泡或导管细胞无胞质的变化（胞质增加，空泡形成，嗜碱性变化，假复层形成）。

备注：因为“雄性化”和“雌性化”是综合征术语，且可能因其在人的应用而产生误解，因此不提倡使用。在雌性大鼠，外源性物质可引起雄性激素上升或雌性激素与雄性激素值比下降，从而诱发乳腺变化，其特征为腺泡和导管上皮肥大和增生，致使小叶腺泡外观酷似正常雄性乳腺（Lucas 等，2007；Rudmann 等，2005）。

小叶的小叶腺泡增生（Hyperplasia，Lobuloalveolar：Lobule）（图 17 和图 18）

同义词： pseudopregnancy

发病机制 / 细胞来源： 乳腺腺泡和导管上皮。

诊断要点：

- 小叶结构正常。
- 导管和腺泡上皮细胞、肌上皮细胞与间质的关系正常。
- 腺泡上皮细胞呈单层，细胞多呈立方状。
- 导管内衬细胞为柱状到扁平状。
- 可见囊状扩张。

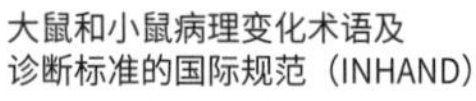

- 腺泡和导管可因嗜酸性物质而扩张，证实有明显的分泌活性。
- 很少或没有细胞多形性。
- 可见局灶性鳞状细胞化生。
- 弥散性：整个乳腺受影响。乳腺脂肪垫内充满腺泡。
- 局灶性：为单灶或多灶性病变。一个或多个小叶受影响，无压迫或包膜形成。小叶因正常外观的腺泡和导管细胞增大和增多而变大。增生的小叶与周围正常的小叶组织融合在一起。常无显著均一的纤维结缔组织，但可能出现局灶性纤维结缔组织反应。
- 伴有非典型的局灶性（图 19 和图 20）：小叶内一个或多个腺泡或导管受影响。一个小叶内导管或腺泡上皮呈局灶性不规则增生，或正常乳腺组织内一个或多个腺泡或导管呈不规则增生。增生形成乳头状、拱形、伸向腔内、巢状。小腺泡可被细胞充满，呈实心体。小区域的细胞呈非典型性和 / 或多形性，核变大，富含染色质或呈空泡状，胞质有分泌物，呈嗜碱性或嗜酸性。
- 伴有纤维组织增生的局灶性：腺泡间纤维组织大量增生，病变不挤压或融合，小叶结构保持。

鉴别诊断：

- 腺泡和导管上皮肥大 / 增生（雌性大鼠）：雄性大鼠是腺泡和小管上皮占优势的小管 - 腺泡特征，而不是正常雌性大鼠在导管周围形成小叶的腺泡数量和大小的增加。
- 腺瘤：肿瘤与邻近乳腺组织分界明显，正常腺体结构发生改变。
- 纤维腺瘤：轮廓清楚。结构一致的上皮和结缔组织成分。导管和腺泡被数层增生的纤维组织围绕。
- 腺癌：结构和细胞多形。上皮细胞与基底膜分离。浸润性生长；远处转移。

备注：妊娠后期和哺乳期的弥散性增生通常为生理性的，并且很显著。小叶性腺泡增生可由能使雌性大鼠 PRL 水平升高的外源性物质引起。

伴有非典型性的局灶性病变也适用于乳腺上皮内肿瘤（MIN）或增生性腺泡结节（HAN，Cardiff 等，2006）。增生与肿瘤的区别可通过连续移植经典的检测方法进行（Cardiff 和 Borowsky，2010）。增生不能连续移植，而 MIN/HAN 是不断生长的，被认为是癌前变化。增生仅存在于乳腺脂肪垫中。不断生长的 MIN/HAN 则有恶性转化的高风险。恶性细胞可移植到其他部位。

肿瘤性病变

乳腺腺瘤（Adenoma：mammary gland）（图 21 和图 22）

发病机制 / 细胞来源：乳腺上皮。

诊断要点：

•肉眼观察常为结节状。
•肿瘤与邻近乳腺组织界限明显。
•可压迫周围组织。
•可形成包囊。
•腺体的正常结构改变。
•腺小叶增大，其直径不等。
•紧密排列的上皮结构。
•腺泡大小不等。
•上皮呈单层或双层。
•上皮细胞附于基底膜上。
•细胞分化良好。
•腺泡内衬立方形细胞。
•可见分泌活性。
•结缔组织很少。
•可见小灶性非典型性和/或多形性区域。
•可见局灶性鳞状细胞化生。
•亚型：存在以下亚型，但在法规性毒理试验中不建议分亚型。
  ◦ 囊状：单一或多囊腺体结构。
  ◦ 乳头状：有纤维轴的乳头状结构，被覆立方状到柱状上皮。
  ◦ 腺泡/腺管状：圆形或椭圆形腺体结构，内含或不含蛋白性分泌物。

鉴别诊断：

•增生：保持正常小叶结构。
•纤维腺瘤：界限明显。结构均一的上皮和结缔组织。导管和腺泡被数层增生的纤维组织围绕。
•腺癌：结构或细胞多形性。上皮细胞与基底膜分离。浸润性生长，远处转移。

乳腺纤维腺瘤（Fibroadenoma：mammary gland）（图23）

发病机制/细胞来源：乳腺上皮和结缔组织。

诊断要点：

•界限明显，有包膜。
•由增生的腺体上皮组成，腺上皮被数层增生的纤维组织围绕。

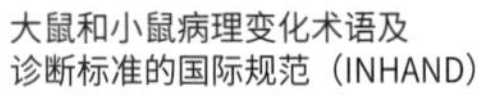

- 为小叶生长模式，且可涉及大部分或整个乳腺。
- 结构均一的上皮和纤维结缔组织。
- 由不同比例的上皮和纤维结缔组织组成各种小叶结构模式。
- 分泌性上皮常呈单层，局部也可见双层。
- 可见非典型性和 / 或多形性小灶。
- 有丝分裂象少见。
- 亚型：存在以下亚型，但正规毒理试验中不建议分亚型：
  - 腺瘤样：主要由上皮成分组成。
  - 纤维瘤样：结缔组织占优势。

鉴别诊断：

- 增生：保持正常小叶结构。
- 腺瘤：缺乏增生的结缔组织。肿瘤与邻近乳腺组织界限明显。正常腺体结构改变。
- 纤维瘤（图 23）：上皮成分缺如。
- 发生在纤维腺瘤的腺癌：在纤维腺瘤内有腺癌的变化。

备注：纤维腺瘤内的腺癌变化应诊断为“发生在纤维腺瘤的腺癌”。

乳腺腺肌上皮瘤（Adenomyoepithelioma：mammary gland）（图 24）

发病机制 / 细胞来源：涉及两种细胞，乳腺上皮和乳腺肌上皮。用启动子导入变异的 Pten 或 PIK3 的研究表明细胞起源是腺腔前体细胞（Meyer 等，2011）。WHO 分类认为这些肿瘤属于肌上皮细胞来源（WHO，2003）。其他权威机构也认为，尽管这些肿瘤与人纤维腺瘤不完全一样，但很相似，应该认为是纤维腺瘤的第三种亚型（Borowsky，2011）。

诊断要点：

- 轮廓明显的息肉状病变。
- 由腺泡结构与肌上皮组成，基质丰富有 SMA 阳性的梭形细胞。
- 腺泡结构一致，内衬均一的上皮构成。
- 有丝分裂象少见。

鉴别诊断：

- 增生：保持正常小叶结构。
- 腺瘤：纤维结缔组织不增多。肿瘤与邻近乳腺组织界限明显。正常腺体结构变形。
- 腺癌：结构或细胞多形性。上皮细胞与基底膜分离。浸润性生长，向远处转移。

备注：仅在小鼠有报道。

乳腺良性混合瘤（Tumor，mixed，benign：mammary gland）

发病机制 / 细胞来源：至少有两种类型不同的细胞，乳腺上皮和间叶细胞。

诊断要点：

•至少包含两种不同的乳腺良性组织成分。
•一种上皮成分和几种结缔组织成分（如脂肪、软骨或骨），而不是仅有纤维组织。
•腺脂肪瘤型：由均一的上皮性小导管或腺泡和成熟的脂肪组织构成。

鉴别诊断：

•纤维腺瘤：仅含有腺泡和 / 或导管上皮细胞和增生的纤维结缔组织。
•肉瘤：两种成分均有恶性特征。

备注："良性混合瘤"包括全部有可能混合的良性上皮肿瘤和间叶肿瘤成分。根据公认的诊断标准，"纤维腺瘤"已单独分类，尽管它们是良性混合瘤。

乳腺腺鳞癌（Carcinoma，adenosquamous：mammary gland）（图 25）

同义词：adenoacanthoma，malignant；keratoacanthoma
发病机制 / 细胞来源：乳腺上皮。

诊断要点：

•界限明显。
•有腺上皮和鳞状上皮分化。
•腺上皮和鳞状上皮的比例不同。
•鳞状上皮分化良好。
•鳞状上皮细胞区占肿瘤病变 25% 以上。
•可见从圆形或多角形的上皮细胞向扁平鳞状细胞的逐渐过渡区。
•鳞状细胞呈现胞质内角蛋白和角化珠形成。
•鳞状组织或腺状组织都会出现转移。

鉴别诊断：

•腺癌：有鳞状细胞区，但不超过病变的 25%。
•鳞状细胞癌（皮肤）：仅有鳞状细胞分化，而无腺体结构。

备注：仅在小鼠有报道。

乳腺腺癌（Adenocarcinoma：mammary gland）（图 26 和图 27）

发病机制 / 细胞来源：乳腺上皮。

诊断要点：

- 结构呈多形性。
- 生长方式很大不相同，包括管状、乳头状、囊性、实体、粉刺状和未分化的亚型（见下面）。
- 在同一病变中可同时存在不同的生长方式。
- 上皮排列成管状或腺样结构。
- 管泡状生长方式可能会消失。
- 腺泡腔的大小和形状很不相同，但有时匀称一致。在wnt肿瘤中，腺泡常有肌上皮围绕。
- 腺泡腔常充满与基底膜分离的肿瘤细胞。
- 可见无腺样分化特征的囊内乳头状凸起、实性条索，细胞片状、细胞巢状或小管结构。
- 腺泡区常伴有充满血液或液体（有明显分泌活动）的囊腔。
- 可出现分泌活动。
- 肿瘤内的基质通常很少。
- 可出现坏死、溃疡和出血区。
- 肿瘤细胞为柱状或立方状，形成一层或多层。细胞及细胞核多形性显著，核染色质多，核分裂象常见；核仁明显；可见异型性。
- 肿瘤细胞可见鳞状上皮细胞分化。
- 鳞状上皮细胞区不超过肿瘤病变区的 25%（小鼠）。
- 可浸润邻近组织、肌肉或皮肤。
- 可发生转移。大部分小鼠乳腺肿瘤的边缘呈扩张性生长。转移可通过“非浸润性血管内转移”而发生。
- 亚型：在给定的所有肿瘤中通常都存在几种亚型。在常规毒理试验中建议不用亚型。
  - 腺泡 / 腺管状 : 主要由腺泡或管状结构组成。
  - 粉刺状 : 多层上皮细胞围绕中心坏死碎片。
  - 筛状 : 肿瘤性上皮细胞团块中有大小不一的圆形或不规则的次级腔隙。
  - 囊状 : 呈单囊性或多囊性腺样结构。
  - 髓样 / 实体状 : 实质组织丰富，基质稀少。
  - 乳头状状 : 主要为乳头状结构。
  - 硬癌样 : 间质丰富，通常质地坚硬，上皮成分少。
  - 梭形细胞型：梭形细胞形成实体瘤的结构。
  - 未分化型 : 肿瘤上皮细胞不具有上述任何一种亚型的特点。

鉴别诊断：

- 腺瘤 : 肿瘤与邻近乳腺组织界限明显。正常的腺体结构发生改变。上皮细胞呈单层或双层。上皮细胞仍附着于基底膜上。

- 发生在纤维腺瘤的腺癌：被认为是单独的一种。在纤维腺瘤中有腺癌的变化。
- 癌肉瘤：上皮和间叶肿瘤细胞均为恶性。
- 腺鳞癌：鳞状细胞区占病变的 25%以上。
- 非典型性增生：在增生的小叶中，导管或腺泡上皮呈局灶性不规则的增生，或在正常乳腺组织中一个或多个腺泡或导管呈不规则增生。

备注：在腺瘤中有局部腺癌变化的肿瘤可诊断为腺癌。Dunn 分类法是小鼠乳腺肿瘤的传统分类方法。Dunn 将肿瘤分成 A、B、C、P（微腺泡型，导管型以及妊娠依赖型）四类。该分类是根据 MMTV 诱发的“自发性”乳腺肿瘤，后者已知与活化的 *Wnt*，*Fgf*，*Notch* 基因插入有关（Cardiff 等，2006）。

发生在纤维腺瘤的乳腺腺癌（Adenocarcinoma arising in fibroadenoma：mammary gland.）（图 28A）

发病机制 / 细胞来源：乳腺上皮和结缔组织。

诊断要点：

- 在界限明显的原发性纤维腺瘤中有局灶性腺癌病变。
- 腺癌成分的组织学类型呈多样化。
- 多层上皮细胞，上皮细胞的明显多形性和非典型性，腺癌区域细胞深染。
- 个别细胞或细胞巢可浸润间质。

鉴别诊断：

- 纤维腺瘤：上皮细胞大体均一，分化良好。由增生的腺上皮及其周围数层纤维组织构成。仅在局部区域呈非典型性和 / 或多形性。
- 腺癌：为原发癌，但“发生在纤维腺瘤的腺癌”则为原发性纤维腺瘤中的局灶性恶变。

备注：该肿瘤见于大鼠。

发生在纤维腺瘤乳腺的肉瘤（Sarcoma arising in fibroadenoma：mammary gland.）（图 28B）

发病机制 / 细胞来源：乳腺上皮和结缔组织。

诊断要点：

- 界限明显的原发性纤维腺瘤内可见局灶性肉瘤改变。
- 肉瘤部分的特征是成簇的均一肿瘤细胞产生数量不同的互相交织的长胶原蛋白束。
- 单一的纺锤形细胞常呈“鱼骨样”细胞排列特点。
- 常见有丝分裂象。

鉴别诊断：

- 纤维腺瘤：为均一的和分化良好的间叶细胞和上皮细胞。由增生的腺上皮和周围数层增生的纤维组织构成。无恶性组织学特征。
- 纤维肉瘤：为原发性肉瘤，但“发生在纤维腺瘤的肉瘤”是在原发性纤维腺瘤中发生的局灶性恶性变。

乳腺癌肉瘤（Carcinosarcoma: mammary gland.）（图 29）

发病机制 / 细胞来源：至少包括乳腺上皮和间叶细胞来源的两种不同类型的细胞。

诊断要点：

- 肿瘤由上皮细胞和间叶组织成分构成。
- 上皮和间叶组织成分都具有恶性特征。
- 癌和肉瘤成分混合存在。
- 其中任意一种成分都可占优势。
- 可呈浸润性生长、穿透血管和远处转移。

鉴别诊断：

- 良性混合瘤：由不同的成分组成，例如，上皮细胞和纤维组织以外的其他结缔组织（如软骨和骨）。无恶性特征。
- 发生在纤维腺瘤的腺癌：纤维腺瘤中可见腺癌样改变。
- 发生在纤维腺瘤的肉瘤：纤维腺瘤中可见肉瘤样改变。

备注：“癌肉瘤”包括全部都有可能混合的上皮和间叶肿瘤细胞成分，这两种细胞成分均为恶性。根据已确立的诊断标准，“发生在纤维腺瘤的腺癌”应作为一种独立肿瘤类型。这种类型包含 EMT 肿瘤表型，这种表型以前被称为乳腺癌肉瘤或梭形细胞瘤（Cardiff，2010；Radaelli 等，2009）。但这些肿瘤已被确证是另一种肿瘤，发生在癌基因丢失或 P53 突变或丢失的瘤细胞的上皮间转化（EMT）（Damonte 等，2007；Debies 等，2008）。EMT 肿瘤表型的特征是以梭形细胞为主，其可同时表达上皮细胞和间叶细胞的标志物（Damonte 等，2007）。这种表型在人类分子水平分型中被认为是一种罕见的“低紧密连接蛋白”肿瘤（Herschkowitz 等，2012）。

Zymbal 氏腺

Zymbal 氏腺或听觉器官的皮脂腺在大鼠中经常被描述。然而，在小鼠也可见小型听觉器官皮脂腺（Seely 和 Boorman，1999）。在大鼠中，Zymbal 氏腺直径为 3 ～ 5mm，位于耳道的前腹侧，由 3 ～ 4 个小叶组成，每个小叶有小叶内导管将内容物排入排泄管，后者再排入耳道。耳道上皮下有两个小型皮脂腺，有人将其归为 Zymbal 氏腺的一部分。这些腺体为全浆分泌腺，分泌物是由成熟的腺泡细胞变性形成（Haines 和 Eustis，1990；Nielsen，1978）。自发性肿瘤很少见，但可由化学致癌物诱发肿瘤。

Zymbal 氏腺的变性、炎症、血管和其他非肿瘤性变化与乳腺所见的很相似。这些非肿瘤性变化的例子见图 30 和图 31。

退行性变化

导管 / 皮脂腺上皮变性（Degeneration：Ductular/Sebaceou，Epithelium）

发病机制 / 细胞来源：导管、皮脂腺上皮细胞。

诊断要点：

- 上皮细胞肿胀。
- 上皮细胞空泡化 / 空泡形成。
- 细胞层次结构消失。
- 腺泡或导管扩张伴分泌物聚积。

鉴别诊断：

- 死后自溶：整个组织均匀溶解，细胞层次结构或厚度没有变化。
- 萎缩：受影响的导管或腺泡变薄。

导管 / 皮脂腺上皮单细胞坏死（Single-cell Necrosis：Ductular/Sebaceous Epithelium）

同义词：apoptosis

发病机制 / 细胞来源：皮脂腺或导管上皮。

诊断要点：

- 细胞常皱缩，细胞膜清晰。
- 细胞膜呈芽突状、核浓缩。
- 很少伴有炎症。

鉴别诊断：

- 坏死：细胞肿胀，胞质嗜酸性，核固缩 / 核碎裂，细胞碎片，常伴有炎症和上皮变薄。

导管 / 皮脂腺上皮坏死（Necrosis：Ductular/Sebaceous，Epithelium）

发病机制 / 细胞来源：皮脂腺或导管上皮。

诊断要点：

- 细胞肿胀或皱缩。
- 胞质嗜酸性。
- 核固缩或核碎裂。
- 细胞脱落。
- 可致上皮变薄。
- 可伴随炎症。
- 管腔内纤维素和 / 或细胞碎片聚积。

鉴别诊断：

- 死后自溶：整个组织均匀溶解，细胞层次结构或厚度没有变化。
- 单细胞坏死：细胞皱缩，细胞膜明显，细胞膜呈芽突状，核浓缩；很少伴随炎症。
- 变性：细胞空泡化，但无炎症或细胞碎片。
- 萎缩：细胞层变薄，但无炎症或细胞碎片。
- 炎症：细胞浸润和肿胀，但无细胞脱落或细胞碎片。

导管 / 皮脂腺上皮嗜碱性变（Basophilia：Ductular/Sebaceous Epithelium）

同义词：regeneration

发病机制 / 细胞来源：皮脂腺和导管上皮。

诊断要点：

- 上皮细胞正常，但胞质嗜碱性。
- 核质比增加。
- 上皮结构排列不规则。
- 可见有丝分裂。
- 发生在上皮变性、坏死、增生或化生的区域内或附近。

鉴别诊断：

- 增生：上皮因细胞数量增多而变厚，导致上皮表面不平、呈波纹状，细胞层排列不规则（见本文增生性病变部分）。
- 肿瘤：膨胀性结节常突向腔内，伴有细胞异形性和对邻近组织的挤压（见本文增生性病变部分）。

备注：嗜碱性变是推荐的首选描述性专业术语。当嗜碱性变被解释为再生（与增生不同，再生是新生细胞和组织取代缺失或受损结构）时（Kumar 等，2010），在再生过程中，可见导管或皮脂腺上皮排列不规则。当 Zymbal 氏腺反复受到毒性物质损伤时，变性、坏死和再生常同时存在。

炎症性变化

Zymbal 氏腺的炎症不常见。较常见的组织学变化仅限于局灶性淋巴细胞、中性粒细胞、巨噬细胞或浆细胞的单一或混合浸润。

Zymbal 氏腺炎症细胞浸润（Infiltrate：Zymbal' s Gland）（图 30）

发病机制 / 细胞来源：皮脂腺或导管上皮和相关的组织。

诊断要点：

- 在小叶固有层和相关组织内可见淋巴细胞、浆细胞、中性粒细胞、嗜酸性粒细胞、巨噬细胞的单一或混合浸润。

鉴别诊断：

- 炎症。
- 造血系统肿瘤：均一的淋巴细胞群浸润整个组织和其他区域。

备注：建议基本术语“炎症细胞浸润”后跟随主要细胞类型，如果没有主要细胞类型，可跟随“混合细胞”。仅由淋巴细胞或浆细胞组成的白细胞浸润，表明是外源性物质的免疫学效应，也可能是自发性变化。

其他变化

Zymbal 氏腺扩张（Dilation：Zymbal' s Gland）（图 31）

同义语：cystic degeneration，cystic change

修饰语：导管

发病机制 / 细胞来源：导管。

诊断要点：

- 管腔扩张，伴有或不伴有上皮肥大或增生。
- 腔内常有角蛋白或细胞碎片。
- 常伴有炎症。

备注：在啮齿类动物，管腔扩张是自发性老龄化变化，使用病变程度和报告中描述来说明导管和皮脂腺被累及的程度和受影响管腔直径的大小。

生长紊乱

非肿瘤性病变

Zymbal 氏腺腺泡萎缩（Acinar atrophy：Zymbal' s Gland）

发病机制 / 细胞来源： 腺泡细胞。

诊断要点：

- 可见皮脂腺细胞的变性。
- 腺泡缩小。
- 仅由单层立方细胞或鳞状上皮细胞组成。
- 腺泡细胞的胞质减少，其中含有黄棕色颗粒色素，间质胶原增加，炎症细胞散在。
- 导管扩张，充满浓缩的分泌物和炎症细胞。
- 小鼠见导管扩张和囊腔形成。

Zymbal 氏腺增生（Hyperplasia：Zymbal' s Gland）

发病机制 / 细胞来源： 皮脂腺细胞或导管细胞。

诊断要点：

亚型：皮脂腺细胞

- 保持分叶状结构。
- 邻近组织轻微压。
- 受累的腺泡增大 / 部分融合。
- 从外周到中心的正常成熟顺序不够清晰。
- 与正常细胞相比，其胞质较嗜碱性，泡沫少。
- 核增大，有一个或多个明显的核仁。
- 皮脂腺细胞增生，保持着皮脂腺结构正常。
- 可伴随肥大。

亚型：鳞状细胞

- 鳞状上皮局部增厚，形成褶皱和突入管腔的短乳头状结构。
- 常有表皮突形成。

鉴别诊断：

- 皮脂腺细胞腺瘤：皮脂腺腺瘤含有大量有分裂能力的（基底细胞样）细胞。正常皮脂腺结构改变。
- 鳞状细胞乳头状瘤：呈分枝状的乳头状突起，复层鳞状上皮覆盖于结缔组织轴上。

备注：主要呈局部增生；给予 3，3- 二甲氧基联苯胺可观察到弥散性增生。

肿瘤性病变

许多Zymbal 氏腺肿瘤不够大，因此剖检时难以辨认。如果试验中不作为常规采集器官，此腺体会被忽略掉。

Zymbal 氏腺皮脂腺细胞腺瘤（Adenoma，sebaceous cell：Zymbal' s Gland）（图 32）

发病机制 / 细胞来源：皮脂腺细胞。

诊断要点：

- 结构类似于正常腺体，但没有保持正常皮脂腺的结构。
- 界限明显，但无包膜。
- 分叶状结构。
- 有外生性和内生性生长特征。
- 多数肿瘤是由两种细胞混合组成，包括基底样细胞，以及基底样细胞与成熟皮脂腺细胞间的过渡细胞。
- 许多肿瘤细胞都呈现皮脂腺细胞特有的明显胞质空泡形成。
- 部分小叶中，有丝分裂活跃的增殖细胞（基底样细胞）占优势。
- 由于皮脂产生过度，故常见囊状区域。
- 与单个小叶大小相同或较大。
- 可见有丝分裂象。
- 细胞通常较小，部分核固缩。

鉴别诊断：

- 皮质腺细胞增生：其特征为结构正常，成熟腺细胞数量增多，仅有少量增殖细胞（基底样细胞）。
- 亚型皮脂腺细胞癌：特征为皮脂腺细胞分化不良、侵袭性生长、细胞与核异型。
- 基底细胞癌：（混合型）基底细胞癌仅在很小区域有皮脂腺细胞分化，而占优势的是非腺体模式的基底细胞样肿瘤细胞。

Zymbal 氏腺鳞状细胞乳头状瘤（Papilloma，squamous cell：Zymbal' s Gland）

发病机制 / 细胞来源：导管细胞。

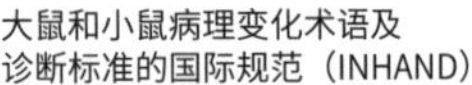

诊断要点：

•起源于主导管上皮。

•复杂的树枝状结构。

•复层扁平上皮覆盖于结缔组织轴上。

•角化鳞状上皮呈乳头状生长，突入管腔。

•无细胞异型性。

•常伴随腺体增生。

鉴别诊断：

•亚型鳞状细胞癌：侵袭性生长，细胞和细胞核呈异型性。

Zymbal 氏腺癌（Carcinoma：Zymbal' s Gland）

发病机制 / 细胞来源：皮脂腺细胞，导管上皮。

诊断要点：

亚型：皮脂腺细胞

- 常见溃疡。
- 不规则的大腺泡。
- 常无导管。
- 有内含皮脂、角蛋白和坏死细胞的囊腔。
- 较大的囊腔内可见鳞状上皮形成的乳头状突起。
- 中心部位可见囊性变化，其中有皮脂腺物质、变性的细胞和白细胞。
- 基底层细胞小，胞质浓染。
- 上层细胞多形性。
- 细胞核圆形或卵圆形，含有 1~2 个核仁。
- 胞质淡染，颗粒状或空泡状。
- 常见有丝分裂象。
- 基质中有成纤维母细胞增生，这些纤维母细胞可呈多形性，并可侵袭邻近组织。
- 皮脂上皮可发生鳞状上皮化生。
- 鳞状上皮和皮脂细胞的比例不等。

亚型：鳞状细胞

- 可有或无角化。
- 突破基底膜，呈侵袭性生长；巢状或条索状鳞状上皮细胞侵入真皮和横纹肌层。
- 鳞状细胞的分化程度不同。
- 恶性的特征是细胞核大小和着色不一，非典型有丝分裂象和细胞间桥消失。

鉴别诊断：

- 鳞状细胞乳头状瘤：无侵袭性生长，无细胞和细胞核异型性。
- 皮质腺细胞腺瘤：无侵袭性生长，无细胞和细胞核异型性。

备注：对正规毒理学研究来说，做出癌的诊断要充分。癌常为两个亚型的混合。Zymbal 氏腺的鳞状细胞亚型癌与来自邻近皮肤的鳞状细胞癌难以鉴别。皮脂腺细胞癌可被多种化合物诱发，如铁铜灵、氯丁二烯、1，3- 丁二烯、苯、联苯胺和二苯乙烯胺。

包皮腺 / 阴蒂腺

大鼠和小鼠均有包皮腺和阴蒂腺，是成对被修饰的皮脂腺，分别位于阴茎和阴道毗邻的腹股沟区域（图 33）。在雄性动物，包皮腺分泌物进入包皮腔。在雌性动物，阴蒂腺导管分泌物进入阴蒂窝。包皮腺和阴蒂腺的生长和分泌活动主要受睾酮、垂体激素、促肾上腺皮质激素、生长激素和催乳素的调节。给予睾酮（而非雌激素）可引起雄性或雌性大鼠的腺泡细胞肥大和增生。成年雄性大鼠去势后可引起腺体萎缩。在大鼠，大型胞质内嗜酸性颗粒是其明显特征。这些颗粒包含有信息素（脂肪醇）和 β- 葡萄糖醛酸酶，而小鼠则无。在包皮腺 / 阴蒂腺所观察到的退性变性、炎症性、血管性或其他非肿瘤性变化，与乳腺中所观察到的变化极为相似。这些非肿瘤性变化见图 34 和图 35。最常见的病变为扩张的导管内含角蛋白样物质，同时伴有炎症性变化。肿瘤为偶见的自发性病变，但可由多种化学致癌物诱发。

退行性变化

导管 / 皮脂腺上皮变性（Degeneration：Ductular/Sebaceous，Epithelium）

发病机制 / 细胞来源：导管、皮脂腺上皮细胞。

诊断要点：

- 上皮细胞肿胀。
- 上皮细胞空泡化 / 空泡形成。
- 细胞层次结构消失。
- 腺泡或导管扩张伴分泌物聚积。

鉴别诊断：

- 死后自溶：整个组织均匀溶解，细胞层次结构或厚度没有变化。
- 萎缩：受影响的导管或腺泡变薄。

导管 / 皮脂腺上皮单细胞坏死（Single-cell Necrosis：Ductular/Sebaceous Epithelium）

同义词： apoptosis

发病机制 / 细胞来源： 皮脂腺或导管上皮。

诊断要点：

- 细胞常皱缩，细胞膜清晰。
- 细胞膜呈芽突状、核浓缩。
- 很少伴有炎症。

鉴别诊断：

- 坏死：细胞肿胀，胞质嗜酸性，核固缩 / 核碎裂，细胞碎片，常伴有炎症和上皮变薄。

导管 / 皮脂腺上皮坏死（Necrosis：Ductular/Sebaceous Epithelium）

发病机制 / 细胞来源： 皮脂腺或导管上皮。

诊断要点：

- 细胞肿胀或皱缩。
- 胞质嗜酸性。
- 核固缩或核碎裂。
- 细胞脱落。
- 可致上皮变薄。
- 可伴随炎症。
- 管腔内积聚纤维素 / 细胞碎片。

鉴别诊断：

- 死后自溶：整个组织均匀溶解，细胞层次结构和厚度没有变化。
- 凋亡：细胞皱缩，细胞膜清晰，呈芽突状，核浓缩，很少伴有炎症。
- 变性：细胞空泡化，但无炎症或细胞碎片。
- 萎缩：细胞层变薄，但无炎症或细胞碎片。
- 炎症：细胞浸润和肿胀，但无上皮脱落或细胞碎片。

导管 / 皮脂腺上皮嗜碱性变（Basophilia：Ductular/Sebaceous Epithelium）

同义词： regeneration

发病机制 / 细胞来源： 皮脂腺或导管上皮。

诊断要点：

- 上皮细胞正常，但胞质嗜碱性。
- 核质比增加。
- 上皮结构排列不规则。
- 可见有丝分裂象。
- 发生在上皮变性、坏死、增生或化生的区域内或附近。

鉴别诊断：

- 增生：上皮因细胞数量增多而变厚，导致上皮表面不平，呈波纹状，细胞层排列不规则（见本文增生性病变部分）。
- 肿瘤：扩张性结节常突向腔内，伴有细胞异形和对邻近组织的挤压（见本文增生性病变部分）。

备注：嗜碱性变是推荐的首选描述性专业术语。当嗜碱性变被解释为再生（与增生不同，再生是新生细胞和组织取代缺失或受损结构）时，建议报告包含这种解释（Kumar 等，2010）。在再生过程中，可见导管和皮脂腺上皮排列不规则。当包皮腺 / 阴蒂腺反复受到毒性物质损伤时，变性、坏死和再生常同时出现。

炎症性变化

包皮腺或阴蒂腺的炎症不常见。较常见的组织学变化仅限于（局灶性）淋巴细胞、中性粒细胞、巨噬细胞或浆细胞的单一或混合浸润。在雄性小鼠，包皮腺炎症可能是群养小鼠群斗造成的创伤所致。

包皮腺 / 阴蒂腺炎症细胞浸润（Infiltrate：Preputial/Clitoral Gland）

发病机制 / 细胞来源：皮脂腺或导管上皮和相关组织。

诊断要点：

- 在小叶固有层和相关组织内，可见淋巴细胞、浆细胞、中性粒细胞、嗜酸性粒细胞、巨噬细胞的单一或混合浸润。

鉴别诊断：

- 炎症。
- 造血系统肿瘤：均一的淋巴细胞群浸润整个组织和其他区域。

备注：建议基本术语“炎症细胞浸润”后跟随主要细胞类型，如果没有主要细胞类型，可跟随“混合细胞”。仅由淋巴细胞或浆细胞组成的白细胞浸润，表明是对外源性物质的免疫学效应，也可能是自发性变化。

包皮腺 / 阴蒂腺炎症（图 34）（Inflammation：Preputial/Clitoral Gland）

发病机制 / 细胞来源： 皮脂腺或导管上皮和相关的组织。

修饰语： 中性、嗜酸性、淋巴细胞性、浆细胞性、组织细胞性或上述细胞的混合

诊断要点：

- 急性炎症：血管瘀血，水肿，管腔内有聚积的浆液性、黏液性或纤维素性渗出物，中性粒细胞，脱落的上皮细胞。
- 慢性炎症：主要为淋巴细胞、浆细胞和巨噬细胞浸润；可见受损伤的上皮再生 / 增生和 / 或化生 , 以及维组织增生。
- 慢性活动性炎症：为粒细胞、淋巴细胞和组织细胞的混合性细胞浸润；可见受损伤的上皮再生、增生和 / 或化生，以及纤维组织增生。
- 肉芽肿性炎症: 浸润的细胞主要是巨噬细胞（上皮样细胞）, 这些细胞形成交叉的束状，根据持续时间和致病因子，可伴有淋巴细胞、浆细胞浸润和纤维化。常见的致病因子如真菌、分支杆菌或异物。受损伤上皮可见再生、增生和 / 或化生，以及纤维组织增生。受损伤区域可见粒细胞存在，这种情况下可描述为化脓性肉芽肿性炎症。

鉴别诊断：

- 坏死：核固缩，核碎裂，细胞肿胀或皱缩，细胞碎片，伴随炎症细胞浸润。

备注：炎症不需要用慢性程度或细胞类型的描述语。最好在报告中描述炎症的特征。在急性炎症中，中性粒细胞游出至管腔形成脓性渗出。慢性活动性炎症意味着正在进行的慢性炎症中，粒细胞性炎症细胞重复出现或持续存在。肉芽肿性炎症常见于大鼠，与含有角蛋白样物质的导管发生扩张破裂有关。

其他变化

包皮腺 / 阴蒂腺扩张（Dilation：Preputial/Clitoral Gland）（图 35）

同义词： cystic degeneration，cystic change

修饰语： 导管的

发病机制 / 细胞来源： 导管。

诊断要点：

- 导管扩张伴有或不伴有上皮肥大或增生。
- 管腔内常见角蛋白或细胞碎片。
- 常伴随炎症。

备注：在啮齿类动物中，导管扩张是一种老龄性自发性变化。严重程度和报告描述用于说明导管涉及的范围和受损伤管腔直径的大小。

生长紊乱

非肿瘤性病变

包皮腺 / 阴蒂腺萎缩（Atrophy：Preputial/Clitoral Gland）

发病机制 / 细胞来源：腺泡细胞。

诊断要点：

- 腺泡变小。
- 变性的皮脂腺细胞增加。
- 由单层立方细胞或鳞状细胞组成。
- 单个腺泡的细胞胞质减少，胞质含有黄棕色颗粒色素沉着。
- 间质胶原较明显，炎症细胞散在。
- 导管扩张，充满浓厚的分泌物和炎症细胞。

包皮腺 / 阴蒂腺增生（Hyperplasia：Preputial/Clitoral Gland）

增生

修饰语：腺泡的；导管的

发病机制 / 细胞来源：腺泡 / 导管上皮。

诊断要点：

腺泡:

- 增生的腺泡细胞类似于正常的腺泡上皮。
- 细胞核形圆、居中，含有一个或偶尔两个大核仁。
- 核膜内有凝结的异染色质。
- 胞质含有小空泡和典型的嗜酸性玻璃样颗粒。
- 呈灶性增生，增生灶被深色扁平基底细胞包围。
- 增生灶呈分叶状，类似于正常腺体。

导管:

- 可呈局灶性、多灶性或广泛性。
- 导管鳞状上皮的棘层增厚或角化过度，常继发炎症。
- 上皮由 3 ～ 7 层扁平的鳞状上皮组成。

鉴别诊断：

- 腺瘤：界限明显；常呈实体性生长物，正常结构丧失。

•鳞状细胞乳头状瘤：压迫周围导管结构和 / 或破坏导管，呈复杂的树枝状结构。

备注：这种病变为自发性的，主要见于老龄动物。它可能被误诊为乳腺病变，尤其是尸检时解剖位置的误解。在老龄小鼠中，这种病变与导管的扩张和慢性炎症有关。病变为单侧或双侧。在这些老龄小鼠，不认为是癌前病变，而是反应性增生，且无继续发展证据。鳞状上皮增生也与鳞状细胞乳头状瘤有关，但是没有被作为肿瘤前体来研究。

肿瘤性病变

许多包皮腺或阴蒂腺肿瘤都不大，以致剖检时难以辨认。如果在研究中不作为正规取材器官，它们会被忽略掉。

包皮腺 / 阴蒂腺腺瘤（Adenoma：Preputial/Clitoral Gland）

发病机制 / 细胞来源：腺泡细胞。

诊断要点：

•瘤块位于靠近生殖器的下腹壁。
•常为双侧，肉眼观硬实，呈棕褐色多叶状。
•界限明显。
•可见压迫周围组织。
•可有包膜。
•维持正常显微结构，但是细胞排列紊乱。
•常呈类似于正常腺体的实性生长。
•向皮脂腺细胞和鳞状细胞分化。
•肿瘤细胞中可见嗜伊红颗粒。
•多层腺泡上皮形成，含有深染的皮脂腺细胞，有细胞和结构异形性。
•坏死很少。
•低度异型性，很少有丝分裂。
•无侵袭性生长。
•囊腺瘤含有充满坏死物的囊腔。

鉴别诊断：

•亚型混合细胞癌：皮脂腺和鳞状细胞混合存在，侵入周围组织（皮肤、乳腺）；细胞异型性，常见有丝分裂象。
•鳞状细胞癌：来源于导管细胞，不累及腺泡，罕见。
•增生：细胞均一（腺体或导管组织），无包膜。

备注：自发性腺瘤极少见。见于大鼠的囊性或乳头状生长的腺瘤在小鼠尚无报道。

包皮腺 / 阴囊腺鳞状细胞乳头状瘤（Papilloma，Squamous Cell：Preputial/Clitorial Gland）

发病机制 / 细胞来源：导管细胞。

诊断要点：

- 来源于主导管上皮。
- 呈复杂的树枝状结构。
- 复层鳞状上皮覆盖于结缔组织轴上。
- 鳞状上皮呈乳头状，突入导管腔，可发生或不发生角化。
- 无细胞异型性。
- 常伴腺体增生。

鉴别诊断：

- 鳞状细胞癌（皮肤）：基底膜被破坏；侵入周围腺泡组织；细胞异型性和排列紊乱；常见有丝分裂象。
- 腺泡细胞腺瘤：可见皮脂腺细胞分化。
- 增生：细胞均一（导管组织），无包膜。

包皮腺 / 阴蒂腺腺癌（Adenocarcinoma：Preputial/Clitoral Gland）（图 36 至图 39）

同义词：cystadenocarcinoma

发病机制 / 细胞来源：腺泡细胞。

诊断要点：

- 比腺瘤大，肿瘤之上的皮肤常见溃疡。
- 边缘不整齐，浸润皮下组织。
- 可被厚层的纤维包膜包裹，但包膜常被腺泡细胞浸润。
- 典型的腺泡结构消失。
- 不规则的腺泡细胞巢被薄层结缔组织包围。
- 一些可分化为鳞状细胞。
- 有时可见小囊性导管样结构内衬鳞状上皮。
- 囊腔内含有角蛋白和坏死物质。
- 可见细胞核 / 细胞异型性。

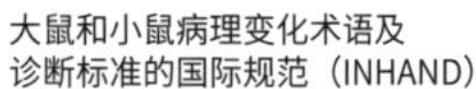

- 有丝分裂活性高。
- 亚型：实体性、囊性、乳头状、乳头状囊性和混合细胞型都有描述。但是这些亚型不建议在法规毒理试验中使用。

实体性

- 边缘不整齐；浸润皮下组织。
- 形成巢状，典型的腺泡结构消失。
- 有丝分裂活性高。
- 在含有实体性腺癌的腺体中，导管系统表现为鳞状细胞化生、扩张和充满炎症细胞和坏死细胞碎片。

囊性

- 含有大小不同的多灶性囊腔，这些囊腔是扩张的腺泡或小导管。
- 囊腔常充满坏死物质和炎症细胞。

乳头状

- 肉眼观察增大的腺体中，腺泡上皮细胞形成不规则的乳头状结构。
- 有丝分裂活性高。
- 在有些区域，基底细胞受累（基底细胞增生）很明显。

乳头状 / 囊性

- 其细胞组成与囊性腺癌相同。
- 不同的是肿瘤细胞形成乳头状突入囊腔。

混合细胞型

- 皮脂腺细胞和鳞状细胞的混合。

鉴别诊断：

- 腺瘤 / 囊腺瘤：界限明显；常呈实体性生长，腺泡结构较正常，无侵袭，无异型性。

包皮腺 / 阴蒂腺恶性基底细胞瘤（Tumor，Basal Cell，Malignant：Preputial/Clitoral Gland）

同义词： basal cell carcinoma

发病机制 / 细胞来源： 基底细胞。

诊断要点：

- 细胞呈暗嗜碱性染色，核长形或椭圆形，有丝分裂率高。
- 细胞排列成界限明显的巢状，细胞巢之间为成束的间叶组织。
- 腺泡细胞和导管位于这些肿瘤细胞周围。

鉴别诊断：

- 鳞状细胞癌（皮肤）：为非角化的鳞状细胞，胞质深染，有丝分裂象多。
- 皮肤恶性基底细胞瘤：邻近缺少包皮腺 / 阴蒂腺的腺体结构和嗜伊红颗粒；解剖部位有助于鉴别。

参考文献

Andrechek, E. R., Cardiff, R. D., Chang, J. T., et al, 2009. Genetic heterogeneity of Mycinduced mammary tumors reflecting diverse phenotypes including metastatic potential. *Proc Natl Acad Sci USA* 106, 16387–16392.

Apolant, H., 1906. Die epithelialen Geschwülste der Maus. *Arbeiten a d Koniglchn Inst F Expt Ther zu Frankfurt a M* 1, 7–68.

Astwood, E. B., Geschickter, C. F., Rausch, E. O., 1937. Development of the mammary gland of the rat: A study of normal, experimental and pathologic changes and their endocrine relationships. *Amer J Anat* 61, 373–405.

Balko, J. M., Miller, T. W., Morrison, M. M., et al, 2012. The receptor tyrosine kinase ErbB3 maintains the balance between luminal and basal breast epithelium. *Proc Natl Acad Sci USA* 109, 221–226.

Barnes, P. J., Boutilier, R., Chiasson, D., et al, 2005. Metaplastic breast carcinoma: Clinical-pathologic characteristics and HER2/neu expression. *Brcast Cancer Res Treat* 91, 173–178.

Beems, R. B., Gruys, E., Spit, B. J., 1978. Amyloid in the corpora amylacea of the rat mammary gland. *Vet Pathol* 15, 347–352.

Boorman, G. A., Wilson, J. T. H., van Zwieten, M. J., et al, 1990. Mammary gland. In *Pathology of the Fischer Rat*, pp. 295–313. Academic Press, San Diego, CA.

Borowsky, A. D., 2011. Choosing a mouse model: Experimental biology in context—The utility and limitations of Mouse. In *The Mammary Gland as an Experimental Model* (J. M. P. Bissel and J. M. C. Rose, eds.), pp. 1–16. Cold Spring Harbor Laboratory Press Woodbury, NY.

Bouchard, L., Lamarre, L., Tremblay, P. J., et al, 1989. Stochastic appearance of mammary tumors in transgenic mice carrying the MMTV/cneu oncogene. *Cell* 57, 931–936.

Cardiff, R. D., 2010. The pathology of EMT in mouse mammary tumorigenesis. *J Mammary Gland Biol Neoplasia* 15, 225–233.

Cardiff, R. D., Anver, M. R., Boivin, G. P., et al, 2006. Precancer in mice: Animal

models used to understand, prevent, and treat human precancers. *Toxicol Pathol* 34, 699–707.

Cardiff, R. D., Anver, M. R., Gusterson, B. A., et al, 2000. The mammary pathology of genetically engineered mice: The consensus report and recommendations from the Annapolis meeting. *Oncogene* 19, 968–898.

Cardiff, R. D., Borowsky, A. D., 2010. Precancer: Sequentially acquired or predetermined? *Toxicol Pathol* 38, 171–179.

Cardiff, R. D., Kenney, N., 2007. Mouse mammary tumor biology: A short history. *Advances in Cancer Research* 98, 53–116.

Cardiff, R. D., Munn, R. J., Galvez, J. J., 2006. The tumor pathology of genetically engineered mice: A new approach to molecular pathology. In *The Mouse in Biomedical Research. Volume* 3, *Normative Biology, Husbandry, and Models* (J. G. Fox, et al. eds.), Vol. III, pp. 581–622. Academic Press, New York, NY.

Cardiff, R. D., Wellings, S. R., 1999. The comparative pathology of human and mouse mammary glands. *J Mammary Gland Biol Neoplasia* 4, 105–122.

Ceriani, R. L., 1970. Fetal mammary gland differentiation in vitro in response to hormones. II. Biochemical findings. *Dev Biol* 21, 530–546.

Chan, S. R., Vermi, W., Luo, J., et al, 2012. STAT1-deficient mice spontaneously develop estrogen receptor alphapositive luminal mammary carcinomas. *Breast Cancer Res: BCR* 14, R16.

Cowie, A. T., Folley, S. J., 1961. The mammary gland and lactation. In *Sex and Internal Secretion* (W. C. Young, ed.), Vol. 1, pp. 590–641. Williams and Wilkins, Baltimore, MD.

Currier, N., Solomon, S. E., Demicco, E. G., et al, 2005. Oncogenic signaling pathways activated in DMBA-induced mouse mammary tumors. Toxicol Pathol 33, 726–737.

Damonte, P., Gregg, J. P., Borowsky, A. D., et al, 2007. EMT tumorigenesis in the mouse mammary gland. *Lab Invest* 87, 1218–1226.

Davis B, Fenton S., 2013. Mammary Gland, In Haschek and Rousseaux' s *Handbook of Toxicologic Pathology, 3rd Edn, Vol 3,* Haschek,WM, Rousseaux CG, Wallig MA, Ochoa R and Bolon B. Eds, Elsevier, (in press).

Debies, M. T., Gestl, S. A., Mathers, J. L., et al, 2008. Tumor escape in a Wnt1-dependent mouse breast cancer model is enabled by p19Arf/p53 pathway lesions but not p16 Ink4a loss. *JClin Invest* 118, 51–63.

Derksen, P. W., Liu, X., Saridin, F., et al, 2006. Somatic inactivation of E-cadherin and p53 in mice leads to metastatic lobular mammary carcinoma through induction of anoikis resistance and angiogenesis. Cancer Cell 10, 437–449.

Dunn, T. B., 1959. Morphology of mammary tumors in mice. In Physiopathology of Cancer (F. Homburger, ed.), pp. 33–84. Hoeber, New York, NY.

Freeman, C. S., Topper, Y. J., 1978. Progesterone and glucocorticoid in relation to the growth and differentiation of mammary epithelium. *J Toxicol Environ Health* 4,

269–282.

Gaspar, C., Franken, P., Molenaar, L., et al, 2009. A targeted constitutive mutation in the APC tumor suppressor gene underlies mammary but not intestinal tumorigenesis. *PLoS Genet* 5, e1000547.

Goldman, A. S., Shapiro, B., Neumann, F., 1976. Role of testosterone and its metabolites in the differentiation of the mammary gland in rats. *Endocrinology* 99, 1490–1495.

Greaves, P., 2007. *Histopathology of Preclinical Toxicity Studies, 3rd ed.: Interpretation and Relevance in Drug Safety Evaluation.* Elsevier Science, Amsterdam.

Gusterson, B. A., Ross, D. T., Heath, V. J., et al, 2005. Basal cytokeratins and their relationship to the cellular origin and functional classification of breast cancer. *Breast cancer research: BCR* 7, 143–148.

Haaland, M., 1911. Spontaneous tumours in mice. In *Fourth Scientific Report on the Investigations of the Imperial Cancer Research Fund* (E. F. Bashford, ed.), pp. 1–113. Imperial Cancer Research Fund, London, UK.

Haines, D. C., Eustis, S. L., 1990. Specialized sebaceous glands. In *Pathology of the Fischer Rat, Reference and Altas* (G. A. Boorman et al., eds.), pp. 279–293. Academic Press, San Diego, CA.

Herschkowitz, J. I., Simin, K., Weigman, V. J., et al, 2007. Identification of conserved gene expression features between murine mammary carcinoma models and human breast tumors. *Genome biology* 8, R76.

Herschkowitz, J. I., Zhao, W., Zhang, M., et al, 2012. Comparative oncogenomics identifies breast tumors enriched in functional tumorinitiating cells. *Proc Natl Acad Sci USA* 109, 2778–2783.

Hovey, R. C., McFadden, T. B., Akers, R. M., 1999. Regulation of mammary gland growth and morphogenesis by the mammary fat pad: A species comparison. *J Mammary Gland Biol Neoplasia* 4, 53–68.

Imagawa, W., Pedchenko, V. K., Helber, J., et al, 2002. Hormone/ growth factor interactions mediating epithelial/stromal communication in mammary gland development and carcinogenesis. *J Steroid Biochem Mol Biol* 80, 213–230.

Knight, C. H., Peaker, M., 1982. Development of the mammary gland. *J Reprod Fertil* 65, 521–536.

Komitowski, D., Sass, B., Laub, W., 1982. Rat mammary tumor classification: Notes on comparative aspects. *J Natl Cancer Inst* 68, 147–156.

Korenaga, T., Fu, X., Xing, Y., et al, 2004. Tissue distribution, biochemical properties, and transmission of mouse type A AApoAII amyloid fibrils. *Am J Pathol* 164, 1597–1606.

Kumar, V., Abbas, A. K., Fausto, N., et al, 2010. Acute and chronic inflammation. In *Robbins and Cotran Pathologic Basis of Disease*, pp., 1464. Saunders, Philadelphia,

PA.
Lanari, C., Lamb, C. A., Fabris, V. T., et al, 2009. *Endocr Relat Cancer* 16, 333-350.
Lavasani, M. A., Moinfar, F., 2012. Molecular classification of breast carcinomas with particular emphasis on "basal-like" carcinoma: A critical review. *J Biophoton* 5, 345-366.
Lucas, J. N., Rudmann, D. G., Credille, K. M., et al, 2007. The rat mammary gland: Morphologic changes as an indicator of systemic hormonal perturbations induced by xenobiotics. *Toxicol Pathol* 35, 199–207.
Mann, P. C., Boorman, G. A., Lollini, L. O., et al, 1996. Proliferative lesions of the mammary gland in rats, IS-2. In *Guides for Toxicologic Pathology*. Society of Toxicologic Pathologists/ American Registry of Pathology/Armed Forces Institute of Pathology, Washington, DC.
Meyer, D. S., Brinkhaus, H., Muller, U., et al, 2011. Luminal expression of PIK3CA mutant H1047R in the mammary gland induces heterogeneous tumors. *Cancer Res* 71, 4344–4351.
Michaelson, J. S., Leder, P., 2001. Beta-catenin is a downstream effector of Wnt-mediated tumorigenesis in the mammary gland. *Oncogene* 20, 5093–5099.
Molinolo, A., Simian, M., Vanzulli, S., et al, 1998. Involvement of EGF in medroxyprogesterone acetate (MPA)-induced mammary gland hyperplasia and its role in MPA-induced mammary tumors in BALB/c mice. *Cancer Lett* 126, 49–57.
Muller, W. J., Sinn, E., Pattengale, P. K., et al, 1988. Single-step induction of mammary adenocarcinoma in transgenic mice bearing the activated c-neu oncogene. *Cell* 54, 105–115.
Myers, J. A., 1917. Studies of the mammary gland II. The fetal development of the mammary gland in the female albino rat. *Amer J Anat* 22, 195–223.
Nielsen, S., 1978. Diseases of the skin. In *Pathology of Laboratory Animals* (K. Benirschke et al., eds.), pp. 582–583. Springer-Verlag, New York, NY.
Ose, K., Miyata, K., Yoshioka, K., et al, 2009. Effects of hyperprolactinemia on toxicological parameters and proliferation of islet cells in male rats. *J Toxicol Sci* 34, 151–162.
Radaelli, E., Damonte, P., Cardiff, R. D., 2009. Epithelial-mesenchymal transition in mouse mammary tumorigenesis. *Future oncology* 5, 1113–1127.
Rakha, E. A., Reis-Filho, J. S., Ellis, I. O., 2008. Basal-like breast cancer: A critical review. *Journal of clinical oncology: Official journal of the American Society of Clinical Oncology* 26, 2568–2581.
Rakha, E. A., Tan, D. S., Foulkes, W. D., et al, 2007. Are triple-negative tumours and basal-like breast cancer synonymous? *Breast cancer research: BCR* 9, 404; author reply 405.
Richards, J., Hamamoto, S., Smith, S., et al, 1985. Response of end bud cells from immature rat mammary gland to hormones when cultured in collagen gel. *Exp*

Cell Res 147, 95-109.

Rosner, A., Miyoshi, K., Landesman-Bollag, E., et al, 2002. Pathway pathology: Histological differences between ErbB/Ras and Wnt pathway transgenic mammary tumors. *Am J Pathol* 161, 1087–1097.

Rudmann, D. G., Cohen, I. R., Robbins, M. R., et al, 2005. Androgen dependent mammary gland virilism in rats given the selective estrogen receptor modulator LY2066948 hydrochloride. Toxicol Pathol 33, 711–719.

Russo, I. H., Russo, J., 1996. Mammary gland neoplasia in long-term rodent studies. Environ Health Perspect 104, 938–967.

Russo, I. H., Tewari, J., Russo, J., 1989. Morphology and development of the rat mammary gland. In *Monographs on Pathology of Laboratory Animals. Integument and mammary glands* (T. C. Jones et al., eds.), pp. 233. Springer-Verlag, Berlin, Germany.

Sass, B., Dunn, T. B., 1979. Classification of mouse mammary tumors in Dunn' s miscellaneous group including recently reported types. *J Natl Cancer Inst*, 62, 1287–1293.

Seely, J. C., Boorman, G. A., 1999. Mammary gland and specialized sebaceous glands (Zymbal, preputial, clitoral, anal). In *Pathology of the Mouse. Reference and Atlas* (R. R. Maronpot et al., eds.), pp. 613–635. Cache River Press, Vienna, Austria.

Siegel, K., Naishadham, M.A., H. Jemal. Cancer Statistics, 2012. CA *Cancer J Clin* 62, 10-29.

Silberstein, G. B., 2001. Postnatal mammary gland morphogenesis. Microsc *Res Tech* 52, 155–162.

Sinn, E., Muller, W., Pattengale, P., et al, 1987. Coexpression of MMTV/v-Ha-ras and MMTV/c-myc genes in transgenic mice: Synergistic action of oncogenes in vivo. *Cell* 49, 465–475.

Solomon, A., Weiss, D. T., Schell, M., et al, 1999. Transgenic mouse model of AA amyloidosis. *Am J Pathol* 154, 1267–1272.

Sorlie, T., Perou, C. M., Tibshirani, R., et al, 2001. Gene expression patterns of breast carcinomas distinguish tumor subclasses with clinical implications. *Proc Natl Acad Sci USA* 98, 10869–10874.

Sourla, A., Flamand, M., Belanger, A., et al, 1998. Effect of dehydroepiandrosterone on vaginal and uterine histomorphology in the rat. *J Steroid Biochem Mol Biol* 66, 137–149.

Sourla, A., Martel, C., Labrie, C., et al, 1998. Almost exclusive androgenic action of dehydroepiandrosterone in the rat mammary gland. *Endocrinology* 139, 753–764.

Stambolic, V., Tsao, M. S., Macpherson, D., et al, 2000. High incidence of breast and endometrial neoplasia resembling human Cowden syndrome in ptenþ/-mice. *Cancer Res* 60, 3605–3611.

Topper, Y. J., Freeman, C. S., 1980. Multiple hormone interactions in the developmental

biology of the mammary gland. *Physiol Rev* 60, 1049–1106.
Tsukamoto, A. S., Grosschedl, R., Guzman, R. C., et al, 1988. Expression of the int-1 gene in transgenic mice is associated with mammary gland hyperplasia and adenocarcinomas in male and female mice. *Cell* 55, 619–625.
Ursini-Siegel, J., Schade, B., Cardiff, R. D., et al, 2007. Insights from transgenic mouse models of ERBB2-induced breast cancer. Nature *reviews. Cancer* 7, 389–397.
van Leeuwen, F., Nusse, R., 1995. Oncogene activation and oncogene cooperation in MMTV-induced mouse mammary cancer. *Semin Cancer Biol* 6, 127–133.
Weigelt, B., Reis-Filho, J. S., 2009. Histological and molecular types of breast cancer: Is there a unifying taxonomy? *Nat Rev Clin Oncol* 6, 718–730.
WHO (World Health Organization), 2003. *World Health Organization: Tumours of the Breast and Female Genital Organs (Who/IARC Classification of Tumours) (IARC WHO Classification of Tumours)*. Lyon, France: IARC Press–WHO.

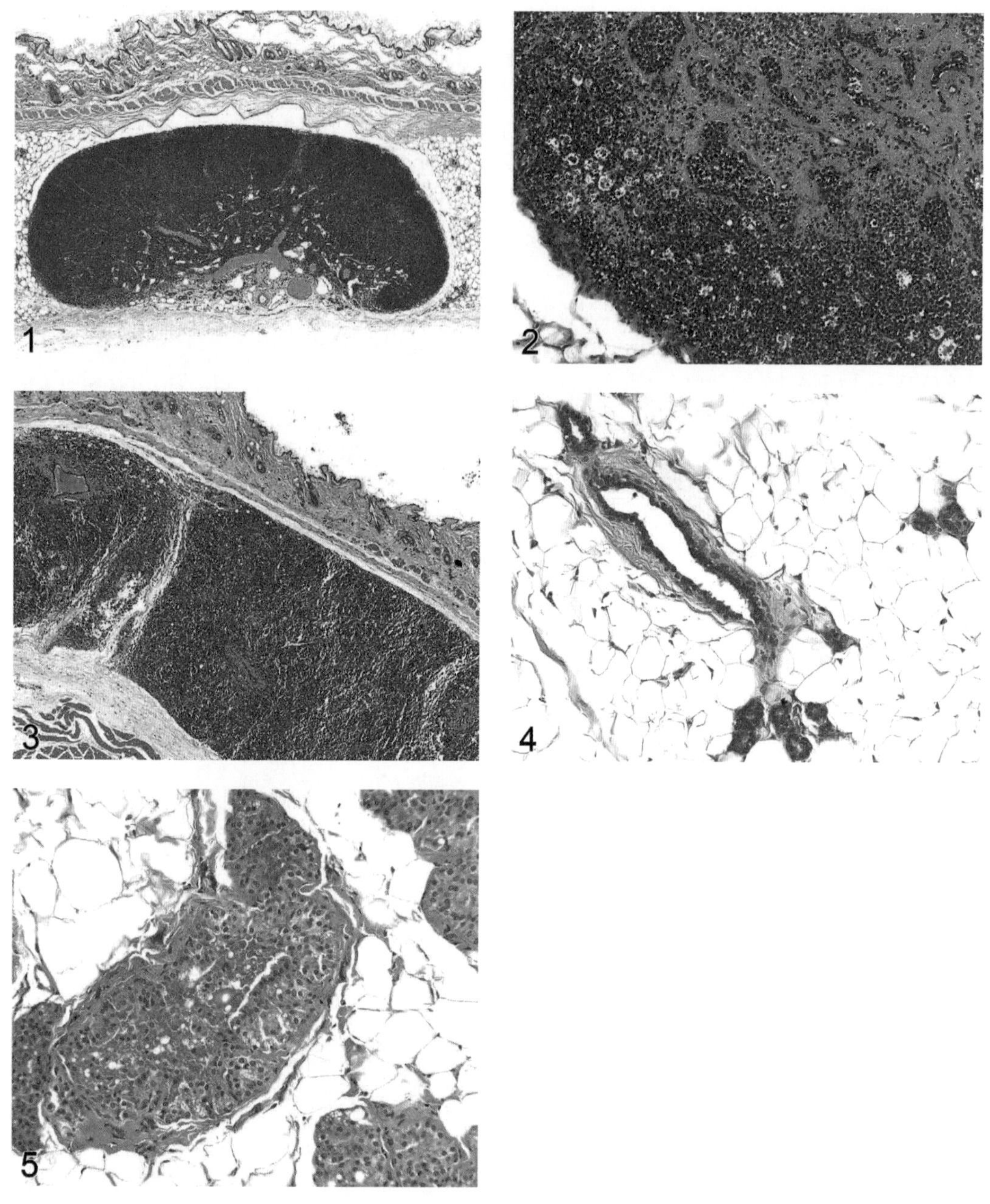

图1　正常乳腺（腹股沟）淋巴结（雌性大鼠）

图2　淋巴结细胞凋亡（单细胞坏死）和淋巴细胞减少（雌性大鼠）

图3　乳腺：淋巴瘤（雌性大鼠）

图4　正常乳腺（雌性大鼠）

图5　正常乳腺（雄性大鼠）

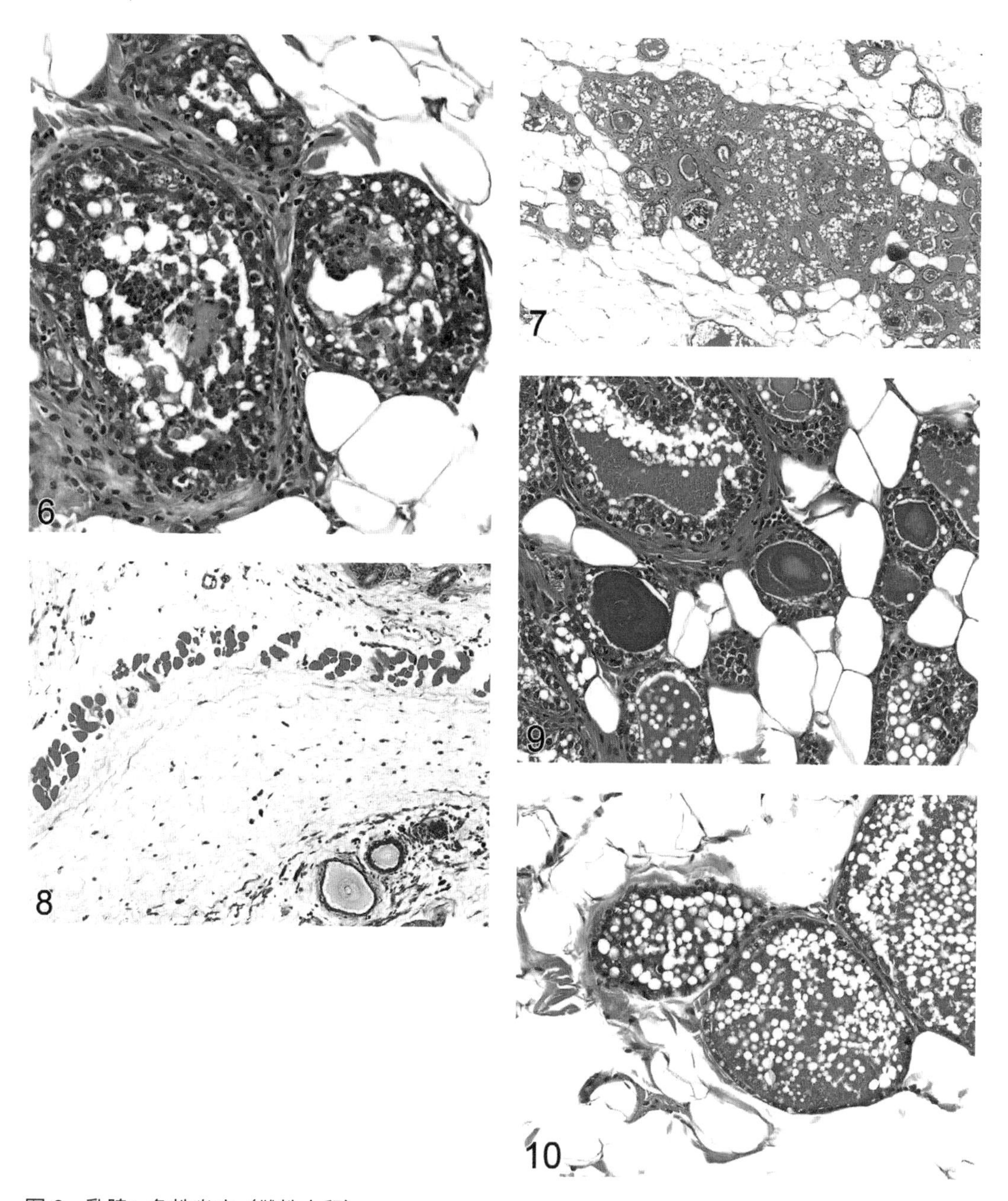

图 6　乳腺：急性炎症（雌性大鼠）

图 7　乳腺：导管周围纤维化和矿化（雌性大鼠）

图 8　乳腺：皮下水肿（雌性大鼠）

图 9　乳腺：淀粉样小体（雌性大鼠）

图 10　乳腺：导管和腺泡扩张，内含大量分泌物和 / 或空泡（雌性大鼠）

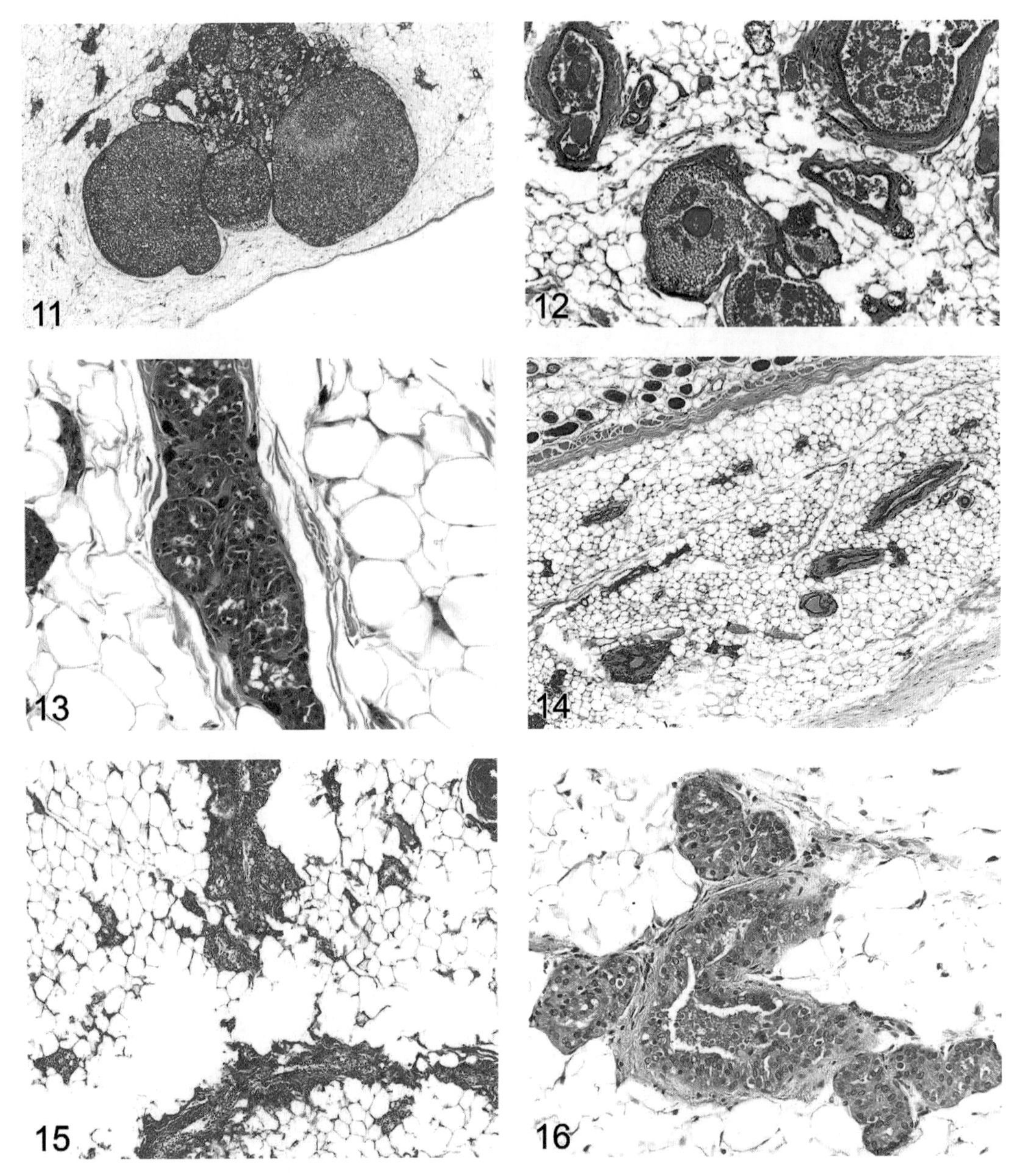

图 11、图 12　乳腺：导管和腺泡扩张，内含大量分泌物和 / 或空泡（雌性大鼠）

图 13　乳腺：上皮色素沉着（雌性 SD 大鼠）

图 14　乳腺：萎缩（雌性大鼠）

图 15　乳腺：萎缩（雄性大鼠）

图 16　乳腺：腺泡及导管上皮细胞肥大与增生（雌性大鼠）

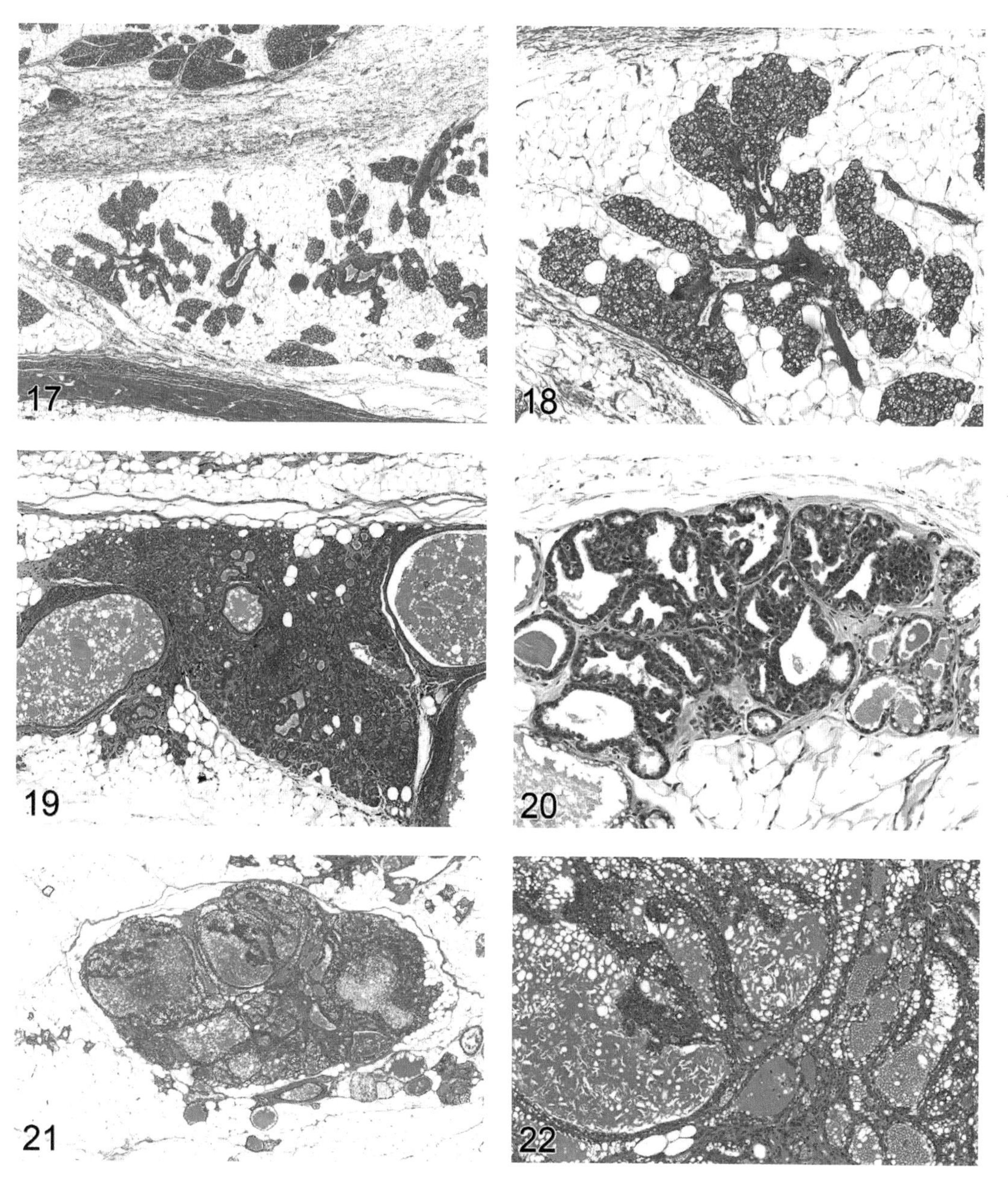

图 17、图 18　乳腺：小叶腺泡增生（雌性大鼠）

图 19、图 20　乳腺：非典型增生（雌性大鼠）

图 21、图 22　乳腺：腺瘤和导管扩张（雌性大鼠）

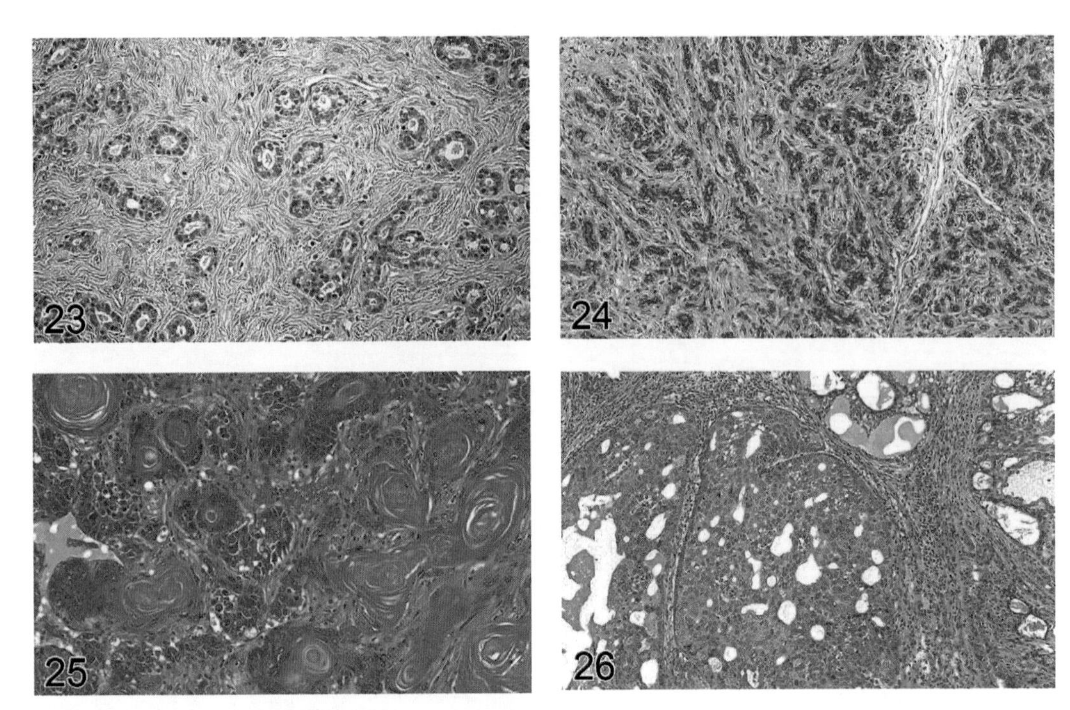

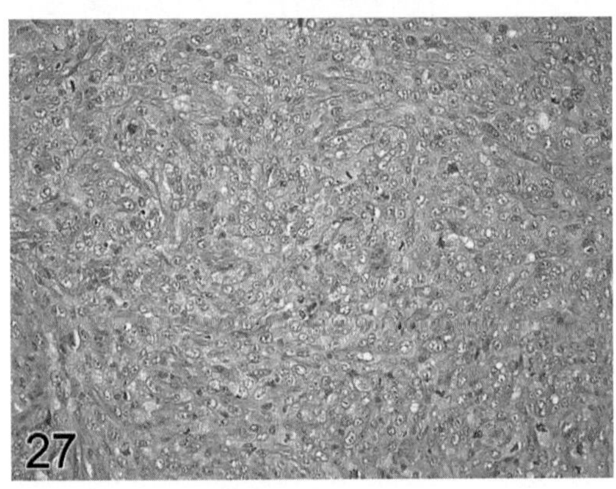

图 23　乳腺：纤维腺瘤（雌性大鼠）

图 24　乳腺：腺肌上皮瘤（PTEN KO 小鼠）

图 25　乳腺：腺鳞癌（雌性小鼠）

图 26　乳腺：亚型囊性腺癌（雌性大鼠）

图 27　乳腺：亚型实体腺癌（雌性大鼠）

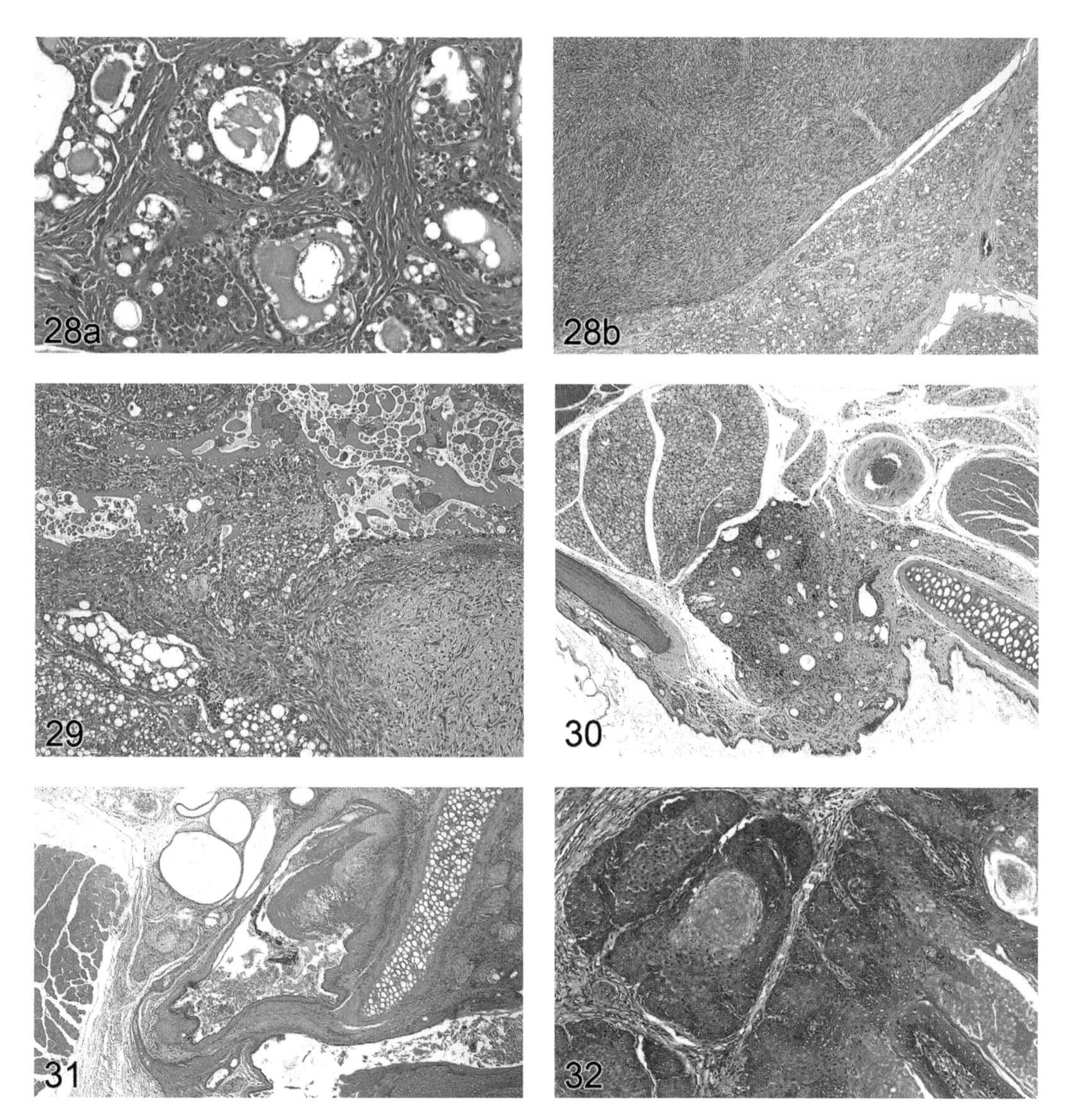

图 28a　乳腺：发生在纤维腺瘤的腺癌（雌性大鼠）

图 28b　乳腺：发生在纤维腺瘤的肉瘤（雌性小鼠）

图 29　乳腺：癌肉瘤（雌性大鼠）

图 30　Zymbal 氏腺：慢性炎症（大鼠）

图 31　Zymbal 氏腺：囊肿

图 32　Zymbal 氏腺：导管鳞状细胞增生（大鼠）

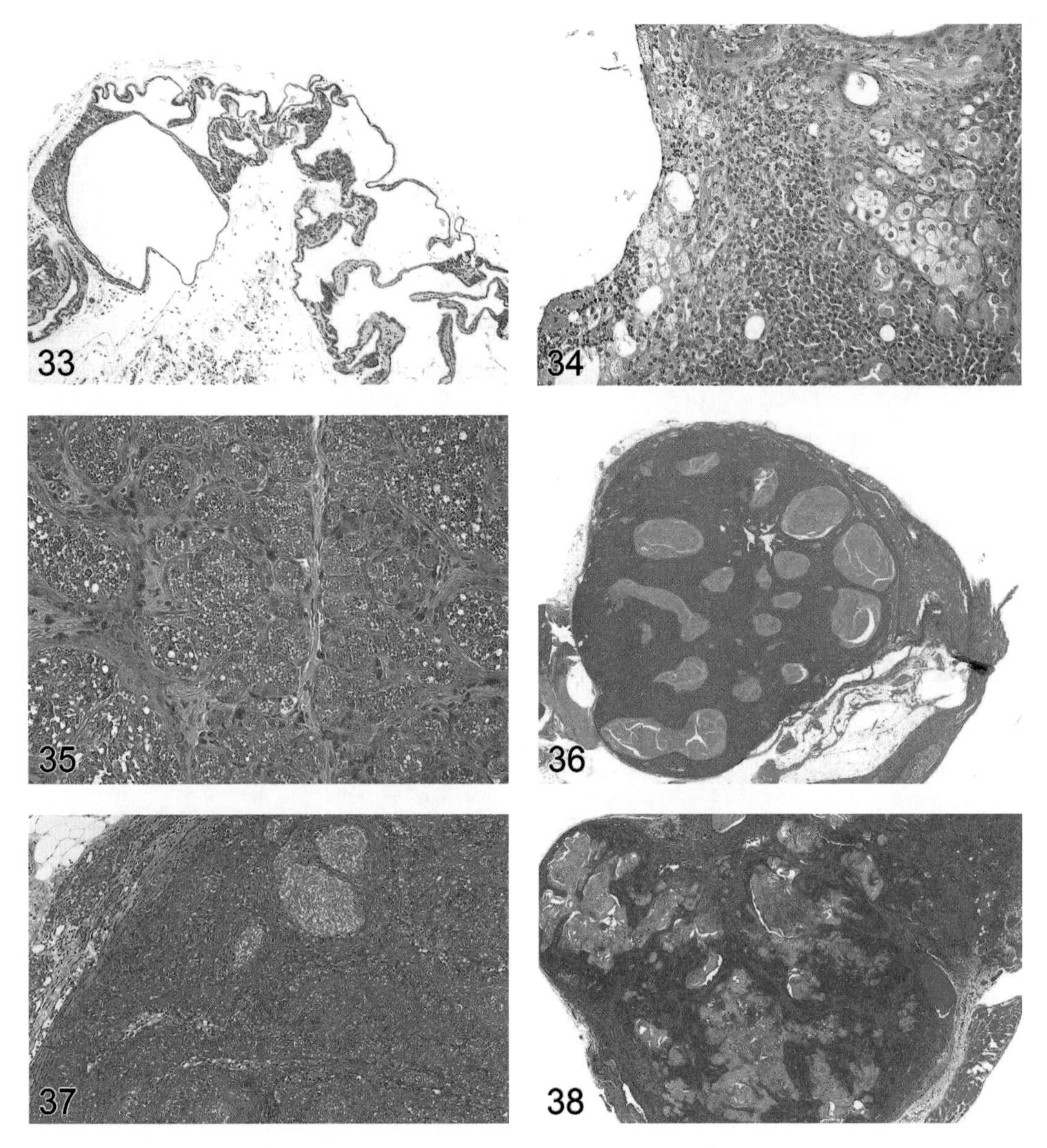

图 33　包皮腺：腺泡萎缩和管道扩张（小鼠）

图 34　包皮腺：慢性炎症（小鼠）

图 35　阴蒂腺：正常

图 36 至图 38　阴蒂腺：腺癌（大鼠）

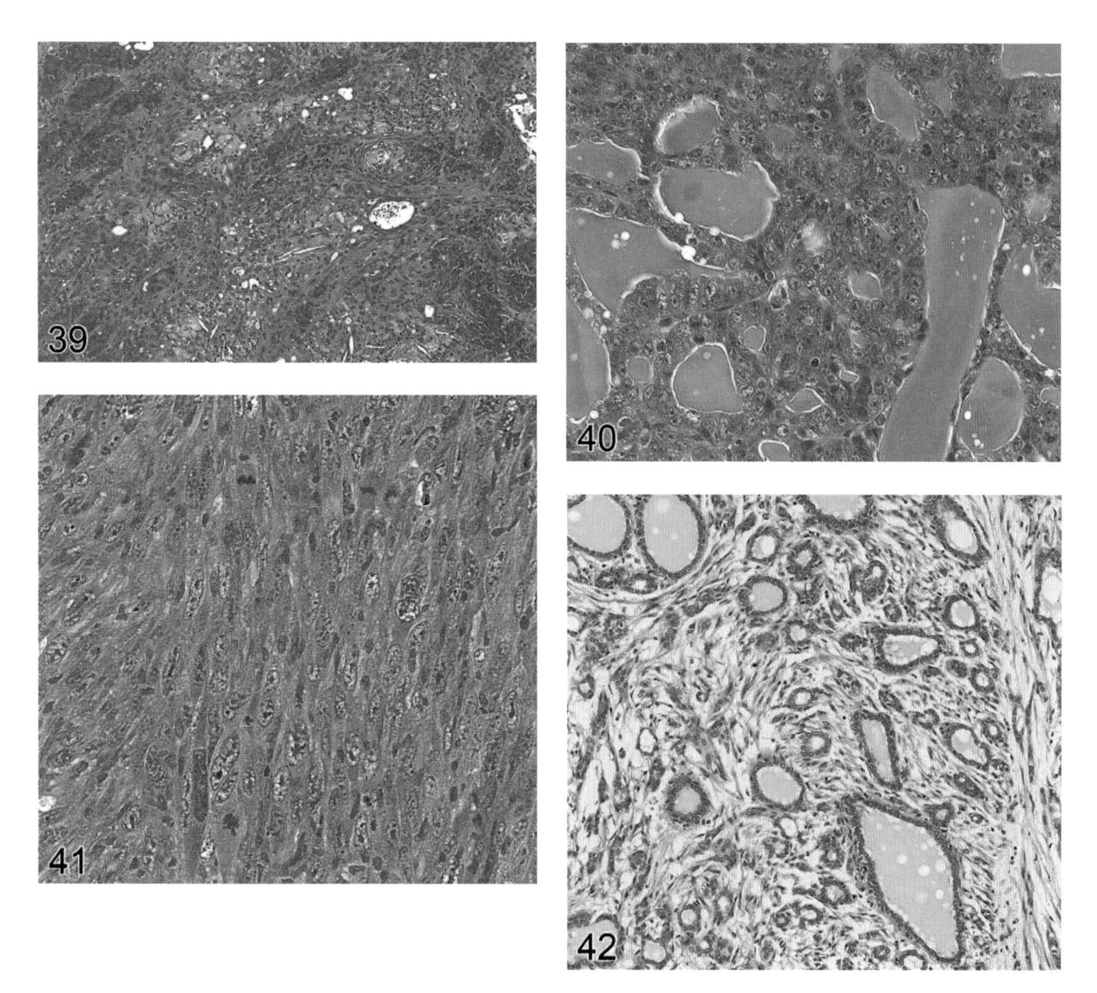

图 39　阴蒂腺：腺癌（大鼠）

图 40　典型 *Myc* 癌基因诱导的腺癌。注意胞质呈蓝紫色，核大并呈多形性，核仁明显（GEM，基因工程小鼠）

图 41　EMT（上皮间叶转化）肿瘤显示纺锤形细胞（GEM，基因工程小鼠）

图 42　典型的 PTEN 诱导的腺肌上皮瘤中的乳头状瘤（GEM，基因工程小鼠）

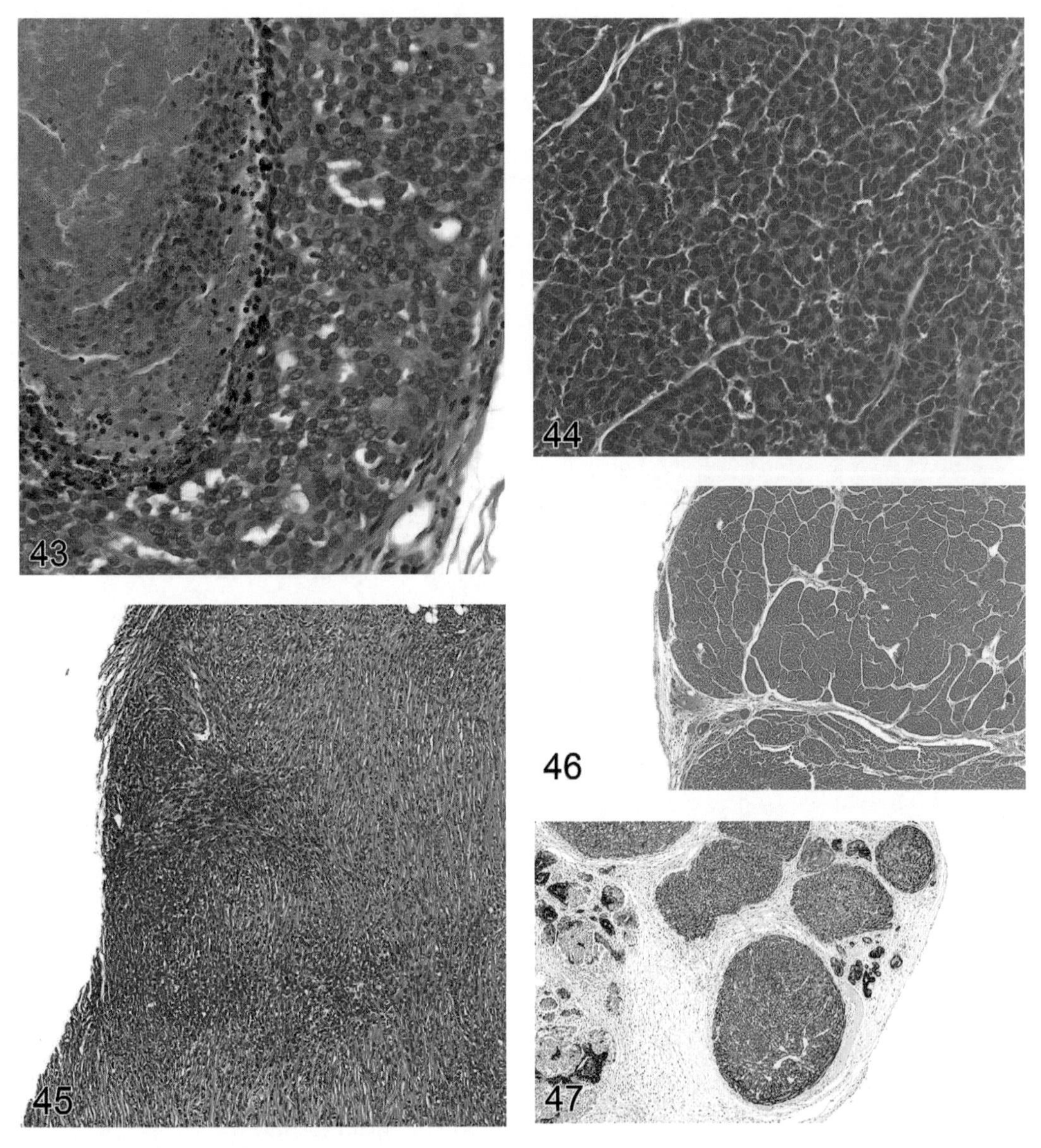

图 43　NST 癌，伴有粉刺结构（人）

图 44　MMTV 诱导的微腺泡癌（A 型）（GEM，基因工程小鼠）

图 45　E- 钙黏蛋白 ×p53 缺失肿瘤。注意单行细胞浸润的小叶型癌（GEM，基因工程小鼠）

图 46　典型的 Ras 诱导的小椭圆形细胞乳腺瘤。注意如 cNeu 肿瘤一样，没有分区（GEM，基因工程小鼠）

图 47　Tg（MMTV-Wnt1）小鼠的微腺泡 A 型肿瘤。注意腺泡周围的肌上皮的排列方式（GEM，基因工程小鼠）

原文资料

1. International Harmonization of Toxicologic Pathology Nomenclature: An Overview and Review of Basic Principles

Peter C. Mann, John Vahle, Charlotte M. Keenan, Julia F. Baker, Alys E. Bradley, Dawn G. Goodman, Takanori Harada,Ronald Herbert, Wolfgang Kaufmann, Rupert Kellner, Thomas Nolte, Susanne Rittinghausen and Takuji Tanaka

Toxicologic Pathology, 40: 7S-13S, 2012

ISSN: 0192-6233 print / 1533-1601 online
DOI: 10.1177/0192623312438738

2. Proliferative and Nonproliferative Lesions of the Rat and Mouse Central and Peripheral Nervous Systems

Wolfgang Kaufmann, Brad Bolon, Alys Bradley, Mark Butt, Stephanie Czasch, Robert H. Garman, Catherine George, Sibylle Gröters, Georg Krinke, Peter Little, Jenny McKay, Isao Narama, Deepa Rao, Makoto Shibutani and Robert Sills

Toxicologic Pathology, 40: 87S-157S, 2012

ISSN: 0192-6233 print / 1533-1601 online
DOI: 10.1177/0192623312439125

3. Proliferative and Nonproliferative Lesions of the Rat and Mouse Hepatobiliary System

Bob Thoolen, Robert R. Maronpot, Takanori Harada, Abraham Nyska, Colin Rousseaux, Thomas Nolte, David E. Malarkey, Wolfgang Kaufmann, Karin Küttler, Ulrich Deschl, Dai Nakae, Richard Gregson, Michael P. Vinlove, Amy E. Brix, Bhanu Singh, Fiorella Belpoggi and Jerrold M. Ward

Toxicologic Pathology, 38: 5S-81S, 2010

ISSN: 0192-6233 print / 1533-1601 online
DOI: 10.1177/0192623310386499

4. Proliferative and Nonproliferative Lesions of the Rat and Mouse Male Reproductive System

Dianne Creasy, Axel Bube, Eveline de Rijk, Hitoshi Kandori, Maki Kuwahara, Regis Masson, Thomas Nolte, Rachel Reams, Karen Regan, Sabine Rehm, Petrina Rogerson and Katharine Whitney
Toxicologic Pathology, 40: 40S-121S, 2012

ISSN: 0192-6233 print / 1533-1601 online
DOI: 10.1177/0192623312454337

5. Proliferative and Nonproliferative Lesions of the Rat and Mouse Mammary, Zymbal's, Preputial, and Clitoral Glands

Daniel Rudmann, Robert Cardiff, Luc Chouinard, Dawn Goodman, Karin Küttler, Heike Marxfeld, Alfredo Molinolo, Silke Treumann, Katsuhiko Yoshizawa and For the INHAND Mammary, Zymbal's, Preputial, and Clitoral Gland Organ Working Group
Toxicologic Pathology, 40: 7S-39S, 2012

ISSN: 0192-6233 print / 1533-1601 online
DOI: 10.1177/0192623312454242

6. Proliferative and Nonproliferative Lesions of the Rat and Mouse Respiratory Tract

Roger Renne, Amy Brix, Jack Harkema, Ron Herbert, Birgit Kittel, David Lewis, Thomas March, Kasuke Nagano, Michael Pino, Susanne Rittinghausen, Martin Rosenbruch, Pierre Tellier and Thomas Wohrmann
Toxicologic Pathology, 37: 5S-73S, 2009

ISSN: 0192-6233 print / 1533-1601 online
DOI: 10.1177/0192623309353423

7. Proliferative and Nonproliferative Lesions of the Rat and Mouse Urinary System

Kendall S. Frazier, John Curtis Seely, Gordon C. Hard, Graham Betton, Roger Burnett, Shunji Nakatsuji, Akiyoshi Nishikawa, Beate Durchfeld-Meyer and Axel Bube

Toxicologic Pathology, 40: 14S-86S, 2012

ISSN: 0192-6233 print / 1533-1601 online
DOI: 10.1177/0192623312438736